Einführung in die Bodenphysik

Karl Heinrich Hartge

Einführung in die Bodenphysik

142 Abbildungen, 16 Tabellen

Ferdinand Enke Verlag Stuttgart 1978

Professor Dr. rer. hort. Karl Heinrich Hartge
Wissenschaftlicher Rat
Institut für Bodenkunde
Herrenhäuser Str. 2
3000 Hannover 21

CIP-Kurztitelaufnahme der Deutschen Bibliothek

Hartge, Karl Heinrich
Einführung in die Bodenphysik. – 1. Aufl. –
Stuttgart : Enke, 1978.
ISBN 3-432-89681-6

Dieses Buch trägt – mit Einverständnis
des Georg Thieme Verlages, Stuttgart –
die Kennzeichnung

flexibles Taschenbuch

Druck: Druckhaus Dörr, Ludwigsburg

Vorwort

Im Vorlesungsbetrieb wirkte es sich seit langem störend aus, daß zwischen den verbreiteten und eingeführten Lehrbüchern der Bodenkunde wie z.B. dem von *Scheffer* und *Schachtschabel* und den speziellen Lehrbüchern der Bodenphysik eine Lücke klafft. Für Studierende der Land- und Forstwirtschaft, des Gartenbaues, der Geographie und anderer Studiengänge, die sich mit dem Boden befassen, ist daher der Einstieg in diese Materie oft erschwert.

Deshalb soll die vorliegende Darstellung eine Einführung in die Bodenphysik auf möglichst breiter Basis geben und den Zugang zur Spezialliteratur erleichtern. Sie setzt die Kenntnis des im Lehrbuch von *Scheffer* und *Schachtschabel* gebrachten Stoffes voraus und baut auf ihr auf.

Diesem Ziel entsprechend wurde versucht, möglichst alle relevanten Gebiete und Begriffe anzusprechen, ohne indessen bis in die letzten Einzelheiten zu gehen. Um dem in vielen Fällen geringen mathematischen Interesse des angesprochenen Leserkreises entgegenzukommen, wurden bei nicht so bekannten Gleichungen die Zusammenhänge an verschiedenen Stellen in möglichst kleinen Schritten erläutert. Der Ausblick auf die weiterführende Literatur am Ende der Darstellung unterstreicht den Charakter als Einführung.

Bei der Erstellung des Manuskriptes und den Korrekturarbeiten waren mir viele Kollegen, Mitarbeiterinnen und Mitarbeiter behilflich, denen ich hiermit für ihre Geduld und Sorgfalt herzlich danke: für die Durchsicht des Manuskriptes vor allem Herrn Dr. *R. Horn,* ferner Fräulein *M. Beyer* und Fräulein *D. Lier,* für die Durchsicht des Abschnittes über die Bedürfnisse der Pflanzen Herrn Prof. Dr. *H.-J. Wiebe,* für die Überprüfung der Gleichungen und Formeln und viele wertvolle Hinweise Herrn Universitätsdozent Dr. *J. Richter,* für die Bearbeitung des Manuskriptes Frau *E. Anders* und Frau *W. Pfuhl,* für Herstellung der Zeichnungen, viele Korrekturen und für viele andere Einzelarbeiten Frau *G. Hamann,* für die Herstellung von Photos Herrn Dr. *H.J. Altemüller,* Frau *H. Cornelius,* Herrn *E. Knickrehm* und Herrn Dr. *B. Mattiat.*

Dem Verlag Enke danke ich für sein Entgegenkommen bei der Herausgabe.

Hannover,
Sommer 1977

K.H. Hartge

Inhalt

Symbole und Abkürzungen

Die Symbole werden hier so weit wie möglich im gleichen Sinne verwendet, wie es in der Literatur der verschiedenen Arbeitsgebiete üblich ist. Das führte bei der Breite der hier berührten Sachgebiete naturgemäß zu Mehrfachverwendungen. Der Nachteil der Verwechslungsmöglichkeit, der sich daraus ergibt, wurde als geringer angesehen als der alternative Nachteil, der sich aus der Verwendung unüblicher Symbole ergibt.

A = pedologischer Horizont im Bodenprofil
A = Erosionsverlust in tons/acre (· 2,49 = t/ha) in der allgemeinen Erosionsgleichung

B = pedologischer Horizont im Bodenprofil

c = Kohäsion ($N \cdot cm^{-2}$)
c = differentielle spez. Wärmekapazität ($cal \cdot g^{-1} \cdot °C^{-1}$)
c = Formfaktor bei Berechnung des Darcy-k nach Carman u. Kozeny
C = pedologischer Horizont im Bodenprofil
C = Konzentration ($g \cdot cm^{-3}$; $g \cdot g^{-1}$; $mval \cdot cm^{-3}$)
C = Feldfruchtfaktor in der allgemeinen Erosionsgleichung
C = örtlicher Windfaktor für Winderosion nach Chepil

d = Dichte ($g \cdot cm^{-3}$)
d_B = Dichte des Bodens, Lagerungsdichte
d_E = Dichte des Eises
d_F = Dichte der festen Bodensubstanz
d_W = Dichte des Wassers
d_a = Äquivalentdurchmesser
d_{10} = Durchmesser des Korns bei 10% des Kornanteils der Summenkurve (mm, μm)
d_{50} = Durchmesser des Korns bei 50% des Kornanteils der Summenkurve

d_{60} = Durchmesser des Korns bei 60% des Kornanteils der Summenkurve (mm, μm)
D = Abstand der Grundwassersohle vom Drain bzw. von der Grabensohle (cm, m)
D = Diffusivität $(k \frac{d\psi}{d\theta})$
D′ = Diffusionskoeffizient bezogen auf Konzentrationsgradienten ($cm^2 \cdot sec^{-1}$)
D_B = Diffusionskoeffizient für Böden

E = Evaporation ($cal \cdot cm^{-2} \cdot min^{-1} \approx mm \cdot h^{-1}$)
ET = Evapotranspiration (mm)
E = Kinetische Energie in der allgemeinen Erosionsgleichung
E = windbedingte Erosion nach Chepil
E = hydrodynamischer Dispersionskoeffizient ($cm^2 \cdot sec^{-1}$)
E_a = Erddruck, aktiv
E_p = Erdwiderstand, passiv

F = Fläche (ha, cm^2, . . .)
FK
FC = Feldkapazität ($g \cdot g^{-1}$, Gew.-% bzw. $cm^3 \cdot cm^{-3}$, Vol.-%)

g = Erdbeschleunigung ($cm \cdot sec^{-2}$)
GWO = Grundwasseroberfläche

h = Höhe (cm, m)
H = Höhe, Aufwölbung einer Grundwasseroberfläche über einem freien Wasserspiegel (cm, m)

i = Einfallswinkel der Einstrahlung von der Sonne (°)
i = kumulative Infiltration (mm)
I = Erodierbarkeit für Wind nach Chepil
I = Infiltrationsrate ($mm \cdot h^{-1}$)
I_{30} = maximale Intensität des Niederschlags über eine Zeitspanne von 30 Minuten in der allgemeinen Erosionsgleichung

J_W = Wärmefluß (cal · cm^{-2} · sec^{-1})
J_g = Fluß für Gas (cm^3 · cm^{-2} · sec^{-1} bzw. g · cm^{-2} · sec^{-1})
J_λ = Wärmefluß infolge Leitung
J_{konv} = Wärmefluß infolge Konvektion
J_{ofl} = Wärmefluß durch Bodenoberfläche

k = hydraulische Leitfähigkeit (cm · sec^{-1}, cm · d^{-1})
k_θ = hydraulische Leitfähigkeit bei wechselndem Wassergehalt (θ) (cm · sec^{-1}; cm · d^{-1})
k_0 = intrinsische Permeabilität (cm^2)
K = Erodierbarkeitsfaktor (tons/acre · 2,49 = t/ha) in der allgemeinen Erosionsgleichung
K = Kiesfraktion
K = Rauhigkeit der Bodenoberfläche (Wind-Erosionsgleichung nach Chepil)
K = Temperaturleitfähigkeit (cm^2 · sec^{-1})
K_0 = Ruhedruck-Koeffizient (–)

l, L = Länge (mm, cm, m, km)
L = Feldlängenfaktor in der allgemeinen Erosionsgleichung
L = Lehm als Körnungsmischung

m = Masse (mg, g)
M = Molekulargewicht

n = Porenanteil, Porenvolumen (cm^3 · cm^{-3}; %)
n_l = Luftporenanteil
N = Niederschlag (mm)
N = Normalkraft, Last (N)

p = Druck (bar; h · d · g; N · cm^{-2})
p_g = Gaspartialdruck
p_L = Luftdruck
p_W = Wasserdruck

P = Bodenerhaltungsfaktor in der allgemeinen Erosionsgleichung
PV = Porenvolumen ($cm^3 \cdot cm^{-3}$; %)
Pz = Porenziffer ($cm^3 \cdot cm^{-3}$)
PWP = permanenter Welkepunkt ($g \cdot g^{-1}$, Gew.-%; $cm^3 \cdot cm^{-3}$, Vol.-%)

q = Fluß für Wassermenge je Zeiteinheit ($cm^3 \cdot sec^{-1}$)

r = Korrelationskoeffizient nach Pearson (–)
r = Radius (mm, cm)
R = Erosivität des Niederschlags in der allgemeinen Erosionsgleichung
R = Gaskonstante ($p \cdot V \cdot T^{-1}$)
R = Fließwiderstand eines durchströmten Raumes
Re = Reynolds-Zahl (–)

s = Abstand zwischen zwei freien Wasseroberflächen bzw. Gräben (cm, m)
s = Strecke (cm)
S = Hangneigungsfaktor in der allgemeinen Erosionsgleichung
S = Sandfraktion
S = Scherkraft (N)
S = Solarkonstante (2 $cal \cdot cm^{-2} \cdot sec^{-1}$)
S_0 = effektive Einstrahlung an der Bodenoberfläche
S_{Bd} = eingestrahlte Energie in Abhängigkeit vom Einstrahlungswinkel

T = Temperatur (°C)
T = Tonfraktion

u = neutrale Spannung ($N \cdot cm^{-2}$)
u = Wärmeinhalt ($cal \cdot g^{-1}$; $cal \cdot cm^{-3}$)
U = Schluff-Fraktion
U = Umfang (cm, m)
U = Ungleichförmigkeitsgrad (d_{60}/d_{10})

v = Geschwindigkeit (v_x, v_y, v_z in x-, y-, z-Richtung) ($cm \cdot sec^{-1}$)
V = Versickerung (mm)
V = Vegetationseinfluß auf Winderosion nach Chepil
V = Volumen (cm^3)
V_f = Volumen der Festanteile
V_{ges} = Gesamtvolumen
V_L = Luftvolumen

w = Wasserzahl oder Zustandszahl (–)
w_a = Wassergehalt bei der Ausrollgrenze ($g \cdot g^{-1}$, %)
w_f = Wassergehalt bei der Fließgrenze
w_{fa} = Plastizitätsindex oder Bildsamkeit
W = Wasservorratsänderung (mm)
WS = Wassersäule (cm)

z = vertikale Komponente im Koordinatensystem (cm)

α = Dehnungsgröße ($cm^2 \cdot dyn^{-1}$)
γ = Oberflächenspannung ($dyn \cdot cm^{-1}$)
ϵ = Porenziffer ($cm^3 \cdot cm^{-3}$)
η = Viskosität ($g \cdot cm^{-1} \cdot sec^{-1}$)
θ = Wassergehalt, Wasseranteil ($cm^3 \cdot cm^{-3}$)
λ = Wärmeleitfähigkeit ($cal \cdot cm^{-1} \cdot sec^{-1} \cdot {}^\circ C^{-1}$)
σ = Spannung, Gesamtspannung ($N \cdot cm^{-2}$)
σ_n = Normalspannung
σ_1 = größte Hauptspannung
σ_3 = kleinste Hauptspannung
$\bar{\sigma}$ = wirksame Spannung
τ = Schub- oder Scherspannung ($N \cdot cm^{-2}$)
φ = Winkel der inneren Reibung (°)
ψ = Potential ($N \cdot cm \cdot cm^{-2}$)
ψ_g = Gaspotential

ψ_{ges} = Gesamtpotential
ψ_h = Wasserdruckpotential (piezometrisches Potential)
ψ_H = hydraulisches Potential
ψ_m = Matrixpotential
ψ_o = osmotisches Potential
ψ_p = Druckpotential
ψ_w = Wasserpotential
ψ_z = Gravitationspotential
ψ_Ω = Auflastpotential

Einleitung

Der Boden als Teil unserer Umwelt

Die Umwelt, in der wir leben, besteht immer aus dem Luftraum, den Wasserflächen und dem festen Boden. Dabei ist hier das Wort „Boden" in der allgemeinsten möglichen Bedeutung gemeint. Unter dem Begriff „fest" wird der Aggregatzustand im physikalischen Sinn verstanden.

Aus diesem Sachverhalt ergibt sich die grundlegende Bedeutung des Bodens als Substrat, als Standort für alles, was wir tun. Dementsprechend wichtig und interessant ist es, die Eigenschaften dieses Substrats zu erforschen und die Zusammenhänge zu erkennen, die zwischen den verschiedenen Eigenschaften und dem Verhalten unter wechselnden Umgebungsbedingungen bestehen.

Als Lebensraum ist nur der Teil der festen Phase an der Erdoberfläche von Interesse, der in mehr oder weniger intensivem Kontakt mit Wasser und Luft steht. Hierdurch ergibt sich für den Begriff „Boden" eine Einschränkung gegenüber der im ersten Absatz angewendeten Definition. Ein Boden ist dann derjenige Teil des festen Substrats, der im Zusammenhang mit Lebensvorgängen im weitesten Sinn des Wortes von Interesse ist. Er kann also auch Teile umfassen, in denen selbst keine Lebensvorgänge ablaufen. In der Regel handelt es sich dabei immer um einen Bereich, in dem alle drei Phasen, nämlich die gasförmige, die flüssige und die feste aufeinander einwirken.

Diese Definition deckt sich nicht immer ganz mit der klassischen pedologischen Definition. Sie wird aber in den folgenden Kapiteln zugrundegelegt, weil sie die umfassendere ist. Sie erlaubt es, alle Materialien und Entwicklungsstufen in die Betrachtung einzubeziehen, die in irgendeiner Form den vielfältigen Einflüssen ausgesetzt sind, die im Verlauf der Zeit zu einer pedologischen Differenzierung führen.

Sie erlaubt ferner auch diejenigen Mechanismen einzubeziehen, deren Einwirkung auf den belebten Teil des Bodens im Vordergrund des Interesses steht, die aber nur verständlich sind, wenn man sie als Ganzes betrachtet. Dabei müssen wiederum Teile miterfaßt werden, die nicht selbst zum belebten oder biologisch beeinflußten Raum gehören. Dieser Sachverhalt ist in der Schemazeichnung in einer aus dem Raum herausgeschnittenen Ebene dargestellt.

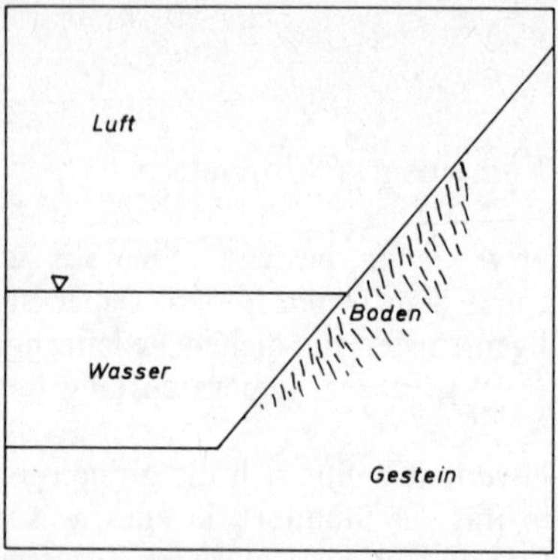

Boden als derjenige Teil des festen Substrats, der im Zusammenhang mit Lebensvorgängen im weitesten Sinne des Wortes von Interesse ist.

Dem Ziel der vorliegenden Abhandlung entsprechend steht hier nicht der Boden oder ein bestimmter Boden als lokalisierbarer und mehr oder weniger eindeutig gegen die Umgebung abgrenzbarer Komplex im Vordergrund, sondern Eigenschaften und Vorgänge. Alle diese Eigenschaften und Vorgänge sind allgegenwärtig. Sie kommen in allen Böden im vorhin definierten Sinn vor. Sie unterscheiden sich von Standort zu Standort nur durch die Beträge und Richtungen und Ansatzpunkte, in diesen Aspekten aber oft sehr stark. Diese unterschiedlichen Faktorenkombinationen führen zu verschiedenen Veränderungsrichtungen. Im Verlauf der Zeit, die selbst eine Eigenschaft bedingt, nämlich das Alter, entsteht dabei ein breites Spektrum von Bodenzuständen und Bodenformen.

Faßt man einen solchen Zustand als Summe aller Eigenschaften auf, dann ist er deckungsgleich mit dem Begriff Bodentyp. Der Name eines Bodentyps ist dann ein Kurzwort für eine bestimmte Kombination von Eigenschaften und Vorgängen.

Aus der großen Zahl der Eigenschaften und Vorgänge, die einen Boden kennzeichnen, sind hier nur einige wenige ausgewählt und näher beschrieben.

Die Bodeneigenschaften

Das Material, aus dem die feste Phase der Erdoberfläche besteht, liegt in der Regel nicht als Kontinuum vor, sondern ist körnig. Dies ist also eine der allgemeingültigsten Eigenschaften, sowohl der anorganischen – aus Gesteinsbruchstücken und Mineralpartikeln bestehenden – Anteile als auch der organischen, die überwiegend aus mehr oder weniger stark zersetzten und umgebauten Pflanzenteilen bestehen. Die Tatsache, daß die Körnigkeit überall in einer erfaßbaren Art vorkommt, und daß sie zudem bei der Betrachtung selbst dem Laien stark auffällt, ist jedoch nicht der einzige Grund dafür, daß sie hier an erster Stelle beschrieben wird.

Sehr wesentlich ist weiterhin der Umstand, daß erst durch die Tatsache der Körnigkeit innerhalb der festen Phase Platz für die flüssige und gasförmige Phase entsteht. Die Art der Körner und ihre relative Größenverteilung beeinflussen die Lagerungseigenschaften und damit auch Größen und Formen der Zwischenräume. Von diesen letzteren wiederum hängt das Verhalten von Wasser, Luft und den mit diesen transportierten Stoffen im Boden ab. Schließlich ist die Korngrößenverteilung eine derjenigen Eigenschaften, die sich im Boden am langsamsten verändert. Dies gilt in erster Linie für die mineralische Komponente. Deshalb wird die organische bei der Bestimmung der Körnung in der Regel nicht berücksichtigt.

Der Platz, der in einem körnigen Material für flüssige und gasförmige Substanzen zur Verfügung steht, ist sowohl von der Körnung der festen Phase als auch von Umgebungsbedingungen abhängig. Denn das körnige Material kann verschieden stark zusammengepreßt oder gelockert werden. Es kann Pressungen und Lockerungen unterschiedlichen Widerstand entgegensetzen. Es kann ferner im Hinblick auf die Korngrößenverteilung durch Sortierung sowie durch Abtransport und Einlagerung von Feinteilchen in grobkörniger Matrix verändert werden.

Lagerungsdichte, Porenvolumen und deren Stabilität sind daher wichtige Bodeneigenschaften.

Das Ergebnis aller Belastungsvorgänge beeinflußt das Verhalten von Wasser und Luft mit ihren Inhaltsstoffen im Porenraum. Wasser- und Lufthaushalt sind also ihrerseits wiederum teilweise von der Körnung, teilweise von der Lagerung und dazu noch von Umgebungsbedingungen abhängig. Denn das Angebot von Wasser kann hinsichtlich der Frequenz und Amplitude wechseln und damit das

Angebot der Luft und deren Zusammensetzung im Boden beeinflussen. In Bewegung befindliches Wasser ist das weitaus wirksamste Transportmittel für Materie innerhalb einer Bodenmatrix.

Hydrostatik und Hydrodynamik im Boden mit allen ihren Parametern sowie Wasser- und Lufthaushalt sind daher wichtige und charakteristische Eigenschaften und Vorgänge.

Wasser- und Lufthaushalt im Boden sind Eigenschaften, die seinen Wert als Standort für Pflanzen sowie für viele andere Nutzungen im Zusammenhang mit Betreten, Befahren, Wasser speichern oder Abdämmen ausmachen. Auch die heutzutage so oft diskutierte Filterfunktion hängt hiermit zusammen.

Aus dem Vorstehenden ist ersichtlich, daß es zwar sehr verschiedene Eigenschaften und Vorgänge sind, die hier auftreten, daß zwischen ihnen aber zahlreiche Wechselbeziehungen bestehen. Daher kann also das Ganze nur von seinen Teilen aus übersehen und verstanden werden und umgekehrt, aber die Teile nur in ihrer Wirkung auf das Ganze.

1. Körnung

Die Einzelteilchen, aus denen die feste Phase des Bodens besteht, sind hinsichtlich ihrer Größen, Formen und Mischungen sehr unterschiedlich. Die vorkommenden Unterschiede sind jedoch nicht willkürlich verteilt, sondern lassen sich nach verschiedenen Gesichtspunkten ordnen, so daß Gesetzmäßigkeiten erkennbar werden (*Köster,* 1964).

1.1. Einteilung

Die mineralischen Bestandteile der Böden liegen als definierte Körner verschiedenster Größen und Formen vor. Bei der organischen Komponente ist es demgegenüber viel schwieriger, Einzelteilchen zu definieren und reproduzierbar zu trennen. Besonders schwierig wird es, wenn beide Komponenten gemischt vorliegen, wie in den A-Horizonten. Es ist daher allgemein üblich, die Körnung zu untersuchen, nachdem die organische Substanz soweit wie möglich zerstört wurde, obwohl sie einen erheblichen Anteil an der Gesamtmasse des Bodens stellen kann. Dieser Anteil kann in einigen Böden sogar den der mineralischen Komponente übersteigen (Moorboden, Dy, Gyttja, Sapropel).

Der Grund für das Weglassen liegt vor allem darin, daß die organischen Teilchen, die ebensowenig wie die anorganischen ein Kontinuum im Boden darstellen, nur schwer reproduzierbar in Größenklassen auftrennbar sind. Da es sich hierbei vorwiegend um Pflanzenreste verschiedenster Abbau- und Umbauzustände handelt, kommen sehr unterschiedliche Sperrigkeitsgrade und mechanische Festigkeiten vor und die Größenverteilung der Partikel wird daher in noch stärkerem Maße als bei der mineralischen Komponente durch den Trennungsvorgang selbst beeinflußt. Für manche Extrapolationen von der Körnung auf andere Bodeneigenschaften entstehen durch diese Vorgehen Fehler. Dies fällt vor allem ins Gewicht, wenn der Anteil der organischen Substanz auf das Volumen bezogen wird, weil ihre Dichte nur etwa halb so groß ist wie die der mineralischen Komponente.

In einigen Fällen tritt der Zersetzungsgrad der organischen Teilchen, d.h. das Ausmaß des Ab- bzw. Umbaues dem Sinn nach an die Stelle der Körnung (Zersetzungsskala nach *v. Post,* s. *Baden, Kuntze* u. Mitarb., 1969).

Im folgenden ist daher auch hier nur die mineralische Komponente gemeint, wenn von Korngrößenverteilungen, oder kurz Körnungen, gesprochen wird.

Außer diesen beiden Bezeichnungen sind noch die Worte Textur und Bodenart im Gebrauch. Das erstere Wort stimmt mit der im angelsächsischen Sprachgebiet üblichen Bezeichnung überein, das letztere ist ursprünglich mit der Körnungsangabe der Reichsbodenschätzung verknüpft, wird aber heute auch unabhängig davon gebraucht.

1.1.1. Korngrößen

Die Größen der in Böden vorkommenden Körner variieren innerhalb eines sehr weiten Bereiches. Die Verteilungen sind nach der einen Seite hin bei den Blöcken offen und ebenso nach der anderen hin bei den feinsten Teilchen kolloidaler Größenordnungen.

Diese weite Spanne wird in Fraktionen eingeteilt, die Kies, Sand, Schluff und Ton genannt werden. Neben diesen in der heutigen deutschen Bodenkunde gebräuchlichen existieren noch eine Anzahl anderer Bezeichnungen, die aber meistens einen Bezug zu einer Form oder einer Verhaltensweise haben, wie z.B. die Worte Grus, Staubsand oder Mehlsand. Auch die Wahl der Grenzen für die genannten Bereiche wird unterschiedlich gehandhabt. Die meisten Variationen treten dabei innerhalb der Fraktionen Sand und Schluff auf. Die obere Größengrenze des Sandes wird weitgehend einheitlich mit 2 mm festgelegt. Die obere Grenze der Tonfraktion wird auch noch überwiegend einheitlich mit 0,002 mm (2 μm) festgelegt, jedoch tauchen hier schon Abweichungen auf. Es ist deshalb oft notwendig, zu einer Korngrößenbezeichnung die verwendeten Grenzen direkt als Zahlenwerte anzugeben.

In Deutschland ist die in Tab. 1-1 angegebene Einteilung der Kornfraktionen üblich und in der DIN 4188 (1957) verankert. Sie beruht auf dem auf *Attenberg* (1908) zurückgehenden logarithmischen System, bei dem ursprünglich nur die Ziffer 2 als Klassengrenze genommen wurde. Jeweils in der Mitte der so entstandenen Klassen wurde später eine weitere Unterteilung eingeführt, die wegen der geometrischen Einteilung auf die Ziffernfolge 63 fällt.
Bei der Wahl der Zahlenwerte für die Fraktionsgrenzen orientierte sich *Atterberg* für die Obergrenze der Sandfraktion an der Korn-

Tabelle 1-1 In Deutschland gebräuchliche Einteilung und Bezeichnung der Körnungsklassen sowie Arbeitsbereiche der gebräuchlichsten Methoden zur Bestimmung der Korngrößen

Größenklasse		Ton (T)			Schluff (U)			Sand (S)			Kies (K)			Steine (St)	Blöcke (Bl)
Untergruppe		fein	mittel	grob	fein	mittel	grob	fein	mittel	grob	fein	mittel	grob		
Äquivalent-durchmesser	(µm)	0,2	0,6	2	6,3	20	63	200	630	2000				$6{,}3\cdot 10^{4}$	$2\cdot 10^{5}$
	(mm)			$2\cdot 10^{-3}$			$6{,}3\cdot 10^{-2}$			2	6,3	20	63		200
Bestimmungs-methoden		Sedimentation m. Zentrifugal-beschleunigung			Sedimentation m. Erdbeschleunigung			Siebung							

größe, oberhalb derer die Körnung unter Freilandbedingungen keinen wesentlichen Einfluß mehr auf die Wasserbewegung hat. Die Obergrenze der Tonfraktion wurde von ihm dort angesetzt, wo Bakterien nicht mehr zwischen dichtgelagerte Körner einzudringen vermögen.

Bei der Bestimmung der Korngrößen taucht die Schwierigkeit auf, wie die Größe von unregelmäßig und zudem unter sich verschieden geformten Teilchen erfaßt werden soll. Gewöhnlich wird anstelle einer derartigen Messung an einem Bodenpartikel ein Ersatzwert angegeben. Dies ist im vorliegenden Fall ein Wert, der die Größe eines regelmäßig geformten Teilchens – einer Kugel – angibt, die sich ebenso verhält wie das zu untersuchende Teilchen. Dieses ist also hinsichtlich seines Verhaltens jener Kugel gleichwertig – äquivalent –. Man spricht daher von einem *Äquivalentdurchmesser* der Bodenteilchen, auch wenn sie sehr stark von einer Kugel abweichende Formen haben.

Die Korngröße ist in der Tabelle als Äquivalentdurchmesser angegeben. Dies ist im Falle der Sedimentation der Durchmeser einer Kugel, die ebenso schnell sinkt wie das untersuchte Teilchen. Im Fall der Siebung entspricht der Äquivalentdurchmesser der größten Länge in der Ebene des kleinsten Querschnitts des Kornes, weil dieses Maß für den Durchtritt durch ein Sieb entscheidend ist, wenn das Korn auf dem Sieb lebhaft geschüttelt wird.

Bei der Bestimmung der Korngrößen entsteht eine zusätzliche Schwierigkeit durch die Aggregierung der Körner. Diese ist umso häufiger und fester, je kleiner die Körner sind und läßt die Böden grobkörniger erscheinen als sie es in Wirklichkeit sind (z.B. Pseudosande). Deshalb müssen Bodenproben vor der eigentlichen Korngrößenanalyse dispergiert werden. Die hierfür notwendigen chemischen Behandlungen führen jedoch je nach der Stärke des dispergierenden Angriffs, vor allem im Bereich der Tonfraktion zu verschiedenen Ergebnissen. Deshalb sind auch hier Konventionen notwendig. Eine weitverbreitete Methode ist die Zerstörung der organischen Anteile mit H_2O_2 und Dispergierung der mineralischen Komponente mit $Na_4P_2O_7$ (*Lüttmer* u. *Jung,* 1955).

Zum Teil werden auch viel aufwendigere Dispergierungsverfahren mit mehreren Aufbreitungsschritten verwendet (*Thun* u. Mitarb. 1955). Neuerdings wird gelegentlich Ultraschall für die Dispergierung herangezogen (*Mattiat,* 1964).

In der landwirtschaftlich orientierten bodenkundlichen Literatur wird oft das gesamte Material < 2 mm, also die Größenklassen Sand, Schluff und Ton der Tab. 1-1 unter der Bezeichnung Feinerde zusammengefaßt.

1.1.2. Kornformen

Ebenso wie die Größen, so variieren auch die Formen der Körner innerhalb weiter Grenzen. Auf der einen Seite treten Formen auf, die der Kugel in Bezug auf Achsenverhältnis und Abrundung nahekommen (Abb. 1-1), andererseits findet man Platten. Dies sind hin-

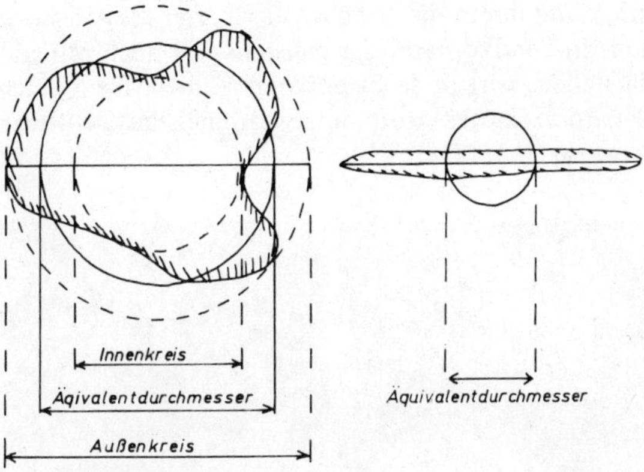

Abb. 1-1 Kornformen und Äquivalentdurchmesser. Letztere sind Ersatzwerte für nicht bestimmbare repräsentative geometrisch definierte Durchmesser. Sie sind schematisch als Kreise eingezeichnet

sichtlich des Verhältnisses zwischen Volumen und Oberfläche die Extremformen. Dazwischen kommen zahlreiche Übergänge vor, sowohl im Hinblick auf das Achsenverhältnis als auch hinsichtlich des Abrundungsgrades.

Die bei der Verwitterung anfallenden Gesteins- und Mineralbruchstücke sind zunächst mehr oder weniger kantig. Im Verlauf von

Transportvorgängen werden sie mehr und mehr abgerundet, wenn sie dabei gegeneinander gerieben und gestoßen werden. Die Abrundung ist besonders wirksam, wenn eine große Masse auf eine punktförmige Berühungsstelle einwirkt, d.h. bei großen Gesteins- oder Mineralkörnern. Sie nimmt außerdem mit der Häufigkeit von Reibung und Stoß zu und ist daher bei längeren Transportwegen stärker ausgeprägt als bei kurzen.

Deshalb findet man besonders starke Abrundungen in den Korngrößenbereichen, die lange rollend und rutschend transportiert wurden, nämlich den gröberen. In Korngrößenbereichen, die vorwiegend schwebend verfrachtet wurden, ist die Abrundung geringer. Sowohl Blöcke als auch Steine, Kies- und Sandkörner können relativ hohe Abrundungsgrade erreichen. Im Bereich der Blöcke und Steine, z.T. auch noch des Kieses, sind diejenigen Formen häufig und oft charakteristisch, die durch die Brucheigenschaften des Gesteins vorgegeben sind. In Sandkörnern, die meistens nur noch Mineralbruchstücke darstellen, tritt diese Eigenschaft zurück. Im Bereich der Schluff-Fraktion ist der Abrundungsgrad meistens deutlich geringer.

Abb. 1-2a-b a) Feinkies (2-6 mm), b) Grobsand (0,6-2 mm) in 11,25-facher Vergrößerung (Aufnahme *Cornelius*)

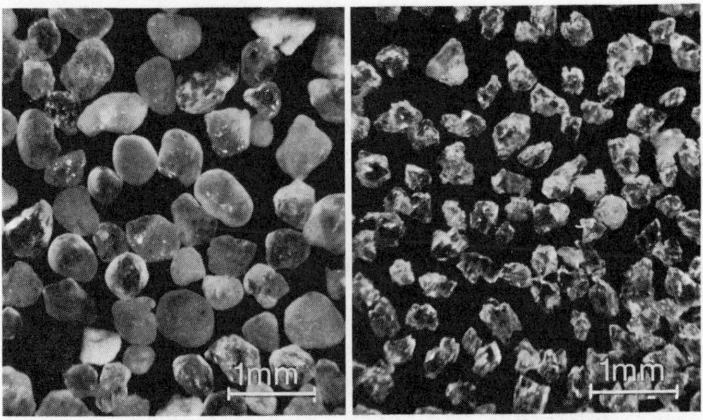

Abb. 1-2c-d Mittelsand (0,2-0,6 mm) c) rund und d) eckig in 11,25-facher Vergrößerung (Aufnahme *Cornelius*)

Formen, die unter dem Mikroskop splittrig bis scherbig aussehen, treten stärker in den Vordergrund (s. auch Abb. 2-7). Im Bereich der Tonfraktion schließlich herrschen, soweit es sich dabei um Tonminerale handelt, plattige Formen vor. Je nach der Art der Minerale sind die Platten dicker oder dünner ausgebildet (Abb. 1-2).

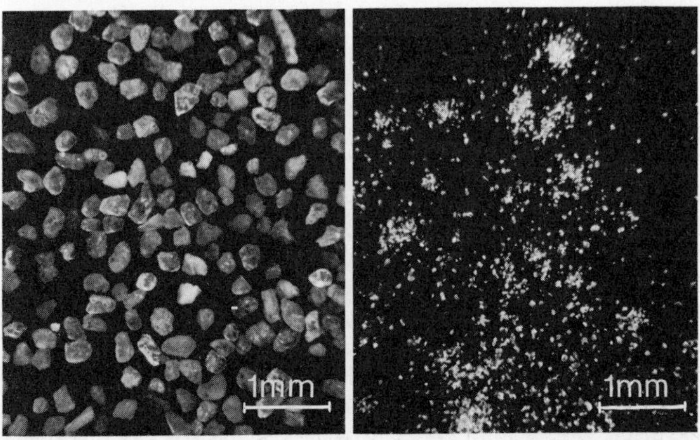

Abb. 1-2e-f e) Feinsand (0,06-0,2 mm), f) Schluff (0,06-0,002 mm) in 11,25-facher Vergrößerung (Aufnahme *Cornelius*)

Abb. 1-2g Ton (0,002 mm) in 6000-facher Vergrößerung (Aufnahme *Knickrehm,* aus *Horn, Knickrehm, Mattiat* (1977))

In Abb. 1-2 sind feiner Kies, die drei Sandfraktionen, sowie Schluff in einheitlichem Maßstab dargestellt. Die Abbildung soll die Größenverhältnisse, aber auch Kornformen veranschaulichen. Die Abbildung des Tons ist sehr viel stärker vergrößert. Sie zeigt den im Vergleich zu den übrigen Korngrößen vollständig anderen Charakter der Primärteilchen dieser Fraktion. Die Formen der Körper sind für manche Verwendungen, vor allem im Bereich des Bauwesens, so wichtig, daß sie bei den Einteilungen besonders betont werden. So werden z.B. scharfkantige, unregelmäßig gebrochene Körnungen im Bereich der Steine und Kiese (s. Tab. 1-1) als Schotter, im Bereich der Kiese auch als Splitt oder Grus bezeichnet. Daneben sind auch noch Körnungsangaben üblich, in denen der Entnahmeort (Flußschotter) des Ausgangsgesteins (Granitgrus) oder die geomorphologische Geländeform (Dünensand) mit genannt wird. Diese Bezeichnungen vermitteln außer Angaben über Korngrößen zugleich noch mehr Informationen über Kornformen, evtl. auch über mineralogische Zusammensetzungen und andere typische Eigenschaften.

1.1.3. Kornmischungen

In der Natur liegen die in den vorigen Abschnitten beschriebenen Kornfraktionen so gut wie nie rein vor, sondern stets in Mischungen. Unter den vielen möglichen Mischungen sind einige häufiger, andere seltener anzutreffen als es bei rein zufallsbedingter Verteilung der Fall wäre.

Zur Beschreibung dieser Mischungen werden Häufigkeitsverteilungen und Summenkurven verwendet. Dabei werden die Anteile der einzelnen Fraktionen im allgemeinen als Massenanteile (y_m) und nicht nach Teilchenzahl erfaßt.

Die weitest verbreitete Darstellung ist die Summenkurve mit den Anteilen in Prozent auf der Ordinate (y). Im Bereich der Bodenkunde wird in der Regel die Durchgangssummenkurve verwendet, die angibt, wie groß der Anteil (y) der Körner ist, deren Durchmesser (d_k) kleiner ist als ein Grenzwert der Korngröße (d_{gr})

$$y = \int_{d_{min}}^{d_{gr}} y_m \cdot dd_k$$

Diese Darstellung hat den Vorteil, daß der Anteil der Körner, deren Größe den Grenzwert unter- bzw. überschreitet, aus der Ordinatenhöhe direkt ablesbar ist, und daß bei der Erstellung Fehler leicht auffallen, weil der Endwert der Kurve mit 100% festgelegt ist und der Ausgangspunkt durch den Wert d_{min} ebenfalls (*Batel,* 1964). In Abb. 1-3 sind einige Beispiele für Summenkurven gezeigt.

Die andere Darstellungsweise, die Häufigkeitsverteilung, ist mathematisch gesehen die Ableitung der Summenkurve. Ihr Maximum liegt beim gleichen Äquivalentdurchmesser wie deren größte Steigung. Die Ermittlung von Anteilen in Bezug auf einen Grenzwert ist hier viel umständlicher als bei den Summenkurven. Sie muß aus den Flächenanteilen unter der Kurve erfolgen. Der Vorteil der Darstellung als Häufigkeitsverteilung liegt darin, daß die Veränderung in den verschiedenen Korngrößenbereichen deutlicher hervortritt. Körnungsanteile außerhalb der beiderseitig abgegrenzten Größen-

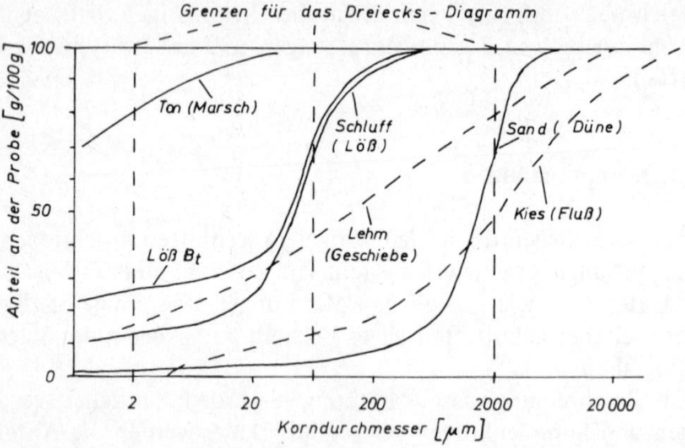

Abb. 1-3 Summenkurven der Korngrößenverteilung für einige Böden. Die drei senkrecht gestrichelten Linien geben die Grenzen für die Ton-, Schluff- und Sandfraktion im Körnungsdreieck in Abb. 1-5 an

klassen, z.B. Angaben < 2 μm können bei einer Häufigkeitsdarstellung leicht als Schwerpunkte mißdeutet werden und werden daher nicht mit dargestellt. In Abb. 1-4 sind für drei Körnungen die Summenkurven und die dazugehörigen Häufigkeitsverteilungen dargestellt. Die geglätteten Kurven sind aus Säulendiagrammen gezeichnet, wie sie bei der Bestimmung der Anteile der verschiedenen Fraktionen anfallen. Für die eine Summenkurve sind die Säulen in der Abbildung angedeutet. Die Kurven beider Darstellungsarten zeigen Material aus einem landwirtschaftlichen Weg und lassen erkennen, in welcher Art der Fahrverkehr die Körner zerteilt. Im vorliegenden Beispiel ist vor allem eine Zunahme im Bereich des Schluffes zu erkennen.

An den Beispielen in Abb. 1-3 kann man ablesen, daß es Korngrößenverteilungen gibt, bei denen die Äquivaldurchmesser aller Körner einander ähnlich sind, wie z.B. im Dünensand, und daß daher außerhalb der vorherrschenden Sandfraktion wenige Körner anderer Größen vorliegen. Solche Körnungen werden als gut sortiert bezeichnet. Beim Löß ist die Einheitlichkeit der Körner schon geringer, aber auch hier ist ein deutliches Häufigkeitsmaximum im Bereich zwischen ~ 100 und 30 μm an der starken Steigung der Kurve

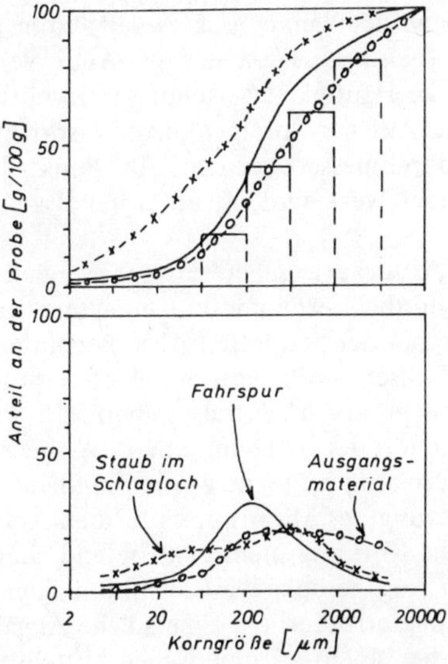

Abb. 1-4 Summenkurven und Häufigkeitsverteilungen von drei Körnungen. Die Beispiele zeigen die Zerkleinerung eines sandigen Substrats auf einem Landwirtschaftsweg infolge der Befahrung. Für die Kurve des Ausgangsmaterials ist das Säulendiagramm eingezeichnet, das bei der Bestimmung entsteht. Die Säulenhöhe zeigt den Anteil, der kleiner ist als die obere Klassengrenze

in diesem Bereich erkennbar. Im Geschiebelehm und im Marschenton ist das Spektrum der vorkommenden Korngrößen offenbar viel größer, die Sortierung also geringer. Alle Kurven der Abb. 1-3 zeigen einen mehr oder weniger S-förmigen Verlauf. Kurven mit zwei Steigungsmaxima sind relativ selten. Sie deuten auf spezielle Entstehungsarten oder Bodenentwicklungsvorgänge hin (s. Abschnitt 1-2).

Die Korngrößenverteilungskurven sind die vollständigste Art der Darstellung. Sie sind zudem von der Wahl der Grenzwerte für die Körnungsklassen bzw. -fraktionen unabhängig. Gelegentlich ist es aber notwendig, eine Körnung durch einen einzigen Kennwert darzustellen. Hierzu können verschiedene Mittelwerte der Korngrößen herangezogen werden. Hier seien nur zwei genannt: der *häufigste Wert,* der dem Äquivalentdurchmesser des Maximums der Häufigkeitsverteilung bzw. des Wendepunktes der Summenkurve entspricht; und der *mittlere (zentrale) Wert,* der den Äquivalentdurchmesser angibt, bei dem die Häufigkeitsverteilung in zwei flächengleiche Teile geteilt wird. Auf der Summenkurve entspricht dieser Wert dem Äquivalentdurchmesser, der dem 50%-Punkt der Ordinate zuzuordnen ist. Dieser Wert wird oft unter der Bezeichnung d_{50} verwendet.

Diese beiden Mittelwerte fallen nur auf die gleichen Äquivalentdurchmesser, wenn die Verteilungskurven symmetrisch sind. Das bedeutet, daß sie bei der gewählten Abszisseneinteilung – hier gewöhnlich logarithmisch – für die Häufigkeitsverteilung Glockenkurven und für Summenkurven zentralsymmetrische Figuren ergeben. Das sind solche, die durch Drehung um 180° um den Zentralpunkt (d_{50}; 50%) zur Deckung gebracht werden können.

Mit der Festlegung des Mittelwertes für den Äquivalentdurchmesser ist aber die Körnung nicht erschöpfend charakterisiert. Vielmehr ist oft eine Angabe über die Gleichkörnigkeit, d.h. über den Grad der Sortierung erforderlich. Eine solche Angabe hat etwa den Aussagewert der bei einem arithmetischen Mittelwert einer Angabe über die Streuung (z.B. die Standardabweichung) zukommt. Hierzu wird bei Böden der sogenannte Ungleichförmigkeitsgrad U errechnet, der das Verhältnis der Korndurchmesser bei 60% und bei 10% der Ordinate der Summenkurve darstellt.

$$U = \frac{d_{60}}{d_{10}}$$

Die Ungleichförmigkeit ist wesentlich für die Verwendung von Körnungen für Bauzwecke, aber ebenso auch für das Verhalten des Bodens gegenüber Wasser, die Veränderbarkeit dieses Verhaltens durch Komprimierung und viele andere Bodeneigenschaften. Der Grund hierfür ist die Ausfüllung aller Zwischenräume zwischen den Körnern mit kleinem Material, die um so vollständiger wird, je größer die Ungleichförmigkeit der Korngrößenverteilung ist.

Die Korngrößenzusammensetzungen in Abb. 1-3 haben folgende Kennzahl:

Kies	d_{50} = 2000 μm	U = 79
Sand	1350	4,3
Löß	41	79
Geschiebelehm	120	465
Marschenton	~ 0,2	n.b.
Löß (B_t-Horizont)	37	n.b.

Der Ungleichförmigkeitsgrad kann Zahlenwerte von über 500 erreichen. Das bedeutet, daß die Körnung wenig sortiert ist. Körnungen mit U < 5 sind sehr gleichförmig bzw. gut sortiert. Im Bereich der Kiese sind U-Werte > 12 für Verwendung als Betonzuschlag erforderlich, U > 36 gilt als ideal (*Kézdi,* 1969).

Um die Körnungssummenkurve zu zeichnen, braucht man eine hinreichende Anzahl von Angaben über die Anteile der einzelnen Fraktionen. Bei großflächiger Arbeit sind diese aber oft nicht beschaffbar, man ist vielmehr auf die Ansprache im Gelände angewiesen, bei der die sicht- bzw. fühlbaren Anteile an Ton, Schluff und Sand berücksichtigt werden. Ein für die Feldansprache geeignetes Schätzungsverfahren ist die Fingerprobe. Sie kann bei einiger Übung zu erheblichen Genauigkeiten führen, vor allem, solange die Tonanteile nicht zu hoch werden (*Schlichting* u. *Blume,* 1966).

Die Darstellung erfolgt in diesem Falle meistens in einem Dreiecksdiagramm (Abb. 1-5), in dem die Anteile der 3 Hauptfraktionen

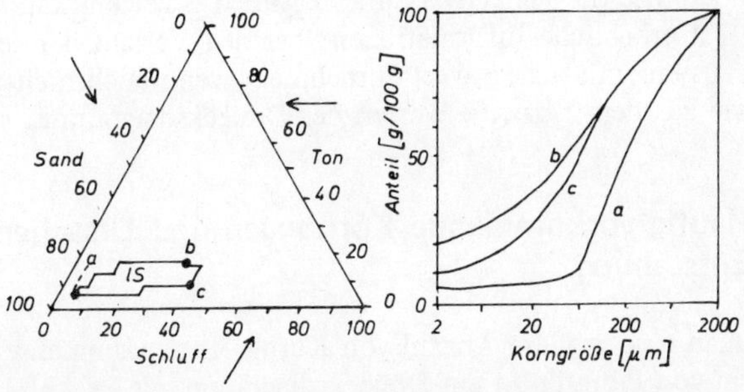

Abb. 1-5 Körnungsdreieck. Dreiphasendiagramm zur Darstellung von Korngrößenverteilungen. Die Pfeile geben die Richtung der Ordinaten für die drei Kornfraktionen an. Das Feld *lS* wurde eingezeichnet. Die Ecken (a), (b) und (c) des Feldes sind im nebenstehenden Diagramm als Summenkurven dargestellt.

Ton, Schluff und Sand auf den Koordinaten eingetragen sind. Die nicht zur Feinerde gehörenden Fraktionen (Kies, Steine, Blöcke) sind allerdings nicht berücksichtigt. Die Schätzung erfolgt durch Ansprache der Bodenart, z.B. als sandiger Lehm (sL). Damit sind die Grenzen der möglichen Korngrößeneinteilung je nach der Art der verwendeten Einteilung im Dreieck festgelegt. Gleichzeitig ist auch der mögliche Verlauf der Summenkurve festgelegt, indem die Eckpunkte des Feldes die extremen Kombinationen der Fraktionen darstellen. Dies ist in Abb. 1-5 für den lehmigen Sand geschehen. Da die Korngrößenverteilungen kontinuierlich sind, kann der Verlauf der Kurve aus den drei Punkten näherungsweise bestimmt werden.

Die Abgrenzung der Felder und damit die Definition der verschiedenen Bodenarten ist konventionell. Daher existieren auch zahlreiche verschiedene Körnungsdreiecke (*Billib,* 1961). Das hier verwendete (Abb. 1-5) ist aus dem Lehrbuch der Bodenkunde von *Scheffer* und *Schachtschabel,* 1976 übernommen. Den meisten Dreiecken ist gemeinsam, daß die Einteilung im Bereich der Sande und Schluffe enger ist als im Bereich der Tone. In sehr vielen Dreiecken taucht der Begriff Lehm für Mischungen mit hohem Ungleichförmigkeitsgrad auf.

Im Bereich der landwirtschaftlich orientierten Bodenkunde wird vielfach der Anteil an Körnern, die kleiner sind als ein bestimmter Grenzwert, zur Kennzeichnung der Bodenart verwendet. In der Reichsbodenschätzung von 1934 wurde hierfür der Anteil $< 10\ \mu m$ festgelegt. Heute wird manchmal der Tonanteil im gleichen Sinne verwendet. Wie die Kurvenverläufe in Abb. 1-3 zeigen, kann man in der Tat erhebliche Informationen über den Verlauf der gesamten Kurve aus einem solchen Wert entnehmen, wenn auch nicht so viele wie aus den 2 bzw. 3 Werten des Dreiecksdiagramms.

1.2. Häufig vorkommende Körnungen und Ursachen für ihre Entstehung

Trägt man eine größere Anzahl von Korngrößenzusammensetzungen in Form von Punkten in ein Dreiecksdiagramm wie in Abb. 1-5 ein, dann erkennt man einige Gesetzmäßigkeiten (Abb. 1-6). So liegen z.B. stets Körnungen im Bereich der Lehme und der mehr oder weniger reinen, d.h. schluff- und tonarmen Sande. Demgegenüber fehlen Tone und Schluffe mit $> 80\%$ fast völlig. Weiterhin haben

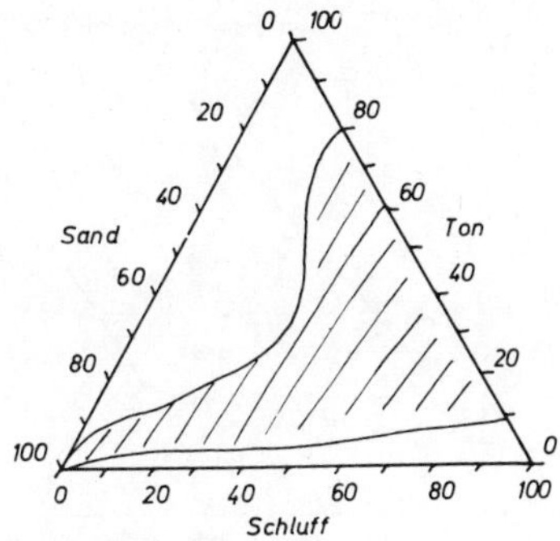

Abb. 1-6 Häufig vorkommende Korngrößenverteilungen. Tonfreie Schluffe, reine Tone und Sand-Tonmischungen sind viel seltener als die anderen Mischungen

Schluffe fast immer mehr als 5-8% Ton. Schluff-freie Mischungen aus Sand und Ton fehlen.

Diese drei Sachverhalte sind eine Folge davon, daß die Körner bei Transport durch Wasser oder Wind sortiert werden. Bei beiden Transportvorgängen kann an einem Ort zu einer Zeit nur eine Geschwindigkeit auftreten. Diese wirkt sich auf die Körner in Abhängigkeit von deren Größe verschieden aus. Die Wahrscheinlichkeit ist dann groß, daß bei häufigerem und daher längerem Transport benachbarte Korngrößen eher zusammenbleiben als entfernte.

Deshalb haben auch Körnungssummenkurven in der Regel eine mehr oder weniger regelmäßige S-Form. Transformiert man diese Kurven auf ein Koordinatensystem mit einer Wahrscheinlichkeitseinteilung auf der Ordinate, dann erhält man annähernd gerade Linien. Das bedeutet, daß eine regelmäßige zufallsbedingte Abweichung um einen Mittelwert vorliegt. Allerdings folgen die Kornverteilungen im Bereich von Fraktionen, in denen in der untersuchten Probe nur wenige Körner vorliegen, oft nicht der *log*-Wahrscheinlichkeits-Transformation. Das führt zu unregelmäßigen Abweichungen am oberen Ende der Kurve. Am unteren Ende sind evtl. auftretende Abweichungen nicht durch geringe Kornzahlen bedingt und somit aussagekräftig. Zur Demonstration dieses Sachverhaltes wurden die Kurven der typischen Körnungen aus Abb. 1-3 in ein solches Wahrscheinlichkeitsnetz eingetragen (Abb. 1-7). Weicht

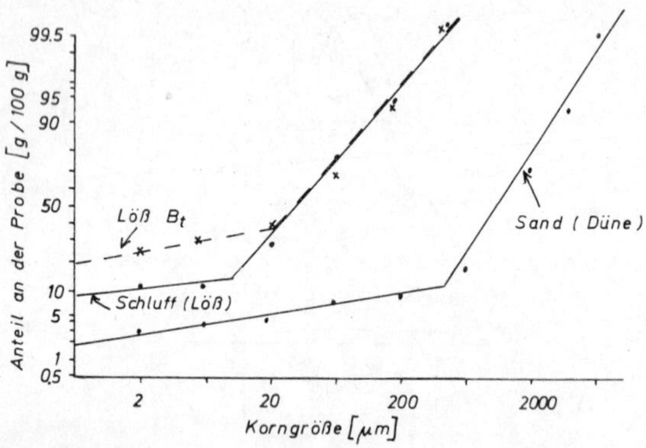

Abb. 1-7 Darstellung von drei der Summenkurven aus Abb. 1-3 mit Ordinateneinteilung als Wahrscheinlichkeitsnetz. In allen Beispielen ist der Anteil an Feinstkörnern größer als es einer Normalverteilung im Sand- bzw. Schluffbereich entspricht. Dies deutet auf Besonderheiten bei der Entstehung dieser Körnungen hin.

die Kurve einer Körnung bei dieser Darstellungsweise stärker von den Geraden ab, dann kann man davon ausgehen, daß die Zusammensetzung nicht aus einem einzigen Vorgang erklärbar ist. Als Ursachen für solche Abweichungen kommen vor allem folgende Vorgänge in Frage: Durchmischung getrennt sedimentierter Schichten, Sedimentation als Aggregat (Pseudosand oder Pseudoschluff), Tonneubildung, Tonverlagerung.

Sedimentation von Tonen in Form von Aggregaten von Schluff- und Sandgröße wurden z.b. als Mechanismus für Dünenbildung aus tonreichem Material in Australien erwähnt (Parna = aeolischer Ton) (*Butler,* 1976; *McIntyre,* 1976).

Die Kurve in Abb. 1-7, die einen Knick zwischen zwei geraden Ästen zeigt, deutet auf eine solche Korngrößenverteilung hin, deren Entstehung auf den Einfluß zweier verschiedener Vorgänge zurückzuführen ist.

1.2.1. Sedimentationsgleichung

Der Sortierungsvorgang, der zur Bildung von Sedimenten aus Sand, aus Schluff oder aus Ton führt, hängt eng mit der Bewegung von

Wasser und Wind zusammen. Korngemische, die unter dem Einfluß anderer Kräfte, z.B. der Schwerkraft (Solifluktion und andere Rutschungen) oder des Vorrückens von Gletschern transportiert wurden, sind weitaus weniger sortiert. Das gleiche gilt auch für Körnungen, die am Ort ihrer Entstehung liegen bleiben.

Die Sortierung kommt dadurch zustande, daß die Körner in Abhängigkeit von ihrer Größe von einer Flüssigkeit oder einem Gas verschieden leicht geschoben oder gerollt werden und in diesen Medien verschieden lange suspendiert bleiben können. Jedes Korn erreicht nämlich beim Fallen in einem solchen Medium eine konstante Endgeschwindigkeit (v), mit der es weitersinkt, sobald der durch Kornumfang (U) und Viskosität der Flüssigkeit (η) aufgebrachte Widerstand ebensogroß wird wie die Kraft des fallenden Teilchens. Wenn man dabei die Masse des Teilchens als Produkt aus Volumen und Dichte ($V \cdot d_F$) ausdrückt, dann erhält man für Kugeln mit einem Volumen von $V = \frac{4}{3} \pi r^3$ und einem Umfang von $U = 2\pi r$ eine Gleichung, die von Stokes (1845) erstmalig formuliert und daher nach ihm benannt wurde.

$$V (d_F - d_W) \cdot g = 3 \cdot U v \eta$$

Nach Einsetzen der Werte für V und U sowie Kürzen und Umstellen ergibt sich die sogenannte *Sedimentationsgleichung*,

$$v = \frac{2}{9} \cdot \frac{r^2 \, g(d_F - d_W)}{\eta}$$

Hierbei ist ($d_F - d_W$) die Dichtedifferenz zwischem dem Korn und dem umgebenden Medium – hier Wasser oder Luft. Die Sinkgeschwindigkeit eines Kornes hängt also mit dem Quadrat des Kornradius zusammen und dieser variiert – wie erwähnt – innerhalb sehr weiter Grenzen. Infolgedessen sind auch die Sinkgeschwindigkeiten sehr verschieden groß. In Tab. 1-2 sind einige Beispiele für Sinkgeschwindigkeiten und Sedimentationszeiten in Wasser von 20°C angegeben.

Die Gleichung geht von kugelförmigen Teilchen aus. Bei Analysen werden damit also diejenigen Teilchen erfaßt, die ebenso schnell sinken wie Kugeln mit dem entsprechenden Durchmesser.

Tabelle 1-2 Sinkgeschwindigkeiten und Sedimentationszeiten für 1,0 cm Sinkstrecke in Wasser bei 20°C

Korngröße (2 r) (mm)	(µm)	Sinkgeschwindigkeit (v) (cm/sec)	Sedimentationszeit für 10 cm
$6 \cdot 10^{-2}$	60	0,3456	28 sec
$2 \cdot 10^{-2}$	20	0,036	4 Min 38 sec
$2 \cdot 10^{-3}$	2	0,00036	7 Std 43 Min

1.2.2. Trennungsvorgänge

Wenn ein Luft- oder Wasserstrom horizontal über einen Boden oder eine Schicht aus Körnern hinwegstreicht, dann wird er an der Grenze dieser Schicht abgebremst. Erfüllt das fließende Medium auch die Porenräume zwischen den Körnern oder Aggregaten des Bodens, so ist die Hemmung dort besonders groß. Die kinetische Energie des Strömungsmittels wird dabei zu einem Teil auf die Körner oder Aggregate des Bodens übertragen, d.h. die Teilchen werden beschleunigt.

Ist die Geschwindigkeit des strömenden Mediums relativ hoch, wie das an der Oberfläche eines Bodens der Fall sein kann, so können die Kräfte, die das Korn oder Aggregat in seiner Lage halten (Gewicht, Reibung, Kohäsion) kleiner werden, als die Kräfte, die auf eine Verlagerung hinwirken (Schubspannung, Strömungskraft).

Die Vorgänge, die zur Beschleunigung eines Bodenteilchens führen, sind kompliziert und unterschiedlich, je nachdem, ob es sich um eine einseitige Anströmung durch das Fließmedium oder um eine Umströmung handelt.

Im ersteren Fall ist die Viskosität des Fließmediums entscheidend. Sie nimmt das Teilchen mitsamt der an ihm festhaftenden unbeweglichen Grenzschicht mit, wenn der Schubwiderstand auf der Unterlage schwächer ist als die Schubkraft, die durch die Bewegung des Fließmediums entsteht. Als Näherung für diesen Mechanismus kann man die Wirkung einer Strömung auf eine Platte als Schubspannung nach der *Newton*schen Gleichung formulieren. Danach ist die Gesamtkraft die Summe der flächenbezogenen Schubspannung (τ):

$$\tau = \eta \frac{v}{y}$$

Hierbei ist η die Viskosität, v die Fließgeschwindigkeit und y der Abstand von der Plattenoberfläche.

Im Fall der Umströmung kommt es zur Verlagerung, wenn die Strömungskraft (K_{Str}) größer ist als der Schubwiderstand auf der Unterlage, d.h. an den Berührungsstellen zu benachbarten Körnern. Für den viskositätsbedingten Bereich kann dies durch die im vorigen Abschnitt erläuterte *Stoke*sche Gleichung beschrieben werden:

$$K_{Str} = 3 \cdot U \cdot v \cdot \eta$$

Im Fall schneller, trägheitsbedingter Strömung kann die folgende, auf *Newton* zurückgehende Formel als Ansatz genommen werden:

$$K_{Str} = c \cdot F \cdot \frac{v^2}{2g} \cdot (d_{Str} \cdot g)$$

Die Symbole haben die gleiche Bedeutung wie die der Sedimentationsgleichung, nämlich F und U = Fläche und Umfang des Kugelquerschnitts, v = Geschwindigkeit, η = Viskosität, d_{Str} = Dichte des Strömungsmittels, g = Erdbeschleunigung, c = Proportionalitätsfaktor (Widerstandszahl). K_{Str} ist die Strömungskraft. Sie wirkt entgegengesetzt zum Schubwiderstand und wird in Kapitel 2 näher erläutert.

Beide Mechanismen begünstigen die horizontale Verlagerung feiner Körner, weil das beharrungsfördernde Gewicht bei zunehmender Korngröße schneller anwächst als die verlagerungsfördernden Parameter wie Oberfläche, Umfang und Querschnittsfläche.

Wenn die Strömungsgeschwindigkeiten so groß werden, daß die Bremsung durch den Boden zu Wirbelbildung führt, dann werden die Körner auch nach oben in das strömende Medium hineingehoben und von diesem aufgenommen. Wie lange sie mit der Geschwindigkeit des strömenden Mediums transportiert werden, hängt von ihrer korngrößenbedingten Sinkgeschwindigkeit und dem Betrag der aufwärtsgerichteten Komponente in der Strömung ab.

Reicht die Aufwärtskomponente der Strömung nicht aus, um die Körner länger suspendiert zu halten, so bewegen sie sich in kürzeren oder längeren Sprüngen. Dabei bringen sie beim Aufschlagen auf den Boden jedesmal neue Körner in Bewegung, die ihrerseits schon stark tangential beansprucht waren, so daß ein kleiner zusätzlicher Anstoß genügt, um die Verlagerung auszulösen.

Eine weitere aufwärtsgerichtete Kraftkomponente entsteht an der Grenzfläche zwischen dem strömenden Medium und der körnigen Schicht, weil in den Poren der letzteren die Strömungsgeschwindigkeit gegenüber der im freien Strom stark vermindert ist.

Die Druckdifferenz, die als Folge dieses Geschwindigkeitsunterschiedes nach dem Gesetz der Energieerhaltung (*Bernoulli*-Theorem) auftritt, läßt einzelne Körner in Richtung des stärksten Druckgefälles also zunächst senkrecht zur Strömungsrichtung abheben (*Bisal* u. *Nielsen,* 1962; *Bisal* 1973).

Diese Mechanismen, die im Kapitel über Erosion (Kap. 10) noch eingehender beschrieben werden, wirken bei fließendem Wasser im Prinzip genauso wie in einer Luftströmung. Nur sind wegen der größeren Dichtedifferenz gegenüber den Bodenteilchen und wegen der geringen Viskosität der Luft bei der letzteren höhere Geschwindigkeiten nötig, um die gleiche Transportwirkung zu erzielen wie mit Wasser.

Da jede Windböe bzw. Flutwelle mit kleiner Geschwindigkeit beginnt und endet, das Maximum aber verschieden groß sein kann, werden die kleineren Körper häufiger und über längere Zeit bewegt als die größeren. Das führt im Laufe der Zeit zu einer räumlichen Trennung der Korngrößen derart, daß die kleineren weiter weg vom Entstehungsort gefunden werden als die größeren. Der Geschwindigkeitswechsel bei Böen und Flutwellen führt weiterhin dazu, daß bei nicht ganz beendeter Sortierung – und das sind die häufigsten Fälle – größere und kleinere Körner in regelmäßigem Wechsel abgelagert werden. Daher sind alle durch Luft- und Wasserströmungen abgelagerten Körnungen mehr oder weniger deutlich geschichtet. Dieses Charakteristikum geht erst im Verlauf der bei der Bodenentwicklung ablaufenden, meist biologisch bedingten Durchmischungsvorgänge verloren.

Wenn durch die beschriebenen Transportmechanismen kleine Teilchen bis zu einer bestimmten Maximalgröße weggeführt werden, dann verändert sich dadurch auch die Körnung im zurückbleibenden Material. Dies führt jedoch nur begrenzt zur Ansammlung einer Rückstandskörnung, weil diese – sobald sie die Oberfläche voll abdeckt – den Abtransport weiteren Feinmaterials hemmt (Steinpflasterbildung) (*Longwell* und *Flint,* 1962).

1.3. Räumliche Verteilung von Körnungen

Die Gesetzmäßigkeiten, die den Transport der Einzelteilchen beeinflussen, haben natürlich auch Auswirkungen auf die räumliche Verbreitung der transportierten Teilchen.

So findet man im Bereich der gravitationsbedingten Massenbewegung, also der Rutschungen und Solifluktionen sowie der Gletscherablagerungen in der Regel wenig sortierte Körnungen, also eher Lehm als ausgesprochene Sande, Schluffe oder Tone.

Weiterhin wird mit zunehmender Entfernung vom Verwitterungsort die Körnung feiner (Abb. 1-8). Das ist natürlich nicht nur eine

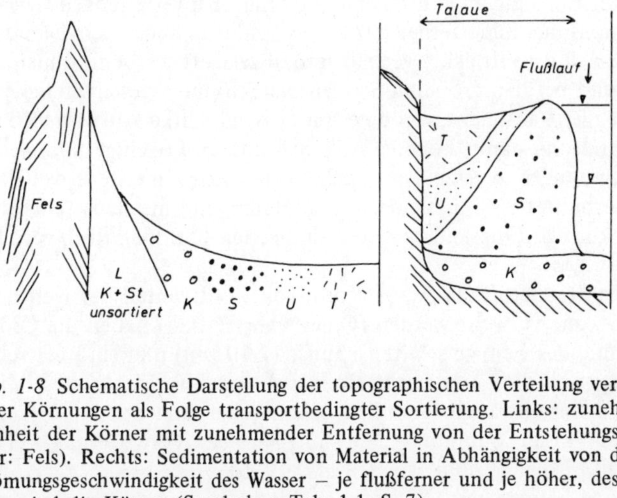

Abb. 1-8 Schematische Darstellung der topographischen Verteilung verschiedener Körnungen als Folge transportbedingter Sortierung. Links: zunehmende Feinheit der Körner mit zunehmender Entfernung von der Entstehungsstelle (hier: Fels). Rechts: Sedimentation von Material in Abhängigkeit von der Strömungsgeschwindigkeit des Wasser – je flußferner und je höher, desto feiner sind die Körner (Symbole s. Tab. 1-1, S. 7)

Folge der Sortierung einer anfangs vorhanden gewesenen Verteilung, sondern gleichzeitig die Folge ständiger weiterer Zerkleinerung und Abschleifung, deren Spuren an den Oberflächen von Steinen, Kies und Sandkörnern deutlich zu sehen sind. Das gilt z.B. in Flüssen vom Oberlauf in Richtung auf den Unterlauf und daher auch für die Ablagerungen der Aue. Ebenso verhalten sich Windablagerungen in Bezug zu ihrem Aufblasungsort, also ebenfalls dem Ort der Verwitterung oder der ersten unsortierten Ablagerung durch Eis.

Die feinen, infolge der Turbulenz homogen im Transportmedium verteilten Partikel setzen sich im wesentlichen erst ab, wenn die gesamte Strömungsgeschwindigkeit und damit die Turbulenz abnimmt. Sie fallen dann in einer gleichmäßigen Schicht aus dem Transportmedium heraus und lagern sich schleierartig ab. Das kann nach dem Nachlassen einer Windböe oder im Wasser eines Überschwemmungsgebietes sein, wo die Fließgeschwindigkeit infolge geringer werdender Wassertiefe abnimmt. Man findet daher oft flußfern und hoch über dem Mittelwasser besonders feinkörnige Ablagerungen (Abb. 1-8). Ein vollständiges Auenlehmpaket ist außerdem aus dem gleichen Grunde von unten nach oben hin immer feinkörniger. Welche Korngrößen dabei vorliegen, hängt im einzelnen ab von der Lage des Bodens im Flußsystem (Unterlauf feiner als Oberlauf) und von den im Einzugsgebiet anfallenden Korngrößenverteilungen. Dieser Mechanismus führt ferner dazu, daß Schluffe, aber auch Feinsande durch Wind weitflächig verteilt und abgelagert werden können, während bei den gröberen Sanden die Strömungsgeschwindigkeit meist nicht ausreicht, um eine hinreichend starke Aufwärts-Komponente und damit höheres Anheben und großflächige und weite Verlagerungen zu erzeugen. Deshalb sind Lösse meistens weitflächiger verbreitet als Flugsande. Die letzteren sind meistens feinkörnig. Grobkörnige Flugsandschichten sind selten und kleinflächiger als die vorigen.

Die Stäube, die in Aerosolform von Kontinenten her weit über die Ozeane verweht werden (Quarz über Hawaii) haben die Größenordnung des Fein- bis Mittelschluffs (2-10 μm) und sind oft relativ kantig, weil die abrundende Rollbewegung fehlt (*Jackson* u. Mitarb., 1971). Das gilt auch für vulkanische Aschen und Stäube, in denen allerdings die Tonbildung dann im Laufe der Verwitterung vielfach schnell erfolgt (*Aomine* und *Wada,* 1966).

Tone können nur in Wasser als Einzelteilchen transportiert werden, denn nur dort ist eine Dispergierung möglich. Die Verlagerung erfolgt jedoch bei ihnen überwiegend in Form von Aggregaten in der Größenordnung des Schluffs. Diese Aggregate werden dann gemeinsam mit oft erheblichen Schluffanteilen abgesetzt. Im Luftstrom wird Ton nur unter trockenen Bedingungen in Form von Aggregaten zusammen mit den entsprechenden gröberen Kornfaktionen verlagert. Im ganzen gesehen sind Tone mit ~ 80% an der Gesamtmenge der Sedimente beteiligt, Sande mit ~ 15% (*v. Bülow,* 1961).

1.4. Veränderungen von Korngrößenverteilungen im Boden

Die Korngrößenverteilung gehört zu den am langsamsten veränderlichen Bodencharakteristika. Sie ist deshalb zur Kennzeichnung, d.h. als Materialkonstante besonders geeignet und aussagefähig. Allerdings gibt es auch hier Veränderungen. Unter diesen spielen Lösungs- und Fällungsvorgänge, Einlagerungen und Auswaschungen eine Rolle, aber auch mechanische Zerkleinerungen kommen vor.

Im Fall der Lösung sind z.B. im humiden Klima wasserlösliche Salze betroffen einschließlich des Gipses und des Kalkes. Fällungsvorgänge kommen vor allem wiederum bei Kalk, daneben bei Eisenverbindungen in Frage. Wenn durch Lösung Teilchen verschwinden, ändert sich die Korngrößenverteilung je nach der Fraktion, der diese Teilchen angehörten. Bei Neuausfällungen entstehen im Gegensatz hierzu zunächst kleine Partikel, die jedoch zu größeren zusammengeballt werden können, so daß sie unter Ausfüllung eines Teiles des Porenvolumens die vorher vorhandenen Bodenteilchen umschließen. Diese neuen Partikel werden für die Routineanalyse meistens zerstört und beeinflussen das Körnungsspektrum dann nicht. Die Notwendigkeit einer Zerstörung dieser Teilchen muß vom Aussageziel der Untersuchung her beurteilt werden. Mit eingelagerten Substanzen wird in der Regel ähnlich verfahren, wenn sie organischen Ursprungs sind, d.h. sie werden vor der Körnungsanalyse zerstört.

An mineralischen Teilchen werden im Boden vor allem Ton, selten Schluff und Sand verlagert. Hierdurch entstehen Korngrößenverteilungen, die sehr charakteristische Formen der Summenkurven aufweisen können, wie z.B. hohe Tonanteile in schluff- und sandreichen Substraten. Auch die Form der Körnungssummenkurven vieler Auenböden, die einen sehr geringen Sortierungsgrad anzeigen, ist oft eine Folge davon, daß zahlreiche, schmale, dicht aufeinanderliegende Schichten durch Bodenentwicklungsvorgänge vermischt wurden oder aber bei der Probeentnahme gemeinsam erfaßt wurden. In Abb. 1-3 ist als Beispiel die Summenkurve eines B_t-Horizontes einer Löß-Parabraunerde eingetragen. Diese Kurve weicht von der gestreckten S-Form der Lößkurve dadurch ab, daß sie offenbar ein zweites Häufigkeitsmaximum enthält, das im Bereich der Tonfraktion liegt.

Körnungssummenkurven von Marschböden zeigen ebenfalls gelegentlich im Bereich der feinen Fraktionen Verteilungen, die nicht durch einen einheitlichen Sedimentationsvorgang erklärlich sind

(*Hebestreit,* 1957). Hier spielt wahrscheinlich auch die Ablagerung in aggregierter Form eine Rolle, wobei die Primärteilchen erst bei der labormäßigen Dispergierung als Ton in Erscheinung treten.

Bei den groben Fraktionen kann die mechanische Zerkleinerung von Körnern zuweilen eine Rolle spielen. In Fahrspuren ist sie die Regel. Sie führt zu einer Verkleinerung der mittleren Korngröße (d_{50}) und zu einer Zunahme des Schluffanteils (vgl. Abb. 1-4).

1.5. Beziehungen zu anderen Bodeneigenschaften

Die Korngrößenverteilung ist dasjenige Charakteristikum des Bodens, das am allgemeinsten bekannt ist. Es bildet daher auch stets den Inhalt der ersten Ansprache und ist in der Regel in der ersten Information inbegriffen, die für jegliche Arbeit mit oder an Böden erhältlich ist.

Dies ist zum Teil eine Folge davon, daß eine Reihe anderer Bodeneigenschaften mit der Körnung eng korrelieren. Es hat seinerseits aber zur Folge, daß diese Zusammenhänge wegen der relativ leichten Zugänglichkeit von Aussagen über Körnungen besonders interessant sind. Besonders auffallend und daher bekannt sind die Zusammenhänge zwischen der Korngrößenverteilung und dem Wasserhaushalt. Jedermann weiß, daß Wasser in einem Sand meistens schnell versickert, in einem Ton dagegen meistens nicht, und daß Sandböden als Pflanzenstandort trocken sind. Man kann also aus der Kenntnis der Korngrößenzusammensetzung innerhalb gewisser Grenzen auf diese Bodeneigenschaften schließen. Dies ist vor allem für die praktische Anwendung bodenkundlicher Parameter wichtig.

Die Wasserleitfähigkeit hängt mit der Körnung in der in Abb. 1-9 gezeigten Weise zusammen. Die Beziehung ist durch ein Band und nicht durch eine Linie dargestellt, weil es sich um Schätzwerte mit begrenzter Genauigkeit handelt. Die Abbildung deutet auch den Sachverhalt an, daß die Bodenentwicklung bei feinkörnigem Boden zu einer Zunahme der Werte über den durch die Körnung vorgegebenen Betrag hinausführt. Gefügebedingte hohe Wasserleitfähigkeiten treten natürlich vor allem in A- und B-Horizonten auf. Diese durch Gefügeentwicklung bedingte Zunahme ist aber im Fall von Beanspruchungen oft nicht beständig. Wie groß die Bedeutung der Körnung in diesem Zusammenhang ist, ist daran zu erkennen, daß die Dränabstandsbestimmung in der DIN-Norm

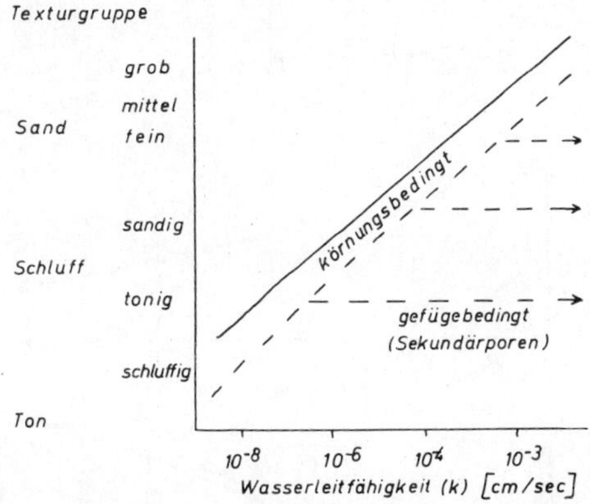

Abb. 1-9 Zusammenhang zwischen Wasserleitfähigkeit und Körnung. Feinere Körnungen können infolge der Bodenentwicklung Wasserleitfähigkeiten erhalten, die denen grober Sande entsprechen. Diese hohen Werte sind meistens Kennzeichen leicht zerstörbarer Strukturen

(DIN 1185) auf einer Körnungsangabe basiert, sofern eine Messung in einem Bohrloch wegen fehlenden Grundwassers nicht möglich ist.

Eine weitere Bodencharakteristik, die mit der Körnung eng zusammenhängt, ist die Wasserspannungskurve. Der Zusammenhang ist durch eine enge Korrelation zwischen Wassergehalt und Korngrößenanteil im Bereich der Tonfraktion gekennzeichnet. Im Bereich der Sand- und Kiesfraktion ist der Zusammenhang wiederum durch die Bodenentwicklung beeinflußt. Dieser Einfluß ist durch die Lagerungsdichte erfaßbar. Daher ist in Abb. 1-10 die Darstellung auf einen bestimmten Bereich begrenzt. Die beiden Teile der Abbildung können zur nomographischen Bestimmung der Wasserspannungskurve verwendet werden. Für andere Bereiche der Lagerungsdichte gibt es analoge Nomogramme (*Hartge,* 1969). Der Zusammenhang ist auch rechnerisch darstellbar (*Renger,* 1971; *Husz,* 1967).

Die Festigkeit als klassische Struktur- bzw. Aggregatstabilität oder auch als allgemeine mechanische Belastbarkeit aufgefaßt, wird ebenfalls durch die Körnung sehr stark beeinflußt. Die Methoden, mit denen diese Eigenschaften erfaßt werden, sind aber sehr vielfältig und haben oft nur einen engen Arbeitsbereich. Deshalb ist bisher keine so weit in den Vordergrund gerückt, daß hinreichend

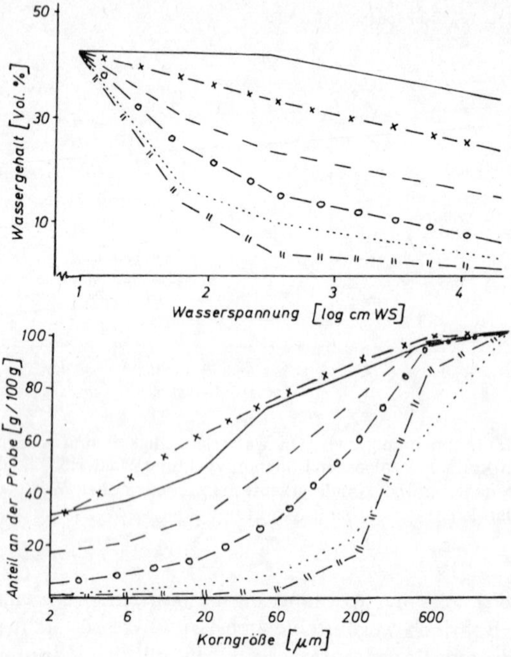

Abb. 1-10 Zusammenhang zwischen Korngrößenverteilung und Wasserspannungskurve. Das dargestellte Nomogramm gilt für Böden mit Lagerungsdichten von d_B = 1,54 bis 1,51 und Gehalte an organischem Kohlenstoff von weniger als 1,2%

genaue Näherungen des Zusammenhanges mit der Körnung über einen ausreichend breiten Meßbereich vorliegen, um eine Darstellung in Nomogramm-Form zu rechtfertigen.

Auch Aussagen über chemische Bodeneigenschaften kann man aus Korrelationen mit Korngrößenverteilungen erhalten. Dies gilt natürlich nur für solche, die mit den Mineralkomponenten ursächlich verknüpft sind, z.B. für die Austauschkapazität, nicht aber für die Art des Ionenbelags. Wie im Fall der vorher genannten Parameter spielt auch hier eine durch die Bodenentwicklung bedingte Eigenschaft eine starke Rolle, nämlich Art und Menge der eingelagerten organischen Substanz (*Renger,* 1965).

1.6. Bestimmungsmethoden

Wegen der großen Spanne, über die sich die Korngrößen in Böden erstrecken, ist es nicht möglich, den gesamten Bereich mit einer einzigen Methode zu erfassen (Tab. 1-1). Bei den groben Fraktionen ist die Siebung am einfachsten. Mit abnehmender Korngröße wird aber bei Sieben der Draht- bzw. Festflächenanteil der Siebplatten im Vergleich zu den Löchern immer größer. Dazu kommt, daß die oft unregelmäßigen Kornformen der Schluff-Fraktion das Verklemmen in den Sieböffnungen fördern. Daher ist dem Sieben bei etwa 50 - 100 μm praktisch eine Grenze gesetzt.

Im Bereich zwischen etwa 60 und 1 μm ist die Sedimentation im Schwerefeld die bequemste Arbeitsweise. Bei größeren Körnern werden die Voraussetzungen hinsichtlich des Sinkvorgangs nicht erfüllt, weil Turbulenzen auftreten können, und bei kleinen, weil die länger werdenden Sedimentationszeiten Anlaß zu mehr Störungen infolge Erschütterungen und Konvektionsströmungen im Sedimentationsgefäß geben. Auch beginnt hier die Brown'sche Wärmebewegung der Moleküle des Sedimentationsmediums zu stören. All dies kann eingeschränkt werden, indem im Bereich der Tonfraktion anstelle der Erdbeschleunigung eine stärkere Beschleunigung in einem Zentrifugalfeld verwendet wird.

Wegen der Verklebungen und Aggregierungen, die vor allem im Bereich der feinen Fraktionen eine Rolle spielen, ist, wie anfangs erwähnt, eine lösende Vorbehandlung nötig.

Desgleichen muß die Suspension unter Umständen stabilisiert werden, damit sie bei der Sedimentation nicht koaguliert. Beides geschieht in der Regel gemeinsam durch Vorbehandlungen, die je nach Art der Verklebung und der Ladung der Kolloide verschieden sind. Die Ergebnisse der Körnungsanalyse sind im Bereich der Tonfraktion und des Feinschluffs erheblich von der Art dieser Vorbehandlung abhängig. Deshalb ist es notwendig, die Einzelheiten der konventionell festgelegten Verfahren genau einzuhalten, bzw. die verwendete Vorbehandlung genau zu beschreiben.

Die Bestimmung von Korngrößenverteilungen hat auch im Bereich der Technik große Bedeutung. Daher gibt es neben bodenkundlichen Büchern (*Schlichting* u. *Blume,* 1966; *Köster,* 1964) auch technische Methodenbücher (*Batel,* 1964). Gerätemäßig besonders einfache Arbeitsweisen sind bei *Hartge* (1971) dargestellt.

1.7. Literatur

Atterberg, A. (1908): Mitt. Landw. Vers. Stat. 69, 93, Berlin

Aomine, S., K. Wada (1966): Soil. Sci. a. Plant. Nutr. 12, 73-79

Baden, W., H. Kuntze, I. Niemann, G. Schwertfeger, F.J. Vollmer (1969): Bodenkunde, Lehrbuch für Ingenieur-Schulen. Ulmer, Stuttgart

Batel, W. (1964): Einführung in die Korngrößenmeßtechnik. Springer, Heidelberg/Göttingen

Billib, H. (1961): Z. Kulturtechn. u. Flurber. 2, 30-41

Bisal, F., K.F. Nielsen (1962): Canad. J. Soil. Sci. 42, 81-86

Bisal, F. (1973): Canad. J. Soil. Sci. 53, 481-482

Bülow, K. v. (1961): Geologie für Jedermann. 7. Aufl. Kosmos, Stuttgart

Butler, B.E. (1976): Austral. J. Soil. Res. 14, 225-226

DIN 1185 (1970) des Fachnormenausschusses Wasserwesen

Hartge, K.H. (1969): Z. Kulturtechn. u. Flurber. 10, 20-27

Hartge, K.H. (1971): Die physikalische Untersuchung von Böden. Enke, Stuttgart

Hebestreit, H. (1957): Die Küste 6, 103-124

Horn, R., E. Knickrehm, B. Mattiat (1977): Catena (im Druck)

Husz, G. (1967): Z. Pflanzenern. u. Bodenkunde 116, 23-28

Jackson, M.L., T.W.M. Levelt, J.K. Synes, R.W. Rex, R.N. Clayton, G.D. Sherman, G. Uehara (1971): Proc. Soil Sci. Soc. America 35, 515-525

Kézdi, A. (1969): Handbuch der Bodenmechanik, Bd. I. Bodenphysik. VEB-Verlag Bauwesen, Berlin

Köster, E. (1964): Granulometrische und morphometrische Meßmethoden. Enke, Stuttgart

Longwell, C.R., F.R. Flint (1962): Introduction to physical geology. 2. Aufl., Wiley a. Sons, New York

Lüttmer, J., L. Jung (1955): Notizbl. Hess. Landesamt f. Bodenforschung 83, 282

Mattiat, B. (1964): Beitr. Mineralog. u. Petrogr. 10, 216-224

McIntyre, D.S. (1976): Austral. J. Soil. Res. 14, 227-236

Renger, M. (1971): Z. Pflanzenern. u. Bodenkunde 130, 53-67

Renger, M. (1965): Z. Pflanzenern. u. Bodenkunde 110, 10-26

Scheffer, F., P. Schachtschabel (1976): Lehrbuch der Bodenkunde. 9. Aufl. Enke, Stuttgart

Schlichting, E., H.P. Blume (1966): Bodenkundliches Praktikum. Parey, Hamburg/Berlin

Thun, R., R. Herrmann, E. Knickmann (1955): Die Untersuchung von Böden. Bd. I, 3. Aufl. Neumann, Radebeul/Berlin

2. Gefüge, Statik und Dynamik der Lagerung

Die im vorigen Kapitel beschriebenen Körner bzw. Kornmischungen finden wir als Ausgangsmaterial für die Bodenentwicklung in verschiedener Weise abgelagert, wobei die Eigenschaften der Körner einen entscheidenden, aber nicht den einzigen Einfluß auf die Lagerung haben. Die Art der Ablagerung hat ihrerseits Einfluß auf verschiedene Verhaltensweisen und Eigenschaften des Bodens.

In diesem Kapitel werden die durch Körnung und Art der Ablagerung bedingten Gefügearten und deren Veränderung im Verlauf der Bodenentwicklung beschrieben. Dabei wird zunächst von den visuellen Befunden der Freilandbeobachtung ausgegangen und danach von der am einfachsten bestimmbaren Eigenschaft, nämlich der Lagerungsdichte.

2.1. Morphologie des Bodengefüges

Wenn man das Gefüge (= Struktur) eines Bodens im Freiland betrachtet, findet man, daß alle auftretenden Formen sich in drei Gruppen – und Übergangsformen zwischen diesen – einteilen lassen. Die wesentlichen Kennzeichen dieser drei Gruppen sind die Arten des Zusammenhaltens der Bodenteilchen.

Wenn die Teilchen lose und unabhängig voneinander liegen, wie im Unterboden von Sandböden, spricht man von einer *Einzelkornstruktur.* Wenn alle Teilchen zu einer homogenen Masse verkleben, wie im Unterboden feuchter Schluffe oder junger Tonsedimente, spricht man von einer *Kohärentstruktur.* Ist die kohärente Masse oder die homogene Einzelkornstruktur in mehr oder weniger typisch geformte Stücke zerteilt, spricht man von einer *Aggregatstruktur.*

Sehr oft findet man in den Böden Übergänge zwischen diesen Strukturformen, z.B. kann ein Teil der Einzelkörner zu Aggregaten verklebt sein, die neben freien Einzelkörnern vorkommen können, oder die Aggregierung einer kohärenten Bodenmasse ist so schwach ausgeprägt, daß Zweifel über die Zuordnung auftreten.

Das Dreiecksdiagramm der Abb. 2-1 zeigt die bevorzugt auftretenden Veränderungsrichtungen sowie die bodenkundlichen Horizonte, in denen die verschiedenen Zustände bevorzugt vorkommen. Einzelkorn- und Kohärentstrukturen stellen, wie das Schema erkennen läßt, Ausgangszustände dar, während eine weitgehende

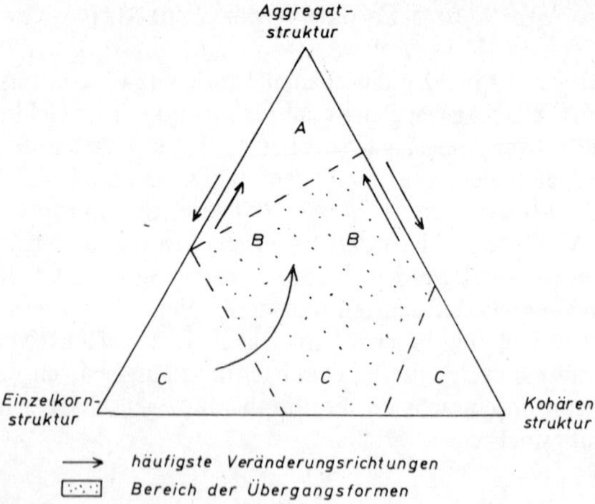

Abb. 2-1 Schema der Entwicklungsrichtungen des Bodengefüges. Die Blockbuchstaben geben an, für welchen pedologischen Horizont der betreffende Bereich besonders typisch ist (verändert nach *Mückenhausen*, 1963)

Aggregierung des Körnermaterials ein Zeichen einer fortgeschrittenen Bodenentwicklung ist. Dementsprechend enthalten die A-Horizonte meistens besonders zahlreiche Aggregate. Das bedeutet bei Einzelkonstrukturen des Ausgangsmaterials (C-Horizont) eine weitgehende Verklebung der Teilchen zu Aggregaten und bei Kohärentstruktur des Ausgangsmaterials (C-Horizont) eine Aufteilung in besonders kleine Aggregate. In Abb. 2-2 ist die Aggregierung in einem Profil für jeden der beiden Extremfälle schematisch dargestellt. Bei ursprünglich in Einzelkornstruktur vorliegendem Material geht die Aggregierung oft in ein Zwischenstadium über, in dem das Bodenmaterial zunächst etwas an Kohärenz gewinnt. Bei ursprünglich kohärentem Material beginnt die Aggregierung gewöhnlich mit senkrechten, weit auseinanderliegenden Rissen. Die Zahl der Risse nimmt dann zu, ebenso die Verschiedenheit ihrer Richtungen. Im eigentlichen Oberboden (oberer Teil des A-Horizonts) sind die Aggregate oft durch biologische Vorgänge bewegt worden oder entstanden und daher mehr oder weniger abgerundet.

Die Entstehung einer Aggregatstruktur bedeutet im Vergleich zu den beiden Ausgangsformen eine Veränderung der ursprünglich

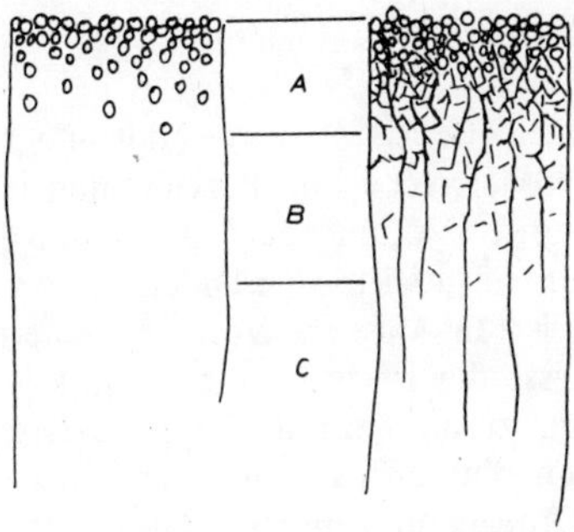

Abb. 2-2 Schema der Gefügeentwicklung in einem Sandboden (links) und einem Tonboden (rechts). In beiden nimmt die Intensität der Veränderung des Gefüges des C-Horizonts nach oben hin zu: Im Sand durch Zunahme der Verklebung zu Aggregaten, im Ton durch Aufteilung zu immer kleineren Aggregaten

bei der Mehrzahl der Teilchen überall gleichen Zuordnung zu dem Nachbarteilchen. Jedes Teilchen wird dabei an benachbarte im gleichen Aggregat stärker gebunden als an die übrigen. Die Lagerung der Bodenmatrix ist daher im aggregierten Zustand heterogener als im kohärenten bzw. in der Einzelkornstruktur. Eine Zerstörung des aggregierten Zustands besteht daher stets in einer Homogenisierung der Lagerung. Je nach der Art der Ausgangsstruktur kann damit eine Volumenzunahme oder -abnahme verbunden sein. Der erstere Vorgang kommt bei feinkörnigem Boden oft vor, während der andere vornehmlich bei grobkörnigen Böden auftritt.

Die Aggregate verschiedener Bodentypen und -horizonte haben oft besonders typische Formen und Größen, die Rückschlüsse auf die Spannungsverteilungen innerhalb der Bodenmatrix im Verlauf des Schrumpfungsvorgangs erlauben (s. Kap. 3 und Abb. 3-9). Sie werden hier nicht im einzelnen beschrieben, weil in dem Lehrbuch der Bodenkunde von *Scheffer* und *Schachtschabel* (1976) ausführliche Darstellungen vorliegen.

2.2. Lagerungsdichte, Dichte des Bodens

Die Lagerungsdichte der Böden ist besonders einfach zu bestimmen, und zwar sowohl im Labor an möglichst ungestört entnommenen

Proben als auch im Freiland mit dafür ausgearbeiteten Methoden (*Hartge*, 1971).

Deshalb wird diese Größe oft verwendet und hat dementsprechend eine Reihe von verschiedenen Bezeichnungen. Besonders häufig werden die Begriffe Volumengewicht, Raumgewicht, scheinbare Dichte oder auch Schüttdichte verwendet.

In allen Fällen ist die Masse je Volumeneinheit gemeint, und zwar meist die Masse der Festsubstanz allein, seltener die Masse der festen Substanz zusammen mit der des Wassers. Die Masse der Luft in dem Bodenvolumen wird stets vernachlässigt, ebenso wie der Einfluß von Druck und Temperatur.

Die Lagerungsdichte bzw. Dichte des trockenen Bodens gibt an, wieviel Festsubstanz in einer Volumeneinheit enthalten ist. Da Böden aus körnigem Material bestehen, ist die Raumausfüllung mit fester Substanz stets unvollständig und daher ist die Dichte des Bodens immer niedriger als die desjenigen Minerals bzw. des Materials, das den größten Anteil der festen Phase darstellt.

Dies gilt natürlich auch für die Dichte des nassen Bodens, da alle Bodenmateriale höhere Dichten haben als das Wasser. Die Dichte von Böden, deren Mineralkomponente hauptsächlich aus Quarz und anderen Bestandteilen des Granit oder aus Kalk besteht, ist daher stets kleiner als ~ 2,65, die eines organischen Bodens stets kleiner als ~ 1,2.

Unterhalb dieser Grenze variieren die vorkommenden Werte sehr stark. Die Bereiche, in denen sie am häufigsten liegen, sind in Tab. 2-1 angegeben.

Tab. 2-1 Häufigste Werte für Lagerungsdichte, Porenvolumen und Porenziffer der Böden (105°C trocken)

	d_B (g/cm^3)	PV bzw. n (%)	PZ bzw. ϵ
Sandböden	1,67 bis 1,19	37 bis 55	0,58 bis 1,22
Lehmböden	1,96 " 1,19	26 " 55	0,25 " 1,22
Schluffböden	1,53 " 1,19	42 " 55	0,72 " 1,22
Tonböden	1,32 " 0,92	50 " 65	1,0 " 1,85
Organ. Böden	0,48 " 0,12	60 " 90	1,5 " 9,0
Vulkan. Aschen	0,48 " 0,12	60 " 90	1,5 " 9,0

Der Zahlenwert der Lagerungsdichte wird nicht nur für die Berechnung des Porenanteils verwendet, sondern auch selbständig gebraucht, vor allem im Bereich des Bauwesens. Weiterhin ist er bei bodenkundlichen Auswertungen notwendig, z.B. wenn die meist als Gewichtsanteile anfallenden Wassergehaltsangaben auf das Bodenvolumen bezogen werden sollen oder wenn Gewichte von Bodenvolumina berechnet werden müssen.

Die Dichte des Bodens (Lagerungsdichte d_B) gibt wie alle Dichteangaben ein Verhältnis von Masse (m) zu Volumen (V) an.

$$d_B = \frac{m}{V}$$

Sie ist mit der in der Bodenkunde am weitesten verbreiteten Lagerungsangabe, dem sogenannten Porenvolumen (PV oder n) durch die folgende Bezeichnung verknüpft

$$d_B = d_F\,(1 - n) \text{ bzw. } n = 1 - \frac{d_B}{d_F}$$

wobei d_F die Dichte der festen Bodenbestandteile ist.

2.3. Porenvolumen und Porenziffer

Das Porenvolumen, oder richtiger ausgedrückt der Porenanteil, ist der im Hinblick auf die Bodenstruktur am häufigsten verwendete Parameter in der Bodenkunde. Dichtewerte werden meistens auf diesen Wert umgerechnet. Das Porenvolumen, in der bodenkundlichen Literatur oft als PV abgekürzt, ist, wie die Dichte, ein Verhältnis einer Meßgröße zum Gesamtvolumen (V_{ges}). Nur ist hier anstelle der Masse der Volumenanteil des nicht mit Festsubstanz (V_F) gefüllten Raumes ($V_{ges} - V_F$) (Abb. 2-3) gemessen worden. Daher gilt:

$$n = \frac{V_{ges} - V_F}{V_{ges}} = 1 - \frac{V_F}{V_{ges}}$$

Da man anstelle der Volumina die Dichten verwenden kann, gilt auch

$$n = 1 - \frac{d_B}{d_F}$$

Die Werte fallen als Brüche an, werden aber üblicherweise als Prozent des Gesamtvolumens ausgedrückt (Tab. 2-1). Die Bezeichnung Porenvolumen ist etwas irreführend, denn es handelt sich ja nicht um ein absolutes Volumen, sondern um einen dimensionslosen Anteil. Der Begriff ist aber eingeführt und sei deshalb im allgemein bekannten Sinn gebraucht. Er hat vor dem der Dichte den Vorteil größerer Anschaulichkeit.

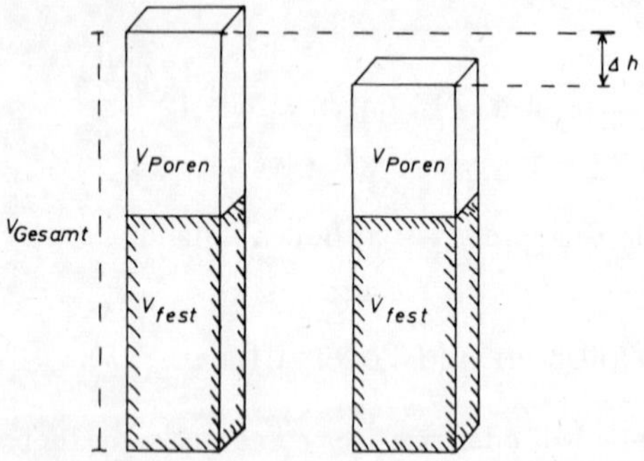

Abb. 2-3 Das Gesamtvolumen eines Bodens als Summe von Porenanteil und Feststoffanteil. Bei Veränderung der Lagerungsdichte ändert sich auch die Höhe (Δ h). Dies ist bei der Wahl der Bezugsgröße zu beachten: das Gesamtvolumen (Basis für PV) ist nicht konstant, wohl aber das Feststoffvolumen (Basis für PZ)

Eine weitere Meßzahl, die vor allem in der Bodenmechanik verbreitet ist, ist die Porenziffer (PZ bzw. ϵ); bei ihr ist das Volumen der Poren auf das Festvolumen bezogen.

$$\epsilon = \frac{V_{ges} - V_F}{V_F}$$

Dies hat, wie Abb. 2-3 erkennen läßt, den Vorteil eines nicht veränderten Bezugswertes. Die Zahlengrößen sind in Tab. 2-1 eingetragen. Sie sind dem pflanzenbaulich orientierten Bodenkundler ungewohnt, im Bauwesen aber verbreitet. Dies hängt damit zusammen, daß Umlagerungen von Böden, sowie Lockerungen und Verdichtungen größeren Ausmaßes bis vor kurzem ausschließlich im Bereich des ingenieurmäßigen Bauwesens betrieben wurden.

Der Zusammenhang der Porenziffer mit dem Porenvolumen läßt sich wie folgt beschreiben:

$$\epsilon = \frac{n}{1 - n} \quad \text{oder} \quad n = \frac{\epsilon}{1 - \epsilon}$$

2.3.1. Theoretische Größen von Porenvolumina

Um die in Tab. 2-1 angegebenen Zahlenwerte zu beurteilen, ist es zweckmäßig, sich zu vergegenwärtigen, wie die Raum- und Hohlraumverteilungen im Prinzip aussehen. Als Modell können dabei Kugeln und andere geometrische Körper in verschiedenen Größen herangezogen werden.

2.3.1.1. Einfluß von Form und Sortierung. Werden Kugeln gleicher Größe in die dichtest mögliche Lagerung gebracht, so wird die größte Raumerfüllung erreicht, wenn bei regelmäßiger Anordnung je Kugel 12 Kontakte mit benachbarten Kugeln vorliegen.

Diese je nach der Reihenfolge der Schichten als kubisch dichteste oder hexagonal dichteste Packung bezeichnete Anordnung ergibt unabhängig von der Korngröße Porenvolumina von etwa 26%.

Solche regelmäßigen Packungen werden bei den in der Natur vorkommenden Schüttungen selbst in gut sortierten, d.h. relativ gleichkörnigen Sanden natürlich nie erreicht. Man findet vielmehr überwiegend Porenvolumina zwischen ~ 38 und 42%. Die dazugehörigen Kornpackungen sind unregelmäßig angeordnet und weisen Kontaktzahlen von ~ 5-9 je Korn auf.

In natürlichen Böden liegen keine gleichen Korngrößen vor, die Teilchen sind auch keine Kugeln. Daher ist es zweckmäßig, die grundsätzlichen Wirkungen von Verschiedenheiten in Größen und Formen der Körner zu untersuchen.

Dabei zeigt sich bei Versuchen an binären und ternären Kugelgemischen, daß zunehmende Variabilität in der Größe der Teilchen die Porenvolumina verkleinert (Abb. 2-4). Man kann dies durch

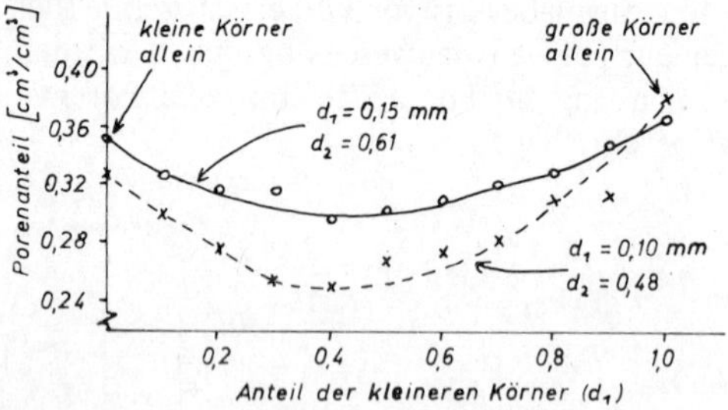

Abb. 2-4 Einfluß der Mischung von 2 verschiedenen Größenklassen kugeliger Körner auf den Porenanteil (PV). Das Minimum liegt umso tiefer, je unterschiedlicher die beiden Korndurchmesser (d_1 und d_2) sind (Nach *King* aus *v. Engelhardt,* 1960)

Beobachtungen an Böden bestätigen, wo ebenfalls bei der geringsten Sortierung, wie z.B. im Geschiebe- oder Solifluktionsmaterial die dichtesten Lagerungen auftreten können. Wie groß dieser Einfluß sein kann, erkennt man an der praktischen Bedeutung des Ungleichförmigkeitsgrades von Boden- bzw. Erdmaterial im Bauwesen (*Kézdi,* 1969).

Für binäre Gemische ist es möglich, die dichtesten Porenvolumina aufgrund der Mischungsanteile beider Komponenten vorauszusagen, wie die Kurven in Abb. 2-4 zeigen. Bei ternären Gemischen und vor allem bei noch mehrgliedrigeren wird das jedoch zunehmend schwierig (*Staple,* 1975).

Entgegengesetzte Wirkung hat in der Regel eine Abweichung von der Kugelform, solange die Einzelteilchen unregelmäßig angeordnet sind, also keine bevorzugte Orientierung auftritt und vor allem, wenn verschiedene Formen vorliegen. Man kann sich davon ein anschauliches Bild machen, wenn man auf einer abgegrenzten Fläche versucht, Karton- oder Holzscheibchen zu engen „Packungen“ zusammenzuschieben. In Abb. 2-5 ist das Ergebnis solcher Versuche dargestellt. Wie der Verlauf der Kurven zeigt, nimmt der Porenan-

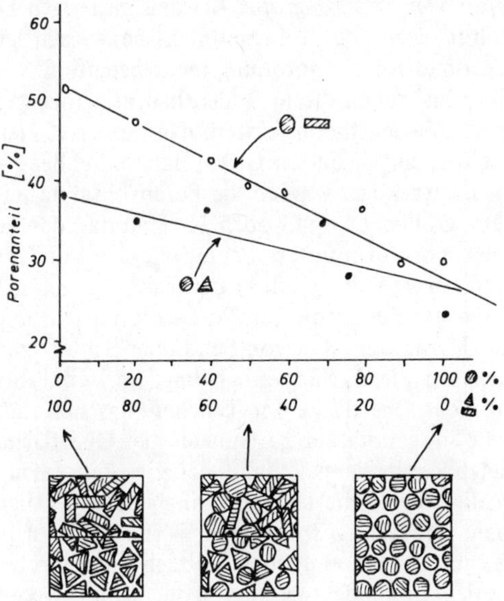

Abb. 2-5 Einfluß der Mischung von 2 verschiedenen Kornformen auf den Porenanteil (PV). Je kreisunähnlicher die Teilchen, desto größer ist das PV. Die Kreisscheiben haben die dichteste Lagerung (Modellversuch mit Scheiben in einer Ebene)

teil zu, wenn man einer aus kreisförmigen Scheibchen bestehenden Packung steigende Mengen an Teilchen anderer Formen zufügt.
Der Anstieg ist bei den Stäbchen als Beimengung größer als bei den Dreiecken, weil die letzteren in ihrer Form der Kugel ähnlicher sind als die ersteren. Die verhältnismäßig kleinen Porenvolumina bei 100% Kreisscheiben in der Abbildung sind eine Folge davon, daß die Versuche in einer Ebene durchgeführt wurden. Die Porenvolumina im Raum sind wegen der größeren Abstützungsmöglichkeiten im dreidimensionalen Raum größer. Der starke Einfluß der Form spiegelt sich in den Untergrenzen der häufigsten Werte in Tab. 2-1 wider, wo für Tone, organische und vulkanische Böden die höchsten Porenvolumina angegeben sind. Der besonders kleine Mindestwert bei Lehmböden in dieser Tabelle ist eine Folge der starken Verschiedenheit der Korngrößen (hoher Ungleichförmigkeitsgrad).

2.3.1.2. Einfluß der Teilchengröße. Bei den bisherigen Überlegungen war die absolute Größe der Teilchen nicht berücksichtigt worden, weil sie die geometrische Anordnung nicht beeinflußt.

Vergleicht man jedoch die in Böden hauptsächlich gefundenen Porenvolumina mit den theoretischen, dann erkennt man, daß in Abhängigkeit von der absoluten Größe doch erhebliche Unterschiede bestehen. In der Regel werden die Porenvolumina mit abnehmender Korngröße größer. Dies gilt auch für Material, das sich nicht so deutlich in der Kornform unterscheidet wie Sand und Ton (vgl. Abb. 2-5) und spiegelt sich auch in der Tab. 2-1 wider. Die Werte für die Untergrenze der häufigsten Porenvolumina nehmen dort mit abnehmender Korngröße, d.h. von Sand über Schluff zum Ton zu.

Die Ursache für diesen Sachverhalt liegt im Verhältnis zwischen der Masse und der Oberfläche der Teilchen, das sich mit abnehmender Korngröße immer stärker zu Gunsten der Oberfläche verändert. Die Grundsätzlichkeit dieses Zusammenhangs kann man aus den Formeln für die Oberfläche und den Inhalt eines geometrischen Körpers sehen. Wie Tab. 2-2 für einen Würfel zeigt, ist die Veränderung schon im Bereich einfacher Vielfacher der Größeneinheit deutlich. Die Unterschiede zwischen Sand, Schluff und Ton sind aber nicht einfache Vielfache, sondern Größenordnungen (z.B.: mS:mU:mT ≈ 400:12:0,4) und wirken sich daher noch viel stärker aus.

Tab. 2-2 Verhältnis zwischen Oberfläche und Volumen bei einem Würfel

	Kantenlänge (d)					
	0,01	1	2	3	4	5
Oberfläche ($6 \cdot d^2$)	$6 \cdot 10^{-3}$	6	24	54	96	150
Volumen (d^3)	$1 \cdot 10^{-6}$	1	8	27	64	125
$(6 \cdot d^2) / d^3$	600	6	3	2	1,5	1,2

Diese Veränderung des Verhältnisses von Volumen zu Oberfläche hat zur Folge, daß auch die mit der Masse wirkenden Kräfte im Vergleich zu den auf die Oberfläche wirkenden zurücktreten. Die erstere ist in der Regel fast ausschließlich die Schwerkraft, die alle Körner möglichst weit zum Erdmittelpunkt hinziehen möchte.

Sie führt daher zur Dichtlagerung, zum Zurseitepressen von beweglichen Medien zwischen den Körnern und daher zu Korn-zu-Korn-Kontakten bei allen grobkörnigen Böden. Die an den Oberflächen wirksamen Kräfte führen im Gegensatz hierzu zur Anziehung benachbarter Masseteilchen. Dies sind in der Regel nicht die benachbarten Bodenteilchen, sondern viel eher Wasser oder Luft. Die Folge davon ist, daß in feinkörnigen Böden Kornkontakte selten und die Abstützung auf tragende Wasserfilme die Regel ist.

2.3.2. Einfluß der Bodenentwicklung

Aus der Tab. 2-1 ist schließlich noch ein weiterer Sachverhalt erkennbar, nämlich daß die häufigsten Werte für die Obergrenze der Porenvolumina weit weniger als die der Untergrenzen von der Körnung abhängen. Im Verlauf der Bodenentwicklung werden also offenbar die Eigenschaften der Körnung stark von anderen Eigenschaften überprägt, die es den Körnern ermöglichen, in einer lockereren Lagerung zu verharren, als es dem Ausgangsmaterial möglich war.

Diese Eigenschaften werden in den folgenden Abschnitten ausführlich beschrieben. Hier sei nur kurz auf die Entwicklungsrichtungen hingewiesen.

In grobkörnigen Böden, in denen Korn-zu-Korn-Kontakte überwiegen, wird im Verlauf der Bodenentwicklung Material neu gebildet, das reibungserhöhend wirkt. Es kann sich dabei sowohl um organische als auch um anorganische Partikel oder Filme handeln. In Gegenwart derartiger Substanzen kann Bodenmaterial, das auf irgendeine Art – meist durch biologische Vorgänge – angehoben worden ist, in seiner höheren und daher lockeren Lagerung unter Bedingungen verharren, unter denen das Ausgangsmaterial längst wieder auf die ursprüngliche Lagerungsdichte zusammengesackt wäre. Die Folge ist z.B. bei Sandböden eine Zunahme des Porenvolumens bei gleichzeitiger Anhebung der Bodenoberfläche (z.B. Braunerdebildung aus Sand). Wird das stabilisierende Material im Verlauf der Bodenentwicklung abgebaut oder wegtransportiert, so stürzt eine ehemals lockere, d.h. hohe Lagerung bei Belastung leicht wieder ein (z.B. Podsolierung nach Braunerdebildung aus Sand). Eine nähere Beschreibung des Vorgangs ist im Lehrbuch für Bodenkunde von *Scheffer* und *Schachtschabel* (1976) gegeben. Die

Menge der Substanzen, die diese Veränderungen verursachen kann, ist oft sehr klein. Ihre Wirksamkeit wird aber stark erhöht, wenn sie im Verlauf wiederholter Austrocknungsvorgänge in die unmittelbare Nähe der Kornkontakte gebracht wird. Dies ist schematisch in Abb. 2-6 dargestellt (*Rigole* und *De Bisschop,* 1972).

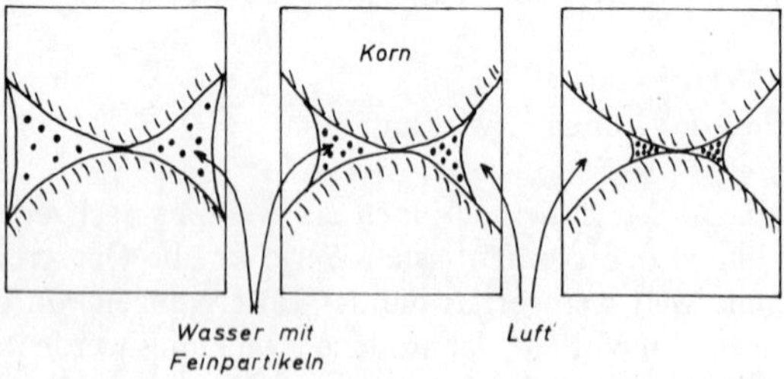

Abb. 2-6 Stabilisierung eines Gefüges durch Austrocknung. Durch Zurückrücken der Menisken werden Feinpartikel in der Nähe der Kontaktstelle konzentriert (Nach *Rigole* und *De Bisschop,* 1972)

In feinkörnigen Böden, in denen bei kohärenter Struktur in der Regel keine Kornkontakte vorliegen, wird im Verlauf der Bodenentwicklung nach und nach ein Teil des porenfüllenden bzw. absorbierten Mediums, also meist des Wassers, entfernt. Die Abstützung erfolgt daher in steigendem Maße auf immer weniger bewegliche Teile dieses Wassers. Die Teilchen rücken dabei immer näher aneinander und die Abstützung wird immer fester. Der durch das Aneinanderrücken freiwerdende Raum bildet flächige Poren, die Schrumpfungsrisse. Die Gesamthöhe einer Bodenschicht nimmt beim Schrumpfen stets ab, daher sinkt die Bodenoberfläche. Dieser Sachverhalt ist bei jungen tonreichen Ablagerungen wie Marschen wichtig.

Wie Tab. 2-3 zeigt, sinkt die Bodenoberfläche um so tiefer ab, je mächtiger die schrumpfende Schicht ist. Die Zahlen der Tabelle geben eine hypothetische Situation wieder, in der das Material der gesamten zu berücksichtigenden Schicht als gleichmäßig stark entwässert angenommen wird. Wird statt dessen angenommen, daß die Verkleinerung des Porenvolumens, die der Berechnung zugrunde-

Tabelle 2-3 Höhenabnahme bei Verkleinerung des Porenvolumens, bzw. der Porenziffer (PV – PZ-Abnahme gleichmäßig über die ganze Schichtmächtigkeit, Anteile ausgedrückt als Höhen in cm)

Anfangshöhe (Gesamt)			20 cm			50 cm			100 cm		
	Porenvolumen PV (%)	Porenziffer PZ (–)	Boden (cm)	Poren (cm)	Höhenabnahme (cm)	Boden (cm)	Poren (cm)	Höhenabnahme (cm)	Boden (cm)	Poren (cm)	Höhenabnahme (cm)
Anfangswerte	80	4	4	16	0	10	40	0	20	80	0
	70	2,33	4	9,3	6,7	10	23,3	16,7	20	46,6	33,4
	60	1,5	4	6	10	10	15	25	20	30	50
Endwerte	50	1	4	4	12	10	10	30	20	20	60

liegt, nur an der Bodenoberfläche vorliegt und nach unten hin linear abnimmt, um in der Tiefe von 20, 50 bzw. 100 cm vollständig aufzuhören, dann wird immerhin noch die Hälfte der in der Tabelle angegebenen Höhenabnahme erreicht. Die Berechnung erfolgt unter Berücksichtigung aller Volumenanteile einschließlich der gröbsten Risse.

Im Verlauf der Entwässerung werden die Aggregate schließlich so fest, daß sie gegeneinander verschoben werden können, ohne aneinander zu kleben. Hierbei werden die ursprünglich scharfen Kanten allmählich abgerundet und die Lagerung kann, ähnlich wie bei einem grobkörnigen Boden, lockerer werden, wenn die Aggregate sich gegeneinander abstützen.

Eine nähere Beschreibung der Gefügeveränderungen ist wie bei den grobkörningen Böden im Lehrbuch der Bodenkunde von *Scheffer* und *Schachtschabel* (1976) gegeben.

Wenn man versucht, die Rechnungen nachzuvollziehen, die den Werten der Niveauabsackung in Tab. 2-3 zugrundeliegen, dann erkennt man, wie vorteilhaft die Kenntnis der Porenziffer (PZ oder ϵ) ist, weil man kaum ohne Berücksichtigung des unveränderlichen Feststoffanteils auskommt.

2.4. Porengrößenverteilungen

Die in den vorigen Abschnitten beschriebenen Poren durchziehen einen Boden in der Art eines dreidimensionalen Netzes. Da die feste Phase aus separaten Körnern besteht, gibt es keine blind endenden Poren. Es kann aber sehr wohl vorkommen, daß die Zwischenräume zwischen zwei Partikeln so eng werden, daß sie an dem wichtigsten Vorgang im Boden, am Transportgeschehen in den übrigen Teilen des Porensystems, praktisch nicht teilnehmen.

Wenn man die feste Phase des Boden als eine Matrix, also eine mehr oder weniger stark raumerfüllende Masse ansieht, dann ist das Porensystem die Hohlform dieser Matrix. Die Vorgänge im Porensystem, wie Wasser- und Luftbewegungen und damit verbunden Lösungs-, Ausfällungs-, Erosions- und Akkumulationsvorgänge, sind so stark von der Form und Größe der Passagen innerhalb der Bodenmatrix abhängig, daß diese näher charakterisiert werden müssen.

2.4.1. Einteilungen

Ebenso wie die Korngrößen erstrecken sich die Porengrößen über mehrere Größenordnungen. Im Gegensatz zu den festen Bodenteilchen ist es dagegen nicht möglich, einzelne Poren abzugrenzen, weil ein Kontinuum vorliegt und zudem die Formen sehr mannigfaltig sind (Abb. 2-7 und 1-2). Größenangaben über Poren in Böden müssen daher zwangsläufig noch stärker an die Konvention der Messung gebunden sein als Angaben über Größen der festen Partikel.

In Abb. 2-7 sind einige Beispiele für Poren und damit auch für die Gefügeformen gezeigt. Der Sand läßt die geringe Zahl der Kornkontakte erkennen. Die Körner scheinen im Bild zu schweben, wenn diese Kontakte vor oder hinter der Bildebene liegen. Der aggregierte Ton des A_p-Horizontes zeigt die Formenvielfalt der

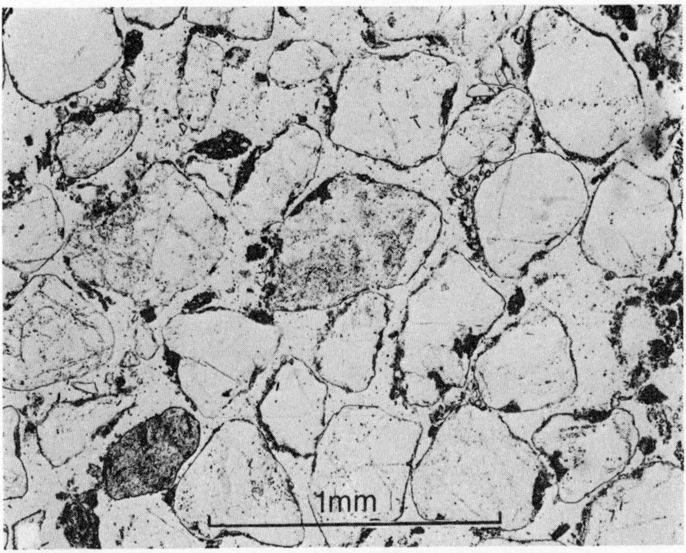

Abb. 2-7a Mittel bis Grobsand in lockerer Einzelkornstruktur, 40-fach (B-Horizont einer podsoligen Braunerde, Oberfläche mit dünnen tonig-humosen Filmen) (Aufnahme *Altemüller,* 1960a)

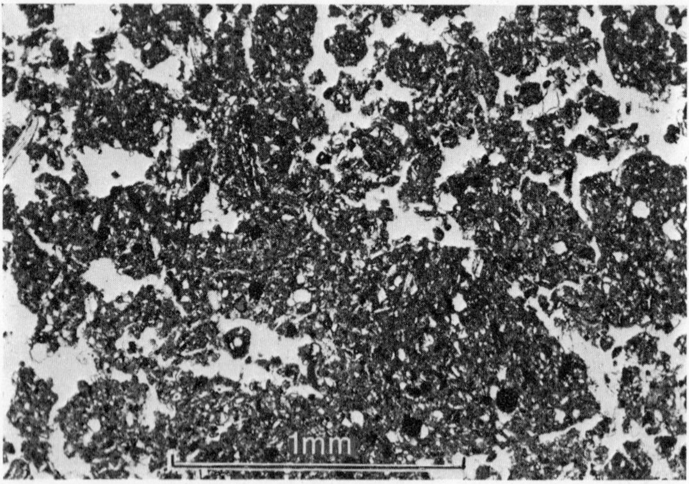

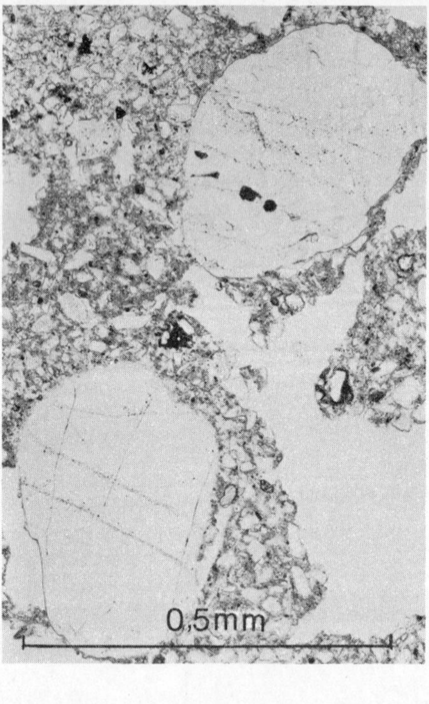

Abb. 2-7b Stark aggregierter, schluffreicher, humoser Ton, 40-fach (A_p-Horizont einer Mullrendzina mit Terra fusca-Material) (Aufn. *Altemüller*, 1960b)

Abb. 2-7c Sandig schluffiger Lehm, 100-fach (A_p-Horizont einer Braunerde aus Kolluvium) (Aufn. *Altemüller*, 1974)

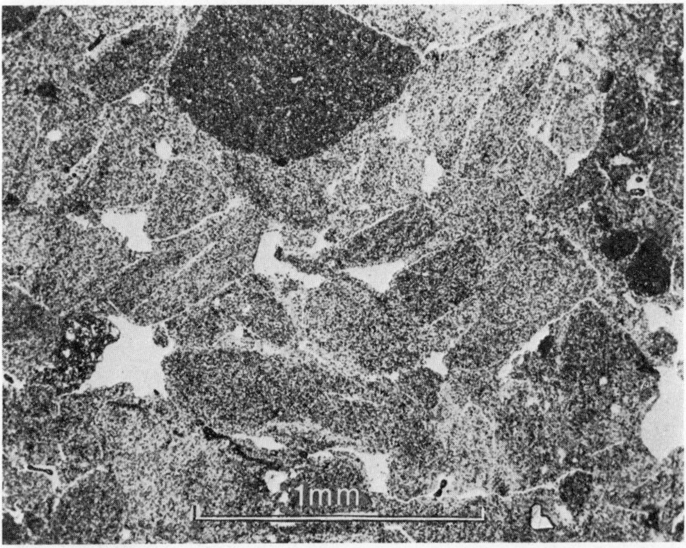

Abb. 2-7d Breccienähnliches Aggregatgefüge, 40-fach (C-Horizont eines wenig verwitterten carbonatreichen Schiefertons – Gipskeuper) (Aufn. *Altemüller,* 1960a)

Sekundärporen deutlich. Im sandig-schluffigen Lehm sind diese Poren noch einmal zu sehen, außerdem auch noch die im Vergleich zu den Sandkörnern wenig abgerundeten Schluffpartikel. Das Beispiel des carbonatreichen Schiefertons zeigt ein Gefüge aus abgerundeten Aggregaten, die aus einer dichten Tonmatrix bestehen. Die rasterelektronenmikroskopische Aufnahme schließlich zeigt die ungeordnete, unregelmäßige Hohlräume bildende Lagerung der Tonplättchen.

Eine visuelle Bestimmung von Größen und deren Verteilungen ist wegen der erwähnten Eigenschaften schwierig und zwar, wie Abb. 2-7 verdeutlicht, sowohl in dem mit bloßem Auge als auch in dem nur unter dem Mikroskop sichtbaren Bereich. Die Unregelmäßigkeit der Formen und das Vorliegen eines Kontinuums im Porensystem sind deutlich zu erkennen. Ein indirektes Maß für den Anteil gröbster Poren gibt die Aggregierung, denn je kleiner Aggregate sind, desto häufiger sind Zwischenräume zwischen ihnen und damit gröbste Poren vorhanden.

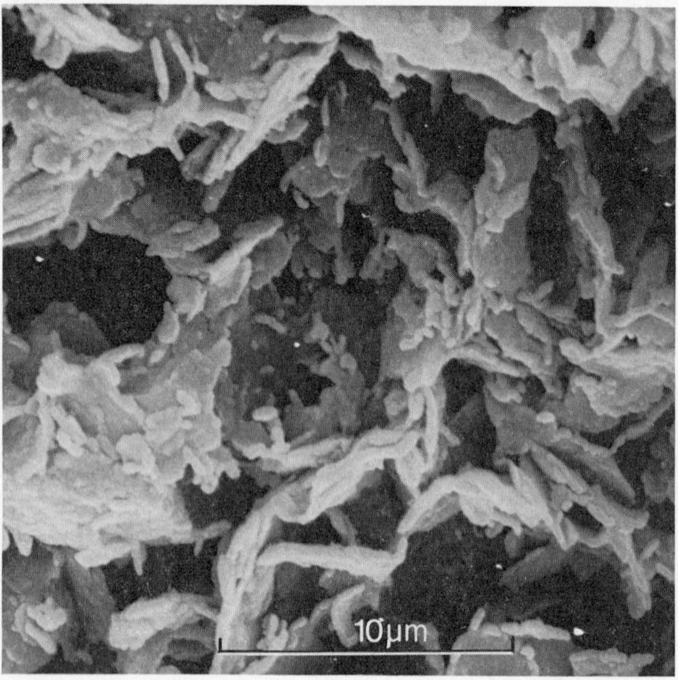

Abb. 2-7e Lias-Ton, 4000-fach (C-Horizont eines Pseudogley-Pelosols nach Verknetung und Teil-Entwässerung) (Aufn. *Knickrehm,* aus *Horn* und Mitarb., 1977)

Wegen dieser Schwierigkeiten wird ähnlich wie im Fall der Körnung ein Ersatzdurchmesser relativ häufig verwendet, und zwar der *Äquivalentdurchmesser.* Ein Äquivalentdurchmesser ist hier der Durchmesser einer Kreiskapillare, unter deren Meniskus bei vollem Kapillaraufstieg der gleiche Unterdruck herrscht, wie in der Bodenpore (Abb. 2-8). Der Meniskus im Boden muß dabei weder kreisförmig sein, noch muß die Pore an den Seiten dicht sein. Dieser Äquivalentdurchmesser (d_a) ist aus der Wasserspannung errechenbar, wenn diese in Form einer Aufstiegshöhe (h) angegeben ist, z.B. in cm WS.

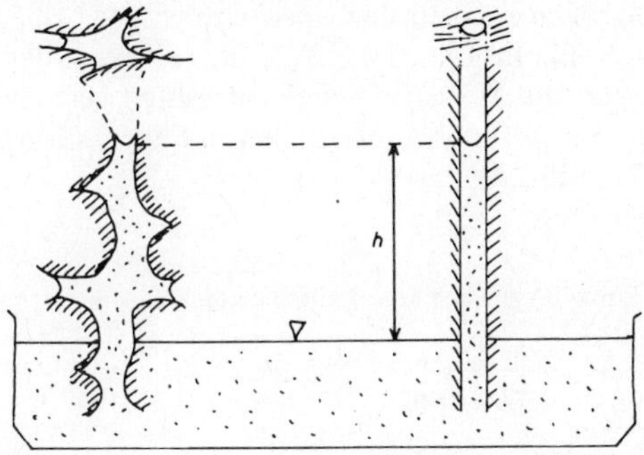

Abb. 2-8 Der Äquivalentdurchmesser einer Bodenpore als Ersatzwert. Er gibt den Durchmesser der ebenen Kreiskapillare an, in der der Kapillaraufstieg (h) ebenso hoch ist wie in der betreffenden Bodenpore

Hierfür wird die bekannte Gleichung des kapillaren Aufstiegs in Röhrchen mit kreisförmigem Querschnitt (Radius r) verwendet.

$$r = \frac{2 \cdot \gamma \cdot \cos \alpha}{h \cdot d_W \cdot g}$$

In dieser Gleichung sind γ und d_W die Oberflächenspannung und die Dichte des Wassers, α der Benetzungswinkel und g die Erdbeschleunigung.

Die Wasserspannungskurve selbst ist dann eine Summenkurve der Äquivalentdurchmesser. Sie gibt die Porengrößenverteilung an und ist in dieser Hinsicht ein Analog zur Körnungssummenkurve (vgl. Kap. 4). Die Abbildung läßt erkennen, daß der Meniskus bei Be- und Entwässerung an verschiedenen Engpässen Halt machen würde. Dies ist eine wesentliche Ursache für die Hysteresis der Wasserspannungskurven (s. Kap. 4) und führt dazu, daß es einer Konvention über die Arbeitsweise bei ihrer Bestimmung bedarf. In der Regel – und auch im vorliegenden Text – wird dabei von Entwässerungskurven ausgegangen, wenn es nicht ausdrücklich anders erwähnt ist. Da die Lagerung der Böden in erheblichem Maß von der letzten Austrocknung, der früheren stärksten Austrocknung und anderen Beanspruchungen und Lasten abhängt, ist die Porengrößenverteilung eines Bodens keine Konstante.

Die Porengrößen wurden der Übersichtlichkeit halber in mehrere Bereiche eingeteilt. In Tab. 2-4 ist die im Lehrbuch der Bodenkunde von *Scheffer* und *Schachtschabel* seit Jahren verwendete Einteilung gegeben. Sie geht auf Vorschläge von *Sekera* (1951) und *De Boodt* (1957) zurück.

Tabelle 2-4 Einteilungen der Porengrößenbereiche

Bezeichnung	Äquivalent-durchmesser (μm)	Wasser-spannungs-bereich (cm WS)	Orientierungs-grundlage
weite Grobporen	>50	$6 \cdot 10^1$	Feldkapazität (häufigste Werte)
enge Grobporen	50 - 10	$6 \cdot 10^1$ bis $3 \cdot 10^2$	Feldkapazität (höchste Werte)
Mittelporen	10 - 0,2	$3 \cdot 10^2$ bis $1,5 \cdot 10^4$	permanenter Welkepunkt
Feinporen	<0,2	$1,5 \cdot 10^4$	

2.4.2. Formen, Größen und Entstehungsweisen von Poren

Poren kommen schon bei der Ablagerung eines Sediments und auch beim Zerfall eines festen Gesteinsverbandes zustande. Sie können zwischen großen Einzelteilchen natürlich größer sein als zwischen kleineren, wenn sie nicht durch Feinmaterial ausgefüllt werden. Die Korngrößen dieses ausfüllenden Materials bestimmen dann ihrerseits die Ausdehnung des freibleibenden Raumes. Diese feinsten Poren können in Tonen bis in den Nanometer-Bereich (nm) hinab verfolgt werden (*Paterson,* 1977). Die auf diese Weise zustandekommenden Poren bilden ein kontinuierlich die Bodenmatrix durchziehendes, meist annähernd isotropes System. Man nennt sie korngrößenbedingte Poren oder in Anlehnung an das Wort Primärteilchen auch Primärporen. Ihre Verteilung ist überwiegend von der Korngrößenverteilung abhängig und daher aus dieser errechenbar (*Hartge,* 1969; *Husz,* 1970; *Renger,* 1971).

Im Verlauf der Bodenentwicklung entsteht neben dem beschriebenen Porensystem ein weiteres. Dieses ist strukturbedingt und kann wegen des Zeitpunktes der Entstehung im Vergleich zu dem erst beschriebenen als sekundär bezeichnet werden. Das sekundäre System besteht aus flächigen Schrumpfungsrissen und zylindrischen Wurzel- und Tiergängen. Meist ist es anisotrop unter Bevorzugung der senkrechten Richtung. Eine Ausnahme hiervon bilden Strukturen aus kleinen nicht gestreckten Aggregaten. Die Äquivalentdurchmesser dieser Poren und ihre Kontinuität in der bevorzugten Richtung sind größer als die der Primärporen. Da ihre Beständigkeit von der Kohäsion des Substrates abhängt, ist sie in Sanden meist gering und wächst in der Regel mit abnehmender Korngröße. Sie ist jedoch immer von den vorkommenden statischen (Gewicht) sowie kinetischen (Schlag) Belastungen abhängig. Seiner Entstehung entsprechend ist dieses Porensystem in der Nähe der Bodenoberfläche am stärksten entwickelt. Das Ausmaß seiner Entwicklung nimmt mit zunehmender Tiefe im Bodenprofil in der Regel ab.

Das Sekundärporensystem ist umso stärker entwickelt, je kleiner und stabiler die Aggregate sind, denn es ist die Hohlform zur Festkörpermatrix. Dieser Zusammenhang ist wichtig, weil es leichter ist, in einem Boden die Aggregierung anzusprechen, als das Porensystem.

Tabelle 2-5 Häufige Porengrößenverteilungen (%)

	weite Grobporen sGP	Grob-poren GP	Mittel-poren MP	Fein-poren FP
Sand	10-20	20-40	3-12	2-8
Lehm	0- 5	0-20	3-16	5-20
Schluff	0-10	5-25	7-20	5-20
Ton	0- 5	3-20	5-15	25-45
organischer Boden	7-30	20-30	25-50	15-25
vulkanische Aschen	3-6	5-20	13-25	35-40

Tabelle 2-5 gibt Anhaltspunkte über häufig auftretende Porengrößenverteilungen. Die Beeinflussung des Porensystems durch Vorgänge der Bodenentwicklung äußert sich in der Variationsbreite der auftretenden Wasserleitfähigkeitskoeffizienten. Die Abb. 1-9 läßt erkennen, daß alle feinkörnigen Böden Wasserleitfähigkeiten in der Größenordnung wie Sande aufweisen können, wenn ein entsprechendes Sekundärporensystem vorliegt.

2.4.3. Auswirkungen der Porengrößenverteilungen

Die Größe der Poren entscheidet darüber, wie oft sie unter den gegebenen hydrologischen Bedingungen des Standorts mit Wasser oder Luft gefüllt sind. Größe und Form beeinflussen maßgebend die Schnelligkeit von Transportvorgängen im Porensystem. Die Gleichmäßigkeit bzw. Ungleichmäßigkeit von Größen und Formen beeinflussen die zeitliche Streckung von Verlagerungs- und Verdrängungsvorgängen (*Nielsen* und *Biggar,* 1963) und damit im Freiland oft die Vollständigkeit, mit der solche Vorgänge die gesamte Matrix erfassen (vgl. Kap. 11).

Der Wasser- und Lufthaushalt des Bodens, der eine wichtige Standorteigenschaft für alle Pflanzen darstellt, wird daher ebenfalls maßgeblich von der Porengrößenverteilung beeinflußt. Darum wird seit alters her versucht, die Struktur – und damit das Porensystem – durch Bearbeitungs- und Meliorationsmaßnahmen im Sinne des Kulturzieles günstig zu beeinflussen (*Baeumer,* 1971).

2.5. Stabilität und Lagerung

Die komplexen Strukturen, die sich im Verlauf der Bodenentwicklung aus den ursprünglichen Gefügeformen bilden, sind, wie alle Lagerungen, den Umwelteinflüssen ausgesetzt. Eine Sondersituation entsteht jedoch, wenn sie im Verlauf von pflanzenbaulichen Kulturmaßnahmen, Bauarbeiten und anderen Vorgängen mechanisch beansprucht bzw. ohne die natürliche Pflanzendecke der Witterung ausgesetzt werden. Es zeigt sich dann, daß in verschiedenen Böden unter derartigen Bedingungen in unterschiedlichem Ausmaß Veränderungen ihrer Gefüge auftreten (*De Leenheer* und *De Boodt,* 1966; *Henin,* 1960; *Hofmann,* 1975). Da hierdurch in der Regel starke Veränderungen des Wasser-, Luft- und Wärmehaushaltes entstehen, ist das Phänomen der Stabilität eines Gefüges von erheblichem Interesse.

2.5.1. Kräftesysteme im Boden

Sowohl die Einzelpartikel als auch die Aggregate im Boden unterliegen dem Einfluß verschiedener Kräfte, die in wechselnden Richtungen, Ansatzpunkten und Beträgen auf sie einwirken.

Diese Kräfte kann man zu wenigen großen Gruppen zusammenfassen, die schematisch in Abb. 2-9 dargestellt sind.

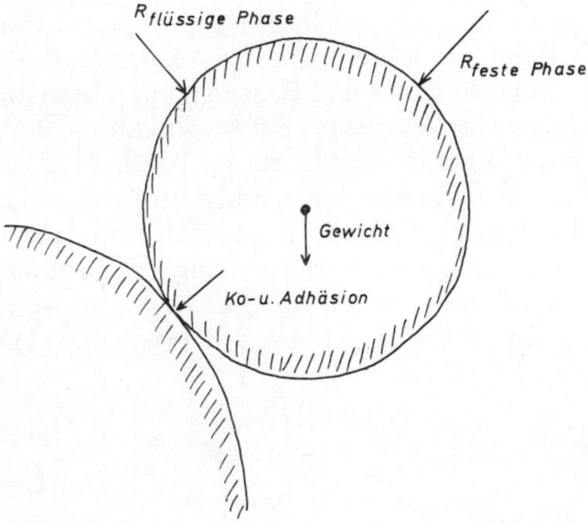

Abb. 2-9 Schema der auf ein Bodenteilchen oder Aggregat einwirkenden Kräfte. Für jede Art der Kraftübertragung ist eine Resultierende (R) eingezeichnet, wenn Einzelkräfte mit verschiedenen Richtungen auftreten können

2.5.1.1. Das Gewicht des Teilchens oder Aggregates kann man sich im Massenschwerpunkt des betreffenden Körpers angreifend vorstellen. Es wirkt im allgemeinen in Richtung des Erdmittelpunkts und fördert daher meistens die Dichtlagerung. Da es im Zusammenhang mit der Masse steht, ist es bei Körnern kaum beeinflußbar, es sei denn durch Veränderung der Dichte der Umgebung, d.h. durch den Auftrieb.

2.5.1.2. Über die feste Phase übertragene Auflagerkräfte. Diese Kräfte sind in allen Kontaktpunkten zu anderen Teilchen wirksam. Ihre Richtungen sind variabel, denn jede von ihnen stellt ihrerseits eine Resultierende aus mehreren Komponenten dar, die auf das übertragende Teilchen einwirken. Diese Kräfte übertragen sowohl ständige Lasten wie die Gewichte höher liegender Bodenschichten als auch vorübergehende wie die Gewichte von Tieren oder Fahrzeugen. Daher ist ihre Resultierende in der Regel auch so gerichtet, daß sie eine Dichtlagerung fördert.

2.5.1.3. Über die flüssige (oder die gasförmige) Phase übertragene Kräfte. Diese Kräfte sind komplexer Natur. Ihre statische und ihre dynamische Komponente werden im Zusammenhang mit der Wechselwirkung zwischen Wasser und Boden (Kap. 3) ausführlich erläutert. Hier sei nur die Resultierende ihrer Wirkungen angesprochen, die in der Regel der Richtung der stärksten Abnahme des Wasserdruckes folgt. Neben diesem sogenannten Strömungsdruck wirken noch weitere Mechanismen mit. Hierzu zählt eine Komponente, die auf Geschwindigkeitsunterschieden im fließenden Medium basiert (*Bisal,* 1973) und eine Verlagerung in Richtung auf Bereiche höherer Geschwindigkeiten fördert (Abb. 2-10) (vgl. Kap. 5). Eine wei-

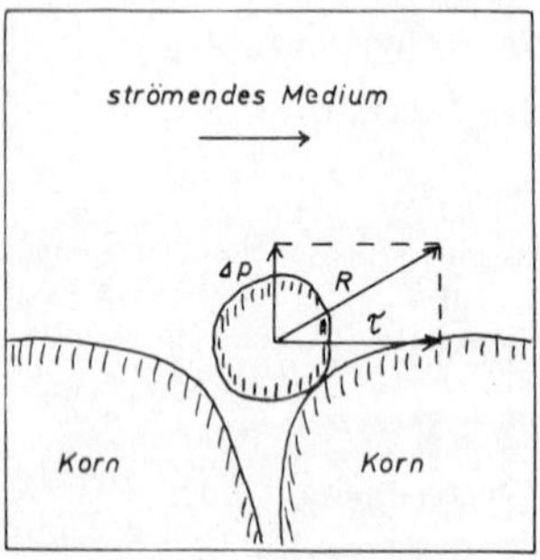

Abb. 2-10 Wirkung eines strömenden Mediums auf ein Korn bzw. ein Aggregat. Es wird in Fließrichtung beschleunigt gegen den Schubwiderstand (τ) und rechtwinklig zur Fließrichtung in Richtung des Druckgefälles (Δ p)

tere Komponente ist die Schubbeanspruchung, der die Bodenteilchen ausgesetzt sind, wenn der Wasser- oder Luftstrom an der Grenzfläche einer körnigen Matrix durch deren Rauhigkeit abgebremst wird.

Die vorhin erwähnte Resultierende dieser Kräfte ist an der Bodenoberfläche wie auch innerhalb des Bodenverbandes in verschiedenen Richtungen wirksam. Praktisch fördert eine durch sie bedingte Verlagerung meistens die Dichtlagerung.

2.5.1.4. Kräfte zwischen Oberflächen benachbarter Teilchen. Diese an den Kontaktflächen wirkenden Kräfte, die alle intermolekularen Effekte umfassen, sind stets normal zu der Berührungsebene gerichtet. Ihr Ausmaß ist in vielfältiger Weise von den chemischen und physikalisch-chemischen Eigenschaften der Umgebung abhängig, z.B. von der Art der austauschbaren Ionen, dem Salzgehalt, dem Wassergehalt (Meniskenbildung), pH-Wert und Art der vorhandenen organischen Substanz. Wegen der erwähnten Richtung wirkt diese Kraftkomponente, die auch unter der Sammelbezeichnung Ad- oder Kohäsion zusammengefaßt werden kann, in der Regel auf die Erhaltung eines vorliegenden Zustands hin. Sie setzt daher sowohl komprimierenden als auch lockernden Kraftkomponenten gleichmäßigen Widerstand entgegen.

2.5.2. Stabilität als Gleichgewicht der Kräfte

Die aufgezählten 4 Kräfte oder Kräftegruppen greifen an jedem Primärteilchen, aber auch an jedem Aggregat an. Da ihre Resultierende in der Regel nicht den Betrag Null aufweisen wird (Abb. 2-11, links), müßte das Teilchen in ihrer Richtung bewegt werden, wenn dabei nicht Reaktionskräfte wirksam würden, die das verhinderten. Dies setzt voraus, daß die Reaktionskräfte in Bezug auf eine Berührungsebene bis zu einem Betrag mobilisiert werden können, der ausreicht, um eine resultierende Gegenkraft gegen die aktive Resultierende (Abb. 2-11, rechts) zu geben. Die beiden Komponenten dieser Gegenresultierenden sind der als „Auflagerkraft" bezeichnete Widerstand gegen eine Verlagerung in Richtung der Flächennormalen, der von dem berührten Teilchen mobilisiert wird sowie die als Scherwiderstand bezeichnete tangentiale Komponente. Diese letztere ist von den Eigenschaften der sich berührenden Oberflächen abhängig, wird aber gleichzeitig von der Normalkomponente mit beeinflußt (s. nächster Abschnitt).

Die Abb. 2-11 läßt erkennen, daß die Änderung von Richtung und Betrag einer jeden der vier Kräfte zu einer Veränderung in Richtung und Betrag der Resultierenden und daher auch der Beträge der beiden Reaktionskräfte führt. Es wird daher in jedem

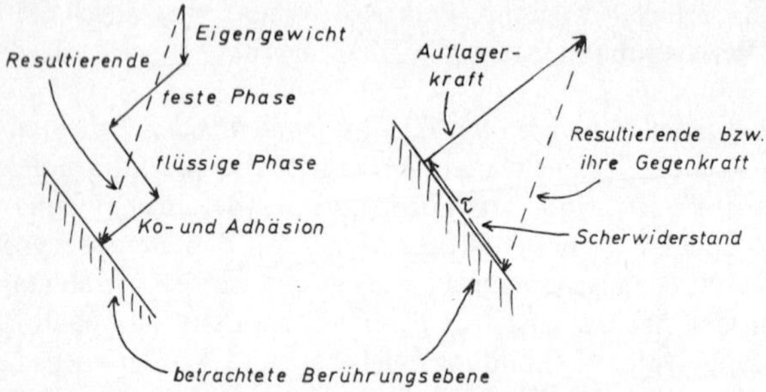

Abb. 2-11 Resultierende aus den vier in Abbildung 2-9 dargestellten Kräften (links) und Gegenkräfte (rechts), die das Korn bzw. das Aggregat in Bezug auf seine Nachbarschaft in der Lage halten. Wird die Resultierende durch die Gegenkräfte nicht aufgehoben, das Krafteck also nicht geschlossen, so ist das Korn nicht im Gleichgewicht und wird verschoben

Fall das Gesamtbild der Stabilität beeinflußt. Dies wird noch dadurch verstärkt, daß der Angriffspunkt für Auflast und Strömungsdruck ebenfalls variieren kann.

In den Abbildungen 2-9 und 2-11 ist von einem zentralen ebenen Kräftesystem ausgegangen worden, während im dreidimensionalen Boden ein allgemeines räumliches vorliegt. Auch in einem solchen System würde jedoch an jeder Berührungsstelle zwischen Primärteilchen wie auch Aggregaten nur je eine Resultierende der normalen und der tangentialen Reaktionskomponente auftreten können.

Wenn diese beiden Komponenten groß genug sind, um die Resultierende der aktiven Kräfte zu kompensieren, dann bleibt das Primärteilchen oder das Aggregat in Bezug auf seine Nachbarschaft unbewegt. Die Struktur ist dann stabil. Reichen die mobilisierbaren Beträge der beiden Reaktionskomponenten dagegen nicht aus, um die Resultierende der aktiven Kräfte zu kompensieren, kommt es zu Bewegungen der Körner oder Aggregate gegeneinander. Die Struktur ist dann nicht stabil. Sie wird es erst wieder, wenn eine veränderte räumliche Anordnung eine Mobilisierung der passiven Reaktionskomponenten in ausreichendem Ausmaß erlaubt. Dies gilt sowohl für das Verhalten von Primärteilchen im allgemeinen Bodenverband als auch für das von Primärteilchen innerhalb von Aggregaten und von Aggregaten untereinander.

2.5.3. Scherwiderstand als Bodeneigenschaft

Die Abbildung 2-11 läßt erkennen, daß die Stabilität einer Lagerung die Folge des Zusammenwirkens verschiedener Kräfte ist, wobei die tangentiale Komponente eine Eigenschaft des Bodenmaterials ist. Sie wird wesentlich von den Eigenschaften der sich berührenden Oberflächen beeinflußt. Für die normale Komponente gilt das nicht. Der Absolutbetrag der Tangentialkomponente ist jedoch von dem der anderen abhängig. Die Einzelheiten dieser Beziehung werden im folgenden Abschnitt erläutert.

2.5.3.1. Scherwiderstand des Bodens und seine Erfassung. Der Scherwiderstand ist diejenige Kraft, die an der Berührungsstelle zweier fester Körper mobilisiert wird, wenn diese gegeneinander bewegt werden. Als Kraft ist der Scherwiderstand keine Konstante, sondern von einer anderen Kraft abhängig, nämlich der Auflast, die die beiden bewegten Teile zusammendrückt. Der Zusammenhang ist in der sog. *Coulomb*schen Formel beschrieben.

$$\tau = \mathrm{tg}\varphi \cdot \sigma_n + c$$

In dieser Formel ist τ der auf die Fläche bezogene Scherwiderstand, der im Boden als Scherspannung bezeichnet wird, σ_n die auf die Fläche bezogene Auflast, die als Normalspannung bezeichnet wird. φ und c sind die beiden eigentlichen Materialeigenschaften des Bodens: der Winkel der inneren Reibung und die Kohäsion (Abb. 2-12).

Der Übergang von den Kräften auf die dazugehörigen flächenbezogenen Spannungen wird vorgenommen, weil die Kräfte im Bodenkörper selbst als innere Kräfte angesehen werden müssen. Diese inneren Kräfte sind diejenigen, die gleichmäßig über eine Fläche verteilt zu denken sind, um die gleiche Wirkung zu erzielen, wie der jenseits der betreffenden Fläche befindliche Teil des Körpers, wenn dieser als abgeschnitten gedacht wird (Schnittverfahren von *Holzmann, Meyer, Schumpich* (1974)). Solche inneren Kräfte nennt man Spannungen (Abb. 2-13). Durch die Wahl des Ausdrucks wird also das Bezugssystem festgelegt, nämlich die Körper selbst (für innere Kräfte bzw. Spannungen) oder der Körper als Teil seiner Umgebung (für äußere Kräfte) (*Pohl,* 1964). Die Abb. 2-13 läßt auch erkennen, daß es nicht selbstverständlich ist, daß

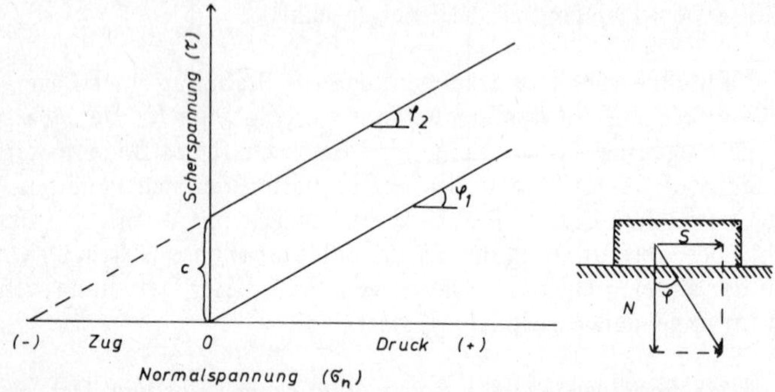

Abb. 2-12 Scherspannung (τ) als Funktion des Reibungswinkels (φ), der Kohäsion (c) und der Normalspannung (σ_n). Kohäsion wird bei der negativen Auflast als Zugfestigkeit wirksam. Rechts als Beispiel ein Klotz auf ebener Fläche, bei dem anstelle von σ_n die Auflast (N) und anstelle von τ der Scherwiderstand (S) tritt

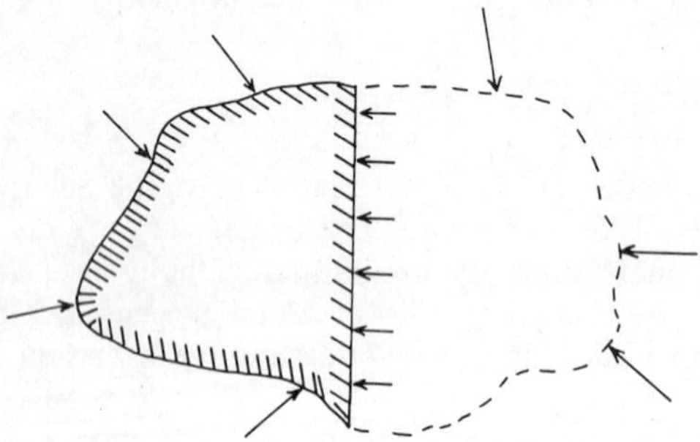

Abb. 2-13 Spannungen im Inneren eines Korns oder Aggregats als eine auf die gedachte Schnittebene verteilt wirkende Summe derjenigen Kräfte, die an dem abgeschnittenen Teil angreifen. Diese Spannungen können neben Normal- (im Bild) auch Tangentialkomponenten aufweisen

die so definierten Spannungen bei verschiedener Lage der Schnittebene gleich groß sind.

Um die Materialeigenschaften Kohäsion und Winkel der inneren Reibung direkt zu erfassen, ist der einfache Scherversuch am naheliegendsten, bei dem die beiden in Abb. 2-12 vorkommenden Spannungen direkt gemessen werden. Es ist im Prinzip auch möglich, über das Verhältnis der beiden Hauptspannungen Werte für Scher- und Normalspannungen zu erhalten. Der Zusammenhang zwischen diesen verschiedenen Spannungen und die Auswertung zur Ermittlung der Werte φ und c wird im Abschnitt über Spannungsverteilungen beschrieben. Der hierfür notwendige Triaxialversuch ist viel aufwendiger als der einfache Scherversuch (*Kézdi,* 1969). Er hat aber den Vorteil, daß er nicht eine einzige Bruchebene erzwingt, sondern Scharen von Bruchebenen oder plastische Formänderungen zuläßt. Dies entspricht dem natürlichen Verhalten von Böden weit mehr.

Eine weitere Möglichkeit zu einer Aussage über Kohäsion und Winkel der inneren Reibung besteht in der Anwendung ihrer korrelativen Beziehungen zu anderen Parametern, z.B. zu den Konsistenzgrenzen.

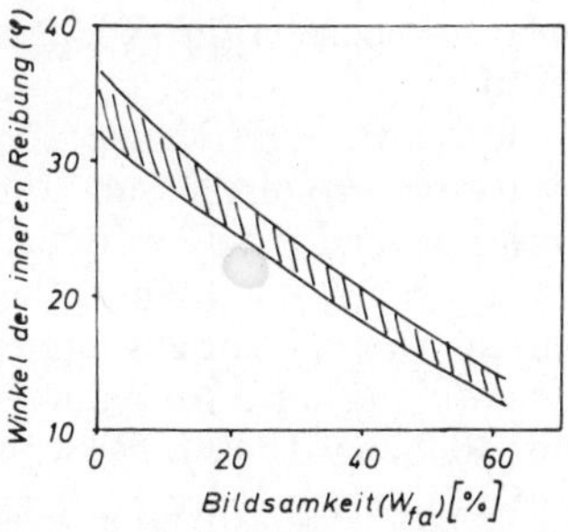

Abb. 2-14 Winkel der inneren Reibung (φ) in Abhängigkeit von der Bildsamkeit (Plaszizitätsindex) (nach *Loos* und *Grashoff,* 1963, verändert)

So besteht ein Zusammenhang zwischen dem Winkel der inneren Reibung einerseits und dem Unterschied der Wassergehalte bei der Fließgrenze und bei der Ausrollgrenze andererseits. Diesem Sachverhalt, der in Abb. 2-14 dargestellt ist, und dem geringen apparativen Aufwand der Bestimmung verdanken die Konsistenz-Grenzen von *Atterberg* ihre weite Verbreitung. Die Werte für die Winkel der inneren Reibung liegen im Boden meistens zwischen etwa 25 und 36° (*Loos* und *Grashoff,* 1963). Bei kohäsionslosem Material bilden diese Winkel gleichzeitig die natürlichen Böschungswinkel. Bei sehr kantigen Körnungen, wie sie z.B. bei Schutthalten vom Bergbau-

Abraum anfallen, können Winkel bis zu 45° auftreten (*Knoblich,* 1975).

Die Kohäsion ist sehr stark vom Wassergehalt abhängig. Sie erreicht Beträge bis zu 0,5 N · cm^{-2}.

2.5.3.2. Beeinflussung des Scherwiderstands durch Bodensubstanzen. An dieser Stelle sollen nur die Veränderungen der materialbedingten Parameter Kohäsion und Winkel der inneren Reibung erläutert werden. Es sei jedoch wegen der Wichtigkeit dieses Zusammenhangs daran erinnert, daß die Gesamtstabilität, die z.B. durch eine mobilisierbare maximale Scherspannung ausgedrückt wird, nicht von dieser allein, sondern stets gleichzeitig von der wirksamen Normalspannung abhängig ist.

Die stabilisierenden Substanzen sind in Lehrbüchern, z.B. in dem von *Scheffer* und *Schachtschabel* (1976) ausführlich beschrieben. Deshalb sollen hier nur einige ergänzende Hinweise zur mechanischen Wirkung gegeben werden.

In Sandböden ist eine deutliche Erhöhung der möglichen Scherspannungen feststellbar, wenn organische Substanz sich ansammelt. Es ist dazu nicht einmal notwendig, daß im Boden Aggregate im strengen Sinne des Wortes entstehen. Offensichtlich reichen schon Mengenanteile von unter einem Prozent aus, um einen derartigen Effekt zu erzeugen. Die Wirkung wird sowohl über eine Zunahme des Winkels der inneren Reibung als auch der Kohäsion erfaßt (Abb. 2-15). Dabei spielen wahrscheinlich Vorgänge wie der in Abb. 2-6 dargestellte eine Rolle. In der Abbildung 2-15 ist zu erkennen, daß eine Zerstörung der organischen Substanz mit H_2O_2 eine deutliche Verminderung der mobilisierbaren Scherspannungen zur Folge hat (*Hartge,* 1975). Eine ähnliche Wirkung, wie natürliche organische Substanz, haben synthetische Stabilisatoren. Mit Hilfe einfacher Scherspannungsmessungen kann gezeigt werden, daß die Stabilität sich hier um einen bestimmten, von dem Stabilisator abhängigen Betrag ändert, ohne Rücksicht auf die unterschiedlichen Ausgangseigenschaften verschiedener Böden.

Einen erheblichen Einfluß auf die Stabilität hat die Wasserspannung. Dies ist – wiederum für einen Sandboden – in Abb. 2-15 dargestellt. Wie die Abbildung erkennen läßt, sind auch hier beide materialeigenen Parameter betroffen. Das auslösende Moment sind die Wassermenisken. Die Tatsache, daß die Unterschiede bei Material aus A-Horizonten größer sind als bei Material aus C-Horizonten,

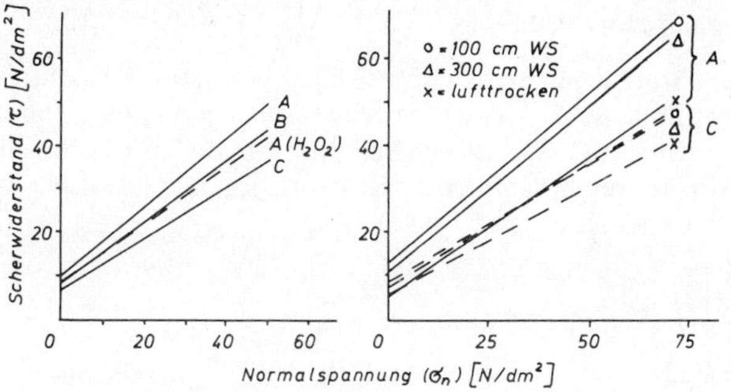

Abb. 2-15 Links: Einfluß von geringen Mengen an organischer Substanz (<1% org. C) auf den Scherwiderstand von Sand (podsolige Braunerde). Durch H_2O_2-Behandlung wird die hohe Stabilität des Materials aus dem A-Horizont stark vermindert.
Rechts: Einfluß der Wasserspannung auf den Scherwiderstand von Sand ((A- und C-Horizont einer podsoligen Braunerde). Die Stabilitätsabnahme infolge Trocknung ist im A-Horizont größer als im C-Horizont

zeigt wie komplex die Wirkung der organischen Komponente ist. Die Verschiedenartigkeit der Einflüsse des Wassers muß offensichtlich bei Stabilitätsbestimmungen für die Auswahl der Methoden mit berücksichtigt werden.

Bei Tonböden ist die Stabilität im wesentlichen durch die Kohäsion bedingt. Diese ist in erster Linie vom Wassergehalt abhängig (s. Kap. 3). Die Einflüsse der austauschbaren Ionengarnitur und des Salzgehaltes der Bodenlösung sind daneben nicht zu vernachlässigen, aber von geringer Bedeutung. Ein Winkel der inneren Reibung wird bei Tonen nur festgestellt, wenn Aggregatproben untersucht werden, deren interne Wasserdrücke wesentlich höher liegen als die bei der Messung angewendeten Normalspannungen. Sobald Normalspannungen entstehen, die höher liegen als die Wasserdrücke innerhalb des Tones, führt die Tatsache, daß keine Kornkontakte, sondern tragende Wasserschichten vorliegen, zu einem weitgehenden Verlust der Stabilität. Eine Stabilisierung kann hier nur erfolgen, indem verhindert wird, daß die Wasserdrücke der Vorentwässerung durch die auftretenden Normalspannungen erreicht werden. Dieser wichtige Zusammenhang wird im Kapitel über Hydrostatik im Boden (Kap. 4) und im Kapitel über Wechselwirkungen zwischen Wasser und Boden (Kap. 3) wieder aufgegriffen.

2.5.4. Konsistenz

Mit dem Wort Konsistenz wird der Grad des inneren Zusammenhaltes eines Bodens, d.h. seiner Einzelteile zueinander, bezeichnet. Insofern ist sie ein Aspekt der Stabilität der Bodenstruktur. Sie kann sich in weiten Grenzen zwischen flüssig über leicht bis weniger leicht knetbar zu hart bewegen.

Tabelle 2-6 Konsistenzgrenzen nach Atterberg

Wassergehalt	Zustand	Konsistenzgrenze
hoch	flüssige Suspension bis Paste	
		Fließgrenze (W_f)
mittel	kohärente, breiig-zähe Paste	
		Ausrollgrenze (W_a)
niedrig	brüchige, sehr steife Paste	
		Schrumpfgrenze (W_s)
	harter Block	

Zur Einteilung der gesamten Spanne werden meistens die Konsistenzgrenzen nach *Atterberg* herangezogen. Sie sind in Tab. 2-6 dargestellt. Zu ihrer Bestimmung wird stets der betreffende Konsistenzzustand hergestellt und sodann der dazugehörige Wassergehalt bestimmt. Je höher die Wassermenge ist, die ein Boden aufnehmen kann, um vom trockenen Zustand her zur Ausroll- oder Fließgrenze zu gelangen, desto größer ist der Zusammenhalt der Teilchen. Die Wassergehaltsangabe ist also hier ein Maß für die Bodeneigenschaft. Während man die Fließgrenze für praktisch alle Körnungen bestimmen kann, sind Ausroll- und Schrumpfungsgrenzen nur bei Böden mit einer gewissen Kohäsion vorhanden. Wichtiger als die Konsistenzgrenzen selbst sind für die Beurteilung von Böden zwei Kombinationen dieser Werte:

1) Bildsamkeit oder Plastizitätsindex (W_{fa}) $W_{fa} = W_f - W_a$

2) Zustandszahl (W_z) $$W_Z = \frac{W_f - W_n}{W_{fa}}$$

Hierbei ist W_n der natürliche Wassergehalt des Bodens (weitere Symbole s. Tab. 2-6).

Bildsamkeit bzw. Plastizitätsindex geben die Empfindlichkeit an, mit der ein Boden hinsichtlich seiner Stabilität auf Wassergehaltsänderungen reagiert. Die vorkommenden Werte liegen zwischen 0 (Sande) und 1 bzw. 100% (*Kézdi,* 1969).

Die Zustandszahl gibt an, wie weit entfernt sich der Boden hinsichtlich seines Wassergehaltes von der Fließgrenze befindet. Die Zahlenwerte liegen zwischen $W_z = 1$, wenn der natürliche Wassergehalt dem der Ausrollgrenze entspricht und $W_z = 0$, wenn er der Fließgrenze entspricht.

Da W_f und W_a an Proben bestimmt wurden, die einer genauen Konvention entsprechend vorbereitet wurden, W_n dagegen an einer dem ungestörten Boden entnommenen Probe, sind die erhaltenen Zahlen nicht direkt vergleichbar. Die Zustandszahl gibt aber genau an, welchen Zustand der Boden erreichen würde, wenn er bei dem natürlichen Wassergehalt geknetet würde, wie dies beim Befahren und Bearbeiten geschieht.

Die Konsistenz der Böden bei gleichem Wassergehalt hängt in erster Linie von der Körnung ab. Daneben sind aber weitere Bodeneigenschaften wirksam, vor allem die Art der austauschbaren Kationen und die Salzkonzentration im Bodenwasser. Meistens sinkt der Plastizitätsindex mit zunehmender Wertigkeit der austauschbaren Kationen. In der gleichen Richtung wirkt in der Regel eine Zunahme des Salzgehaltes.

Auch vorhergehende Austrocknungen oder andere, die Stabilisierung von Aggregaten fördernde Vorgänge haben einen erheblichen Einfluß auf die Konsistenz. Ihr Ausmaß ist dann davon abhängig, wie weit die Aggregatbildung durch die bei der Bestimmung der Konsistenz durchgeführte Knetung rückgängig gemacht wird. In derartigen Fällen ist die Konsistenz, die mit Standardmethoden erreicht wird, im Grunde genommen ein Maß für die Stabilität der Aggregierung (*Brewer* und *Blackmore,* 1976).

2.5.5. Flußverhalten (Rheologie)

Die Lagerungseigenschaften der Böden sowie deren Veränderbarkeit bei wechselnder Konsistenz lassen die Frage entstehen, wieweit denn ein Boden als Ganzes überhaupt die Eigenschaften eines festen Körpers besitzt.

Diese Frage hat dazu geführt, rheologische Termini und Betrachtungsweisen auch auf den Boden anzuwenden (*Shuklje,* 1969). Die Rheologie ist die Lehre von den isothermischen Formänderungen von Flüssigkeiten und plastischen Körpern. Elastizität und viskoses Fließen sind Spezialfälle innerhalb der Rheologie. Sie beschreibt Formveränderungen als Folge des Einwirkens äußerer Kräfte, indem sie die Vorgänge in ihre Einzelkomponenten zerlegt. Diese Einzelkomponenten können dann in verschiedener Art neben- und hintereinander gestellt werden, so daß ihre gemeinsame Wirkung das Verhalten der verschiedenen Materiale bei wechselnden Spannungszuständen beschreibt.

Diese Betrachtungsweise ist bei Böden verständnisfördernd, weil der Boden, als Gesamtkomplex aus zwei oder drei Phasen, sich äußeren Kräften gegenüber tatsächlich nicht wie ein einfacher fester Körper unendlicher Größe – ein festes Kontinuum – verhält. Es kommen vielmehr verschiedene Phänomene vor, die es nahelegen, ihn als eine Flüssigkeit aus sehr großen Partikeln (makromeritische Flüssigkeit) anzusehen.

Zur Beurteilung des rheologischen Verhaltens werden eine Reihe von Elementen verwendet, von denen die folgenden die grundsätzlichsten sind: die Feder, der Stoßdämpfer und der Gleitblock.

Die Feder ist das Element, das die vollständige elastische Verformung symbolisiert. Diese Verformung ist reversibel, zeitunabhängig und wiederholbar. Ihr Verhalten wird durch die *Hooke*sche Gleichung beschrieben:

$$\frac{\Delta l}{l} = \alpha \cdot \sigma_n$$

Hierbei ist $\Delta l/l$ die relative Dehnung oder Stauchung, σ_n die Normalspannung und α die Dehnungsgröße. Ihr Kehrwert $1/\alpha$ ist die Federkonstante.

Im Boden ist stets ein Teil einer Deformation oder Verdichtung elastisch, d.h. nach dem Abklingen der Spannungen bzw. nach Entfernung der Lasten geht die Verformung zum Teil wieder zurück. Dieses Verhalten ist durch die Drucksetzungskurve in Abb. 2-20 dargestellt. Es ist in „federnden" Böden, wie manchen Mooren, sowie den A- und vor allem O-Horizonten von Wald- und Gründlandstandorten besonders ausgeprägt.

Der Stoßdämpfer ist das Element, das eine vollständige plastische Verformung, also eine ideale Flußbewegung symbolisiert, die irreversibel und geschwindigkeitsabhängig ist. Sein Verhalten wird durch die *Newton*sche Fließgleichung beschrieben:

$$\tau = \eta \frac{dv}{dy}$$

Diese Gleichung beschreibt aber nicht nur das Verhalten des fließenden Mediums, sondern auch die Schubwirkung des Fließens auf die angrenzende feste Fläche (s. Kap. 1).

Im Boden ist stets ein Teil der Deformation oder Verdichtung plastisch, d.h. nach dem Abklingen der Spannungen bzw. nach Entfernen der Lasten bleibt die Verformung zu einem Teil erhalten. Auch dieses Verhalten ist in der Drucksetzungskurve in Abb. 2-20 erkennbar. Es ist in allen Böden stark ausgeprägt, wenn die Belastung so groß wird, daß der Bereich der elastischen Verformung überschritten wird.

Der Gleitblock ist das Element, das den Schwellenwert der Kraft symbolisiert, der überschritten werden muß, um überhaupt eine Bewegung gegen die in den Berührungsflächen mobilisierbare Reibung zu erzwingen. Die Bewegungen bzw. die Verformungen sind irreversibel und innerhalb weiter Grenzen unabhängig von der Geschwindigkeit. Dieses Verhalten wird durch die *Coulomb*sche Gleichung beschrieben:

$$\tau = \mathrm{tg}\varphi \cdot \sigma_n$$

Hier bei ist τ die Scherspannung, φ der Winkel der inneren Reibung und σ_n die Normalspannung.

Im Boden ist diese Komponente des Verhaltens im Bereich der Vorverdichtungen wirksam. Dort muß eine Spannungszunahme zunächst noch nicht zu Bewegungen der Teilchen gegeneinander führen, wenn im Verlauf früherer Belastungen ein Zustand erreicht war, der genug Scherwiderstand mobilisierbar macht, um die jetzt auftretende Belastung ohne Bewegungen zu tragen. Dieses Verhalten bewirkt die Form der Wiederbelastungsäste an den Hysteresisschleifen der Drucksetzungskurve in Abb. 2-20.

Die Gleichung wird auch zur Ermittlung des Winkels der inneren Reibung im einfachen Scherversuch an kohäsionslosem Material verwendet.

Soll das gesamte Verhalten eines Bodens bei Veränderung der von außen wirksamen Kräfte beschrieben werden, so reichen die drei erläuterten Elemente jedes für sich allein nicht aus. Sie müssen vielmehr zu zusammengesetzten Modellen kombiniert werden, indem sie entweder nebeneinander oder hintereinander angeordnet werden. Ein Beispiel für eine einfache Kombination durch Hintereinanderreihen ist in Abb. 2-16 dargestellt. Das gewählte Modell charakterisiert das sogenannte *Bingham*sche Fließen, das im Gegensatz zu dem ideal viskosen (*Newton*schen) Fließen nicht linear zur einwirkenden Kraft erfolgt.

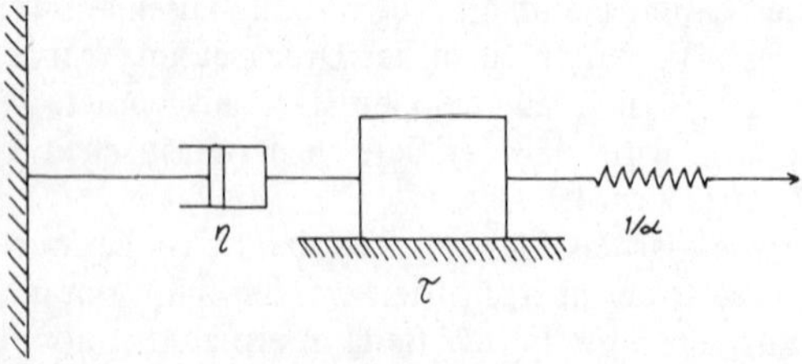

Abb. 2-16 Zusammengesetztes rheologisches Modell, bestehend aus einem Stoßdämpfer, einem Gleitblock, und einer Feder. Diese Kombination heißt Bingham-Modell und beschreibt eine gleichmäßig gehemmte Fließbewegung mit geschwindigkeitsabhängigem Widerstand, die erst nach Überschreiten einer Kraftschwelle einsetzt (Bingham-Fluß)

Um das Verhalten eines Bodens zu charakterisieren, reicht eine so einfache Kombination allerdings in der Regel noch nicht aus, es müssen vielmehr außer den Serienanordnungen (Abb. 2-16) auch noch Parallelanordnungen vorgesehen werden (*Shuklje,* 1969; *Kézdi,* 1969).

Die im Boden auftretenden Verformungen entsprechen meist etwa den beiden in dem Kraft-Weg-Diagramm in Abb. 2-17 dargestellten Verläufen.

*Bingham*sches Fließen ist in diesem Diagramm nicht darstellbar, weil, wie im Schema der Abb. 2-16 gezeigt, die Verformungsgeschwindigkeit eine Rolle spielt. Die beiden Teile der Abb. 2-17 lassen aber wohl erkennen, daß das Verhalten des Bodens komplexer ist, als es mit wenigen rheologischen Elementen darstellbar ist. Trotzdem ist schon durch Kombination einer Feder mit einem

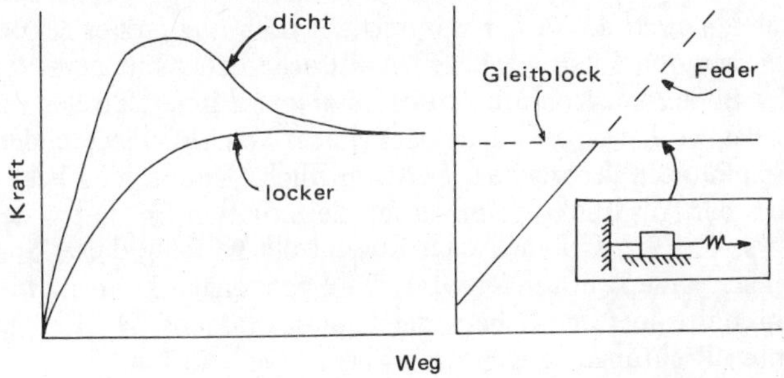

Abb. 2-17 Kraft-Weg-Diagramm für die Verformung eines locker und eines dicht gelagerten Bodens (links) sowie für die rheologischen Elemente der Feder und des Gleitblockes und deren Kombination (rechts), die als zusammengesetztes rheologisches Modell eingezeichet ist

Gleitblock eine bessere Beschreibung für das Verhalten des Bodens gegeben, als durch jedes der Elemente allein.

Rheologische Modelle werden als Grundlagen verwendet, um Bodenbewegungen, wie Rutschungen, Solifluktionen, Bodenkriechen und Setzungen aller Art zu beschreiben.

Weiterhin erlauben sie die Beurteilung von Phänomenen wie Auflastpotentialen (Kap. 4) und Strömungsdrücken (Kap. 3). Die rheologischen Aspekte der Verformung von Böden sind in den Büchern der ingenieursmäßigen Bodenmechanik ausführlicher beschrieben (*Kézdi,* 1969). Eine Spezialabhandlung gibt *Shuklje* (1969).

2.6. Drücke und Spannungen im Boden

An jeder Stelle in einem Boden herrscht, ähnlich wie im Wasser oder in der Luft, ein Druck. Dieser Druck wird durch die Schwerkraft, also durch die Last der jeweils oberhalb des betrachteten Punktes liegenden Schicht bedingt, sowie vom Verhalten des Wassers beeinflußt. Im Prinzip sind die in Abb. 2-9 dargestellten Kräfte beteiligt.

Zwischen dem Verhalten eines Bodens und dem von Wasser und Luft besteht jedoch ein grundlegender Unterschied darin, daß im ersteren nur selten allseitig gleichstarke wirksame Drücke auftreten. Im Boden gibt es also in der Regel keine hydrostatische Situation, sondern meist ist der Druck in der senkrechten, unter bestimmten

Umständen auch der in der waagrechten Richtung größer als der in allen anderen Richtungen. Diese Tatsache hängt mit dem Verhalten der Böden bei Komprimierung zusammen. Innerhalb des Bodenverbandes wird, wie bereits erwähnt, nicht von Drücken, sondern von Spannungen gesprochen. Der begriffliche Unterschied liegt darin, daß der Ausdruck Spannung für die Situation im Innern des Körpers, der Begriff Druck oder Zug für die Wirkung dieser Spannung nach außen verwendet wird. Die Spannungen können, wie im Abschnitt über den Scherwiderstand des Bodens erläutert, bestimmten Richtungen zugeordnet werden (vgl. Abb. 2-13).

2.6.1. Spannungsverteilungen und ihre Parameter

Wegen der Tatsache, daß im Boden meisens keine hydrostatische Spannungsverteilung vorliegt, daß die Spannungen an einem betrachteten Ort also nicht in allen Richtungen gleich sind, sind zusätzliche Parameter erforderlich, um die Situation vollständig zu beschreiben.

Hierzu eignet sich das Konzept der Hauptspannungen aus der Mechanik der festen Körper (*Pohl,* 1964). Es geht davon aus, daß in einem Körper, der in einer Richtung gestaucht wird, infolge seiner Formänderung verschiedene Spannungen auftreten (Abb. 2-18, links).

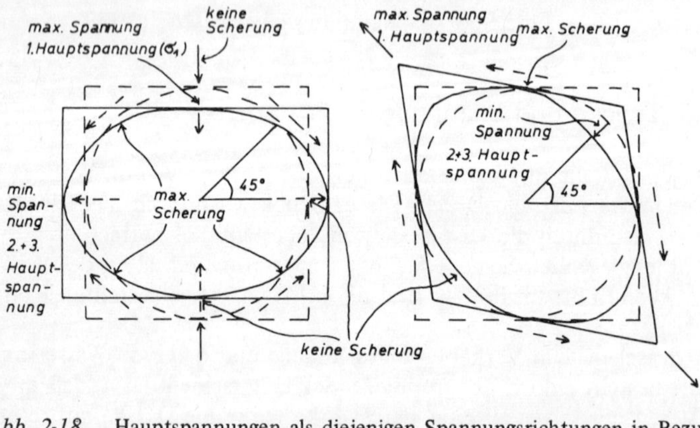

Abb. 2-18 Hauptspannungen als diejenigen Spannungsrichtungen in Bezug auf eine Ebene, in denen keine Schubspannungen, sondern nur Normalspannungen auftreten. Hauptspannungen treten auf, wenn der Körper gestaucht (links), aber auch wenn er verzogen, bzw. geschert wird (rechts)

Dabei gibt es im Raum drei, in der Ebene der Abb. 2-18 zwei Richtungen, in denen die Verschiebungen im Körper senkrecht zur verschobenen Ebene erfolgen. Es sind dies die Richtungen der größten und der kleinsten Normalspannung in Bezug auf die Außenflächen. In diesen Richtungen tritt, weil eben die Verformung senkrecht verläuft, keine tangentiale Komponente und somit keine Scherbeanspruchung auf. Diese beiden Normalspannungen nennt man die größte (σ_1) und die kleinste Hauptspannung (σ_3). Die letztere muß im Raum in allen zu σ_1 senkrechten Richtungen auftreten:

$$\sigma_y \mathrel{\hat{=}} \sigma_2 \quad \text{bzw.} \quad \sigma_x \mathrel{\hat{=}} \sigma_3$$

Meist wird für diese Richtungen ein einheitlicher Betrag angenommen. In allen Zwischenrichtungen liegt die Normalspannung zwischen diesen Werten und es treten Scherspannungen auf. Die letzteren sind, der geometrischen Situation entsprechend, mit 45° zu den beiden Hauptspannungen am größten. Die Darstellung Abb. 2-18 rechts, zeigt, daß es nicht möglich ist, Hauptspannungen zu verändern, ohne in bestimmten Richtungen Scherspannungen zu erzeugen. Umgekehrt gilt, daß beim Erzeugen von Scherspannungen stets in 45° Neigung zur Scherebene Hauptspannungen auftreten.

Es ist weiterhin nicht möglich, Scher- und Normalspannungen unabhängig voneinander herzustellen oder zu betrachten. Dieser Sachverhalt ist auch aus der Darstellung der *Coulomb*schen Geraden (Abb. 2-12) ersichtlich.

Dies ist ein Sachverhalt, der für die Art der Lagerung eines Bodens, d.h. die Lagerungsdichte und das Porenvolumen sehr wichtig ist, denn jede Kompression oder Lockerung – sei sie Folge natürlicher Bodenentwicklungsvorgänge oder menschlicher Eingriffe – ist vor diesem Hintergrund zu sehen.

Im Boden kann man erfahrungsgemäß davon ausgehen, daß die eine Hauptspannung in der vertikalen Richtung liegt. Die andere muß dann rechtwinklig hierzu, d.h. waagrecht liegen. Die Gewichtskraft stellt meistens die Ursache für die eine Hauptspannung dar.

In den folgenden Abschnitten werden die beiden Spannungskomponenten in diesen Hauptrichtungen erläutert. Dies kann für die vertikale Komponente relativ kurz geschehen, weil sie mit dem bekannten Verhalten des Wassers verhältnismäßig viel gemeinsam hat. Bei der horizontalen Komponente ist das nicht der Fall, deshalb ist dort eine ausführliche Beschreibung notwendig, die die Bestimmungsmöglichkeiten einschließt.

2.6.2. Vertikale Spannungskomponente

Die vertikale Spannung im Boden entspricht dem Gewicht der betrachteten Bodensäule. Sie nimmt also in einer homogenen Bodenschicht mit der Tiefe regelmäßig zu. Die Zunahme ist umso größer, je mehr Masse in jedem Höhenabschnitt vorhanden ist, d.h. je kleiner das Porenvolumen ist.

Für einen terrestrischen, d.h. nicht grundwasserbeeinflußten Boden, der aus drei verschiedenen, in sich homogenen Horizonten besteht, würde sich der senkrechte Druck auf eine gedachte Fläche (p_V) in der Tiefe aus den Komponenten der drei Horizonte zusammensetzen:

$$p_v = z_1 d_{B_1} g + z_2 d_{B_2} g + z_3 d_{B_3} g$$

Hierbei ist z die Mächtigkeit jedes Horizontes in der Vertikalen, d_B die Dichte des Bodens (Lagerungsdichte) und g die Erdbeschleunigung. Da die gesamte Materie zu dem Druck beiträgt, muß das im Boden gebundene, also von ihm getragene Wasser, mit berücksichtigt werden. Für d_B muß daher jeweils die Lagerungsdichte des feuchten Bodens eingesetzt werden. Die Zunahme der vertikalen Spannung ist in Abb. 2-19 schematisch dargestellt.

Unter den nach unten im Profil zunehmenden Lasten wird die Bodensubstanz natürlich immer stärker zusammengepreßt. Diese Pressung würde vergrößert, wenn man an der Oberfläche eine Last aufbringen würde, z.B. eine weitere Bodenschicht oder eine zeitweilige Last wie ein Fahrzeug oder ein Tier. Eine Belastung in diesem Sinne stellt auch der Zug der Menisken dar. Dies wird im Kapitel über Wechselwirkungen zwischen Wasser und Boden (Kap. 3) näher erläutert. Unter dieser Pressung wird der Boden sich in einem ganz bestimmten lastabhängigen Ausmaß setzen. Wird jedoch die Last wieder entfernt, so bleibt diese Setzung im wesentlichen erhalten und das hinuntergepreßte Bodenmaterial hebt sich nur um einen relativ geringen Betrag von selbst wieder. Dieser Sachverhalt wird durch die Drucksetzungs- bzw. Verdichtungskurve beschrieben, die in Abb. 2-20 dargestellt ist. Die Abbildung zeigt, daß die Erstbelastung in Abhän-

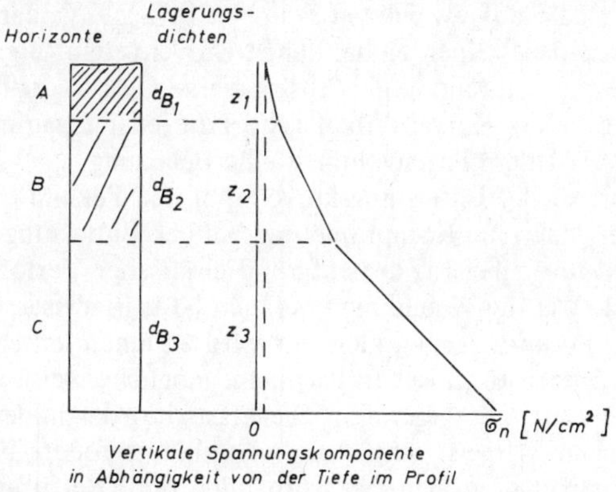

Abb. 2-19 Vertikale Spannung im Boden in Abhängigkeit von der Tiefe. Die Zunahme ist von der Lagerungsdichte abhängig und daher im C-Horizont in der Regel größer als im A-Horizont

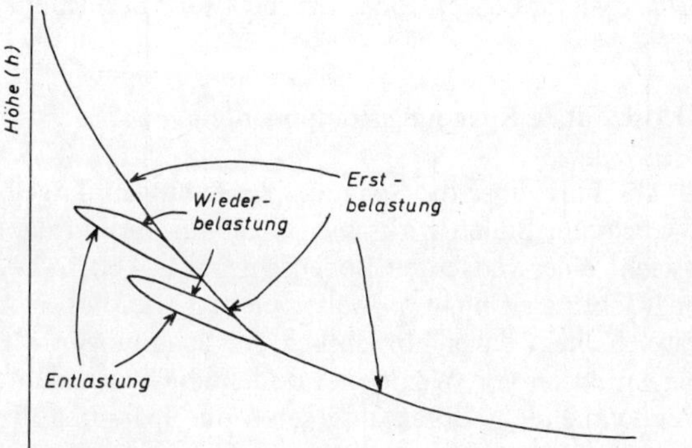

Abb. 2-20 Drucksetzungskurve. Höhe der Lagerung eines Bodenvolumens in Abhängigkeit von der vertikalen Last. Bei Entlastung ist nur die elastische Verformung reversibel, die plastische bleibt erhalten und ergibt die Vorverdichtungen

gigkeit von dem aufgewendeten Druck (z.B. Last der darüberliegenden Bodenschicht) einen einheitlichen Kurvenverlauf ergibt, der bei logarithmischer Einteilung der Abszisse eine Gerade ergibt (*Kézdi*, 1969). Bei diesem Kurvenverlauf gehört zu jeder Lagerungshöhe und daher zu jedem Porenvolumen eine Belastung.

Der Verlauf der Entlastungskurven gibt den bekannten Sachverhalt wieder, daß eine Komprimierung bei der Entlastung nur zu dem Anteil reversibel ist, der aufgrund elastischer Verformung entstanden ist. Wie die Abbildung erkennen läßt, ist dieser Anteil an der Gesamtkomprimierung klein. Er wird zu einem erheblichen Anteil von gröberen organischen Partikeln, möglicherweise von eingeschlossener Luft, hervorgerufen. Die Elastizität der mineralischen Bodenteilchen ist meist sehr klein, wenn nicht größere blättchenförmige Partikel in großer Zahl vorhanden sind. Der irreversible Anteil ist auf Verlagerungen von Partikeln und Aggregaten zur Tiefe hin zurückzuführen. Hierdurch wird jedesmal die weitere Verdichbarkeit verkleinert. Um diesen Teil der Komprimierung rückgängig zu machen, sind von außen wirkende Mechanismen, wie z.B. die Tätigkeit von Tieren oder das Wurzelwachstum erforderlich. Ein Boden, der eine höhere Komprimierung aufweist als der derzeitigen Last entspricht, muß also früher einmal einer höheren Last ausgesetzt gewesen sein. Er wird als „überkonsolidiert" oder „vorkomprimiert", „vorverdichtet" oder „vorbelastet" bezeichnet.

2.6.3. Horizontale Spannungskomponente

Wie im Abschnitt über die Spannungsverteilungen dargelegt, werden die senkrecht im Boden wirksamen Spannungen und daher auch das Gewicht einer gedachten Bodensäule (vgl. Abb. 2-19) in den anderen Richtungen nicht so weitergeleitet, wie dies im Wasser der Fall wäre. Es liegt daher hinsichtlich der Spannungen oft eine anisotrope Situation vor. Wenn eine Bodenschicht vertikal erstmalig einem zunehmendem Druck ausgesetzt, die Spannung in ihr also erhöht wird, dann steigt zwar auch die Spannung in der horizontalen Richtung; das Ausmaß dieses Anstiegs ist jedoch stets geringer als es der vertikalen Spannungszunahme entspricht.

Der Proportionalitätsfaktor, der diesen Unterschied wiedergibt, wird als Ruhedruckkoeffizient (K_0) bezeichnet. Er liegt in der Regel zwischen 0,2 und 0,7. Es ist also:

$$\sigma_3 = K_0 \cdot \sigma_1$$

Da die vertikale Spannungskomponente in der Regel die eine Hauptspannung darstellt, ist die horizontale Komponente die andere Hauptspannung. Im Fall einer Erstverdichtungssituation (s. Abb. 2-20) ist sie daher die kleinste (σ_3). In dieser Richtung existiert, wie früher erläutert, keine Scherspannung, so daß in ihr auch keine Scherbrüche auftreten können.

Während die vertikale Hauptspannung sofort nachläßt, wenn eine Last vermindert – z.B. eine Bodenschicht entfernt wird – verkleinert sich die horizontale Hauptspannung nur um einen geringen Betrag. Das liegt daran, daß die Entlastung, die zum Abklingen dieser Spannungskomponente führen könnte, nur in einer erneuten Auflockerung bestehen kann, denn durch die Dichtlagerung allein war sie ja übertragen worden. Findet eine Auflockerung nicht statt, so ist der Boden also überkonsolidiert oder vorverdichtet. Dieser Zustand liegt im Bereich der Wiederbelastungen in Abb. 2-20 vor.

In diesen Fällen kann der Ruhedruckkoeffizient größer werden als oben angegeben. Überschreitet er den Zahlenwert 1, so bedeutet das, daß die horizontale Hauptspannung die größte und damit σ_1 ist. Die dazugehörige kleinste Hauptspannung ist dann die vertikale. Dieser Zustand ist die Folge einer Entlastung nach einer starken vertikalen Komprimierung oder aber er entspricht einer anhaltenden horizontalen Pressung.

Da eine äußere Druckveränderung, die im Boden Spannungsveränderungen hervorruft, wie in Abb. 2-20 für die senkrechte Komponente gezeigt, stets Volumenveränderungen zur Folge hat, sind auch umgekehrt Volumenveränderungen notwendig, um nach außen Drücke wirksam werden zu lassen. Dies erzeugt für die Messung der horizontalen Spannungskomponente Schwierigkeiten und deshalb sind die beiden Extremwerte, die bei solchen Messungen auftreten können, definiert und mit besonderen Bezeichnungen versehen worden. Man spricht von dem *aktiven Erddruck* (p_a) und dem *passiven Erdwiderstand* (p_p). Diese beiden Drücke sind also Folgen von außen oder nach außen wirkender, auf die Flächeneinheit bezogener Kräfte. Sie entsprechen im Boden selbst aktiven bzw. passiven Spannungen (σ_a und σ_p). Diese Spannungen nehmen, ähnlich wie die vertikalen, mit zunehmender Tiefe zu (Abb. 2-21). Sie entsprechen Grenzzuständen, zwischen denen verschiedene intermediäre

Spannungszustände möglich sind, die ihrerseits nach außen als Ruhedrücke in Erscheinung treten.

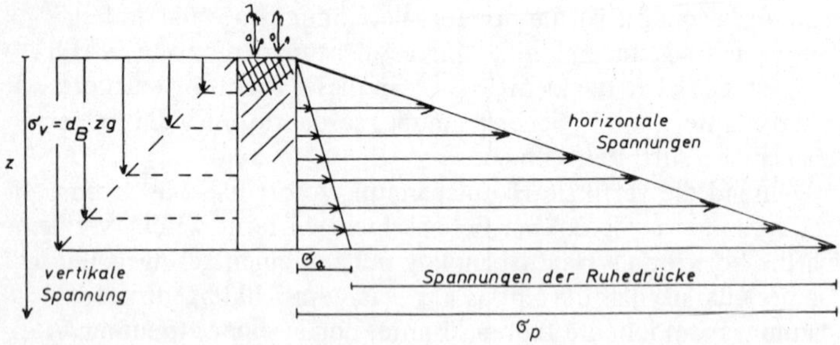

Abb. 2-21 Horizontale Spannungen im Boden. Zwischen dem von der Tiefe im Boden abhängigen Maximalwert (σ_p), der den passiven Erdwiderstand hervorruft, und dem Minimalwert (σ_a), der den aktiven Erddruck erzeugt, liegt der breite Bereich möglicher Spannungen, die die Ruhedrücke hervorrufen

Der aktive Erddruck entspricht der maximalen Kraft, die der Boden auf eine senkrecht stehende Flächeneinheit ausüben kann ohne zusammenzusacken, wenn man der Fläche ein geringfügiges Ausweichen gestattet. Von den Werten der Ruhedrücke her gesehen handelt es sich dabei um den Minimalwert. Der passive Erdwiderstand entspricht der Kraft, die der Boden der Verschiebung einer senkrecht stehenden Flächeneinheit entgegensetzt. Hier handelt es sich um einen Maximalwert, bei dessen Überschreitung der Bodenkörper bricht, so daß ein Teil sich über den anderen schiebt.

Der aktive Erddruck entspricht also offensichtlich einer kleinsten Spannung im Boden, somit also der kleinsten Hauptspannung (σ_3). Der passive Erdwiderstand dagegen entspricht, da er einen Maximalwert darstellt, der größten Hauptspannung (σ_1). Die Ermittlung dieser beiden Eckwerte der horizontalen Spannungen ist mit der als „*Mohr*scher Spannungskreis" bekannten Methode möglich, wenn man die *Coulomb*sche Gerade (Abb. 2-12) des Bodens kennt.

2.6.4. Erfassung der Spannungszustände

Wie in den vorhergehenden Abschnitten beschrieben, sind die beiden wichtigsten Spannungsrichtungen im Boden auf kompliziertere Art voneinander abhängig als dies im Wasser der Fall ist. Eine dem Wasser analoge Situation, eine sogenannte hydrostatische Spannungsverteilung, ist dabei nur eine unter verschiedenen Möglichkeiten.

Die Erfassung der Spannungszustände spielt daher eine erhebliche Rolle und zwar sowohl für die Bestimmung der verschiedenen nebeneinander möglichen Hauptspannungen (σ_1 und σ_3) als auch für die Verhältnisse der verschiedenen nach außen bzw. von außen wirksamen Drücke (p_a, p_p und p_v). Die Erfassung erfolgt mit Hilfe des Mohrschen Spannungskreises.

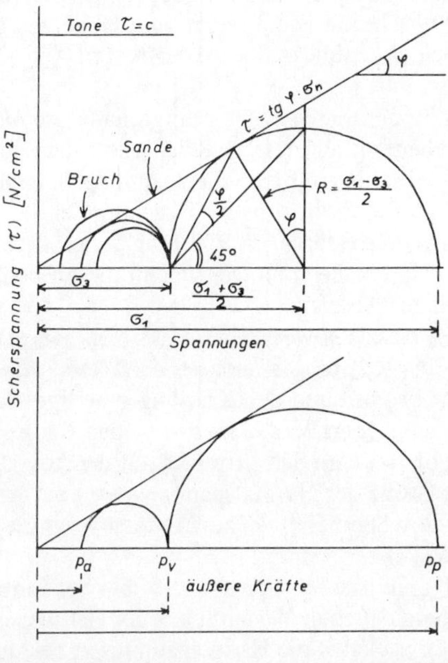

Abb. 2-22 Mohrscher Spannungskreis. Auf der Abszisse werden Normalspannungen (σ_n), Hauptspannungen (σ_1 und σ_3) bzw. die Erdwiderstände (p_p) und Erddrücke (p_a) eingetragen. Der Kreisbogen, der die Enden zweier zusammengehöriger Hauptspannungen, bzw. der dazugehörigen äußeren Kräfte verbindet, gibt die höchste erreichbare Scherspannung an und die verschiedenen Scherspannungen (τ) zu den Zwischenwerten eines Hauptspannungspaares. Die gemeinsame Tangente aller Kreise, die den beginnenden Bruch kennzeichnen, ist die Coulombsche Gerade (vgl. Abb. 2-12)

Diese geometrische Arbeitsweise besteht darin, daß auf der Abszisse des Koordinatenkreuzes der *Coulomb*schen Geraden zuerst die beiden Hauptspannungen eingetragen werden (Abb. 2-22). Von der Mitte zwischen diesen beiden Hauptspannungen $(\sigma_1 + \sigma_3)/2$, wird ein Kreisbogen mit dem Radius $(\sigma_1 - \sigma_3)/2$ geschlagen, wie es die Abbildung zeigt. Der Kreisbogen gibt zu jeder zwischen den Extremen der Hauptspannungen liegenden Normalspannung (σ_n) die Scherspannung (τ) wieder. Für σ_1 und σ_3 ist dabei $\tau = 0$, weil es Hauptspannungen sind. Für $\sigma_n = (\sigma_1 + \sigma_3)/2$ ist τ im Maximum und beträgt dann $\tau = (\sigma_1 - \sigma_3)/2$. Je größer der Unterschied zwischen σ_1 und σ_3 ist, desto größere Scherspannungen treten also auf.

Alle Spannungszustände, deren Kreisbögen die *Coulomb*sche Gerade nicht erreichen, sind möglich, sind also stabil. Ist der Unterschied zwischen den beiden Hauptspannungen aber so groß, daß der Kreisbogen die *Coulomb*sche Gerade erreicht oder schneidet, so kommt es zum Scherbruch. Auch dieser Sachverhalt ist in Abb. 2-22 angedeutet.

Die Richtung, in der dieser Bruch erfolgt, kann am *Mohr*schen Spannungskreis ebenfalls abgelesen werden. Sie entspricht nicht der Richtung mit der absolut größten Scherspannung – nämlich 45° (vgl. Abb. 2-18) – sondern liegt in der Ebene, in der das Verhältnis τ/σ_n am größten ist, also stärker in Richtung der größten Hauptspannung geneigt. In der Zeichnung erscheint diese Ebene mit dem Winkel $45^{\circ} + \varphi/2$ zur Abszisse.

Wenn man den Abszissenwert der kleinsten Hauptspannung als Ursprungsort für die Richtungen auffaßt, dann kann man mit einer Geraden, die dort beginnt und den Kreisbogen an irgendeiner Stelle schneidet, jeden möglichen Winkel zu den beiden Hauptspannungen darstellen. Das Lot von dem Schnittpunkt auf die Abszisse gibt auf der letzteren die Größe der Normalspannung (σ_n) zu dieser Richtung, und die Strecke vom Schnittpunkt zur Abszisse zeigt die dazugehörige Scherspannung (τ).

Der *Mohr*sche Spannungskreis erlaubt also, bei bekannter *Coulomb*schen Geraden die möglichen Verteilungen der Hauptspannungen abzulesen. Wenn umgekehrt die Hauptspannungen bekannt sind, können die Spannungen in den anderen Richtungen festgestellt werden und schließlich kann die *Coulomb*sche Gerade und damit die Bodenparamter φ und c bestimmt werden, wenn mehrere Paare von Hauptspannungswerten vorliegen. Auf diese Weise wird z.B. bei der Arbeit mit einem Triaxial-Gerät verfahren. Messungen dieser Art zeigten, daß diese Linie im Gegensatz zu der ursprünglichen Annahme von *Coulomb* nicht immer eine Gerade ist, sondern daß durchaus Abweichungen auftreten.

Anstelle der Spannungen kann man in das *Mohr*sche Diagramm auch die äußeren Kräfte je Flächeneinheit eintragen (p_v, p_a und p_p, Abb. 2-22, unten) oder die möglichen Kombinationen zwischen p_v und p_a oder p_v und p_p aufgrund der *Coulomb*schen Geraden ermitteln (*Hough,* 1957).

Die Arbeit mit dem *Mohr*schen Spannungskreis kann zeichnerisch erfolgen. Man kann aber auch unter Verwendung der trigonometrischen Funktionen die gesuchten Werte berechnen, wenn man die Geometrie der Zeichnung zugrunde legt.

Hierbei wird zur Berechnung des aktiven Erddrucks (p_a) bei kohäsionslosem Boden (c=0, s. Abb. 2-12) und bekanntem Winkel der inneren Reibung (φ) folgende Gleichung angesetzt:

$$\frac{p_v - p_a}{2} : (p_a + \frac{p_v - p_a}{2}) = \sin \varphi$$

vereinfacht und umgestellt

$$p_a = p_v \cdot (\frac{1 - \sin \varphi}{1 + \sin \varphi})$$

Für den passiven Erdwiderstand (p_p) gilt dann

$$\frac{p_p - p_v}{2} : (p_v + \frac{p_p - p_v}{2}) = \sin \varphi$$

vereinfacht und umgestellt

$$p_p = p_v \cdot (\frac{1 + \sin \varphi}{1 - \sin \varphi})$$

In beiden Fällen sind die Radien der *Mohr*schen Kreise die Gegenkatheten (R in Abb. 2-22) und die Summe aus senkrechtem Bodendruck (p_v) und Radius die Hypothenusen des rechtwinkeligen Dreiecks.

Bei einem kohärenten Boden verkleinert die Kohäsion den aktiven Erddruck und vergrößert den passiven Erdwiderstand. Den Extremfall stellt ein Tonboden dar, bei dem die innere Reibung sehr klein ist. Die *Mohr-Coulomb*sche Gerade würde dann praktisch waagrecht verlaufen, so daß sie die Ordinate bei c schneidet (τ = c in Abb. 2-22). Für diese extremen Fälle wäre c der Radius des *Mohr*schen Kreises und daher

$$p_a = p_v - 2c$$
$$p_p = p_v + 2c$$

In der gleichen Art wird auch verfahren, wenn anstelle der äußeren Erddrücke bzw. Erdwiderstände die inneren Spannungen ermittelt werden sollen. Wieder ist der Kreisradius (R in Abb. 2-22) die Gegenkathete und der Mittelwert der Hauptspannungen $(\sigma_1 + \sigma_3)/2$ die Hypothenuse. Dann gilt für einen kohäsionslosen Boden

$$\sin \varphi = \frac{\sigma_1 - \sigma_3}{2} : \frac{\sigma_1 + \sigma_3}{2} \quad \text{oder} \quad \sin \varphi = \frac{\sigma_1 - \sigma_3}{\sigma_1 + \sigma_3}$$

Die Rechenverfahren, die auf diesem Ansatz aufbauen, sind im Ingenieurwesen wichtig und daher in Lehrbüchern der ingenieursmäßigen Bodenmechanik ausführlich beschrieben (z.B. *Kézdi,* 1969; *Bernatzik,* 1947; *Terzaghi,* 1943).

2.6.5. Grundbruch

Die vorigen Abschnitte haben gezeigt, daß im Boden nur ganz bestimmte Spannungsverteilungen möglich sind (Abb. 2-12 und 2-22). Alle anderen würden zu Verformungen führen, d.h. zu lokalen Brüchen. Wie ebenfalls vorn erläutert (vgl. Abb. 2-20), bedeutet eine solche Verformung, wenn sie über eine große Fläche hin einheitlich ist, wenn der Boden also nicht seitlich ausweichen kann, stets eine Erhöhung der Festigkeit und damit des Widerstands gegen eine weitere Verformung.

Würden jedoch die Spannungsverteilungen örtlich beeinflußt durch eine räumlich begrenzte Last, dann bleibt es nicht bei der Kompression, sondern der Boden kann brechen und gibt dann auf einer oder mehreren mehr oder wenig gut ausgebildeten Ebenen nach. Ein Teil des Bodenmaterials wird dabei aus seiner Lage gedrückt. Dies trifft für äußerlich sehr unterschiedliche Gegebenheiten in gleicher Weise zu, wie z.B. die Belastung durch ein Rad, durch den Fuß eines Tieres, aber auch den Aufprall von Regentropfen, den Druck wachsender Wurzeln oder hochspezialisierter Bodentiere und durch ungleiche Verteilungen von Boden im Schwerefeld wie bei Böschungen und Einschnitten.

Allen diesen Materialverschiebungen ist gemeinsam, daß auf eine begrenzte Fläche eine Last wirkt, und die Frage wird gestellt, ob deren weiteres Vordringen in den Boden durch bodeneigene Kräfte verhindert wird. Diese Kräfte sind die schon oft erwähnten Materialeigenschaften *Kohäsion* und *Winkel der inneren Reibung* und dazu eine *geometrisch bedingte Komponente.* Diese ist durch die Lage und die Größe der Bodenmasse gegeben, die bewegt werden muß, um ein weiteres Vordringen der Last zu ermöglichen. Da der auf dem Reibungswinkel basierende Teil des Scherwiderstandes von der Normalspannung in der Scherebene abhängig ist, kommt der Form des zu verlagernden Bodenanteils eine zusätzliche Bedeutung zu.

Die Formen der vorkommenden Bruchebenen sind infolge der Vielfalt der geometrischen Bedingungen sehr verschieden. Es existieren daher auch verschiedene Theorien über diese Formen für jeweils besonders häufig vorkommende Fälle.

Eine der ältesten ist die nach dem Autor benannte *Rankine-Theorie,* die den Druck auf senkrechte Wände bzw. den Widerstand einer senkrechten Böschung gegen das Weggedrücktwerden beschreibt. In dieser Theorie werden die in Abb. 2-21 gezeigten horizontalen Spannungen als nach außen wirksame Kräfte (E_a bzw. E_p) über die ganze Höhe der betreffenden Wände formuliert. Dabei werden jeweils keilförmige Bodensektionen als betroffen angesehen, deren Begrenzung durch die möglichen Spannungsverteilungen gegeben sind. Dies ist für den aktiven Fall des Drückens der Wand gegen den Boden in Abb. 2-23 dargestellt. Die Voraussetzungen der geraden Bruchlinie sind in der Natur oft nicht gegeben, so daß andere Vorstellungen verwendet werden müssen. Wenn nämlich eine Bedingung für die beschriebene keilförmige Ausbildung des Bruchstückes, nämlich die freie Beweglichkeit aller betroffenen Bodenteilchen nicht gegeben ist, dann können auch nicht alle Teilchen den möglichen Scherwiderstand voll mobilisieren. Stattdessen bleibt der Seitendruck erhalten und die Teilchen stützen sich gegeneinander ab. Dadurch wird die geringfügige Bewegung unterbunden, die notwendig ist, um den Erddruck wirksam werden zu lassen. Dieser Vorgang wird *Gewölbebildung* genannt, weil er wie bei einem Gewölbebogen höherliegende Teilchen durch Auflagerkräfte daran hindert, nach unten auszuweichen bzw. einzustürzen. In diesem Fall verläuft die Bruchlinie des aktiven Erddrucks nicht linear in $\alpha = 45° + \frac{\varphi}{2}$ zur Bodenoberfläche, sondern gebogen wie die gestrichelte Linie in Abb. 2-23 angibt. Bogige Flächen dieser Art treten auch auf, wenn

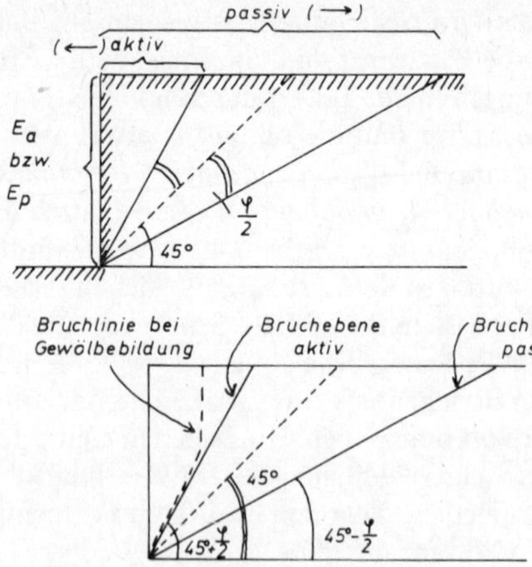

Abb. 2-23 *Rankine*sche Bruchtheorie. Einfache, auf Annahme eines keilförmigen Abbruchs basierende Berechnungsweise für die Gesamtkraft (E) aufgrund des aktiven Erddrucks und des passiven Erdwiderstands auf eine starre senkrechte Wand

die Beweglichkeit der Teilchen durch die Kohäsion gehemmt ist. Die Kohäsion tritt dabei als Zugfestigkeit in Erscheinung (vgl. Abb. 2-12), die in der gleichen Richtung wirkt, wie eine von außen am Boden angreifende Kraft, die die Verschiebung verhindert.

Die Bedeutung der *Rankine*-Theorie liegt vor allem darin, daß ihre dreieckigen Elemente als Teilstücke in anderen Theorien verwendet werden. Sie ist also sehr grundsätzlich. Deshalb sei auch noch die Gesamtkraft (E_a bzw. E_p) beschrieben, die im Falle des aktiven bzw. passiven Grundbruchs aufgrund dieser einfachen Geometrie wirksam wird.

Die horizontale Spannung betrug für den aktiven Fall

$$\sigma_a = \sigma_v \left(\frac{1 - \sin\varphi}{1 + \sin\varphi}\right) \quad \text{und für den passiven} \quad \sigma_p = \sigma_v \left(\frac{1 + \sin\varphi}{1 - \sin\varphi}\right)$$

Die Kraft E_a über einer Fläche mit der Höhe z und der Breite 1 wäre dann

$$E_a = \Sigma_o^z \, \sigma_v \left(\frac{1 - \sin\varphi}{1 + \sin\varphi}\right) \quad \text{bzw.} \quad E_p = \Sigma_o^z \, \sigma_v \left(\frac{1 + \sin\varphi}{1 - \sin\varphi}\right)$$

Die Summe des σ_V ist aber, wie aus Abb. 2-21 ersichtlich, durch das Dreieck

$$\frac{z(zd_Bg)}{2} = \frac{z^2 d_B g}{2} \quad \text{darstellbar.}$$

Rankine-Elemente werden zum Beispiel bei der in Abb. 2-24 gezeigten begrenzten Last zur Erfassung der Bruchsituation verwendet. In der Abbildung sind die Sektoren I und III solche Elemente: und zwar je nach der Wahl der ruhenden Bezugsebene entweder für den aktiven oder für den passiven Fall. Die Richtung der Bezugsebene ist der einzige Unterschied zwischen den beiden Fällen.

Zwischen diesen Sektoren liegt ein Teil, der im wesentlichen gedreht und dessen Gleitflächen oft logarithmischen Spiralen gleichen. Dieses Schema wird nach den Autoren *Prandtl-Rankine*-Theorie genannt und wird im Bauwesen oft verwendet.

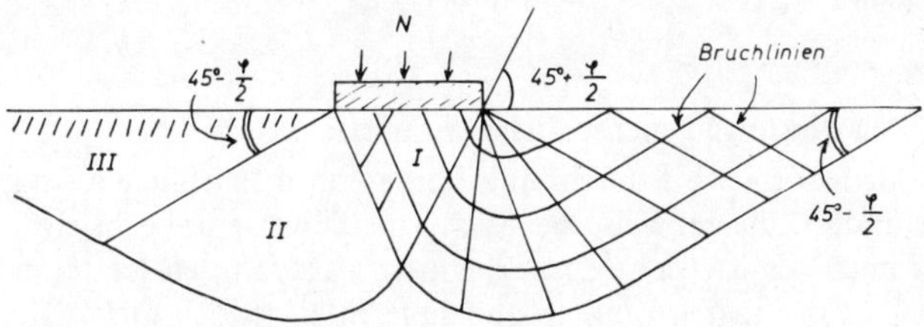

Abb. 2-24 *Rankine-Prantl*sche Bruchtheorie für eine begrenzte, starre Last. Kompliziertere Annahme eines aus drei Sektoren (I, II, III) bestehenden Grundbruches. Der Sektor I ist im Prinzip ein Keil wie in Abb. 2-23, Sektor II wird gedreht und Sektor III nach oben hinausgeschoben

In Abb. 2-24 ist der im Boden vordringende Körper flach gezeichnet. Dabei wird das Element I unverändert im Boden vorwärts getrieben. Es gibt aber oft Situationen, bei denen dieser Sektor zum vordringenden Körper gehört, z.B. an die Spitze von Wurzeln, an den Kopf von Regenwürmern, an die Spitze von Pfählen und von Sonden zur Untersuchung von Böden. In allen diesen Fällen ist der Scherwiderstand zwischen dem vorgetriebenen Körper und dem Boden geringer, als wenn der Bodenkeil selbst weitergetreiben würde.

Die Abb. 2-24 läßt erkennen, daß beim Vortrieb ständig neues Material verschoben werden muß und daß der Boden daher je nach seiner Homogenität auf Bruchflächen diskontinuierlich platzt oder kontinuierlich verschoben wird. Die Bruchflächen entsprechen den eingetragenen Kurven und laufen mit $45° \pm \frac{\varphi}{2}$ zu den Hauptspannungen.

Die Abbildung läßt auch erkennen, daß mit zunehmender Entfernung von der Bodenoberfläche der anzuhebende Sektor III immer größer werden muß, wenn er mit $45^o - \frac{\varphi}{2}$ auskeilen soll. In größeren Tiefen ist daher der Vortrieb, bzw. das Eindringen immer schwerer und kann schließlich nur noch stattfinden, wenn die verdrängte Bodenmasse in den Porenraum der Umgebung hinein gepreßt wird. Das Kräftebild wird dabei aber nicht verändert.

2.7. Veränderungen der Lagerung durch mechanische Einflüsse

2.7.1. Auswirkungen menschlicher Eingriffe

Das Bodengefüge wird durch eine Reihe von menschlichen Eingriffen verändert, die teilweise beabsichtigt, teilweise unbeabsichtigt vorkommen. Es ist wichtig zu erkennen, daß von den letzteren nur ein Teil vermeidbar ist, ein erheblicher Anteil jedoch nicht.

Der weitflächigste und regelmäßigste Eingriff ist die *Bearbeitung pflanzenbaulich genutzter Flächen.* Ein wesentliches Ziel von Bearbeitungsmaßnahmen ist das Erzeugen einer Bodenoberfläche, die Saat oder Jungpflanzen aufnehmen und ihr Wachstum fördern kann. Zu diesem Problemkreis existieren zahlreiche Fachbücher (*Feuerlein,* 1964; *Baeumer,* 1971), so daß es ausreicht, einige spezielle Zusammenhänge mit dem in den vorhergehenden Abschnitten Gesagten aufzuzeigen.

Bei der klassischen Bearbeitung wird stets eine gegenüber der Ausgangssituation stärker heterogenisierte Lagerung hergestellt. Diese kann zu gröberer oder feinerer Bröckelung führen. Um die erwünschte Bröckelgröße herzustellen, wird entweder erst grobschollig gelockert, um danach, von der Oberfläche beginnend, die Bröckel mehr oder weniger vollständig weiter zu verkleinern, oder es werden Geräte eingesetzt, die auf der gesamten Bearbeitungstiefe sogleich die erwünschten feinen Bröckel herstellen.

Dabei entsteht gelegentlich das Problem, daß feinere Bröckelungen, wie sie z.B. durch Fräsen erzeugt wurden, zu schnell verschlämmen. Dies hat vor allem zwei Ursachen, die nur mit der Größe der Bröckel zu tun haben. Einerseits haben die kleineren Bröckel im Vergleich zu den größeren eine geringere träge Masse, die dem Aufprall der Regentropfen Widerstand entgegensetzt. Sie werden deshalb bei gleicher Energie der fallenden Tropfen in stärkerem Maße zwischen die darunterliegenden Bröckel hineingeschlagen als größere. Die damit verbundene stärkere Verlagerung von Bodenmaterial führt zu einer Erhöhung der Lagerungsdichte, die oft nur die oberste – allerdings die pflanzenbaulich wichtigste – Schicht betrifft. Der zweite Mechanismus hängt damit zusammen, daß bei kleinen Aggregaten weniger Wasser ausreicht, um die oberste Schicht so stark anzufeuchten, daß sie die Stabilität verliert, weil die relativ groben Poren, die sie von den nächsten Aggregaten trennen, eine schnelle Verteilung des bei einem Regen anfallenden Wassers zunächst verzögern. Dies ist die Situation, die man durch Messung der Wasserstabilität als klassischem Maß der Bodenstruktur zu erfassen versucht (*Sekera,* 1951; *De Leenheer* und *De Boodt,* 1966).

Beim Befahren des Bodens besteht ein unmittelbarer Zusammenhang zwischen dem Gesamtgewicht der Fahrzeuge und dem Ausmaß der Komprimierung, wie ihn die Drucksetzungskurve (Abb. 2-20) zeigt. Eine Lockerung, sei es im Zuge einer normalen Bodenbearbeitung oder im Zuge einer tiefergreifenden Gefügemelioration (Tiefumbruch, Untergrundlockerung, *Schulte-Karring,* 1963) ist nur von längerer Dauer, wenn sie entweder Spannungszustände darstellt, die unter dem Einfluß der Kräfte wie Bodengewicht, kinetische Energie des Regenschlages und Gewicht von Fahrzeugen oder Tieren stabil sind, oder wenn gleichzeitig der mobilisierbare Scherwiderstand des Bodens durch Hinzufügen stabilisierender Substanzen erhöht wird. Auch hier ist wiederum der Einfluß des Wassers auf das Gewicht wie auch auf die Stabilität des Bodens von Bedeutung. Wenn der Boden vor Beginn dieser Maßnahmen nicht vorverdichtet, sondern im Gleichgewicht mit den auftretenden Maximallasten war (Abb. 2-20), dann sackt er im Anschluß an die Lockerungsmaßnahmen mehr oder weniger schnell wieder. Das Porenvolumen und die Höhe der Bodenoberfläche nähern sich dann in der in Abb. 2-25 gezeigten Art wieder dem Anfangswert.

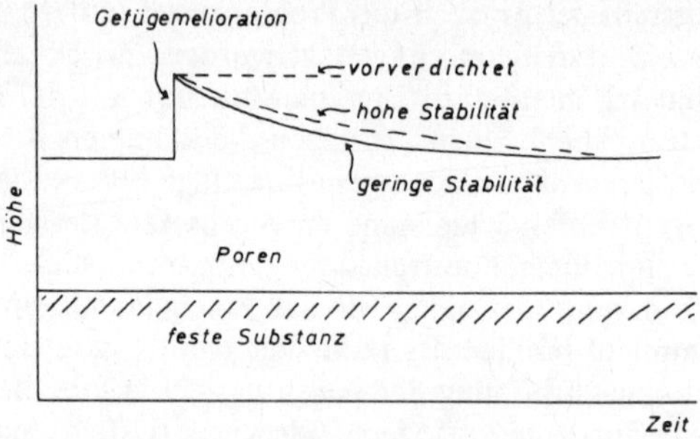

Abb. 2-25 Veränderung der Höhe der Bodenoberfläche durch eine Gefügemelioration. Wenn das Gefüge nicht vorverdichtet war, ist bei anhaltender Belastung eine Sackung unvermeidlich. Ihre Schnelligkeit ist von der Stabilität abhängig, weil mit zunehmender Stabilität die Häufigkeit ihrer Überschreitung abnimmt

Diese Sachverhalte sind die Ursache dafür, daß an der Entwicklung von Stabilisierungsmitteln oder -verfahren für Kulturböden trotz vieler Mißerfolge immer wieder gearbeitet wird. Dabei werden vor allem in organische Stoffe Erwartungen gesetzt (*Kullmann*, 1972; *Gabriels* und *De Boodt,* 1972) aber auch anorganische wie Kieselsäuren (*Gebhardt,* 1972) oder Eisenpräparate werden verwendet (*Schahabi* und *Schwertmann,* 1970). Häufig wird Kalk mit der Erwartung einer Stabilitätsverbesserung eingesetzt. Dabei treten allerdings auf Kulturflächen, im Gegensatz zu anderen Objekten wie z.B. Wegen, immer wieder Mißerfolge auf (*Schaffer,* 1969), die in vielen Fällen sicher damit zusammenhängen, daß die Kalkumsetzung nicht an den Stellen erfolgte, an denen sie eine Stabilisierung zur Folge hätte haben können (*Altemüller,* 1972).

Im Zusammenhang mit der Erhöhung der Stabilität von Kulturflächen treten zwei Probleme in den Vordergrund: Einerseits dürfen die anzuwendenden Stoffe nicht viel kosten, weil ihr Einsatz sonst bestensfalls bei Sonderkulturen wirtschaftlich interessant ist. Andererseits wird durch eine zu starke Stabilisierung das Wurzelwachstum behindert. Ein wesentliches Anliegen ist daher vor allem, der Stabilitätsabnahme entgegenzuwirken, die in der Regel mit zunehmendem Wassergehalt einhergeht. Diese erstrebenswerte *Wasserstabilität* wird manchmal mißverständlich nur im Zusammenhang mit dem Schlag der Regentropfen auf unbedeckte Bodenoberflächen gesehen. Sie ist aber eine Eigenschaft, die das Verhalten gegenüber jeglicher Veränderung des Kräftesystems (vgl. Abb. 2-11) in Gegenwart von viel Wasser beeinflußt (s. hierzu Abb. 2-16).

Das Ausmaß einer Komprimierung, z.B. durch Fahrzeuge, muß ebenfalls vor dem Zusammenhang der Kräfteverteilung im Boden gesehen werden. Hier ist der je Flächeneinheit ausgeübte Druck nicht allein ausschlaggebend. Dies kann man aus der Abb. 2-24 erkennen, wenn man sich die Last und deren Auflagefläche verdoppelt vorstellt. Dann reicht der Sektor I der Abbildung deutlich tiefer. Dies wird durch Messung der vertikalen Druckverteilung, der sogenannten Druckzwiebel, bestätigt (Abb. 2-26).

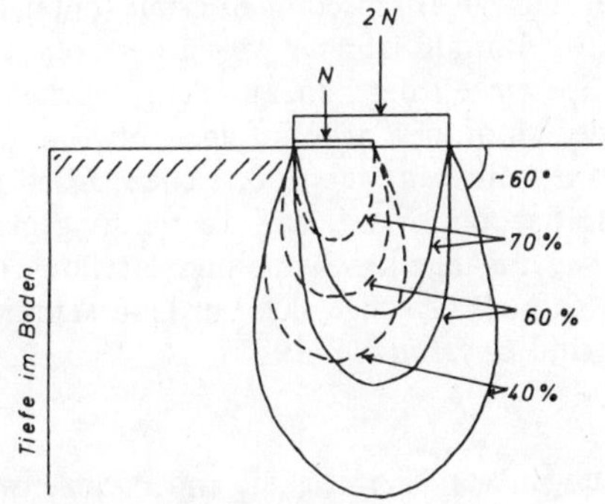

Abb. 2-26 Wirkung der Verdoppelung einer Last (N) auf die Verteilung der vertikalen Spannungen. Der Druckabbau (in %) erfolgt bei der größeren Gesamtlast tiefer im Boden als bei der kleinen, obgleich der Druck an der Auflagefläche gleich bleibt

Aus der Mechanik des Kompressionsvorganges ergibt sich schließlich das für verschiedene Schüttungen vorteilhafteste Verfahren. Bei Schüttungen, die Pflanzenstandorte werden sollen, kann einer übermäßigen Verdichtung vorgebeugt werden, indem hohe Schichten aufgeschüttet und möglichst selten zwischendurch planiert oder sonstwie gefahren wird. Auch die Fallhöhe beim Schüttvorgang ist hier als verdichtendes Moment in Rechnung zu stellen. Umgekehrt muß verfahren werden, um maximale Komprimierung zu erreichen, wie es für die weitestmögliche Vermeidung späterer Setzungen notwendig ist. Dies würde für Schüttungen mit großer Mächtigkeit, für Dämme und Deiche und andere Erdbaumaßnahmen zutreffen. Hier müssen geringmächtige Schichten geschüttet und so oft wie möglich zwischendurch verdichtet werden. Auch hier hat die Kompromierung durch den Aufprall von Schüttgut eine elastische und eine plastische Komponente.

Ein Spezialfall der Auswirkung menschlicher Tätigkeit auf Lagerungseigenschaften von Böden liegt bei Mooren vor. Dort wird die Spannungsverteilung bei der Erstentwässerung besonders stark verändert, weil die Dichte des organischen Materials der des abgeführten Wassers sehr ähnlich ist (*Baden, Kuntze* u. Mitarb. 1969). Im Prinzip wirkt sich eine Entwässerung auch in mineralischen Böden ebenso aus, vor allem in frischsedimentierten tonreichen Substraten wie Marschen. Der Einfluß ist aber wegen der höheren Dichte und der geringeren Sperrigkeit der mineralischen Teilchen geringer.

Sackungen der Mooroberfläche infolge Entwässerung können Absolutwerte von mehreren Metern erreichen. Auch nachher treten meistens weitere Sackungen auf, weil Bearbeitungsmaßnahmen und biologische Abbauvorgänge die Spannungsverteilungen und damit die Lagerungsdichte als Gleichgewichtszustand ständig weiter verändern (*Ilnicki* und *Engelsmann,* 1977).

2.7.2. Auswirkungen von Tiertätigkeit und Pflanzenwuchs

Um die Struktur eines Bodens durch aktives Graben zu verändern, bedarf es einer erheblichen Körperkraft der Tiere. Spezies, die kleiner sind als Regenwürmer, sind daher in der Regel nur lokal an größeren Bodenumlagerungen beteiligt, es sei denn, sie treten in Massen auf wie Ameisen und Termiten.

Die Grabebewegungen können sehr verschiedener Art sein, wobei neben gradlinigem Vorrücken auch kreisende Bewegungen vorkommen, wie bei manchen Insektenlarven (*Kaestner,* 1972). Das ermöglicht ein Vorrücken, ohne daß lange offene Gänge entstehen, weil der Aushub nur direkt hinter das Tier verlagert wird. Dieser Grabevorgang ist nur in einem lockeren Substrat, also bei geringer

Lagerungsdichte möglich, weil sonst das losgelöste Material nach der Verlagerung die Höhle schnell verstopfen würde. Die Durchmischung des Bodens ist bei diesem Vorgang relativ groß.

Im allgemeinen kann man sagen, daß diejenigen Tiere, die eine hohe Anpassung an ständiges Leben im Boden aufweisen, bei ihrer Bewegung besonders sparsam mit energieverbrauchender Grabearbeit sind. Sie wühlen also besonders wenig und die Tendenz zum Beiseiteschieben von Bodenmaterial in radialer Richtung verstärkt sich gegenüber der Tendenz zum axialen Abtransport (*Graff* und *Hartge,* 1974). Dies ist vor allem an den Bewegungen von Regenwürmern zu beobachten, die Radialdrücke bis zu 24 cm Hg ($\sim 3\ N \cdot cm^{-2}$) zu erzeugen vermögen (*Ronde,* 1972), aber auch den Bewegungen, mit denen sich Maulwürfe in den lockeren Boden hineinzudrängen versuchen. Aus dem Bereich der Reptilien sind analoge Bewegungen bei Erdschlangen und Doppelschleichen bekannt (*Gans,* 1973). Die transportierten Bodenmengen sind daher bei diesen Tieren oft weniger groß, als allgemein angenommen wird. Weit größer ist die relative Transportleistung von größeren Tieren, die beim Ausgraben von Wohn- und Fluchtbauten das Bodenmaterial stark durchmischen. Dies ist besonders deutlich an den Krotowinen in Schwarzerden zu sehen.

Das Vordringen von Wurzeln höherer Pflanzen ist den gleichen Zwängen unterworfen. Auch hier ist das axiale Vorrücken auf eine dünne Spitze vor der Zone der Haarwurzeln beschränkt (*Cockroft, Barley* und *Greacen,* 1969).

Das weitere Wachstum erfolgt in radialer Richtung (*Strasburger,* 1971). Es würde sonst die Haarwurzeln an den Spitzen abscheren. Wenn die stärkeren Wurzeln von Bäumen trotzdem oft von Zonen lockeren Bodenmaterials umgeben sind, so sind das Folgen von Spannungen, die durch den Winddruck auf die Krone erzeugt und auf den Boden übertragen werden (*Hintikka,* 1970).

Das radiale Wachstum der Wurzeln stößt aus den in den Abschnitten über Spannungsverteilungen beschriebenen Gründen in den verschiedenen Richtungen auf unterschiedlichen Erdwiderstand. Deshalb erzeugen diese Wurzeln den notwendigen Raum in der Hauptsache durch Hochpressen des Bodens. Dieser Effekt ist um so stärker ausgeprägt, je größer der Verformungswiderstand im Bereich unter der Wurzel ist. Er führt, wie in Abb. 2-27 schematisch dargestellt, zu einer Aufwölbung der Bodenoberfläche, wenn infolge fehlenden Widerlagers noch oben hin kein komprimierendes

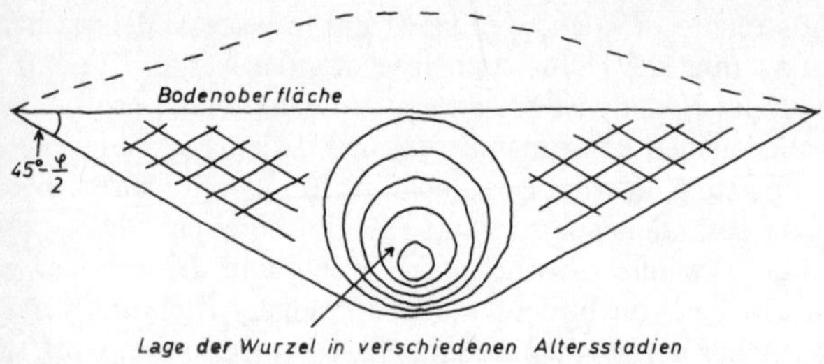

Abb. 2-27 Wirkung des radialen Dickenwachstums einer Wurzel auf den umgebenden Boden. Wenn der Erdwiderstand im Vergleich zum Widerlager des Untergrundes gering ist, preßt sich die Wurzel hoch. Dabei schiebt sie den umgebenden Bodenbereich gemäß dem Bruchlinienverlauf von Abb. 2-24 hoch

Zurseiteschieben möglich ist. Die dabei auftretenden Kräfte können Straßendecken zerstören und Standmauern anheben. Der Bruch führt in einem relativ breiten Bereich zu Lockerungen, weil der Boden gegenüber der auch nach den Seiten wachsenden Wurzel Erdwiderstand aufbringt (E_p in Abb. 2-23) und daher auch in der diesem entsprechenden Form bricht. Wird das angehobene und gelockerte Bodenmaterial wegtransportiert, dann sieht man die Wurzel aus dem Boden herauswachsen. Dieser Vorgang ist an Park- und Waldbäumen oft zu beobachten. Er leistet einen Beitrag zur Lockerung des Oberbodens.

Das Ausmaß derartiger Verlagerungsvorgänge kann man in deutlich geschichteten Sedimenten daran erkennen, daß die Schichtung zum Oberboden hin in zunehmendem Maß verschwindet. Abb. 2-28 zeigt ein Beispiel an einem Podsol aus Sand.

Als Sammelbezeichnung für alle diese Vorgänge wird gelegentlich der Begriff *Bioturbation* verwendet. Die Bioturbation ist in deutlich geschichtetem Ausgangsmaterial unter Umständen das erste sichtbare Zeichen beginnender Bodenentwicklung.

2.7.3. Auswirkungen des Gefrierens

Bei feinkörnigen Böden wird die Struktur durch das Gefrieren des Bodenwassers beeinflußt. Dies ist in der landwirtschaftlichen Praxis

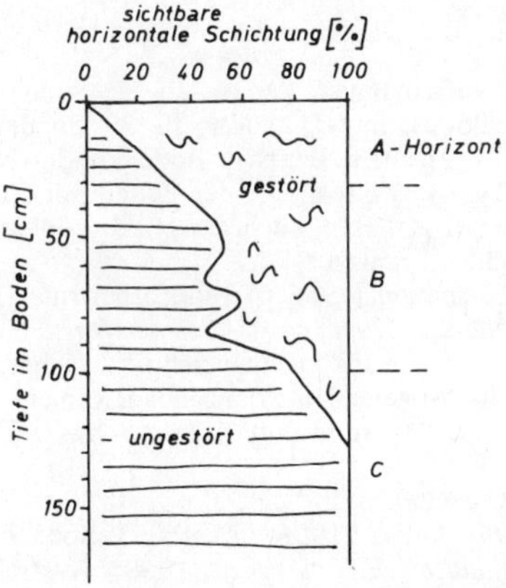

Abb. 2-28 Wirkung der biologisch bedingten Durchmischung (Bioturbation) auf die sedimentationsbedingte Schichtung eines Sandbodens (Podsol aus Dünensand) (100% ~ 3 m Profilbreite)

so wichtig, daß für das Endergebnis ein spezieller Ausdruck geprägt wurde, nämlich der Begriff *Frostgare*. Dies ist ein Zustand, in dem der Boden in feine, durch häufig ebene Flächen begrenzte Aggregate zerfällt, die durch Entwässerung infolge des Wachstums von Eiskristallen entstanden sind. Vorgang und Ergebnis haben also eine gewisse Ähnlichkeit mit der Trocknung. Der Mechanismus der Entstehung von Wasseransammlungen wird in Kap. 8 (Temperatur) eingehend beschrieben. Hier sei nur erwähnt, daß der Grad der Ausprägung einer frostinduzierten Aggregierung davon abhängt, wieweit das Wasser nach dem Auftauen versickern oder aus dem Eiskristall sublimieren kann, ehe der Boden das erstemal belastet wird. Findet kein rechtzeitiger Abtransport des Wassers statt, dann ist die Stabilität dank des infolge der Eisbildung akkumulierten hohen Wassergehaltes besonders gering. Die Aggregierung kann dann unter dem Gewicht des Bodens oder durch geringe zusätzliche Beanspruchung – z.B. durch Regenschlag – schon zerstört werden.

2.8. Literatur

Altemüller, H.J. (1960a): Bayer. Landw. Jb. 37, Sonderheft 4, 70-85
Altemüller, H.J. (1960b): Bayer. Landw. Jb. 39, Sonderheft 1, 98-109
Altemüller, H.J. (1972): Mitt. Deutsch. Bodenkundl. Ges. 15, 57-63
Altemüller, H.J. (1974): Mikroskopie der Böden mit Hilfe von Dünnschliffen. In: *Freund, H.* (Hrsg.): Handbuch der Mikroskopie in der Technik. Bd. 4, Teil 2, 309-367, Frankfurt/M.
Anderson, S., J. Håkansson (1966): Grundförbättring 16, 191-228
Baden, W., H. Kuntze, J. Niemann, G. Schwertfeger, F.J. Vollmer (1969): Bodenkunde. Lehrbuch für Ingenieurschulen. Ulmer, Stuttgart
Baeumer, K. (1971): Allgemeiner Pflanzenbau. Ulmer, Stuttgart
Bernatzik, W. (1947): Baugrund und Physik. Schweizer Druck- und Verlagshaus, Zürich
Bisal, F. (1973): Canad. J. Soil. Sci. 53, 481-482
Brewer, R., A.V. Blackmore (1976): Austral. J. Soil. Res. 14, 237-248
Cockroft, B., K.P. Barley, E.L. Greacen (1969): Austral. J. Soil. Res. 7, 333-348
De Boodt, M. (1957): Bijdrage tot de kennis van de Bodenstruktuur. Diss. Rijkslandbouwhogeschool, Gent
De Boodt, M. (1967) (Hrsg.): West-European methods for soil structure determination, Gent
De Leenheer, L., M. De Boodt (1966): Soil structure. In: Handbuch der Pflanzenernähr. und Düngung. Band II, Springer, Wien
Engelhardt, W.v. (1960): Der Porenraum der Sedimente. Springer, Berlin
Feuerlein, W. (1964): Geräte zur Bodenbearbeitung. Ulmer, Stuttgart
Gabriels, D., M. De Boodt (1972): Mitt. Deutsch. Bodenkundl. Ges. 15, 185-204
Gans, C. (1973): Endaevour (ICI) 32, 60-65
Gebhardt, H. (1972): Mitt. Deutsch. Bodenkundl. Ges. 15, 225-245
Graff, O., K.H. Hartge (1974): Mitt. Deutsch. Bodenkundl. Ges. 18, 447-460
Hartge, K.H. (1969): Z. Kulturtechn. u. Flurber. 10, 20-27
Hartge, K.H. (1971): Die physikalische Untersuchung von Böden. Enke, Stuttgart
Hartge, K.H. (1975): Soil Conditioners Soil Sci. Soc. America. Publ. Nr. 7, 103-110, Soil Sci. Soc. America. Madison Wisconsin
Hénin, S. (1960): Le profil culturel. Principes de pyhsique du sol. Soc. D' Ed. Ing. Agric., Paris
Hintikka, V. (1970): Communications Inst. Forest. Fenn. 692, 1-68
Hofmann, G. (1975): Pedologie 25, 56-67
Holzmann, G., H. Meyer, G. Schumpich (1974): Technische Mechanik, 2. Aufl., Teubner, Stuttgart
Horn, R., E. Knickrehm, B. Mattiat (1977): Catena (im Druck)
Hough, B.K. (1957): Basic Soils engineering. Ronald Press, New York
Husz, G. (1967): Z. Pflanzenern. und Bodenkunde 116, 23-28
Ilnicki, P., R. Eggelsmann (1977): Z. Kulturtechn. u. Flurber. 18, 23-34
Kästner, A. (1972): Lehrbuch der speziellen Zoologie. Bd. I., G. Fischer, Stuttgart

Kézdi, A. (1969): Handbuch der Bodenmechanik. VEB-Verlag, Bauwesen, Berlin
Knoblich, K. (1975): Catena 2, 1-10
Kullmann, A. (1972): Synthetische Bodenverbesserungsmittel. VEB Deutscher Landw. Verlag, Berlin
Loos, W., H. Grasshoff (1963): Kleine Baugrundlehre. Verlagsgesellschaft Rudolf Müller, Köln-Braunsfeld
Mückenhausen, E. (1963): Z. Kulturtechn. u. Flurber. 4, 102-114
Nielsen, D.R., J.W. Biggar (1963): Proc. Soil. Sci. Soc. America 26, 216-221
Peterson, E. (1977): Glay Min. 12, 1-10
Pohl, R.W. (1964): Einführung in die Physik. Bd. I., 16. Auflage. Springer, Berlin
Renger, M. (1971): Z. Pflanzenern. u. Bodenkunde 130, 53-67
Rigole, W., F. De Bisschop (1972): Proc. Sympos. Fundamentals of soil conditioning. Med. Fak. Landbouw Gent 37, 938-954
Ronde, G. (1972): Forstwiss. Centralblatt 71, 243-254
Schaffer, G. (1969): Z. Kulturtechn. u. Flurber. 10, 301-312
Schahabi, S., U. Schwertmann (1970): Z. Pflanzenern. u. Bodenkunde 125, 193-204
Scheffer, F., P. Schachtschabel (1976): Lehrbuch der Bodenkunde. 9. Aufl. Enke, Stuttgart
Schulte-Karring, H. (1963): Landw. Forsch., 17. Sonderh. 40-48
Sekera, F. (1951): Gesunder und kranker Boden. 4. Aufl. Parey, Hamburg
Suklje, L. (1969): Rheological aspects of soil mechanics. Wiley – Interscience London/New York
Söhne, W. (1961): Grundlagen der Landtechnik, Heft 13, 21-34
Sommer, C. (1975): Die Verdichtungsempfindlichkeit zweier Ackerböden. Ein Beitrag zum Verhalten von Böden unter vertikaler Belastung im Saugspannungsbereich bis pF 2,7. Landbauforschung Völkenrode, Sonderheft 26
Staple, W.J. (1975): Proc. Soil. Sci. Soc. America 39, 404-408
Strasburger, E. (1971): Lehrbuch der Botanik für Hochschulen. 30. Aufl. Bearbeitet von *Denffner, Schumacher, Mägdefrau, Ehrendorfer.* G. Fischer, Stuttgart
Terzaghi, K. v. (1943): Theoretical soil mechanics. Wiley & Sons, New York
Wolf, K.L. (1957): Physik und Chemie der Grenzflächen. Springer, Berlin

3. Wechselwirkungen zwischen Wasser und Boden

Die Zwischenräume zwischen den festen Bodenteilchen, deren Lagerung im vorigen Kapitel beschrieben wurde, sind stets mit Wasser oder Luft gefüllt. Das Wasser ist – im Vergleich zur Luft – hinsichtlich seiner Dichte den Bodenteilchen recht ähnlich. Durch die Tatsache, daß es als Flüssigkeit mehr oder weniger frei im Porenraum beweglich ist, beeinflußt es das Verhalten der festen Phase oft recht stark. Umgekehrt wird es selbst hinsichtlich seiner Eigenschaften von der festen Phase beeinflußt.

3.1. Wasseradsorption

Die meisten im Boden vorkommenden festen Grenzflächen adsorbieren Wasser und sind infolgedessen unter natürlichen Bedingungen auch stets mit einem Film aus Wassermolekülen überzogen. Die Dicke dieses Films ist nicht konstant, sie nimmt vielmehr immer zu, wenn das Wasserangebot in der Umgebung ansteigt und nimmt ab, wenn das Angebot kleiner wird. Diese Filme stehen außerdem meist in Zusammenhang mit Menisken, die sich an den Berührungspunkten der Mineralteilchen bilden und sind mit diesen mehr oder weniger im Gleichgewicht oder auf dem Wege, ein solches herzustellen.

Das Vorhandensein zahlreicher Filme je Volumeneinheit des Bodens ist eine der wesentlichsten Ursachen für das unterschiedliche Verhalten von Tonen und Sanden gegenüber Belastungen. Zwar gibt es in Sanden auch Adsorptionswasserfilme, aber wegen der im Vergleich zu Tonen sehr geringen spezifischen Oberfläche der Sande sind sie bei diesen je Volumeneinheit weitaus weniger zahlreich. Ein weiterer Grund dafür, daß sich diese Filme auf die Gefüge von Sandböden weniger auswirken, als auf die von Tonböden, liegt darin, daß bei den letzteren je Volumeneinheit viel mehr Kontakte vorliegen als bei den ersteren. Daher ist die Last je Kontakt bei den Tonböden weitaus geringer. Das gleiche gilt aber auch für die Möglichkeit für das Adsorptionswasser, bei Belastung auszuweichen. Aus diesen Gründen spielen belastete Wasserfilme in Sanden meistens keine Rolle, während sie für das Verhalten von Tonen in der Regel ausschlaggebend sind. Die Allgegenwärtigkeit solcher Wasserfilme ist in Tonen nicht nur daran zu erkennen, daß sie selbst in lufttrockenem Zustand noch beträchtliche Wassermengen abgeben, wenn man sie bei 105°C im Ofen trocknet, sondern auch daran, daß lufttrockene Tonaggregate unter Druck – z. B. bei Zerkleinerung in einem Brecher – wieder plastisch werden und sich verformen lassen, als wären sie naß. Statt zu brechen, lassen sie sich zu Platten pressen.

3.1.1. Mechanismen der Adsorption

Die Ursachen für die Adsorption von Wasser sind elektrostatische Kräfte, *van-der-Waals*-Kräfte und Wasserstoffbrücken. Das Wasser wird von den Mineraloberflächen als solchen adsorbiert. Wo austauschbare Ionen an den Mineraloberflächen vorhanden sind, stellt deren Hydratationswasser einen erheblichen zusätzlichen Anteil an Adsorptionswasser.

Da die Größe der Oberfläche je Gewichtseinheit mit abnehmender Korngröße stark zunimmt, wird der Wasseranteil umso größer, je feinkörniger der Boden ist. Das gilt selbst noch innerhalb der Tonfraktion. Die Art der Ionen, die in Abhängigkeit von der Mineralart die Oberfläche der Mineralteilchen bilden, hat auch einen Einfluß. Dieser tritt jedoch hinsichtlich seiner Größe hinter dem Einfluß der Korngröße meist zurück.

Einen sehr großen Einfluß auf die adsorbierte Wassermenge hat die Hydratationsfähigkeit der austauschbaren Kationen. In der Regel ist die adsorbierte Wassermenge unter sonst gleichen Bedingungen bei einwertigen Ionen als austauschbarem Ionenbelag größer als bei zweiwertigen. Bei dreiwertigen ist sie noch geringer. Innerhalb jeder dieser Gruppen ist die Wassermenge umso größer, je höher oben das betroffene Element in der entsprechenden Gruppe des Periodischen Systems steht. Sie folgt also der lyotropen Reihe. Eine Ausnahme bildet vor allem das K-Ion, das in Abhängigkeit von der Struktur des Tonminerals unterschiedliche Stellungen in dieser Reihe hat. Bei infolge K-Verlust aufgeweiteten Tonmineralen z. B. bewirkt es, daß die Silikatschichten wieder zuklappen, so daß kein Wasser mehr eindringen kann. Näheres siehe *Scheffer* und *Schachtschabel* (1976), Lehrbuch der Bodenkunde.

Wenn die Dicke der Wasserschichten auf einer Oberfläche mehrere Molekulardurchmesser überschritten hat, sind die Hydratationsvorgänge nicht mehr wirksam. Dennoch wird noch weiter Wasser angelagert. Als Ursache hierfür wird der osmotische Effekt angesehen (*van Olphen*, 1963), der entsteht, solange die Konzentration der sorbierten Ionen höher ist als dem Dampfdruck der Umgebung bzw. der Konzentration einer freien Bodenlösung entspricht. Da die sorbierten Ionen nicht in die Lösung wegdiffundieren können, ziehen sie Wassermoleküle zwischen sich, um das osmotische Druckgefälle zu verkleinern.

Die absolute Menge des adsorbierten Wassers wechselt daher mit den Umweltbedingungen. Das bedeutet in einem Boden, der neben Wasser nennenswerte Luftmengen als zusammenhängende Gasphase enthält, in erster Linie eine Abhängigkeit von der Luftfeuchte. In Böden, deren Porenraum im wesentlichen wassergefüllt ist, tritt an ihre Stelle der Salzgehalt des Bodenwassers. Die Eigenschaften des Adsorptionswassers wirken sich naturgemäß am stärksten aus, wenn es einen großen Anteil am gesamten Wassergehalt ausmacht, also dann, wenn es als Film (Abb. 3-1) die festen Grenzflächen von der Luft im Boden trennt.

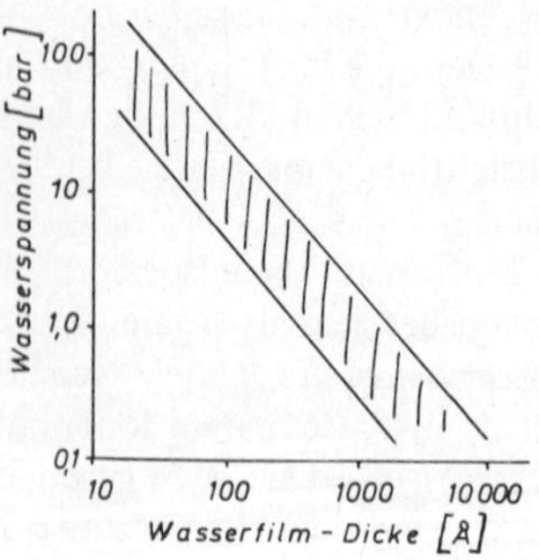

Abb. 3-1 Bindungsfestigkeit des Adsorptionswassers in Abhängigkeit von der Dicke der Wasserfilme (*Kemper* u. *Rollins,* 1966)

Je mehr Wasserdampf die Luft bzw. je weniger Salz das Bodenwasser enthält, desto mehr wird als Adsorptionswasser an den Bodenteilchen festgelegt.

Diese Festlegung erfolgt mit unterschiedlicher Stärke. Für die erste monomolekulare Wasserschicht werden Bindungsfestigkeiten von $6 \cdot 10^4$ N $\cdot$ cm^{-2} angegeben. Das entspricht etwa 6000 Atmosphären und einem pF-Wert von etwa 6,8 (s. Kap. 4, Wasserbindung im Boden). Schon die zweite monomolekulare Schicht ist nur noch mit etwa $2{,}5 \cdot 10^4$ N·cm^{-2} gebunden (pF ~ 6,4). Die Bindungsfestigkeit nimmt mit weiter zunehmender Wassermenge dann schnell ab (Abb. 3-1). Sie wechselt in Abhängigkeit von den genannten Umgebungsbedingungen, indem die jeweils äußersten Wasserschichten mal Wasser an die umgebende Luft abgegeben, mal aus dieser wieder aufgefüllt werden.

3.1.2. Eigenschaften des adsorbierten Wassers

Durch die Adsorption gibt das Wasser einen Teil seiner Bewegungsenergie ab, und zwar umso mehr, je dichter es an die Oberflächen der festen Partikel herantreten kann. Die freiwerdende Energie kann man als Wärme messen (Benetzungswärme). Der Betrag kann bei einem ofentrockenen (105°C) Ton oder feinem Torf so groß sein, daß man die Erwärmung als Folge des Eingießens weniger Wassertropfen mit einem gewöhnlichen Quecksilberthermometer feststellen kann. Diese Benetzungswärme wird fast ausschließlich durch den Vorgang der Hydratation frei.

Die Adsorption hat aber noch weitere Folgen für das Wasser. Weil die einzelnen Moleküle in ihrer Bewegungsfreiheit gehemmt sind, können sie nicht in dem gleichen Maße weitere Energie aufnehmen, wie freie Wassermoleküle. Dies wirkt sich in einer Verminderung der Wärmekapazität des adsorbierten gegenüber dem freien Wasser aus (*Anderson,* 1966). Das gleiche gilt für den Gefriervorgang. Auch hier ist das Wasser umso stärker behindert, die molekulare Konfiguration des Eises anzunehmen, je stärker es adsorbiert, d.h. je näher es der festen Grenzfläche ist. Dies wirkt sich nach außen hin als Herabsetzung des Gefrierpunktes aus. Bezieht man dieses Verhalten auf die Körnung eines Bodens, so kann man sagen, daß ein Boden bei gleichem Wassergehalt bei umso tieferer Temperatur gefriert, je feinkörniger er ist.

Auch die Dichte des adsorbierten Wassers ist anders als die des freien, und zwar nimmt sie bei abnehmendem Wassergehalt zunächst ab (Abb. 3-2), um ab ~ 0,5 g Wasser je g Ton wieder anzusteigen (*Martin,* 1962). Dieses Verhalten deutet darauf hin, daß im dargestellten Bereich mehrere Mechanismen wirksam sein müssen, die jedoch beide den Wassermolekülen strukturelle Anordnungen aufzwingen, die von denen im freien Wasser unterschiedlich sind. Offensichtlich ist die Dichtezunahme in unmittelbarer Nähe der Mineralober-

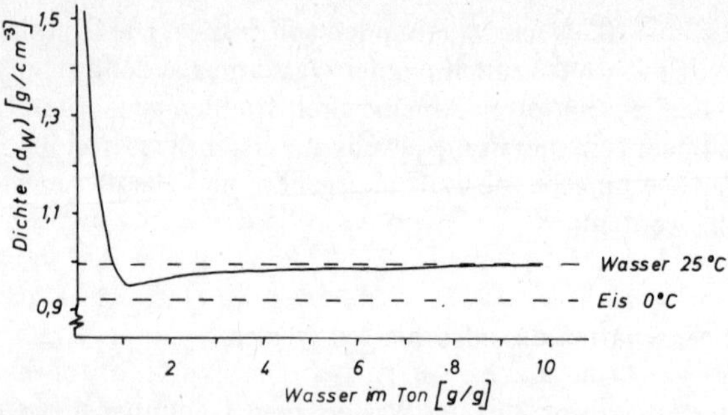

Abb. 3-2 Dichte des adsorbierten Wassers in Abhängigkeit von der je Gramm Ton vorliegenden Menge. Als Vergleich sind die Dichten von freiem Wasser (25 °C) und Eis I (0 °C) eingetragen (nach *Martin,* 1962)

fläche weitaus stärker ausgeprägt, als die Abnahme in größerer Entfernung von diesen. Die gemessenen Werte liegen alle in einem Bereich, der das Vorliegen einer Struktur, wie der normalen Eis-Modifikation (Eis I) im adsorbierten Wasser ausschließt. Eismodifikationen mit Dichten bis zu d_E = 1,5 ($g \cdot cm^{-3}$) existieren jedoch bei hohen Umgebungsdrücken, einige sogar im Bereich von Temperaturen oberhalb 0 °C (vgl. Abb. 8-6). Wie weit die Eigenschaften dieser Eismodifikationen sich mit denen des unter starkem Druck adsorbierten Wassers parallelisieren lassen, ist noch weitgehend unbekannt. Die Dichten einiger Eismodifikationen sind in Tab. 3-1 zusammengestellt.

Tabelle 3-1 Dichten und Umgebungsdrücke für einige Eismodifikationen (nach *Clark,* 1966)

	Dichte (d_E) ($g \cdot cm^{-3}$)	Umgebungsdruck kbar	pF
Eis – I.	0,92	2,2	6,3
Eis – III.	1,16	3,0	6,48
Eis – V.	1,23	5,3	6,7
Eis – VI.	1,31	8,0	6,9
Eis – VII.	1,50	25,0	7,4

Die Eigenschaften des adsorbierten Wassers sind im Hinblick auf das Gefrieren des Wassers und die dabei auftretenden Gefügeformen interessant (vgl. Kap. 8).

Auch die Viskosität des Wassers wird durch die Adsorption beeinflußt. Die Tatsache, daß sie je nach Menge des Adsorptionswassers bis zum 100-fachen des freien Wassers ansteigt, ist eine anschauliche Folge der Adsorption (*Searle* und *Grimshaw,* 1959).

Als letztes sei schließlich die Abnahme des relativen Dampfdrukkes über den Adsorptionswasserfilmen genannt. Auch sie ist aus der Bindung der Wassermoleküle leicht verständlich. Da der Dampfdruck über einer Wasser-Luft-Grenzfläche im Gleichgewichtszustand von der Wasserbindung abhängig ist, kann man diese letztere bestimmen, indem man den osmotischen Druck einer Salzlösung mißt, die im Gleichgewichtszustand den gleichen Dampfdruck erzeugt. Eine solche Salzlösung würde dem Boden weder Wasser entziehen noch welches an ihn abgeben.

Die Größenordnungen, in denen sich die Menge an adsorbiertem Wasser als Folge der Hydratation bewegen, liegen im Bereich von 90-95% rel. Luftfeuchte und etwa 20°C bei

~ 2% für Sande
~ 4 - 6% für Schluffe
~ 8 - 15% für Tone

3.2. Flockung und Peptisation

Die im vorigen Abschnitt beschriebene Adsorption des Wassers an den Oberflächen der festen Teilchen wirkt sich nicht nur auf das Wasser und seine Eigenschaften aus, sondern auch auf die feste Phase, an der es adsorbiert ist. Diese Auswirkungen treten dort am stärksten in Erscheinung, wo im Verhältnis zur Masse der festen Phase besonders viel adsorbierende Oberfläche vorhanden ist. Das ist bei den am wenigsten kugelähnlichen, also den dünnplattigsten Teilchen der Fall – mit anderen Worten also bei der Tonfraktion.

Allerdings sind die Folgen der Wasseradsorption an diesen Grenzflächen nicht allein wirksam, sondern gleichzeitig mit mehreren anderen Kräften, deren Stärke im Prinzip in der gleichen Art wie die der Adsorption mit zunehmender Entfernung von der Teilchenoberfläche abnimmt. Da diese Abnahme nicht gleich intensiv ist, ergeben sich wechselnde Abstoßungs- und Anziehungsbedingungen zwischen den Teilchen. Wenn die Abstoßung überwiegt, jedes Teilchen also für sich die *Brown*sche Bewegung ausführt, spricht man von einem *peptisierten Zustand.* Wenn dagegen die Anziehung überwiegt und die Teilchen bei Kollisionen infolge der *Brown*schen Bewegung aneinander haften bleiben, spricht man von einem *geflockten Zustand,* statt von einer Flockung wird gelegentlich auch von einer Koagulation gesprochen (*van Olphen,* 1963). Die Flocken können verschiedene Größen und, als Folge unterschiedlicher Kontakte (über Kanten oder Flächen), auch unterschiedlichen Aufbau und daher unterschiedliche Dichten haben.

Auf die Erhaltung des peptisierten Zustandes wirken diejenigen Kräfte hin, die die Annäherung der Teilchen aneinander behindern. Das ist auf Entfernungen im Bereich von 10-20 Å (1 Å = 10^{-8} cm) vor allem die Kraft, mit der die diffuse Doppelschicht der austauschbaren Ionen aufrechterhalten wird. Sie setzt ihrer Zurückdrängung durch die diffuse Doppelschicht eines anderen Tonteilchens und somit dessen Annäherung Widerstand entgegen. Die Wirkungsweite dieser Kraft nimmt mit zunehmender Salzkonzentration im umgebenden Wasser ab, weil dadurch die sorbierten Kationen als diffuser Teil der elektrischen Doppelschicht näher an die Mineraloberfläche herangedrückt werden. Gleichzeitig nimmt auch das Abstossungspotential ab, weil die gitterbedingte negative Ladung der Teilchen gleich bleibt, mit zunehmender Annäherung der Gegenionen aber die Kapazität – wie bei einem elektrischen Kondensator – wächst.

In unmittelbarer Oberflächennähe sind noch zwei weitere Mechanismen in gleicher Weise wirksam, nämlich die sehr fest adsorbierten ersten Wassermolekülschichten und Vorsprünge im Gitter. Beide setzen ganz enger Annäherung der Plättchen einen starken Widerstand entgegen.

Auf die Erzeugung eines geflockten Zustandes wirken die „*van-der-Waals*schen Kräfte“ hin. Diese Kräfte sind zwischen jeweils zwei Atomen wirksam. Sie addieren sich jedoch und können daher bei Vorhandensein zahlreicher Atome sowohl hinsichtlich ihrer Stärke als auch ihrer Reichweite Beträge erreichen, die in der Größenordnung denjenigen entsprechen, die in der diffusen Doppelschicht auftreten. Diese Kräfte sind von der Salzkonzentration der Umgebung unabhängig.

In Abb. 3-3 ist sowohl die Anziehungs- als auch die Abstoßungsenergie eingezeichnet und dazu die Differenz aus beiden. Die Abbildung zeigt, daß stets ein Bereich überwiegender Anziehung besteht. Dieser ist bei niedriger Salzkonzentration der Bodenlösung eng und liegt sehr nah an der Mineraloberfläche. Um ihn zu erreichen, ist die Überwindung einer Zone überwiegender Abstoßung notwendig, die bei hohem Salzgehalt nicht mehr existiert.

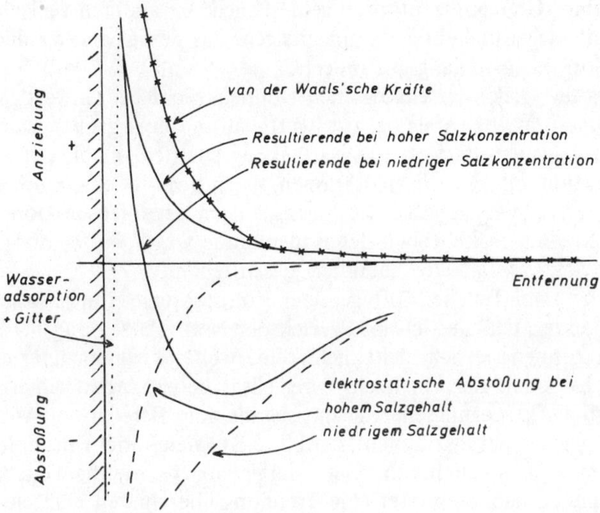

Abb. 3-3 Kräfte an der Oberfläche eines Tonteilchens in Abhängigkeit von der Entfernung. Während die Resultierende (durchzogene Linien) aus v.d. Waals-Anziehung und elektrostatischer Abstoßung bei geringem Salzgehalt der Bodenlösung einen Bereich der Abstoßung aufweist, verläuft diejenige für hohe Salzgehalte stets im Bereich überwiegender Anziehung. Eine sehr starke Abstoßung ist im allernächsten Bereich wirksam (punktierte Linie)

Wenn nun suspendierte Tonteilchen infolge ihrer *Brown*schen Bewegung kollidieren, dann werden sie durch die gegenseitige Abstossung ihrer positiv geladenen Ionenmäntel auseinander getrieben, wenn die kinetische Energie der Kollision nicht stark genug war, um die Verformungsarbeit an den Ionenmänteln zu verrichten, die für die Annäherung bis in den Bereich des Überwiegens der Anziehungskräfte nötig ist (Abb. 3-3).

Wie der Verlauf der Resultierenden aus Abstoßung und Anziehung in der Abbildung zeigt, ist dazu bei hoher Salzkonzentration eine viel geringere Kollisionsenergie erforderlich, als bei niedriger Salzkonzentration. Deshalb kommt es bei hohem Salzgehalt häufig zum Zusammenhaften der Tonpartikel, bei niedrigem aber selten. Im ersteren Fall flockt die Suspension aus, und zwar bei Überschreiten einer Grenzkonzentration sehr schnell, im anderen Fall bleibt es bei gelegentlichem Zusammenhaften, das den Charakter der Suspension nur ganz langsam ändert.

Da die Dicke der elektrischen Doppelschicht bei einwertigen Kationen größer ist als bei zweiwertigen und dort größer als bei dreiwertigen, bedarf es zur Ausflockung auch einer höheren Konzentration an einwertigen Kationen als an zwei- oder gar dreiwertigen (*van Olphen,* 1963). Die Eigenschaften der diffusen Doppelschicht sind im Lehrbuch der Bodenkunde von *Scheffer* und *Schachtschabel* (1976) detailliert beschrieben.

Sind zwei Teilchen infolge einer Kollision erst einmal so nah aneinander, daß sie sich im Bereich der Netto-Anziehung befinden, dann können sie sich nicht mehr ohne weiteres voneinander entfernen. Es bedarf dazu vielmehr einer zusätzlichen Arbeit, einer sogenannten Aktivierungsenergie, um sie aus dem Bereich der Anziehung wieder herauszuholen (s. Abb. 3-3). Man spricht in diesem Zusammenhang auch von einer Energiebarriere, die die Teilchen für eine Annäherung oder eine Trennung überwinden müßten. Diese Vorstellung läßt aber nicht so gut erkennen, daß die wirksame Abstoßung oder Anziehung die Resultierende aus zwei Kräften ist, die stets die gleiche Wirkungslinie sowie stets entgegengesetzte Richtungen haben und deren Betrag sich nur bei der abstoßenden ändert.

Läßt man eine peptisierte Suspension über längere Zeit stehen, dann sedimentieren die Einzelteilchen oder die Flocken aus, wenn sie so groß sind, daß der Einfluß der Erdbeschleunigung auf sie denjenigen der *Brown*schen Bewegung deutlich überdeckt. Überwiegt die *Brown*sche Bewegung stark, so gibt es keine Sedimentation, und die gleichmäßige Verteilung über den Raum der ganzen Suspension bleibt erhalten. Wenn beide Einflüsse zur Geltung kommen, entstehen Verteilungen in der Suspension, ähnlich der der Gasmoleküle in der Erdatmosphäre, d.h. es stellt sich ein Gleichgewicht ein, bei dem die Konzentration der Teilchen von unten nach oben in der Suspension abnimmt. Bei enger Annäherung aneinander wirken geflockte Teilchen wie größere Partikel, daher fördert die Flockung oft das Aussedimentieren.

Die gleiche Grundsituation wie bisher beschrieben liegt auch vor, wenn die Flüssigkeitsmenge eingeengt wird, wenn der Ton also nicht mehr eine Suspension, sondern eine plastische Masse bildet.

Im geflockten Zustand sind die diffusen Doppelschichten verformt und die Mineralpartikel einander stark angenähert. Im peptisierten Zustand dagegen liegen zwar eingeengte, aber unversehrte diffuse Doppelschichten vor und starke Annäherungen einzelner Teilchen fehlen. Dieser Unterschied wirkt sich auf die Eigenschaften der Paste stark aus. Ihre Viskosität ist im geflockten Zustand erheblich größer als im peptisierten. Als wesentlichste Ursache hierfür wird das Vorhandensein bzw. Fehlen von Anziehungskräften zwischen den einzelnen Teilchen angegeben (*Norton* bei *Searle* und *Grimshaw,* 1959). Diese Erklärung deckt aber nicht alle beobachteten Befunde restlos ab (*Searle* und *Grimshaw,* 1959).

Die mechanischen Eigenschaften eines Tons sind also auch bei relativ geringem Wassergehalt, wie er im plastischen Bereich vorliegt, noch davon abhängig, ob er geflockt oder peptisiert ist. Sie können daher auch hier noch durch Veränderung der Salzkonzentration oder der Art der Salze beeinflußt werden.

3.3. Quellung

Die Quellung ist eine Volumenvergrößerung des Bodenmaterials, die auftritt, wenn die einzelnen Teilchen durch Wasseran- bzw. einlagerung auseinander getrieben werden.

Sie steht daher in unmittelbarem Zusammenhang mit der Wasseradsorption und kann immer auftreten, wenn die Adsorptionswassermenge an einem Boden infolge Veränderung der Umweltbedingungen zunimmt.

Die Quellungsfähigkeit eines Bodens bei unbegrenztem Wasserangebot ist deshalb auch in erster Linie von denselben Faktoren bestimmt, die die Wasseradsorption regieren, nämlich von der Oberfläche (d.h. Körnung und Mineralart), der Austauschkapazität (d.h. Mineralart) und der Bindungsfähigkeit der sorbierten Ionen (d.h. Wertigkeit und Durchmesser).

Außer dieser, auf der Wasseranlagerung basierenden Vorstellung, gibt es noch eine weitere, nach der die Quellung eine Folge der Abstoßung zwischen den einzelnen Tonpartikeln ist, die erst nach Wasseranlagerung in den Zwischenräumen auseinandertreten können (*van Olphen,* 1963).

Wenn die Möglichkeit für die einzelnen Wassermoleküle, an die Orte der Adsorption heranzukommen schlechter wird, dann wird die Quellung gehemmt. Daher behindern Salze im freien Quellungswasser und abnehmende Temperatur den Quellungsvorgang (*Yong* u. Mitarb., 1963) im Prinzip in der gleichen Art, wie abnehmende Wasserleitfähigkeit.

Wird der Volumenzunahme eines Bodenaggregats infolge Wasseradsorption Widerstand entgegengesetzt, so baut sich ein Quellungsdruck auf. Dieser Druck ist genauso groß, wie die auf die Fläche bezogene Kraft, mit der der Boden die letzten Wassermoleküle anzog. Dieser Druck ist für die aufgrund von Hydratationsvorgängen angelagerte Wassermenge z.T. sehr hoch (vgl. Wasserbindung infolge Adsorption). Er wirkt sich aber im makroskopischen Bereich nicht aus, weil in diesem Wassergehaltsbereich die Aggregate natürlicher Böden meist teilentwässert sind, d.h. Luft enthalten.

Unter diesen Bedingungen wird die zusätzliche Platzanforderung zu einem erheblichen Teil durch Umorientierung innerhalb des Aggregats befriedigt. Daher werden die sehr hohen Quellungsdrücke dieser Phase im Freilandboden nicht angetroffen. Um unter Freilandbedingungen die Quellung des Bodens zu erreichen, ist in der Regel eine vorherige starke Entwässerung notwendig. Deshalb müßte man unter ariden Klimabedingungen bei Böden mit stark quellfähigen Tonmineralen und beträchtlichem Na-Anteil innerhalb der sorbierten Kationen die stärkste Quellung und daher auch die höchsten Quellungsdrücke erwarten.

Da tonreiche Böden während der der Quellung vorausgehenden Schrumpfung Risse bilden, erfolgt die erste Volumenvergrößerung meistens in der Horizontalen, indem sich die Risse schließen, ohne daß durch entsprechende Anhebung Arbeit im Schwerefeld der Erde verrichtet werden muß (*Horn,* 1976; *Collis-George* und *Lal,* 1971) (Abb. 3-4).

Dabei wird unter mitteleuropäischen Bedingungen meist schon soviel Wasser angelagert und damit die Möglichkeit zum Aufbau von Drücken vermindert, daß es nicht zu Aufwärtsbewegungen kommt, die den horizontalen Quellungsvorgängen in der Größenordnung entsprechen.

Wird hingegen die horizontale Ausdehung von Anfang an unterbunden, so wird der Boden durch die entstandenen Drücke angehoben. Dabei bildet die Reibung an seitlichen Begrenzungen ein retardierendes Moment. Die Folge ist eine kuppenförmige Aufwöl-

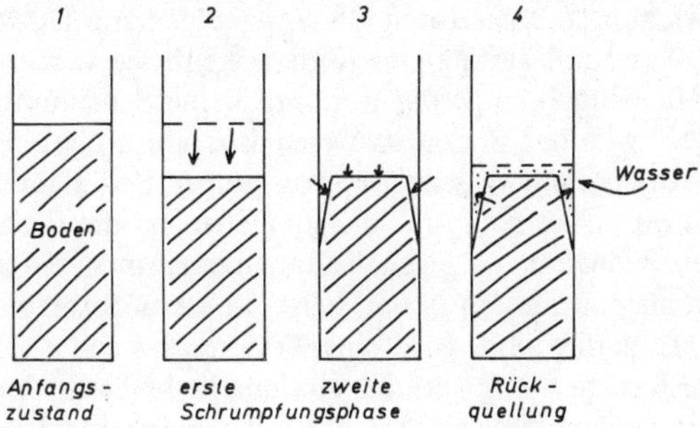

Abb. 3-4 Schrumpfung und Rückquellung einer Tonpaste. Modellversuch in Glaszylindern. Die Abbildung zeigt die Reihenfolge der Bewegungsvorgänge (nach *Horn,* 1976)

bung, wie sie in Abb. 3-5 für einen Laborversuch gezeigt ist. Die Abbildung läßt auch erkennen, daß die Reibung an der starren Seitenwand eine Gegenkraft gegen die Wasseranlagerung bildet, die bei engeren Gefäßen sogar eine kleinere Gesamtquellung zur Folge hat als bei weiteren (*Kaptan,* 1972).

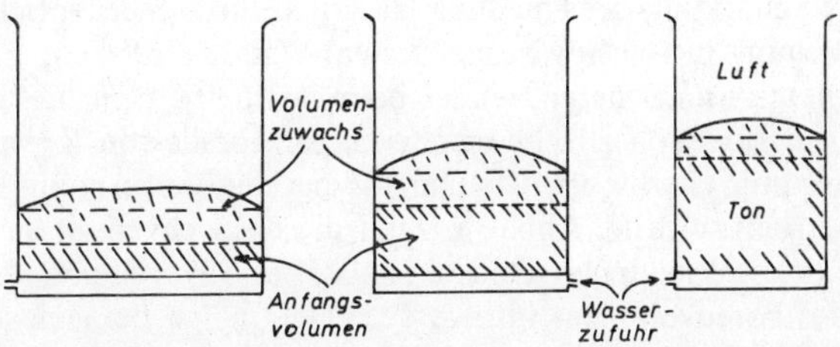

Abb. 3-5 Hemmung des Quellungsvorganges gleicher Tonmengen durch Reibung am Rand des Glasgefäßes. Je enger das Gefäß, desto stärker wirkt sich die Reibung der nicht verschiebbaren Umwand aus

Es liegt daher nahe, bei kuppenförmigen Aggregatoberkanten, wie sie in Solonetzen vorkommen oder Mikroreliefbildungen, wie in Gilgai-Böden, ebenfalls nach seitenbegrenzenden Mechanismen zu suchen.

Eine Hebung des gesamten Bodenpaketes kann jedoch bei Beginn der Wasseranlagerung stattfinden, wenn die vorausgehende Entwässerung noch so gering war, daß keine Schrumpfungsrisse entstanden, weil der Boden zu weich war. Derartige Situationen kommen bei Erstentwässerungen von jungen Sedimenten wie Marschen oder Auen vor. In solchen Fällen ist die Richtung des geringsten Widerstandes gegen Volumenzunahmen diejenige nach oben. Da aber in diesem nassen Zustand die aufbringbaren Quellungsdrücke gering sind, wird eine Volumenzunahme sehr bald durch die Last der auflagernden Bodenschicht verhindert. Die mögliche Volumenzunahme wird daher mit zunehmender Tiefe unter der Bodenoberfläche schnell kleiner, so daß auch hier der Gesamteffekt gering bleibt.

Eine zusätzliche Hemmung des Quellvorgangs entsteht durch die geringe Wasserleitfähigkeit in dem geschrumpften Ton. Sie hat zur Folge, daß das Wasserangebot oft unterbrochen wird, ehe eine dem neuen Kräftegleichgewicht entsprechende Wasseradsorption an allen Oberflächen stattfinden konnte. Dieser Sachverhalt ist eine wesentliche Ursache für die Beobachtung, daß nasse Marschböden in der Vegetationsperiode nach einem Jahr mit besonders starker Austrocknung noch Spuren der früheren Schrumpfung aufweisen (*Kuntze,* 1965).

Eine Verstärkung der Quellung läßt sich durch mechanische Beanspruchung in Gegenwart von freiem Wasser erreichen, z.B. durch Kneten und Scheren, wie es beim Viehtritt, beim Befahren oder an der Bodenoberfläche infolge des Aufpralls von Regentropfen vorkommt. Hierbei ist offenbar die bei der Verformung verrichtete Arbeit wichtig. Abb. 3-6 zeigt diesen Sachverhalt an einem Ton aus einem Pseudogley-Pelosol (Lias-Ton, 52% $< 2 \mu m$). Die Zunahme des Porenvolumens infolge der Quellung ist bei gleicher aufgewendeter Arbeit umso größer, je weniger die Probe durch die Vorbehandlung entwässert worden war, bzw. je weitgehender die dadurch bedingte Schrumpfung durch zwischenzeitliches Wasserangebot wieder rückgängig gemacht worden war. Die Ursache für den unterschiedlichen Arbeitsaufwand ist der Scherwiderstand innerhalb der Probe, der infolge der Entwässerung zugenommen hat. Bei der anschließenden Wiederbefeuchtung der Probe ist er offenbar ohne von außen zugeführte mechanische Arbeit nur ganz wenig zurückgegangen. Innerhalb erheblicher Bereiche spielt die dabei entwickelte Verformungsgeschwindigkeit keine Rolle (*Horn,* 1976).

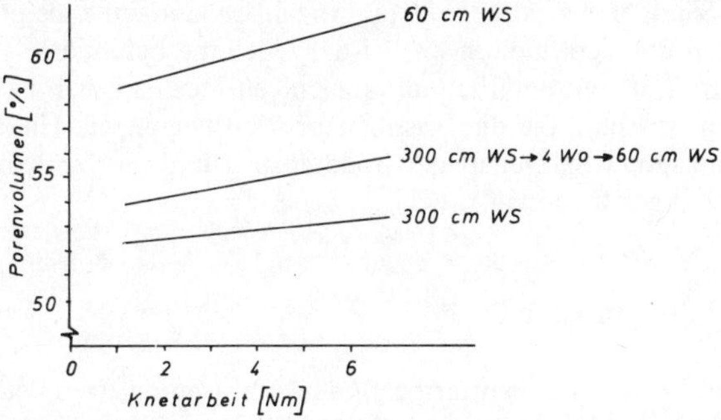

Abb. 3-6 Quellungsfördernde Wirkung der Knetarbeit, dargestellt durch die Zunahme des Porenvolumens bei unterschiedlicher Anfangswasserspannung (Gleichgewicht mit 60 und 300 cm WS) und unterschiedlicher Vorbehandlung (Entwässerung auf 300 cm WS, danach 4 Wochen freies Wasserangebot, dann Entwässerung auf 60 cm WS)

Die Wasseraufnahme als Folge der Knetbewegung kommt dadurch zustande, daß durch die lokale Kraftübertragung ein örtlich begrenzter Wasserüberdruck entsteht (*Searle* und *Grimshaw,* 1959) (s. Abschnitt statischer Wasserdruck), der dem Adsorptionswasser erhöhte Beweglichkeit gibt. Gleichzeitig werden durch die Verschiebung der Tonteilchen gegeneinander wechselnde Partien des Bodens mit dem Wasser in Berührung gebracht und die Wege für das Wasser zu den Adsorptionsflächen verkürzt. Und schließlich wird die reibungsbedingte Quellungshinderung (s. Abb. 3-5) durch die zusätzliche Verformungskraft kompensiert, die die Rolle einer Hilfskraft übernimmt (*Pohl,* 1964).

Da die Quellung dazu führt, daß Aggregatformen durch Zusammenpressen von Schrumpfrissen verloren gehen, hat sie einen erheblichen Einfluß auf den Wasser- und Lufthaushalt eines Bodens. Da ein aggregat- bzw. grobporenreicher Zustand für den Pflanzenbau in der Regel der günstigste ist, ist eine Struktur, die wenig quillt, geeigneter als eine solche, die stark quillt.

Alle Substanzen, die die Quellung behindern, wirken sich in diesem Zusammenhang stabilisierend auf die Struktur aus. In diesem Zusammenhang werden u.a. Eisenoxide und Hydroxide (*Schahabi* und *Schwertmann,* 1970), $CaCO_3$-Kristalle (*Altemüller,* 1972), Humusbestandteile, aber auch Fremdkörper, also Schluff- und vor allem Sandpartikel in begrenzter Anzahl genannt, die als gröbere Teilchen die Verschiebungen bei der Quellung behindern.

Weiterhin sind natürlich alle diejenigen Mechanismen bzw. Substanzen wirksam, die die Wasseradsorption begrenzen. Hierher gehört ein hoher Salzgehalt der Bodenlösung und das Vorhandensein mehrwertiger Kationen.

3.4. Schrumpfung

Alle im Wasser sedimentierten Böden schrumpfen, wenn sie erstmalig entwässert werden. Das fällt aber nur auf, wenn das Ausmaß der Volumenveränderung groß ist und die Schrumpfungsrisse erhalten bleiben, wie das außer bei Tonen auch bei Mudden und gelegentlich auch bei Schluffen der Fall ist.

Bei Tonböden ist dieser Vorgang besonders stark ausgeprägt und wegen der zwischen den Schrumpfungsperioden möglichen Rückquellung besonders häufig.

3.4.1. Ursachen der Schrumpfung

Die Schrumpfung wird im Gegensatz zur Quellung durch einen Mechanismus hervorgerufen, der nicht mit der stofflichen Art der Bodenteilchen zusammenhängt. Die Kraft, die die Bodenpartikel zusammenzieht, ist die Oberflächenspannung des Wassers. Sie ist mit einem Zahlenwert von 72,4 $dyn \cdot cm^{-1}$ (bzw. $erg \cdot cm^{-2}$) bei 20°C und Atmosphärendruck relativ hoch. Die überwiegende Zahl der organischen oder anorganischen Flüssigkeiten hat weit geringere Oberflächenspannungen. Deshalb ist die Tendenz zur energieeinsparenden Verkleinerung der Grenzfläche Wasser zu Luft sehr groß und die Kontraktion, die durch sie ausgelöst wird, ebenfalls.

Das Kontraktionsphänomen hängt mit dem des kapillaren Aufstiegs eng zusammen, denn die Druckdifferenz, die die Durchbiegung des Meniskus in der Kapillare erzeugt, wirkt allseitig und zieht deshalb auch die Kapillarwände zusammen. Die Druckdifferenz ergibt sich aus der Gegenüberstellung der Kräfte, die von beiden Seiten auf den Meniskus einwirken. Wenn man die von oben einwirkende Kraft (s. Abb. 3-7) links und die entgegengesetzten Komponenten rechts vom Gleichheitszeichen schreibt, erhält man:

$$p_L \cdot F = p_W \cdot F + U \cdot \gamma$$

Hierbei ist p_L der Luftdruck über dem Meniskus, p_W der Wasserdruck unter dem Meniskus und γ die Oberflächenspannung des Wassers. Setzt man $r^2\pi$ für F und $2\,r\pi$ für U ein, kürzt um r und π und arrangiert neu, dann erhält man:

$$p_L - p_W = \Delta p = \frac{2\gamma}{r}$$

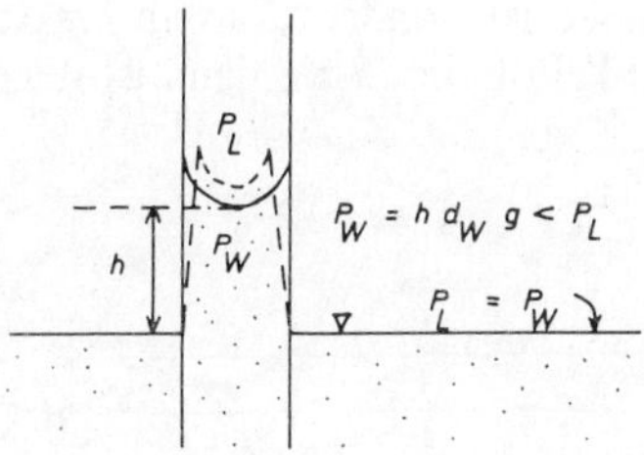

Abb. 3-7 Luft- und Wasserdrücke an einer Wasseroberfläche und in einer Kapillare. Die kontrahierende Wirkung des Unterdrucks in der Kapillare ist durch die gestrichelten Linien symbolisiert

Diese Druckdifferenz wirkt, wie in Abb. 3-7 durch die gepunktete Linie angedeutet, kontrahierend. Da die Wasserdrücke ($h \cdot d_W \cdot g$ in Abb. 3-7) von der Wasseroberfläche aus nach oben zunehmend negativ sind, wirkt sich die Kontraktion mit zunehmender Steighöhe des Meniskus immer stärker aus. Oberhalb des Meniskus gibt es keine kontrahierende Kraft. Die Gleichung zeigt weiterhin, daß der Druckunterschied und damit die kontrahierende Kraft umso größer ist, je kleiner der Kapillardurchmesser ist.

Dieser Sachverhalt erklärt, warum die Schrumpfung in feinkörnigen Substraten so viel größer ist als in grobkörnigen. Hinzu kommt noch, daß sowohl Ton- als auch Muddeböden infolge ihrer stark von der Gestalt einer Kugel abweichenden Kornform meist große Porenanteile haben. Die Möglichkeit zum Zusammenrücken infolge der beschriebenen Druckdifferenz ist daher dort besonders groß.

Die vorhin angeführte Gleichung beschreibt die Situation in einer Kreiskapillare. Ist die Pore, wie es im Boden ja meist der Fall ist, anders geformt, dann erhöht sich die Druckdifferenz, wenn die lichte Weite der Pore in einer Richtung kleiner wird als der Durchmesser der ursprünglichen Kreiskapillare. Dies kann man für eine Kapillare mit elliptischem Querschnitt, d.h. zwei Radien ($r_1 > r_2$) wie folgt beschreiben:

$$\Delta p = \gamma \left(\frac{1}{r_1} + \frac{1}{r_2} \right)$$

Wenn gar keine mit einem Wasserspiegel in Verbindung stehende Wassersäule vorhanden ist, sondern nur ein kragenförmiger Ring zwischen zwei Partikeln (Abb. 3-8), dann ist der Unterschied zwi-

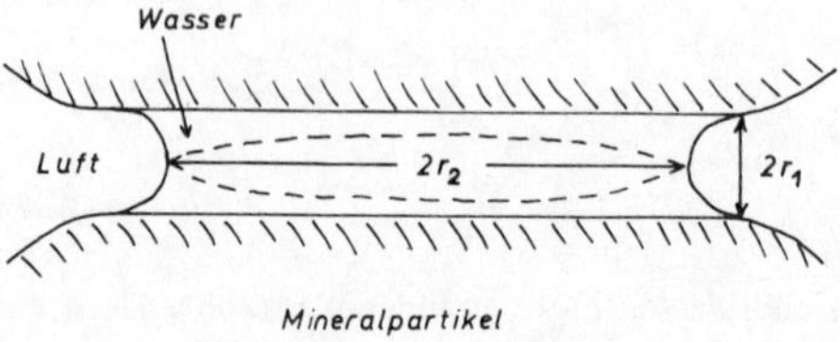

Abb. 3-8 Wirkung eines Meniskusrings zwischen zwei Bodenteilchen. Während die Krümmung r_1 einen Unterdruck gegenüber der umgebenden Luft andeutet, entspricht die von r_2 einem Überdruck. Das Gesamtergebnis ist von dem Größenverhältnis beider Radien abhängig (s. Tab. 3-2)

schen den beiden Meniskenkrümmungen noch viel größer als bei einer elliptischen Pore. Denn der eine der Radien ist umgekehrt orientiert wie der andere. Seine Krümmung wird daher durch ein entgegengesetztes Vorzeichen charakterisiert. Als Gleichung geschrieben ergibt dies:

$$\Delta p = \gamma \left(\frac{1}{r_1} - \frac{1}{r_2} \right)$$

Die Gleichung gibt auch den Sachverhalt wieder, daß die kontrahierende Druckdifferenz zunächst immer größer wird, je größer der negative Radius r_2 ist, d.h. je größer die wasserführende Fläche im Vergleich zum Abstand der Partikel ist. Eine Vorstellung von der Größenordnung der auftretenden Druckdifferenzen erhält man, wenn man für r_1 in Abb. 3-8 die Zahlen der Äquivalentdurchmesser der Grenzen der Porengrößenbereiche einsetzt und dazu r_2 variiert (Tab. 3-2).

Tabelle 3-2 Druckdifferenz in einem Wasserring zwischen zwei Körnern und zusammenhaltende Kraft in Abhängigkeit von den beiden begrenzenden Radien

r_1 [cm]	r_2 [cm]	$\Delta p \left[\frac{g \cdot cm}{sec^2\ cm^2}\right]$	Kraft [dyn]
0,0025	0,005	14,4	0,0034
≙ 50 μm Äquivalent-Durchmesser	0,025	15,9	0,0425
	0,25	28,5	5,706
0,0005	0,001	72,0	0,0007
≙ 10 μm Äquivalent-Durchmesser	0,005	129,6	0,0123
	0,05	142,5	1,14

Die Tabelle zeigt aber auch, daß die Größe des negativen Meniskus (r_2) keinen großen Einfluß auf die Druckdifferenz mehr hat, wenn dieser mehr als etwa 10 mal größer ist als r_1.

Die zusammenziehende Kraft (K), die zwischen zwei Partikeln wirksam wird, ergibt sich aus der Fläche ($F = r_2{}^2 \pi$) auf die die beschriebene Druckdifferenz (Δ p) einwirkt, sowie aus der Tatsache, daß der Meniskus als solcher, ebenso wie in der Kreiskapillare (Abb. 3-7) zum Kapillaraufstieg tendiert ($U\gamma$ mit $U = 2r_1\pi$).

$$K = r_2{}^2 \pi \Delta p + 2 r_1 \pi \gamma$$

Bei ideal kugelförmigen Teilchen hängt eine Abnahme von r_2 derart mit der gleichzeitigen Abnahme von r_1 und damit einer Zunahme von Δp zusammen, daß die Gesamtkraft praktisch vom Wassergehalt unabhängig und im wesentlichen vom Korndurchmesser bestimmt wird. Daher ist die Kraft K innerhalb beträchtlicher Wassergehaltsbereiche unterhalb der Sättigung im Grunde eine Bodeneigenschaft (*Bernatzik,* 1947).

Durch die beschriebene Kraft werden die Bodenteilchen zueinander gezogen, wenn ihre Abstände größer waren, als es dem Kräftegleichgewicht entspricht.

Die Bildung von Menisken bzw. die Verkleinerung ihrer Durchmesser beginnt im Extremfall bei wassergesättigtem Boden mit zunächst ganz geringen Einbiegungen der Wasseroberfläche. Sie ist deshalb immer mit Wasserverlusten verbunden. Deshalb erhält man, wenn man die Wassergehalte gegen das Gesamtvolumen oder den Porenanteil aufträgt, Kurven, die den Drucksetzungskurven (Abb. 2-20) sowohl dem Prinzip nach als auch in der Form entsprechen. Wie in Kap. 2 (Abb. 2-9, -11, -12) erläutert, führt eine Zunahme der Kraft, mit der Teilchen zusammengepreßt werden, zu Erhöhungen des Scherwiderstands. Dies äußert sich bei Tonen durch zunehmende Festigkeit, bei Sanden zunächst ebenfalls (Abb. 2-15), um danach jedoch wieder abzunehmen, wenn die Menisken zwischen den Körnern schließlich zu klein werden. Dieses Phänomen kann man beim Bau von Sandburgen beobachten, die bei bestimmten Wassergehalten standfest sind, beim Austrocknen aber ebenso zerfallen wie beim Überstauen mit Wasser. Dies ist auch der Grund, warum man in Sanden keine Schrumpfungsrisse findet.

3.4.2. Schrumpfungsrisse

Die Schrumpfungsrisse sind eine Folge davon, daß der Annäherung ein Widerstand entgegengesetzt wird, der größer ist als die Zugfestigkeit des Bodens (vgl. Abb. 2-12). Der Boden reißt daher auf, und zwar im rechten Winkel zur Zugrichtung. Die Richtung der ersten Risse ist daher von der Umgebung abhängig. In einem sehr großen, eben gelagerten Sediment, haben die ersten Risse zufallsbedingte Richtung in Abhängigkeit von lokalen Inhomogenitäten der Lagerung, weil an den Kanten mikroskopischer Störungen nach der Bruchtheorie von *Griffith* lokal sehr hohe Zugspannungen entstehen (*Philipps,* 1972). In einem hängigen Sediment wirkt sich die Erdbeschleunigung so aus, daß Risse in Richtung der Höhenlinien bevorzugt auftreten.

Nach der ersten Rißbildung ändert sich die Spannungsverteilung, weil die Spannungen über den Riß hinweg nicht übertragen werden. Daher entsteht bald eine zweite Gruppe von Rissen, die in der Regel rechtwinklig zu den ersten beginnen. Falls diese wegen Heterogenitäten im Sediment nicht gerade waren, beginnen sie an Schwächestellen, die durch Einschnürungen zwischen zwei vorhandenen Rissen entstehen. Diese Risse der zweiten Phase führen zu

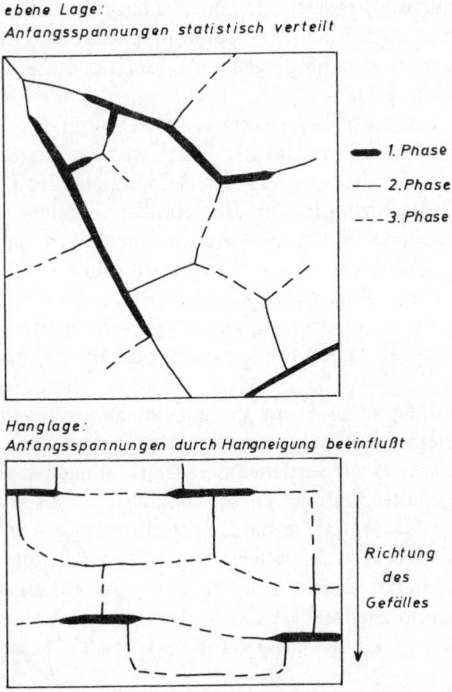

Abb. 3-9 Entstehung der ersten Risse eines schrumpfenden Sediments. Statistisch verteilte Anfangsrisse an mikroskopischen Schwächestellen bilden die erste Phase. Senkrecht zu diesen entsteht die zweite Rißgeneration. Die dritte Generation bildet wiederum rechte Winkel mit den vorigen oder aber die Winkelhalbierende von überstumpften Winkeln. Gefälle verzerren das Bild, indem die Risse zur Gefällenormalen hin gedreht werden

erneuten Veränderungen in der Spannungsverteilung und infolgedessen zu wieder neuen Rißrichtungen. Der ganze Ablauf ist in Abb. 3-9 schematisch dargestellt, er führt zu einem Rissenetz mit 4- bis 6-seitigen polyedrischen Aggregaten. Wenn auf einer geneigten Ebene, z.B. an einem Gewässerrand infolge der Erdbeschleunigung eine bevorzugte, in Gefällerichtung wirkende Komponente entsteht, ist die Bildung der ersten Risse rechtwinklig zu dieser Komponente begünstigt. Diese Bevorzugung einer Richtung wirkt sich auch auf die Risse der 2. und 3. Phase aus. Da aber die Richtung ihres Beginns durch die Spannungsumlagerung vorgegeben ist, entsteht durch deren Einbiegen im Endeffekt ein girlandenartiges Rißnetz (Abb. 3-9).

Die Art des Rißbildes, gekennzeichnet durch das Verhältnis zwischen Rißbreite und Anzahl der Risse, ist vom Verhältnis zwischen der Kohäsion des Bodens und der Reibung auf der Unterlage bzw. dem nicht mitschrumpfenden Unterboden abhängig. Daher ergeben auch verschiedene Böden mit verschiedenen Kationenbelägen unterschiedliche Rißbilder, die zur Charakterisierung der Böden herangezogen werden können (*Wolkewitz,* 1958 und 1960).

Scherbige und splittrige Aggregate (*Mückenhausen,* 1963) sind in der Regel Anzeichen für nicht isotrope Spannungs-(=Zug-) richtungen.

Die Volumenabnahme im Verlauf der Schrumpfung ist, wenn man bei einem feinkörnigen Boden, bei Ton und z.T. auch noch bei Schluff von einer Suspension ausgeht, zunächst ebenso groß, wie die Wassergehaltsabnahme. Dieser Bereich wird als *Normalschrumpfung* bezeichnet. Wenn die dabei fortschreitende Annäherung der Teilchen aneinander schließlich weitere Kontraktion behindert, die Wasserabgabe aber anhält, dann spricht man von einer *Restschrumpfung.* In diesem Zustand ist das Verhältnis von Volumenabnahme zu Wasserverlust kleiner als 1 (Abb. 3-10). Der Wassergehalt im

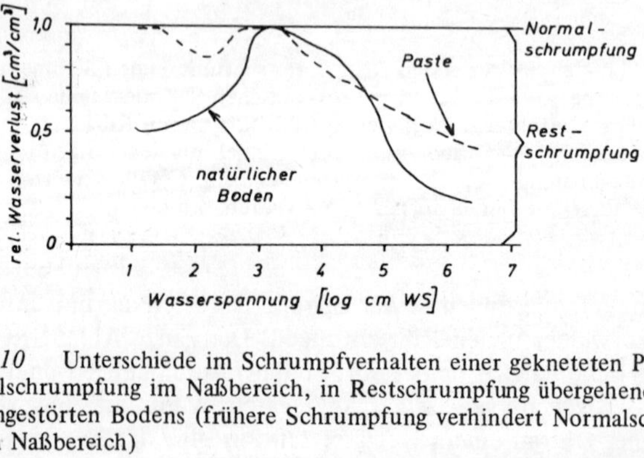

Abb. 3-10 Unterschiede im Schrumpfverhalten einer gekneteten Paste (Normalschrumpfung im Naßbereich, in Restschrumpfung übergehend) und eines ungestörten Bodens (frühere Schrumpfung verhindert Normalschrumpfung im Naßbereich)

Bereich der Normalschrumpfung reicht von der Suspension bis unter den Wassergehalt der Fließgrenze. Die Restschrumpfung beginnt zwischen dem Wassergehalt der Ausrollgrenze und der Schrumpfgrenze (Tab. 2-4).

Die terrestrischen Böden liegen daher in der Regel im Bereich der Restschrumpfung (Abb. 3-10), weil die Rückquellung nach früheren Schrumpfungen durch die im vorigen Abschnitt beschriebenen Zusammenhänge behindert wird. Normalschrumpfung tritt erst wieder auf, wenn der höchste frühere Entwässerungsgrad überschritten wird. Das bedeutet, wenn man den bei der Schrumpfung auftretenden Druck als Belastung anspricht, den Übergang in den Bereich der Erstbelastung (Abb. 2-20).

Ausnahmen bilden frisch abgelagerte Sedimente und Böden, bei denen die Rückquellung durch mechanische Beanspruchungen gefördert wurde, z.B. infolge unsachgemäßer Bearbeitung, auf Viehweiden, in Fahr- und Trampelspuren und durch Regenschlag auf freie Bodenoberflächen. Diese Flächen sind dann durch regelmäßige, stark ausgeprägte Schrumpfungsrisse gekennzeichnet. Das gleiche gilt für Böden mit stark quellenden Tonmineralen und beträchtlichen Anteilen an austauschbarem Natrium. Solche Böden kommen überwiegend in ariden Gegenden vor.

3.5. Statischer Wasserdruck als Stabilitätsfaktor

Das durch Menisken begrenzte Wasser übt, wie im vorigen Abschnitt beschrieben, eine kontrahierende Wirkung auf die Bodenmatrix aus. Im Fall zusammenhängender, bis zum freien Grundwasser reichender Wassersäulen wirkt sich dieses vor allem als Zug in Richtung auf die Grundwasseroberfläche aus, d.h. in der gleichen Richtung wie das Gewicht. Das Wasser hängt also gleichsam an allen einzelnen Partikeln, zieht sie herunter und erhöht dabei gleichzeitig das Gewicht des Bodenkörpers, in dem es hängt.

Das Wasser wirkt somit genau wie eine mechanische Kompression, die auf die Bodenmatrix selbst ausgeübt wird, in der in Abb. 2-20 dargestellten Art. Man kann diese Wirkung anschaulich machen, indem man ein Rohr mit Boden füllt, mit Wasser sättigt und die Sackung beobachtet, die eintritt, wenn man das Wasser unten aus der Säule heraussickern läßt. Die Folgen der durch das „aufgehängte" Wasser erzeugten Gewichtszunahme sind eine Erhöhung der Normalspannungen und daher auch der mobilisierbaren Scherspannungen (vgl. Abb. 2-12). Diese Wirkung wird noch ergänzt und in manchen Fällen durchaus in den Schatten gestellt durch die von den Menisken ausgeübte Kontraktion auf jede Berührungsfläche, die im Unterschied zu dem vorhin beschriebenen Mechanismus allseitig wirksam ist. In diesem Zustand erhöht der Wasseranteil die Stabilität der gesamten Matrix.

Wenn man jedoch die feste Phase zusammenpreßt und damit eine Erhöhung des Kompressionszustands (vgl. Abb. 2-20) erzeugt, dann verkleinert man den Porenanteil und das in ihm enthaltene Wasser muß sich neuen Platz suchen. Dies geschieht augenblicklich durch Verändern der Form der Menisken und damit des auf ihrer Wasserseite herrschenden Druckes (Abb. 3-11). In dem Augenblick, in dem die Menisken nach außen gewölbt werden, hört ihre kontrahierende Wirkung auf und macht einer auseinandertreibenden Platz.

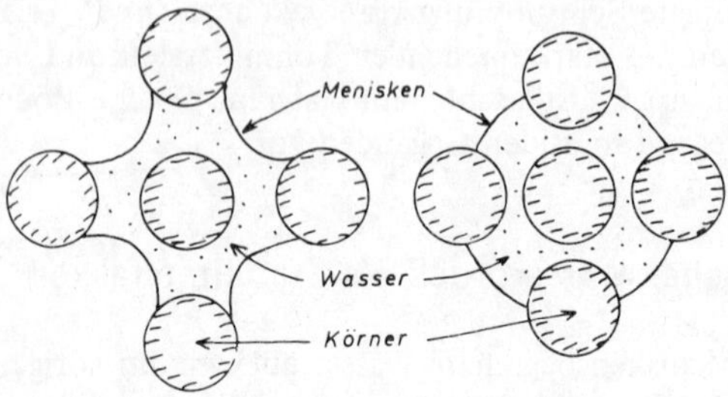

Abb. 3-11 Veränderung des Wasserdrucks zwischen Bodenteilchen durch Aneinanderpressen. Die Menisken erhalten größere Radien, Δp sinkt (vgl. Abb. 3-7) und kann sogar das Vorzeichen wechseln

Die Folge ist eine drastische Verminderung der Stabilität, die so lange anhält, bis die ursprüngliche Meniskenform sich durch Abfließen des überschüssig gewordenen Wassers wieder einstellt. Diese Erscheinung ist besonders deutlich im Glitschigwerden von feinkörnigen Bodenoberflächen, wenn sie bei nassem Zustand betreten werden. Infolge der Kompression beim Erhöhen der Last trägt hier das Wasser plötzlich mit, weil es durch die Poren nicht schnell genug ausweichen kann und das bedeutet im Vergleich zu vorher eine erhebliche Stabilitätsabnahme. In der Bodenmechanik wird ein solcher Beitrag zur Stabilitätslage eine *neutrale Spannung* genannt, weil sie zwar zur Gesamtspannung, nicht aber zu dem stabilitätsbedingenden Anteil, der sogenannten *wirksamen Spannung* beiträgt.

Die neutrale Spannung, d.h. der Porenwasserdruck (u) und die wirksame Spannung ($\bar{\sigma}$), die den Scherwiderstand im Sinne der *Coulomb*schen Gleichung hervorruft, sind also nebeneinander auftretende Komponenten einer Gesamtspannung (σ):

$$\sigma = \bar{\sigma} + u$$

Die neutrale Spannung (u) hat in Gegenwart von freiem Wasser ein positives Vorzeichen, in Gegenwart von Wasserspannungen, also im ungesättigten Boden, dagegen ein negatives (s. Abb. 3-11). Die Gesamtspannung müßte, um vollständig zu sein, noch um Glieder für die Spannung in der Gasphase und für die Wirkung von Anziehung und Abstoßung zwischen den Einzelpartikeln ergänzt werden (*Kézdi,* 1969).

Die Gesamtspannung in der Vertikalen entspricht, als nach außen wirksame Kraft aufgefaßt, dem Gewicht der gesamten über der Bezugsfläche liegenden Boden- und Wasserschicht. Sie verhält sich also im Prinzip wie die in Abb. 2-19 bzw. 2-21 gezeigte vertikale Spannung in der festen Phase. Wie schon aus den Bezeichnungen hervorgeht, ist die Gesamtspannung in der Regel weniger wichtig für die Vorgänge im Boden, als ihre Teilkomponenten jede für sich für das Verhalten in der festen bzw. der flüssigen Phase.

Der Ausdruck neutrale Spannung ist also von der Wirkung des in Ruhe und daher im Gleichgewicht befindlichen Wassers auf den Scherwiderstand zu sehen. Diese darf nicht mit dem in der Bodenkunde gebräuchlichen Ausdruck der Wasserspannung verwechselt werden. Die letztere kennzeichnet nur einen Teilbereich der im Wasser möglichen Spannungen – nämlich den, der Drücke erzeugt, die kleiner sind als der atmosphärische Luftdruck.

Eine Veränderung der Wasserspannung ist wegen ihres Zusammenhanges mit den Meniskenformen meistens mit einer Stabilitätsveränderung verbunden.

Wasserspannungen (Wasserdrücke kleiner als Atmosphärendruck) erhöhen die Stabilität im Vergleich zu einem trockenen Boden, solange die wirksamen Kontaktflächen nicht allzu klein werden (s. Tab. 3-1), während positive Wasserdrücke sie verkleinern. Temporär, infolge Verzögerung des Abfließen des Wassers, auftretende Zunahmen der Wasserdrücke (d.h. auch Abnahmen der Wasserspannung) vermindern die Stabilität gegenüber dem vorherigen Zustand immer. Diese Verminderung verschwindet jedoch wieder, sobald die entsprechende Wassermenge weggeflossen ist.

Ausmaß und Zeitdauer des Auftretens derartiger Stabilitätsverluste hängen vom Verhältnis zwischen der für das neue Gleichgewicht abzuführenden Wassermenge, der Wasserleitfähigkeit und der notwendigen Fließstrecke ab. Diese Stabilitätsverluste können als Änderungen des rheologischen Zustandes aufgefaßt werden. Sie lassen sich entweder durch Veränderungen des beschreibenden Modells oder durch Veränderung der Konstanten innerhalb des gleichen Modells ausdrücken.

Da kleine Aggregate im Vergleich zu großen oder gar zu kohärenten Massen viele nach außen offene Poren und kurze Fließstrekken haben, aus denen Wasser entweichen kann, ist die Stabilitätsabnahme in den erstgenannten meist klein, in den letztgenannten besonders groß. Stabilitätsverluste in großem Ausmaß können sogar bei Sanden vorkommen, wenn der gesamte betroffene Körper sehr groß ist, z.B. bei einer Sandbank im Wasser.

Unter Fahrzeugen, Tierhufen, Regentropfen, aber auch vor Wurzelspitzen tritt stets, wenigstens vorübergehend, eine neutrale Spannung auf, auch wenn sie oft nur geringe Beträge hat.

Auch die Frage, wie eine Wassermenge in einem höherliegenden Teil eines Bodens auf die Stabilität der Lagerung einwirkt, sei es im Bodenprofil oder in einer Böschung bzw. an einem Hang, ist vor dem Hintergrund der Spannungsveränderung zu sehen.

Die Wasserbewegung und ihre Behinderung durch die Bodenmatrix ist also hier im Prinzip ebenso wie bei der Quellungsbehinderung der ausschlaggebende Faktor. Sie wirkt hier jedoch im Vergleich zu der genannten Quellungsbehinderung in entgegengesetzter Richtung.

3.6. Strömungsdruck

Das Wasser beeinflußt den Boden und seine Lagerung nicht nur durch seine Anwesenheit als Masse, sondern auch durch die Tatsache, daß es sich innerhalb der Matrix bewegt. Denn die Bodenteilchen bilden für jede Wasserbewegung ein Hindernis, solange sie sich selbst nicht oder langsamer als das Wasser bewegen. Das Wasser wird dabei an ihnen gebremst und beschleunigt sie demzufolge in der Strömungsrichtung. Die Kraft, die dabei auf ein Bodenteilchen einwirkt, ist ebensogroß wie die, die auf ein Wasservolumen von der Größe des Bodenteilchens ausgeübt würde. Man kann diesen Sachverhalt ausdrücken, indem man die Kraft aus dem Druck (p) auf die ihm dargebotene Fläche (F) berechnet und sie auf das Volumen des Teilchens bezieht (F · l)

$$\frac{p \cdot F}{F \cdot l} = \frac{p}{l} \quad \text{bzw. wenn beide als Differenz gemessen werden} \quad \frac{\Delta p}{\Delta l}$$

Wie die Kürzung des Bruches zeigt, ist der Strömungsdruck dem Betrag nach gleich dem Gefälle des Wasserdrucks im Boden. Das Wort „Strömungsdruck" ist, wie man aus den Einheiten Druck pro Länge sieht, nicht ganz richtig gewählt, wird aber in diesem Sinn gebraucht. Da sich ein Druck stets aufbaut, wenn dem Ausgleich durch Fließvorgänge Widerstand entgegengesetzt wird, entstehen Strömungsdrücke stets dort, wo entweder die Wasserleitfähigkeit des Bodens klein wird oder wo ein mikroskopischer Fließquerschnitt verengt wird. Im Prinzip läuft beides auf das Gleiche hinaus. Die durch den Strömungsdruck verursachte Verlagerung ist dort am stärksten, wo die Bodenteilchen aufgrund der Zusammenhänge des Spannungssystems (Abb. 2-10) die geringsten Widerstände mobilisieren können. Dies ist z.B. am Ende eines Bodenkörpers in der Strömungsrichtung der Fall, wo die Normalkomponente für den Aufbau eines Widerstandes klein wird oder fehlt.

Daher fallen z.B. nacheinander jeweils die randnächsten Schichten einer Grabenwand ein, und deshalb werden die letzten Partikel an der Grenze zur stark durchlässigen Ummantelung eines Dräns bevorzugt in den Drän geschwemmt.

Der gleiche Mechanismus wie im gesättigten Zustand ist auch im ungesättigten wirksam. Anstelle von Druckgradienten im Bereich positiver Wasserdrücke treten hier solche im Bereich der Wasserspannungen auf. Doch sind die auftretenden Druckgefälle weitaus größer als im gesättigten Bereich. Dies gilt vor allem an der Vorderfront einer in den Boden infiltrierenden Wassermenge, der Befeuchtungsfront. Es liegt dort die gleiche Situation vor, wie bei einer dünnen Wasserschicht, die man über eine bisher trockene Bodenschicht fließen läßt (Abb. 3-12). Dieses Wasser nimmt an der Vorderkante die meisten Partikel mit. Gleich hinter der Zungenspitze des Wasserkörpers auf dem Bild wird das Gefälle ($\Delta p/\Delta l$) viel kleiner und damit sinken auch die Transportmöglichkeiten.

Was von dieser Zone des stärksten Gradienten nicht abgelöst wurde, wird von den schwächeren Gradienten des übrigen Wassers kaum in Bewegung gebracht. Ein Weitertransport des abgelösten

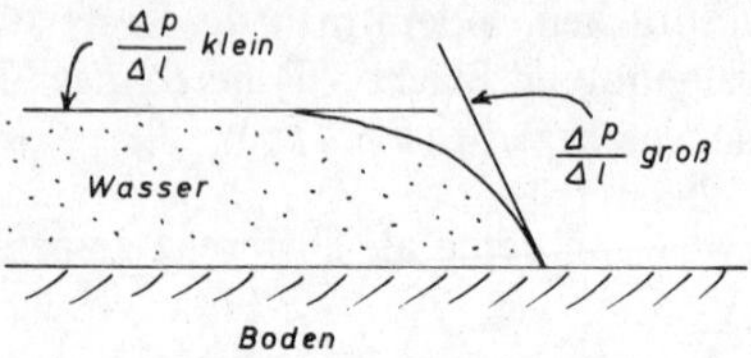

Abb. 3-12 Verlauf der Druckgefälle entlang einer vorrückenden Wasserfront. Der erste Teil mit dem größten Gefälle hat das stärkste Ablösungs- d.h. Erosionsvermögen

Materials erfolgt, solange der Druckgradient stark genug ist, um das betreffende Teilchen an Hindernissen vorbeizuführen. Da die terrestrischen Böden im Sommerhalbjahr von oben her austrocknen, nimmt die Steilheit des Gradienten einer Sickerfront mit zunehmender Bodentiefe ab (vgl. Kap. 5, Infiltration). Damit sinkt auch der Strömungsdruck und die transportierten Substanzen bleiben an den nächsten Hindernissen hängen (*Becher* und *Hartge,* 1972). Dieser Mechanismus ist an der Ausbildung von Verlagerungshorizonten in Bodenprofilen stark beteiligt, vor allem an der Bildung von Tonverlagerungen (B_t-Horizonte). Er erklärt auch, warum bei gleichem Material in nasseren Lagen (Pseudogley und Gley) weniger Verlagerungsintensität zu finden ist als in trockeneren – dort sind nämlich die auftretenden Strömungsdrücke kleiner. Die gleiche Wassermenge wird dort dank größerer hydraulischer Leitfähigkeit mit geringen Druckgradienten abgeführt. Der starke Einfluß des Gradienten auf die Verlagerung erklärt auch, warum selbst in ariden Gebieten mit überwiegend aufwärts gerichtetem Wasserstrom Verlagerungen nach unten auftreten können. Die überwiegend vorliegende Evaporationssituation erzeugt nie so große Gradienten, wie die selteneren Sturzregen.

Abschließend sei wegen seiner grundsätzlichen Wichtigkeit der Sonderfall erwähnt, in dem der Gradient einer gesättigten Wasserbewegung genau vertikal verläuft. In diesem Fall überlagert sich seine Wirkung auf die Bodenteilchen mit der der Gewichtskraft. Das wirkt sich so aus, daß bei abwärts fließendem Wasser die neutrale Spannung (u) am Unterende einer gedachten Bodenschicht kleiner ist als am Oberende. Dabei wird wegen des im vorigen Abschnitt beschriebenen Zusammenhangs die wirksame Spannung ($\bar{\sigma}$) größer. Die Gesamtspannung (σ) bleibt dabei unverändert, weil bei ihr das Wasser durch sein Gewicht wirkt. Da ihm aber durch die Druckabnahme unten gleichsam die Stütze entzogen wurde, hängt es jetzt etwas im Boden. Die Bodenschicht gewinnt dabei an Normalspannung auf jede Berührungsfläche der festen Phase und daher an Scherfestigkeit.

Umgekehrt verhält sich die neutrale Spannung, wenn das Wasser senkrecht nach oben steigt. Dann ist sie am oberen Ende der Bodenschicht geringer als am unteren und die wirksame Spannung vermindert sich um den Differenzbetrag. Mit abnehmender wirksamer Spannung wird aber die Scherfestigkeit kleiner.

Wenn dabei das Gefälle betragsgemäß der Gewichtszunahme je Höheneinheit der Bodenschicht gleich wird, dann verliert ein kohäsionsloser Boden – also ein Boden in Einzelkornstruktur – seine Festigkeit vollständig. Gegenstände, deren Dichte größer ist als die Lagerungsdichte des gesättigten Bodens, versinken dann in ihm.

Bei einem Sand mit einer Lagerungsdichte von $d_B = 1{,}64$ (Porenanteil 38%), der unter Wasser dem Auftrieb des Wassers ausgesetzt ist, würde bei einem aufwärtsgerichteten Wasserdruckgradienten $(\Delta p/\Delta z)$ von

$$\frac{\Delta p}{\Delta z} = \frac{\Delta h_W \cdot \Delta d \cdot g}{\Delta z} = \frac{\Delta h_B (d_B - d_W) \cdot g}{\Delta z} = \frac{0{,}64 \text{ mbar}}{1 \text{ cm}} \approx \frac{0{,}64 \text{ cm WS}}{\text{cm}}$$

dieser Zustand eintreten. Dieser Gradient heißt daher der *Kritische*. In der vorstehenden Gleichung ist g die Gravitation, d_W die Dichte des Wassers, Δh_W die Wasserstandsdifferenz und Δz (= Δh_B) die Höhe der Bodensäule.

3.7. Benetzungseigenschaften

Wenn ein trockener Boden mit Wasser in Berührung gebracht wird, so fließt dieses manchmal mehr oder weniger schnell auseinander, es spreitet. Es kann jedoch auch vorkommen, daß es längere Zeit als Tropfen auf der Bodenoberfläche liegen bleibt. Hier liegt eine spezielle Wechselwirkung zwischen dem Wasser und den festen Bodenteilchen vor, nämlich eine unterschiedliche Benetzung.

Diese Wechselwirkung ist am stärksten bei trockenem Boden zu beobachten. Sie wirkt sich daher vor allem auf das Verhalten des oberflächennahen Bodens, sowie der unmittelbaren Bodenoberfläche gegenüber Wasser aus. Dabei ist vor allem die Infiltration des Wassers in den Boden betroffen, sowie im Zusammenhang damit die Stabilität von Aggregaten.

3.7.1. Benetzung und Randwinkel

Die Benetzung ist eine Folge davon, daß intermolekulare Kräfte, wie z.B. *van-der-Waals*-Kräfte, nicht nur zwischen den gleichartigen Molekülen eines Stoffes als Kohäsion wirksam werden, sondern in unterschiedlichem Maß auch gegenüber den aneinandergrenzenden Molekülen verschiedener Stoffe (Adhäsion).

Die Kohäsion führt dazu, daß Flüssigkeiten bestrebt sind, gegenüber Luft, bzw. ihrem eigenen Dampf, die jeweils kleinste Oberfläche auszubilden, d.h. möglichst Kugelform anzunehmen. Tropfen und Blasen streben daher Kugelform an und setzen ihrer Deformierung Widerstand entgegen, weil damit Vergrößerungen ihrer Oberflächen verbunden sind.
Die Arbeit, die verrichtet werden muß, um den Widerstand gegen die Oberflächenvergrößerung zu überwinden, ist die spezifische freie Oberflächenenergie. Sie hat die Dimension erg · cm^{-2} oder dyn · cm^{-1} und wird im letzteren Falle meist einfach als Oberflächenspannung bezeichnet.

Feste Oberflächen haben auch Oberflächenspannungen, die allerdings nicht immer direkt bestimmbar sind. Ihre Beträge liegen höher als die der Flüssigkeiten. Bei einigen Metallen sind sie im festen Zustand etwa doppelt so groß wie im geschmolzenen. Bei kristallinen Substanzen sind sie oft von der Orientierung der Kristallfläche abhängig.

In Tabelle 3-3 sind einige Oberflächenspannungen als Beispiele für die vorkommenden Größen angegeben.

Tabelle 3-3 Oberflächenspannungen einiger Verbindungen gegen Luft (*Wolf*, 1957)

	°C	γ (erg · cm^{-2})	Bemerkung
Wasser	20	72,4	
Schwefelsäure	20	54	
Äthanol	20	22	
Hexan	20	19,5	
Blei	20	880	fest
Quecksilber	20	480	

Während die Spannung gegenüber dem eigenen Dampf, bzw. der Luft als Oberflächenspannung bezeichnet wird, heißt diejenige gegenüber einer anderen Flüssigkeit oder einem festen Stoff Grenzflächenspannung. Man kann aber auch allgemein von *Grenzflächenspannungen* sprechen.

Zwischen den im Boden vorliegenden Stoffen kommen verschiedene Grenzflächen vor, und zwar gasförmig zu fest, fest zu flüssig und flüssig zu gasförmig und jede hat ihre Grenzflächenspannung (γ_s, γ_{sf}, γ_f in Abb. 3-13).

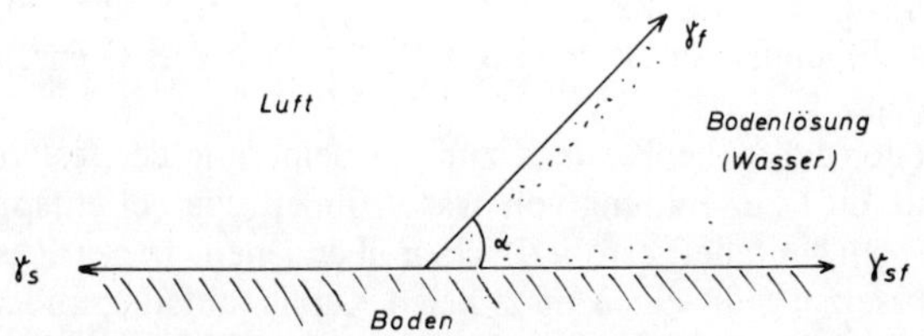

Abb. 3-13 Der Benetzungswinkel (oder Randwinkel) (α) als Ausdruck der Beziehung zwischen den Grenzflächenspannungen fest zu flüssig (γ_{sf}), fest zu gasförmig (γ_s) und flüssig zu gasförmig (γ_f)

Nach dem Prinzip des geringsten Zwangs stellt sich ein dreiphasiges System so ein, daß die Summe der Grenzflächenenergie ein Minimum ist. Dies geschieht, indem diejenige Grenzfläche mit der höchsten Spannung (γ) zugunsten der anderen verkleinert wird.

Im Gleichgewichtszustand führt dies dazu, daß die Tendenz, die Fläche mit der höchsten Oberflächenspannung zu verkleinern, durch die gemeinsame Gegenwirkung der beiden anderen Spannungen kompensiert wird. Von der Oberflächenspannung des Wassers (γ_f) ist dabei nur der der festen Grenzflächenspannung entgegengerichtete Anteil wirksam (s. Abb. 3-13). Als Formel geschrieben ergibt das:

$$\gamma_s = \gamma_{sf} + \gamma_f \cdot \cos \alpha$$

Wegen der meistens sehr hohen Oberflächenspannung der festen Bestandteile entsteht durch weiteres Auseinanderziehen der Flüssigkeit auf der Oberfläche des festen Körpers eine Einsparung von

Grenzflächenergie, weil dabei die energiereichste Grenzfläche verkleinert wird. Wenn dabei

$$\frac{\gamma_s - \gamma_{sf}}{\gamma_f} = \cos \alpha = 1$$

wird, überzieht die Flüssigkeit die gesamte feste Oberfläche mit einem dünnen Film. Sie benetzt vollständig oder spreitet ($\alpha = 0°$; $\cos \alpha = 1$). Ergeben sich für $\cos \alpha$ Werte < 1, dann ist die Benetzung unvollständig und an den Rändern begrenzter Tropfen kann der Winkel gemessen werden. Er heißt daher Benetzungs- oder Randwinkel. Wie die Gleichung zeigt, ist der Winkel letzten Endes ein Ergebnis der Beziehung zwischen den drei Grenzflächenspannungen.

Im Boden führt die Tendenz zur Verkleinerung der festen Grenzfläche mit Luft zur Bildung von Wasserfilmen, die bei entsprechenden Bedingungen alle Festoberflächen überziehen. Dieser Zustand ist Voraussetzung für einen maximalen Kapillaraufstieg und wird für Berechnungen im Zusammenhang mit dem Wasser in der Regel im Boden als vorhanden angenommen. Dann ist die kapillare Aufstiegshöhe (h)

$$h = \frac{2\,\gamma_f}{r\,d_W\,g} \cdot \cos \alpha$$

(r = Kapillar-Radius, d_W = Dichte des Wassers, g = Gravitation). Dieser Sachverhalt ist in Abb. 3-14 dargestellt.

Das Ausmaß des Kapillaraufstiegs ist also stark vom Randwinkel – d.h. wieder von der Kombination der drei Spannungen – abhängig. Die absolute Höhe der Oberflächenspannung der Flüssigkeit gegenüber der Luft ist dabei in einer ebenen Kapillare unerheblich, weil sie bei Kombination der beiden Gleichungen eliminiert wird. Sie erhält ihre Bedeutung dadurch, daß sie das am leichtesten separat meßbare Glied der Gruppe ist. Dieser Sachverhalt zeigt sich, wenn man die vorige Gleichung wie folgt schreibt:

$$h = \frac{2\,\gamma_f}{r\,d_W\,g} \cdot \frac{(\gamma_s - \gamma_{sf})}{\gamma_f}$$

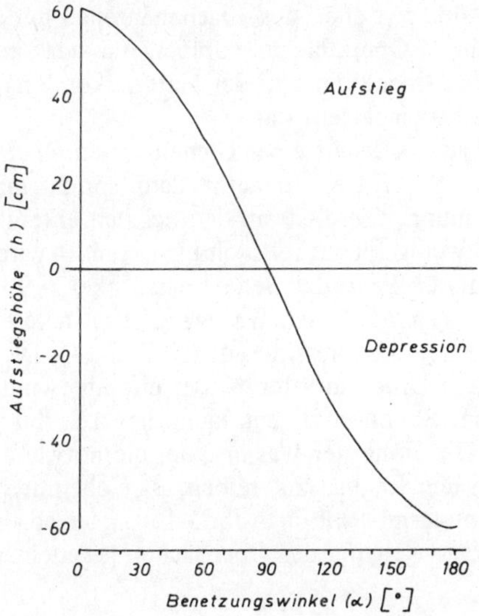

Abb. 3-14 Abhängigkeit des Kapillaraufstiegs vom Benetzungswinkel bei einer Kapillare mit einem Äquivalentdurchmesser von $5 \cdot 10^{-3}$ cm (50 μm). Bei Winkeln $< 90^o$ entsteht ein Kapillaraufstieg, bei Winkeln $> 90^o$ eine Kapillardepression

Auch der Randwinkel erhält eine erhebliche Bedeutung im wesentlichen durch die Tatsache, daß er auf einer ebenen Fläche makroskopisch meßbar ist. Denn die direkte Messung der Oberflächenspannung der festen Phase und der Grenzflächenspannung fest zu flüssig ist of schwierig und die Veränderung von γ_f und γ_{sf} ist keineswegs immer proportional oder auch nur gleichgerichtet.

Im Boden ist die Lage insofern noch komplizierter, als meistens nicht hinreichend große ebene Flächen vorhanden sind, um einen Randwinkel direkt zu messen. Bei den indirekten Methoden, die daher verwendet werden müssen, besteht die Gefahr der Verfälschung der Ergebnisse, wenn aus Krümmungen von Menisken in nichtebenen Kapillaren auf den Winkel geschlossen wird (*Bond* und *Hammond,* 1970; *Philip,* 1971). Der Winkel behält stets seine Größe in Bezug auf die Ebene der festen Grenzfläche. Deshalb sind vorspringende scharfe Kanten und Rinnen oft Haltepunkte, weil sich dort das Verhältnis zwischen den Flächenanteilen der zu bildenden und einzusparenden Grenzflächen vorübergend stark ändert, bevor sich an der neuen Ebene der von der Materialkombination abhängige Winkel wieder eingestellt hat.

Wenn eine Flüssigkeit auf einer ebenen festen Oberfläche nicht spreitet, sie also nur teilweise benetzt, dann spricht man von einer Benetzungshemmung. Diese ist am deutlichsten erkennbar, wenn viel Fläche von wenig Flüssigkeitsvolumen berührt wird, also in einer engen Kapillare. Wenn der Benetzungswinkel > 90° erreicht, tritt hier gegenüber einer freien Wasserfläche anstelle eines Kapillaraufstieges eine Kapillardepression auf (Abb. 3-14). Diese ist durch einen zusätzlichen Druck auf der Wasserseite überwindbar. Über einer Pore an der Bodenoberfläche kann dies z.B. durch eine Wassersäule erfolgen. Die Höhe der Wassersäule, die notwendig ist, den Meniskus durch den Engpaß zu treiben, ist nicht nur vom Randwinkel allein, sondern – wie in Abb. 3-15 dargestellt – auch von der Richtung bzw. Neigung der Oberflächen gegeneinander abhängig.

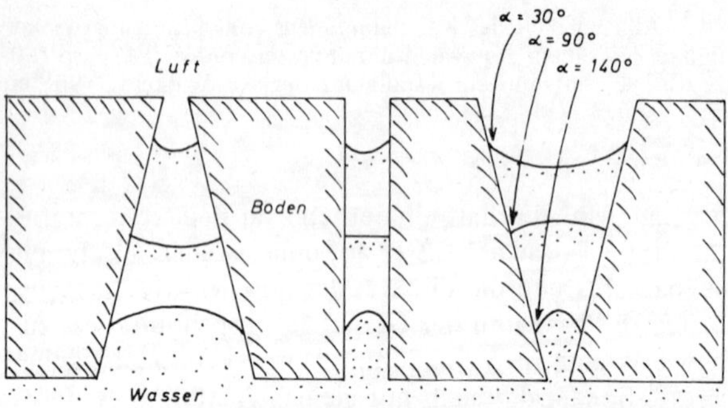

Abb. 3-15 Wirkung der Benetzungswinkel auf das Verhalten von Menisken bei nicht parallelen festen Grenzflächen. Die Wirkung entsteht durch die zusätzliche Verbiegung der Menisken unter dem Einfluß des Benetzungswinkels und die dadurch bedingten Druckunterschiede beiderseits von ihnen

Die Abbildung zeigt, daß auch ein Randwinkel von < 90° durchaus schon das Vorrücken der Befeuchtungsfront des Wassers blokkieren kann. Dies tritt ein, wenn der Meniskus beim Aufstieg in eine sich verengende Kapillare wegen der Kombination von Randwinkel und Wandneigung die Halbkugelform erreicht hat. Um den Meniskus unter Verzerrung seiner Form weiter zu treiben, ist zusätzliche Kraft erforderlich.

Abbildung 3-14 zeigt auch, daß Änderungen des Winkels im Bereich bis zu 30° nur geringe Veränderung des Kapillaraufstiegs hervorrufen. Deswegen fallen Benetzungshemmungen nur bei starker Vergrößerung des Randwinkels ins Gewicht und deshalb sind die Filme aus organischen Substanzen, die von höheren Pflanzen stammen, oft wenig störend (*Bond* und *Harries,* 1964). Der Winkel der Kapillarwände zueinander (Abb. 3-15) ist, wie gezeigt wurde, wichtig, weil er die Form des Meniskus verändert und damit das Verhältnis der Drücke an seinen beiden Seiten.

3.7.2. Benetzbarkeit von Böden

Die Hauptkomponente unserer Böden, der Quarz, wird in der Regel als vollständig benetzbar mit Wasser angesehen, wenn seine Grenzfläche ebenso wie das Wasser, sauber, d.h. frei von jeglichen anderen Substanzen ist. Das gleiche wird in der Regel für Glas angenommen.

Im Boden liegen aber so gut wie nie reine Mineraloberflächen vor, weil das infiltrierende Wasser sich schon beim Passieren der bodenbedeckenden Streu schnell mit löslichen organischen Verbindungen belädt (*Bloomfield,* 1964; *Blaser,* 1974).

In der Regel scheinen organische Filme auf den Bodenteilchen die Benetzung umso mehr herabzusetzen, je saurer das Milieu ist. Dies wirkt sich vor allem bei grobkörnigem Boden aus, kaum dagegen bei Tonen mit ihren von den Filmdicken abhängigen Lagerungseigenschaften.

Man muß daher damit rechnen, daß die Benetzung in der Regel nicht vollständig ist. Allerdings wirken sich geringere Benetzungshemmungen, wie Abb. 3-14 zeigt, nur wenig auf die kapillare Aufstiegshöhe aus. Wenn Menisken infolge Benetzungshemmung eine Kapillardepression erzeugen, dann sind oberhalb von ihnen keine kontinuierlichen Wasserfilme auf den festen Bodenteilchen mehr denkbar. Dieser Sachverhalt ist die Ursache für die Definition eines Kapillarabrißpunktes, der in manchen Böden bei abnehmendem Wassergehalt beobachtet wird (*Rode,* 1959; *Lieberroth,* 1969).

Wie gering die Substanzmengen sein können, die Benetzungsveränderungen hervorrufen, kann man beurteilen, wenn man an das Verhalten von Wassertropfen auf Fensterscheiben denkt.

Eine besonders geringe Benetzung wird teils durch Mikroorganismen, wie z.B. Pilzhyphen und deren Ausscheidungen, bzw. Stoffwechselprodukte (*Bond* und *Harris,* 1964), hervorgerufen. Erhitzen und hitzebedingtes Verlagern von verschiedensten organischen Substanzen im Boden, z.B. bei Waldbränden, führt zu ausgeprägter Benetzungshemmung bis in mehrere Dezimeter Tiefe im Boden (*Savage,* 1975).

Die Folgen der Benetzungshemmung sind überall da spürbar, wo Grenzflächen wirksam werden. Dies ist z.B. bei der Infiltration der Fall (*Letey,* 1975; *Emerson* und *Bond,* 1963), die gegebenenfalls durch Netzmittel erhöht werden kann. Diese Netzmittel werden aber an den Grenzflächen adsorbiert, so daß die vordringende Befeuchtungsfront nach und nach an diesem Mittel verarmt (*Miller* und *Letey,* 1975).

Auch die Art der Verdrängung der Luft im Verlauf einer Infiltration wird durch den Randwinkel beeinflußt, denn die Form der Gasblasen ist davon abhängig, ob das Wasser die Luft von den Festflächen mehr oder weniger weitgehend verdrängt (*Romanow,* 1974). Das Ausmaß der Benetzungshemmung ist allerdings vom Austrocknungsgrad abhängig und verändert sich bei fortschreitender Austrocknung im Bereich von einem Gleichgewicht mit 90% relativer Luftfeuchte bis zur Ofentrockenheit (105° C) in uneinheitlicher Weise (*Vladichenski,* 1968). Weil Benetzungshemmungen die Nachlieferung zu trockenen Bodenpartien vermeiden, verkleinern sie auch die Evaporation einer Bodenoberfläche (*Letey,* 1975).

Organische Flüssigkeiten, wie Xylol, Heizöl und Benzin werden durch Wasser von vielen festen Grenzflächen im Boden verdrängt (*Billib* und *Hoffmann,* 1964). Sie bilden dann im Porenraum kugelförmige Tröpfchen.

Andere wiederum schieben sich zwischen die Filme auf den festen Grenzflächen und das Wasser. Dadurch verbessern sie den Kontakt und damit die Benetzbarkeit. Hierher gehören die als Netzmittel bekannten Verbindungen, sowie viele derjenigen organischen Stoffe, die als Aggregatstabilisatoren erprobt werden. Da die bodeneigenen organischen Filme verschiedene Eigenschaften haben können, hat dies zur Folge, daß die Aggregatstabilität in vielen Fällen verändert wird, wenn Netzmittel in den Boden eingebracht werden. Die Art der Veränderungen wechselt stark mit dem verwendeten

Mittel und der Anwendungsart (*Letey,* 1975). Die Benetzungshemmung spielt auch im Zusammenhang mit der stärkeren Verockerung von Dränrohren aus Kunststoff im Vergleich zu Tonrohren eine Rolle (*Kuntze,* 1968).

In ariden Gegenden, in denen die möglichst restlose Gewinnung von Niederschlagswasser und seine Konzentrierung auf eine kleine Fläche erwünscht ist, versucht man durch Verkleinerung der Benetzbarkeit mit Hilfe organischer Filme auf den Partikeln, bzw. der Bodenoberfläche, die unproduktive Versickerung zu verkleinern (*Fink* und *Fraiser,* 1975).

Die Benetzungseigenschaften wirken sich, wie bereits erwähnt, umso stärker aus, je trockener der Boden ist, der mit dem Wasser in Berührung kommt. Sie sind zudem zunehmend wichtig, wenn feinstverteilte organische Verbindungen in den Boden gelangen, sei es als Stabilisatoren für Aggregate, sei es im Zusammenhang mit Pflanzenschutzmaßnahmen, anderen Kulturmaßnahmen, oder auch Unfällen.

Die Untersuchung der Benetzungseigenschaften ist wegen der komplizierten Ausformung der Grenzflächen in der Bodenmatrix selten direkt über die Grenzflächenspannungen möglich. Daher hat die Bestimmung des Benetzungswinkels im Zusammenhang mit den drei beteiligten Spannungen eine besondere Bedeutung. Sie erfolgt meistens über den Vergleich mit reinen Grenzflächen Quarz - Wasser als Bezugspunkt für vollständige Benetzung ($\alpha = 0°$).

Tabelle 3-4 Bereiche häufiger Benetzungswinkel bei verschiedenen Böden (*Ellies,* 1975)

Bodentyp	Horizont	Benetzungswinkel (°)	Bemerkungen
Schwarzerde	A_h	28 - 50	pH $\geqslant$ 5
Löß		50 - 79	$\leqslant$ 5
Parabraunerde	A_h	35 - 55	pH $\geqslant$ 5
Löß		55 - 85	$\leqslant$ 5
Pseudogley	A_h	76 - 85	
Löß, Geschiebelehm			
Podsol	A_h	80 - 85	
Dünensand			
Podsol-Braunerde	A_h	65	
Dünensand			
Vulk. Aschenböden	A_h	81 - 88	
(Trumao)			

Die Bereiche der Benetzungswinkel verschiedener Böden sind aus Tabelle 3-4 ersichtlich. Die Werte sind mit einer auf der Kombination von Perkolation und Infiltration beruhenden Methode bestimmt worden, bei der gewaschener Quarz als Bezugsbasis diente (*Ellies,* 1975). Eine andere Möglichkeit, eine Bezugsbasis zu finden, besteht im Vergleich mit Messungen mit Hexan, das eine besonders niedrige Grenzflächenspannung gegen Luft hat (Tab. 3-3) (*Mustafa, Letey* und *Watson,* 1970). Vergleicht man die Werte in Tab. 3-4 mit denen aus Abb. 3-14, so erkennt man, daß das Ausmaß der Benetzungshemmung bei höheren pH-Werten für den Wasserhaushalt innerhalb des Bodens relativ unbedeutend ist. Bei niedrigeren pH-Werten dagegen fällt die Benetzungsbehinderung unter Umständen schwer ins Gewicht.

Einen weit wesentlicheren Einfluß haben die Benetzungseigenschaften im Zusammenhang mit dem Verhalten von bodenfremden, von außen zugeführten Substanzen wie Ölen, Netzmitteln und anderen organischen Verbindungen verschiedenster Art. Denn hier bestimmen die Benetzungseigenschaften das Ausmaß der Festhaltung oder der Verdrängung und damit der Transportierbarkeit mit dem Bodenwasserstrom.

3.8. Literatur

Altemüller, H.J. (1972): Mitt. Deutsch. Bodenkundl. Ges. 15, 57-63

Anderson, D.M. (1966): Proc. Soil. Sci. Soc. America 30, 670-675

Becher, H.H., K.H. Hartge (1972): Z. Pflanzenern. u. Bodenkunde 132, 240-242

Bernatzik, W. (1947): Baugrund und Physik. Schweizer Druck und Verlagshaus, Zürich

Billib, H., B. Hoffmann (1964): Z. Kulturtechn. u. Flurber. 5, 193-208

Blaser, P. (1974): Mitt. Deutsch. Bodenkundl. Ges. 20, 447-457

Bloomfield, C. (1964): Proc. Univ. Nottingham, Eastern School Agric. Sci. 11, 257-266

Bond, R.D., L.C. Hammond (1970): Proc. Soil Crop Soc. Florida 30, 308-315

Bond, R.D., J.R. Harris (1964): Austral. J. Soil. Res. 2, 111-122

Clark, S.P. jr. (Hrsg., 1966): Handbook of physical constants. Geolog. Soc. America Memoir 97, Geolog. Soc. of America

Collis-George, N., R. Lal (1971): Austral. J. Soil. Res. 9, 107-116

Ellies, A. (1975): Diss. TU Hannover

Emerson, W.W., R.D. Bond (1963): Austral. J. Soil. Res. 1, 1-16

Fink, D.H., G.W. Fraiser (1975): Soil Sci. Soc. America. Special Pub. Nr. 7, Soil Conditioners 173-182

Hartge, K.H. (1971): Die physikalische Untersuchung von Böden. Enke, Stuttgart

Horn, R., K.H. Hartge (1975): Mitt. Deutsch. Bodenkundl. Ges. 22, 65-69

Horn, R. (1976): Diss. TU Hannover

Kaptan, H. (1972): Diss. TU Hannover

Kemper, W.D., J.B. Rollins (1966): Proc. Soil. Sci. Soc. America 39, 529-534

Kézdi, A. (1969): Handbuch der Bodenmechanik. Bd. I, Bodenphysik. VEB-Verlag Bauwesen, Berlin

Kuntze, H. (1965): Die Marschen. Parey, Hamburg

Kuntze, H. (1968): Z. Kulturtechn. u. Flurber., 9, 381-390

Letey, J. (1975): Proc. Soil Sci. Soc. America, Special Publ. Nr. 7 Soil Concitioniers, 145-154

Lieberoth, I. (1969): Bodenkunde-Bodenfruchtbarkeit. VEB-Deutscher Landwirtschafts-Verlag, Berlin

Martin, R.T. (1962): Clays and Clay Minerals. Monograph 9, 28-70

Miller, W.W., J. Letey (1975): Proc. Soil Sci. Soc. America 39, 17-22

Mückenhausen, E. (1963): Z. Kulturtechn. u. Flurber. 6, 102-114

Mustafa, M.A., J. Letey, C.W. Watson (1970): Proc. Soil Sci. Soc. America 34, 369-372

Olphen, H. van (1963): An Introduction clay colloid chemistry. Wiley and Sons, New York/London

Philip, J.R. (1971): Proc. Soil Sci. Soc. America 35, 507-509

Phillips, C.J. (1972): Fracture – an advanced treatise Bd. VII. Academic Press, New York

Pohl, R.W. (1964): Einführung in die Physik. Bd. I. Mechanik, Akustik und Wärmelehre, 16. Aufl. Springer, Berlin/Göttingen/New York

Rode, A.A. (1959): Das Wasser im Boden (Deutsch v. M. Trenel). Akademie-Verlag, Berlin

Romanow, H.A. (1974): Pochvovedenie (US Übersetzung), 222-229

Savage, S.M. (1975): Soil Sci. Soc. America. Special Pub. Nr. 7, Soil Conditioners, 165-173

Schahabi, S., U. Schwertmann (1970); Z. Pflanzenern. u. Bodenkunde 125, 193-204

Scheffer, F., P. Schachtschabel (1976): Lehrbuch der Bodenkunde. Enke, Stuttgart

Searle, A.B., R.W. Grimshaw (1959): The Chemistry and Physics of Clays. 3. Ed., E. Benn. London

Vladichenski, S.A. (1968): Pochvovedenie (US Übersetzung), 1767-1769

Wolf, K.L. (1957): Physik und Chemie der Grenzflächen. Springer, Berlin/Göttingen/Heidelberg

Wolkewitz, H. (1958): Z. Pflanzenern. u. Bodenkunde 82, 17-33

Wolkewitz, H. (1960): Z. Kulturtechn. u. Flurber. 1, 162-179

Yong, R., L.O. Taylor, B.P. Warkentin (1963): Clays and Clay Minerals. 13, 268-281

4. Verbreitung und Hydrostatik des Bodenwassers

Im vorigen Kapitel waren die Einflüsse des Wassers im Boden auf die festen Partikel – sowohl auf die Einzelteilchen als auch auf ihre Lagerung – dargestellt worden. In diesem Kapitel werden die Bedingungen beschrieben, unter denen das Wasser im Boden vorkommt. Diese Bedingungen geben den Rahmen, in dem sich die später zu beschreibende Wasserbewegung und somit der Wasserhaushalt abspielt.

4.1. Verbreitung und Herkunft des Wassers

Der Porenraum der Böden ist in größeren Tiefen des Untergrunds stets mit Wasser gefüllt, es sei denn, er wird von Erdöl oder Erdgas eingenommen. Dieses Wasser ist mit zunehmender Tiefe unter der Oberfläche in der Regel immer salzhaltiger (*v. Engelhardt,* 1960). Nur die relativ oberflächennahen Zonen des Untergrunds enthalten im humiden Klima regelmäßig Süßwasser (= salzarmes Wasser). Dieses Süßwasser stammt fast ausschließlich aus Niederschlägen, die im Boden versickern und bildet auf dem darunterliegenden Salzwasser eine Blase (Abb. 4-1).

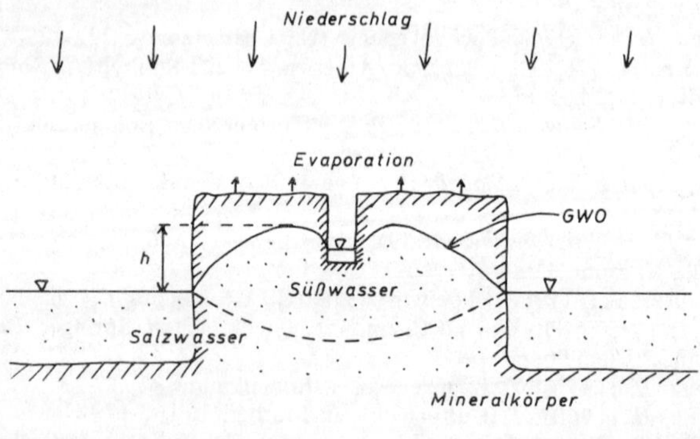

Abb. 4-1 Das Vorkommen von Süßwasser als Folge von Niederschlägen auf einen Kontinent (schematisiert). Bei Überwiegen der Niederschläge wölbt sich die Grundwasseroberfläche (GWO) auf (durchgezogene Linie: Wasserhöhe h). Beim Überwiegen der Evaporation bildet sie eine Mulde im Vergleich zum freien Wasserspiegel (gestrichelt)

Eine Vermischung durch Konvektion ist in dem engen Porensystem stark erschwert. Daher ist der Ausgleich der Salzgehalte im wesentlichen auf den Diffusionsvorgang beschränkt.

Da der Boden dem Fluß des Niederschlagswassers zum Niveau des freien, umgebenden Wasserspiegels Widerstand entgegensetzt, ist das Wasser im Boden in der Regel höher gelagert, als in einem freien Teich oder Fluß, solange mehr Wasser zugeführt wird, als durch Evaporation und Transpiration verlorengeht (Abb. 4-1). Wird mehr Wasser entzogen, als über die Niederschläge hinzukommt, kann das Grundwasser nur in der dargestellten Höhe erhalten werden, wenn über seitlichen Oberflächenzufluß oder oberirdisch aus höheren Lagen Fremdwasser zugeführt wird. Andernfalls kommt kein „Wasserberg" zustande und in der Regel gibt es nur mehr oder weniger tiefliegendes und daher meist salzhaltiges Grundwasser. Die Abb. 4-1 ist sehr stark schematisiert. Sie zeigt ein Süßwasservorkommen in einem idealisierten Kontinent, der vom Meer und daher vom Salzwasser umgeben ist, unter humiden und ariden Klimabedingungen. In diesen Kontinent ist ein offenes, süßwasserführendes Gewässer eingezeichnet. Dieses Gewässer kann als See, Fluß oder Graben aufgefaßt werden. Die hydrologische Situation dieser Gewässer ist vor dem hier angenommenen Hintergrund (humid) die gleiche. In der Abbildung ist der Wasserkörper auch im Boden nach oben hin abgegrenzt. Die Begrenzung ist die Linie (im dreidimensionalen Raum die Fläche), in der das Wasser den gleichen Druck (p_W) aufweist wie die angrenzende atmosphärische Luft (p_L)

$$p_L = p_W$$

Diese Linie (bzw. Fläche) heißt Grundwasseroberfläche (GWO), das Wasser unterhalb von ihr Grundwasser. Der Druck an diesem Ort entspricht dem an der Oberfläche aller freien Gewässer. Dieser richtet sich nach der ihn berührenden atmosphärischen Luft. Daher ist über dem eingezeichneten freien Süßwasserspiegel der Luftdruck geringer als über dem Meeresspiegel. Der Unterschied entspricht dem Betrag, um den der „barometrische" Luftdruck mit dem Höhenunterschied beider Gewässer abnimmt.

Da das Wasser in der Süßwasserblase aus Niederschlägen, d.h. von oben her ergänzt wird, ist oberhalb der eingezeichneten Begrenzung stets auch Wasser anzutreffen.

Dieses Wasser zählt nicht zum Grundwasser, gleichgültig, ob es im Versickern begriffen ist oder im Gleichgewicht mit Matrixkräften gehalten wird.

4.2. Kräfte im Bodenwasser

Wie die feste Phase, so ist auch das Wasser im Boden den Wirkungen verschiedener Kräfte ausgesetzt. Im Vergleich zur festen Phase besteht aber insofern ein Unterschied, als im Wasser die Drücke allseitig gleich stark sind. Man nennt diesen Zustand *hydrostatisch*. Er wird durch die hydrostatische Grundgleichung beschrieben:

$$p_W = p_L + h \cdot d_W \cdot g$$

in der p_W der Wasserdruck, p_L der Luftdruck, h der Abstand zur Oberfläche, d_W die Dichte des Wassers und g die Erdbeschleunigung ist.

Der Luftdruck wird in der Regel, d.h. bei der Arbeit unter normalen atmosphärischen Bedingungen, als Bezugspunkt (Nullpunkt) für die Messung des Wasserdrucks verwendet und daher meistens weggelassen. Dieses Verfahren vereinfacht die Messung und ist nur mit einem relativ geringen Fehler behaftet, weil die örtlichen Luftdruckschwankungen selbst mit ~ ± 10 mm Hg bzw. ~ ± 15 cm WS (= Wassersäule) relativ klein sind. Der Druck im Wasser ist dann die auf die Fläche bezogene Wirkung der Erdbeschleunigung auf das Wasser. Die hierbei wirksame Kraft ist immer da und unterhalb der Grundwasseroberfläche in weiten Poren allein wirksam. Im ungesättigten Bereich, also oberhalb der Grundwasseroberfläche treten weitere Kräfte dazu, sobald sich Menisken bilden. Die Ursachen für die Meniskenbildung wurden im vorigen Kapitel beschrieben. Hier ist es wesentlich festzuhalten, daß die Menisken in jeder Richtung das Wasser in die Zwischenräume hineinziehen. Die wichtigste Rolle ist jedoch die, die der Gewichtskraft entgegengesetzt ist. Es kann daher ein Gleichgewicht zwischen der Gewichtskraft und der Meniskenkraft geben, das den Kapillaraufstieg in der Vertikalen begrenzt. Die Höhe, die dem Gleichgewicht entspricht, ist – wie bereits besprochen – vom Äquivalentdurchmesser abhängig.

Wie im Kapitel 3 dargelegt, kann die Grenzflächenspannung des Bodenwassers von der des reinen Wassers abweichen. Die Ursache hierfür sind die im Wasser gelösten Stoffe. Organische Substanzen verkleinern die Oberflächenspannung, während anorganische Salze sie in der Regel erhöhen (*Adam,* 1941). Dieser Sachverhalt trägt dazu bei, daß die gelösten organischen Stoffe in oberflächenreichen feinen Poren, die gelösten anorganischen vorwiegend in den oberflächenarmen, weiteren Poren konzentriert sind. Es gibt Andeutungen dafür, daß dieser Mechanismus im Boden vorkommt und sich auf die Stabilisierungswirkung der organischen Substanz auswirkt (*Hartge,* 1959; *De Leenheer,* 1957).

Eine ähnliche Wirkung wie vom Kapillar- bzw. Meniskenwasser geht vom Adsorptionswasser aus. Auch die Adsorptionskräfte sind, auf den gesamten Boden bezogen, in allen Richtungen wirksam, treten aber in der Vertikalen in Konkurrenz zur Schwerkraft. Sie sind dann, ebenso wie die Kapillar- bzw. Meniskenkräfte, hinsichtlich der Wirkungslinie der Schwerkraft entgegengesetzt.

Adsorptionskräfte sind, im Gegensatz zu Meniskenkräften, auch im wassergesättigten Boden vorhanden. Da in diesem Zustand aber das Wasser bewegt wird, ohne daß Adsorptionsfilme verkleinert oder vergrößert werden, finden die Bewegungen quer zu den auf die Partikeloberflächen hin gerichteten Wirkungslinien dieser Kräfte statt. Adsorptionskräfte beeinflussen daher in diesem Zustand das Verhalten des Wassers nicht. Dies gilt allerdings nur, solange durch die Adsorption keine Veränderung der Viskosität des Wassers hervorgerufen wird (*Searle* und *Grimshaw,* 1959).

Neben diesen Kräften ist im Bodenwasser unter Umständen die Last der festen Teilchen wirksam. Dies ist der Mechanismus, der im vorigen Kapitel als „Neutrale Spannung“ bezeichnet und beschrieben wurde. Dieser Zustand tritt immer auf, wenn wassergesättigter Boden schneller komprimiert wird als das Wasser, das dabei entweichen müßte, weg kann. Bis es Zeit hat, zu entweichen, trägt es außer der eigenen Last einen Teil der Last der festen Teilchen. Solche Situationen entstehen leicht unter kurzfristig auftretenden Lasten wie Fahrzeugen und Füßen von Mensch und Tier. Über längere Zeitspannen hin sind neutrale Spannungen besonders in jungen Tonböden und frischen Tonsedimenten häufig. Mit zunehmendem Anteil an Schluff und Sand nehmen sowohl die Häufigkeit des Vorkommens als auch die Beträge dieser Spannungen ab.

Der Luftdruck, der, wie vorhin gesagt, meistens vernachlässigt wird, weil er an allen Stellen mit dem gleichen Betrag auftritt, kann gelegentlich diese Eigenschaft auch verlieren. Wenn Luftdruckunterschiede über einem Bodenkörper entstehen, dann wirken diese auf das Bodenwasser ebenso, wie Änderungen des Wasserdrucks. So eine Situation kommt im Freiland wohl selten vor. Die Methode der Bestimmung der Wasserspannungskurve nach *L.A. Richards* (1941 und 1949) läßt jedoch gerade diese Kraft auf die Wassermenisken im Boden einwirken.

In ähnlicher Art wirken sich osmotische Kräfte im Boden aus. Genau wie in dem ursprünglichen Versuch von *Pfeffer* (1897) kann durch osmotische Kräfte im Boden Wasser auf einem Niveau gehalten bzw. dorthin gebracht werden, das über dem des unbeeinflußten Wassers liegt. In dieser Art kann natürlich nur der Salzanteil wirksam sein, der sich nicht durch Diffusion im Boden verteilen kann, mit anderen Worten also die feinsten Bodenteilchen mit meist negativem Ladungsüberschuß sowie deren austauschbare Kationen. Die freien Salze im Bodenwasser verändern dessen Eigenschaften im Kraftfeld der Bodenmatrix nicht, wenn man von minimalen Unterschieden infolge Änderungen von Dichte und Oberflächenspannung absieht. Das ist wichtig festzustellen, denn der Einfluß der freien Salze auf die Verfügbarkeit dieses Wassers für die Pflanzen ist beträchtlich. Diese unterschiedliche Auswirkung der osmotischen Kräfte spielt bei der Kombination von Teilpotentialen des Bodenwassers eine Rolle.

4.3. Grundwasseroberfläche als Bezugspunkt

Im vorigen Abschnitt wurde der im Wasser unter einer freien Oberfläche herrschende Druck mit Hilfe der hydrostatischen Grundgleichung beschrieben:

$$p_W = p_L + h \cdot d_W \cdot g$$

Das erste Glied auf der rechten Seite dieser Gleichung erfaßt den barometrischen oder Luft-Druck, während das zweite die Last des auf dem betrachteten Punkt liegenden Wassers angibt. Die Drücke werden dabei ganz regelmäßig nach unten hin größer. Diese reinen Wasserdrücke erreichen an der Wasseroberfläche den Betrag Null, was in der Gleichung dadurch dargestellt ist, daß die Wassertiefe gleich Null wird. Für freies Wasser im Boden, also Grund- oder Stauwasser, gilt das gleiche. Die Nullinie heißt hier Grundwasseroberfläche. Da im Boden oberhalb der Grundwasseroberfläche auch Wasser vorkommt, ist es sinnvoll, diesem einen in bezug auf die Grundwasseroberfläche negativen Druck zuzuordnen. Dies stimmt auch mit den Beobachtungen im Freiland überein, z.B. mit dem Auftreten von Spannungen und mit dem Erscheinungsbild der Schrumpfung.

In Bezug auf die Grundwasseroberfläche und somit auch auf die atmosphärische Luft herrscht im Bodenwasser oberhalb der Grundwasseroberfläche also ein Unterdruck. Dieser Sachverhalt ist die Ursache dafür, daß in der Literatur gelegentlich von einer Saugspannung im Bodenwasser gesprochen wird. Formal wird dieser Druck durch das negative Vorzeichen für den Höhenparameter (h) in der hydrostatischen Grundgleichung angegeben. Dieser Sachverhalt ist besonders wichtig, weil die Lage auf der Druckskala das einzige ist, was das freie Grundwasser, also jenes, das nur dem Schwerkrafteinfluß unterliegt, von demjenigen trennt, in dem außer dem Schwerkrafteinfluß noch andere Kräfte wirksam werden (Abb. 4-2).

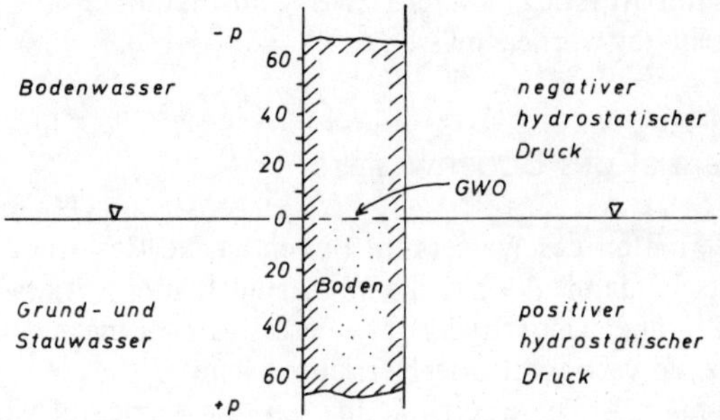

Abb. 4-2 Drücke im Bodenwasser, bezogen auf die Grundwasseroberfläche bei ruhendem Wasser

An den Wassergehalten kann man die Grenze nicht erkennen, weil beiderseits der Grundwasseroberfläche der gleiche Sättigungsgrad vorliegen kann. Dieses spielt vor allem in Böden mit hohem Kapillaraufstieg eine Rolle.

Die Wahl der Grundwasseroberfläche als Bezugspunkt für die hydraulischen Betrachtungen des Grundwassers hat zur Folge, daß sämtliche Kräfte, die das Wasser im Boden gegen die Schwerkraft festhalten, ein negatives Vorzeichen erhalten müssen, wenn sie in Beziehung zum Grundwasser gesetzt werden. Das bedeutet, daß auch Adsorptions- und Kapillarkräfte, die das Wasser sehr stark an die Bodenteilchen ziehen, in diesem System negativ sind. Es treten daher im Bodenwasser viel höhere Beträge für die negativen Drücke auf als für die positiven. Für diese negativen Drücke, die in terrestrischen Böden bei weitem überwiegen, z.T. sogar ausschließlich vorkommen, wird der Ausdruck „*Wasserspannung*“ gebraucht.

Wo regelmäßig freies Grund- bzw. Stauwasser, d.h. also positiver hydrostatischer Druck im Bodenwasser auftritt, ist sein Einfluß auf die Morphologie so stark, daß diese Böden als „hydromorph“ von den terrestrischen unterschieden werden (*Schroeder,* 1969).

Allerdings führt die Wahl der Grundwasseroberfläche als Bezugspunkt für die Beschreibung des Zustands des Wassers im Boden (Abb. 4-2) zu Schwierigkeiten, wenn ihre Veränderung innerhalb von Raum und Zeit berücksichtigt werden muß. Dies tritt vor allem hervor, wenn nicht nur eindimensionale Bewegungen wie flächenhafte Versickerung und kapillarer Aufstieg, sondern zwei- und dreidimensionale Probleme bearbeitet werden müssen.

4.4. Potential des Bodenwassers

Für das Verhalten des Wassers im Boden ist die Resultierende aller Kräfte entscheidend, die auf die Wasserteilchen einwirken. Nun ist es im Boden aber viel schwieriger, diese Kraft zu messen, als die Arbeit, die sie verrichtet oder verrichten kann.

Man kann z.B. die Arbeit (A) messen, die verrichtet werden muß, um dem Boden gebundenes Wasser zu entziehen. Dann ist

$$A = m \cdot b \cdot l$$

In dieser Formel steht m für die Masse Wasser, b für die Beschleunigung und l für den Weg. Durch die in früheren Abschnitten bzw. Kapiteln genannten Kräfte ist das Wasser also um eine bestimmte Strecke (l) über dem Bezugspunkt (also der Grundwasseroberfläche) festgehalten zu denken.

Wenn diese Strecke als Wasserstandshöhe oder als Höhe über dem Grundwasserspiegel gemessen wird, wird sie oft mit dem Symbol h bezeichnet. Wird bei allgemeinen Betrachtungen von einem beliebigen Bezugsniveau aus ein dreiachsiges Koordinatensystem zugrunde gelegt, erhält die Länge (l) auf der senkrechten Koordinate die Bezeichnung z, auf den beiden Horizontalen die Bezeichnung x und y. Wird ein zweidimensionales Koordinatensystem verwendet, dann ist die Länge (l) als y bezeichnet. Will man dieses Wasser dem Boden entziehen, dann muß man wegen der Erhaltung der Energie genau die gleiche Arbeit verrichten, die benötigt würde, wenn man Wasser direkt von der freien Wasseroberfläche bis zu diesem Punkt anheben wollte. Durch die Bindung hat es eine Energie der Lage erhalten, eine potentielle Energie, kurz ein Potential. Ein Potential ist aber im Sinn der mathematischen Potential- oder Feldtheorie eine Lage in einem Kraftfeld. Man kann daher die mathematsiche Potentialtheorie verwenden, um eine energetische Lage des Wassers in einem Kraftfeld zu beschreiben. Ein solches Kraftfeld kann nun in einer Dimension – also z.B. von oben nach unten in der Richtung der Erdbeschleunigung – gezeichnet werden, wie es in der Abb. 4-2 geschehen ist. In diesem Fall werden praktisch die Lagen von Ebenen zueinander verglichen (Abb. 4-3). Das

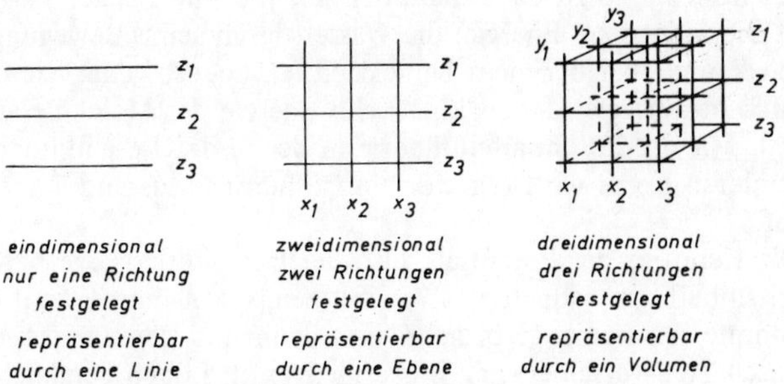

Abb. 4-3 Ein-, zwei- und dreidimensionale Potentialfelder
a) eindimensional: Veränderung des Potentials in nur einer Richtung, repräsentiert durch eine Linie, hier z-Achse, Beispiel: flächenhafte Infiltration oder Kapillaraufstieg.
b) zweidimensional: Veränderung des Potentials in zwei Richtungen, repräsentiert durch eine Ebene hier z- und x-Achse. Beispiel: Wasserfluß zu einem Graben oder Drän an einer Profilwand beobachtet, Fluß von Oberflächenwasser zu einem Gewässer.
c) dreidimensional: Veränderung des Potentials in drei Richtungen, repräsentiert durch ein Volumen, hier x-, y- und z-Achse. Beispiel: Wasserfluß durch den Bodenraum zu einem Gewässer

reicht meistens aus, um Evaporations- oder Versickerungserscheinungen zu beschreiben und zu verfolgen. Man kann aber auch den seitlichen Fluß, z.B. zu Gewässern oder zu Wurzeln hin erfassen, indem man eine zweite Dimension hinzunimmt, nämlich die Waagerechte. Jetzt ist jeder Punkt im Potentialfeld nach zwei Richtungen hin fixiert (Abb. 4-3). Durch Hinzufügen einer dritten Dimension würde man die Lage des betrachteten Punktes im Raum fixieren, d.h. die Verschiebung der zweidimensionalen Ebene in Richtung der Flächennormalen festlegen. Mit einem solchen System lassen sich z.B. Wasserhaushaltssituationen in einem Bodenkörper, also einem Geländeausschnitt betrachten. Wie aus den Beispielen hervorgeht, kann eine ganze Anzahl von Problemen im Zusammenhang mit dem Wasser im Boden durch ein- oder zweidimensionale Ausschnitte aus dem Raum dargestellt werden. Vor allem ist es möglich, dreidimensionale Probleme anschaulich in Scheiben aus zwei Dimensionen aufzuteilen.

Wird der energetische Zustand des Wassers in der erläuterten Weise beschrieben, so ist dabei natürlich nur die Energie der Lage erfaßt. Die kinetische Energie, die Wasser durch seine Bewegung erhalten kann, ist dabei nicht berücksichtigt, ebensowenig wie die thermische Energie, die als kinetische Energie der Moleküle auffaßbar ist. Mit der Potentialfeldtheorie in der in der Bodenkunde angewendeten Form wird also nur ein isothermer Zustand statisch erfaßt.

Die Kenntnis des Potentials, also der Energie der Lage bzw. des Arbeitsinhalts, ist jedoch erst von Nutzen, wenn man sie auf eine bestimmte Wassermenge bezieht. Erst dann sind die energetischen Eigenschaften verschiedener Wassermengen in Böden vergleichbar. Als Bezugsgröße für die Wassermenge kann man das Gewicht, die Masse oder das Volumen nehmen. Die Dimensionen und Einheiten, die dabei entstehen, sind in Tab. 4-1 zusammengefaßt.

Tabelle 4-1 Bezugsgrößen für den Arbeitsinhalt (Potential) ($m \cdot b \cdot l$) des Bodenwassers

Bezugsgröße	Dimension	Einheit	Meßgröße
Masse (m)	$\frac{m \cdot b \cdot l}{m}$	$erg \cdot g^{-1}$	
Volumen (l^3)	$\frac{m \cdot b \cdot l}{l^3}$	$dyn \cdot cm^{-2}$	Druck (bar, at, Pascal)
Gewicht ($m \cdot b$)	$\frac{m \cdot b \cdot l}{m \cdot b}$	cm	Wasser- oder Hg-Säule

Die Bezugsgröße Gewicht wird besonders häufig verwendet, weil sie erlaubt, die Meßgrößen von Wasserstandsrohren und Tensiometern, die in Form von Längen anfallen, direkt zu verwenden.

4.4.1. Gesamtpotential und Teilpotentiale

Da das Verhalten des Wassers im Boden von der Resultierenden *aller* auf die Wassermoleküle einwirkenden Kräfte abhängt, muß beim Übergang auf die Betrachtung des Potentials natürlich auch das Gesamtpotential erfaßt werden. Die direkte Bestimmung des Gesamtpotentials ist im Prinzip über diejenigen Wassereigenschaften möglich, die bei Änderungen des Potentials verändert werden. Ein sehr universelles Maß hierfür wäre z.B. der Dampfdruck des Wassers, der im gesamten Bereich des Bodenwassers (s. Abb. 4-2) jede Potentialveränderung anzeigt. Leider ändert sich der Dampfdruck im Bereich geringer Wasserspannungen, also in der Nähe der Grundwasseroberfläche in Abb. 4-2 aber sehr wenig. Da dieser Bereich jedoch für alle Vorgänge im Boden weitaus interessanter ist als derjenige, in dem die Dampfdruckänderungen größer werden, muß zu anderen, weniger allgemein ansprechenden Meßmethoden übergegangen werden. Diese anderen Meßmethoden erfassen jedoch nicht das Gesamtpotential, sondern nur einige und zwar jeweils verschiedene Teilkomponenten.

Um diesen Sachverhalt richtig einzuordnen, ist es zweckmäßig, sich das Gesamtpotential (ψ) seiner Entstehung entsprechend als Summe von Teilpotentialen vorzustellen:

$$\psi = \psi_m + \psi_z + \psi_o + \psi_\Omega + \psi_p$$

4.4.1.1. Das Matrixpotential (ψ_m) entspricht dem Betrag an Arbeit, der verrichtet werden muß, um eine Mengeneinheit Bodenlösung dem Boden in einer bestimmten Höhe zu entziehen, und zwar unter den Gasdruck- und Temperaturbedingungen dieses Ortes (Abb. 4-4). Die Entzugsarbeit (A) aus einer mit dem Wasserspiegel im Gefäß im Gleichgewicht befindlichen Säule ist genau so groß wie die Hubarbeit $h \cdot d_W \cdot g$. Wenn das nicht der Fall wäre, so könnte man durch Pumpen am Ende der Kapillarfüllungen gegenüber dem Pumpen an der Wasseroberfläche Arbeit einsparen, ein Ergebnis, das jeder bisherigen Erfahrung widerspräche. Dieses Potential ist die Folge der Adhäsion von Wassermolekülen an Mineraloberflächen und der Kohäsion der Wassermoleküle untereinander. Die letztere tritt z.B. in Form der Meniskenbildung in Erscheinung.

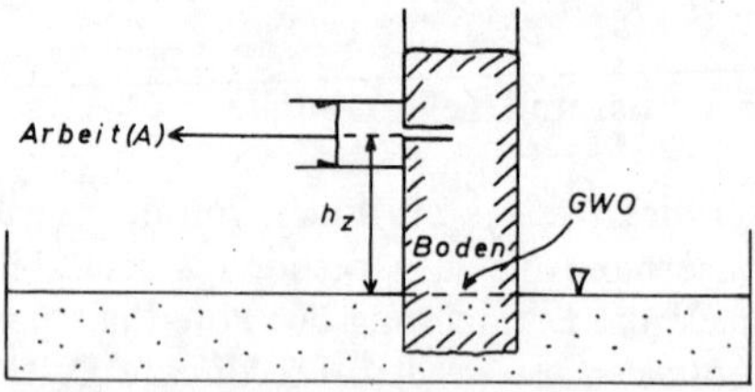

Abb. 4-4 Darstellung des Matrixpotentials. Um mit dem Kolben Wasser aus dem Boden in der Höhe h_z zu entziehen, muß Arbeit (A) gegen die von der Matrix ausgehende Kraft verrichtet werden

In dem Begriff Matrixpotential ist alles an Auswirkungen eingeschlossen, was durch die Matrix des festen Bodens auf das Wasser ausgeübt wird. Insofern ist der Begriff also umfassender als der ältere Begriff „Kapillarpotential" (*Buckingham*, 1904).

Das Matrixpotential wird gemessen, indem Wasser- oder Quecksilbersäulen über poröse keramische Membranen mit dem Wasser im Boden in Verbindung gebracht werden (Tensiometer s. Abb. 4-7). Wie bereits erwähnt, hat das Matrixpotential ein negatives Vorzeichen, wenn das Gravitationspotential als positiv angenommen wird. Das Matrixpotential ist vom Wassergehalt des Bodens abhängig und daher häufigen Veränderungen unterworfen.

4.4.1.2. Das Gravitationspotential (ψ_z) entspricht der Arbeit, die verrichtet werden muß, um eine Mengeneinheit Bodenlösung zu einer gegebenen Höhe zu transportieren. Liegt diese Höhe oberhalb der als Bezugsniveau gewählten Grundwasseroberfläche (GWO), dann erhält das Wasser eine Energie der Lage, aus der es beim Hinabfließen Arbeit verrichten könnte. Es erhält in dieser Lage durch Verabredung (konventionell) ein positives Vorzeichen. Liegt die betreffende Höhe unterhalb der Grundwasseroberfläche, so muß dieses Potential daher ein negatives Vorzeichen erhalten.

Vielfach wird dieses Potential auch als „geodätisches" oder „Potential des Ortes" bezeichnet. Wird das Gewicht als Bezugsgröße für das Potential verwendet, so ist das Gravitationspotential eine Höhe, die sogenannte „Ortshöhe" (h_z). Es ist unveränderlich an die Lage der Grundwasseroberfläche gebunden.

4.4.1.3. Das osmotische Potential (ψ_o) entspricht der Arbeit, die verrichtet werden muß, um eine Einheitsmenge reinen Wassers über eine semipermeable Membran aus einer Bodenlösung zu entziehen (Abb. 4-5). Dieses Potential wird durch die Hydratation der Ionen und anderer Stoffe in der Lösung verursacht. Es tritt im Boden im Hinblick auf das Verhalten des Wassers als solchem selten in Erscheinung und wird auch von vielen Meßgeräten, z.B. Tensiometern nicht mit erfaßt. Es ist aber im Hinblick auf die Verfügbarkeit des Wassers für die Pflanzen von großer Bedeutung und ist daher ein wesentlicher Bestandteil des Wasserpotentials (ψ_W) (siehe dort).

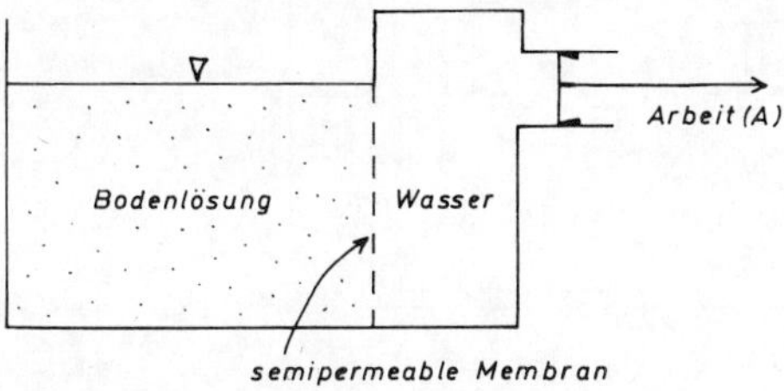

Abb. 4-5 Darstellung des osmotischen Potentials. Um mit dem Kolben der Bodenlösung Wasser zu entziehen, muß Arbeit (A) gegen die osmotische Kraft der Bodenlösung verrichtet werden

In den Böden des humiden Klimas, in denen die Bodenlösung in der Regel wenig Salz enthält, tritt sein Vorhandensein selten so offenkundig in Erscheinung, wie in nassen Lagen arider Klimate, wo die Gegenwart von viel Salz augenscheinlich ist. Ausnahmen bilden vor allem frisch abgedeichte Marschen und mit Meerwasser überflutete Flächen an der Meeresküste.

4.4.1.4. Das Auflastpotential (ψ_Ω) entsteht dadurch, daß die Bodenteilchen durch eine von außen wirkende Kraft, eine engräumig begrenzte Last oder eine aufgebrachte Bodenschicht zusammengedrückt werden. Wenn das Wasser nicht sofort entweichen kann, trägt es einen mehr oder weniger großen Teil der Last (Abb. 4-6).

In dem Manometerrohr in der Abbildung beobachtet man daher einen Anstieg des Wassers, d.h. eine Druckzunahme. Dadurch wird das Potential des Wassers größer und dementsprechend muß ψ_Ω ein positives Vorzeichen erhalten. Bei teilweiser Wassersättigung kann es aber auch passieren, daß infolge der Pressung die Poren so verengt werden, daß das Wasser umverteilt wird, weil es wegen der im Kapitel über Wechselwirkungen (Kap. 3) beschriebenen Eigenschaften der Menisken in die jeweils engsten Poren wandert, in denen es Menisken mit den kleinsten möglichen Halbkugelformen bildet.

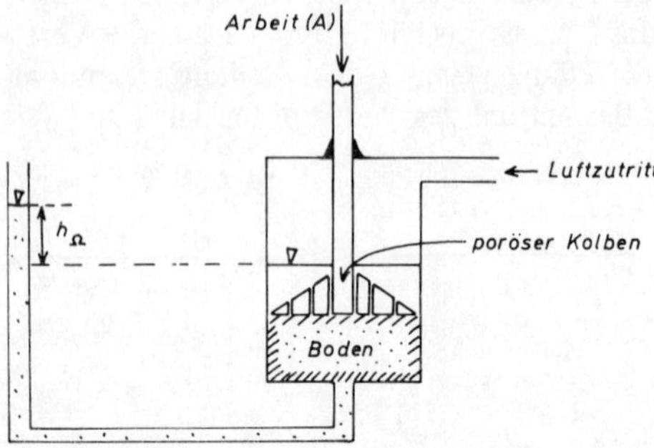

Abb. 4-6 Darstellung des Auflastpotentials. Mit dem porösen Kolben kann Wasser aus dem Boden herausgetrieben werden, indem die festen Partikel belastet werden. Hierzu muß Arbeit (A) verrichtet werden, um die Matrix zu komprimieren, wobei das Wasser mit belastet wird und vorübergehend eine Gegendruckhöhe (h_Ω) aufbaut

In diesem Fall sinkt der Wasserwiderstand in dem Manometer in Abb. 4-6 unter das Niveau im Hauptgefäß ab und dementsprechend muß ψ_Ω dann ein negatives Vorzeichen erhalten. Beide Situationen sind nur vorübergehender Natur. Auflastpotentiale verschwinden daher, sobald sich das Wasser der neuen Lage angepaßt hat. Bei Tonböden ist dieses Potential von besonderer Bedeutung, weil sie über einen hohen Wasserspannungsbereich wassergesättigt sind und die ausgleichende Wasserbewegung infolge der geringen Wasserleitfähigkeit sehr lange Zeit braucht. Eine separate Messung ist kaum möglich. Meist wird es bei der Messung des Matrixpotentials ungewollt miterfaßt.

Genauso wie beim Auflastpotential die feste Phase direkt auf das Potential des Wassers einwirkt, kann dies auch durch einen gegenüber dem Bezugspunkt erhöhten Luft- oder Wasserdruck geschehen. Um dieses separat zu erfassen, definiert man ein Druckpotential (ψ_p) bzw. je nach der speziellen Situation ein Gas- (ψ_g) oder piezometrisches Potential (ψ_W). Dieses Potential kann entweder als Gaspotential mit einem entsprechenden Manometer oder als piezometrisches Potential mit einem Piezometer (Abb. 4-7) gemessen werden.

Dieses Potential wird veranschaulicht, wenn man sich den perforierten Stempel in Abb. 4-6 durch eine zusätzliche Wassersäule für das piezometrische Potential oder durch zusätzlichen Luftdruck durch die mit „Luftzutritt" bezeichnete Öffnung für das Gaspotential ersetzt vorstellt.

Mit Hilfe dieser Abbildung erkennt man die Analogie zwischen diesen Potentialen: Das Auflastpotential kommt durch Krafteinwirkungen auf die feste Phase zustande, wobei das Wasser direkt überhaupt nicht betroffen ist. Das Druckpotential kommt durch alleinige Krafteinwirkung auf das Wasser zustande. Es stellt durch die Zusammenfassung von ψ_g und ψ_h in gewissem Sinne eine Kombination von Teilpotentialen dar.

4.4.2. Kombination von Teilpotentialen

Wie im vorherigen Abschnitt erwähnt, ist die Messung von Teilpotentialen vielfach eine Folge der Unzulänglichkeit der Messungsmöglichkeiten für das Gesamtpotential. Es wird daher oft versucht, durch eine Gruppierung leicht meßbarer Potentiale wenigstens eine Annäherung an das Gesamtpotential zu erhalten. Je nach dem Zweck der Aussage werden dabei unter Umständen verschiedene Teilbereiche erfaßt.

Eine häufig verwendete Kombination ist das hydraulische Potential (ψ_H):

$$\psi_H = \psi_m + \psi_z$$

Beide Teile sind relativ einfach zu messen, und zwar ψ_z durch eine Höhenmessung und ψ_m mittels eines Tensiometers. Diese Näherung an das Gesamtpotential wird verwendet, wenn der Zustand der flüssigen Phase im Boden allein an verschiedenen Stellen verglichen werden soll, z.B. wenn Wasserbewegungen untersucht werden sollen. Das Auflastpotential ist hierbei, wie bereits erwähnt, in dem Matrixpotential mitgemessen.

Das Matrixpotential ist naturgemäß in dieser Potentialkombination gleich Null, wenn der Meßpunkt unter der Wasseroberfläche liegt. An seine Stelle tritt dann das Druckpotential ein, und zwar als piezometrisches Potential. Manchmal wird dieser Zustand durch die folgende Schreibweise dargestellt:

$$\psi_H = \psi_m + \psi_z + \psi_p$$

Das Druckpotential (ψ_p) tritt als Gaspotential (ψ_g) in Erscheinung, wenn man einen zusätzlichen Gasdruck über den Menisken erzeugt, wie es z.B. bei der Bestimmung der Wasserspannungskurve im Labor üblich ist (*Richards,* 1949).

Im hydraulischen Potential wird das osmotische Teilpotential vernachlässigt, weil die gesamte Betrachtung auf die Bodenlösung gerichtet ist und Unterschiede im Salzgehalt bei hydraulischen Problemen, d.h. solchen, die den Wasserkörper allein betreffen, keine Rolle spielen. Sobald man jedoch die Eigenschaften des Wassers gegenüber der Pflanze untersuchen will, darf diese in erster Linie meßtechnisch bedingte Vereinfachung nicht beibehalten werden. Deswegen wird für derartige Betrachtungen eine andere Annäherung an das Gesamtpotential verwendet, bei der das osmotische Potential mit einbezogen ist. Diese Kombination wird Wasserpotential (ψ_W) genannt und setzt sich wie folgt zusammen:

$$\psi_w = \psi_m + \psi_o + \psi_g$$

Das osmotische Teilpotential muß hierfür separat erfaßt werden. Dies geschieht z.B. über Dampfdruckmessungen oder mit Hilfe osmotischer Zellen. Die Werte müssen dann zu denen der anderen Teilpotentiale hinzugefügt werden. Hinsichtlich der anderen Teilpotentiale gilt das gleiche wie beim hydraulischen Potential.

4.4.3. Meßgeräte

Bei der Beschreibung der Teilpotentiale wurde jeweils mit einem Satz die Meßmethode erwähnt.

Einige dieser Meßgeräte seien hier näher beschrieben, weil damit gleichzeitig eine zusätzliche Erläuterung des Verhältnisses der Meßgrößen zueinander gegeben ist.

Für die Messung von hydraulischen Potentialen des Wassers unterhalb der Grundwasseroberfläche werden Piezometer verwendet. Das sind Rohre, die unten offen sind oder solche, die an einer bestimmten Stelle eine Öffnung haben. Der Wasserstand, der in einem solchen Rohr gemessen wird, gibt dann den Wasserdruck an der Stelle an, wo die Verbindung zum Bodenwasser durch die Öffnung besteht. Voraussetzung für eine einwandfreie Messung ist vollständiges Abdichten des übrigen Rohres, vor allem des Oberteils, weil die dort herrschenden Wasserdrücke sonst den Wasserstand im Rohr beeinflussen (s. Abb. 4-7). Aus dem gleichen Grund sind auch Messungen an perforierten Rohren nicht mit denen an Piezometern vergleichbar. Sie geben einen mittleren Wert des Wasserstands an. Der Wasserspiegel, der sich in ihnen einstellt, wurde früher als *Grundwasserspiegel* bezeichnet. Er stimmt nur dann mit der Grundwasseroberfläche überein, wenn das Grundwasser in Ruhe ist, d.h. weder steigt noch sinkt (vgl. aber hierzu Strömungsverläufe im Grundwasser, Kap. 5 und 6).

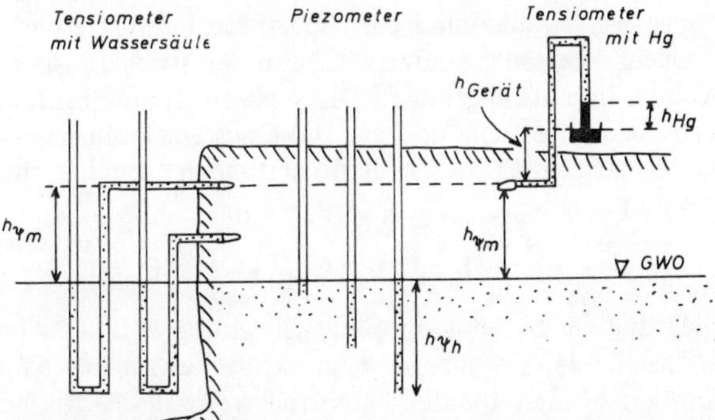

Abb. 4-7 Tensiometer und Piezometer. Tensiometer zeigen die Höhe derjenigen Grundwasseroberfläche an, die mit dem Wasserdruck am Ort der Meßzelle oberhalb der Grundwasseroberfläche im Gleichgewicht ist. Piezometer zeigen das gleiche unterhalb der Grundwasseroberfläche an. Im Zustand des Potentialgleichgewichts sind die Wasserstände gleich der Höhe der Grundwasseroberfläche. Rechts Hg-Anzeige an einem Tensiometer als Ersatz für das tief unter der Meßzelle angeordnete U-Rohr der Wasserstandsanzeige

Für die Messung des Matrixpotentials werden Tensiometer verwendet. Das sind im Prinzip, wie in Abb. 4-7 links dargestellt, ebenfalls

„Wasserstandsrohre". Weil die Verbindung mit dem Bodenwasser oberhalb der Grundwasseroberfläche jedoch abreißt, wenn Luft in das Rohr kommt, muß an der Meßstelle eine poröse keramische Platte eingesetzt werden. Die Menisken in den Kapillaren dieser Platte müssen so eng sein, daß sie innerhalb des Meßbereiches des Tensiometers nicht entwässert werden. Da das Tensiometer in dem Bereich arbeiten soll, in dem das Bodenwasser gegenüber der atmosphärischen Luft Unterdruck aufweist, kann der Meßbereich nur bis -1 bar, also bis zum Vakuum gehen. Gute Tensiometerzellen erlauben einen Meßbereich bis gegen -0,85 bar. Steigt die Grundwasseroberfläche (s. Abb. 4-7) soweit an, daß die Meßzelle des Tensiometers untergetaucht wird, dann kann es als Piezometer benutzt werden.

Aus Abb. 4-7 ist zu ersehen, daß die Ablesestelle für den Wasserstand im Meßrohr des Tensiometers unter der Meßzelle liegt. In der Praxis ist deshalb eine derartige Meßanordnung sehr unbequem. Es werden daher stattdessen Geräte benutzt, bei denen die bis zu 8,5 m lange Wassersäule durch eine spezifisch schwerere und daher kürzere Quecksilbersäule ersetzt wird. Ein derartiges Tensiometer ist in Abb. 4-7 rechts abgebildet. Die Wasserspannung kann aus der Höhe der Quecksilbersäule und der Höhe des Quecksilberspiegels über der Meßzelle mit Hilfe der hydrostatischen Grundgleichung errechnet werden:

$$h_{\psi m} \cdot d_W = h_{Hg}\,(d_{Hg} - d_W) - h_{Gerät} \cdot d_W$$

$$\rightarrow h_{\psi m} = h_{Hg}\,(|d_{Hg}| - 1) - h_{Gerät}$$

Die Bedeutung der Symbole in dieser Gleichung geht aus Abb. 4-7 hervor. Anstelle der Hg-Anzeige kann auch eine Druckaufnahmedose montiert werden, die die Unterdruckwerte in elektrische Maßwerte umformt. In dieser Form sind die Meßdaten selbstregistrierbar und speicherbar. Außerdem können die langen Rohre entfallen und das Gerät mit seinen Wasser enthaltenden Teilen unter der Frostgrenze im Boden installiert werden (*Strebel,* 1970). Auch die Quecksilberanzeigen lassen sich mittels Kohlefäden in elektrische Meßwerte umformen (*Flühler,* 1973).

Ein besonderes Problem ist bei gewöhnlichen, d.h. mit Hg-Manometern betriebenen Tensiometern die Frostgefahr, weil sie die Verwendbarkeit im Winterhalbjahr begrenzt. Sie kann umgangen werden, indem das Wasser in den Zellen selbst mit einer nicht mit Wasser mischbaren frostsicheren Flüssigkeit überschichtet wird, die im Manometerrohr den Anschluß zum Quecksilber herstellt. In diesem Fall muß die vorhin angegebene Gleichung erweitert werden, um den Einfluß der frostsicheren Flüssigkeit (fl) zu erfassen, wenn diese eine andere Dichte hat als das Wasser. Außer den Wasser- und Quecksilbersäulen tritt jetzt noch ein Glied für diese Flüssigkeit ($h_{fl} \cdot d_{fl}$) zu der vorhin gegebenen Gleichung hinzu (*Strebel,* 1970).

Im Bereich von Wasserspannungen oberhalb 850 cm WS kann das Potential des Bodenwassers mit Gipsblöcken (nach *Bouyoucos*) gemessen werden, wenn die Blöcke auf Matrixpotentiale geeicht sind. Einfache, mit wenigen Hilfsmitteln herstellbare Meßgeräte sind bei *Hartge* (1971) beschrieben.

4.5. Potentialgleichgewicht

Wenn in einem Potentialfeld – z.B. dem Boden in Abb. 4-7 in der Ebene der Zeichnung – Potentialunterschiede bestehen, so erzeugen diese Bewegungen, um einen Ausgleich herbeizuführen. Der Ausgleich und damit das Potentialgleichgewicht ist erreicht, wenn überall, oberhalb wie auch unterhalb der Grundwasseroberfläche, im Bodenwasser das gleiche Potential vorliegt.

Wenn man die Grundwasseroberfläche dabei als Bezugspunkt und somit als Nullpunkt verwendet, dann bedeutet die Feststellung, daß Gleichgewicht herrscht, daß das Gesamtpotential in dem gesamten in Frage stehenden Bereich ebenfalls den Betrag Null hat. Das gleiche gilt natürlich, wenn anstelle des Gesamtpotentials das hydraulische verwendet wird. Es gilt dann:

$$\psi_H = \psi_m + \psi_z + \psi_{p\ \text{bzw.}\ h} = 0$$

Dieser Zustand ist in Abb. 4-8 schematisch dargestellt. Die Abbildung verdeutlicht den bereits beschriebenen Sachverhalt, daß das Matrixpotential (ψ_m) unter der Grundwasseroberfläche Null wird, ebenso das Druckpotential (ψ_p) bzw. sein piezometrisches Teilpotential (ψ_h) oberhalb der Grundwasseroberfläche. Weiterhin ist zu erkennen, daß das Gravitationspotential unterhalb des Nullpunktes negative Werte annimmt. Die beiden Geraden haben im Gleichgewichtszustand dem Betrag nach die gleichen, aber vorzeichenmäßig entgegengesetzten Steigungen, so daß die Summe gleich Null wird.

Dieser Zustand bedeutet makroskopische Ruhe im Bodenwasser. Damit ist auch ein Aspekt der Feldkapazität gegeben, jedoch ist der Begriff Feldkapazität damit nicht voll definiert (s. Kap. 6 Was-

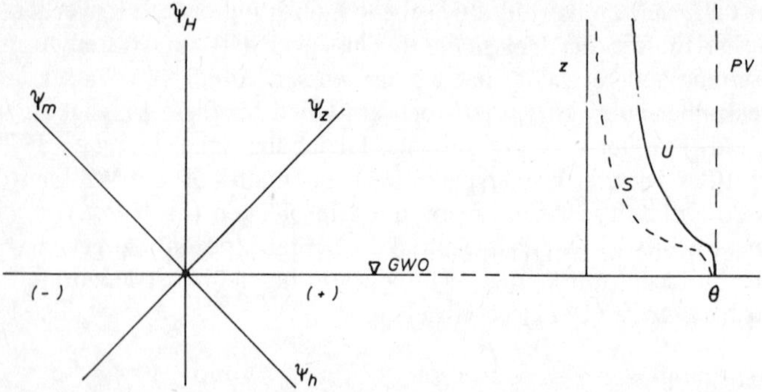

Abb. 4-8 Das Potentialgleichgewicht ($\psi_m + \psi_z = 0$). Für das Gesamtpotential steht das hydraulische Potential (ψ_H). Bei der Wahl der Grundwasseroberfläche als Nullpunkt hat das Gravitationspotential (ψ_z) unterhalb dieser negative Werte. Anstelle des Matrixpotentials (ψ_m) tritt dort das Wasserdruckpotential (ψ_h). Rechts in der Abbildung die dazugehörigen Wassergehaltsverteilungen für Sand (S) und Schluff (U)

serhaushalt). Ein solcher Zustand ist im Boden allerdings die Ausnahme und am ehesten kurz vor Beginn der Frühjahrsvegetation erreicht, wenn der Überschuß an Winterniederschlägen versickert ist, die Evapotranspiration aber praktisch noch nicht begonnen hat.

Im Zustand des Potentialgleichgewichts ist der Wassergehalt in einem Boden dicht oberhalb der Grundwasseroberfläche ebenso groß wie unterhalb derselben, weil dort alle Poren – auch die gröbsten – mit Wasser gefüllt sind. Mit zunehmendem Abstand von der Grundwasseroberfläche werden nach und nach immer mehr Poren wasserfrei, so daß der Wassergehalt absinkt. Wie diese Abnahme erfolgt, entweder durch plötzliches Absinken oberhalb eines Bereiches vollständiger Sättigung (= Kapillarsaum) oder mehr oder weniger kontinuierlich, hängt vom Porensystem des Bodens ab und ist daher in Abhängigkeit von Strukturveränderungen variabel. Sie ist eine für den Wasserhaushalt wichtige charakteristische Eigenschaft jedes Bodens. Deshalb wird sie im folgenden Abschnitt eingehender beschrieben.

Nicht immer ist es möglich, die Gleichgewichtssituation der Wasserdrücke mit Hilfe der am Anfang dieses Abschnitts gegebenen Formel auszudrücken, weil entweder die Lage der Grundwasseroberfläche nicht ermittelt werden kann oder weil nicht im gesamten untersuchten Bereich Gleichgewicht herrscht.

In diesen Fällen kann auf das Vorhandensein eines hydrostatischen Gleichgewichts auch aus dem Fehlen eines Potentialgradienten geschlossen werden. Als Formel ausgedrückt würde dies für zwei Niveaus, die durch ihre vertikale Höhenlage unterschieden sind, folgendermaßen lauten:

$$\psi_{H_{z_1}} = \psi_{H_{z_2}} \quad \text{bzw.} \quad \psi_{H_{z_1}} - \psi_{H_{z_2}} = 0$$

Zerlegt in die beiden Teilpotentiale von ψ_H ergibt dies:

$$(\psi_{m_{z_1}} + \psi_{z_{z_2}}) - (\psi_{m_{z_2}} + \psi_{z_{z_2}}) = 0$$

Bezogen auf den Niveauunterschied schreibt man

$$\frac{\Delta\psi_m + \Delta\psi_z}{\Delta z} = 0$$

Der Sachverhalt, daß der Gradient des Matrixpotentials dem des Gravitationspotentials entgegengesetzt wirkt, wird durch entgegengesetzte Vorzeichen berücksichtigt. Läßt man die Differenz des Matrixpotentials negativ werden, weil der Fluß von niedrigen zu hohen Zahlenwerten, also zum niedrigeren Potential hinläuft, dann erhält man für den Gleichgewichtszustand:

$$\text{grad}\ \psi_H = \frac{\Delta\psi_m}{\Delta z} + 1 = 0$$

Diese häufig verwendete Gleichung erlaubt, mit Hilfe von zwei Wasserspannungs- oder Wasserstandsmessungen in unterschiedlichen Tiefen (z_1 und z_2) festzustellen, ob in der Zone zwischen ihnen hydraulisches Gleichgewicht herrscht oder ob und in welcher Richtung ein Gradient vorliegt. Mit der hier gewählten Vorzeichensetzung zeigt grad $\psi_H > 0$ eine abwärtsgerichtete Wasserbewegung an, grad $\psi_H < 0$ eine aufwärtsgerichtete.

4.6. Wasserspannung und Wassergehalt

Zwischen dem Potential des Wassers im Boden und der Wassermenge besteht im Bereich der Matrixpotentiale ein Zusammenhang, der als Kurve aufgetragen *Bodenwassercharakteristik, Wasserspannungs-Wassergehalts-Kurve* oder kurzweg *Wasserspannungskurve* genannt wird.

Diese Kurve ist ein wichtiges Charakteristikum eines Bodens, weil sie Rückschlüsse auf den Wasserhaushalt im allgemeinen erlaubt, Aufschluß über die Menge an pflanzenverfügbarem Wasser gibt und ausserdem in den meisten Fällen die Grundlage für die Berechnung der Porengrößenverteilung ist.

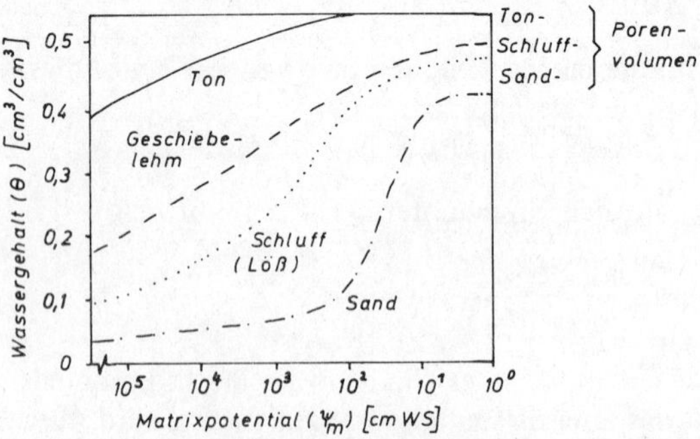

Abb. 4-9 Wasserspannungskurven für vier Körnungen. Die Wassergehalte bei 1 cm WS sind als vollständige Füllung des Porenvolumens angesetzt

Die Wasserspannungskurve (Abb. 4-9) ist die Summenkurve der Wasseranteile bei zunehmendem Potential. Der maximale Wassergehalt ist erreicht, wenn der gesamte Porenanteil mit Wasser gefüllt ist. Dieser Zustand entspricht dann der geringsten Bindung. Wenn alle Menisken im Boden eben sind, ist die Situation der Grundwasseroberfläche erreicht und $\psi_H = 0$. In der Abbildung ist der typische Verlauf dieser Kurven für einen Sand, einen Schluff (Löß), einen Lehm und einen Ton aufgetragen. Die Koordinatenbezeichnung wurde so angeordnet, daß die Potentialzunahme (= Abnahme der negativen Beträge der Wasserspannung) nach rechts aufgetragen wird.

Auf der Ordinate ist die Füllung des Porenanteils als maximaler Wassergehalt eingetragen. Dieser Zustand wird in der Natur nur selten erreicht, weil immer eine geringe Menge Luft eingeschlossen bleibt, wenn der Boden Wasser aufnimmt. Außerdem ist die Lagerungsdichte und damit der Porenanteil wie im vorigen Kapitel beschrieben keine Konstante, sondern vor allem bei feinkörnigen Böden wie Schluffen und noch mehr bei Tonen von der hydrologischen Vorgeschichte abhängig.

Für die Darstellung der Wasserspannungskurven wird meistens das Potential logarithmisch auf der Abszisse aufgetragen, weil es bei der Bestimmung die unabhängige Variable ist (Abb. 4-9). Vielfach wird allerdings die Abszisse nach den absoluten Beträgen der Wasserspannung eingeteilt, ohne Rücksicht auf deren negatives Vorzeichen.

Eine andere Art der Darstellung, bei der der Wasseranteil (θ) auf der Abszisse aufgetragen wird und die Potentiale ebenfalls logarithmisch auf der Ordinate nach oben hin abnehmen, ist ebenfalls verbreitet. Sie gibt die Wassergehaltsverteilung im Bereich oberhalb der Grundwasseroberfläche im Gleichgewichtszustand (Abb. 4-8) am anschaulichsten wieder.

Die Berechnung der Porengrößenverteilung aus der Wasserspannungskurve setzt voraus, daß die feste Matrix, in der das Wasser gehalten wird, starr ist. Das ist jedoch, wie im Kap. 2 anhand der Drucksetzungskurven (Abb. 2-20) ausführlich dargelegt, nie der Fall. Der statische Wasserdruck hat, wie in Kap. 3 (Wechselwirkungen, Wasser und Boden) erläutert, ähnliche Wirkungen wie eine von außen aufgebrachte Last.

Bei Böden, die nicht quellen, ist allerdings ein quasi-konstanter Zustand gegeben, wenn die Wassergehaltsänderungen sich zwischen der Sättigung und der stärksten bisherigen Austrocknung bewegen. Die Veränderungen entsprechen dann den flachen Schleifen der Drucksetzungskurve in Abb. 2-20.

Bei Böden, die Ton enthalten, müßte dies, wie in Kap. 3 ausführlich erläutert, grundsätzlich anders sein, aber auch hier spielt die Vorgeschichte, wie Abb. 3-10 zeigt, eine entscheidende Rolle. Im Bereich, in dem der Boden nicht einer Erstverdichtung bzw., was gleichbedeutend ist, einer Erstentwässerung unterliegt, sind die Volumenänderungen relativ gering, solange nicht durch Kneten oder andere mechanische Beanspruchungen bei der Untersuchung selbst eine Rückquellung und damit eine starke Veränderung des Porensystems entsteht.

4.6.1. Einfluß der Körnung auf die Wasserspannungskurve

Wenn man den Verlauf der Kurven in Abb. 4-9 mit dem der Korngrößenverteilungen in Abb. 1-3 vergleicht, dann erkennt man eine deutliche Übereinstimmung der relativen Lagen zueinander. Die

Übereinstimmung geht so weit, daß man die Wasserspannungskurve aufgrund der Körnungssummenkurve recht genau bestimmen kann, wenn man im Grobporenbereich den Porenanteil oder die Lagerungsdichte als zweites Kriterium heranzieht. Dabei können sowohl grafische Verfahren (*Hartge,* 1969) als auch rechnerische verwendet werden (*Husz,* 1967; *Renger,* 1971).

Die Ursache für diese Übereinstimmung liegt darin, daß die Kurve in der Tat eine Summenkurve der Wasseranteile bei verschiedenen Kapillaraufstiegshöhen ist. Bei Sand, der zwischen den Körnern auch grobe Zwischenräume, also Poren enthält, ist der Aufstieg gering. Er setzt, im Rahmen der Darstellung in Abb. 4-9 ausgedrückt, erst bei relativ hohen Potentialen ein. Der Anstieg der Wassergehalte ist dann umso steiler, je gleichkörniger der Sand ist, je besser er also sortiert ist (vgl. Kap. 1) und je weniger organische Substanz er enthält. Beimengungen von organischer Substanz lassen die Kurve lehmähnlicher erscheinen. Bei dem Schluff ist wegen der feinen Körner schon bei niedrigem Potential ein Kapillaraufstieg festzustellen. Kurven von Schluffen haben, auch wenn sie logarithmisch aufgetragen sind, nie einen so steilen Anstieg, wie das bei Sanden der Fall sein kann. Die Kurven der Tone verlaufen stets am flachsten. Die Kurven von wenig sortiertem, also sehr ungleichkörnigem Material, wie z.B. die des Geschiebelehms, zeigen ebenfalls keine deutlichen Maxima der Wassergehaltsänderung. Auch hierin liegt eine Übereinstimmung mit dem relativen Verlauf der Körnungssummenkurven.

4.6.2. Einfluß des Gefüges auf die Wasserspannungskurve

Im Verlauf der Bodenentwicklung verändert sich das Gefüge und damit die Lagerungsdichte. Dabei ändert sich auch die Lagerung der einzelnen Partikel und zwar meistens in der Art, daß das neuentstandene Gefüge heterogener ist als der Ausgangszustand (vgl. Kap. 2, Morphologie). Dies ist vor allem bei tonreichen Böden stark ausgeprägt. Die groben Sekundärporen, die dabei entstehen, haben in tonreichen Böden am ehesten die Eigenschaften echter Kapillaren. Sie beeinflussen den Verlauf der Wasserspannungskurve besonders stark und zwar am meisten bei den niedrigsten Wasserspannungen. Die Kurve wird dabei im Diagramm am linken Ende nach oben verschoben. Sie setzt also auf der Ordinate bei einem höheren Betrag für die Wassermenge bei 0 cm WS und somit für das

Porenvolumen an. Wie Abb. 4-10 zeigt, treffen die Kurven im Bereich um 100 bis 200 cm WS wieder zusammen, um sich bei höheren Wasserspannungen wieder zu trennen. Wenn die Menge an Wasser mit hohem Potential (niedrige Wasserspannung) infolge der Gefügeveränderung zunimmt, nimmt gleichzeitig die Wassermenge mit geringem Potential (hohe Wasserspannung) in der Regel ab. Das letztere ist eine Folge davon, daß bei einer Auflockerung im groben Sekundärporenbereich das gesamte Bodenmaterial angehoben wird (vgl. Abb. 2-20). Dabei nimmt die Menge an Substanz und damit an körnungsbedingten Mittel- und Feinporen je Volumeneinheit ab.

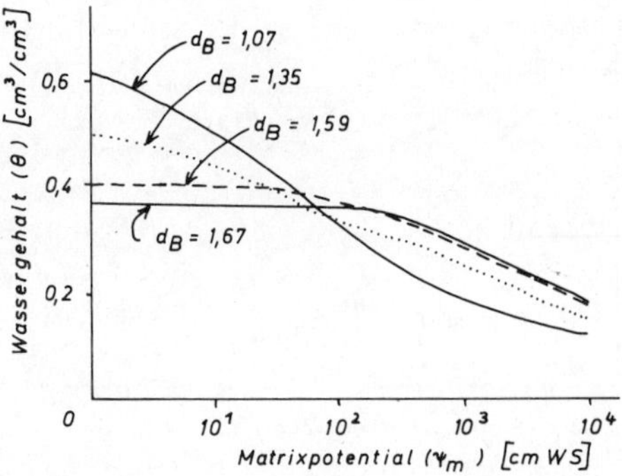

Abb. 4-10 Veränderung der Wasserspannungskurve eines Bodens (Löß) durch Kompression

Wenn die Veränderung nicht in einer Lockerung, d.h. Sekundärporenbildung, sondern in einer Verdichtung besteht, so äußert sich das Verschwinden der Sekundärporen darin, daß die Wasserspannungskurve im Bereich geringer Potentiale einen waagerechten Verlauf erhält. Dieser erstreckt sich umso weiter nach rechts auf dem Bild der Kurve, je feinkörniger der Boden ist. Dieser waagerechte Teil sagt aus, daß eine Entwässerung überhaupt erst bei Unterschreitung einer bestimmten Wasserspannung stattfindet (in Abb. 4-10 bei der flachsten Kurve bei $\psi_m \approx 10^2$ cm WS).

4.6.3. Hysteresis der Wasserspannungskurve

Abgesehen davon, daß die Wasserspannungskurven wegen des Zusammenhangs zwischen Wasserdruck und Auflast nicht konstant sind, ist ihr Verlauf auch davon abhängig, ob sie durch Entwässerung eines gesättigten oder durch Bewässerung eines trockenen Bodens erhalten wurden. Dieser Sachverhalt führt im Extremfall zu den beiden durchgehend gezeichneten Kurven in Abb. 4-11. Wird die Be- oder Entwässerung im Zwischenstadium unterbrochen, dann können die darauf folgenden Ent- bzw. Bewässerungsvorgänge Kurven ergeben, wie sie in der Abbildung gestrichelt dargestellt sind.

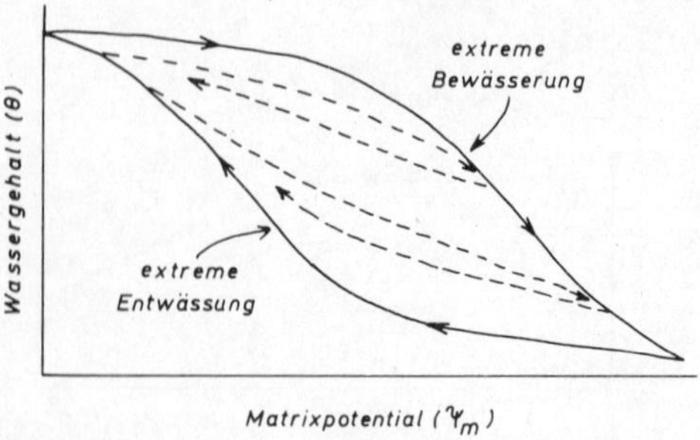

Abb. 4-11 Hysteresisschleifen einer Wasserspannungskurve im Bereich zwischen der Entwässerungskurve nach extremer Bewässerung und der Bewässerungskurve nach extremer Entwässerung

Die Ursachen für dieses Verhalten sind nicht restlos geklärt, aber jedenfalls sehr komplex. Zunächst spielt die Tatsache eine Rolle, daß die Poren im Boden häufig wechselnde Querschnitte und zahlreiche Querverbindungen haben. Das führt dazu, daß die Reihenfolge der Entwässerung (grob vor fein) andere Abfolgen für die Menisken vorfindet als die langsame Bewässerung (fein vor grob). Dies wird verstärkt durch die Tatsache, daß bei der Bewässerung je nach der Schnelligkeit, mit der das Wasser vordringt, unterschiedlich viel Luft eingesperrt werden kann, die den weiteren Verlauf in Abhängigkeit von ihrer Komprimierung beeinflußt (s. Kap. 7). Schließlich haben die Wassermenisken gegenüber der festen Phase verschiedene Benetzungswinkel. In der Regel ist der *Vorrückwinkel* größer als der

Rückzugswinkel (*Wolf,* 1957). Schließlich kommt hinzu, daß die meisten Böden schon wenige Dezimeter unter der Bodenoberfläche selten oder nie soweit austrocknen, wie es bei der Bestimmung der Wasserspannungskurve geschieht. Das bedeutet, daß sie sich bei der Bestimmung auf der Erstverdichtungskurve (Abb. 2-20) befinden. Bei der nächsten Bewässerung wird diese Kurve, wie in Kap. 2 beschrieben, ohne zusätzliche Arbeit nicht wieder erreicht. Aber selbst wenn der Boden über den bei der Bestimmung der Wasserspannungskurve auftretenden Entwässerungsgrad hinaus entwässert war, bedeuten verschiedene Wassergehalte unterschiedliche innere Spannungen und damit Gefügeveränderungen (s. Kap. 3), die ihrerseits auf den Verlauf der Wasserspannungskurven einwirken.

Wegen dieser Schwierigkeiten und Einschränkungen ist es notwendig, bei einer Wasserspannungskurve anzugeben, wie sie erstellt wurde. In der Regel werden Entwässerungs- (Desorptions-) Kurven verwendet, wenn nicht ausdrücklich anders angegeben. Auch bei diesen erhält man, wie Abb. 4-11 zeigt, nur reproduzierbare Werte, wenn man die Arbeitsweise für die Bewässerung vor Beginn der Desorption sehr genau konstant hält.

4.6.4. Bestimmung der Wasserspannungskurve

Die Bestimmung der Wasserspannungskurve mit verschiedenen Arbeitsweisen ist in Methodenbüchern genau beschrieben (*de Boodt,* [Hrsg.] 1967; *Schlichting* und *Blume,* 1966; Internat. Bodenkundl. Ges. [Hrsg.], 1968).

Das Prinzip besteht stets darin, die Wassermenisken in einer Bodenprobe sowie die mit ihnen im Gleichgewicht befindlichen Wasserfilme aus der Probe herauszupressen. Dies kann geschehen, indem Luftdruck auf die Menisken ausgeübt wird oder indem Wassersäulen angehängt werden (Abb. 4-12). Danach kann entweder die herausgepreßte Wassermenge oder der Restwassergehalt bestimmt werden. Die Kurve wird aufgrund mehrerer auf diese Weise erhaltenen Punkte gezeichnet.

Im Prinzip kann der Boden im Labor auch mit Hilfe der Zentrifugalkraft entwässert werden. Diese Möglichkeit ist vor allem interessant, wenn er wegen Korngröße oder Form mit den in Abb. 4-12 gezeigten Platten schlecht Kontakt hält. Bei dieser Arbeitsweise wird das auf Entwässerung hinwirkende Gravitationspotential

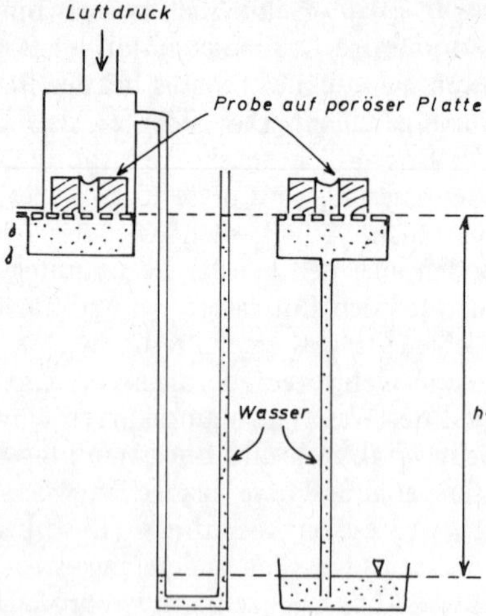

Abb. 4-12 Prinzip der Bestimmung der Wasserspannungskurve. Links die Luftdruckmethode, rechts die Wassersäulenmethode. In beiden dargestellten Fällen ist die Wasserspannung (ψ_m) gleich

(ψ_z) durch das viel größere Zentrifugalpotential ersetzt. Mit dieser Methode kann aber nur bei hinreichend starrer Matrix (dichte Einzelkorn- oder Kohärentstruktur) gearbeitet werden, weil im Zentrifugalfeld Wasser und Matrix zwar gleich stark beschleunigt werden, die Bodenmatrix aber infolge ihrer größeren Dichte eine stärkere Zentrifugalkraft entwickelt als das Wasser. Dabei wird die Matrix unter Umständen viel stärker verändert, als wenn die Belastung nur über die Menisken auf sie einwirkt. Die Ergebnisse stimmen daher in der Regel nur im Bereich der hohen Wasserspannungen mit denen der in Abb. 4-12 beschriebenen Arbeitsweise überein. Bei der Berechnung des entwässernden Potentials muß auch die durch die Matrix bedingte Energiebarriere berücksichtigt werden, die an der Unterkante der Probe durch die dort vorliegenden Menisken entsteht. Sie ist von der Primärporengröße und damit von der Körnung am Unterende der Probe abhängig.

Bevor die in Abb. 4-12 gezeigte Arbeitsweise entwickelt wurde (*Richards,* 1941), wurde der Wassergehalt im Gleichgewicht mit

1000-facher Erdbeschleunigung als Bodenkennzahl verwendet (moisture equivalent nach *Briggs* und *McLane,* 1907).

Einfache Arbeitsweisen zur Bestimmung der Wasserspannungskurve mit geringem apparativem Aufwand sind bei *Hartge* (1971) beschrieben.

4.7. Literatur

Adam, N.K. (1941): The Physics and Chemistry of Surfaces. 3. Ed. Oxford University press

Briggs, L. I., I.W. McLane (1907): US Dept. Agr. Bur. Soils Bull 45

Buckingham, E. (1904): Dept. Agr. Bur. Soils Bull. 25

De Boodt, M. (1967) (Hrsg.): West European Methods for Soil Structure. Determination. Landw. Universität Gent, Belgien

De Leenheer, L. (1957): Landbouweleven 7, Nr. 85

Engelhardt, W. v. (1960): Der Porenraum der Sedimente. Springer, Berlin/Heidelberg

Flühler, H. (1973): Mitt. Schweiz. Anst. Forstl. Vers. Wesen 49, (2), 125-250

Hartge, K.H. (1959): Z. Pflanzenern. u. Bodenkunde. 130, 214-227

Hartge, K.H. (1969): Z. Kulturtechn. u. Flurber. 10, 20-27

Hartge, K.H. (1971): Die physikalische Untersuchung von Böden. Enke, Stuttgart

Husz, G. (1967): Z. Pflanzenern. u. Bodenkunde. 116, 115-125

Int. Bodenkundl. Ges. (1968) (Hrsg.): Kommission I. Bodenphysik, Untersuchungsmethoden des Strukturzustands. VEB Dtsch. Landwirtschaftsverlag Berlin

Pfeffer, R. (1897) zit. bei *Strasburger* (1971): Lehrbuch der Botanik. 30. Aufl., Hrsg. *Denffner, Schumacher, Mägdefrau, Ehrendorfer.* G. Fischer, Stuttgart

Renger, M. (1971): Z. Pflanzenern. u. Bodenkunde. 130, 53-67

Richards, L.A. (1949): Soil Sci. 68, 95-112

Richards, L.A. (1941): Soil Sci. 51, 377-386

Schlichting, E., H.P. Blume (1966): Bodenkundliches Praktikum. Parey, Hamburg

Schroeder, D. (1969): Bodenkunde in Stichworten. F. Hirt, Kiel

Searle, A.B., R.W. Grimshaw (1959): The Chemistry and Physics of Clays, 3. Ed. E. Benn, London

Strebel, O. (1970): Z. Pflanzenern. u. Bodenkunde. 126, 111-116

Wolf, K.L. 1957): Physik und Chemie der Grenzflächen. Springer, Berlin/Göttingen/Heidelberg

5. Wasserbewegung im Boden

Im vorigen Kapitel war die energetische Situation im Bodenwasser beschrieben worden. Dabei wurde dargestellt, wie die Gleichgewichtsbedingungen aussehen müssen, unter denen das Wasser im Boden in Ruhe ist. Ein solcher Ruhestand ist jedoch selten, vielmehr ist das Wasser im Boden meistens in Bewegung. Die Gesetzmäßigkeiten dieser Bewegung werden in diesem Kapitel beschrieben.

5.1. Eigenschaften von Wasserbewegungen im Boden

Wasserbewegungen sind Vorgänge, die im gesamten Hohlraumsystem des Bodens ablaufen, soweit dieses Wasser als kontinuierlich zusammenhängende Phase enthält. Denn wenn alle Hohlräume voll Wasser sind, der Boden also wassergesättigt ist, kann eine an irgendeinem Ort befindliche Wassermenge nur verschoben werden, wenn eine andere, benachbarte, ihr Platz macht, die ihrerseits die nächste in Bewegung bringt. Da Druckänderungen sich im Wasser nach allen Seiten gleichmäßig (= hydrostatisch) fortpflanzen, ist im Prinzip der gesamte vom Wasser eingenommene Raum betroffen – wenn auch in unterschiedlichem und zum Teil in vernachlässigbarem Maß.

Wenn der Boden nicht wassergesättigt und eine Druckänderung daher mit Wassergehaltsänderungen gekoppelt ist, gilt im Prinzip das gleiche. Auch hier wird die Druckänderung, zusammen mit der Wassergehaltsänderung, über den ganzen kontinuierlich verbundenen Raum fortgepflanzt, wobei das Ausmaß allerdings gelegentlich vernachlässigbar klein werden kann.

Das Ausmaß der Beteiligung der verschiedenen Wasseranteile an Bewegungen ist sowohl von ihrer Lage im Strömungsfeld als auch von den Eigenschaften der engsten Umgebung abhängig – also von der Form und Größe und der Kontinuität der Poren.

Diese Wasserbewegungen können bei konstantem Potentialgradienten erfolgen oder aber eine Veränderung dieses Gradienten zur Folge haben. Die Veränderung geht meistens in Richtung auf den Gradienten Null hin, also auf die Einstellung eines Gleichgewichts (s. Abb. 4-8). Im ersteren Fall spricht man von einer stationären, im letzteren von einer nichtstationären Strömung. Um die Erfassung zu erleichtern, kann man für manche Betrachtungen instationäre Abläufe in sehr kleine Zeitabschnitte zerlegen, die man dann als stationär ansehen kann.

Eine weitere Eigenschaft der Wasserströmungen im Boden ist die Tatsache, daß die Strömungsbahnen der einzelnen Teilchen nebeneinander herlaufen, ohne sich zu kreuzen. Eine solche Strömung nennt man *laminar.* Sehr anschaulich ist hier auch die Bezeichnung „Strömungsfaden", die darauf zurückgeht, daß man Strömungsbahnen im Versuch durch Fäden sichtbar machen kann. In Tonen, Schluffen und Sanden liegen unter Freilandbedingungen fast ausschließlich solche laminaren Strömungen vor. Erst im Bereich der Kiese kommen Strömungssituationen vor, bei denen die Strömungsbahnen sich kreuzen. Eine solche Strömung heißt *turbulent.* In Abb. 5-1 ist für laminare und turbulente Strömungen die Verteilung

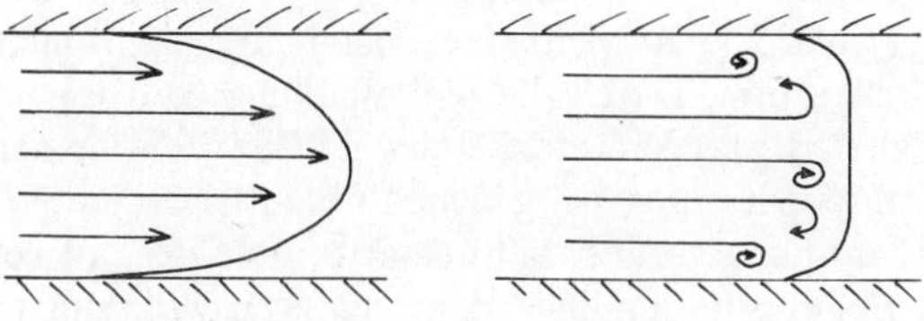

Abb. 5-1 Laminare und turbulente Strömung, schematisiert. Die Abbildung zeigt sowohl die Unterschiede der Geschwindigkeitsprofile (parabel-ähnlich im laminaren, dagegen kolbenähnlich abgeflacht im turbulenten Strom) als auch die unterschiedlichen Verläufe der Strömungslinien

der Geschwindigkeiten in einem Rohr dargestellt. Im laminaren Fall schiebt sich das Wasser im Zentrum des Rohres am schnellsten vorwärts, weil es am wenigsten durch die stehenden Rohrwände gehemmt wird. Die randnäheren Bereiche des Wassers werden in immer stärkerem Maße vom Rand her gehemmt, die letzte Wasserschicht am Rand des Rohres wird als stehend angesehen. Wie stark sich die Geschwindigkeiten der teleskopartig ineinander vorrückenden Wasserbereiche unterscheiden können, hängt von den Wasser- und Rohreigenschaften ab.

Dieser Zusammenhang wird durch die Gleichung von *Hagen-Poiseuille* beschrieben:

$$q = \frac{r^4 \pi \cdot \Delta p}{8 \eta \cdot l}$$

Hierin ist q die pro Zeiteinheit transportierte Wassermenge, r der Kapillarradius, Δ p die antreibende Druckdifferenz, *l* die Länge der Kapillare und η die Viskosität. Wie die Formel zeigt, ist der Radius mit der vierten Potenz wirksam. Außerdem ist bei gleichbleibendem Gradienten $\Delta p/l$ der Transport umso größer, je kleiner die Viskosität der Flüssigkeit ist.

In einer turbulenten Strömung ist die Bremsung am Rand des Rohres so stark, daß sich Wirbel bilden. Dabei bleiben die gebremsten Flüssigkeitsteilchen im Vergleich zu den benachbarten in der Strömung zurück und schnellere aus der Mitte der Strömung werden in die Randbereiche gerissen, während die langsameren zur Mitte verlagert werden. Die Folge davon ist ein Ausgleich der Geschwindigkeiten in den verschiedenen Teilen des Rohres. Das Geschwindigkeitsprofil (Abb. 5-1) ist nicht mehr parabelförmig, sondern nähert sich der Kolbenform. Durch die Wirbelbildung wird Energie verbraucht, daher ist die gesamte Geschwindigkeit und dementsprechend die Transportleistung bei gleichen Potentialgradienten in einer laminaren Strömung größer als in einer turbulenten. In den engen Poren von Böden sind ähnliche Erscheinungen wirksam, wenn auch keine eigentliche Wirbelbildung beobachtet wird. Zur Abschätzung der Geschwindigkeit, oberhalb derer die Laminarität der Strömung verlorengeht, verwendet man die *Reynolds*-Zahl (Re). Diese gibt das Verhältnis zwischen Beschleunigungs- und Reibungsarbeit in Abhängigkeit von der Rohrweite an (*Beck,* 1960).

$$\mathrm{Re} = \frac{d\,v\,l}{\eta}$$

Hierbei ist d die Dichte der Flüssigkeit, v ihre Fließgeschwindigkeit (fließende Menge je Einheit von Zeit und Strömungsquerschnitt) η die Viskosität. Für die Länge *l* kann wegen der Heterogenität der Porenformen kein repräsentativer Wert gegeben werden. Daher wird anstelle einer Zahl, die die Poren charakterisiert, der mittlere Korndurchmesser genommen. Wenn man so verfährt, dann liegt die *Reynolds*-Zahl in Böden des Ton-, Schluff- und Sandbereiches bei gesättigtem Fluß deutlich unter 1 (*v. Engelhardt,* 1960). Wie der Verlauf der Strömungsfäden in Abb. 5-1 zeigt, ist die Durchmischung des Wassers im laminaren Fall gering. Dieser Sachverhalt, sowie die durch die *Hagen-Poiseuille*-Formel beschriebene Abhängigkeit der transportierten Wassermenge von der Größe der Kapillarrohre, beeinflussen alle Substanzverlagerungen mit dem Bodenwasser – vor allem die Auswaschungen – sehr stark. Die beschriebenen tatsächlichen Bewegungen der einzelnen Wasserteilchen sind nicht unmittelbar zu erkennen und nur schwer erkennbar zu machen. Methoden, die Wassermengen mit Isotopen, Farbstoffen oder Salzen zu markieren, sind nur aufschlußreich, wenn der Verbleib im Verlauf der Zeit hinreichend genau verfolgt werden kann. Da dies meist sehr umständlich ist, hat man schon vor langer Zeit begonnen, allgemeine Gesetzmäßigkeiten des Fließens auf die Wasserbewegung im Boden anzuwenden. Wichtig ist dabei vor allem auch die Möglichkeit, Grössen zu finden, die so einfach zu messen sind, daß die erforderliche Anzahl von Meßwerten für genaue Aussagen leicht erstellt werden kann.

Einen Ansatzpunkt in dieser Richtung bildet das *Bernoulli*-Theorem, das einen Spezialfall des allgemeinen Satzes von der Erhaltung der Energie (E_{pot} bzw. E_{kin}) darstellt:

$$E_{pot} + E_{kin} = \text{const.}$$

Werden diese beiden Komponenten auf die Volumeneinheit des Wassers bezogen, so erhält man:

$$\frac{m \cdot b \cdot h}{h^3} + \frac{m \cdot v^2}{2 \cdot h^3} = \text{const.}$$

(m = Masse, b = Beschleunigung, h = Höhe, v = Geschwindigkeit). Für b kann in der Regel die Erdbeschleunigung (g) eingesetzt werden. Durch Kürzung des ersten Gliedes auf der linken Seite erhält man die Dimension eines Druckes ($p = m \cdot b/h^2$), durch Zusammenziehung des zweiten Gliedes den Ausdruck $d \cdot v^2/2$. Da der Druck aber bei einer Flüssigkeit unterschiedlich wirkt, je nachdem in welcher Höhe er gemessen wird, muß diese Höhe auch berücksichtigt werden. Die Notwendigkeit, einheitliche Dimensionen zu erhalten, erzwingt einige Umformungen und man erhält dann die *Bernoulli*-Gleichung in der Form:

$$\frac{p}{d \cdot g} + z + \frac{v^2}{2g} = \text{const.}$$

Alle drei Summanden fallen hierbei als Längen an. Beim ersten spricht man von der Druckhöhe ($h_p = p/d_g$). Der zweite Summand (z) ist die Ortshöhe (h_z) oder geodätische Höhe und der dritte wird Geschwindigkeitshöhe (h_v) genannt. Die Ortshöhe entspricht dem als Länge gemessenen Gravitationspotential (Tab. 4-1). Im Prinzip gibt es noch eine Reibungshöhe, doch wird sie bei dieser Betrachtung in der Regel vernachlässigt, weil stets mit dem gleichen Fließmedium gearbeitet wird und die Veränderungen dabei gering sind. Als Höhen ausgedrückt schreibt man:

$$h_p + h_z + h_v = \text{const.}$$

Diese Beziehung ist in Abb. 5-2 dargestellt, weil sie den Zusammenhang von Meßhöhe und Wasserdruck verdeutlicht.

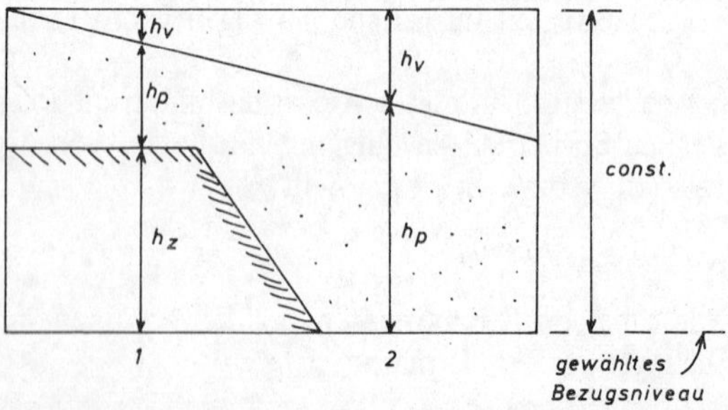

Abb. 5-2 Bernoulli-Theorem. Die Abbildung zeigt die nebeneinander möglichen Zusammensetzungen der Gesamt-Potentialhöhe aus der geodätischen Höhe (h_Z), der Druckhöhe (h_P) und der Geschwindigkeitshöhe (h_V)

Wie im Kapitel über die Hydrostatik des Bodenwassers erläutert, werden diese beiden Meßgrößen zusammengezogen als „hydraulische Druckhöhe" bezeichnet. Die Abbildung läßt weiterhin erkennen, daß eine Bewegung erfolgen muß, wenn

$$h_{p_1} + h_{z_1} \gtrless h_{p_2} + h_{z_2} \qquad \text{ist.}$$

Diese Darstellung gibt also im Prinzip das gleiche wieder, wie die Abb. 4-8, nur ist hier ein weiteres Phänomen, nämlich der Fließvorgang, mit erfaßt durch h_v.

Aus diesen beiden Gleichungen folgt, daß aus dem Vorliegen unterschiedlicher hydraulischer Höhen in Bezug auf ein gemeinsames Bezugsniveau auf Vorhandensein sowie Richtung und Ausmaß einer Wasserbewegung geschlossen werden kann. Dies hat wegen der relativ einfachen Meßbarkeit der Werte für h_z und h_p eine große

Bedeutung für die Untersuchung von Wasserbewegungen im Boden und daher auch für alle Untersuchungen von Wasserhaushalten.

5.1.1. Strömungsfelder

Aus dem vorhin Gesagten ergibt sich die Möglichkeit, die Wege der einzelnen Strömungsfäden durch einen Boden zu verfolgen und dazu auch die Potentiale, d.h. zum Beispiel die Druck- und Ortshöhen im gesamten untersuchten Gebiet festzulegen. Als Beispiel kann man sich den Verlauf von Strömungsfäden in einem wassergefüllten Gefäß vorstellen (Abb. 5-3). Wenn das Gefäß außer dem Wasser auch noch Boden, also z.B. Sandpartikel, enthält, würde an dem Prinzip, d.h. am Verlauf der Strömungslinien, gar nichts verändert.

Der gesamte Raum, der von den Strömungsfäden durchzogen wird, bildet ein Strömungsfeld. Ein Strömungsfeld, in dem der Fluß an allen Orten in allen Richtungen den gleichen Bedingungen unterliegt, also z.B. dem gleichen Fließwiderstand ausgesetzt ist, nennt man homogen und isotrop.

Für ein isotropes und homogenes Strömungsfeld gilt, daß die Strömungsfäden und die Äquipotentialen senkrecht zueinander stehen. Ist das Feld nicht isotrop, sondern überwiegt die Transportmöglichkeit in einer Richtung, wie es z.B. im Boden infolge von Schichtungen, Gefügeentwicklungen und Aggregatformen vorkommen kann, dann stehen diese beiden Liniengruppen makroskopisch gesehen oft nicht mehr senkrecht aufeinander. Dieser Sachverhalt wird im Zusammenhang mit den Bodeneigenschaften näher beschrieben. Um ein Strömungsfeld vollständig zu beschreiben, muß zunächst seine Begrenzung festgelegt werden.

5.1.2. Rand- und Grenzbedingungen

Für eine laminare Strömung in einem Gefäß, so wie sie in Abb. 5-3 dargestellt ist, reichen für den stationären Fluß relativ wenige Angaben zur Abgrenzung aus, nämlich die Beschreibung der Verläufe der beiden äußersten Stromfäden an den Gefäßwänden in der Abbildung entlang und die Angaben über die Lage des Wasserspiegels und der Austrittsöffnung. Für den stationären Fall ist es, wie bereits erwähnt erforderlich, daß sich an diesen Angaben nichts ändert, vor allem also, daß der Wasserspiegel in dem Gefäß konstant gehalten wird. Die sogenannten Randbedingungen bestehen also aus Strömungsfäden und Linien gleichen Potentials – den *Äquipotentialen.*

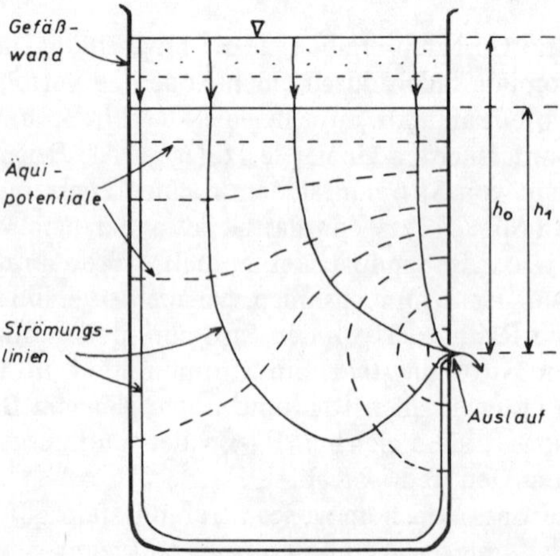

Abb. 5-3 Wassergefülltes Gefäß mit einem Auslauf als Modell für den Verlauf von Strömungslinien einer laminaren Strömung unter Erfassung des gesamten Flüssigkeitsvolumens. Das Absinken der Wasseroberfläche im Verlauf des Ausfließvorgangs wird durch Abnahme der Höhe ($h_0 \rightarrow h_1$) über dem Ablauf gemessen. Es gibt ein Beispiel für eine nichtstationäre Strömung

Die Tatsache, daß ein Strömungsfaden als Grenze für ein Feld auftreten kann, ist wichtig, denn eine solche Situation ist im Boden sehr häufig. Die Orte, von denen aus ein Strömungsfaden zu einer Potentialsenke, der Benachbarte zu einer anderen hinführt, nennt man eine Wasserscheide. Der Begriff der Wasserscheide ist oft stark mit topographischen Geländebedingungen assoziiert; er gilt dann für den Abfluß von Oberflächenwasser. Aber auch in einer topographisch ebenen, von zwei Wasserläufen – Flüssen oder Gräben – durchzogenen Landschaft gibt es eine solche Wasserscheide, gekennzeichnet durch die höchste Stelle der Grundwasseroberfläche. Eine weitere Wasserscheide kommt im humiden Klimabereich innerhalb eines jeden Bodenprofils vor. Sie trennt den gravitationsbedingten abwärtslaufenden Wasserstrom von dem durch Evaporation bzw. Evapotranspiration bedingten, der während der Vegetationsperiode in den oberen Profilteilen nach oben gerichtet ist (*Renger* u. Mitarb., 1970; *Strebel,* 1970).

Diese Wasserscheide wechselt ihre Lage ständig, indem sie sich im Verlauf des Sommers im Bodenprofil nach unten verschiebt, um im Winter und Vorfrühling wieder in die Ausgangslage zurückzukehren.

Die anderen Grenzen für das Strömungsbild waren Wasseroberfläche und Ausfluß, also Äquipotentialen (Abb. 5-3). Nach der Strömungslehre müssen, wie erläutert, alle Strömungsfäden immer genau rechtwinklig zu den Äquipotentialen verlaufen. Das ist für den Ausfluß des Gefäßes in Abb. 5-3 am einfachsten darstellbar, indem man die Wand unendlich dünn, und das Austrittsloch unendlich klein annimmt, um die Veränderungen im Bereich des Ausflusses zu umgehen.

Der Zufluß zu einem derartigen punktförmigen Loch in der Gefäßwand erfolgt dann von allen Seiten gleichmäßig. Die ersten Äquipotentialen sind dann Halbkugeln, d.h. in der Abb. 5-3 Halbkreise. Für die Wasseroberfläche ist der senkrecht zu ihr gerichtete Strömungsverlauf leicht darstellbar, solange dieser weit genug vom Ausfluß entfernt ist. Ist die Wasseroberfläche jedoch nah an dieser Öffnung gelegen, dann biegt sie sich in der Nähe des Ausflusses. In diesem Augenblick ist sie keine Äquipotentiale mehr, sondern kann zur Strömungslinie werden. In diesem Fall kann das Wasser in Richtung der Oberflächenkrümmung fließen, wie z.B. der Seifenschaum im Strömungstrichter einer leerlaufenden Badewanne anzeigt. Hier ist also die Feststellung der Eigenschaft des Randes im Hinblick auf die Frage, ob es sich um eine Strömungslinie oder eine Äquipotentiale handelt, schwierig.

Dieser Sachverhalt hängt damit zusammen, daß Strömungslinien und Äquipotentialen nur dann senkrecht aufeinander stehen, wenn die durchströmte Matrix isotrop und homogen ist. Wenn eine Schicht mit höherer Durchlässigkeit an eine weniger durchlässige grenzt, wie das im Boden an der Grundwasseroberfläche der Fall ist, dann gibt es Situationen, in denen makroskopisch Abweichungen von dieser Regel zu sehen sind. Die Abweichungen verschwinden jedoch, wenn man kleine Abschnitte aus dem Gesamtfeld separat betrachtet.

5.1.3. Eindimensionale Strömung

Die Strömung in einem mit Boden gefüllten Rohr, z.B. einem Stechzylinder, hängt außer von der Form des Fließsystems – hier des Zylinders – und dem Potentialgradienten noch von der Leitfähigkeit des Bodens für das Fließmedium ab. Dieser Zusammenhang ist durch folgende Formel ausgedrückt, die nach ihrem Autor *Darcy*-Formel genannt wird:

$$q = k \frac{\Delta h}{\Delta l}$$

Hierbei ist q der Wasserfluß je Zeiteinheit, Δh der Potentialunterschied als Höhe ausgedrückt, Δl die Fließstrecke (Abb. 5-4). Der Quotient $\Delta h/\Delta l$ gibt die Steigung der Druckabfall-Linie in der Abbildung an. Er wird oft auch in Differentialform $(\partial h/\partial l)$ geschrieben. Gelegentlich wird anstelle der ursprünglich von *Darcy* verwendeten Differenz der Wasserstandshöhen die Potentialdifferenz direkt eingesetzt und dann als Gradient geschrieben. An die Stelle des Quotienten tritt dann der Ausdruck $\text{grad}\,\psi$ (vgl. Tab. 4-1). Die Tatsache, daß die Fließbewegung vom höheren zum niedrigen Potential, also gegenläufig zur Gradientensteigung erfolgt, wird manchmal durch ein Minuszeichen vor der rechten Seite der Gleichung gekennzeichnet. Der Koeffizient k, oft als *Darcy-k* bezeichnet, erfaßt die Bodeneigenschaften. Er wird in einem separaten Abschnitt (s. Kap. 5) ausführlicher erläutert. Diese Gleichung ist analog zur *Ohm*schen Gleichung des elektrischen Widerstandes und zur allgemeinen Gleichung für die Wärmeleitung. Sie stellt also nur einen Spezialfall innerhalb des Gesamtkomplexes der Potentialströmungen dar. Für manche Fälle ist es zweckmäßig, nicht die gesamte Wassermenge (q) zu berücksichtigen, sondern nur den Teil, der durch einen bestimmten Fließquerschnitt (F) hindurchfließt. Man erhält dann gleichsam die Höhe einer Wassersäule, die sich in Abhängigkeit von der Zeit ändert, also eine Geschwindigkeit (v):

$$\frac{q}{F} = v$$

Diese sogenannte Fließgeschwindigkeit, manchmal auch der Fluß oder Flux genannt, ist nur makroskopisch zu verstehen. Sie gibt nicht die Geschwindigkeiten der einzelnen Wasserteilchen an, die wegen der in Abb. 5-1 dargestellten Geschwindigkeitsunterschiede und wegen der Biegungen der Wasserpassagen im Porenraum sehr unterschiedlich sein können.

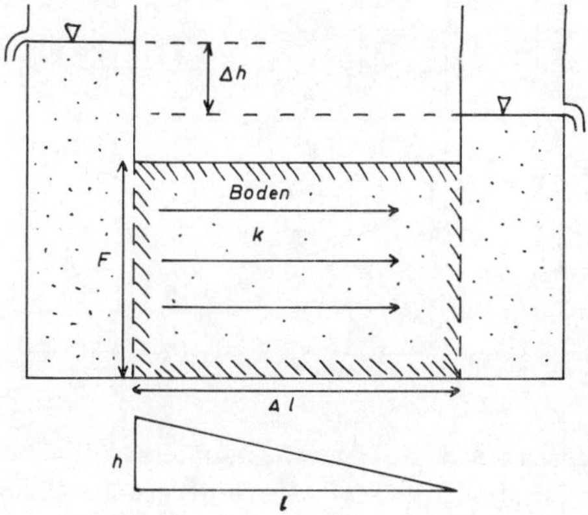

Abb. 5-4 Ein eindimensionales Strömungsfeld ist durch parallellaufende Strömungslinien gekennzeichnet. Bei gleichbleibender Durchlässigkeit (k) ist die Druckhöhe (h) an jedem Punkt der Fließstrecke *(l)* beschrieben

Der Verlauf der Strömungsfäden und damit der Weg der einzelnen Wasseranteile, sowie der Potentialabfall, können im gesamten Zylinder der Abb. 5-4 für jeden Ort beschrieben werden, wenn die Bodenprobe im Hinblick auf das Porensystem homogen und isotrop ist. Dies ist durch das rechtwinklige Dreieck unter dem Schemabild veranschaulicht, in dem zu jedem Punkt auf der Grundlinie *l* ein bestimmter Wert für h gehört.

Unter Freilandbedingungen ist oft der Bezugspunkt für die Messung des Gradienten gradψ schwer festzulegen, wenn die Fließrichtung nicht vorher bekannt ist. Hier muß dann die Gesamtheit der wirksamen Potentialhöhen, bzw. wie im vorigen Abschnitt beschrieben, stellvertretend die Gesamtheit der hydraulischen Potentialhöhen herangezogen werden. Dies ist in Abb. 5-5 für einen eindimensionalen Strömungsverlauf im Boden schematisch dargestellt. Die Piezometer A und D sowie B und E berühren jeweils den obersten bzw. den untersten Strömungsfaden. Die Verbindungslinien ihrer

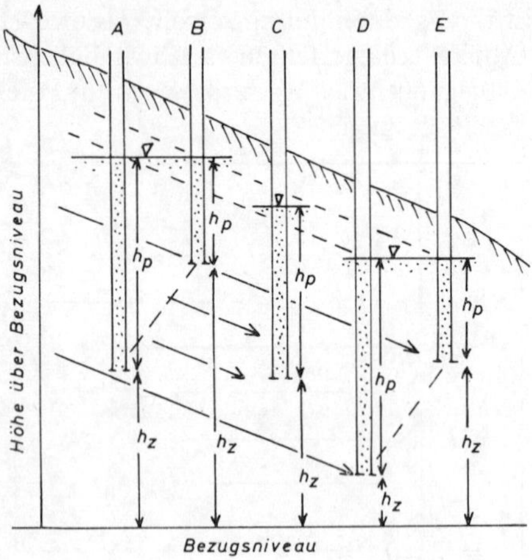

Abb. 5-5 Eindimensionales Strömungsfeld als Ausschnitt aus dem Boden, begrenzt durch die Strömungslinien $\overline{AD}$ und $\overline{BE}$ und die Äquipotentialen $\overline{AB}$ und $\overline{DE}$. Der Wasserstand in Piezometerrohren setzt sich zusammen aus der geodätischen Höhe (h_z) und der Wasserdruckhöhe (h_p), deren Summe innerhalb jeder Äquipotentiale gleich ist ($h_{p_A} + h_{z_A} = h_{p_B} + h_{z_B}$)

Unterenden, die über dem Bezugsniveau die Ortshöhen h_{z_A} und h_{z_D} bzw. h_{z_B} und h_{z_E} haben, begrenzen somit das dargestellte Fließsystem. Die andere Randbedingung ist durch die gestrichelten Verbindungslinien zwischen den Unterenden der Piezometer A und B bzw. D und E gegeben. In diesen beiden Richtungen ist das hydraulische Potential gleich

$$h_{p_B} + h_{z_B} = h_{p_A} + h_{z_A}$$

In diesen Richtungen, die also die Richtung der Äquipotentialen darstellen, erfolgt kein Fluß. Der Wasserspiegel in den Rohren A und B bzw. D und E steht daher auch gleich hoch. Denkt man sich nun ein weiteres Rohr C eingesetzt, so muß es je nach seiner Stellung innerhalb der vier zuerst beschriebenen einen Wasserstand anzeigen, der zwischen denen der beiden Rohrpaare variiert.

Die Abbildung läßt erkennen, daß man mit mehreren über- bzw. nebeneinander angeordneten Piezometern die Verläufe von Äquipotentialen im Boden festlegen und aufgrund deren Richtung den Verlauf der Strömungslinien bestimmen kann. Als Bezugsniveau kann natürlich auch eine oberirdisch liegende Ebene, z.B. eine mit einer Libelle eingemessene Visierlinie eines Niveaugerätes dienen. Wenn die Wasserleitfähigkeit des Bodens – k aus der *Darcy*-Gleichung – bekannt ist, kann jetzt die transportierte Wassermenge bestimmt werden, weil ja die Geometrie des Fließsystems durch die Randbedingungen gegeben ist.

Genau das gleiche Schema hat auch Gültigkeit, wenn die Messungen oberhalb der Grundwasseroberfläche durchgeführt werden. In diesem Fall kann nicht mehr mit Piezometern gearbeitet werden, weil die Wasserstände unterhalb der offenen Rohrenden liegen. Daher müssen statt der Piezometer Tensiometer verwendet werden (vgl. Abb. 4-7).

5.1.4. Zwei- und dreidimensionale Strömungen

In dem in Abb. 5-5 dargestellten Strömungsausschnitt A, B, C, D war der Verlauf der Strömungsfäden als parallel angenommen worden. Ein solcher Verlauf liegt jedoch im Boden in der Regel nur vor, wenn man einen hinreichend kleinen Abschnitt betrachtet (Abb. 5-6). Soll dagegen ein größerer Bereich berücksichtigt werden, so

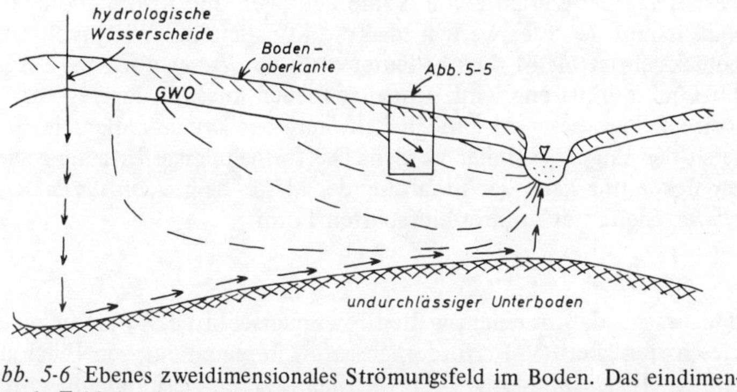

Abb. 5-6 Ebenes zweidimensionales Strömungsfeld im Boden. Das eindimensionale Feld der Abb. 5-5 ist als Teilstück eingezeichnet. Das Feld ist begrenzt durch die senkrecht verlaufenden Strömungslinien unter der Wasserscheide und unter dem offenen Gewässer, durch den undurchlässigen Untergrund, sowie je nach Vereinbarung durch die Grundwasseroberfläche oder die Bodenoberkante

zeigt es sich, daß die eindimensionale Darstellungsweise nicht ausreicht. Es müssen also mehrere Richtungen zugelassen werden, und zwar im Raum drei und in der Ebene zwei. Dies ist in Abb. 5-6 für einen Geländeausschnitt – also zweidimensional – schematisch dargestellt.

Auch hier ist, wie im eindimensionalen Fall, die Festlegung des Randes dieses Strömungsfeldes der erste Schritt. Wegen der Größe des zu untersuchenden Strömungsbereiches ist es hier jedoch häufig nicht möglich, die Abgrenzung auf Piezometer oder Tensiometer allein zu stützen. Vielmehr müssen meistens einige Grenzen durch Annahmen festgelegt werden. Diese Annahmen können mehr oder weniger richtig sein und gewinnen natürlich durch fundierte Überlegungen an Gewicht. Die äußerste Strömungslinie im Beispiel der Abb. 5-6 hat folgenden Verlauf: zunächst unter der beobachteten Wasserscheide der Grundwasseroberfläche senkrecht abwärts bis zur undurchlässigen Schicht im Untergrund, deren Lage bekannt ist, dann auf dieser entlang in Richtung auf das Gewässer und schließlich senkrecht hoch zum Wasserlauf.

Die Grundwasseroberfläche hat am linken Ende der Abbildung die Eigenschaften einer Äquipotentialen, an ihrem gewässernahen Ende jedoch nicht, so daß dort zusätzliche Messungen oder Annahmen nötig sind, um das Strömungsnetz voll zu zeichnen.

Bei einer Beschreibung eines solchen Strömungssystems, d.h. der Festlegung der Verläufe von Äquipotentialen und Strömungslinien muß darauf geachtet werden, daß die Konstanz des Wasservolumens berücksichtigt bleibt. Das bedeutet, daß das Wasser dort, wo der Fließquerschnitt eng wird, schneller fließen muß als dort, wo er weit ist. Um dieses zu ermöglichen, muß der Druckgradient im Bereich der Engpässe steiler werden. Die formelmäßige Erfassung dieser Forderung nach der Erhaltung der Masse heißt *Kontinuitätsgleichung.* Sie lautet in ihrer einfachsten Form:

$$F_1 \cdot v_1 = F_2 \cdot v_2$$

und besagt, daß in einem weiten Fließquerschnitt (F_1) eine kleinere Geschwindigkeit (v_1) erforderlich ist als in einem engeren Fließquerschnitt (F_2). Abbildung 5-7 verdeutlicht diesen Zusammenhang. Für die beiden zylinderförmigen Abschnitte wird der Fluß allein durch die Veränderung der Beträge auf der x-Achse gekennzeichnet, die y-Werte für jeden Strömungsfaden bleiben unverändert. Die Strömung ist somit eindimensional. Im Bereich der Verengung selbst

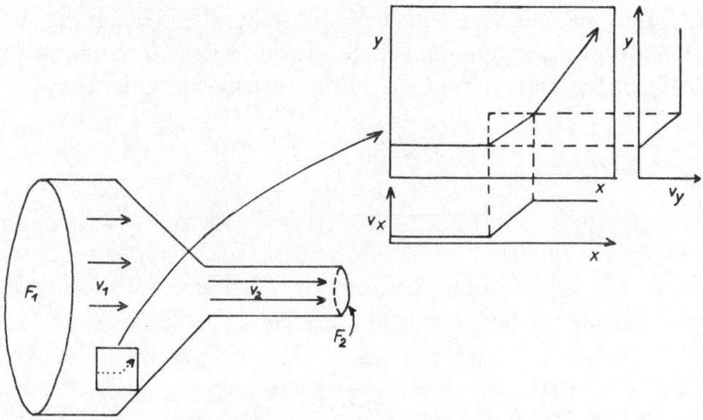

Abb. 5-7 Schematische Darstellung der Kontinuitätsbedingung für ein- und zweidimensionalen Fluß (vgl. Kontinuitätsgleichungen im Text). Im weiten und engen Rohrteil ist der Fluß eindimensional. Aus dem Verengungsteil wurde ein Ausschnitt vergrößert und auf eine Ebene mit 2 Dimensionen beschränkt dargestellt

liegt jedoch eine zweidimensionale Strömung vor, also eine Situation, die der in Abb. 5-6 gezeigten entspricht (zweidimensional in der Zeichenebene, dreidimensional, wenn man das Bild als Rohr betrachtet). Hier ändert sich die Richtung der Strömungslinien. Der Fluß muß also durch Veränderungen sowohl auf der x- als auch auf der y-Koordinate beschrieben werden.

In der Abb. 5-7 ist dies durch Herauszeichnen der Geschwindigkeitsveränderung aus einem Abschnitt eines Strömungsfadens aus dem Verjüngungsteil des Rohres dargestellt. Wenn nun die Masse des fließenden Wassers in diesem Teil des Rohres konstant bleiben soll, dann müssen sich für jeden einzelnen Strömungsfaden die Beträge der Veränderungen gegenseitig aufheben. Formelmäßig geschrieben lautet diese Forderung:

$$\frac{\Delta v_x}{\Delta x} + \frac{\Delta v_y}{\Delta y} = 0$$

Dies ist die Kontinuitätsgleichung für eine zweidimensionale Strömung. Wenn die dritte Dimension berücksichtigt werden muß, dann kann die linke Seite der Gleichung um einen Summanden ergänzt werden, der genauso wie die beiden anderen aufgebaut ist und die z-Komponente berücksichtigt.

Wird nun anstelle des v in der obenstehenden Gleichung die rechte Seite der *Darcy*formel eingesetzt und der Grenzübergang von der Differenzen-Darstellung zur Differentialform vollzogen, so erhält man

$$\frac{\partial \left(k \frac{\partial h}{\partial x}\right)}{\partial x} + \frac{\partial \left(k \frac{\partial h}{\partial y}\right)}{\partial y} = 0$$

Diese Formel ergibt nach Kürzung um den Faktor k die *Laplace-Gleichung*, hier für den zweidimensionalen Fluß:

$$\frac{\partial^2 h}{\partial x^2} + \frac{\partial^2 h}{\partial y^2} = 0$$

Diese Differentialgleichung erlaubt es, das gesamte Strömungsnetz darzustellen, weil sie die Beziehung zwischen den Ortskoordinaten x und y und den Potentialhöhen h angibt. Die Lösung dieser Gleichung kann auf mathematischem Wege erfolgen, für den bei komplizierten Randbedingungen erheblicher mathematischer Aufwand und leistungsfähige Rechenanlagen erforderlich sind.

Für viele gängige Probleme gibt es fertige exakte Lösungen, die in der Ausführung der Verteilungen der Potentiale im Raum bestehen. Vielfach werden auch Lösungen mit Analogmodellen, z.B. elektrischen Widerstandsnetzen, Bottichen mit Salzlösungen oder Metallfolien erarbeitet.

Schließlich kann das Strömungsnetz auch zeichnerisch ermittelt werden. Hierfür ist in Abb. 5-8 ein Beispiel gegeben, in dem zwei Strömungslinien und 10 Äquipotentialen in einem dreieckigen Fließ-

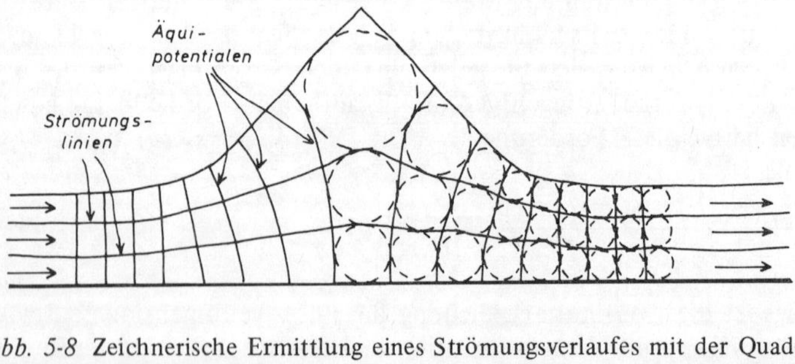

Abb. 5-8 Zeichnerische Ermittlung eines Strömungsverlaufes mit der Quadratnetzmethode für eine Fließstrecke mit veränderlichem Querschnitt. Der Abstand der Äquipotentialen beträgt jeweils eine Druckeinheit. Zwischen zwei Strömungslinien fließt jeweils gleich viel Wasser. Daher symbolisieren große Kreise langsamen Fluß

system ermittelt wurden. Zwei weitere Strömungslinien sind durch die Ränder des Dreiecks gegeben. Gewöhnlich wird die Zeichnung so ausgeführt, daß jeweils ein bestimmter Potentialabfall als Schritt gewählt und der dazugehörige Strömungsquerschnitt so bemessen wird, daß zeichnerisch Quadrate entstehen, wenn das Feld rechteckig und die Strömung eindimensional ist (links in Abb. 5-8). Zeichnet man in diese Quadrate Kreise, so daß sie die Quadratseiten berühren, dann hat jeder Kreis vier Berührungsstellen. Ist das Strömungsfeld zweidimensional, dann müssen die Kreise so in der Größe verändert werden, daß die vier Berührungspunkte erhalten bleiben. Die Verbindungslinien zwischen den Berührungspunkten sind jetzt nicht mehr gradlinig, die Flächen zwischen ihnen werden „krummlinige Quadrate".

An Stellen wie der oberen Ecke des Dreiecks in Abb. 5-8 gibt es mit dieser Methode Schwierigkeiten, weil dort stets zuletzt ein Fünfeck übrigbleibt. Dies kann durch Anpassen der Form des Strömungsfeldes umgangen werden, d.h. durch Abrunden der Ecke. Praktisch auf das gleiche läuft es hinaus, wenn man für die Ecke einen singulären Punkt einführt, d.h. einen solchen ohne Geschwindigkeit senkrecht zu den Äquipotentialen (*Steffens,* 1962). Die Kenntnis der Zeichentechnik ermöglicht einen schnellen Überblick über die annähernden Verläufe der Strömungslinien, selbst bei komplizierten geometrischen Formen. Eine exakte Ausführung ist mit dieser Methode allerdings recht umständlich und zeitraubend, so daß hierfür andere Methoden z.B. die Arbeit mit Analogmodellen herangezogen werden müssen.

5.2. Ungesättigter Fluß

Bei den bisherigen Darstellungen war stillschweigend davon ausgegangen worden, daß die Wasserbewegung im gesamten Porenraum abläuft, daß der Boden also wassergesättigt ist. Dieser Zustand ist aber nur im Bereich unterhalb der Grundwasseroberfläche gegeben, obgleich streng genommen auch dort noch Luftinklusionen zu finden sind. In terrestrischen Böden ist ein solcher Zustand im Bereich des Bodenprofils nie vorhanden, nur in semiterrestrischen und hydromorphen Böden kommt er in den unteren, seltener auch in den oberen Bereichen der Profile vor.

Das Wasser oberhalb der Grundwasseroberfläche unterliegt jedoch den gleichen Gesetzmäßigkeiten wie dasjenige unterhalb der Grundwasseroberfläche. Auch hier gibt es Wasserbewegungen infolge von Potentialunterschieden (s. Abb. 4-8), und daher ist auch in diesem Zustand die Bewegung des Wassers die Regel, der Ruhezustand die Ausnahme.

Für die Beschreibung der Wasserbewegung im ungesättigten Boden – kürzer und nicht ganz treffend als „ungesättigte Wasserbewegung" oder „ungesättigter Fluß" bezeichnet – wird, wie im gesättigten Fall, die Fließgleichung nach *Darcy* verwendet. Denn im Prinzip ist es für den Wasserstrom gleichgültig, ob er einen bestimmten Volumenanteil im Boden nicht passieren kann, weil dort ein Mineralpartikel liegt oder weil dort eine Luftinklusion ist. Es handelt sich also hier nur darum, daß die gesamte Situation sich statt im Bereich positiver Wasserdrücke jetzt im Bereich negativer Wasserdrücke – also der Wasserspannungen – abspielt (Abb. 4-2).

Allerdings ist die Gültigkeit der *Darcy-Formel* in der hier verwendeten Form für sehr geringe Wassergehalte in den Böden nicht ganz unumstritten. Es gibt Versuchsergebnisse, die es denkbar erscheinen lassen, daß im Bereich der ersten an Festoberflächen adsorbierten Wassermolekülschichten nicht sogleich eine Bewegung einsetzt, wenn ein hydraulischer Potentialgradient erzeugt wird (*Markowitz,* 1968). Wenn ein solcher Schwellenwert überschritten werden muß, um eine Bewegung hervorzurufen, liegt kein *Newton*scher Fluß mehr vor. Ein weiterer Mechanismus, der die alleinige Gültigkeit der *Darcy*-Gleichung einschränkt, ist die Entstehung elektroosmotischer Potentiale (ψ_e), die durch die Bewegung des Wassers im Bereich der adsorbierten Ionen auftreten. Diese Potentiale sind nur bei sehr engen Passagen wirksam, bei k-Werten *(Darcy)* von $< 10^{-5}$ cm/sec.

Im Hinblick auf die Fließbewegung überlagern sich die Wirkungen des hydraulischen und des elektroosmotischen Potentials. Für den Fall, daß dabei keine gegenseitige Beeinflussung auftritt, kann der Vorgang formelmäßig wie folgt beschrieben werden (*Billib* und *Hoffmann,* 1965):

$$v_{(H,e)} = v_H - v_e = k_H \cdot \text{grad}\,\psi_H - k_e \cdot \text{grad}\,\psi_e$$

Hierbei bezieht sich der Index H auf die hydraulisch bedingte und e auf die elektrisch bedingte Komponente. Die anderen Symbole sind die in der *Darcy*-Gleichung bereits erwähnten.

Im vorliegenden Fall ist eine gegenläufige Überlagerung durch das Minuszeichen angedeutet, weil die elektroosmotische Potentialdifferenz durch die hydraulisch bedingte Wasserbewegung hervorgerufen und ihr daher entgegengesetzt ist.

Allerdings sind die Potentialgradienten, die die Bewegungen des Wassers im ungesättigten Boden verursachen, anderer Art als bei voller Wassersättigung. Während nämlich in diesem Fall die Bewegung eine Folge von Ungleichgewichten im Druck- (ψ_p) und Gravitationspotential (ψ_z) war, ist sie beim ungesättigten Boden eine Folge von Ungleichgewichten zwischen Matrix- (ψ_m) und Gravitationspotential (ψ_z). Auch hier herrscht indessen strenge Analogie, so daß man für das Gleichgewicht schreiben kann:

$$\psi_m + \psi_z = 0$$

Da die ungesättigte Zone, in der diese Wasserbewegung erfolgt, im Vergleich zu der Zone, in der Wassersättigung herrscht, oft nur eine relativ dünne Schicht darstellt, spielt die eindimensionale Wasserbewegung hier eine weit größere Rolle als im wassergesättigten Untergrund (Abb. 5-9). Im wesentlichen handelt es sich dabei um die

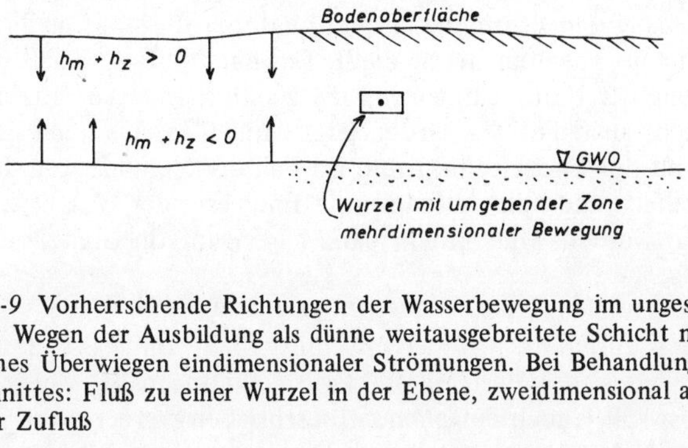

Abb. 5-9 Vorherrschende Richtungen der Wasserbewegung im ungesättigten Boden: Wegen der Ausbildung als dünne weitausgebreitete Schicht makroskopisches Überwiegen eindimensionaler Strömungen. Bei Behandlung eines Ausschnittes: Fluß zu einer Wurzel in der Ebene, zweidimensional als radialer Zufluß

nach unten gerichteten Vorgänge der Versickerung, für die man schreiben kann:

$$\psi_m + \psi_z > 0$$

sowie um den aufwärts gerichteten Kapillaraufstieg als Folge von Evaporation und Wasserentzug durch Pflanzen. Für den letzteren gilt dann:

$$\psi_m + \psi_z < 0$$

Während man im Bereich des Grundwassers vorwiegend zwei- bzw. dreidimensionale Bewegungen beachten mußte und die eindimensionale Situation nur bei der Untersuchung von Ausschnitten angenommen werden konnte (Abb. 5-6), ist beim ungesättigten Bereich die zwei- bzw. dreidimensionale Situation, vor allem beim Wasserzustrom zu einer Wurzel gegeben. Sie tritt daher nur relativ engräumig auf (Abb. 5-9).

5.3. Nichtstationärer Fluß

In den vorhergehenden Abschnitten wurden alle Bewegungsvorgänge im Wasser unter dem Gesichtspunkt behandelt, daß sie sich mit der Zeit nicht verändern. Sie wurden also als *stationär* betrachtet. In der Natur sind aber die meisten Bewegungen dieser Art Ausgleichsvorgänge, bei denen der Gradient stetig abnimmt und die daher mit der Annäherung an das Gleichgewicht immer langsamer werden. Dies gilt sowohl wenn das Wasser durch einen betrachteten Ausschnitt aus einem Strömungssystem hindurch fließt als auch wenn es nur hinein oder nur herausfließt. Das hat zur Folge, daß bei der Festlegung der Randbedingungen die geometrische Abgrenzung nicht mehr ausreicht. Es müssen jetzt darüber hinaus noch der Anfangs- und der Endzeitpunkt und im Fall der Veränderung des Wassergehalts auch die Anfangs- und Endwerte der Wassergehalte festgelegt werden. Man spricht dann allgemein von Grenzbedingungen.
Der allgemeine Fall, daß Wasser unter einem abnehmenden Druckgradienten durch einen Bodenausschnitt fließt, ohne daß dessen Wassergehalt sich ändert, ist praktisch verhältnismäßig wenig interessant. Er soll jedoch eingehender beschrieben werden, weil er den einfachsten Ansatz zeigt, mit dem Probleme dieser Art angegangen werden können. Darüber hinaus ist dieser Ansatz die Grundlage für die Entwicklung von Gleichungen für die Bestimmung der Wasserleitfähigkeit mittels Bohrlöchern im Freiland (*Luthin,* 1957; Übersicht und Literatur). Auch hier wird von der *Darcy*-Formel ausgegangen. Jedoch tritt anstelle einer konstanten Potentialdifferenz (Δ h) eine zeitabhängige. Wegen der Änderung der Potentialdifferenz ändert sich auch die perkolierende Wassermenge je Zeiteinheit. Man kann sich diesen Vorgang anhand der Abb. 5-3 anschaulich machen, indem man sich das Wasser durch die Öffnung

aus dem Gefäß heraus nicht ins Freie, sondern durch eine Bodenprobe hindurch fließend vorstellt. Im Verlauf der Wasserperkolation sinkt dabei die Wasseroberfläche ab. Die in der Zeit (t) perkolierte Wassermenge (q) wird dabei durch das Absinken der Wasseroberfläche (h_0 und h_1 in Abb. 5-3) erfaßt. Sie kann wie folgt beschrieben werden:

$$q = \frac{F \cdot (h_0 - h_1)}{t}$$

Auf die Flächeneinheit bezogen kann man dann schreiben:

$$\frac{q}{F} = \frac{F \cdot (h_0 - h_1)}{F \cdot t} = \frac{h_0 - h_1}{t}$$

Dieser Teil des Ansatzes ist im Prinzip sowohl für fallende als auch für ansteigende Wasserspiegel anwendbar.

Für den eindimensionalen Wassertransport durch eine horizontale Schicht unter dem Einfluß einer über der Bodenoberfläche stehenden, im Absinken begriffenen Wasseroberfläche gilt dann:

$$\frac{\partial h}{\partial t} = -k \frac{\partial h}{\partial l}$$

wobei das Symbol h zweimal auftritt, weil es sowohl die Veränderung der Wassermenge als auch gleichzeitig das als Wassersäule ausgedrückte Potential anzeigt und l die Fließstrecke durch den Boden angibt.

Die Integration dieser Gleichung ergibt:

$$ln\, h_0 - ln\, h_1 = \frac{k}{l} \cdot t$$

Häufig werden folgende Formulierungen gebraucht:

$$ln \left(\frac{h_0}{h_1} \right) = -k \frac{t}{l}$$ bzw. für dekadische Logarithmen

$$2{,}3 \log \left(\frac{h_0}{h_1} \right) = -k \frac{t}{l}$$

In entlogarithmitierter Form entspricht dies einer Abklingungskurve:

$$h_1 = h_0 \cdot e^{-\frac{kt}{l}}$$

Ist anstelle einer freien Wasseroberfläche eine Grundwasseroberfläche vorhanden, so kompliziert sich die Berechnung erheblich, weil erstens nur das Porenvolumen für das Wasser zur Verfügung steht und außerdem die eigentliche Entwässerung oberhalb der Grundwasseroberfläche erfolgt, wo die Wasserbewegung mit abnehmendem Wassergehalt immer langsamer wird. Deshalb können von außen induzierte Absenkungen oder Anstiege der Grundwasseroberfläche lang anhaltende Bewegungen im darüberliegenden Boden verursachen.

Kapazität und Wasserleitfähigkeit sind dann nicht mehr konstante Werte, sondern Funktionen des Wassergehalts.

Für den ungesättigten Bereich oberhalb der Grundwasseroberfläche bedeutet instationärer Fluß in der Regel Abnahme oder Zunahme des Wassergehalts, also Versickerung zum Grundwasser oder kapillare Nachlieferung als Folge von Wasserverlust durch Evapotranspiration. Diese Wasserbewegungen sind z.T. so langsam, daß Wassergehalte, die im Vergleich zur Gleichgewichtssituation zu hoch oder zu tief sind, monatelange Zeitspannen zu ihrem Ausgleich benötigen können.

Die allgemeine Gleichung, die Vorgänge dieser Art beschreibt, ist wie beim gesättigten Boden aus der Fließgleichung *(Darcy)* und der Kontinuitätsgleichung zusammengesetzt. Nur ergibt die Summe der Veränderung der Fließrichtungen hier nicht Null, sondern die Wassergehaltsänderung in Abhängigkeit von der Zeit. Anstelle des Druckpotentials tritt das Matrixpotential, das wie alle Potentiale in diesem Kapitel als Höhe angegeben wird:

$$\frac{\partial \theta}{\partial t} = \frac{\partial \left(k \frac{\partial (h_m + h_z)}{\partial x}\right)}{\partial x} + \frac{\partial \left(k \frac{\partial (h_m + h_z)}{\partial y}\right)}{\partial y} + \frac{\partial \left(k \frac{\partial (h_m + h_z)}{\partial z}\right)}{\partial z}$$

hierbei ist θ der Wassergehalt in cm^3/cm^3, h_m und h_z das Matrix- bzw. Gravitationspotential, k die Wasserleitfähigkeit und x, y, z Ortskoordinaten. Da das Gravitationspotential bei Bewegungen in den beiden horizontalen Richtungen nicht verändert wird ($\partial h_z/\partial x = 0$ und $\partial h_z/\partial y = 0$; aber $\partial h_z/\partial z = 1$), verändert sich diese Gleichung zu:

$$\frac{\partial \theta}{\partial t} = \frac{\partial \left(k \frac{\partial h_m}{\partial x}\right)}{\partial x} + \frac{\partial \left(k \frac{\partial h_m}{\partial y}\right)}{\partial y} + \frac{\partial \left(k \frac{\partial h_m}{\partial z}\right)}{\partial z} + \frac{\partial k}{\partial z}$$

Die beiden letzten Summanden entstanden aus dem z-Glied der ersten Gleichung auf S. 180 wegen

$$\frac{\partial\left(k\frac{\partial h_m}{\partial z}\right)+\partial\left(k\frac{\partial h_z}{\partial z}\right)}{\partial z}=\frac{\partial\left(k\frac{\partial h_m}{\partial z}\right)}{\partial z}+\frac{\partial(k\cdot 1)}{\partial z}$$

Wie bereits im Abschnitt über ungesättigte Wasserbewegung beschrieben, ist hier der eindimensionale Fall der Bewegung in senkrechter Richtung (Abb. 5-9) der wichtigste. Hier sind dann auch $\partial h_m/\partial x$ und $\partial h_m/\partial y$ gleich Null und es bleibt

$$\frac{\partial\theta}{\partial t}=\frac{\partial\left(k\frac{\partial h_m}{\partial z}\right)}{\partial z}+\frac{\partial k}{\partial z}$$

Wie im Fall der stationären Strömungen gibt es auch hier mehrere Methoden, die Differentialgleichungen zu lösen. Für einige spezielle Fälle können analytische Lösungen in der Literatur gefunden werden (*Kirkham* und *Powers,* 1972).

Die Arbeit mit elektrischen Analog- und Hybridmodellen ist hier außer in den geometrischen einfachsten Fällen schwierig. Deshalb muß oft zu Modellen wie Sandtanks übergegangen werden (*Lecher,* 1964).

Eine weitere Möglichkeit zur Bearbeitung derartiger Probleme bieten numerische Modelle. Dabei wird z.B. die Methode der finiten Differenzen angewandt, d.h.:

$$\frac{\partial\theta}{\partial t}\rightarrow\frac{\theta_1-\theta_2}{t_1-t_2}\rightarrow\frac{\Delta\theta}{\Delta t}\cdot$$

und für Δx werden ebenfalls endliche Differenzen eingeführt (Abb. 5-10). Der Boden, in diesem Beispiel eine Säule, also mit einer eindimensionalen Strömung, wird dann in einzelne Stücke, Kompartimente, geteilt (*Benecke,* 1974).

Für den gesamten Fließvorgang kann man dann für einen horizontalen Fall schreiben:

$$\frac{\Delta\theta}{\Delta t}=\frac{1}{\Delta x}(q_{x_1}-q_{x_2})$$

Dabei bedeutet q_{x_1} die Wassermenge, die in der gewählten Zeitspanne Δt durch die Ebene x_1 in Abb. 5-10 fließt und q_{x_2} diejeni-

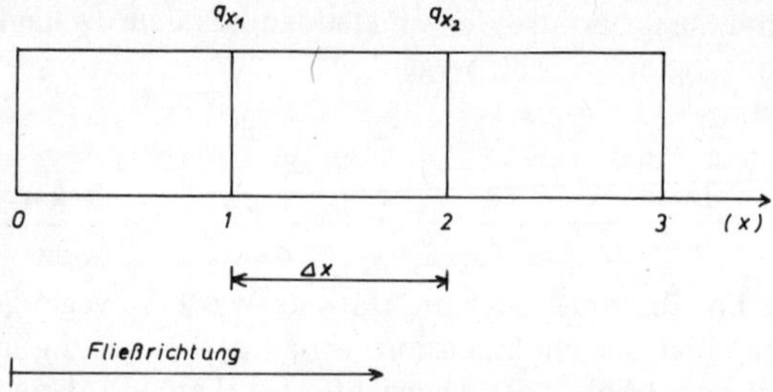

Abb. 5-10 Schema für die Berechnung von Wasserbewegungen durch benachbarte Kompartimente (vgl. Darstellung der Berechnung im Text)

ge, die durch die Ebene x_2 fließt. Jeder dieser Flüsse kann aber mit Hilfe der *Darcy*formel annähernd bestimmt werden, wenn entweder der Leitfähigkeitskoeffizient für den vorliegenden Wassergehalt (k_θ) und die Wasserspannungen (ψ_m) oder einer dieser beiden Werte und die Wassergehaltsänderung ($\Delta\theta$) bekannt sind.

In dem ersten Fall werden beide erforderlichen Größen durch Bildung des arithmetischen Mittels angenähert. Das ergibt für q_{x_1}

$$q_{x_1} = \frac{k_{\theta_1} + k_{\theta_2}}{2} \cdot \frac{\psi_{m_1} - \psi_{m_2}}{\Delta x}$$

Der Fehler, der durch dieses grobe Mitteln entsteht, ist um so kleiner, je kleiner die Spannen für Δx genommen werden. Wenn man für die Anfangssituation ($t = 0$) alle θ, k und ψ kennt oder errechnet hat, kann für jedes Teilstück (Kompartiment) die Wassergehaltsveränderung innerhalb einer bestimmten Zeitspanne ($\Delta\theta_t$) errechnet werden. Nach Hinzufügen dieser Wassermengen zu jedem der bearbeiteten Kompartimente sowie Einsetzen der veränderten Werte für ψ und k_θ kann nun nach dem gleichen Prinzip die Situation nach Ablauf einer weiteren Zeitspanne errechnet werden.

Für Rechnungen dieser Art sind leistungsfähige Rechenmaschinen notwendig. Die Abläufe werden für diese Maschinen programmiert. Solche Programme werden „Simulationsmodelle" genannt, weil man durch Einsetzen der entsprechenden Werte die Abläufe der Wasserbewegung an die Verhältnisse in einem bestimmten Boden anpassen und dann eine vollständige Beschreibung des Gesamtvorgangs erhalten kann. Je nach Bedarf können dabei die Flüsse, Spannungs- oder Bodeneigenschaften in Abhängigkeit von der Zeit eingesetzt oder ermittelt werden.

5.3.1. Verwendung der Diffusionsgleichung

Die im vorigen Abschnitt angeführte Gleichung für eindimensionale nichtstationäre Wasserbewegung in horizontaler Richtung

$$\frac{\partial \theta}{\partial t} = \frac{\partial \left(k \frac{\partial \psi}{\partial x}\right)}{\partial x}$$

kann auch als Diffusionsgleichung aufgefaßt werden, weil sie wie diese die Veränderung einer Konzentration in Abhängigkeit von Raum und Zeit darstellt. Anstelle der Konzentration tritt in der Gleichung die „Wasserkonzentration". Die Gleichung beschreibt dann deren Veränderung, bezogen auf das Bodenvolumen ($\partial\theta$). Diese Volumenveränderung wiederum ist auch durch die *Darcy*-Gleichung darstellbar. Wenn man nun für den Zähler der rechten Seite der Gleichung anstelle von

$$k \frac{\partial \psi}{\partial x} \quad \text{schreibt} \quad k \frac{\partial \psi}{\partial x} \cdot \frac{\partial \theta}{\partial \theta}$$

und gruppiert um zu

$$k \frac{\partial \psi}{\partial \theta} \cdot \frac{\partial \theta}{\partial x}$$

dann erhält man in dem Differentialquotienten $\frac{\partial \psi}{\partial \theta}$ einen

Ausdruck für die Steigung der Wasserspannungskurve. Diese Steigung, zusammengefaßt mit der Leitfähigkeit zu

$$D = k \frac{\partial \psi}{\partial \theta}$$

ergibt mit D eine Größe, die *Diffusivität* genannt wird und dem Diffusionskoeffizienten entspricht. Man kann dann für die erste Gleichung dieses Abschnittes schreiben:

$$\frac{\partial \theta}{\partial t} = \frac{\partial \left(k \frac{\partial \psi}{\partial x}\right)}{\partial x} = \frac{\partial \left(D \frac{\partial \theta}{\partial x}\right)}{\partial x} \quad \text{oder} \quad D \cdot \frac{\partial^2 \theta}{\partial x^2}$$

Dieser Sachverhalt ist insofern wichtig, als er die prinzipielle Parallelität der instationären Wasserbewegung in einem nicht wassergesättigten Boden mit den allgemeinen Diffusionsvorgängen deutlich macht. Er zeigt weiterhin die Analogie dieses Mechanismus zu der Wärmebewegung im Boden, bei deren Beschreibung die Wärmediffusivität – oder was das gleiche ist – die Temperaturleitfähigkeit aus meßtechnischen Gründen weit öfter bestimmt wird als bei der Bewegung des Wassers (s. Kap. 8).

Ein weiterer Gesichtspunkt im Zusammenhang mit dem Diffusionsansatz ist die Tatsache, daß Bewegungsvorgänge verfolgt werden können, indem nur Wassergehaltsveränderungen gemessen werden. Dies ist im Hinblick auf die Schwierigkeiten im Zusammenhang mit Tensiometern und ihrem begrenzten Meßbereich gelegentlich sehr wichtig.

Bei der Verwendung der Diffusivität (D) muß allerdings beachtet werden, daß diese Größe im Falle des Wassers, soweit bisher bekannt, keine Bodenkonstante darstellt, sondern sich mit dem Wassergehalt ändert (*Kirkham* und *Powers,* 1972).

5.4. Wasserleitfähigkeit des Bodens

Der Koeffizient k in der *Darcy*-Gleichung

$$v = k \operatorname{grad} \psi$$

erfaßt alle Einflüsse, die der Boden auf die Bewegung des Wassers ausübt. Da der Boden den Wasserzufluß hemmt, ist der Koeffizient stets kleiner als 1. Wenn für ψ gemäß Tab. 4-1 eine als Wassersäule gemessene Höhe eingesetzt wird, dann wird grad ψ dimensionslos und k erhält die Dimension einer Geschwindigkeit. Er wird dann als Wasserleitfähigkeit, hydraulische Leitfähigkeit oder Wasserdurchlässigkeit bezeichnet. Sein Kehrwert 1/k ist der Fließwiderstand.

In dieser Form d.h. mit der Dimension einer Geschwindigkeit wird der Koeffizient am häufigsten verwendet, weil dabei Wasserstandshöhen, die im Freiland gemessen werden, direkt zur Berechnung von Gradienten und Flüssen verwendet werden können.

Wird anstelle der oben angegebenen Form der *Darcy*-Gleichung die vollständigere verwendet

$$v = k_0 \frac{(h_1 - h_2) \cdot d \cdot g}{(l_1 - l_2)\, \eta}$$

in der der Gradient als Druckdifferenz angegeben und wegen Veränderungsmöglichkeiten von Temperatur und Fließmedium (Wasser, Luft, Öl) die Viskosität (η) mit berücksichtigt wird, dann erhält der Koeffizient k die Dimension einer Fläche. In diesem Fall spricht man von der (intrinsischen) Permeabilität (k_O).

Der Zusammenhang zwischen k und k_O ist

$$k_O = k \frac{\eta}{g \cdot d}$$

Die Zahlenwerte für k_O liegen bei Wasser von 20°C ziemlich genau bei 10^{-5} (s. Tab. 5-1).

Tabelle 5-1 Wasserleitfähigkeitskoeffizienten (k) und Permeabilität (k_O) von Böden, aufgeteilt nach der Bodenart

	k		k_O
	$cm \cdot sec^{-1}$	$cm \cdot d^{-1}$	cm^2
Sand	$\sim 4 \cdot 10^{-1}$ bis $\sim 4 \cdot 10^{-3}$	$\sim 3 \cdot 10^4$ bis $\sim 3 \cdot 10^2$	$\sim 4 \cdot 10^{-6}$ bis $\sim 4 \cdot 10^{-9}$
Schluff	$\sim 4 \cdot 10^{-1}$ bis $\sim 10^{-5}$	$\sim 3 \cdot 10^4$ bis ~ 4	$\sim 4 \cdot 10^{-6}$ bis $\sim 4 \cdot 10^{-10}$
Ton	$\sim 4 \cdot 10^{-1}$ bis $\sim 10^{-7}$	$\sim 3 \cdot 10^4$ bis $\sim 10^{-2}$	$\sim 4 \cdot 10^{-6}$ bis $\sim 4 \cdot 10^{-12}$
Lehm	$\sim 4 \cdot 10^{-1}$ bis $\sim 10^{-6}$	$\sim 3 \cdot 10^4$ bis $\sim 10^{-1}$	$\sim 4 \cdot 10^{-6}$ bis $\sim 4 \cdot 10^{-11}$

Die Wasserleitfähigkeit eines Bodens ist eine Materialeigenschaft, die allerdings nicht immer vollständig konstant ist, weil die Struktur des Bodens und damit der Verlauf der Fließpassagen veränderlich ist. In einem starren porösen Körper hat die Wasserleitfähigkeit die Eigenschaft einer Materialkonstanten. Trotz gelegentlicher Berichte über Schwellenwerte für die Gradienten unterhalb deren kein Fluß vorkommen soll, wird heute in starren porösen Medien strenge Proportionalität zwischen Gradient und Fluß auch bei kleinsten Gradienten angenommen, solange die Strömung laminar ist und solange die Feststoffmatrix nicht durch Adsorption auf Teile des fließenden Mediums einwirkt (*Childs* und *Tzimas,* 1971).

Im Boden ändert sich die Wasserleitfähigkeit jedoch infolge der Auswirkungen des Strömungsdruckes, den ein Wasserdruckgefälle im Boden erzeugt. Ein weiterer Grund ist die Tatsache, daß der Quellungszustand im Boden oft nicht im Gleichgewicht mit dem Wassergehalt ist und sich daher bei langanhaltendem hohem Wasserangebot ändert. Dies gilt vor allem wenn der Salzgehalt des perkolierenden Wassers nicht mit der Zusammensetzung der austauschbaren Kationen und der Dicke der elektrischen Doppelschicht (vgl. Abb. 3-1) im Gleichgewicht ist.

Die Tatsache, daß die Struktur des Bodens bzw. ihre Stabilität ein wesentlicher Faktor für die Wasserleitfähigkeit ist, zeigt sich auch darin, daß das Ausmaß der Veränderung der Wasserleitfähigkeit als Maß für die Strukturstabilität verwendet werden kann (*Reeve*, 1965). Sie zeigt aber auch, daß bei allen Messungen der Wasserleitfähigkeit Druckstöße sehr sorgfältig vermieden werden müssen und daß für die Messung selbst keine höheren Gradienten verwendet werden dürfen als die, denen der betreffende Boden unter natürlichen Bedingungen ausgesetzt ist.

Da die Wasserleitfähigkeit sehr stark von der Form und der Kontinuität der einzelnen Porendurchlässe abhängig ist, variiert sie im Boden stark und ist zudem in senkrechter Richtung oft anders als in der Waagrechten. Da die Ausprägung der Bodenstruktur, wie in Kap. 3 und 4 erläutert, oft stärker variiert als die Textur, verändert sich die Wasserleitfähigkeit in Böden mit ausgeprägtem Sekundärporensystem stärker als in solchen mit vorherrschenden Primärporen. Sie variiert aus dem gleichen Grund auch von Bodenhorizont zu Bodenhorizont oft stark. Wegen des starken Einflusses von Grösse (vgl. *Hagen-Poiseuille*sche Gleichung, Abschnitt 1 dieses Kap.), Form und Kontinuität variieren die Wasserleitfähigkeiten geometrisch. Selbst für Sandböden in Einzelkornstruktur und bei Durchführung von zahlreichen Parallelmessungen erhält man Normalverteilungen nur mit logarithmischer Darstellung der Meßwerte (Abb. 5-11).

Bei Aggregatstrukturen sind die Verteilungen in der Regel unsymmetrisch, weil sie von der Aggregatgröße und damit von der Anzahl der Sekundärporen je Fließquerschnittseinheit abhängen. Auch hierfür ist in Abb. 5-11 ein Beispiel gezeigt, und zwar der A-Horizont eines Lößbodens (Hildesheimer Schwarzerde). Die weite Auseinanderziehung der Werte ist eine Folge davon, daß die Sekundärporen verschiedene Kontinuitäten haben und unregelmäßig verteilt sind. Primärporen sind für die Wasserleitfähigkeit dieses Horizonts kaum ausschlaggebend, ihre k-Werte liegen bei $\sim 10^{-4}$ cm/sec (s. Tab. 5-1 und Abb. 1-9). Die Darstellung basiert auf Messungen an Stechzylindern von 360 cm^3 Inhalt und 6 cm Länge. Bei kleineren, vor allem bei kürzeren Proben wird der Anteil an hohen Werten größer, weil häufiger durchgehende Sekundärporen freigelegt werden.

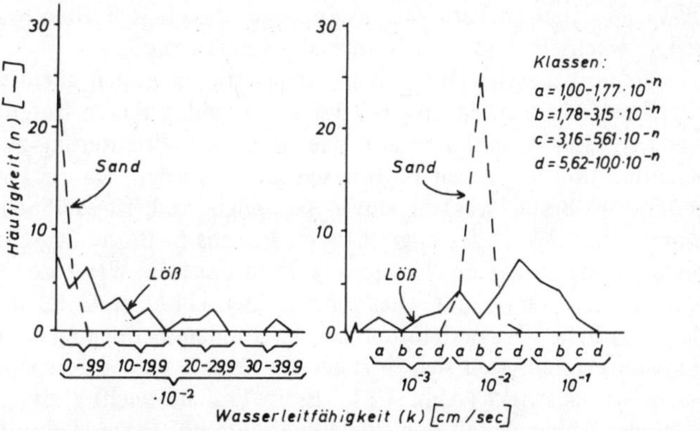

Abb. 5-11 Häufigkeitsverteilungen von Durchlässigkeitskoeffizienten (k) bei einem Sand- und einem Lößboden (35 Parallelen). Links Abszisse normal, rechts logarithmisch

Die Art der Bodenstruktur – vor allem die Ausprägung der Sekundärporen – ist so entscheidend, daß ein aggregierter Ton-, Lehm- oder Schluffboden durchaus die Wasserleitfähigkeit eines Grobsandes erreichen kann (s. Tab. 5-1). Diese Zahlen gelten indessen nicht immer für alle Richtungen. In Böden, deren Wasserleitfähigkeit stark durch die Räume zwischen den Aggregaten oder durch Wurm- oder Wurzelgänge geprägt ist, weisen die k-Werte richtungsabhängige Unterschiede auf. Die Verteilung ist also nicht isotrop. In der Regel überwiegt die vertikale Wasserleitfähigkeit deutlich – vor allem im Oberboden. Bei plattigen Strukturen kann die horizontale Leitfähigkeit die größte sein. Wenn die Wasserleitfähigkeit infolge von Bodenentwicklungsvorgängen zunimmt, dann zeigt sich dies meist nicht in einer gleichmäßigen Verschiebung der k-Werte nach rechts (vgl. Abb. 5-11). Vielmehr nimmt die Anzahl der Proben zu, die eine um ein bis zwei Potenzen größere Leitfähigkeit haben. Die Form der Verteilung ändert sich also. Sie wird zuerst rechts-schief, um dann beim Überwiegen der hohen Werte schließlich eine linksschiefe Form zu erreichen.

Bisher war stets davon ausgegangen worden, daß das gesamte Porensystem an der Wasserbewegung teilnimmt – daß der Boden also wassergesättigt ist. In terrestrischen Böden (*Schroeder, D.*, 1969) ist jedoch meistens nur ein Teil des Porensystems wassergefüllt und daher an Perkolationsvorgängen beteiligt. Da der Wassergehalt wechselt, ändert sich auch die Leitfähigkeit.

Für die Wasserleitfähigkeit im ungesättigten Boden gilt die *Darcy*-Gleichung ebenso wie im gesättigten. In beiden Fällen treten die gleichen Grenzsituationen auf, wie sie bei der Erläuterung zum turbulenten und laminaren Fluß beschrieben wurden. Da die Wassergehalte im Boden wasserspannungsabhängig sind, ist es üblich, die Wasserleitfähigkeit des ungesättigten Bodens in Beziehung zur Wasserspannung zu setzen. Meistens werden dazu die Werte der Entwässerungskurve verwendet. Dies führt jedoch bei einer Untersuchung der natürlichen Wasserhaushalte unter Freilandbedingungen zu Schwierigkeiten, weil sich dort die Hysteresis der Wasserspannungskurve voll auswirkt (Abb. 4-11). Es ist deshalb wichtig, die grundsätzliche Abhängigkeit von den Fließquerschnitten und somit von der Verteilung der Wassermenge im Boden im Auge zu behalten (*Flühler* u. Mitarb., 1976).

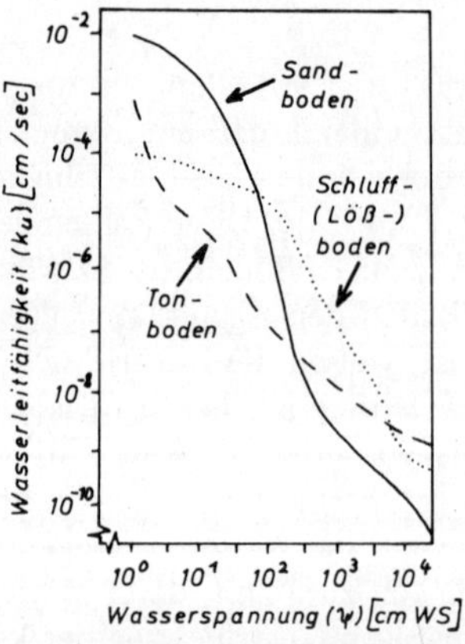

Abb. 5-12 Ungesättigte Wasserdurchlässigkeit (k_u) bei drei Bodenarten in Abhängigkeit von der Wasserspannung. Die Folgen der Entwässerung der groben Sekundärporen beim Ton und der groben Primärporen beim Sand zeigen sich durch plötzliche Abnahme der k_u-Werte (*Becher*, 1971)

In Abb. 5-12 ist der Verlauf der Abnahme der Wasserleitfähigkeit mit zunehmender Wasserspannung dargestellt. Die Abbildung läßt erkennen, daß die hohen Anfangswerte der Wasserleitfähigkeit bei

Ton- und Schluffböden, die durch Sekundärporen bedingt sind, schon bei sehr geringen Wasserspannungen stark absinken. Sie kommen also bei terrestrischen Böden praktisch nicht zur Wirkung. In den Bereichen, in denen die Wasserspannungen am häufigsten liegen, ist die Leitfähigkeit in Löß- und Lehmböden am größten.

Erst im Bereich von Wasserspannungen von etwa $10^{4,2}$ cm WS wird die Leitfähigkeit des Tones größer als die der anderen Böden. Dieser Unterschied in der Abnahme bei steigender Wasserspannung ist eine Folge der unterschiedlichen Entwässerung, denn die Wasserleitfähigkeit ist unmittelbar abhängig von dem Fließquerschnitt und somit vom Wassergehalt.

Wegen der Bedeutung der Wasserleitfähigkeit als Bodeneigenschaft und der Schwierigkeit, sie störungsfrei zu messen, ist verschiedentlich versucht worden, sie unabhängig von Fließvorgängen zu bestimmen. Diese Bemühungen haben bisher nur zu Erfolgen geführt, solange die Substrate in Einzelkornstruktur vorlagen und die Bodenpartikel nicht allzu stark von der Kugelform abwichen – also im Bereich der Sandböden. Eine einfache Rechnungsweise hierfür ist die Näherungsgleichung von *Hazen:*

$$k = C\,d_{10}{}^2$$

Hierbei ist d_{10} der Korndurchmesser, bei dem die Körnungssummenkurve (Abb. 1-3 und 1-4) den 10%-Wert der Ordinate schneidet.

C ist eine Funktion des Ungleichförmigkeitsgrades (U) der Körnung und kann in erster Näherung gleich 100 gesetzt werden. Eine umfassendere Formel wurde von *Karman* und *Kozeny* erarbeitet (*v. Engelhardt,* 1960). In ihr wurden das Porenvolumen (n) und die Oberfläche der festen Bodenteilchen (S), die mit dem Fließmedium in Berührung kommt, zur Berechnung der Wasserleitfähigkeit (k) verwendet. Um die Form der Fließpassagen zu berücksichtigen, wurde ein Faktor (c) eingeführt, der mit Hilfe von verschiedenen Packungen aus Kugeln, Stäben, Scheiben und Platten ermittelt wurde. Er beträgt für die meisten Kornformen etwa 5, für dünne Platten jedoch je nach Lagerungsdichte 3-6. Die Gleichung lautet:

$$k = \frac{n^3}{(1-n)^2} \cdot \frac{1}{S^2} \cdot \frac{1}{c^2}$$

Anstatt das Gefüge durch Porenvolumen und Feststoffoberfläche zu charakterisieren, kann man es auch durch die Lagerungsdichte

(d_B) und den Ungleichförmigkeitsgrad (U) erfassen (s. Kap. Textur). Wenn man diese beiden Bodenparameter für die Ermittlung des Wertes C in der *Hazen*schen Gleichung verwendet, erhält man innerhalb des Bereiches von U $\leqslant$ 15 bei Sanden Werte, die mit denen aus ungestörten Bodenproben besser übereinstimmen als diejenigen nach der *Karman-Kozeny*-Gleichung (s. Tab. 5-2) (*Vetterlein* und *Clausnitzer*, 1976).

Tabelle 5-2 C-Werte für Berechnung des Durchlässigkeitskoeffizienten (k) ($cm \cdot sec^{-1}$) nach der *Hazen*schen Formel (nach Werten von *Vetterlein* und *Clausnitzer*, 1976) aus Lagerungsdichte (d_B) und Ungleichförmigkeitsgrad (U)

	d_B ($g \cdot cm^{-3}$)					
U (-)	1,5	1,55	1,60	1,65	1,70	1,80
1	150	139	127	115	111	108
5	113	105	96	88	82	69
10	101	92	84	76	69	58
15	98	88	78	70	63	53
20	93	84	75	68	61	48
25	92	82	74	65	59	47

Auch für den ungesättigten Boden kann die Wasserleitfähigkeit (k_θ) im Prinzip auf analoge Art berechnet werden, wie es für den gesättigten beschrieben wurde. Auch hier ist es wie beim k-Wert für gesättigten Fluß nötig, die Ergebnisse durch Vergleich mit direkten Messungen des Flusses zu überprüfen. Da die direkte Messung der ungesättigten Wasserleitfähigkeit aber umständlich ist, liegen hier weit weniger Versuchswerte vor als bei der gesättigten Wasserleitfähigkeit: Aus diesem Grund ist eine abschließende Beurteilung der verwendeten Methoden bislang nicht möglich. Die Arbeitsweisen basieren in der Regel auf der *Hagen-Poisseuille*-Gleichung und der Verteilung der Poren im Boden, die aufgrund der Wasserspannungskurve errechnet wird (*Marshall*, 1958).

Als Beispiel sei die Rechnungsweise von *Millington* und *Quirk* (1960) angeführt. Danach ist

$$k_\theta = \frac{1}{8} \frac{\theta^{\frac{4}{3}}}{n^2} (r_1{}^2 + 3\, r_2{}^2 + 5\, r_3{}^2 \ldots (2n-1)\, r_n{}^2)$$

Hierbei ist θ der volumetrische Wasseranteil (cm^3/cm^3), n die Gesamtzahl der berücksichtigten Porenklassen (vorzugsweise etwa 10), r_1, r_2, r_n sind die mittleren Radien der Porengrößenklassen, die z.B. mit Hilfe der Kapillaraufstiegsgleichung oder aus den Äquivalentdurchmessern der Wasserspannungskurve erhalten werden können. Anstelle der Werte für r können auch die Kehrwerte der entsprechenden kapillaren Aufstiegshöhen (1/h) verwendet werden.

Die Übereinstimmung von berechneten und gemessenen k_θ-Werten ist aber noch nicht ausreichend. Daher werden empirische Anpassungsfaktoren (f) verwendet, wie z.B. der Quotient aus dem gemessenen gesättigten Wasserleitfähigkeitskoeffizienten (k_{θ_m}) und dem mit der gleichen Formel berechneten (k_{θ_b}):

$$f = \frac{k_{\theta_m}}{k_{\theta_b}}$$

(*Kunze* u. Mitarb., 1968).

Diese Formeln sind zwar, weil sie die Eigenschaften der Sekundärporen gar nicht oder nur ungenau berücksichtigen, vor allem im Oberboden nur begrenzt verwendbar. Sie zeigen aber doch deutlich, welche Bodeneigenschaften für die Wasserleitfähigkeit ausschlaggebend sind.

Schließlich sei daran erinnert, daß die Wasserleitfähigkeit das Strömungsbild in einem homogenen und isotropen Boden nicht beeinflußt. Das Wasser fließt bei gleicher Form des Potentialfeldes also auf dem gleichen Weg durch einen Tonboden wie durch einen Sandboden. Die Wassermenge hingegen, die unter dem Einfluß eines gleichen Gradienten transportiert wird, ist stark von der Wasserleitfähigkeit abhängig. Hier fallen die Unterschiede, wie sie in Tab. 5-1 dargestellt sind, voll ins Gewicht.

Einen erheblichen Einfluß hat die Wasserleitfähigkeit auf den Verlauf der Strömungslinien, wenn sie sich innerhalb des Potentialfeldes ändert. Da in einem weniger leitfähigen Medium mehr Platz nötig ist, um bei dem verfügbaren Gradienten pro Zeiteinheit ebenso viel Wasser zu transportieren wie in dem benachbarten mit höherer Leitfähigkeit, müssen die Strömungslinien so abbiegen, daß ein größerer Fließquerschnitt entsteht. Das ist in Abb. 5-13 bei den Schichten k_1 und k_2 gezeigt. Wenn der Unterschied der Leitfähigkeiten sehr groß wird, dann hat das zur Folge, daß der Fließquerschnitt im weniger durchlässigen Medium nur für ganz wenig Wasser ausreicht. Die vielen Strömungsfäden, die keinen Platz mehr in diesem Teil des Fließsystems finden, müssen dann außerhalb d.h. mehr oder weniger parallel zur Schichtgrenze laufen.

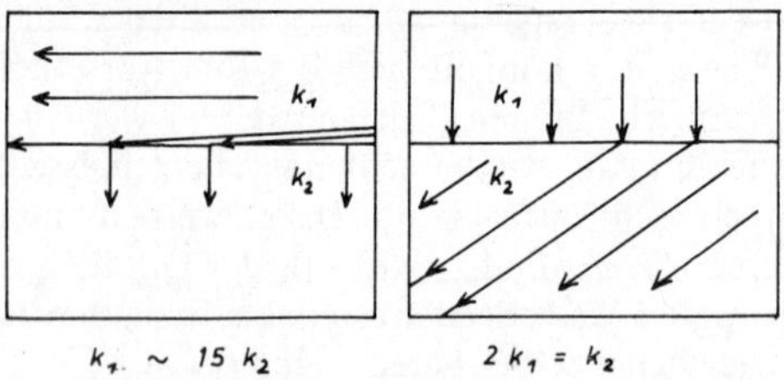

Abb. 5-13 Einfluß von Schichten mit unterschiedlicher Wasserleitfähigkeit auf den Verlauf der Strömung. Die Erfordernis eines breiten Fließquerschnittes bei verlangsamtem Fließen erzwingt ein Abbiegen der Strömungslinien „zum Lote" auf die Grenzfläche

Die Abbildung läßt erkennen, daß schon eine Veränderung der Leitfähigkeit um das 10-20fache praktisch einer Nichtbeteiligung der weniger durchlässigen Schicht am Wassertransport gleichkommt. Dieser Sachverhalt ist die Ursache dafür, daß man so oft von Fließsystemen bzw. Potentialfeldern mit „undurchlässigem" Untergrund ausgehen kann und daß die Annahme einer eindimensionalen horizontalen Strömung so oft berechtigt ist.

Stellt man sich die linke Hälfte der Abb. 5-13 um 180° gedreht vor, so repräsentiert sie die Situation an der Grenze des ungesättigten Flusses oberhalb des Kapillarsaumes zum gesättigten Fluß darunter. Es ist zu erkennen, daß unter diesen Umständen dicht unter der Sättigungsgrenze ein nahezu parallel zu ihr verlaufender Fluß vorliegt und daß sie also unter derartigen Bedingungen keine Äquipotentiale darstellt.

Gerätemäßig einfache Methoden für die Messung der Wasserleitfähigkeit an Stechzylinderproben sind bei *Hartge* (1971) beschrieben. Methoden zur Messung in situ (Borlochmethoden) sind bei *Eggelsmann* (1973) erläutert. Die Ergebnisse der Durchlässigkeitsmessung mit Stechzylinder- und Borhlochmethoden stimmen nur unter Idealbedingungen überein (*Benecke* und *Renger*, 1969). Das liegt daran, daß die beteiligten Strömungsfelder und die Art ihrer

Erfassung verschieden sind. Daher wirken sich lokale Heterogenitäten im Boden in verschiedener Art aus.

5.5. Dampfförmiger Wassertransport

Wie über jeder freien Wasseroberfläche, so ist auch über Wasserfilmen und -menisken im Boden in der angrenzenden Luft Wasserdampf enthalten. Sein Druck als ein Partialdruck der Bodenluft kann an verschiedenen Stellen im Boden unterschiedlich sein und dadurch Anlaß zu Ausgleichsbewegungen geben. Es gibt zwei Mechanismen, die zur Entstehung von Unterschieden im Wasserdampfdruck beitragen können: isotherme und anisotherme.

Isotherme Dampfdruckgefälle entstehen, wenn der Oberboden im Vergleich zum Unterboden stärker austrocknet. Dadurch werden die Wasserfilme auf den Partikeln dünner, die mit ihnen im Gleichgewicht stehenden Menisken kleiner und damit auch der Dampfdruck geringer (Abb. 5-14). Der dadurch entstehende Gradient muß zu ausgleichenden Transportbewegungen führen.

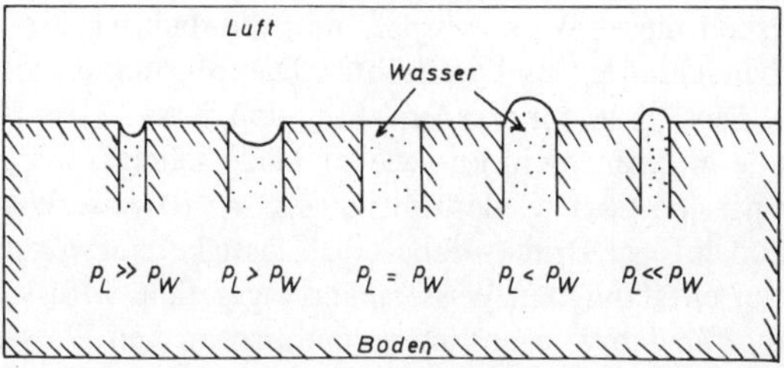

Abb. 5-14 Wasserdampfdrücke im Gleichgewicht mit dem Wasserdruck an der Grenzfläche sind abhängig von der Form der Oberfläche, d.h. vom Krümmungssinn und -durchmesser der Menisken. Diese sind abhängig vom Verhältnis des Luftdrucks (p_L) zum Wasserdruck (p_W)

Wassermengen, die aufgrund dieses Gradienten transportiert werden können, sind im Boden in der Regel gering, weil nur die obersten geringmächtigen Zonen infolge Evaporation so stark austrocknen, daß nennenswerte Dampfdruckgefälle entstehen. In demjenigen Teil des Bodens, der nur durch Wurzeln entwässert wird, steigt die Wasserspannung kaum in Bereiche, in denen der Dampfdruck unter

~ 95% des Sättigungswertes abfällt. Eine größere Rolle spielen isotherme Dampfdruckunterschiede, wenn wegen allgemeiner Abkühlung Wasser im Luftraum des Bodens kondensiert. Die dabei zunächst entstehenden Tröpfchen haben infolge ihrer Form sehr hohe Dampfdrücke und das Wasser aus ihnen diffundiert umso schneller in Richtung auf die Filme bzw. Menisken, je dünner bzw. enger diese sind.

Eine weitaus größere Bedeutung für den Wassertransport haben anisotherme Dampfdruckgefälle, die als Folge des rhythmischen Wechsels von Ein- und Ausstrahlung und der damit verbundenen Umsetzung des Temperaturgefälles entstehen. Durch diesen Mechanismus können erhebliche Wassermengen transportiert werden, wenn der Boden soweit trocken ist, daß freie Diffusionsbahnen für den Wasserdampf vorhanden sind. Da dieser Transport in erster Linie mit dem Wärmehaushalt zusammenhängt und diesen gleichzeitig beeinflußt, wird er im Kapitel über die Wärme im Boden eingehender beschrieben.

Abschließend sei nur erwähnt, daß das Kondensieren von Wasserdampf auf einem Meniskus im Boden dazu beitragen kann, dessen Krümmungsradius abzuflachen. Diese Abflachung teilt sich den anderen Menisken dieses Wasserkörpers mit, die dadurch ihrerseits gegenüber benachbarten einen erhöhten Dampfdruck erhalten (vgl. Abb. 5-14). Dies führt zur Verdampfung von Wasser, das sich auf dem nächsten engeren Meniskus wieder niederschlägt, worauf derselbe Vorgang sich dort wiederholt. Dieser schrittweise Wechsel von Diffusion infolge Druckgefälle und Flüssigkeitsbewegung zum Ausgleich der entstandenen Wasserspannungsgefälle wird vielfach als Erklärung für den gelegentlich erstaunlich großen Wassertransport im Zusammenhang mit Temperaturveränderungen erwähnt.

5.6. Literatur

Becher, H.H. (1971): Z. Pflanzenern. u. Bodenkunde, 128, 1-12
Becher, H.H. (1971): Z. Pflanzenern. u. Bodenkunde, 128, 227-234
Beck, W. (1960): Grundlagen der Strömungslehre. Bergakademie, Freiburg
Benecke, P. (1974): Mitt. Deutsch. Bodenkundl. Ges. 19, 114-132
Benecke, P., M. Renger (1969): Z. Kulturtechn. u. Flurber. 10, 68-80
Billib, H., B. Hoffmann (1965): Z. Kulturtechn. u. Flurber. 6, 257-272
Childs, E.C., E. Tzimas (1971): J. Soil Sci. 22, 319-327
Eggelsmann, R. (1973): Dränanleitung. Wasser und Boden, Axel Lindow u. Co. Hamburg

Engelhardt, W., von (1960): Der Porenraum der Sedimente. Springer, Berlin
Flühler, H., P. Germann, F. Richard, J. Leuenberger (1976): Z. Pflanzenern. u. Bodenkunde 3, 329-342
Hartge, K.H. (1971): Die physikalische Untersuchung von Böden. Enke, Stuttgart
Hazen, A. (1895): The filtration of public water supplies. New York
Kirkham, D., W.L. Powers (1972): Advanced Soil Physics, Wiley-Interscience, New York
Kunze, R.J., G. Uehara, K. Graham (1968): Proc. Soil Sci. Soc. America, 33, 760-765
Lecher, K. (1964): Diss. TU Hannover
Luthin, J.N. (1957) (Hrsg.): Drainage of agricultural land. American Soc. Agronomy, Madison, Wisconsin
Markowitz, H. (1968): The emergence of rheology. Physics Today, 21 (4), 23-30
Marshall, T.J. (1958): Soil Sci. 9, 1-8
Millington, R.J., J.P. Quirk (1960): Ber. 7. Kongr. Int. Bodenkundl. Ges. 1, 97-106, Madison, Wisconsin
Reeve, R.C. (1965): Air to water permeability. In: Amer. Soc. Agronomy, Methods of soil analyses, Bd. 1, 520-531, American Soc. Agronomy, Madison, USA
Renger, M., W. Giesel, O. Strebel, S. Lorch (1970): Z. Pflanzenern. u. Bodenkunde 126, 15-33
Scheffers, G. (1962): Lehrbuch der Mathematik. 15. Aufl. de Gruyter, Berlin
Strebel, O. (1970): Z. Pflanzenern. u. Bodenkunde 127, 31-40
Vetterlein, E., J. Clausnitzer (1976): Arch. Acker- u. Pflanzenbau u. Bodenkunde 20, 747-757

6. Wasserhaushalt im Boden

Im Zusammenhang mit der Hydrostatik des Wassers im Boden waren die näheren Umstände beschrieben worden, unter denen Wasser im Boden vorkommt. In diesem Kapitel sollen nun die Einzelheiten des Wasserhaushalts näher erläutert werden, die als Folge der hydrostatischen und hydrodynamischen Konstellationen und Gesetzmäßigkeiten auftreten.

Wie viele andere Vorgänge kann man auch die des Wasserhaushalts in Form einer Gleichung oder auch als Bild darstellen. Bei der Darstellung als Gleichung wird die gesamte oberirdische Wasserzufuhr, zusammengefaßt als Niederschlag (N), den verschiedenen die Wasserabfuhr erfassenden Gliedern Evaporation (E) bzw. Evapotranspiration (ET), Versickerung in das Grundwasser (V) und Oberflächenabfluß (O) gegenübergestellt. Für manche Untersuchungen wird ein Term in die Gleichung eingefügt, der die Vorratsänderung und damit den Wasserhaushalt des Bodens erfaßt (ΔW). Alle diese Grössen werden in der Regel analog zur Niederschlagsmessung in mm oder cm Wasserhöhe angegeben. 1 mm Wasserhöhe entspricht 1 Liter Wasser je Quadratmeter.

Mit diesen Termini geschrieben lautet die allgemeine Wasserhaushaltsgleichung:

$$N = E \text{ (bzw. ET)} + V + O + \Delta W$$

Wie im folgenden näher erläutert wird, sind alle Glieder der rechten Seite dieser Gleichung in hohem Maße von den Eigenschaften des Bodens abhängig. Der eine Term auf der linken Seite ist dagegen ein rein meteorologischer Parameter.

Mit Hilfe dieser Gleichung kann man den Wasserhaushalt bilanzieren. Die Wasserbilanz muß über große Zeitspannen und über die gesamte Erdoberfläche ausgeglichen sein, wenn die vorhandene Wassermenge konstant bleibt und Schnee und Eis als Niederschlag (N), sowie als Vorrat (ΔW) erfaßt wurden. Über kleine Flächen und kurze Zeitspannen ist die Bilanz nicht immer ausgeglichen.

Außerdem haben alle Parameter der Gleichung verschiedene jahreszeitbedingte Gänge, die die Veränderung des Wasserhaushalts im Verlauf eines Jahres anzeigen. Über kürzere Spannen als ein Jahr ist daher in der Regel kein Ausgleich zu erwarten.

Die auffälligsten Kennzeichen für die saisonbedingten Wasserhaushaltsveränderungen sind die Nässe bzw. der Austrocknungsgrad der Böden und das Steigen und Fallen des Grundwassers. In der Wasserwirtschaft wird in der Regel jährlich, und zwar von November bis November, bilanziert (*Schroeder, G.*, 1958).

Der Wasserhaushalt im Boden ist ein Teil des allgemeinen hydrologischen Kreislaufs, der im einfachsten Fall aus den beiden Vorgängen Evaporation und Kondensation mit darauffolgendem Niederschlag besteht. Diese Vorgänge werden schwerpunktmäßig im Rahmen der Meteorologie bearbeitet. Liegt zwischen den Orten der Verdunstung und des Niederschlags eine räumliche Entfernung, so wird der Kreislauf von den geographischen Gegebenheiten beeinflußt. Hier sind also Grenzgebiete zwischen Meteorologie und Geographie, die namentlich im Rahmen von Umweltuntersuchungen und Wasserwirtschaft ständig steigendes Interesse erfahren. Daher existiert hier eine erhebliche, meist neuere Spezialliteratur (*B. Schröder,* 1970; *Overmann,* 1971; *Kazman,* 1972; *Baumann* u. Mitarb., 1974; *Herrmann,* 1977).

Bei der Bilanzierung des Wasserhaushalts eines räumlich begrenzten Bodenkörpers oder eines Landschaftselements, das durch Wasserscheiden abgegrenzt ist, geht es meistens darum, die relativen Anteile oder die absoluten Mengen an Wasser zu verfolgen, die evaporieren, versickern oder oberflächlich ablaufen. Während die evaporierten Anteile für den Menschen kaum nutzbar sind, sind es die beiden anderen sehr wohl und zwar als Grundwasser oder als Inhalt offener Gewässer.

Deswegen hat die Untersuchung dieser drei Anteile und die Bestimmung ihrer relativen und absoluten Beträge erhebliche praktische Bedeutung.

Für eine Bilanzierung muß in humiden Klimaten wie dem unseren davon ausgegangen werden, daß stets Oberflächenwasser und Sickerwasser auftreten müssen, weil im Verlauf eines Jahres mehr Wasser als Niederschlag fällt als durch Evaporation entfernt werden kann. In der Regel gibt es daher eine Auffüllung des Grundwassers durch Sickerwasser. Heutzutage findet die Frage, unter welcher Vegetation und Nutzung die Evapotranspiration und die Versickerung groß bzw. klein sind, erhebliches Interesse. Im allgemeinen zeigt sich, daß die Sickerwassermengen unter Kraut- oder Grasvegetation höher sind als unter Wald, was teils auf unterschiedlicher Interzeption und teils auf verschieden großem direktem Entzug aus dem Boden beruht.

Die absoluten Sickerwassermengen, die bis an das Grundwasser gelangen, sind sehr unterschiedlich, je nach Klima- und Bodenbedingungen und Vegetation. Daher kann nichts allgemeingültiges gesagt werden und stattdessen seien zwei Beispiele gegeben.

Im Mittel über 25 Jahre versickerten in einem Dünensand in Holland (Castricum) bei 830 mm Jahresniederschlag 200-300 mm jährlich (*Schröder, M.*, 1970); und im Aargau (Schweiz) wurden bei 1220 mm Gesamtniederschlag von April 1971 bis Oktober 1972 je nach Vegetation etwa 50-100 mm Versickerung festgestellt (*Germann*, 1976).

Unter ariden Klimabedingungen kann nur stellenweise und vorübergehend Sickerwasser auftreten, weil im Jahresablauf mehr Wasser evaporiert werden kann, als die Niederschläge anliefern. Zufuhren zum Grundwasser erfolgen hier nur lokal, wo Oberflächenwässer zusammenfließen und vor dem Verdunsten tief genug versickern können. Hier herrscht infolge der überwiegenden Verdunstung stets ein zur Bodenoberfläche hin gerichteter Wasserstrom vor. Da dieses Wasser auch bei sehr langsamem Fließen stets die gelösten Inhaltsstoffe mitbringt und beim Verdunsten zurückläßt, sammelt sich immer irgendwo wasserlösliches Salz an. Die Ansammlung ist von der Verdunstungsmöglichkeit und daher vom Wassernachschub abhängig.

Oft lassen sich schon kleinräumige wasserführende Zonen durch ihre Salzanreicherungen erkennen (*Collis-George* und *Smiles*, 1963). Unter ariden Bedingungen muß daher im Zusammenhang mit dem Wasserhaushalt stets der Salzhaushalt gesehen werden (*Fink*, 1963). Dies gilt vor allem, wenn der Wasserumsatz durch künstliche Bewässerung intensiviert wird.

Die Erfassung der Evaporation und der von Pflanzen transportierten Wassermenge erfolgt oft gemeinsam. Meistens wird dabei von meteorologischen Parametern ausgegangen und danach der Einfluß von Vegetation und Boden berücksichtigt (*Rijtema*, 1965; *Renger* u. Mitarb., 1975). Die Versickerung kann mit Hilfe von Lysimetern an Monolithen verfolgt werden, die aus dem Bodenverband abgetrennt wurden (*Schröder, M.*, 1976). Im Freiland kann durch hinreichend genaues Verfolgen von Wassergehalts- und Wasserspannungsgängen mittels Neutronen- oder Gammasonden und Tensiometern festgestellt werden, wann und wieviel Wasser durch die verschiedenen Tiefen des Bodens fließt (*Strebel* u. Mitarb., 1975). Dafür sind mindestens täglich einmal Ablesungen erforderlich. Die Komputertechnik eröffnet neue Möglichkeiten zur Untersuchung von Wasserhaushalten. Mathematische Simulationsmodelle werden daher in immer stärkerem Maße herangezogen, um volle Bilanzierungen,

Teilbilanzen von Wasserhaushalten oder Ausschnitte aus Bewegungsvorgängen zu untersuchen (*Renger* u. Mitarb., 1975; *Keller,* 1975).

6.1. Grund und Stauwasser

Wie bereits erläutert und in Abb. 4-1 veranschaulicht, ist frei bewegliches Wasser im Boden stets ab einer gewissen Tiefe enthalten. Die Lage seiner Oberfläche stimmt sehr selten mit der der freien Gewässer der Umgebung überein. Je nachdem, ob das Glied E bzw. ET der Wasserhaushaltsgleichung für eine bestimmte Zeitspanne größere oder kleinere Beträge erreicht als das Glied N, schwankt die Grundwasseroberfläche in mehr oder weniger regelmäßigem Rhythmus. Unter den Klimabedingungen Mitteleuropas ist der Niederschlag (N) im langjährigen Durchschnitt in der Regel größer als die Verdunstung und Transpiration (E bzw. ET).

Infolgedessen gibt es mehr oder weniger regelmäßige Versickerung (V) und Oberflächenabfluß (O). Da der Boden den Abtransport des Wassers zur Höhe der Gewässeroberfläche durch seine geringe Wasserleitfähigkeit verzögert, kommt es zu einer Aufwölbung der Grundwasseroberfläche über der des freien Gewässers. Diese Aufwölbung stellt, wie im vorigen Kapitel beschrieben, keine Gleichgewichtssituation dar. Sie wird daher höher in Zeiten größeren Niederschlagsüberschusses und geringer in Zeiten kleineren Überschusses oder in Zeitspannen, in denen die Evapotranspiration überwiegt.

Jede Änderung der Lage der Grundwasseroberfläche hat Veränderungen im Wassergehalt der über ihr liegenden ungesättigten Zone zur Folge. Beide – Veränderungen in der Lage der Grundwasseroberfläche und des Wassergehalts oberhalb derselben – müssen gegebenenfalls als Vorratsänderungen (ΔW) erfaßt werden.

Hebungen und Senkungen der Grundwasseroberfläche haben in größerer Bodentiefe, d.h. etwa ab einem Meter unter Flur einen deutlichen jahreszeitlichen Gang. Dies ist in Abb. 6-1 für vier Böden aus gleichem Ausgangsmaterial gezeigt (*Wohlrab,* 1970). Der höchste Grundwasserstand tritt in den Monaten Januar bis April auf. Im Verlauf der Vegetationsperiode von April bis August/September sinkt die Grundwasseroberfläche ab, um danach dann wieder anzusteigen. Aus diesen wie aus ähnlichen Beobachtungen (*Rode,* 1959) geht hervor, daß diese Abhängigkeit von der Jahreszeit umso deutlicher zutage tritt, je tiefer das Grundwasser ansteht.

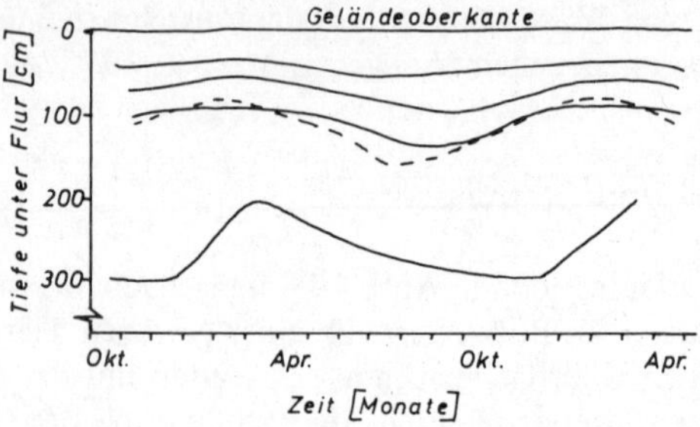

Abb. 6-1 Gang der Grundwasseroberfläche in Abhängigkeit von der Jahreszeit. Mittel aus 12jähriger Beobachtung bei monatlicher Ablesung (Rheintal). Der jahreszeitliche Gang ist umso deutlicher, je tiefer die Grundwasseroberfläche ansteht (nach *Wohlrab,* 1963)

Bei geringem Abstand unter Flur wird der Gang von den kurzfristigen Witterungsveränderungen bestimmt, die in der Abb. 6-1 wegen der großen Abstände der Ablesung nicht zur Geltung kommen. Die oberste Ganglinie der Abbildung zeigt daher auch nur einen ganz schwachen Einfluß der Jahreszeit, der bei engeren Abständen der Ablesung von den unregelmäßigen kurzfristigen Schwankungen überdeckt würde.

Ein weiteres Beispiel für das Ausmaß von Schwankungen gibt die Beobachtung, daß an einem Standort aus fluvioglazialem Sand in Hannover die Grundwasseroberfläche etwa 2 m unter Flur und damit etwa 50 m über NN liegt und im Verlauf eines Jahres um etwa 50 cm schwankt.

Der Grund für diese Unterschiede im Gang der Wasserstände liegt darin, daß in einem geringmächtigen Boden zwischen der Grundwasseroberfläche und der Bodenoberkante auch bei starker Austrocknung schon wenig Wasser ausreicht, um eine Potentialverteilung zu erzeugen, die das Niederschlagswasser zum Grundwasser hinführt, so daß dieses sogleich ansteigt. Ist der teilgesättigte Bereich jedoch größer, so ist viel mehr Wasser erforderlich, um über den gesamten Bereich ein Potentialgefälle zum Grundwasser hin zu erzeugen. Die meisten Niederschläge bleiben daher in diesem Bodenbereich „stecken". Sie füllen das Grundwasser nicht auf, sondern verlangsamen nur den Anstieg der Wasserspannung. Dies ist praktisch gleichbedeutend mit einer Erhöhung der Evaporation. Dieser Sachverhalt wird natürlich durch die Eigenschaften des Porensystems beeinflußt. In Böden mit wenig groben – häufig luftführenden – Poren ist daher oft die kurzfristige Schwankung größer als in solchen, deren grobporiges luftgefülltes Gefüge mehr Platz für plötzlich zugeführtes Wasser hat.

Diese beiden Faktoren – Mächtigkeit und spezifische Aufnahmefähigkeit der ungesättigten Zone – bewirken das Ausmaß der kurzfristigen Schwankungen. Daher sind die Schwankungen bei Tonböden besonders in Grundwassernähe am größten, in Sanden dagegen weit geringer.

Der Grundwasserstand von terrestrischen Böden ist vom Wasserstand im nächsten fließenden Gewässer unabhängig, soweit es sich um dessen kurzfristige Schwankungen handelt (Hochwässer). Bei Auenböden ist das nicht der Fall. Hier wird das Wasser vom Fluß bei jedem Hochwasserereignis eingestaut. Dieser Einstau setzt sich wellenförmig vom Fluß beginnend in flußfernere Lagen hin fort.

Auf diese Art angestiegenes Grundwasser läuft aber nach dem Abklingen des Hochwassers im Fluß schnell wieder ab. Der damit verbundene regelmäßige und kurzfristige starke Wechsel der Wasserstände ist ein Charakteristikum der Auenböden. Er bewirkt bei ihnen einen stärkeren Austausch des Luftvolumens als er bei allen anderen Böden vorkommt.

Neben den Schwankungen hat die Oberfläche des Grundwassers eine weitere leicht beobachtbare Eigenschaft, nämlich ein Gefälle. Horizontale Grundwasseroberflächen sind selten. Meistens folgen sie annähernd der Geländeform. Die Annäherung an die topographische Geländeform ist umso weniger ausgeprägt, je durchlässiger der Boden ist. Sie ist also in Sandböden meistens besonders gering. Umgekehrt sind starke Gefälle in weniger durchlässigen Böden häufig, vor allem, wenn dazu noch der Untergrund weitgehend undurchlässig ist. Als Beispiel für die erste Situation sei der vorhin erwähnte Sandboden bei Hannover mit ~ 50 cm Jahresschwankung genannt. An der betreffenden Stelle hat die Grundwasseroberfläche ein Gefälle von 0,1% zum etwa 1 km entfernten nächsten Flußlauf hin.

Bei Lockersedimenten, in denen Schichten mit hoher Wasserleitfähigkeit mit solchen geringer Wasserleitfähigkeit abwechseln, kann es zur Ausbildung von mehreren Grundwasserstockwerken kommen, weil jede weniger durchlässige Zone für das versickernde Niederschlagswasser ein Hindernis darstellt, für dessen Überwindung ein erhöhter Wasserdruck nötig ist. Die Folge ist ein Stau, der in

Abb. 6-2 dargestellt ist. Der dichte Untergrund begrenzt den darüber befindlichen, leichtbeweglichen Grundwasserkörper nach unten hin durch seine geringe Wasserleitfähigkeit. Im Lockersediment befindet sich eine feinkörnige Ablagerung, auf der sich ebenfalls ein Grundwasserkörper bildet, weil diese Ablagerung auch nur eine geringe Wasserleitfähigkeit hat und somit stauend wirkt.

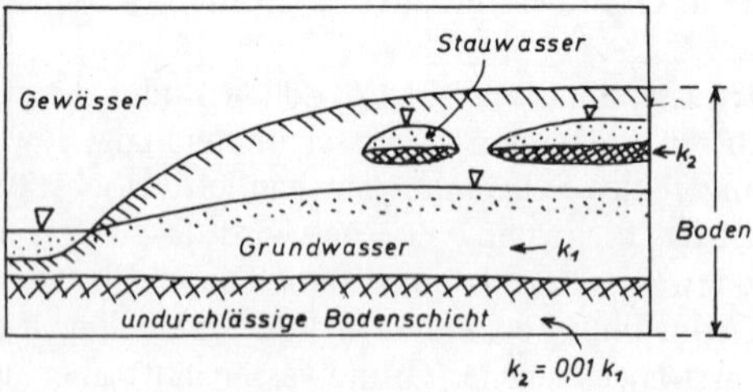

Abb. 6-2 Grundwasservorkommen in Stockwerken als Folge der Sickerungshemmung durch wenig durchlässige Schichten (k_2). Kleine Wasserkörper, die nur zeitweilig auftreten, nennt man Stauwasser

Kleine, geringmächtige Wasserkörper, die nur im Frühjahr und Frühsommer auftreten, infolge Versickerung und Wasserentzug durch die Vegetation im Verlauf des Jahres aber wieder verschwinden, bezeichnet man als „Stauwasser". Dieses ist eine der Ursachen für die Entstehung der rostfleckig marmorierten Bodenprofile der Pseudogleye (*Blume,* 1968).

Eine Spezialsituation entsteht, wenn in einem Gewässer durch Stau- oder Hochwässer der Wasserspiegel schnell wechselt. In derartigen Fällen folgt die Grundwasseroberfläche dem Anstieg wegen des Fließwiderstands des Bodens nur langsam. Es bildet sich daher ein „Grundwasserdom" aus (Abb. 6-3). Häufige Wechsel der Grundwasserstände infolge Wasserstandsänderungen im Fluß sind die Charakteristiken des Wasserhaushalts der Auenböden, die in frisch abgelagertem Zustand meistens eine hohe Wasserleitfähigkeit haben.

An Stellen, wo Flüsse oder Bewässerungskanäle aride Gebiete passieren, sind Grundwasserdome ständige Erscheinungen. Sie beeinflussen oft noch auf weite Entfernungen (bis zu 100 km) den Grundwasserstand in tiefliegenden Gebieten. Die Folgen solcher Grundwassernähen im ariden Klima werden im Zusammenhang mit der Evaporation näher erläutert.

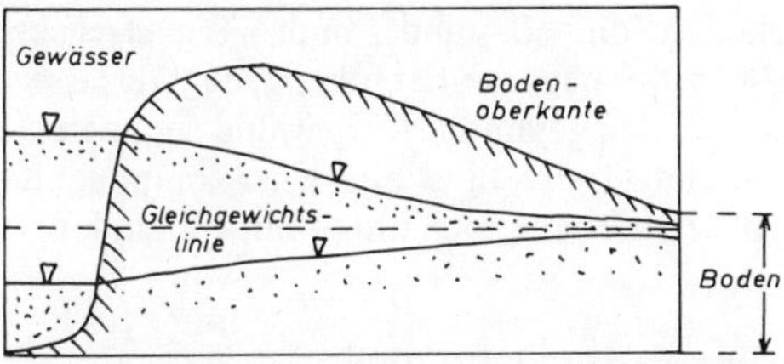

Abb. 6-3 Einfluß eines schnell wechselnden Gewässerspiegels auf den Verlauf der Grundwasseroberfläche in der näheren Umgebung. Bei hohem Wasserspiegel fließt das Wasser in den Boden (Grundwasserdom), bei tiefliegendem aus dem Boden zum Gewässer

Ein Grundwasservorkommen, das durch eine Grundwasseroberfläche nach oben hin begrenzt ist, kann man auch als ein dreidimensionales Strömungsfeld betrachten. Es entsteht dann die Frage, ob und wieweit die Grundwasseroberfläche eine Äquipotentiale ist.

Grob betrachtet kann sie als Grenze zwischen dem großräumig überwiegenden, senkrecht nach oben oder nach unten verlaufenden ungesättigten Wasserstrom und dem in wechselnden Richtungen verlaufenden gesättigten Fluß im Grundwasser angesehen werden, obgleich sie, wie an früherer Stelle erläutert, keine durch Wassergehaltsänderungen gekennzeichnete Ebene ist. Im Vergleich zu den Fließstrecken und Fließquerschnitten im Bereich des Grundwassers ist aber der wassergesättigte Kapillarsaum in der Regel so klein, daß er hier für die Erläuterung vernachlässigt werden darf.

Da nun unterschiedliche Wassersättigung unterschiedliche Wasserleitfähigkeiten zur Folge hat, muß sich der Fließquerschnitt für eine gegebene Wassermenge an dieser Stelle ändern. Es tritt also das gleiche Phänomen auf, das in Abb. 5-13 als Folge von Durchlässigkeitsänderungen an Schichtgrenzen beschrieben wurde. Die Grundwasseroberfläche ist zwar in diesen Fällen auch eine Äquipotentiale, jedoch verlaufen die Strömungslinien unterhalb von ihr, nicht notwendigerweise senkrecht zu ihr. Die Ablenkung ist umso größer, je stärker die Abnahme der Wasserleitfähigkeit bei abnehmender Sättigung ist und je weniger diese Abnahme durch Zunahme der hydraulischen Gradienten ausgeglichen werden kann.

Wie Abb. 6-2 zeigt, ist die Richtung des Fließens des Grundwassers stark von der Geometrie des Grundwasserkörpers abhängig. Ist er flach und breit, dann überwiegen horizontale Bewegungen, für die

Geschwindigkeiten von ~ 0,4 und 1 m pro Tag angegeben werden (*Wenzel,* 1976). Ist er dagegen tiefgründig, dann erfassen die Fließvorgänge ebenfalls den gesamten Körper und sind daher stärker zweidimensional. Im letzteren Fall ist eine Fließkomponente von der Grundwasseroberfläche aus nach unten hin vorhanden.

6.2. Gang der Wasserspannungen

Ebenso wie im Bereich des Grundwassers, so treten auch oberhalb desselben regelmäßige, teils bodenbedingte, teils durch periodische Wasserbewegungen hervorgerufene Veränderungen der hydrologischen Situation auf. Sie lassen sich in der gleichen Maßeinheit darstellen wie diejenigen unterhalb der Grundwasseroberfläche – nämlich in cm WS (= Wassersäule).

Ein Beispiel für den Gang der Wasserspannungen in 25-30 cm Tiefe in einem Sand-, einem Löß- und einem Tonboden in der Zeit von April bis Oktober ist in Abb. 6-4 gegeben. Diese Abbildung läßt erkennen, daß die Wasserspannung in der hier dargestellten Tiefe zu Beginn der Vegetationszeit im April nicht sehr wesentlich von der Textur abhängt.

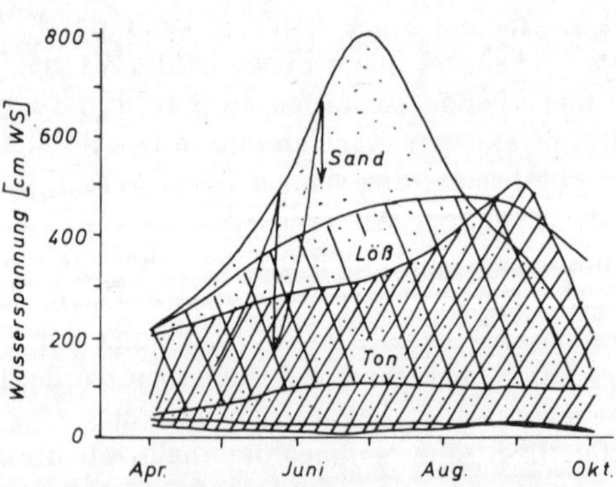

Abb. 6-4 Jahreszeitlich bedingte Bereiche der Wasserspannung in einem Sand-, einem Löß- und einem Tonboden in 25-30 cm Tiefe. Die zeitliche Lage der Austrocknungs- und Anfeuchtungsereignisse ist witterungsbedingt, die allgemeinen Unterschiede in den Verteilungen von hohen und tiefen Werten sind bodentypisch. Für den Sandboden sind zwei witterungsbedingte Anstiegs- und Absinkvorgänge als Beispiele für den tatsächlichen Verlauf eingezeichnet

Ihre Höchstwerte liegen zu dieser Zeit zwischen 100 und 200 cm WS und entsprechen annähernd dem Gleichgewicht mit den dazugehörigen Grundwasserständen. Nach Beginn der Vegetationsperiode steigen die Wasserspannungen, und zwar zunächst umso stärker und höher, je gröbkörniger der Boden ist. Während aber im Sandboden in 25 cm Tiefe eine kurze Zeit über sehr hohe Wasserspannungen auftreten, so daß ein deutliches Maximum entsteht, ist der Verlauf in den beiden anderen Bodenarten viel ausgeglichener. Im Löß überwiegen Werte mittlerer Höhe, bis es im Herbst zu erneutem Absinken kommt. Im Tonboden steigt die Wasserspannung bis in den September hinein weiter an, vermutlich, weil die Zufuhr von Wasser sich wegen der geringen Wasserleitfähigkeit dieser Böden im betroffenen Sättigungsbereich verzögert.

In der Abb. 6-4 sind die Mittel der Höchst- und Tiefstwerte aus mehreren Jahren dargestellt, weil nur diese bodentypisch sind. Zwischen ihnen schwankt die Wasserspannung witterungsbedingt, so daß der Gang für jeden Boden aus einer Zackenlinie besteht, bei der die Aufstiege langsam sind und die Linien schrägt verlaufen, während das Absinken schneller erfolgt, so daß die Ganglinie steiler abfällt. Dies ist in der Abbildung für den Sandboden angedeutet. Nicht immer wird dabei die ganze in der Abb. 6-4 eingezeichnete Spanne voll durchfahren. Die dargestellte Bodentiefe (25-30 cm) ist relativ oberflächennah. In größeren Tiefen nimmt die Amplitude der Schwankungen ab. Noch näher zur Bodenoberfläche hin ist sie hingegen größer und überschreitet in den obersten 10 cm im Sommer – vor allem bei Sandböden – den Meßbereich der Tensiometer.

Das Ausmaß der Austrocknung in den 3 verschiedenen Substraten ist in Abb. 6-5 zu erkennen. Die Abbildung zeigt für jede der drei Bodenarten den Verlauf der Wasserspannung im Profil bei verschieden starker Austrocknung der Bodenoberfläche.

Es ist zu erkennen, daß der Lößboden am tiefsten entwässert wird, weil nur geringe Gefälle der hydraulischen Gradienten (grad ψ_H) entstehen (vgl. Abb. 4-8). Die Richtung von Wasserspannungsverläufen, die grad $\psi_H = 0$ entsprechen, sind in jede Zeichnung gestrichelt eingetragen. Wenn die Linien gleichzeitiger Wasserspannung stärker nach rechts geneigt sind als diese Bezugslinie, dann ist der Potentialgradient nach oben gerichtet

$$\text{grad } \psi_H < 0 \qquad \text{(vgl. Kap. 5)}$$

und das Wasser bewegt sich dementsprechend nach oben. Ist die Linie steiler, d.h. weniger nach rechts geneigt als die Bezugslinie, dann ist

$$\text{grad}\ \psi_H > 0$$

und das Wasser bewegt sich nach unten.

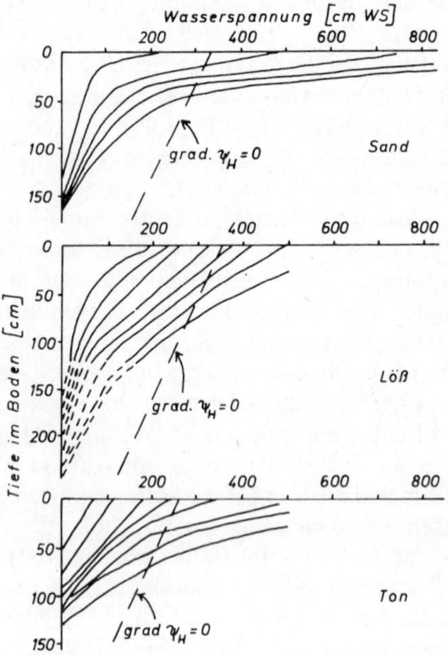

Abb. 6-5 Linien gleichzeitiger Wasserspannung in drei Böden. Wenn diese Tiefenfunktionen steiler verlaufen, als die eingetragene Gleichgewichtslinie (grad $\psi_H = 0$), dann versickert Wasser, wenn sie jedoch flacher verlaufen als diese, so steigt es kapillar auf

Die im Vergleich zu den anderen beiden Böden geringen Gefälle (grad ψ_H) im Lößboden sind eine Folge der in dem infrage kommenden Wasserspannungsbereich hohen ungesättigten Wasserleitfähigkeit dieses Bodens (vgl. Abb. 5-12). Sowohl der Sand- als auch der Tonboden wurden weniger tief entwässert, obgleich dadurch beim Austrocknen der Bodenoberfläche hohe Gefälle der hydraulischen Gradienten entstehen. Die geringen Wasserleitfähigkeiten im ungesättigten Sand und im gesättigten Ton verhindern jedoch die Wassernachlieferung aus dem Untergrund. Daher bleiben dort auch die Gradienten im Untergrund klein.

Die Kurven in Abb. 6-5 zeigen Wasserspannungsverläufe innerhalb von Zeitspannen, in denen die Wasserspannungen im gesamten Meßbereich am Steigen waren, d.h. die Isochronen waren dabei, sich nach rechts im Bild zu verschieben. Ein Vergleich mit den eingezeichneten Linien für grad $\psi_H = 0$ zeigt, daß unter diesen Bedingungen im Sand und im Löß im Oberboden Fließrichtungen nach oben, im Unterboden Fließrichtungen nach unten überwiegen. Im Tonboden ist das in dem dargestellten Zeitabschnitt nicht der Fall.

Beim Wechseln der Richtung haben die möglichen Isochronen des Sand- und des Lößbodens stets einen Punkt, in dem die Richtung des hydraulischen Gradienten sich ändert. In dem Punkt selbst ist dieser Gradient gleich Null. An dieser Stelle ist daher auch kein Wasserfluß. Dieser Gradient trennt daher, solange er besteht, ein nach unten gerichtetes Fließsystem im Unterboden von einem nach oben gerichteten im Oberboden. Er hat damit die Eigenschaften einer Wasserscheide. Die Lage dieser horizontalen Wasserscheide ändert sich im Verlauf der Vegetationsperiode, und zwar sinkt sie vom Frühjahr zum Sommer hin tiefer im Boden hinab. Bei einem Lößboden über Terrassenkies erreichte sie im Mai-August eine Tiefe von etwa 2 m (*Renger* u. Mitarb., 1970). In einem Pseudogley aus Buntsandsteinverwitterung verlagerte sie sich von etwa 20 cm Tiefe im April bis über 100 cm Tiefe im August, um dann bis zum Dezember wieder anzusteigen (*Strebel,* 1970).

Die Beobachtungen über diese horizontale Wasserscheide sind für die Erfassung von Wassernachlieferungen zum Grundwasser sowie für Untersuchungen im Zusammenhang mit der Kontamination des Grundwassers sehr wichtig.

Regelmäßige Potentialverläufe findet man im Boden in Tiefen, in denen keine Wurzelaktivität mehr vorkommt, unter Umständen auch in Bereichen, in denen sehr homogene Durchwurzelung durch ein im Verhältnis zur Größe der Meßzelle des Tensiometers feines und dichtes Wurzelwerk vorliegt. Besteht das Wurzelwerk dagegen aus wenigen Wurzeln, die im Vergleich zur Größe der Meßzelle dick sind – wie z.B. Baumwurzeln – dann erhält man sehr heterogene Gradientenfelder (*Strebel,* 1970; *Großgebauer,* 1976; *Benecke* und *v.d. Ploeg,* 1976). Wegen des in Kapitel 5 beschriebenen Zusammenhanges zwischen Transport (q), Wasserleitfähigkeit als Bodeneigenschaft (k) und antreibendem Gradienten (grad ψ_H) gemäß

$$q = k \text{ grad } \psi_H$$

kann man am Verlauf der Wasserspannungslinien in Abb. 6-5 die Relation der Wasserverluste dieser drei Böden durch Evapotranspiration schon an der Größe der Gefälle, d.h. der Rechtsneigung der Kurven in der Abbildung grob abschätzen.

Die Linien gleichzeitiger Wasserspannungen in Abb. 6-5 sind in ihrem Verlauf bodentypisch. Die Schnelligkeit hingegen, mit der sich die Verläufe nach einer Regenperiode wieder nach rechts, d.h. zu hohen Wasserspannungen hin bewegen, sowie die Höchstwerte, die bis zum nächsten Niederschlag erreicht werden, sind jahreszeitbedingt.

Die jeweils links in den Abbildungen eingetragenen Kurven treten von etwa April bis November immer wieder auf, die ganz rechts eingetragenen Kurven dagegen nur in den Sommermonaten. Dies äußert sich auch in der Höhe der bei den aufeinanderfolgenden Austrocknungen erreichten maximalen Wasserspannungen, die in Abb. 6-4 dargestellt sind.

Zwischen diesen Zeitspannen des Anstieges der Wasserspannung liegen Perioden des Absinkens infolge von Wasserzufuhr durch Niederschläge oder auch Bewässerungen. Dieses Absinken erfolgt in der Regel so schnell, daß nur bei stündlicher oder noch häufigerer Ablesung die Einzelheiten des Vorganges erkennbar sind. Wie in Abb. 6-6 an einem Beispiel gezeigt wird, braucht der Wasserdruckstoß, der durch einen Niederschlag ausgelöst wird, mehrere Tage, bis er sich in der Tiefe von 75-100 cm auswirkt. Hier unten ist die Wasserspannung noch am Sinken, während sie in den oberen Teilen des Bodens schon wieder ansteigt. Der Wasserdruckstoß des Niederschlags setzt sich also im Boden mit einer Verzögerung fort, die durch die geringe ungesättigte Wasserleitfähigkeit hervorgerufen wird. Sie ist daher auch umso geringer, je größer diese Wasserleitfähigkeit und je nasser der Boden ist (vgl. Abb. 5-12).

Im Verlauf des Fortschreitens im Boden wird die Wasserdruckwelle immer flacher und breiter (*Blume, Münnich* und *Zimmermann,* 1968).

Das erstere ist eine Folge davon, daß im Boden in der Regel tiefer unten mehr Wasser enthalten ist als oben. Daher ist die Leitfähigkeit größer und der für den Transport der Wassermenge notwendige

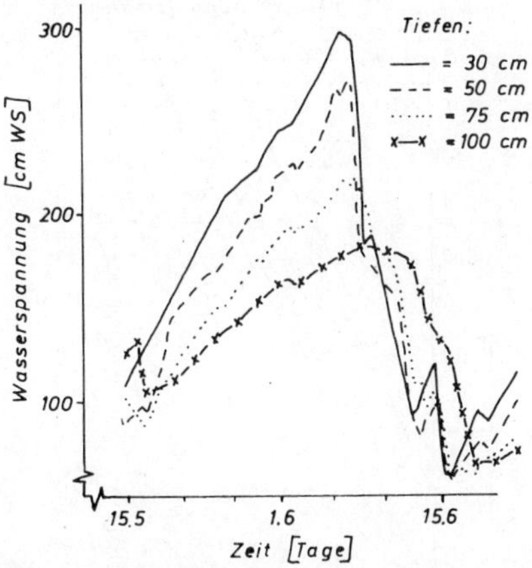

Abb. 6-6 Vorrücken des Druckstoßes eines Niederschlagsereignisses zur Tiefe hin in Abhängigkeit von der Zeit. Das Druckmaximum (Minimum der Wasserspannung) wird beim Eindringen verschleppt

Gradient geringer, als im trockeneren Oberboden. Die weite Auseinanderziehung der Welle, die sich in Abb. 6-7 durch eine geringe Krümmung der Kurven für die längeren Zeiten zeigt, ist eine Folge der unterschiedlichen Hemmung der druckausgleichenden Wasserbewegung in den verschiedenen weiten Poren des Bodens. Dieser auseinanderziehende Mechanismus wird als hydrodynamische Dispersion bezeichnet. Er spielt im Zusammenhang mit Transport- und Verdrängungsvorgängen im Boden eine Rolle und wird im Kapitel 11 (Filterfunktion des Bodens) eingehend erläutert.

Nachdem die Druck- bzw. Wasserspannungsverteilung im Boden sich nach Niederschlagsende der Gleichgewichtslinie wieder angenähert hat, steht die Grundwasseroberfläche höher als vorher, wenn kein Abfluß stattgefunden hat. Der Anstieg infolge dieser Umverteilung des Wassers (Redistribution) ist meistens deutlich höher, als der in Wasserhöhe angegebenen Wassermenge entspricht, weil einerseits nur das Porenvolumen gefüllt werden kann und außerdem auch in diesem stets schon etwas Wasser vorliegt.

Während die Druckstörung sich innerhalb relativ kurzer Zeit fortpflanzt (Abb. 6-6 und 6-7), erfolgt die Verlagerung bestimmter Wasservolumina sehr langsam. Sie kann sich für eine Tiefe von

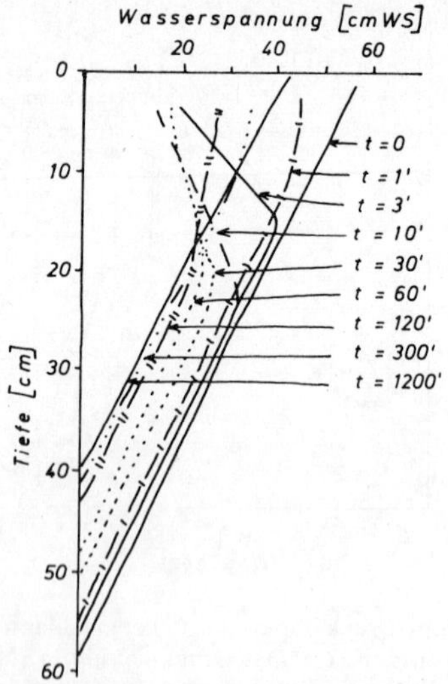

Abb. 6-7 Vorrücken des Druckstoßes eines Niederschlagsereignisses zur Tiefe hin. Die maximale Steilheit der Gradienten (in der Abbildung erkennbar durch Abweichung von der Richtung der t_0-Linie) nimmt mit der Zeit und mit der Tiefe ab. Sie ist umso geringer, je niedriger die Wasserspannung ist

1-1,5 m über ein Jahr erstrecken (*Blume, Münnich* und *Zimmermann,* 1968), weil das neuzugeführte Wasser auf dem bereits vorhandenen zu liegen kommt. Infolge der engen Passagen des Porensystems ist die Konvektion einzelner Wassermengen meist vernachlässigbar. Die Vermischung erfolgt überwiegend durch hydrodynamische Dispersion und Diffusion. Deshalb kann man sich das Vorrücken des Wassers im Boden wie näherungsweise das eines Zylinders in einem Kolben vorstellen, wobei stets das „älteste" Wasser mit der längsten Verweildauer durch das nachfolgende zuerst aus dem Boden gedrückt wird. Die Gesetzmäßigkeiten der Abweichung von diesem Verhalten sind in Kap. 11 näher beschrieben. Ausnahmen von diesem Vorschub des Wassers treten auf, wenn Bahnen mit besonders großer Wasserleitfähigkeit in der Vorrückrichtung vorhanden sind. Solche Bahnen können Wurm- oder Wurzelröhren (*Ehlers,* 1975), in geringerem Maße auch Schrumpfrisse sein.

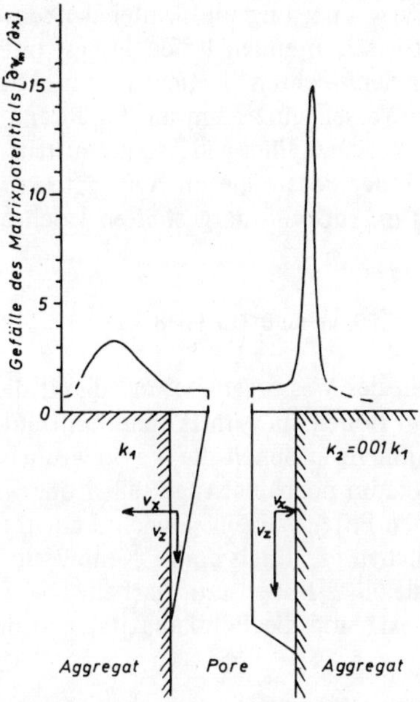

Abb. 6-8 Potentialverteilung am Rand einer Sekundärpore bei einem starken Niederschlag. Linker Porenrand mit hoher (k_1) und rechter mit geringerer (k_2) ungesättigter und gesättigter Wasserleitfähigkeit, v_x ist der Fluß in das Aggregat hinein, v_z derjenige am Rand entlang zur Tiefe

Ein schneller Wassertransport zur Tiefe ist in solchen Sekundärporen vor allem dann möglich, wenn der Transport im Gefüge der Aggregate gering ist. Es entstehen dann im Aggregat bzw. in der Porenwand hohe Wasserdruckgefälle und an der Grenze zur Pore selbst sehr hohe Wasserdrücke, die aus dem Bereich der Wasserspannungen bis an den der positiven hydrostatischen Drücke herankommen können. Das kann der Fall sein, wenn ein Aggregat wassergesättigt ist, weil dann kein Potentialgradient in der Horizontalen mehr entsteht. Das gleiche geschieht jedoch auch, wenn infolge sehr geringer Wasserleitfähigkeit das Potential in unmittelbarer Nähe der Grenzfläche stark absinkt, also ein sehr großer Gradient entsteht, weil sein Abbau infolge geringerer Wasserleitfähigkeit unterbleibt (Abb. 6-8). Auch in diesem Fall entsteht an der Porenwand engräumig eine Wassersättigung und hinter der sehr langsam im Aggregatinneren fortschreitenden Befeuchungsfront praktisch freies Wasser und in der Senkrechten (z-Richtung) in Abb. 6-8 wird grad $\psi_H = 1$. Das Wasser läuft dann am Porenrand in die Tiefe, weil dort ein sehr geringer Fließwiderstand auftritt. Im Prinzip hat also die Verteilung der Potentiale im Aggregat hier die gleiche Ursache wie bei den in Abb. 6-5 dargestellten Isochronen.

6.3. Kennwerte des Wasserhaushalts

Die Veränderungen des Wassergehalts und damit die Vorgänge des Wasserhaushalts im Boden sind im Prinzip kontinuierlich. Es gibt aber einige Situationen, in denen die Veränderungen so langsam ablaufen, daß sie kaum noch ins Auge fallen oder in denen über gewisse Zeitspannen Potentialgleichgewichte auftreten. Diese beiden Umstände ermöglichen es, durch einige Kennwerte Aussagen über den Wasserhaushalt eines Bodens zu machen. Die wesentlichsten Kennwerte dieser Art sind die Feldkapazität und der Permanente Welkepunkt.

6.3.1. Feldkapazität

Der Begriff Feldkapazität (FK oder FC) stammt aus der praktischen Bewässerungstechnik. Er gibt eigentlich die Wassermenge an, die ein Boden über längere Zeit gegen den Einfluß der Schwerkraft festhalten kann, wenn Evaporation und Entzug durch die Pflanzen ausgeschaltet sind. Die FK wird als Prozentzahl auf die Masse oder das Volumen bezogen angegeben (g/100 g oder $cm^3/100\ cm^3$) oder als cm bzw. mm Wassersäule, bezogen auf eine bestimmte Bodenhöhe (z.B. mm/m).

Betrachtet man die energetische Situation des Bodenwassers unter Anwendung der Potentialtheorie (Kap. 4) und des Zusammenhangs zwischen Wassergehalt und Wasserleitfähigkeit (Kap. 5), dann erkennt man, daß es nur ein einziges hydrostatisches Gleichgewicht im Boden gibt (Abb. 4-8). Man sieht aber auch, daß die Annäherung an dieses Gleichgewicht wegen der im Verlauf der Versickerung abnehmenden Wasserleitfähigkeit (Abb. 5-12) sehr langsam erfolgt. Daher ist unter praktischen Freilandbedingungen die

Tatsache oft nicht erkennbar, daß das Wasser noch immer versikkert. Die Abnahme des Wassergehalts ist in grundwasserfernen Bereichen dann oft so gering, daß sie bei ungenauer Beobachtung übersehen wird.

Aus diesen Gründen ist eine Feldkapazität, wie am Anfang dieses Abschnittes beschrieben, in vielen Böden in der Tat feststellbar. Sie ist allerdings nicht exakt definierbar, weder durch Zusammenhänge mit der Textur, noch durch solche mit bestimmten Wasserspannungen. Es werden vielmehr unter zwei ganz verschiedenen Wasserhaushaltssituationen statische Gleichgewichte oder Fließgleichgewichte als Feldkapazitäten erfaßt (Abb. 6-9). Wenn die Grundwasseroberfläche nahe der Bodenoberkante ist, so daß die Wasserleitfähigkeiten oberhalb von ihr noch hoch sind, dann geht die Annäherung an die Gleichgewichtsbedingung (s. Kap. 4)

$$\text{grad}\ \psi_H = \frac{\Delta\psi}{\Delta z} + 1 = 0$$

schnell vor sich und die Feldkapazität entspricht einem energetischen Gleichgewichtszustand mit der Grundwasseroberfläche (Abb. 6-9 links). Ist die Grundwasseroberfläche jedoch weiter weg von der

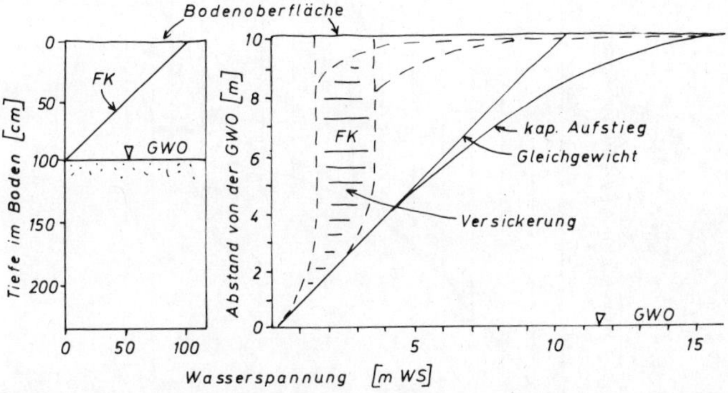

Abb. 6-9 Feldkapazität (FK) als hydraulisches Gleichgewicht bei geringem Abstand der Grundwasseroberfläche unter Flur (links) und als langsames stationäres Fließen bei großem Abstand der Grundwasseroberfläche (= grundwasserferner Standort) im humiden Klima (rechts)

Geländeoberkante, dann wird diese Gleichgewichtssituation nicht erreicht, weil die Wasserleitfähigkeit im Verlauf der Entwässerung so stark abnimmt, daß die Spanne zwischen zwei Niederschlagsperioden nicht ausreicht, um eine Gleichgewichtssituation entstehen zu lassen. Dieser Sachverhalt ist die Ursache dafür, daß man auch bei größerer Entfernung der Grundwasseroberfläche eine Feldkapazität beobachten kann. Die Wasserspannungen, die für die Feldkapazität genannt werden, variieren allerdings stark. Die häufigsten Werte liegen dabei zwischen 60 cm WS und 300 cm WS. Die Lage des für einen bestimmten Boden beobachtbaren Wertes ist stark davon abhängig, wie stark die Wasserleitfähigkeit im Verlauf der regelmäßigen Austrocknung absinkt (Abb. 5-12). In tonreichen Böden wird die Lage der FK weiterhin dadurch beeinflußt, daß die Abwärtsbewegung des Wassers um viele Größenordnungen verkleinert wird, sobald waagrechte Schrumpfungsrisse (z.B. zwischen Polyedern) entwässert werden oder im Verlauf der Schrumpfung entstehen (Abb. 2-2 im B-Horizont).

Die vielfachen Einflüsse, denen das Wasser im Boden unterliegt, addieren sich jedoch meistens derart, daß ein loser Zusammenhang zwischen der Körnung und der Feldkapazität entsteht. Dieser Zusammenhang ist in Abb. 6-10 dargestellt. Dabei wurde der Tonge-

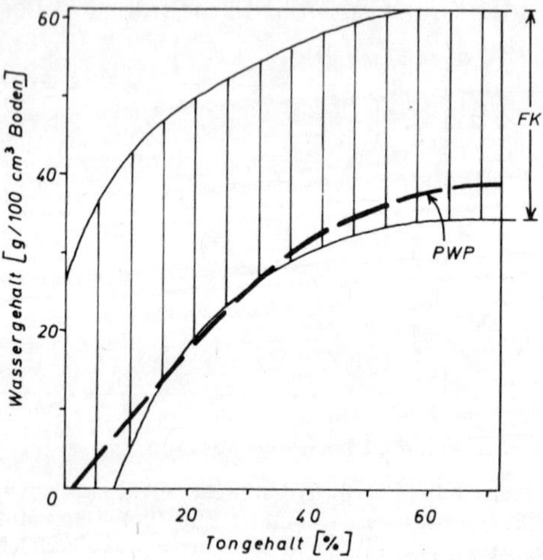

Abb. 6-10 Feldkapazität (FK) und Permanenter Welkepunkt (PWP) in Abhängigkeit von der Körnung, letztere durch den Tonanteil charakterisiert

halt als Maß für die Korngrößenverteilung verwendet (s. Kap. 1 und Abb. 1-3). Die Breite des Bandes in der Abbildung läßt erkennen, wie locker der Zusammenhang ist.

Aus allem zum Begriff der Feldkapazität Gesagten geht hervor, daß dieser zwar nicht als Bodeneigenschaft physikalisch exakt definierbar ist, jedoch für viele – vor allem praxisnahe – Gedankengänge so nützlich ist, daß er trotz aller Schwierigkeiten in der labormäßigen Erfassung nach wie vor verwendet wird. Allerdings hält man sich oft nicht an die ursprüngliche Definition, sondern nennt z.B. auch die Wassergehalte, die zu den Tiefstpunkten der Wasserspannung nach Niederschlägen gehören, Feldkapazität (Abb. 6-4). Gedanklich ist die Feldkapazität die Grenze zwischen dem schnell laufenden Wasseranteil, für den die früher verwendete Bezeichnung „Sickerwasser“ gut zutrifft und dem Rest des Bodenwassers, der sich nur träge bewegt.

6.3.2. Permanenter Welkepunkt

Der Begriff Permanenter Welkepunkt (PWP) stammt aus der angewandten Botanik, bzw. der Pflanzenökologie (*Streubing,* 1965). Er bezeichnet die Wassermenge im Boden, bei der die Pflanze irreversibel welkt, wenn sie sie im Verlauf einer Entwässerungsperiode erreicht oder unterschreitet. Diese Wassermenge kann in Prozent angegeben werden, bezogen auf Bodenmasse oder -volumen (g/100 g oder $cm^3/100\ cm^3$), oder, wie im Fall der Feldkapazität, als Wassersäule bezogen auf eine Bodentiefe (z.B. mm/m).

Für bodenkundliche Untersuchungen wird für den PWP meist eine Wasserspannung von $1{,}5 \cdot 10^4$ cm WS (~ 15 bar) angesetzt. Dies ist eine Konvention, die auf den ersten pflanzenökologischen Untersuchungen an Sonnenblumen basiert. Heute weiß man, daß viele Pflanzen noch bei höheren Wasserspannungen Wasser aus dem Boden entziehen können, vor allem Xerophyten. Darüberhinaus spielt nicht allein die hydrostatische Situation eine Rolle, sondern auch die Wasserleitfähigkeit, die von dem dazugehörigen Wassergehalt abhängig ist (Abb. 5-12). Beim PWP ist es leichter als bei der Feldkapazität, einen Zusammenhang mit einer bestimmten Bodeneigenschaft anzugeben, denn es existiert eine relativ enge Korrelation mit dem Anteil der Tonfraktion (Abb. 6-10).

Im Hinblick auf den Wasserhaushalt ist der PWP diejenige Grenze des Wassergehalts, die nur unter dem direkten Einfluß der Evaporation unterschritten wird. Unter mitteleuropäischen Klimabedingungen ist die Bodenschicht, innerhalb der dies regelmäßig vorkommt, nur wenige cm mächtig.

6.3.3. Hygroskopizität

Der Begriff Hygroskopizität (Hy) *(E.A. Mitscherlich)* stammt, wie die beiden vorher beschriebenen Begriffe, aus der Zeit, bevor die energetische Betrachtungsweise und mit ihr das Potentialkonzept in der Bodenkunde Verbreitung fanden. Sie entspricht dem Wassergehalt, der im Gleichgewicht mit 10%iger H_2SO_4 oder gesättigter Na_2SO_4-Lösung im Boden festgehalten wird. Die dazugehörige relative Luftfeuchtigkeit beträgt 94,3% und das Matrixpotential, das bei salzfreier Bodenlösung gemessen wurde, beträgt $5 \cdot 10^4$ cm WS. Die Hygroskopizität wird heute nur noch selten als bodentypische Konstante benutzt, sie sei aber hier genannt wegen ihrer häufigen Erwähnung in der älteren deutschen Literatur, vor allem im Zusammenhang mit dem Pflanzenwuchs.

6.4. Infiltration

Für die Wasserzufuhr zu einem terrestrischen und somit grundwasserfernen Boden sind die Niederschläge (N in der Wasserhaushaltsgleichung am Anfang dieses Kapitels), die weitaus überwiegende Quelle. Daneben kann vor allem Zufluß von Oberflächenwasser vorkommen. Die Frage, wie groß der Anteil des Niederschlagswassers ist, das im Boden versickern kann, und daher auch, wieviel als Oberflächenwasser abläuft, wird in diesem Abschnitt besprochen.

Die Verwendung des Wortes Infiltration ist nicht immer einheitlich. Teilweise wird darunter nur der Vorgang des Druchtritts durch die Bodenoberfläche verstanden, z.T. werden alle die Vorgänge mitberücksichtigt, die diesen Durchtritt beeinflussen. Die letztere Betrachtungsweise führt zu einer Beschreibung des Vorrückens des Wassers im Boden, solange der Nachschub an der Oberfläche erhalten bleibt. Endet die Wasserzufuhr, so spricht man bei den weiteren Wasserbewegungen, die zur Wiedereinstellung des hydraulischen

Gleichgewichts führen (vgl. Abb. 4-8) von einer Umverteilung oder auch von einer Redistribution.

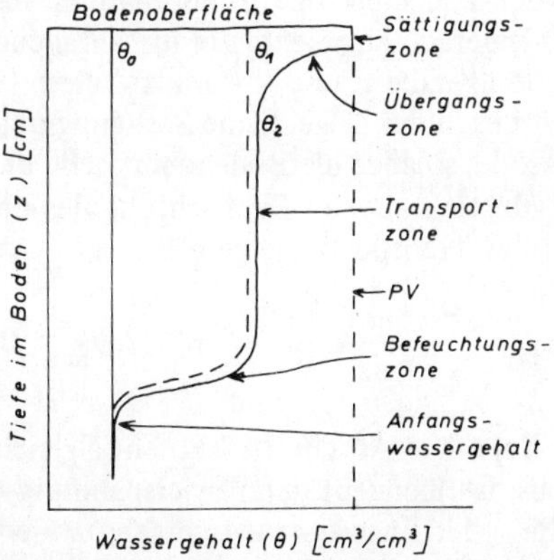

Abb. 6-11 Infiltration in einen homogenen Boden bei konstantem Wassergehalt (nach *Coleman* und *Bodman,* 1943). θ_0 ist der Anfangswassergehalt, θ_1 der Wassergehalt, der sich im Gleichgewicht mit einer versickerbaren Zufuhr einstellt und θ_2 der Wassergehalt, der sich einstellt, wenn die Zufuhr zur Entstehung von freiem Oberflächenwasser führt. Das Porenvolumen (PV) gibt den maximal verfügbaren Raum an

Betrachtet man die Verteilung des Wassers während eines Infiltrationsvorgangs in einem homogenen Boden, so erkennt man eine Abfolge, die zuerst von *Bodman* und *Coleman* (1943) beschrieben wurde (Abb. 6-11). In dem Fall, daß eine Schicht freien Wassers über der Bodenoberfläche erhalten bleibt, findet man die in der Abbildung dargestellten 4 Zonen. Dabei rückt die Befeuchtungszone zunächst schnell, dann langsamer zur Tiefe hin vor, und die Transportzone, deren Wassergehalt überall gleich bleibt, wird immer länger. Die Sättigungszone dagegen rückt gar nicht oder nur sehr langsam im Boden vor. Das Porenvolumen wird dabei also nicht vollständig mit Wasser gefüllt. Die Beobachtung lehrt weiterhin, daß die Vorrückgeschwindigkeit der Befeuchtungsfront bei höherem Anfangswassergehalt größer ist als bei geringerem und daß der Wassergehalt in der Transportzone von der Wasserzufuhr abhängig ist. Ist die Zufuhr größer als die Infiltration bei Überstauung, so bildet sich Oberflächenwasser (0 in der Wasserhaushaltsgleichung am Anfang dieses Kapitels). Ist die Zufuhr jedoch geringer, z.B. bei langanhaltenden Niederschlägen geringer Intensität, dann stellt sich der Wassergehalt in der Transportzone so ein, daß die dazugehörige Wasserleitfähigkeit gerade ausreicht, um die anfallende Wassermenge mit dem Potentialgefälle grad $\psi_H = 1$ abzuführen (vgl. Abb. 5-11). In diesem Fall gibt es in der Regel keine Sättigung und daher auch keine Übergangszone, solange die Bodenoberfläche nicht verschlämmt. Der Gradient ergibt sich aus der Beobachtung des unveränderten Wassergehalts in der Transportzone gemäß

$$\text{grad } \psi_H = \frac{\Delta(\psi_m + \psi_z)}{\Delta z} \quad \text{mit} \quad \Delta\psi_m = 0$$

(Symbole siehe Kap. 4 – Abschnitt 5 Potentialgleichgewicht) und der Tatsache, daß das Konzept der Wasserspannung davon ausgeht, daß bei jedem Be- oder Entwässerungsvorgang zu jedem Wassergehalt eine bestimmte Wasserspannung gehört.

Im Prinzip ist die Infiltration durch eine Bodenoberfläche als Ganzes gesehen eine nichtstationäre eindimensionale ungesättigte Wasserbewegung. Sie kann dementsprechend unter Verwendung der im vorigen Kapitel hierfür erläuterten Gleichungen beschrieben werden. Die Berechnung der Veränderung der Wasserverteilung auf diesem Wege setzt aber die Kenntnis der sich ständig ändernden Werte für Wasserspannungen (ψ_m) und Wasserleitfähigkeiten (k_θ) voraus. Deshalb nehmen Ansätze, die auf anderen Werten beruhen, einen breiten Raum ein.

Am Infiltrationsvorgang interessieren vor allem die folgenden drei Phänomene: Die Menge Wasser, die in einen Boden infiltrieren kann, die sogenannte kumulative Infiltration (I, in mm oder cm WS), die Infiltrationsrate (i = mm/sec) und die Vorrücktiefe der Befeuchtungsfront (L in cm).

Die älteste empirische Formel für die kumulative Infiltration, die auch heute noch bei Bewässerungsproblemen gelegentlich verwendet wird, ist die von *Kostiakow* (zit. *Baver, Gardner* und *Gardner,* 1973)

$$I = K \cdot t^a$$

Hierbei ist t die Zeit und K und a sind Bodenkonstanten, die in einem Versuch bestimmt werden müssen. K ist nicht zu verwechseln mit der Wasserleitfähigkeit (k) aus der *Darcy*-Formel. Der Exponent a liegt bei ~ 0,5, wenn der Schwerkrafteinfluß wegfällt wie bei horizontaler Infiltration oder sehr gering ist, wie bei Anfangszuständen einer vertikalen Infiltration in sehr trockenem Boden, also bei starkem Überwiegen des Gradienten des Matrixpotentials.

Diese Formel beschreibt zwar den Vorgang bei kleinen Zeitspannen recht genau, hat aber den Nachteil, daß die beiden Bodenkonstanten K und a nur durch die Infiltrationsmessung selbst bestimmbar sind, weil sie keine einfach definierbaren Bodeneigenschaften darstellen.

Ein anderer Ansatz zur Erfassung der oben genannten Zusammenhänge geht von der Vorstellung der Sättigung und des geschlossenen kolbenförmigen Vorrückens der Befeuchtungsfront aus (vgl. Abb. 6-11). Danach ist:

$$I = n \cdot L_z$$

(n = Porenvolumen, L_z = Tiefe der Befeuchtungsfront). Dieser Ansatz von *Green* und *Ampt* (1911), der sehr starre und der Beobachtung nicht ganz entsprechende Voraussetzungen macht, ist jedoch der Ausgangspunkt für die umfassendere Beschreibung, die auf *Philip* (1969) zurückgeht.

Hierfür wird von der Tatsache ausgegangen, daß der als konstant angesehene Anfangswassergehalt, der in Abb. 6-11 einer rechteckigen Fläche entspricht, einen Wasserstrom darstellt und somit ein Teil des Gesamtinfiltrationsstromes ist. Für diesen Teil (A) gilt:

$$A = k_{\theta_0} \cdot t$$

wobei k_{θ_0} die Wasserleitfähigkeit nach *Darcy* beim Wassergehalt θ_0 ist (s. Abb. 6-11), weil die Wassermenge (in cm/sec) bei einem Gradienten von 1 nach der *Darcy*-Gleichung

$$q = k_{\theta_0}$$

ist.

Der andere Flächenanteil (B) wird beschrieben durch die Gleichung:

$$B = \int_{\theta_0}^{\theta_n} z\,d\theta$$

Die gesamte kumulative Infiltration ist dann

$$I = B + A = \int_{\theta_0}^{\theta_n} z\,d\theta + k_{\theta_0} t$$

Der Verlauf der Kurve läßt sich wie *Philip* (1969) zeigte, durch die Anfangsglieder einer Reihe beschreiben, die Potenzen des Zeittermes t in der folgenden Form enthält:

$$z = at^{1/2} + bt + ct^{3/2} + dt^2 + et^{5/2} \ldots$$

Für die kumulative Infiltration erhält man dann:

$$I = St^{1/2} + (a + k)\,t + a_2 t^{3/2} + a_3 t^2 \ldots$$

Auch in dieser Gleichung sind Konstanten enthalten, die durch Infiltrationsversuche angepaßt werden können. Der Koeffizient S des ersten Gliedes der Reihe wird Sorptivität genannt (*Philip,* 1957). Er beschreibt die Wasseraufnahmefähigkeit pro Zeiteinheit ($cm \cdot sec^{-1}$) unabhängig von der Richtung, also sowohl vertikal als auch horizontal. Sein Zahlenwert sinkt mit zunehmendem Anfangswassergehalt und nähert sich Null. Daher wird mit zunehmender Zeit das zweite Glied immer wichtiger. Der Wert k darin entspricht der Wasserleitfähigkeit in der Transportzone bei der dort vorliegenden Sättigung ($k = k_\theta$). Die übrigen Koeffizienten sind keine separat erfaßbaren Bodenparameter. Sie dienen dazu, das vertikale Fortschreiten der Infiltration zu erfassen und müssen durch Transformation von Strecken- zu Wassermengendaten mit Hilfe mathematischer Näherungsverfahren ermittelt werden (*Kirkham* und *Powers,* 1972).

Vergleicht man die Übereinstimmung der nach *Kostiakow* und der nach *Philip* errechneten kumulativen Infiltration mit durch Messung erhaltenen Werten, dann ist unter Feldbedingungen im Bereich der ersten 6 Stunden die Häufigkeit, mit der nach *Kostiakow* gute Übereinstimmung erhalten wird, größer als die Häufigkeit, mit der sie nach der *Philip*-Gleichung vorkommt (*Canarache,* 1974).

Aufgrund der *Philip*-Gleichung, die den Infiltrationsvorgang für Zeitspannen bis zu 8 Tagen gut erfaßt, kann auch die Infiltrationsrate für die verschiedenen Zeiten beschrieben werden:

$$i = \frac{dI}{dt} = \frac{1}{2}\,St^{-1/2} + a + k + \frac{3}{2}\,a_2 t^{1/2} + 2a_3 t \ldots$$

Die Infiltration ist ein Prozeß, der zunächst sehr schnell beginnt, um dann langsamer zu werden und einen Endwert anzustreben, der einem konstanten Vorrücken der Befeuchtungsfront in einem homogenen Boden entspricht. In diesem Zustand ist die Wasserleitfähigkeit in der Transportzone (k_θ) für den Verlauf entscheidend und die Infiltrationsrate (i) wird

$$i = k_\theta$$

und die kumulative Infiltration (I) nähert sich immer mehr:

$$I \rightarrow k_\theta \cdot t$$

Für den Verlauf der Infiltration sind zwei Dinge wichtig, die in diesen Gleichungen nicht mit erfaßt sind. Das eine ist die Tatsache, daß die Luft aus einem Boden entweichen können muß, damit das Wasser eindringen kann. Das ist bei geringer Niederschlagsintensität bei kleinen Infiltrationsflächen und bei solchen, die ein heterogenes Porensystem haben, in der Regel der Fall. Wird hingegen die Luft eingeschlossen, so überträgt sie den Druck des darüberliegenden Wassers. Der hydraulische Gradient in der gesamten Bodentiefe ist dann schnell ausgeglichen und die Bewegung des Wassers hört auf. Sie kommt erst wieder in Gang, wenn eine Umverteilung der Luft im Porensystem zu Bedingungen geführt hat, die ihr ein Entweichen erlauben (s. Kap. Gashaushalt).

Der andere Faktor, der den Verlauf der Infiltration beeinflußt, ist die Stabilität der Bodenoberfläche gegen Verschlämmung. Diese Stabilität kann je nach dem Grad der Durchnässung und dem Ausmaß, in dem z.B. Regentropfen direkt auf die Oberfläche aufprallen, sehr verschieden sein. Auch das Vorrücken der Befeuchtungsfront führt zu Verschlämmungen und Substanztransport im Boden, weil sie eine Erhöhung des „Strömungsdruckes“ (s. Kap. 3) verursacht.

Da unter humiden Klimabedingungen, wie denen Mitteleuropas, der Wassergehalt des Bodens mit zunehmender Tiefe ansteigt (vgl. Abb. 4-8), und daher die Wasserleitfähigkeit ebenfalls zunimmt, wird der Gradient an der Befeuchtungsfront mit zunehmender Eindringtiefe kleiner (Abb. 6-12). Dies führt, wie im vorigen Abschnitt beschrieben, zu einer Verkleinerung des Strömungsdruckes und damit zur Tendenz, die im obersten Teil des Profils abgeschlämmte Substanz hier abzusetzen. Dies ist ein wichtiger Beitrag zur Profildifferenzierung im Verlauf der Bodenentwicklung.

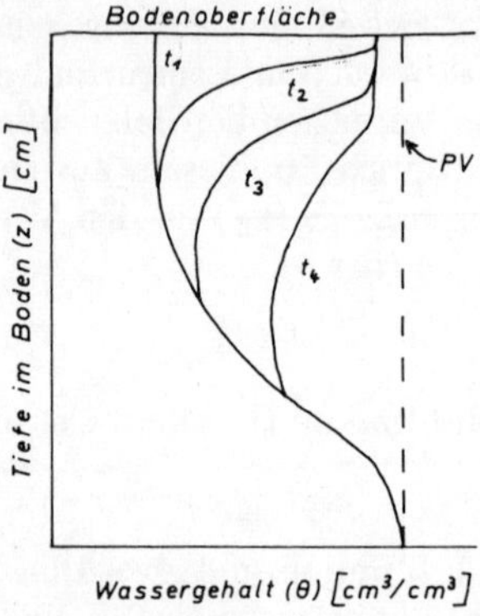

Abb. 6-12 Infiltration in einen Boden, dessen Wassergehalt zur Tiefe hin zunimmt. Die Steilheit der Befeuchtungsfront nimmt mit zunehmender Eindringtiefe im Profil ab, weil die Wasserleitfähigkeit mit zunehmendem Wassergehalt ansteigt. Die Grundwasseroberfläche ist in Höhe der Abszisse angenommen, das Porenvolumen (PV) gibt den maximal verfügbaren Raum an. $t_{1,2,3,4}$ sind Zeitspannen seit Infiltrationsbeginn

Bisher ist die Infiltration stets als eindimensional beschrieben worden. Dies ist auch unter den allgemeinen Bedingungen des Niederschlagsfeldes angemessen, wie sie für den allgemeinen Wasserhaushalt des Bodens maßgeblich sind. In Bewässerungsprojekten ist jedoch gelegentlich auch der mehrdimensionale Fall von Bedeutung, z.B. wenn Furchen- oder Rinnenbewässerungsverfahren angewendet werden. Unter derartigen Umständen wurde ein Fortschreiten der Infiltration und ein Vorrücken der Befeuchtungsfront beobachtet, wie in Abb. 6-13 für einen Ton-, Schluff- und Sandboden dargestellt. Hier kann die Infiltration als nicht stationäre Wasserbewegung aufgefaßt werden, wenn man sich eine schmale Scheibe aus dem Raum herausgeschnitten denkt, also zwei Dimensionen zuläßt, die vertikale (z) und eine horizontale (x). Dann ist die Infiltration $\left[\frac{\partial\theta}{\partial t}\right]$

$$\frac{\partial\theta}{\partial t} = \frac{\partial\left(k\,\frac{\partial(\psi_m + \psi_z)}{\partial x}\right)}{\partial x} + \frac{\partial\left(k\,\frac{\partial(\psi_m + \psi_z)}{\partial z}\right)}{\partial z}$$

wie im Abschnitt über nichtstationären Fluß beschrieben (Kap. 5). Wenn man hierzu in Betracht zieht, daß die Verläufe der Wasserleitfähigkeit in Abhängigkeit von Wasserspannung bzw. Wassergehalt (K = f(ψ_m oder θ) von Boden zu Boden stark variieren (Abb. 5-12), dann ist der beobachtete Verlauf leicht verständlich. Die gesamte Infiltration wird im Tonboden (Abb. 6-13) mit seiner

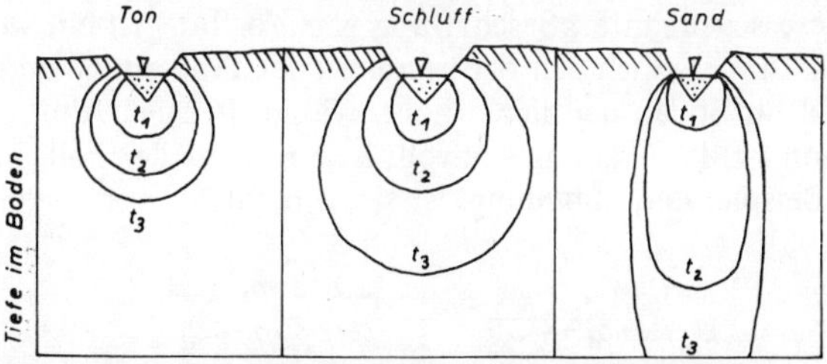

Abb. 6-13 Infiltration aus einer Bewässerungsrinne in einen Ton-, einen Schluff- und einen Sandboden (schematisiert). $t_{1, 2, 3}$ sind Zeitspannen seit Infiltrationsbeginn

geringen Wasserleitfähigkeit relativ lange von den Wasserspannungsgradienten beherrscht, die Eindringtiefe der Befeuchtungsfront bleibt aber klein. Im Schluffboden ist die Wasserleitfähigkeit größer und daher das Vordringen der Befeuchtungsfront schneller. Auch hier ist bei kürzeren Zeitspannen noch der Wasserspannungsgradient ausschlaggebend. Im Sandboden ist die ungesättigte Wasserleitfähigkeit aber so gering, daß der Seitentransport weit geringer bleibt, als bei den beiden anderen. Die hohe Wasserleitfähigkeit des gesättigten Bodens läßt daher dort die vertikale Infiltration stark in den Vordergrund treten.

6.5. Dränung

Das Wort Dränung wird einerseits für jeden Wasserverlust des Bodens in Richtung auf das Grundwasser benutzt. Andererseits wird darunter aber auch die künstliche Senkung der Grundwasseroberfläche zur Verbesserung des Pflanzenwuchses verstanden. Während der erste Vorgang im Zusammenhang mit der instationären Wasserbewegung besprochen wurde, sollen hier einige Hinweise zur künstlichen Dränung gegeben werden.

Der Zweck von Dränmaßnahmen ist, für eine ausreichende Belüftung des Bodens zu sorgen. Dies kann durch eine Absenkung der Grundwasseroberfläche geschehen, wenn der Boden genügend grobe Poren enthält, die infolge der meist relativ geringen Absenkung geleert werden.

Der Betrag der Absenkung ist in der Regel gering, weil eine Abflußmöglichkeit in ein benachbartes Gewässer sichergestellt sein muß. Diese sogenannte „Beschaffung von Vorflut" ist ein wesentliches die Dränmaßnahmen oft begrenzendes Problem. Wird der Luftanteil im Boden deutlich erhöht, wie im Beispiel Abb. 6-14 links, dann ist die Dränung sinnvoll; ist das nicht der Fall, wie im rechten Beispiel der Abbildung, ist sie es nicht.

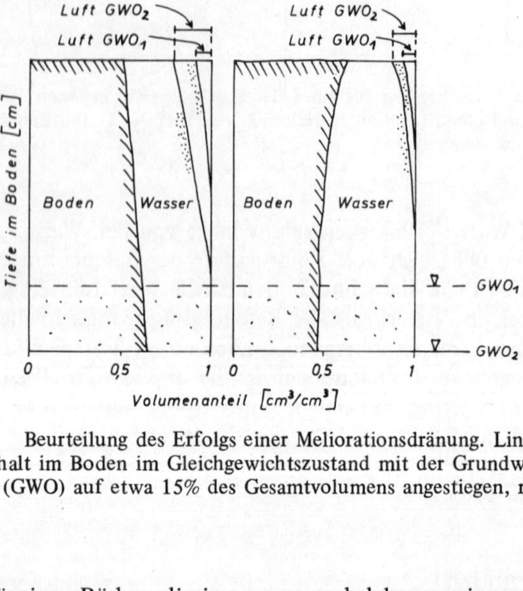

Abb. 6-14 Beurteilung des Erfolgs einer Meliorationsdränung. Links ist der Luftgehalt im Boden im Gleichgewichtszustand mit der Grundwasseroberfläche (GWO) auf etwa 15% des Gesamtvolumens angestiegen, rechts nicht

Bei feinkörnigen Böden, die im nassen und daher wenig geschrumpften Zustand vorliegen (s. Abb. 3-4), kann allerdings die Absenkung der Grundwasseroberfläche zu Schrumpfungen und damit zu Sekundärporenbildungen führen. Im Verlauf einiger Jahre verändert sich die Struktur so, daß schließlich eine ausreichende Belüftung erreicht wird. Man nennt einen solchen Vorgang die „Reifung" des Bodens (s. *Kuntze,* 1965).

Die Einhaltung einer als erforderlich erkannten Höhenlage der Grundwasseroberfläche im Boden wird erreicht, indem die Wege für das Wasser durch den Boden selbst verkürzt werden zugunsten von Wegen mit freier Wasseroberfläche. Solche Fließwege können offene Gräben oder überdeckte Dränrohre sein. Es tritt dann die Frage auf, wie weit der Abstand zwischen diesen freien Gerinnen sein muß, um bei einem ausreichenden Anteil der gesamten Zeit den gewünschten Abstand der Grundwasseroberfläche von der Bodenoberfläche nicht zu unterschreiten.

Für die Entscheidung, wie eng Gräben oder Dränrohre gelegt werden müssen und wie tief sie zu bauen sind, kann man vor allem zwei Ansätze verwenden. Beide gehen an verschiedenen Stellen von Grundannahmen aus, die die weite Variationsbreite der möglichen Erscheinungen so eingrenzen, daß sie mit einem relativ einfachen mathematischen Ausdruck dargestellt werden können. Die Brauchbarkeit von Ergebnissen ist daher natürlich davon abhängig, wie gut die Ausgangsannahmen mit der tatsächlichen Situation übereinstimmen. Es ist deshalb notwendig, sich stets der grundlegenden Annahmen und der durch sie gegebenen Begrenzung in der Anwendung der Ansätze bewußt zu bleiben.

Der erste, einfachste Ansatz geht von der Erfahrungstatsache aus, daß der zu dränende Boden häufig nur eine geringmächtige Schicht über einem Untergrund darstellt, dessen Wasserleitfähigkeit so klein ist, daß er als undurchlässig gelten kann. Das ist z.B. der Fall, wenn sich die Wasserleitfähigkeiten wie 1 : $\geqslant$ 100 verhalten. In diesem Fall ist die Annahme berechtigt, daß der Fluß weitaus überwiegend horizontal zum Graben erfolgt, ohne daß der Untergrund wesentlich beteiligt ist. Denn die geringe Wasserleitfähigkeit erzeugt so große Fließquerschnitte, daß nur für einen sehr kleinen Teil der fließenden Wassermenge genug Platz im wenig durchlässigen Untergrund ist (vgl. Abb. 5-13). Auf diesem Sachverhalt baut die Modellvorstellung von Dupuit-Forchheimer auf, die annimmt, daß nur horizontaler Fluß vorkommt und daß die Fließgeschwindigkeit dem Gefälle der Grundwasseroberfläche genau proportional ist (*Forchheimer,* 1930). Damit diese Annahmen zutreffen, muß die Wölbung der Grundwasseroberfläche sehr gering sein. Der Fluß (q_x) an jeder Stelle zwischen zwei Gräben ist dann unter Verwendung der in Abb. 6-15 erläuterten Symbole:

$$q_x = k\, y \frac{dy}{dx}$$

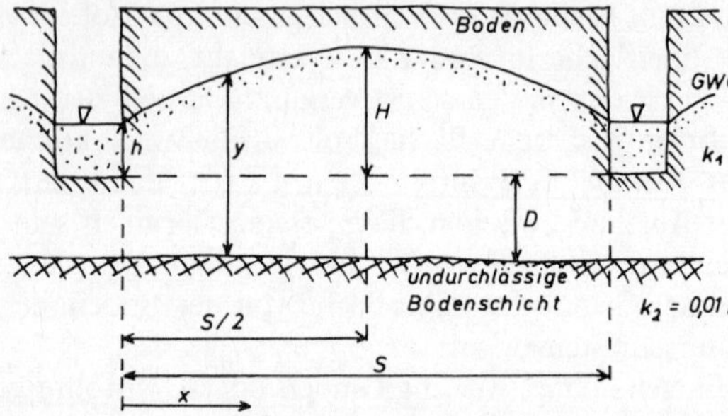

Abb. 6-15 Dränmodell nach Dupuit-Forchheimer aus einem homogenen, geringmächtigen Boden über einem undurchlässigen Untergrund. Die Entwässerung verläuft über offene Gräben

wobei y die Höhe der durchströmten Schicht und dy/dx das antreibende Wasserstandsgefälle ist. Dieser Fluß kann auch noch auf eine andere Art beschrieben werden, indem die Wassermenge von der Niederschlagsmenge (N), der Zeit (t) und der Fläche her erfaßt wird. Die Fläche entspricht in der Abb. 6-15 dem Streckenabschnitt zwischen der Wasserscheide und dem gewählten Abstand vom Graben:

$$q_x = \frac{N}{t}\left(\frac{S}{2} - x\right)$$

Wenn man diese beiden Gleichungen kombiniert und integriert, erhält man

$$\frac{1}{2}(y_1^2 - y_0^2) = \frac{(N/t)}{k} \cdot \frac{(Sx - x^2)}{2} \quad \text{bzw.} \quad y_1^2 - y_0^2 = \frac{N}{tk}(Sx - x^2)$$

Setzt man für die Bereichsgrenzen der Ordinate für $y_0 = (D + h)$ und für $y_1 = (D + H)$ ein, sowie auf der Abszisse für x den Wert an der Stelle (D + H) nämlich x = S/2, dann erhält man nach Umgruppierung:

$$S^2 = \frac{4k}{(N/t)}\left[(D + H)^2 - (D + h)^2\right]$$

Diese Formel gibt den Zusammenhang an zwischen der Aufwölbung der Grundwasseroberfläche (H und h in Abb. 6-15) und dem Abstand vom freien Gerinne (s. auch Abb. 6-2). Diese *Dupuit-Forchheimer*-Gleichung entspricht in der zuerst gegebenen Form des bestimmten Integrals einer Ellipsengleichung, d.h. der Verlauf der Grundwasseroberfläche entspricht bei verschiedenen Werten des Horizontalabstands dem Ausschnitt aus einer Ellipse, deren beide Brennpunkte außerhalb des betrachteten Fließsystems liegen (*Kirkham* und *Powers,* 1972). Von der *Dupuit-Forchheimer*-Gleichung gehen mehrere viel verwendete Formeln für Dränabstände aus (*Baver, Gardner* und *Gardner,* 1972). Hierzu wird für Rohrdräns die Höhe h in Abb. 6-15 gleich Null gesetzt, weil das Wasser nicht über dem Dränrohr stehen soll. Jetzt erhält man nach dem Ausrechnen des verbleibenden binomischen Gliedes und Vereinigen mit dem D^2 des Subtrahenden

$$S^2 = \frac{4\,k\,2\,D\,H}{(N/t)} + \frac{4\,k\,H^2}{(N/t)}$$

Diese Gleichung ist die Grundlage für die bekannteste dieser Formeln, die „*Hooghoudt*"-Gleichung (*Hooghoudt,* 1940; *Ernst,* 1950). Die dräntechnische Arbeitsgleichung hat eine geringfügig abweichende Form, weil sie auf die Verwendung von Nomogrammen eingerichtet ist (DIN 1185). Sie ist für quasistationäre Bedingungen geeignet, d.h. für eine gleichmäßige Abführung von etwa 5-15 mm Wasser je Tag. Für die Entwässerung nach periodischen Starkregen ist sie also nicht konzipiert.

Sucht man den Anstieg der Grundwasseroberfläche infolge Niederschlägen bei ständigem Abfluß in horizontaler Richtung, wie in Abb. 6-15 angenommen, dann kann, wenn die Größen von h und H im Vergleich zu D sehr klein sind, statt

$$q_x = k\,y\,\frac{dy}{dx}$$

auch geschrieben werden:

$$q_x = k\,D\,\frac{dy}{dx}$$

Wenn jetzt wieder q = (N/t) (S/2 - x) gesetzt und beide Ausdrücke kombiniert und integriert werden, ergibt dies:

$$y - y_0 = \frac{N}{t\,k\,D} \left(\frac{Sx}{2} - \frac{x^2}{2}\right)$$

Wiederum kann man für den höchsten Punkt x = S/2 setzen und erhält dann:

$$y = \frac{N}{t\,k\,D} \cdot \frac{S^2}{8}$$

Diese letzte Gleichung steht hier, weil sie die Basis für eine einfache, ebenfalls auf der *Dupuit-Forchheimer*-Annahme basierenden Formel für nichtstationäre Strömung darstellt (*Baver* u. Mitarb., 1972).

Auch hier sind wieder vereinfachende Annahmen nötig, nämlich daß die Geschwindigkeit (v) mit der eine Grundwasseroberfläche absinkt, ebenso groß sei wie die Intensität eines Niederschlages (N/t in cm/sec), der dieses Absinken verhindert und damit eine stationäre Strömung aufrechterhält. Dann kann man diese Formel auch nach v aufgelöst schreiben als:

$$v = y\,D\,k \cdot \frac{8}{S^2}$$

Wenn man weiterhin ansetzt, daß je Zeiteinheit aus einem konstantbleibenden Porenanteil eine Menge von f cm Wasser ausläuft, während die Grundwasseroberfläche absinkt, dann kann man für v auch schreiben:

$$v = f\left(\frac{dy}{dx}\right)$$

Setzt man wiederum beide Ausdrücke für v gleich und stellt um, so erhalt man

$$\frac{dy}{dt} = y\,D\,k\,\frac{8}{fS^2}$$

Integriert erhält man

$$y = y_0 \exp\left(\frac{Dk8}{fS^2}\right)$$

bzw.

$$\frac{\ln y}{\ln y_0} = \frac{Dk8}{fS^2}$$

Damit läßt sich die Veränderung von y in Abhängigkeit von der Zeit errechnen, wenn k (cm/sec) und f (cm WS) bekannt sind. Mit Hilfe dieser Formel lassen sich auch die Dränabstände (S) für die nichtstationäre Situation unter den anfangs genannten einschränkenden Bedingungen ermitteln.

Mit diesen beiden Ansätzen als Ausgangspunkte für den stationären und den nichtstationären Fall sind Lösungen für spezielle Dränprobleme erarbeitet worden (*Luthin,* 1957; *Kirkham,* 1958; *Hooghoudt,* 1940).

Während die bisher beschriebenen Lösungswege von dem starren, aber einfachen Modell paralleler Strömungsfäden ausgingen, ist der andere Ansatz, der hier erläutert werden soll, an einem Verlauf der Strömungsfäden orientiert, der je nach der Situation zwei- oder dreidimensional sein kann. Zu seiner Beschreibung wird die in Kapitel 5 erläuterte *Laplace*-Gleichung herangezogen, die den Zusammenhang zwischen den hydraulischen Potentialen (ψ_H) und den durch die Koordinaten x und y festgelegten Orten auf einer Ebene beschreibt:

$$\frac{\partial^2 \psi_H}{\partial x^2} + \frac{\partial^2 \psi_H}{\partial y^2} = 0$$

Dieser Ansatz entspricht dem tatsächlichen Verlauf der Strömungslinien besser. Das macht sich aber erst stärker bemerkbar, wenn die der Strömung zugängliche Bodenschicht tiefgründig ist, d.h. wenn das Verhältnis von S zu D klein ist (Abb. 6-15). Ein Beispiel für einen derartigen Fall ist in Abb. 6-16 dargestellt, in dem der Drängraben bis auf den undurchlässigen Untergrund hinabreicht. Die schematische Abbildung läßt erkennen, daß die Fließstrecken für die drei Strömungsfäden sehr verschieden lang sind. Die hydraulischen Potentialdifferenzen ($\Delta\psi_H$) sind aber für alle drei fast gleich. Daher sind die hydraulischen Gradienten (grad ψ_H) umso kleiner, je länger der Strömungsfaden ist. Dies hat zur Folge, daß der Wassertransport in der Nähe der Grabenwand schneller verläuft, als in größerem Abstand von ihr, und das ist die Ursache für die Absenkung der Grundwasseroberfläche in der Nähe des Gewässers bzw. auch eines Rohrdräns.

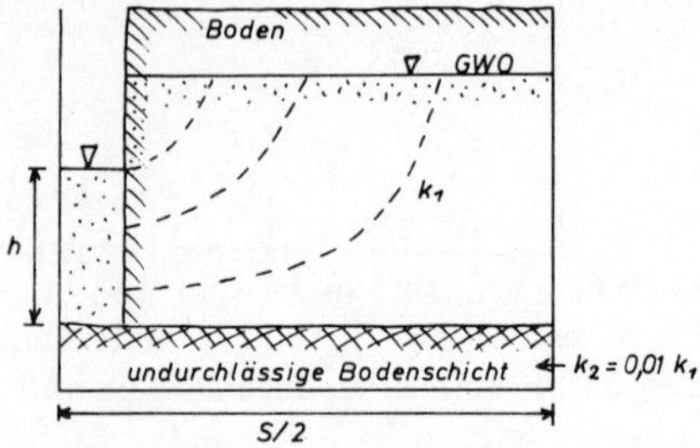

Abb. 6-16 Dränmodell für zweidimensionalen Zustrom zu einem Graben durch einen homogenen Boden über undurchlässigem Untergrund. Die Strömungsfäden haben unterschiedliche Länge, aber eine gleichgroße Potentialdifferenz

Der Verlauf der Strömungsfäden ist im letzteren Falle besonders regelmäßig, wenn er allseitig ungestört zu einer kreisförmigen Potentialsenke verläuft. Eine solche Situation ist z.B. besonders anschaulich gegeben, wenn ein senkrechtes Rohr in einen Boden eingebracht und aus ihm Wasser herausgepumpt wird. Es bildet sich rund um dieses Rohr ein Absenktrichter in der Grundwasseroberfläche, deren Verlauf eine Potentialhöhe darstellt. Für diesen Verlauf ist die *Laplace*-Gleichung gelöst worden. Die Lösung lautet:

$$Q = H_R - H_r \left(\frac{2\pi k}{\ln R/r}\right)$$

Hierbei ist Q die Wassermenge, k die Wasserleitfähigkeit und die Werte für H_R, H_r, R und r sind geometrische Parameter, deren Bedeutung aus Abb. 6-17 ersichtlich ist. Die Abbildung zeigt einen zweidimensionalen Ausschnitt aus dem dreidimensionalen Potentialfeld.

Gleichung und Bild lassen erkennen, daß bei gleicher Intensität der Wasserentnahme der Trichter umso tiefer und steilwandiger wird, je kleiner die Wasserleitfähigkeit (k) ist. Stellt man sich nun diesen Absenktrichter um 90° gedreht vor, so daß das Rohr die waagerechte Lage eines Dränrohres im Boden einnimmt, dann erhält man die gleiche Potentialverteilung, nur sind die Potentialhöhen nicht mehr ohne weiteres am Wasserspiegelverlauf sichtbar. Die radiale Verteilung bleibt jedoch erhalten, solange die Ränder

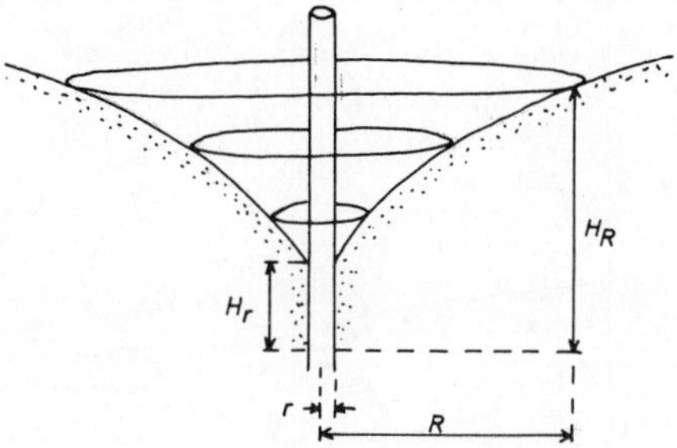

Abb. 6-17 Absenktrichter in der Grundwasseroberfläche als Folge des Herauspumpens von Wasser aus einem senkrecht stehenden Rohr

des Strömungsfeldes – nämlich die Grundwasseroberfläche und der undurchlässige Untergrund – dies nicht verhindern. Als anschauliches Beispiel hierfür kann man sich eine Anfangssituation vorstellen, wie sie in Abb. 5-3 für eine stationäre Strömung dargestellt wurde. In diesem Zustand ist der Eintritt des Wassers in das Ausflußloch von allen Seiten praktisch gleich. Wegen der im Vergleich zur Gefäßbreite tiefen Lage des Abflußloches sind alle Strömungsfäden noch annähernd gleich lang und die Gefälle daher noch sehr ähnlich. Läßt man jedoch den Wasserspiegel im Gefäß absinken, dann sinkt der Wasserdruck an der Ausflußöffnung und der austretende Wasserstrahl wird immer schwächer. Dabei ändert sich auch das Verhältnis Tiefe zu Breite des verbleibenden Strömungsfeldes und der in Abb. 6-16 dargestellte Zusammenhang kommt immer stärker zur Geltung.

Das führt schließlich dazu, daß die Wasseroberfläche sich in Ausflußnähe biegt und einen Trichter reißt, wie er in Waschbecken oder Badewannen zu sehen ist.

Genau das gleiche geschieht auch, wenn man das Gefäß mit Boden füllt. Das gesamte Strömungsfeld wird – stationär gesehen – nicht verändert, wie schon in Kapitel 5 beschrieben. Da aber der Wasserausfluß von der Wasserleitfähigkeit (k) abhängig ist, ist die Schnelligkeit des Absinkens und daher gleichzeitig auch die Zeitspanne unterschiedlich, über die sich die Veränderung der Gefälle in den verschiedenen Teilen des Gefäßes erstreckt. Der Trichter wird daher umso steiler, je größer der Fließwiderstand (1/k) bzw. je kleiner die Wasserleitfähigkeit (k) ist.

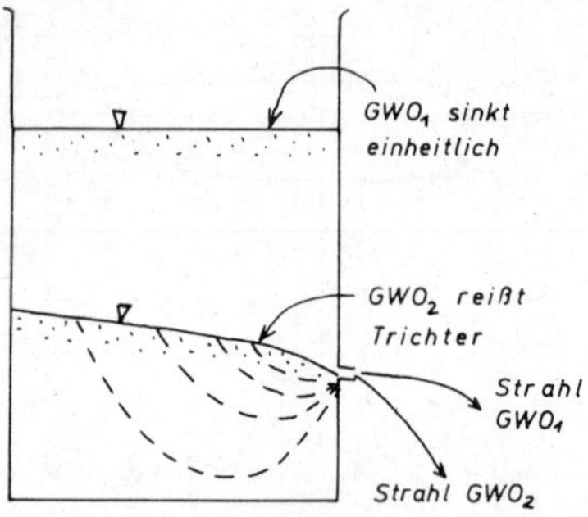

Abb. 6-18 Gefäß mit seitlichem Ausfluß wie in Abb. 5-3. Der mit absinkendem Wasserspiegel zunehmende Längenunterschied der Strömungsfäden läßt das Potentialgefälle immer ungleicher werden. Dabei wird die Grundwasseroberfläche (GWO) verzerrt. Die Intensität der Wasserabgabe sinkt mit abnehmender Wasserdruckhöhe

Da diese Sachverhalte und Zusammenhänge so grundsätzlich sind, werden sie in Abb. 6-18 noch einmal graphisch zusammengefaßt. Aus diesem Bild läßt sich ableiten, daß die Wirkung eines Dräns, d.h. die je Zeiteinheit abgeführte Wassermenge mit zunehmender Dräntiefe stark zunimmt und daß gleichzeitig die Aufwölbung der Grundwasseroberfläche zwischen den Dräns abnimmt. Weiterhin gibt die Abbildung einen Hinweis auf die Wirkung verschieden großer Dränrohre. Man kann nämlich erkennen, daß die Zusammendränung der Strömungsfäden auf engem Raum in der Nähe eines kleinen Ausflusses am größten ist (*Mann,* 1970). Sie nimmt stark ab, wenn man ihn größer macht. Dies kann man an den halbkreisförmigen Äquipotentiallinien in Abb. 5-3 erkennen.

Im Hinblick auf die Grundbruchgefahr bei stärkerem Strömungsdruck (s. Kap. 2) und die damit verbundene Versandung von Dränsträngen ist dieser Zusammenhang von praktischer Bedeutung. Am Rande des Dränrohres bildet sich mit der Ansammlung der Strömungsfäden eine Art Rückstau, der durch Vergrößerung der Wasserleitfähigkeit in unmittelbarer Nähe des Dränstranges wirksam abgebaut werden kann. Dies ist die Ursache für den praktischen Nutzen der Ummantelungen von Dränrohren mit Material, dessen Wasserleitfähigkeit größer ist als die des Bodens selbst – wie z.B. Kiespackungen oder Dränfilter. In dieser Packung ist die Leitfähigkeit erhöht und damit die Wasserabgabe erleichtert. Eine solche Filterpackung ist daher auch am wirksamsten, wenn die Größe der Eintrittsfläche für das Wasser in das Dränrohr besonders klein ist – nämlich bei nur teilweiser Wasserfüllung des Rohres. In diesem Fall konzentrieren sich die Strömungslinien am wassergefüllten Teil des Dränrohrs, weil der hydrostatische Druck infolge der Meniskenbildung vielfach nicht ausreicht, um den Austritt des Wassers aus engen Öffnungen in den luftführenden Teil des Rohres zu erzwingen (*Burghardt,* 1977). Das hydraulische Gefälle wird dabei herabgesetzt und damit auch die Grundbruchgefahr. Wenn an der Austrittsfläche zum freien Wasser ein Zusammendrängen der Strömungslinien vermieden wird, dann ist dort auch kein erhöhtes Potentialgefälle zur Aufrechterhaltung eines kontinuierlichen Flusses erforderlich. Das vorhandene, stets begrenzte Potentialgefälle konzentriert sich also nicht dort, sondern verteilt sich gleichmäßiger über den Rest des Feldes. Daher hat auch ein offener Drängraben eine größere Wirkung als ein Dränrohr in gleicher Tiefe.

Detaillierte Untersuchungen an Strömungsfeldern haben weiterhin gezeigt, daß der Einfluß einer undurchlässigen Schicht umso kleiner wird, je tiefer sie liegt, weil der Anteil der Strömungsfäden, die von ihr gestört werden, dann immer geringer wird. Ihre Tiefenänderung wird vernachlässigbar, wenn ihr Abstand vom Drän mehr als doppelt so groß wie der Abstand zwischen dem Drän und dem höchsten Wasserstand über ihm (*Kirkham,* 1951). Der Zustrom von Wasser zu einem Drän wird im Boden in der Regel durch Nachbardräns nicht verkleinert, wenn diese jeweils sieben oder mehr Meter entfernt sind. Die aus einer gedränten Fläche abgeführte Wassermenge ist dann bei gleicher Stranglänge nur noch abhängig von der Anzahl der Dräns (*Baver* u. Mitarb., 1972).

Letztlich gibt die Untersuchung eines Strömungsfeldes auch Hinweise auf die Wirkung von Schichten oder Horizonten mit unterschiedlicher Wasserleitfähigkeit (vgl. Abb. 5-13). Da aus Massenerhaltungsgründen nach Übergang in ein Medium mit geringerer Wasserleitfähigkeit mehr Platz gebraucht wird, um die gleichbleibende Wassermenge zu transportieren, biegen die Strömungsfäden so aus, daß sie der Normalen zur Schichtgrenze näherkommen. Ist der Unterschied in der Leitfähigkeit sehr groß, dann können nur ganz wenige Strömungsfäden in die dichtere Zone eintreten und der Rest muß seine Richtung so ändern, daß er ohne Berührung dieser Zone laufen kann, d.h. er muß sich praktisch parallel zur Schichtgrenze einstellen. Dies führt natürlich zu einer Verzerrung des Potentialfeldes. Wenn das Verhältnis zwischen den Wasserleitfähigkeiten der beiden Schichten etwa wie 1:50 oder noch kleiner (1:100 etc.) ist, dann spricht man daher von Undurchlässigkeit.

Die technischen Einzelheiten der Anlage von Dränsystemen sind in einer Anzahl von Spezialbüchern beschrieben. Hierzu seien genannt: *Luthin* (1957) und *Eggelsmann* (1973).

6.6. Evaporation

Wie die am Anfang dieses Kapitels beschriebene Wasserhaushaltsgleichung zeigt, ist die Evaporation (E) ein wesentliches Glied im hydrologischen Kreislauf. Der Vorgang der Evaporation ist vor allem aus meteorologischer Sicht eingehend untersucht worden. Sein Bezug zum Boden wurde von *Geiger* (1961) ausführlich dargestellt (vgl. weiterhin *Rijtema,* 1965). Praktische Erfahrungen und praxisnahe Versuche haben jedoch gezeigt, daß die tatsächliche Wasserabgabe aus einem Boden nicht allein von diesem meteorologischen Faktor, sondern darüberhinaus in hohem Maße von Bodeneigenschaften bestimmt wird (*Heinonen,* 1965).

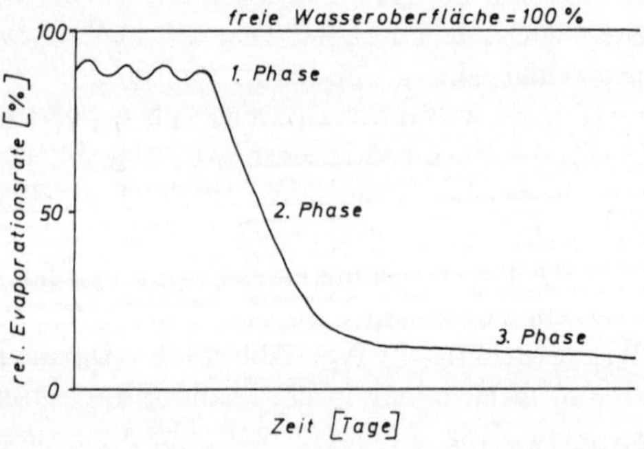

Abb. 6-19 Zeitlicher Ablauf der Evaporation aus einem Boden, in dem das Wasser nicht ersetzt wird. Phase (1) zeigt die ungehinderte Wassernachlieferung, Phase (2) zeigt fortschreitende Entwässerung an, während bei Phase (3) der ausgetrocknete Boden als Evaporationsbarriere für Wasser aus feuchteren tieferen Bereichen wirkt

Dies ist in Abb. 6-19 für einen zu Beginn des Vorgangs wassergesättigten Boden schematisch dargestellt. Die Abbildung zeigt drei Phasen, deren erste hinsichtlich der Evaporationsintensität dem Verhalten einer freien Wasseroberfläche sehr nahe kommt. Die Intensität entspricht daher etwa der potentiellen Evaporation. Die zweite ist durch eine starke Intensitätsabnahme und die dritte durch eine nur noch sehr geringe Intensität gekennzeichnet, die einem stationären Strömungszustand sehr nahe kommt. Für diese letzte Phase wird für die unmittelbare Bodenoberfläche ein nur noch aus 2 monomolekularen Wasserschichten bestehender Film angenommen (*Idso* u. Mitarb., 1974). Der Verlauf dieser Kurve ist in hohem Maße bodentypisch und deshalb muß das Phänomen der Evaporation auch aus bodenkundlicher Sicht abgehandelt werden.

Da sich die Verdunstungswärme des Wassers innerhalb des Temperaturbereiches, der an der Bodenoberfläche auftritt, nur wenig verändert (sie nimmt mit steigender Temperatur ein wenig ab), kann man die Evaporation praktisch analog als Wärmeabfuhr und als Wasserverlust betrachten (*Geiger*, 1961):

$$E_{cal \cdot cm^{-2} \cdot sec^{-1}} \approx mm \cdot h^{-1} = E_{Str + B} + E_{vent}$$

Sie besteht, wie die vorstehende Gleichung anzeigt, die auf *Sverdrup* (zit. bei *Geiger*, 1961) zurückgeht, aus zwei Teilen, deren erster ($E_{Str + B}$) als Wärmehaushalts- und deren zweiter (E_{vent}) als Ventilationsglied bezeichnet wird. Das Wärmehaushaltsglied beschreibt den Umstand, daß für den Evaporationsvorgang Wärme verbraucht wird, die durch Einstrahlung (Str) unmittelbar zugeführt oder von früherer Einstrahlung her als Vorrat im Boden (B) vorhanden sein kann (vgl. Kap. Bodenwärme). Das Ventilationsglied beschreibt den Umstand, daß der Ablauf der Evaporation stark davon abhängig ist, inwieweit das Dampfdruckgefälle durch Abtransport der wasserdampfgesättigten Luftmasse aufrechterhalten bleibt.

Wenn man nun davon ausgeht, daß an der Bodenoberfläche eine etwa 1-3 mm dicke Luftschicht vorhanden ist, in der die Luftbewegung so stark gebremst wird (Abb. 5-1), daß sie praktisch als unbeweglich angenommen werden kann (laminare Grenzschicht, *Geiger*, 1961), dann ergibt sich für den Evaporationswasserstrom aus dem Boden ein Verlauf, wie ihn Abb. 6-20 schematisch anzeigt, d.h. die Evaporation wird durch die in und unmittelbar über dem Boden fehlende Ventilation gehemmt. Allerdings enthält das Bild eine starke Vereinfachung, denn es gibt Anzeichen dafür, daß höhere Windgeschwindigkeiten über unbewachsenem Boden mehrere Zentimeter tief wirksam sein können. Dabei ist vor allem die Fluktuation der Windgeschwindigkeit wirksam. Der fördernde Einfluß auf die Evaporation steigt mit zunehmender Aggregatgröße, weil damit auch die Größe der Sekundärporen zunimmt (*Scotter* und *Raats*, 1969).

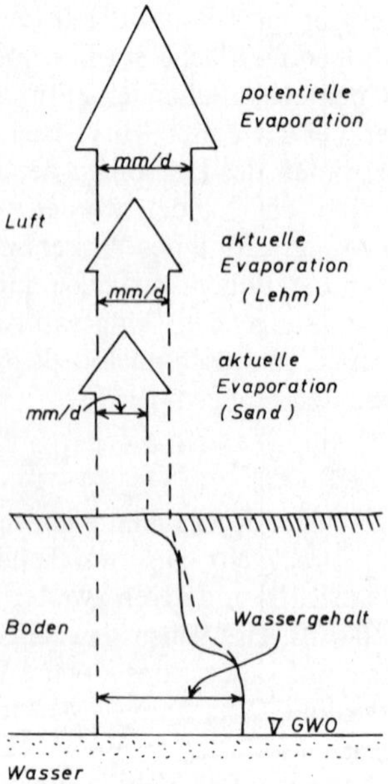

Abb. 6-20 Schematische Darstellung des Wasserstromes der Evaporation. Die Bandbreite gibt die Intensität an. Die aktuelle Evaporation ist von der Nachlieferungsintensität aus dem Boden abhängig

Ungeachtet dieser Schwierigkeit besteht jedoch der Sachverhalt, daß der Boden meistens weniger Wasser abgibt, als die angrenzende Luft unter den in der Gleichung beschriebenen Bedingungen aufnehmen kann (Abb. 6-20). Es besteht also offenbar eine Evaporationsbarriere. Für das Verständnis des Ablaufs der Evaporation als Glied des Wasserkreislaufs ist es vorteilhaft, auch hier, wie bei der Bewegung des Wassers in der flüssigen Phase, von der Vorstellung eines

Potentialfeldes (großflächig als eindimensional aufgefaßt) auszugehen. Dann wäre der freie Luftkörper die Potentialsenke, die laminare Grenzschicht und der ungesättigte Boden eine Zone mit grossem Übergangswiderstand und die Grundwasseroberfläche die Potentialquelle.

Bei einem wassergesättigten Boden entspricht die Evaporationsrate der ersten Phase etwa 90% derjenigen, die über einer freien Wasserfläche der gleichen Temperatur auftritt (*Penman,* 1956). Die Absolutwerte liegen in der Größenordnung bis zu ~ 15 mm pro Tag. Für das Zurückbleiben hinter den Werten der Wasseroberfläche werden vor allem die folgenden Gründe genannt: Ausbildung der ersten Meniskenkrümmung und damit verbundene Absenkung des Gesamtpotentials des Wassers, Vergrößerung des Anteils stillstehender Luft als Folge größerer Rauhigkeit in diesem Zustand und die Tatsache, daß durch den Boden mehr Einstrahlungsenergie reflektiert wird als durch die freie Wasseroberfläche. Letzteren Sachverhalt kann man anschaulich an Luftaufnahmen sehen, auf denen tiefe Gewässer fast schwarz erscheinen, also weniger sichtbares Licht reflektieren als flaches Wasser und festes Land.

Solange die erste Phase der Evaporation anhält, erwärmt sich der Boden kaum. Beginnende Erwärmung deutet darauf hin, daß diese Phase beendet ist und die nächste begonnen hat (*Aston* und *van Bavel,* 1972).

Wenn keine Zufuhr vom Grundwasser her erfolgt, dann ist diese erste Phase der Evaporation nur kurz, weil die Wasserfilme auf den oberflächennächsten Bodenpartikeln immer dünner und die dazugehörigen Menisken immer enger werden.

Dies setzt, wie im Kap. 5 (Wasserbewegung) beschrieben, eine Bewegung des flüssigen Wassers in Gang. Das Ausmaß dieser Bewegung, die durch die *Darcy*-Formel beschrieben werden kann, ist abhängig von dem Verlauf der Abnahme der Wasserleitfähigkeit (k_θ) bei zunehmender Wasserspannung (= abnehmendem Potential), wie in Abb. 5-12 zu ersehen. Örtlich abnehmende Wassergehalte erzeugen, wie am Anfang dieses Kapitels beschrieben, aber auch zunehmende hydraulische Potentialgradienten in der Umgebung (Abb. 6-5 und 6-7). Es bildet sich daher eine Situation heraus, wie sie in Abb. 6-20 schematisch dargestellt ist. In diesem Stadium ist die tatsächliche Wasserabgabe aus dem Boden zu einem erheblichen Anteil vom Verlauf dieses Nachlieferungsstromes abhängig. In einem Sandboden z.B. trocknet die oberste Schicht sehr bald stark aus, und es bildet sich eine transporthemmende Barriere, die die tiefer liegenden Bodenzonen an weiterer Wasserabgabe hindert. Bei Schluff- und Tonböden wird eine derartige Barriere jedoch langsamer ausgebildet, so daß diese insgesamt mehr Wasser evaporieren können und sich dabei tiefer entwässern.

Der eigentliche Evaporationsvorgang, also der Übergang in die Gasphase, findet auch dabei weitaus überwiegend unmittelbar an der Bodenoberfläche statt, wobei ein erheblicher Teil der eingestrahlten Energie (bis zu einem Drittel ihrer Menge, *Eils,* 1972) sofort als Verdunstungswärme verbraucht wird. Erst wenn die Bodenoberfläche relativ stark ausgetrocknet ist (Wasserspannung $10^{4,7}$ cm WS), nimmt die Wassersättigung der Bodenluft spürbar ab. Erst dann wird ein Wasserdampfstrom zur Oberfläche hin in Gang gesetzt, der tiefer im Boden zur Verdunstung führt.

Dieser Zustand der Evaporation aus erheblichen Bodentiefen kennzeichnet die dritte Phase in Abb. 6-19. Hier liegt die wesentlichste Ursache für die Beschränkung auf Werte zwischen 0,4 und 1,2 mm pro Tag darin, daß eine flüssige Nachlieferung zur Bodenoberfläche praktisch nicht mehr ins Gewicht fällt. Die Evaporation wird zu einem erheblichen Teil durch die Dampfdruckunterschiede über den Menisken und Filmen der verschiedenen Bodenschichten hervorgerufen und die Diffusion des Wasserdampfes ist durch die langen und gewundenen Porenwege stark behindert.

Sehr anschaulich verdeutlicht wird der gesamte Komplex der Wasserabgabe durch Evaporation und sein Zusammenhang mit den beiden Gliedern auf der rechten Seite der Verdunstungsgleichung (S. 235) durch die in Abb. 6-21 dargestellte Ausformung der Bodenoberfläche, mit der die Evaporation aus einem Boden am stärksten eingeschränkt werden kann (*Heinonen,* 1965).

Die oberste Bodenschicht besteht bei diesem Modell aus Aggregaten von etwa 6-8 mm Durchmesser. Diese Schicht ist vom Standpunkt der Evaporationshemmung aus allein gar nicht notwendig. Sie ist aber unentbehrlich, um die darunterliegende feinaggregierte Schicht (1-2 mm) vor dem Schlag des Regens und der daraus folgenden Aggregatzerstörung und Dichtschlämmung zu schützen (vgl. Abb. 2-24). Die darunter anschließende feinaggregierte Schicht soll die Turbulenz der Luftbewegung hemmen. In ihren relativ engen Poren soll der Wasserdampftransport allein auf den Diffusionsvorgang beschränkt werden. Um diesen Sachverhalt ganz sicher zu stellen, muß der Zutritt von Wasser in flüssiger Phase zu dieser Schicht unterbunden werden. Hierzu dient die untere der beiden

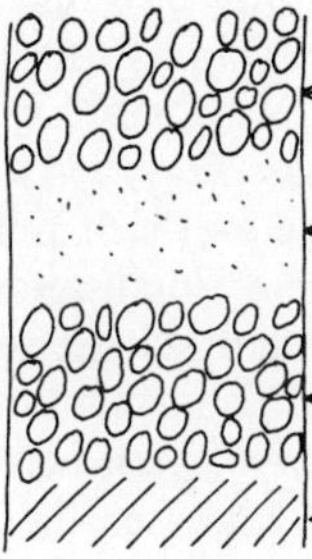

Abb. 6-21 Ausformung der Bodenoberfläche zwecks Minimierung der Evaporation. Die oberste grobe Aggregatschicht soll die darunter liegende feine vor Verschlämmung schützen. Die feine Schicht selbst soll Turbulenz der Bodenluft unterbinden, die darunter liegende grobe soll die flüssige Wassernachlieferung zur feinen unterbinden (*Heinonen,* 1965)

grobaggregierten Schichten. In ihr ist dank der geringen Zahl der Kontaktpunkte zwischen den relativ großen Aggregaten die ungesättigte Wasserleitfähigkeit gering. Die engporige Zwischenschicht wird daher weitgehend freigehalten vom Wassernachschub aus dem dichten, im Bild schraffierten Unterboden.

Jede Art der Bodenoberfläche, ihre Ausformung durch Kulturmaßnahmen, ihre Abdeckung mit den verschiedensten Materialien (Mulch) hat also einen Einfluß auf die Evaporation. Dieser Einfluß läßt sich abschätzen, wenn man die Wirkung dieser Maßnahmen und Materialien auf die Absorption der eingestrahlten Wärmeenergie, die Turbulenz der Luft in der Grenzschicht und die Nachlieferung von Wasser an den Ort der Evaporation beachtet.

Einen speziellen bodeneigenen Einflußfaktor bildet die Hysteresis der Wasserspannungskurven, weil sie zur Folge hat, daß je nach dem Austrocknungsgrad unterschiedliche Wasserspannungsgefälle entstehen, wenn eine bestimmte Wassermenge durch Niederschläge zugeführt wird (*Hillel,* 1976).

Je trockener der Boden war, desto stärker setzt nämlich eine gegebene Wassermenge die Wasserspannung herab.

Schließlich sei noch der Vorgang der Schrumpfung erwähnt, der solange evaporationsfördernd wirkt, wie die Rißbildung die evaporierende Oberfläche vergrößert, die direkt mit der atmosphärischen Luft in Verbindung steht und im Bereich der Turbulenz liegt. Bei weiterer Aufteilung der geschrumpften Zone in kleinere Aggregate geht diese Förderung jedoch zurück, sobald diese Aggregate mehr und mehr eine Barriere für die Nachlieferung von Wasser in flüssiger Form bilden (*Ritchie* und *Adams*, 1974).

Aus diesem Zusammenhang ergibt sich weiter, daß ein hoher Wassergehalt des Bodens die erste Voraussetzung für eine hohe Evaporation ist. Das bedeutet, daß grundwassernahe Standorte besonders viel Wasser verdunsten und daher natürlich besonders wenig zur Auffüllung von Grundwasservorräten beisteuern. Unter diesen Bedingungen ist auch in ariden Klimaten die Ansammlung von Salzen am stärksten. Sie wird dann durch hohe Wasserleitfähigkeit und gegebenenfalls durch bevorzugte Wasserleitfähigkeit in der Fließrichtung infolge entsprechender Gefügebildung gefördert (*Collis-George* und *Smiles*, 1963).

Da Salzanreicherung eine Folge der Evaporation ist, gibt eine Zunahme der Salzkonzentration und ihre Beschränkung auf eine mehr oder weniger schmale Zone nahe der Bodenoberfläche einen ersten Hinweis darauf, wo der eigentliche Evaporationsvorgang stattfindet.

6.7. Literatur

Aston, A.R., C.H.M. van Bavel (1972): Agron. Journ. 64, 368-373
Baumann, H., U. Schendel, G. Mann (1974): Wasserwirtschaft in Stichworten. F. Hirt, Kiel
Baver, L.D., W.H. Gardner, W.R. Gardner (1972): Soil Physics. 4. Aufl. Wiley and Sons. Inc. New York
Benecke, P., R.R. van der Ploeg (1976): Mitt. Deutsch. Bodenkundl. Ges. 23, 31-46
Blake, G., E. Schlichting, U. Zimmermann (1973): Proc. Soil Sci. Soc. America. 37, 669-672
Blume, H.P. (1968): Stauwasserböden. Ulmer, Stuttgart
Blume, H.P., K.O. Münnich, U. Zimmermann (1968): Z. Pflanzenern. u. Bodenkunde. 121, 231-145
Bodman, G.B., E.A. Coleman (1943): Proc. Soil Sci. Soc. America. 8, 116-122
Burghardt, W. (1977): Z. Kulturtechn. u. Flurber. 18, 166-177
Canarache, A. (1974): Ber. 10. Congr. Int. Bodenkundl. Ges. Moskau 1974, Bd. 1, 89-95
Collis-George, N., D.E. Smiles (1963): Austral. J. Soil. Res. 1, 17-27
Eggelsmann, R. (1973): Dränanleitung. Wasser u. Boden. A. Lindow, Hamburg
Ehlers, W. (1975): Soil Sci. 119, 242-249

Eils, W. (1972): Ber. Inst. Meteorologie TU Hannover, Nr. 7
Ellies, A. (1975): Diss. TU Hannover
Ernst, L.F. (1950): Rapp. Landbouwproefstat. Bodemkundig Inst. TNO, Groningen
Fink, A. (1963): Tropische Böden. Parey, Hamburg
Forchheimer, P. (1930): Hydraulik. Teubner, Leipzig/Berlin
Geiger, R. (1961): Klima der bodennahen Luftschicht. Viehweg u. Sohn, Braunschweig
Germann, P. (1976): Mitt. Eidgen. Anst. forstl. Versuchswesen. 52, 163-309
Green, W.H., G.A. Ampt (1911): Studies on Soil Physics. J. Agr. Science 4, 1-24
Großgebauer, A.K. (1976): Diss. TU Hannover
Heinonen, R. (1965): Aktuellt från lantbrukshögskolan Nr. 69. Selbst-Verlag Universität Uppsala
Heinonen, R. (1971): Soil Management and Crop Water Supply. Lantbrukshögskolans kompendienämnd
Herrmann, R. (1977): Einführung in die Hydrologie. Teubner, Stuttgart
Hillel, D. (1976): Soil Sci. 122, 309-314
Hooghoudt, S.B. (1940): Versl. Landbouwk. Onderz. 46, 515-707
Hofmann, G. zit. n. Geiger, R. (1961): Klima der bodennahen Luftschicht. Vieweg, Braunschweig
Idso, S.B., R.J. Reginato, R.D. Jackson, B.A. Kimball, F.S. Nakayama (1974): Proc. Soil Sci. Soc. America. 38, 831-837
Kazman, R.G. (1972): Modern Hydrology. Harper a. Row, New York
Keller, H.M. (1975): Mitt. Eidgen. Anst. forstl. Versuchswesen 51, 133-140
Kirkham, D. (1951): Trans. Americ. Geophys. Union. 32, 422-432 u. 433-442
Kirkham, D. (1958): Trans. Americ. Geophys. Union. 39, 829-908
Kirkham, D., W.L. Powers (1972): Advanced Soil Physics. Wiley-Interscience, New York
Kuntze, H. (1965): Die Marschen. Parey, Hamburg
Luthin, J.N. (1957) (Hrsg.): Drainage of agricultural land. American Soc. Agronomy, Madison, Wis.
Mann, G. (1970); Diss. Kiel
Overmann, M. (1971); Wasser. Deutsche Verlagsanstalt, Stuttgart
Penman, H.L. (1956): Neth. J. Agr. Sci. 4, 9-29
Philip, J.R. (1957): Soil Sci. 84, 257-264
Philip, J.R. (1969): Advances of Agronomy 5. Academic Press, New York
Preß, H. (1958) (Hrsg.): Taschenbuch der Wasserwirtschaft. Wasser u. Boden, Axel Lindow u. Co., Hamburg
Renger, M., W. Giesel, O. Strebel, S. Lorch (1970): Z. Pflanzenern. u. Bodenkunde. 126, 15-33
Renger, M., O. Strebel, W. Giesel, J. Hoyningen-Huene (1975): Mitt. Deutsch. Bodenkundl. Ges. 22, 113-120
Renger, M., O. Strebel, W. Giesel (1975): Z. Kulturtechn. u. Flurber. 16, 12-137 (5. Bericht)
Rijtema, P.E. (1965): Centre Agric. Public. Documentation Nr. 659. Inst. Kulturtechnik Wageningen
Ritchie, J.T., J.E. Adams (1974): Proc. Soil Sci. Soc. America. 38, 131-134

Rode, A. (1959): Das Wasser im Boden (deutsch von M. Trenel). Akademie Verlag, Berlin
Schröder, B. (1970) (Hrsg.): Wasser. Suhrkamp, Frankfurt/M.
Schröder, M. (1976): Deutsche Gewässerkundl. Mitt. 20, 8-13
Schröder, M. (1970): Forstwiss. Centralbl. 89, 200-210
Schroeder, G. (1958): Landwirtschaftlicher Wasserbau. Springer, Verlin
Scotter, D.R., P.A.C. Raats (1969): Soil Sci. 108, 170-176
Streubing, L. (1965): Pflanzenökologisches Praktikum. Parey, Hamburg
Strebel, O. (1970): Z. Pflanzenern. u. Bodenkunde. 127, 31-40
Strebel, O., M. Renger, W. Giesel (1975): Z. Pflanzenern. u. Bodenkunde. 138, 61-72
Süssmann, W. (1976): Mitt. Deutsch. Bodenkundl. Ges. 23, 209-214
Wenzel, V. (1976): Mitt. Deutsch. Bodenkundl. Ges. 23, 201-207
Wohlrab, B. (1963): Ber. Landesanst. Bodennutzungsschutz Nordrhein-Westfalen, 4, 97-121
Wohlrab, B. (1970): Das Grundwasser als leistungsbegrenzender und leistungsfördernder Standortfaktor für land- und fortswirtschaftliche Nutzung. Landwirtschaftsverlag, München

7. Gasphase im Boden

Die Zwischenräume zwischen den festen Bodenteilchen können nicht „leer" im engsten Sinn des Wortes sein. Wenn sie kein Wasser enthalten, dann müssen sie mit Teilen unserer Atmosphäre, also mit Luft gefüllt sein. Wenn in der Überschrift dieses Kapitels dennoch von der Gasphase gesprochen wird, so geschieht dies, um darauf hinzuweisen, daß die Zusammensetzung der Gasphase im Boden in verschiedener Hinsicht von der der atmosphärischen Luft abweicht. Diese Unterschiede sind die Ursachen von Bewegungsvorgängen, die insgesamt den sogenannten Luft- oder Gashaushalt ausmachen und sind als solche bodentypisch.

7.1. Mengen und Verteilungen der Gasphase

Zu Beginn sei noch einmal an den im Zusammenhang mit der Wasserbindung (Kap. 5) erörterten Sachverhalt erinnert, daß unter Freilandbedingungen alle Oberflächen von festen Bodenteilchen mit Wasserfilmen überzogen sind, die im Gleichgewicht mit dem Wasserdampfdruck der Luft stehen. Das bedeutet nämlich, daß unter diesen Umständen im Boden gar keine Berührung zwischen der Luft und den Festteilchen stattfindet, solange diese „feucht" bleiben. Direkte Berührungen zwischen den Festkörpern und der Luft treten also offenbar nur dann auf, wenn die Bodenteilchen sich nicht mehr benetzen, wie dies vor allem bei Sanden mit Überzügen aus feinverteilter organischer Substanz vorkommt (*Ellies,* 1975).

Da im Porenraum der Böden die Summe von Wasser- und Luftvolumen konstant ist, ist der Luftgehalt in der Regel umso größer, je näher die betrachtete Stelle unter der Bodenoberfläche ist. Umgekehrt ist der Wassergehalt meistens umso niedriger, je näher diese Stelle der Bodenoberfläche ist.

Wegen des heterogenen Porensystems in jedem Boden ist die Grenze zwischen Wasser und Luft sehr unregelmäßig und enthält zahlreiche Ausstülpungen – luftgefüllte grobe Poren als zusammenhängende Kanäle – inmitten einer sonst wassergefüllten Umgebung.

Außer diesen kontinuierlichen Vorkommen, die mit der atmosphärischen Luft in direktem Kontakt stehen, kommen auch abgeschnittene, d.h. allseitig wasserumgebene Luftinklusionen vor, weil das Wasser bei der Infiltration oder beim kapillaren Aufstieg nicht in geschlossener Front vorrückt.

Die Tatsache, daß die Wassergehalte im Boden im allgemeinen – außer nach Niederschlagsereignissen oder Überstauungen – von der Bodenoberfläche nach der Tiefe hin zunehmen und daß gleichzeitig die Wasserspannungen abnehmen (s. Kap. 6), bedeutet für die Verteilung der Gasphase im Boden zunächst, daß mit zunehmender Tiefe der luftgefüllte Volumenanteil immer kleiner wird. Außerdem wird aber die Verteilung verändert, weil die Poren, die mit zunehmender Tiefe im Boden noch Luft enthalten, stets diejenigen mit den geringsten Matrixpotentialen sind. Das bedeutet, daß die Luftanteile mit zunehmender Tiefe im Boden immer stärker auf wenige grobe Poren konzentriert sind. Das ist in Abb. 7-1 auf zwei

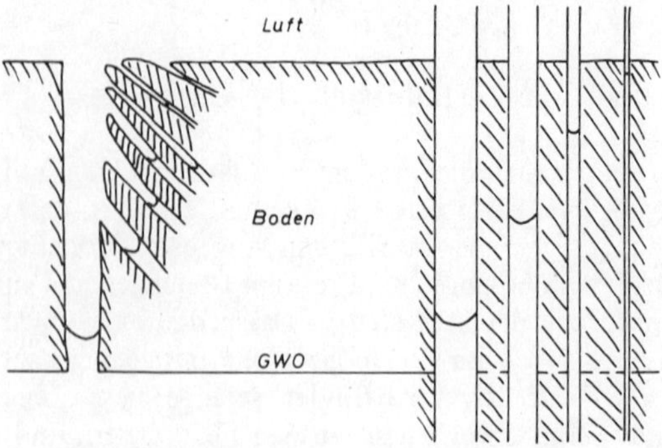

Abb. 7-1 Verteilung der Gasphase im Boden in Abhängigkeit vom Abstand von einer Grundwasseroberfläche; links als Schema einer zusammenhängenden, mit der Atmosphäre in Verbindung stehenden Gasphase, rechts als kapillare Aufstiegshöhe

verschiedene Arten schematisiert dargestellt, nämlich einmal durch die Verzweigungsform eines Luftkanalsystems und daneben durch kapillare Aufstiegshöhen idealisierter, nebeneinander gestellt gedachter Bodenporen. Die Tatsache, daß unterhalb der obersten Menisken – ja auch unterhalb der Grundwasseroberfläche – Gasvolumina eingeschlossen sein können, ist dabei nicht berücksichtigt worden. Wie die Abbildung verdeutlicht, sind also nicht nur die Luftmengen in Abhängigkeit von der Nähe zum Grundwasser verschieden, sondern auch ihre Verteilung innerhalb der Bodenmatrix. Je nasser der Boden ist, d.h. meistens, je näher eine betrachtete

Stelle im Boden dem Grundwasser ist, desto größere Strecken sind luftfrei und desto größer sind die Abstände zwischen den kontinuierlich mit der Atmosphäre in Verbindung stehenden Luftkanälen.

7.2. Energetische Lage der Gasphase

In der hydrostatischen Grundgleichung, die im Kapitel 4 näher erläutert wurde, ist der Luftdruck (p_L) als eine konstante Größe eingesetzt, um mit seiner Hilfe den absoluten Wasserdruck (p_W) zu definieren:

$$p_W = p_L + h \cdot d_W \cdot g$$

Ein solches Verfahren erzeugt nur geringe und daher in der Regel vernachlässigbare Fehler, weil Luftdruckdifferenzen sich infolge der im Vergleich zum Wasser sehr geringen Zähigkeit der Luft in einem zusammenhängenden Luftkörper sehr schnell ausgleichen (s. Tab. 7-1). Dies gilt nicht nur in einem größeren, zusammenhängenden Luftraum, sondern auch in Systemen aus feinverzweigten

Tabelle 7-1 Zähigkeit (Viskosität, η) von Wasser und Luft bei einem Druck von einer Atmosphäre in Poise (nach *D'Ans* und *Lax,* 1967)

	η [P = g / (cm · sec)]			
	0°C	10°C	20°C	30°C
Wasser	$1{,}8 \cdot 10^{-2}$	$1{,}3 \cdot 10^{-2}$	$1{,}0 \cdot 10^{-2}$	$0{,}8 \cdot 10^{-2}$
Luft	$1{,}71 \cdot 10^{-4}$	$1{,}77 \cdot 10^{-4}$	$1{,}82 \cdot 10^{-4}$	$1{,}88 \cdot 10^{-4}$

Luftkanälen, wie ein teilweise wassergesättigter Boden sie darstellt. Dieser Sachverhalt ist die Ursache dafür, daß bei der Untersuchung von Wasseraufnahme- oder -abgabe durch den Boden der Einfluß der zu verdrängenden oder nachrückenden Luft auf den Ablauf der Bewegung in der Regel vernachlässigt werden darf. Grundsätzlich kann man diesen Einfluß jedoch nicht übersehen. Deshalb ist es üblich, bei der Besprechung des Gesamtpotentials des Bodenwassers und seiner Aufteilung in Teilpotentiale ein Gaspotential (ψ_g) zu definieren (Kap. 4).

Wenn die Fließstrecken für die verdrängte Luft bei geringer Leitfähigkeit des Bodens lang sind oder wenn abgeschlossene, allseitig von Wasser umgebene Luftkörper entstehen, dann baut sich eine Druckdifferenz gegenüber dem atmosphärischen Luftdruck zu einer separat meßbaren Größe auf und wirkt dem Eindringen des Wassers entgegen. Dies geschieht vor allen Dingen bei schnellen großflächigen Überstauungen, wie sie bei künstlichen oder natürlichen Starkregen und bei Überschwemmungen vorkommen können. Die Luftdrücke, die dabei entstehen können, sind vom Gewicht und damit von der Höhe des überstauenden Wassers abhängig. Sie können bis zu 20 cm WS erreichen und dann die Infiltrationsrate erheblich verkleinern. Die Druckhöhen sind in der Mitte der überstauten Flächen merklich größer als an deren Rändern (*Dixon* und *Linden,* 1972).

In diesen Fällen überträgt der eingeschlossene Luftkörper den durch das zugeführte Wasser verursachten Druckanstieg und übermittelt ihn praktisch ohne Verzögerung auf die feste Substanz und das angrenzende Wasser. Auf diese Weise wird das Potentialgleichgewicht nicht verändert und es muß daher auch keine ausgleichende Fließbewegung erfolgen, wenn man von der Tatsache absieht, daß der eingeschlossene Luftkörper infolge der Erhöhung des Umgebungsdrucks an Volumen verliert und das Wasser nachrücken muß.

Der Druck innerhalb eines derartig abgeschlossenen Luftkörpers entspricht der Summe aus Außenluftdruck und Wasserdruck, solange die Grenzfläche Wasser : Luftkörper eben ist, so daß an ihr keine Kapillarkräfte angreifen.

Dieser Sachverhalt ist in Abb. 7-2 schematisch dargestellt (*Hartge,* 1973). In der Abbildung ist der Druck in der eingeschlossenen Luft (p_{L_1}) gleich dem an der Berührungsfläche mit dem Wasser (p_{W_1}). Der Wasserdruck an dieser Stelle ist aber durch die hydrostatische Grundgleichung beschrieben. Formelmäßig ausgedrückt ergibt dies:

$$p_{L_1} = p_{W_1} = p_L + h_1\ d_W\ g$$

Hierbei ist p_L der Außenluftdruck, h_1 die Höhe der Wassersäule, d_W und g sind Dichte des Wassers und Erdbeschleunigung.

In dieser Formel ist die Wasserhöhe h von der freien Wasseroberfläche nach unten positiv eingeteilt zu denken, d.h. mit zunehmender Höhe dieser Wassersäule nimmt der Druck zu. Befindet sich der eingeschlossene Luftkörper dagegen oberhalb der freien Wasseroberfläche – also im Bereich negativer Wasserdrücke bzw. im Bereich der Wasserspannungen – dann wirkt sich die Höhe der Wassersäule

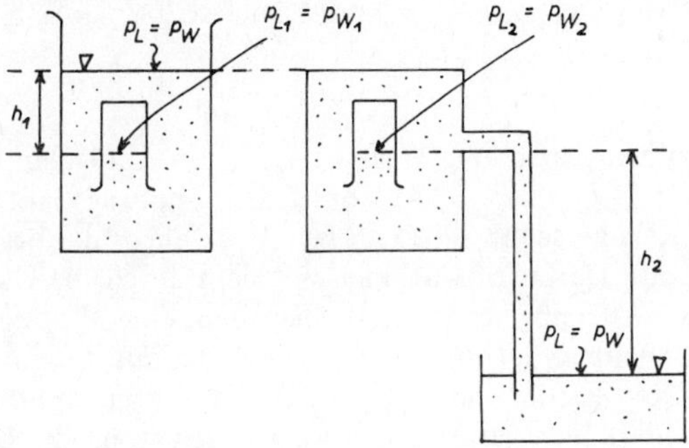

Abb. 7-2 Drücke in abgeschlossenen Luftinklusionen (p_{L_1} bzw. p_{L_2}) in Abhängigkeit von den Drücken im umgebenden Wasser. Unterhalb der freien Wasserfläche ist der Druck der eingeschlossenen Luft höher (p_{L_1}), oberhalb der freien Wasserfläche ist er niedriger (p_{L_2}) als der atmosphärische Luftdruck (p_L)

(h_2) umgekehrt aus. Daher ist hier der Luftdruck im eingeschlossenen kleinen Gefäß:

$$p_{L_2} = p_{W_2} = p_L - h_2 \cdot d_W \cdot g$$

In diesem Gefäß ist der Luftdruck p_{L_2} also geringer als der atmosphärische Druck.

Schematisch kann man diese Situation darstellen, indem man sich den Topf in Abb. 7-2 oben in Höhe der Wasseroberfläche geschlossen und durch ein wassergefülltes Rohr mit einem tieferstehenden offenen Wassergefäß verbunden vorstellt.

Alle diese schematischen Vorstellungen gingen bisher davon aus, daß der Luftkörper im Boden durch ebene Grenzflächen vom Wasserkörper getrennt ist. Das ist im Boden mit seinem engen Porensystem jedoch nicht der Fall.

Es liegen vielmehr überall gebogene Grenzflächen vor, an deren beiden Seiten unterschiedliche Drücke herrschen (Abb. 3-7), deren Differenz durch Oberflächenspannung und Krümmungsradius ausgeglichen wird. Vom Luftraum aus betrachtet sind diese Grenzflächen als Menisken konkav, als dünne Filme über Festpartikeln auch eben oder konvex. Dies hat zur Folge, daß die Luftdrücke in dem durch Menisken begrenzten Raum höher sind als im umgebenden Wasser, und zwar um den Betrag Δp, gemäß:

$$\Delta p = \frac{2\gamma}{r}$$

(γ = Grenzflächenspannung Wasser : Luft, r = Äquivalentradius). Die Gleichung (vgl. Kap. 3, Abschnitt Schrumpfung) läßt erkennen, daß der Drucküberschuß umso größer ist, je enger die begrenzenden Menisken sind. Da Luftinklusionen mit dem durch die Gleichung beschriebenen Drucküberschuß (Δp) versuchen, eine allseitig kugelige Gestalt anzunehmen (*Wolf,* 1957), pressen sie mit diesem Druck auch die festen Partikel auseinander. Dadurch können erhebliche Gefügeveränderungen verursacht werden, auch wenn die Druckdifferenz bei jeder weiteren Annäherung an die Kugelform sinkt, weil damit eine Vergrößerung der Meniskenradien verbunden ist.

Die Abhängigkeit der Druckunterschiede eingeschlossener Luft von den durch Körnung und Gefüge bedingten Radien der begrenzenden Menisken führt zu Umverteilungen der Luftvolumina, auf die später noch einmal eingegangen wird.

7.3. Zusammensetzung der Gasphase

Dem Ziel dieser gesamten Darstellung entsprechend soll hier die Zusammensetzung der Bodenluft nur insoweit beschrieben werden, als sie physikalische Vorgänge auslöst oder beeinflußt. Die biologischen Aspekte werden nur insoweit berührt, als es zur Erklärung der ersteren nötig erscheint.

Die Zusammensetzung der Bodenluft unterscheidet sich von der der atmosphärischen Luft in erster Linie durch einen meist höheren Gehalt an CO_2 und Wasserdampf und durch einen geringeren Gehalt an 0_2. Unter hinreichend stark reduzierenden Bedingungen können darüber hinaus noch Gase wie H_2S, CH_4 und auch NH_3 auftreten. Diese letztgenannten Bestandteile entstehen in Abwesenheit von Sauerstoff bei Anfall leicht abbaubarer organischen Substanzen wie z.B. in Sümpfen (Sumpfgas), unter Viehpferchen (*Elliot* und *McCalla,* 1972) und bei Müll- und Klärschlammdeponien.

Diese Unterschiede werden durch biologische Abläufe im Boden verursacht und zwar sowohl durch die Atmung der Wurzeln höherer Pflanzen und der Tiere als auch durch die Tätigkeit der gesamten aeroben wie auch anaeroben Mikroflora. Da im Verlauf dieser

Vorgänge O_2 verbraucht und CO_2 ausgeschieden wird, nimmt der O_2-Gehalt der Bodenluft mit zunehmender Tiefe unter der Bodenoberfläche ab, der CO_2-Gehalt hingegen zu. Dieser Sachverhalt wird auch durch die Tatsache nicht verändert, daß das Maximum der CO_2-Produktion meistens nicht ganz tief unten im Boden liegt, sondern relativ nahe unter der Bodenoberfläche (*Richter,* 1972).

Der im Vergleich zur atmosphärischen Luft hohe Wasserdampfgehalt der Bodenluft ist eine Folge der Tatsache, daß die Luftvolumina im Boden feinverzweigt sind (s. Abb. 7-1) und daher im Vergleich zu ihrem Volumen sehr viele Wasser-Luft-Grenzflächen aufweisen. Dies führt dazu, daß die Wasserdampfgehalte in der Bodenluft erst bei starker Austrocknung anfangen, wesentlich von den temperaturbedingten Sättigungsgehalten abzuweichen (Abb. 7-3). Die hohe Sättigung hat ihrerseits zur Folge, daß viele hochspezialisierte bodenbewohnende Organismen und Organismenteile (Wurzeln)

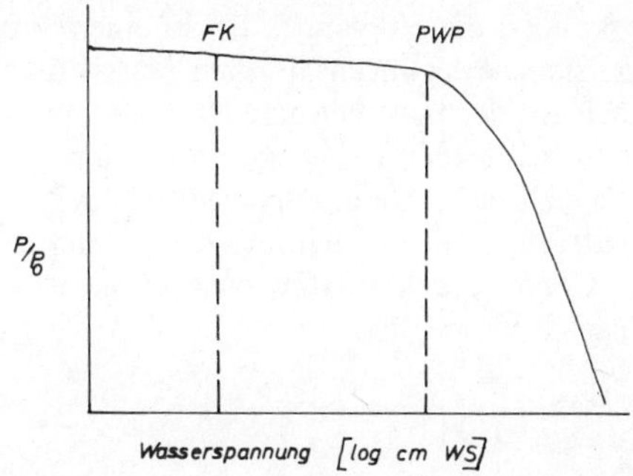

Abb. 7-3 Relativer Wasserdampfdruck im Gleichgewicht mit dem Gesamtpotential des Bodenwassers. Beim Überwiegen der Wasserspannung als Einflußgröße des Gesamtpotentials sinkt der relative Wasserdampfdruck erst oberhalb des permanenten Welkepunktes erheblich ab

nicht an das Überleben in Gegenwart geringerer Wasserdampfsättigungen angepaßt sind. Temperaturunabhängige Wasserdampfdruckgefälle erreichen daher im humiden Klimabereich auch nur in unmittelbarer Oberflächennähe eine Größe, die nennenswerte Evaporation zur Folge hat (s. Kap. 6 – Evaporation).

Der Anteil des Wasserdampfdruckes am Gesamtluftdruck beträgt bei 20°C ~ 2% (~ 17 mm Hg). Bei 30°C steigt er auf etwa 4%

(~ 32 mm Hg) an, bei ± 0°C beträgt er etwa 0,5% (~ 4,5 mm Hg) und bei -10°C etwa 0,3% des Gesamtdruckes (~ 2 mm Hg) (*Rose*, 1966).

Die Zusammensetzung der Bodenluft ist außerdem von der Temperatur abhängig, weil diese die Löslichkeit der einzelnen Gase in Wasser verschieden beeinflußt (*Yamaguchi* u. Mitarb., 1967). Im nassen Boden beträgt daher der N_2-Anteil bei 10°C bis zu 90%, bei 30°C dagegen nur 85%, denn die Wasserlöslichkeit des O_2 steigt mit abnehmender Temperatur stärker an als die des N_2.

7.4. Transportvorgänge

Die ständige, im Jahreszeit- und Tagesrhythmus schwankende CO_2-Produktion im Boden und der gleichzeitige Verbrauch von O_2 führen zu Konzentrationsverschiebungen, die auf einen Ausgleich hindrängen. Im Prinzip können die Vorgänge, die zu einem Ausgleich führen, sowohl Diffusionsbewegungen als auch Massenflüsse sein.

Von diesen beiden Mechanismen kann der erstere durch unterschiedliche räumliche Verteilung der Komponenten der Bodenluft und damit der Partialdrücke allein hervorgerufen werden. Der andere kann nur auftreten, wenn innerhalb des betrachteten Systems Unterschiede im Gesamtdruck entstanden sind, also wenn die gesamte Masse ungleich verteilt ist.

7.4.1. Diffusion

Die Diffusion ist ingesamt gesehen der wichtigste Vorgang, der zu Transporten von Gaskomponenten im Boden beiträgt. Die wesentlichsten Diffusionsströme sind die des CO_2 aus den unteren Teilen des Bodens zur Oberfläche hin und der diesem entgegengerichtete Diffusionsstrom des O_2 aus der Atmosphäre in den Boden hinein. Diese Ströme werden durch die im vorigen Abschnitt erwähnten Veränderungen der Konzentrationen und damit der Partialdrücke verursacht. Die dabei auftretenden Flüsse lassen sich durch das 1. *Ficksche* Gesetz ausdrücken:

$$J_g = -D' \frac{\partial c}{\partial s}$$

Diese Formel ist eine einfache allgemeine Transportgleichung und entspricht in ihrem Aufbau der in den vorigen Kapiteln oft verwendeten *Darcy*-Gleichung. Es bedeutet J_g der Fluß einer Gaskomponente, d. h. die Gasmenge (Volumen V_g oder Masse m_g), die in einer Zeit (t) durch eine Fläche (F) hindurchtritt. J_g ist somit analog dem Symbol q, das für Wasserflüsse verwendet wird (s. Kap. 5). c ist die Konzentration, die über die Weglänge s wirksam ist und D' ist ein Proportionalitätsfaktor, der sogenannte Diffusionskoeffizient.

Da nach den allgemeinen Gasgesetzen für ein ideales Gas der Partialdruck (p_g) durch die folgende Beziehung festgelegt ist

$$p_g \cdot V = m_g \cdot R\,T$$

kann man für die Konzentration c als dem Verhältnis zwischen Masse (m_g) und Volumen (V_g) auch schreiben:

$$c = \frac{m_g}{V_g} = p_g/(RT)$$

Diese Schreibweise läßt den Zusammenhang zwischen der Betrachtungsmöglichkeit über die Partialdrücke (p_g) anstatt über die Konzentrationen (c) erkennen. Man erhält dann nämlich für die Verwendung der Partialdrücke

$$J_g = D' \frac{\partial p_g}{\partial s} \cdot \frac{1}{RT} \quad \text{und} \quad D = D' \frac{1}{RT}$$

und damit die Möglichkeit, mit Partialdrücken ebenso zu arbeiten wie mit Konzentrationen.

Besonderes Interesse verdient hier der Diffusionskoeffizient D, weil er die Behinderung der Diffusion durch die verschiedenartige Form und Größe der Diffusionswege im Porensystem miterfaßt und infolgedessen ein Bodencharakteristikum ist. Da die Geometrie der Diffusionswege im gaserfüllten Raum von der Verteilung des Wassers im Porensystem abhängt, ist der Koeffizient für den Boden (D_B) nicht nur abhängig vom Wassergehalt, sondern infolge der hysteresisbedingten Unterschiede in der Wasserverteilung (vgl. Hysteresis, Kap. 4) auch von der Vorgeschichte.

Diese Abhängigkeit wirkt sich stets in dem Wasserspannungsbereich besonders stark aus, in dem der größte Anteil der Poren entleert wird (vgl. Wasserspannungskurve, Kap. 4).

Wegen der Bedeutung der CO_2-Diffusion für die Standorteigenschaften eines Bodens ist der Zusammenhang zwischen dem Diffusionskoeffizienten und Meßgrößen, die die Bodenstruktur beschreiben, interessant. Am häufigsten werden Zusammenhänge zwischen dem luftgefüllten Anteil des Porenvolumens (n_L), als Bruch ausgedrückt (s. Kap. 2), und dem Verhältnis zwischen Diffusion durch den Boden (D_B) und durch die freie Atmosphäre (D) untersucht. Die erste empirische Formel gab *Buckingham* (1907):

$$D_B = D\, n_L^2$$

Spätere Untersuchungen zeigten allerdings, daß der Einfluß des luftgefüllten Porenanteils durch den Ausdruck n_L^2 nicht immer ganz zufriedenstellend wiedergegeben wird, sondern daß Ausdrücke wie $0{,}6 \cdot n$ (*Penman,* 1940; *van Bavel,* 1952) für CO_2 sowie Dämpfe von CS_2 und Äthyl-Alkohol bessere Übereinstimmungen mit den beobachteten Diffusionsströmen ergaben.

Neben der Abhängigkeit der Diffusionskoeffizienten vom Porenanteil existieren auch noch Abhängigkeiten von der Bodentemperatur und vom Luftdruck.

Der Diffusionsvorgang ist aber durch den Fluß J_g noch nicht erschöpfend beschrieben, weil als Folge des Stofftransportes die Konzentrationsverteilungen im Raum verändert werden. Dieser Sachverhalt, nämlich der Zusammenhang zwischen den Konzentrationsveränderungen im Raum und dem Verlauf der Zeit, wird durch das 2. *Ficksche* Gesetz erfaßt. Diese Gleichung wurde im Zusammenhang mit der Wasserbewegung (Kap. 5) ausführlich erläutert. Deshalb sei hier nur noch kurz erwähnt, daß die Bodeneigenschaften in ihr durch den gleichen Koeffizienten (D') erfaßt werden wie im 1. *Fickschen* Gesetz.

Ein wichtiger Sachverhalt wird durch die Betrachtung der Diffusionsgleichung deutlich, nämlich daß der Transport von O_2 in die tieferen Bodenschichten nur möglich ist, wenn über die gesamte Diffusionsstrecke eine Konzentrations- bzw. Partialdruckabnahme vorliegt. Das gleiche gilt in umgekehrter Richtung für die Verteilung der CO_2-Konzentrationen bzw. -Partialdrücke. Dieser Sachverhalt macht auch deutlich, warum diffusionshemmende Zonen wie Bearbeitungssohlen oder dichte pedologische Horizonte vor allem in größerer Entfernung von der Bodenoberfläche den Gasaustausch stark beeinträchtigen. Sie bilden nämlich Diffusionsbarrieren, zu deren Überwindung relativ große Anteile der verfügbaren Konzentrationsgradienten verbraucht werden. Hinter einer solchen Diffusionsbarriere ist dann nur noch eine geringe Konzentration vorhanden, so daß auch nur noch geringe Konzentrationsgefälle und damit geringe Stoffbewegungen möglich sind.

7.4.2. Massenfluß

Während bei den hier beschriebenen Diffusionsvorgängen keine Veränderungen der Verteilung der Gesamtmenge des Gases im Raum entstehen, werden unter dem Begriff Massenfluß diejenigen Transportvorgänge verstanden, bei denen sich die gesamte Gasmenge verändert. Um Massenfluß zustande zu bringen, sind daher Druckänderungen in einem Teil des zusammenhängenden Volumens erforderlich. Druckänderungen sind in einem gaserfüllten Raum durch Volumen- und Temperaturveränderungen möglich gemäß:

$$p \cdot V = m\,R\,T$$

(m = Masse des eingeschlossenen Gases, R = Gaskonstante, p, V, T = Druck, Volumen, Temperatur).

Druckänderungen können durch Veränderung des barometrischen Druckes in der Atmosphäre zustandekommen. Allerdings ist die Auswirkung auf das Luftvolumen im Boden und daher auch auf den Transport gering, denn eine Druckänderung von 25 bis 30 mbar in der Atmosphäre bringt nur eine Volumenänderung von etwa 1/30. Dies würde bei einem von der Bodentiefe unabhängigen Luftgehalt aus einer 1 m mächtigen Bodenschicht eine Luftschicht von 2-3 cm heraus- oder hineintransportieren. Weitaus größer ist die Wirkung der Verdrängung der Bodenluft durch Wasser. Sie kann bei schnellem und starkem Wechsel der Grundwasserstände durch Einstau von unten, wie er z.B. bei Auenböden besonders oft vorkommen kann, zu einem sehr weitgehenden Austausch des gesamten Gasvolumens durch Massenfluß führen.

Temperaturveränderungen erzeugen, wie in der allgemeinen Gasgleichung festgehalten, ebenfalls Volumenveränderungen. Der dadurch hervorgerufene Massentransport errreicht aber nur ähnliche Größenordnungen wie der infolge von barometrischen Druckschwankungen. Eine Temperaturzunahme von 10°C auf 15°C vergrößert ein Luftvolumen bei gleichbleibendem Druck von 1 m^3 auf etwa 1,02 m^3. In einem 1 m mächtigen Boden mit zur Tiefe hin gleichbleibendem Luftgehalt wird daher eine Luftsäule von ~ 2 cm Höhe herausgedrückt.

Luftdruckunterschiede können schließlich auch durch den Wind, genauer die Geschwindigkeitsunterschiede zwischen Bodenluft und atmosphärischer Luft und durch die dabei entstehende Turbulenz hervorgerufen werden. Sie wirken sich allerdings nur bei unbewachsenem Boden und bis zu < 10 cm Tiefe hinunter aus (*Scotter* und *Raats,* 1969).

7.4.3. Umverteilungen

Die Beschreibung der Transportvorgänge wäre unvollständig, wenn man die Umverteilung der Bodenluft nach gravitationsbedingter Wasserzufuhr außer acht ließe.

Wenn dem Boden durch von außen angreifende Einflüsse Wasser zugeführt wird, wie dies z.B. durch starke Niederschläge, Überflutung oder Anhebung der Grundwasseroberfläche geschieht, dann dringt das Wasser wegen der Hemmung an den Festkörperflächen in die größten Poren am schnellsten ein. Dieser Sachverhalt ist durch die *Hagen-Poiseuille*-Formel beschreibbar (*Bolt* und *Koenigs,* 1972). Es entsteht daher zunächst eine Wasserverteilung im Porenraum, die derjenigen genau entgegengesetzt ist, die zustande kommt, wenn die Wasserbewegung durch Veränderung des Matrixpotentials in Gang gebracht wird. Die Grenzflächen Wasser : Luft sind unter diesen Umständen aber so gekrümmt wie es durch die Randwinkel bedingt ist, d.h. sie sind von der Luftseite her gesehen konkav. Daher sind die Luftdrücke im Inneren der durch solche Grenzflächen umschlossenen Luftkörper höher als im umgebenden Wasser. Der Unterschied im Druck beträgt, wie im Zusammenhang mit der Hydrostatik beschrieben (Kap. 4):

$$p = \frac{2\gamma}{r}$$

Dabei ist r der Krümmungsradius des größten an der Begrenzung beteiligten Meniskus. In den engeren Poren haben die Grenzflächen Wasser : Luft die gleiche Krümmung, wie in der gröbsten Pore, weil der Luftdruck im gesamten Luftvolumen gleich groß ist. Diese Menisken haben daher keine halbkugelige Form, sondern sind flacher (Abb. 7-4). Flache Menisken sind aber Vorrückstadien mit

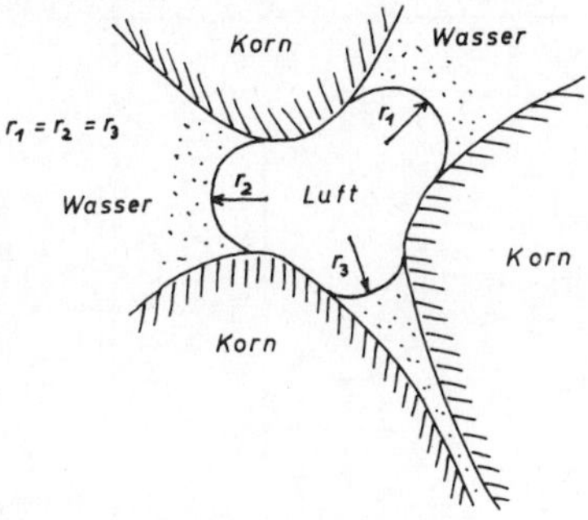

Abb. 7-4 Menisken, die eine Luftinklusion im Boden begrenzen. Bei einem gegebenen Luftdruck ist nur ein einziger Krümmungsradius der Menisken möglich, die Form der Inklusionen wird durch diesen Umstand und die dabei auftretenden Randwinkel bestimmt

„nicht vollständigem Kapillaraufstieg" und daher wird die Luftinklusion in die gröbste Pore hineingedrückt, wo sie den größten halbkugeligen Meniskus bilden kann, d.h. den geringsten Druckunterschied gegenüber dem umgebenden Wasser erreicht.

Dieser Vorgang erzwingt eine Verlagerung der gesamten Luftmenge in Richtung auf die gröbsten Poren hin. Wenn im Verlauf dieser Verlagerung Druckverteilungen entstehen, die den Luftdurchtritt durch zur Bodenoberfläche hin verengte Poren ermöglichen, dann entweicht der Luftinhalt der Inklusionen und der freiwerdende Raum wird von Wasser eingenommen. Dieses tritt ein, sobald in groben Poren Inklusionen entstehen, deren vertikale Länge unterschiedlichere Wasserdrücke an ihren oben und unten begrenzenden Menisken entstehen läßt als im Gleichgewicht mit dem Kapillardurchmesser möglich ist. Dieser Sachverhalt ist in Abb. 7-5 schematisch erläutert.

Um einen Meniskus in den nach oben verengten Teil der Pore eindringen zu lassen, muß er Halbkugelform erhalten. Dies erfordert eine Erhöhung des Innendrucks in der Inklusion. Dieser wiederum entsteht, wenn das Unterende der Inklusion möglichst hohem hydrostatischen Druck ausgesetzt ist, also möglichst tief unter die Wasseroberfläche hinabgezogen wird. Für den Grenzwert gilt:

$$h_2 - h_1 = \frac{2\gamma}{d\,g} \left(\frac{r_1 - r_2}{r_1 \cdot r_2} \right)$$

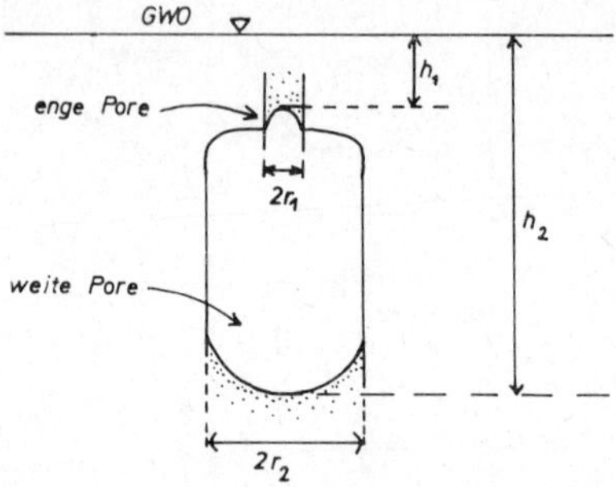

Abb. 7-5 Zusammenhang zwischen Meniskenkrümmung, Kapillarradius und vertikaler Höhe einer Luftinklusion in ihrer Wirkung auf das Entweichen durch Kapillarengpässe. Die Luft dringt nach oben in die Verengung vor, wenn die wasserstandsbedingte Druckdifferenz größer ist als die radienbedingte

Die Druckdifferenz, die durch die Wassersäulenhöhe h_1 und h_2 bedingt ist, muß also durch die Druckdifferenz kompensiert werden, die als Folge der Meniskenkrümmung in den verschieden weiten Kapillaren (r_1 und r_2) entsteht. Ist die Differenz der Radien zu klein oder die der Wassersäule zu groß, so wird der obere Meniskus in die Verengung gepreßt und die ganze Luftinklusion rückt nach oben hin vor.

Wendet man die hydrostatische Grundgleichung (Kap. 4) auf Porensysteme mit Luftinklusionen in Wasser an, dann erkennt man, daß Druckzunahmen im umgebenden Wasser erst dann zum Entweichen der Luft nach oben führen, wenn das gesamte Volumen zu einer Kugel zusammengepreßt wird, die den Engpaß passieren kann. Wird jedoch der umgebende Wasserdruck herabgesetzt und durch Ausdehnung des Luftvolumens die Differenz h_2-h_1 größer, so reicht oft eine relativ geringe Veränderung aus, um den Luftaustritt nach oben zu ermöglichen.

Diese letzte Situation tritt im Boden weitaus häufiger auf als die erstere, nämlich immer dann, wenn nach einer Wasserzufuhr die Wasserdrücke wieder absinken, bzw. die Wasserspannungen ansteigen (*Hartge,* 1973). Das bedeutet, daß die Entlüftung vor allem nach einem Regen auftritt, nicht so sehr während des Regens selbst, der ja eine Druckzunahme fördert.

Eine anschauliche Demonstration dieses Sachverhalts ist das massenweise Hervorkommen der Regenwürmer *nach* kräftigen Niederschlägen.

7.5. Gashaushalt

Der Gashaushalt der Böden ist durch Veränderungen von Luft- bzw. Gasgehalt und durch den Wechsel in der Zusammensetzung der Gasphase gekennzeichnet (*Flühler,* 1973). Beide zeigen einen regelmäßigen, mit den Jahreszeiten parallel laufenden Gang. Im Fall der Gehalte an Luft ist dieser Gang durch die Veränderung der Wassergehalte verursacht. Man erhält deshalb ein genaues Negativbild der Luftgehalte und ihrer Veränderung, wenn man den Wasserhaushalt eines Bodens, und zwar den Gang der Veränderung der Wassergehalte betrachtet (s. Kap 6). Trotzdem ist in Abb. 7-6 die Veränderung der Gasgehalte in zwei Böden durch die jeweiligen den maximalen und minimalen Gehalt abgrenzenden Tiefenfunktionen abgebildet.

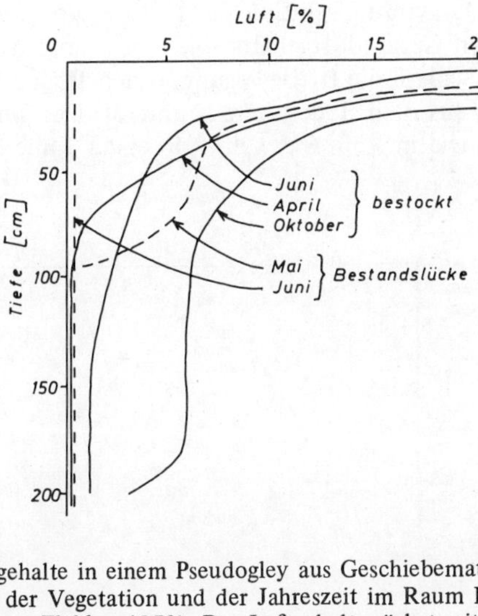

Abb. 7-6 Luftgehalte in einem Pseudogley aus Geschiebematerial (Riß) in Abhängigkeit von der Vegetation und der Jahreszeit im Raum Basel-Zürich (nach Werten von *Flühler,* 1973). Der Luftgehalt wächst mit zunehmender Entwässerung, also mit dem Fortschreiten der Vegetationszeit und dem Ausmaß der Waldvegetation

Die Abbildung zeigt, wie mit zunehmender Entwässerung im Verlauf der Vegetationsperiode der Luftanteil am Gesamtvolumen immer größer wird. Auch die Tatsache, daß die Entwässerung und somit die Belüftung unter Waldvegetation stärker ist und tiefer in den Boden hinabreicht als unter der nicht mit Wald bestockten Fläche, ist deutlich zu sehen. Der dargestellte Bereich liegt oberhalb der Grundwasseroberfläche. Jedoch auch unterhalb dieser ist in der Regel noch Luft vorhanden. Es ist daher, wie bei der Beschreibung des Wasserhaushalts erwähnt, anhand der Wassergehalte allein nicht möglich, auf das Vorhandensein von Grundwasser zu schließen. Dies gilt vor allem, weil Temperaturänderungen Löslichkeitsänderungen der Gase im Bodenwasser zur Folge haben. Daher kann es zu Abscheidungen von Gasblasen oder zur Lösung ihres Gasinhalts im Bodenwasser kommen.

Die Hysteresis der Wasserspannungskurven (s. Kap. 4) kommt bei der Beeinflussung des Gasgehalts als Folge der wechselnden Wassergehalte voll zur Geltung. Wenn das Wasser kapillar aufsteigt, wird die Luft selten vollständig aus dem Boden getrieben. Die Menge an eingeschlossener Luft bleibt jedoch wegen der anderen Mechanik des Vordringens der Menisken stets geringer, als es bei Wasserzustrom unter Gravitationseinfluß der Fall ist. Vor dem Hintergrund des wechselnden Gesamtluftgehalts spielt sich das Diffusionsgeschehen ab, das vor allem die O_2-Bewegung in den Boden hinein und die CO_2-Bewegung aus dem Boden heraus umfaßt. Der Wasserdampftransport, der, wie in Kap. 6 erwähnt, in erster Linie durch einen

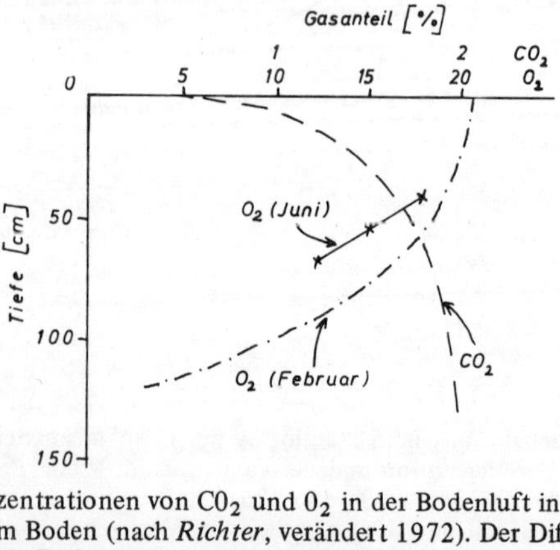

Abb. 7-7 Konzentrationen von CO_2 und O_2 in der Bodenluft in Abhängigkeit von der Tiefe im Boden (nach *Richter*, verändert 1972). Der Diffusionsstrom verläuft jeweils in Richtung der abnehmenden Konzentration

thermischen Gradienten erzeugt wird, wird im Zusammenhang mit dem Wärmehaushalt beschrieben (Kap. 8).
Sowohl die Verteilung des CO_2 als auch die des O_2 im Boden zeigt die Bewegungsrichtung von der höheren Konzentration zur geringeren an. Beide Verteilungen, für die in Abb. 7-7 Beispiele gegeben wurden, sind dadurch gekennzeichnet, daß auf dem ganzen Diffusionsweg Veränderungen der Gasmenge und des Diffusionskoeffizienten auftreten. Wäre dies nicht der Fall, dann müßte die Konzentrationsveränderung mit der Tiefe linear, d.h. durch eine Gerade darstellbar sein, deren eines Ende bei der Sauerstoff- bzw. Kohlendioxid-Konzentration in der atmosphärischen Luft liegt. Das andere Ende der Geraden müßte beim Sauerstoff in einer von der Intensität des Verbrauchs abhängigen Tiefe den Wert Null erreichen, während es beim Kohlendioxid einen Anteil erreichen müßte, der dem Volumen des gesamten wasserfreien Raumes entspricht.

Im Fall des CO_2 ist die gesamte transportierte Menge an der Bodenoberfläche am größten, weil sich dort alle in den einzelnen Schichten produzierten Teilmengen addieren. Im vorliegenden Beispiel hat dies eine Zunahme des Konzentrationsgefälles zur Oberfläche hin zur Folge. Das bedeutet, daß die Mengenzunahme nicht durch einen in Oberflächennähe höheren Diffusionskoeffizienten (D_B) ausgeglichen wird. Umgekehrt wird von dem O_2, das durch die Bodenoberfläche eindiffundiert, in jeder Bodenschicht ein Teil verbraucht. Infolge der mit zunehmender Tiefe im Boden immer geringeren Luftgehalte wird der Diffusionskoeffizient im Unterboden immer kleiner und das Partialdruckgefälle bzw. die Abnahme der O_2-Anteile bei zunehmender Tiefe immer größer.

Bei einem Luftgehalt im Boden von etwa 4-6% des Gesamtvolumens scheint dabei der Punkt erreicht zu sein, bei dem das Gasvolumen beginnt, sich in einzelne Inklusionen aufzulösen, denn oberhalb dieser Gasmenge ist die weitere Zunahme des Gasvolumens mit einer weit geringeren Zunahme des Diffusionskoeffizienten (D_B) verbunden als im Bereich darunter. Dieser Gasgehalt bildet nach Untersuchungen von *Flühler* (1973) auch die Grenze, unterhalb derer der O_2-Partialdruck in der Regel unter ~ 18% liegt.
Dies ist auch etwa die Grenze des Luftgehalts, bei dessen Unterschreitung im Boden Merkmale anaerober Prozesse häufig werden (*Blume*, 1968).

Dieser Luftanteil von ~ 4-6% deckt sich auch annähernd mit dem, der als Untergrenze für ein ungestörtes Wachstum der meisten Kulturpflanzen im allgemeinen genannt wird.

Für intensiven Anbau von Kulturpflanzen wird in der Literatur in der Regel ein Luftanteil von ~ 10% als Untergrenze gefordert, ein Wert, der auch durch neuere Untersuchungen (*Richter,* 1977) bestätigt wurde.

Allerdings ist diese Feststellung nicht umkehrbar, sondern bei Luftgehalten unter 6% kann man neben sehr geringen 0_2-Partialdrücken auch gelegentlich solche finden, die von denen in der Atmosphäre wenig abweichen (*Flühler,* 1973). Dieser Befund kann mit den in Abb. 7-1 dargestellten Eigenschaften der kontinuierlichen Gasphase im Boden zusammenhängen. Eine hohe Kontinuität gasgefüllter Sekundärporen bedeutet dann eine ausgeprägte Beschränkung der hohen 0_2-Partialdrücke auf eng begrenzte Bodenpartien.

Die Diffusionskoeffizienten für 0_2 liegen bei mehr als 4-6% Gasgehalt in der Größenordnung des Diffusionskoeffizienten für 0_2 in Luft ($1{,}8 \cdot 10^{-1}\,cm^2 \cdot sec^{-1}$ bei 0°C), während sie sich bei diskontinuierlichen Luftinklusionen im Bereich der Werte für 0_2 in Wasser bewegen ($2 \cdot 10^{-5}\,cm^2 \cdot sec^{-1}$ bei 0°C).

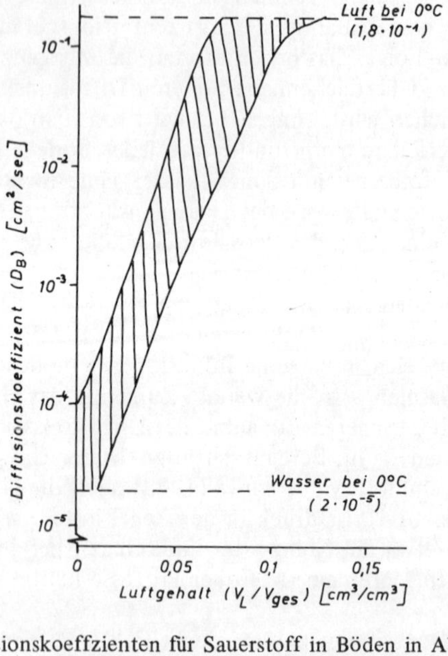

Abb. 7-8 Diffusionskoeffzienten für Sauerstoff in Böden in Abhängigkeit vom Wassergehalt. Die Werte liegen im Bereich zwischen denen in Luft und denen in Wasser

Dies ist in Abb. 7-8 dargestellt. Die 0_2-Diffusion ist also sehr starken, durch den Wasserhaushalt bedingten, Schwankungen unterworfen. Der Anteil an luftgefülltem Volumen, das einen Diffusionsweg darstellt, ist offenbar nicht so ausschlaggebend für den Transport, wie die Häufigkeit der Blockierung der Passagen durch wassergefüllte Verengungen bzw. wie die Kontinuität der luftgefüllten Passagen. Wassergehaltsänderungen haben daher einen sehr großen Einfluß. Verkleinerungen des Porenvolumens wirken sich vor allem durch ihren Einfluß auf die Wassergehaltsverteilungen aus, denn die feste Phase selbst enthält stets Diffusionspassagen, weil sie körnig ist.

Die Verkleinerung des Porenanteils durch Erhöhung der Lagerungsdichte ist umso hemmender für die 0_2-Diffusion, je mehr langgestreckte Poren mit hoher Kontinuität dabei zerstört wurden. Die Zerstörung der meisten relativ großen und daher am häufigsten wasserfreien Sekundärporen führt deshalb auch dann zur Diffusionsbehinderung, wenn sie nur eine Homogenisierung der Lagerung bewirkt, ohne die Lagerungsdichte zu erhöhen – wie es z.B.als Folge knetender Beanspruchung bei Tonböden häufig vorkommt.

Der sehr große Unterschied zwischen dem Diffusionskoeffizienten für 0_2 in Luft und in Wasser bedeutet praktisch eine „Undurchlässigkeit" bzw. eine vollständige Diffusionsbarriere des Wassers für die 0_2-Diffusion. Er ist die Ursache für den großen Einfluß des Wassergehalts auf den 0_2-Haushalt und damit auf die Lebensmöglichkeiten für jegliche aeroben Lebewesen im Boden.

7.6. Literatur

Bavel, C.H.M. van (1952): Soil Sci. 72, 91-104

Blume, H.P. (1968): Stauwasserböden. Ulmer, Stuttgart

Bolt, G.H., F.F.R. Königs (1972): Proc. Symp. Fundamentals of Soil Conditioning, Meded. Fak. Landbouw. Gent, 37, 955-973

Buckingham, E. (1907): US Dept. Agric. Bur. Soils Bull. 38

D'Ans-Lax (Hrsg.), *E. Lax, C. Synowietz* (1967): Taschenbuch für Chemiker und Physiker. 3. Aufl., Springer, Berlin/Heidelberg/New York

Dixon, R.M., D.R. Linden (1972): Proc. Soil Sci. Soc. America 36, 948-953

Ellies, A. (1975): Diss, TU Hannover

Elliot, L.F., T.M. McCalla (1972): Proc. Soil Sci. Soc. America, 36, 68-70

Flühler, J. (1973): Sauerstoffdiffusion im Boden. Mitt. Schweiz. Anst. forstl. Versuchswesen, Band 49

Hartge, K.H. (1973): Z. Pflanzenern. u. Bodenkunde. 135, 177-188

Penman, H.L. (1940): J. of Agr. Sci. 30, 437-462, 570-581

Richter, J. (1972): Z. Pflanzenern. u. Bodenkunde. 132, 208-239
Richter, J. (1977): Z. Pflanzenern. u. Bodenkunde (im Druck)
Rose, C.W. (1966): Agricultural Physics. Pergamon Press, Braunschweig/London
Schlichting, E., H.P. Blume (1966): Bodenkundliches Praktikum. Parey, Hamburg/Berlin
Scotter, D.R., P.A.C. Raats (1969): Soil Sci. 108, 170-176
Wolf, K.L. (1957): Physik und Chemie der Grenzflächen. Springer, Berlin
Yamaguchi, M., W.J. Flocker, F.D. Howard (1967): Proc. Soil Sci. Soc. America. 31, 164-167

8. Das thermische Verhalten des Bodens

Ebenso, wie das Verhalten von Wasser und Luft im Boden durch Untersuchung ihrer Massenanteile, bzw. deren Verteilung im Boden oder durch deren energetische Situation erfaßt werden kann, so gibt es auch für die Wärmeenergie zwei Aspekte der Betrachtung. Im Gegensatz zum Wasser ist in diesem Fall aber der Potentialterm (hier also die Temperatur) leichter meßtechnisch zu erfassen, als es der Mengenterm, die Wärmekapazität, wäre. Deshalb wird bei der Untersuchung und Beschreibung der gesamten thermischen Situation einschließlich ihrer periodischen oder einmaligen Veränderungen in der Regel vom Potential – also von der Temperatur – ausgegangen. Die Temperatur ist daher die bekannteste Größe im Bereich der thermischen Erscheinungen.

Die Bodentemperatur ist ein Faktor, der für alle Vorgänge im Boden von großer Bedeutung ist. Dies gilt sowohl für die Entwicklung der Lebewesen, seien es Pflanzen oder tierische Organismen, als auch für die Bodenentwicklungsvorgänge, die als Folge der Organismentätigkeit beobachtet werden – vor allem also für den Ab- und Umbau der organischen Substanz im Boden. Es trifft aber auch ganz allgemein für den Ablauf aller chemischen und vieler physikalischer Vorgänge zu.

8.1. Verteilung der Wärme im Boden

Der Boden ist eine sehr dünne Grenzschicht der Lithosphäre. Deswegen ist die Wärmeverteilung in ihm am besten zu verstehen, wenn man sie als ein Teilstück aus einem sehr viel größeren Bereich betrachtet. Dies kann geschehen, indem man die nach unten anschliessenden Gesteinsschichten und den nach oben hin anschließenden Luftkörper mit einbezieht. Eine solche Betrachtung hat stellenweise recht hypothetischen Charakter, da nicht aus allen Bereichen vergleichbare Meßergebnisse vorliegen.

Ein stark schematisiertes Bild von der Temperaturverteilung in den ersten 1000 m unter der Bodenoberfläche ist in Abb. 8-1 gegeben. Hierbei ist die Temperatur als Charakteristikum gewählt worden, weil über sie die meisten Daten vorliegen. Dennoch mußten vereinfachende Annahmen gemacht werden, denn aus dem Bereich unterhalb von ~ 20 m Bodentiefe liegen keine Messungen vor. Die

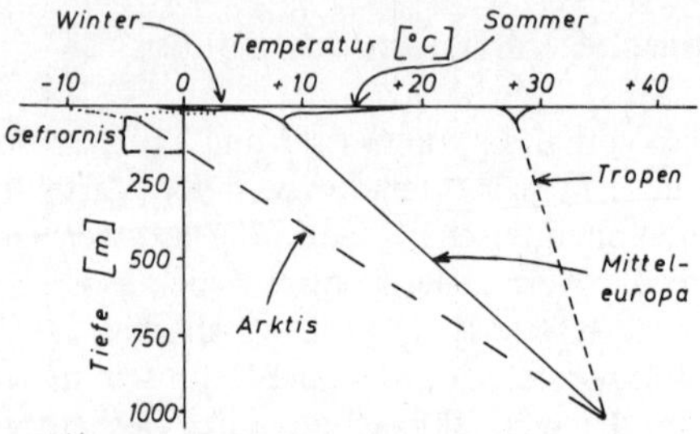

Abb. 8-1 Temperaturverteilung im Boden und im Untergrund in verschiedenen Klimabereichen (stark schematisiert). Nahe der Bodenoberfläche sind die Sommer- und Winterverläufe eingezeichnet. Wegen des sommerlichen Auftauens reicht die Gefrorniszone oft nicht bis zur Erdoberfläche

aus der Geophysik bekannten Temperaturen und Temperaturverläufe beziehen sich meist auf viel größere Tiefen (*Clark* und *Ringwood,* 1964; *Egyed,* 1969). Die Abbildung läßt erkennen, daß in dieser sehr schmalen oberflächennahen Schicht Temperaturschwankungen auftreten, die weitaus stärker sind als die Unterschiede, die in größeren Tiefen ständig vorhanden sind. Diese Unterschiede sind als geothermische Tiefenstufe ($\partial z/\partial T$) bekannt. Ihr Verlauf in größerer Tiefe ist wechselnd und in der Regel nicht linear (*Clark* und *Ringwood,* 1964).

Wenn man von der Annahme ausgeht, daß z.B. in 1000 m Tiefe überall 35°C vorliegen, dann ist das Temperaturgefälle in Richtung auf die Bodenoberfläche in den Tropen weitaus kleiner als in Polnähe. Die Abbildung läßt weiterhin erkennen, daß es Gebiete gibt (vorwiegend in Nordamerika und Nordasien), in denen im Unterboden ständig Temperaturen unter 0°C vorliegen. Die ständig gefrorene Zone kann bis zu 400 m Tiefe reichen und wird als „Gefrornis" oder „Permafrost" bezeichnet. Gefrornis wird unter etwa einem Fünftel der festen Landoberfläche gefunden. Ihre Vorkommen reichen in küstenfernen Gebieten der Kontinente bis zu niedrigeren geographischen Breiten hin als in Küstennähe. Die südlichsten Vorkommen liegen in der Regel unter Mooren (*Brown* und *Johnston,* 1964). Der Oberboden kann in dieser Zone durchaus im Sommer soweit auftauen, daß er Tundren – und sogar Waldvegetation trägt.

Ferner zeigt die Abbildung 8-1, daß die Bodentemperatur im Jahresverlauf stark schwankt. Winterliche Abkühlung läßt in Oberflächennähe einen größeren Gradienten entstehen, als er im Untergrund herrscht. Sommerliche Einstrahlung kehrt diesen oberflächennahen Gradienten um und gibt ihm in umgekehrter Richtung wieder eine weit größere Steilheit als im Untergrund. Dieser jahreszeitlich bedingte Wechsel kann in Norddeutschland 20-25 m tief meßbar werden (*Egyed,* 1969). In den humiden Tropen ist der jahreszeitliche Wechsel weitaus kleiner (*Chang,* 1957). In Djakarta (Indonesien) wurde eine Amplitude von 3,6°C gemessen (*Baak,* 1948). In den Permafrostgebieten sinken die Bodentemperaturen nur dann deutlich unter -5 bis -10°C ab, wenn der betreffenden Schicht kein flüssiges Wasser mehr zugeführt werden kann, dessen Gefrierwärme die Entstehung tieferer Temperaturen hemmt.

In winterkalten Gebieten Kanadas (Edmonton, Winnipeg; Januartemperaturen ~ -20°C) wurden in 6-15 m Tiefe das ganze Jahr über fast unverändert Temperaturen um ~ +5°C gemessen. Schon in 2 m Tiefe wurde dort der Nullpunkt nicht mehr unterschritten (*Toogood,* 1976).

Die Tatsache, daß höhere neben tieferen Temperaturen vorkommen, zeigt, daß die Verteilung der Wärme nicht einem statischen Gleichgewicht entspricht. Das bedeutet, daß fast überall und ständig ausgleichende Wärmebewegungen stattfinden, und daß ähnlich, wie im Fall des Wassers, ein statisches Gleichgewicht im Sinne von Ruhe nur selten und örtlich eng begrenzt vorkommt.

8.2. Wärmequellen

Die Temperaturverläufe in Abb. 8-1 geben den ersten Hinweis auf die Lage der Energiequellen, die zu den im vorigen Abschnitt beschriebenen Unterschieden führen.

Dies sind im wesentlichen die Einstrahlung von der Sonne her, die Anlieferung aus dem Erdinnern und schließlich die Reaktionswärme, die beim mikrobiellen Abbau der organischen Substanz im Boden frei wird. Diese letztere stammt freilich ihrerseits letzten Endes auch von der Sonne und die organische Substanz, die unter Mitwirkung dieser Energie gebildet wurde, ist dann lediglich ein bodeneigener Energiespeicher.

Von diesen Energiequellen ist die Sonne diejenige mit der größten Zulieferung. Als Bruttoenergiemenge wird die sogenannte Solarkonstante angegeben, die am Außenrand der Erdatmosphäre gemessen wird und 2 cal $\cdot$ cm^{-2} $\cdot$ min^{-1} beträgt (*Geiger,* 1961). Von diesem Betrag gelangt jedoch nur ein Teil (S_o) auf die Bodenoberfläche, denn ein anderer, wechselnder Teil wird an den Bestandteilen der Atmosphäre adsorbiert oder reflektiert.

Daher ist die Einstrahlung bei hochgelegenen Böden intensiver als bei solchen in Meereshöhe.

Der Teil, der bis an die Bodenoberfläche vordringt, verteilt sich auf einer verschieden großen Fläche, je nachdem in welchem Winkel zur Flächennormalen (i) diese Strahlung einfällt. Die Einstrahlungsintensität für eine Bodenoberfläche (S_{Bd}) ist daher von Sonnenstand, Geländeneigung und Exposition abhängig. Sie verhält sich zur senkrechten Einstrahlung (S_o) wie

$$S_{Bd} = S_o \cos i$$

Für die andere selbständige Energiequelle, das Erdinnere, wird eine Zulieferungsintensität in der Größenordnung von 10^{-4} cal $\cdot$ cm^{-2} $\cdot$ min^{-1} angegeben (*Egyed,* 1969). Die Intensität ist also hier um 4 Größenordnungen geringer als die der Sonneneinstrahlung. Sie erzeugt daher auch, wie die Abb. 8-1 erkennen läßt, viel geringere Temperaturgradienten als die letztere. Im Bereich vulkanischer Aktivität kann dieser Betrag viel höher liegen, vor allem, wenn konvektiver Transport durch heiße Wässer dazukommt.

Der vorhin erwähnte mikrobielle Abbau organischer Substanz ist keine selbständige Energiequelle. Allerdings kann durch An- oder Abtransport von organischem Material engräumig auch Energie herangeführt oder entfernt werden. In Extremfällen, wie bei den früher in Gartenbaubetrieben üblichen Mistbeetpackungen, können damit erhebliche Temperaturen erzeugt werden. Unter den durchschnittlichen Bedingungen in einem A-Horizont sind die freiwerdenden Energiemengen jedoch sehr klein. Setzt man eine Abbaurate von 50 bis 200 mg/100 g Boden für 6 Monate unter ununterbrochen idealen Temperatur- und Feuchtebedingungen an (*Schachtschabel,* 1953), so ergibt dies für einen A-Horizont von 20 cm Mächtigkeit eine Intensität der freiwerdenden Wärmemenge in der Größenordnung von 10^{-4} cal $\cdot$ cm^{-2} $\cdot$ min^{-1}, wenn man für die organische Substanz einen durchschnittlichen Heizwert ansetzt, der dem der Braunkohle entspricht. Die tatsächlichen Werte liegen also sicher noch weit niedriger und damit unter denen der Zulieferungsintensität aus dem Erdinnern.

8.3. Thermische Eigenschaften des Bodens

Der Wärmehaushalt des Bodens wird durch zwei Eigenschaften in erheblichem Maße bestimmt, nämlich durch das Ausmaß der Temperaturerhöhung, die als Folge der Zufuhr thermischer Energie auftritt und durch das Ausmaß, in dem derartige Zufuhren innerhalb des Bodens weitergegeben werden.

8.3.1. Wärmekapazität

Der Boden hat wie jede Substanz bei Temperaturen oberhalb des absoluten Nullpunkts stets einen Wärmeinhalt, der sich in $cal \cdot g^{-1}$ oder $cal \cdot cm^{-3}$ ausdrücken läßt und sich gleichzeitig durch eine Temperatur bemerkbar macht. Denn zu jedem Wärmeinhalt gehört eine Temperatur. Dieser Wärmeinhalt (u) ist als absolute Größe sehr schwer zu fassen. Deshalb wird an seiner Stelle meistens die Wärmemenge bestimmt, die in einer Einheitsmenge Boden eine bestimmte Temperaturveränderung (ΔT) hervorruft. Wegen dieses Bezugs auf bestimmte Temperaturen bzw. Temperaturspannen spricht man von einer differentiellen Wärmekapazität. Diese wird in sehr vielen Fällen auf das Volumen bezogen. Sie ist definiert als Produkt aus der spezifischen Wärme ($c = cal \cdot g^{-1} \cdot {}^{o}C^{-1}$) und der Dichte (d). Je nach dem Ziel der Aussage wird hierfür die Dichte der festen Substanz (d_F) oder die Lagerungsdichte (d_B) eingesetzt.

Die differentielle, auf das Volumen bezogene Wärmekapazität

$$\frac{\Delta u}{\Delta T} = c \cdot d$$

ist abhängig von der Menge der verschiedenen festen, flüssigen und gasförmigen Komponenten, die in einem Bodenvolumen enthalten sind. Sie ist daher im Boden sehr stark abhängig von der Lagerungsdichte, der materialmäßigen Zusammensetzung der festen Substanz und dem Wassergehalt. Hinter diesen Einflüssen treten die der Zusammensetzung der Bodenluft und des Bodenwassers sowie der Temperatur selbst zurück.

Die differentiellen Wärmekapazitäten einiger Substanzen im Boden sind in Tab. 8-1 dargestellt. Alle Werte der Tabelle beziehen sich auf homogene Substanzen. Hierbei ist die Feststellung wichtig, daß alle Substanzen geringere Werte als das Wasser aufweisen. Die Werte schwanken relativ wenig, aber derjenige für Quarz liegt etwas tiefer, als die der anderen Minerale, bzw. Substanzen. Die organische Substanz hat, bezogen auf das Volumen, eine relativ hohe differentielle Wärmekapazität.

Tabelle 8-1 Differentielle Wärmekapazitäten von Böden und ihren Bestandteilen.

a) Böden ohne Wasser in natürlicher Lagerung in Abhängigkeit von der Tiefe (*Miess,* 1968)

	$c \cdot d_B$ (cal/(cm³ · °C))				
Tiefe (cm)	5-10	25-30	40-45	60-70	80-90
Quarz (Podsol-Braunerde)	0,27	0,27	0,27	0,4	0,45
org. Substanz (Hochmoor)	0,06	0,04	0,02	0,03	0,03

b) Böden mit Wasser in natürlicher Lagerung (*Miess,* 1968)

	Wassergehalt (cm³/cm³)	$c \cdot d_B$ (cal/(cm³ · °C))
	0	0,3 -0,4
Quarz	0,2	0,4 -0,6
	0,4	0,6 -0,8
	0	0,02-0,1
Hochmoortorf	0,4	0,4 -0,5
	0,8	0,8 -0,9

c) Bodenminerale und -substanzen ($c \cdot d_{F,W,E,L}$) (*Lang,* 1878; *Ulrich, R.,* 1894)

	(cal/(cm³ · °C))		(cal/(cm³ · °C))
Quarz	0,51	Limonit	0,71
Biotit	0,61	Humus	0,56
Dolomit	0,66	Wasser	1
Orthoklas	0,52	Eis I. (0°C)	0,45
Kaolinit	0,60	Luft	0,0003

Deshalb ist die Wirkung von Wassergehaltsänderungen auf das gesamte thermische Verhalten des Bodens sehr groß. Das wirkt sich z.B. in der Praxis beim Dränen von Böden erheblich aus. Die Abhängigkeit der differentiellen Wärmekapazität vom Wassergehalt ist in Tab. 8-1 für einen Mineralboden mit 2% organischer Substanz und einen Moorboden mit 60% organischer Substanz für die Wassergehalte zwischen der Lufttrockenheit und der vollständigen Wassersättigung dargestellt. Wegen der im Vergleich zum Wasser geringen differentiellen Wärmekapazität der festen Bodenbestandteile bleibt die Kapazität stets unter 1 cal · cm^{-3}. Wegen der bei einem Porenanteil von 80% sehr geringen Festsubstanzanteile sinkt die Wärmekapazität bei dem locker gelagerten Moorboden trotz des relativ hohen Kapazitätswertes der organischen Substanz als solcher sehr tief ab, wenn der Boden trocken wird.

8.3.2. Wärmeleitfähigkeit

Die Wärmeleitfähigkeit λ (cal · cm^{-1} · sec^{-1} · $^{o}C^{-1}$) ist ein Proportionalitätsfaktor, der den Einfluß des Bodens auf den Wärmetransport durch Leitung in einer einfachen Transportgleichung erfaßt. Er entspricht somit dem Leitfähigkeitskoeffizienten k in der *Darcy*-Gleichung für den Wasserfluß (s. Kap. 5). Die Gleichung für den eindimensionalen stationären Transport lautet im Fall der Wärme:

$$J_{th} = -\lambda \frac{dT}{dx}$$

Dabei ist J_{th} der Wärmefluß (cal · cm^{-2} · sec^{-1}), T die Temperatur, die sich über die Strecke x ändert.

Analog der Wasserleitfähigkeit ist auch die Wärmeleitfähigkeit λ stark von der geometrischen Verteilung der verschieden gut leitenden Substanzen und damit natürlich von der Bodenstruktur und dem Wassergehalt abhängig. Der Einfluß der Bodenstruktur und damit die räumliche Verteilung des Wassers ist so groß, daß Änderungen der Wärmeleitfähigkeit oft enger mit Wasserspannungsänderungen einhergehen, als mit Änderungen der Wassergehalte (*Schulte im Walde* u. Mitarb., 1976). Dieser Umstand ist die Ursache dafür, daß Wassergehaltsbestimmungen mit Hilfe von thermischen Messungen sich nie recht durchsetzen konnten, obgleich vor der Entwicklung von Gamma- und Neutronenmethoden viel an ihnen gearbeitet worden ist (*Kramer* u. Mitarb., 1968).

Die Leitfähigkeitskoeffizienten im Boden liegen unter Umständen erheblich unter den Werten, die für die Minerale oder sonstige Bodenmaterialien als solche angegeben werden. Denn die körnige Bodenmatrix hat oft nur punktförmige Kornkontakte (s. Kap. 2). Wenn der Boden kein Wasser enthält, ist der gesamte Raum um diese sehr engen „Leitungsquerschnitte" mit Luft gefüllt, deren Wärmeleitfähigkeit so klein ist, daß sie praktisch als Isolator wirkt (Abb. 8-2). Da sich das Wasser bei geringen Wassergehalten außer

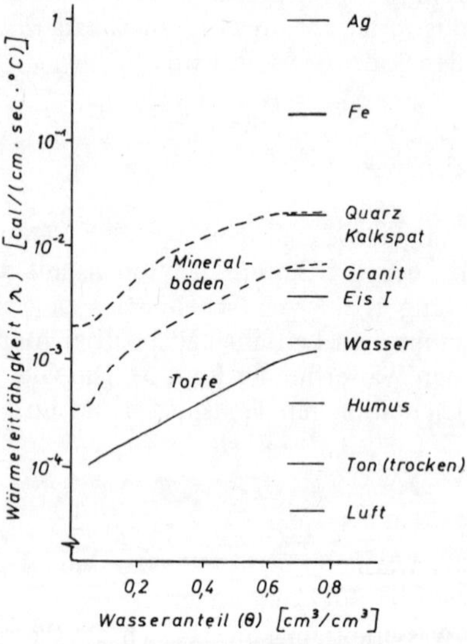

Abb. 8-2 Wärmeleitfähigkeit von Böden in Abhängigkeit vom Wassergehalt und von der Leitfähigkeit einiger Substanzen (Luft, Wasser, Eis) und Minerale (Zusammengestellt nach *Kohnke,* 1968; *Bolt* u. Mitarb., 1965; *Geiger,* 1961; *Di Gleria* u. Mitarb., 1962 und *Baden* u. Mitarb., 1969)

in dünnen Filmen über alle Oberflächen vor allem zu kleinen ringförmigen Menisken um Berührungspunkte der Körner zusammenzieht, erhöhen geringe Wassergehalte die Wärmeleitfähigkeit beträchtlich. Die ringförmigen Menisken vergrößern dabei die leitenden Querschnitte für den Wärmestrom. Diese Vergrößerung der leitenden Querschnitte ist für die ersten Wassermengen etwa im Bereich von 5-15 cm^3 Wasser je 100 cm^3 Boden zunächst groß. Je mehr Wasser der Boden enthält, desto geringer ist indessen die Zunahme des leitenden Querschnitts je Einheit der Wassermenge, weil die Menisken immer größere Radien annehmen. Daher ist die Leitfähigkeitszunahme dann nur noch gering.

Die Leitfähigkeitskoeffizienten des Bodens werden durch die Anteile und die räumliche Verteilung von Wasser und Festsubstanz bedingt und liegen meist etwa zwischen denen der Mineralbestandteile und denen des Wassers. Die Werte für Quarz liegen zwar höher als die des Wassers, werden aber durch die Wirkung der wenig leitenden Anteile an luftgefülltem Porenvolumen oft annähernd kompensiert (Abb. 8-2).

Anders liegen die Dinge in organischen Böden. Trockene organische Substanz hat, wie Abb. 8-2 zeigt, eine erheblich kleinere Wärmeleitfähigkeit als Quarz. Da organische Böden zudem hohe Porenanteile (Tab. 2-1) und damit nur geringe Substanzanteile haben, ist ihre Wärmeleitfähigkeit besonders klein. Sie nähert sich daher in trockenem Zustand dem Wert der Luft und steigt bei zunehmendem Wassergehalt erheblich, um dem Wert für Wasser nahezukommen.

Insgesamt zeigt sich also, daß sowohl die differentielle Wärmekapazität (Tab. 8-1) als auch die Wärmeleitfähigkeit (Abb. 8-2) im Boden sehr stark vom Wassergehalt abhängen.

Der Leitfähigkeitskoeffizient λ als solcher ist im Vergleich zum hydraulischen Leitfähigkeitskoeffizienten (*Darcy*-k) umständlich zu bestimmen, weil es aufwendiger Apparate bedarf, um einen hinreichend isolierten Wärmefluß meßbarer Größe zu erstellen. Deshalb ist die Messung des Koeffizienten λ nicht so häufig durchgeführt worden und die in Abb. 8-2 aus der Literatur zusammengestellten Werte werden oft zitiert. Die Leitfähigkeitskoeffizienten stammen daher auch oft nicht aus direkten Messungen, sondern sind rechnerisch aus leichter zu erfassenden Größen bestimmt. Hierfür wird die Temperaturleitfähigkeit (K) oft verwendet.

8.3.3. Temperaturleitfähigkeit

Die Temperaturleitfähigkeit oder thermische Diffusivität K ($cm^2 \cdot sec^{-1}$) ist definiert als

$$K = \frac{\lambda}{c \cdot d_B}$$

Sie ist ein Maß für die Erwärmbarkeit eines Bodenprofils, das eine einseitige Zufuhr von Wärmeenergie erhält. Sie ist im Vergleich zur Wärmeleitfähigkeit viel einfacher zu bestimmen, weil anstelle von Wärmeflußmessungen solche von Veränderungen der Temperatur (T) in Abhängigkeit von Raum (x) und Zeit (t) treten. Es gilt dann

$$\frac{\partial T}{\partial t} = K \frac{\partial^2 T}{\partial x^2}$$

Der Thermodiffusivitätskoeffizient (K) ist formal genau gleich dem Diffusivitätskoeffizienten bei Wasser (s. Kap. 5). Er ist jedoch unter dem Namen Temperaturleitfähigkeit weit bekannter als sein Analog beim Wasser, das seinerseits bis vor wenigen Jahren umständlicher zu bestimmen war als die Wasserleitfähigkeit (*Darcy*-k).

Die Temperaturleitfähigkeit ist, wie die erste Gleichung dieses Abschnitts zeigt, von der Leitfähigkeit (λ) und der volumenbezogenen differentiellen Wärmekapazität ($c \cdot d_B$) abhängig. Wie in den beiden vorigen Abschnitten erläutert, wachsen die Zahlenwerte für diese beiden Größen, wenn der Wassergehalt des Bodens zunimmt. Da aber bei Wasserzufuhr zu einem zunächst trockenen Boden die Wärmeleitfähigkeit (λ) zuerst stärker ansteigt als die Kapazität ($c \cdot d_B$) – bei höherem Wassergehalt aber weniger – nimmt die Veränderung der Temperaturleitfähigkeits (K) einen uneinheitlichen Verlauf. Sie steigt bei der ersten geringen Wasserzugabe zu einem trockenen Boden zunächst an, um dann wieder abzusinken. Die Temperaturleitfähigkeit erreicht bei einer Wasserspannung von ~ 1 bar meistens ihren höchsten Wert ($\sim 1 \cdot 10^{-3}$ bis $7 \cdot 10^{-3}$ $cm^2 \cdot sec^{-1}$) (*Kohnke,* 1968).

Dieser Sachverhalt wirkt sich auf den Wärmehaushalt des gesamten Bodenprofils sehr stark aus. Denn wenn eine Bodenoberfläche (oder bei Unterbodenheizung ein Tiefenbereich) infolge hoher Kapazität nur eine geringe Erwärmung erfährt, dann bedeutet dies wegen der Abhängigkeit des Wärmeflusses vom Temperaturgefälle einen nur geringen Transport thermischer Energie. Dies wiederum ist gleichbedeutend mit einer geringen Erwärmung der angrenzenden Bereiche – auch wenn die Wärmeleitfähigkeit selbst zugenommen hat.

Die Bestimmung der Temperaturleitfähigkeit erfolgt meistens nach einer Formel von *Keränen* (1920) aus Veränderungen der täglichen Temperaturamplituden und deren Phasenverschiebung mit der Bodentiefe (*Hann* und *Süring,* 1951).

8.3.4. Absorption

Während die bisher erwähnten thermischen Eigenschaften im gesamten Bodenbereich wirksam sind, spielt die Absorption nur an der Bodenoberfläche eine Rolle, und zwar gegenüber der Einstrahlung von Energie. Der nicht absorbierte Strahlungsanteil wird reflektiert (Albedo). Das Absorptionsvermögen eines Bodens hängt von Farbe, Oberflächenausformung und Wassergehalt ab. Je dunkler die Bodenoberfläche infolge dieser drei Parameter erscheint, desto größer ist die Absorption und desto geringer die Reflexion. Neben diesen Bodeneigenschaften im engsten Sinne des Wortes spielt die Vegetationsdecke eine entscheidende Rolle. Von ihr hängt ab, wie viel Strahlungsenergie auf die Bodenoberfläche auftrifft und wie viel abgestrahlt werden kann. Eine Pflanzendecke wirkt aus diesem Grund stets ausgleichend auf den Wärmehaushalt, d.h. trägt dazu bei, sowohl Erwärmung als auch Auskühlung abzuschwächen.

8.4. Wärmetransportmechanismen

Der Wärmetransport erfolgt durch Strahlung, Leitung und Konvektion.

Die *Strahlung* spielt an der Bodenoberfläche eine erhebliche Rolle, im Boden selbst tritt sie weitgehend zurück. Wenn der Boden wassergesättigt ist, ist sie der Definition gemäß gleich Null.

Die *Leitung* von Wärmeenergie ist im Boden in der Regel der wesentlichste Transportmechanismus. Dies gilt vor allem bei nassen Böden, in denen keine oder wenig zusammenhängende und mit der atmosphärischen Luft in Verbindung stehende Luftvolumina vorhanden sind. Das Ausmaß des Wärmetransports durch Leitung ist, wie in den vorhergehenden Abschnitten beschrieben, von dem Zusammenwirken von Kapazität und Leitfähigkeit abhängig. Wenn infolge geringer Kapazität schon eine geringe Wärmemenge zu Potential- und damit zu Temperaturanstiegen führt, wird der Transport vergrößert, während bei Zunahme der Kapazität die Potential- und daher die Temperaturerhöhung so gering bleiben kann, daß auch bei hoher Leitfähigkeit die transportierte Menge klein bleibt.

Die *Konvektion* ist im Gegensatz zur Leitung in den vorhergehenden Abschnitten nicht erwähnt, deshalb wird sie hier ausführlicher erläutert: Sie ist von Menge, Fließgeschwindigkeit und Kapazität des transportierenden Mediums abhängig. Als Transportmedium kommen das Grundwasser und die Gasphase im Boden in Frage, In den meisten Böden tritt der Wärmetransport durch das Grundwasser weitgehend zurück, weil dieses sich nur relativ wenig bewegt und die Temperaturdifferenzen innerhalb des von ihm passierten Raumes meist klein sind. Ausnahmen hiervon bilden Thermalquellen. Großen Einfluß auf den Wärmehaushalt im Boden hat in der Regel der Wasserdampftransport, wenn ein solcher infolge hinreichend zusammenhängender Luftvolumina möglich ist. Er kann in den obersten zwei Zentimetern des Bodens 40 bis 60% des gesamten Wärmetransportes ausmachen (*Westcot* und *Wierenga,* 1974). Der Wärmetransport kommt dadurch zustande, daß bei hoher Wassersättigung der Bodenluft jede Temperaturänderung relativ eng mit einer Dampfdruckänderung parallel läuft. Die Folge davon ist die Kondensation von Wasserdampf zu Wasser im Bereich der niedrigeren Temperatur. Mit diesem konzentrationsbedingten Wasserdampfstrom wird die Verdunstungswärme des Wassers von ~600 cal je Gramm Wasser transportiert. Dieser Mechanismus bleibt wirksam, solange die durch Kondensation freiwerdende Wärmemenge vom Ort der Kondensation so schnell abgeführt wird, daß dort die niedrige Temperatur erhalten bleibt. Dies ist z.B. an einer Bodenoberfläche im Verlauf der Nacht der Fall. Im Unterboden hingegen im Verlauf des Tages. In Gewächshäusern mit gleichmäßig beheiztem Luftraum ist der dampfstromerzeugende Temperaturgradient ununterbrochen in der gleichen Richtung wirksam. Man kann seine Auswirkung daran erkennen, daß in Gewächshauskulturen trotz hoher Wassergaben durchaus Salzakkumulationen an der Bodenoberfläche – dem Ausgangspunkt der zur Tiefe hin gerichteten Dampfbewegung – vorkommen. Das gleiche Problem tritt bei Bodenheizungen für Pflanzenkulturen auf.

In einem Boden mit kontinuierlicher Gasphase sind also offensichtlich Wasserdampf- und Wärmetransport gekoppelt und nicht voneinander trennbar. Wenn im Experiment am Niedertemperaturende einer Konvektionsstrecke verhindert wird, daß das kondensierte Wasser entfernt wird (z.B. durch Pflanzen), dann sammelt es sich an und damit steigt am Ansammlungsort das hydraulische Potential. Dieser Anstieg führt zu einem flüssigen Strom, der dem Dampfstrom entgegengerichtet verläuft. Da der Strom in der flüssigen Phase im Gegensatz zum Dampfstrom Salze mitführt, ist dieser durch langanhaltende Temperaturdifferenz bedingte Wasserkreislauf ein Salz- bzw. Düngemittel-Transportmechanismus. Das wirkt sich, wie bereits erwähnt, besonders in Gewächshäusern und bei Bodenheizungen auch im Freiland aus, weil der Dampfstrom in beiden Fällen seine Richtung ständig beibehält.

8.5. Wärmehaushalt im Boden

Die beschriebenen Unterschiede von Wärmekapazität und Wärmeleitfähigkeiten führen im Zusammenspiel mit tageszeit- und jahreszeitbedingtem Wechsel der Einstrahlungsintensität zu sehr typischen Temperaturgängen im Boden. Wie aus Abb. 8-1 ersichtlich, sind die dabei im Boden auftretenden Temperaturgefälle weitaus größer als diejenigen, die durch Wärmezufuhr aus dem Erdinnern hervorgerufen wurden. Aus diesem Sachverhalt kann man die überwiegende Bedeutung der Einstrahlung für den Temperaturverlauf im Boden deutlich erkennen.

Entsprechend dem rhythmischen Wechsel der Einstrahlungsintensität mit der Tages- und der Jahreszeit zeigen auch die Temperaturgänge einen sehr regelmäßigen Verlauf. Dabei bildet die Jahresganglinie den Hintergrund, vor dem sich die täglichen Schwankungen abspielen (Abb. 8-3). Beide Temperaturgänge haben also unterschied-

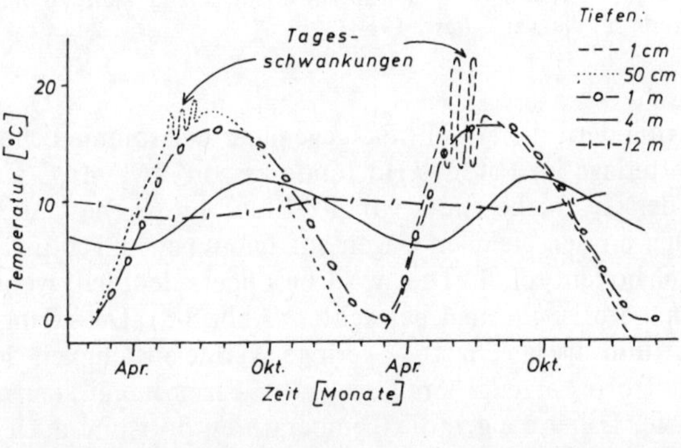

Abb. 8-3 Verlauf der Temperaturgänge in einem Boden im Ablauf von zwei Jahren in unterschiedlicher Tiefe. Die tageszeitbedingten Schwankungen sind für 1 cm Tiefe auf dem rechten Zyklus, für 50 cm Tiefe auf dem linken eingetragen. In mehr als 50 cm Tiefe werden sie sehr klein

liche Frequenzen und Amplituden. Beiden ist aber gemeinsam, daß das Temperaturmaximum mit zunehmender Bodentiefe immer stärker hinter dem der Bodenoberfläche zurückbleibt. Bei der täglichen Schwankung führt dies in 50-100 cm Tiefe dazu, daß die Maxima gegen 24 Uhr auftreten. Bei der Jahresperiode erfolgt die Phasenumkehrung erst in mehreren Metern Tiefe. In 12-20 m Tiefe endet der jahreszeitbedingte Gang. Die Eigenschaften der Phasenverschiebung und der Abflachung der Amplitude sind in Abb. 8-4 an dem Beispiel eines Tagesgangs dargestellt. Das Beispiel zeigt Werte aus einer zehntägigen Hochdruckwetterlage im August. Tiefdruckwetter-

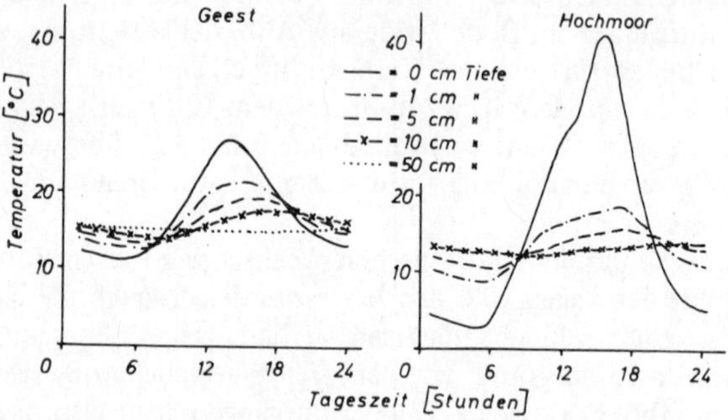

Abb. 8-4 Tagesgang der Bodentemperatur bis in 50 cm Tiefe in einem Sandboden und einem Hochmoorboden in Norddeutschland während einer Hochdruckperiode im August (*Miess,* 1968)

lagen vermindern die Amplitude gegenüber der sommerlichen Hochdruckwetterlage im Fall des Hochmoores von etwa 40°C auf 15°C, im Fall des Geschiebesandes von 17°C auf 11°C. Die Unterschiede der beiden an den gleichen Tagen aufgenommenen Temperaturverläufe sind bodentypisch. Dies wird besonders deutlich, wenn man die Temperaturisochronen betrachtet (Abb. 8-5). Die geringe Wärmekapazität und die gleichzeitige geringe Wärmeleitfähigkeit des Hochmoortorfes erzeugt am Tage einen Wärmeenergiestau nahe der Oberfläche. Daher steigen die Temperaturen dort und auch in der bodennahen Luft. Die Weitergabe nach unten ist gering. Die nächtliche Abstrahlung beginnt daher mit relativ hoher Intensität und daher geht ein besonders großer Anteil der tagsüber eingestrahlten Energie in solchen Lagen verloren. Als Folge der Abkühlung der Bodenoberfläche sinkt die Temperatur der angrenzenden Luftschicht

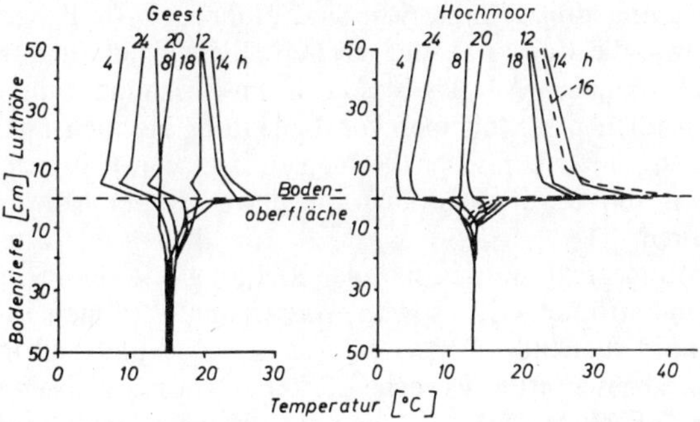

Abb. 8-5 Linien gleichzeitiger Boden- und Lufttemperatur in und über einem Sandboden und einem Hochmoorboden in Norddeutschland bei einer Hochdruckwetterlage im August (*Miess,* 1968)

ebenfalls. Dieses Phänomen ist umso stärker ausgeprägt, je trockener der Torf ist. Es führt daher umso öfter zu tiefen Temperaturen an der Bodenoberfläche, je stärker das Moor gedränt ist und erklärt die relative Häufigkeit von Nacht- und Spätfrösten in solchen Lagen.

Im Geschiebesand sind die Temperaturunterschiede im Boden und daher auch im unmittelbar angrenzenden Luftraum weit kleiner als im Moor (Abb. 8-5). Das tiefere Eindringen der Temperaturwelle in den Boden hinein ist deutlich erkennbar. Der Unterschied zwischen Maximal- und Minimalwert beträgt hier in 50 cm Tiefe noch immer etwa 1°C. Dies ist eine Folge der im Vergleich zum Hochmoor höheren Wärmekapazität und Wärmeleitfähigkeit.

In dichtem Material wie Granit reicht die Temperaturschwankung wegen der Kombination von geringer Kapazität und hoher Leitfähigkeit (Tab. 8-1 und Abb. 8-2) noch tiefer hinunter. *Homèn* (1897) gibt für Granit in 50 cm Tiefe eine Temperaturdifferenz an, die dreimal so groß ist wie die in dem gleichzeitig gemessenen Sand.

Dieser Sachverhalt führt u.a. dazu, daß die „Frosttiefe" im Boden unter Steinen größer ist als in gleicher Bodentiefe daneben. Dies ist im Zusammenhang mit dem Hochfrieren von Steinen wichtig, das im nächsten Abschnitt näher erläutert wird.

Aus diesen Einzelheiten lassen sich auch Rückschlüsse darauf ziehen, wie der Temperaturgang von Böden beeinflußt werden kann.

Allgemein ausgedrückt kann man die Zufuhr von Wärmeenergie erhöhen sowie die Kapazität und die Leitfähigkeit innerhalb bestimmter Grenzen ändern. All dies ist sowohl im Zusammenhang mit pflanzenbaulichen Maßnahmen von Bedeutung als auch im Zusammenhang mit technischen Problemen, z.B. den Frostschäden an Straßen und Wegen, aber auch mit der Frage der Abwärme von Kraftwerken.

Wärmetransporte werden in jeder Richtung unterbunden, wenn Konvektionsströme – d.h. sowohl Wasserdampf als auch nahe dem Gefrierpunkt fließendes Wasser (s. Abschn. 6) – und Leitungsmöglichkeiten abgeschnitten werden. Lockerlagernde Schichten aus organischem (Torf, Mulch) oder aus mineralischem Material (Aggregatschichten) mit geringer Leitfähigkeit sind solche Transporthemmer. Durch Lockern und Dränen kann man natürlich ebenfalls eine Hemmung erreichen. Die Folge ist bei niedriger Bodentemperatur im Frühjahr langsameres Erwärmen und unmittelbar an der Oberfläche Spätfrostgefahr.

Infolge der gleichzeitigen Wirkung des Wassers auf Wärmeleitfähigkeit und Wärmekapazität wird eine langsame Erwärmung im Frühjahr aber auch zustandekommen, wenn infolge hohen Wassergehalts Kapazität und Leitfähigkeit so groß werden, daß viel Einstrahlung nötig ist, ehe ein für den Pflanzenwuchs ausreichender Temperaturanstieg in Oberflächennähe beginnt.

Um einen möglichst großen Teil der eingestrahlten Energie in einem Boden festzuhalten, könnte man theoretisch eine Bodenoberfläche vormittags feststampfen und feucht halten, um der eingestrahlten Energie die Verteilung zur Tiefe hin zu erleichtern. Am Nachmittag müßte sodann eine dünne Oberflächenschicht gelockert und getrocknet werden, um eine Nachleitung an die Oberfläche und damit die Abstrahlung zu verkleinern. Das führt allerdings – wie erläutert – zu einer verstärkten Auskühlung der Oberfläche und ist daher in Gegenwart von niedrigen und empfindlichen Pflanzen wie Sämlingen nicht nützlich. Hier würde man dem Temperaturabfall entgegenwirken können, indem man die Entstehung einer Nachlieferungsbarriere für die Wärmeenergie unterbände, z.B. durch Maßnahmen zur Erhaltung einer feuchten Bodenoberfläche – also durch Wasserzufuhr von außen oder durch Verbesserung der Wassernachlieferung aus dem Boden durch Verdichten der Oberfläche (*Fritton* u. Mitarb., 1976).

Die Möglichkeit, die Bodentemperatur mittels Heizung den Kulturbedürfnissen anzupassen, ist öfter untersucht worden. Es zeigte sich, daß durch eine konstante Heizung bei gleichbleibender Oberflächenausformung die Temperatur an der Bodenoberfläche gegenüber der Vergleichsfläche um einen konstanten Betrag erhöht wurde. Der von der Sonneneinstrahlung verursachte tägliche Temperaturgang wurde also nicht verändert. Der jahreszeitliche Gang wurde indessen wohl beeinflußt. Im Winterhalbjahr traten zwischen Heizaggregat und Oberfläche dementsprechend höhere Temperaturgradienten auf als im Sommerhalbjahr (*Keschawarzi,* 1973).

Die Möglichkeit, die von der Sonne her in eine Bodenfläche eingestrahlte Energiemenge zu erhöhen, ist in der Regel darauf beschränkt, die Exposition engräumig zu verbessern, indem man die Kulturfläche zu Wällen ausformt und die Pflanzen auf die Seite zur Sonne hin anbaut. Auch über die Bodenfarbe ist die Absorption erhöhbar. Unter feuchtgehaltenen dunklen Oberflächen werden um bis zu 3°C höhere Temperaturen gemessen als unter ausgetrockneten hellen.

8.6. Gefrieren des Wassers und seine Folgen

Die Umstände, unter denen das Wasser im Boden gefriert, und die Temperatur, bei der dieses vor sich geht, verdienen eine besondere Beachtung, weil sie für verschiedene Vorgänge im Boden wie Gefügebildungen, Stabilisierungen (Kap. 2) und Wasseransammlungen (Kap. 5) von Bedeutung sind.

8.6.1. Gefriervorgang und Eisbildung

Reines Wasser gefriert unter normalem Außendruck von 760 mm Hg bei 0°C, wobei es sein Volumen um 1/11 vergrößert. Dieser Vorgang setzt 79,4 cal/g an Energie als Wärme frei. Wird die Volumenzunahme durch Außendruck verhindert, so unterbleibt der Übergang zu Eis. Der dazu notwendige Druck steigt mit abnehmender Temperatur. Er erreicht sein Maximum von etwa 22000 $N \cdot cm^{-2}$ bei etwa -20°C. Bei einem Druck von mehr als 22000 $N \cdot cm^{-2}$ kann die normale Form des Eises (Eis I) nicht entstehen, weil die dafür notwendige Raumvergrößerung verhindert wird. Infolge des

Druckes entstehen jetzt Volumenabnahmen, die anderen dichteren Eisformen (Eis, IV, V, VI) entsprechen. Diese Formen sind zum Teil auch bei höheren Temperaturen beständig (*Kamb* u. Mitarb., 1967) (Abb. 8-6).

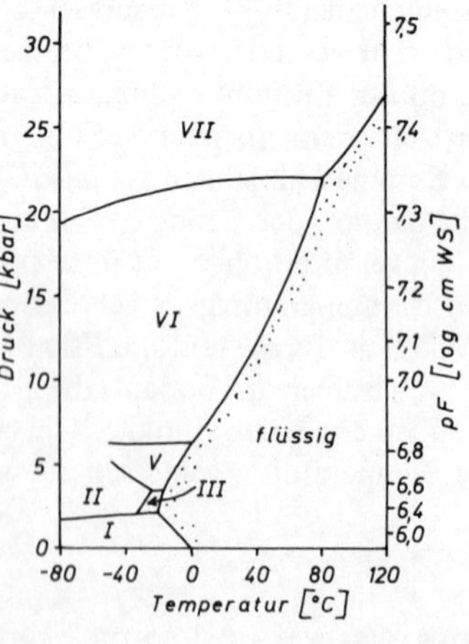

Abb. 8-6 Druck- und Temperaturbereiche für das Vorliegen der Eismodifikationen I, II, III, V, VI, VII sowie deren Dichten (nach *Clark*, 1966 und *Kamb* u. Mitarb., 1967)

Der Gefriervorgang selbst, also der Kristallisationsvorgang, kann unter bestimmten Bedingungen verzögert werden. Das Wasser ist dann unterkühlt. Da der Gefriervorgang, bei Eis I wie aus Abb. 8-6 ersichtlich, durch Druckzunahme behindert wird, müßte unter Wasserspannung stehendes Wasser bei höheren Temperaturen gefrieren als freies Wasser. Der Temperaturunterschied müßte umso grösser sein, je höher die Wasserspannung ist. Die Erfahrung zeigt jedoch, daß das nicht der Fall ist. Das Wasser gefriert vielmehr bei umso tieferen Temperaturen je geringer der Wassergehalt ist, je kleiner also die noch wassergefüllten Poren sind. In die gleiche Richtung weist die Erfahrung, daß feinkörnige Böden bei gleichem Wassergehalt später zu gefrieren beginnen als grobkörnige.

Dieses Verhalten hängt damit zusammen, daß das Wasser im Wasserspannungsbereich durch Kräfte der Matrix im Boden festgehalten wird. Es steht also im Grunde von der festen Phase aus gesehen unter umso höherem Druck, je näher es deren Grenzfläche ist, je stärker es also adsorbiert ist.

Sobald die Temperatur im Boden unter den Gefrierpunkt der freien Bodenlösung absinkt, beginnen die unter der geringsten Wasserspannung stehenden Wasseranteile zu gefrieren. Was danach geschieht, ist am besten zu beschreiben, wenn man davon ausgeht, daß das Absinken der Temperatur die Folge eines Abtransports von Wärmeenergie von der Bodenoberfläche ist. Diese Abkühlung hat im Boden selbst einen Wärmestrom zur Folge, der auf dem Wege der Leitung und der Konvektion auf einen Ausgleich des Temperaturgefälles hinwirkt (*Everett,* 1961). Wie in den vorhergehenden Abschnitten beschrieben, ist dieser Wärmestrom von den spezifischen thermischen Eigenschaften des Bodens sowie von der verfügbaren Wassermenge und deren Bewegung abhängig.

8.6.2. Gefriervorgang und Wasserbewegung

Sobald infolge Wärmeabfuhr in den Poren Eiskristalle entstehen, wird die Kristallisationswärme des Wassers frei. Wenn der Wärmeverlust weiter anhält und die Kristallisationswärme jeweils in dem Ausmaß abtransportiert wird, daß die Temperatur nicht weiter absinkt, sondern das vorhandene Gefälle erhalten bleibt, dann kann unter höheren Wasserspannungen stehendes Wasser nicht gefrieren. Der Wärmetransport kann unter diesen Umständen nur aufrechterhalten werden, wenn die Eiskristalle in den gröbsten Poren weiter wachsen, so daß weitere Kristallisationswärme frei wird. Hierbei wirkt sich die relativ geringe Wärmekapazität des Eises (Tab. 8-1) und seine im Vergleich zu Wasser höhere Wärmeleitfähigkeit aus (Abb. 8-2). Die Eiskristalle wachsen also ihren kristallographischen Eigenschaften entsprechend als sechsseitige Säulen und nehmen dabei Wasser aus der Umgebung auf. Auflagernde Bodenschichten werden dabei angehoben, solange der temperaturabhängige Kristallisationsdruck dies erlaubt (Tab. 8-2). Die Eiskristalle wachsen also nicht in starre, enge Poren hinein, weil sie dort infolge höherer Grenzflächenspannungen neben den benachbarten größeren Eiskristallen instabil wären (*Everett,* 1961).

Dieses Kristallwachstum hat eine lokale Entwässerung, d.h. eine Absenkung des hydraulischen Potentials (ψ_H) zur Folge, die eine ausgleichende Wasserbewegung erzeugt. Das Wasser fließt also zum

Tabelle 8-2 Einfluß der Äquivalentdurchmesser auf Schmelzpunkt und Kristallisationsdruck der in den Bodenporen entstehenden Eiskristalle (*v. Stackelberg,* 1964)

Porendurch-	(cm)	10^{-5}	10^{-4}	$3 \cdot 10^{-4}$	10^{-3}	$3 \cdot 10^{-3}$
messer	(μm)	0,1	1	3	10	30
Schmelzpunkt der Eiskristalle (°C)		-0,4	-0,04	-0,01	-0,004	-0,001
Erreichbarer Druck bei Gefrieren (bar)		4	0,4	0,13	0,04	0,013

Eis hin und läßt die Eisschicht immer höher werden. Wenn infolge Entwässerung der Umgebung die Wassernachlieferung abnimmt (Abb. 5-12), reicht die Wasserzufuhr nicht mehr aus, um die konvektive Zufuhr von Wärme aufrechtzuerhalten, gleichzeitig sinkt die Wärmekapazität des entwässerten Bodens. Infolgedessen kann die Temperatur jetzt weiter absinken und das Wasser in feineren Poren kann gefrieren. Tiefer im Boden wiederholt sich nun in einer Zone besonders großer Poren der Vorgang des Kristallwachstums und der Wasseransammlung an einer Stelle, an der der Wassernachschub groß genug ist, um die abgeführte Wärmeenergie durch seine Kristallisationswärme zu ersetzen (*Czeratzki,* 1956).

Das Fortschreiten der Zone des Gefrierens des Wassers hängt also von der Situation im Strom der Wärmeenergie ab. Ist die Zufuhr durch Leitung (J_λ) und Konvektion (J_{konv}) gleich dem witterungsbedingten Wärmeverlust an der Bodenoberfläche (J_{ofl}), also

$$J_{ofl} = J_\lambda + J_{konv}$$

so wachsen die säulenförmigen Eiskristalle (Nadeleis). Ist die Zufuhr kleiner, dann sinkt die Temperatur und es gefrieren unter höherer Wärmespannung stehende Wasseranteile. Man sagt dann, der Frost dringt im Boden vor.

Das Ausmaß der Eisbildung und daher nach dem Tauen auch die Wasseransammlung ist stark von der Wasserleitfähigkeit des Bodens im ungesättigten Zustand (Abb. 5-12) abhängig, sowie vom vorhandenen Wasservorrat (vgl. Abb. 4-9). Das Kristallwachstum in einer geschlossenen Schicht wird durch textur- oder bodenentwicklungsbedingte Heterogenitäten im Porensystem gefördert. Es ist dort am stärksten, wo plötzlich grobe Poren über einem feinporigen Untergrund auftreten. Daher sind Ansammlungen von Eisnadeln, die sich zu Eislinsen zusammenschließen, im Oberboden von schluffreichen Böden häufig. Dies gilt auch, wenn anstelle des Oberbodens ein gröberes Material wie z.B. Straßenkies oder ähnliches aufgebracht ist.

In grobkörnigen Böden wie Sanden kann eine Eisbildung unter einer den Dampftransport hemmenden Schicht wie einem A-Horizont mit viel organischem Material ebenfalls auftreten, wenn unter dem Einfluß eines Temperaturgefälles Wasserdampf unterhalb der Bodenoberfläche an Eiskristallen kondensiert. Im Vergleich zum beschriebenen Transport in der flüssigen Phase fördert dieser Vorgang aber wenig Wasser. Daher gefrieren Sandböden unter derartigen Bedingungen bis in relativ große Tiefen.

Aus Abb. 8-6 erklärt sich auch die Beobachtung, daß selbst in Gegenwart von Eiskristallen und bei Temperaturen von -20°C noch immer Wasserbewegungen in flüssiger Phase beobachtet werden, und zwar umso mehr, je feinkörniger der Boden ist. Es handelt sich hierbei um Wasser, das wegen seiner starken Bindung an die festen Grenzflächen bei diesen Temperaturen noch nicht gefroren ist. Dieses Wasser durchzieht den Boden auch in Gegenwart von Eiskristallen als zusammenhängendes System von Filmen, in denen Bewegungen vorkommen können, wenn Potentialgradienten auftreten (*Hoekstra,* 1965).

Aus dem Gesagten ergibt sich, daß die Untergrenze der Eisbildung in einem Boden stets auch eine Grenze der Art des Wasserhaushalts darstellt. Dies ist im Hinblick auf die im Freiland beobachteten Zusammenhänge zwischen dieser Grenze und der Horizontausbildung interessant (*Müller, S.*, 1965; *Goetz* u. Mitarb., 1971).

8.6.3. Gefügebildung

Wie aus der Darstellung der Wasserbewegung als Folge des Gefriervorganges hervorgeht, ist eine Entwässerung der Umgebung der Eiskristalle eine regelmäßige Erscheinung. Wie jede Entwässerung bedeutet sie einen Zug auf die Wasserphase, die über die Menisken weitergegeben wird und die Bodenteilchen einander annähert. Dieser Schrumpfvorgang entspricht im Prinzip vollständig dem, der mit Wasserabgabe infolge Verdunstung aus der flüssigen Phase einhergeht. Er unterscheidet sich jedoch dadurch, daß bei Evaporation aus der flüssigen Phase die Zone der Austrocknung als Potentialsenke für das Bodenwasser meist auf die Oberflächenbereiche beschränkt ist. Potentialsenken, die durch Wachstum von Eiskristallen bedingt sind, sind demgegenüber gleichmäßig über das Bodenvolumen verteilt. Im Verlauf des Gefriervorgangs bilden sich daher Aggregate, und zwar Polyeder, oder als Folge der Eislinsenbildung Platten. Diese werden umso stabiler, je weiter die Entwässerung fortschreitet, d.h. je stärker gebundene Wasseranteile gefrieren, bzw. dem Aggregat durch das angrenzende Eiskristall infolge Absinkens der Temperatur entzogen werden können (Abb. 8-7).

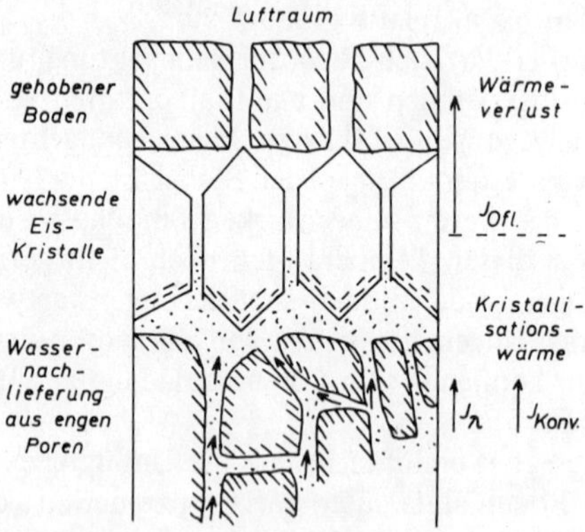

Abb. 8-7 Schema der Bildung und des Wachsens von Eiskristallen in den Sekundärporen als Folge der Nachlieferung von Wärme durch das in engeren Poren zum Eis hinfließende Wasser. Die Eiskristalle wachsen dort, wo das Wasser nachgeliefert wird, d.h. an der Unterkante und schieben den darüberliegenden Boden hoch. Das Ausmaß des Wachstums wird vom Wärmefluß (J) bestimmt

Der Vorgang der Aggregatstabilisierung durch Gefrieren wird in der Landwirtschaft als Bildung von „Frostgare“ bezeichnet. Er stellt neben Aggregatbildung infolge von Evaporation oft den einzigen Mechanismus dar, der kohärente Bodenzonen nach grobscholliger Bearbeitung oder unbeabsichtigter Verknetung wieder in Aggregate aufteilt. Da die Frostgarebildung durch das Wachsen großer Kristalle bedingt ist, fällt sie aus, wenn die Wärmestromsituation keine entwässernde Wasserbewegung zustandekommen läßt. Dies trifft zu, wenn zuviel Wasser nachfließen kann oder wenn die kohärente Zone vor dem Gefrieren zu stark ausgetrocknet war, um weiteren Wassertransport zu ermöglichen.

Die Frostgare bleibt natürlich nur erhalten, wenn das Wasser der Eiskristalle nach dem Auftauen nicht wieder in die Bodenmatrix hineingezogen wird. Es muß also nach dem Tauen sofort durch die neuentstandenen Grobporen wegfließen oder aber vor dem Auftauen durch Sublimation aus dem Boden verschwinden. Geschieht keines von beidem, dann führt die Übernässung zum Verlust der Tragfähigkeit im Acker in gleicher Weise wie auch in Straßen.

Betrachtet man die Eisbildung im Boden als Folge einer bestimmten Wassertransportsituation, dann gibt diese auch eine Erklärung für das Hochfrieren von Steinen. Da Steine als porenarme Festkörper eine höhere Wärmeleitfähigkeit haben als der umgebende Boden (Abb. 8-2), ist im Wärmestrom zur Bodenoberfläche überall dort eine besonders gut leitende Stelle, wo ein Stein einen Teil der Transportstrecke ausmacht. An der Unterkante des Steines wird daher eine besonders tiefe Temperatur (d.h. eine Potentialsenke) entstehen und dementsprechend auch ein bevorzugtes Wachstum von Eiskristallen. Die dabei freiwerdende Kristallisationswärme wird infolge der hohen Leitfähigkeit des Steines wiederum schneller abgeführt als es im umgebenden Boden möglich wäre. Dies gibt Anlaß zu einer im Vergleich zur Umgebung besonders starken Anhebung (Tab. 8-2). Der Vorschub muß dabei nicht senkrecht nach oben erfolgen, sondern geschieht in Richtung des Temperaturgefälles an Böschungen also schräg zur Vertikalen (*Lundquist,* 1948).

Die Frostsprengung im eigentlichen Sinn des Wortes, die durch die Volumenzunahme des Wassers beim Übergang in die Eisform bedingt ist, spielt im Boden in der Regel eine untergeordnete Rolle. Die Voraussetzung dafür, die hinreichend starre Begrenzung eines Volumens, ist nämlich meist nicht gegeben. Dieser Umstand ergibt sich mehr oder weniger zwangsläufig aufgrund der beschriebenen Gefriervorgänge. Eine Ausnahmesituation könnte bei Aggregaten locker lagernder Bodenoberflächen auftreten, wenn diese der Abkühlung von allen Seiten zugleich ausgesetzt sind. Wenn der Wasserinhalt allseitig von außen beginnend gefriert, entsteht am ehesten ein vom übrigen Wasserstrom abgeschlossener starrer Körper, der beim Gefrieren seines Wasserinhalts zerbrochen werden kann.

8.7. Literatur

Baak, J.A. (1948): Landbouw. (Buitenzorg) 20, 269-274
Baden, W., H. Kuntze, J. Niemann, G. Schwerdtfeger, F.-J. Vollmer (1969): Bodenkunde, Lehrbuch für Ingenieurschulen. Ulmer, Stuttgart
Baver, L.D., W.M. Gardner, W.R. Gardner (1972): Soil Physics, 4. Aufl. Wiley and Sons, New York
Bernatzik, W. (1947): Baugrund und Physik. Schweizer Druck- u. Verlagshaus, Zürich
Bolt, G.M., A.R.D. Janse, F.F.R. Koenigs (1965): Algemene Bodemkunde. Landbouwhogeschool, Wageningen
Brown, R.J.E., G.H. Johnston (1964): Endeavour (ICI). 23, 66-72
Chang, Jen-hu (1957): Ann. Assoc. Americ. Geogr. 47, 241-249
Clark, S.P. (1966) (Hrsg.): Handbook of Physical Constants. Geol. Soc. America, Memoir 97. Geol. Soc. America
Clark, S.P., A.E. Ringwood (1964): Rev. Geophys. a. Space Phys. 2, 25-88
Czeratzki, W. (1956): Z. Pflanzenern., Düng. u. Bodenkunde. 72, 15-32
Di Gleria, J., A. Klimes-Szmik, M. Dvoracsek (1962): Bodenphysik und Bodenkolloidik. VEB Gustav Fischer, Jena
Egyed, L. (1969): Physik der festen Erde. Akad. Kiado, Budapest
Everett, D.H. (1961): Trans. Faraday Soc. 57, 1541
Fritton, D.D., J.D. Marsolf, W.J. Busscher (1976): Proc. Soil Sci. Soc. America 40, 644-647
Geiger, R. (1961): Klima der bodennahen Luftschicht. Viehweg u. Sohn, Braunschweig
Goetz, R., S. Müller, F. Wacker (1971): Mitt. Verein forst. Standortskd. u. Forstpfl.-Züchtung. Heft 20, 67-88
Hann, J. von, R. Süring (1951): Lehrbuch der Meteorologie. 5. Aufl. Hirzel, Leipzig
Hoekstra, P. (1965): Proc. Soil Sci. Soc. America. 29, 519-522
Homèn, T. (1897): Der tägliche Wärmeumsatz im Boden und die Wärmestrahlung zwischen Himmel und Erde. Leipzig
Kamb, B., A. Prakasch, C. Knobler (1967): Acta Cryst. 22, 706-715
Keränen, J. (1920): Über die Temperatur des Bodens und der Schneedecke in Sodankylä. Helsingfors (zit. Miess, 1968)
Keschawarzi, S. (1973): Diss. TU Hannover
Kohnke, H. (1968): Soil Physics. McGraw-Hill, New York
Kramer, W., J. Lorenz, B. Meyer (1968): Gött. Bodenkundl. Ber. 1, 57-110
Lang, C. (1878): Forsch. Gebiete Agr. Phys. 17, 1-31
Lundquist, G. (1948): De svenska fjällens Natur. 2. Aufl. Svensk. Turist. Förlag
Miess, H. (1968): Diss. TU Hannover
Müller, S. (1965): Z. Pflanzenern. u. Bodenkunde. 109, 26-34
Schachtschabel, P. (1953): Z. Pflanzenern. u. Bodenkunde, 61, 146-163
Schulte im Walde, W., H.G. Frede, B. Meyer (1976): Gött. Bodenkundl. Ber. 44, 53-130
Stackelberg, M. von (1964): Umschau. 64, 68-71
Toogood, J.A. (1976): Canad. J. Soil. Sci. 56, 505-506
Westcot, D.W., P.J. Wierenga (1974): Proc. Soil Sci. Soc. America. 38, 9-14

9. Der Pflanzenstandort und seine physikalische Veränderung

Für die Pflanzen ist der Boden zunächst einmal Standort, der Platz auf dem sie sich so verankern müssen, daß sie ihre Blätter und Blüten in erforderlichem Maße der Berührung mit Licht und Luft aussetzen können (*Jungk,* 1975). Die Pflanze darf nicht umfallen, was bei Bäumen auf flachgrundigem Untergrund bei Stürmen gelegentlich nicht gewährleistet ist, zumal das sekundäre Dickenwachstum von Wurzeln im allgemeinen zur Auflockerung des Bodens beiträgt (Abb. 2-27).

Darüberhinaus erhält die Pflanze den überwiegenden Anteil ihres Wassers über den Boden. Das gilt bei vielen Pflanzen auch für den für die Wurzelatmung benötigten Sauerstoff. Der Abtransport des dabei produzierten Kohlendioxids erfolgt ebenfalls durch den Boden.

Der Boden hat also für Wasser und Luft sowohl die Funktion eines Transportweges als auch die eines Vorratsbehälters. Das gleiche gilt natürlich auch für die Pflanzennährstoffe, jedoch steht das hier außerhalb des Rahmens der Darstellung.

Daher ist das Wachstum der Pflanzen und damit auch der Ertrag der Kulturpflanzen stark von den Bodeneigenschaften abhängig. Deshalb wird mit zahlreichen Kulturmaßnahmen versucht, diejenigen Vorrats- und Transportverhältnisse im Boden herzustellen, die den Ertrag der Kulturen am höchsten ansteigen lassen. Um sowohl die normalen Kulturmaßnahmen als auch tiefergreifende Meliorationen erfolgsversprechend einzusetzen, muß man die Bedürfnisse der Pflanzen kennen, sowie die Möglichkeiten, die der gegebene Boden zu ihrer Erfüllung bietet.

9.1. Bedürfnisse der Pflanzen hinsichtlich der Wasserversorgung

Wenn man Pflanzen bei unterschiedlicher Wasserspannung kultiviert, erhält man in der Regel umso höhere Erträge, je leichter das Wasser für die Pflanzen verfügbar war. Dieser Sachverhalt ist in Abb. 9-1 schematisch dargestellt. Untersuchungen dieser Art liegen inzwischen von zahlreichen Pflanzen vor (*Taylor* und *Ashcroft,* 1972). Sie zeigen meistens, daß bei abnehmender Wasserspannung

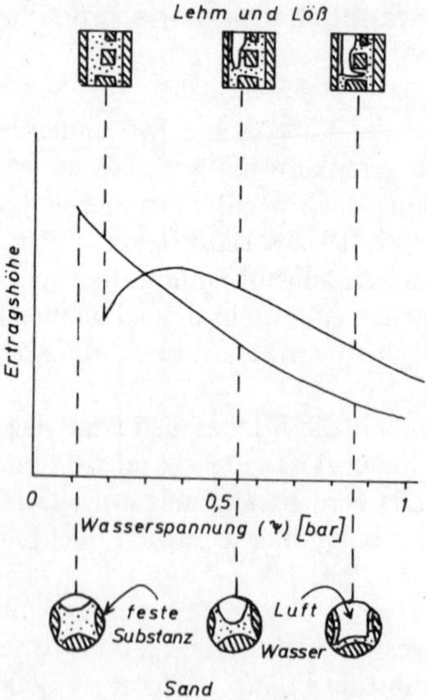

Abb. 9-1 Ertrag einer Kulturpflanze in Abhängigkeit von der Wasserspannung in einem Sand- und einem Lehmboden. Der Unterschied im Wasserangebot bei gleicher Wasserspannung und die Wirkung von Luftmangel sind durch die schematischen Gefügediagramme dargestellt

der Ertrag nach Erreichen eines Maximums wieder zu sinken beginnt. Dieser Zusammenhang wird durch die Beobachtung unterstrichen, daß die Effektivität des Wassers im Hinblick auf die Produktion von pflanzlicher Substanz der gleichen Gesetzmäßigkeit unterliegt. Untersuchungen von *Czeratzki* (1977) zeigten nämlich am Beispiel des Mais, daß der Transpirationskoeffizient (= Wasserverbrauch/Trockensubstanzproduktion) im Bereich um 100 cm WS ein Minimum erreicht. Wird bei niedrigerer oder höherer Wasserspannung kultiviert, so steigt der Transpirationskoeffizient. In beiden Fällen wird also je Einheit der aus dem Boden aufgenommenen und an die Atmosphäre weitergegebenen Wassermenge weniger Trokkensubstanz erzeugt. Beide Sachverhalte zeigen die überragende Wichtigkeit der Wasserversorgung aus dem Boden für die pflanzliche Produktion.

Aus der Abbildung ist aber darüberhinaus noch zu ersehen, daß die Wasserversorgung der Pflanze nicht allein durch die Wasserspannung beschrieben werden kann. Bei gleicher Wasserspannung ist vielmehr der Ertrag in Sandböden geringer als in Lehmböden, solange die Kurven in der Abbildung parallel laufen und somit gleichartige Verhältnisse vorliegen. Man kann auch sagen, daß für einen gleichen Ertrag die Wasserspannung in einem Sand niedriger sein muß als in einem Lehm (vgl. Abb. 9-1).

Die Ursache für die Zunahme der Erträge mit sinkender Wasserspannung liegt in dem mit der Wasseraufnahme aus dem Boden verbundenen Aufwand an Arbeit. Diese Arbeit ist im Hinblick auf die Pflanze meist in der Form des Wasserpotentials (ψ_W) erfaßt. Das Wasserpotential ist, wie in Kap. 4 beschrieben, definiert als

$$\psi_W = \psi_m + \psi_o + \psi_g$$

Das Vorzeichen des Wasserpotentials kann positiv oder negativ sein, wie das des hydraulischen Potentials. Es hängt davon ab, welche Zahlenwerte bei den Teilpotentialen überwiegen (vgl. Kap. 4).

Je weniger Energie für die Wasseraufnahme verwendet werden muß, desto stärker ist das Wachstum und desto höher ist in der Regel auch der Ertrag.

Dies schließt nicht aus, daß verschiedene Pflanzen ganz typische Schäden zeigen, wenn die Wasserspannung niemals schwankt, sondern gleichbleibend niedrig ist. Dies betrifft meistens Pflanzenorgane, die selbst wenig transpirieren (*Krug, Wiebe* und *Jungk,* 1972).

Der Weg des Wassers aus dem Boden über die Pflanze in die Luft der Atmosphäre wird heute oft als eine Strömung aufgefaßt. Dabei nimmt die Pflanze das Wasser durch ihre Wurzeln aus dem Boden auf und transportiert es durch den Sproß zu den Blättern, wo es durch Evaporation und Transpiration abgegeben wird. Da bei diesem Wassertransport die Evaporationsbarriere der austrocknenden Bodenoberfläche (s. Kap. 6) umgangen wird, kann aus dem Boden weit mehr Wasser in die Atmosphäre gelangen, wenn er bewachsen ist, als wenn er unbewachsen brach liegt.

Der entstehende Wasserstrom kann, wie alle Wasserbewegungen, als Potentialstrom von einer Quelle zu einer Senke hin verstanden werden. Die Senke ist die Atmosphäre, wo der Wasserdampfdruck fast immer geringer ist als im Boden. Wenn der Wasserstrom vom Boden über die Pflanze zur Luft gehen soll, dann muß das Wasserpotential der Pflanze niedriger sein als das des Bodens.

Das Wasserpotential der Pflanze ist nun seinerseits die Differenz zweier Komponenten nämlich des osmotischen (ψ_o) und des Druck- (Turgor-) Potentials (ψ_T):

$$\psi_W = \psi_T - \psi_o$$

Sind beide gleich groß, so ist das Wasserpotential gleich Null. Die Pflanze kann dann kein Wasser aufnehmen. Gibt die Pflanze Wasser an die Atmosphäre ab, so sinkt der Turgor und daher auch das Wasserpotential. Es kann naturgemäß umso stärker sinken, je niedriger das osmotische Potential ist, d.h. je höher der osmotische Druck, allein gemessen, ansteigt. Das Wasserpotential hat also im System Atmosphäre – Pflanze – Boden eine Rolle, die der des hydraulischen Potentials im Boden entspricht (vgl. Kap. 4 und Abb. 4-8).

Trotz der tageszeitbedingten Schwankungen des Wasserpotentials der atmosphärischen Luft bleibt in der Regel eine Potentialdifferenz zu den Blättern bestehen (Abb. 9-2). Sie verschwindet nur vollständig, wenn in der Luft das Sättigungsdefizit des Wasserdampfdrucks nahezu Null wird, also sich dem Taupunkt nähert.

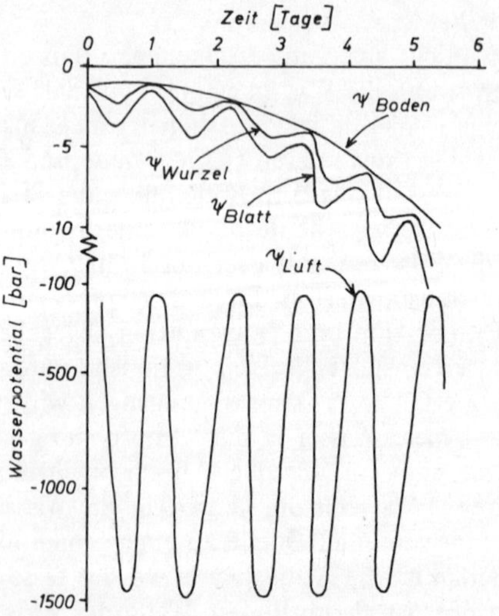

Abb. 9-2 Verlauf der Wasserpotentiale in der Luft, in Blättern, Sproß und Wurzel der Pflanze, sowie im Boden an einer Reihe von aufeinanderfolgenden Tagen ohne Niederschlag (schematisch, in Anlehnung an *Slatyer,* 1967)

Um bei abnehmendem Wasserpotential des Bodens weiterhin Wasser entziehen zu können, muß das Wasserpotential der Pflanze aber ebenfalls absinken. Die Pflanze erzeugt dies vor allem dadurch, daß sie das osmotische Potential im Zellsaft erhöht. Im Vergleich zum Gravitationspotential des Wassers hat dieses Potential definitionsgemäß ein negatives Vorzeichen. Ein Anstieg der Konzentration ist also gleichbedeutend mit einem Anwachsen des Zahlenwertes und der Abnahme der Potentialhöhe im Schwerefeld der Erde.

Wie Abb. 9-2 erkennen läßt, folgt die Pflanze dem tageszeitbedingten Rhythmus der Potentialschwankungen in der Luft, und zwar die Blätter deutlicher als die Wurzeln. Dies ruft in dem die Wurzeln unmittelbar umgebenden Boden ebenfalls einen Rhythmus hervor, der umso deutlicher in Erscheinung tritt, je niedriger das Wasserpotential des Bodens wird. Das liegt daran, daß die Potentialabnahme im Boden eine Folge der Entwässerung ist, d.h. eine Folge der fortschreitenden Ausschöpfung der Kapazität.

Diese Entwässerung führt, wie in Kap. 5 beschrieben (Abb. 5-12), zur Abnahme der Wasserleitfähigkeit und daher notwendigerweise zu einer Zunahme des Potentialgradienten im Boden in Richtung auf die Pflanze hin.

Das Aufrechterhalten eines niedrigen Wasserpotentials zwecks Erzeugung dieses Potentialgradienten erfordert von der Pflanze Energie. Deshalb müßte bei höherem Wasserpotential des Bodens, d.h. geringere Notwendigkeit für die Pflanze, ihr Potential ständig niedrig zu halten, eine höhere Wuchsleistung zu erreichen sein.

Dies ist, wie Abb. 9-1 zeigt, zunächst auch der Fall. Wuchsleistung und Ertrag erreichen jedoch stets ihr Maximum bei einem bestimmten boden- und pflanzenabhängigen Wasserspannungswert, nach dessen Unterschreitung sie wieder abnehmen. Dieses Verhalten der Pflanzen muß durch einen anderen Faktor bedingt sein, der die Wirkung noch weiter zunehmender Verfügbarkeit des Wassers aufhebt. Dieser Faktor ist der Luftmangel, der sich bei umso geringerem Wassergehalt bemerkbar macht, je größer die Lebensaktivität der Wurzeln ist und je stärker der Diffusionsweg für den Sauerstoff im Boden durch Wasserbrücken blockiert wird (s. Kap. 7).

Die starke, hemmende Wirkung des Luftmangels im Boden hängt mit der O_2-Diffusionsgeschwindigkeit im Wasser und in der Luft zusammen. Der Unterschied wird, wie im Kap. Gashaushalt beschrieben, durch den Faktor $\sim 10^4$ ausgedrückt. Das bedeutet, daß längere Diffusionsstrecken durch Wasser für den aus der Luft kommenden Sauerstoff praktisch Abriegelungen bedeuten.

Da der Sauerstoffbedarf der Wurzeln mit zunehmender Lebensintensität steigt, diese aber ihrerseits mit der Zunahme des Wasserpotentials im Boden ansteigt, baut sich hier ein Wuchshemmungsmechanismus auf. Dieser besteht darin, daß eine weitere Wachstumszunahme infolge abnehmenden Wasserpotentials durch die zunehmende Begrenzung des Sauerstoffangebotes gebremst wird.

Aus diesem Zusammenhang ergibt sich die Anforderung, eine umso grobporigere Bodenmatrix bereitzustellen, je niedriger die Wasserspannung, d.h. hier je höher das Wasserpotential während der Kulturperiode gehalten werden kann. (Bezüglich der Vorzeichen und der Definition der Begriffe Wasserspannung und Wasserpotential siehe Kap. 4.)

Dies gilt in besonders hohem Maße, wenn die Wasserzufuhr zur Pflanze nur teilweise gesteuert werden kann, wie z.B. bei Zusatzbewässerung im Freiland. Wenn unmittelbar nach Bewässerungsvorgängen Starkregengüsse niedergehen, kann kurzfristiger Sauerstoffmangel bei starkwachsenden Kulturen zu Wuchsdepressionen führen, obgleich die gleichzeitige weitere Absenkung der Wasserspannung als solche nicht schädlich ist. Eine dem Optimalzustand nahekommende Wasserversorgung der Pflanzen ist also nur unter Fernhaltung von Wasserüberschuß, z.B. durch ein Glasdach denkbar (Gewächshaus).

Dieser Sachverhalt ist den Pflanzenbauern wohlbekannt. Er führt dazu, daß die Substrate den Möglichkeiten der Wasserversorgung angepaßt werden. Abb. 9-3 zeigt als Beispiel hierfür die Porengrößenverteilungen von zwei Böden aus gleichem Ausgangsmaterial, die nur etwa 100 m voneinander entfernt anstehen. Die dichtere Lagerung gehört zu einer Fläche, auf der mit Erträgen, die der Bodenzahl (~ 80) entsprechen, seit Jahren Weizen und Zuckerrüben angebaut werden. Die lockere Lagerung wurde unter einer Schnittblumenkultur unter Glas durch entsprechende Kulturmaßnahmen hergestellt bzw. erhalten.

Das Aufrechterhalten dieser grobporigen und damit lockeren Lagerung machte spezielle Aufwendungen für Stabilisierungsmittel und spezielle Kulturverfahren nötig, denn wie in Kapitel 2 ausführlich beschrieben, ist eine lockere und damit sekundärporenreiche Lagerung nur zu erhalten, wenn entweder der Scherwiderstand des Bodens bei den vorkommenden Wassergehalten hoch genug gehalten wird oder indem die Lasten von Fahrzeugen und Bearbeitungsmaschinen entsprechend klein gehalten werden. Die Tatsache, daß die Festigkeit eines Bodens gegenüber zusammenpressenden Lasten vom Wassergehalt abhängig ist, spielt hier eine bedeutende Rolle.

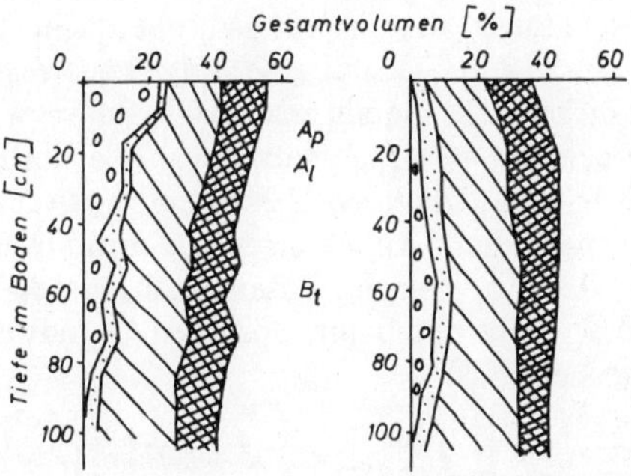

Abb. 9-3 Porengrößenverteilungen in einem Lößboden bei zwei verschiedenen Kulturen. Rechts Parabraunerde aus Löß, Wasserspannung 100-300 cm WS in 50 cm Tiefe. Links der gleiche Boden unter Glas (Gewächshaus, Nelken- und Rosenkultur), Wasserspannungen stets unter 100 cm WS

9.2. Meliorationsmöglichkeiten

Unter dem Begriff Melioration versteht man eine Verbesserung der Standortbedingungen, die entweder überhaupt nur einmal notwendig ist oder doch zumindest eine langanhaltende Wirkung hat. Für Meliorationsmaßnahmen sind daher unter Umständen relativ hohe Aufwendungen pro Flächeneinheit vertretbar. Kurzfristig wiederholbare Maßnahmen wie Düngungen und Bewässerungsgaben werden nicht zu den Meliorationen gerechnet.

Die Melioration eines Standortes im Hinblick auf die Bedürfnisse einer speziellen pflanzenbaulichen Kultur kann entweder erwünscht sein, weil die natürlichen Bedingungen ungünstig sind oder weil von anderer Stelle verursachte Veränderungen der Umgebung sie haben ungünstig werden lassen.

Die wichtigsten Möglichkeiten sind in Abb. 9-4 zusammengefaßt. Die erste (A_{1-3}) besteht darin, daß ein Standort wegen seiner Lage zum natürlichen Grundwasserstand für die beabsichtigten

Kulturen zu naß (A_1) oder zu trocken (A_3) in dem im vorigen Abschnitt erläuterten Sinne (Abb. 9-1) ist. Die zweite ($B_{1,2}$) besteht darin, daß infolge künstlicher Veränderungen der hydrologischen Situation für die Pflanzen das gleiche Ergebnis zustandekommt wie unter (A). Absenkungen der Grundwasseroberfläche kommen heute in steigendem Maße vor. Sie sind eine Folge von Wasserentnahmen aus dem Grundwasser für die allgemeine Wasserversorgung, für Bewässerungszwecke (B_1 = Entnahmetrichter) oder im Rahmen von großräumigem Bergbau (*Wohlrab,* 1967) und wasserbaulichen Maßnahmen wie Kanalbauten. Anhebungen von Grundwasseroberflächen kommen ebenfalls vor, wenn im Zusammenhang mit Versickerungen von Abwasser oder mit Baumaßnahmen Grundwasserdome (B_2) entstehen (vgl. Abb. 6-3).

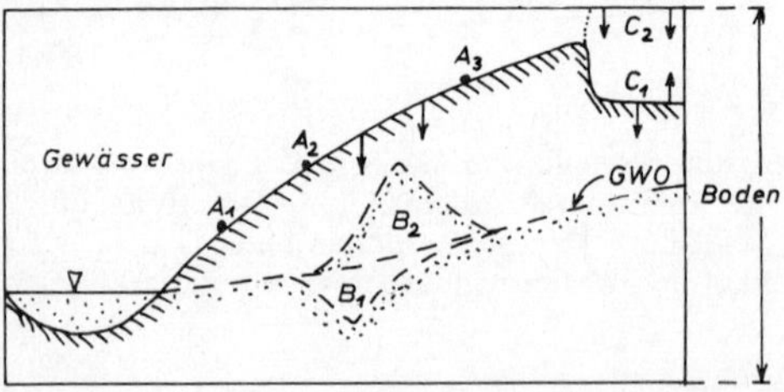

Abb. 9-4 Schematische Darstellung der Ursachen für die Melioration eines Standortes für den Anbau von Kulturpflanzen: Abstand von der Grundwasseroberfläche, Veränderung dieses Abstandes und Veränderung des Gefüges durch Pressungen (Pfeile). Erläuterungen im Text

Im Prinzip ähnlich wirken sich Veränderungen des Bodens aus, wie sie heute oft großflächig als Folge von Rohstoffentnahmen (Sand-, Kies-, Tonabbau, Braunkohletagebau) (C_1) oder als Folge der Absetzung (Deponie) von Abraum im Zusammenhang mit Rohstoffentnahmen oder bei sonstigen Erdbaumaßnahmen entstehen (C_2).

Im Zusammenhang mit Aufschüttungen (C_2), wie sie bei den meisten Rekultivierungen vorkommen, wird oft Mutterboden auf ein sogenanntes „Rohplanum" aufgebraucht. Hier tritt sowohl beim Mutterboden als auch beim Rohplanum regelmäßig die Frage nach der Lagerungsdichte sowie nach erforderlichen und zulässigen Verdichtungszuständen auf.

Das ist in Abb. 9-4 durch die Pfeile an der Bodenoberfläche bei C_2 dargestellt. Niveauveränderungen mit den damit verbundenen Veränderungen des Gefüges, des Sekundärporensystems und daher des Wasserhaushalts treten jedoch auf allen anderen Bodenoberflächen ebenfalls auf. Sie fallen nur meistens nicht so auf wie bei künstlichen Aufschüttungen. Pressungen des Bodens sind sowohl in der Landwirtschaft (*Andersson* und *Håkansson,* 1966) als auch in der Forstwirtschaft (*Björkhem* u. Mitarb., 1974) beobachtet und in ihrer Auswirkung auf die Standorteigenschaften für die betreffende Kultur untersucht worden.

Wie die Abbildung zeigt, lassen sich all diese Veränderungen in einer Ebene darstellen. Sie wirken sich also offensichtlich auf prinzipiell gleiche Weise auf den Pflanzenstandort aus. Das bedeutet gleichzeitig, daß bei Meliorationsmaßnahmen in allen hier angesprochenen Fällen die gleichen Bodeneigenschaften berücksichtigt werden müssen.

Aus der Abbildung geht hervor, daß alle aufgezählten Sachverhalte, die Meliorationsmaßnahmen wünschenswert machen, auf Veränderung des Grundwasserabstands und auf Veränderungen der Höhenlage der Bodenoberfläche – als Folgen der Veränderung der Lagerungsdichte – hinauslaufen.

Im Folgenden werden einige Kriterien, die bei Meliorationsmaßnahmen eine Rolle spielen, erläutert. Hierbei wird vor allem Wert auf die Darstellung der grundsätzlichen Möglichkeiten der Beurteilung gelegt, die einen ersten Überblick ermöglichen und das Erkennen von Gemeinsamkeiten bei äußerlich verschiedenen Situationen erlauben. Diese Erörterungen bewegen sich daher im Rahmen von Näherungswerten. Für weitere Einzelheiten sei auf Lehrbücher des Pflanzenbaus (z.B. *Baeumer,* 1971) und Darstellungen des Meliorationswesens (*Eggelsmann,* 1973) verwiesen.

9.2.1. Beeinflussung der Luft- und Wassermengen

Die Aufgabe besteht zunächst meist darin, zu beurteilen, ob eine Veränderung der Grundwasseroberfläche sich auf die pflanzenbauliche Qualität des Standortes auswirkt oder nicht. Als Hilfsmittel hierzu kann als erstes die Wasserspannungskurve herangezogen werden (s. Kap. 4). Dies ist in Abb. 9-5 schematisch dargestellt, wobei die beiden Böden als vollständig homogen angenommen wurden.

Die Verteilung der Wassergehalte in Abhängigkeit von der Tiefe, die man mit Hilfe der Wasserspannungskurve zeichnen kann, sind theoretische Werte für einen selten eintretenden Gleichgewichtszustand. Sie geben Veränderungen der Grundsituation in erster Näherung richtig wieder. Dies läßt sich in zweifacher Hinsicht auswerten. Einerseits kann die mittlere Veränderung des Wassergehalts in einem beliebig tiefen Bodenvolumen erfaßt werden. Sie ergibt sich aus den Veränderungen der Flächen in der Abbildung und ist dort durch verschiedene Schraffuren gekennzeichnet. Geht man z.B. in Abb. 9-5 von der Lage der Grundwasseroberfläche GWO_{A_2} nach GWO_{A_1}, so erhält man einen Anhaltspunkt über die Zunahme des Wassergehalts.

Im Gelände würde dies einer Veränderung der hydrologischen Situation entsprechen, die in Abb. 9-4 durch den Übergang von dem Standort A_2 zum Standort A_1 gekennzeichnet wird. Der Übergang von GWO_{A_2} zu GWO_{A_3} (Abb. 9-5) bzw. A_2 zu A_3 (Abb. 9-4) zeigt die Veränderung vom gleichen Ausgangspunkt in entgegengesetzter Richtung.

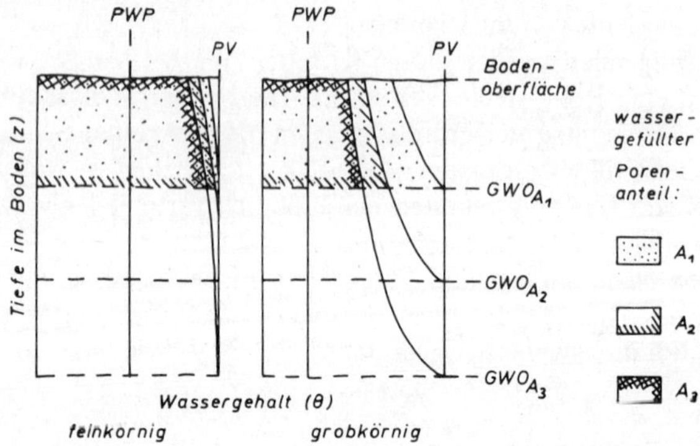

Abb. 9-5 Folgen der Veränderung der Lage der Grundwasseroberfläche (GWO) für die Wasser- und Luftgehalte im oberen Teil eines feinkörnigen (~ uT) und eines grobkörnigen (~ lS) Bodens

Ein Vergleich der beiden in Abb. 9-5 dargestellten Böden zeigt, daß bei dem grobkörnigeren die Erhöhung der Wassermenge bei einem Anstieg der Grundwasseroberfläche den Luftanteil noch kaum gefährlich verkleinert. Hier wirkt sich die Zunahme an pflanzenverfügbarem Wasser stärker aus. Eine Absenkung der Grundwasseroberfläche würde sich in jedem Fall nachteilig auswirken.

Beim feinkörnigen Boden liegen die Dinge umgekehrt. Die Grundwasseranhebung (A_3 über A_2 nach A_1) verkleinert das ohnehin knappe Luftvolumen, so daß dies zum ertragsbegrenzenden Faktor wird. Die Absenkung der Grundwasseroberfläche dagegen wirkt sich aus dem gleichen Grunde in jedem Fall positiv aus. Die Abbildung gibt auch den bekannten Sachverhalt wieder, daß sich Veränderungen bei größerem Abstand der Grundwasseroberfläche von der Bodenoberfläche weniger stark auswirken als solche bei geringerem Abstand.

Auf diesem Wege läßt sich die wahrscheinliche Auswirkung einer Veränderung der relativen Lage von Grundwasseroberfläche und Bodenoberfläche in erster grober Näherung abschätzen. Die Abb. 9-4 zeigt, daß dies im gleichen Maße für die Zusammenhänge A, B und C gilt.

Diese zunächst sehr grobe Aussage läßt sich verbessern, indem man die Heterogenität des Bodengefüges mit berücksichtigt. Anstelle der einen Wasserspannungskurve, die der Abb. 9-5 zugrunde liegt, muß dann für jeden pedologischen Horizont oder jede Schicht im Bodenprofil eine eigene Kurve verwendet werden.

Die Abbildung läßt auch erste Schlüsse über die Abhilfemaßnahmen bei Veränderungen in ungünstiger Richtung zu. So ist z.B. in dem feinkörnigen Boden bei Wasserüberangebot mit einer ausreichenden Wirkung einer Rohrdränung nicht sicher zu rechnen, wenn die Stränge nicht sehr eng liegen. Auf der anderen Seite kann eventueller Wassermangel in dem grobkörnigen Boden durch Bewässerung von oben her weitgehend ausgeglichen werden.

9.2.2. Beeinflussung der Wassernachlieferung

Im vorigen Abschnitt war von einer statischen Situation ausgegangen worden. Zu ihrer Beschreibung und Abschätzung der Veränderungen genügte die Wasserspannungskurve. Eine Verbesserung der Aussage ist zu erwarten, wenn zusätzlich die Nachlieferungsvorgänge berücksichtigt werden, bzw. deren Beeinflussung durch die in Abb. 9-1 dargestellten Bedingungen. Dies setzt die Kenntnis der Wasserleitfähigkeit (k in der *Darcy*-Formel) in dem infragekommenden Wassergehaltsbereich sowie der auftretenden hydraulischen Gradienten voraus. Die Wasserleitfähigkeitswerte (k) über den gesamten im Pflanzenanbau interessierenden Wasserspannungsbereich sind sehr umständlich zu bestimmen. Werte für einen bestimmten Boden liegen daher in der Regel nicht vor. Man kann sich aber an der Abb. 5-12 orientieren, die anzeigt, daß diese Werte zwischen etwa 10^{-2} und 10^{-10} cm · sec^{-1} liegen. Diese sehr großen Unterschiede laufen parallel mit der Veränderung der Wassergehalte.

Die hydraulischen Gradienten können im Arbeitsbereich der Tensiometer relativ einfach gemessen werden. Sie liegen, wie in Abb. 6-5 dargestellt, sehr häufig in der Größenordnung bis etwa 10 cm · cm^{-1}. Nur in Sandböden treten bis hinunter in etwa 40 cm Tiefe Werte bis 30 cm · cm^{-1} auf. In den obersten 10 cm Bodentiefe werden diese Werte allerdings oft erheblich überschritten (*Hartge* und *Horn,* 1977).

Versucht man unter Berücksichtigung der Nachlieferung durch ungesättigten Fluß die pflanzenbaulichen Standorteigenschaften eines Bodens abzuschätzen, so kommt man zu dem Ergebnis, daß die Beurteilung aufgrund der statischen Betrachtung (Abb. 9-5) die Unterschiede nicht in vollem Maße erfaßt, sondern zu klein angibt. Hier bietet sich also eine Möglichkeit, die Aussage über Meliorationswürdigkeiten und Meliorationserfolge wesentlich zu verbessern.

Wegen der Kargheit des vorhandenen Materials und der Schwierigkeit für den Einzelfall Meßwerte zu beschaffen, ist die allgemeingültige Feststellung wichtig, daß die Wassernachlieferung zu einer Wurzel hin meliorativ hauptsächlich durch Veränderung des Zusammenhanges zwischen Wassergehalt und Wasserleitfähigkeit zu beeinflussen ist. Und zwar wirkt jede Lockerung hier hemmend auf die Wassernachlieferung, weil sie die Anzahl und die Fläche der wasserführenden Kontakte je Fließquerschnitt verkleinert. Das gleiche gilt für Gefügeentwicklungen, die zur Aggregierung und Sekundärporenbildung führen. Die Wassergehalts- bzw. Wasserspannungsbereiche, in denen Hemmungen oder Förderungen der Leitfähigkeit auftreten, sind verschieden: bei Löß z.B. wird durch eine Lockerung die gesättigte Wasserleitfähigkeit um bis zu 2 Größenordnungen vergrößert, die Leitfähigkeit bei Wasserspannungen zwischen etwa 30-300 cm WS um Beträge in ähnlichen Größenordnungen verkleinert (*Ehlers,* 1977).

Verallgemeinert ist dieser Sachverhalt in Abb. 9-6 dargestellt. Der Verlauf der Veränderungen zeigt, daß die Antwort auf die Fra-

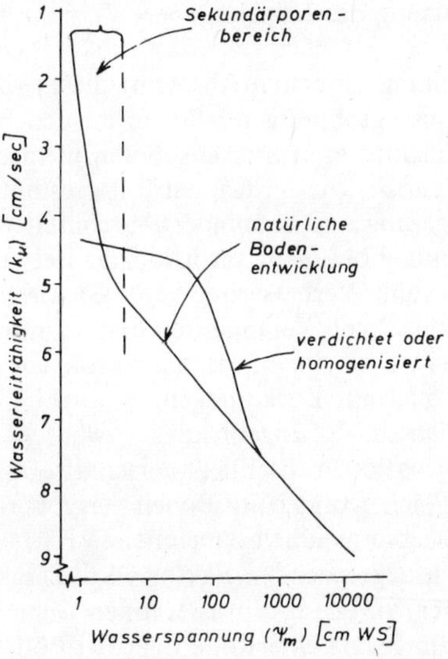

Abb. 9-6 Einfluß einer meliorativen Lockerung oder Verdichtung auf die Wasserleitfähigkeit bei verschiedenen Wasserspannungen. Der Verlauf ist schematisiert. Er tritt im Prinzip bei allen Bodenarten auf, und zwar umso stärker, je mehr Sekundärporen der Boden enthält

ge, ob meliorativ gelockert werden darf, davon abhängt, in welchem Wasserspannungsbereich die Kultur durchgeführt werden soll. Stets sollte der Zustand mit der größeren Wasserleitfähigkeit angestrebt werden. Nur wenn Wasserüberschuß zu erwarten ist oder niedrige Wasserspannungen durch Bewässerungen sichergestellt werden können, ist es vorteilhaft, den Boden in einen lockereren Zustand zu bringen. Ist dagegen mit überwiegender Trockenheit zu rechnen, so ist Lockerung schädlich. Hier bringt eine dichtere Lagerung bessere Wasserversorgung der Kulturen.

Trotz umfangreicher Arbeiten auf diesem Gebiet ist jedoch noch lange nicht der Zustand erreicht, in dem man Meliorationsmaßnahmen unter diesem Aspekt in der gleichen Breite beurteilen kann wie mit dem stationären Ansatz.

9.2.3. Beeinflussung der Lagerung

Aus der Darstellung im ersten Abschnitt dieses Kapitels ist ersichtlich, daß ein umso grobporigerer Boden für den Pflanzenbau erforderlich ist, je reichlicher Wasser angeboten werden kann. Grobporigkeit bedeutet jedoch, wie im Kapitel 2 dargestellt, stets Heterogenisierung der Lagerung und verminderte Stabilität und daher erhöhte Zusammendrückung bei nicht vermeidbarer Belastung.

Trotzdem ist eine Verbesserung von Standorteigenschaften oft nur über eine künstliche Veränderung des gesamten Lagerungszustands erreichbar. Dies gilt im Prinzip sowohl für künstliche Verdichtungen als auch für Lockerungen.

Verdichtungen sind pflanzenbaulich erwünscht, wenn dadurch in trockenen Situationen die Fließquerschnitte für das Wasser zur Wurzel hin je Flächeneinheit im Boden vergrößert werden, solange dabei die unvermeidlich zunehmende Härte des Substrates nicht zum wuchsbegrenzenden Faktor wird. Die künstliche Verdichtung spielt daher vor allem in wasserarmen Gebieten und semiaridem oder aridem Klima eine Rolle oder bei Böden, die extrem lokker lagern wie manche Moorböden oder vulkanische Aschen. Lokkernde, hebende Arbeitsgänge wie Pflügen wirken unter solchen Bedingungen oft ertragsmindernd. Ist eine im Verhältnis zum Wasserangebot zu große Lockerheit durch unzweckmäßige Bearbeitung erst einmal entstanden, dann ist sie kaum wieder zu beheben (*Czeratzki,* 1972), weil bei Versuchen, den Boden wieder zu verdichten, in der Regel nur die Oberfläche zusammengepreßt wird (s. Kap. 2). Die Gefahr einer Überlockerung des Saatbettes ist daher auch unter mitteleuropäischen Klimabedingungen durchaus gegeben. Sie hat mit zur Verbreitung von Arbeitstechniken wie Minimum-tillage beigetragen.

Unter humiden Klimabedingungen und in Situationen, in denen Bewässerungen möglich sind, ist demgegenüber in der Regel ein derartig grobporiges Substrat erstrebenswert, daß es schwierig ist, den durch Kulturmaßnahmen herstellbaren Zustand über die Dauer der Kultur hin zu erhalten. Die Ursachen dafür, nämlich die Schwankungen der Stabilität in Abhängigkeit vom Wassergehalt sind in Kap. 2 beschrieben. Sie haben zur Folge, daß Versuche, die Bodenstruktur durch tiefgreifende Gefügemeliorationen (Tiefumbruch, Untergrundlockerung) zu verbessern, oft mißlingen, d.h. die erhofften Mehrerträge nicht bringen.

Es ist jedoch falsch, dieses Mißlingen den Verfahren als solchen anzulasten. Die Ursache liegt vielmehr meistens darin, daß entweder der Zusammenhang zwischen dem Wasserangebot und der Bodenstruktur in seiner Wechselwirkung auf den Ertrag nicht beachtet wurde oder mangels Unterlagen falsch eingeschätzt wurde. Oft wird auch das Ziel der Untergrundmelioration rein mechanisch nicht erreicht oder der erreichte Zustand bleibt nicht erhalten, weil er Spannungsverhältnissen im Boden entspricht, die nicht stabil sind.

Beide Ursachen für die Mißerfolge zeigen jedoch, daß unser Kenntnisstand auf diesem Gebiet noch nicht ausreicht, um mit hinreichender Sicherheit die Ergebnisse abzuschätzen, wie dies im Bereich von Veränderungen der statischen Wassermengen und teilweise im Bereich der Nachlieferung möglich ist.

Nur im Hinblick auf das mechanische Ergebnis einer Lockerungsmaßnahme ist bislang eine Abschätzung im voraus möglich – aber selbst dies nur auf einem Umweg und in Form einer groben Näherung.

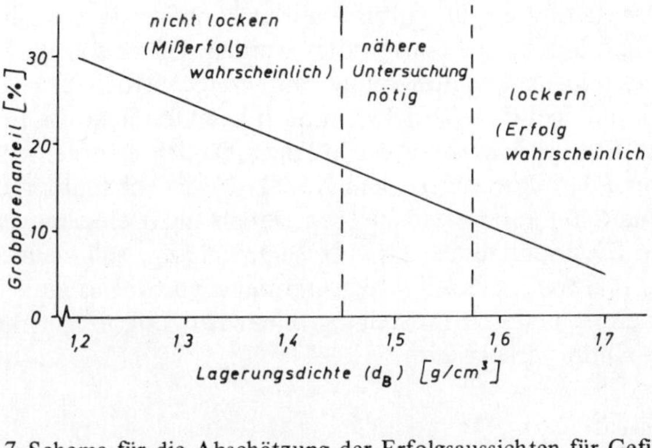

Abb. 9-7 Schema für die Abschätzung der Erfolgsaussichten für Gefügemeliorationen aufgrund der Zusammenhänge zwischen Lagerungsdichte und Grobporenanteil für Schluff- und Lehmböden. Die Abbildung gibt nur grobe Anhaltspunkte und zeigt, in welchem Bereich ohne Untersuchung der bodeneigenen Stabilitätsparameter keine Aussage möglich ist

Aufgrund der durch die Drucksetzungskurve (Abb. 2-20) beschriebenen Zusammenhänge kann man aus der in einem Boden vorgefundenen Lagerungsdichte (bzw. aus dem Porenanteil PV) grob darauf schließen, ob eine Lockerung unter durchschnittlichen Kulturverhältnissen Aussicht auf Beständigkeit hat oder nicht (Abb. 9-7). Eine solche Aussage ist natürlich nur für Extremfälle hilfreich. Sie zeigt aber auch an, wo weitere Forschungsarbeiten angesetzt werden müssen, nämlich bei der Untersuchung der Stabilität in Abhängigkeit vom Wassergehalt und Lagerungsdichte und bei der Möglichkeit, gegebene Stabilitäten zu erhöhen.

Dieser Problemkreis wird noch dadurch erweitert, daß eine maximale Stabilität für das Wurzelwachstum keineswegs erwünscht ist. Hier fehlen jedoch die Detailkenntnisse, um Meliorationen so durchzuführen, daß die erforderlichen Bodenstrukturen sowohl hinreichend stabil gegenüber universellen Belastungen als verformbar genug für die Wurzeln bleiben.

9.3. Meliorationstechniken

Die im vorigen Abschnitt erläuterten Möglichkeiten zur Verbesserung von Standorten für Kulturpflanzen können mit verschiedenen technischen Maßnahmen ausgenutzt werden. Daher soll im Folgenden jeweils der Anknüpfungspunkt aufgezeigt werden, der von den in den Kapiteln 1-8 beschriebenen Sachverhalten über die Bedürfnisse der Kulturpflanzen zu den pflanzenbaulich erforderlichen Bodenveränderungen führt. Dem Zweck dieser Abhandlung entsprechend kann auf die technischen Details nicht eingegangen werden. Die Beschreibung der Grundzusammenhänge soll vielmehr einerseits die praktischen Bezüge des beschriebenen Stoffes aufzeigen und andererseits durch Darstellung seiner Nutzungsmöglichkeiten das Verständnis erleichtern.

9.3.1. Rekultivierungen

Unter Rekultivierungen versteht man alle Maßnahmen, die darauf hinzielen, Flächen kulturfähig zu machen, auf denen durch menschliche Eingriffe der kulturfähige Oberboden entfernt oder unbrauchbar gemacht wurde (*Wohlrab,* 1970).

Dies trifft zum Beispiel für Flächen zu, die abgeräumt wurden, um den Abbau einer Lagerstätte zu ermöglichen (*Heide,* 1964). Die größten Vorhaben dieser Art sind in Deutschland die Braunkohlentagebau, die häufigsten die Kies-, Sand- und Tongruben und Torfgewinnungen. In anderen Ländern gibt es auch Erztagebaue.

Nach einem derartigen Abbau entsteht das Problem der Erstellung eines Bodens als ertragssichere Kulturfläche oder mindestens als Pflanzenstandort auf der Abbausohle, sofern diese nicht unter der Grundwasseroberfläche liegt. Abb. 9-8 zeigt eine derartige Situation. Das gleiche gilt auch für Flächen, die durch Erdverlagerungen im Zusammenhang mit Bauarbeiten entstehen, z.B. bei Kanal-, Hafen-, Straßen- und anderen Erdbauten. Anstelle der Abbausohle in Abb. 9-8 tritt dann ein durch Schüttung oder Austiefung entstandenes Rohplanum.

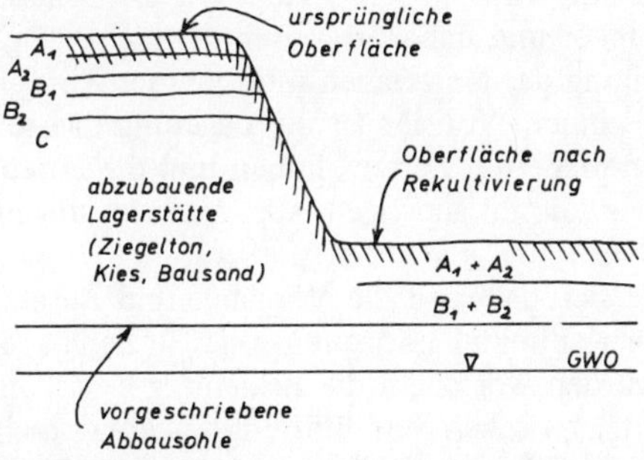

Abb. 9-8 Schema einer Rekultivierung nach Entnahme des abzubauenden Materials. Die A- und B-Horizonte sind, jeder in sich gemischt, in ursprünglicher Reihenfolge wieder aufgebracht (i. Anlehnung an *Wohlrab,* 1970)

Wenn auf einer Abbausohle oder einem anderen Rohplanum das neue Kultursubstrat angelegt werden soll, dann kann dafür entweder das Material dieser Sohle selbst verwendet werden oder der vorher abgeräumte Oberboden oder sonstiges Material kann aufgebracht werden. In beiden Fällen wird häufig nach der geringsten zulässigen Mächtigkeit des Kulturbodens gefragt, weil zunehmende Mächtigkeit die Herstellung verteuert.

Vielfach ist das Material der Abbausohle durch Befahren verdichtet und verfestigt. Meistens liegt es zudem deutlich näher an der Grundwasseroberfläche als der ursprüngliche Kulturboden. Letztlich wird das aufzubringende Kultursubstrat beim Transport geschüttet oder gespült, so daß bodenentwicklungsbedingte Eigenschaften in unterschiedlichem Ausmaß verlorengehen.

In der Regel liegt daher Gefüge vor, das die Ausbildung eines für anspruchvolle Kulturpflanzen günstigen Wasserhaushalts verhindert oder wenigstens stört.

Die Beurteilung der Nützlichkeit oder Schädlichkeit verschiedener Rekultivierungsverfahren und der dabei verwendeten Materialien muß daher davon ausgehen, zu überprüfen, wie der Wasserhaushalt unter den von Verfahren und Material gegebenen Bedingungen vermutlich aussehen wird und wie die Extremverhältnisse aussehen, die in ungünstigen Fällen entstehen können. Diese letzteren festzustellen ist deshalb so wichtig, weil Rekultivierungen ebenso wie Meliorationen langfristig wirksam sein sollen und die Behebung von Fehlschlägen sehr teuer und daher praktisch oft nicht möglich ist.

Die Beurteilung der Materialien muß bei der Korngrößenzusammensetzung beginnen. Von ihr ist die Lagerungsdichte und daher auch in hohem Maße das Porenvolumen und die Porengrößenverteilung abhängig, die im günstigen, aber auch im ungünstigen Fall erreicht wird.

Hier wirken sich daher all die Vorgänge und Zusammenhänge aus, die in den Kapiteln 1 (Körnung) und 2 (Gefüge) im einzelnen beschrieben wurden, vor allem die Beziehung zwischen Druck und Lagerungsdichte, zwischen Stabilität und Lagerungsdichte und zwischen Körnung und Lagerungsdichte. Im Fall des Spültransportes kommt hierzu noch der Zusammenhang zwischen Korngrößenzusammensetzung und sedimentativer Korntrennung (s. Sedimentationsgleichung).

Das Gefüge des neuerstellten Substrats ist, auch wenn ehemaliger Oberboden verwendet wurde, nicht mit Sicherheit ebenso günstig wie vor dem Abräumen – in ungünstigen Fällen werden sämtliche Sekundärporen zerstört und die Folge ist Luftmangel, reduzierendes Milieu und erschwerte Entwässerung.

Es muß daher Sorge getragen werden, daß ein ausreichend luftführendes Gefüge aufgebaut wird oder aber daß ein solches sich schnell bildet.

Hier wirken sich daher alle die Vorgänge und Zusammenhänge aus, die in den Kapiteln 2 (Gefüge) und 3 (Wechselwirkungen zwischen fester Substanz und Wasser) beschrieben wurden. Bei feinkörnigem Material und bei Aufspülungen ist die Schrumpfung mit ihren Folgen der Rißbildung sowie der Behinderung der Rückquellung besonders wichtig. Um sie zu forcieren, sind unter Umständen spezielle Anfangskulturen notwendig wie z.B. Luzerne (oder in Extremfällen sogar Schilf), deren Zweck nicht der Ertrag, sondern die Entwässerung und Gefügestabilisierung ist.

Besondere Beachtung muß der Abbausohle bzw. dem an ihre Stelle tretenden Rohplanum gewidmet werden (s. Abb. 9-8). Pressungen und Knetungen durch Befahren und Planieren müssen erkannt und ihre Einwirkungen auf den Wasserhaushalt des aufzubauenden Bodens eingeschätzt werden. Nicht nur Ton- oder Schluffpartien, sondern auch festgefahrene Schichten mit hohem Gehalt an organischer Substanz sind potentielle Wasserstauzonen. Hier wirken sich die Vorgänge und Zusammenhänge aus, die in Kapitel 2 (Gefüge) über Lockerungen und ihre Haltbarkeit beschrieben wurden.

Die Eigenschaften des Wasserhaushalts, wie die Speicherkapazität für pflanzenverfügbares Wasser, die Versickerung von Wasserüberschüssen und damit die Luftkapazitäten müssen im Zusammenhang mit den verfügbaren Niederschlägen, ihrer Verteilung über das Jahr und mit dem Abstand der Grundwasseroberfläche und deren jahreszeitbedingtem Gang ebenfalls beurteilt werden, ehe die Rekultivierung in Angriff genommen wird. Hier spielen all die Vorgänge und Zusammenhänge eine Rolle, die in den Kapiteln 4 (Hydrostatik) und 5 (Wasserbewegung) im einzelnen erläutert sind. Ihre gemeinsame Auswirkung ist in den Kapiteln 6 (Wasserhaushalt) und 7 (Gashaushalt) beschrieben.

Ein besonderes Problem stellen Materialien dar, die infolge ihrer mineralischen Zusammensetzung nicht als Standorte für Nutzpflanzen geeignet sind. Dies trifft bei manchen Abraummaterialien aus dem Über- und Untertagebau zu, die dann zu Halden aufgeschüttet werden. Im Hinblick auf derartige Rekultivierungsprobleme sei auf die Spezialliteratur verwiesen (*Darmer,* 1972).

Abschließend sei noch ein weiterer Komplex erwähnt, der herkömmlicherweise zu den Rekultivierungen gerechnet wird: die Salzmelioration. Hierbei handelt es sich darum, die kulturschädigende Salzakkumulation, die in ariden Gegenden vorkommt, zu entfernen. Je nach der Ursache für das Salzvorkommen sind die Rekultivierungsmethoden verschieden. Wenn relativ wenig veränderliche, insgesamt geringe Salzmengen vorliegen, z.B. wenn das Salz Teil des geologischen Ausgangsmaterials ist und sich im Verlauf der Verwitterung und der wegen des ariden Klimas aufwärtsgerichteten Wasserbewegung (s. Kap. 6, Wasserhaushalt) angereichert hat, dann kann bei störender örtlicher Konzentration durch Tiefumbruch und die damit verbundene Vermischung eine ausreichende Verdünnung erzielt werden (*Botow,* 1959; *Bowser* und *Cairns,* 1967).

Wenn das Salz hingegen mit dem Wasser von außen her zum Boden herangeführt wird, nimmt seine Menge im Verlauf der Zeit ständig zu. Solche Situationen können bei seitlichem Zusammenfließen von Oberflächenwasser in Senken, beim Verdunsten größerer Wassermengen aus grundwassernahen Lagen und vor allem bei künstlicher Bewässerung auftreten (*Schaffer,* 1975). In diesen Fällen muß das akkumulierte Salz früher oder später wenigstens teilweise entfernt werden.

Dies geschieht durch Auswaschen mit dem Bewässerungswasser. Das Salz kann dabei je nach der hydrologischen Situation über Dräns in den Vorfluter, d.h. den nächsten offenen Wasserlauf, gespült und auf diese Weise aus der Kulturfläche entfernt werden. Wo das nicht möglich ist, kann es unter Umständen wenigstens aus der unmittelbaren Wurzelzone heraus und in den Untergrund hinuntergewaschen werden.

Manchmal ist es unvermeidlich, Senken für die Akkumulation des ausgewaschenen Salzes vorzusehen, in denen dann auf den Anbau der Kulturpflanzen verzichtet wird. Die Schädlichkeit der Salze für die Kulturpflanzen und damit die Tolerierbarkeit im Boden wie auch im Bewässerungswasser sind von der chemischen Zusammensetzung abhängig. Sie ist z.B. bei *Fink* (1963) ausführlich beschrieben.

9.3.2. Dränmaßnahmen

Dränmaßnahmen sind in humiden Klimaten die ältesten Meliorationsmaßnahmen. Sie sind eine wesentliche Ursache dafür, daß die Bodeneigenschaften, die den Wasserhaushalt beeinflussen, sowie die Wasserbewegung im Boden wissenschaftlich wie auch technisch so ausführlich bearbeitet wurden.

Die Anwendung von Dränmaßnahmen hängt mit den Dräneigenschaften des Bodens zusammen, die in Kap. 4, 5 und 6 beschrieben wurden. Dränmaßnahmen sollen dem Wasser den Weg aus dem Boden heraus in die freien Wasserläufe verkürzen. Anstelle der zum

Teil langen Fließstrecken durch den Boden mit seinem relativ hohen Fließwiderstand (Kehrwert der Wasserleitfähigkeit, vgl. Kap. 5) sollen solche durch Gerinne mit geringerem Fließwiderstand treten.

Das ganze Fließsystem wird also von der Zufuhrstelle (Quelle) her zur Abfuhrstelle (Senke) hin „kurz geschlossen". Die Quelle ist dabei in der Regel die Bodenoberfläche, bzw. die Grundwasseroberfläche als Empfänger des Niederschlagswassers, in hängigem Gelände auch die hangseitige Flächengrenze aus der das „Hangwasser" in die zu dränende Fläche tritt. Die Senke ist eine offene Wasserfläche.

Die erste Voraussetzung für das Funktionieren von Dränmaßnahmen ist, daß Potentialsenken in Form tieferliegender Wasserspiegel vorhanden sind. In der Praxis werden derartige Wasserspiegel als „Vorflut" bezeichnet. Diese Potentialsenken müssen ausreichende Durchlaßquerschnitte oder Kapazitäten haben. Meistens werden daher fließende Gewässer als solche Senken genommen, weil nur sie die anfallenden Wassermengen sicher genug abführen können. Bekken, Teiche, Brunnen haben demgegenüber zu geringe Aufnahmekapazitäten. Abhilfen durch Wegpumpen zu höher liegenden fließenden Gewässern ist in der Regel nicht rentabel und zudem hydrologisch unsicher.

Nicht vorhandene Vorflut macht also Dränmaßnahmen weitgehend unmöglich. Dies hat zur Folge, daß derartige Maßnahmen in vielen Fällen nicht für eine Einzelfläche geplant und ausgeführt werden können, sondern daß hydrologisch – also durch Wasserscheiden – begrenzte Areale als Ganzes bearbeitet werden müssen. Dies ist die Ursache dafür, daß Dränmaßnahmen sehr oft von Zweckverbänden – den Wasser- und Bodenverbänden – durchgeführt werden. Hierin unterscheidet sich die Dränung als Meliorationsmaßnahme prinzipiell von anderen wie Tiefumbruch oder Gefügemelioration.

Die technischen Möglichkeiten bestehen in der künstlichen Ergänzung des natürlichen Abflußnetzes durch ein System offener Gräben, das in einen Vorfluter, meist ein natürliches Gewässer, entwässert. Grabenziehung zerschneidet jedoch Kulturflächen, daher werden die Gräben, wenn möglich, überdeckt. Heute erfolgt dies, indem anstelle der Gräben Rohre verlegt werden, durch deren Stoßfugen oder Wandschlitze das Wasser eindringt. Im Prinzip wird auch hier ein zusammenhängendes System angelegt, das zu einem Vorfluter hin entwässert.

Diese beiden Maßnahmen können durch rohrlose Dränungen, z.B. die „Maulwurfsdränung“ (DIN 1185, 1970) ergänzt werden. Diese besteht darin, daß mittels eines geschoßförmigen, von einem Schar gezogenen Preßkörpers ein Kanal angelegt wird.

Alle diese Dränmaßnahmen setzen das Vorhandensein von Grund- oder Stauwasser – also einer Grundwasseroberfläche – voraus. Dränmaßnahmen, die den Luftzutritt zu Böden oberhalb der Grundwasseroberfläche ermöglichen sollen, können in der Regel nicht in der Abfuhr von Wasser bestehen, sondern müssen auf die Veränderung des Gefüges hinzielen. Hierher gehören Tiefumbruch- und Untergrundlockerungsmaßnahmen (*Schulte-Karring,* 1970). Die Maulwurfsdränung stellt gewissermaßen ein Zwischenglied zwischen Entwässerung und Gefügeveränderung dar (*Pahlke,* 1973).

Ebenso wie die Gefügeveränderung als Dränmaßnahme eingesetzt werden kann, haben Dränmaßnahmen infolge der Wechselwirkungen zwischen Wassergehalt, Entwässerung und Lagerung auch Gefügeveränderungen zur Folge. Das wirkt sich vor allem in solchen Böden aus, die durch die Dränmaßnahmen zum ersten Male entwässert werden (s. Kap. 3) und ist in Marschböden von erheblicher praktischer Bedeutung (*Kuntze,* 1964 und 1965).

Die Dräntechnik ist ein ausgedehntes Spezialgebiet mit einer eigenständigen Literatur, wie z.B. *Schroeder, G.,* (1968), *Eggelsmann* (1973).

9.3.3. Gefügemeliorationen

Unter Gefügemeliorationen versteht man diejenigen Techniken, die angewendet werden, um das Bodengefüge im pflanzenbaulichen Sinne zu verbessern. Bei feinkörnigem Boden geht es darum, den Luftanteil in solchen Böden zu erhöhen, in denen dies durch Dränmaßnahmen nicht erreicht wird (s. Kap. 7). Bei Sandböden ist die Zufuhr von ton- und schluffreichem Material zur Erhöhung der Feldkapazität erfolgversprechend (*Reuter,* 1976).

Im einzelnen handelt es sich vor allem um Tiefumbrüche, Untergrundlockerungen und unter Umständen Zutransport von Fremdmaterial. Diese Arbeitsweisen haben in den letzten Jahrzehnten mit zunehmend verfügbarer Maschinenkraft stark an Verbreitung gewonnen (*Schulte-Karring,* 1970). Für besondere Bedingungen müssen oft Spezialmaßnahmen ausgearbeitet und die notwendigen Maschinen eigens erstellt werden, wie z.B. Schlitzfräsen für die Melioration älterer Sandmischkulturen (Übersandungen) auf Hochmooren (*Kuntze,* 1973).

Das praktische Problem besteht zunächst darin zu erkennen, ob durch eine Lockerung mit der dadurch bedingten Vergrößerung der Luftgehalte, aber gleichzeitiger Verkleinerung der Wassernachlieferung tatsächlich eine Verbesserung erreicht wird (vgl. Kap. 5, Ungesättigte Wasserbewegung). In vielen Fällen ist zwar das erstere erwünscht, das zweite aber nicht. Hier ist zu prüfen, wie der durch die Lockerung erhöhte Wasserbedarf gedeckt werden kann.

Als nächstes ist es wesentlich festzustellen, ob eine gelockerte und daher zwangsläufig weniger stabile Lagerung unter den zu erwartenden Belastungen erhalten bleiben wird und wie man sie gegebenenfalls stabilisieren kann (vgl. Kap. 2).

Der letzte Schritt besteht schließlich darin zu überwachen, ob die erforderliche Lockerung tatsächlich erreicht wurde.

Sowohl bei Untergrundlockerungen als auch bei Tiefumbruch besteht nämlich die Gefahr, daß bei der Meliorationsarbeit selbst der Zweck nicht erreicht oder daß bei den Folgearbeiten der Effekt wieder zerstört wird. In beiden Fällen liegen die Ursachen bei den Stabilitätsbedingungen während der Arbeiten. Entscheidende Kriterien sind daher der Wassergehalt bei der Durchführung der Arbeiten, die erzeugten Stabilitätsveränderungen sowie die Tatsache, daß alle Einzelmaßnahmen mit Knetungen und daher mit Quellungsförderungen verbunden sind (s. Kap. 2 und 3).

9.4. Bewässerungen

Die Bewässerung als solche ist keine Meliorationsmaßnahme im engeren Sinne des Wortes, weil sie nicht lange wirkt. Der Bau von Bewässerungsanlagen kann demgegenüber aber sehr wohl als Melioration angesehen werden.

Die Bewässerung von Kulturpflanzen ist die Ursache für das stetige Interesse, das dem Vorgang der Infiltration gewidmet wird (s. Kap. 6). Sie ist in ariden Gebieten die älteste Meliorationsmaßnahme.

Aus dem Bereich der Bewässerung stammt ursprünglich auch der Begriff der Feldkapazität, dem der Gedanke zugrunde liegt, daß durch die Wasserzufuhr stets nur eine bestimmte bodenspezifische Kapazität aufgefüllt werden kann, während darüberhinaus zugeführte Wassermengen nutzlos verloren gehen.

Der erste Gesichtspunkt, der für eine Bewässerung wichtig ist, ist der Wasserbedarf. Er ist vom Kulturziel und von den wirtschaftlichen Umständen her zu beurteilen. Wie in Abb. 9-1 dargestellt, ist bei vielen Kulturpflanzen der Ertrag am höchsten, wenn das Wasser bei der geringsten Wasserspannung zugeführt wird, die noch eine ausreichende Luftversorgung der Wurzeln zuläßt. Bei einem hierauf orientierten Kulturverfahren wird zwar ein absoluter Höchstertrag erreicht, aber relativ hierzu viel Wasser verbraucht, da die Pflanzen sich mit ihrem Wasserkonsum dem Angebot anpassen (*Czeratzki,* 1964; *Flühler* u. Mitarb., 1977).

Bei hohem Wasserangebot entsteht gewissermaßen ein Luxuskonsum, d.h. bei etwas geringerem Wasserangebot ist die Festsubstanzproduktion im Vergleich zur verbrauchten Wassermenge höher.

Andererseits wird die großflächige Bewässerung in ariden Gegenden im allgemeinen nach Maßgabe der potentiellen Evapotranspiration dosiert und neuere Untersuchungen bestätigen, daß bei einer derart bemessenen Wasserzufuhr die pflanzenphysiologische Wirksamkeit des Wassers am größten ist, d.h. es gibt je Mengeneinheit den höchsten Ertrag (*Kopp, E.,* 1975; *Ohlmeyer* und *v. Hoyningen-Huene,* 1975).

Die Frage, ob bei begrenztem Wasserangebot der Höchstertrag auf engem Raum oder ein geringerer auf größerem Raum angestrebt werden soll, ist vielschichtig und noch weitgehend ungeklärt (*Czeratzki* und *Schulze,* 1976; *Schaffer,* 1976).

Hinsichtlich der Art der Wasserzufuhr unterscheidet man schwerkraftbetriebene Bewässerung und Pump- bzw. Schöpfbetrieb. Der erstere setzt voraus, daß die notwendigen Höhendifferenzen durch Stauwerke erzeugt werden können oder durch Abzweigungen aus dem Gewässerlauf, die hinreichend weit stromaufwärts beginnen müssen. Der zweite setzt Vorhandensein ausreichender Antriebsmittel für Pumpen oder Schöpfwerke voraus.

Bei der Verteilung des Wassers auf die Kulturfläche sind sehr verschiedene Techniken im Gebrauch. Die ursprünglichste ist die Überstauung einer umwallten ebenen und horizontalen Fläche. Sie hat leicht eine sehr ungleichmäßige Verteilung des verfügbaren Wassers über die Fläche zur Folge. In der Nähe der Zustromöffnung versickert viel Wasser, ehe am entferntesten Ende Wasser ankommt. Diese Methode ist daher vor allem bei Böden mit geringer Infiltrationsrate geeignet. Das Eindringen des Wassers kann unter Umständen durch eingeschlossene Luft stark gehemmt werden (*Garner* u. Mitarb., 1969).

Kompliziertere Anlagen sind Furchen oder Rinnen, die aus Kanälen gespeist werden. Sie müssen so angelegt werden, daß die horizontale Infiltration den gesamten Boden befeuchtet, ehe die vertikale Infiltration im Unterboden Zonen hoher Wassergehalte erreicht. Wenn dies eintritt, dann versickert ein relativ hoher Anteil des zugeführten Wassers direkt im Untergrund und die weitere horizontale Ausbreitung der Befeuchtungsfront wird langsamer (*Taylor* und *Ashcroft,* 1972) (s. Kap. 3). Dieses Verfahren eignet sich daher ebenfalls vorzugsweise für Böden, in denen die Infiltration wegen geringer gesättigter Wasserleitfähigkeit keine bevorzugt vertikale Versickerungsrichtung hat (s. Abb. 6-12) sowie für grobporige Böden über wenig durchlässigem Untergrund. Auch diese Methode setzt eine einigermaßen horizontale Bodenoberfläche voraus.

Wenn das Gelände nicht horizontal, aber einigermaßen eben ist, kann die Technik der Beet- oder Streifenbewässerung angewandt werden. Hierbei werden durch niedrige Wälle getrennte Beetstreifen rechtwinklig zum Zufuhrkanal angelegt und in ihnen das Wasser unter Schwerkrafteinfluß verrieselt. Auch hier muß durch hinreichend hohe Zuflußraten oder Beetgefälle sichergestellt werden, daß in Kanalnähe nicht ein zu großer Anteil versickert.

Gleichmäßigere Wasserverteilungen und genauere Dosierungen lassen sich durch Beregnung erreichen. Diese setzt keine ebene und horizontale Lage der Kulturfläche voraus, sondern ist auch auf hängigem Land noch anwendbar.

Spezielle Techniken sind Untergrundbewässerung und Tröpfchenbewässerung (*Bohn,* 1974; *Rosegger* u. Mitarb., 1976/77). Die erstere setzt das Vorhandensein eines relativ wenig durchlässigen Untergrundes unterhalb der Rohre voraus, damit kein Wasser verloren geht. Bei der letzteren wird die Wasserzufuhr ober- oder unterirdisch so schwach eingestellt, daß nur ein eng begrenzter Bereich des Bodens in unmittelbarer Nähe der Pflanze gewässert wird. Die Wasserspannung soll dort nie so stark absinken, daß die Benetzungsfront schnell vorrückt. Es wird also nach einer Anfangsphase praktisch angestrebt, nur gerade den Evapotranspirationsverlust eines engbegrenzten Wurzelraumes zu ersetzen. Diese Methode erlaubt die sparsamste Wasserverwendung.

Die Bewässerungstechnik ist ein ausgedehntes Spezialgebiet mit einer eigenständigen Literatur: z.B. *Taylor* und *Ashcroft* (1972), *Zimmermann* (1966).

9.5. Literatur

Andersson, S., I. Håkansson (1966): Grundförbättring. 3, 191-288

Baeumer, K. (1971): Allgemeiner Pflanzenbau. Ulmer, Stuttgart

Björkhem, U., J. Fries, A. Hyppel, G. Lundeberg, J. Scholander (1974): Kgl. Skogs u. Lantbr. Akad. Tidskr. 113, 304-323

Bohn, R. (1974): Die Technik im Gartenbau. 3. Auflage. Parey, Hamburg

Bowser, W.E., R.R. Cairns (1967): Canad. J. Soil. Sci. 47, 239-244

Botow, T.G. (1959): Pochvovedenie (US-Übersetzung) 1959, 591-596

Czeratzki, W. (1964): Mitt. Deutsch. Bodenkundl. Ges. 2, 25-33

Czeratzki, W. (1972): Landbauforschung Völkenrode. 22, 29-36

Czeratzki, W., F. Schulze (1976): Landbauforschung Völkenrode. 26, 122-130

Darmer, E. (1972): Landschaft und Tagebau. Patzer, Hannover

DIN 1185 (1970) des Fachnormenausschusses Wasserwesen

Eggelsmann, R. (1973): Dränanleitung. Wasser und Boden, A. Lindow u. Co., Hamburg

Ehlers, W. (1977): Z. Pflanzenern. u. Bodenkunde. 140, 79-90

Fink, A. (1963): Tropische Böden. Parey, Hamburg

Flühler, H., F. Richard, K. Thalmann, F. Borer (1977): Z. Pflanzenern. u. Bodenkunde (im Druck)

Garner, D.E., I.K. Donaldson, G.S. Taylor (1969): Proc. Soil Sci. Soc. America. 33, 634-635

Göbel, P. (1977): Catena. 3, 387-398

Hartge, K.H., R. Horn (1977): Z. Kulturtechn. u. Flurber. 18, 213-222

Heide, G. (1964): Trans. VIII. Int. Congr. Soil Sci. Bukarest V, 951-959

Jungk, A. (1975): Telma 5, 167-187

Kopp, E. (1975): Produktionspotential des semiariden tunesischen oberen Medjerdatales bei Beregnung. Schriftenreihe der Deutschen Gesellschaft für Technische Zusammenarbeit. Eschborn

Krug, H., H.H. Wiebe, A. Jungk (1972): Z. Pflanzenern. u. Bodenkunde. 133, 213-226

Kuntze, H. (1964): Z. Kulturtechn. u. Flurber. 5, 129-134

Kuntze, H. (1965): Die Marschen – schwere Böden in landwirtschaftlicher Evolution. Parey, Hamburg

Kuntze, H. (1973): Z. Kulturtechn. u. Flurber. 14, 160-167

Ohlmeyer, P., J.V. Hoyningen-Huene (1975): Die Probleme der Prognose des Wasserverbrauches eines Pflanzenbestandes. Schriftenreihe Leichtweißinstitut TU Braunschweig

Pahlke, K. (1973): Z. Kulturtechn. u. Flurber. 14, 67-78

Reuter, G. (1976): Arch. Acker- u. Pfl.bau u. Bodenkde. 20, 759-764

Rosegger, S., M. Dambroth, E. Siegert, F.P. Sörgel (1976): Z. f. Bewässerungswirtschaft. 11, 13-44

Rosegger, S., M. Dambroth, E. Siegert (1977): Landbauforschung Völkenrode 27, 81-96

Schaffer, G. (1975): Z. f. Bewässerungswirtschaft. 10, 25-46

Schaffer, G. (1976): Z. f. Bewässerungswirtschaft. 11, 59-65

Schroeder, G. (1968): Landwirtschaftlicher Wasserbau. 4. Auflage. Springer, Berlin/New York

Schulte-Karring, H. (1970); Die meliorative Bodenbewirtschaftung. Warlich, Ahrweiler

Slatyer, R.O. (1967): Plant Water Relationships. Academic Press, London

Taylor, S.A., G.L. Ashcroft (1972): Physical Edaphology. Freeman & Co., San Francisco

Wohlrab, B. (1967): Schriftenreihe Landesanst. Immissions- u. Bodennutzungsschutz Nordrhein-Westfalen. Heft 7, 80-90

Wohlrab, B. (1970): Z. Kulturtechn. u. Flurber. 11, 129-139

Zimmermann, I.D. (1966): Irrigation. Wiley & Sons, New York

10. Erosion

Im Kapitel über Gefüge und Lagerung war erwähnt worden, daß unterschiedliche Höhen, zu denen körnige Massen wie Böden aufgehäuft sein können, im Schwerefeld der Erde unterschiedlichen Potentialen entsprechen. Diese Potentialunterschiede streben einem Ausgleich zu. Die Verformungen und Verschiebungen, die nötig sind, um den Ausgleich im Schwerefeld der Erde herzustellen, können nur stattfinden, wenn die Widerstände überwunden werden, die der Boden gegen sie mobilisieren kann (vgl. *Göbel,* 1977).

Auch wenn ein Boden im Hinblick auf die gegenseitigen Einflüsse der Teilchen aufeinander im Gleichgewicht ist, kommen dennoch Bewegungen von Material zustande, wenn Luft oder Wasser über die Bodenoberfläche hinströmen. Diese Ablösung und den Abtransport faßt man unter dem Begriff Erosion zusammen. Erosion und Ablagerung des erodierten Materials auf andere Flächen sind Vorgänge, die die Bodenentwicklung stellenweise erheblich beeinflussen. Sie sind darüber hinaus von großer Bedeutung für die Allgemeinheit, weil durch sie großräumig Kulturflächen vernichtet werden, so daß die Produktion von Nahrungsmitteln ernsthaft vermindert wird. Die Vernichtung kann sowohl durch Wegführung des Kulturbodens als auch durch Verschüttung anderer Kulturflächen erfolgen. Transport und Ablagerung von Erosionsmaterial in Flußniederungen sind die Ursachen für das Mäandern und erzwingen gelegentlich sogar die Verlegung von Häfen. Viele alte Kulturlandschaften, z.B. im Mittelmeerraum, die früher als Kornkammern galten, sind als Folge von Erosion und Verschüttung heute arm.

Die allgemeinen Gesetzmäßigkeiten, denen der Vorgang der Erosion unterliegt, sind bei Wasser- und Luftströmungen weitgehend gleich.

10.1. Allgemeine Gesetzmäßigkeiten

Jedes strömende Medium wird an der Grenze zu einem anderen Medium, das eine geringere Geschwindigkeit hat, gebremst. Dieser Sachverhalt wurde für einen Wasserstrom in einem Rohr bzw. in einer Bodenpore in Kap. 5 ausführlich besprochen. Die Strömungsprofile für laminaren und turbulenten Fluß sind in Abb. 5-1 dargestellt und ihr Einfluß auf die Stabilität der Lagerung der Körner an der Grenzfläche der Strömungskanäle wurden ausführlich erörtert. Die Wasserströmung führt dort zu Substanztransporten, verbunden mit lokalen Verarmungen und Anreicherungen.

Im Zusammenhang mit der Verlagerung von Ton und organischer Substanz gehören diese Vorgänge zu den prägnantesten Erscheinungen der Bodenentwicklung. Die prinzipielle Ähnlichkeit mit dem Geschehen an der Bodenoberfläche wird durch den gelegentlich verwendeten Ausdruck „innere Erosion" deutlich.

Eine analoge Situation liegt vor, wenn ein Wasser- oder Luftstrom über eine Bodenoberfläche streicht. Während aber bisher entweder die Veränderung der Strömung oder die Stabilität, d.h. der Widerstand gegen eine Verschiebung im Vordergrund stand, soll hier auf die Verlagerungsmechanismen und den von ihnen hervorgerufenen Transport näher eingegangen werden.

10.1.1. Ablösung von Teilchen oder Aggregaten

Man kann sich die Oberfläche eines Bodens vereinfachend als eine ebene Platte vorstellen und in einem Abstand (y) von ihr die laminar strömenden Teilchen als festsitzend an einer zweiten, mit der Strömungsgeschwindigkeit bewegten Platte ansehen. In diesem Fall läßt sich die *Newton*sche Formel für das viskose Fließen verwenden, um die mitnehmende Wirkung einer laminaren Strömung zu veranschaulichen. Sie entspricht dann der Schubspannung (τ), die in Abhängigkeit von der Viskosität (η) und dem Geschwindigkeitsgradienten (dv/dy) auftritt:

$$\tau = \eta \frac{dv}{dy}$$

Körner, die dieser Beanspruchung ausgesetzt sind, werden dabei nur parallel zu dieser Fläche in der Strömungsrichtung beschleunigt. Wegen der Geschwindigkeitsdifferenz kommen dabei je nach der Konform mehr schiebende oder mehr rollende Bewegungen zustande (Abb. 10-1).

Eine Aufwärtskomponente entsteht hierbei erst, wenn schnellere Körner auf langsamere auftreffen und von diesen elastisch abprallen. Dabei übertragen sie, je nach der Art der Kollision, einen mehr oder weniger großen Anteil des ihnen innewohnenden Impulses auf den Kollisionspartner. Damit verschaffen sie diesen

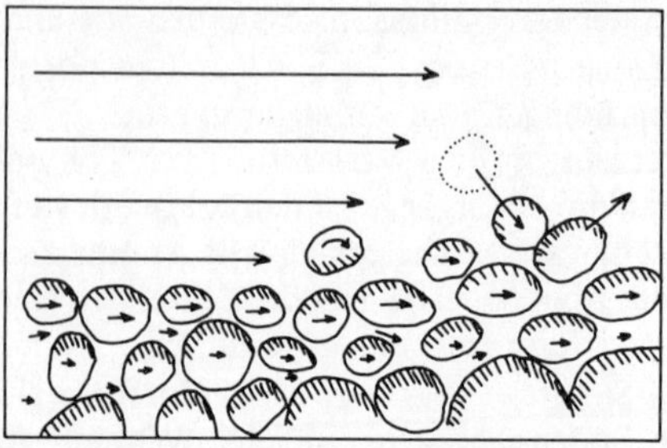

Abb. 10-1 Beschleunigung der Partikel bzw. Aggregate an einer Bodenoberfläche durch das vorbeiströmende Medium. Auslösende Mechanismen sind Viskosität des Mediums, Druckunterschiede infolge Geschwindigkeitsdifferenzen und elastische Stöße durch auftreffende Teilchen

den zusätzlichen Impuls, der zur Überwindung des „Anfahrwiderstandes" erforderlich ist, so daß sie dann ebenfalls von der Strömung mitgenommen werden können. Wegen dieses zusätzlichen Impulses durch Zusammenprall mit bereits in Bewegung befindlichen Partikeln nimmt die Menge des in einer Strömung transportierten Festmaterials mit der Fließstrecke zunächst zu, um dann bei längerer Strecke ein Gleichgewicht zu erreichen (*Woodruff* und *Siddoway,* 1965).

Wenn die Geschwindigkeitsunterschiede sehr groß werden, oder wenn Hindernisse im Raum liegen, wie das bei unebenen körnigen Oberflächen stets der Fall ist, wird der gleichmäßige Geschwindigkeitsanstieg von der Oberfläche ins Fließmedium hinein gestört. Die Folge davon sind Austauschbewegungen zwischen grenznahen langsamen und grenzfernen schnelleren Teilen des Fließmediums (*Beck,* 1960). Dieser Austausch, der engräumig auch als Folge einer Druckdifferenz zwischen langsameren und schnelleren Partien des Fließmediums aufgefaßt werden kann, (vgl. Kap. 5, *Bernoulli*-Theorem) ist besonders stark an der Grenze zwischen dem freien, wenn auch gebremsten Strom des Fließmediums und dem stark behinderten in den Poren des angrenzenden körnigen Mediums. Hierdurch entsteht gerade an dieser Stelle eine erhebliche dynamische Komponente, die die jeweils obersten Körner in das Fließmedium hinein beschleunigt (*Bisal* und *Nielsen,* 1962; *Bisal,* 1976). Dort werden sie infolge der höheren Geschwindigkeit in der Fließrichtung – also in der Regel ungefähr parallel zur Bodenoberfläche – weiterhin beschleunigt. Beim Wiedereintauchen in die langsamer bewegte oberflächennahe Zone haben sie einen Geschwindigkeitsüberschuß, der ihnen einen Impuls beim Aufprall auf langsamere oder ruhende Körner verleiht.

Ein weiterer sehr wirksamer, ablösender Mechanismus entsteht als Folge des Aufpralls von Regentropfen (*Ekern,* 1951). Fällt der Tropfen auf die Bodenoberfläche, so erzeugt er durch die ihm innewohnende kinetische Energie kurzfristig genau die gleiche Beanspruchung wie ständige Last mit entsprechender Energie der Lage (Abb. 10-2). Daher ist auch das Bruchlinienbild dem unter einer statischen Last gleich. Es ist in der Abbildung der *Rankine-Prantl*-Theorie entsprechend schematisch dargestellt (vgl. Abb. 2-24). Die Abbildung läßt erkennen, in welche Richtung und an welchen Stellen dabei Bodenteilchen aus dem Verband geschleudert werden. Das gleiche tritt auch auf, wenn der Tropfen auf eine Wasseroberfläche fällt. Je nach seiner kinetischen Energie wirft er entweder eine kreisförmige Welle auf oder reißt Tröpfchen aus der Oberfläche um sie ebenfalls schräg abzuschleudern (*Wolf,* 1957).

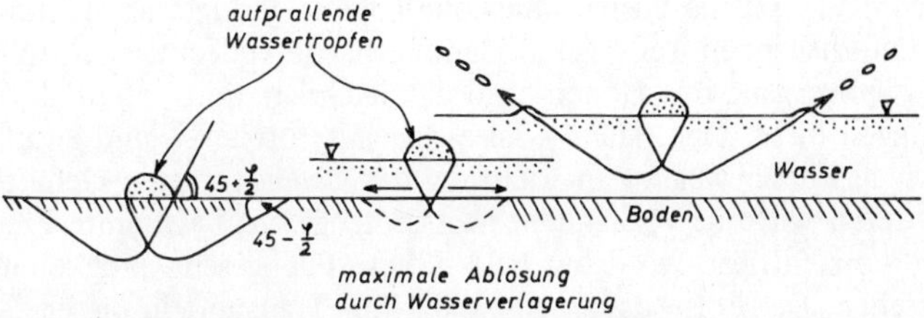

Abb. 10-2 Schema der Schlagwirkung von Regentropfen auf eine Bodenoberfläche (Bruchlinien nach *Rankine-Prantl*), auf einen Boden unter einer flachen Wasserschicht (Aufwirbelung infolge einer unelastischen Wasserverlagerung) und in tieferem Wasser mit Nebentropfenbildung (Bruchlinien nach *Rankine-Prantl*)

Die erodierende Wirkung des Tropfenschlags wird dadurch weiter verstärkt, daß jeder Tropfen seinen Wasserinhalt an der Aufschlagstelle hinterläßt. Folgt nun der nächste Tropfen, so trifft er auf eine Bodenzone mit relativ hohem Wassergehalt. Die Stabilität des Bodens nimmt aber mit zunehmendem Wassergehalt ab, und zwar wie in Kap. 2 ausführlich dargelegt, besonders stark, wenn gleichzeitig Schubbeanspruchungen auftreten (Abb. 10-2).

Eine besondere Situation entsteht, wenn ein dünner Wasserfilm sich auf der Bodenoberfläche gebildet hat. Wenn der Film dünn ist, treffen die Schubspannungen, die zum Aufwerfen der oben beschriebenen Welle führen, auf die darunterliegende Bodenoberfläche. Dabei entsteht dort eine besonders starke Beanspruchung in Richtung der Bodenoberfläche. Diese Beanspruchung ist eine Folge davon, daß das Wasser die gesamte kinetische Energie des Tropfens aufnimmt und weil es kaum komprimierbar ist, voll als Geschwindigkeit weitergibt. Da, wie aus Abb. 10-2 ersichtlich, die entstehende Wasserbewegung nicht laminar ist, werden aufgewirbelte Bodenteilchen über den ganzen Wasserkörper verteilt, solange die Schlagwirkung bis an die Bodenoberfläche hinabreicht. Wenn die Bodenoberfläche unter diesem zunächst überall annähernd gleich dünnen Suspensionsfilm nicht horizontal steht, dann gerät die gesamte Suspension in Richtung des stärksten Gefälles ins Fließen.

Wenn die Suspension so hoch ansteht, daß die größte Fließgeschwindigkeit gleichmäßig über die ganze Bodenoberfläche verteilt ist, dann beansprucht sie diese auch über der Fläche annähernd gleichmäßig. Ist die Suspensionshöhe aber so gering, daß sie nur die tieferliegenden Teile der Bodenoberfläche bedeckt, dann folgt der Fließvorgang den Höhen- und damit Gravitationspotential-Verteilungen dieser Oberfläche – also dem Mikrorelief – und zwar wie jede Fließbewegung in Richtung des jeweils steilsten Gefälles. Hierdurch wird die vorhandene Wassermenge auf bestimmte Fließwege konzentriert, wo daher bald höhere Fließgeschwindigkeiten entstehen. Die Folge davon ist verstärkter Transport in diesen Fließwegen und damit Rinnenerosion. Erosionsrinnen, die so groß geworden sind, daß sie durch die normalen Bodenbearbeitungsgänge nicht mehr geschlossen werden können, werden Gullys genannt. Durch Erosionsfracht des Wassers wird die Bodenoberfläche besonders stark beansprucht. Hierzu trägt die Tatsache bei, daß die fließende Suspension Körner enthält, die nun ihrerseits in der beschriebenen Art weitere Körner in Bewegung bringen.

Winderosion führt nur ausnahmsweise zu Rinnen- und Gullybildung (an Felsbrocken, Gebäudeecken).

10.1.2. Transport und Ablagerung

Der weitere Transport der suspendierten Körner wird von dem Verhältnis zwischen der geschwindigkeitsbedingten turbulenten Aufwärtskomponente im fließenden Medium und der Sinkgeschwindigkeit der Körner in diesem Medium bestimmt. Da die Turbulenz der Strömungen direkt an der Bodenoberfläche am stärksten ausgeprägt ist, zur Strommitte aber abnimmt, ist auch die Anhebungstendenz um so schwächer, je weiter ein Korn sich von der Bodenoberfläche entfernt, d.h. je höher es aufgewirbelt wird. Deshalb ist die bodennächste Schicht des fließenden Wassers oder der Luft am stärksten mit suspendierten Körnern beladen und enthält die größten Körner. Mit zunehmender Höhe werden die hinaufgerissenen Körner immer kleiner. Betrachtet man die Verteilung der verschiedenen Korngrößen im fließenden Medium, dann findet man oft, daß unterhalb einer bestimmten Korngröße die Körner gleichmäßig über das fließende Medium verteilt sind, während die Konzentration der gröberen zur Bodenoberfläche hin zunimmt (Abb. 10-3). Unter den in der freien Natur vorkommenden Bedingungen scheint die Grenze zwischen diesen beiden Konzentrationsverteilungen sehr häufig bei ~ 100-60 μm zu liegen.

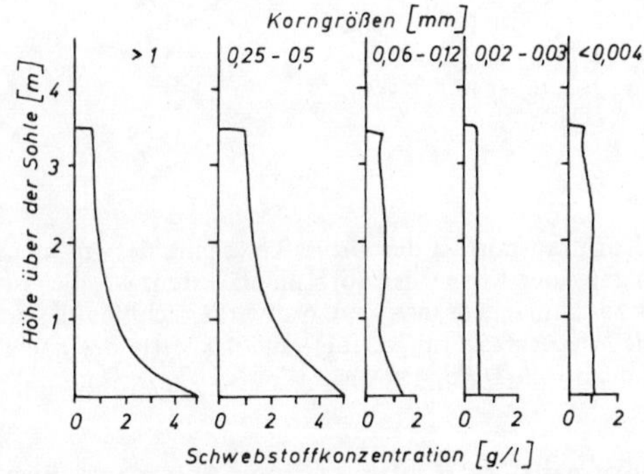

Abb. 10-3 Verteilung verschiedener Korngrößen in der Suspensionsfracht des Missisippi in Abhängigkeit von der Höhe über der Sohle. Unabhängig von dieser Höhe Suspensionstransport, in Sohlennähe Roll- und Springtransport (nach *Dillo,* 1960)

Für die kleineren Teilchen müßte die Wiederablagerung erst stattfinden, wenn die Turbulenz nachläßt, d.h. wenn der gesamte fliessende Körper hinreichend langsamer wird. Dieses Verhalten erklärt das schichtweise Auftreten von schluffähnlichen Sedimenten und ihre Verteilung in den Bereichen geringer Geschwindigkeiten wie z.B. Überflutungsflächen. Das gleiche gilt im Prinzip auch für Lösse und deckenförmige Flugsande und Stäube mit der Körnung zwischen 2 und 60 µm (*Sticher* u. Mitarb. 1976). Vor allem die organischen Teilchen feinster Körnung können sich dabei infolge ihrer im Vergleich zu Mineralkörnern geringen Dichte schon bei geringer Turbulenz lange in Aerosolen schwebend halten (*Zenchelsky* u. Mitarb., 1976) (Abb. 1-8).

Die größeren Teile, die stets nahe der Bodenoberfläche bleiben, werden wegen der dort wirksam werdenden rückwärtsgerichteten Komponente der turbulenten Strömung (*Beck,* 1960) nicht mehr gradlinig in Strömungsrichtung transportiert. Sie nehmen vielmehr an der Orbitalbewegung der Strömungswalze teil. Wie Abb. 10-4 erkennen läßt, entstehen dabei Oberflächenausformungen wie

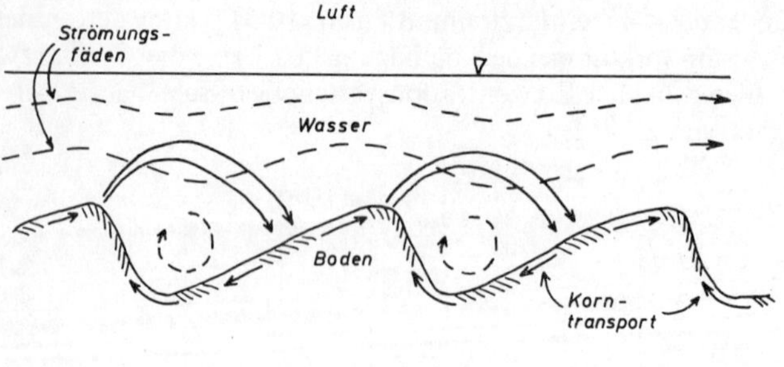

Abb. 10-4 Korntransport in der Orbitalbewegung des strömenden Mediums. Die Beschleunigung der Körner ist dort am stärksten, wo die Strömungslinien am dichtesten zusammengedrängt sind. Sie wirkt rechtwinklig zum Verlauf der Linien. Die Wiederablagerung erfolgt auf der Mitte des nächsten Rippelrückens (verändert nach *Dillo,* 1960)

Rippel, Großrippel oder Bänke, die man unter dem Begriff Transportkörper zusammenfaßt. Der Weg der Körner ist in der Abbildung eingezeichnet und man erkennt, daß die Wanderung der Körner selbst wegen der Rücktransportphase in der Talsohle langsamer verläuft als die der Form des Transportkörpers. Der Vorwärtstransport findet vor allem vom Kamm des Transportkörpers aus statt, wo die Druckabnahme infolge Zusammendrängens der Strömungslinien die schräg zur Strömungsrichtung verlaufende Aufwärtskomponente stellt.

Mit steigender Geschwindigkeit des fließenden Mediums wird die Strömungswalze immer schneller und die Wanderungsgeschwindigkeit der Transportkörper nimmt zu. Schließlich zerbricht die Walze und macht einer größeren Platz, die sich langsamer dreht. Deshalb entsteht dann auch ein neues großes Transportkörpersystem, das zunächst wieder eine geringere Vorrückgeschwindigkeit hat (*Dillo*, 1960). Dieser Mechanismus führt bei grobkörnigen Böden zur Ausbildung typischer Oberflächenformen, unter dem Einfluß von Wasser- und Lufttransport. Er beeinflußt aber auch die Transportentfernungen und daher auch die Verbreitung dieser Fraktionen. Die Tatsache, daß die Bildung von Transportkörpern den Substanztransport als solchen verkleinert, kann man unter Umständen zum Schutz gegen Erosion verwenden (*Armbrust* u. Mitarb., 1964).

10.2. Ansätze für Abhilfemaßnahmen

Die Maßnahmen, die geeignet sind einen unerwünschten Transport von Bodenmaterial zu verhindern, müssen aufgrund der beschriebenen Mechanismen ausgewählt werden. Dabei gibt es zwei Ansatzpunkte, nämlich die Geschwindigkeitsverteilung in der strömenden Phase, also in Wasser oder Luft sowie die Beanspruchungen, die durch den Tropfenschlag entstehen und zum anderen die Verlagerbarkeit der Einzelkörner und Aggregate der Bodenoberfläche. Maßnahmen im Hinblick auf beide Ansatzpunkte müssen für eine effektvolle Bodenerhaltung kombiniert werden.

Wie am Anfang dieses Kapitels erwähnt, ist es nicht möglich, Bodenoberflächen gegen die erodierende Wirkung von Wind und Wasser vollständig zu schützen. Stets wird es auf längere Sicht unvermeidlich sein, mehr oder weniger Bodenabtrag in Kauf zu nehmen, wenn irgend eine Nutzung einer Fläche vorgesehen ist. Der Abtrag wird umso größer sein, je mehr der Bestand einer kontinuierlich dichten Pflanzendecke durch die Kultur eingeschränkt wird, also unter Ackerkultur meist größer als unter Grünland und unter Wald am geringsten. Da es jedoch nicht möglich ist, überall auf Ackerbau zu verzichten, sind Schutzmaßnahmen meist nicht daraufhin ausgelegt, die Erosion vollständig zu unterbinden, sondern sie in tolerierbaren Grenzen zu halten. Diese Grenzen sind nur sehr allgemein festlegbar, z.B. durch die Forderung, daß nicht mehr Abtrag zugelassen werden kann, als an Bodenmaterial neu entsteht. Als Ersatz für diese schwer erfaßbare Forderung wird auch eine andere Formulierung verwendet, nämlich daß der Boden nach 1000 Jahren noch kulturfähig sein muß.

Dies führt je nach Verwitterungsintensität zu tolerierbaren Erosionsmengen von 1-10 Tonnen pro Hektar und Jahr (*Smith* und *Stamey*, 1965).

Die Bodenerhaltung im Sinne der Erosionsverhütung (soil conservation) ist ein weit ausgedehntes Arbeits- und Forschungsgebiet, dessen zahlreiche praktische Aspekte in Spezialbüchern abgehandelt werden (*Hudson*, 1973). Dieses Arbeitsgebiet hat in den letzten Jahrzehnten vor allem in den USA großes Interesse auf sich gezogen und zu erheblichem Kenntniszuwachs geführt, weil dort zuerst durch Einsatz moderner landwirtschaftlicher Maschinen Neukulturen auf großen Flächen vorgenommen wurden. Dies hatte vor allem in den zwanziger Jahren zu weiträumiger Erosion in katastrophalem Ausmaß geführt.

In den Bereich des Erosionsschutzes im weitesten Sinne gehört auch der sogenannte „Lebendbau" mit den Verfahren der Ingenieurbiologie. Sie finden Verwendung zur Verhinderung von Wassererosion an vegetationslosen Flächen und Böschungen sowie in und an Wasserläufen und sind in speziellen Büchern dargestellt worden (*Schlüter*, 1971).

Ob und in welchem Ausmaß eine Körner oder Aggregate enthaltende Bodenoberfläche unter dem Einfluß einer Wasser- oder Luftströmung in Bewegung gerät, hängt von dem Verhältnis der beharrenden zu den verlagernden Kräften ab. Die ersteren werden unter dem Begriff der Erodierbarkeit (erodibility) den letzteren gegenübergestellt, für die der Begriff Erosionsvermögen (erosivity) verwendet wird.

Im folgenden werden hierzu einige allgemeine Zusammenhänge beschrieben.

10.2.1. Erodierbarkeit

Die Erodierbarkeit eines Bodens ist teilweise von spezifischen Bodeneigenschaften, teilweise aber auch von Umgebungsbedingungen abhängig. Unter den spezifischen Eigenschaften sind alle die von

Bedeutung, die das Ablösen von Einzelkörnern in einem gegebenen Wasser- oder Luftstrom erschweren. Hier ist in erster Linie die Körnung zu nennen, denn je gröber die Körner, desto geringer ist die Tendenz zur Abhebung von der Bodenoberfläche bzw. desto grösser ist die Tendenz zur Rückkehr dorthin. Eine ähnliche Wirkung. wie von großen Einzelkörnern geht von Aggregaten aus. Daher ist Aggregierung feiner Körner ein Vorgang, der die Erodierbarkeit verkleinert. Die Wirkung einer Aggregierung kann aber auch erosionsfördernd sein, wenn die Alternative nicht eine Einzelkornstruktur, sondern eine feste Kohärentstruktur ist, die im Verlauf des Aggregierungsvorgangs aufgelöst wird. Dies gilt vor allem für die Erodierbarkeit durch Wind, die gegenüber einer homogenen kohärenten Bodenoberfläche relativ gering ist. Hier ist also die Größe der Kohäsion der ausschlaggebende Faktor. Gegenüber dem Angriff von Wasser und Tropfenschlag ist die Wasserstabilität der Aggregate eine wesentliche Eigenschaft, die die Erodierbarkeit herabsetzt (*Bryan,* 1976).

Aus diesen Einzelheiten ergibt sich, daß Feinsande und tonarme Schluffe die höchste Erodierbarkeit aufweisen sowie feinere Körnungen, wenn durch Aggregierung separate, bewegliche Körper dieser Korngrößen entstehen.

Gröbere Körnungen bzw. Aggregate und ungegliederte kohärente Massen sind weniger erodierbar. Die Ursachen für die unterschiedliche Größe der Erodierbarkeit können sehr verschiedenartig sein. So bewirken Wassermenisken eine verminderte Erodierbarkeit gegenüber Wind, nicht aber gegenüber Wasser. Abhilfemaßnahmen müssen daher auch sehr verschiedenartig sein und z.B. darin bestehen, die Bildung von feinen Aggregaten zu verhindern, dagegen die Entstehung grober Aggregate oder ungegliederter Flächen und hohe Kohäsion zu fördern.

In diesem Zusammenhang findet die Anwendung sogenannter Bodenverbesserungsmittel steigende Aufmerksamkeit. Mit dünnen aufgesprühten Filmen aus synthetischen organischen Polymeren oder aus bituminösen Fraktionen können unter fast allen Gelände- und Klimabedingungen die Bodenoberflächen zeitweilig so fixiert werden, daß Aussaaten von bodenerhaltenden Pflanzendecken erfolgreich verlaufen (*De Boodt* und *Gabriels,* 1975).

Die verwendeten Mittel sind meist die gleichen, die auch zur Stabilisierung von Aggregaten auf Kulturflächen verwendet werden können, sich aber dort wegen ihrer Kosten in der Praxis bisher nicht durchsetzten. Dieses liegt nicht zuletzt auch daran, daß die Anbauflächen bei Ernte und Saat oder Pflanzung stets betreten oder befahren und anschließend daher wieder mit Bearbeitungsmaßnahmen hergerichtet werden müssen. Die Wirksamkeit der Stabilisierungsmittel wird durch diese Arbeitsgänge aber stets verkürzt (*Kullmann,* 1972).

Einen sehr wesentlichen Einfluß auf die Erodierbarkeit hat natürlich die Umgebung und zwar vor allem deren geometrische Eigenschaften, soweit sie die Strömung des Wassers bzw. der Luft beeinflussen.

Im Hinblick auf die Wassererosion ist hier das Gefälle der Bodenoberfläche zu nennen, weil mit zunehmender Geländeneigung die Fließgeschwindigkeit des Wassers zunimmt. Die gleiche Wirkung hat die Zunahme der Fließstrecken. Diese sind nämlich meistens auch gleichbedeutend mit einer Zunahme des Einzugsgebietes. Die dadurch anfallende größere Wassermenge führt am tieferliegenden Ende der Strecke zu erheblichem Wasserandrang und dadurch zu erhöhter Geschwindigkeit. Abhilfemaßnahmen müssen deshalb darin bestehen, Fließstrecken, d.h. Einzugsgebiete und Gefälle klein zu halten. Dies kann durch verschiedene Arten der Terrassierung, durch entsprechende Führung von Wasserläufen zur Einhaltung geringer Gefälle und durch Pflanzenwuchs in den Gerinnen geschehen (*Hudson,* 1973).

Was im Fall der Wassererosion die Terrasse ist, ist im Fall der Winderosion die Windschutzhecke oder die Bodenbedeckung durch eine Vegetationsschicht. In beiden Fällen ist auch hier eine zusätzliche Bremsung der Luftbewegung im Bereich der Bodenoberfläche das Entscheidende. Selbst Furchen, die quer zur Strömungsrichtung gezogen werden, wirken sich erosionshemmend aus (*Armbrust* u. Mitarb., 1964).

Auch hier ist wieder der Schlag fallender Tropfen für sich zu betrachten. Jeder Mechanismus, der diesen Schlag auf den Boden abschwächt, vermindert die Erodierbarkeit. Dies gilt, wie Abb. 10-2 zeigt, vor allem dann, wenn dazu auch noch die Ausbildung eines Wasserfilms unterbunden werden kann. In dieser Hinsicht sind jegliche Pflanzenbestände erosionsvermindernd wirksam, und zwar umso mehr, je vollständiger und anhaltender sie den Boden bedekken. Das ist im Ackerbau mit dem Wechsel von Aussaat und Ernte manchmal problematisch. Heutzutage sind aber pflanzenbauliche Maßnahmen wie Fruchtwechsel, Zwischenfruchtanbau und spezielle

Saatverfahren (Stoppelsaat u.a.) ausgearbeitet, die es erlauben, die Phase hoher Erodierbarkeit stark abzukürzen. Wie ein lebender Pflanzenbestand wirkt unter Umständen auch ein toter, der z.B. als Mulch aufgebracht wird. Hier besteht aber die Gefahr, daß dieser Mulch bei zu großem Wasserzustrom weggeschwemmt bzw. bei starkem Wind verweht wird.

10.2.2. Erodierende Wirkung

Die erodierende Wirkung des Wassers auf Landflächen, die nicht überflutet sind, ist in erster Linie von der Niederschlagsintensität abhängig. Hierbei ist für die ablösende Wirkung der Regentropfen die kinetische Energie maßgebend, die je Niederschlagsereignis auf die Bodenoberfläche einwirkt (*Gabriels* und *De Boodt,* 1975). Sie ist abhängig von Tropfengröße und Fallgeschwindigkeit. Da die Menge an Niederschlagswasser, die infiltrieren kann, bodenabhängig ist, der nichtinfiltrierende Rest aber die Plantschwirkung (Abb. 10-2) und das Fließen von Oberflächenwasser (Abb. 10-1) fördert, beeinflußt auch die Intensität sowie die allgemeine Häufigkeit der Niederschläge die Erosion. Von diesen Umständen hängt die je Zeiteinheit abfließende Wassermenge ab und somit deren Geschwindigkeit und die dadurch bedingte Erosion (*Hudson,* 1973).

Im Falle des Windes ist die Geschwindigkeit die weitaus wichtigste Größe. Neben ihr spielt nur die Länge der Erosionsstrecke eine Rolle, weil kurze unterbrochene Strecken die Bremsung verstärken und weil die erodierende Wirkung der strömenden Luft mit zunehmender Befrachtung durch Mineralpartikel steigt. Dieser Sachverhalt tritt auch in Wasserströmungen auf. Man kann diese Wirkung makroskopisch als Zunahme der Reibung infolge größerer Dichte der Suspension auffassen, die als Last auf die unbewegte Oberfläche wirkt. Mikroskopisch ist es eine Zunahme der Häufigkeit von Impulsübertragungen durch aufprallende Körner.

Zunehmende Streckenlänge ist beim Wind nur so lange erosionsfördernd, bis sich das Strömungsprofil und damit die Suspensionsfracht auf die Geschwindigkeit des freien strömenden Mediums eingestellt hat. Beim Wasser nimmt im Gegensatz hierzu die erodierende Kraft mit zunehmender Fließstrecke in der Regel über längere Strecken ständig zu. Denn je länger die Fließstrecke ist, desto größer ist das stromaufwärts liegende Einzugsgebiet und damit die transportierte Wassermenge.

10.3. Erosionsgleichungen

Der große wirtschaftliche Schaden, der durch die Erosion land- und evtl. forstwirtschaftlicher Kulturflächen fortwährend entsteht, führte zu intensiver Untersuchung der Zusammenhänge und Abhilfemöglichkeiten. Die Ergebnisse sind für die Verwendung in der Praxis in Form von Gleichungen dargestellt. Diese Gleichungen basieren auf breitangelegten Korrelationsuntersuchungen, die in Ländern durchgeführt wurden, in denen große Schäden auftraten – vor allem in den USA. Die Gleichungen werden heute weltweit benutzt, vor allem dort, wo aus verschiedensten Gründen eine produktionsextensive Landwirtschaft betrieben werden muß.

Die Gleichungen ermöglichen eine Voraussage wie groß die Erosion unter bestimmten Kulturbedingungen und topographischen Gegebenheiten sein wird und wie sie sich bei bestimmten Änderungen dieser Bedingungen verhält. Dabei wird von den durch geologische Beobachtungen erhärteten Erfahrungsgrundsätzen ausgegangen, daß Verlagerungen von Bodenmaterial auf lange Sicht nicht zu verhindern sind. Die Gründe dafür sind, soweit sie mit Wasser- und Luftbewegungen zu tun haben, in den vorstehenden Abschnitten dieses Kapitels beschrieben.

Deswegen ist es der Kernpunkt der Gleichungen, den Zusammenhang zwischen verschiedenen bodenkundlich-topographischen Gegebenheiten, Klimabedingungen sowie menschlichen Eingriffen einerseits und dem Bodenabtrag andererseits zu beschreiben.

Die Frage, wieviel Bodenabtrag pro Zeit- und Flächeneinheit toleriert werden kann, ist dabei von der Darstellung dieses Zusammenhangs getrennt. Das ist ein großer Fortschritt gegenüber früher, weil dadurch die Diskussion um den zumutbaren Aufwand bzw. die zumutbare Einschränkung der Nutzung überhaupt erst möglich wird.

Die am Anfang dieses Kapitels erwähnte Tatsache, daß an einem Ort abgetragenes Material zwangsläufig an einem anderen abgelagert wird, ist bei diesen Gleichungen und der Diskussion über sie nicht angesprochen. Dieser Sachverhalt ist eine Folge davon, daß von den Erosionsschäden diejenigen zuerst bekämpft wurden, die zum Abtrag von Kulturflächen führten. Heute ist, wie anfangs erwähnt, außer der Erosion auch die Akkumulation auf anderen Flächen als mögliche Schadensquelle erkannt.

Für die wasserbedingte Bodenerosion ist die *Wischmeier*-Gleichung die bekannteste (*Wischmeier* u. Mitarb., 1958). Sie lautet:

$$A = R \cdot K \mid L \cdot S \cdot C \cdot P$$

Dabei ist der Teil links vom senkrechten Strich die grundsätzliche Gleichung, rechts davon stehen Hilfsfaktoren.
A = der Verlust an Bodenmaterial in Tonnen (1.016 t) je acre (0,408 ha) ($\frac{\text{ton}}{\text{acre}} \cdot 2{,}49 = \frac{\text{t}}{\text{ha}}$), der unter dem Einfluß der Bedingungen auftritt, die auf der rechten Seite zusammengefaßt sind.

Die Größen auf der rechten Seite sind diejenigen, die sich unter einer größeren Anzahl von untersuchten Faktoren am geeignetsten erwiesen, um an 35 Versuchsböden den Bodenabtrag zu beschreiben. Sie haben die folgende Bedeutung (*Hudson,* 1973):
R = die erodierende Wirksamkeit des Niederschlags. Sie wird z.B. durch den Erosivitätsindex EI_{30} korrelativ erfaßt. Er ist ein Produkt aus einer Intensitätsangabe (I_{30}) und einer Angabe der kinetischen Energie (E). I_{30} ist die auf eine Stunde umgerechnete Wassermenge, die während der 30 Minuten der höchsten Intensität eines Niederschlagsereignisses gefallen ist. E ist die kinetische Energie, die während dieses Ereignisses auf den Boden aufgeprallt ist. Nach *Wischmeier* u. Mitarb. (1958) ist E (ft · t/acre · inch) = 916 + 331 log I.

Dieser Erosionswirksamkeitsindex ist korrelativ ermittelt und daher nicht mit Sicherheit allgemein gültig. Vor allem unter subtropischen und tropischen Bedingungen haben andere Indizes engere Korrelationen mit dem Ausmaß der Erosion, z.B. KE $>$ 1 (*Hudson,* 1971) = Summe der kinetischen Energie aller Niederschläge mit einer Intensität von mehr als 25 mm/h ($\geqslant$ 1 inch/h) oder Ai_m (*Lal,* 1976) = Gesamtregenmenge multipliziert mit der maximalen Intensität innerhalb einer 7,5 min langen Zeitspanne.
K = Erodierbarkeitsfaktor. Eine Zahl, die den Erosionsverlust eines jeden Bodens in tons/acre unter genormten Bedingungen angibt. Diese Bedingungen – (1) Parzellenlänge 22,6 m (= 72,5 ft, ergibt für 6 ft Breite 1/100 acre), (2) Neigung 9%, (3) Schwarzbrache, (4) in Richtung der Hangneigung gepflügt – repräsentieren die stärkste unter einem gegebenen Niederschlag mögliche Erosion.

Diese grundsätzlichen Faktoren werden durch die im folgenden aufgezählten Hilfsglieder ergänzt, die die speziellen örtlichen Bedingungen berücksichtigen.

L.S. = ein empirischer Faktor (zwischen 0 und 6), der die Veränderung des Bodenabtrages bei einer vom Standard abweichenden Feldlänge (L) und Hangneigung (S von slope) berücksichtigt.
C = ein empirischer Faktor (von crop), der den erosionshemmenden Einfluß jeder Feldfrucht gegenüber der Schwarzbrache (C = 1) erfaßt. Dieser Faktor ist sehr kompliziert wegen der zahlreichen Möglichkeiten, die Kulturmaßnahmen zu variieren. Seine Werte liegen zwischen 1,0 und 0, weil jeder Pflanzenanbau die Erosion gegenüber der Schwarzbrache vermindert.
P = ein empirischer Faktor (von conservation practice), der besonders erosionshemmende Maßnahmen beschreibt. Für das Pflügen in Richtung des größten Hanggefälles wird P = 1 gesetzt. Der Zahlenwert wird verkleinert ($1 > P > 0$), wenn erosionsvermindernde Maßnahmen eingeführt werden. Solche Maßnahmen sind das Konturpflügen entlang den Höhenlinien, die Beetkultur mit trennenden Grasstreifen, die den Höhenlinien folgen, oder als aufwendigste Maßnahme Terrassenkultur. Die Verkleinerung des Faktors durch diese Maßnahmen verstärkt sich zunächst mit steigender Hangneigung. Bei weiterhin zunehmender Hangneigung wird der Faktor schließlich durch Einführung von Terrassenkultur am stärksten verkleinert.

Für windbedingte Bodenerosion ist die von *Chepil* und *Woodruff* (1963) erarbeitete Gleichung am bekanntesten. Sie basiert im Gegensatz zu der vorigen Gleichung nicht auf Feldversuchen, sondern ist eine Extrapolation von Ergebnissen aus dem Windkanal. Sie lautet:

$$E = f\,(I, C, K, L, V)$$

E = windbedingte Erosion, I = Erodierbarkeit des Bodens für Wind, C = Faktor zur Erfassung der örtlichen Windbedingung, K = Rauhigkeit der Bodenoberfläche, L = Feldlänge in Windrichtung und V = Vegetationsdecke.

Für die Arbeit mit dieser Gleichung sind graphische und tabellenmäßige Unterlagen notwendig, die für die betreffenden Gegenden jeweils speziell ausgearbeitet werden müssen. Die Gleichung ist daher nicht in dem Maße praxismäßig verwendbar wie diejenige für die Wassererosion (*Hudson,* 1973). Sie wurde aber dennoch aufgeführt, weil sie im Zusammenhang mit dem ersten Abschnitt dieses Kapitels zeigt, wie die Bodeneigenschaften und diejenigen Faktoren zusammenwirken, die die Windgeschwindigkeit beeinflussen.

Die Faktoren I und C sind analog zu den Faktoren K und R in der Wassererosionsgleichung. Die anderen sind wiederum Hilfsfaktoren. K und V sind solche, die das Ausmaß der Windbremsung im unmittelbaren Grenzbereich der Bodendecke bzw. Vegetationszone berücksichtigen. L erfaßt den auf die Windgeschwindigkeit einwirkenden Einfluß der Feldlänge. Die Faktoren in dieser Gleichung sind im Gegensatz zu denen der allgemeinen Gleichung für Wassererosion nicht einfach arithmetisch multiplizierbar.

10.4. Literatur

Armbrust, D.V., W.S. Chepil, F.H. Siddoway (1964): Proc. Soil Sci. Soc. America. 28, 557-560

Beck, W. (1960): Grundlagen der Strömungslehre. Bergakademie, Freiberg-Fernstudium

Bisal, F., K.F. Nielsen (1962): Canad. J. Soil Sci. 42, 81-86

Bisal, F. (1973): Canad. J. Soil Sci. 53, 481-482

Bryan, R.B. (1976): Catena. 3, 99-112

Chepil, W.S., N.P. Woodruff (1963): Advances of Agronomy. 15, 211-302

De Boodt, M., D. Gabriels (1975): Catena. 2, 23-30

Dillo, H.G. (1960): Mitt. Franzius Inst. TU Hannover. 17, 135-253

Ekern, P.C. (1951): Proc. Soil Sci. Soc. America. 15, 7-10

Gabriels, D., M. De Boodt (1975): Soil Sci. Soc. America, spec. Publ. Nr. 7 Soil Conditioners, 95-102

Hudson, N. (1971): Soil Conservation. B.T. Batsford London

Hudson, N. (1973): Soil Conservation. Cornell University Press, Ithaca, New York

Kullmann, A. (1972): Synthetische Bodenverbesserungsmittel. VEB, Deutscher Landwirtschaftsverlag Berlin

Lal, R. (1976): Geoderma. 16, 389-401

Schlüter, U. (1971): Lebendbau. Ingenieurbiologische Bauweisen, Callwey München

Smith, R.M., W.L. Stamey (1965): Soil Sci. 100, 414-424

Sticher, H., R. Bach, H. Brügger, V. Vökt (1976): Catena. 2, 11-22

Wischmeier, W.H., D.D. Smith, R.E. Uhland (1958): Agricult. Eng. 39, 458-462

Wolf, K.L. (1957): Physik und Chemie der Grenzflächen. Springer Berlin/Göttingen

Woodruff, N.P., F.H. Siddoway (1965): Proc. Soil Sci. Soc. America. 29, 602-609

Zenchelsky, S.T., A.C. Delany, R.A. Pickett (1976): Soil Sci. 122, 129-132

11. Filterfunktion des Bodens

Mit dem Begriff Filterfunktion ist die Eigenschaft des Bodens gemeint, verunreinigtes Wasser im Verlauf der Perkolation zu reinigen. In dem Begriff spielen mehrere Eigenschaften eine Rolle, die in den vorhergehenden Kapiteln beschrieben wurden. Deshalb sollen jene Eigenschaften bzw. Vorgänge im vorliegenden Kapitel noch einmal im Hinblick auf den Problemkreis der Filterung besprochen werden.

Bis vor kurzem galt das Reinigungsvermögen des Bodens als unermeßlich groß. Heute dagegen kommt es immer häufiger vor, daß das Grundwasser, das als qualitativ besonders hochwertig gilt (*Herrmann,* 1977) kontaminiert wird. Kontaminieren bedeutet dabei das Beimengen von schädlichen oder ekelerregenden Stoffen. In vielen Fällen genügt schon eine sehr geringe Menge an Beimengungsstoffen, um die Verwendbarkeit, vor allem die Trinkbarkeit, zu beeinträchtigen.

Kontaminationen des Grundwassers können heute mehr denn je eintreten, wobei im normalen Wirtschaftsablauf folgende Ursachen besonders häufig sind bzw. im Umfang stark zugenommen haben (*Wohlrab* und *Mollenhauer,* 1976): Abwasserlandbehandlung und -verregnung, Lagerung und Anwendung boden- und wasserschädigender Mittel für Pflanzenschutz, Aufwuchs- und Schädlingsbekämpfung, Wachstumsregelung, ferner Viehansammlungen, Pferche, Massentierhaltungen, unsachgemäße Lagerung und Anwendung von organischen und Mineraldüngern, Gärfuttermieten. Zu diesen Kontaminierungsursachen kommen noch solche hinzu, die durch ausgesprochene Unfälle verursacht werden, wie z.B. Verunreinigungen mit Öl.

Die genannten Maßnahmen und Vorgänge unterliegen daher in der Nähe von Grundwasserentnahmestellen verschiedenen Beschränkungen, deren Strenge sowohl vom Verwendungszweck des Wassers als auch von den Bodeneigenschaften abhängen (*Wohlrab,* 1976). In der Berücksichtigung der Bodeneigenschaften drückt sich die Erfahrung aus, daß die Stoffe, die im Wasser schädlich oder auch nur unerwünscht sind, von verschiedenen Böden in unterschiedlicher Art zurückgehalten werden.

Im folgenden werden einige allgemeine Zusammenhänge und Gesetzmäßigkeiten beschrieben, die das Verhalten der Inhaltsstoffe des Wassers beim Passieren des Bodens beeinflussen.

11.1. Filtervorgänge

Filtern ist ein Trennvorgang, durch den suspendierte oder gelöste Stoffe aus einem fließbaren Medium (z.B. Luft oder Wasser) abgetrennt werden. Dabei bleiben die abgefilterten Stoffe in oder auf dem Filter zurück und reichern sich dort an.

Deswegen ist bei jedem künstlich hergestellten Filter, unabhängig von der Art der Nutzung, eine Möglichkeit vorgesehen, diese Filterrückstände wegzuschaffen – sei es indem man das Filter wegwirft (Papierfilter) oder daß man es durch Rückspülung, gegebenenfalls bei einem körnigen Filter unter Aufwirbeln wieder freiwäscht. Im letzteren Fall spricht man auch von einem Regenerierungsvorgang.

Diese Verfahren sind bei Benutzung des anstehenden Bodens als Filter nur begrenzt anwendbar, z.B. indem man die Filterflächen (z.B. Rieselfelder) wechselt oder bei organischem Filterrückstand dessen biologischen Abbau fördert. Im allgemeinen müssen wir jedoch lange Zeit „auf dem Filter leben".

Hinsichtlich des Filteraufbaus unterscheidet man Oberflächenfilter und Tiefen- oder Haufwerkfilter. Bei den ersteren sammelt sich der abzutrennende Stoff an der Oberfläche an, ohne in den Porenraum des Filterkörpers einzudringen. Dies führt naturgemäß zu besonders schneller Ansammlung und damit zu einem Konzentrationsanstieg auf engem Raum.

Vielfach wird die Filterwirkung dabei abgeschwächt, weil der Rückstand – der sogenannte Filterkuchen – anwächst und daher bei gleichbleibendem Wasserstandsunterschied das Gefälle abnimmt. Dies führt, wie die in Kap. 5 ausführlich beschriebene *Darcy*-Gleichung zeigt, zu einer Verkleinerung des Flusses, also der Filtratmenge je Zeiteinheit. Situationen dieser Art treten bei der Behandlung von Abwässern auf. Die Nutzbarkeit einer derartigen Filterfläche ist zu Ende, wenn die Perkolationsgeschwindigkeit so klein geworden ist, daß weitere Verwendung unrationell wird oder wenn die Rückstandsmenge wegen der beabsichtigten späteren Nutzung nicht weiter anwachsen darf. Ein wichtiges Moment bei dieser Art von Filtern ist, daß der Filterkuchen selbst als Filter wirkt und daher die Sicherheit der Abtrennung erhöht. Dies gilt allerdings nur, solange der Kuchen nicht austrocknet. Beim Trocknen schrumpft und reißt er nämlich (vgl. Kap. 3). Dabei sinkt die Wasserdurchlässigkeit innerhalb der bei der Schrumpfung entstehenden Aggregate, steigt aber gleichzeitig im Bereich der Risse an. Beides ist gleichermaßen unerwünscht. Ein Oberflächenfilter hält nur rein mechanisch die Teilchen zurück, die gröber sind als seine Eintrittsöffnungen, d.h. hier gröber als die Poren im Boden. Für solche Teilchen aber ist es eine Sperre, deren Wirksamkeit mit der Zeit nicht abnimmt.

Im Gegensatz zu einem Oberflächenfilter kann ein Tiefenfilter durch sehr unterschiedliche Mechanismen wirksam werden und daher auch Teilchen von der flüssigen Phase abtrennen, die kleiner sind als die Eintrittskanäle. Ein Spezialfall solcher Tiefenfilter sind die sogenannten Haufwerkfilter, die aus körnigem Material bestehen. Die Abtrennung kann hier aufgrund verschiedener Vorgänge erfolgen. Einige wichtige davon sind: Mechanische Absiebung grober Partikel, Sedimentation feiner Partikel in Bereichen langsamer Fließgeschwindigkeit, Ausfällung von schwerlöslichen Verbindungen, sowie Ausflockung von Partikeln kolloidaler Größenordnung (s. Kap. 3, Flockung) und deren Abtrennung durch Siebung oder Sedimentation, Adsorption und Austauschvorgänge an festen Grenzflächen (*Flühler,* 1975). Während aber bei einem Oberflächenfilter die Wirksamkeit der Abtrennung infolge Anwachsens des Filterrückstandes nicht abnimmt, sinkt sie bei einem Tiefenfilter mit der Zeit, weil das abzutrennende Material allmählich alle Ablagerungs- oder Adsorptionsplätze ausfüllt. Ist dieser Zustand erreicht, dann wird das mit dem Wasser vorbeigeführte abzutrennende Material nicht mehr abgefiltert. Ein Tiefenfilter hat also für jede durch einen Abtrennungsmechanismus festzuhaltende Stoffmenge nur eine bestimmte und somit begrenzte Kapazität.

Diese Kapazität nimmt z.B. für manche Herbizide im Verlauf der Horizontentwicklung zu, so daß sie im Material aus A_h-Horizonten größer ist als in demjenigen aus B-Horizonten (*Drewes* und *Blume,* 1976). Im Zusammenhang mit dieser Kapazität spricht man von der Belastung des Bodens wie auch des Wassers durch verschiedene Stoffe, sowie von seiner Belastbarkeit diesen gegenüber (*Brümmer,* 1976; *Kuntze,* 1976). Mit diesen beiden Ausdrücken können im einzelnen sehr verschiedene Dinge gemeint sein. Gemeinsam ist ihnen jedoch die Vorstellung der Annäherung an einen Grenzwert der Aufnahmefähigkeit, der Abbaufähigkeit, der Regenerationsfähigkeit oder der Verträglichkeit bzw. Schädlichkeit in verschiedenster Hinsicht. Die Festlegung von Grenzwerten ist in den meisten Fällen sehr schwierig und weitgehend empirisch. Deshalb sind Grenzwerte im Zusammenhang mit Belastbarkeiten stets in Gefahr, emotionell betrachtet und verwendet zu werden.

Ein für die Wirksamkeit eines Bodens als Tiefenfilter wichtiges Moment ist, daß keine verlagerungsfördernden Milieuveränderungen auftreten dürfen. Für die mechanische Filterung durch Absetzen in Zonen geringer Strömungsgeschwindigkeit ist in diesem Zusammenhang vor allem das Konstantbleiben des Strömungsdrucks im Filterbereich wichtig (vgl. Kap. 2, Strömungsdruck). Jede plötzliche Zunahme dieses Druckgefälles beschleunigt die zur Ruhe gekommenen Teilchen erneut und löst sie dabei oft ab. Es entstehen auf diese Weise die gleichen Verlagerungsvorgänge, wie sie im Kapitel 10 (Erosion) als innere Erosion erwähnt wurden. Die Möglichkeiten zum Entstehen großer Druckgradienten sind im ungesättigten Tiefenfilter größer als im gesättigten. Eine maximale Abtrennung von mechanisch abgelagerten Teilchen kommt daher zustande, wenn ein kontinuierlicher Strom der zu filtrierenden Flüssigkeit bei möglichst geringem Gefälle eingehalten werden kann.

Milieuänderungen, die die Wirksamkeit des Tiefenfilters beeinflussen, sind weiterhin z.B. Veränderungen des Salzgehaltes in der Lösung, weil sie geflockte Partikel kolloider Größenordnung entflocken können oder Zufuhr von anderweitigen, an sich nicht störenden Ionen im Überschuß, die zum Austausch durch Sorption aus dem Wasser entfernter Stoffe führen. In gleicher Weise können sich Änderungen im pH- und Redoxmilieu auswirken, wenn sie Ausfällungen rückgängig machen.

11.2. Säuberung bzw. Regeneration von Filtern

Wenn die Nutzung eines Oberflächenfilters wegen des zunehmenden Fließwiderstands des Filterkuchens unrentabel wird, kann die Verwendbarkeit wieder hergestellt werden, indem der Kuchen entfernt wird. Dies ist bei Böden, z.B. im Bereich der Abwasserbearbeitung, oft nicht möglich. In diesem Fall muß die Nutzung der Fläche entweder ganz beendet oder aber ausgesetzt werden, bis der Filterkuchen seine störenden Eigenschaften verloren hat. Wenn er – was häufig der Fall ist – überwiegend aus organischem Material besteht, wird er beim Austrocknen belüftet und durch mikrobielle Tätigkeit allmählich abgebaut werden. Dies setzt natürlich voraus, daß hinsichtlich Wasser- und Lufthaushalt ein Milieu entsteht, das die Mikroorganismentätigkeit fördert und daß keine lebenshemmenden Stoffe in wirksamen Konzentrationen vorliegen. Hierher gehören neben verschiedenen vielfach synthetischen organischen Verbindungen vor allem auch Schwermetalle. Die Entwicklung, die dann abläuft, hat in günstigen Fällen Ähnlichkeit mit der Vererdung von Torfsubstraten (*Baden, Kuntze* u. Mitarb., 1969). Eine Zunahme der Fruchtbarkeit z.B. als Folge von Klärschlammzufuhr ist daher in der Regel nur vorübergehend (*Schaffer,* 1967).

Im bodenkundlichen Sinn ist ein derartiger Filterkuchen in situ ein Sediment, in dem eine Bodenentwicklung einsetzt, sobald in dem betreffenden Bereich der Ablagerungsvorgang beendet ist.

Die Reinigungsmöglichkeit für Tiefenfilter ist im Prinzip das Zurückspülen, möglichst unter Aufwirbeln des Haufwerkes. Dieses kommt in Böden jedoch praktisch nicht in Frage. Es bleibt daher nur die Möglichkeit übrig, Abbauvorgänge zu fördern, in deren Verlauf die abzufilternden Substanzen z.B. in Form von Gas aus dem Filterkörper verschwinden. Ein wichtiger Abbauvorgang im Boden ist die biologische Zersetzung organischer Stoffe zu Wasser, Kohlendioxyd und wenigen mineralischen Resten (Asche). Schneller biologischer Abbau zu Kohlendioxyd und Wasser ist nur in Gegenwart von ausreichenden Mengen an Sauerstoff möglich und das hat zur Folge, daß die Wirksamkeit eines Bodens, wenn er als Tiefenfilter verwendet wird, stark zunimmt, wenn der Filtervorgang ständig hinsichtlich des Wassergehalts im ungesättigten Zustand erfolgt (s. Kap. 5, Wasserbewegung in ungesättigtem Boden). Da diese Abbauvorgänge jedoch nicht schlagartig ablaufen, ist ihre Wirksamkeit von der Verweildauer des Wassers in dem ungesättigten Milieu abhängig, in dem die betreffenden Mikroorganismen gedeihen. Diese Zeitabhängigkeit ist natürlich auch bei abiotischem Zerfall von organischen Stoffen gegeben.

Die Verweildauer ist abhängig von der Fließgeschwindigkeit und unterliegt somit den in Kapitel 5 beschriebenen Gesätzmäßigkeiten, vor allem dem Zusammenhang zwischen der Wasserleitfähigkeit des Bodens und dem Druckgefälle, das sich – je nach der Menge des abzuführenden Wassers – im Boden einstellt.

Die Verweildauer ist jedoch nur dann ein Kriterium für das Ausmaß biologischer Abbaumöglichkeiten, wenn ausreichende Belüftung für eine mikrobielle Tätigkeit gewährleistet ist. Die Gültigkeit dieses Kriteriums setzt daher ungesättigtes Fließen oder hinreichende Zufuhr von sauerstoffhaltigem Wasser im Bereich gesättigten Fließens voraus. Das letztere ist gleichbedeutend mit der Forderung nach relativ hoher Wasserleitfähigkeit des durchströmten Substrates. Andernfalls entsteht stagnierende Nässe und mit ihr reduzierende Bedingungen, die den biologischen Abbau hemmen.

Die Bedeutung des Begriffs „Verweildauer" liegt daher meistens mehr in der Möglichkeit, die für hinreichenden biologischen Abbau notwendige Strecke abzuschätzen, als in der Veränderung – vor allem der Verkleinerung der Fließgeschwindigkeit.

11.3. Verdrängungsvorgänge

Wie in den vorstehenden Abschnitten ausgeführt, wirkt der Boden auf viele Inhaltsstoffe des Wassers wie ein Tiefenfilter. Wie ein solches hat jedes Bodenmaterial eine bestimmte Aufnahmekapazität, die für die verschiedenen Inhaltsstoffe des Wassers in der Regel unterschiedlich ist. Wenn die Kapazitätsgrenze für einen bestimmten Bereich im Boden erreicht ist, wird der betreffende Inhaltsstoff durch diesen Bereich hindurchtransportiert und in einem anderen Bereich festgehalten, dessen Kapazität noch nicht gesättigt ist. In einem eindimensionalen Strömungssystem, wie es z.B. bei flächenhafter Versickerung vorliegt, werden dabei nacheinander immer neue, tieferliegende Bodenschichten aufgefüllt, sobald die Rückhaltekapazität der darüberliegenden abgesättigt ist.

Bei Betrachtung einer bestimmten Ebene und Untersuchung der im Verlauf der Zeit zunehmenden Menge an Inhaltsstoffen findet man in der Regel Verläufe, die als *Durchtritts-* oder *Durchbruchskurven* bekannt sind. Sie entsprechen denen, die bei Verdrängung einer Flüssigkeit oder Lösung in einem Porensystem durch eine andere beobachtet werden.

11.3.1. Durchtrittskurve

Durchtrittskurven werden bestimmt, indem an einer Bodensäule ganz plötzlich die zufließende Lösung durch eine andere ersetzt wird. Eine solche kolbenförmige Durchtrittskurve ist in Böden aber für Fraktionen aufgefangen, so daß die Mengen der Inhaltsstoffe in jedem Teil des Perkolates bestimmt werden können (Abb. 11-1). Wenn eine Suspension oder eine Lösung in einem porösen Körper

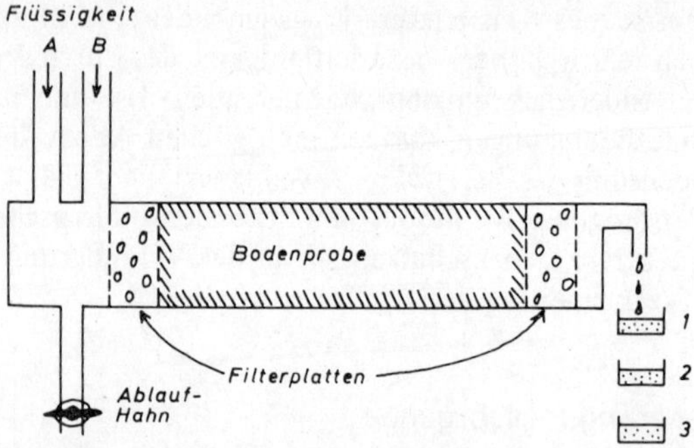

Abb. 11-1 Gerät zur Bestimmung von Durchtrittskurven. Die durch die linke Filterplatte zugeführte Flüssigkeit (A) kann sehr schnell und vollständig durch eine andere (B) ersetzt werden. Das Perkolat wird portionsweise aufgefangen (1, 2, 3) und die Konzentrationsveränderung festgestellt

wie einem Boden von einer anderen vor sich hergeschoben wird, dann müßte die Konzentration der zweiten hinterherlaufenden Flüssigkeit an einer Ebene quer zur Fließrichtung ganz plötzlich von 0 auf 100% ansteigen, wenn die Flüssigkeit im gesamten Porensystem gleich schnell liefe und der Boden keinen Einfluß auf die Inhaltsstoffe des Wasser ausübte. Die Konzentrationsänderung an der Grenze der beiden Lösungen würde dann in einer Graphik in Form einer Senkrechten darstellbar sein (Abb. 11-2) und diese würde sich mit der Zeit block- bzw. kolbenförmig verschieben.

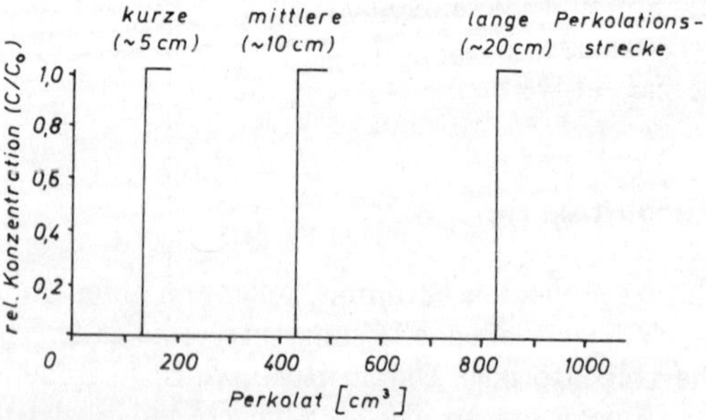

Abb. 11-2 Theoretische Durchtrittskurven bei plötzlicher Änderung der Inhaltsstoffe. Die verdrängende Lösung (Konzentration C_O) schiebt die verdrängte kolbenförmig vor sich her. Die Konzentrationsänderung im Perkolat ist schlagartig (nach *Nielsen* und *Biggar*, 1961, verändert)

Eine solche kolbenförmige Durchtrittskurve ist in Böden aber für Flüssigkeiten und Lösungen nie zu beobachten. Die Kurve zieht sich vielmehr im Verlauf der Zeit auseinander. Dieses Auseinanderziehen kann in verschiedener Art erfolgen und gibt dadurch Aufschluß über die Art der Mechanismen, die es verursachen.

Läßt man z.B. eine Salzlösung in einem porösen Medium vorrükken, das nicht mit ihr reagiert, wie z.B. Natrium- und Chlorid-Ionen in einem Quarzsand, dann erhält man zunächst eine ganz schwache Konzentrationszunahme, dann eine starke. Das letzte Angleichen an die volle Konzentration der verdrängenden Lösung erfolgt dann wieder langsam. Trägt man die Konzentrationszunahme gegen die Menge an perkolierter Flüssigkeit auf, dann erhält man in diesem Fall S-förmig gebogene Kurven, wie in Abb. 11-3 dargestellt. Läßt man die Flüssigkeit mit den Inhaltsstoffen über eine längere Strecke durch das poröse Medium laufen, so daß mehr Flüssigkeit perkolieren muß, ehe die ersten Inhaltsstoffe erscheinen, dann zieht sich die Kurve immer flacher S-förmig auseinander (Abb. 11-3).

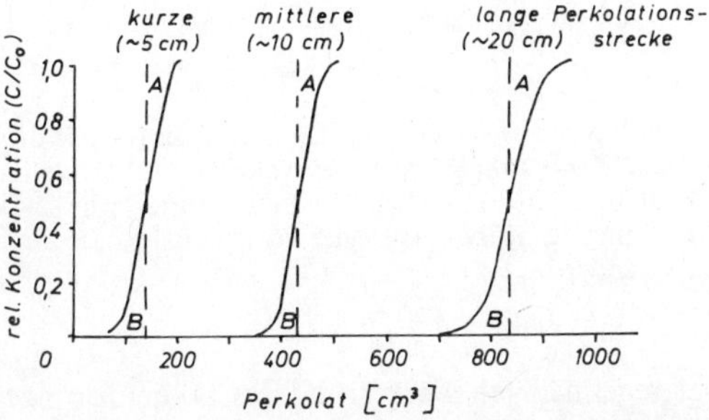

Abb. 11-3 Schematisierter tatsächlicher Verlauf von Durchtrittskurven in einem homogenen porösen Medium (Sand). Der kolbenförmige Vorschub wird durch hydrodynamische Dispersion und Diffusion im Verlauf von Vorrückzeit und -strecke immer stärker verwischt. Die Konzentrationsänderung im Perkolat wird dabei immer langsamer. Die Flächen A und B jeder Kurve sind stets gleich groß (nach *Corey* u. Mitarb., 1963, verändert)

Die Steilheit dieser Kurve nimmt nicht nur ab, wenn die Fließstrecke länger wird, sondern auch wenn die Fließgeschwindigkeit geringer, also die Verweildauer in der Säule größer wird (*Nielsen* und *Biggar*, 1963). Nach Perkolation des Flüssigkeitsvolumens, das bei kolbenförmigem Durchtritt (Abb. 11-2) aus der Säule fließen muß, ehe die Inhaltsstoffe austreten, ist die Hälfte der Konzentration der nachfolgenden Lösung erreicht. Die Verzerrung der Kurve ist symmetrisch, d.h. die Flächen A und B in Abb. 11-3 sind gleich groß. Solange diese Symmetrie erhalten bleibt, läßt sich der Verlauf der Durchtrittskurve durch die Summenkurve der *Gauß*schen Fehlerfunktion (bzw. der Normalverteilung) beschreiben. Der Durchtrittspunkt der Kolbenfluß-Kurve ist dabei der Nullpunkt auf der Abszisse der Fehlerfunktion (über Summenkurven vgl. Kap. 1, Körnungssummenkurven).

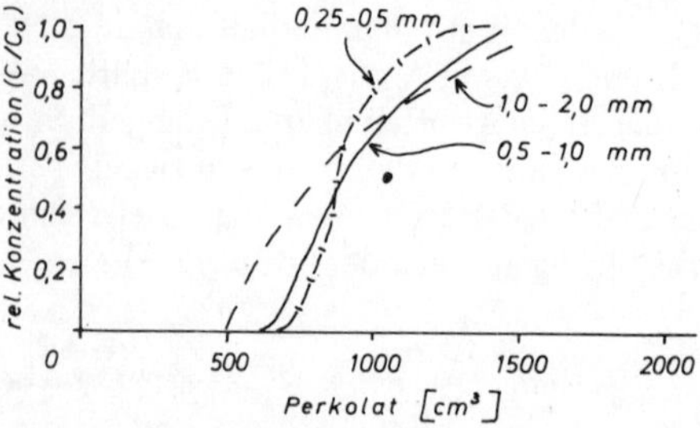

Abb. 11-4 Einfluß der Diffusion und der Aggregierung auf die Form der Durchtrittskurven. Der Punkt gibt an, bei welchem Perkolatvolumen die kolbenförmige Verdrängungsfront (Abb. 11-2) durchtreten würde. Diffusion fördert die Streckung der Kurve, Aggregierung ebenfalls (nach *Nielsen* und *Biggar,* 1962, verändert)

Außer dieser regelmäßigen Verzerrung des kolbenförmigen Durchtrittes gibt es eine Anzahl anderer Phänomene, wie z.B. das Vorauseilen des C/C_O = 0,5-Wertes vor dem des kolbenförmigen Durchtrittes bei langsamen Fluß (*Biggar* und *Nielsen,* 1962), das meistens zusammen mit einer starken Abflachung der Kurve entsteht (Abb. 11-4). Und schließlich kommen noch Kurven vor, bei denen die eine Inhaltskomponente in ihrer Konzentration weit hinter der anderen zurückbleibt oder bei denen sie im Verlauf der Perkolation abgebaut oder ausgefällt wird (Abb. 11-5). Diese große Verschiedenheit der möglichen Kurvenverläufe macht eine mathematische Erfassung schwierig.

Weder die *Gauß*sche Fehlerfunktion noch die Diffusionsgleichungen beschreiben die Form der Durchtrittskurven zufrieden-

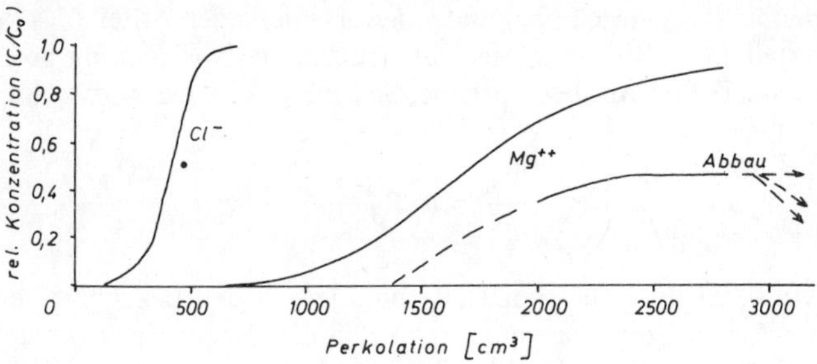

Abb. 11-5 Einfluß der Adsorption auf die Form der Durchtrittskurve. Das Kation (Mg) tritt infolge seiner Adsorption im porösen Medium erst viel später im Perkolat auf als das nicht adsorbierte Anion (Cl). Der Punkt gibt an, bei welchem Perkolatvolumen die kolbenförmige Verdrängungsfront durchtreten würde. Die Kurvenverläufe bei Abbau bzw. Fällung können je nach Intensität der dabei ablaufenden Vorgänge sehr verschieden sein (nach *Biggar* und *Nielsen,* 1963, verändert)

stellend (*Biggar* und *Nielsen,* 1964). Durch Berücksichtigung der geschwindigkeitsabhängigen Dispersion des Inhaltsstoffes mit dem sich bewegenden Wasser kann die Beschreibung wesentlich verbessert werden. Für gestörte Böden mit künstlich homogenisierter Lagerung erhält man dabei gute Ergebnisse (*Benecke* u. Mitarb., 1975). Dabei kann die folgende Formel verwendet werden, wenn das Wasser stationär fließt (*Beese* und *v.d. Ploeg,* 1976):

$$\frac{\partial C}{\partial t} = E \frac{\partial^2 C}{\partial x^2} - v_\theta \frac{\partial C}{\partial x}$$

Hierbei ist C die Konzentration des Inhaltsstoffes, t die Zeit, x die Vorrückrichtung, v_θ die Porenwassergeschwindigkeit (der Fluß bezogen auf den volumetrischen Wassergehalt θ) und E der hydrodynamische Dispersionskoeffizient.

Für die Verwendung an Böden in natürlicher Struktur, d.h. mit sehr heterogenem Porensystem, ist eine weitere Anpassung der Gleichung notwendig. Sie muß der Tatsache Rechnung tragen, daß die verschiedenen Anteile des Wassers im Boden verschieden schnell fließen. Dieser Sachverhalt war in Kap. 5 eingehend beschrieben worden (s. Abb. 5-1). Eine Näherung für die Berücksichtigung dieses Zusammenhangs besteht darin, das Wasser in einen bewegten (dynamischen) Anteil (θ_d) und einen stagnierenden Anteil (θ_s) zu unterteilen, wobei der letztere im Prinzip eine Speicherung beschreibt. Die vorhin besprochene Gleichung würde dann wie folgt lauten:

$$\theta_d \frac{\partial C_d}{\partial t} + \theta_s \frac{\partial C_s}{\partial t} = \theta_d E_d \frac{\partial^2 C}{\partial x^2} - v_d \theta_d \frac{\partial C_d}{\partial x}$$

Hierin bezeichnen die Indizes d und s jeweils den Bezug auf den dynamischen bzw. stagnierenden Anteil des Wassers (*van Genuchten* und *Wierenga,* 1976). Die physikalische Bedeutung der beiden hier angeführten Gleichungen wird in den folgenden Unterabschnitten näher erläutert.

Eine ausführliche mathematische Behandlung der Verdrängungsabläufe, bei der von der Fehlerfunktion und den Diffusionsgleichungen ausgegangen wird, geben *Kirkham* und *Powers* (1972).

Die Ursachen für dieses symmetrische oder unsymmetrische Auseinanderziehen der Durchtrittskurven liegt sowohl in den Eigenschaften der porösen Matrix, also des Bodens als Tiefenfilter, als auch in den Eigenschaften der beiden benachbarten Flüssigkeiten. Die Wichtigsten dieser Mechanismen sind die hydrodynamische Dispersion, die Molekulardiffusion sowie die Adsorptions- und Austauschvorgänge.

11.3.2. Hydrodynamische Dispersion

Die poröse Matrix wirkt durch ihre wechselnden Fließpassagen mit unterschiedlichen Durchmessern und Krümmungen verzerrend auf die Vorderkante des Wasserkörpers, der die Inhaltsstoffe mitführt. Die Ursache hierfür ist die unterschiedliche Geschwindigkeit, die wegen der Viskosität des Wassers in verschieden großen Poren auftritt. Wie Abb. 5-11 zeigt, ist das Geschwindigkeitsprofil bei laminarer Strömung parabelförmig. Je länger die verschiedenen Geschwindigkeiten nebeneinander vorliegen, desto weiter geraten der schnellere und der langsamere Teil der strömenden Flüssigkeit dabei auseinander (Abb. 11-3). Dieser Vorgang wird als Dispersion oder hydrodynamische Dispersion bezeichnet (*Scheidegger,* 1961). Er hat in seinem Verlauf große Ähnlichkeit mit einem Diffusionsvorgang. Daher kann zu seiner Beschreibung auch eine Formel verwendet werden, die formal einer Diffusionsgleichung entspricht (*Kirkham* und *Powers,* 1972):

$$\frac{\partial C}{\partial t} = E \frac{\partial^2 C}{\partial x^2}$$

In dieser Gleichung ist C die Konzentration der im Wasser mitgeführten Inhaltsstoffe, x die Fließstrecke, t die Zeit und E der Dispersionskoeffizient. Eine hydrodynamische Dispersion, bei der die Abweichungen in der Konzentration beiderseits der gedachten kolbenförmigen Vorschubfront (Abb. 11-3) gleich sind, setzt ein möglichst einheitliches Porensystem voraus ohne blind endende und daher vom Fluß nicht erfaßte Poren. In einem aggregierten Boden mit einem breiten Spektrum an verschieden großen Poren innerhalb und zwischen den Aggregaten führt die hydrodynamische Dispersion zu einem Vorauseilen des verdrängenden Flüssigkeitsanteils in den größten Poren (Abb. 11-4). Gleichzeitig wird der Zeitpunkt bis zum Erreichen der vollen Konzentration der Inhaltsstoffe im Perkolat hinausgezögert. Die Durchtrittskurve flacht an ihrem rechten Ende immer mehr ab.

Der hydrodynamische Dispersionskoeffizient ist daher eine Grösse, die Eigenschaften des Porensystems, wie seine Form und die Größenverteilungen der einzelnen Passagen wiedergibt.

11.3.3. Molekulare Diffusion

Alle Inhaltsstoffe des perkolierenden Wassers unterliegen der Diffusion, sofern sie im molekulardispersen oder feinkolloidalen Zustand vorliegen. In der Grenzzone zwischen einer Flüssigkeit mit und einer ohne solche Inhaltsstoffe wird die Konzentrationsverteilung dadurch in ähnlicher Art verändert, wie durch die hydrodynamische Dispersion. Der abrupte Wechsel der Konzentrationen wird verwischt und macht einem Gradienten Platz, der im Verlauf der Zeit immer flacher wird. Diese diffusionsbedingte Abflachung fällt umso stärker ins Gewicht, je langsamer die Flüssigkeit sich im Porensystem bewegt, oder je länger bei gleichbleibender Geschwindigkeit die Fließstrecke ist. Sie tritt daher auch stark in Erscheinung, wenn das poröse Medium Partien enthält, in denen sich die Flüssigkeit sehr viel langsamer bewegt als in den groben Passagen. Dies führt z.B. bei Aggregatpackungen zu einer langanhaltenden Abflachung des Konzentrationsanstiegs (Abb. 11-4). Die Diffusion in Bereiche wenig bewegten Wassers hinein dauert nämlich lange. Ehe sie beendet ist, wird die Konzentration der verdrängenden Flüssigkeit im Perkolat nicht erreicht.

An der Spitze der Geschwindigkeitsprofile verläuft die Diffusionsbewegung in Richtung auf den Flüssigkeitsanteil ohne Inhaltsstoffe. Daher trägt sie zur Beschleunigung des Durchtritts der ersten Anteile von Inhaltsstoffen in das Perkolat bei.

Folgt ein Fließmedium mit geringerem Anteil an Inhaltsstoffen einem solchem mit höherem, dann ist die Diffusion ebenfalls in das Medium mit der geringeren Konzentration hinein gerichtet. In diesem Fall verzögert sie den Durchtritt gegenüber dem bei kolbenförmigem Vorrücken der Verdrängungsfront (Abb. 11-6).

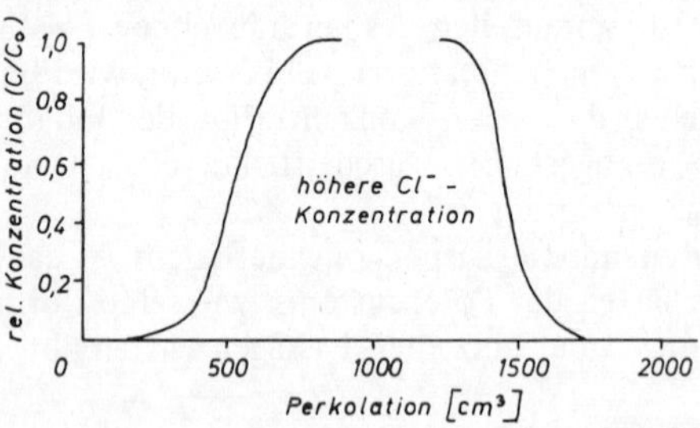

Abb. 11-6 Die Kurvenform für Verdrängung durch Lösung hoher Konzentration oder durch solche geringerer Konzentration ist im Prinzip analog. Die Wirkung der Diffusion ist jedoch in den beiden Fällen jeweils entgegengesetzt. Daher sind die Kurven für das Vordringen der höher konzentrierten Lösung von denen für das Vordringen der niedrigen Konzentration verschieden in der Form und in der Lage zum Durchtrittspunkt bei kolbenförmiger Verdrängung (nach *Corey* u. Mitarb., 1963, verändert)

Der Diffusionsvorgang läßt sich durch Gleichungen beschreiben, die genau so aufgebaut sind wie die für die hydrodynamische Dispersion. Nur muß der Dispersionskoeffizient E durch den Diffusionskoeffzienten (D) ersetzt werden

$$\frac{\partial C}{\partial t} = D \frac{\partial^2 C}{\partial x^2}$$

Der Diffusionskoeffizient ist bei stehendem Fließmedium bestimmbar. Er ist zwar im wesentlichen von der Art des Inhaltsstoffes und seiner Konzentration bedingt, aber auch von der Geometrie des Porensystems (s. Kap. 5, Wasserbewegung).

11.3.4. Adsorption und Austausch

Der Adsorptionsvorgang als solcher strebt einem Gleichgewichtszustand der Stoffkonzentrationen an den im Boden beteiligten Phasen zu. Je nach der Art der beteiligten Komponenten kann die Adsorption mit oder ohne äquivalenten Austausch ablaufen. Im vorliegenden Fall sind dabei vor allem die feste und flüssige Phase von Interesse, obgleich die gasförmige nur für Stoffe vernachlässigt werden darf, die sehr geringe Dampfdrücke haben. Die Menge an Inhaltsstoffen des Wassers, die von der festen Matrix adsorbiert werden können, ist von der Konzentration dieses Stoffes im Wasser in sehr unterschiedlicher Form abhängig. Deswegen gibt es auch mehrere Gleichungen, mit denen diese Zusammenhänge beschrieben werden können. Die bekanntesten sind die sogenannten Adsorptionsisothermen von *Freundlich* und von *Langmuir*. In beiden Fällen wird die Konzentration an der Bodenmatrix (C_{Bd}) als Funktion der Konzentration im Wasser (C_W) angegeben. In beiden Fällen treten empirische Konstanten hinzu (k_F, k_{L_1}, k_{L_2} mit den Indizes F und L für die Namen der Autoren und n).
Die *Freundlich*-Gleichung lautet:

$$C_{Bd} = k_F \cdot C_W^{1/2}$$

und die *Langmuir*-Gleichung lautet:

$$C_{Bd} = \frac{k_{L_1} \cdot C_W}{k_{L_2} + C_W}$$

Die *Freundlich*-Gleichung liefert keinen Sättigungswert für C_{Bd}. Der Exponent n liegt erfahrungsgemäß oft nahe bei 0,8 bis 1. Daher wird gelegentlich linearer Verlauf angenommen (*Flühler,* 1975). Bei der *Langmuir*-Gleichung nähert sich C_{Bd} mit wachsendem C_W dem Maximalwert k_{L_1}.

Wenn der Inhaltsstoff der perkolierenden Flüssigkeit durch die Grenzflächen der festen Phase adsorbiert wird, dann sinkt natürlich die Konzentration im Fließmedium. Da deren vordere Partien stets auf adsorptions- oder austauschbereite Zonen der Grenzfläche treffen, werden sie von den Inhaltsstoffen immer weiter befreit. Dieser Vorgang hat zur Folge, daß die Konzentration eines adsorbierbaren oder austauschbaren Inhaltsstoffes hinter der Menge an Perkolat immer weiter zurückbleibt. Abb. 11-5 zeigt diesen Sachverhalt für eine $MgCl_2$-Lösung in einem Lehmboden (*Biggar* und *Nielsen,* 1963). Während sich die Cl-Ionen so verhalten, wie es aufgrund des Aufbaues des Porensystems zu erwarten ist – nämlich ähnlich wie in Abb. 11-4 dargestellt – muß erst eine erhebliche Menge an Wasser perkolieren, ehe Mg-Ionen durchtreten. Allerdings ist die Menge dieser Ionen, um die die Durchtrittsfront zurückgeblieben ist, sehr viel geringer als sie der Austauschkapazität der durchströmten Bodensäule entspricht. Das bedeutet, daß der Umtausch nicht vollständig abgelaufen ist und daher nicht alle austauschfähigen Mineraloberflächen mit den Mg-Ionen in Berührung gekommen sind. Schon lange ehe der vollständige Austausch erreicht ist, werden Mg-Ionen in schnellfördernden großen Fließpassagen dem Perkolat zugeführt.

11.3.5. Weitere Einflußfaktoren

Außer den bisher einzeln erläuterten Faktoren ist vor allem die Wassersättigung für den Verlauf der Durchtrittskurven von Bedeutung. Je geringer der Wassergehalt, desto geringer ist auch die Wassermenge, die aus einem porösen Körper verdrängt werden muß, ehe die nachfolgende, Inhaltsstoffe führende Wasserpartie durchtritt. Wenn als Einheit für die Messung der Wassermengen der Inhalt eines vollständig gefüllten Porenvolumens gewählt wird, dann scheint der Durchtritt bei ungesättigtem Boden schneller aufzutreten als bei gesättigtem (*Nielsen* und *Biggar,* 1961). Es zeigte sich bei diesen Versuchen auch, daß bei teilweiser Wassersättigung – also bei „ungesättigtem Fluß“ – mehr Partien des Porensystems von dem schnellen Hauptstrom ausgeschlossen waren als bei freiem Transport durch das ganze Porensystem. Hier wirkt sich also die Kontinuität der Poren aus, bei deren Unterbrechung durch entwässerte Bereiche die verbleibenden wassergefüllten Teile von der allgemeinen Bewegung abgeschnitten werden (vgl. Kap. 3, Benetzungseigenschaften).

Relativ wenig ist bisher über die Mechanismen bekannt, die zur Zurückhaltung feinster Festteilchen in einem Tiefenfilter führen. Wahrscheinlich spielen hier Adsorptions- und Adhäsionsvorgänge sowie mechanische Behinderung und lokale Strömungsverläufe eine Rolle. Sicher ist wohl, daß der Transport derartiger Teilchen in engem Zusammenhang mit dem die Strömung antreibenden Druckgradient steht (*Becher* und *Hartge,* 1972). In mancher Hinsicht haben Verlagerungsvorgänge dieser Art Ähnlichkeit mit der Erosion an der Bodenoberfläche durch Wind oder Wasser (Kap. 10).

Die Inhaltsstoffe – gelöst oder suspendiert – verändern sowohl die Dichte als auch die Viskosität des Wassers. Diese wiederum beeinflußt die Art der Verdrängung und daher auch die Form der Durchtrittskurve. Nach bisher vorliegenden Untersuchungen entwickeln sich bei diesem Vorgang instabile Flüsse, wenn die Flüssigkeit mit geringer Dichte und Viskosität von einer mit höheren Beträgen dieser beiden Parameter verdrängt wird. Dies führt zur Entstehung von Durchtrittskurven mit Diskontinuitäten.

Die Instabilität äußert sich darin, daß fingerförmige Partien der verdrängenden Flüssigkeit der allgemeinen Verdrängungsfront vorauseilen. Dabei unterläuft die dichtere Flüssigkeit die andere, so daß eine veränderte Durchtrittskurve entsteht, die der eines teilgesättigten Bodens entspricht. Vorhandensein einer spezifisch leichten Flüssigkeit hat also in seiner Auswirkung eine gewisse Ähnlichkeit mit dem Vorhandensein von Luft im Porensystem. Im umgekehrten Fall, Verdrängung von Flüssigkeit mit geringer Dichte und Viskosität durch solche mit höherer, entsteht dagegen ein stabiler Fluß (*Biggar* und *Nielsen,* 1964).

Als letzter Faktor, der die Verdrängungsabläufe beeinflußt, seien die Abbau- und Fällungsvorgänge noch einmal erwähnt, die im Abschnitt über Regeneration von Filtern ausführlicher beschrieben wurden. Je nach der Intensität im Vergleich zur Menge der zugelieferten Inhaltsstoffe können sehr verschiedene Kurvenformen entstehen. Dabei können Verminderungen auf geringere konstantbleibende Perkolatkonzentrationen vorkommen. Auch kontinuierliche Konzentrationsabnahmen mit zunehmender Verweildauer und zunehmender Fließstrecke sind möglich. Außerdem kann eine große Anzahl von Zwischenformen auftreten (Abb. 11-5).

11.4. Folgerungen im Hinblick auf Förderung erwünschter Vorgänge

Aufgrund der im vorigen Abschnitt erläuterten Sachverhalte läßt sich innerhalb gewisser Grenzen abschätzen, welche Maßnahmen geeignet sind, um Veränderungen der Durchtrittskurven zu erreichen. Aus diesen wiederum können einige Hinweise entnommen werden, welche Maßnahmen die Zurückhaltung von Inhaltsstoffen des Wassers im Boden fördern und welche sie behindern. Dies ist im Zusammenhang mit der Reinigung des Wassers von praktischer Bedeutung, wenn der Boden als Tiefenfilter verwendet werden und das Wasser ihn möglichst frei von Inhaltsstoffen verlassen soll. Auch die umgekehrte Situation ist von praktischer Bedeutung, wenn nämlich die Frage nach dem Verbleib von Inhaltsstoffen gestellt wird, wie z.B. bei Düngemitteln und Pestiziden (z.B. Pflanzenschutzmittel). Auch die Entsalzung im Zusammenhang mit der Bewässerung von Kulturflächen in ariden Gebieten gehört hierher.

11.4.1. Rückhaltung von Inhaltsstoffen im Filterbereich

In bezug auf die Zurückhaltung von Inhaltsstoffen ist es wesentlich festzustellen, daß Tiefenfilter nur begrenzte Kapazitäten haben, die für verschiedene Stoffe sehr unterschiedlich sein können. Diese Kapazität wird nicht in Form kolbenförmigen Vorrückens der Inhaltsstoffe ausgenutzt, sondern in Form mehr oder weniger langgestreckter Durchtrittskurven. Die theoretisch vorhandene Kapazität wird dabei zunächst vollständiger ausgenutzt, wenn die durch die Durchtrittskurve beschriebene Vorrückfront langsam tiefer fortschreitet. Vorzeitige Durchtritte durch das vorhandene Filter und damit frühzeitiges Passieren von nicht gereinigten Wässern werden dadurch unterbunden. Die gesamte Kapazität des Filterpaketes wird dadurch aber nicht vergrößert.

Da ein Tiefenfilter, wie anfangs erläutert, im Gegensatz zum Oberflächenfilter keine absolute Absperrung für den betreffenden Inhaltsstoff darstellt, muß grundsätzlich damit gerechnet werden, daß an jeder Stelle im Verlauf der Strömung des Wassers (Abb. 5-6) irgendwann Inhaltsstoffe vorbeipassieren. Für eine Grundwasseroberfläche oder die Austrittsstelle von Grundwasser in ein offenes Gerinne bedeutet dies, daß dort unvermeidlich irgendwann jeder

Inhaltsstoff ankommen muß, wenn seine Zufuhr und die transportierende Strömung aufrechterhalten werden. Dies gilt absolut und völlig unabhängig von der Intensität der Stoffzufuhr, wie ein Blick auf die Verläufe von Wasserströmungen (Abb. 5-6) zeigt. Es betrifft Inhaltsstoffe, die durch menschliches Zutun in das Wasser geraten ebenso wie diejenigen, die infolge rein pedologischer Vorgänge hineingelangen.

Ein Boden als Tiefenfilter kann also stets nur für eine begrenzte Zeitdauer Inhaltsstoffe aus dem perkolierenden Wasser zurückhalten. Ausnahmen hiervon sind nur denkbar, wenn die Kapazität immer wieder erneuert wird. Beispiele für derartige Erneuerungen wären Abbau von organischen Verbindungen zu Wasser und Gasen wie Kohlendioxid, Stickstoff und Schwefeloxiden, die aus dem Filter entweichen, sowie die Ausfällung zu schwerlöslichen Verbindungen. Aber selbst die Ausfällung ist letzten Endes begrenzt wirksam, weil ihre Produkte die Passagen des Porensystems nach und nach blockieren. Dabei bringen sie schließlich die Perkolation zum Erliegen.

Innerhalb dieser Grenzen kann die temporäre Wirksamkeit eines Bodens als Tiefenfilter durch solche Maßnahmen verbessert werden, die das Erscheinen der ersten Inhaltsstoffe und damit die Form der Durchtrittskurve beeinflussen. Betrachtet man dazu die Abb. 11-2 bis 11-5, dann ist dafür in erster Linie eine gleichmäßige, langsame Zufuhr des mit Inhaltsstoffen beladenen Wassers unter Ausnutzung aller Passagen, also bei gesättigtem Fließen, nützlich. Die letzte Forderung wird allerdings durch die Notwendigkeit der Sauerstoffzufuhr wegen der Kapazitätserhaltung durch biologischen Abbau relativiert. Inhomogenitäten, vor allem also Risse und andere Sekundärporen, wirken dem entgegen (*Blake, Schlichtung* und *Zimmermann,* 1973). Langsames Fließen bedeutet zudem erhöhte Verweildauer, schnelle Passage demgegenüber verminderte Verweildauer und damit entsprechende Verminderung der Zeitspanne für biologischen Abbau organischer Verbindungen.

Wegen der Art der Rückhaltemechanismen kann zudem jede Änderung der Zusammensetzung der Inhaltsstoffe und daher auch des chemischen Milieus (pH und E_h) zu einer Verminderung der Rückhaltung führen, wenn sie eine erneute Verdrängung der zurückgehaltenen Inhaltsstoffe verursachen. Im gleichen Sinne sind auch Diskontinuitäten in der perkolierenden Wasserströmung wirksam, die den Transport mechanisch zurückgehaltener Partikel fördern (*Becher* und *Hartge,* 1976).

11.4.2. Auswaschung von Salzen, Schadstoffen und anderen Substanzen

Auch hier wieder gibt es Vorgänge, die aufgrund pedologischer Entwicklungen ablaufen und solche, die durch menschliche Tätigkeit in Gang gebracht werden. Während die ersteren im Verlauf der klimabedingten Wasserperkolation und daher oft relativ langsam ablaufen, sind die letzteren oft kurzfristig und ihre Intensität ist veränderbar. Während bei der Rückhaltung die Säuberung möglichst großer Wassermengen von Inhaltsstoffen technisch interessant und erwünscht war, steht hier im Fall der beabsichtigten Auswaschung die wirksamste Verwendung möglichst geringer Wassermengen im Vordergrund.

Der Vorgang, der dabei abläuft, ist auf den ersten Blick dem Durchtritt von Inhaltsstoffen entgegengesetzt. Die Konzentration des auszuwaschenden Stoffes im Wasser nimmt bei fortschreitender Verlagerung, d.h. mit zunehmender Fließstrecke, ab (Abb. 11-6). Die Form der Kurve zeigt jedoch, daß es sich im Prinzip um den gleichen Vorgang handelt, wie beim Vorrücken der Konzentrationsfront. Wie bei ihr wirkt die hydrodynamische Dispersion auf die Kurve abflachend. Im gleichen Sinne wirken auch Aggregierungen und Heterogenitäten im Fließsystem wie Sekundärporen, weil sie den schnellen Durchtritt von Wasser mit wenig Inhaltsstoffen fördern. Die Molekulardiffusion wirkt hier allerdings in umgekehrter Richtung wie an der Vorrückfront, weil der Diffusionsstrom von der hohen zur niedrigen Konzentration verläuft. Er bewirkt daher ein Zurückbleiben der Kurve (Abb. 11-6) gegenüber der bei kolbenförmigem Vorschub zu erwartenden.

Man kann daher – bis auf die Wirkung der Diffusion – die Auswaschungskurve als direkte Umkehrung der bisher beschriebenen Kurven auffassen, nämlich als die Verdrängung einer Flüssigkeit mit hoher Konzentration durch eine solche mit niedriger.

Für die praktische Anwendung bei erwünschten Auswaschungen bedeutet dies, daß die Freiwaschung der Grenzflächen und der Teile des Porensystems mit langsamen Strömungen erreicht werden muß, ohne viel Wasser in groben Kanälen zu verlieren. Letztere können vielmehr durch Entleeren des gesamten Wasserinhalts wirkungsvoller ausgewaschen werden als durch das ständige Passieren von Flüssigkeit. Aus diesen Gründen ist vielfach eine Durchwaschung mit mehreren separaten Wassergaben besonders wirkungsvoll. Eine derartige Anwendung ermöglicht es, den in groben Poren schnell an den übrigen Bodenpartien vorbeifließenden Wasseranteil klein zu halten. Daher ist ein derartiges Verfahren auch für die Praxis empfohlen worden. Im Hinblick auf die rationelle Entfernung von Inhaltsstoffen aus feinen Poren steht die Konzentrierung des Fließvorgangs auf diese Poren – also Aufrechterhaltung ungesättigter Fließbewegungen – im Vordergrund. Für die Verlagerung von Festteilchen im Porensystem und daher für ihre Entfernung aus einem Bodenbereich ist die mit periodischen Wassergaben verbundene zeitweilige Erhöhung der Strömungsdrücke besonders wirksam (*Horn* und *Hartge*, 1977).

Wird eine begrenzte Menge von Inhaltsstoffen aus einem oberflächennahen Bodenbereich in den Untergrund verlagert, so wird die Substanzmenge im Boden im Verlauf der Zeit auseinandergezogen. Die Ursachen dafür sind hydrodynamische Dispersion und Diffusion. Die erstere ist nur wirksam, wenn der gesamte Wasserkörper in Bewegung ist. Die andere dagegen ist unabhängig von der Bewegung solange wirksam, wie die Konzentration im Boden ungleich verteilt ist. Beide wirken darauf hin, daß die maximale Konzentration im Verlauf der Zeit abnimmt. Die Form der Verteilungen, die dabei zustandekommen, ist daher stark von dem zeitlichen Ablauf und der Intensität der Wasserbewegungen abhängig. In dem in

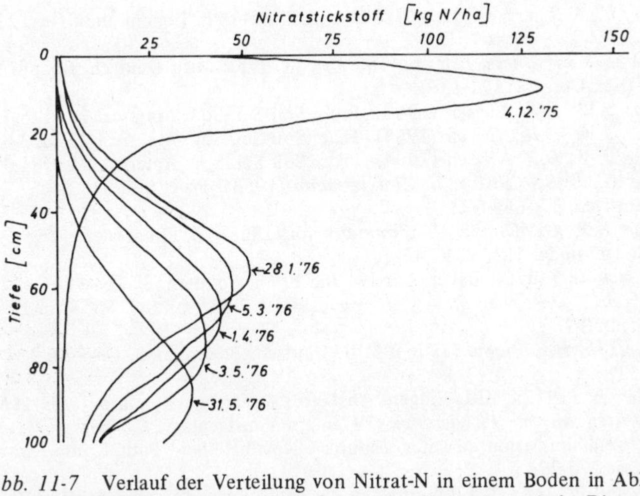

Abb. 11-7 Verlauf der Verteilung von Nitrat-N in einem Boden in Abhängigkeit von der Zeit (*Richter* u. Mitarb., 1977). Hydrodynamische Dispersion und Diffusion ziehen die Konzentration immer weiter auseinander

Abb. 11-7 dargestellten Fall der Veränderung der Konzentrationsverteilung von Nitrat-N (*Richter, Scharpf* und *Wehrmann,* 1977) sind außerdem die Mineralisierung und der Entzug durch die Kulturpflanzen beteiligt. Die gleichen Gesetzmäßigkeiten sind im Prinzip auch für andere Salze anwendbar (*Corey* u. Mitarb., 1963), aber auch, wie Untersuchungen mit Isotopen zeigten, für den Wasserkörper als solchen (*Blume* u. Mitarb., 1968).

Auswaschungen, die vorheriges Inlösunggehen bzw. Austausch aus sorbierten Positionen erfordern, sind von der Art des Angebots der lösenden oder austauschenden Komponenten abhängig und zeigen daher nicht notwendigerweise die gleichen Kurvenformen.

Infolge der komplexen Vorgänge, die die Form der Durchtrittskurven beeinflussen, vor allen Dingen deren Abhängigkeit vom Wassergehalt, findet man meistens keinen straffen Zusammenhang zwischen Sickerwassermenge und Stofftransport (vgl. *Schröder, M.,* 1975, für N, P, K, Mg, Ca).

11.5. Literatur

Baden, W., H. Kuntze, J. Niemann, S. Schwertfeger, F.S. Vollmer (1969): Bodenkunde, Lehrbuch für Ingenieurschulen. Ulmer, Stuttgart

Becher, H.H., K.H. Hartge (1972): Z. Pflanzenern. u. Bodenkunde 132, 240-242

Becher, H.H., K.H. Hartge (1976): Mitt. Deutsch. Bodenkundl. Ges. 23, 161-172

Beese, F., R.R. van der Ploeg (1976): Mitt. Deutsch. Bodenkundl. Ges. 23, 65-76

Benecke, P., F. Beese, R.R. van der Ploeg (1975): Mitt. Deutsch. Bodenkundl. Ges. 22, 121-136

Biggar, J.W., D.R. Nielsen (1962): Proc. Soil Sci. Soc. America. 26, 125-128

Biggar, J.W., D.R. Nielsen (1963): Proc. Soil Sci. Soc. America. 27, 623-627

Biggar, J.W., D.R. Nielsen (1964): Proc. Soil Sci. Soc. America. 28, 591-595

Blake, G., E. Schlichting, U. Zimmermann (1973): Proc. Soil Sci. Soc. America. 37, 669-672

Blume, H.P., O. Münnich, U. Zimmermann (1968): Z. Pflanzenern. und Bodenkunde. 121, 231-245

Brümmer, G. (1976): Bayer. Landw. Jahrb. 53. Sonderh. 3, 136-157

Corey, J.C., D.R. Nielsen, J.W. Biggar (1963): Proc. Soil Sci. Soc. America. 27, 258-262

Drewes, H., H.P. Blume (1976): Mitt. Deutsch. Bodenkundl. Ges. 23, 151-152

Flühler, H. (1975): Mitt. Eidgen. Anst. forstl. Versuchswesen. 51, 255-266

Genuchten, M. van, P. Wierenga (1976): In Vansteenkiste GC (Hrsg): System simulation in water resources. North-Holland Publ. Komp Amsterdam, 275-292

Herrmann, R. (1977): Einführung in die Hydrologie. Teubner, Stuttgart

Horn, R., K.H. Hartge (1977): Mitt. Deutsch. Bodenkundl. Ges. 25, 143-150
Kirkham, D., W.L. Powers (1972): Advanced soil physics. Wiley-Interscience, New York
Kuntze, H. (1976): Bayer. Landw. Jahrb. 53, Sonderheft 3, 158-174
Nielsen, D.R., I.W. Biggar (1961): Proc. Soil Sci. Soc. America. 25, 1-5
Nielsen, D.R., I.W. Biggar (1962): Proc. Soil Sci. Soc. America. 26, 216-221
Nielsen, D.R., I.W. Biggar (1963): Proc. Soil Sci. Soc. America. 27, 10-13
Richter, J., H.Ch. Scharpf, J. Wehrmann (1977): Plant and Soil (im Druck)
Schaffer, G. (1967): Z. Acker- und Pflanzenbau. 126, 73-99
Scheidegger, A.E. (1961): J. Geophys. Res. 66, 3273-3278
Schröder, M. (1975): Forschung und Beratung Reihe C, Heft 30, 53-64
Wohlrab, B. (1976) (Federführender): Z. Kulturtechn. und Flurber. 17, 221-228
Wohlrab, B., K. Mollenhauer (1976): Mitt. Deutsch. Bodenkundl. Ges. 23, 215-220

12. Weiterführende Literatur

Im vorliegenden Band wird an keiner Stelle eine bis in die letzten bekannten Einzelheiten vordringende Darstellung gegeben. Deshalb sind im folgenden eine Anzahl von Spezialbüchern genannt, in denen Teile des hier abgehandelten Materials unter vielfach anderen Gesichtspunkten und in vielen Fällen auch weitaus ausführlicher dargestellt sind. Diese Liste soll nicht vollständig sein, sondern lediglich Hinweischarakter haben. In den Klammern hinter den bibliographsichen Angaben sind die Kapitel der vorliegenden Darstellung aufgezählt, zu denen das genannte Buch weitere Informationen enthält.

Beck, W. (1960): Grundlagen der Strömungsmechanik. Bergakademie Freiberg (Kap. 5, 10)

Bernatzik, W. (1947): Baugrund und Physik. Schweizer Druck- und Verlagshaus (Kap. 3, 4, 8)

Childs, E.C. (1969): The physical basis of soil water phenomena. John Wiley & Sons Ltd., London/New York/Sydney/Toronto (Kap. 4, 5, 6)

Herrmann, R. (1977): Einführung in die Hydrologie. Teubner, Stuttgart (Kap. 6)

Hudson, N. (1971): Soil Conservation B.T. Batsford, London (Kap. 10)

Kézdi, A. (1970): Handbuch der Bodenmechanik. VEB Verlag Bauwesen Berlin (Kap. 1, 2, 4)

Kirkham, D., W.L. Powers (1972): Advanced soil physics. Wilex Interscience, New York (Kap. 4, 5, 6, 7, 8, 11)

Köster, E. (1964): Granulometrische und monphometrische Meßmethoden. Enke, Stuttgart (Kap. 1)

Luthin, I.N. (1957) (Hrsg.): Drainage of agricultural land. American Soc. Agronomy, Madison (Kap. 6)

Nerpin, S.V., A.F. Chudnovskii (1970): Physics of the soil. Israel Program for Scientific Translations, Jerusalem (Kap. 1-11)

*Olphen, H. van (*1963): An Introduction to clay colloid chemistry. John Wiley & Sons, New York/London (Kap. 3)

Shuklje, L. (1969): Rheological aspects of soil mechanics. Wiley – Interscience, New York (Kap. 2, 3)

Taylor, S.A., G.L. Ashcroft (1972): Physical edaphology. Freeman and Comp. San Francisco (Kap. 9)

Yong, R.N., B.P. Warkentin (1966): Introduction to soil behavior. Macmillan Comp., New York (Kap. 2,5, 8)

Häufige Umrechnungen

Kraft	1 dyn	= $1 \cdot 10^{-5}$ N (Newton)	
	1 mp · 0,98066	= $1 \cdot 10^{-5}$ N	
	1 Kp · 0,98066	= 1 N	
Druck	bzw. 1 dyn · cm^{-2}	= $1 \cdot 10^{-5}$ N · cm^{-2}	
Spannung	1 bar	= $1 \cdot 10^{5}$ N · m^{-2}	= $1 \cdot 10^{1}$ N · cm^{-2}
	1 at	= $1{,}0197 \cdot 10^{5}$ N · m^{-2}	= $1{,}0197 \cdot 10^{1}$ N · cm^{-2}
	1 atm	= $1{,}01303 \cdot 10^{5}$ N · m^{-2}	= $1{,}01303 \cdot 10^{1}$ N · cm^{-2}

1 mm WS (Wassersäule) = $7{,}35 \cdot 10^{-2}$ mm Hg =

= 9,8 N · m^{-2} = $9{,}8 \cdot 10^{-4}$ N · cm^{-2}

1 cm WS = $7{,}35 \cdot 10^{-1}$ mm Hg = $9{,}8 \cdot 10^{-3}$ N · cm^{-2}

1000 cm WS = 73,5 cm Hg = 9,8 N · cm^{-2}

1 mm Hg (Quecksilber)

= $1{,}333 \cdot 10^{2}$ N · m^{-2} = $1{,}333 \cdot 10^{-2}$ N · cm^{-2}

Potential 1 erg · g^{-1} = 10^{-7} Nm · g^{-1}

1 erg · cm^{-3} = 1 dyn · cm^{-2} = 10^{-6} bar = $1 \cdot 10^{-5}$ N · cm^{-2}

= 10^{-3} mb

1 erg · dyn^{-1} = $1{,}017 \cdot 10^{-3}$ cm WS (bei 4 °C)

Energie/Wärme 1 cal = 4,19 Nm

1 erg = $1 \cdot 10^{-7}$ Nm

Leitfähigkeit

Wasser 1 cm · sec^{-1} = $8{,}64 \cdot 10^{2}$ m · d^{-1} (Tag) = $8{,}6 \cdot 10^{4}$ cm · d^{-1}

intrinsische Leitfähigkeit (= Permeabilität)

1 cm · sec^{-1} bei Wasser von 20 °C ≙ $1{,}02 \cdot 10^{-5}$ cm^{2}

Wärme 1 cal · cm^{-2} · sec^{-1} · $grad^{-1}$ · cm = 4,19 Nm · cm^{-1} · sec^{-1} · $grad^{-1}$ =

= 419 N · cm · cm^{-1} · sec^{-1} · $grad^{-1}$

Temperatur 1 cal · cm^{-2} · sec^{-1} · $grad^{-1}$ · cm · $1/(d_F \cdot c)$ = 1 cm^{2} · sec^{-1}

Register

Carlo Feber

Die letzten Tage von Tsingtau

Historischer Roman

KNAUR

Bitte besuchen Sie uns im Internet:
www.facebook.de/droemerknaur

FSC
www.fsc.org
MIX
Papier aus verantwortungsvollen Quellen
FSC® C083411

Dieses Buch erschien bereits 2013 unter dem Titel »Die Tochter des Mandarins« bei Instant books, Hamburg.

Covergestaltung: ZERO Werbeagentur, München
Coverabbildung: © FinePic®, München
Druck und Bindung: CPI books GmbH, Leck
ISBN 978-3-426-21633-0

TEIL I:
Drei Frauen

Kapitel 1

Tsinanfu, Palast des Provinzgouverneurs – 25. Januar 1911

Nur widerstrebend fügt sich das Volk in sein Schicksal.« Sun Pau Tschi, der Gouverneur der chinesischen Provinz Schantung, klappte die Aufzeichnungen seiner Beamten zu.

»Das Volk hat sich deinem Willen immer gebeugt.« Seine Tochter Chou-Li ließ sich für die abendliche Unterweisung am niedrigen Lacktisch neben ihm nieder. Hinter ihr schimmerten die goldenen Tiger auf den Wänden des Kabinetts.

»Mögest du recht haben.« Chou-Li war fast so schön wie ihre Mutter. Auch wenn ihr Gesicht nicht herzförmig war, ihr Mund erinnerte an eine reife Kirsche. Sie glich mehr ihm selbst, hatte seine markanten Wangenknochen geerbt, und auch das rechte Auge war ein wenig größer. Und wie bei einem siegreichen Kaiser in der Oper war ihre linke Augenbraue höher geschwungen.

»Beginnen wir die Lektion.« Seit Jahren formte Sun Pau den Geist seiner Tochter wie den eines Sohnes, weil er sich so sehr in ihr wiedererkannte. »Stelle das Tablett mit dem Spiegelgerät auf den Tisch.«

Chou-Li hob vorsichtig das Tablett mit dem glänzenden Metallgerät an. »Es ist viel schwerer, als ich dachte.«

Sun Pau seufzte innerlich. Chou-Lis Stimme war ganz die Wiederkehr ihrer Mutter, die er niemals hatte verlieren wollen. Auch deshalb lieh er den Brautwerbern des kaiserlichen Hofes noch immer kein Ohr, obwohl er mit Chou-Lis Verheiratung an einen Prinzen dritten Ranges seine Macht als Gouverneur endgültig sichern könnte. »Rufe deinen Diener Wu.«

»Nein, es geht schon.«

Er hob seinen Beamtenhut vom Kopf und legte ihn auf den niedrigen Lacktisch. Chou-Li beugte sich hinter seinen Rücken und stopfte das seidene Polster zurecht. »Du brauchst mir nicht gleich drei Kissen zu geben, noch bin ich kein alter Mann.«

Sie legte das überzählige Kissen hinter sich ins Halbdunkel. »Entschuldige bitte, Vater.« Mit ihren zarten Fingern drehte sie achtsam die Stellräder. »Woher hast du dieses Ding?«

Was für eine Freude, dass er jetzt seiner Tochter Zeit widmen konnte. »Es ist ein Geschenk des Gouverneurs aus Tsingtau.«

»Die Deutschen erfinden eine Teufelsmaschine nach der anderen.«

Hätte er in jungen Jahren etwas anderes gedacht? Sun Pau lächelte mehr über sich selbst als über seine Tochter. Was erzog er sie auch wie einen Sohn zum Gelehrten? »Die Deutschen nennen es Mikroskop. Je früher wir uns mit diesen Gerätschaften vertraut machen, desto besser ist es. Was nützen all unsere Admirale, wenn sie morsche Dschunken aus Holz befehligen, während die Europäer Dampfschiffe aus Eisen haben?«

Chou-Li schob an den beweglichen Teilen des Mikroskops herum. »Schlimmer ist, dass unser Kaiser noch ein Kind ist.« Ihre Stimme klang nicht einmal spöttisch.

»Pu-Yi wird leider erst in zehn Jahren einen eigenen Machtwillen zeigen. Es gilt, jetzt eine Zukunft für ein starkes China zu bauen. Selbst die Geomanten auf den Straßenmärkten verheißen dem Kaiserhaus nicht Gutes.« Sun Pau schüttelte den

Kopf. »So weit ist es schon, dass das Volk öffentlich über den Sturz der Dynastie spekuliert.«

Er bemerkte einen Tuschefleck an den ansonsten makellosen Händen seiner Tochter.

Sie holte tief Luft, sodass die roten Quasten an ihrem Haarkamm schaukelten: »Warum lässt du dir Geschenke wie dieses Ding machen? Reicht es nicht, dass die Deutschen uns diesen unwürdigen Pachtvertrag für die Hafenstadt Tsingtau abgetrotzt haben? Neunundneunzig Jahre Pacht – und was zahlen sie China dafür? Nichts!«

»Du wirst es gleich begreifen, Chou-Li.« Sun Pau erkannte sich einmal mehr in ihr wieder. Fast fühlte er sich wieder so jung, so zornig, so voller Eifer. »Hebe die kleine schwarze Kappe weg, die oben auf dem Mikroskop aufsitzt. Ziehe die Kerze heran.«

Chou-Li gehorchte. »Oh, eine Linse aus Glas.«

»Richtig. Wir Chinesen waren die Ersten, die Fernrohre gebaut haben, die die Sterne am Himmel und das unendlich Große näher vor das Auge rückten. Aber die Deutschen sind die Ersten, die das unendlich Kleine sichtbar machen. Schau hinein.«

Sie beugte sich über das Gerät. Einen Moment zögerte sie und wählte dann das linke Auge für einen Blick.

»Was siehst du?«

»Einen Wassertropfen, in dem Staub gefangen ist.«

»Drehe an dem Rädchen unten rechts.«

»Oh!«

Sun Pau lächelte. Von der Seite sah er, wie wunderbar gerade und zart die Nase seiner Tochter war.

Chou-Li blinzelte. »Viele winzige Dinge schweben in dem Wassertropfen.«

»Die Ausländer sagen, manche dieser Teilchen seien winzige Lebewesen, die über solche Tropfen in unsere Körper eindringen. Sie ernähren sich von unserem Blut, bis der befallene Mensch stirbt.«

Sie schreckte zurück. »Ist das so ein Tropfen? – Ach, ich dummes Mädchen. Das würde mein Vater nie tun.« Sie verneigte sich dreimal tief im Sitzen.

Sun Pau winkte ab. »Der Himmel schickt den Ausländern jetzt die Strafe für ihren Hochmut. Die winzigen Lebewesen kommen mit den Arbeitern aus der Mandschurei, die zum Neujahrsfest in meine Provinz heimkehren wollen.«

»Dann droht großes Unheil.«

Chou-Li war schon als kleines Kind sehr gelehrig gewesen, sie begriff sofort, was er ihr zu verstehen geben wollte. »Stelle das Mikroskop zur Seite. Lass uns über die richtige Kampfesregel nachdenken.«

Sie gehorchte und klappte das Tuschegefäß auf. Sie betrachtete das leere Blatt auf dem Lacktisch und wartete, die Hände hielt sie gefaltet im Schoß.

Was machte es, dass sie eine Frau war, wenn sie ihm half, den richtigen Rat vor der Gefahr zu finden? Sun Pau tauchte den Pinsel in das Tuschegefäß aus grüner Bronze, aus dem schon sein Urgroßvater geschöpft hatte. Er streifte die Tusche vom Pinsel am Rand des ovalen Gefäßes ab und reichte ihn seiner Tochter. »Was würdest du nun tun?«

Sie hob die Braue wie der Kaiser der Chinaoper, wenn er zum Schlag ausholt. »China ist sehr groß und das deutsche Pachtgebiet sehr klein. China hat viele Menschen, die Ausländer verfügen nur über wenige Soldaten. Selbst wenn die Krankheit Monate wütet, werden unsere Städte und Dörfer noch voller Menschen sein. Der deutsche Hafen dagegen könnte bald ohne Volk sein.« Sie senkte die Spitze aufs Papier. Noch hatte sich ihre Hand für keinen kalligrafischen Stil entscheiden können, doch eifrig tupfte sie ein paar Zeichen auf das Blatt.

Ausgeruht den erschöpften Feind erwarten.

Chou-Li legte den Pinsel genau parallel zum Haltekörbchen zurück. »Und bis die letzten Deutschen gehen müssen, kannst du den Hafen Tsingtau zum Vorteil Chinas nutzen …«

Er fand sein eigenes Lächeln in ihrem Gesicht gespiegelt. »Die Anwendung der alten Kampfesregeln ist die eigentliche Kunst, auf die sich ein chinesischer Würdenträger wie ich verstehen muss. Sonst bin ich verloren. Das gilt am kaiserlichen Hof in Peking wie in meinem Amt als Gouverneur der Provinz Schantung.« Der Tag war nicht fern, an dem er ihr Schüler sein würde. Er nickte ihr zu. »Es ist Zeit zu schlafen.«

Chou-Li erhob sich, sie strich ihren breiten Seidengürtel glatt. »Darf ich dieses fremdländische Gerät benutzen?«

»Beschäftige dich damit und zeige mir deine Ergebnisse. Aber verberge es vor deiner Tante. Ich will nicht schon wieder Ärger im Haus.«

Sie verneigte sich. Als sie aus dem Kabinett schlüpfte, knisterte ihr rotes Seidengewand am Türrahmen. Sun Pau sah ihr nach, Wehmut ergriff ihn. Chou-Lis Mutter wäre ohne jeden Laut hinausgeschlüpft.

Er war nicht ganz ehrlich mit seiner Tochter gewesen. *Der Feind ist ein größerer Lehrer als der Freund.*

Wenn seine Spione recht hatten, war in der deutschen Kolonie Tsingtau noch kein Mensch erkrankt.

Kapitel 2

Marinekreuzer Scharnhorst, auf See in Sichtweite von Tsingtau – 26. Januar 1911

Die Maschine im Rumpf der *Scharnhorst* ließ Dampf ab, das Schiff drehte zur felsigen Küstenlinie bei. Claas spürte jede Bewegung, die der Stahl unter ihm vollführte, bis in den Magen. Das flache Kanonenboot war an die fünfzig Meter lang. Trotz der Kälte war Kojendienst an Deck beordert, auch wenn das Blauzeug im Januarwind nicht richtig warm hielt. Nicht einmal einen Schal durften sie über dem Matrosenkragen tragen.

»Steht da an der Reling und glotzt in die Nebelbänke zum Hafen. Träumst du wieder?« Harms fingerte die Nitzel seines Kojenzeugs aus dem verknüllten Überzug.

Claas träumte gern. Er fühlte, dass seine Wangen glühten, trotz des eisigen Seewinds. Schnell bückte er sich nach den Enden der Wolldecke. »Ob du's glaubst oder nicht, ich schau mir unser deutsches Tsingtau gern von der Seeseite an, schon die ganze Übungsfahrt.« Er hatte auf einmal das Gefühl, dass er Harms' schmales Friesengesicht noch nie richtig betrachtet hatte, obwohl sie beide seit der Abfahrt aus Kiel schon wochenlang zusammen auf Koje lagen. »Sind die wunden Stellen auf der Backe vom Wind?«

Harms zog den Mundwinkel hoch. »Der Sanitäter hat nur gesagt: ›Junge, gewöhne dich besser dran. In zwei Monaten bist du abgehärtet, und die Entzündung ist weg.‹ Ich soll mir abends ein nasses Tuch auf den Kopp tun. Der hat gar nicht richtig hingeguckt. Die Sanitäter sind für die Offiziere da, nicht für uns.«

»Wie kommst du denn da drauf?«

»Die ganze Marine ist doch nur für die Vons-und-Zus-und-Heldenhaft.« Harms hob die Schultern. »Um uns Arbeiter kümmert sich doch kein Schwein.«

»Warum hast du dich dann zur Marine gemeldet?«

»Was meinst du wohl?«

Claas konnte Harms' Blick unter den dichten blonden Brauen gegen das Licht nicht deuten. Nur ein paar fleischrosa Stellen auf den verbrannten Wangen erkannte er, es musste ziemlich wehtun. »Weil du die Welt sehen willst, den deutschen Platz am Chinesischen Meer, Pagoden, Männer mit Zöpfen und Schlitzaugen …«

»Claas, du Träumer! Weißt du, was man als Segelmacherlehrling im Takelagewerk in Altona verdient? Das zählt mehr nach Pfennig als nach Mark. Vierzehn Stunden in schlechtem Licht und Dampf. Deshalb wollte ich raus. Ich habe nicht das Glück, aus einer Fischräucherei zu kommen. Obwohl, richtig fett bist du nicht gerade.« Harms lachte leise.

Warum er ihm den Laden der Eltern nur immer vorhielt? »Großvater und meine Mutter arbeiten auch den ganzen Tag. Was für dich der Dampf, war für mich die Räucherei. Und ich wollte den Strand von Alsen gegen den dort tauschen.« Claas zeigte auf Tsingtau und die Küste. »Sieh mal! Über dem Nebel ragt die Christuskirche am Signalberg hervor.« Jeden Abend betete er, dass er wieder heil nach Hause kam, bevor sein kranker Großvater starb. Aber die Eltern hatten Claas in Sonderburg bis zur Einschiffung nicht verraten, was der Arzt wirklich gesagt hatte.

»Verschone mich mit den Weihrauchschwenkern«, brummte Harms.

Claas konnte kaum den Fuß auf die Planken setzen, weil alle Matrosen ihre Matratzen zum Lüften an Deck geschafft hatten. Er knotete einen Schlippsteg durch das Auge eines Bändsels. »Ohne die Missionare säßen wir Deutschen doch gar nicht in Tsingtau. 1897 sind in einem Dorf nachts drei Missionare von dreißig Chinesen überfallen und zwei ermordet worden. Hast du bei den Vorträgen auf dem Truppentransporter nur geschlafen?«

»Wie denn, du Spaßvogel? Ein ganzer Monat in engen Kojen. Mann, war ich froh, nach dieser Höllenüberfahrt Ausgang an Land zu kriegen.« In Harms' hellblauen Augen glitzerte es wie Kiesel an einem kalten, vom Wasser überspülten Strand. »Du glaubst wohl alles, was dir ein Vorgesetzter erzählt? Der Überfall auf die Missionare war nur ein Vorwand, um die Kiautschou-Bucht einzunehmen.« Er nickte zum Wasser hin. »Das Reich hat vorher schon eine Kreuzerdivision an die Küsten geschickt, um China einen Vertragshafen abzupressen. Die Chinesen wollten ihre Bucht aber nicht freiwillig hergeben. Hätte ich an ihrer Stelle auch nicht. Die wissen genau, dass es die Natur hier ideal für einen großen Hafen eingerichtet hat.«

In der Marine durfte nicht agitiert werden. Claas sah sich rasch um. »Halt die Klappe. Wenn dich ein Maat so reden hört, bekommst du Arrest.«

»Ich sage nur, was ich weiß.« Harms schnippte einen Fussel vom Ärmel.

»Woher weißt du so was überhaupt?«

»Von einem Reichstagsabgeordneten der SPD, der hat im Arbeiterbildungsverein in Altona gesprochen.«

»Zu den Roten gehst du hin?«

»Klar. Habe ich etwa Häuser, Grund und eine Fabrik? Ich bin ein Arbeiter. Genau wie du im Grunde, auch wenn deinen Eltern der kleine Fischladen in Sonderburg gehört.« Harms' Blick war auf das Ende des Segeltuchs gerichtet.

»Lass mich mit Politik in Ruhe.« Das sagte Vater auch immer, wenn Mutter ihm aus der Alsener Zeitung vorlas.

Harms brach in Lachen aus.

Der rothaarige Hössling starrte von der anderen Seite herüber und wuchtete mit seinen dicken Pranken seine Matratze herum. »Haltet das Maul! Sonst haben wir Storrek auf dem Hals.«

Harms ruckelte am Band des Überzugs, er bekam es auf Anhieb glatt, im Gegensatz zu ihm. Claas seufzte. Mit Segeltuch kannte der sich aus, gelernt war halt gelernt. Das Schiff drehte wieder bei, Claas spürte es im Magen. Auf dem Truppentransporter hatte er sich schon hinter Suez dran gewöhnt, aber das Kanonenboot war eben kleiner, lag mehr auf dem Meer und pflügte nicht wie ein Dampfer durch die Wellen. Er fror in der Brise an Deck.

»Platz da!«, bellte Unteroffizier Storrek. Er stützte sich an die graue Stahlwand und stieg über die Matratze von Harms.

»Wollen wir mal sehen, was es hier an Bord für euch zu lachen gibt.« Storrek strich sich über die Schnurrbartenden, bevor er brüllte: »Was ist denn das? Gemeiner Claas, wozu hast du die Namensläppchen?«

Claas sprang auf, mühte sich um eine stramme Haltung. Dabei kam er mit dem Stiefel auf ein Matratzentuch. Er fing einen bösen Blick von Hössling auf.

»Damit ich mein Kojenzeug sofort wiedererkennen kann«, sagte Claas klar und deutlich.

Storrek deutete mit der Stiefelspitze zum Überzug. »Und

wie willst du was erkennen, wenn du das Läppchen nicht lesen kannst? Ein letztes Mal, Gemeiner Claas. Sichtbar, sauber. Wiederhole das!«

»Jawohl. Sichtbar und sauber.«

Storrek kniff die Lippen zusammen. »Wenigstens Strammstehen hast du schon gelernt. Weitermachen.«

Der Unteroffizier ging an Hössling vorbei und verschwand um einen Vorsprung am Schiffsaufbau herum.

Sofort packte Hössling Claas an der Schulter und riss ihn herum. »Schau dir das an, du Idiot.« Seine Gesichtsfarbe war so rot wie seine Haare. Auf dem Matratzenschoner zeichnete sich die Sohle von Claas' Stiefel ab. »Die Schuhwichse wäschst du raus!«

Claas stieß den Arm von Hössling weg. »Nee.« Mit Kernseife ging das schwer raus. »Musst du halt dein Bettzeug aus dem Weg räumen. Wir haben alle keinen richtigen Platz hier.« Er beugte sich zu seiner Matratze.

Hössling trat sie ihm aus der Hand und packte Claas so fest am Blauzeug, dass die Nähte knirschten. Seine Augen funkelten ihn an, Hössling konnte ihn fast hochheben, so stark war der. »Du wirst mir die schwarzen Flecken da rausscheuern, sonst schlag ich dich so blau wie deine Jacke.«

Die Nähte unter den Achseln schnürten Claas ein, er konnte kaum einen Arm zwischen sich und Hössling kriegen. »Lass mich los!« Hössling hatte bei der Überfahrt dreimal in Arrest gesessen, weil er sich geprügelt hatte. Die Jungs hatten ihm dann doch lieber die beste, untere Koje gelassen, damit Ruhe war. Claas holte mit dem linken Bein aus und trat ihm mit aller Kraft gegen das Schienbein. »Lass mich sofort los!«

Die Kameraden schauten einfach zu. Harms stand drei Schritte neben ihnen und fasste die Nitzel an seiner Matratze ein. Es zuckte nur ein bisschen in seinen vom Wind verbrannten Wangen.

Hössling lachte und schleuderte Claas mit dem Kreuz gegen den Rand einer Luke. Der Schmerz überstrahlte alles … Claas rang nach Luft.

»Hössling, bist du völlig bekloppt?« Harms ließ sein Schlafzeug fahren, die schwarzen Bändchen an seiner Mütze umflatterten das kurze weißblonde Haar. Er packte Hössling an der Schulter, legte den rechten Arm um seine Gurgel und quetschte ihm den Hals in der Beuge ein. »Willst du ihm das Kreuz brechen? Das ist doch Stahl.«

Hössling ließ los. Claas tastete nach Halt am kalten Metall, schluckte. Der Schmerz nahm ihm immer noch die Luft.

Hössling trat nach hinten, doch Harms wich aus und zwang ihn im Würgegriff rückwärts auf die Knie. »Merk dir eins, du faule Sau. Deinen Dreck machst du selber weg wie wir alle.«

Damit stieß er ihn von sich auf die Planken. Hössling rieb sich das Genick. Harms streckte die Faust vor. »Du bekommst es mit mir zu tun, wenn du Claas ein Haar krümmst. Du kannst erleben, wie viel Wumms in einer Segelmacherfaust steckt!«

Hössling stierte Harms an. »Deinen kleinen Liebling hole ich mir noch, darauf kannst du einen lassen.« Er drehte den Kopf und spuckte Claas mitten auf die Matratze.

Das Schwein, der sollte ihn kennenlernen. Schon im Schulhof hatten die anderen Jungs Claas immer unterschätzt. Er nahm Anlauf und rammte Hössling den Kopf mit aller Kraft in den Bauch. Der taumelte nach hinten, torkelte über seine eigene Matratze und ging krachend auf dem Deck nieder.

»Alle neune! Mann … Du bist ja nur die Hälfte von mir und ich bin bloß ein halber Hering!« Harms grinste ihn breit an.

Vom weiß gestrichenen Oberdeck schaute der Obermeister kurz herunter. Von der anderen Seite reckte Storrek den Hals.

»Idioten!«, zischten die Kameraden von vorn.

»Scheiße, wir kriegen Ärger«, rief einer hinter ihnen.

Harms stieg über Claas' Schlafzeug zu seiner Matratze. »Geht's mit dem Kreuz?«, fragte er leise.

Claas nickte nur. Es tat immer noch verdammt weh.

Ohne dass er hätte was sagen müssen, half Harms ihm mit der Matratze. Claas mochte den dünnen Friesenkopp, wie sie ihn alle nannten. Harms konnte Seemannsgarn spinnen wie kein anderer. Wenn er nachts von Seeungeheuern bei den Sunda-Inseln erzählt hatte, waren alle froh gewesen, dass sie dabei den hohen Schwell hatten vergessen können.

»Vorsicht, Storrek kommt!«, zischten die Kameraden.

Claas schlug rasch noch die Wolldecken auseinander.

Storrek schrie vom Schornstein her: »Alles liegen lassen, achtern antreten!«

Harms zog rasch ein Bändsel aus dem Saum. »Binde damit dein Zeug zusammen, sonst weht der Wind die Laken ins Meer.«

Claas machte es ihm nach, Harms knotete schon. Sie bückten sich und stapelten ihre Matratzen aneinander.

Der Kohlhammer stieß sie mit dem Ellbogen, Claas musste sich abstützen. »Ihr Deppen, wenn wir euretwegen strafexerzieren, dann reißen wir von der Vorderkoje euch den Arsch auf.« Vorne in der Koje lagen die wenigen Bayern zusammen, die sich zur Marine gemeldet hatten.

Claas sagte lieber nichts. Gegen zehn Mann hatten sie keine Chance.

»Hössling gehört kielgeholt, immer reitet er uns rein.«

Kohlhammer ballte die Faust, aber Hössling stand schon bei den Hessen aus der Außenkoje vier.

Claas beeilte sich und zog den letzten Knoten zu. Harms wartete, bevor sie sich mit dem Kameraden nach achtern drängelten.

Dort bauten sich vor den abgedeckten Geschützen der *Scharnhorst* die Doppelreihen auf. Jeder Zug Matrosen wusste im Schlaf, wo er hingehörte, darauf waren sie auf der Überfahrt gedrillt worden. Claas stand vier Mann neben Harms.

»Stillgestanden!«, brüllte Storrek.

Claas warf den Kopf nach links, wie alle in seinem Zug.

Storrek maß die Reihen der Matrosen. »Wenn wir schon dabei sind, klar Schiff zu machen …« Er fuhr sich über den Schnurrbart. »Ein paar Sonderaufgaben gibt es ja immer.«

»Ach du heiliges Kanonenrohr«, flüsterte Hechmer hinter ihm. »Abortschrubben, oder was?«

»Das hier ist ein Kanonenboot. Matrosen brauchen Kraft für die Geschütze.«

»Wenn sie uns nur mal schießen lassen würden«, flüsterte es von hinten wieder.

Claas schluckte. Storrek kam näher. Wenn er einen Laut hörte, war der ganze Zug dran. Reden beim Appell war strikt verboten.

»Wie jede Kompanie muss auch unsere nach der Grundübung einen Matrosen an das Gouvernementslazarett abgeben.«

»Ich kann kein Blut sehen, Herr Unteroffizier«, säuselte Hechmer hinter ihm wie ein junges Mädchen. »Ich habe meine Tage.«

Die Kameraden hatten Mühe, dass sie nicht lachen mussten.

Storrek stakte an den Reihen entlang und maß ihre Gesichter. »Einen muss jede Kompanie nach der Grundübung an das Sanitätskorps abgeben.«

Hoffentlich traf es nicht ihn. Claas wollte nicht den ganzen Tag in der Kaserne hocken, deshalb hatte er sich nicht zum Heer gemeldet.

»Wir schicken immer den kleinsten oder leichtesten Matrosen. Oder den schwächsten.« Vor ihrer Doppelreihe blieb Storrek stehen. »Wo steckt er denn?«, brummte er. Dann legte er die Hände auf den Rücken und rief: »Gemeiner Claas?«

Claas streckte den Rücken durch. »Hier.« Aber er wollte doch raus aufs Meer ...

»Vortreten!«

Die Matrosen neben ihm rückten vorschriftsmäßig zur Seite.

»Friedrich Claas, du wirst zum Sanitätsdienst abkommandiert.«

Claas starrte Storrek an und wollte widersprechen. Doch ihm fiel nichts ein.

Der Obermeister kam heran, reichte Storrek ein Schreiben aus einer Ledermappe. Auf dem Briefkopf prangte oben rechts das Bataillonszeichen, darunter folgten maschinengeschriebene Zeilen mit dem Marinestempel. Claas fühlte, wie ihn alle anstarrten.

»Du meldest dich morgen bei Marinestabsarzt Renau im Kasernenlazarett zum Dienst.« Storrek drückte ihm den Befehl in die Hand. »Zurück ans Kojenzeug. Alle Mann wegtreten!«

Der Obermeister klappte seine Befehlsmappe zu.

Die Stiefel Storreks verschwammen vor Claas' Augen, er blinzelte heftig, das Papier flatterte in seiner Hand.

Die Reihen der Matrosen hinter ihm lösten sich auf.

»Wird wohl nichts mit weißem Wellenschaum und Meerjungfraun.« Hössling grinste im Vorbeigehen und rempelte ihn an.

Claas wich aus und fühlte sich wie ein Kreisel ohne Halt.

»Du hast Glück gehabt.«

Die Stimme Harms' drang in sein Ohr. »Wieso das denn?«

Harms schob ihn übers Deck voran. »Hast du keine Brüder? Den Sanitätern geht es immer besser. Die liegen nicht im Dreck, haben besseres Essen und lernen auch noch was. Hinterher bist du froh.«

»Ich will aber die Inseln draußen sehen, Dschunken, die weiße Gischt und Brandung, nicht den ganzen Tag Verbandszeug.«

»Ach, du Träumer.« Harms lächelte ihn an, als wäre er ein Kind. »Bring lieber dein Kojenzeug in Sicherheit, sonst wirft es dir Hössling noch über Bord.«

Und wennschon. Wäre Claas allein gewesen, dann hätte er geheult.

Kapitel 3

Tsingtau, Auguste-Viktoria-Bucht – 26. Januar 1911

Vor uns liegt unser Tsingtau, weiß und wohlgeordnet. Die deutsche Perle an der Küste Schantungs, nicht wahr, Renau?« Marinestabsarzt Schmied wies über das Chinesische Meer und drehte sich dabei um die eigene Achse.

Er war wohlbeleibt, seine Uniformgröße war mindestens drei Nummern größer als seine. Sie standen am Strand vor dem Hotel. Nur mit Mühe konnte Renau die sanften Hügelketten auf der anderen Seite der Bucht im Abendlicht erkennen. »Die

Landschaft erinnert mich an Rügen.« Etwas Besseres fiel ihm nicht ein.

Ein paar Riffe zeichneten sich dunkel zwischen den Halbinseln ab, nach rechts zog sich glänzend die Wasserfläche der Kiautschou-Bucht bis zum Horizont. In der Ferne zog sich eine Kette geschwungener Berge, die sich markant einer vom anderen absetzten. »Wahrscheinlich haben die Chinesen das Pagodendach einfach der Natur abgeschaut.«

»Oha. Immer der Diagnoseblick. Du gefällst mir«, sagte Schmied, die eine Hand auf dem Rücken.

Renau kannte ihn von der Kaiserlichen Akademie für das militärische Bildungswesen, wo er zwei Jahrgänge früher studiert hatte. Doch das Interesse für Tropenkrankheiten hatte sie bei Vorträgen zueinander geführt. Ihre lose Bekanntschaft hatte sich in Tsingtau schnell vertieft. Renau schätzte Schmieds Humor, auch gab der Kollege so wenig auf schneidiges Auftreten wie er selber.

»Mich erinnern die vielen Felseninselchen da draußen in der Bucht eher an die Schären vor Stockholm. Womit du auch immer vergleichen magst – die Stadt Tsingtau ist der Beginn von Deutsch-China! Und damit einmalig.« Schmied zog mit ausgestrecktem Arm einen weiten Kreis zur Landseite hin. »Wenn die Reichsmarine erst einmal vor Anker gegangen ist, verteidigt sie ihren Hafen für Kaiser und Reich.«

Zur Seeseite hin verschwand die *SMS Scharnhorst* am Horizont. Den ganzen Berghang hinauf leuchteten die roten Ziegeldächer der Europäerstadt in den winterlich braunen Villengärten. Dagegen war Renaus schlesisches Brieg geradezu groß. Es kam ihm so vor, als hätte man von dort das neue Villenviertel, in das seine Eltern gezogen waren, nach China versetzt. Mehr als eine Kleinstadt war diese Ansammlung prächtiger Häuser an der Küste nicht.

Der kalte Januarwind pfiff ihm um die Ohren, trotzdem hatte er den Spaziergang über die Strandpromenade zum Hotel genossen. Im Winter war der gewöhnliche Tagesanzug Land befohlen. Renau schätzte den knielangen Mantel mit den zweireihigen Goldknöpfen, weil er gegen Wind und Wetter gut warm hielt. Nach den Jahren in der Marine hatte er sich daran gewöhnt, dass er nur noch Uniform tragen durfte. Die schwarze Fliege war letztlich sogar bequemer als eine Krawatte.

»Ich bin froh, dass das Marineamt dich hierher versetzt hat und nicht den von Tscherny. Eitle, adelige Fatzkes haben wir hier schon genug«, sagte Schmied.

Berlin … Renau hätte am liebsten die letzten Monate aus seinem Gedächtnis gelöscht.

Von Tscherny war mit dabei gewesen, als die preußische Polizei die Demonstration im Tiergarten gegen das Drei-Klassen-Wahlrecht niedergeschlagen hatte. Einen Moment lang hatte Renau seine Verlobte Dorothea von einer roten Fahne und Pferdehufen niedergerissen geglaubt. Er war durch die Menge geprescht, hatte Dorothea aber nicht finden können. Seine wilde Sorge hatte ihn zum Gespött der Offizierskollegen gemacht.

Renau hörte immer noch Dorotheas Stimme in seinem Kopf. Am Abend nach der Demonstration hatten sie sich heftig gestritten. *Deine Freunde sind keine, wenn sie dich als Weiberknecht verhöhnen, nur weil du das Frauenstimmrecht für richtig hältst. Soll ich etwa nicht wählen dürfen wie du?* Er hatte ihr recht geben müssen, sich entschuldigt, sie hatte sich in seine Arme geschmiegt und nur geflüstert: *Halte mich fest, Hein-*

rich. Ganz fest. Er hatte Dorothea leidenschaftlich getröstet, hatte sich nicht zügeln können. Es war selten genug, dass sie in der Wohnung allein gewesen waren. Aber dennoch …

»Die meisten Ärzte im Tropenseminar haben mich beneidet.« Renau blinzelte im scharfen Wind, eine Bö erfasste seinen Mantelsaum. Er fühlte immer noch einen dumpfen Druck im Magen, wenn er an den Spott seiner Kollegen dachte. »Viele reichen das Ersuchen ein, nach Deutsch-China versetzt zu werden. Die meisten sehen es wohl eher wie einen Lotterieeinsatz.« Er wusste bis heute nicht, wem er die Protektion zu verdanken hatte.

»Tsingtau scheint en vogue bei den hohen Herren Militärs in Berlin. Die Visitenlisten hier beim Gouvernement werden jedenfalls immer länger.« Schmied blieb stehen. »Mit der Zeit vergisst du Europa. Ich weiß, wovon ich rede, du wirst sehen. Und dann kriegst du von heute auf morgen unstillbares Heimweh.« Er blickte über den Sand zur Strandpromenade hin.

»Ist das so?«, fragte Renau.

»Oh ja.« Schmied seufzte. »Denkst du etwa nicht an deine Liebste?«

Hoffentlich hatte Schmied ihm auch da schon etwas voraus und wusste ein Mittel gegen die Sehnsucht. Renau dachte oft an seine Verlobte, wahrscheinlich zu oft.

Seit er die Abkommandierung bekommen hatte, hoffte er nichts sehnlicher, als dass der zeitliche und räumliche Abstand die erhoffte Versöhnung mit Dorothea bringen würde.

Schmied legte ihm die Hand an die Schulter. »Hui, da habe ich ja was gesagt. Hast du deine Verlobte wenigstens zum Abschied schön übern See gerudert?«

Nicht im letzten Sommer, es war nicht mehr dazu gekommen. Dorothea war zu oft zu den Nachmittagstees der politischen Vereine eingeladen. »Ich … wir, wir sind lieber abends ins Cabaret gegangen.«

»Meine Cäcilie ist da romantischer. Die Zeit wird schon noch herumgehen. Im Winter 1913 heiraten wir. Länger will ich nicht warten.« Schmied wippte in den Kniekehlen. »Cabarets … Wen von euch kneift denn die Spottlust? Dich doch bestimmt nicht, Renau.«

»Dorothea.« Aber ganz stimmte das nicht. Er hob ein ausgebleichtes Hölzchen vom Sand auf und drehte es in den Fingern. Dieser Wahlrechtsspaziergang letzten März und ihr Streit darüber hatte alles so schwierig gemacht und zu einer solchen Verhärtung in ihrem Verhältnis geführt. Er blickte hinaus auf die graue See.

»Dahinten am Horizont liegt nicht das Reich. In der Richtung kannst du deine Holde gar nicht sehen.«

Die Erkenntnis überfiel Renau geradezu. Sein Blick übers Meer bis zum Horizont führte gar nicht bis Europa und zu Dorothea. Hinter dem Chinesischen Meer tauchten allenfalls die deutschen Südseeinseln auf und späterhin der eisige Südpol.

»Kamerad, lass den Kopf nicht hängen.« Schmied boxte ihn in die Seite. »Mir fehlt meine Cäcilie auch. Sie schreibt fleißig Briefe und schickt alle naselang eine neue Fotografie, aber das ist nichts gegen eine handfeste Umarmung, die Hand am Korsett und einen dicken Kuss auf die Schnute.«

»Vielleicht hätte ich doch vor der Versetzung heiraten sollen.« Seine Stimme klang nach zu viel Tabak und Alkohol, doch er war nüchterner denn je. Hätte er Dorothea wirklich schon heiraten wollen? Glaubte er überhaupt selbst, was er da sagte?

»Wie sollte das von dem bisschen Sold als Marinestabsarzt bei den Preisen hier gehen? Die Offiziere mit Kindern stöhnen noch mehr. Hast du dir mal das Schulgeld angesehen, das sie in der Gouvernementsschule haben wollen? Reiner Wucher.«

»An Kinder habe ich nicht gleich gedacht.« Die paar Mal, die er und Dorothea überhaupt schon von einer Familie gesprochen hatten, waren sie nie recht ernsthaft gewesen.

»Aber ans Kindermachen bestimmt.« Schmied zwinkerte ihm zu. »Komm, genug des Trübsalblasens. Wozu wohnst du hier im lustigsten Hotel der Stadt? Sonst verdrehen uns unsere Weiber sogar noch den Kopf, obwohl sie auf der anderen Seite des Globus auf uns warten.« Der dicke Schmied machte vor ihm einen Sprung im Sand, kippte beinahe vornüber und rannte los zum Wellensaum.

Renau konnte nicht anders. Er musste aus vollem Hals loslachen. Und setzte Schmied nach, selbst wenn die Spaziergänger weiter drüben vor den roten Häusern es bemerken mochten.

Schmied hing das blonde Haar in die Augen. Sein Kopf sah noch kugeliger aus als sonst. Er hatte einen Stein aufgerafft und übte damit Weitwurf ins Meer. Erst weit draußen, fast bei der Bojenkette, versank der Stein in den Wellen.

»Erstaunlich«, sagte Renau. »Der Stein hört überhaupt nicht mehr auf zu fliegen.«

Schmied klopfte sich die Hände an der Hosennaht ab. »Das war schon immer meine beste Disziplin. Dafür bin ich kein Läufer.«

»Wie man hört. Du japst ja jetzt noch.« Renaus Blick verlor sich an der schwankenden Bojenreihe, die die Badezone zur Schifffahrt hin abgrenzte. »Wollen wir?«

Sie gingen über die Strandtreppen und die Promenade zum Hotel, in dem Renau logierte.

Auf der Seeseite verbanden braun gestrichene Veranden im

Kolonialstil drei Hausteile, an deren Wänden weißes Fachwerk leuchtete. Über der Mitte ritt ein Türmchen auf dem Dach.

Schüler liefen die Auffahrt herauf. Die Jungen feuerten einander an, weil zwei je einen Reifen vor sich hertrieben. Renau brüllte im Kasernenton hinüber: »Halt! Im Hotelgarten habt ihr nichts zu suchen.«

Die Schüler hielten aber Position, die Reifen trudelten auf das Hotel zu.

»Wird's bald? Kehrt marsch!«, brüllte Renau.

Die Schüler sprangen schließlich die Treppe zum Strand hinunter.

»Lausejungs, das machen die mit Absicht.« Schmied drohte ihnen mit der Faust.

Vor dem Entree nickte er dem Boy zu, der ihnen die Hoteltür aufhielt. »Du bist ja hier, im Gegensatz zu mir, schon zu Hause angelangt.«

Aus dem Saal drang fröhliches Gelächter. Ein Bass sang ein Seemannslied. »Das Meer ist trist, das Meer ist grau, im Wasser treibt des Käptens Frau …«

Renau klopfte Schmied auf die Schulter. Ein kühles Bier. Das würde ihn endlich auf andere Gedanken bringen.

Die Soldaten an den Tischen unterhielten sich leise, nur die Kartenspieler in der Ecke lachten schon laut, es waren Sprengmeister der Infanterie mit vom Bier geröteten Gesichtern. Der Duft von Schweinebraten und Würsten lag in der Luft. Die Liedertafel baute gerade die Instrumente auf der kleinen Bühne auf. Die halbhohe, geschnitzte Wandverkleidung aus Holz stellte üppiges Laub mit Eicheln dar.

Schmied knöpfte flink die Messingknöpfe seiner Uniformjacke auf. »Der Laden ist zwar nicht so fein wie das Prinz-Heinrich-Hotel, einen Aristokraten wirst du hier selten finden. Dafür sind die Umgangsformen hier leger.«

Der erste große Schluck Bier tat herrlich wohl. »Wunderbar. Es schmeckt wirklich wie zu Hause.«

Schmied setzte den Seidel ab und wischte sich mit dem Handrücken über den Mund. »Was dachtest du denn? Tsingtau ist deutsch.«

»Soso.« Renau zog sein Portemonnaie aus der Innentasche und holte einen Schein heraus. Damit müsste Schmied doch zu kriegen sein. Er legte die Note auf den Tisch, strich sie glatt und las. »*The Deutsch-Asiatische Bank promises to pay to the bearer …* Zehn Dollar ortsüblicher Handelsmünze verspricht der Schein jedem Überbringer im Schutzgebiet Kiautschou und der chinesischen Provinz Schantung – aber in Englisch.«

Schmied fuhr mit seinem dicken Zeigefinger über das Papiergeld. »Der britische Handel in Ostasien ist halt so stark, dass selbst hier im deutschen Tsingtau die Scheine in englischer Sprache bedruckt werden müssen. Die radebrechen fast alle chinesischen Händler. Trinken wir darauf, dass das nicht so bleibt, wenn Tsingtau erst einmal richtig blüht.«

»Aufs deutsche Hongkong, auf Tsingtau!« Sie stießen kräftig an.

Renau setzte ab und drehte den Schein herum. Die Rückseite zeigte Germania in zwei Medaillons rechts und links von der Zahl, im gespiegelten Halbprofil. Um sie herum lief ein florales Ornament. »Schön ist sie ja nicht gerade, unsere Mutter Vaterland.«

»Och, mir sind dralle Weiber ganz recht. An der ist doch was dran. Wie an meiner Cäcilie.«

Dorothea war schlank, ein wenig blass manchmal. Auch

wenn Renaus Arm ganz um ihre Taille fassen konnte, er mochte ihre Biegsamkeit, das Feuer in den dunklen Augen machte sie schön, wenn sie ihn küsste. Er grinste pflichtschuldig. »Aber Schild und Pfeil soll Germania wohl vorher ablegen, was?«

»Und den ganzen Samtumhang am besten dazu, Krönchen im Haar darf sein.« Schmied lachte. »Wenn ich mir meine Holde in solchen Theaterklamotten vorstelle …«

Renau nahm einen Schluck Bier. »Die Hotelchefin Kusserow hat die Kühlung im Griff.« Er drehte den Schein in seinen Fingern. »In Tsingtau ist das Theatergeld wenigstens etwas wert.«

»Kommerz schert sich nicht um Symbole. Was willst du machen? Die alten Tsingtauer erzählen dir, dass die Kolonisten am Anfang wie die alten Chinesen Schnüre mit Silbermünzen in Kisten herumkutschieren mussten. Überlege mal, drüben in der Brauerei, was die allein für die Gerste bezahlen. Da könnten die glatt ein Schatzhaus in gleicher Größe neben dem Malzspeicher errichten für all das Silber, das da nötig wäre.«

»Die Händler suchen den Vorteil bei ihrem Gegenüber. Das unterscheidet sie von uns Ärzten«, sagte Renau.

Schmied hob wieder den Seidel.

Sie stießen an. »Prosit.«

Renau fühlte den Schaum des Bieres auf seiner Oberlippe. Vielleicht war doch etwas dran am Gerücht vom prachtvollen Leben der Kolonisten. *Tsingtau ist ein unnützer Flottenstützpunkt auf Kosten der Armen im Reich.* Dorotheas Stimme drängte sich in seinen Kopf. *Warum willst du nicht begreifen, dass wir beide davon profitieren?* Hier konnte er die nötigen Erfahrungen für eine Karriere im Reichsmarineamt sammeln. Tropenmedizin war das Feld der Zukunft.

Schmied stieß ihn an der Schulter. »Gefällt dir die Dralle also doch?«

»Wieso?«

»Weil du Germania anstarrst wie einen Käfer unter Glas. Keine Sorge, auch wenn alle sich um die willigen Chinesenweiber reißen. In Tsingtau gibt es genug blonde Russinnen mit strammen Leibern.« Er zog grinsend das Unterlid mit dem Zeigefinger herunter.

»Soweit ich gehört habe, wechselt die Überwachung der Damen im reservierten Bordell zwischen uns Marinestabsärzten.«

»Du kommst auch noch dran. Kollege Meisner regelt das. Er glaubt, er vergibt ein Privileg, weil die Damen natürlich an dem Tag den jeweiligen Herrn Sanitätsoffizier kostenfrei empfangen.«

»Der Mann hat ja in allem seine Finger drin.«

Schmied maß ihn über den Rand seines Glases. »Renau, du Schweinepriester.«

»Und was, wenn ich keine üppigen Blondinen mag?« Renau drehte sich halb zur Bühne im Saal, wo noch immer keine Musiker aufgezogen waren.

»Vo'sich'!« Der chinesische Kellner stemmte ein Tablett voller Bierseidel gerade noch über ihre Köpfe hinweg. Renau bekam Appetit auf Schweinebraten.

»Der Lu ist der fleißigste Chinese, den ich kenne. Die Kusserow müsste ihm die Hände küssen. Der bedient den ganzen Hotelsaal allein«, sagte Schmied.

Durch die Stoßtüren flitzte Lu mit einem Speisetablett aus dem Saal. An ihm vorbei schritt ein Fähnrich im Überzieher und Mütze herein. Er suchte die Plätze ab und drängte sich zwischen den voll besetzten Tischen hindurch.

»Da hat dich einer im Auge, Schmied.« Renau deutete mit dem Kinn auf den Fähnrich.

Schmied drehte den fülligen Leib. Beinahe hätte er dabei sein Bier umgeworfen. »Der Fleckenstein! Was will der denn hier?«

Der Fähnrich umkurvte den letzten Tisch vor ihnen und nahm Haltung an. »Marinestabsarzt Schmied, der Herr Hafenmeister Kapitän Goos ersucht Sie und Herrn Marinestabsarzt Renau, umgehend zur Barkasse am Kleinen Hafen zu kommen. Der Motorwagen wartet draußen.«

Schmied stand der Mund offen. Wann wurde schon mal ein Offizier aus dem Hotelsaal geholt, wenn er nicht sturzbetrunken war, noch dazu von einem Fähnrich? Renau überlegte nicht lange und stand auf. Er ignorierte die neugierigen Blicke der Unteroffiziere im Saal.

»Wir müssen noch zahlen«, murmelte Schmied, der seine Jacke knöpfte.

Renau ließ den Schein einfach liegen. »Komm, Schmied. Germania wird's schon richten.«

Kapitel 4

Tsingtau, Hufeisenriff – 26. Januar 1911

Auf dem Signalberg blinkte das Signal des Leuchtturms im Dunkel der Nacht auf. Am kleinen Hafen schimmerte die Gasbeleuchtung an den Kais. Wind zog kalt, aber seltsam weich über das Wasser. Renau folgte Schmied über die Passerelle.

Der Hafenmeister Goos war ein Zweimetermann. Er wartete in seinem wadenlangen Überzieher unter der beleuchteten Glasenuhr. »Meine Herren, ich hätte Sie nicht außerhalb der Dienstzeit belästigt, wenn ich nicht Ihren Sachverstand bemühen müsste.«

Die Barkasse legte ab. Renau stand auf dem schwankenden Schiffsboden, die Nachtluft hatte seine Bierlaune vertrieben.

Schmied trat aus dem Fahrtwind. »Fähnrich Fleckenstein hat uns nicht unterrichtet.«

»Gut, der Mann.« Der Kapitän nickte langsam. »Ich habe strengste Geheimhaltung angeordnet. Ich hab schon geahnt, dass er einen der Marinestabsärzte im Strandhotel auftreiben würde. Zwei sind mir noch lieber.«

Renau fror an den Beinen, der Uniformstoff war dünn. Er hätte die langen Unterhosen anziehen sollen. »Wohin bringt uns die Barkasse mitten in der Nacht?« Bei einem Unfall hätte der Hafenmeister jederzeit einen Arzt des Bereitschaftsdiensts holen können.

»Wir haben ein führungsloses Schiff aufgebracht.« Kapitän Goos maß ihn mit einem schnellen Blick. »Genauer gesagt, die Dschunke ist auf dem Hufeisenriff aufgelaufen. Die *Iltis* hat sie bei der Rückkehr von der Übungsfahrt gesichtet.«

»Ist sie gesunken?«

»Nein. Aber niemand hat auf die Anrufung mit der Sprechtüte geantwortet.«

Die Barkasse drehte bei. Renau steckte die eisigen Hände in die Manteltasche. »Eine führungslose Dschunke?«

»Seltsam, nicht wahr? Unwahrscheinlich, dass ein chinesischer Händler seine Ware oder gar sein Boot verlässt.«

»Möglicherweise ein Verbrechen.« Schmied wiegte den Kopf. »Fälle von Piraterie gibt es trotz der englischen und deutschen Marinepräsenz in diesen Gewässern immer wieder.«

»Beidrehen!«, rief Goos über ihre Köpfe hinweg zum Steuermann. »Acetylen-Scheinwerfer an!« Leiser sagte er: »Das erklärt nicht, wie die Dschunke dort ans Hufeisenriff geraten konnte. Die Strömungsverhältnisse in der Bucht sind völlig gegenläufig, glauben Sie mir.«

»Dann muss sie noch gesteuert worden sein.« Renau beugte sich über die Reling. Der Wellengang war schwach, die Hügel über der Stadt hielten den Nordwind von der Bucht fern. Im grünlichen Licht der Scheinwerfer tauchten nasse schwarze Felsen auf. Der Motor der Barkasse wurde abgestellt, das Boot driftete längsseits. Allmählich tauchte das Ruder einer Dschunke im Lichtkreis auf.

»Hoffentlich erleiden wir nicht das gleiche Schicksal und laufen auf Fels«, sagte Schmied.

»Keine Sorge, ein Matrose lotet voraus. Wir wissen, was wir tun.«

»Steuerbord rührt!«, brüllte es von vorn.

Die Maschine sprang an, die Barkasse ruckte.

»Wir entern. Folgen Sie mir.« Kapitän Goos ging die Reling entlang zum grellen Scheinwerfer an der Bugseite.

»Passerelle vor!«

Renau sah nur dunkle Schatten, zwei Matrosen warfen ein stahlverstärktes Brett über den Schiffsrand. »Nach Ihnen.«

Kapitän Goos öffnete den Mantel und zog eine Pistole aus dem Holster. Renau bedauerte zum ersten Mal, dass er als Marinearzt in Tsingtau nicht bewaffnet war. Ein Matrose reichte ihm und Schmied eine Karbidleuchte.

Renau sprang mit zwei schnellen Schritten hinüber zur

Dschunke und prallte gegen Schmieds dicken Leib. Das Segel flatterte am Einmast, der Aufbau lag im Dunkeln.

»Sie schwankt nicht«, sagte Schmied.

»Sie liegt auf Grund, deshalb.« Goos blickte sich um. »Zum Heck, falls sie doch gesteuert worden war.«

Wellen klatschten ans Holz. Schmied leuchtete voran, der Scheinwerfer der Barkasse erreichte das Deck nur halb. Renau folgte ihm. Der Lichtkegel seiner Leuchte erfasste einen Fuß. »Da.« Einfache chinesische Wickelschuhe, ein Seemann steckte in einer fleckigen Kattunhose.

»Also doch bemannt.« Goos hielt die Pistole auf den Mann gerichtet. »Aufstehen!« Er tippte das Bein mit dem Stiefel an.

Renau hielt dem Mann die Lampe ins Gesicht. Die Lippe über den abgefaulten Zahnstümpfen bewegte sich nicht. »Der alte Mann ist tot.«

»Hier liegt noch einer!« Schmied beugte sich über eine zusammengekrümmte Gestalt, von der nur eine Pelzjacke und zusammengerollte Knie zu erkennen waren. »Exitus.«

»Schauen Sie sich das an.« Goos' Kapitänsstimme war um einiges heller geworden.

Renau schritt vorsichtig über die Planken. Goos stand aufrecht vor dem Ruder der Dschunke. Daneben lag ein Mann auf dem Rücken, der spitze Fischerhut war unter seinem Kreuz zerdrückt. »Er hat wohl noch versucht, die Dschunke in den Hafen zu steuern, bevor er gestorben ist.«

Es gurgelte an der Reling. Renau leuchtete hin. Einer der deutschen Matrosen kniete auf den Planken und übergab sich.

»Pahl, nimm er sich zusammen!«, brüllte Kapitän Goos.

Doch der Matrose deutete nur seitwärts auf eine dunkle Luke.

Schmied hob seine Karbidleuchte hoch über den Kopf. Dann zitterte das Licht. »Güte Gottes.«

Renau ballte die Faust um den Lampengriff und hielt sich mit der anderen an der Lukenseite fest. Drei Stufen waren frei, doch darunter lagen Menschen, wie hineingeworfen. Junge, alte Chinesengesichter, ein Zopf lag über offen starrenden Augen, es war nicht zu sehen, zu wem er gehörte. Eine steife Hand ragte empor ins Nichts.

»Alle tot«, flüsterte Schmied. »So etwas habe ich noch nicht gesehen.«

Eine akute Infektion musste diese Menschen hinweggerafft haben. »Leuchten wir den Bug und die Steuerbordseite ab. Rasch, wir dürfen hier nicht bleiben. Vielleicht finden wir einen Überlebenden.«

Schmied stolperte voran. Der niedrige Aufbau auf der Dschunke war verschlossen. Goos riss am Riegel, die Holztür klappte auf. Auf Säcken lag ein Mann im russischen Pelzmantel, am Boden daneben blitzte es. »Ein Messer.«

»Das hat den Tod nicht abhalten können.«

»Das sind kyrillische Schriftzeichen auf den Säcken«, sagte Schmied mit rauer Stimme.

»Dann kommt dieses Totenschiff aus der Mandschurei.«

Tote aus der Mandschurei. Vor Renau erschien das Bild des Sensenmanns, der ihm eine Tsingtauer Zeitungsseite vorhielt und mit dem Knochenfinger auf eine Notiz wies. »Wir müssen sofort von diesem Schiff runter.« Er zog Kapitän Goos ganz gegen den Comment am Mantelarm.

»Aber …«

»Das ist ein marineärztlicher Befehl!« Renau hatte das Recht und die Pflicht, solche zu erteilen.

Schmied folgte, sie sprangen über die Passerelle.

Renau wartete erst gar nicht. »Kapitän. Die Menschen dort auf der Dschunke kommen aus der Mandschurei und …«

»Oh verdammt, Renau, du hast recht.« Schmied schlug sich an die Stirn und sackte gegen die Reling.

»Dort wütet eine Krankheit, die schlimmer nicht sein kann für unsere Stadt. Diese Schiffsbesatzung kann nur eine Krankheit hinweggerafft haben, und zwar die Pest!«

Goos atmete hörbar aus. »Sind Sie sicher?«, flüsterte er.

»Ja, ich bin sicher.« Sie durften keine Zeit verlieren. Renau zog seinen Überzieher aus. »Wir müssen alles, was wir ersetzen können, ins Meer werfen. Der Rest muss peinlichst genau desinfiziert werden.«

»Befehlen Sie es der Barkassenmannschaft, Goos.« Schmied fuhr in die Taschen und zog ein Etui heraus, dann warf auch er seinen Mantel über die Reling.

Goos richtete sich zur vollen Größe auf. »Aber was ist mit der Dschunke?«

Der Kernsatz aus der Tropenheilkunde – Renau spürte ein Zucken in den Mundwinkeln, wie sinnvoll die Leitsprüche doch waren. »Je früher und radikaler man einen Seuchenherd ausmerzt, desto eher gewinnt man den Kampf. Schießen Sie die Dschunke in Brand, dann sinkt sie von allein.«

»Eine Hafenbarkasse ist nicht bewaffnet.« Kapitän Goos rieb den Daumenrücken an der Nase. Dann brüllte er zu den Matrosen, die sich im Schatten des Scheinwerfers drängten: »Acetylenvorräte an Deck!«

Innerhalb weniger Minuten standen drei Kanister Acetylen vor ihnen.

»Wer kann von euch am besten werfen?«

Schmied kam Goos zuvor. »Ich.« Er schraubte die Kanister auf. Dann stemmte er die koffergroßen Blechbehälter hoch und kantete einen nach dem andern hinüber zur Dschunke. Im Wind roch man die chemische Flüssigkeit, die sich drüben beim Aufprall auf den Planken ergoss.

»Und zwei und drei.« Schmied warf einen Kanister vor den Mast unters Segel und einen ruderwärts.

»Ablegen!«, befahl Goos.

Der Motor der Barkasse brummte. Sie gewann Abstand.

»Und wie setzen wir die Dschunke in Brand?« Schmied legte sich gegen den Wind die Arme um die Uniform.

»So.« Kapitän Goos stellte sich in voller Zweimeter-Größe an die Reling, unter ihm schwankte die Barkasse, doch er stand ruhig wie ein Baum. Dann zielte er mit der Pistole und schoss.

Drüben flog einer der Kanister gegen den Aufbau mit dem toten Russen. Eine Flamme zischte auf, züngelte rasend schnell die Flüssigkeit entlang. Im Nu brannte das feuchte Holz. Im orangenen Feuer qualmte schwarzgrauer Rauch.

»Man wird die Flammen von der Stadt aus sehen«, sagte Schmied. »Wer macht Meldung beim Gouverneur?«

»Ich.« Kapitän Goos steckte die Waffe weg. »Ich bin der Hafenmeister, es brennt in meinem Revier.«

»Die Pestbakterien dürfen Tsingtau nicht erreichen.« Renau wurde schwindelig bei der Vorstellung, wie viele Dschunken aus der Mandschurei hierher unterwegs waren.

»Dem Gouverneur wird jedes Mittel recht sein.«

Genau davor hatte Renau Furcht. *Das Schlimmste an einer Seuche ist ihre Verbreitung durch die Panik der Unvernünftigen.* Mochte sich Professor Sibelius wenigstens einmal irren.

»Anlegen!«, brüllte Goos. »Und die Mannschaften gehen nackt von Bord.«

Kapitel 5

Pang Kia Lan, Missionsstation – 26. Januar 1911

Gute Frau braucht keine Angst zu haben, weil der Meister nicht im Haus ist. Meine Söhne schlafen vorn im Speicher, und der alte Wang bewacht das Tor.« Der Missionsdiener Tschang verbeugte sich in dieser seltsamen chinesischen Art aus der Hüfte heraus. Sein Gesicht war wie von einem inneren Frieden erleuchtet.

Leontine Makrat hatte es nie anders empfunden, obschon Tschangs Wangen und die Stirn von unregelmäßig dicken Narben gezeichnet waren. Vielleicht waren es seine schlimmen Erfahrungen während des Boxeraufstandes, die ihm die kargen Zeiten heute so erträglich machten.

»Ich weiß. Gute Nacht.«

Der Missionsdiener ging, und Leontine hörte dem Knistern der Holzscheite im Ofen zu. Friedbert und sie hatten so viel Arbeit in der Missionsstation und so wenig stille Momente füreinander. Manchmal hatte sie ihren Ehemann im Verdacht, dass er die Arbeit ihr vorzog. Oft schlief Friedbert über den Briefen ein, die er spät in der Nacht ins Reich schrieb. Oder sie selbst barg ihren Kopf an seiner Brust und wusste kaum, ob er ihre zärtlichen Worte vor dem Schlaf noch hörte.

Sie ließ die Finger über die Kante des Tischs gleiten. Ein neues Fässchen Tinte stand darauf neben dem auf einem Halbkreisbogen aus Holz aufgespannten Löschpapier. Und Stahlfedern – es war wohl Friedberts Art zu zeigen, wie sehr er sie schätzte. Er war so fürsorglich in kleinen Dingen. Aber ein liebevolles Wort ab und an oder gar eine Umarmung wäre schön, sie mochte seinen festen Leib … Leontine setzte sich zurecht, die Pflichten einer Missionarin riefen.

Das Hauptbuch wollte sie noch berichtigen vorm Zubettgehen. Sie öffnete die schlichte Holzdose neben dem Tintenfässchen. Die Chinesen waren große Meister in Lackarbeiten. Friedbert musste gemerkt haben, dass sie die Dose bewunderte. Leontine hatte von dem wenigen privaten Geld ihren Eltern ein Tablett zu Weihnachten nach Hause geschickt. *Nach Hause?* Leontine hob den Kopf. »Du hast ja recht. Hier ist mein Zuhause.«

Leontine ließ den Blick durch die Stube gleiten, über den Bücherschrank voller Bibeln und Schriften des Missionsvereins, die dicken Vorhänge vor den Fenstern. Das chinesische Spruchband, das ihre Vorgänger als Begrüßungsgeschenk eines hiesigen Beamten erhalten hatten, schimmerte in roter Seide an der Wand neben der Tür. Die Zeichen darauf bedeuteten *Möge das Einhorn im Park lustwandeln.* Die Geister und Wundergestalten der Chinesen waren ohne Zahl.

Leontine öffnete das Hauptbuch. Gerade 122 Menschen umfasste die Gemeinde. Dabei waren diese Täler in den Bergen voller Chinesendörfer. Niemand konnte schätzen, wie viele Millionen Chinesen allein in der Provinz Schantung lebten. Aber schon Paulus sagte: *Nicht viel Weise nach dem Fleisch, nicht viel Gewaltige, nicht viel Edle sind berufen.* Nun, von den frühen Christen hatte es in Rom auch nur wenige gegeben.

Leontine schrieb den Namen des letzten Täuflings ins Hauptbuch. Das Holz im Ofen knisterte … Die Kerzen für das Weihnachtsfest fielen ihr ein. Sie trug die Spende aus dem Reich in der Dezemberaufstellung nach.

Ein Geräusch kam von der Tür, so leise, dass Leontine den Kopf wandte und wartete. Doch, da war es wieder. Es klopfte.

»Herein!«

Nichts tat sich.

»Nun kommen Sie doch herein!«

Die Tür ging einen Spalt auf. Es erschien ein Fuß in gewickelten Stiefeln, wie sie die Bauern im Winter trugen, dann war ein braungrauer Überrock zu erkennen.

»Frau Wang!« Leontine sprang auf.

Die Frau stand kerzengerade an der Tür und hatte die Hände zu Fäusten geballt, die sie vor ihrer Brust aneinanderpresste. In solch einem Zustand hatte Leontine sie noch nie gesehen.

»Frau Ma, ich weiß nicht ...« Die Wang legte die Fäuste an den Kopf.

Leontine ging vor ihr in die Knie. Sonst war das sonnengebräunte Gesicht der Handwerkersfrau immer in reger Bewegung. Sie konnte schimpfen wie ein Rohrspatz, wenn ein Karren bei den Stellmeistersleuten nicht rechtzeitig bezahlt wurde. Und sie war mit Begeisterung Bibelfrau. Waren erst die Mütter für den Glauben gewonnen, kamen bald auch die Kinder zur Taufe. »Was ist denn passiert?« Die Wang war doch sonst nicht auf den Mund gefallen.

»Ich weiß nicht. Da ist vielleicht Sünde.« Sie sah sie nicht richtig an.

Sünde? Leontine war sich nicht sicher, ob sie den Mischmaschdialekt recht verstand. Frau Wangs Familie stammte aus Hubei. »Nun sprich doch. Ich kann dir sonst nicht helfen.« Tschang hatte Frau Wang sicher nicht ohne Grund am Tor durchgelassen.

»Der dritte Sohn meiner großen Schwester ist auch dabei, obwohl er am Sonntag immer zu Meister Ma kommt.« Frau Wang ergriff Leontines Hände. Ihre Finger waren von der Kälte draußen starr.

Der Sohn war einer von den unregelmäßigen Gottesdienstbesuchern, der Onkel kam fast immer. »Wo ist er dabei?«

Die Augen der Frau flitzten hin und her, sie schien nichts fassen zu können. Leontine richtete sie an den Schultern auf und holte die Petroleumlampe vom kleinen Tisch am Hoffenster. Jetzt sah sie die Spuren von Tränen, lauter feine Streifen neben der Nase im unreinlichen Gesicht von Frau Wang.

Sie beugte sich weit vor und flüsterte: »Niemand darf es sehen.«

»Was darf niemand sehen?«

Die Wang war keine Frau, die sich in Geisterseherei hineinsteigerte oder Wahrsagern viel Geld für leere Worte zusteckte. Solche Leute scheuchte die Wang von ihrem Hof.

»Was sie wegschaffen.« Sie verschluckte sich. »Sünde, sagt Meister Ma.«

So schnell war Friedbert eigentlich nicht dabei, den Stab zu brechen. Leontine nickte trotzdem. »Was wird dort weggeschafft?«

»Frau Ma schauen besser selbst.« Die Wang wischte sich über die Wangen und wollte Leontine nicht in die Augen blicken. »Jetzt.«

Leontine schaute zur Wanduhr. Es war nach elf nachts. Trotzdem zog sie schon ihre Stiefel über.

»Aber der Schnee ist doch viel zu tief.« Im Winter benutzte niemand den Pfad, der an der Rückseite der Scheune entlang zum Bach hinunterführte. »Wir werden uns verirren mitten in der Nacht.«

Im Schein des Windlichts war nur der Arm der Wang zu sehen, die abwinkte. Sie stapfte davon. »Ich will nicht, dass die Hunde die Leute wecken«, murmelte sie.

Leontine drückte die dicke Wollkappe tiefer in die Stirn. Frau Wang hakte sich bei ihr unter. Nur der Schnee knirschte unter ihren Füßen. Leontine war noch nie querfeldein über die Dorfwiesen gelaufen, schon gar nicht des Nachts. »Ist hier nicht irgendwo der Bach?«

»Wenn der Boden friert, ist das Wasser längst hart.«

»Nicht so schnell.« Das flackernde Windlicht erhellte kaum zwei Schritt den Weg. Sie ahnte die Baumstämme mehr, als dass sie sie wirklich sah. Inzwischen mussten sie am Hain des alten Wu vorbei sein, der war der reichste Bauer im Dorf und schlecht auf die Mission zu sprechen, weil angeblich der Hügel, auf dem sie stand, dem Dorfgott gehörte.

Fahles Licht brach am Himmel durch. Leontine hob den Kopf, Wolkenhügel zogen grauschwarz auseinander, hell stieß der Mond hervor.

Die beschneiten Felder warfen viel Licht zurück. Die dunklen Umrisse der Dorfhäuser lagen bereits hinter ihnen. Gleich hatten sie die alte Brücke über die kleine Schlucht erreicht, die ein Sturzbach aus dem Fels herausgewaschen hatte.

»Die Leute aus dem Dorf sprechen hier nicht mehr, um die Totengeister nicht zu wecken«, flüsterte Frau Wang und drückte sich noch enger an sie.

»Wir glauben nicht an Geister, nur an Gott.« Leontine hörte sich sprechen mit ihrer Feiertagsstimme, mit der sie die Gläubigen fröhlich begrüßte, selbst wenn sie schon müde vom Schmücken der Kapelle war. »Außer uns schleicht hier niemand herum.«

»Doch.« Die Wang blieb unter uralten, knorrigen Kiefern stehen. »Da.« Ihre nackte Hand deutete auf Spuren im Schnee.

Die Abdrücke der Sohlen waren frisch, kein Wind hatte die Kanten verweht. Leontine fühlte mit einem Mal ihr Herz schlagen. Gerade hier … Im Mondlicht warfen die Steinsäulen Schatten auf den verschneiten Pfad. Hier hatte vor vielen Hundert Jahren ein Hofbeamter eines Kaisers sein Grab gefunden. Warum, das hatten die Dörfler vergessen. Noch immer waren die verwitterten Steinsäulen am Alten Grab die prächtigsten des Totenhains. Die reichen Bauern ließen sich in der Sichtweite des Grabes bestatten, die armen an der Seite.

Frau Wang nahm Leontine das Windlicht aus der Hand und hob es vor ihr Gesicht. Für einen Moment tauchten im grellen Licht die gespitzten Lippen der Chinesin auf, dann blies diese das Licht aus.

Der Schnee gab kaum einen Laut unter ihren Stiefeln, als sie wie die Katzen die nächsten vier Grabhügel entlangschlichen, bis sie einen schwachen Lichtschein gewahrten. Die Wang duckte sich an einer Steinplatte, Leontine rückte in den Windschatten dahinter. Der Hang fiel stark ab. Es war, als ob sie von einem Dach herunter durch Bäume in den Hof des Nachbarn schauen würden.

»Der dritte Sohn meiner Schwester ist der Mann mit der Hacke«, flüsterte Frau Wang. »Er ist sehr stark. Warum tut er das, wenn er zu Meister Ma kommt?«

Leontine hatte Mühe zu begreifen, was dort unten vor sich ging. Eine Pechfackel steckte im Schnee. Ein dunkler Haufen war aufgeworfen, das musste frische Erde sein. Der Mann schwang wieder und wieder die Hacke. »Der Boden ist wahrscheinlich nur halb gefroren.«

Die Wang nickte nur. Ein anderer Bauer schaffte die Krume weg.

»Da!« Ihre Bibelfrau wies ganz nach rechts, wo sich Hügel und Senke vereinigten. »Leute kommen.« Licht flackerte schwach durch die Kiefern. Leontine atmete tief durch. Sonst mieden doch alle Dörfler den Totenhain, kamen nur zu den Beerdigungen in großer Zahl, behängt mit Talismanen und Zauberzeichen. Fackellicht und Schatten spielten ineinander. Drei, oder waren es vier Männer, ließen etwas von den Schultern gleiten, es mochte ein langer Ballen Stoff sein.

Mit einem Mal begriff Leontine. »Sie beerdigen jemanden.« Aber mitten in der Nacht?

»Nein, nicht einen. Drei«, flüsterte Frau Wang.

Ein zweiter Ballen fiel den Männern von den Schultern, dann noch ein kleiner. Dann kamen die Ballen ins Rollen, Füße stießen sie in das aufgehackte Grab. Warum sang keiner?

»Meister Ma muss sprechen, wenn wir sterben. Das ist Sünde so.« Der Blick der Wang traf Leontine und wich ihr nicht aus, als wolle sie sie damit festhalten, als erwarte sie Hilfe und Trost. Leontine griff ihre Hand. »Ja, er wird immer laut für die Seelen beten.«

Die Familie von Wangs Schwester war getauft. Nun nahmen es viele Neuchristen nicht allzu genau mit dem Sonntagsgebet. Manche schielten schlicht auf die Sachspenden, die manchmal von der Mission ausgeteilt wurden. Aber wer sich von einer Scheinmitgliedschaft in der Gemeinde einen Vorteil versprach, der würde doch seine Lieben nicht deshalb heimlich verscharren.

Zwei Männer schaufelten, zwei traten mit den Füßen schon die Erde fest.

Sie beeilten sich geradezu, schien es Leontine. Und nicht vor Kälte, denn von der schweren Arbeit musste es ihnen warm sein. Alle Chinesen, die Leontine in Tsingtau oder im Dorf beobachtet hatte, waren gemächlich in ihrem Alltagsgeschäft und hielten ein Schwätzchen, wann immer sich eine Gelegenheit ergab. Doch die Männer hatten nicht einmal ein Ächzen von sich gegeben, als die Hakenspitzen auf die hart gefrorene Erde eingeschlagen hatten.

Leontine schlang die Arme fester um sich. Was auch immer hier vorging, es war nicht gut für die Gemeinde. »Die Leute dürfen nicht wissen, dass wir Zeuginnen geworden sind.« Sie zog die Wang an der gepolsterten Kitteljacke. »Rasch.«

Die schlich unter den alten Kiefern voran. Die vielen Kiefernnadeln im Schnee schienen Leontine wie zerbrochene Schriftzeichen. Wenn sie nur daraus lesen könnte, was hier vor sich ging.

Das Mondlicht verging, weil von Süden Wolken aufzogen. Leontine kramte in der Manteltasche nach den Zündhölzern für das Windlicht. Die Wang rannte fast zum Weg. Als sie die alte Brücke passierten, spürte Leontine ihre Füße kaum noch, so kalt war ihr.

Wang schrie auf, stand steif, Leontine prallte gegen sie, die von ihr wegtaumelte und zu stürzen drohte. Mit dem einen Arm fing sie sie auf, mit dem anderen hielt sie das Windlicht wie eine Balancierstange weg von sich. Es flackerte, doch verlöschte nicht. Leontine leuchtete voraus den Pfad entlang.

Die grüngelben Augen eines Tiers spiegelten wie Phosphor zehn Schritt vor ihnen. »Es ist nur eine Fähe.« Obwohl sie sich mit Wild gar nicht auskannte, schien es Leontine gewiss, dass es eine Füchsin war.

Die Wang hing schwer an ihrem Arm. »Oh Gott, sie haben die Fuchsgeister vertrieben.« Das Zittern ihres Körpers war durch die gefütterte Jacke zu spüren.

Leontine wurde ganz ruhig, sie würde jetzt ihren klaren Verstand gebrauchen. »Es gibt keine Geister, Frau Wang.«

Die Bibelfrau zitterte nur noch mehr. »Ja, Frau Ma. Ja.«

Hilf dir selbst, so hilft dir der Herr. Was auch immer im Dorf vor sich ging, es war höchste Zeit, dass sie es herausfand. Der hohe Schnee und die Eiseskälte waren ihr mit einem Mal egal. Beim ersten Morgenlicht würde sie zum Rundgang in der Gemeinde aufbrechen.

Kapitel 6

Pang Kia Lan, Missionsstation – 26. Januar 1911

Sie kommen einfach durch die Wand.« Die Hand der kranken Chinesin deutete auf den fleckigen Lehm hinter dem Herd. »Sie singen unsere Lieder, wie Meister Ma in der Kapelle.«

Der warme Dunst heimelte fast an. Als junge Frau konnte sich Leontine einfach auf den gestampften Boden in das Stroh von Tante Wens Schlafecke knien. Sie machte nicht gern unnötige Umstände. An der Schmalseite des einzigen Wohnraums drängten sich zwei Kinder in ihren zusammengestoppelten Cattunhemden an die Großmutter, die in eine Decke gehüllt am Tisch saß.

Vor der Bäuerin Su, die auf einem Hocker kauerte, köchelte es in drei Tontöpfen auf dem Feuer. Der Rauch zog hinauf zu den Balken unter das Gerstenstrohdach. Frau Su war schon zahnlos, obwohl sie bestimmt keine dreißig war. An ihrer graubraunen Jacke gürtete sie gerade das schräg geschnittene rechte Vorderteil über das linke.

Der älteste Sohn trug auch das einfache Kleidungsstück der Armen wie alle im Dorf. Er beobachtete jeden Handgriff, den Leontine tat. Er kratzte sich am abstehenden Ohr. »Du musst

Tante Wen vorlesen«, sagte er laut. Sein Blick glitt dabei über das Heilkundebuch, das Leontine in der linken Hand hielt.

Sie hätte so gern einen Zauberstab besessen, den sie hätte schwingen können, damit die treuen Mitglieder ihrer Christengemeinde auf einen Schlag wieder gesund gewesen wären. Aber die Welt war nicht so, und hier draußen in China in ihrer abgelegenen Missionsstation erst recht nicht.

»Aber ja, nur Geduld«, Leontine wusste, was sie zu tun hatte. Erst einmal galt es, die Krankheitssymptome richtig auseinanderzuhalten. Leontine folgte den gedruckten Pfeilen bis zum Ende der Bestimmungstabelle. *Fieberhafte Darmkrankheit, auch wenn es nicht zur Absonderung von Blutschleim kommt, aus prinzipiellen Erwägungen den Arzt hinzuziehen.* Es gab keinen hier in den Bergen Schantungs, allenfalls ihr Gatte Friedbert. Der ersetzte als Missionar nicht nur für ihre kleine Gemeinde, sondern auch für das ganze Dorf den Arzt. Nur würde ihr Mann erst in drei Wochen von der Jahrestagung zurückkehren.

Gesunder Menschenverstand und die Zeilen im Heilbuch halfen mehr als der Vorbereitungskurs der Mission. Im Reich hatte man es sicher gut damit gemeint, aber bei den Übungspatienten waren die Anzeichen immer klar und eindeutig gewesen, mal für Diphtherie, Malaria oder mal für eine Wurmkrankheit. Aber jetzt?

Leontine sah, wie die ganze Familie Su das Heilbuch in ihren Händen anstarrte wie einen Schatz.

Die alte Tante Wen lag ausgestreckt auf dem Stroh. Sie litt mit fiebrig heißem Kopf und glühenden Wangen. Eine Lungenentzündung lag nahe, Leontine suchte im Heilbuch nach einer Erklärung für den Auswurf, der ein Tuch in Wens Hand rötlich färbte.

Ein paar Tees reichten sicher nicht … Die gebeugten Körper, die sich Jahr um Jahr auf den mageren Böden plagten, ausgezehrt von der Arbeit, hatten keine Widerstandskraft. Die Bauern brauchten echte Medizin aus der deutschen Apotheke in Tsingtau, so viel war schon einmal sicher, wenn sie sich die Glutwangen von Tante Wen anschaute.

»Hier steht geschrieben …« Leontine hielt inne und blätterte im Heilkundebuch weiter, das die Mission für solche Zwecke erstellt hatte. Alle Blicke waren darauf gebannt. Schrift hatte für die des Lesens unkundigen Bauern etwas Magisches. Was in einem Buch stand, dem gebührte Achtung. *Erste Maßnahmen.* Wie oft hatte sie diese gehört, noch als Schülerin, wenn sie ins Diakonissenhaus zur Bibelstunde gegangen war. Aber dort hatten die Damen nicht geahnt, wie rau die Wirklichkeit in den Kolonien werden konnte.

Sie müsste jetzt etwas für die Familie tun, bevor sie die Sache gründlich anging. Ihr Blick flog über die Zeilen zu den Anweisungen. »Frau Su, wasche die Kranken jeden Tag mit Essigwasser ab. Wickele sie in saubere Decken, die du jeden Tag wechselst und trocknest«, sagte sie.

Vom Hocker am Herd sahen sie dunkle Augen an, die fast so rund wie bei einer europäischen Frau wurden. »Sterben sie?«, flüsterte Frau Su.

So schnell stirbt man nicht. Leontine öffnete den Mund, aber die Floskel erstarb auf ihren Lippen. Manchmal vertat sie sich mit einem chinesischen Wort, das in diesem Bergdialekt dann etwas ganz anderes bedeutete. Frau Su hatte wirklich Angst. Leontine lächelte sie milde an. »Wann wir sterben, weiß nur unser Gott.« Es war immer besser, wenn man wahrhaftig blieb.

Leontine senkte den Blick rasch auf die Zeilen. Auch damals in der Nachtwache am Bett der Streckenwärtersfrau in Landsberg war sie wahrhaftig geblieben: Sie hatte nichts von der Blutung bemerkt. Die Nachbarin ihrer Eltern hatte sich so unruhig hin- und hergewälzt wie die Nächte zuvor. Der Atem müsse doch gerasselt haben, hatte ihr der Arzt am Morgen vorgehalten, als die Frau immer mehr Blut gespuckt hatte. Deren Atemzüge hatten alle gleich schrecklich geklungen, Leontine hatte einfach keinen Unterschied gehört. Als junges Mädchen hatte sie sich schuldig gefühlt, als junge Frau hatte sie begriffen, dass keiner sie richtig unterwiesen hatte, der Arzt nicht und die Diakonissen erst recht nicht. Seither achtete sie an Krankenbetten genau auf jedes Anzeichen.

Dieses Fieber war kein gewöhnliches Fieber. Wenn sie nur endlich bestimmen könnte, welches.

Tante Wen richtete sich in der Schlafecke auf, stützte sich auf den linken Ellbogen ins Stroh. »Frau Ma, die Engel können durch die Wand fliegen!«

Die Kranke delirierte, sicher, aber das Symptom fand sich in ihrem Buch bei fast jeder der Fieberarten. Tante Wen strahlte, nasse Strähnen fielen ihr ins faltige Gesicht. »Die Engel haben goldene Flügel und gar keine Füße, weiße Haut wie du, aber Augen wie wir.« Ihre Stimme klang so laut und fest wie sonntags beim Abschluss-Choral in der Kapelle.

Sanft drückte Leontine Tante Wen zurück auf das Lager. »Engel können fliegen, deshalb brauchen sie keine Füße.« Sie lächelte ihr zu und streichelte die Wangen. Leontine spürte das Leid und den Schmerz der alten Wen. Sie hätte so gern sofort geholfen.

Sie erhob sich. Die Kranken waschen, die Alten pflegen, das alles machte ihr nichts aus, aber hier reichte weder ein Aufguss noch ein Wickel. Sie hatte die Lehrbücher gründlich studiert, das wusste Gott, Stunde um Stunde, aber die Leute hier brauchten einen richtigen Arzt.

Tante Wen hob den Arm und deutete wieder auf die Lehmwand am Herd. Die fiebrigen Augen sahen in eine bessere Welt.

Leontine spürte den Blick von Frau Su und ihren Kindern in ihrem Rücken. Sie musste einfach etwas Tröstendes sagen. »Die Engel retten Tante Wen und die Kinder vor der Krankheit. Singt einfach mit, wenn die Engel wiederkommen. Das erfreut sie.« Leontine wandte sich rasch ab, ihre Augen füllten sich mit Tränen von Ungeduld und Scham, dass sie zu einer Notlüge gegriffen hatte.

Die Frau des Streckenwärters war damals zwei Tage nach dem Blutsturz gestorben. Es wäre sowieso so gekommen, hatten am Totenbett die Diakonissen gemurmelt, der Arzt hatte dazu mit zusammengepresstem Mund geschwiegen und seine Instrumente eingepackt. Leontine hatte gefühlt, dass er die fromme Lüge nur duldete, weil sie am Totenbett saßen. Später hatte er den Diakonissen Vorhaltungen gemacht, dass diese aus Bequemlichkeit nur sie junges Mädchen Nachtwache hatten halten lassen.

Aber Leontine würde ihre Leute nicht im Stich lassen, und würde es noch so anstrengend, wenn sie Hilfe beschaffte.

Frau Su kauerte noch immer vor dem Herd auf einem Hocker, ihr Blick wanderte zwischen Wen und dem Heilbuch hin und her. Leontine steckte es zurück in den Tragesack. Das einzige Fenster war im Winter mit Brettern verstellt, durch die nur wenig Licht hereindrang.

»Und nun zeig mir deinen Mann und deinen Schwiegervater«, sagte Leontine. Über dem Feuer zischelte ein Deckel auf einem der Erdtöpfe. Es roch nach Gemüsebrühe.

»Sie liegen auf dem Kang.« Frau Su deutete mit dem Kopf zum Durchschlupf in der Lehmwand neben dem Herd.

In der Ecke ragten lange Weidenruten über Flechtwerk in die Höhe. Solche Körbe wurden mit Ölpapier gedichtet, darin schafften die Bauern Pflanzenöl zum Markt. Der Familie des Korbmachers Su war die Missionsstation eng verbunden, drei Generationen hatten sich taufen lassen. Leontine bückte sich an der Kammer. Der älteste Sohn zog den aus Bohnenstroh gewobenen Vorhang weg. Frau Su folgte ihr.

Das kniehohe Bett aus Lehm wurde mit der Luft beheizt, die von der Glut nebenan durch die gemauerten Hohlräume strömte. In Decken gewickelt lag Großvater Hsien Su, der beim Kapellenbau geholfen hatte. Der alte Mann war einer der ersten Bauern gewesen, die sich in der Missionsstation hatten taufen lassen. Er konnte sogar den chinesischen Katechismus auswendig, wie ihn die Missionsgesellschaft den Bekehrten verkündete.

Seine Haut spannte über den hohen Wangenknochen, als er zum Gruß die Hand hob. Er konnte nicht sprechen, er war zu schwach. Alte Chinesen wie Hsien schienen ihr jünger im Gesicht zu sein als Männer mittleren Alters wie Pu. War das Fett aus dem Gesicht geschwunden wie beim Großvater Hsien, zog sich die Haut wie dünnes Leder glatt über den Schädel, fast wie bei einem Knaben.

Sein Sohn Pu neben ihm wachte gar nicht auf.

»Lieber Hsien Su.« Leontine beugte sich zu ihm hinunter, eine Strähne fiel ihr aus dem aufgesteckten Haar, die sie sich aus dem Gesicht hinter das Ohr strich.

Leontine holte das Heilkundebuch wieder aus der Tasche und klappte es auf. Frau Su wich einen Schritt zurück und blieb bei ihrem ältesten Sohn am Durchschlupf stehen.

Am Krankenbett musst du Mut zum Irrtum haben, mit Gottes Hilfe heilt sich der Körper selbst, sagte Friedbert immer. Doch ihr Gatte hatte gut reden, ihm, dem Manne mit dem imposanten braunen Bart und Brille, glaubten die einfachen Leute hier alles. Aber ihr? In China gab es nur gelehrte Männer, sie aber war eine Frau mit hellblonden Haaren und noch dazu jung.

Wenn sie nur wüsste, was diesen Menschen genau fehlte. Leontine suchte nach den Leitfragen. So hatte es ihr Vater gemacht, wenn er im Sommer Pflanzen bestimmte und immer richtig damit gelegen hatte.

»Das Fieber war also schnell.« Der alte Hsien Su hatte sicher das Gleiche wie Tante Wen, und die Kinder und der Sohn Pu auch. »Ist es morgens niedriger oder gleich?«

»Gleich«, sagte Frau Su am Durchschlupf.

»Haben die Kranken Hunger und Durst?«

»Nein.«

Im Herdfeuer nebenan knackte laut das Bohnenstroh.

»Trinken sie, wenn du ihnen gibst?«

»Ja, viel.«

Leontine blätterte die Seiten um. »Gibt es ungewöhnliche Anzeichen?«

»Anzeichen?« Die Stimme der Frau Su klang wie in Trance.

Schon wieder ein falsches Wort. Sie tippte sich mit den Fingern an die Stirn. Natürlich, es bedeutete hier im Dialekt ja böses Omen. Sie tat, als ob sie konzentriert im Buch läse. Dann lächelte sie. »Nein, nein. Ich will wissen: Schläft er wie immer oder nicht?«

»Er schwitzt, aber isst wenig, nicht mal mehr Reisbrei, den er sonst so gern mag«, sagte der älteste Sohn. Frau Su kauerte sich vor den Bettrand und strich über die Decke, die ihren Mann einhüllte.

»Warum hast du mir nicht gesagt, dass auch dein Mann krank ist? Dann wäre ich in der Nacht gekommen«, sagte Leontine. Auch wenn das wenig mehr genützt hätte als jetzt. Aber Leontine würde niemals wieder zu spät gegen eine Krankheit vorgehen.

Der älteste Sohn mit dem abstehenden Ohr deutete auf seinen Vater, der jetzt im Fieber den Kopf hin- und herwarf. »Heute Morgen war er noch nicht krank.«

»Frau Ma ist da«, sagte Frau Su, sie rüttelte ihren Mann an den Schultern. Der richtete den Kopf auf. Sein Blick verlor sich in den Balken unter dem Dachstroh. Feine Schweißperlen standen auf seiner Stirn.

Leontine trat einen Schritt an den dürren Mann heran. Der junge Pu Su war bleich unter der gelblichen Haut, roch säuerlich. Er atmete flach. »Was fehlt dir?« Leontine stand über ihn gebeugt.

Untersuchung des Leibes, riet ihr Heilkundebuch. Doch es war völlig undenkbar, als Frau den Leib des Ehemannes oder gar des ehrwürdigen Alten zu betasten, selbst wenn sie wusste, wie. Wenn doch nur Friedbert schon zurückgekehrt wäre. Aber es wäre ja nicht das erste Mal, dass sie als Missionarin ein Problem selber lösen musste, ihren Mann stehen würde. Fast hätte sie geschmunzelt, sie stand wirklich kerzengerade aufrecht mit dem Buch in der Hand wie Friedbert im Gottesdienst.

Pu Su flüsterte etwas, doch Leontine verstand die Silben nicht. Auch seine Frau, die sich vor die Nackenstütze aufs Bett gekauert hatte, zuckte nur mit den Schultern.

»Lass ihn schlafen.« Leontine führte die Hand vor ihren Bauch. »Habt ihr alle etwas Falsches gegessen?« Vielleicht war auch alles ganz anders, manches in China sah schlimmer aus, als es am Ende wirklich war.

»Es war kein faules Fleisch. Im Winter bleibt das Öl gut. Wir würden Frau Ma nicht holen«, sagte Frau Su.

Diese Menschen hatten keine Vorstellung von Hygiene. Auch wenn der Frost draußen vielleicht die Speisen konservierte, hier drinnen am Herd war es allemal warm genug, dass Fleisch oder ein Bohnenbrei verdarb.

Der älteste Sohn stand breitbeinig am Durchschlupf. »Alle schwitzen plötzlich, dann husten sie ein bisschen, manchmal blutig, aber es hört auf. Dann liegen sie da«, sagte er.

Frau Su traten Tränen in die Augen. Ihre Lippen zitterten geradezu. »Wir haben gebetet. Viele Vaterunser. Aber es hilft nicht«, brach es aus ihr heraus.

Gesundbeten schadete nicht, aber eine richtige Medizin war besser. Leontine würde ihnen jetzt Mut machen. Sie trat zur jungen Frau am Ofenbett und strich ihr über die Wange. »Du hast recht getan.«

Selbst wenn sie die richtige Diagnose stellen könnte, der Arzneischrank in der Mission war leider leer, den Nachschub aus der deutschen Apotheke in Tsingtau wollte Friedbert erst noch mitbringen. Aber so lange würde sie nicht warten.

Leontine legte Fröhlichkeit in ihre Stimme und nahm das Heilbuch. Die deutschen Buchstaben mochten den Su wie die Geheimzeichen eines Amuletts vorkommen. Mit dem goldgeprägten Ledereinband berührte sie die Köpfe der beiden kranken Männer. »Gott segne dich.«

Leontine ging an Frau Su und dem ältesten Sohn vorbei, schlüpfte mit dem Buch voraus durch den Bohnenstrohvorhang in den Hauptraum.

In der Schlafecke Wens kniete sie wieder. Sie berührte mit

dem Heilbuch die Stirn. »Gott ist mit dir.« Dessen blieb Leontine sich sicher. Immer. Daraus schöpfte sie auch jetzt wieder Kraft.

Eines der noch gesunden Kinder weinte leise hinter ihr. Großmutter Su legte dem Kleinen die Hand auf den Kopf. Leontine wusste nicht, ob die alte Frau da am Tisch noch begriff, was vor sich ging.

Irgendetwas musste sie zum Abschied sagen. Außer den Grundregeln fiel ihr nichts ein. »Koche für alle Hühnerbrühe.« Das war nie verkehrt. »Mit viel Salz und nur aus Schenkeln.« Halt, es musste besonders klingen. »Gebt keine Zwiebel in die Brühe. Nur Fleisch.«

Frau Su sank vor dem Herdfeuer auf den Hocker zurück. Ihr einfacher Holzkamm schimmerte im fahlen Licht. »Danke, Frau Ma.«

Sie wollte nach dem Kleidersaum haschen, aber Leontine trat schnell zur Seite. »Betet alle, wie es Meister Ma euch gelehrt hat.«

Auf dem Stroh in der Ecke hob Tante Wen langsam die Hand, doch sie deutete zur Lehmwand hinter dem Herd, sie lächelte selig die unsichtbaren Engel an. Dann fiel der dünne Arm zurück auf die Decke. Leontine erstarrte, doch Wen atmete ruhig weiter.

Frau Su verbeugte sich und führte Leontines Hand zu ihrer Stirn. Leontine nahm die Ehrbezeugungen hin. Es war sowieso nicht zu ändern. Als Frau eines Europäers, die noch dazu lesen konnte und über ein Haus und Dienerschaft verfügte, war sie in den Augen der Bauern mit der Frau eines chinesischen Beamten vergleichbar.

Der Älteste beugte sich nicht zu Leontines Hand. Er streckte sich und entriegelte vor ihr die Holztür.

Draußen im Hof waren im Winter die Hühner weggesperrt, auch die Türen zu den Nebengelassen waren verschlossen. Schnee lag auf dem Dunghaufen.

Das Jungengesicht war seltsam unbewegt, als sie an den fertig geflochtenen Körben vorbei zum groben Tor liefen.

»Hast du Schmerzen?«, fragte sie.

»Vater hat Schmerzen, ich nicht.« Er verneigte sich ganz schnell, dann kehrte er zurück.

Nur der Rauch aus dem Kamin über dem Strohdach verriet, dass hier im schlichten Lehmhaus neun Menschen lebten. Alle pilgerten sie sonntags zur Kapelle, wo sie ihr ganzes Vertrauen in den Gott der Christen setzten.

Du sollst nicht lügen.

War eine Notlüge eine Lüge? Hätte sie der Familie Su sagen sollen, dass sie nicht genau wusste, an welcher Art scheußlichem Fieber sie litten? Hätte sie sagen sollen, dass in der Missionsstation keine Medikamente vorrätig waren, die für eine Behandlung taugten?

Sie blinzelte in den grauen Himmel. Es war nicht der rechte Moment für eine Gewissenserforschung. Eine weiche Schneeflocke verfing sich in ihren Wimpern. Heute stand der Wind so, dass der Rauch aus den Kaminen zum unbewaldeten Berggipfel hinzog. Sie atmete einen Moment die frische Luft in der Dorfgasse. Die Lehmmauern verbanden sich zu schmucklosen Fronten. Sonst bellten hinter den Mauern Hunde, oder jemand hämmerte, doch der Schnee machte das Dorf still.

»Aus dem Weg, aus dem Weg!« Leontine trat zurück, der Knecht des Schmieds schob einen Karren mit Holz vorbei.

Im Winter werkelten die Männer in den Häusern. Die Familien schnitzten die Werkzeuge, der Hausrat an Holzlöffeln und Tellern wurde ergänzt. Manche Männer waren halbe

Künstler und verzierten sogar die Tragebalken wie an den feinen Häusern der chinesischen Kreisstädte.

»Gute Frau, warten bitte.« Missionsdiener Tschang nannte sie immer *Gute Frau*. Er rief sie vom Ende der Gasse und kam durch den Schnee herangestapft.

Leontine blieb am Dorfteich stehen. Der Blick in Gottes Natur schenkte ihr Ruhe. Schon immer hatte sie Enten gemocht, ob sie nun über die Warthewiesen bei Landsberg flogen oder wie hier auf dem Eis herumwatschelten. An der Seite floss noch Wasser. Die vielen gelbgoldenen Entenfüßchen bewegten es wohl zu sehr. Enten waren unterschätzt, sie galten als tollpatschig und träge. Dabei konnten sie elegant schwimmen und tauchen, sogar fliegen. Nur weil sie nicht gut zu Fuß waren, belächelte man sie. Wie der Mittelschullehrer in Landsberg, der sich über ihren Missionseifer lustig gemacht hatte. Aber nun war sie wirklich in die Kolonien gegangen und baute hier den Glauben auf. Sie hatte allen gezeigt, dass sie nicht nur daherredete wie so viele andere, sondern etwas tat.

Jedenfalls versuchte sie es aufrichtig.

Tschang kam heran und steckte die Fäuste in die Taschen. »Sie sollen nicht zur Schwester von Gärtner Wang gehen.«

»Wieso nicht?«

»Sie will nicht noch mehr Unglück«, Tschang sprach sehr langsam und leise.

»Sieh mich an«, sagte Leontine. »Was soll das heißen?«

»Sie hat Angst vor der Guten Frau.« Tschang sagte das mit einer Ruhe, als ob er einen siedenden Wassertopf vom Feuer nahm. Nur seine Narben waren in der Kälte blasser als sonst.

»Angst vor mir?« Leontine hatte der Frau nichts getan. Die Enten kreisten umeinander. Hirngespinste durften gerade jetzt nicht im Dorf einreißen. »Komm.« Sie lief voran. Tschi-En flocht Bastmatten mit ihrer Familie.

Tschang überholte sie. Eine Katze kreuzte vor ihnen im Schnee die Gasse und sprang eine Lehmmauer hoch. Zwei Frauen trugen Wassereimer zum Brunnen.

»Und wenn er zugefroren ist?«, rief die eine.

»Dann werfen wir einen schweren Stein hinunter«, antwortete die andere, »wie wir es immer machen. Hast du den letzten Winter schon vergessen?«

Leontine kannte das Dorf nur seit dem letzten Sommer. Da war es hier angenehm luftig gewesen, nicht so stickig und feucht wie in Tsimo drunten in der Ebene, wo ihr Mann zunächst noch für die Berliner Missionsgesellschaft gearbeitet hatte.

Tschang klopfte an ein einfaches Holztor.

»Wer ist da?«, rief eine Frauenstimme.

»Tschang und Frau Ma.« Die meisten Leute nannten sie so. Ihren Namen Makrat konnte kaum ein Chinese aussprechen.

»Wir machen nicht auf.«

Tschang hob die Augenbrauen und sah Leontine an. Dann klopfte er noch einmal. »Aber Frau Ma will mit dir sprechen.«

»Sie soll gehen.«

Leontine verschränkte die Arme. Noch nie hatte sie erlebt, dass eine Frau der Gemeinde sie nicht vorließ. Nun – dann fragte sie eben nach den anderen Gläubigen der Familie. »Frau Tschi-En, sind Eure Söhne schon zurück?«

Sie hörte einen dumpfen Schrei. Dann glitt Eisen über Holz, die Tür flog auf. Leontine sah durch den Mauerdurchlass. Drinnen hielt Frau Wang eine Forke vor ihrer grauen Jacke hoch und stierte sie mit aufgerissenen Augen an, wackelte dabei mit dem Kopf. Leontine sprang zurück in den Schneematsch, der ihr am grünen Kleid hochspritzte.

»Was gehen dich meine Söhne an? Mein Mann ist tot und mein Schwiegervater auch. Und meine Söhne, die liegen im Fieber. Das hast du doch gewollt, du Hexe mit deinem falschen Gott. Unheil bringst du mit deinem Gesang. Meine Familie ist krank, bei Su die halbe, Liu fiebert, seit sie bei dir in der Kapelle gesungen hat. Verschwindet, ihr Luftgeister.« Sie spuckte dreimal vor ihnen aus. Hinter ihr im Hof tauchte ein Mann in einem blauen Mantel mit roten Schriftzeichen auf. Dieser Geselle hatte ihr noch gefehlt! Der dürre Geomant weissagte für eine Flasche Reiswein und ein Brot den Dörflern die goldene Zukunft. »Schließ die Tür vor den Geistern, über die Forke können sie nicht fliegen«, rief er.

Das Holz knallte gegen die Wand, der Riegel fuhr eisern darüber.

Drinnen sang eine fistelige Stimme: »Drei Sterne geben Licht, drei Monde gibt es nicht, in der vierten Hölle habt ihr Platz …«

Leontine fuhr sich mit den Wollhandschuhen über die Stirn. »Tschang, ist sie wirklich Witwe geworden oder einfach irrsinnig?«

»Ihr Mann ist gestern gestorben. Sie fürchtet sich. Wenn sie jetzt noch die anderen Söhne verliert, muss sie von den Almosen ihrer Verwandten leben.« Tschang deutete mit dem Arm ins Dorf.

Hatte sie Tschi-En eben richtig verstanden? »Tschang, wer von der Gemeinde liegt noch danieder?«

Er wiegte sanft den großen Kopf. »In fast jeder Familie gibt es Fieber.«

»In jeder?« Leontine hielt Tschang am Jackenärmel fest. Das

war gestern noch nicht so. Sie versuchte, in dem narbigen Gesicht zu lesen. Weder lächelte er, noch zog er die Stirn kraus. Er war so ausgeglichen wie je. »Berührt dich das denn gar nicht?«

»Gute Frau, der Himmel schickt die Krankheiten wie den Schnee und den Regen.«

Beinahe hätte Leontine gelacht. Meinte er nun den siebenförmigen Himmel der Chinesen oder das Himmelreich von Jesus Christus?

»Das sagt selbst Meister Ma.«

Der Tragesack mit dem Heilkundebuch rutschte ihr von der Schulter. Sie griff danach, sonst wäre er in den Schnee gefallen. »Schickt der Himmel jeden Winter so viel Fieber?« Vielleicht war alles viel gewöhnlicher, als sie fürchtete. Angst war kein guter Ratgeber.

»Fieber gibt es sonst im Frühjahr, wenn die Saat ausgebracht wird.«

Das wunderte sie nicht, die Menschen standen den ganzen Tag im feuchtkalten Ackerland. »Ich verstehe das nicht, Tschang.«

Hinter dem letzten Haus der Berggasse führte ein Pfad hinunter zur Missionsstation. Die Schatten der karstigen Bergfelsen ragten höher als sonst auf, vielleicht lag es daran, dass die Schneewolken dichter wurden. Bald würde es kräftig schneien. »Aber falls ein Kranker im Gottesdienst gesessen hatte, dann könnte er wirklich schon die anderen angesteckt haben.« Zwei Stunden saßen alle eng beisammen.

»Was heißt angesteckt?«, fragte Tschang.

Ein Keim grassierte hier. Ein Keim, der in ihrer Gemeinde die Runde machte. Vielleicht war die Witwe Tschi-En doch nicht ganz irr. »Dass einer die Krankheit an andere weitergegeben hat.«

»Aber warum haben sie denn die anderen genommen?«, fragte Tschang.

Aber wie sollte Tschang sie verstehen, die Chinesen hatten eine solch andere Auffassung von Krankheit. Die Apotheken, die sie in Tsimo gesehen hatte, waren ihr eher wie die Sammlung eines Raritätenkabinetts erschienen. Getrocknete Haiflossen und Schlangenköpfe wurden dort als Medizin verschrieben. »Lass uns Meister Ma eine Nachricht nach Tsinanfu schicken.«

Friedberts kräftige Hände heilten, das hatte sie selbst schon erfahren. Er musste möglichst rasch erfahren, was im Dorf vor sich ging. Wie leicht hatte der Geomant die Frau, die schon lange in der Bibelstunde saß, vom rechten Glauben abgebracht. Die heidnischen Vorstellungen saßen so tief.

Auf den Lehmmauern saßen Krähen. Wenn die Menschen hier glaubten, der Tod ginge von der Mission aus … »Du bringst nachher Heilmittel zu den Gemeindemitgliedern, Tschang.« Sie würde jetzt den letzten Hustensaft ausgeben, danach war der Schrank eben leer.

Leontine sah nach Süden ins Tal auf die schneebedeckten Felder, die kahlen Apfelbäume, die im späten Licht schon braunschwarz aussahen. Sie hätten zu Hause stehen können. Nur hätte sie dann die leer gewehten Felder auf der anderen Wartheseite im Winterlicht gesehen und nicht die weiß verdeckten Äcker des Dorfes vor den Felsen des Gebirges.

Vielleicht schickte ihr der Herr diese Krankheitswelle zur Prüfung.

Mochte sie auch kein Arzt sein, so fürchtete sie weder Anstrengung noch weite Wege. Und war auch nicht zu stolz, andere um etwas zu bitten. Sie könnte einen Arzt mit Medikamenten von der Hauptstation in Tsingtau herholen. Wozu unterhielt die Missionsgesellschaft dort eigens das Faber-Hospital für die einfachen Chinesen? Wenn die Apotheke dort nichts kostenfrei herausgab, dann würde sie notfalls bei der Marine betteln gehen. Für die Soldaten hatte das Deutsche Reich in Tsingtau ein neues Hospital errichtet. Es war in aller Munde beim Gouverneursempfang in Tsingtau gewesen, den sie mit Friedbert kurz nach ihrer Ankunft in China besucht hatte.

Ihr Entschluss stand fest. »Und wenn du allen etwas gebracht hast, Tschang, dann fütterst du die Maultiere und machst sie reisefertig.«

Sein Kopf wackelte auf den Schultern hin und her, dann sagte er mit leiser Stimme: »Im Winter ist weder guter Weg noch gute Herberge zu finden.« Tschang drehte sich ganz zu ihr hin. »Ich kann die Tiere nicht satteln, die Gurte sind zerschlissen.«

Kapitel 7

Tsinanfu, am Westtor – 26. Januar 1911

Ihr Vater raffte den grauen Seidenmantel an den Knien und stieg in die Kutsche, innen war der einfache Wagen behaglich ausgepolstert. Chou-Li hatte wie ihr Vater auf jeden Prunk verzichtet. »Warum verbauen sich die Europäer nur die Sicht auf den Himmel?« Auch die Deutsch-Asiatische Bank im Ausländerviertel in Tsinanfu, der Hauptstadt der Provinz, ragte vier Stockwerke auf.

»Die Europäer sind dumm. Dabei leben wir seit Jahrtausenden unter dem chinesischen Himmel und nicht sie. Sie verachten uns, nur weil wir nichts dagegen unternehmen, dass sie in chinesischen Städten ihre Handelshäuser errichten oder in unseren Provinzen die Eisenbahnen bauen.« Ihr Vater lachte wie über Kinder. »Der Direktor ist einer der wenigen Klugen, der sich nichts auf die internationale Polizei einbildet, die hier in den Straßen der Westvorstadt die Aufsicht führt, oder auf die sonstigen Machtdemonstrationen der Europäer.«

Chou-Li ließ die Vorhänge vorm Fensterchen zurückgleiten, als der Wagen losrollte. Vater wollte nicht erkannt werden, wenn er mit ihr ausfuhr. Denn er hielt nichts davon, sich dem Leben außerhalb der Palastmauern zu verschließen. Nichts lehre besser den Wandel der Welt als ein Blick auf einen Nachmittagsmarkt voller Händler und Handwerker. »Ich danke dir für diese Ausfahrten, Vater. Sie … sie sind so lehrreich.«

»Hinter der Vielfalt der Dinge verbirgt sich einfache Wahrheit.« Sun Pau fasste ihre Hand. »Hinter dem Chaos liegt die Einfachheit, man muss es nur sehen wollen. Selten vollzieht sich zwischen Menschen mehr als ein Tausch. Der eine hat etwas, das der andere will.«

Chou-Li drehte leicht den Kopf. »Und was hatte der Direktor mit dir getauscht?«

Ihr Vater drohte mit dem kleinen Finger, und konnte doch nicht anders als lachen. »Du kleiner Teufel. Spielst die Unwissende und setzt den Pfeil ins Schwarz der Scheibe.«

Chou-Li griff zu einem Körbchen mit Teigrollen vor ihren Füßen und bot ihm an.

Die Hand ihres Vaters schwebte über dem Körbchen. »Was meinst du? Habe ich Geld hingebracht oder geholt?«

Sie lächelte. Das war einfach. »Hinbringen: Das heißt die

Deutschen kaufen. Holen: Das bedeutet, sich von den Deutschen kaufen lassen.« Aber Vater würde sich niemals von den Ausländern bestechen lassen. Sie griff noch einmal in den Korb. »Dich konnten nicht einmal die Eunuchen im Kaiserpalast zu Peking mit Silber gewogen machen. War dieser bärtige Direktor einfach genauso gierig und leicht käuflich wie deine Kreisbeamten in Schantung?«

Vater schloss die Augen. Er schien die Würze der Pilzfüllung zu genießen. Die Kissen wärmten trotz der Kälte draußen.

»Nein, er ist sehr anders.« Ihr Vater lachte auf. »Er ist ehrlich und gewissenhaft.«

Prüfte er sie mit einem Scherz? Chou-Li senkte die Lider.

»Doch, Kind. Er tauscht mir das Silber in Geld der Deutschen und zahlt es für mich auf das Konto von *Kapahnke & Co* in Tsingtau ein, der mit Telegrafenkabeln handelt. Der Direktor begreift nur nicht, was er damit wirklich für mich tut.«

Chou-Li legte den Deckel auf das Körbchen. »Der Europäer denkt wohl, dass du Steuergelder unterschlagen habest.«

»Was sonst? Sie haben ihre Vorurteile gegen den gelben Mann, vergiss das nicht.«

»Du hast den Kauf der Telegrafen nicht vom Schatzamt ausführen lassen, damit niemand in Tsinanfu und in der Provinz sich anschließend fragt, warum keine neuen Telegrafenlinien gebaut werden. Und für das deutsche Geld beschafft dir der Händler aus Tsingtau alles, was du für die Selbststärkung Chinas wirklich haben willst.«

»Ich sage doch, dass es einfach ist. Sieh hinaus, Tochter. Und du begreifst, warum das nötig ist.«

Chou-Li blickte durchs Fenster. Die Kutsche bog gerade auf den Platz vor dem Bahnhof ein. Vor den Nebengebäuden stapelten sich Getreidesäcke, Bauholz, Petroleumfässer, Kohlen,

Erdnüsse und Strohgeflechte. Aber nur wenige Bauern und Händler waren noch zu sehen, die auch schon ihre Waren auf Karren luden. Zu dieser Zeit? »Es ist viel zu leer auf den Straßen, Vater.«

Die Braue über seinem größeren Auge hob sich, er beugte sich zum Fensterchen – und schrak zurück. »Nu-Ang!«

»Ja, Herr?«, rief der Kutscher.

»Nimm den kürzesten Weg zurück in den Palast. Schnell.«

Chou-Li hörte die Peitsche knallen. Der Wagen schwankte. Sie hatten eben die Pflasterstraße der internationalen Niederlassung verlassen, die noch nicht bis ans Westtor der Inneren Stadt reichte. Das Gesicht ihres Vaters hatte sich in die reglose Maske verwandelt, die er bei Audienzen im Palast den Bittstellern zeigte. Chou-Li spähte durch die Vorhänge. Aber sie fand keine Erklärung draußen. Vater schwieg, sie durfte jetzt nicht fragen. Ob die Diener am Ende recht hatten …

Sie rollten über eine sandige Straße an der jahrhundertealten Stadtmauer entlang. Kleine Steinhäuser säumten den Kanal, die Geschirrmacher und Kesselschmiede hausten in diesen Gassen vor dem Westtor. Davor fiel die steinige Böschung flach ab zum Ufer des Ringkanals. Selbst die Bettler in Lumpen, die sonst im Wassergraben mit Stangen fischten, waren verschwunden. Da! »Am gemauerten Brückendamm drängen sich Menschen über den Kanal.«

Ihr Vater hob den Zeigefinger, schwieg aber weiter.

»Passt auf eure Füße auf«, schrie sein Kutscher den Menschen draußen zu. Vor den Fensterchen drängelten sich Köpfe. Sie fuhren in den Torweg ein. Der Wagen schwankte sehr.

»Nu-Ang versteht genug von Pferden, sorge dich nicht.« Vater legte kurz die Hand auf ihr Knie. Sein Leibkutscher war angeblich von seiner mongolischen Mutter auf einem Pferd geboren worden. Chou-Li mochte ihn nicht besonders, er roch immer sehr streng nach Pferdemist.

Chou-Li strich eine Haarsträhne zurück, die sich gelöst hatte.

Vater fasste sie bei der Schulter. »Lehne dich zurück. Man darf dich nicht sehen.«

Sie rollten durch das Westtor in die Innere Stadt von Tsinanfu. Bei seinem Amtsantritt hatte ihr Vater die Haupthandelsstraße nach dem Vorbild der Europäer pflastern lassen. So viel einfaches Volk, gerade hier in den teuren Straßen?

»Die weißen Lampen brennen schon. Es ist zu früh.« Vater sprach leise und langsam. Das hieß, sie durfte wieder Fragen stellen.

Vater hatte die Händler der Straße mit sanftem Druck davon überzeugt, freiwillig die Masten und Drähte zu bezahlen, als die Europäer in der Westvorstadt das Stromwerk bauten. Die größte Plage nach dem Wasser war für eine Stadt das Feuer. Wozu hätte er noch Tausende von Straßenlaternen dulden sollen? »Dann haben unsere chinesischen Handwerker, die sich mit dem unsichtbaren Feuerfunken auskennen, die Lampen entzündet.«

Sie rollten an den Läden der Seidenhändler entlang, im Abendlicht der Glühbirnen schimmerten nur noch die Seidenbanner über den verrammelten Türen. »Oder die Händler haben dafür gesorgt, weil so viel Volk durch die Straßen drängt … Die Auslagen sind alle weggeräumt.«

In einer Rikscha saß ein dünner, blonder Missionar, der die Menschen in der Straße um Haupteslänge überragte. Doch niemand scherte sich um den Mann im schwarzen Rock.

»Wollt ihr wohl aus dem Wege laufen?«, rief Nu-Ang heiser.

»Draußen stehen die Leute dicht an dicht. Alle schreien

durcheinander.« Chou-Li versuchte zu verstehen. »Sie wollen zum Tempel?«

Vaters Hand ruhte an seinem Kragen. »So schnell ging es noch nie …« Seine Augen wanderten über seine Füße, das Körbchen, die Kutschtüren und zurück.

Die Menschen stießen einander an, rissen die Arme in die Höhe, Zweier-, Dreier-, Fünfergruppen standen sich gegenüber, zeterten miteinander. »Alle wollen zu den Quellen.« Chou-Li hatte dorthin noch keinen Ausflug machen dürfen, weil zu viele übel beleumdete Häuser in der Gegend Männer empfingen. »Was wollen die Menschen dort?« Es gab dort ein großes Steinbecken, mehr wusste sie nicht. »Du verbirgst deine Sorgen sonst besser, Vater. Du schweigst, wie du es nur tust, wenn du die geheimen Nachrichten aus dem Palast in Peking liest.«

Vater holte Luft. »Die Quellen sind in einem alten Bassin gefasst und sprudeln auf wie siedendes Wasser. Es ist kristallklar und kalt wie die Nacht.«

»Weg da!« Nu-Angs Peitschenknall durchbrach draußen das Geschrei. Sie wurden hin- und hergeschüttelt. Doch der Wagen rollte nicht mehr.

»Shen lässt es holen, für die Tees, die sie trinken soll«, sagte Vater.

Tante Shen und ihre ewigen Krankheiten. »Dabei wird sie so alt wie die Erdgöttin, wenn sie sich nicht vorher mit den hundert Pülverchen aus der Apotheke vergiften lässt.« Chou-Li konnte sie nicht mehr ernst nehmen.

Ihr Vater schlug die Augen nieder und legte die Hände wie zum Gebet vor das Herz. »Das Volk glaubt, dass die Quellgöttin mit ihrem Liebreiz den Zorn des Himmels besänftigen kann, weil sich im Wasser der Quelle die Schönheit der Göttin spiegelt. Und der Pestgott dann von den Menschen abgelenkt wird.«

Chou-Li fuhr sich mit beiden Händen an den Hals. »Die Pest! Also ist es wahr, was die Diener seit gestern jammern. Auf den Dörfern werden ihre Verwandten hinweggerafft.«

»Tochter. Ich habe dich denken gelehrt. Enttäusche mich jetzt nicht.« Vater schaute direkt in ihre Augen. »Was sagt dir der Auflauf dort in der Messergasse wirklich?«

Im Halbdunkel des Wagens konnte er hoffentlich nicht erkennen, dass sie errötete. Chou-Li sammelte sich und nahm ihre Finger zu Hilfe, zählte am Daumen, am Zeigefinger. »Wenn ... die Schwestern der Diener in den Dörfern sterben und die Brüder der Dienerinnen auch, dann ... suchen die Leute aus der Stadt dort auch Wasser für ihre Eltern und Kinder ...« Sie schaute hoch, Vater nickte schon. »Dann wütet der Pestgott bereits in unserer Stadt Tsinanfu!«

»Seine Rache kam noch nie so schnell vom Land in die Stadt. Ich hatte vergeblich gehofft, dass das Innere der Provinz verschont bliebe und die Krankheit nur in den Hafenstädten aufflamme. Die Deutschen haben mit ihren Befürchtungen recht behalten.«

Die Deutschen? Vater musste ihr Korrespondenz vorenthalten haben.

»Lass die Vorhänge nieder.«

Chou-Li löste die Bänder an den Vorhängen, sie saßen fast im Dunkeln.

Vater klopfte an das Fensterchen vorn zum Kutschbock. »Nu-Ang, warum fährst du nicht weiter?«

»Die Menschen versperren die Messergasse, Herr.«

»Kehr um, fahre einen anderen Weg.«

Die Peitsche knallte, der Wagen ruckelte schwer mit Schlagseite. Chou-Li fasste rasch nach dem Körbchen zwischen ihren Füßen. Die Vorhänge fielen weit zurück vom Kutschenfenster.

»Der Gouverneur!«, schrie eine heisere Männerstimme vor der Kutsche. »Da drin sitzt der Gouverneur!«

»Wasser, wir wollen ans Wasser der Göttin.« – »Preistreiber!« – »Er hat das Nordtor sperren lassen.« – »Nieder mit den Tsing-Beamten!«

Der Wagen drehte abrupt, das Holz knirschte, als ob es berste. Chou-Li wurde an die Brust ihres Vaters geschleudert.

»Der Gouverneur beschützt die ausländischen Teufel, denen wir den Zorn des Himmels verdanken.« – »Er hat Schuld!« – »Er bringt uns die Pest!«

Der Wagen geriet immer mehr in eine Schieflage, er kippte fast um. Chou-Li klammerte sich an der Brust ihres Vaters fest.

»Keine Angst, wir fallen nicht um. Nu-Ang beherrscht das.«

Wieder knallte die Peitsche, Menschen schrien auf, Nu-Ang drosch damit auf die Leute vor den Pferden ein, damit sie den Weg frei machten.

»Ich habe keine Angst«, flüsterte Chou-Li leise, nur hellwach, hellhörig war sie.

Für einen Augenblick kam das Licht der Straßenlampen ganz nah. Ihr Vater stützte sich am Wagenkasten, hielt sich ganz aufrecht.

»Nieder mit dem Tsing-Gouverneur!« – »Der Pestgott rächt alles.«

Steine flogen gegen die Kutsche. Etwas Schweres prallte auf das Dach und rollte polternd nach hinten weg.

»Aus dem Weg, Platz für den Diener des Kaisers!« Nu-Ang schrie und schrie. Die Peitsche knallte unaufhörlich in der Luft.

Dann rollte der Wagen mit einem Mal schneller, die Stimmen wurden leiser. Das weiße Licht verschwand. Sie mussten von der Seidenhändlerstraße abgebogen sein.

Vater saß ganz aufrecht mit geschlossenen Augen. Er hatte sich in Meditation versenkt.

Chou-Li wollte es ihm gleichtun, aber sie konnte die aufgerissenen Münder und Augen vor den Kutschfenstern nicht so schnell aus ihren Gedanken verbannen.

Dann stand die Kutsche still.

»Waren für den Yamen«, rief Nu-Ang. Der Wagen rollte holpernd weiter.

»Wir fahren in den Hof der Wachkaserne«, sagte Vater leise. »So weit ist es in China schon gekommen, dass ein Gouverneur der Tsing-Kaiser seinen Palast durch den Kücheneingang betreten muss.«

Der Wagen hielt. Sie hörten den Kutscher vom Bock springen. Sein Schatten beugte sich vor der Tür. Chou-Li hatte sich so in die Polster gesetzt, dass Vater an ihren Knien nicht vorbeikam. »Was wirst du gegen die Pest unternehmen, jetzt, wo sie schon in der Stadt ist?«

»Kind, gegen die Plagen, die der Himmelskaiser schickt, können wir Chinesen nichts unternehmen.« Er wies mit der flachen Hand zur Tür. »Deshalb werde ich unsere deutschen Feinde zwingen, uns zu helfen. – Und nun steige aus. Es ist sehr kalt.«

Chou-Li stieg vorsichtig mit ihren Lilienfüßen auf den Hocker, den der Kutscher draußen vor sie hingestellt hatte. Im Hof wichen die Schatten der Diener zurück. Nur ein Huhn gackerte erschreckt vom abendlichen Auftrieb im Stall.

Vater war ein unerbittlicher Lehrer. Seine Aufgabe war hart. Und Chou-Li hatte keine Ahnung, was er mit seinen Worten gemeint haben könnte.

Kapitel 8

Bahnhof Lan Tsun – 27. Januar 1911

Endlich am Bahnhof!« Der Dorfsattler hatte die Gurte der Maultiersattel repariert. Leontines Drängen und Bitten war nicht umsonst gewesen, obwohl auch dort die halbe Familie krank daniederlag. Viel Zeit hatten sie verloren, für den Umweg, weil die Brücke vom Fluss weggerissen worden war. Leontine drehte sich vorsichtig im Sattel. Viele Bahnhöfe der *Schantungbahn* lagen recht weit außerhalb der Orte, was auch immer die Ingenieure sich dabei gedacht haben mochten. Leontine war froh, dass sich das Tageslicht noch nicht neigte. Der Schlamm auf der Landstraße hatte den Maultieren Mühe gemacht. »Der Stationsvorsteher wird wissen, wann der nächste Zug kommt.«

Ohne Tschangs Hilfe hätte sie den Weg nach Tsingtau niemals auf sich nehmen können, aber er ließ es sie nicht spüren. Leontine drückte vorsichtig den Rücken durch, wieder fühlte sie einen dumpfen Schmerz im Leib. Aber noch mehr die lahmen Beine.

»Ja, Gute Frau.« Tschang hielt sein Maultier vor dem Bahnhofsgebäude an.

Das hätte auch in der preußischen Provinz stehen können. Weiß gekalkte Wände zwischen den mit rotem Backstein eingefassten Fensterbögen leuchteten im trüben Winterlicht. An der Stirnseite des Hauses prangte der Stationsname *Lan Tsun.* Nur die Wiederholung in chinesischen Zeichen daneben erinnerte daran, auf welchem Kontinent die deutsche *Schantungbahn* fuhr. Bis auf die nach oben gezogenen Enden des Pagodendachs sah alles aus wie zu Hause. Leontine fasste wieder Zuversicht.

Auf dem Vorplatz kam ein Offizier der Bahnpolizei auf sie zu. Sein hochkrempiger Hut ähnelte denen der chinesischen Beamten, von der Mitte fiel ein aus Stoffschnüren gebündelter Schweif herab. Die Schulterklappen und Tressen waren in Gelb auf der blauen Uniform abgesetzt.

Der Chinese baute sich vor ihr auf, Tschang ignorierte er. »Der Bahnhof ist für Handelsverkehr gesperrt.« Der Mann hielt die Hand lässig auf dem Schlagstock.

»Ich bin keine Händlerin, ich gehöre zur Berliner Missionsgesellschaft.« Leontine sprach mit Absicht laut und gebieterisch.

»Wohin wollen Sie?« Der Bahnpolizist sprach erstaunlich gutes Deutsch, wie man es oft bei den Angestellten der *Schantungbahn* fand, weil der Bahnbetrieb in der Sprache der Heimat abgewickelt wurde. »Nach Tsingtau zur Hauptstation der Mission.«

»Reisende brauchen eine Genehmigung der Behörden in Tsingtau oder vom deutschen Konsulat in Tsinanfu.«

»Wie soll ich denn eine Erlaubnis einholen? Ich komme von der Außenstation in Pang Kia Lan.« Sie drehte sich um, wobei ihr die Kapuze vom Kopf rutschte. »Dort, weit hinter den Hügeln.«

»Ich weiß schon, wo das ist«, sagte der Polizist und ging um die Maultiere herum. »Was ist in den Körben? Handelsware?«

Leontine legte die Zügel aus der Hand. »Zeig ihm meinen Koffer und die Tasche.«

Tschang stieg langsam von seinem Tier. Er verneigte sich vor dem Offizier. Ein hoher Hut flößte ihm Respekt ein. Dann hob er die Decken über den Körben. Der Bahnpolizist ließ sich Zeit zur Inspektion.

»Ich muss den Vorsteher fragen.« Der Polizist ging zur Tür, neben der auf einem Emailleschild *Eingang* stand.

Leontine öffnete ihre wattierte Jacke und nestelte ein paar Käsch aus ihrer Gürteltasche. Sie winkte Tschang, der die Decken zurück über die Körbe schlug. »Hier, schau, ob der Bohnenbrei bei dem Garkoch da vorne etwas taugt oder was er sonst noch hat.«

Tschang nahm die Münzen. Leontine stieg ab. Wenigstens ein Telegramm abzuschicken, das konnte ihr selbst der Stationsvorsteher nicht verwehren.

Da winkte sie der Offizier schon ins Gebäude. »Sie sollen hereinkommen«, rief er.

Tschang schlug schon die Decke zurück. »Ich lade das Gepäck ab, Gute Frau.«

Leontine war froh, dass der Vorplatz mit Steinpflaster belegt war, von Matsch und Schlamm hatte sie genug.

Im Empfangsraum liefen Holzbänke an den Wänden vor einer mannshohen Holztäfelung entlang. Niemand saß darauf. Die Wände waren sauber gekalkt. Am Fahrkartenschalter teilten Sprossen das Fenster in neun Felder, unten in der Mitte war eines geöffnet. Leontine legte ihre Hand auf das Brett davor. »Guten Tag, ich möchte …«

»Kommen Sie doch bitte herum, es ist offen«, rief es aus der Tiefe des Raumes dahinter.

Leontine bemerkte jetzt erst, dass etwas weiter eine Tür offen stand. Darüber waren in Schwarz *Telegraph* und ein paar Schriftzeichen auf den Putz geschrieben.

Der Vorsteher war ein Chinese mit langem Zopf und hoher Stirn. Er trug die graue Uniform der *Schantungbahn*, bauchige

Hosen, die eng gewickelt an den Waden über schwarzen schlichten Stoffschuhen endeten. Er hielt einen weißen Papierstreifen in der Hand, der aus einem kleinen schwarzen Gerät lief.

»Kommen Sie nur herein. Ich lese gerade den Fernschreiber.«

Leontine hatte einen Telegrafen noch nie in Arbeit gesehen. Ruckweise zuckte das Papier. Das schwarz lackierte Gerät war etwas größer als Friedberts Schreibmaschine. Es stand auf einem Pult. Papiere klemmten an Brettern auf allen vier Seiten des Raumes.

»Ich muss nach Tsingtau weiterreisen«, sagte sie.

»Kein Zug fährt! Die Stadt ist wegen der Pest abgeriegelt.«

»Oh Gott.« Leontine taumelte gegen den Türrahmen. Alles ergab plötzlich einen Sinn. Die Leichname in der Nacht … Das Dorf hatte damit den Pestgott besänftigen wollen, der keine Beerdigung unter der Sonne duldete. Aber dann waren ja all die Kranken im Dorf …

»Was ist mit Ihnen?« Der Stationsvorsteher trat an sie heran. »Wussten Sie das nicht?«

Tränen liefen ihr aus den Augen. »Nein.« Sie brauchte eine Weile, um sich wieder zu fassen.

Die Pest, der Schwarze Tod … Es gab in Asien viele Formen der Krankheit, nicht alle waren so schreckliche Epidemien wie im Mittelalter. »Aber ich muss meiner Gemeinde helfen. Ich muss nach Tsingtau.«

»Niemand darf ohne Genehmigung auf deutsches Gebiet einreisen.«

Sie musste es schaffen, irgendwie. Das war sie Friedbert und der Gemeinde schuldig.

»Dann muss ich sofort ein Telegramm an die Hauptstation der Mission in Tsingtau aufgeben.«

»Es tut mir leid. Wir dürfen zurzeit nur Diensttelegramme und welche der Gouvernementsverwaltung durchgeben. Die Stationen sind nur mit wenigen Männern notbesetzt.«

Leontine lehnte sich gegen die Wand. Sie spürte den geriffelten Rahmen des Schalterfensters am Hinterkopf. Die Jacke hing auf ihr wie Blei. Sie war nicht durch Schneeregen geritten, um jetzt hier umzukehren. *Seid fest, nicht nur im Glauben, auch in der Tat.* Pfarrer Surennes melodische Stimme klang in ihr auf.

Sie stellte sich aufrecht vor den Stationsvorsteher und schlug die Tonlage einer strengen Sündenpredigt an. »Diese Drähte an der Bahn entlang werden doch durch drei, vier Worte nicht verstopfen.« Ein wenig senkte sie die Stimme, um ihr mehr Autorität zu geben. »Die Belange der Missionen in Schantung sind Belange des deutschen Gouvernements.«

Der Mann verschränkte die Arme vor der grau uniformierten Brust. »Davon steht nichts in den Vorschriften.«

»Der Kaiser persönlich hat das Reich zu unserem Schutzherrn erklärt. Gouverneur Truppel hat meinen Mann empfangen.« Leontine wich seinem Blick nicht aus, sollte er doch die Stirn in Falten legen. »Ich gebe jetzt zwei Telegramme auf. Eines an Herrn Missionar Friedbert Makrat im amerikanischen Hotel in Tsinanfu, eines an die Hauptstation der Berliner Mission in Tsingtau.« Sie legte ruhig die Hand an den Türrahmen. »Sollte man Ihnen deswegen Schwierigkeiten machen, spricht mein Mann persönlich mit dem Gouverneur.« Mehr offizielle Titel und Orte fielen ihr nicht ein.

Der Telegraf ratterte los. Der Bahnvorsteher wandte sich um. Am Gerät zog er den Papierstreifen breit auseinander, wie es die Chinesinnen mit den Glasnudeln taten. Dann ruckte das Gerät nicht mehr. Er riss den Streifen mit zwei Händen ab und hängte ihn über eine Stange zu anderen Schlaufen, die bis zum Boden reichten. »Wir fahren nach Sonderfahrplan«, sagte er dabei. Dann drehte er sich um und deutete eine Verbeugung an. »Aber zurzeit nur bis zur Grenzstation Syfang. Wer weiß, wann Sie Antwort auf ein Telegramm bekommen würden. Sie können hier ja nirgends übernachten. Ich lasse Sie fahren, wenn Sie mir Ihren Namen geben.«

»Ich bin Frau Missionar Friedbert Makrat.« Auch wenn sie es immer ärgerte, dass ihr Vorname nicht offiziell genannt wurde, hier war es besser, wenn sie ganz förmlich blieb.

Der Stationsvorsteher notierte alles auf einem weißen Blatt. »Sie haben Glück.«

»Glück? Das wäre schön.«

»Der Kohlezug ist eben in Kiautschou abgefahren. Wer weiß, wann der nächste Zug genehmigt wird.«

»Aber das ist ein Güterzug, nicht wahr?«

»Wegen der Pestabsperrungen an der Grenze fahren keine Personenzüge, deshalb hängt ein Personenwagen an. Allerdings nur erste Klasse.«

Das würde teuer, aber die Umstände rechtfertigten die Ausgabe. »Nun denn.«

Der Bahnvorsteher trat an einen Kasten neben dem Fenster. Dort waren in Griffhöhe die Billetts aus festem Karton nach Klasse I bis IV und Hin- und Rückfahrt aufgereiht. Seine Hand schwebte über der ersten Reihe oben.

»Mit Rückfahrt, bitte«, seufzte Leontine.

Der Vorsteher drehte sich um. »Bleiben Sie lieber in der Stadt. In Tsinanfu soll es schon tausend Tote geben.«

Oh Gott, Friedbert war zur Tagung in der Stadt. »Sind Sie sicher?«

»Niemand weiß etwas Genaues.«

Dann gab es Hoffnung, dass sie ihn wiedersehen würde. Die Missionare hatten die Konferenz bestimmt sofort abgebrochen. Friedbert war sicher längst aus der Provinzhauptstadt unterwegs zum Dorf.

»Die Verwaltung wird den Bahnverkehr wohl bald ganz einstellen.« Der Stationsvorsteher reichte ihr das Billett für eine einfache Fahrt.

Leontine holte ihre Börse aus der Gürteltasche und zählte ihm das Geld auf das Brett vor dem Schalterfenster. So viele Silberdollar für die kurze Strecke.

In der Ecke über der Tür zum Bahnsteig schlug ein Metallarm gleichmäßig gegen eine Messingschelle. Tschang griff sich schon ihr Gepäck. Leontine faltete den Brief an Friedbert in ihrer Hand.

Der Bahnvorsteher kam aus seinem Büro, er trug die Abfertigungskelle mit dem rot-weißen Kreis in der Hand. »Der Kohlezug läuft auf Gleis zwei ein.« Er schloss die Tür zum Bahnsteig auf.

Leontine folgte ihm. Es schneite ganz leicht, sie wunderte sich, dass sie nicht fror. Der Bahnpolizist hatte Gesellschaft von zwei Kollegen bekommen. Je einer sicherte ein Ende des Bahnsteigs.

»Der Erste-Klasse-Wagen hängt ganz hinten an«, rief der Stationsvorsteher.

Telegrafenmasten säumten den Bahndamm, die Leitung beschrieb einen weiten Bogen bis zum Horizont. Dort erspähte Leontine ein kleines, dunkles Wölkchen.

Tschang legte die Hand ans Ohr. »Der Zug pfeift wie die blauen Elstern am Dorfteich.«

Hinter ihr dröhnte es, als ob ein schwerer Stein zu Boden falle. Im kleinen Stellwerk warf ein Arbeiter mit beiden Händen schwere Hebel nieder. Vorn am Bahnsteig senkte sich das Signal auf Halt.

Dann sahen sie den Kohlenzug. Die Lokomotive schnaufte schwer.

»Funken! Das Gleis sprüht.« Tschang ging in die Hocke. »Onkel Wu hat nicht gelogen.«

Der Bahnvorsteher lächelte kurz, dann rauschten schon die schwarzen Lorenwagen an ihnen vorbei. »Lan Tsun, Lan Tsun«, schrie der Bahnvorsteher und winkte mit der Kelle.

Aus dem Erste-Klasse-Wagen schaute ein Kopf. Niemand stieg aus. Leontine ging zum Trittbrett. *Schantung-Eisenbahn-Gesellschaft* stand in gelber Schrift auf blauem Grund, darüber die chinesischen Schriftzeichen. Ein Waggon aus dem Reich, fast schon ein bisschen Heimat. Sie wandte sich um. »Vielen Dank, Tschang, für die Begleitung. Erzähle Meister Makrat alles und gib ihm meinen Brief sofort, wenn er heimkommt.« Wenigstens für ein paar Zeilen hatte die Wartezeit gereicht. Sie steckte das Papier Tschang an den Aufschlag der Jacke.

Sie stieg ein. Tschang reichte ihr die Ledertasche. »Der kleine Koffer …«

»Den nehme ich.«

Eine behaarte Männerhand in blütenweißen Manschetten griff an Leontines Kopf vorbei nach dem Koffer. Im nächsten Moment war er auch schon im Waggon.

Ehe Leontine Tschang winken konnte, warf der chinesische Bahnvorsteher von außen die Tür zu. Dann gellte ein Pfiff.

»Frau Makrat, welch Überraschung!«, rief eine männliche Stimme ihr zu.

Das leicht rollende R war unverkennbar.

»Herr Kapahnke!« Der Maschinenhändler aus Tsingtau war einer der verlässlichsten Spender an ihre Station. Doch so nahe wie in dem engen Vorraum vor den Compartiments war sie Kapahnke kaum je gekommen. Zum ersten Mal fielen ihr seine grauen Schläfen auf. Eine Haarsträhne hing ihm wie bei einem Lausbub in die Stirn. »Welch eine Fügung, Sie ausgerechnet jetzt zu treffen!« Sie reichte ihm die Hand und lächelte ihn an. Sie erinnerte sich, dass er die Erstausstattung der Bortenbinderei im Dorf nie in Rechnung gestellt hatte.

»Kommen Sie, Frau Makrat, hier an den Türen zieht es zu sehr. Die Bahngesellschaft hat nur den Gesellschaftswagen an diesem Zug laufen. Es gibt keine weiteren Passagiere.« Kapahnke trug ihr das Gepäck voran.

Leontine war noch nie so vornehm gereist. Wozu auch? Hier hingen an den dreigliedrigen Waggonfenstern elegante grüne Vorhänge. An der ersten Tür stand *WC-Cabinet*.

»Die Schlafkabinen benutzt natürlich niemand. Kommen Sie.« Gleich nach ihrer Ankunft in Tsingtau hatte Kapahnke Friedbert und sie zum Wohltätigkeitsfest der deutsch-chinesischen Handelskammer geladen. Heute fehlte in seinen grünen Augen das kecke Blitzen, mit dem er damals die Gesellschaft überblickt hatte. Jedenfalls hatte er die Gäste charmiert. Dem üblen Klatsch, die russische Gräfin, mit der er liiert war, sei gar keine Adlige, hatten Friedbert und sie keinen Glauben geschenkt. Die Leute redeten immer schlecht, wenn jemand Erfolg hatte. Neider gab es selbst im Missionswerk. Die üppige Russin mit den weizenblonden Locken hatte ihr am nächsten Tag Mathematikbücher für die Missionsschulen geschenkt.

»Wir haben den Salonwagen für uns allein. Darf ich Ihnen die Jacke abnehmen?« Kapahnke schob ihr Gepäck in ein Netz über den Sesseln. Er stellte sich hinter sie.

»Ich fürchte, sie riecht sehr nach Maultier.« Leontine schlüpfte aus den Ärmeln.

Kapahnke drückte kurz die Tür mit dem milchigen Glas auf und legte die Jacke in den Rauchsalon.

Leontine setzte sich in den grünen Samtsessel und drehte ihre Gürteltasche nach vorn. »Die weichen Polster sind eine Wohltat. Ich habe Stunden auf dem Sattel zugebracht. Ich muss unbedingt nach Tsingtau.«

»Deshalb sehen Sie so erschöpft aus. Frau Makrat, verzeihen Sie, darf ich Ihnen von meinen persönlichen Vorräten etwas anbieten? Es gibt leider keinen Speisewagen.« Kapahnke beugte sich zu einem Korb. »Schönes deutsches Brot mit Schwarzwälder Schinken. Oder lieber Ei?« Er strahlte wie ein stolzer Verkäufer an einem Marktstand in der Frühlingssonne.

»Was immer Sie erübrigen können.« Leontine lachte matt.

Kapahnke breitete eine weiße Stoffserviette auf dem Salontisch aus. »Hier gibt es noch einen reinen Teller. Diese Picknickkörbe sind eine gute Erfindung der Engländer.« Er beugte sich noch einmal zum Korb. »Ich habe gerade selbst einen Kaffee gebraut auf dem Gaskocher, vorne bei den Schlafcompartiments.« Er reichte ihr eine Tasse aus dem Korb.

»Danke.« Leontine fiel auf, wie schlank der Kaufmann war, trotz seines Alters hinderte kein Bauch ihn in der Bewegung. Sie konnte nicht umhin, dass sie sich seinen Leib vorstellte, der wohl glatt und straff war. Der graue Anzug mit der Uhrkette täuschte eine Leibesfülle nur vor. »Kaffee, das klingt so verführerisch nach Zuhause und Europa. In der Station trinken wir keinen.« Der Zug nahm Fahrt auf. Sie hörte die Schienen rattern.

»Ein bisschen Milch.« Er entkorkte eine Metallflasche und goss ihr davon in die Kaffeetasse. Dann schüttete er aus einer zweiten langsam Kaffee hinzu. »Hat die Seuche Ihr Dorf schon erreicht? Hat man Sie vertrieben?« Sein Blick ruhte auf ihr, die Falten um seine Augen zitterten ein wenig.

»Vertrieben? Das würden unsere Dörfler nicht tun.« Kapahnke schaute sie immer noch so eindringlich an. »Wieso fragen Sie?«

»In Itschoufu hat die Menge wohl eine presbyterianische Mission angezündet, um den Pestgott zu besänftigen. Irgendwer hatte das Gerücht aufgebracht, die Glocken der Kirche störten den Gott im Schlaf.«

Leontine schloss für einen Moment die Augen. »Die armen Menschen in unseren Bergen sind nicht so anfällig für die Einflüsterungen Fremder. Die Leute kennen uns. Wir bringen ihnen das Wort Gottes und Arbeit, nicht den Tod.« Hoffentlich waren ihre Dörfler wirklich so verlässlich. Die Erinnerung an die keifende Frau und den Geomanten drängte sich ihr auf.

»Wie geht es meinen Bortenbindern? Die kleine Manufaktur liegt mir am Herzen.« Er lehnte sich in die Polster. »Ich wollte zum Kaisergeburtstag einen Wohltätigkeitsball für das Missionswerk veranstalten, aber nun ist uns diese vermaledeite Seuche dazwischengekommen. Alle Feste wurden abgesagt, der Feiertag aufgehoben. Ganz Tsingtau steht kopf, die Kolonie ist abgeriegelt. Ich bin in diplomatischer Mission unterwegs. Sie haben Glück, dass dieser Zug überhaupt fährt.«

Der Kaffee belebte Leontine, vielleicht tat ihr auch der Schinken im Magen gut. Man soll ja in der Not so viel essen, als man kann. »Hat man den amerikanischen Missionar am

Leben gelassen?« Es hatte auch vor ein paar Jahren Übergriffe gegeben, als die Boxer-Sekte vom chinesischen Hof gegen die christlichen Stationen aufgehetzt worden war.

»Er ist wohl entkommen. Jedenfalls hat der chinesische Provinzgouverneur von Schantung Sun Pau Tschi von solchen Ereignissen gesprochen, als ich ihn gestern traf.« Kapahnke beugte sich plötzlich vor und legte kurz seine Hand auf ihre. »Wie taktlos von mir. Wo ist Ihr Gatte, Frau Makrat? Er lässt Sie allein reisen?«

»Ich bin auf eigene Faust unterwegs. Es ging nicht anders. Mein Mann ist zur Jahreskonferenz nach Tsinanfu gereist. Einmal im Jahr tauschen unsere Missionare und die anderer protestantischer Kirchen ihre Erfahrungen aus.«

»Die Provinzhauptstadt ist fast vierhundert Kilometer entfernt. Dann ist alles gut. In Tsinanfu kann ihm nichts geschehen. Der Provinzgouverneur Sun Pau ist kein Feind der Missionen.«

»Friedbert wird mich schelten, weil ich die Gemeinde verlassen habe. Aber plötzlich wurden so viele Menschen über Nacht krank, einige sind gestorben.« Leontine atmete tief durch, sie wollte sich nicht gehen lassen. Tränen konnten so eigensüchtig sein. »Meine Medizinvorräte waren erschöpft. Das Faber-Hospital in Tsingtau wird mir helfen können.«

Kapahnke verzog den Mund, sein nachdenklicher Blick machte ihr Angst. »Sie tun, was sie können, aber«, er stellte seinen Teller zur Seite, »Frau Makrat, die Lage ist viel schlimmer, als Sie denken. Die Pest wütet nicht nur in Ihrem Dorf, sondern in Hunderten.«

Das war kein Grund, dass man den Missionen nicht half. Kapahnkes Blick verlor sich draußen in der Landschaft. Tropfen schlugen an die Scheibe und bildeten lange Glitzerketten.

»In der Mandschurei ist es noch schlimmer. Niemand weiß, was dort vor sich geht. Wenn die Häfen Schantungs geschlossen werden, bricht der Handel zusammen. Tsingtau hat Vorräte, aber ...« Er zuckte mit den Schultern.

Angst half niemandem, Jammern auch nicht. »Irgendwo muss man anfangen, die Krankheit zu bekämpfen. Ich werde meine Gemeinde nicht im Stich lassen. Und Friedbert wird das auch nicht. Die chinesischen Ärzte verbrennen nur ein paar Räucherstäbchen und geben geraspelte alte Knochen. Das hilft doch nicht.« Ihr wurde heiß. Sie war Kaffee nicht mehr gewohnt. »Wenn wir den Menschen nicht helfen, wer sonst?«

»Sie haben gewiss recht. Ich lebe schon fünfundzwanzig Jahre in Ostasien, aber an diese Laissez-faire-Mentalität kann ich mich einfach nicht gewöhnen.« Er trommelte mit den Fingern leicht auf den Salontisch. »Wissen Sie, was der chinesische Provinzgouverneur mir tatsächlich gesagt hat?«

Leontine schüttelte den Kopf. Ihre Schultern schmerzten vom langen Ritt, ihre Lidränder brannten.

»Er sagte: ›In China kommen die Seuchen und gehen, das ist so seit Jahrtausenden. Dörfer werden hinweggerafft, die leeren Felder beackern Bauern aus der angrenzenden Gegend schon im Folgejahr. Wind, Wasser und Krankheit sind die Geißeln dieses Landes.‹« Kapahnke blickte kurz zur Decke. »Was wollen Sie tun, wenn einer der fortschrittlichsten Beamten des chinesischen Kaisers so denkt.« Er lehnte sich im Sessel zurück. »Wir müssten bald an der Absperrung zur Kolonie anlangen. Das Gouvernement hat strengste Kontrollen angeordnet. Wissen Sie schon, wo Sie übernachten?«

»In der Hauptstation ist sicher ein Platz für mich.« Leontine freute sich trotz allem, dass sie dort Pfarrer Noll wiedersehen würde. Manchmal fehlte ihr doch deutsche Gesellschaft.

»Natürlich, wie dumm von mir.« Er nahm ihr den Teller ab und räumte das Geschirr in den Picknickkorb. »Lassen Sie nur, Sie sind sehr müde. Meine Dienerschaft kümmert sich später darum.«

Das gleichmäßige Rattern des Waggons auf den Schienen machte Leontine schläfrig. Sie wollte sich zusammenreißen, schlafen konnte sie noch genug in der Stadt. Sie blinzelte. Die Lokomotive tutete dunkel. Kapahnke beugte sich zum Fenster und spähte nach den Bergen.

Der Kaufmann sprach sogar persönlich mit dem chinesischen Provinzgouverneur, er hatte weitreichende Verbindungen. »Wenn ich nichts erreiche, darf ich mich dann noch einmal an Sie wenden?«, fragte Leontine leise. Für andere zu bitten, war ihr noch nie im Leben schwergefallen, selbst nicht, als sie einmal der Großherzogin von Sachsen-Weimar an einem Stand der Mission gegenübergestanden war. Sie erhielt immer etwas, mal mehr, mal weniger.

»Frau Makrat, natürlich.« Für einen Wimpernschlag leuchtete es in seinen grünen Augen. »Die Bortenbinder, von denen Sie und Ihr Mann mir so regelmäßig schreiben, sind mir ans Herz gewachsen.«

Kapahnke zog seine goldene Uhr aus dem Jackett. »Lassen Sie mich wissen, ob Sie medizinische Unterstützung für das Dorf bekommen. Hoffen wir, dass diese Seuche rasch an der Kolonie vorüberzieht. Lange tut es einem Hafen nicht gut, wenn keine Schiffe einlaufen dürfen. Dann sucht sich der Handel neue Wege.«

Wie lange würden es der Mann von Frau Wang aushalten und die Söhne von Frau Su, allein im Winter? Leontine fuhr sich über die Augen, der Sessel war so weich …

Sie zuckte zusammen. Die Lokomotive hatte gepfiffen, das Rattern der Schienen sich verändert.

»Sonst braucht der Zug zwölf Stunden von Tsinanfu nach Tsingtau … Wir erreichen eben die Sperrstation an der Grenze der Kolonie«, sagte Kapahnke leise. Er stand auf und trat zum Fenster. »Also doch! Das Gouvernement macht wirklich Ernst.« Er wandte sich zu ihr. Sein Mund zuckte. »So etwas habe ich seit Jahren nicht gesehen. Draußen wimmelt es von deutschen Soldaten.«

Kapitel 9

Tsingtau, Bismarckkaserne – 27. Januar 1911

Hössling, Claas!« Der Quartiermeister brüllte draußen im Gang vor der Stube.

Hössling legte sein Schnitzmesser aufs Bett neben das Stück Holz, das einmal eine Minipagode werden sollte. Er hatte an Bord das Faustrecht übertrieben, als Disziplinarstrafe war er noch am selben Tag ebenfalls zu den Sanitätern versetzt worden. Seit Claas ihm verraten hatte, wie man die Stiefel notfalls wirklich blank bekam, war der auch nicht mehr grob, weil er ihm aus der Küche ein Stück Schweineschwarte besorgt hatte. »Der Elkert hat eine Stimme, die reißt glatt die Wände ein. Los, komm schon, schreiben kannst du später.«

Claas schraubte rasch seinen Federhalter zu und steckte ihn in die Uniformtasche. Seine Patentante hatte diesen als Abschiedsgeschenk für ihn ausgesucht.

»Trödel nicht, sonst macht uns Elkert zur Sau.« Hössling riss die Tür auf. »Matrose Hössling zur Stelle.«

Claas hatte sich gerade einmal an die neuen Stubenkameraden gewöhnt. Die vier Westfalen waren froh, dass sie endlich zwei Stubenfüchse für die Drecksarbeit beim Reinigungsappell hatten.

Er prallte mit der Schulter gegen den Türrahmen. »Matrose Claas, angetreten.«

Der Unteroffizier winkte vorn im Gang, verschwand dann in der Stube des Diensthabenden. Hössling zuckte mit den Schultern. Sie rannten nach vorn an den geschlossenen Stubentüren entlang. Hinter einer spielte ein Kamerad Mundharmonika.

Elkert saß auf dem Stuhl vor dem Kontrollbuch. Er kratzte sich am schütteren Schopf. Claas wollte schon Meldung machen, aber Hössling legte die Finger auf die Lippen. Sie hörten die Feder übers Papier kratzen, so still war es.

»Gut. Ich habe euch ausgetragen. Ihr meldet euch jetzt sofort bei Marinestabsarzt Renau in Lehrsaal II.«

»Mit Verlaub, Herr Quartiermeister«, Claas hakte den Daumen in eine Falte des Blauzeugs, »wissen Sie, warum?«

Elkert brüllte nicht, ganz gegen die Übung. Er zwirbelte das dünne Ende seines blonden Schnurrbarts. »Hier jagt ein Befehl den andern, Männer.« Er kratzte sich durchs Hemd am Bauch. »Sonst stehen wir Sanitätssoldaten ja hinter der Front, aber gegen die Pest kämpfen wir in vorderster Reihe. Gewöhnt euch lieber gleich an den Gedanken. Und jetzt raus.«

Im Flur sagte Hössling: »Gehen wir über den Hof D durchs Quergebäude, das ist kürzer als durch die Hauptachse.« Claas bog ins weiß gekalkte Treppenhaus. »Die Ärzte sind so durcheinander wie wir. Heute früh hat der Westerhoff noch angekündigt, wir sollten rund um die Uhr Testreihen auswerten. Dann sind wir nicht mal ins Laboratorium gerufen worden.«

Claas hatte der Maat mit zehn anderen Neu-Sanitätern in einen Kurs gesteckt und mit Vorschriften überschüttet. Dann war auf einmal Schluss gewesen. »Ich dachte, wir sollten erst mal die Grundausbildung durchlaufen.«

»Kehrt marsch ...« Vom Kasernenhof drangen Befehle durch die Fenster. Eine Kompanie Pioniere des III. Seebataillons rückte aus. Einige Materialwagen rollten hinter den Truppen durchs große Tor. Zwei Sergeanten in Dienstanzügen und eckigen Hüten rannten die Treppe herauf, jeder von ihnen hatte lange Listen in den Händen. Hössling sprang, zwei Stufen auf einmal, die Treppe zwischen Mannschaftstrakt und Küchenhaus hinunter. »Weißt du was, Claas, die haben genauso Schiss vor der Pest wie wir.«

»Aber Westerhoff hat gesagt, wir werden alle geimpft.«

Hössling zog die rötlichen Augenbrauen zusammen. »Klar. Aber die Impfung kann Gegenreaktionen oder gar eine Ansteckung bewirken, wenn einer das Serum nicht verträgt.«

Claas spürte ein Ziehen in den Armen. »Woher weißt du das?«

»Das steht in den geheimen Berichten aus dem Berliner Tropeninstitut«, sagte Hössling. »Da vorn ist der Labortrakt.«

»Du liest Geheimberichte?« Das war bestimmt verboten.

»Wenn Westerhoff sie offen auf seinem Schreibtisch liegen lässt, wenn ich Stubendienst habe, ist er doch selber schuld.« Hössling sah ihn an. »Außerdem würde ich ja gern Apotheker lernen, aber ein Studium ist zu teuer. Vielleicht nehmen sie mich ja nach der Marine in einer Fabrikation von Arzneimitteln, wenn ich hier fleißig was lerne.«

»Vorher müssten wir aber die Pest überstehen.« Jeder Kamerad hatte so seine eigene Meinung, die einen schauten jeden scheel an, der sich einmal räusperte, die anderen lachten bloß über den Kuli-Husten, den ein gut ernährter deutscher Soldat allemal überstand.

Hössling klopfte.

»Herein!«

»Matrosen Hössling und Claas.«

Claas war froh, dass ihm der Kamerad die Meldung im Lehrsaal abgenommen hatte. Ihm fehlte immer der Atem für die letzten zwei, drei Worte, wenn er aufgeregt war. *Piepser*, hatte ihn sein Vater gescholten, *hol erst mal richtig Luft, Jung.* Aber da hatte er nur die Entschuldigungen dafür gestammelt, dass er in der Räucherkammer das Nachlegen der Eichenrinde vergessen hatte.

Die vielen Schautafeln an den Wänden des Lehrsaals verwirrten ihn, wie auch die Menschenpuppen mit ausgeklappten Organen.

Der Marinearzt war ziemlich blass, wie ein Säufer, den man am frühen Morgen wach rüttelte. Aber die Augen des Offiziers waren nicht verquollen. Der Blick war sehr wach. Claas spürte, dass der Marinestabsarzt ihn genau ansah. »Dann sind wir ja endlich vollzählig.«

Claas trat leise auf. Vor ihnen saßen zwanzig Kameraden auf Schulbänken. Der Marinestabsarzt stand neben einem Pult, auf das er die linke Hand gelegt hatte. Er erinnerte ihn an seinen ältesten Bruder Paul, der auf einem Handelsfrachter zur See fuhr. Nur hatte Paul inzwischen einen Seemannsbart und tiefbraune Haut vom Wind. Renau war sauber und blass wie ein Schreiber aus dem Fischkontor und bestimmt nicht so stark wie Paul, wenn Claas sich die schmalen Finger auf dem Pult betrachtete.

»Also noch einmal, das kann nichts schaden.« Hinter dem Arzt hing an einem Kartenständer ein gemaltes Schaubild.

»Gegen die Bakterien der Pest werdet ihr alle geimpft. Wir beginnen damit gleich nach dieser Einführung. Hier seht ihr die Hauptinfektionswege.«

Claas kniff die Augen zusammen, die Bilder waren ziemlich klein gemalt.

»Schmutziges Wasser. Übertragung von Wunde zu Wunde. Husten«, sagte Renau laut.

Seine Großmutter fiel ihm ein und Tante Käthe. Die hatten sich auch das Leben aus dem Leib gehustet. Die Eltern hatten ihn immer weggezogen, wenn er in die kleine Kammer unters Dach gehen wollte. Da war er noch klein gewesen und musste nicht im Laden helfen. *Schwindsucht*, hatten die Erwachsenen getuschelt, *ist ansteckend, nehmt die Kinder bloß weg.* Die Mutter hatte nur noch geweint, als seine Schwester Hilde auch mit dem Husten angefangen hatte. Sie war dann ein Jahr später gestorben.

Aber wenn er sich jetzt krankmeldete, Durchfall hatten doch viele, dann musste er vielleicht nicht raus.

»Daraus folgt für alle eine äußerste Pflicht zur Desinfektion, sobald ein Kontakt mit Kranken vorgelegen hat.«

Claas fühlte die harte Bank unter dem Hintern. An der Pest starb man noch schneller, hatten die andern erzählt. In zwei, drei Tagen konnte es vorbei sein. Das Feuer draußen im Hafen, da am Riff, das sollte ein Schiff voller Leichen gewesen sein. Klabautermann-Geschichten, hatte Claas erst gedacht, aber morgens beim Antreten hatten die Hauptleute über den Platz geschrien, dass die Stadt abgeriegelt werde.

Vorne machte Renau eine Pause. »Wir alle stehen in der Pflicht, eine Ausbreitung der Seuche im Schutzgebiet abzuwenden. Jede Krankmeldung bedeutet ab sofort die Überstellung des betroffenen Matrosen in die Quarantänestation.«

Aber dort würden die Ärzte sofort merken, dass er gar nichts hatte. Simulanten wurden hart bestraft und unehrenhaft ins Reich zurückgeschickt. Solche putzten vier Wochen auf dem Truppendampfer die Aborte. Einen Deserteur hatten die Unteroffiziere fast kielgeholt, auf der *Iltis* sollte das gewesen sein, das Tau hätte er schon um den Leib gehabt, aber nur weil ein Passagierdampfer vorbeigezogen war, hatte man von ihm abgelassen. Wenn Harms das erzählte, glaubte Claas so etwas schon.

Die Tür wurde aufgerissen. Ein Marineoberstabsarzt trat herein. Renau nahm den Zeigestock zwischen beide Hände. »Was gibt es?«

»Neue Befehle vom Generaloberarzt. Hier.«

Claas hatte außer Westerhoff noch keinen älteren Offizier mit solch dichten, schwarzen Locken gesehen, auch wenn sie sehr kurz geschnitten waren. Claas hielt sich so regungslos wie die anderen Kameraden.

Renau beugte sich über das Blatt, langsam legte er den Zeigestock auf dem Pult ab. »Sie wissen, was das bedeutet, Westerhoff?«

»Es soll alles noch schneller gehen. Mir wäre eine andere Lösung lieber gewesen, aber Sie sehen ja.« Mit der Faust schlug der Oberarzt auf den Befehl, das Papier riss an der Seite ein. Es klang, als würde das dünne Fischpapier einreißen, über das Mutter sich immer ärgerte, wenn Vater es aus Versehen gekauft hatte.

»Alle Mann aufstehen!« Renaus Stimme füllte laut und klar den Raum.

Hössling streifte ihn, als er aufsprang.

»Die Umstände erfordern einen sofortigen Einsatz. Ihr werdet die Sanitätsgrundausbildung während des Dienstes erhalten.« Renau wandte sich zu dem Vorgesetzten. »Wählen Sie Ihre zehn Mann aus.«

Westerhoff schlug die linke Faust in die rechte. »Bei der Marine wird nicht lange gefackelt.« Seine Augen flogen über die Reihe der Soldaten. »Sind ja doch allesamt Jungspunde und grün hinter den Ohren. Die ersten zehn heraustreten, hier vor die Wand! Marsch!«

Die Kameraden vor ihnen verhakelten sich in den festgeschraubten Sitzen.

»Wird's bald?«

Dann standen zehn Soldaten vor den Menschenpuppen. Ein rotes Herz lugte über blauen Därmen hervor.

»Die nehme ich gleich mit ins Labor, Renau. Die nächsten zehn schicken wir dem Kollegen Schmied für die Kontrollen am Hafenpier. – Los, die nächsten zehn! Bildet eine zweite Reihe da hinter den Schulbänken vorm Fenster.«

Claas zählte, sieben, acht, neun, zehn. Hössling und er blieben übrig.

»Na prächtig, da haben Sie doch Ihre zwei Sanitätshilfen für die Isolierstation. Wenigstens einmal geht etwas auf.« Der Marineoberstabsarzt riss die Tür auf. »Gefreiter, vortreten. Melde er den Zug bei Marinestabsarzt Schmied für die Hafenkontrolle. Wo der große Hafen ist, werdet ihr ja wohl wissen. Abmarsch!«

»Folgen.« Westerhoff winkte mit dem eingerissenen Befehlspapier. Die zehn Kameraden marschierten im Schritt in den Gang. Schließlich waren sie alle draußen.

Renau lehnte am Pult. Er presste kurz die Lippen aufeinander. Sein Blick glitt über ihre Gesichter. »Wir werden eng zusammenarbeiten. Ihr steht ab sofort im Einsatz zu meiner persönlichen Verfügung. Wir werden nicht nach einem regulären

Dienstplan arbeiten. Bewährt ihr euch, werde ich mich für eine außerordentliche Beförderung einsetzen. Ich verlange Einsatz und Wachsamkeit.«

»Jawohl, Herr Marinestabsarzt«, sagte Hössling laut, Claas etwas leiser.

»Die Zeit reicht leider nicht für eine Einweisung in die Seuchenmaßnahmen. Ich werde die Unteroffiziere in Syfang anweisen, euch wenigstens das Minimum der Krankenpflege beizubringen.«

Renau ging ein paar Schritte zum Fenster. Im Gegenlicht sah er wirklich wie Claas' Bruder Paul aus. Der fackelte auch nicht lang und fasste genauso schnell seine Entschlüsse.

Der Arzt drehte sich auf dem Stiefelabsatz um. »Claas, Hössling. Ihr packt diese Glasbehälter in die Kisten. Darin ist Holzwolle. Packt auf jeden Fall so, dass die Gläser beim Transport nicht aneinanderstoßen. Wir brauchen sie eventuell für Bakterienkulturen in Syfang.«

»Und danach?« Hösslings Stimme klang seltsam hell.

»Dann schafft ihr die Kisten in den Hof und meldet euch beim Kasernenfeldwebel. Dort hole ich euch ab, sobald wir aufbrechen können.«

Die Tür knallte ins Schloss. Hössling ließ sich auf eine der Holzkisten fallen. »Isolierstation, da kommen doch die wirklich Kranken hin, Claas.«

»Ja, ich glaube schon.« Claas klappte die zweite Kiste auf.

»Ich will nicht sterben, nicht an der Pest, nicht in diesem gottverdammt dreckigen China.« Hösslings Stimme wurde von Wort zu Wort heller, verstummte fast. »Wäre ich doch nur in Cassel geblieben.« Er presste die Hand auf den Mund, dann liefen ihm doch die Tränen aus den Augen.

Claas starrte in die Holzwolle. »Ich habe auch Angst. Aber wir werden geimpft.«

»Und wenn es nicht hilft? Die schick'n uns doch nur vor.« Hössling verschluckte die Silben fast. »Das mach'n die Offiziere immer so. Erst die Mannschaften, dann sie. Harms hat recht. Die verheizen uns.«

»Der Marinestabsarzt geht doch selber raus. Wenn die Offiziere sich selber stechen lassen, dann wird die Impfung doch was taugen.«

Hössling wischte sich über die Wangen. Claas schlug die Kiste zu. »Kopf hoch.«

Hössling zog den Rotz hoch. »Hoffentlich hast du recht.« Dann packte er mit an.

Kapitel 10

Syfang, Grenzstation der Kolonie – 27. Januar 1911

Renau fühlte den fehlenden Schlaf in den Augen. »Was für eine Nacht, erst die Dschunke, dann dieses Befehlschaos …« Die nächtliche Krisensitzung hatte sich bis in den Morgen hineingezogen. Der deutsche Gouverneur von Tsingtau hatte alle wichtigen Männer der Kolonie, Offiziere, Militärärzte und die Vertreter der Kaufmannschaft in seine Residenz beordert. Der Schrecken war groß, dass offensichtlich der Erreger der Pest von einer Murmeltierart auf den Menschen übergesprungen war. Pelzjäger in der Mandschurei sollten daran schuld sein. »Es wird werden wie im Manöver, drei Stunden Schlaf, endlose Wachdienste an den Betten der Kranken.«

Schmied klopfte ihm auf die Schultern. »Nur dass wir bei

den Manövern immer wissen, dass es nach zehn Tagen vorbei ist. Aber jetzt?«

Auch die Lider seines Freundes waren rot und verquollen. »Ist es ernst.«

Über die Pest waren so viele falsche Vorstellungen verbreitet, selbst in den gebildeten Ständen. Die Chinesen glaubten einfach, der Pestgott strafe sie. Die Kollegen in Japan am Institut Kitasato hatten das Bakterium, *Yersinia pestis*, im Totenwasser nachgewiesen. Die telegrafische Warnung hatte dem Gouverneur vorgelegen. Die japanischen Häfen waren schon gesperrt worden.

»Der Gouverneur hat die Abriegelung der deutschen Kolonie zu Lande und zu Wasser verfügt.« Nur die deutsche *Schantungbahn* fuhr mit Sondergenehmigung. Die Kriegsschiffe waren auf die Kohlezüge angewiesen.

»Die Händler jammern nur, dass damit der Handel und die Versorgung der Stadt unterbrochen wird.« Schmied fuhr sich durch die Haare und dann durch das Genick. »Keiner der Zivilisten begreift den Ernst der Lage, dass die Lungenpest durch Tröpfcheninfektion übertragen wird.«

»Woher sollen sie es auch wissen?« Die Pest verlief stürmisch, sie führte meist zu hohem Fieber und endete unbehandelt bereits nach zwei bis fünf Tagen mit dem Tod.

»Das Winterwetter beschleunigt noch die Verbreitung.« Schmied holte eine kleine Ledertasche unter dem Mantel hervor. »Ich habe mit den Kollegen die vorhandenen Sera aufgeteilt.« Er packte die zwei Ampullen auf den sauberen Tisch. »Heinrich, ich kämpfe dafür, dass meine Cäcilie nicht umsonst drei Jahre auf mich gewartet hat. Soll deine Dorothea um dich trauern?«

Seine Verlobte war so weit weg, in Sicherheit. Renau folgte

Schmied in das provisorische Laboratorium in einem Nebenraum der Bahnstation. Hinter den Wänden rumorte es, dort räumte ein Trupp Sanitäter Möbel um. Die Unteroffiziere rannten draußen vor den Fenstern im Eilschritt vorbei.

»Wir impfen uns am besten gleich selber. Komm, worauf wartest du?«

Die Militärärzte hatten sofort beschlossen, dass eine Impf-Sera-Produktion aufgebaut werden musste. Unterdessen würde man versuchen, aus Saigon von den Franzosen Ampullen zu bekommen, auch wenn es dauerte.

Renau machte den Arm frei, auch wenn er sich bislang nicht um seine Gesundheit gesorgt hatte. In seinem Kopf flackerten immerzu die Bilder der toten Chinesen in dem Schiff auf, das sie am Hufeisenriff in Brand gesetzt hatten.

»Wir sind im Krieg gegen einen Feind, den wir nicht greifen können.« Schmied zog die Ampulle mit einer Spritze auf.

»Kaiser und Reich erwarten von uns zu Recht, dass wir das Schutzgebiet mit allen Möglichkeiten verteidigen.« Renau spürte kaum den Einstich, so geschickt setzte Schmied die Nadel. Schmied kannte die Zahlen genauso gut wie er. »Wenn die Epidemie auf das Schutzgebiet übergreift, dann ist mit einer Todesrate von siebzig Prozent zu rechnen. Dann blieben von gut zweitausend Soldaten zufällige sechshundert. Damit ist die Kolonie nicht zu verteidigen. Von den fünftausend Europäern blieben gerade mal eintausendfünfhundert Menschen übrig.« Das Echo im Reich wäre enorm, wenn dadurch die Kolonie Tsingtau verloren ginge. Um das Ansehen der Reichsmarine wäre es geschehen.

Renau rollte den Ärmel herunter.

Schmied legte das Spritzbesteck in ein Metallbecken auf dem Labortisch. »Die größte Gefahr droht vom chinesischen

Neujahr in drei Tagen. Für jeden Chinesen besteht die religiöse Verpflichtung, den Ahnen die vorgeschriebenen Opfer darzubringen.«

Schmied ballte die Faust, in den feisten Armen sah Renau keine Adern. Er drückte ihm mit dem Daumen in die Ellenbeuge, bis er den Puls fand. »Das Neujahrsfest verstärkt jetzt nur die ohnehin einsetzende Fluchtbewegung.«

»Vierzigtausend Menschen sind unterwegs, schätzt die deutsche Gesandtschaft in Peking. Vorhin kam noch ein Telegramm.«

Renau stach zu und drückte das Serum in Schmieds Blut. »Hoffentlich hilft es.«

»Ich glaube an die Bakteriologie.« Schmieds Stimme war fest.

Selbst die begeistertsten Anhänger der neuesten Forschung waren beim Gouverneur in der Nacht still geworden. »Wir Marineärzte in der deutschen Kolonie Tsingtau werden die Probe aufs Exempel machen müssen.« Weniger darauf, ob eine Impfung überhaupt möglich war, als darauf, ob diese Impfstoffe, die bei einer früheren Epidemie von Lungenpest gewonnen worden waren, für diesen neuen Ausbruch als Schutzschirm taugten. »Kein Arzt der Welt, nicht mal Kitasato in Yokohama vermag zu sagen, wie viel verschiedene Pestbakterien es gibt.«

»Ich weiß, Renau. Aber ich habe den Eid des Hippokrates nicht umsonst geschworen.«

»Kämpfen wir also.«

»Für Kaiser und Reich.« Schmied nahm ihm das Spritzbesteck aus der Hand und packte es in die Ledertasche. »Ich muss weiter, ich soll jetzt doch die strenge gesundheitspolizeiliche

Kontrolle aller eingehenden Schiffe im Hafen organisieren. Was für ein Hin und Her.«

An der Tür des Laborraums blieb Schmied stehen, fuhr sich mit der fleischigen Hand an der Brust über den Militärmantel. »Heinrich, ist es nicht verrückt? Im Reich feiern sie heute Kaisers Geburtstag.«

Die letzten Befehle des Generaloberarztes hatten alles über den Haufen geworfen. Elf Marinestabsärzte waren so viel nun auch nicht, dass man im Gouvernement nicht hätte den Personaleinsatz festlegen können. Nun war er doch für die Grenzkontrollen an der Bahnstrecke verantwortlich.

Die Marineinfanterie hatte die Pässe im Lauschangebirge nördlich der Stadt gesperrt, Postenketten von Mannschaften und Unteroffizieren sicherten die Küste an der Buchtseite. Alle Schiffe wurden für die Seeblockade eingesetzt.

Renau hatte das Amtszimmer des Stationsvorstehers zum Behandlungsraum umgewidmet und alle Möbel der *Schantungbahn* von den Sanitätsmatrosen hinausschaffen lassen. Er ließ den Kopf in den Nacken fallen, im Fenster rannen Regentropfen glitzernd die dünnen Scheiben herunter. Syfang lag nur sieben Bahnkilometer vor der Stadt, aber hier endeten nun alle Züge aus beiden Richtungen.

Das einzig Schöne in diesem schäbigen Raum war ein Farbdruck, der eine Mosel-Schleife und Rebhänge im September zeigte. Renau lehnte sich einen Moment an die Patientenliege. Über dreihundert Kolonisten waren mit dem letzten Personenzug aus Schantung angereist, dessen Fahrt noch genehmigt worden war. Er hatte so viele geängstigte Menschen beruhigt … Am liebsten hätte er sich hingelegt. Aber eben war noch ein Kohlezug aus den Gruben von Poschan mit zwei Passagieren eingelaufen. »Rufe den Nächsten herein. Aber lasse dir einen Moment Zeit.«

»Jawohl.« Claas stand in der Ecke auf, er klang auch von Stunde zu Stunde müder.

Was hatte Renau schon für tumbe Burschen ertragen müssen in den verschiedenen Kasernen seiner Laufbahn. Er war froh, dass er endlich mal einen gelehrigen erwischt hatte. Dieser Hänfling tat ordentlich, was er ihn hieß, und dachte mit. Dabei hatte der Bursche nicht einmal die Grundausbildung der Sanitätsmatrosen absolvieren können.

»Darf ich vorher etwas essen?«, fragte Claas von der Tür her.

»Hast du etwa die ganze Zeit …« Mit beiden Händen rieb Renau sich das Gesicht.

»Sie haben keine Pause befohlen, Herr Marinestabsarzt.« Claas blickte an ihm vorbei zum Holzboden.

Die Matrosen wurden auf dem Truppentransport gut gedrillt, daran war kein Zweifel. »Nun iss dein Brot und schicke mir dann den Nächsten.«

»Jawohl.« Der Bursche verließ die Stube.

Renau legte die Hände in den Nacken und dehnte die Ellbogen. Kontrollierte er streng genug? Drei deutsche Kaufleute aus Tsingtau hatte er wegen atypischen Reizhustens unter Quarantäne gestellt. Die Herren von der Deutsch-Chinesischen Handelskammer hatten einen Aufstand gemacht und ihm mit ihren Beziehungen zum Gouverneur gedroht. Dann hatte es Renau gereicht. Kasernenton konnte er auch, wenn es sein musste. Er hatte sie angebrüllt, dass Pest herrsche dort, wo sie herkamen, und Gouverneur Truppel herzlich egal sei, wer sie einschleppte. Der lärmende Protest war erst verstummt, als Renau nach den vier Soldaten in Bereitschaft geklingelt hatte. Die trugen ihre Pistolen sichtbar über der Uniform und hatten die Herren wegeskortiert. »Warum begreifen die Leute das nicht?«

Er redete wieder mit sich selbst. Seit Tagen hatte er mit niemandem ein vertrautes Wort wechseln können. Hier vollzog sich praktische Forschung, und härter als im Hörsaal einer gut geheizten Militärakademie im Reich je vermutet. Renau rieb sich mit dem Handrücken über die Stirn. Da ging die Tür, und Claas kam mit zögernden Schritten herein. Renau erhob sich vom Rand der Patientenliege.

»Sie hatten befohlen, Ehepaare gemeinsam hereinzubitten. Wir haben ja keine Krankenschwester hier … Ich weiß nun nicht recht. An der Reihe ist nun eine allein reisende Dame, die in der ersten Klasse des Kohlenzugs saß.« Der Bursche knetete die Finger.

»Noch einmal, die Seuchenbekämpfung erlaubt uns keine großen Umstände. Das haben sogar Freiherr von Riemingen und Gemahlin eingesehen.« Der Offizier war vom Gouverneur aus der Botschaft des Reiches in Peking zurückbeordert worden und hatte die Untersuchung wie auch die für hochgestellte Personen verfügte fünftägige, häusliche Beobachtung akzeptiert. »Hole die Dame herein, sonst werden wir nie fertig.«

Claas schlug die Stiefel zusammen. Renau goss sich einen Schluck aus der Wasserkaraffe ein. Im provisorischen Untersuchungszimmer war es klamm geworden. Nach dieser Untersuchung würde er Claas den Ofen schüren lassen.

»Frau Missionar Friedbert Makrat«, sagte Claas laut.

Die Dame trug ein einfaches grüngraues Wollkleid, darüber eine chinesische Jacke, die bis zu den braunen Schnürstiefeln reichte. Rote Flecken zeichneten sich auf der Haut ihres schlanken Halses ab. Sie mochte Mitte zwanzig sein. Es roch nach … Maultier? »Bitte, nehmen Sie Platz, Frau Makrat.«

Die blonden Haare hatte sie zu einem einfachen Knoten hochgesteckt, wenn Renau sich nicht irrte, sogar mit chinesischen Haarkämmen. Kein Vergleich zu dem raffinierten Spiel von Wellen und scheinbar unabsichtlich entglittener Löckchen, zu dem Dorothea fähig war. Und dennoch gefiel ihm diese Schlichtheit. »Wir haben leider keine Krankenschwester hier.«

»Ich bin von der Missionsstation einfache Verhältnisse gewohnt.« Sie glitt fast mit der Geschmeidigkeit der Chinesinnen aus den Etablissements auf den Stuhl vor seinem Schreibtisch. Einen Moment irritierte ihn diese unerwartete Eleganz, aber womöglich färbten von der einheimischen Bevölkerung nicht nur die Kleidungssitten ab. Die Missionarin hatte sich auch den Gesten ihrer Zöglinge anverwandelt. Fein geschwungene Lippen, das natürliche Ebenmaß der Wangenknochen so fein wie bei Prinzessin Amalie, der Schwester Friedrichs des Großen, deren Bild Renau einmal bewundert hatte. Sogar ein kleiner Leberfleck unter der rechten Wange erinnerte an eine Rokokoschönheit. Das perfekte Oval ihres Gesichtes durfte ihn nicht von der Angelegenheit ablenken, wegen der sie vor ihm saß. »Sie leben schon lange in China?«

»Seit gut einem Jahr. Ursprünglich wollte ich als Missionsschwester in die afrikanischen Kolonien gehen. Bei der Berliner Missionsgesellschaft habe ich meinen Mann kennengelernt. Ich bin ihm ins Schutzgebiet gefolgt. Gouverneur Truppel hat uns auf dem deutschen Standesamt in Tsingtau getraut.« Die Stimme der Missionarin war unerwartet heiser.

Ihr fiebriger Blick aus den meergrünen Augen riss Renau in

die Wirklichkeit zurück. Die Missionarin war offensichtlich krank. »Wo liegt Ihre Station?«

»Nördlich der Bahnlinie im Gebirge bei Ping-Lu. Ich … ich habe mich auf den Weg gemacht, um in Tsingtau ärztliche Hilfe für die Christen in unserem Dorf zu finden.«

Aus der Gegend waren Todesfälle gemeldet worden, die Pest schien von der Nordküste her in die Halbinsel vorzudringen. »Haben Sie Pestfälle im Ort?«

Ihre Augen glitzerten vom Fieber, aber ihre Stimme war noch so fest wie ihre Haltung. Sie wich seinem Blick nicht aus. »Wir haben Fälle plötzlicher Erkrankungen in Familien. Ich fürchte, dass es die Pest ist.«

Die Inkubationszeit der Lungenpest war extrem kurz. »Es tut mir leid, ich kann Ihnen die Untersuchung nicht ersparen. Bitte legen Sie den Mantel ab.«

Einen Moment streifte der Blick der Frau die Schreibtischkante.

»Wenn Sie möchten, bitte ich eine weitere Dame hinzu. Der Pendelzug nach Tsingtau steht noch auf dem Gleis. Wir haben leider keine Krankenschwestern hier.«

Frau Makrat quittierte ihm den Vorschlag mit einem schwachen Lächeln. »Auf einer Missionsstation kann ich als Frau nicht mit den Befindlichkeiten einer Gesellschaftsdame bestehen. Tun Sie Ihre Pflicht.« Sie öffnete den Mantel und ließ ihn von den schmalen Schultern gleiten.

Er trat vor sie hin.

Sie blickte fast flehentlich zu ihm auf. »Wir brauchen dringend Hilfe, sonst geht unsere kleine Christengemeinde zugrunde. Können Sie mir sagen, an wen ich mich beim Gouvernement wenden muss, wenn die Missionsgesellschaft keine Medikamente mehr hat?«

»Der Generaloberarzt organisiert bereits die Serum-Produktion. Die Impfung der deutschen Missionsstationen wird so bald als möglich durchgeführt werden.«

Ihre Augen wirkten übergroß in dem ovalen Porzellangesicht. Renau kam sich mit einem Mal schäbig vor, dass er die Missionarin mit Floskeln abspeiste. Solange nicht der letzte Soldat geimpft war, würde es draußen für die Missionare nichts geben. Kollege Meisner baute die Eigenproduktion erst auf, noch hing Tsingtau von Lieferungen aus Schanghai und Saigon ab.

»Wann?« Sie legte die Hand auf die Kleiderknöpfe an ihrer Brust. Die schmale, abgearbeitete Hand hätte eher zu einer Frau Ende dreißig als Mitte zwanzig gepasst.

»Ich weiß es nicht.« Aber interessanter war, dass sie aus einem Seuchenherd angereist war. »Was genau geschieht in Ihrer Gemeinde?« Er betrachtete die stark durchblutete Haut.

»Viele Chinesen haben Vertrauen zu uns gefasst. Unsere Station liegt im Kreis Weishien. Man kann an klaren Tagen von unserem Hausberg den heiligen Berg Taischan im Wolkenmeer sehen. Zudem habe ich eine heimliche Bestattung beobachtet.«

»Wieso heimlich?« Renau verstand nicht ganz, es war etwas wirr, delirierte sie etwa schon?

»Die Chinesen haben große Angst vor den Pestgeistern, die sich durch eine übliche Beerdigung nur herausgefordert fühlen könnten.« Die Hände der Missionarin sanken von den Knöpfen ihres Kleides auf ihren Schoß, sie selbst zurück in den Stuhl. »Die Menschen haben Vertrauen zu meinem Mann und mir. Sie rufen uns zu Kranken. Wir versuchen, über Hygiene aufzuklären.«

Die Gefahr für ihr eigenes Leben war ihr gar nicht klar.

»Mein Mann ist wahrscheinlich inzwischen von Tsinanfu zurück, vielleicht hätte ich auf ihn warten sollen, was sicher vernünftiger gewesen wäre …«

»Vor allem ist jetzt vernünftig, dass Sie in Quarantäne …«

Die Missionarin sprang auf. »Nein!« Sie hob beide Hände, als wolle sie einen Schlag abwehren. Ihr Blick glitt durch die Stube, suchte Hilfe bei Claas, der, die Schreibfeder in der Hand, an seinem Pult stand. »Die Gemeinde braucht Impfstoff, verstehen Sie doch.«

»Natürlich wird den Menschen geholfen werden.«

Sie raffte das Kleid um sich. »Ich bin vielleicht erkältet, weil ich lange durch den Schneeregen geritten bin. Ich habe nicht die Pest.«

Schüttelte sie der Frost oder die Angst? Renau versuchte es mit Milde. »Das habe ich auch nicht gesagt. Sie werden sich in der Quarantänestation hinlegen, heißen Tee trinken und Ihr Fieber auskurieren. Claas, rufe er die Eskorte.« Renau schickte dem Burschen einen harten Blick, damit er schweige.

»Auf keinen Fall. Ich muss sofort nach Tsingtau, unsere Kinder in der Mission brauchen eine Impfung, das ist doch das Einzige, was noch hilft …« Sie lehnte sich an den Schreibtisch. »Helfen Sie mir, Sie sind Arzt, Sie können bestimmt etwas tun. Die Menschen draußen auf der Station können nur beten …«

Renau trat auf sie zu. Wenn sie sich angesteckt hatte, war sie bereits verloren. Vielleicht erschien sie ihm so schön, weil sie bald ein Engel sein würde. Er hielt in der Bewegung inne. Was trieb ihn da für ein unsinnig romantischer Gedanke, nur weil er eine Missionarin vor sich hatte. Er war Arzt und der Sicherheit der Kolonie verpflichtet. Er würde sie jetzt in Quarantäne aussondern, im Interesse der vielen Gesunden in Tsingtau.

Claas stand noch immer am Pult. »Hole die Eskorte, Claas, wird's bald.« Er konnte noch gerade ihre Unterarme mit beiden Händen greifen, als die Missionarin sich an seine Brust warf.

»Warum tun Sie nichts, die Christen dort sterben doch sonst!«

Er spürte durch den Stoff des Kleides hindurch, wie sie glühte. »Ich tue doch etwas. Ich sorge dafür, dass Sie ein fiebersenkendes Mittel bekommen und sich ausruhen können. Sie müssen sehr erschöpft sein.«

Tränen erstickten fast ihr Flüstern. »Versprechen Sie mir als Offizier, dass Sie sich beim Gouverneur für uns verwenden.«

»Versprochen, Frau Makrat.«

Die Tür ging auf. Vier Soldaten bauten sich hintereinander im Türrahmen auf.

»Bringt die Frau Missionarin Makrat zu Marineoberstabsarzt Westerhoff, Empfehlung Baracke zwei.«

Sie riss die Augen auf, der Leberfleck tanzte auf der Wange. »Was heißt das, um Gottes willen? Was heißt das?«, flüsterte sie.

»Das heißt nur, dass Ihr Fieber beobachtet wird.«

Tränen rannen über ihre hitzerosa Wangen. »Herr im Himmel …« Sie nickte schwach.

Renau ließ ihre Unterarme fahren und hob die chinesische Jacke vom Stuhlrücken auf ihre Schultern.

Sie drehte sich weg. »So soll es also sein …« Ohne auf die Matrosen der Eskorte zu warten, schritt sie erstaunlich ruhig und aufrecht hinaus in den Flur.

Renau winkte die Soldaten hinterher. »Was wartet ihr noch?« Er drehte sich um und trat Claas auf den Fuß. »Kannst du nicht aufpassen?«

Renau stützte sich ans Schreibpult und fuhr mit dem Finger über die hölzerne Randleiste. Die Kontrolllisten waren lang geworden. Diese Frau hatte die weite Reise für ihre Schützlinge auf sich genommen. Mochte Gott verhindern, dass sie die erste Pesttote der Kolonie würde. Renau trat zum Becken in der Ecke und wusch sich die Hände in Desinfektionsmittel. »Wer saß mit Frau Makrat im Abteil?«

»Ein Kaufmann.« Claas sah auf der Liste nach. »Hans Albert Kapahnke aus Tsingtau.«

»Ausgerechnet.« Der Emissär, den Gouverneur Truppel zum chinesischen Provinzgouverneur von Schantung entsandt hatte. Wenn es dick kam, kam es dicker. »Herein mit ihm.« Renau deutete mit dem Kinn zur Tür, Claas sprang schon.

Die fünf Tage Privatquarantäne in seiner Villa in Tsingtau konnte Renau dem Kaufmann jetzt nicht mehr ersparen, Diplomatie hin oder her.

Wie viele Kranke hatte sie getröstet, wie oft hatte sie aus Nächstenliebe Verzweifelten Notlügen zugeflüstert. Sie hatte den alles verzeihenden Ton in seiner Stimme gehört, als eben der Marinearzt von fiebersenkenden Mitteln gesprochen hatte. Er hatte aus seinen braunen Augen auf sie niedergeblickt , mit einer Wärme, dass sie einen Moment lang von der männlichen Zärtlichkeit, die sie darin erriet, verwirrt gewesen war. Denn hinter dem traurigen Glanz in seinen Augen glühte ein Funken leidenschaftlicher Entschlossenheit. Nie hatte der Blick eines Mannes mit solcher Wärme auf ihr geruht, selbst seine Finger, als er ihre Handgelenke umfasste, hatten sie sanft berührt, wie ein Streicheln fast. Sie hatte gespürt, dass er ihr keinen Schmerz hatte zufügen wollen.

»Es ist nicht mehr weit«, sagte einer der jungen Matrosen von der Eskorte.

Ihr Herz schlug schnell, Wut brandete in ihr auf, Wut über ihre Ohnmacht. Sie würden sie hier in eine Quarantäne wegschließen, kostbare Zeit verrann, ohne dass ihrer Gemeinde geholfen würde. Sie ballte die Fäuste. Aber sie hätte ein Vogel sein müssen, wenn sie diesem Lager entkommen wollte. Überall liefen Soldaten zwischen den Baracken herum, viele waren bewaffnet.

Sie hatte keine Chance.

Aber den Marinearzt Renau, den würde sie nicht vergessen, konnte sie nicht vergessen, so wie er mit seinem sanften Blick in ihre Seele geblickt und es ihr versprochen hatte, ja. Deutsche Offiziere hielten ihr Wort. Das war so.

Leontine folgte den Soldaten, stieg in den Militärwagen, bewacht und abgeführt wie eine Verbrecherin. Sie kauerte sich auf einer schmalen Sitzbank zusammen. All das war nichts gegen das, was Friedbert auf der Station wohl erdulden musste. Die unter so unendlicher Mühe aufgebaute Gemeinde starb einfach weg. Von den wenigen Bibelfrauen, die sie ausgebildet hatte ... wie viele lebten noch? Welches Ziel verfolgte nur Gott im Himmel mit dieser Strafe?

Der Wagen rumpelte los.

Wenn sie nur wüsste, wie sie Friedbert eine Nachricht übersenden könnte.

Da wurde die Tür des Wagens aufgerissen. »Steigen Sie bitte aus. Achten Sie auf die Pfützen«, sagte ein Soldat.

Der endlose Regen des Schantunger Winterhimmels fiel. Um sie herum nur Schlamm und Geröll, wie fruchtbar dagegen waren die Felder im Tal des Dorfes. Leontine wollte sie wiedersehen. Man würde ihren Leichnam freigeben für Friedbert, sollte sie wirklich die Pest …

»Da lang.«

Sie hatte keine Angst vor dem Tod. Nein, nicht Leontine. Wenn der Herr sie zu sich riefe, jetzt schon, dann, dann war sie vielleicht doch eine gute Seele. Hieß es nicht immer, wen der Herr liebt, den ruft er früh an seine Seite … oh, die vielen Menschen, die die Pest hinwegraffte, was sollte sie nur denken … Beten, *in der Not hilft beten, Leontine …*

Ein Vermummter eilte auf sie zu, der Posten machte Meldung. Sie verstand nicht recht, was gesagt wurde. Der Mann trug einen Schutzanzug, Mund- und Nasenmaske aus einem besonderen festen Stoff, darunter drückten sich Drähte ab. Sie kannte die Seuchenkluft von einer Abbildung im Heilbuch der Mission.

»Wegtreten.«

Der Doktor musterte sie durch die Automobilistenbrille auf der Seuchenhaube. »Wie fühlen Sie sich?«

»Ich habe nur Fieber, von der Anstrengung eines Ritts auf einem Maultier zur Bahnstation. Ich war zu lange im Regen unterwegs und habe nasse Füße.« Sie lachte leichthin.

»Folgen Sie mir.«

Hinter ihm ragten drei große Baracken auf. Vom Militärwagen aus hatte sie die Tore nicht sehen können, nun erkannte sie den Stacheldraht, der sich über die Zäune zog. Leontine hörte einen Zug pfeifen. Junge Soldaten begafften sie. Überall lief Sanitätspersonal herum, die über Kapuzen aus geöltem Leinenstoff Automobilistenbrillen trugen. Auch Hosen und hohe Schaftstiefel, schreckliche Kreaturen wie aus der Hölle …

Türen gingen auf, gingen zu.

In der Baracke herrschte eine wohltuende Sauberkeit wie im Reich, weiß getünchte Wände, Stahlbetten. Der vermummte Arzt drehte sich um und rückte die Automobilistenbrille zurecht.

»Schwester Margarethe wird sich um Sie kümmern. Leisten Sie allen Anweisungen Folge. Ihre Kleidung wird desinfiziert.«

Aus einer Kammer erschien eine Ölzeugkreatur. Leontine erkannte eine schlanke, nicht mehr ganz junge Frau mit hochgesteckten Haaren, die sich die Kapuze überstülpte.

Leuchtende blaue Augen musterten sie, ein paar unregelmäßige, aber weiße Zähne gaben ein Lächeln frei. »Ich bin Schwester Margarethe. Wie ist Ihr Name?«

Die Schwester sprach überlaut, oder hallte es nur vor Fieber in ihrem Kopf? Schwester Margarethe wartete, drängte nicht.

»Nein? Sie wollen nicht sprechen? Ich sorge trotzdem für Sie, kommen Sie erst mal hier entlang.«

Leontine konnte die Tränen nicht mehr aufhalten. Wie oft hatte sie so milde zu Todgeweihten gesprochen? Auch die Schwester sprach wie der Arzt Renau mit dieser weichen, verzeihenden Stimme.

Da stieß ihr Bein gegen ein Metallbett. Frisches Leinen, von der Schwester mit einem Ölhandschuh sorgfältig aufgeschlagen, die übrigen Betten in diesem Raum waren noch leer.

Schwester Margarethe wies auf eine Zinkwanne. »Bitte legen Sie Ihre Kleider dort hinein.«

Leontine ließ den Mantel von der Schulter gleiten, Kragen und Ärmel fielen über den Zinkrand. Ihr Finger suchte den Kleiderknopf an ihrem Hals und fand die Kette mit dem Kreuz. »Friedbert … Mein Mann ist Missionar Friedbert Makrat. Er muss unbedingt erfahren, dass ich hier bin. Verstehen Sie?«

»Sicher. In der Quarantänestation ist alles genau geregelt. Niemand wird vergessen.« Die Stimme dieser seltsam verhüllten Schwester klang nüchtern wie ein Urteil vor einem Gericht.

Leontine wurde heiß und kalt. Die Mission … Friedbert und die Bibelfrauen … die traurigen Augen des Doktors Renau … der Boden kippte, und das Bett drehte sich unter ihr hin …

Nein, der Herr vergaß niemanden.

Kapitel 11

Syfang, Quarantänelager – 28. Januar 1911

Claas, hilf mir, das Zeug anzulegen. Ich muss in der Isolierstation den Schutzanzug tragen.«

Renau reichte ihm die Mütze und die Uniformjacke, und Claas beeilte sich, die auf einen Bügel zu hängen. Wenigstens bullerte in dem weiß gestrichenen Raum in der Ecke ein Öfchen.

Schon hatte Renau die Hose auf einen Hocker gelegt. »Pass auf meine Sachen auf.« Dann zog er den Schutzanzug über die Beine und drehte sich um. Claas packte den Kragen und hob ihn über die breiten Schultern des Arztes. »Der Stoff ist ja so stark wie Segeltuch.«

»Der ist imprägniert und gewachst.« Renau griff sich eine Mund- und Nasenmaske vom Stapel. Er deutete zu einem flachen Metallbecken. »Tränke das in Sublimat.«

»Wo finde ich das?«, fragte Claas. Vorgestern bei einer Reihenimpfung hatte der Arzt ihm eine Ohrfeige verpasst, als er eine Ampulle Impfstoff hatte fallen lassen. *Wir brauchen jeden*

Tropfen, Idiot! Renaus Mund hatte gezuckt wie ein Aal vor dem Abstechen.

»Dort.« Renau schloss für einen Moment die Augen. »Falls du nicht weißt, wie's geht … Gieße einfach etwas aus der Flasche in das Becken hier, dann die Tüchlein einweichen und in die Halterung der Maske einsetzen. Aber davor erst abtropfen lassen. Atme dabei zur Seite, nicht in die Dämpfe hinein.«

An der Wand stand eine große braune Glasflasche, davor eine Emailschale mit einem Greifer aus Stahl und ein Moltonpfropf. Er öffnete den Deckel, es roch streng nach Alkohol mit einem Zusatz wie Kräuteressenz.

Renau wartete, bis Claas das getränkte Tuch unter die Nasenmaske gefummelt hatte. »Gut.«

Im Flur wartete der Sanitätsmaat und winkte ihnen.

»Halt, Soldat, nur der Arzt darf hier durch.«

Vor Renau öffnete sich die Tür. Der Maat hielt Claas am Arm fest. Er zog ihn in den Bereitschaftsraum. »Von hier aus werden die Pestverdächtigen überwacht.«

Claas fragte sich, warum Renau ihn hierher mitgenommen hatte. Er entdeckte ein Sichtfenster in der Barackenwand.

»Wir haben auch schon sechzig in den Baracken zur Beobachtung. Bisher hat Westerhoff nach fünf Tagen alle weiterziehen lassen. Er sagt, die Leute haben alle möglichen Krankheiten, aber keine Pest«, sagte der Maat.

»Läuse und Flöhe bestimmt.« Claas hoffte, dass er sich nichts wegfing.

Der Kamerad lachte und schraubte die Feldflasche zu. »Du glaubst gar nicht, was die alles mit sich schleppen. Einer hatte sieben Schinkenkeulen in einem Wachstuch.«

»Renau sagt, die wandern gerade von ihren Verwandten von den Dörfern zurück, weil gerade chinesisches Neujahr ist.«

»In Tsinanfu soll es ein großes Feuerwerk geben. Hätte ich gern mal gesehen, was die Chinesen dabei entfachen. Es sollen Drachen und ganze Pagoden am Himmel leuchten.« Der Sanitätsmaat wandte sich zum Kohleofen in der Ecke. »Willst du einen Schwarztee?« Er stellte zwei Emailletassen auf den Ofen und goss voll. »Wenn eine Glocke läutet, heißt das Alarm.«

Claas lugte in das Behandlungszimmer hinter der Scheibe. Am Bett stand eine zweite vermummte Gestalt neben Renau, den er an seiner Körperhaltung erkannte. »Da liegt ja eine Frau!«

Der Sanitätsmaat legte die Arme ineinander. »Nun mal schön leise, Junge. Nur weil du einen Rock siehst, wird hier nicht gebrüllt.«

»Das ist die Frau eines Missionars.« Claas drehte sich zum Kameraden um.

»Und wennschon.« Er griff sich eine Blechtasse. »Wenn die da drin die Pest hat, kommen wir hier nicht mehr lebend raus.«

»Wir sind doch geimpft.«

Der Sanitätsmaat starrte in die Tasse und schwenkte den Tee langsam im Kreise. »Die Ärzte haben ihren Eid geschworen, die müssen sowieso ran an die Kranken. Mir wär's wohler, wenn ich draußen irgendwo in den Bergen auf Posten stünde.«

Claas nahm seinen Schwarztee. Fast hätte er sich die Finger verbrannt, so heiß war das Emaille. »Wann wir sterben oder ob eine Impfung wirkt, liegt in Gottes Hand.«

»Bist du auch Missionar?« Der Maat beugte sich über eine Liste am Tisch unter der Sichtscheibe.

Claas setzte sich und streckte die Beine aus. Er konnte sehen, was drinnen vor sich ging. Die Wände der Baracke waren dünn. Hinter der Scheibe waren die Stimmen der Ärzte zu hören, die seltsam hohl wie aus einem Trichter klangen, so sehr dämpften die Sublimathauben die Stimmkraft.

»Sie kommen noch rechtzeitig, Renau. Wir müssen uns mit der Krankheit vertraut machen.«

»Westerhoff, Sie meinen ...« Renau drehte sich unter der Maske abrupt um.

»Die Pest hat die Kolonie erreicht. Die arme Frau ist unser erster Fall.« Er machte der Krankenschwester ein Zeichen. Claas erkannte sie am Schutzanzug ohne Hosen, der wie ein Sack über ihrem kleinen Körper bis zum Boden hing. Schwester Margarethe hob vorsichtig die bis zum Kinn der Patientin gezogene weiß-blaue Leinendecke. Ihr Gesicht glänzte vom Fieberschweiß. Claas fiel das Plakat einer Schauspielerin ein, die er einmal in Alsen gesehen hatte. Nur so lockig war das blonde Haar der Kranken nicht.

»Ist sie noch bei Bewusstsein?«, fragte Renau hinter der Scheibe.

»Sie deliriert im Fieberwahn. Von Engeln, Sünden, manchmal scheint sie halbe Psalmen aufzusagen.«

»Sie ist mit einem Missionar verheiratet«, sagte die Krankenschwester.

»Ach, deshalb.«

»Das Dorf ihrer Station ist uns als Pestherd gemeldet worden.«

»Sie kennen die Befehle des Generaloberarztes und des Gouverneurs?«, fragte Westerhoff.

»Sicher, beim ersten Pestfall auf deutschem Gebiet wird die Grenze geschlossen«, sagte Renau.

»Verifizieren Sie meine Diagnose. Bevor wir die Kolonie möglicherweise umsonst von der Außenwelt abschneiden. Die Nahrungsmittelpreise steigen bereits jetzt von Tag zu Tag.«

Claas hatte nichts mehr von dem erfahren, was in der Stadt vor sich ging. Sein Freund Harms war sicher im Dauereinsatz draußen auf der *Emden* und fuhr die Küste auf und ab. Abenteuer hatte sich Harms immer gewünscht, aber wohl kein solches.

Die Krankenschwester nahm die Tücher fort. Claas fühlte, wie trocken seine Lippen waren. Er hatte außer einmal seine Schwester noch nie eine Frau nackt gesehen. Auch der Blick des Maats, der hinter ihm stand, lag unverwandt auf der schneeweißen Haut mit den roten Flecken am Hals. Die Brüste darunter standen fest, obwohl sich die Kranke wand. Unter dem dünnen Leintuch und Nachthemd zeichnete sich ihr Unterleib ab.

»Jesus ging zu seinen Jüngern … ach, schöner Mann … glaube mir …«

Die vermummten Ärzte hielten inne.

»Deliriert sie ständig?«, fragte Renau.

»Es geht seit vielen Stunden so«, sagte Schwester Margarethe. »Die Sätze werden immer kürzer, die Stimme schwächer. Sie trinkt nicht mehr, obwohl ich es immer wieder mit der Schnabeltasse versuche.«

Renau beugte sich wieder über das Bett.

Die Kranke spürte es wohl, öffnete die Augen und wollte die Arme zu ihm strecken. »Gabriel, schöner Erzengel, wo weist du mich hin an den Pforten des …« Sie lächelte selig, ihr Kopf fiel zur Seite.

»Wie hoch ist das Fieber?«, fragte Renau.

»42 Grad, schon seit mehreren Stunden. Wir haben schon Senkungsmittel gegeben, aber es hilft nicht.«

»Wie lange ist die Patientin schon hier?«

»Das ist es eben. Seit zwei Tagen.«

»Das spricht für … die Pest.«

»Sie sehen das auch so, Renau?«

Schwester Margarethe deckte die Kranke wieder zu. »Sie hatte schon hohes Fieber, als sie eingeliefert wurde.«

Vorsichtig tastete Renau durch das Leintuch hindurch den Leib der Frau ab. Fühlte die Arme entlang, den Oberbauch.

»… das kitzelt …« Ein kindliches, aber heiseres Lachen drang perlend durch die Barackenwand.

Claas schämte sich, dass er der Kranken auf die vollen Brüste starrte.

»Die Lymphbahnen sind verhärtet. Die Krankheit kulminiert«, sagte Westerhoff.

»Weisen Mund- und Augenschleimhäute Veränderungen auf?«

»Leichte Rötungen, mehr nicht. Keine Eiterbildung.«

»Versuchen wir es mit kalten Bauch- und Wadenwickeln.«

Westerhoff hob die Arme. »Sie überraschen mich, Renau, dass Sie ein altes Hausmittel vorschlagen.«

»Jedenfalls habe ich in den Krankenberichten der Kollegen aus Schanghai diesen Hinweis als letzte Möglichkeit gelesen.« Renaus Stimme klang in Claas' Ohren ganz fremd, wie verlangsamt. »Halt. Entschuldigung. Jetzt fällt es mir ein. Heuwickel waren es, nicht bloß Wickel. Heu wird hier doch auftreiben sein.«

Der vermummte Westerhoff klopfte an die Scheibe.

»Maat Uhdinger, besorgen Sie bei den Berittenen zwei Packen Heu. Der Bursche von Renau soll Wasser aufsetzen. Schnell.«

Claas sah den Maat an, der sich schon seinen Überzieher vom Haken holte. »Den großen Topf findest du drüben im Labor. Hole das Wasser aus dem Raum mit den Brausen und setze den Topf auf den Ofen im Labor. Den schürst du mit den Holzkohlen, die dort liegen.«

Claas stürzte ihm hinterher. »Wo ist denn das Labor überhaupt?« Doch er sah nur noch den Rücken des Maats an der Barackentür verschwinden.

Der Raum neben dem Ausgang stand offen. Er sah die Tische mit den Glaskolben. Wie viel Wasser brauchte man bloß, um Heu auszukochen? Er würde am besten wie Vater fürs Fischhäuten den größten Kessel nehmen, den er hier finden konnte.

Schwester Margarethe befühlte das Heu. »Es ist jetzt kühl genug.«

»Legen Sie es ihr auf den Leib.« Westerhoff nickte ihr zu.

Renau schwitzte in dem Vermummungsanzug, die Sublimatdämpfe erzeugten eine Art überwacher Benommenheit. Vielleicht lag es auch nur daran, dass er zu wenig aß und schlief.

»... Jes ... ja ... mas ...« Die Missionarin stöhnte kurzatmig Silben.

»Sie kämpft noch«, sagte Schwester Margarethe leise.

»Legen Sie weniger Heu auf den Bauch, mehr auf die Schenkel, Arme und an die Seiten.«

Renau rückte neben das Bett und schlug das Leintuch um die Waden der Missionarin. Diese Frau war schön, diese Alabasterhaut. Wann hatte er das letzte Mal solch einen zarten Bauch berührt? Dorothea hatte es ihm nach der Verlobung erlaubt, die Erinnerung an ihre leidenschaftlichen Küsse durchströmte seinen Unterleib. Schnell legte er das Tuch über die Scham der Missionarin.

»Lassen Sie den Hals und den Büstenansatz frei. Die Patientin ist schon sehr flachatmig, wir dürfen sie nicht ersticken.«

Schwester Margarethe trat mit dem letzten Heubündel beiseite und warf es zurück auf eine Schale. Renau hob das Leintuch über die Brust. Ein Impuls durchfuhr ihn. Er klappte die Säume ein und gab der Kranken eine Art Kragen.

»Sie sieht fast wie eine Nonne aus«, flüsterte Schwester Margarethe.

Westerhoff schob in der Ecke des Raumes vor dem Ofen die Kapuze zurück und winkte Renau heran. Er rieb sich mit dem Handrücken über seine kurzen dunklen Locken, sein Schnurrbart schien grauer als sonst. Er zog Renau am Arm ganz in den Winkel. Dabei drehte er sich mit dem Rücken zum Maat, der vorschriftsgemäß an der Sichtscheibe stand. »Hören Sie, Renau. Wenn die arme Frau es nicht schafft, diagnostiziere ich eine schwere Lungenentzündung für den Bericht«, flüsterte er.

Renau zuckte, doch die Vermummung machte ihn träge. »Westerhoff, wenn Sie die Geschlechtskrankheiten der Soldaten vertuschen, meinetwegen. Aber hier haben wir es mit einer Seuche zu tun. Hier geht es um das Überleben der Kolonie. Truppel muss es erfahren.«

»Wird er. Was ich Ihnen jetzt sage, haben Sie nie gehört. Ich habe ausdrückliche mündliche Anweisung des Gouverneurs Truppel, Pestfälle nicht zu melden, solange es Einzelfälle sind.«

»Aber …« Das war verwerflich.

»Wir isolieren hier jeden Kranken, Renau, auf jeden Fall. Aber wenn die Stadt total abgeriegelt werden muss, gibt es eine Panik unter den Chinesen, und für die Europäer reicht die Lebensmittelversorgung höchstens vier Wochen.« Westerhoff legte ihm den Schutzhandschuh auf die Schulter. »Begreifen Sie doch. Der Gouverneur beruft sich dabei auf allerhöchsten

Befehl aus Berlin. Der Marinestützpunkt ist um jeden Preis zu halten.«

Renau sah mit einem Mal Dorotheas Gesicht vor sich, wie sie ihre Augenbraue hob. *Deine Marine lügt für die Ehre, mit Tsingtau eine Musterkolonie für unseren Kaiser zu verwalten.* Er würde seine Verlobte um Verzeihung bitten müssen für die harten Worte, die er ihr vor seiner Abreise entgegnet hatte. Er ballte den Handschuh.

»Sie haben hier die Befehlsgewalt, Westerhoff. Aber ich werde Ihnen weiterhin jeden Pestverdächtigen von der Kontrollstation schicken. Egal wie viele es werden.«

»Natürlich tun Sie das! Wir stehen hier an der Front. Spätestens, wenn wir hier ausgelastet sind, wird der Gouverneur die Grenze endgültig auch für Güterzüge schließen müssen. Selbst wenn dann die Kolonie ohne Versorgung wäre.«

»Ich brauche Ihre Hilfe, die Patientin entwickelt enorme Kräfte im Endkampf«, rief Schwester Margarethe vom Bett her. Sie mühte sich, doch die Missionarin bäumte sich auf.

Renau stieß sich mit dem Knie am Metallgestell unter der Matratze. Flach legte er die Hände auf den Kragen der Kranken. »Ruhig, ganz ruhig.«

Der hitzige Blick aus den grünen Augen erfasste ihn. »Oh … der schöne Mann, den ich so gern … in deinen Armen zur Himmelspforte … oh, Sie sind der heilige Petrus …«

»Das arme Kind.« Die Stimme von Schwester Margarethe bebte.

Westerhoff trat ans Fußende des Bettes und hielt die Beine fest. Renau verwünschte das Sublimat. Er blinzelte das Brennen in den Lidern weg.

»Ich bekenne meine Sünden, heiliger Petrus«, flüsterte sie undeutlich und verschluckte sich.

Renau suchte nach Worten. »Ja, Leontine, du tust recht.«

»Sie weint«, sagte Westerhoff matt.

»Aber …« Mit einem Ruck hob die Kranke das schweißnasse Haupt, sie drückte mit großer Kraft gegen Renaus Handschuhe. »Aber, lieber Petrus, warum lässt du mich nicht eingehen, ins Reich … oh, ich weiß, ich hätte nur für Friedbert Augen haben sollen, … nicht für den schönen Mann …« Sie schluchzte auf. »Sind meine Sünden zu groß? Schickst du mich in die Hölle?«

Westerhoff drückte die Füße der Kranken fest in die Laken.

»Nein, Leontine, nein.« Renau fühlte ein Lachen in ihrem Körper aufsteigen, in das tiefe Verzweiflung mündete, wenn ein Mensch alle Hoffnung hatte fahren lassen. Aber wenn sie ihn für Petrus hielt, dann … »Deine Zeit ist noch nicht gekommen, Leontine. Du kehrst jetzt zurück zu den Irdischen. Ich rufe dich erst in vielen Jahren zu mir, hörst du, du wirst noch viele Jahre auf Erden leben …«

Ihr Kopf fiel zurück ins Kissen, dann zur Seite. Und sie lag still. Alles umsonst. Renau wandte sich ab.

Westerhoff trat vom Fußende heran, legte ihm die Hand auf die Schulter und stierte mit ihm die Wand an.

»Sie atmet wieder!«, rief Schwester Margarethe. »Sehen Sie.«

Renau fuhr herum wie sein Kollege.

»Tatsächlich … Das ist ja … Vielleicht rettet sie diese Illusion. Sie hätten es nicht besser machen können, Renau«, sagte Westerhoff leise.

»Ich hoffe es.« Ein scheues Lächeln lag auf dem Gesicht der Missionarin, blonde Strähnen klebten an ihren Schläfen. Sie war zu jung, zu schön für einen solch sinnlosen Tod. »Sicherheitshalber verlängern wir die Quarantäne. Bei jeder Krankheit gibt es abweichende Verläufe. Wir wissen nicht, was noch passieren kann.«

Es klopfte an die Scheibe. Sie wandten die Köpfe.

»Uhdinger, was soll das?«, rief Westerhoff.

Der Maat legte ein Stück Papier an die Scheibe. »Der Befehl ist für Sie, Marinestabsarzt Renau. Der Umschlag ist gesiegelt vom Generaloberarzt.«

»Nach Hüh kommt jetzt wohl wieder Hott.« Aber langsam war ihm alles lieber, als hier Menschen in Agonie zu sehen.

Westerhoff winkte ihn zur Tür. »Ich kümmere mich um die Frau.«

»Egal, was Sie in den Bericht setzen werden. Falls Sie …« Renau biss sich auf die Zunge. Nein, er würde die Illusion, die er erweckt hatte, nicht vor diesen zarten Ohren brechen. »Sagen Sie wenigstens mir die Wahrheit – später.«

Westerhoff öffnete die Schleuse zur Außenwelt. »Legen Sie den Schutzanzug einfach in die Wanne im Umkleideraum«, sagte er. Seine Stimme klang müde.

Die Tür zum Behandlungsraum fiel hinter ihm zu. Renau entging nicht, dass der Oberarzt ihm eine Antwort schuldig geblieben war.

Er beugte sich über die Wanne und ließ die Haube einfach hineinfallen. Danach legte er den Kopf weit in den Nacken. Tat das gut, ein tiefer Atemzug ohne Sublimat. »Claas!«

Renau schälte sich aus dem Anzug und warf auch ihn in die Wanne. Der Bursche stand schon in der Tür, fix, wie er war. »Die Jacke aus dem Spind, und hole den Befehl beim Maat.«

Im Waschraum reinigte sich Renau gründlich mit Sublimat, dann unter der Brause.

Claas hielt ihm seine Kleider hin.

»Danke.« Renau schlüpfte hinein und setzte die Mütze auf.

Im Umkleideraum war es zu dunkel zum Lesen. Renau trat für mehr Licht hinüber in den Beobachtungsraum. Er brach das rote Siegel, das die dünne weiß-schwarze Fadenbindung um das Papier zusammenhielt. Unter der Petroleumlampe faltete er den Befehl auseinander. Die förmlichen Anredefloskeln übersprang er.

Sie werden sich laut Befehl vom 28. Januar um 22 Uhr in Syfang beim Eskorte-Leutnant am Sonderzug Tsingtau-Tsinanfu melden. Leichtes Gepäck und Ausgehuniform ist befohlen.

»Verdammt.« Renau faltete das Blatt mit der Unterschrift des Generaloberarztes zusammen. Was sollte das nun wieder werden? Was dachten sich die Herren im Hauptquartier eigentlich? »Wie soll ich denn jetzt meine Ausgehuniform nach Syfang kriegen.«

»Per Telegramm.«

»Was?«

Der Bursche wich einen halben Schritt zurück. »Entschuldigung, Herr Marinestabsarzt. Ich wollte nicht …«

»Du bist ja einer, du gefällst mir.« Renau pfiff durch die Zähne. Syfang war eine Bahnstation, der Befehl erzwang das Diensttelegramm. Alles ganz einfach. Er zog seine Uhr aus der Tasche. Halb acht. »Sehen wir zu, dass wir hier wegkommen.« Mit etwas Glück konnte der Quartiermeister vom Dienst in der Kaserne seine Sachen rechtzeitig aus seinem Logis im Hotel holen und zum Bahnhof bringen, bevor der Sonderzug in Tsingtau abfuhr.

Kapitel 12

Tsinanfu, Palast – 28. Januar 1911

Wieder flog ein Schnitzgitter vor Chou-Lis Nase zu. Tante Shen konnte flinker laufen als sie, dabei waren deren gebundene Füße noch kleiner als ihre eigenen. »Warum hörst du nicht erst einmal zu?«, rief sie ihr hinterher.

Chou-Lis Fußsohlen schmerzten, wenn sie schnelle Schritte setzen sollte. Manchmal glaubte sie, ihre Tante habe nach Mutters Tod absichtlich Fehler beim Abbinden gemacht, damit sie selbst die kleinsten Lilienfüße in der Familie behielt.

Sie eilte durch das Musikkabinett, ihr langer Seidenmantel bauschte sich. Die Dienerinnen hielten sich im Schatten der Gänge verborgen, wie immer, wenn sie mit ihrer Tante stritt. »Shen!«

Lack knallte auf Lack, einmal hatte sie eine Tür aus der Angel geworfen. Das traute man der kleinen Frau gar nicht zu. Chou-Li würde nicht noch eine Runde um den Innenhof mit dem wintergrauen Garten machen, sonst wurden ihre Füße wund, und sie konnte die nächsten Tage mit Salben verbringen.

Metall auf Metall – da klackten die Bronzetüren. Tante Shen ging der Atem aus. Chou-Li wandte sich zum Durchschlupf in der Ecke des Musikzimmers, den die Dienerinnen benutzten. Sie räumte eine Zither weg und ein paar dicke grüne Seidenkissen.

Vorsichtig ging sie auf die Knie. Die Fäden der roten Stickereien ihres Umhangs waren hauchdünn. Wenn sie rissen, könnte sie sie nur mit Tantes Hilfe ausbessern. Die Dienerinnen durften diese Ehrenkleidung nicht anfassen.

Die Dielen waren sauber und glatt. Chou-Li setzte die Hände auf den kalten Boden und kroch hinüber in das Ankleidezimmer Tante Shens.

Die kleine Frau stand mit zu den Schultern erhobenen Fäusten hinter der Bronzetür. Im Gegenlicht sah sie so schwarz aus wie das Gitter zum Flur.

»Wartest du auf mich?«

»Oh«, schrie Shen auf und fuhr herum. »Du bist schon hier.« Sie presste die Hand auf die Brust, die Schmuckdolden an ihrem Haarkamm pendelten schwer. Sie sprang hinüber zur Liege mit den aufgeschichteten Kissen. »Du kannst durch Wände gehen, ich wusste es.« Ihr Blick unter den faltigen, dick mit heller Schminke belegten Lidern flackerte.

»Tante, was redest du da?« Chou-Li setzte sich auf den Hocker vor dem Tisch mit den Schönheitstiegeln. »Ich bin dort hereingeschlüpft.«

»Ja, dich klein machen, das kannst du gut.« Tante Shen hielt den Schmuckaufsatz auf ihrem noch immer schwarzen Haar fest. »Und deinen Vater beschwatzen.«

Hätte er es ihr doch nur selber gesagt, aber die Amtsgeschäfte hatten Vater schon früh in den Yamen gerufen. »Er möchte eben, dass wir uns impfen lassen.«

»Von den ausländischen Teufeln! Er ist verhext. Du hast ihn verhext.«

Das war neu. Chou-Li spürte ihre Fußsohlen, ein Brennen, das sie so hasste. Sonst beschimpfte Shen sie nur als ungehorsam, faul oder einfach als schlechte Brudertochter.

Shen schlich mit ausgestreckten Fingern auf sie zu. Sie lachte schrill. »Damit hast du nicht gerechnet, dass ein Mensch dich durchschaut.«

Chou-Li konnte nicht anders, als die hin- und herirrenden Augen ihrer Tante anzustarren. Das Gesicht war wie zwischen Lachen und Weinen und Wut eingefroren. Tante Shen zog Schubladen im Lacktisch auf. Bürsten und Pinsel lagen dort. Und ein Spiegel, den sie gar nicht kannte. Fünfeckig war er und in dunkler Bronze gefasst.

Tante Shen nahm ihn mit der linken Hand, sie konnte ihn gerade noch umgreifen. »Der Zauberspiegel enthüllt mir deine wahre Gestalt, wenn ich darin dein Spiegelbild im Schminkspiegel betrachte.«

Chou-Li öffnete den Mund. »Tante Shen, du …«

»Schweig, oder ich banne dich mit Feuer.«

Diese Stimme klang so fremd, so heiser wie im Fieber. Vater musste sie beruhigen, wenn sie nicht gar wirklich verrückt geworden war aus Angst vor der Pest.

»Bleib sitzen, du …« Tante Shen überkreuzte die Finger der rechten Hand und spreizte den Daumen weit ab. Die meisten der Frauen von Beamten, mit denen sie sich abgab, erzählten den ganzen Tag Geschichten, wie sie das Volk in den Gassen beim Schmortopf nachplapperte, nur weil sie nicht richtig lesen konnten. Jeder selbst ernannte Wahrsager verwirrte rasch ihre Köpfe. Dabei hatte Vater auch Shen erlaubt, dass sie mit Chou-Li das Schreiben und Lesen lernte. Aber sie hatte sich nicht viel Mühe mit den Zeichen gegeben.

Shen stellte sich auf ein Bein, drehte den fünfeckigen Spiegel vor ihrem Gesicht und versuchte, ihr Spiegelbild vom Schminktisch her darin einzufangen.

»Jetzt sehe ich dich. Weiche von mir, du … du Fuchsgeist,

du alte Füchsin, die uns unsere wahre Chou-Li geraubt hat. Verschwinde.«

Chou-Li wartete. Tante Shen starrte in den Spiegel. Ihre Mundwinkel zitterten immer stärker, die Wangen sanken, dann liefen erste Tränen über ihr Gesicht.

Sie hatte es wirklich geglaubt. Chou-Li rang nach Atem. Nur weil Tante Shen sie vorhin im Studienkabinett an dem Mikroskop gefunden hatte, unter das sie einen Splitter Holzkohle gelegt hatte. »Tante«, sagte sie leise, »ich bin wirklich ich.«

Tante Shen warf den Spiegel einfach weg, das Glas zerbrach mit einem lauten Klirren. Sie warf sich auf den Fußboden und hatte sich ihren Fuß gekrallt, noch ehe Chou-Li ihn wegziehen konnte. Sie konnte nicht vom Hocker aufstehen, Tante Shen hängte sich mit dem ganzen Gewicht an ihr Bein. »Lass mich los.«

»Du musst schon Hunderte von Jahren alt sein, wenn du dich vor dem Spiegel verbergen kannst. Aber deine Fuchspfote kannst du nur als tausendjährige Himmelsfüchsin verbergen. Herunter mit dem Schuh.«

Chou-Li sank zurück auf den Hocker. Vielleicht half es ja. Sie streckte das Bein aus. Der Kopfschmuck hing schon halb in Tante Shens Genick, ein Perlenanhänger war zu Boden gefallen.

»Tausend Knoten helfen dir nicht.« Mit beiden Händen machte sie sich an Chou-Lis Fuß zu schaffen, der Stoffschuh flog zum Bett hin, Tante Shen wickelte das Seidenband ab. Chou-Li wurde ruhig, je mehr von ihrer eigenen blassen Haut sie sah. Dann spürte sie den kalten Lufthauch und die heißen Finger Tante Shens, die ihre halb wunde Sohle betasteten.

Dann war da nur noch der Blick aus den wassergefüllten

Augen. Der Mund von Tante Shen zitterte, sie tastete nach dem Kopfschmuck und drückte die Handballen gegen ihre Wangenknochen. »Chou-Li, meine kleine Chou-Li, ich hatte so Angst, ich ... Aber was soll ich arme Frau auch von einer Tochter denken, die schreibt und liest wie ein Sohn und ihrem Vater die Akten zurechtlegt. Seitdem wird er von einem Amt ins nächste befördert, das ... das kann doch nur ein Fuchsgeist bewirken.«

Chou-Li legte ihr die Hand auf die Schulter. »Ich sollte vor dir sitzen, nicht umgekehrt. Du hast mir noch den Milchreis gegeben. Komm, steh auf.« Sie zog sie hoch. Dann beugte sie sich zu Boden und hob den Perlenanhänger auf, der auseinandergegangen war. »Hier, dein Schmuck.«

Tante Shens Finger waren kühl geworden.

»Vater ist ein weiser Mann. Nur deshalb erhöht ihn der Hof.« Chou-Li setzte sich auf den Rand des Bettes.

»Du hast sicher recht.« Tante Shen nahm sich den Hocker vor dem Schminktisch und tupfte sich mit einem Tüchlein die Tränen von den Wangen. Dann griff sie zum Pinsel und strich die weiße Farbe im Gesicht wieder glatt. Auch der rosa Hauch auf den Wangen war verschmiert. »Dein Vater wird wissen, was er tut. Aber ...« Der Pinsel hing einen Augenblick in der Luft, dann strich sie ihn über den Salbentiegel. »Wie kann er von mir ehrbarer Frau verlangen, dass ich mich vor einem fremden Mann entblöße? Oder gar seine Tochter dazu hergeben.«

»Das tut er doch gar nicht.«

»Warum opfern wir dem Pestgott nicht im Tempel, wie es unsere Vorfahren getan haben? Unsere Familie ist immer von Krankheit verschont geblieben. Wir wüssten es, wenn es anders wäre. Die Grabhügel erzählen es uns so. In dieser Familie wird man alt und grau.«

Wenn die Ausländer recht hatten und winzige Lebewesen in Wassertropfen die Pest brachten, dann durfte man nicht in einen Tempel gehen, wo viele Kranke um Heilung beteten. Denn dann war die Luft dort voll von diesen Tierchen. »Die Impfung ist wie ein Pulver zur Abwehr, zur Stärkung, das dir ein Arzt gibt.«

»Warum dürfen wir es nicht einfach als Tee einnehmen, wie sonst auch?« Tante Shen drehte sich halb und blickte zu Boden.

Chou-Li glitt vom Bett und hob einen vergessenen Kamm des Kopfschmucks auf. »Hier. Das Pulver wirkt besser, wenn es in deinem Blut kreisen kann. Vater möchte, dass wir es genau wie die Ausländer machen.«

»Sonst lehnst du doch alles ab, was von den Teufeln kommt.« Shens Stimme klang müde. Sie legte den Pinsel mit der rosa Farbe in ein Schälchen auf dem Tisch.

Vater hatte sie überzeugt. »Auch unsere Gelehrten sprechen sich dafür aus.«

»Aber wie kann ich einem Fremden meine Haut zeigen? Ich bin eine ehrbare Witwe, die ihrem Mann die Treue hält. Wie kann Sun Pau von uns verlangen, dass wir uns zeigen wie eine, eine … Käufliche.«

Tante Shen war immer sehr darauf bedacht, selbst bei Nachbarinnen und Verwandten, dass sie mit Respekt behandelt wurde. Vater hatte sie eine dritte Dienerin abgetrotzt, nur weil die anderen Beamtenwitwen auch so viele hatten. »Vater ist dabei, wir alle sind dabei.«

»Was denkt sich Sun nur. Er soll für mich ein Seidentuch als Schirm aufspannen.«

Die Bronzegitter warfen einen Schatten, der in den Raum glitt. Vater. Chou-Li setzte sich unwillkürlich aufrechter.

»Nein, Shen, du wirst die Gesandten der Deutschen begrüßen wie ehrbare Verwalter eines Landgutes.«

»Sun!« Die Lider Tante Shens zuckten unter dem Blick, den er ihr durch den Spiegel zuwarf.

Chou-Li senkte das Haupt und stellte sich vor die Scherben des zerbrochenen Zauberspiegels, was Tante Shen nicht entging. Ihren nackten Fuß verbarg sie unter dem Kleidersaum.

»Ich bin beim Ankleiden«, sagte Tante Shen.

Vater blieb an der Tür stehen. Er war in die schlichte Nachtkleidung gewandet und trug seine Seidenkappe. »Shen, du wirst auch ohne Seidentuch ehrbar bleiben.«

Chou-Li war sich sicher, dass Vater die zerstreuten Perlen auf dem Boden nicht entgingen und er ihren Streit daraus ablesen konnte.

»Nun, ich will nicht stören. Schicke Chou-Li zu mir, wenn du sie nicht mehr brauchst.« Er hob den Blick. »Dein Bruder Guan-Bo hat aus Peking geschrieben.«

Kapitel 13

Tsinanfu-Ost, im Sonderzug – 29. Januar 1911

Braungraue Felder erstreckten sich zu beiden Seiten des Bahndamms bis zum Horizont. Auf jedem Acker sah Renau einen oder gar zwei Ziehbrunnen. Geölte Körbe lagen herum, mit denen in der fruchtbaren Jahreszeit die Rieselfurchen bewässert wurden.

»Je mehr man sich der Provinzhauptstadt Tsinanfu nähert,

desto ertragreicher wird der Boden Schantungs. Leider können Sie das jetzt im Winter nicht sehen.« Der Kaufmann Kapahnke hatte sich am Bahnhof Tsingtau mit einem Befehl von Gouverneur Truppel als Chef der Delegation ausgewiesen. Er aß Rührei, das ihm Schwester Margarethe in der Kombüsenküche des Salonwagens zubereitet hatte.

»Danke.« Renau nahm ihr die Tasse Tee aus der Hand. »Nehmen Sie ruhig auch eine Tasse, der Tag wird lang werden.«

»Ich weiß, Herr Marinestabsarzt, aber ich konnte ein paar Stunden ruhen«, sagte sie.

Renau hatte in Syfang eine Weile gebraucht, bis er begriff, dass auch die Krankenschwester aus der Quarantänestation abgezogen werden sollte. Sie hatte sich gewehrt, weil sie die Missionarin nicht mitten im Überlebenskampf im Stich lassen wollte. Westerhoff hatte noch mit dem Gouvernement telefoniert, aber Schwester Margarethe war die einzige weibliche Pflegekraft in Tsingtau mit ausreichenden Chinesischkenntnissen.

Kapahnke setzte sich in einen der grünen Sessel des Gesellschaftswagens. Bei der Abfahrt hatte Renau sich noch gewundert, warum nicht Meisner mit der Reise betraut worden war, der war doch der Experte für chinesische Ehrenmänner.

»Haben Sie Erfahrungen mit chinesischen Patienten?«, fragte Kapahnke.

Schwester Margarethe stellte die weiße Porzellankanne mit dem grünen Schriftzug *Schantungbahn* auf den Tisch. Sie sah den Kaufmann offen an. »Doktor Meisner hat mich dem Gouverneur für diese Reise empfohlen, weil ich ihn schon seit vielen Jahren dabei unterstütze, wenn hochrangige Chinesen weibliche Angehörige behandeln lassen.«

Das war Renau neu. Jetzt begriff er erst, wieso Schwester Margarethe sich hatte dem Reisebefehl in Westerhoffs Händen so lange widersetzen können. Sie hatte Rückhalt beim Kollegen Meisner. »Behandelt nicht das Missionskrankenhaus die Chinesen?«

Schwester Margarethe fing seinen Blick auf und schob ihm dabei den Teller mit den Sandwiches hin. Ihr Lachen klang unerwartet nachsichtig. »Die Mission kümmert sich um die einfachen Menschen. Ein Würdenträger ginge schon allein deshalb nicht zu Doktor Faber. Nein, nein. Die Chinesen haben eine besondere Vorstellung von gesellschaftlichen Rängen. Die meisten Damen habe ich nicht einmal ansehen dürfen, obwohl ich doch selbst eine Frau bin.« Sie streckte die Beine unter der grau-weißen Schwesterntracht. »Dafür weiß ich nun, wie klein Frauenfüße abgebunden werden können. Manche bleiben so winzig wie bei einem Kleinkind. Grausame Sitten.«

Die Polstersessel waren äußerst bequem. Renau war vom regelmäßigen Rattern wie eingelullt. Die Samtportieren an den Fenstern schwangen sanft im Takt der Schienen.

Kapahnke klappte seine goldene Taschenuhr auf, dann steckte er sie in seine Westentasche zurück. »Apropos … Als Emissär des Gouverneurs möchte ich noch einmal darauf hinweisen, dass wir inkognito reisen. Man wird uns keinen offiziellen Empfang bereiten. Wenn ich dem Einladungsschreiben Sun Pau Tschis Glauben schenken darf, haben die Maßnahmen des deutschen Gouvernements im Palast Eindruck gemacht.« Er stellte die Teetasse auf den Salontisch und nahm ein Sandwich vom Teller.

»Wenigstens denken die Tautais um, diese Herren in der chinesischen Verwaltung. Die Krankheit wird nicht mehr wie ein Zeichen des Himmels verstanden, sondern als Aufgabe für eine organisierte Bekämpfung«, sagte Schwester Margarethe mit einem Seufzer.

Der Zug bremste scharf. Renau sank vom heftigen Ruck in die Kissen. Schwester Margarethe musste sich mit der Hand auf dem Tisch abstützen, um nicht nach vorn zu kippen.

Dann stand der Zug schräg in einer Kurve. Kapahnke schlüpfte in das anschließende Raucherkabinett. Renau sah durch das Fenster, wie er dort den Oberkörper hinauslehnte und den Hals reckte.

Unterhalb des Bahndamms schwammen Boote und Lastkähne auf einem Kanal. Bei einigen verdeckten große Matten Ölfrüchte, Bohnen oder Holzkisten. Ein paar Schiffer standen darauf und hielten sich an den Ruderstangen fest. Ihre Blicke waren herauf zum Bahndamm gerichtet.

»Das nächste Signal steht auf Fahrt, seltsam.« Kapahnke lief an Renau vorbei. »Das sind viel zu viele aufgebrachte Menschen unten am Damm auf der Stadtseite. Verriegeln wir die Türen.«

Renau sprang auf. Draußen an einem Wasserkanal säumten lehmverputzte Mauern hinter einem Treidelpfad das Ufer. Renau erblickte die Giebel niedriger Häuser mit den geschwungenen Spitzen und glasierten Kacheln. Er hätte nicht sagen können, ob es ein armes oder vornehmes Stadtviertel war. An einer Lücke zwischen den Mauern stand ein Tempelchen direkt am Wasser, vier weiße Säulen stützten ein niedriges Pagodendach. Darunter rauchte es aus einer Bronzeschale.

»Renau, Sie schauen an der falsche Seite raus«, rief Kapahnke.

Das Zittern in der Stimme des Kaufmanns ließ Renau herumfahren. Schwester Margarethe stand am Waggonfenster und hielt die Hand auf ihren Kragen gepresst.

Graue, braune, blaue Menschen drängten sich in der Straße, die auf der anderen Seite des Bahndammes zwischen niedrigen Häusern verlief, dahinter ragte die alte Stadtmauer hoch auf. »Da oben lauern ja auch noch etliche. Die ganze Mauerkrone scheint besetzt.«

»Sind das Wächter?«, fragte Schwester Margarethe. »Sie tragen alle Stirnbänder mit Zeichen.«

»Die Stadtmauern werden schon lange nicht mehr bewacht. Nein, das müssen Männer aus der Stadt sein.«

Von unterhalb des Waggons schrien Leute durcheinander. Renau verstand die Worte nicht. »Was rufen sie?«

»Ich verstehe nicht alles, aber die Leute sind wütend, dass ihnen der Weg zum Tempel versperrt ist, dass die Verwaltung unfähig ist, dass alles so teuer ist.« Kapahnke stemmte die Hände an die Einfassung des Fensters. »In jeder Kreisstadt findet sich neben dem Stadtgott, der im großen Haupttempel thront, auch das Bild des Pestgottes. In manchen Tempeln sind es bis zu fünf Figuren, die durch ihre Hässlichkeit und ihre Fratzen auffallen. Jede herrscht über eine bestimmte Form der Pest. Die Menschen glauben, dass der Pestgeist, sofern man ihn erzürnt oder beleidigt, die Krankheit über die Gegend ausstreut. Wo er die Saat der Seuche hinwirft, da stirbt Alt und Jung. Deshalb wollen die Leute wohl unbedingt zum Tempel.«

»Sie drängen sogar den Bahndamm hoch und über das Gleis, kein Wunder, dass der Zug nicht fährt.« Renau fasste den Fenstergriff.

»Nicht öffnen!« Schwester Margarethe hielt Kapahnke am Ärmel zurück.

Lehmklumpen flogen, Steine. Holzknüppel wurden in die Höhe gereckt.

Kapahnke setzte sich erschöpft auf eine Sessellehne. »Das

östliche Stadttor muss geschlossen sein, vielleicht hat man auch ein paar Kanalbrücken gesperrt. Ich vermute, die Menge da draußen versucht, über den Bahndamm um die Stadt herum zum Nordtor zu gelangen.«

Ein Schlag traf die Scheibe. Ein Lehmklumpen rutschte daran herunter.

»Oh Gott.« Schwester Margarethe wich von den Fenstern zurück.

»Der Waggon ist verschlossen«, sagte Kapahnke.

Von draußen starrte ein Kuli herein. Renau lugte nach draußen. »Er steht auf den Schultern eines anderen.«

Der Zug pfiff dreimal. Manche wichen von den Gleisen. Andere ließen sich nicht stören.

»Sind Sie bewaffnet, Renau?«, fragte Kapahnke.

»Natürlich nicht. Was soll der Gouverneur Sun Pau Tschi von mir denken? Wenn wir hier belästigt werden, verlasse ich mich auf meine Fäuste.« Renau hatte den Kampf Mann gegen Mann immer der Schusswaffe vorgezogen.

»Möge Gott verhindern, dass es so weit kommt.«

Wieder pfiff der Zug. Sie hörten aber auch ein anderes Geräusch.

Schwester Margarethe legte die Hand an das Ohr. »Das sind doch …«

»Gewehrschüsse, kein Zweifel«, sagte Renau.

»Das Osttor ist nicht weit.« Kapahnke verbarg sich an einem Vorhang.

»Da, die Stangen vor den Fenstern verschwinden, die Leute machen kehrt.«

Die Menge drängte den Bahndamm entlang zu den Gassen des Viertels vor der Stadtmauer. Dort schlossen Frauen und Männer in höchster Eile Fensterläden und Hoftore.

Schwester Margarethe stand über einen Sessel gebeugt an der anderen Waggonseite. »Die Leute springen sogar einfach über die Boote im Kanal. Da. Einer ist ins Wasser gefallen. Niemand hilft ihm.«

»Das Schießen kommt näher«, sagte Kapahnke.

»Gehen wir in Deckung, damit uns kein Irrläufer trifft.« Renau überblickte den Salonwagen. »Ich schlage vor, Schwester Margarethe, Sie ziehen sich in die Kombüse zurück.«

Sie kroch auf allen vieren davon und richtete sich erst vor der schmalen Tür auf.

»Wir beide stellen uns in die Winkel an den Portieren, da reicht der Stahl des Waggons von oben bis unten.«

Kapahnke folgte sofort Renaus Beispiel.

Ein Haufen Männer mit Gewehren rannte den Bahndamm entlang, erst beim zweiten Blick erkannte Renau, dass es sich um chinesische Soldaten handelte. Sie trugen eine hellbraune Uniform, aber die Joppen und Hosen waren denen der Männer des Volks, die sie verfolgten, sehr ähnlich. Nur die Munitionstaschen aus schwarzem Leder und die Gewehre unterschieden sie.

»Vorsicht, sie legen wieder an«, rief Kapahnke.

Es knallte. Dann ruckte der Zug an. »Wenigstens ist der Lokführer vernünftig und macht sich davon.«

»Hoffen wir auf einen besseren Empfang am Bahnhof. Der Vorplatz ist wie geschaffen für einen Volksauflauf.« Er drehte den schmalen Kopf. Eine Strähne fiel ihm in die Stirn.

»Wir können Schwester Margarethe herauslassen«, sagte Renau.

In diesem Moment ging die Kombüsentür auf. Schwester Margarethe stellte ihre gepackte Tasche neben den Sessel. Kapahnke hob fragend die Augenbraue. »Ich habe schon während des Gefechts beim Boxeraufstand in der Pekinger Botschaft Verwundete versorgt. Das hat mich gelehrt, meine Zeit immer zu nutzen«, sagte sie.

Renau fing ihren kühlen blauen Blick auf. Von ihm als Arzt erwartete sie nicht weniger.

Kapitel 14

Tsinanfu, im Palast des Provinzgouverneurs – 4. Februar 1911

Wie mit der Kirche ums Dorf sind wir Umwege gefahren, ich habe schon gefürchtet, dass wir nie im Palast ankommen.« Schwester Margarethe kauerte am Boden und hob Ledertaschen aus der Transportkiste. »Und dann lässt man uns tagelang herumsitzen. Als ob es in Tsingtau nicht genug für Sie und mich zu tun gäbe.«

Kapahnke hatte sich ein Hotelzimmer im Internationalen Viertel genommen. Ihnen beiden hatte man im Palast Quartier angewiesen, sie versorgt und dann scheinbar vergessen.

Und nun waren sie durch so viele Höfe und halbdunkle Gänge geführt worden, dass Renau keinerlei Orientierung mehr hatte. »Das verstehe, wer will.«

»Ja, man müsste die Chinesen verstehen, aber ich tue es immer noch nicht. Dieses ewige Changieren zwischen warm und kalt, ja und nein, schwarz und weiß. Sie sind wie Forellen im Wasser, die man nicht greifen kann. Selbst die chinesischen Hilfsschwestern, die das Missionswerk im Faber-Krankenhaus ausgebildet hat, sind so. Man weiß nie, ob sie etwas begriffen haben oder nicht.« Schwester Margarethe schüttelte den Kopf, doch der weiße Hut der Tracht saß fest auf ihrem grauen Haar. »Und jetzt ist hier nichts vorbereitet.«

»Woher sollen die Chinesen wissen, was wir brauchen?« Renau öffnete die Schnappschlösser der Arzttaschen.

»Aber Tsingtau hat doch ein Telegramm vorausgeschickt.« Schwester Margarethe zählte in Wachstuch eingebundene, ausgekochte Handtücher aus der Kiste und richtete sich auf. Ihre Lippen waren noch schmaler als sonst.

Kahle, gekalkte Wände umgaben sie, ein einfacher Holzfußboden. Nur die durchbrochenen, dunkel lackierten Verzierungen an den Deckenbalken erinnerten daran, dass sie die medizinischen Vorbereitungen in einem Palast vollzogen.

Renau ging vor dem eisernen Becken leicht in die Knie. In dem mit Drachenornamenten verzierten Ständer glühten in einer aufliegenden Schale Kohlen. Darin saß ein großer Topf. »Im Wasser sind erst ein paar Bläschen zu sehen.« Er blies die Kohlen an, das dunkelrot-graue Funkeln wurde orange.

»Nachher kocht es dann wie wild. Hoffentlich habe ich die Zange dabei.« Schwester Margarethe überlegte, den Zeigefinger am Mund. »Im Holzkästchen, glaube ich.«

Renau packte die sterile Wäsche auf einen niedrigen schwarzen Lacktisch. »Wir legen die Spritzen hier aus. Dann können wir alles auf einmal hinübertragen.«

»Und was tun wir, wenn wir wieder über fünf Höfe geführt werden?« Schwester Margarethe hielt die Greifzange in der rechten Hand und drehte sie nach außen. Einen Moment wollte es Renau scheinen, als habe sie sich metallische Finger gebrochen.

»Bei der Geheimnistuerei könnte uns das wirklich passieren.« Er begutachtete das provisorische Labor. »Dann bedecken wir hier alles mit sterilen Tüchern. Mehr können wir nicht tun.«

Schwester Margarethe legte mit schnellen, präzisen Bewegungen die Schalen, Nadeln, Spritzen und Wattetupfer auf dem zweiten Tischchen neben dem Kohlebecken aus.

»Sie sind schneller als mein bester Sanitätsmaat.«

»Glauben Sie mir, im Boxeraufstand habe ich gelernt, fix zu sein.« Sie hielt eine Metallschale voller Nadeln. Ihr Blick verlor sich in den rot glühenden Kohlen. »Ich habe viele aufrechte Offiziere sterben sehen und selbst viel Glück gehabt. Sonst hätte ich nicht überlebt.«

Zum ersten Mal bemerkte Renau die Falten in ihrem Gesicht, ein Schatten von Trauer huschte über ihre roten Wangen. Dann formten ihre Lippen ein Lächeln, das ihr aber misslang. »Ich bin so weit. Sobald das Wasser siedet, koche ich die Spritzen aus.«

Renau nahm sich das Kästchen mit dem Impfserum vor. In Watte gepackt lagen darin dünne Ampullen mit einer grüngelblichen Flüssigkeit. Er zählte. »Nur zwanzig? Wie soll das für den Hausstand reichen?«

Schwester Margarethe legte die Greifzange auf den weißen Baumwollstoff auf dem Tisch. Eine steile Falte stand auf ihrer Stirn. Sie beugte sich in die Vorratskiste. Ihre Augen flogen über die Watte. »Doktor Meisner hat vierzig in die Liste eingetragen. Ich habe es selbst gesehen. Sie sind vom Institut Pasteur aus Saigon.«

»Eingepackt hat er aber nur zwanzig.« Renau starrte auf die Ampullen mit der französischen Aufschrift.

»Seltsam, ich habe noch mit ihm darüber gesprochen, dass die Eigenproduktion aus seinem Labor in Tsingtau keine Transportampullen vorrätig hat.«

Renau legte die Ampullen aus. Meisner mochte ein paar davon abgezweigt haben für seine hochkarätigen Privatpatienten. Allerdings war Meisner ein hervorragender Arzt, sonst hätte man ihn niemals zum Aufbau des Militärkrankenhauses nach Tsingtau abkommandiert. Außerdem wusste er bestimmt, für wen die Ampullen gedacht waren. »Der Eintrag ›vierzig‹ muss ein Irrtum sein.« Renau strich sich mit der Hand über das Haar. Sie waren doch alle längst überarbeitet. »Wir müssen eben damit auskommen, was wir haben.«

»So ist es an der Front.« Schwester Margarethe warf einen Blick in den Topf. »Und hinein damit.« Sie legte mit der Greifzange die Schale mit den Nadeln in das siedende Wasser.

Renau griff sich eine Glasampulle und entzifferte die winzigen Buchstaben auf der Papierbanderole über dem eingeschnürten Ende. »*Cinquante mili-litre par injection* steht da.«

Es klopfte, und ein Mann trat ein. Sein einfacher grauer Seidenumhang wies ihn als Diener aus. »Bitte folgen.«

»Wohin?« Renau legte Tücher über die vorbereiteten Spritzen und Desinfektionsmittel.

Der Mann streckte den Arm nach links, bewegte sich aber sonst nicht. Ein Automat hätte es nicht eckiger tun können.

»Fassen Sie an.« Renau beugte sich zum Tischrand.

Die Schwester griff sich das andere Ende des Lacktischs. »Und hoch.«

Sie trugen das Tischchen in den Gang, doch schon zehn Schritte weiter schoben andere Diener zwei hohe Türen auseinander.

Ihnen war ein Audienzsaal oder besser ein -sälchen geöffnet worden. Schwester Margarethe zögerte. Renau tat einen kleinen Schritt. »Weiter, Schwester.«

Drinnen schmückte allerlei hölzernes Lackzeug Decken

und Wände und teilte Bereiche ab. Rote Seidenbänder mit aufgestickten goldenen Zeichen verkündeten Sinnsprüche, die Renau nicht entziffern konnte. Nur zwei Zeichen davon erkannte er. *Langes Leben und gute Regierung.* »Nach links, dort ist Platz.«

Durchbrochenes rotes Holz bildete eine Balustrade an der Stirnseite. Dahinter saßen auf einer erhöhten Ebene auf niedrigen chinesischen Sitzen drei Personen. Vorn in der Mitte der Gouverneur Sun Pau Tschi in prächtigem Gewand, sein Beamtenhut auf dem Kopf, die Hände mit Fingerhüten geschmückt. Dahinter, rechts und links von ihm, zwei Frauen mit weiß geschminkten Gesichtern, die schwarzen Haare waren kunstvoll hochgesteckt mit Lackkämmen, von denen Quasten herabhingen.

Sie stellten den Tisch ab.

Schwester Margarethe zog sich, wie es ihnen Kapahnke geraten hatte, einige Schritt hinter Renau zurück. Dann grüßte er den Gouverneur militärisch und legte die Hand an die Stirn. »Marinestabsarzt Renau empfiehlt sich dem ehrwürdigen Gouverneur Sun Pau Tschi und dankt für die gewährte Audienz. Gouverneur Truppel entbietet die besten Wünsche.« Ausgefeilte Floskeln waren seine Sache nicht. Lieber sagte er wenig als womöglich Falsches. Er nahm den Arm herunter und wartete.

Renau hatte gelernt zu unterscheiden, auch asiatische Gesichter waren natürlich nicht alle gleich. Geschlitzte Augen waren etwas für Schlagercouplets. Der Chinese hinter der Balustrade war sicher schon Ende fünfzig, von kräftiger Gesichtsfarbe und gut ernährt. Die wenigen Falten deuteten auf einen gesunden Lebenswandel. Der Blick unter der Beamtenmütze lag konzentriert auf ihm. Das eine Auge war etwas größer als das andere, fiel Renau auf. Die Gesichtszüge des Mannes waren reglos.

»Der Himmelskaiser bestimmt schicksalhaft in China. Überschwemmungen, Hungersnöte, Krankheiten werden uns geschickt. Der Gouverneur der Provinz Schantung schätzt die Unterstützung des Gouverneurs des Pachtgebietes Kiautschou für die Eindämmung der Rattenseuche.«

Der Himmelsglaube war pure Floskel, denn dem lächelnden Chinesen da hinter der Balustrade hatte Kapahnke ein Mikroskop besorgt. Dieser Mann dort wusste so gut wie er, dass man damit die Pestbakterien erkennen konnte. Renau war froh, dass der Gouverneur Englisch mit ihm gesprochen hatte. Wie Kapahnke beim letzten Drink vor dem Schlafengehen im Zug gesagt hatte: Sun Pau Tschi war kein Ultrakonservativer, der am liebsten alle Technik und europäischen Produkte aus China entfernt hätte.

»Wir haben alles vorbereitet.« Renau deutete auf den Tisch mit den weißen Baumwolltüchern. »Wünschen Sie Erläuterungen zur Impfung?«

Die beiden Frauen hielten den Blick gesenkt auf ihre Ärmel, in denen wohl die Hände verborgen waren. Rosa und silbrig glänzten mit winzigen bunten Motiven verzierte Jackenstoffe.

Der Gouverneur spreizte die langen Fingernägel fast wie einen Fächer. »Sprechen Sie.«

Renau war kein Meister des diplomatischen Parketts und froh, dass der Sun Pau Tschi ihm entgegenkam. Er zog die Tücher vom Tischchen, auf seinen Wink hin nahm Schwester Margarethe ihm diese ab und faltete sie zusammen. »Für jeden Impfling haben wir eine sterile Spritze. Die Injektion wird in den Oberarm verabreicht. Ein Erwachsener erhält fünfzig Milliliter Serum.« So einfach war das im Grunde.

»Die Nachwirkungen …«, flüsterte Schwester Margarethe.

Renau unterdrückte den Impuls und verzog keine Miene. Das war natürlich wichtig, herrje. »Sollte nach der Impfung ein oder zwei Tage später ein leichtes Fieber auftreten, ist das kein Grund zur Beunruhigung. Das ist die normale Reaktion des Leibes auf die Impfung. Sie flaut nach zwei, drei Tagen ab. Danach sind Sie immunisiert. Dennoch ist es ratsam, den Kontakt mit Kranken zu meiden.«

Der Gouverneur antwortete mit Schweigen. Von nirgends hörte Renau ein Geräusch. Von den großen Fenstern fiel graues Licht in den Raum. Der Schatten eines Vogels huschte vorbei, aber womöglich bildete er sich das nur ein.

Der Beamtenknopf spiegelte im fahlen Licht. Der Gouverneur drehte sich zu den beiden Frauen und nickte ihnen zu. Dann suchte sein Blick Renau. »Sie dürfen beginnen.«

Renau nahm die erste der vorbereiteten Spritzen vom Tisch. Glas brach. Schwester Margarethe reichte ihm eine offene Ampulle. Er tauchte die Nadelspitze in das grüngelbliche Serum und zog es langsam auf, nur eine Restfeuchte blieb. Das leere Glas legte er in eine Schale. Dann trat er zu der roten Holzbalustrade.

Ein Diener sprang von der Seite herbei und wartete auf die Willensbekundung seines Herrn. Renau konnte nicht erkennen, worin das Zeichen des Einverständnisses bestand, denn Sun Pau Tschi bewegte sich nicht. Doch schon entfernte der Diener das Mittelstück. Renau machte einen Schritt auf den erhöhten Sitz zu. Die Fläche war mit grüner Seide ausgelegt. Verdammt – er konnte doch nicht mit seinen Stiefeln drauftreten. Die Spritze in seinen Händen zitterte.

Entschluss, mein Herr. Er war Offizier des Deutschen Reiches. Er kniete sich vorsichtig mit dem rechten Bein auf die

Seide, zog das linke nach, setzte es noch einmal um, dann kauerte er an der linken Seite des hohen Beamten. »Bitte machen Sie den Oberarm frei.«

Sun Pau Tschi schob sich den Ärmel des grünen Beamtenumhangs hoch. Die eingestickten Reiher verschwanden unter den Falten des Stoffes. Er entblößte eine sehr helle Haut, die wohl nie ein Sonnenstrahl traf, mit wenigen Altersflecken.

Schwester Margarethe stand zwischen den Balustradenteilen und reichte ihm einen alkoholgetränkten Bausch. Sie lenkte ihren Blick konzentriert auf das weiße Stück Watte. Direkter Blickkontakt sei unhöflich, hatte ihnen Kapahnke eingeschärft.

Renau tupfte den Bizeps ab. Dann stach er schnell ein. Und drückte das Serum hinein. Einen Tropfen Blut fing er mit dem Wattebausch ab. Er setzte wieder Knie um Knie nach hinten, war schon halb gedreht, da sah er Schwester Margarethe rückwärts zum Tischchen gehen. Sie wollten sich den chinesischen Manieren, so gut es ging, anpassen. Auch Renau ging Schritt um Schritt rückwärts.

Schwester Margarethe räusperte sich leise. Da spürte er den Tischrand an seiner Hüfte.

Welche der beiden Frauen sollte er nun ... Er entschied sich für die ältere, die rechts von Sun Pau Tschi saß. Er zog die nächste Spritze auf. »Sie voran, Schwester.«

Wieder kniete er auf der grünen Seide. Die Schwester hielt den Blick zum Stoff hin. Aus den Augenwinkeln sah er, wie die geschminkte Dame, die kaum jünger als der Gouverneur sein mochte, beide Hände vor das Gesicht hielt und den Kopf zum Fenster hin abwandte. Die Quasten an den Haarkämmen zitterten heftig.

»Gnädige Frau, machen Sie bitte den Oberarm frei.«

Auf die Nägel der Hand waren Zierhütchen gesteckt. Die Frau tastete nach einer Stelle in der Seidenjacke. Dann öffnete sie einen schmalen, gesäumten Schlitz. Renau konnte kaum die Farbe der Haut erkennen. Er deutete mit dem Kinn auf den Tupfer.

Schwester Margarethe zögerte, tupfte auf den Stoff.

Renau setzte an, stach ein, ein Schmerzenslaut entfuhr der Dame, er drückte das Serum ein. Da sackte sie ihm halb entgegen. Die Nadel durfte nicht brechen, verdammt, sein linker Unterarm hielt ihr Gewicht an der Schulter von sich weg. Er zog die Spritze rasch heraus.

Ein grauer Arm fuhr an ihm vorbei. Schwester Margarethe hielt der chinesischen Dame den alkoholgetränkten Bausch unter die Nase.

»Ho-men-si«, stöhnte diese. Was auch immer das bedeuten mochte.

Aber er brauchte sie nicht mehr zu stützen. Sie wandte ihren Leib von ihm weg. Er rutschte sofort auf den Knien zurück.

Sun Pau Tschi beobachtete jeden Handgriff, den sie taten. Renau spürte seinen Herzschlag bis in die Ohrläppchen.

Glas brach, die nächste Ampulle, Renau nahm sie Schwester Margarethe aus den Händen. Mochte das grüngelbliche Serum halten, was es versprach. Wenn es eine atypische Reaktion bei einem dieser drei Menschen hier gab, war die diplomatische Krise perfekt und seine Karriere bei der Marine erledigt.

An der linken Seite war mehr Platz. Die Dame hob das Gesicht, als Schwester Margarethe ihre Knie auf die Seide setzte. Renau erkannte ein etwas größeres und ein etwas kleineres Auge in dem makellos geschminkten Gesicht. Dieselben runden Wangenknochen wie bei dem Gouverneur, die junge Frau musste seine Tochter sein.

Sie wandte den Kopf nicht ab, hob auch nicht die Finger vor das Gesicht. Nicht einmal die rot gefassten Lippen zitterten. Vielleicht bildete er es sich wegen der Ähnlichkeit mit dem Gouverneur ein, aber diese junge Frau zeigte keine Furcht. Sie hob das Kinn gerade so weit, dass sie aus den Augenwinkeln seine Hände beobachten konnte.

»Gnädiges Fräulein, machen Sie Ihren Oberarm frei.«

Eine fingerhutgeschmückte Hand glitt zu ihrem rechten Arm. Schwester Margarethe wartete, Renau sah auf diese Fingerkuppen, die wie losgelöst von der übrigen Person geschickt den Schlitz im Stoff öffneten, flach auf dem rosa Seidenstoff mit den Seidenblüten lagen und die Säume spreizten. Rasch tupfte Schwester Margarethe den weißen Bausch darauf. Ein wenig alkoholischer Dunst streifte Renaus Nase. Dann setzte er die Nadel auf die Haut, die weiß wie ein Porzellanscherben unter dem rosa Stoffrand schimmerte.

Ihre Blicke trafen sich. Renau war überrascht von diesem unverhüllten Interesse am Geschehen, für eine Sekunde vergaß er, wen er hier stach. Diese junge Frau war in einer spröden Weise anziehend, all die abweisende maskenhafte Schminke, die den Leib verhüllenden Kleider verschwanden hinter diesem Blick, in dem sich unter unverhohlener Neugier ein Wille verbarg, der ihm nur diesen einen Stich gestattete und nichts weiter über sich preisgab.

Seine Spritze war leer. Die Dame schob die Säume des Schlitzes zurecht. Der Ärmel fand zur makellosen Form zurück.

Renau bewegte sich Knie für Knie zurück, bei jeder Bewegung folgte ihm der ausforschende, weibliche Blick unter den gesenkten Wimpern. Renau hätte nur zu gern gewusst, welche Gedanken durch den Kopf dieser irritierenden Frau gingen, die sicher von ihrem Vater zu dieser Impfung gezwungen worden war. Begriff sie überhaupt, was abgeschwächte Erreger waren? Warum eigentlich nicht, diese Augen lenkte ein klarer Geist. Selbst bei den Mannschaften, die er in den Kasernen geimpft hatte, bei den jungen Männern hatte er selten solch wache Neugierde gefunden.

Er legte die Spritze auf den Tisch zurück.

Schwester Margarethe hielt sich wieder im Halbdunkel an der Seite. Renau trat vor die Balustrade.

»Sie werden heute Abend nach dem Essen einigen meiner Beamten dieselbe Impfung verabreichen.« Sun Pau Tschi war ihm zuvorgekommen.

Kapahnke hatte davon gesprochen, dass auch die Dienerschaft geimpft werden sollte. »Natürlich. Wie Sie befehlen, Gouverneur Sun Pau Tschi. Ich empfehle dennoch, zunächst alle Mitglieder des Hausstandes, auch die Diener des Hohen Herrn, zu impfen.«

Doch der Gouverneur hob nur die Hand mit den Hütchen über dem Ring- und kleinen Finger. Er spreizte sie vor seinem Herzen. Das schwache Lächeln in seinem glatten Gesicht war so freundlich oder auch so kalt-höflich wie zuvor.

Hinter ihm hörte er Metall leise an Metall klirren. Zwei Diener trugen bereits das Tischchen hinaus. Die Geste war ein deutliches Nein. Renau salutierte.

Er ging langsam rückwärts aus dem Audienzsaal. Die Tochter und die Dame hielten sich reglos. Sun Pau Tschi hielt immer noch die Hand vor dem Herzen.

Dann schoben die Diener die Tür zu. Renau starrte auf den geschnitzten Knoten im braunen Lack.

Schwester Margarethe seufzte neben ihm. »Kommen Sie. Wir sollen dorthin folgen.« Sie deutete den Gang entlang in den Halbschatten, wo ein Diener mit einem gelben Lampion in der Hand auf sie wartete.

Kapitel 15

Tsinanfu, im Palast des Provinzgouverneurs – 4. Februar 1911

Dieser Mann hatte sich erdreistet, ihrem Vater Widerworte zu geben. Dieser Handschlag an die Stirn war wohl eine der lächerlichen europäischen Sitten. Chou-Li sah mit gesenktem Kopf nur die Beine in den einfachen blauen Uniformhosen des Arztes nach rückwärts verschwinden. Dann rollten die Diener die Tür zu.

»Hilf deiner Tante beim Aufstehen«, sagte Vater.

»Mir ist immer noch schlecht. Wie kannst du mir das antun?« Tante Shens Stimme klang gar nicht nach ihrem üblichen Gejammere, sie sprach viel leiser und ein wenig schleppend.

Chou-Li stand auf. »Es war doch nur wie ein Stich mit einer Nadel beim Sticken.«

Tante Shen stützte sich auf den Arm, den sie ihr reichte, und zog sich hoch. »Wie kannst du es zulassen, dass ein fremder Mann deine Tochter berührt, Sun?«

»Er hat mich nicht berührt«, sagte Chou-Li, obwohl sie durch die dicke Seidenjacke den kräftigen Ringfinger und den Daumen gespürt hatte, als der Arzt die Spritze angesetzt hatte.

»Es bleibt unschicklich«, sagte Tante Shen.

Ihre Worte flossen fast wieder so schnell wie gewohnt. Aber die Ohnmacht hatte sie sicher nicht gespielt. Dazu war sie viel zu neugierig, als dass sie sich auch nur einen Bruchteil der Audienz entgehen lassen mochte. Chou-Li hatte bemerkt, wie ihre Tante die Kleidung der Krankenschwester bis in jedes Detail begutachtet hatte.

»Was willst du, Shen? Ihr habt weder Kleidung abgelegt, noch wart ihr allein mit dem Fremden. Das ist nicht unschicklich.« Ihr Vater drehte die Hand mit den Fingerhüten.

»Tante Shen hat Nächte nicht geschlafen, bis sie einen Weg gefunden hat, ihren Oberarm zu verbergen. Die verdeckte Öffnung im Ärmel war ihr Einfall.« Tante Shen hatte eigentlich einen Seidenschleier gewollt. Aber ihr Vater hatte sich nicht darauf eingelassen, auch wenn Tante Shen immer wieder davon angefangen hatte. Schließlich war sie keine Frau aus dem kaiserlichen Clan, der solch eine Verhüllung als Privileg zugestanden hätte. Das hätte nur üblen Klatsch heraufbeschworen.

»Ich kann allein laufen, Chou-Li.« Tante Shen stieg von dem erhöhten Sitz herab. »Ihr beide wisst ja alles besser. Ihr werdet noch sehen, was ihr davon habt. Glaubt weniger den Ausländern als den Zeichen, die der Himmel sendet.« Sie schritt durch die seitliche Tür zu den Gemächern. Ihre Dienerin tauchte aus dem Schatten dahinter auf und reichte ihr den Arm. »Die Pest ist nicht umsonst im Land. Aber auf mich hört ja niemand.«

Chou-Li legte die Hände auf die Knie. »Willst du aufstehen, Vater?«

»Setz dich zu mir.« Er legte die Hand auf das Kissen direkt neben sich. Chou-Li schlug die Beine unter. Heute taten ihr die eingebundenen Füße nicht weh, obwohl sie schon so viel gelaufen war.

Vater kratzte sich mit dem Beamtenfingerhut am Kinn. »Kein Zweifel, diese backenbärtigen Ausländer sind entschlossen, sich die Pestgeister vom Leib zu halten. Ihrem Gott, den sie nach China mit Waffengewalt hineintragen, vertrauen sie wohl nicht genug.«

Sein Auge glänzte mit Spott. Chou-Li wartete.

»Heute Morgen schrieb mir dein Bruder aus Peking. Auch die Russen haben ihre Einflusszone in der Mandschurei gesperrt und dort die Mandschurische Bahn unterbrochen. Die Kohle in den dortigen Bergwerken läuft ihnen ja nicht davon.«

Er griff nach ihrem Arm. Chou-Li richtete sich auf, dann erhob sich ihr Vater langsam. Es fiel ihm von Jahr zu Jahr schwerer, aber er beschwerte sich niemals.

»Was heißt das für dich?« Chou-Li rollte die Tür zum Trakt der Gemächer beiseite. Sie gingen durch den kurzen Gang zum Garten.

Der Umriss eines Dieners zeichnete sich gegen das Licht des Hofes ab. Er eilte herbei und reichte ihnen zwei wattierte Jacken. Auch wenn es draußen kalt und die Bäume kahl waren, Vater liebte es, um die künstlichen Felsen und über die überdachte Brücke zu wandeln. Und sie fand die wichtigen Dinge der Verwaltung spannender als die Hochzeitspläne in der Verwandtschaft, die Tante Shens Freundinnen immerzu wälzten.

»Unsere Provinz liegt wie eine ausgestreckte linke Hand im Gelben Meer. Den Fingern gegenüber liegt die Mandschurei, und der Daumen weist auf Japan.« Vater schritt langsam auf das hohe Schilf am Teichrand zu. »Wozu Japan in der Lage ist, haben wir vor fünf Jahren im Krieg gesehen, den sie gegen die Russen auf chinesischem Boden geführt haben. Sie werden in Pestzeiten kaum ihre Häfen auf der anderen Seite des Gelben Meeres öffnen, nur damit unsere Wanderarbeiter bei ihnen und nicht hier bei uns hängen bleiben.«

Es war nur folgerichtig. »Dann werden die vielen Arbeit Schantung nicht verlassen können.«

Sie gingen unter dem Vordach weiter bis zur roten Brücke über den Teich. Totes Schilf wiegte sich im Wind.

»Das Problem sind die Deutschen mit ihrer Bahn und dem Hafen Tsingtau. Wir hatten Mühe genug, die deutschen Garnisonen aus Kaumi und Tsimo zu verdrängen, die sie uns im Pachtvertrag aufgezwungen hatten. Ich möchte nicht, dass sie die Pest als Vorwand nutzen, wieder Soldaten in die neutrale 100-Li-Zone außerhalb ihres Pachtgebietes zu bringen, und wieder in meiner Provinz herumstolzieren wie Herren im eigenen Land.«

Chou-Li reckte sich auf dem Scheitelpunkt der Brücke, aber erhaschte den Ast der Winterkirsche nicht. »Was willst du tun?« Sie kniff ein Blatt des Schilfs ab und faltete daraus einen winzigen Vogel. Die alte Dienerin, die letztes Jahr gestorben war, hatte ihr das als Kind beigebracht.

»Die Büttel haben die Anschläge an den Versammlungshallen angeklebt. Wohnungen sind mit Schwefel, roten Datteln und Salzwiesenkraut auszuräuchern. Die Kranken sollen Tungkuansan trinken, das die Luftwege reinigt, und zur Ader gelassen werden.«

Die Sitzbänke im Garten waren alle feucht vom Regen. Chou-Li strich ihm über den Ärmel.

»Ich denke daran, in Pestdörfern die Familien ausquartieren zu lassen, Türen und Fenster aushängen zu lassen. Das Hab und Gut der Toten wird öffentlich verbrannt. Das gibt genug Aufruhr. Die Deutschen werden davon erfahren.«

»Glaubst du, dass deine Unterbeamten das überhaupt ausführen? Vor Feuer haben doch alle Angst.«

Vaters größeres Auge blickte traurig, das kleinere glänzte ttisch. »Zwei, drei, die sich gut mit mir stellen wollen, werden meinen Befehlen schon gehorchen. Die anderen werden Ausreden erfinden. Aber das reicht, bis die Pest vorübergeht.«

»Du hast gesagt, die Schriften der Ausländer behaupten, die Pest sei gefährlicher als sonst.«

Vater wiegte den Kopf. »Ich weiß nicht, ob ich es glauben soll. Ihre Wissenschaft ist weit fortgeschritten. Du wirst mit deiner Tante sicherheitshalber in unserem Landhaus am Taischan wohnen, bis alles vorbei ist.«

Auch das noch. Chou-Li mochte dieses Haus nicht. Dort im Tal gab es nichts zu sehen außer ein paar Tempeln und alten Grabhügeln. Sie warf den winzigen Bambusblatt-Vogel in die Luft, und er segelte über die Brückenkante ins Teichwasser. Vielleicht konnte sie Vater später noch von diesem Plan abbringen.

Am geflochtenen, leeren Vogelkäfig drehte Vater um. »Lass uns hineingehen. Es ist zu feucht.«

»Kann man gegen die Pest in den Dörfern wirklich nichts tun? Der deutsche Arzt hat doch auch uns geimpft.«

Vater legte seine Hände um ihre, die fast ganz in seinen verschwanden. »Erst wenn wir das chinesische Reich wieder groß und stark gemacht haben, wenn die Ausländer uns wie Ihresgleichen behandeln müssen. Eines Tages werden wir uns selber helfen können und die Impfstoffe selber herstellen. Dann können wir Tausende retten. Aber heute kann ich nach der Abendaudienz allenfalls noch einige verdiente Beamte impfen lassen.«

»Die beiden Ausländer bleiben im Palast?«

»Natürlich. Soll man sie etwa in der Stadt bemerken und davon reden? Nein, mein Kind.«

Der Diener eilte mit einem Schirm herbei, unter dem Türbogen nahm er ihnen die Jacken ab.

Chou-Li spürte einen scharfen Schmerz in ihren eingeschnürten Füßen. Vielleicht war es der einsetzende Regen.

Kapitel 16

Tsinanfu, im Palast des Gouverneurs – 4. Februar 1911

Renau setzte sich an den niedrigen Lacktisch im Gästekabinett. Er hielt die Augen geschlossen und versuchte, die gemalten Delfine und Perlfische zu vergessen, die er auf den Tapeten angestarrt hatte. Der Schlaf kam nicht, auch wenn sich sein Rücken danach sehnte. Er wollte nichts mehr sehen, nichts mehr denken. Nur den Regen hören, der seit Stunden auf die Dächer des Palastes niederging. Manchmal half es.

Aber es rauschte nur ganz leise, so leise, dass er kaum zu unterscheiden vermochte, ob es nicht eher das Blut in seinen Adern war.

Renau hatte die Tropfen trommeln hören, als er von einem Diener durch die Gänge geleitet worden war. Hie und da verbanden Vorhallen die Höfe, dort hatte er Regen von den grünen Kacheldächern in große Abflussbecken stürzen sehen.

Es war so still in diesem Gästetrakt. Er konnte nicht einmal sagen, wie viele Räume weiter Schwester Margarethe einquartiert worden war. Renau stand wieder auf. Der Hocker war einfach zu niedrig für seine deutschen Beine und sein Gardemaß.

Er sollte endlich ablegen.

Der halbhohe Lackschrank mit den ausgesägten Lotusblättern war leer. Kleiderbügel konnte er hier wohl kaum erwarten. Renau rieb sich über die Augen. An die Tasche mit seinen persönlichen Dingen hatte ihn noch Schwester Margarethe erinnern müssen, er hätte sie glatt im Sonderzug vergessen.

Nicht kümmern. Mehr hatte der alte Diener nicht gesagt. Dann hatte der Jüngere den Tisch mit den Spritzen weggetragen. *Wir machen.*

Gekümmert hatte er sich zuvor um die siebzehn Beamten, die Sun Pau Tschi zur Abendaudienz einbestellt hatte. Der Gouverneur selbst war nicht anwesend, als man ihn aus dem Vorzimmer gerufen hatte, wo er mit Schwester Margarethe die Kanülen vorbereitet hatte. Ein anderes Vorzimmer vor einem anderen Saal. *Ich bin froh, wenn wir aus diesem Labyrinth wieder raus sind, Doktor.* Diesmal hatte man sogar einen kleinen Herd aus Eisen bereitgestellt, auf dem in einem großen Topf Wasser sprudelte.

Wieso hörte er hier nichts? Die Seidendecken auf dem erhöhten Bett allein schluckten doch nicht so viel Schall. Vielleicht bewirkte es das üppig geschnitzte Holz an den Decken, das er im Dunkel nicht richtig erkennen konnte. Geometrische Verzierung, mehr sah er dort nicht. Aber die jahrtausendealte Baukunst der Chinesen hatte wohl längst das Problem gelöst, wie man störende Geräusche vermied, sei es das Peitschen von Wind und Wetter, sei es der Schall von Dienerschritten hinter den Wänden.

Renau holte die Taschenuhr hervor. »Nach Mitternacht.« Seine eigene Stimme kam ihm wie die seines Onkels vor. Er musste lächeln. Ja, tatsächlich, wenn er müde war, klang seine Stimme so viel rauer. Vielleicht bildete er sich das auch nur ein, weil er Onkel Walter gemocht hatte. Der lag irgendwo begraben in Deutsch-Südwest. Wahrscheinlich war Mutter deswegen immer dagegen gewesen, dass ihr Sohn in die Kolonien ging. *Was musst du die Negerkrankheiten heilen, Seefahren ist doch schon gefährlich genug,* hatte sie immer gesagt, Gott hab sie selig.

Wirklich gefährlich war die Pest, die in Schantung wütete.

Er legte die Jacke einfach unten in den Lackschrank, knöpfte das Hemd auf, ließ die Hosen von den Beinen gleiten. Dabei war er nicht einmal betrunken, kein Völlegefühl quälte ihn. Das chinesische Essen, das er mit Schwester Margarethe eingenommen hatte, war vorzüglich. Sogar eine Flasche Bier hatte der Gouverneur ihm servieren lassen. Selbst Schwester Margarethe lobte die Gerichte. *Vielleicht können wir von der Ausgewogenheit noch etwas lernen. Und, Doktor, Hunde essen sie nur in Südchina, keine Sorge.* Er war aufs Neue von ihrem Humor überrascht.

Ob sie auch dem Regen lauschte? Die Uniformhose rutschte nicht weiter. Er sackte auf das Bett, das erstaunlich feste Matratzen besaß. Die Stiefel hatte er vergessen. Er packte die Ferse mit den Händen. Und rechts und links. Dann fiel er hintüber aufs Bett.

Die Balken waren fast schwarzbraun, so schien es ihm, schwarzbraun wie die Decken in den Hörsälen. Wann hatte er das erste Mal von der Pest gehört? Als Kind sicherlich auf Großvaters Knien oder in der Brieger Kirche vor den Altarbildern.

Ihn fror in der Unterwäsche. Er rollte sich herum, schob mit den Füßen die Stiefel vor den Schrank und fasste gerade noch die Schlaufe seiner Ledertasche mit der Hand. Das Schnappschloss öffnete sich gleich, doch er tastete vergeblich nach Stoff darin. Da war nur Papier. Er stand auf, riss die Tasche hoch und knallte sie neben die Petroleumlampe auf den Lacktisch.

Das Licht flackerte. Es knackte im Holz. Ein Seufzer entschlüpfte seinem Mund. »Verdammt.« Er hatte den Schlafanzug vergessen.

Er brauchte jemanden, der für ihn an solche Dinge dachte. Früher war es Mutter gewesen, dann die Burschen in der Kaserne, die für die Offiziere packen mussten. Er ließ die Tasche neben den Hocker fallen, sie blieb offen stehen. Sein Blick fiel auf den Umschlag seines Briefs an Dorothea.

Seine Verlobte. Er sackte auf den Hocker und starrte durch das Fenster hinaus in den dunklen Hof.

Er hatte ihrer kaum mehr gedacht, seit er rund um die Uhr Menschen auf Pestverdacht untersuchte, Menschen aus der Pestquarantäne entließ, Burschen impfte, Offiziere impfte, Chinesen impfte. Pest, Pest, Pest. Darum kreisten seine Gedanken. Wie er helfen konnte, Tausende von Toten zu verhindern.

Kranke gibt es genug im Reich, warum gehst du in die Kolonien? Fast schien es ihm, als beobachte Dorothea ihn, ja stünde gar hinter ihm.

Weil die Tropenkrankheiten erforscht werden müssen, Dorothea.

Wisst ihr Ärzte denn schon genug über den Typhus in den Berliner Hinterhöfen, in denen die Fabrikarbeiter wohnen? Was wisst ihr über die Diphtherie?

Du bist eine Ideologin geworden.

Und du bist kein Idealist mehr.

Er wollte nach ihrer Hand greifen, doch im Glas der Petroleumlampe spiegelten sich nur der niedrige Schrank und seine Stiefel mit den Uniformhosen vorm Bett.

Du hast gewusst, dass du dich mit einem Marineoffizier verlobst.

Und du hast gewusst, dass du dich mit mir verbindest. Du

kennst meinen Vater, meine Mutter, ich bin nicht erzogen worden, einfach zu allem Ja und Amen zu sagen.

Dorotheas klaren Geist hatte er von Anfang an geschätzt, dass sie sich für die Welt und die Menschen interessierte, lachen konnte, frei und glücklich über Kleinigkeiten. Dass sie Freunde bedingungslos ins Herz schloss. Als er entdeckt hatte, wie zart sie sein konnte, war es um ihn geschehen gewesen.

Aber sie hatten sich gestritten, dort in der Bibliothek ihrer Eltern.

Bist du noch derselbe, der mit mir in der salzigen Luft der Küste leben wollte? Du hast mir die Städte gezeigt, wo ihr Marineärzte stationiert werdet, Kiel, Wilhelmshaven, Cuxhaven. Warum bist du bei erster Gelegenheit aus Kiel zurückgekehrt und hast dich an der Akademie für diesen Lehrgang Tropenmedizin beworben?

Die Krankheiten kommen auf die Matrosen zu, die Marine muss vorbereitet sein …

Belüge dich nicht selbst. Der Alltag in den Kasernen langweilt dich. Glaubst du, ich sehe nicht, wie du aufblühst, wenn wir ins Konzert gehen oder zum Bummeln in der Friedrichstraße? Was also soll dieser Lehrgang, wenn du nicht doch aus Abenteuerlust in die Kolonien willst?

Sie war so schön gewesen im Zorn, hatte in der Leidenschaft ihrer geheimen Nächte gestrahlt. Und doch hatte er sie fast angeschrien.

Du möchtest doch am liebsten in Berlin bleiben. Wie soll ich das fertigbringen, wenn ich es nicht auf eine Stelle im Reichsmarineamt schaffe? Verrate mir das einmal!

Ich habe nie von dir verlangt, dass du beim Militär Karriere machst. Nicht einmal meine Eltern erwarten das. Eine zivile

Praxis in Charlottenburg oder hier in Schöneberg – warum ist das keine Zukunft für dich, für uns?

Die Marine bot die beste Ausbildung, das hatte Dorothea genauso gut wie er gewusst. Was für ein wenig herausforderndes Dasein eine Privatpraxis bedeutete, sah er an seinem Onkel in Breslau.

Was willst du bloß in Übersee?

Und du? Was willst du bloß mit dem Sekretariat für diese Partei?

Wenn dir meine Arbeit im Büro der Fortschrittspartei nicht genehm ist, soll ich mich dann bei der Universität einschreiben und Pharmazie studieren? Heilkunde, ist dir das lieber als Politik?

Der Kaiser hätte in dem Falle erst recht keiner Eheschließung zugestimmt. Rage hatte ihn erfasst.

Wäre es dir denn lieber?

Ich … ich weiß nicht, was mir lieber ist. Wenn du möchtest, beende ich meine Arbeit für das Büro, und wir …

Das will ich nicht verlangen.

Heinrich, darum geht es doch nicht …

Doch, darum geht es, ob du überhaupt einen Marinestabsarzt willst.

Er hatte sie an den Schultern packen und schütteln wollen. So wie Dorothea sich im Geschäft für eine Sache, einen dummen Koffer oder einen Konzertabend definitiv entschied – ja oder nein –, so hätte sie es auch bei diesem Streit getan, wenn er die letzte Konsequenz gewagt hätte.

Dann stelle ich jetzt den Antrag auf Versetzung für ein Jahr in die Kolonien. Dann kannst du weiterarbeiten für Quidde und weiter im Frauenverein, bis du weißt, was du willst.

Renau sah im schwarzen Fenster zum Palasthof sein Gesicht

im Glas der Petroleumlampe, flach gezerrt wie bei einem Verwachsenen, die Nase riesig.

Zwerg Nase.

Kindermärchen. Was wurde aus den Kindern, die Dorothea sich wünschte. *Drei* hatte sie einmal gesagt und gelacht wie eine Konfirmandin beim ersten Tanz. Das war lange vor ihrer Arbeit für den Reichstagsabgeordneten Quidde gewesen. Lange – waren zwei Jahre eine lange Zeit?

Renau griff in die Ledertasche, zwischen Ring- und Mittelfinger fasste er den Umschlag und zog ihn hinauf zur Tischplatte.

Das Papier hatte schon Knickfalten, als hätte der Brief die tausend Kilometer um die Erde heim ins Reich bereits zurückgelegt. Nur fehlten dafür noch die Stempel des Tsingtauer Postamts.

Renau holte die Seiten mit steifen Fingern heraus. Er glättete die Seiten und las die Zeilen, die er vor Wochen geschrieben hatte.

… bin zuversichtlich, dass der Dienst hier wie im Fluge vergehen wird. Tsingtau ist zwar nur eine kleine Hafenstadt, die sich aber immer mehr zum Kurort entfaltet, wie Du es von Heringsdorf kennst. Du siehst, ich bin sozusagen zur Kur …

Er wischte das Papier zur Seite, das oberste Blatt segelte unter den Tisch. Weiter ertrug er seine Zeilen nicht. Was sollte Dorothea nur von ihm denken, dass er zum Hanswurst geworden war, zum oberflächlichen Flaneur?

Renau schluckte gegen die Trockenheit im Hals. Nein, Dorothea hatte das nicht von ihm gedacht, als sie sich mit ihm verlobt hatte. Sie hatte ihm erlaubt, vorzeitig ihren Leib zu besitzen, weil sie wusste, dass es ihm ernst war; so viel Lust hatten sie geteilt …

Dorothea kannte ihn. Besser als er sich selbst. Sie hatte vor ihm begriffen, warum er den Versetzungsantrag in die Kolonie gestellt hatte. Die Hauptstadt musste es sein, eine Dienststelle in der obersten Marineleitung des Sanitäts-Korps, da wollte er hin. Wenn schon nicht Generaloberarzt, aber zum Marineoberstabsarzt wollte er es mindestens bringen. Mit Dorothea an seiner Seite hätte er nur ein wohlbestallter Doktor Renau werden können, mit Privatpraxis in Charlottenburg, vielleicht.

Er rieb sich mit den Daumen die Augen aus. Ja, bestimmt sogar, bei den Verbindungen ihres Vaters.

Er drehte sich vom Schreibtisch weg. Das eine Blatt lag zu seinen Füßen. Das Herz war ihm schwer, die kalte Luft dick und feucht.

Tausende von Kilometern trennten ihn von Dorothea. Die Lider brannten ihm noch mehr als vorher, als seine Augen feucht wurden. Er hatte es so gewollt.

Weil er nicht hatte hören wollen, was selbst sein Vater einmal angedeutet hatte. Weil er es nicht hatte wahrhaben wollen, nicht beim Streit mit Dorothea, nicht am Bahnhof bei der Abreise. Er konnte keine Frau heiraten, die die Marine offen kritisierte, die für die Opposition im Reichstag arbeitete, nicht als Marinearzt Seiner Majestät, des Kaisers. Er hätte ihretwegen früher oder später den Dienst quittieren und als Zivilarzt in ein Hospital gehen müssen.

Er war es gewesen, der sich nicht hatte entscheiden wollen. Er spürte, wie ihm die Luft im Brustkorb schwand, er öffnete den Mund, rang nach Atem. Dann rann ihm eine erste Träne über die Wangen in die Bartstoppeln. »Was bin ich bloß für ein verdammter Feigling.«

Kapitel 17

Tsinanfu, Palast des Gouverneurs – 4. Februar 1911

Chou-Li hatte sich von ihrer Dienerin sagen lassen, wann aus der Küche der letzte Gang aufgetragen worden war. Sie setzte vorsichtig die Lilienfüße auf die Sprossen der Leiter, ihre kleinen Füße gaben ihr wenig Halt. Sie hielt sich an den Holmen fest, dann hatte sie den niedrigen Durchschlupf erreicht. Unter dem Dach des Gästehauses lagerten meist Vorräte. Ein kleines Windlicht ruhte an einer Schnur auf ihrer Brust. Chou-Li trug ihr schlichtes schwarzes Seidenhemd für die Tai-Chi-Übungen.

Auf dem Dachboden wandte sie sich nach links und lief über den Gang unter den Balken entlang. Sie ahnte den Umriss der Dienerin mehr, als dass sie ihn sah.

Das Mädchen federte aus der Hocke zurück und flüsterte: »Herrin, die Frau schläft.«

Chou-Li drehte den kleinen Papierschirm an ihrem Windlicht so, dass nur noch ein schwacher Schein sichtbar war. Sie kniete sich an die Stelle des Dachbodens, wo die Dienerin gesessen hatte, und tastete auf dem Boden herum. Dann fühlte sie das eingelassene Glas. Doch darunter war es ganz dunkel.

Chou-Li winkte das Mädchen so weit unter den Balken zurück, dass sie über einem leeren Gästekabinett standen. Sie nahm den Papierschirm vom Windlicht weg. »Was hat die Europäerin gemacht?«

»Nicht viel, Herrin. Sie hat ziemlich lange in einem dicken Buch gelesen. Danach hat sie ihre Haare geöffnet und mit verschiedenen Bürsten ausgekämmt. Wenig später hat sie das Licht ausgemacht. Ich glaube, sie schlief gleich ein.«

»Geh nun an deinen Schlafplatz. Aber mach keinen Lärm.«

»Ja, Herrin.«

Chou-Li wartete, bis das Mädchen sich vorn an der Luke hinlegte. Dann lief sie rasch den Dachboden entlang bis zum nächsten Durchschlupf im Dachgefüge des Gästehauses. Im Speicher dahinter wurden die Girlanden und Transparente für die Jahresfeste aufbewahrt. Es roch nach Papierstaub und ein wenig nach Vogeldreck. Chou-Li zählte die Balken. Zwanzig Gästekabinette hatte das Gästehaus, also vierzig Balken, über dem neunten Zimmer wollte sie ankommen, also war es achtzehn Balken weit.

Ein Schatten huschte hoch, es war Wiei, der Siegelwart ihres Vaters. Chou-Li griff zum Licht und richtete es kurz auf ihr Gesicht, dabei legte sie einen Finger auf ihren Mund.

Sie wartete, bis Wiei seinen Schreck überwunden hatte, und winkte ihn dann heran. Wahrscheinlich standen sie gerade über dem siebten Raum.

»Er ist noch wach, Herrin«, sagte Wiei, der sonst die offiziellen Schreiben ihres Vaters vor der Versendung siegelte.

»Was macht er?«, fragte sie leise.

»Er hat die Petroleumlampe angezündet und sitzt am Fenster mit geschlossenen Augen.«

»Geh schlafen«, sagte sie.

Wiei öffnete den Mund und spreizte den rechten Zeigefinger und den Daumen von seiner Hand ab.

»Mein Vater wird von mir erfahren, wenn etwas Wichtiges vor sich geht. Geh jetzt.«

Der Siegelwart zögerte, schlich dann doch auf Strümpfen davon. Sein Schatten verschwand unter dem Durchschlupf zum Nachbardach.

Chou-Li zählte vier Balken, dann verbarg sie den Schein des

Windlichts mit dem Papierschirm. Vorsichtig, ein Knie nach dem anderen, rutschte sie über den Boden auf die helle Stelle im Boden zu.

In ihrer bequemsten Haltung setzte sie sich auf die linke Hüftseite und schlug die Beine unter. Das Glas war dick und gelblich, aber sehr klar. Nur gegen den Raum hin war es mit dem gleichen Lack überzogen wie die Holzschnitzereien an den Decken. Von unten konnte man nicht unterscheiden, ob der Glanz des Lackes Glas oder Holz verbarg. Chou-Li hatte es am Vorabend in einem der leeren Zimmer selbst versucht. Nur aus großer Nähe auf einer Leiter stehend hätte jemand den Unterschied entdecken können.

Chou-Li blickte durch die Glasplatte. In gelblich braunes Licht getaucht sah sie den Arzt, wie er sich über die Augen rieb. Dann zog er etwas an einer Kette aus seinen Kleidern, eine Uhr, die er aufklappte.

»Nach Mitternacht«, drang durch den Boden.

Chou-Li verstand die Sprache der Deutschen nicht. Bei der Audienz hatten sie Englisch gesprochen, was sie auf Befehl ihres Vaters schon als Kind bei Ethel Graham gelernt hatte. Keinen Tag hatte sie damals mehr herbeigewünscht als die Abreise dieser Lehrerin, die sie wie ein dummes Ding behandelt hatte. Dabei vermochte die Amerikanerin nicht einmal zweitausend Zeichen zu lesen.

Der Arzt knöpfte das Hemd auf, legte die Jacke in den Schrank, dann ließ er die Hosen von seinen Beinen gleiten.

Chou-Li legte die flache Hand auf die Schnur des Windlichts. Sie fühlte ihren Herzschlag. Noch nie hatte sie einen Mann nackt gesehen, nur kleine Jungen, oder im Sommer die entblößte Brust eines Bauern auf den Feldern.

Der Europäer da unten beugte sich über seine Füße, sie sah

einen breiten Rücken im weißen Hemd, Muskeln zeichneten sich ab wie bei einem Handwerker. Mussten die deutschen Ärzte arbeiten wie einfaches Volk? Chou-Li beugte sich näher zum Glas hin.

Der Mann packte die Stiefel an den Fersen und zog sie von den Füßen. Sie trugen also auch Strümpfe, nur andere. Dann streifte er die Hosen ganz von den Beinen und fiel aufs Bett.

Sein Blick traf sie. Ihr Herz tat einen Hüpfer in der Brust. Chou-Li wich zurück und atmete tief ein. Aber er konnte sie unmöglich gesehen haben. Langsam lehnte sie sich wieder vor.

Sein Kinn war von einem dunklen Bartschatten überzogen. Dunkles Haar hing in Strähnen in seine Stirn, die Augenbrauen standen dicht beieinander. Hatte der Arzt Schmerzen? Die roten Lidränder, diese gekräuselten Haare an Armen und Beinen, so waren die Teufel aus der ersten und zweiten Hölle auf den Tempelbildern gemalt. Da unten lag ein ausländischer Teufel ... Aber die Geister der Schattenspiele trugen wirre Bärte aus Papier.

Was machte er da eigentlich?

»Verdammt.« Schon war er aufgesprungen. Chou-Li musste sich noch weiter zum Boden beugen. Sie streckte die Beine aus und legte das Kinn auf das Glas, damit sie ihn aus dem schrägen Winkel noch vor dem Fenster am Lacktisch sitzen sehen konnte. Der Boden knackte unter ihrem Gewicht. Chou-Li hielt den Atem an und bewegte sich weder vor noch zurück.

Doch er hatte wohl nichts gehört.

Das Licht unten flackerte. Der Arzt ließ die kräftigen Schultern sinken.

Chou-Li fühlte das kalte Glas unter ihren Fingern. Der Mann hatte geseufzt wie ein Junge, dem man Ohrfeigen erteilte. War er krank? Hatte ihn die Seuche, die er bekämpfte, erfasst?

Sie starrte ins gelbliche Licht. Doch das konnte nicht sein. Wie töricht von ihr, so etwas zu denken. Die Ärzte der Deutschen waren selber geimpft.

Er glättete einen Brief. Die Tusche musste schon lange getrocknet sein. Der Arzt schob sein Unterhemd hoch. Sie sah eine Brustwarze in den Haaren schimmern wie eine verborgene Knospe. Chou-Li richtete sich auf und fasste peinlich berührt nach ihrem Ohrläppchen. Unten zog der Mann den Rand des Unterhemds wieder herunter.

Etwas schüttelte ihn, er war doch krank … aber das war kein Ruf des Schmerzes, das war der Ruf der Trauer wie Tante Shen vor den Bildern ihrer Mutter.

Der Mann weinte. Tränen rannen ihm die Wangen hinab.

Geister und Teufel weinten nicht. Chou-Li stützte die Hände neben das Glas, es beschlug unter ihrem Atem. Sie wischte mit ihrem Ärmel darüber.

»Was bin ich bloß für ein verdammter Feigling.«

Rief er seinen Gott um Hilfe an? Das taten sie angeblich oft, die Weißen.

Der Mann wischte sich mit dem Handrücken übers Gesicht. Nun fielen die Fäuste neben dem Umschlag auf den Tisch.

Chou-Li legte den Finger auf ihre Lippen. Wenn es eine schlechte Botschaft an ihn war, warum las er sie denn erst jetzt? Den Brief musste er doch schon seit seiner Abreise von Tsingtau in der Tasche mitgeführt haben.

Drunten fuhr sich der Arzt mit der Hand in den Nacken, als ob er einen Hund kraulen würde. Aber die zarte Bewegung löste noch mehr Tränen aus. Chou-Li hatte niemals einen Mann weinen sehen. Unter der Folter oder wenn sie sich die Beine brachen, sollten sie wohl weinen, aber allein nur wegen einer Nachricht?

Dieses Gesicht mit dem Bartschatten schien ihr auf einmal so jung, so nahe wie das eines Bruders, der sich einen Dorn in den Fuß getreten hatte und litt. Sie hätte diese feuchten Wangen greifen, dieses nasse Barthaar spüren mögen, die Tränen mit den Fingern wegwischen, damit er ihr den Grund verriet.

»Ich hätte sie fragen müssen.«

Beteten die Weißen so um Gunst oder Abwendung von Unglück? Der Mann drehte sein Gesicht weg, sie sah einen kräftigen, ausrasierten Nacken, die Haut schimmerte weiß über dem Hemdrand.

Chou-Li hörte Schluchzer, wie sie verstoßene Diener weinten. Schluchzer, die ihren eigenen im ohnmächtigen Zorn gegen die wunden Füße ähnelten, Schluchzer, die sich nach einer tröstenden Stimme sehnten.

Dann wurde der Mann ruhiger. Chou-Li blickte auf seine breiten Schultern, die unter ihr lagen wie die aufgeklappten Flügel eines toten Falken. Der Europäer rührte sich nicht mehr.

Chou-Li spürte die Hitze des abgeschirmten Windlichts an ihrer Brust. Ihr Herz schlug, aber ihre Hände waren nicht mehr kalt, als sie über das Glas strich und dabei der Nackenlinie folgte. Der Arzt war eingeschlafen.

Drunten wurde das Petroleumlicht schwächer und verlosch.

Leise schlich Chou-Li sich über dem Gästetrakt unter dem Dachgebälk davon. Doch das Bild des behaarten Männerleibs mit dem tränenüberströmten Gesicht begleitete sie über die Luken und die Leitern zurück in ihr Kabinett. Es war ein Geistergesicht, das keine Furcht erregte, sondern ihr ein Rätsel stellte.

Das zu lösen hatte sie Zeit genug im Landhaus, wohin sie morgen vor der Pest fliehen sollte und wo sie vor Langeweile sterben würde. Vielleicht erlaubte ihr Vater, dass sie das Mikroskop mitnahm. Dann erspähte sie vielleicht Dinge, die der deutsche Arzt auch bei seiner Arbeit sah.

Vor den Türen ihres Schlafzimmers roch sie den Sturzregen, dessen Feuchtigkeit noch in der Luft hing. Kalt, wie sie auch in der Einsamkeit des Landhauses wehte.

Kapitel 18

Bei Taianfu, Landhaus – 10. Februar 1911

Ich bin euch so dankbar, dass ihr uns hier im Landhaus besucht. Wenn ich wüsste, was in Sun Pau gefahren ist, dass er mir das antut.« Tante Shen trug ihr dickes grünes Winterkleid mit den rosa Aufschlägen und den eingestickten Eicheln. Es hatte fast die gleiche Farbe wie die lackierten Schnitzarbeiten an den Türen und Decken.

»Die Entenstücke sind köstlich, Tante Fa. Probiert.« Chou-Li reichte die Schale mit den süßsauer eingelegten Bambusstücken an ihre Sitznachbarin weiter. Die Diener hatten drei Eisenbecken mit Kohlenglut in den Raum gestellt, was ihn leidlich heizte. Vater hatte das Glückszimmer nicht ausmalen, sondern mit einem sanften Wellenmuster verzieren lassen. Alles andere, sagte er, störe sonst die Meditation des Heiligen Bergs, den man von hier sehen konnte. Sie saßen zu viert um den niedrigen Lacktisch.

»Danke. Euer Koch hat euch noch nie Schande gemacht, das kann man sagen.« Tante Fa war eine Cousine dritten Grades. Sie war mit dem Kreisbeamten in Taianfu verheiratet, der das dortige Kanalamt innehatte. Sie trug immer rote Kleider mit Goldstickerei, wie sie in ihrer Jugend im Süden Mode gewesen waren. »Würdet ihr uns den Koch doch nur ausleihen, statt ihn drei Viertel des Jahres hier faulenzen zu lassen.«

Chou-Li war froh, dass die Anstandsregeln auf dem Land von Tante Shen weniger streng eingehalten wurden, sonst hätte sie als Jüngste die drei Frauen symbolisch bedienen müssen und erst nach ihnen essen können. Dabei hatte sie richtig Hunger, wahrscheinlich von der Kälte.

»Goldene Eier verleiht man nicht.« Ji-Hei spreizte ihren silbernen Fingerhut ab, der an einer dreifach gedrehten Silberkette an einem Ring des Mittelfingers befestigt war. Ihr Haaransatz war ausrasiert, ihre etwas breiteren Augenlider verrieten die Herkunft Ji-Heis Familie aus den Westprovinzen. Eigentlich war solches Silberzeug zu teuer für die Frau eines Vizekreisbeamten, auch wenn sie jung war. Und immer diese Plattheiten. Chou-Li hätte lieber gelesen, als sich die Unterhaltung anzuhören.

»Sun Pau zieht sich hin und wieder hierher zurück. Manchmal kommt er nur für drei Tage ins Landhaus. Oder er inspiziert von hier aus die Arbeit seiner Beamten«, sagte Tante Shen.

Jui-Hei häufte Gemüse und Reis in ihre Schale. »Hat er denn wieder eine Reise vor?«

Kurz zitterten die Stäbchen in der Luft. Das hätte sie eher Chou-Li fragen müssen, nicht Tante Shen, wenn sie es wirklich erfahren wollte. »Lerne von den Vögeln fliegen und vom Fisch schwimmen.« Vielleicht verstand sie das. »Mein Vater sieht wohl, dass die Ausländer mit der Abriegelung von Tsingtau Erfolg haben.«

»Verbrennen die dort auch Gasthäuser und Bauernhöfe, wenn darin Leute vom Pestgott gestraft werden?« Ji-Hei kaute an den Entenstückchen.

»Die ausländischen Teufel nehmen auf nichts Rücksicht.«

Tante Shen goss Tee nach. »Nicht einmal auf ihre eigenen Leute.«

»Shen denkt an ihre Familie.« Tante Fa wiegte den Kopf. Sie hatte ihre Augenbrauen dünn geschminkt und hob und senkte sie wie eine Prinzessin in der Oper. »Wir sitzen hier im Glückszimmer und schauen seit Stunden auf den heiligsten Berg Taischan. Wenn schon dort oben die einzelnen Steine heilende Kraft haben, so hilft sicher auch sein Anblick.«

Ji-Hei wandte den Blick zum Fenster. »Es gibt keine schönere Stelle hier im Tal, von nirgends sieht man den Erhabenen so gut.« Sie lachte wie die Frau eines Händlers bei einem guten Geschäft. »Zu Neujahr haben wir die Riten am Tempel von Taimiau vollzogen wie schon die Kaiser vor tausend Jahren. Die Zypressen dort hat der Kaiser Han Wu Ti vor zweitausend Jahren gepflanzt.«

»Ich meide verfallene Tempel, dort sind zu viele Geister.« Tante Fa drückte die Hand an ihre Brust.

»Redet nicht von ihnen!« Tante Shen beugte sich vor. »Gerade weil hier schon so lange Menschen leben und Kaiser Tempel und Höfe unterhalten.« Ihre Stimme senkte sich zu einem Flüstern. »Ich glaube nämlich, hinter unserem Teich in dem alten Pavillon lebt eine Fuchsfamilie.«

Chou-Li biss schnell in ein Bambusstückchen, damit sie nicht lachen musste.

Tante Fa zog die roten Jackenaufschläge enger zu sich heran. »Wie kommst du darauf?«

»Heute Nacht habe ich nicht schlafen können, es ist ja Vollmond. Im Pavillon hat es rumort. Ich habe Licht gesehen und Geräusche wie von Metall auf Stein.«

Chou-Li ahnte, wer dort rumort hatte.

»Hast du deine Diener geschickt?«, fragte Tante Fa.

»Würden deine Diener in einer Vollmondnacht nach Fuchsgeistern suchen gehen? – Nein. Ich habe die Buddhastatue ins Fenster gestellt und mich schlafend gestellt, falls die Füchse um das Haus strichen.«

»Fuchsgeister können einem Mann auch Glück und Wohlstand bringen.« Ji-Hei legte übertrieben langsam wie im großen Zeremoniell die Hände in den Schoß.

»Männern vielleicht, aber hat man jemals gehört, dass Füchse einer Menschenfrau Glück gebracht haben?«

Ji-Hei kicherte. »Fuchsmänner sollen Frauen ganz um den Verstand bringen können, mit den Wonnen, die sie dem Schoß bereiten.«

»Du hast erst einen Sohn geboren. Wenn du sieben Kinder wie ich zur Welt gebracht hast, redest du anders.« Tante Fa beugte sich vor. »Aber Shen, dann solltest du einen Geomanten zurate ziehen, der die Füchse aus dem Pavillon vertreibt.«

»Vater würde das kaum gestatten.« Chou-Li verhinderte besser, dass ein Geomant ins Haus kam. Sonst sah der vielleicht unnötigerweise Dinge, die er nicht sehen sollte.

»Du hörst, wie formell sie spricht?« Shen sprach zu Tante Fa gewandt. »Sie ist Suns Tochter, kein Zweifel.«

»Aber gegen ein wenig Musik wird dein Vater doch nichts haben.« Tante Fa maß Chou-Li mit einem langen Blick. »Es gibt Gesang, der die Geister ruft, und Gesang, der die Geister vertreibt.«

»Lasst uns nach dem Essen die Gu-Scheng spielen und singen.« Shen klatschte in die Hände.

Tante Fa kannte uralte Lieder und sogar Opernarien. Chou-Li mochte es, wenn sie sang. Seltsamerweise klang ihre Stimme klar und laut, wie die einer Frau, die noch gebären konnte, und nicht wie die einer Alten, die sie längst war.

»Wie geht es der Familie in Taianfu? Hat Onkel nun endlich seine Töchter verheiratet? Im Sommer waren die Sterne doch günstig«, fragte Shen zwischen zwei Bissen.

Chou-Li erhob sich, verneigte sich, legte die Fingerglieder beider Hände aneinander und schlüpfte aus dem Glückszimmer.

Sie würde behaupten, sie hätte den Kübel aufgesucht, weil sie so viel Suppe und Tee getrunken habe. Wenn die Tanten erst einmal anfingen, die Verwandtschaft durchzuhecheln, blieb ihr Zeit genug.

Chou-Li eilte den schmalen Gang entlang um den Familienhof herum in ihren Schlafraum.

Diener kehrten draußen und sahen nicht auf.

Einer Truhe entnahm sie Überschuhe aus Bast, dann warf sie sich eine wattierte Jacke über. Neben ihrem Bett stand eine Bronzekassette mit Haarbändern und Perlmuttkämmen. Sie öffnete sie und kippte den Inhalt auf die Bettdecke. Unten in der Kiste war eine Schlaufe eingearbeitet, daran zog sie den Boden hoch. Im Fach darunter lagen eine kleine Bronzedose und eine Briefrolle. Chou-Li steckte beides in ihre Jacke vor die Brust.

Das Kästchen stellte sie zurück neben das Bett, über die Kämme schlug sie die Seidendecke zurück.

Chou-Li lugte in den Flur. Niemand.

Im Wirtschaftshof waren die fleckigen Mauern schon länger nicht verputzt worden. Ein Knabe warf im Hof gerade den Hühnern Küchenabfälle zu.

Die Füchse im Pavillon … Tante Shen war sicher nachts durchs Haus gelaufen und hatte Räucherstäbchen verbrannt. Von ihrem Schlafraum aus hätte sie den Pavillon doch gar nicht sehen können. Chou-Li ging in den Bastüberschuhen bis zum

Gartentor. Wenn sie nach links um den Teich abkürzte, konnten die drei sie vom Glückszimmer aus nicht sehen.

Die Wiese war noch winterkarg, halb vertrocknete hellgelbe Halme lagen niedergedrückt auf der weiten Fläche bis zur Mauer am Fluss hinunter. Überall standen Pflaumenbäume, bald schon würde der Frühling hereinbrechen und den Garten in ein blühendes Meer verwandeln.

Der alte Pavillon stand am Flussufer auf einem künstlichen Hügel, vom oberen Stock sah man den Taischan. Man konnte hier meditieren, aber auch das Ufer bewachen.

Das Dach war eingebrochen, die Türen längst ausgehängt, die Balken morsch. Vater war sich unschlüssig, ob er den Pavillon wieder aufbauen oder abreißen lassen sollte.

Chou-Li ging die vier schiefen Stufen zum Erdgeschoss hinauf. Der sechseckige Raum war leer bis auf Reste von Talglichtern auf dem Boden. Dreck und tote Blätter hatte der Wind in die Ecken geweht, ein abgebrochenes Lackgitter lag unter dem Fensterrahmen. »Zeigt euch, ich habe eine Botschaft eures Herrn.«

Sie hörte ein Scharren über ihrem Kopf, dann knarrten die morschen Balken. Ein Schatten verdeckte die Tür. Chou-Li drehte sich sofort um.

»Wer bist du?« Ein Mann in verschlissenen Fellstiefeln stand vor ihr. Sein Gesicht war vom Wetter dunkelbraun, seine Augen in den Falten fast verborgen. Seine graubraune Jacke wurde von einem Gurt zusammengehalten, daran baumelte ein echtes Kriegerschwert.

Chou-Li hatte solche Waffen in Vaters Sammlung gesehen. Sie richtete sich hoch auf. Diener war Diener. »Wagst du es, die Tochter deines Herrn anzusprechen, bevor sie es dir erlaubt?«

»Ich bin Wsien.« Der Mann kam näher. Er roch streng und starrte in ihr Gesicht. »Du hast seine Augen.« Er legte die Faust vor die Brust und verbeugte sich tief.

Chou-Li fasste in ihre Jacke und holte den Brief heraus. Vater hatte ihr gesagt, für den Fall, dass seine Leute ein Zeichen gaben, sollte sie ihn dem Anführer vorlesen. Sie brach das Siegel.

»Höre, was dein Herr befiehlt: ›Sammle zum dritten Vollmond nach Neujahr deine Leute und führe sie gegen die ausländischen Händler. Überfallt ihre Lieferwägen auf den Straßen, raubt Waren und Geld. Die Menschen lasst laufen. Nehmt die Hände, weder das Feuer noch das Schwert. Lauert auf jeder Straße nur einmal, zieht weiter, bis ihr den Sonnenkreis um den Taischan gelaufen seid.‹« Chou-Li ließ die Rolle sinken. »Hast du verstanden?«

Er legte die Hände an den Gurt. »Es ist höchste Zeit. Die Männer laufen mir davon.«

Vater hatte ihr gesagt, dass sie genug Geld hätten. »Euch fehlt kein Sold.«

»Das ist es nicht. Meine Leute wollen nicht in Erdhöhlen sitzen und sich langweilen. Sie wollen kämpfen.« Er zog das Schwert, die Klinge surrte durch die Luft, drei Schläge um ihren Kopf herum. Der Bandenführer sprang nach rechts, lief halb die Wand hoch, sprang und kam links von ihr zu stehen.

Chou-Lis Herz schlug schnell, aber sie zeigte ihm keine Angst. Sie sah ihn nur an. Seine Augenbraue wanderte langsam nach oben, er senkte langsam das Kinn und öffnete den Mund. Faule Zähne waren zu sehen.

Nein, sie hatte keine Angst vor ihm und seinem Schwertgefuchtel. Krümmte er ihr nur ein Haar, würde Vater ihn tagelang foltern lassen. Und was das hieß, wusste Wsien besser als sie.

»Hast du noch Befehle für mich?«, fragte er mit leiser Stimme.

Chou-Li hörte den Respekt heraus. Sie griff in ihre Jacke und warf ihm die Bronzedose zu. Er fing sie mit einer Hand auf. »Es ist ein Spendengefäß aus einem Tempel am Gelben Fluss. Lass es dir nicht billig abschwatzen. Es ist zweihundert Jahre alt. Verkaufe es in Taianfu. Das reicht für deine Leute bis zum Sommer.«

Er verstaute die Dose hinter dem Schwertgurt und blieb mit gesenkter Klinge vor ihr stehen.

»Was ist noch?«, fragte Chou-Li.

»Sage dem Herrn, dass aus Süden Männer ins Land gekommen sind, die Kämpfer anwerben. Sie geben ihnen weiße Kopfbänder mit Schriftzeichen.«

»Was für Männer?« Geheimsekten gab es immer wieder, die einen Gott oder eine Kraft anbeteten und dabei simple Habgier hinter den göttlichen Anweisungen verbargen. Und immer fand sich Gelichter aus dem Volk, das sie um sich scharen konnten.

»Männer, die auf den Dorfplätzen über die Gier und Unfähigkeit des Kind-Kaisers schimpfen, die den Schreibern Blätter in die Hände drücken und über Nacht verschwinden. Sie wollen alle Stadtbeamten vertreiben, wann, weiß ich nicht.«

»Geh jetzt.« Sie würde Vater noch heute Nacht schreiben und morgen früh einen Boten zur Bahnstation schicken. Dann erhielt er die Nachricht schon morgen Abend, falls er es nicht schon längst von seinen Spionen wusste.

Wsien hielt sich das Schwert vor das Gesicht und schwang

es um seinen Kopf wie auf einem Jahrmarkt. Dann sprang er durch das Fenster davon.

Im Flur rollte eine alte Dienerin Matten aus. Sie waren erst drei Tage hier, und noch war nicht alles wohnlich eingerichtet. Aber Tante Shen hatte sich über die Regeln hinweggesetzt und trotzdem schon die Frauen eingeladen. Tante Shen fürchtete sich allein ohne ihren Vater hier draußen, obwohl er zur Bewachung acht Soldaten im Vorhof wohnen ließ.

Vom Glückszimmer drangen die Klänge der Gu-Scheng. In der Han-Dynastie war das Instrument durch den Poeten Liu Tschi in ganz China verbreitet worden. Tante Shen spielte die Melodie vom Pflaumengarten, der auf den Frühling wartet.

»Da bist du ja endlich.« Sie sah von den einundzwanzig Saiten auf und verschob die dreieckigen Stege darunter, die die Tonhöhe veränderten.

»Wo warst du denn so lange?«, fragte Tante Fa.

Shen unterbrach die Melodie und ließ die Finger über den Saiten schweben. »Fa hat schon einen Abwehrzauber gesungen.«

»Sie hat sich ja umgezogen.« Ji-Hei klang spöttisch. In den Händen hielt sie eine kleine Trommel.

Chou-Li legte sich die Hände auf den Bauch und blickte absichtlich an Ji-Hei vorbei. »Ich … die Suppe ist mir nicht bekommen und dann … ein kleines Missgeschick, ich … wir haben Gäste. Ich habe mich lieber umgezogen.«

»Setz dich, mein Kind.« Tante Fa sprach sanft. »Wie ich weiß, kannst du lesen und schreiben. Rezitiere uns doch ein paar der Gedichte, die dich dein Vater lernen lässt. Ji-Hei würde sich auch freuen.«

Die Vizebeamtenfrau spitzte den Mund. »Wir finden bestimmt eine Melodie, die dazu passt.«

»Setz dich zu mir.« Tante Fa klopfte ein flaches Seidenkissen für Chou-Li zurecht. »Shen, zupfe doch weiter, damit sich ihr Bauch beruhigt. Wie soll ihr sonst etwas einfallen?«

Chou-Li machte es sich bequem. Es roch nach Beerenwein. Auf dem Lacktisch vor ihr standen kleine Becherchen. Dieser Wsien und sein Schwertgefuchtel standen ihr noch vor Augen. Sie verscheuchte die Erinnerung mit einem Schluck. Die Nachricht an Vater würde sie in der Nacht schreiben. Am dritten Vollmond, hatte es in dem Befehl geheißen …

Ji-Hei schlug die Trommel sanft im Takt. Den aufwendigen silbernen Fingerschmuck hatte sie abgelegt.

Chou-Li sah durch das Fenster hinaus zum Berg. Die ganze Erhabenheit des heiligen Taischan drang in sie ein. »Der Dichter Tschang Giu Ling besang einst den Mond. Hört, wie.« Ihr Blick fand die braunrot lackierte Tür eines Schränkchens, sie holte tief Luft. »Über dem Meere steigt silbern spiegelnd der Mond auf, Nahes und Fernes einend in seligem Schaun. – Liebendes Suchen strebt durch die Weiten der Nacht hin, Stunde auf Stunde steigert der Sehnsucht Gewalt. – Kerze verglimmt, aber die Fülle der Lichtflut, lockt mich noch einmal, fort in den feuchtenden Tau.« Im braunroten Lack tauchte ein männliches Gesicht auf, Chou-Lis Lippen zitterten. »Ach, könnt ich schenken dir von der Fülle des Lichtes. Einsam zum Lager kehr ich und träume von dir.« Das helle Gesicht drehte sich zu ihr um, als höre der Arzt ihre Stimme und den Klang der Gu-Scheng aus der Ferne. Der blasse Mann wandte sich ihr zu, die Brauen erhoben vor Verwunderung, in seiner Hand hielt er statt einer Spritze eine Schreibfeder. Das Gesicht gewann wirkliche Farbe … ein erkennender Blick traf sie aus wirklichen braunen Augen. Der Mann war dort und sah sie an! Chou-Li schrie auf und kippte nach vorn.

Die Gu-Scheng verstummte, Hände betasteten ihre Schulter. »Was hast du?«, fragte Tante Shen.

»Es war doch kein böser Hintersinn in dem Gedicht«, flüsterte Ji-Hei.

»Wir haben vergessen, an welchem Ort wir singen«, flüsterte auch Tante Fa. »Schaut in die Schatten hinaus, die der Berg wirft. Hoch ragt der Taischan über uns Sterbliche auf. Der Berg hat so viel Kraft, er vermag Vergangenheit und Zukunft zu spiegeln oder auch nur die Verwirrungen, die die bösen Geister auf uns lenken ... Sage uns nicht, was du gesehen hast, Chou-Li, dann kann es mit den Klängen der Gu-Scheng wie ungeschehen verklingen.«

Tante Shen zupfte sogleich die Saiten. Chou-Li richtete sich auf, sie presste die Augen fest zusammen, bis der letzte Ton der Melodie verklungen war. Als sie die Lider hob, spiegelte sich nichts mehr in der Tür des Lackschränkchens.

Dann erst begriff sie: Die Melodie begleitete die tiefen Klageseufzer einer Frau, deren Herz angesichts des Mondes vor Einsamkeit kalt wird. Die Oper hieß *Pavillon mit Blick auf den Fluss*.

Chou-Li fand keinen Atem mehr, sie sank zur Seite.

Kapitel 19

Syfang, Quarantänestation – 8. März 1911

Die Ärzte kommen gleich, Frau Missionarin Makrat.« Schwester Margarethe trat an den kleinen Ofen, öffnete die Klappe und schürte die Kohlen.

Sie hatte gerade über ihn geschrieben, den Marinearzt Renau, dessen braune Augen so wissend blickten, als sähe er direkt in ihr Herz. Leontine schlug ihr Tagebuch zu. Wem sonst hätte sie solches anvertrauen können? Sie verfügte endlich wieder über genug Kraft für ein paar Zeilen, seit das Fieber gefallen war. »Vielen Dank dafür, dass Sie mir die Kleidung gereinigt haben.«

Schwester Margarethe hängte den Schürhaken neben dem Ofen ein. »Eine Desinfektion war doch selbstverständlich. Der Geruch des Sublimats ist längst ausgelüftet in den Wochen, in denen Sie hier in Quarantäne gelegen sind.«

Zuerst kam Doktor Westerhoff mit ausgestreckten Händen ins Krankenzimmer. Sonst hatte der sie immer ein wenig streng wie ein Naturkundelehrer einen Marienkäfer unter Glas angeschaut. Leontine freute sich, dass er auch lachen konnte. »Frau Makrat, mein Kollege, Marinestabsarzt Renau, wollte Sie unbedingt noch sehen.«

Er war also doch noch einmal zu ihr gekommen. Leontine spürte, wie das Blut in ihren Wangen aufstieg. Sie hatte sogar über den Zeilen im Tagebuch gezögert, aber sie hatte es sich sehr gewünscht. Am liebsten hätte sie ihn allein gesehen, dann hätte sie sich vielleicht getraut, seine Hände zu greifen und …

Doktor Renau sah sie jetzt wieder mit seinen milden braunen Augen an, so wie sein Bild durch ihre Fieberträume geflackert war. Dass er dabei einen langen weißen Umhang getragen hatte, Petrus ähnlicher als einem Marinearzt in Uniform, verschwieg sie lieber. Wie auch die Erinnerung an wunderbare, starke Arme, mit denen er sie immer wieder umfangen und zurück zur Erde geleitet hatte, als sich ihre Seele in die Sphären verlor.

Westerhoff, die Schwester, Renau sahen sie an und warteten. Leontine blickte kurz zu Boden. Warum nicht wahrhaftig sein? »Ohne Sie würde ich vielleicht nicht mehr leben. Ich wollte Ihnen von Herzen danken dafür, dass Sie mir hier dies seltsame, hartnäckige Fieber auskuriert haben.«

»Sagen Sie so etwas nicht, Frau Makrat, Sie haben selbst gekämpft! Es ist doch selbstverständlich, dass wir als Ärzte alles tun, um ein Leben zu erhalten.« Renaus Blick prüfte seinen Vorgesetzten, das entging ihr nicht, doch er hatte bestimmt geglaubt, dass sie es überstehe. »Sie denken gar nicht, wie froh wir beide sind, dass Sie nicht unser erster Pestfall geworden sind.«

»Sie schwebten in großer Gefahr. Schwester Margarethe hat sich vorbildlich in vielen Nachtwachen um Sie gekümmert.« Westerhoff umgriff mit der Linken die rechte Faust.

Die Schwester hatte die rauen Hände vor dem grauen Schwesternrock zusammengelegt. »Der Herr war mit uns, nicht wahr, Frau Makrat?«

»Ja, das war er.« Nach vielen Nächten voller Fieberträume hatte sie erst gemerkt, dass sie die Gebete nicht geträumt, sondern dass Schwester Margarethe sie leise gemurmelt hatte.

Westerhoff schlug die Beine fast militärisch aneinander, reichte ihr die Hand. »Ich muss leider weiter zu den Patienten in Baracke eins.« Sein Händedruck war fest, sein Blick der eines Pfarrers bei der Konfirmation. »Und essen Sie gehörig, junge Frau. Sie haben durch das Fieber viel Gewicht verloren.« Westerhoff hob den Zeigefinger vor ihrer Nase.

Sie nickte, dann war er draußen.

Doktor Renau sah neben ihr zum Fenster des Vorraums hinaus und runzelte die Stirn, als draußen ein Mannschaftswagen vorfuhr. Ein paar Soldaten querten das Blickfeld, bevor er sich ihr zuwandte und die Sorgenfalten sofort von seiner Stirn verschwanden. »Ihr Gatte bekommt eine kerngesunde Frau zurück.«

Leontine wusste nicht recht, wo sie ihre Hände lassen sollte. An Friedbert mochte sie nun eigentlich gerade gar nicht denken, so gern hätte sie jetzt einen Kuss auf die Wangen des Arztes gehaucht. Auch wenn sich das eigentlich nicht gehörte für eine verheiratete Frau. Aber wenn sie ehrlich war, wollte sie ihn wiedersehen. Ihm wenigstens ein bisschen nahe sein. »Ich … wir, mein Mann und ich würden uns sehr freuen, wenn Sie einmal bei uns zur Missionsstation auf Besuch kämen. Wir können nicht den Komfort eines Tsingtauer Stadthotels bieten, aber im Sommer haben wir herrlich frische Luft dort. Die Chinesen im Dorf pflegen blühende Gärten. Frischen Obstkuchen wie im Reich kann ich auch reichen. Ich würde mich gern dafür erkenntlich zeigen …« Die Schwester durfte sie nicht vergessen. Sie fügte rasch an: »… was Sie beide an mir getan haben.«

Schwester Margarethe drückte ihr beide Hände. »Das tun Sie am besten dadurch, dass Sie sich wieder um Ihre Missionsstation kümmern, sobald die Pestblockaden der Kolonie aufgehoben werden. Aber wenn man mich im Sommer einmal hier fortlässt, werde ich Sie gern besuchen.«

Leontine sah dem Doktor in die braunen Augen, die Fältchen darum waren tiefer geworden. Sie hatte sicher viel mehr Schlaf in den letzten Tagen genossen als er, erholsamen Schlaf in der Stille der für Frauen reservierten Baracke. Nur ab und an hatte sie von fern Geschrei gehört, wenn in der Baracke der Einheimischen die isolierten Chinesen Mah-jong und wieder Mah-jong gespielt hatten. »Darf ich auch auf Ihren Besuch hoffen?« Sie hörte, wie ihre Stimme ein bisschen höher klang.

Er sah sie an. Ihr schien der Blick wie eine kleine Ewigkeit.

Dann lächelte er plötzlich, sodass sie gar seine Zähne sehen konnte, weiß und regelmäßig. Er versteckte die Arme hinter dem Rücken. »Die Pest hat alle meine Pläne zunichtegemacht, Schantung kennenzulernen. Sobald die Epidemie überstanden ist, werden wir hoffentlich ein paar Tage Urlaub erhalten. Das eigentliche China kenne ich ja bislang nur vom Zugfenster aus. Ich komme gern.«

Leontine bückte sich zu ihrem kleinen Koffer, der neben der Tür stand. Sie hatte so gepackt, dass die kleine Schrift der Berliner Missionsgesellschaft obenauf lag. Sie nahm das schmale Bändchen. Sie hätte ihm so gern ein viel persönlicheres Geschenk gemacht, aber dafür ergab sich vielleicht später Gelegenheit. »Der Jahresbericht verschafft sicher einen Überblick, wie wir dort das Evangelium verbreiten.« Sie schlug die Augen auf. Renaus Blick ruhte auf ihr, und einen Moment überwältigte Leontine eine Vision. Hätte sie nicht gewusst, dass es helllichter Tag war und Renau ein Arzt der Reichsmarine, dann hätte sie geschworen, dass hinter seiner blauen Uniform doch ein paar hauchfeine durchsichtige Flügel schlugen, die sie beide nun einen Moment weich umhüllten. »Ich möchte Ihnen das Bändchen schenken.« Mit den Worten verschwand das Bild.

»Ich danke Ihnen.« Sein Finger streifte ihre Hand, als er es an sich nahm.

Er trat zur Tür. »Claas!« Seine dunkle Stimme drang durch die Baracke. Leontine spürte ein feines Zittern in ihrer Brust.

»Hier!«, scholl es von der Schreibstube am Eingang zurück.

Der dünne Sanitätsmatrose mit der schmalen Nase stand in der Tür.

Doktor Renau zwinkerte Schwester Margarethe zu, die in sich hineinlächelte und einen Wasserkessel auf den Ofen stellte.

»Frau Missionarin Makrat hat der Schwester verraten, dass sie heute noch in Tsingtau für ihre Missionsstation einkaufen will. Wir können das aus ärztlicher Sicht nicht billigen«, sagte Renau zu seinem Burschen.

Der junge Matrose legte die Stirn kraus, so glatt war das junge Gesicht, dass sich dort nur eine Falte zog. Leontine verstand genauso wenig. »Aber ich bin doch gesund!«

»Frau Makrat muss sich noch ein wenig schonen. Und deshalb erhältst du den Befehl, ihr heute als persönlicher Bursche zu dienen. Das heißt, Claas, du trägst ihr die Tasche und hilfst ihr in der Stadt mit den Rikschas und was immer ansteht. Verstanden?«

»Jawohl!« Sein Daumen deutete zurück in den Gang. »Und hier die Statistik?«

»Berechnest du morgen. Wenn dich Frau Missionarin Makrat in der Stadt nicht mehr braucht, hast du dienstfrei bis morgen Mittag 12 Uhr.«

»Jawohl, Herr Marinestabsarzt.« Der junge Matrose war nicht weniger überrascht als sie.

»Das kann ich nicht annehmen.« Leontine hob die Hände Renau entgegen, obwohl ihr nicht entging, wie sehr der Matrose strahlte. »Sie haben doch so viel hier zu tun, die Menschen in den anderen Baracken …«

»Claas hat sich die freien Stunden redlich verdient. Keine Sorge, es sind genügend Sanitätsmatrosen im Dienst.« Renau öffnete die Tür weit. »Sie werden jetzt als kerngesund entlassen. Raus mit euch!« Renau lachte.

Schwester Margarethes blaue Augen hatten alle Strenge verloren, sie klatschte einfach in die Hände wie zum Kindergeburtstag. »Aber schonen Sie den Burschen nicht, lassen Sie ihn ruhig alle Besorgungen für Sie schleppen. Sonst wird er uns noch übermütig.«

»Bleiben Sie gesund«, sagte Doktor Renau. Sein Blick streichelte ihr Gesicht, Leontine wandte rasch den Kopf, damit er nicht sah, dass sie mit den Abschiedstränen kämpfte. Vielleicht hatte der Herr in seiner Weisheit auch Männer geschaffen, die gar nicht wussten, dass sie Engelsflügel hatten.

Kapitel 20

Tsingtau, Hohenzollernstraße – 8. März 1911

Claas hatte den Rucksack ganz unmilitärisch an nur einem Trageriemen auf die Schulter gezogen. Ein Unteroffizier blieb auf der anderen Seite der Hohenzollernstraße vor dem Kaufhaus *Sietas* stehen, stemmte den linken Arm in die Seite und spähte zu ihm herüber. Der Militärwagen hatte sie vor der Berliner Mission in der Bismarckstraße abgesetzt.

»Meine Frau Wang kann sogar schon Klöße machen, aber eine richtige Wurst bekommt man halt doch nur in Tsingtau.« Die Missionarin rückte ihren Gürtel zurecht.

Claas ließ den Rucksack, wo er war. Der Unteroffizier drüben hatte wohl bemerkt, dass er zu der Frau gehörte. Er ließ den Arm sinken und spitzte die Lippen wie zum Pfiff, bevor er Richtung Bahnhof weiterlief.

»In der Kaserne gibt es jede Woche einmal Bratwurst oder Krakauer.« Claas hätte gern lieber mehr Fisch gegessen wie zu Hause. Aber den hatte der Küchenmeister bislang nicht auf dem Plan gehabt. »Im Lager gab es ja nur Suppen.«

»Ach, ich dachte, das war die Kost für uns Kranke?« Die Wangen der Missionarin schimmerten rosig im Wind.

»Sie haben das Gleiche bekommen wie wir.« Fast war es ihm, als ob er mit seiner großen Schwester Berrit am Sonntag durch Sonderburg liefe, die war genauso hellblond, nur war ihre Taille breiter als die der Missionarin. Und Berrits Busen war nicht so üppig, auch wenn er den seiner Schwester nie richtig gesehen hatte. Claas spürte, wie es ihm im Bauch kribbelte, wenn er sich die weiße Haut der Missionarin vorstellte. Und jetzt ging sie neben ihm durch Tsingtau. »Nur am Anfang hat die Schwester Hühnerbrühe für Sie gekocht, weil Renau die Suppen zu schwer für Sie fand.«

Sie sah ihn mit zusammengekniffenen Augen an. »Doktor Renau hat nur für mich kochen lassen?«

»Schwester Margarethe hat dafür das Öfchen im Beobachtungsraum benutzt. Sie waren ja die einzige kranke Europäerin in der Seuchenstation.« Die Soldaten in der Straße drehten sich um, so war es auch sonntags mit Berrit gewesen. Aber keiner hatte damals neidisch auf ihn geschaut, da war er wohl noch zu klein gewesen. Jetzt war das anders. Claas freute sich. Ob es die Uniform machte oder einfach daran lag, dass es in Tsingtau so wenig Frauen auf den Straßen gab?

»Ich habe kaum Erinnerungen an die Fieberwochen«, sagte die Missionarin. »War denn Doktor Renau oft da?«

Sie ließen einen Schubwagen voller Kabelspulen vorbeirollen. Die Kulis an den Steuerstangen schufteten schwer. »Also wenn ich im Dienst war, ist er immer zu Ihnen in die Frauen-Baracke gegangen.«

»Ach ja?« Sie sah zu einem Schaufenster hin.

»Renau hat mir erklärt, dass man ab 41 Grad Quecksilber deliriert und nur träumt. Stimmt das?« Claas war sich auf einmal unsicher, ob sie ihm böse war. Seine Schwester war auch schnell beleidigt.

»Mag sein«, sagte die Missionarin. Sie schob eine lose Haarsträhne unter den flachen Strohhut. »Die Konserven besorgen wir später. Ich möchte vorher noch Schreibpapier für unsere kleine Missionsschule kaufen.«

»Wie viele Schüler haben Sie denn dort?«, fragte Claas.

»Im Winter eher vierzig, im Sommer um die zwanzig. Die Bauern lassen die Kinder zu viel arbeiten.« Sie seufzte.

Sie gingen an den Auslagen der Geschäfte vorbei. Die Frau betrachtete eine Schaufensterpuppe, die schon einen Sommerstraßenanzug für Herren trug. Kurzwaren, dann Konserven, ein Droschkenverleih, der Fahrradhandel. Wenn Claas es in der Kaserne hätte unterstellen dürfen, hätte er sich gern ein Fahrrad gekauft. Damit hätte er nach Dienstschluss auch einmal in die Chinesendörfer fahren können.

»Du bist noch nicht lange in Tsingtau stationiert?«

»Vier Monate. In die Grundausbildung platzte die Pest.«

»China ist so. Man weiß nie, was der nächste Monat bringt. Auf der Station geschieht auch ständig etwas, womit mein Mann und ich nicht rechnen. Mal sind die Kühe der Bauern krank, dann gibt es eine Überschwemmung im Tal, dann schneit es bis in den März, oder vier Häuser im Dorf brennen ab.« Sie zuckte mit der Schulter. »Aber manchmal habe ich das ganz gegenteilige Gefühl, dass es in Schantung heute noch wie vor tausend Jahren zugeht. Die Tempel hier sind manchmal noch älter, mein Mann beschäftigt sich damit.«

Den Tsingtauer Tempel hatte er sich mit Harms angeschaut, dem die verrauchten Bierkneipen auch langweilig wurden, weil es drinnen genau wie im Reich zuging. Claas streckte den Arm aus. »Das ist die Kiautschou-Bibliothek, an der Ecke steht die Knabenschule und die Deutsch-Chinesische Warte, dahinter ragt das Seemannshaus hoch auf. Wenn es Konzerte gibt, gehe ich ganz gern dorthin. Sonst ist es mir zu voll.«

»Musik«, seufzte sie, »ist auch etwas, was mir fehlt.« Die Missionarin blickte auf den sandigen Boden der Straße. »Die chinesische Musik, die sie im Dorf bei den Bauernfesten spielen, mag so alt sein, wie sie will. In meinen Ohren zirpt sie immer zu schrill.«

Sie betrachtete ein Plakat an einer Hauswand. In bunten Farben leuchtete über einer Welle *Hamburg-Amerika-Linie*. »Ozeandampfer ... Manchmal habe ich in den Bergen ziemliches Heimweh. Du auch?«

»Ich bin wohl noch nicht lange genug hier. Eigentlich wollte ich ja zur See aufs Schiff, aber nun bin ich Sanitäter an Land. Die Pestpatrouillen vor der Küste sind wenigstens an der frischen Luft.«

»Da geht es dir ja fast wie mir. Ich wollte eigentlich nach Afrika zur Mission, schon als ich noch jünger war als du, aber nun bin ich in China. So ist das Leben.« Sie lachte und drehte die Handflächen nach außen, beinahe hätte sie einen Chinesen angestoßen, der einen Korb mit Wäschepaketen auf dem Rücken trug.

»Ich habe nicht einmal gewusst, dass es Missionarinnen gibt«, sagte Claas und fühlte, wie er ein bisschen rot wurde.

»Aber ja. Die Berliner Missionsgesellschaft ist lutherisch. Ich habe meinen Mann bei einem Vorbereitungskurs in Berlin kennengelernt. Eigentlich hätte ich nach Deutsch-Ostafrika als Religionslehrerin in eine Mädchenschule gehen sollen. Aber da Friedbert mir nun mal begegnet ist ... nun, in ein Missionshaus in China gehört eine Ehefrau. Da haben wir eben geheiratet. Er hat mich davon überzeugt, dass es in China auch Seelen gibt, die das Evangelium hören sollten.« Sie lachte wie Berrit am Sonntag.

Dazu hatten die Unteroffiziere beim Truppentransport keine Vorträge gehalten. »Hier ist die Druckerei«, sagte Claas. Das dreistöckige Haus in der Friedrichstraße war zwar schmal, aber hatte gediegene Schaufenster. *Buchbinderei, Linieiranstalt, Kautschukstempel* las Claas in kleiner Schrift in Schwarz auf die Scheiben gemalt und *Deutsch-Chinesische Druckerei u. Verlagsanstalt.* »Es ist hier aber viel teurer als in Tapautau.«

Die Missionarin sah ihn von der Seite an. »Kennst du ein billigeres Geschäft?«

»Im Chinesenviertel ist alles billiger.«

»Ich brauche aber gutes Papier für die offiziellen Schreiben meines Mannes.«

»Die haben dort alles.«

»Woher weißt du das? Du bist doch noch nicht lange hier.«

»Tsingtau ist nicht groß. In den ersten zwei Wochen bin ich jede Straße abgelaufen. Außerdem schickt mich Marinestabsarzt Renau inzwischen auch für Besorgungen in die Stadt.«

Ihre Lippen waren auf einmal nicht mehr schmal. »Du bist sein Bursche, nicht wahr?«

»Na ja, wie das im Militär so ist. Im ersten Jahr müssen wir

Matrosen für die Offiziere eben Erledigungen machen. Richtige Hausdiener sind nur Chinesen.«

»Wie ist er denn so als Vorgesetzter? Streng?«, fragte die Missionarin.

»Nein. Er schreit nicht so wie die Unteroffiziere.« Renau war eher ungeduldig und vergaß die Zeit. Eigentlich waren sie bei den Pestkontrollen oft kaum zum Essen gekommen. Claas hatte dann einfach beim Frühstück besser zugeschlagen. »Außerdem hatten wir ja keine richtige Ausbildung wegen der Pest, deshalb hat er mir viel erklärt.«

Sie stemmte die Hände in die Seiten. »Hier in der Druckerei ist zu viel Betrieb, das dauert ewig. Komm, führe mich zu dem chinesischen Laden.«

»Da müssen wir aber noch ein bisschen laufen.«

»Was glaubst du, wie viel ich im Dorf laufe. Das liegt auf drei Hängen über einem Tal.«

An der Ecke zur Takustraße hörten die zweigeschossigen Häuser auf, nun gab es fast nur noch eingeschossige mit spitzen Dächern. »In Tapautau sieht man fast nur chinesische Schriftzeichen, auch wenn manchmal irgendwo in den Auslagen auch deutsch Geschriebenes steht, öfter sogar in Englisch. Ich hätte nicht gedacht, was man hier alles kaufen kann, sogar Gitarren aus Peru.« Claas bog vor einer Garküche in die Kaumistraße ein.

»Oh, Pilzröllchen!« Die Missionarin blieb stehen und strahlte einen Chinesen an, der auf einem flachen Topf über offener Kohlenglut kochte. »Magst du auch zwei?«

Claas hatte keine guten Erfahrungen gemacht. Das eine Mal hatte es ihm überhaupt nicht geschmeckt, das andere Mal hatte er die Nacht auf dem Kasernenabort verbracht, wo er nicht der Einzige gewesen war, der über Bauchkrämpfe gestöhnt hatte. »Ich weiß nicht, ob das so gesund ist.«

Sie tippte sich an die Nase. »Vier«, sagte sie auf Chinesisch. Die einfachen Zahlen verstand er schon.

Der Garkoch wackelte mit dem Kopf und zeigte seine Zahnlücken. Er nahm ein paar Käsch aus ihrer Hand entgegen und schlug die Röllchen in ein Stück Wachspapier. Sie winkte Claas vor den Kandel des nächsten Hauses. Sie hielt ihm die weißlichen Päckchen hin. »Die Sachen sind im Dampf gegart, das ist wie abgekocht. Glaube mir. Und Pilzröllchen sind einfach köstlich. Ich habe ganz vergessen, wie gut frisches Essen riechen kann.«

Claas nahm eines. Auf der Zunge fühlte es sich weicher als ein Brot an, aber fester als ein Kloß. »Danke. Schmeckt wirklich gut.«

Sie knüllte das Wachspapier in den Händen. »Warst du die ganze Zeit in Syfang?«

»Erst bei der Pestkontrollstation an der Bahn, seit Renau in die Quarantänestation versetzt wurde, bin ich dort.«

Sie gingen den Berg hinunter in die Chinesenstadt.

Um das schmale Fenster herum hingen in allen Farben lange, dünne Lampions. Manche waren mit Schriftzeichen bemalt, andere mit Bildern. Sogar ein viereckiger weißer Lampion mit deutschen Soldaten darauf baumelte an der Tür.

Die Missionarin trat vor ihm ein. Der niedrige Raum war vollgestopft mit buntem Zeug, es roch staubig und nach Leim. Links hingen viele ellenbreite Fächer aufgefaltet an der Wand, davor ruhte auf einem großen Tisch stapelweise das rosa-silberne Tempelgeld. Rechts fanden sich die Schreibwaren, chinesische Papierrollen und deutsche, schlichte Blätter in Paketen. Auch Federn und Tinte lagen auf Brettern hinter dem Händler.

»Ich lass mir alles zeigen, was er hat.« Die Missionarin drehte ihm den Rücken zu.

Einen Moment lang hätte Claas sie am liebsten umarmt, er wollte fühlen, wie schwer sie war. Bestimmt leichter als Berrit, wenn sie im Sommer auf der Wiese mit den anderen Ringelreih gedreht hatten.

Die Frau sprach Chinesisch mit dem Händler. Claas ging auch zum Tresen und suchte sich aus einem Ständer eine Postkarte. Seine Eltern warteten bestimmt schon auf die nächste, auch wenn die erst in vier Wochen in Alsen ankommen würde.

Eine mit Chinesenmädel nahm er lieber nicht, sonst dachten sie daheim sonst was. Vater hatte ihm am Kai vor der Einschiffung noch gesagt: *Jung, treib es nicht so doll, sonst bringst du dir was mit, was du nicht brauchen kannst.*

Er wählte eine Karte mit dem Diederichstein auf dem Signalberg aus.

»Das ist wirklich viel billiger hier, das spart der Mission Geld.« Die Missionarin zeigte auf den Stapel Papier auf dem Tresen, den der Händler aufbaute.

Umschläge, Tintenfässchen und eine Schachtel Stahlfedern lagen auch dabei. Er zog den Rucksack vom Rücken und hielt ihn auf. Der Händler im dunkelblauen Seidenanzug und Kappe war wahrscheinlich kahl, jedenfalls trug er keinen Zopf. Er packte mit gelben Nägeln, wie Raucher sie hatten, die Papierwaren in den Sack. Dann schulterte Claas ihn wieder.

»Schwer?«, fragte die Missionarin, die Silberdollar-Münzen auf den Tresen legte und ein paar Käsch retour nahm.

»Nein. Marschgepäck ist schlimmer.« Das war es wirklich, beim ersten Marsch aus der Stadt ins Lauschangebirge hatte er schon nach der ersten Steigung geglaubt, er ersticke unter dem ganzen Gerödel.

Claas wollte schon loslaufen, dann fiel ihm die Karte ein. Er pickte aus dem Ständer, an dem Schnüre die Karten vor dem Herausfallen hinderten, die mit dem Diederichstein heraus.

Der Händler hob drei Finger.

Claas fischte aus seiner Hosentasche neben dem Taschenmesser Käschmünzen heraus. Feilschen hatte er zu Hause auf dem Fischmarkt gelernt, das lief in Tsingtau auch nicht anders ab. Er legte einfach zwei Kupferstücke auf den Tresen und nickte einmal.

Die Missionarin wartete an der Tür. Vor der blonden Frau machte der Händler kein Geschrei und strich mit gelben Nägeln einfach die Münzen ein. Eine gespart, auch gut.

Ein Blatt Tempelgeld wurde aufgewirbelt, als die Missionarin hinausging, Claas fing es auf. »Schenke ich Ihnen.«

Ihre Lippen formten ein kleines, rosiges O. »Danke.« Sie drehte das silbrige Papier in den Händen wie einen Schatz.

Claas spürte ein Kribbeln im Unterbauch, wenn sie ihn jetzt mit diesen feinen Fingern berührt hätte ... Sie war wirklich schöner als Berrit.

Kapitel 21

Tsingtau, Albertstraße – 8. März 1911

Frau Makrat, Sie in Tsingtau?«, fragte jemand. Eine der Rikschas hielt an. Die Frau trug eine beige Wollmütze auf dem Kopf und einen Wintermantel aus Pelz. »Sind Sie vor der Pest geflohen? Wie geht es der Station?«

Diese etwas schnarrende Stimme gehörte Frau Gmelin, die mit dem Landvermesser verheiratet war. Leontine erkannte sie an der ostpreußischen Färbung ihrer Worte. Das Ehepaar spendete viel für die Mission. »Ich bin hier, um Hilfe für das Dorf zu organisieren.« Sie deutete auf den Matrosen. »Doktor Renau hat mir seinen Burschen für die Einkäufe ausgeliehen.«

»Der neue Arzt, nicht wahr, der die Sperre an der Bahn überwacht. Ich habe ihn noch nicht getroffen.« Sie berührte mit ihrem weißen Wildlederhandschuh den Kragen ihres Pelzmantels. »Aber wegen der Epidemie ist das gesamte gesellschaftliche Leben zum Stillstand gekommen. Wir sind froh, dass wir halbwegs mit Nahrungsmitteln versorgt werden. Auch wenn alles fast doppelt so teuer geworden ist. Aber was rede ich – ist Missionar Makrat auch hier? Ich habe gar nichts davon vernommen.«

Leontine hatte inzwischen aus der Hauptstation Nachricht erhalten. »Er ist im Dorf. Kindersalben für die Neugeborenen soll ich mitbringen, und alles an den üblichen Medikamenten, was ich auftreiben kann. Ich werde heute Abend mit Missionsdirektor Noll sprechen. Ich will meine Einkaufshilfe nicht zu lange warten lassen.«

»Wenn du der Bursche von Doktor Renau bist …« Die Gmelin hob das Kinn ein wenig und deutete mit dem behandschuhten Finger auf den Matrosen hinter Leontine. »Stimmt es, dass die Pest in Schantung abflaut?«

Der Bursche trat vor die hohen Speichen des Rikscharades. »Doktor Renau hat diese und letzte Woche weniger Leute zur Quarantäne eingewiesen.«

»Also doch.«

»Aber er sagt auch, dass wir noch warten müssen, ob es wirklich weniger werden.«

»Sehen Sie, Frau Makrat, wen man auch fragt, niemand weiß etwas Genaues. Mal heißt es, bei Tschifu an der Küste seien ganze Dörfer tot, mal heißt es, südlich vom heiligen Berg Taischan sei gar nichts.« Die Gmelin seufzte. »Kommen Sie doch morgen Abend zu uns zum Essen. Mein Mann interessiert sich sicher für den Fortgang des Missionswerkes in Ihrem Dorf. Solange die Abriegelung unseres Schutzgebiets nicht aufgehoben wird, bleiben Sie doch sowieso in der Stadt.«

Leontine war fest dazu entschlossen, dass sie sofort aufbrechen würde, sobald sie eine kleine Hilfslieferung zusammengebracht hatte. »Morgen Abend bin ich auf jeden Fall noch hier, ich komme gern.« Und übermorgen würde sie sich beim Gouvernement um eine Reisegenehmigung für den nächsten Sonderzug bemühen. Renau würde bestimmt ein Wort für sie einlegen. Sein Bild stand sofort vor ihren Augen, wenn sie nur an ihn dachte.

»Halb sieben, ja? Wir wohnen jetzt Bismarckstraße vier im neuen Haus. Fahr zu.«

Der Rikschafahrer zog an, sie winkte, ohne sich umzudrehen. Leontine mochte solche Abendessen mit Konversation, weil sie eine Abwechslung bedeuteten, doch mochte sie sie auch wieder nicht, weil die Gespräche bei Tisch oft um Nichtigkeiten kreisten. In Tsingtau interessierten sich viele Leute nur dafür, wer von den besseren Herrschaften wann aus dem Reich mit welchem Dampfer angereist war und wer wo in welchem Hotel abgestiegen war und schon bei wem wie oft gespeist hatte. Leontine seufzte leise. Was half das Klagen? Die Spenden der Abendgäste brauchten sie dringend für die Missionsarbeit.

Weitere Droschken überholten sie, in einer saßen Kinder mit einer Gouvernante. Ein Junge mit einem Matrosenkragen streckte ihr die Zunge heraus. Leontine zeigte ihm ihre und lachte dabei. Das hatte der Kleine wohl noch nie erlebt, sein Mündchen stand offen vor Überraschung. »Es tut so gut zu lachen.«

Ihr Rucksackträger schaute sie an und schüttelte stumm den Kopf.

Sie standen vor der Post, hinter ihr führte die Tirpitzstraße steil den Gouvernementsberg nach oben. Drei Stockwerke waren aus Ziegelstein wie bei einer der vielen neuen Kirchen in Berlin aufgeführt, die Fassade gliederten weite Balkone, weiß getünchte Mauern schlossen Bögen und Balustraden. »Warte hier, ich gebe nur einen Brief auf.«

Der Matrose ließ den Rucksack von der Schulter gleiten.

Im Schalterraum überschlug Leontine ihre Ausgaben. Wenn ihr Mann wie sonst auch einmal die Woche jemanden zur Poststation schickte, würde ihn ein Brief dort in fünf Tagen erreichen.

Drei Europäer und fünf Chinesen standen an einem der Packtische in der Mitte des Raumes. Ein Herr im schwarzen Lodenmantel machte ihr Platz. »Bitte sehr, gnädiges Fräulein.«

»Danke.« Sie nahm ihre Handtasche und stellte sie auf das helle Holz. Sah sie denn mit ihren sechsundzwanzig Jahren noch immer so jung aus, dass man sie für unverheiratet hielt? Oder hatte die lange Krankheit ihre Taille wieder schlank wie die eines Mädchens gemacht? Sie suchte nach dem Brief. Sie hatte ihn noch in Syfang mit der amtlichen Tinte, die ihr die Schwester geliehen hatte, geschrieben. Jetzt blieb ihr nur der Bleistift aus ihrer Tasche.

Unter der schwarzen Tinte war noch etwas Platz, sie setzte an. Das L war so blass in dem Bleistift, so blass wie die Anrede

Lieber Mann für Friedbert, die sie eben hatte schreiben wollen. Ein wirklich lieber, zärtlicher Mann war der Doktor, der sich so um ihre Gesundung bemüht hatte, obwohl Hunderte oder gar Tausende Menschen durch die Sperre der Bahn geschleust worden waren.

Leontine hielt inne. War es das, was ihr fehlte? Ein zärtlicher Blick, eine sanfte Berührung statt ungeschickter Hände? Einen halben Satz hatte sie ihrem Tagebuch anvertraut und dann gestrichen. Und selbst wenn sie den Gedanken verdrängte, ihr Leib fühlte die Sehnsucht nach einer innigen, leidenschaftlichen Umarmung mehr denn je. Ein Blick schien auf ihr zu ruhen, sie hörte ein Geräusch und drehte sich um wie ertappt.

Doch dort stand nur ein Chinese, der eine Schnur um ein Paket wickelte.

Leontine griff wieder zum Bleistift. Wenn sie das Leben in den Kolonien etwas gelehrt hatte, dann den Mut zur Tat. Kein Warten, kein Seufzen um verbotene Früchte. Was sollte sie ihren Friedbert mit dem anderen messen, er war nun mal ihr Mann, an dem ihr doch manches gefiel. Sie würde ihm auf die Sprünge helfen, ihrem Friedbert.

Sie betrachtete den Bleistift. Nein, kein einfaches L. Hatten Friedbert und sie denn gar keine zärtlichen Worte füreinander gefunden in den zwei Jahren? Leontine drückte den Bleistift fest auf. Manchmal, in der Nacht, da war es tatsächlich so gewesen, als gäbe es nur sie beide auf der Welt. Leontine unterdrückte ein Glucksen, als sie sich Friedberts Gesicht vorstellte, wenn er den Brief lesen würde.

Mein liebster Schnurrhahn!

Sobald ich einen Passierschein für die Missionslieferung bekom-

me, reise ich ab. Noll will mich eventuell begleiten und wegen der Epidemie eine Bestandsaufnahme machen.
Deine Liebste

Sie setzte noch ihren Namen darunter. Welche Koseform für sie ihrem Mann vielleicht heimlich in den Sinn gekommen sein mochte, hätte sie nicht erraten können. Aber sie würde ihn schon noch dazu bringen, dass er sie ihr ins Ohr flüsterte.

Der Chinese mit dem Paket ging an ihr vorbei. Die Schalter waren rechts und links unter hohen Rundbögen eingerichtet, die meisten der Sprossenfensterchen waren undurchsichtig, dahinter hörte sie Geräusche, wie von raschem Stempeln auf Papier.

»Die Säcke aus Schanghai stehen noch im Hof«, rief jemand.

»Is' jut.«

Sieh an, ein Berliner in Tsingtau.

An den Schaltern, über den in Messinglettern *Inland* stand, warteten Chinesen und zwei Europäer, die vorhin ihre Marken am Schreibpult geklebt hatten. In Tsingtau selbst galt der Inlandstarif des Reiches. Am Schalter *China und Übersee* war gerade frei.

»Eine Marke bis Ping Lu«, sagte Leontine.

»Zwei Dollar, siebzig Cent, bitte.«

»Können Sie den Brief hier am Schalter annehmen?« Sie legte den Umschlag auf das Holzbrett und entnahm ihrer Börse die Münzen.

»Selbstverständlich. Der Brief geht morgen mit dem Postzug ab.«

»Die Züge fahren wieder?«, fragte ein Mann hinter ihr. Er roch nach Öl und Meer, wahrscheinlich ein Maschinist aus dem Hafen.

Der Postbeamte griff nach ihrem Umschlag. »Ja, die Blockade wird gelockert. Ist vorhin vom Gouvernement angeschlagen worden. Hinten in der Ecke haben wir ein Brett.« Er drückte die Marke auf, graue Blütenranken fassten ein eckig ovales Feld ein, darin schwamm rot auf den Wellen die kaiserliche Jacht *Hohenzollern*. Der Beamte stempelte den Brief ab.

Leontine machte den Schalter frei. Die Bahn fuhr, sie würde aus der Kolonie wegkommen.

Draußen packte der Matrose den Rucksack. »Frau Makrat, die Absperrungen werden gelockert, steht auf dem Aushang. Der Personenverkehr ist allerdings noch unterbrochen, nur Güterverkehr ist wieder möglich.«

Sie schlug die Hände ineinander. »Das hätte ich meinem Mann noch schreiben sollen, dass die Lieferung der Mission bald das Dorf erreicht. Zu spät.«

Der Matrose hob den rechten Mundwinkel. »Machen Sie sich keine Sorgen, die Leute in den Dörfern entlang der Bahn sehen doch den Dampf der Lokomotiven. Das spricht sich rum.«

Er hatte ja recht. Sie war zu streng mit sich. Sie machte sich überhaupt zu viele Sorgen, auch wegen des Doktors. Warum sollte sie nicht ein bisschen schwärmen dürfen für einen Mann, der sie gerettet hatte – und den eigenen dafür ein bisschen zum Jagen tragen? Er mochte es schon, ihr Friedbert, wenn sie ihn umschlang, bis er keuchte wie von Sinnen. Leontines Blick wanderte über die Wolken und den blauen Himmel bis zum Burschen, der sie die ganze Zeit unverwandt betrachtete.

Sie lächelte. »Weißt du was? Jetzt lade ich dich auf ein Stück Sahnekirschtorte in die Konditorei ein. Das hast du dir verdient.« Und den kleinen Luxus würde ihr der Herr verzeihen, schließlich war sie rekonvaleszent und schon wieder einen ganzen Tag für die Mission auf den Beinen gewesen. »Sahnekirschtorte erinnert mich einfach an den Sommer zu Hause im Reich.«

Der Matrose sagte nichts, ging voraus, nur seine Ohren waren tatsächlich ein bisschen rot geworden. Das Leben war doch schön. Leontine lachte befreit in den Himmel über Deutsch-China.

Kapitel 22

Tsingtau, Hafenviertel – 31. März 1911

Als die Römer frech geworden, simserim simsim, zogen sie nach Deutschlands Norden, simserim simsim, vorne mit Trompetenschall, ritt der Generalfeldmarschall, täterätätä«, dröhnte ein halber Zug Pioniere aus der Ecke des Schanksaals. Hössling war der Letzte beim Zahlen.

»Machen wir, dass wir rauskommen, Kameraden«, flüsterte Feldenhahn und rückte aus der Bank.

Harms stupste ihn mit den Knien an seinen Oberschenkel. Claas boxte ihn mit dem Ellbogen rückwärts in den Bauch. »Nun drängel nicht so.«

»Wau, wau, wau, Schnäderängtängtäng.« Vielstimmig grölte der Saal den Kehrreim.

Claas folgte den Sanitätsmatrosen durch den Saal, die lieber einen Umweg um einen Tisch Kartenspieler herum machten. Die ersten Pioniere standen in der Ecke schon untergehakt und prosteten sich in der rauchschwangeren Luft zu. Die Pioniere suchten gern Händel, da würden ihnen vier Spritzenpiker gerade recht sein.

»Gegen einen halben Zug haben wir keine Chance«, Harms reckte auf den Stufen den Unterarm drohend zum Saal. »Mann gegen Mann könnten die Maulwürfe mal erleben, wie viel Wumms in einer Segelmacherfaust steckt.«

»Komm, rege dich nicht auf«, Hössling zog Harms am Seemannskragen weiter durch die Schwingtür.

»In dem Teutoburger Walde, huh! Wie pfiff der Wind so kalte, Raben flogen durch die Luft, und es war ein Moderduft, wie von Blut und Leichen …«, verscholl mit dem Schnarren der Angeln.

»Endlich eine Brise frische Luft.« Feldenhahn breitete die langen Arme aus, als wolle er den Vollmond am Himmel umarmen.

»Du kriegst ab Montag Brise satt und sonders in vier Wochen Schiff und Schliff, da wirst du dich nach der dicken Luft da drin sehnen.« Hössling steckte die Hände in die Taschen und machte einen Schritt auf die Gaslaterne zu. Im Chinesenviertel standen nicht so viele davon. Dann flammte schon ein Streichholz an seinem Tabakpriem auf.

»Besser als in der Kaserne beim Links-kehrt-rechts-Schwenk sich den Detz verbrennen lassen.« Der Hesse Feldenhahn spuckte in die Gosse. »Ich habe es so über. Lieber kotze ich bei Sturm über die Reling, als den Staub vom Exerzierplatz zu fressen.«

Harms blinzelte in die Gaslampe über ihnen. »Kameraden, was machen wir jetzt?«

»In Reicherts Keller sitzen meistens die Kerls vom Nachschub, die sind Landratten wie wir.« Claas hatte die letzte Prügelei von Mannschaften gereicht. Um ein Haar hätte er sich einen Arrest eingehandelt. Nur weil Hössling so schlau war, sich durch die Küche davonzumachen, hatten die Feldjäger sie nicht erwischt. Das Strafexerzieren hatte sie alle getroffen.

»Tsingtau ist nicht größer als mein Kiez in Altona, aber langweiliger.« Harms' weiße Zähne blitzten auf.

»Sogar zwei Automobile hintereinander.« Claas wandte den Kopf und beschleunigte seinen Schritt.

»Die stinken zwar auch, aber anders als Pferde. Ich habe auch schon mal überlegt, ob ich nach der Marine Chauffeur werden soll. Aber den ganzen Tag feine Herrschaften herumkutschieren, Tür auf, Tür zu, und immerzu buckeln, das ist nicht meins.« Harms spuckte auf den Gehweg.

»Gegessen haben wir doch schon.« Feldenhahn ließ den Blick durch die Straße schweifen. Die Geschäfte hatten längst geschlossen. Nur vor zwei teuren Speiselokalen hielten noch Rikschas.

»Nach dem Essen sollst du rauchen oder eine Frau gebrauchen.« Feldenhahn drückte die Zunge innen gegen seine Wange.

Hössling lachte und zeigte den glühenden Pfriem. »Heute reicht's nur dafür.« Finger und Daumen zum Ring geformt, rieb er in der Luft auf und ab. »Dreißig Tage sind zu viel für einen Monat.«

»Was ist mit dir? Kommst du mit?« Harms klopfte mit seiner rechten Faust in seine linke Handfläche. »Zu dritt lohnt sich eine Rikscha.«

Feldenhahn packte die linke Hand in den Schritt. »Ein wenig Ausritt tät dem Großen gut.« Er zog beim Lachen den rechten Mundwinkel hoch. Dann fuhr er in seine Hosentasche und zählte die Münzen unter dem Laternenlicht. »Oje. Geht mal allein, sonst fress ich die ganze Woche nur Kasernenfutter.«

»Reicht's noch für ein Bier beim Paule?« Hössling lehnte den Kopf in den Nacken und paffte einen Rauchkringel über seinen Kopf. Feldenhahn nickte. »Eins ist noch drin.« Er steckte die Münzen weg.

»Und du?« Harms hatte die Daumen im Blauzeug eingehakt. Sein blonder Scheitel glänzte im Gaslicht.

Claas wusste, dass Harms wie die andern wusste, dass er genug Geld dabeihatte, weil er immer genug mitnahm. Claas tastete nach den Münzen in seiner Hosentasche. Renau hatte ihm eingeschärft, wenn es denn schon sein müsse, dann der Gesundheit wegen in die kontrollierten Häuser zu gehen. Das, wo Harms hinwollte, war bestimmt keins.

Claas sah seine Stiefelspitzen im dunklen Straßenkies.

Hössling leckte am Tabakpriem, und Feldenhahn kniete, weil er sich den Stiefel schnürte. »Was ist?« Harms legte den Kopf schief.

Er würde sich nie allein in ein kontrolliertes Haus trauen. Dreimal war er beinahe dort an der Tür gewesen, und jedes Mal hatte ihn ein gestandener Unteroffizier überholt und seinen Gruß nicht einmal beachtet. »Klar komme ich mit«, sagte er mit rauer Stimme. Claas wusste nicht recht, wohin mit den Armen, und verschränkte sie hinter seinem Rücken.

Ein Pfiff gellte, Feldenhahn hob den langen Arm und winkte mit der Hand.

»Du kannst ja pfeifen.« Claas hörte seine Stimme wie von einem andern gesprochen.

»Das ist das Einzige, was die Lehrlinge noch hören, wenn die Kammgarnmaschinen rattern.« Feldenhahn kam wieder hoch.

»Eure Equipage, die Herren. Grüßen Sie mir die Damen.« Hössling machte einen Kratzfuß. »Die Mannschaft läuft.«

Feldenhahn tippte sich noch an die Stirn, dann gingen die Kameraden davon.

Harms zeigte dem Kuli ein V mit den Fingern und zwei Käschmünzen, mit dem Arm deutete er Richtung Hafenviertel. »Schnell, schnell Jaguar-Straße.«

Als Antwort griff der Kuli schon zur Zugstange. Harms stieg ein. Claas setzte den Fuß auf den Tritt und hätte es beinahe nicht geschafft, so hoch schien ihm diese Rikscha. Er drückte das Knie durch und fiel ins Polster neben Harms. Die Sitze waren sogar fest und nicht durchgehockt wie sonst.

Der Chinese lief los. Claas spürte Harms' warmes Bein an seinem. In der kühlen Märznacht überlief es ihn. Die Rikscha rollte den Hügel hinunter.

»Bei Tage könntest du jetzt von hier die Aufbauten der *Scharnhorst* sehen. Wir liegen an der Mole eins. Kommst du wirklich auf mein Schiff?«

»Renau hat gesagt, dass wir beim jährlichen Großmanöver aus der Kaserne müssen. Er hat sichs wohl aussuchen können und mich gefragt, auf welches ich wolle.«

An der Ziegelei kam ihnen ein Militärwagen entgegen. Claas wollte schon den Arm zum Gruße heben, aber Harms' kräftige Finger hielten seinen Ellbogen fest. »Im Dunkeln sieht man das gar nicht. Wir katzbuckeln schon genug.«

Harms stellte das linke Bein vor sich auf ein Querbrett. »Dann wird dein Traum von der großen Fahrt auf dem Meer ja bald wahr. Freust du dich?« Harms zog die Augenbrauen zusammen. »Der große Kasten da vorn ist doch das Faberhospital. Läuft der jetzt einen Umweg?«

Claas war alle Straßen in Tsingtau abgelaufen, allein und mit Kameraden. Harms' Orientierungssinn war nicht der beste.

»Das wäre das erste Mal, dass Kulis freiwillig länger laufen! Gleich links kommen die Industriebahngleise.«

»Du kennst dich ja aus.« Harms schenkte ihm eines seiner schiefen Lächeln. Claas wusste oft nicht, ob er seiner spottete. Claas sagte lieber nichts. Er hatte kalte Finger. Harms reckte das Kinn und beugte sich über den Wagenrand.

Die Rikscha wurde langsam, die Räder rumpelten über die Bahnschienen, in die Jaguar-Straße, wo die verrufenen Mattenhäuser hinter Lagerschuppen standen.

Sie wurden nicht weggeräumt, obwohl sie gar keine richtigen Häuser waren. Auch wenn die geflochtenen Matten manchmal von den Chinesen mit Lehm beworfen wurden und am Tage von Weitem wie verputzt aussahen, eigentlich waren es eher Zelte. Sogar mit Bambusstangen gestützte zweistöckige Mattenhäuser gab es. Claas hatte sie sich bei Tage von außen angesehen, wenn kaum ein Mensch zwischen den niedrigen Fabriken der Denglereien, Drahtzieher und Blechlöter umherlief.

»Halt.« Harms sprang schon aus dem Sitz auf die Straße. Er drückte dem Kuli zwei Käsch in die Hand. Der steckte sie wortlos in seine Cattunhose und wendete die Rikscha. Claas sah noch den Zopf in der Luft schwingen. »Hier, meinen Anteil.«

Harms lachte. »Die Münze kannst du behalten. Aber gleich zahlst du allein.« Er legte ihm den Arm um die Schultern und tockte ihm mit der Stirn an den Kopf. »Es wird Zeit, dass du zum Manne befördert wirst.«

Alsen war halt nicht Altona.

Harms ließ seinen Arm von seiner Schulter gleiten. »Da lang.«

Claas spürte, wie es sich in seinem Bauch zusammenzog.

Die Straße war ziemlich dunkel, nur hie und da sah er schwaches Licht einer Petroleumlampe über einer Tür. In einem Hof hinter einem weit offenen Tor in Lehmmauern loderte eine Teerfackel. Drei oder vier Männer standen dort im Halblicht. Claas erkannte die Uniformen und schlichte Kattun-Hosen.

Harms hielt ihn an der Hand fest. »Warten wir, ob die sich einig werden. Wenn nicht, können wir sie fragen, was ist.«

Aber da sahen sie schon, wie die Unteroffiziere vor ihnen hinter den Matten verschwanden.

»Komm«, Harms' Stimme war dunkel.

Der Chinese war kaum älter als sie selbst, nur viel kleiner, er reichte Claas gerade mal bis zum Kinn. Seine rechte Ohrmuschel war geschlitzt. Der Chinese grinste nicht wie die Kaufleute in den Gewürzläden. Er ließ seinen Blick kalt über sie gleiten. Dann hob er die Nase. »Kleiner oder großer Besuch?«

Harms warf ihm einen Blick zu. »Wenn schon, dann richtig.«

Wenn er nur wüsste, was das genau war. Geprahle kannte er von der Überfahrt genug, aber seine Cousinen waren sittsam gewesen. Jedenfalls wohl mehr als bei den andern. Claas schluckte, Harms wandte sich dem Chinesen zu. »Großer Besuch.«

»Zu zweit oder jeder allein?« Der Chinese schaute zum Tor, aber dort rollte nur ein Wagen vorbei. Claas hörte die Pferdehufe überdeutlich.

»Jeder allein.«

»Zwei Silberdollar für einen Besuch.«

»Alles Halsabschneider.« Harms winkte mit dem Zeigefinger ab. »Hier ist nicht die Stadt.«

Jetzt zog der Chinese den Mund breit und zeigte eine Reihe

Zähne, der vordere Schneidezahn stand etwas schief. »Einer und fünfzig Käsch.«

»Zehn Käsch.«

Der Chinese nickte und wandte sich zur Matte in der Lehmwand. Harms berührte ihn am Ellbogen. »Habt ihr auch Hasen?«

»Für einen Mann drei Silberdollar.« Der Chinese sprach halb über die Schulter. Claas hatte seinen Vater oft begleitet, wenn der mit den anderen Fischern in Flensburg in der Judenstraße um Ölzeug schachern gegangen war. Da gab es auch für alles und jedes seltsame Worte.

»Zwei Dollar und fünfzig Käsch.« Harms steckte die Hände in die Tasche und zog schon die Münzen raus.

Der Chinese machte einfach die Hand auf.

»Wie viel macht es denn jetzt?«, fragte Claas.

»Für dich einen Silberdollar fünfzig Käsch. Zahl schon. Da kommen schon die Nächsten.«

Claas drückte dem Chinesen die Münzen in die linke Hand, der Chinese hielt ihnen die Matte weg und rief ein paar Silben ins Dunkle, die er nicht verstand.

Drinnen roch es nach Räucherstäbchen, aber auch ein bisschen feuchtmuffig nach Erde. Von Bambusstangen hingen chinesische Lampen, die mit ihrem roten Papier einen trüben Schein verbreiteten. Claas' Augen gewöhnten sich ans Licht.

Aus einem Winkel trat eine alte Chinesin, die eine Art Mantel trug. Sie winkte mit einer Hand zu einer Ecke, Claas war sich nicht sicher, ob er lange Fingernägel gesehen hatte. Dahinter zweigte ein langer Gang ab, alle drei, vier Meter hingen Flechtmatten vor Holzplankenwänden. Unter fast allen leuchtete schwaches Licht.

Harms machte mit Ring- und kleinem Finger ein V und

deutete auf sich, dann streckte er nur den Zeigefinger und zeigte auf ihn. Das waren wohl die zwei und ein Silberdollar.

Der Mantel der Alten schleifte über den sandigen Boden.

Hinter den Matten hörte Claas eine Frau lachen, hinter der nächsten klatschte es seltsam wie mit einem Ledergürtel, irgendwo hörte er ein Grunzen.

Die Alte hielt eine Matte zur Seite und zeigte auf Harms, der schlüpfte darunter durch. Noch drei Schritt, und der nächste Vorhang wurde weggehoben. Claas ballte die Hand und trat auf das Windlicht in dem Gelass zu. Hinter ihm fiel die Matte.

Er blieb einfach stehen, musste fast den Kopf einziehen, so niedrig war die Decke gehängt. An groben Holzbrettern wie in einem Koben klemmten Bastmatten. Vor ihm war quer ein schmales Hochbett eingebaut, auf dem in der Ecke ein Mädchen mit angezogenen Beinen in einem Umhang kauerte. Sie war nicht älter als er, in den langen schwarzen Haaren trug sie keinen Kamm. Ihre kleine weiße Hand lag unter dem Kinn und hielt den Umhang zusammen. Ihre dunklen Augen sahen ihn an. Sie lächelte nicht, sondern blieb ruhig sitzen.

»Guten Abend«, sagte Claas und kam sich sofort lächerlich vor.

»Ma ta«, sagte das Mädchen.

Claas wusste nicht recht. Er hockte sich auf die Bettkante. Jetzt sah er einen Fuß des Mädchens, klein und weiß, aber nicht verkrüppelt. Sie sah, dass er ihre Zehen betrachtete, und streckte sie ein wenig weiter vor.

Die Zehen seiner Schwestern waren kräftiger gewesen und nicht so weiß, aber vielleicht täuschte das Licht. Claas streckte die Finger aus und zögerte, aber dann strich er doch über die feine Haut. Sie war kühl und ein wenig feucht. Der Knöchel so klein, sie streckte ihm das Bein entgegen. Die Wade war weich und doch fest, Claas spürte sein Herz schlagen, er hatte noch nie ein Mädchen so berührt, ihm wurde heiß, sein Unterleib regte sich. Sie würde es sehen, in den weiten Matrosenhosen sah man es doch …

Das Mädchen zog die Knie an und richtete sich auf, sie legte ihm die Hände auf die Schultern, der Umhang fiel auseinander. Sie war schmal wie ein Kind, hatte Brüste, die seine Hände ganz bergen könnten. Claas fasste sie an ihrem Leib, sah am Nabel hinab, sah ihr dunkles Nest. Er strich über ihren Bauch, die Erregung erfasste ihn, diese warme Haut, diese kleinen Schultern.

Sie zog an seiner Matrosenjacke, er streifte sie über den Kopf. Schon rieb sie ihre Finger über seine Brust, umkreiste seine Brustwarzen. Claas rang um Luft. Sie legte sich zurück auf das Bett, rutschte auf ihn zu und spreizte die Beine. Er schaute sie nur an, den Pelz, die Hüften.

Sie beugte sich hoch, griff ihm in den Schritt. Ein Stöhnen entfuhr ihm. Der Puls dröhnte in seinem Kopf und löschte die Gedanken. Er kniete sich auf das Bett, löste den Gürtel, knüpfte auf und schob sich die Hose mit dem Unterzeug in die Kniekehlen.

Sie zog ihn am Hals auf sich. Er roch sie, ein wenig süßlichen Schweiß, ein Rest Duftwasser, oder war es seine Seife. Er spürte einen Hüftknochen in seiner Leiste, dann wand sie sich unter ihm und zerrte mit harten Fingern an seinem Schaft.

Claas vergrub sein Gesicht an ihrem Hals, er roch ihr Haar. Sie führte ihn, die Finger glitten weg, doch umschloss sie ihn jetzt anders, heiß, eng.

Eine Welle durchlief ihn von den Lenden bis zum Nacken,

er stieß zu, wieder, keuchte. Sie drehte den Kopf weg, ihre Haare glitten über sein Gesicht.

Er stöhnte auf und holte Luft, hinter den Matten hallte es wider, das Mädchen griff seinen Hintern, drückte ihn in sich. Hinter der Wand, der raue Schrei, das war Harms, der da lustvoll und laut stöhnte! Harms … Sein Unterleib zuckte von selbst, er krallte sich in die Schultern unter ihm, er ergoss sich.

Das Mädchen zerrte an seinen Händen. »Nei Fuan!« Er tat ihr weh. Claas berührte die roten Stellen auf der weißen Schulter mit seinen Lippen.

Sie schob ihn von sich, er richtete sich in der Hocke auf und besah sein vom Samen feuchtes Glied.

Das Mädchen legte schon den Umhang vor ihre Brüste, zog die Füße an und ließ den Kopf auf die Knie sinken. Die Haare verdeckten ihr Gesicht.

Claas wischte sich mit dem Taschentuch trocken. Er zog den Hosenbund auf die Hüften und die Matrosenjacke wieder über. Noch immer klopfte sein Puls in seinem Kopf. »Danke«, sagte er. Doch das Mädchen regte sich nicht.

Die Matte am Verschlag war erdig, im Gang war niemand. Er hörte schweres Schnaufen, blieb stehen, ging weiter, an der Alten vorbei, die nur kurz aufsah.

In der Luft draußen roch er das Meer. Der chinesische Kuppler handelte gerade mit einem großen Infanteristen, der mit den Fingern Zahlzeichen machte. Claas folgte der Brise bis zu einer Lehmmauer unweit der Fackeln neben dem Eingang.

In seinen Handkuhlen spürte er noch immer die warmen Brüste.

Die Matte am Haus bewegte sich. Harms trat heraus und suchte ihn. »Da steckst du!«

Claas war froh, dass Harms nichts weiter fragte, sondern an die Mauer trat, wo über ihnen Geäst über die Kante ragte.

Harms holte ein kleines Päckchen aus der Hosentasche und faltete ein Stück grünen gewachsten Stoff auseinander.

»Molton?« Dann roch Claas schon die Höllensteinlösung.

»Glaubst du, ich will mir was wegholen?« Harms ließ die Hosen auf die Knie herunter, wischte sich sein Glied ab, die große Eichel. »Den Schlitz an der Spitze musst du ganz gründlich ausreiben.« Harms warf sein Baumwolltuch an die Mauer.

Er hielt ihm das Päckchen hin. »Das zweite ist für dich, Claas.«

»Woher hast du das Zeug?« Man durfte das Verbandsmaterial nicht mitnehmen.

»Egal. Das machen doch alle so. Nimm schon.«

Claas knöpfte den Schritt auf und wischte sich ab. »Das brennt ja.« Er atmete zischend aus.

Harms sah ihm zu. »Das nächste Mal besorgst du das Zeug. Du sitzt bei Renau doch an der Quelle.«

Das nächste Mal … Claas warf das Tuch vor die Mauer, zog die Hose hoch, wie Harms jetzt auch.

»Siehste, jetzt lachst du. Los, Kamerad. Suchen wir uns eine Rikscha.«

Kapitel 23

Tsingtau, Prinz-Heinrich-Hotel – 13. April 1911

Die Musik drang bis zum langen Büfett, das an den vier Wänden hier im Nebensaal aufgebaut war, die langen Portieren dämpften den Trubel, den sie von drüben im Ballsaal des Hotels hörten. Renau lockerte sich die schwarze Fliege über dem weißen Hemdkragen. »Was ein Glück, dass der Gouverneur hierher geladen hat und nicht in seine Residenz. Ich habe meine goldenen Epauletten zum Nähen gegeben.« Renau war froh, dass sie im Tagesanzug mit dem bis kurz über den Gürtel reichenden Jackett standen, das sogar offen getragen wurde. »Bin ich doch tatsächlich mit den goldenen Tressen der Schulterstücke am Schnapper des Koffers hängen geblieben, in dem ich sie aufbewahre. In der Residenz hätte man ›Große Gala-Uniform‹ befohlen.«

Schmied ging vor ihm einen Schritt weiter. »Du brauchst einen chinesischen Boy für die Hausarbeit, sag ich dir schon lange. Was gibst du dich mit solcher Weiberarbeit ab.« Schmied rückte wieder etwas in der Schlange am Büfett auf. »Dass unser Gouverneur hierher einlädt, verdanken wir nur der Tanzwut der Damen, glaube mir.« Schmied schwitzte, die Tropfen aus seiner Stirn schienen ihn aber nicht weiter zu stören.

Am Getränketisch stellte sich Renau eng hinter Schmied. Durch die Flügeltüren zum Ballsaal strömte die Tsingtauer Gesellschaft. Kaufleute, Offiziere und auch Ehefrauen in bodenlangen, meist weißen Kleidern, die ihre Gatten vor dem Büfett suchten. »Du hast wohl schon einige Runden hinter dir?«

»Habe ich tatsächlich, dabei tanze ich höchst ungern. Aber anders bekommst du in Tsingtau keine Wohnung.«

Die Tüllvolants der Damen wogten drüben vor den Türen. Es wurde gewinkt und gelacht. »Ich verstehe nicht.«

Schmied zwinkerte. »Tu nicht so, als ob du nichts von der Macht der Frauen wüsstest. Das Leben in Tsingtau ist teuer. Wenn man sich nicht kümmert, geht der ganze Sold drauf. Wer, glaubst du, entscheidet über den Untermieter in den großen Häusern, wenn ein Stockwerk frei wird, weil die Kinder ein Jahr zurück ins Reich zur Großmutter fahren. Doch nicht die Ehemänner, pah!«

»Willst du umziehen?« Während des ganzen Pesteinsatzes hatten sie sich nur bei den Lagebesprechungen gesehen, und da hatten sie wahrlich anderes im Sinn gehabt.

»Ich? Nein. Du wolltest doch umziehen. – Das ist Rheinweinschorle«, er reichte ihm ein Glas vom Tischaufsatz herunter. »Ich habe mit den Tänzen nur meine Schulden abgearbeitet. Meine Vermieterin, Frau Berchinger, dann die Frau Marinerichter Scharnfeld, die mir den Koch besorgt hat, die Frau Hafenamtsmeister Kühn, die … na ja.« Schmied hüstelte, weil er merkte, wie dem Infanteristen vor ihnen die Ohren lang wurden.

Renau kostete die Schorle. »Genau das Richtige bei der Hitze.«

»Dabei wirbt das Hotel mit seiner Vakuum-Anlage, die das Raumklima stabilisieren soll. Ich merke nichts davon.« Schmied hob den linken Zeigefinger. »Horch, das Orchester spielt Polka.«

»Gefällt dir nicht, was die Oberhoboisten aufspielen?«, fragte Renau.

»Seit zwei Jahren heißen die Musikmeister, meine Herren«,

warf ihnen der Garnisonsbauwart mit Kummer in der Stimme zu, der vor ihnen ein kleines Tablett mit sechs Gläsern Wein vollstellte und dann quer durch den Raum zu zwei Paaren und seiner Gattin wegtrug.

»Der tanzt wohl auch nicht gern, was?« Schmied stellte das Glas Schorle weg, das ein chinesischer Kellner des Hotels sofort wegräumte. Er griff sich ein neues.

Die Gattin Garnisonsbauwart fächerte sich an der anderen Saalseite mit rosa Papageienfedern Luft zu, die exakt zur Farbe des Kleides passten. Renau kippte den Kopf so, dass sein Ohr die Richtung andeutete. »Extravagant.«

»Du solltest sie mal an Silvester sehen. Grandios. Wie Paris, Folies Bergère, du verstehst.«

Im Ballsaal wechselte das Musikkorps den Rhythmus.

»One-step.« Schmied hielt das Glas über seine Schulter und wiegte zweimal in den Hüften.

»Für einen, der Tanzen nicht mag, kennst du dich aber aus.« Renau hob die rechte Augenbraue und schloss das linke Auge. Schmied hatte ihn verkohlt. Der wollte als Offizier seine Tanzleidenschaft wohl nicht zugeben.

»Die Frauen sind schuld. Meine Cäcilie ist total versessen darauf, mit mir das Tanzbein zu schwingen.« Er summte ein paar Silben im Takt.

Renau hörte nur dip-dip-dap heraus. »Dorothea geht Gott sei Dank lieber ins Cabaret.« Dafür hatte sie eine richtige Leidenschaft. Er würde ihr schreiben. Endlich ausführlich, schon morgen.

Schmied reichte ihm noch ein Glas. »Nimm einen Sekt, dann geht es leichter. Tanz dich erst ein, dann tanze mal mit der Kusserow.«

»Die ist hier?« Ihr gehörte das Strandhotel, in dem er noch wohnte.

»Wo Offiziere«, Schmieds Augen verengten sich für einen Moment. »Wo Offiziere für einen Tanz zu haben sind, ist die Dame nicht weit. Auch wenn der Ball hier bei der Konkurrenz stattfindet. Frage sie mal nach einem besseren Zimmer«, sagte Schmied.

»Man könnte meinen, du nutzt die Damenwelt zu deinem Vorteil aus.«

»Ich meine ja nur.« Schmied prostete ihm mit dem Sektglas zu. »Seien wir froh, dass wir hier auf dem Ball einmal halbe-halbe Damen-Herren sehen dürfen.«

Sie stellten die Gläser weg. Schmied spitzte die Ohren. »Langsamer Walzer, dann spielen sie danach gleich südamerikanisch, die Rumba habe ich der Kusserow versprochen. Komm mit, sie hält bestimmt Hof im Damensalon.«

Die Flügeltüren schwangen, beinahe hätte Renau dem Marinerichter auf den Fuß getreten. »Verzeihung.«

Schmied ging am Ballsaal vorbei bis zum Salon. Die Geräusche wurden vom blauen Samt der Fauteuils gedämpft. Dennoch zwitscherten die Damen und ihre Herrenbegleitung fröhlich durcheinander. Es roch nach Kaffee. Elektrisch erleuchtete Kristalllüster sprühten funkelndes Licht, das alle belebte.

Schmied verbarg kaum den Schalk, so glänzten seine Augen. »Lass uns zuhören, der Frauenverein Tsingtau ist fast vollständig versammelt. Die Kusserow ist für jeden Spaß zu haben.« Er schlenderte in die Nähe einer der vielen Sesselgruppen, die man um runde Tische arrangiert hatte.

Renau spürte den Sekt im Blut. Warum nicht mal lustig sein und die Plackerei in der Quarantäne endlich vergessen.

Die Damen waren in heftiger Diskussion verstrickt. Keine trug einen Hut, dafür hielten sie die Tassen vorsichtig weg von sich und den mit weißen Spitzen verzierten Ballroben.

»Wir lesen die *Tsingtauer Neuesten Nachrichten* und die englische Presse, die *China Daily* aus Schanghai«, sagte eine groß gewachsene Dame.

Schmied beugte sich zu seinem Ohr und flüsterte: »Die Hillebrook ist so alt wie wir und Mutter von drei Töchtern, die sie bei den katholischen Schwestern zu jungen Damen erziehen lässt. Noch keine zwei Saisons in Tsingtau, weiß aber alles besser.«

Die Körting hatte ein blassrotes Revers und passende Schleifen auf dem Dekolleté. Eine Dünne nickte kurzsichtig. »Oh, Ihr Fächer, entschuldigen Sie, Frau Hillebrook.«

»Ich hätte ihn nicht in den Weg legen sollen.«

»Eine Tasse Kaffee reicht für mein Herz bei dieser Hitze.«

Schmied legte ihm die Hand auf die Schulter und flüsterte wieder: »Die Hillebrook sollte sich nicht so einschnüren. Wenn sie keine solche Korsage tragen würde, fiele sie nicht von einer Ohnmacht in die andere.«

»Nein? Mir einen Kaffee«, sagte die Dünne.

Der Kellner nickte, machte eine Stirnfalte. »No Kuchen, Madame?«

»Apfel.«

Der Kuchenwagen rollte heran. Der Diener servierte.

»Ich bewundere Sie immer wieder, Frau Kusserow, wie Sie in Ihrem Hotel mit Ihrem Personal umspringen. Ein, zwei Worte – und alles klappt.«

Die Rahlweg kannte Renau vom Tennisclub. Sie ließ den Kopf hängen, er sah die Stoffrose auf dem Kleide wackeln. »Ich brauche ewig, meinem Koch klarzumachen, dass er Rinderbraten mit Klößen und nicht Schweinsbraten mit Kartoffeln kochen soll. Das ist jetzt der Siebte in vier Jahren. Wenigstens kocht er passabel. Ich werde ihn behalten, obwohl er betrügt wie alle anderen davor. Wie machen Sie es denn mit dem Squeeze?«

Der Diener reichte auch ihr ein Stück Apfelkuchen und mehr Kaffee.

»Aber trinken Sie doch erst mal, Frau Kusserow, wir wollen Ihnen doch Ihre Pause gönnen. Sie ist eine unermüdliche Tänzerin.«

Die Rahlweg hatte sich zur Körting gebeugt, die sofort losschnatterte. »Dieses Squeeze ist eine schreckliche Unsitte, aber gut, wir sind nun mal in den Kolonien, aber unmoralisch ist es trotzdem. Jeder Koch, jeder Diener, jedes Hausmädchen, jeder, der für uns auf dem Markt Nahrungsmittel besorgt, schachert um den Preis mit seinesgleichen. Dann schreibt der Chinese schamlos einen höheren Betrag auf die Rechnung für den deutschen Hausherrn und behält einfach den Rest. Im Reich würde man alle wegen Betrugs verhaften.«

Die Kusserow stach schnell einen zweiten Bissen Apfelkuchen ab, sichtlich froh, dass sie nicht antworten musste. Renau betrachtete sie, die Damen nahmen keine Notiz von ihnen.

Die Hillebrook lehnte sich zurück und hob die Nase, ließ das Lorgnon an der Kette auf die Brust fallen.

»Ich will nicht, dass mein Boy squeezt, es verstößt gegen die christliche Moral. Ich habe meinem Bäcker ein Heft gegeben und ihn geheißen, die Preise für mich hineinzuschreiben. ›Can do‹, hat er mir mit einer Verbeugung geantwortet. Und wenn jetzt der Boy vom Einkauf zurückkommt, muss er mir das Heft zeigen. You know, so gibt es keinen Squeeze mehr, nicht wahr, Frau Kusserow?«

Die lächelte nur.

Schmied drehte sich weg und hielt sich die Hand auf den Mund, mit der andern klopfte er auf seine Hose. »Die dumme Gans hat keine Ahnung. Der Ladenbesitzer hat sicher nur einfach seine Preise erhöht und von sich aus dem Diener einen Cumshaw gegeben. Lieber gibt der Chinese seinem Landsmann ein bisschen Trinkgeld, statt eine reiche Europäerin als Kundin zu verlieren.«

»Dann müsste ich ja eine Menge Heftchen verteilen, bei meinen vielen Lieferanten.«

Das war die laute Stimme der Kusserow. Renau drehte sich mit Schmied unauffällig halb um, sie taten so, als ob sie nach dem Diener mit dem Kaffeetablett Ausschau hielten.

»Ja, wie machen Sie es denn?« Die Dünne hob das Näschen.

»Ich bezahle einen Diener dafür, dass er mir die wahren Preise herausfindet. Seit Tsingtau mehr als nur eine Ansammlung von Baustellen und leeren Grundstücken zwischen Kasernen bezeichnet, sondern sich zu unserer sauberen kleinen Stadt mit Kaufleuten und Badegästen ausgewachsen hat, haben sich auch bei den Chinesen die Preise eingespielt.«

Renau stieß Schmied mit dem Ellbogen in die Seite. »Die Kusserow legt bestimmt die Marge, die das Personal squeezt, auf die Gäste um. Die erspart sich den ganzen Ärger um das Geld und verbessert lieber die Manieren der Diener und Kellner.«

»Da kannst du recht haben.« Schmied schob die Zunge in die Backe, dass die sich auswölbte. Renau würde sich nicht wundern, wenn Schmied noch spätnachts nach dem Schnaps mit einem Abenteuer im Direktorinnengemach rausrückte.

Die Damen lachten, eine hob den Kopf und erspähte sie.

»Herr Oberstabsarzt Schmied, wen enthalten Sie uns da vor?«, rief die Frau Kreisbaumeister mit sonorer Altstimme.

»Nun bist du dran, mein Lieber.« Schmied drehte den Kopf erst in die andere Richtung wie ein schlechter Schauspieler. »Ach, Frau Grosse.« Er zog ihn zur Sesselrunde. »Darf ich vorstellen. Marinestabsarzt Renau.«

Renau verbeugte sich und nickte den Damen der Reihe nach zu.

»Er logiert bei mir.« In der Stimme der Kusserow lag ein Hauch Stolz.

Die Hillebrook beugte sich vom Tisch weg und musterte ihn mit dem Lorgnon.

»Er ist etwas verschlossen, aber ein guter Tänzer. Nicht wahr, Heinrich?« Schmied blickte ihn nicht an.

Renau rammte seinen linken Absatz auf Schmieds Fußspann. »Er übertreibt maßlos.«

»Doktor Schmied? Nein, bestimmt nicht.« Die Kusserow wischte einen Krümel Kuchen von ihren Lippen.

»Er beweist es Ihnen gern, meine Damen, ich kenne meinen Kameraden.« Schmied schaute in die Runde.

Renau verlagerte noch mehr Gewicht auf Schmieds Fuß. Es blieb ihm nichts über, wenn er nicht grob unhöflich sein wollte. »Die Damen werden verstehen, wenn ich zuerst Frau Kusserow um einen Tanz bitte, in deren Hotel ich so überaus wohlversorgt wohne.«

»Gern! Aber darf ich Sie noch ein wenig vertrösten? Wir haben uns eben erst zur Pause gesetzt. Sagen wir, den nächsten Walzer?«

Renau verneigte sich, ließ Schmied nicht weg. Dann erst hob er den Fuß.

Schmied holte tief Luft und ließ ein langes A hören. »Wir versorgen uns noch mit einem Kaffee.« Er grüßte militärisch.

Außer Hörweite, knuffte Renau ihn. »Du willst mich wohl blamieren.«

»Du wirst dich noch bei mir bedanken.« Schmied zog ihn durch den Flur zum Rauchsalon.

Dort standen hinter den lederbezogenen Türen die Männer schweigend und still. Im ersten Augenblick glaubte Renau, sie hätten Haltung angenommen, doch sie hörten nur zu. In der Mitte unter dem Kronleuchter stand der Adjutant des Gouverneurs mit dem rotblonden Bart. Er legte die Hände gerade ineinander. »... bittet Sie der Gouverneur, alle in einer Viertelstunde in den Ballsaal zu kommen.«

»Ist der beschwipst?«

»Jedenfalls klingt und grinst der so.« Schmied machte sofort kehrt. »Lass uns schnell am Büfett noch ein Glas holen, bevor alle auf den Gedanken kommen.«

Renau stolperte gegen Schmieds breiten Rücken. »Entschuldige. Eine Festansprache war wohl nach dem Ende der Pestmaßnahmen nicht zu vermeiden.«

»Ach, Truppel ist kein Quatschkopp, der kommt aus Bremen. Du wirst deinen Tanz nicht verpassen, mach dir keine Hoffnungen.«

Das Büfett im Nebensaal war aber schon von den Kaufleuten belagert. Renau sah Kapahnkes schlanke Gestalt im feinen englischen Cut. Er gehörte wohl zu den Zivilisten, die Wert darauf legten, dass sie keine Uniform trugen. Renau entdeckte sogar eine Perle à la française, die auf dessen Halstuch blitzte. »Dann sichern wir uns eben einen guten Platz.«

Schmied seufzte und folgte in den Ballsaal.

Die Wände waren mannshoch mit Holz vertäfelt, darüber

weiß gestrichen. Die Ecken des Saales rundeten sich im neuesten Stil. Die Bühne überwölbte ein dreimal gestaffelter großer Rundbogen, in dessen Ecken im weißen Stuck große Rosen blühten.

»Vorne links unter den Fenstern zur Strandseite sind noch freie Stühle, komm.«

Einmal mehr bewunderte Renau die Wendigkeit seines dicken Kameraden. Den Rangzeichen nach saßen dort Marineinfanterie vom III. Seebataillon mit ihren Frauen. Er kannte die Leute nicht.

Das Bekanntmachen blieb ihnen erspart, denn die Türen des Saals wurden aufgestoßen.

»Der Gouverneur mit Gattin«, sagte ein Feldwebel.

Man erhob sich. Renau nutzte das, stellte den Stuhl ein wenig weiter weg.

Der Gouverneur trat vor die Mittelbühne und stellte den rechten Fuß etwas vor. Die Rangabzeichen glänzten golden an seinem Jackett. Er legte die Hände ineinander und wartete, bis Ruhe eingekehrt war.

»Offiziere des III. Seebataillons, meine Damen, meine Herren, ich möchte Ihnen danken, dass Sie so zahlreich meiner Einladung gefolgt sind. Von den Schwierigkeiten des Abwehrkampfes möchte ich nun nicht mehr sprechen, die Militärposten sind wieder in die Kasernen eingerückt, die Chinesen der dörflichen Pestwehren kümmern sich wieder um ihre Felder, die letzten Internierten haben die Quarantänestationen verlassen. Militär und Medizin arbeiteten Hand in Hand, vor der Bedrohung durch die Epidemie kannten alle nur ein Ziel«, der Gouverneur breitete die Arme aus, »das Leben der Menschen in der Kolonie zu bewahren. Mit Gottes Hilfe ist es der vereinten Anstrengung von Marine, Verwaltung und Zivilpersonen gelungen, die Lungenpest von unserem Schutzgebiet abzuwenden, die seit Januar von Norden ausgehend nach Süden vordrang. Während die Mandschurei vierzigtausend Seelen verlor, in Schantung dreitausend starben, verlor das Schutzgebiet keine einzige Seele!«

Beifall brandete auf. Renau klatschte, Schmieds Lächeln war verschwunden, die hitzige Röte in seinem Gesicht nicht.

»Ein Hoch auf Gouverneur Truppel«, rief jemand hinten im Saal.

Renau drehte sich um wie die meisten. Der Kaufmann Kapahnke, der Vorsteher der deutsch-chinesischen Handelskammer, hatte den Arm gereckt.

»Hoch, hoch, hoch.«

Das Orchester spielte die kaiserliche Hymne. »Heil dir im Siegerkranz, Herrscher des Vaterlands, Heil, Kaiser, dir.« Renau sang lieber leiser mit, er traf beim Singen nie so recht den Ton.

Dann wurde es wieder still.

Der Gouverneur stand wie das Denkmal seiner selbst vor der Bühne. »Allerhöchste Order unseres Kaisers gebietet mir nun die Rückkehr ins Reich.«

Truppel wurde zurückgerufen. Im Saal raunte es.

»Keine gute Nachricht«, flüsterte Schmied. »Das Reichsmarineamt macht wieder falsche Flottenpolitik.«

Dass Truppel als gewiefter Unterhändler galt, der die chinesischen Ränkespiele durchschaute, galt als Gemeinplatz in der Stadt.

»... so bin ich ein desto glücklicherer Mann, dass ich meinem Nachfolger ein gesundes, durch den Kampf gestärktes Schutzgebiet übergeben kann. Ich danke Ihnen.« Der Gouverneur deutete eine Verneigung an. Dann reichte er seiner

Gattin den Arm. »Und nun einen ordentlichen preußischen Marsch. Musikmeister!«

Das Orchester setzte ein. Der Gouverneur drehte sich mit seiner Frau auf dem Saalparkett.

»Komm, Emilie, da müssen wir wohl mit.« Der Feldwebel hinter ihnen rückte mit dem Stuhl.

Schmied hielt sich das Kinn mit der linken Hand und schaute zu Boden.

»Ist dir die Lust vergangen?«

Schmied blickte auf. Seine dünnen blonden Haare waren an den Schläfen angeklebt, so schwitzte er. »Du hast recht. Morgen ist morgen, heut ist heut.« Er lehnte sich im Kreuz zurück, dann schmunzelte Schmied. »Ich sehe da jemanden, der auffällig unauffällig nach einem Marinestabsarzt Ausschau hält.«

Er erblickte sie auch. Nun denn. »Zögern ist des Soldaten nicht«, sagte Renau.

Die Kusserow sah ihn kommen. Ihr Ballkleid in zartem Grün schmückten kleine Stoffrosen, die so geschickt über den langen Rock verteilt waren, dass sie größer wirkte, als sie war. Ihre Korsage hielt ihre üppige Büste gerade. Die braunen Locken hatte sie zu einem Schopf aufgebaut, wie ihn die Schönheiten aus Stein an den Berliner Brunnen trugen. Renau wunderte sich ein wenig, wie er darauf kam. »Gnädige Frau, darf ich um den nächsten Tanz bitten.« Er verbeugte sich, den Unterarm vor den Bauch gepresst, die Linke in leichtem Bogen, wie es ihm einst der Tanzmeister zu Brieg eingetrichtert hatte.

»Sie dürfen«, sagte die Hotelière, die ihre braunen Augen unter langen Wimpern schimmern ließ.

Die Musik wechselte, erste Takte des Donauwalzers erklangen.

Sie legte ihm ihre Hand auf seine. Er sah sie an, sie schritt wie eine Königin in die Saalmitte. Und so wurde sie auch von den Tischen her bewundert. Solch eine leichte Berührung hätte er nicht erwartet, die Hand schwebte mehr auf seiner, als dass Renau sie trug. Sie war ein Federgewicht und flog doch nicht davon.

Die ersten Paare drehten sich. Er nahm Haltung an, sein Herz klopfte. Wann hatte er den letzten Walzer getanzt, vor drei Jahren, vor vier? In Berlin tanzte man doch längst … ach egal.

Er nahm links ihre Hand, umfasste mit der Rechten die Taille. Eins, zwei, drei, eins, zwei, drei, dann hörte er den Takt, setzte den Fuß zwischen den grünen Stoff ihres langen Kleides.

Sie tanzte nicht, sie schwebte, Renau konnte kaum glauben, dass diese Walküre von Frau so gar mühelos von ihm gedreht werden konnte. Ihr Leib wogte im Takt der Musik, er spürte die Wärme ihres Leibes durch den Stoff. Ihre Füße berührten kaum den Boden, da verlor er den Takt, aber trat ihr nicht auf den Fuß, der schon ausgewichen war, ein Schwung ihrer Hüfte zog ihn zurück ins Eins-zwei-drei. Worüber machte er sich Sorgen? Dieser Leib floss mit der Musik um ihn herum, ob er nun strauchelte oder nicht, ihr Rhythmus hatte ihn erfasst und trug ihn weiter. Er nahm sich ein wenig Raum zwischen zwei Paaren und gab Schwung.

Der Blick aus den nussbraunen Augen sog ihn fast auf. »Herr Marinestabsarzt, in Ihren Armen vergesse ich alle Sorgen.« Sie seufzte fast, ließ den Mund leicht geöffnet wie selig und schloss die Augen.

Bei jeder anderen hätte Renau eine Ohnmacht befürchtet. Der Leib der Kusserow war wie ein Kreisel, dessen Schwungkraft ihn erfasst hatte. Renau ertappte sich im hohen Spiegel an der der Bühne gegenüberliegenden Saalwand, wie er der

Hotelière ein gänzlich unsoldatisches Lächeln schenkte, das ihrem kaum nachstand.

Die Donauwellen flossen und flossen und verebbten. »Gnädige Frau.« Er führte sie an die Seite.

»Doktor Renau, wir müssen unbedingt eine Rumba zusammen tanzen. Unbedingt.« Sie fächelte sich mit der flachen Hand Luft zu.

Und Renau sagte einfach: »Ja!«

Ein paar Tische weiter stand der silberhaarige, schlanke Meisner auf. Renau kam dessen Gesicht ganz verändert vor, er strahlte wie ein junger Kadett beim ersten Hafenkonzert, Meisner übersah ihn völlig. »Madame, da sind Sie ja. Darf ich bitten?«

Die Zimbel donnerte dramatisch vom Orchester her.

Die Kusserow blinzelte mit den langen Wimpern und ließ seine Hand los. »Laufen Sie mir bloß nicht weg, Doktor Renau.«

Die beiden mischten sich unter die sich drehenden Paare, die Ballkleider bauschten sich. Renau amüsierten die Beinahe-Kollisionen auf dem Parkett.

»Na, zu viel versprochen?« Schmied hatte ein Glas Wein in der Hand. »Du hast die erste Hürde zum Paradies genommen.«

Renau sah ihn an. Ein Welpe hätte nicht traulicher dreinschauen können. Schmied machte große, alkoholfeuchte Augen, die geröteten Lider verrieten den hungrigen Blick. Es brach tief aus seiner Brust heraus, Renau legte den Kopf in den Nacken und lachte. So lief das also, Madame entschied beim Ball, wen von den strammen Offizieren sie am Ende erhörte.

Die Kusserow schwebte vorbei und schenkte Renau einen

nussbraunen Wimpernschlag. Schmied reichte ihm ein Glas. »Wohl bekomm's.«

TEIL II: Rebellionen

Kapitel 1

Tsingtau, Bismarckkaserne – 30. April 1911

Apropos die holde Weiblichkeit. Dort kommt Schwester Margarethe unter den Bäumen auf uns zu.« Sein Vorgesetzter Westerhoff nahm die Uniformmütze ab. Der Schnurrbart des Marineoberstabsarzts schien Renau seit dem Kampf gegen die Pest grauer.

Ihre leuchtend blauen Augen musterten sie. Schwester Margarethe hatte die Haare hochgesteckt, was sie jünger aussehen ließ, obwohl sie gewiss bald fünfzig wurde.

Sie stellte einen Korb ab. »Betreuen Sie hier jetzt auch Privatpatienten, Doktor Westerhoff?«

»Nein. Ich werde mit Doktor Renau das bakteriologische Labor einer Inventur unterziehen.«

Das war es also, Westerhoff hatte die Katze endlich aus dem Sack gelassen. Von wegen Spaziergang an der frischen Luft über die Hangterrassen, daran hatte Renau von Anfang an nicht geglaubt.

»Weiß Ihr Kollege Meisner davon?«, fragte Schwester Margarethe mit einem Seitenblick zum Frauen- und Kinderpavillon, aus dem sie gekommen war.

»Natürlich.« Der Oberstabsarzt verzog den grauen Schnurrbart zu einer Andeutung von Lächeln.

Sie hob die linke Braue, diagnostizierte seinen Vorgesetzten. Anders hätte Renau diesen Blick, der dessen ganzes Gesicht absuchte, nicht nennen können. Ihr Einsatz in der Peststation hatte Renau beeindruckt, diese Frau kannte keine Furcht. Das war sehr selten.

Schwester Margarethe war viel zu diszipliniert und lebenserfahren, als dass sie sich eine Blöße gegeben hätte. »Doktor Renau, ich betreue hier die Patientinnen. Zurzeit sind es nur acht. Manche Damen vertragen die feuchte Winterluft schlecht, vor allem wenn sie in anderen Umständen sind. Zeit für ein Schwätzchen habe ich leider dennoch nicht. Meine Verpflichtungen im Frauenverein rufen mich.« Ihre unregelmäßigen Zähne zeigten sich für einen kurzen Moment. »Guten Tag, die Herren.« Sie nahm den Korb auf und ging weiter.

»Sie haben Meisner nicht informiert?« Renau hatte gesehen, wie Westerhoffs Lächeln erloschen war, kaum dass die Schwester ihnen den Rücken gekehrt hatte.

Auf Kollegenintrigen war Renau gefasst gewesen, die hatte er noch an jedem Standort erlebt. Das würde im begehrten Tsingtau nicht anders sein als im ungeliebten pommerschen Kolberg. Und jetzt nach dem großen Pesteinsatz hatten alle wieder Zeit für solch unnütze Kraftverschwendung.

Westerhoff streckte wie ein Herrenreiter den Unterarm zum Gruß. »Respekt, Respekt. Werden Sie mir nicht zum chinesischen Geisterseher, sonst versetze ich Sie in die Felsenklüfte des Lauschan.«

»Ich verstehe nicht?«

»So?« Graue Augen blinzelten im Licht. »Hier im Gebirge machen Zauberdoktoren den einfachen Bauern weis, sie besäßen Medizin von Hexen, die sie sich angeblich in der Neujahrsnacht gefügig gemacht haben. Natürlich hilft das Gebräu gegen alles. Bei so viel Aberglaube trennen wir lieber die Behandlung von Europäern und Chinesen. Die Sorge um die Eingeborenen überlassen wir lieber den Missionsvereinen.

Haben Sie die Kollegen mit den Gebetbüchern schon besucht?«

Der redete um den Brei. »Nein.«

»Sollten Sie bald tun. Die Kollegen wissen viel über die chinesische Auffassung von Krankheit. Das hilft Ihnen, die Gelben zu verstehen.« Westerhoff setzte seine Mütze wieder auf. »Was die Behandlung der Europäer angeht, vertraue ich lieber auf unser Laboratorium.«

Manche Stadt im Reich wäre froh um diese vorbildliche Ausstattung gewesen. Wannenbrausebäder, bakteriologisches Labor und Röntgenkabinett.

»Übertragen Sie mir die Inventur etwa aus Sorge?« Renau zweifelte keine Sekunde daran, dass er die Bestandskontrolle durchführen sollte. Das konnte der ruhig wissen.

Sie waren am Laborpavillon angelangt. Ein Sanitäter öffnete ihnen und salutierte, die Hand blieb vorschriftsgemäß an der Stirn, bis sie eingetreten waren. »Matrose Hössling, bei der Milchuntersuchung«, machte er Meldung.

Vom schlichten Flur gingen mehrere Türen ab. Laboratorium I bis IV stand über den Türen auf schwarz-weißen Emailleschildchen. Der Matrose verschwand im ersten Raum.

»Milch?« Renau missfiel es immer mehr, dass Westerhoff ihn wie einen niederen Rang ohne Antwort zappeln ließ. »Ich dachte, nur die Wasserqualität wird geprüft.«

»Schon richtig. Das Gouvernement hat nur vor einigen Jahren Panschereien feststellen müssen, seitdem kontrollieren wir den Handel. Auch wegen der Säuglinge, selbstverständlich.«

Westerhoff öffnete den Laborraum IV. An drei Seiten und in der Mitte standen Tische mit Glastuben, Kugeln und Reagenzgläsern. Die vierte Wand nahmen Vitrinenschränke voller Rezipienten ein.

»Epidemien misst man in China in anderen Zahlen. Sechshundert Fälle gelten im Reich der Mitte als nichts. Krankheitsherde flackern auf und verlöschen. Das haben wir ja nun bitter erfahren.« Westerhoff warf einen Blick auf das große Laborjournal, das aufgeschlagen auf einem Tresen lag. Er blätterte im Journal zurück. »Sehen Sie, Renau, die ganze Bakteriologie ist eine junge Wissenschaft, aber welchen Fortschritt hat sie uns gebracht! Wenn wir die Wehrkraft erhalten sollen, wo unseren Männern üble Infektionen drohen, von denen man im Reich kein Bild hat, dann müssen wir auf dem neuesten Stand sein. Sie haben ja wohl einen ersten Eindruck der hygienischen Verhältnisse in den Chinesendörfern gewonnen.«

»Manches hat mich an die schmutzstarrenden Dörfer in Russisch-Polen erinnert«, sagte Renau.

Wieder blätterte Westerhoff eine Seite um. So interessant waren die Einträge bestimmt nicht. Renau wollte sich nicht länger wie ein Unteroffizier behandeln lassen. »Warum sind wir hier?«

Westerhoff visierte die Vitrinenschränke. »Ihre Kenntnisse der Serologie prädestinieren Sie, Renau. Sie haben sich beim Kampf gegen die Pest Meriten erworben. Jeden Dienstag, Freitag und Sonntag kommen Passagierdampfer aus Schanghai, jeden Tag legen Schiffe aus allen Richtungen im Hafen an. Überprüfen Sie die Bestände an Reagenzien, ordern Sie gegebenenfalls telegrafisch Nachschub bei den Kollegen von der deutsch-chinesischen Hochschule in Schanghai.«

Die Pestvorsorge war doch nur ein Vorwand.

»Das ist nicht gerade Arbeit für einen Marinestabsarzt. Warum macht das nicht der Laborarzt oder sein Obermaat?« Renau deutete mit dem Daumen über die Schulter zu den Diensträumen.

»Meisner ist für das Labor verantwortlich, nur weilt er gerade auf Urlaub, glaube ich, in Peking in der deutschen Niederlassung.«

Gut abgepasst. Und Renau war noch nicht lange genug in Tsingtau, um den Kollegen Meisner persönlich zu kennen.

Westerhoff griff in die Innentasche und reichte ihm ein Papier herüber. »Das ist der Soll-Bestand. Es würde mich nicht wundern, wenn etwas fehlt.«

Das wurde ja immer schöner. »Aha. Was gibt Ihnen Anlass zu dieser Vermutung?« Renau warf einen raschen Blick auf das Schriftstück.

»Meisner führt eine gut gehende private Praxis. Tsingtau ist klein, da erfährt man manches. Medizinisches Material ist teuer, das brauche ich Ihnen nicht zu sagen.« Westerhoff hatte sich schon zur Tür gewandt, er schloss den dritten Knopf der blauen Tagesuniform. »Ich schicke Ihnen noch den Matrosen zur Hilfe. Schließen Sie die Inventur heute ab.« Ein militärisch gerader Blick traf Renau aus grauen Augen. »Betrachten Sie das als Befehl, wenn Ihnen dann wohler dabei ist.«

Die Tür knallte gegen den Rahmen. So weit ging er. Tatsächlich. Renau starrte auf den weißen Lack des Türblatts.

Medikamente waren teuer, gewiss. Aber auch ein höherer Rang schützte Westerhoff nicht vor Neid wegen ein bisschen Zusatzbutter zum Brot, die sich Meisner vielleicht verdiente. Einmal würde er sich das bieten lassen, ein zweites Mal nicht. Renau strich die Liste des Materialbestands auf dem Tisch glatt. Wenigstens war die Handschrift gut lesbar. Er öffnete die Vitrinentüren. Braune Glasflaschen standen in Reih und Glied wie noch in jedem Labor der Reichsmarine.

»Matrose Hössling meldet sich zur Stelle.«

Renau betrachtete das sommersprossige Gesicht des Matrosen.

»Na, dann wirst du jetzt zählen.« Er nahm sich einen Laborstuhl und setzte sich. »Cholera. 43 Ampullen, klein, verzinkt. Worauf wartest du?« Er winkte mit dem Kinn zum offenen Vitrinenschrank.

Der Obermatrose holte sich eine Trittleiter aus der Ecke des Laboratoriums. Eifer war gut, aber übertreiben lohnte nie. Renau stellte den Fuß auf die unterste Stufe. »Pass auf, nicht zu eilig.« Renau fing eine der kannelierten Glastüren des Vitrinenschranks ab, die sich lautlos in den Angeln zurückdrehten. Die Marine hatte an der Ausstattung nicht gespart.

Der Matrose hielt sich mit der einen Hand an der Leiter, mit der anderen an den dunklen Profilleisten des Schrankes fest, die Nase an den Vorräten, zählte er auf: »Dreizehn Einheiten Typhus, sechsmal 100er Ampullen Salzlösung, und dreimal Formalin. Und fünf leere Flaschen, falls das wichtig ist.«

Renau notierte auch das.

Er rückte von Schrank zu Schrank mit dem Laborstuhl nach.

Eine Stunde später hatten sie drei Schränke durch, einer fehlte noch. Wenn er die Zahlen überschlug, könnte der Soll-Bestand gänzlich zusammenkommen.

»Entschuldigung, Herr Marinestabsarzt. Ihr Fuß …«

Renau nahm den Stiefel weg und trat zur Seite. Der Matrose stellte die Leiter vor den letzten Schrank in der Ecke. Hinter ihm schloss Renau die kannelierte Vitrine.

Der Matrose kniete vor dem untersten Einlegebrett. »Hier ist ein Schuber, da steht nichts drauf.«

»Aufmachen.«

Hössling zog an der Holzlade. Renau beugte sich über dessen Schulter. Er roch nach Seife und frischem Schweiß. »Laborglas. Reagenzgläser, Kolben – Raus damit.«

Der Matrose zählte die Gerätschaften auf den geölten Holzdielen neben seinen Knien.

»Acht, neun … Papierfilter, zwei Pack«, Renau sah ihm zu, »und fünf kleine Dosen …«, Hössling drehte das matte Metall, »… mit chinesischen Zeichen.« Im sommersprossigen Bubengesicht stand eine steile Falte auf der Stirn. »Ich habe solche hier im Labor noch nie gesehen, Herr Marinestabsarzt. Sonst ist hier immer alles deutsch beschriftet.«

Renau versuchte, die winzigen Tuschezeichen zu entziffern, aber weit war er mit seinem Chinesisch noch nicht gekommen. Nur auf dreihundert Schriftzeichen hatte er es gebracht. Aber auf dem Döschen hier … Renau entdeckte einen winzigen britischen Löwen. Er drehte den Deckel und öffnete die Dose.

Rostbraune Kügelchen, ein krautiger Hauch verwelkter Blumen stieg davon auf. Den hatte er schon einmal gerochen, beim Vortrag von Professor Sibelius in der Humboldt-Universität, an jenem Tag, der das Zerwürfnis mit Dorothea gebracht hatte.

Renau merkte auf einmal, dass er einen leeren Destillator auf dem übernächsten Tisch anstarrte.

»Wissen Sie, was das ist?« Der Matrose hatte die Hände auf die Knie gelegt und blickte zu ihm auf.

Kein Zweifel, das war britisch-indisches Opium, handelsfertig für den Konsum gepackt. Er beugte sich nach unten zu den Glasinstrumenten neben den Knien des Soldaten. Das Glaszeug gehörte sämtlich ins Laboratorium, es waren keine Opiumlampen dabei, wie er sie im Vorbereitungskurs gesehen hatte. In der Humboldt-Universität hatte Professor Sibelius, der das Deutsche Reich bei der Opiumkonferenz in Schanghai vertrat, über das Elend der Opiumraucher doziert. Sibelius hatte Proben von Rohopium, transformiertem und rauchfertigem zur Ansicht gebracht.

»Unter der Kartonlage sind noch mehr Dosen. Soll ich die zählen?«

»Äh … ja.«

Das Metall klackerte.

»Siebzehn Dosen, alle gleich groß.«

China bekämpfte die Opiumsucht, die Haltung des deutschen Gouvernements in Tsingtau war widersprüchlich. Ein Opiumvorrat im Laboratorium IV war in den offiziellen Listen nicht verzeichnet. Er hatte wohl gefunden, was er finden sollte. Hintertrieb Westerhoff die medizinischen Forschungen seines Kollegen Meisner? »Du räumst alles wieder ein.«

In jedem Labor gab es eine Präzisionswaage. Er entdeckte sie auf dem vorderen Arbeitstisch am Fenster. Dort legte er die Dose auf die Schale der Balkenwaage. Der Messingarm senkte sich nach unten, kehrte aber rasch zurück, mit jedem der winzigen Gegengewichte, die er auflegte. Genau sechzig Britische Unzen, wie auf der Dose aufgedruckt.

»Vierundzwanzig …, dreiundvierzigmal 10er-Ampullen …«

Renau hörte nicht richtig hin. Er nahm die Dose von der Waagschale und steckte sie zur Uhr in die Uniformjacke. Der Balken kippte zur anderen Seite. Rasch sortierte er die winzigen Messinggewichte zurück auf die mit grünem Samt ausgeschlagene Maßreihe.

»Wiederhole das.«

»Fünfzehn leere Flaschen für Grundsubstanzen wie Soda.«

Die Salden stimmten, bis auf dreißig Einheiten Choleramittel. Die konnten noch gut und gern in den Behandlungsstationen vorliegen. »Du räumst die Dosen wieder ein.«

»Jawohl, Herr Marinestabsarzt.«

Renau sah dem Matrosen auf die Finger. Doch die britischen Opiumdosen lagen schon wieder im Schuber. Er würde mal beim Kollegen Schmied auf den Busch klopfen. Westerhoff und Meisner waren vielleicht notorisch verfeindet. Solche Scharmützel sollten die Herren untereinander austragen. Dazu gab Renau sich nicht her. Er hatte wahrlich eigene Probleme. Der Brief an Dorothea wollte und wollte nicht gelingen. Er musste einfach mit ihr reden, von Angesicht zu Angesicht. Am besten beantragte er Urlaub.

Hössling stand in nicht allzu strammer Haltung vor ihm und wischte sich über die Stirn. »Zeige mir die Milchüberwachung.« Der Matrose sollte nicht allzu sehr über diesen Fund nachdenken.

»Die findet in Labor I statt, Herr Marinestabsarzt.«

Laboranalysen schafften die nötige Konzentration für den Blick aufs Wesentliche. Für welche Behandlungsmethoden allerdings brauchte Meisner gleich siebzehn mal sechzig Unzen britisches Opium?

Im Flur schon dämmerte es Renau, dass er nicht einmal eine Ahnung hatte, wie viele von den braunen Kügelchen ein Raucher für seine Lampe benötigte, wenn er seinen quälenden Opiumhunger stillen musste.

Kapitel 2

Tsingtau, Bismarckkaserne – 10. Mai 1911

Kompanie … Stillgestanden«, rief Hauptmann Kleemann über den Kasernenhof.

Die Mannschaften froren geradezu ein, richteten die Köpfe auf einen Schlag aus. Auch wenn man von den Sanitätssoldaten nicht ganz das schneidige Auftreten erwartete wie von den Schiffsbesatzungen, in des Kaisers Marine musste jedes Kommando sitzen. »Langsam werden sie präsentabel«, sagte Renau.

»Kein Wunder, hast du die Dienstpläne gesehen? Die Unteroffiziere schleifen sie gerade.« Schmied stand mit ihm im schattigen Eck des Kasernenhofs vor dem Aufgang zum Sanitätstrakt. »Ich weiß nicht, was sich Westerhoff denkt. Wir haben in der medizinischen Grundausbildung größere Lücken als in der Disziplin.« Im Sonnenlicht leuchtete das Karree der auf dem braunen Kies angetretenen Matrosen. Die schwarzen Bänder an den Kappen flatterten in der leichten Brise.

»Etwaige medizinische Fehlleistungen verbergen sich eben leichter vor Berlin, ein Federstrich, ein paar korrigierte Zahlen genügen und füllen die schönsten Statistiken.« Renau war froh, dass seit Monatsanfang die weiße Tropenuniform befohlen war, mit der Frühlingswärme war auch die Luft immer feuchter geworden.

Schmied beugte den dicken Oberkörper vor, sein oberster Jackenknopf stand vorschriftswidrig offen. »Renau, so maliziös kenne ich dich ja gar nicht.«

»Wenigstens hat unser Bataillonskommandeur Major von

Liliencron das Sanitätswesen insofern berücksichtigt, dass er die Beförderungen der Mannschaften um ein halbes Jahr vorgezogen hat. Verdient haben die jungen Männer das allemal.«

»Ich finde, er hätte dieses Privileg auch uns Offizieren teilhaftig werden lassen können.«

»Jetzt bist du aber maliziös.« Renau schlug Schmied auf die Schulter und lachte. »Aber das kenn ich ja schon von dir.«

»Was ist mit heute Abend? Wodumeit ist ein ausgezeichneter Vogelkenner, du wirst dich nicht langweilen.« Schmied zog sich den Tropenhut tiefer ins Gesicht und ging an der Längsseite des Hofes zum Eingang, der zu den Lehrsälen führte.

»Zweiter Kompaniezug … Abmarsch!«

Renau hob den Kopf. »Ich wollte eigentlich die Ruhe vor dem Umzug in meine neue Wohnung für einen Brief nutzen.« Dreimal hatte er den monatlichen Brief an Dorothea angefangen, bis er hatte ausdrücken können, warum er nicht schrieb, was er ihr persönlich sagen wollte, bald in Berlin.

»Ach Quatsch. Ich werde dich abholen. Bei den Gmelins hast du noch Muße genug, da stört dich keiner. Da spielt nur die Dame des Hauses ab und zu Klavier, nicht Trompete wie der Filius meines Vermieters.«

»Vierter Kompaniezug … Abmarsch!«

Renau würde wieder nicht dazu kommen, er sah seine staubigen Stiefelspitzen im Kies. »Na gut.«

Schmied nickte und ging. Vom Karree der weißen Matrosen standen nur noch zwei Reihen. Hauptmann Kleemann ging schon mit Oberleutnant Huguenin durchs Hoftor hinaus, Renau machte die wenigen Schritte über den Kies. Der recht klein gewachsene Obermaat war schon grau an den Schläfen. Er sah ihn kommen und wartete mit dem nächsten Kommando. »Holen Sie mir den Matrosen Claas raus.«

Renau räusperte sich, als sein Bursche vor ihm stand. »Ich habe eine gute und eine schlechte Neuigkeit für dich.« Der war wenigstens nicht mehr gar so furchtsam wie am Anfang. Renau sah ihn schlucken. »Welche willst du zuerst?«

»Lieber die schlechte, Herr Marinestabsarzt.« Claas blinzelte gegen das Sonnenlicht.

»Du wirst mir heute beim Umzug aus dem Hotel in meine Wohnung die Kisten schleppen, deshalb habe ich dich aus der Reihe geholt. Es gibt auch einen chinesischen Boy, der uns dabei helfen wird.« Renau war seiner Vermieterin dankbar für die Vermittlung des fünfzehnjährigen Sohnes ihres Kochs.

Claas wechselte das Standbein. »Jawohl.«

»Die gute Nachricht ist, dass du jetzt befördert wirst.« Renau legte ihm die Hand auf die Schulter. »Deine Leistungen in der Quarantäne-Station waren wirklich beachtlich dafür, dass du weder von Desinfektionsmitteln oder Hygieneregeln im Feld jemals was gehört hattest.« War es die Maiwärme oder der Stolz, die Wangen röteten sich.

Claas verbeugte sich vor Renau. »Danke, Herr Marinestabsarzt.«

Schritte eilten über den Kies. Renau drehte den Kopf. Marineoberstabsarzt Westerhoff schoss geradezu über den Exerzierplatz. Ausgerechnet. Er hatte eine Ledermappe unter dem Arm und hielt etwas in der Hand. »Was will der mit dem Stock?«, entfuhr es Renau.

»Das ist ein Fernrohr«, sagte Claas. »Er hat es den Unteroffizieren gestern bei unserer Peilübung am Iltisberg gezeigt.«

»Renau, Sie hier?« Westerhoff schob sich den Tropenhelm aus der Stirn. »Ich dachte, Sie ziehen heute um?«

»Ich habe noch die Lieferung des Marinestabsapothekers

durchgesehen. Es waren wieder keine Verafin-Ampullen dabei.«

»Ich weiß, ich weiß.« Westerhoff ließ die Hand mit dem Fernrohr sinken. Renau erkannte es als Fabrikat von Zeiss. Er hatte in Kiel damit Sextanten-Peilung unter dem Nachthimmel geübt. Er war heilfroh, dass er keine Schiffskurse mehr berechnen musste. Westerhoff spitzte die Lippen und zog die Brauen zusammen, sein Blick fiel auf Claas, der einen Schritt hinter Renau stand.

»Claas, du gehst schon mal vor. Heinrichstraße 4, Frau Landvermesser Gmelin wird schon warten. Entschuldige mich bei ihr, ich werde gleich nachkommen.«

»Jawohl.« Claas grüßte militärisch und ging im Marschschritt davon.

»Das sollten die Matrosen nicht hören, dass uns Medikamente fehlen.« Westerhoff wedelte mit dem Fernrohr in der Luft. »Die bauschen das nur auf.«

»Der Bursche hat in den Pestbaracken genug von den Schwächen unseres Nachschubs mitgekriegt.«

Westerhoffs Lippen wurden schmal. »Wie lange kommandieren Sie schon?« Er schob mit dem Fernrohr die Ledermappe unter seinen rechten Arm nach oben und klemmte sie fester unter.

Was sollte das. Renau konnte nicht umhin, sein Kiefer mahlte, er kaute tatsächlich auf einer Antwort. »Das wissen Sie, Marineoberstabsarzt.« Dreieinhalb Jahre, so lange dauerte es, bis ein Arzt in Renaus Rang aufstieg.

»Warum haben Sie dann noch viel Vertrauen zu den Mannschaften?« Aus den schwarzen kurzen Locken lief eine Schweißperle die linke Schläfe herab.

Westerhoff war in Fahrt, aber sicher nicht nur wegen der

fehlenden Ampullen. »Weil ich in diesem Fall Grund dazu habe. Claas ist der gelehrigste Bursche, den ich bisher hatte.«

Westerhoff besah sich die graue Lackierung des Fernrohrs. »Mag sein. Dass nur wertvolle Medikamente verschwinden, stört Sie anscheinend nicht.«

»Mich stört, dass ich bis heute nicht weiß, warum Sie im Inventar die Opium-Dosen in Meisners Labor wieder geschwärzt haben.« Dort hatte Renau seinen Fund schließlich doch eingetragen, später aber einen breiten Tintenfleck entdeckt, den Westerhoffs Kürzel als geprüft genehmigte.

Dieser legte den Kopf etwas zurück und suchte seinen Blick. »Das hat seine Richtigkeit, seien Sie unbesorgt. Was allerdings Ihren Urlaubsantrag angeht …« Westerhoff beschrieb mit dem Fernrohr einmal einen Halbkreis in der Luft. »Ich habe ihm nur teilweise stattgegeben.«

Renau spannte die Beinmuskeln gegen die Wut, die in seiner Brust aufflackerte. »Wie darf ich das verstehen?«

Trotz der Mappe unter dem Arm wippte das Fernrohr wie ein Zeigestock. »Erholungsurlaub ist nach einhelliger Meinung im Gouvernement nach den Strapazen des Pestkampfes sogar wünschenswert, um die Moral der Truppe aufrechtzuerhalten. Eine Reise zurück ins Reich zu diesem Zeitpunkt allerdings nicht.«

Renau holte Luft, doch Westerhoff schnitt ihm das Wort ab.

»Sie wussten bei der Verpflichtung in die Kolonie, was das bedeutet, Renau. Und Ihre Verlobte wusste das auch. Es gibt in Tsingtau Kameraden, die nicht einmal zur Beerdigung ihrer Eltern haben reisen können.«

Das Fernrohr tippte Renau an den obersten Brustknopf, fast hätte er einen Schritt zurück getan.

»Regeln Sie Ihre privaten Dinge mit Briefen per Reichspost

wie alle.« Westerhoff spie die einzelnen Worte geradezu aus, dann machte er kehrt.

Renau sah nichts vor Zorn.

»Oder handelt es sich in Wirklichkeit«, in der Stimme Westerhoffs kämpfte der Spott mit Verachtung, er hatte sich noch einmal umgedreht, »etwa um ein Problem, das ein Offizier nur persönlich regeln kann?«

Renau federte aus dem Absatz wie beim Kehrtschwenk, mit drei Schritten stand er dicht vor Westerhoff. Dessen untergeklemmte Mappe lenkte seinen Blick gerade noch auf die Schulterklappen, sonst hätte er sich vergessen. »Die Ehrbarkeit meiner Verlobten Dorothea Wiegand steht außerhalb jeden Zweifels. Oder soll ich Ihre Bemerkung anders verstehen?« Er hatte Mühe, nicht zu keuchen.

Westerhoffs dunkle Augen maßen ihn bis zu den Stiefeln. »Keineswegs.« Dann ließ er ihn endgültig stehen.

Renau betrachtete seine geballten Fäuste, die er noch immer in der Höhe seiner Hüften hielt. Sie ließen ihn nicht nach Europa fahren. Er würde sich ihr nicht von Angesicht zu Angesicht erklären können, er würde nicht das Mindeste tun können. Dass sie verdiente, dass er ihre Tränen aushielt, wie ihren Spott oder was auch immer sie an Vorwürfen über ihn häufen würde. Er konnte sie doch nicht noch über ein Jahr auf den regulären Heimaturlaub warten lassen. »Herrgott noch mal.« Irgendeine Lösung musste es doch geben, irgendeine andere als den offiziellen Abschied, den er nicht wollte und an dem Dorothea niemals schuld sein mochte. Renau riss sich den Tropenhelm vom Kopf und warf ihn in den Kies.

Ein Käfer krabbelte dahinter hervor.

Er durfte sich als Offizier nicht so gehen lassen, nicht im Hof seiner Kaserne. Renau bückte sich, klopfte den Staub ab.

Am liebsten hätte er seine Umzugskisten gleich auf das nächste Schiff geladen …

»Ich kann den Brief für den Herrn wegbringen.« Renaus Boy verbeugte sich in der kurzen grauen Kattunjacke, die Frau Gmelin allen Angestellten im Haus verordnet hatte.

Er hatte ihn wohl gestern schon schreiben sehen. Renau winkte ab. »Das mache ich selbst. Du kannst gehen.« Er mühte sich um richtiges Chinesisch. Das war ihm lieber. Das seltsame Tsingtauer Alltagsmischmasch aus Englisch, Deutsch und Schantungdialekt mochte er nicht lernen.

Pei legte die grauen Ärmel ineinander und verbeugte sich. »Etwas essen?«

»Nein.« Renau setzte sich wieder an den Schreibtisch vor die vielen Bögen Papier.

»Etwas trinken aber. Der Herr sitzt trocken.«

Renau konnte nicht umhin, die Hartnäckigkeit imponierte ihm. Auch wenn es sicher nur um einen Kupferkäsch ging, den Pei noch ertrotzen wollte. »Also gut, bring mir Wasser.«

Pei schloss die Tür zum Flur des Souterrains. Gegenüber lag die Küche, in der sein Vater für die Gmelins und auch ihn kochen sollte, wenn er die Offiziersmesse überhätte.

Renau legte die Hände ins Genick und schloss die Augen. Er war wohl nicht sein erster Herr. Er hatte die Kisten in die Schränke ausgeräumt, kaum dass er sie mit Claas hereingeschleppt hatte.

Pei schlüpfte ins Zimmer. »Eine Flasche und ein Glas. Nicht doch etwas essen? Vater brät heute Langfleisch.«

Renau drehte sich um. Die Vokabel kannte er nicht. »Was ist das?«

Die Jungenhände machten mit den Fingern zwei Kreise und

drehten sie in der Luft aufeinander zu. Renau lachte. »Bratwurst meinst du.« Die hatte er gestern im Strandhotel. »Geh jetzt.« Pei rührte sich nicht. Renau wollte ihn loswerden und fischte einen Käsch aus der Hosentasche. Mit der Zeit gewöhnte er sich daran, ein paar Münzen waren unumgänglich in Tsingtau, jeder Kuli oder Kellner erwartete ein Trinkgeld. »Und jetzt aber raus.« Renau warf es Pei zu, der es geschickt mit der Linken auffing.

Pei schloss die Tür hinter sich.

Renau ging zum Fenster. Wegen der Hanglage bot das Wohnzimmer schon fast einen Blick wie aus der Beletage auf den Garten. Zwei Gärtner sammelten dort jedes lose Blatt, Vettern von Pei. Durch das offene Oberlicht strömte zarter Duft des Jasminstrauchs herein, auf den die Hausherrin so stolz war. Was nützte es ihm, dass er es hier so gut getroffen hatte, wenn er sich Tausende von Meilen wegwünschte.

In der Jacke am Haken neben der Tür steckte noch der Urlaubsantrag, den Westerhoff ihm heute mit der Dienstpost zurückgesandt hatte. Drei Wochen Urlaub hatte er genehmigt für Tsingtau und Schantung, die Hälfte dessen, was er beantragt hatte. Westerhoff hatte mit Absicht die Zeit gekürzt, bei sechs Wochen hätte Renau inkognito die Reise mit der Bahn über Sibirien nach Berlin und zurück bewältigen können.

Es half nichts. Renau setzte sich an den Schreibtisch und griff zur Feder. Je mehr er schrieb, desto mehr zerrann der Sinn zwischen den Worten. … *so man mich reisen ließe, würde mich nichts hier halten können. Es drängt mich zu Dir, weil ich nicht den Zeilen eines Briefes anvertrauen möchte, was Dir zu sagen, in der Tiefe meines Empfindens, ich nicht zu schreiben, nicht in der notwendigen Zartheit darzulegen vermag, der Arzt und Soldat, der ich bin. Ich muss verantworten, Dir erst beim re-*

gulären Heimaturlaub gegenübertreten zu können, wiewohl Du alles Recht hättest, mich jetzt schon vor Dir zu sehen, um auch allen zu zeigen, dass mein Anliegen allein aus mir erwächst …

Er beeilte sich mit der Reinschrift und schob die Blätter in den Umschlag. Dorothea war klug, das hatte sie oft genug bewiesen. Er hoffte, dass sie eine Lösung ersann.

Renau zog die Schublade auf, in der er den Kleber verwahrte. Mit dem kleinen Holzspatel strich er einen Tropfen auf den Rand und drückte den Umschlag mit der adressierten Seite nach unten auf dem Schreibtisch zu.

Kapitel 3

Schantung, Heiliger Berg Taischan – 2. Juni 1911

»Dein Reiseführer lügt nicht.« Renau zog die Gurte fest. In die Taschen des Militärbeutels hatte er nur Wasser und ein wenig Brot gepackt. Er rückte den Beutel mit den Händen hinter seinem Rücken zurecht. Marschgepäck musste von Anfang an richtig sitzen.

»Dieses Stück Weges haben wir uns wirklich sparen können, Felder mit Kohl und Erbsen haben wir bei Tsingtau genug.« Schmied bezahlte seine Sänfte, winkte die Träger weg und nahm sich sein kleines Päckchen selber aus dem Tragenetz zwischen den Stangen.

Schmied setzte sich mit beiden Händen den Tropenhut der Uniform auf. »Sieh dir das an, ist er nicht ein herrlicher Berg!« Schmied streckte die Arme nach beiden Seiten von sich, dass die Nähte seiner weißen Uniformjacke spannten. »1450 Meter soll er hoch sein.«

Der Taischan ragte steil aus der Ebene vor ihnen auf, der Gipfel verschwand im weißen Dunst. »Wollen wir?«, fragte Renau.

Schmied lachte. »Schonen wir die Kräfte, es soll gut sechs Stunden dauern, bis man oben ist.«

Renau ging Schmied hinterher, wie man es bei langen Feldmärschen machte. Gerade so viel Abstand, dass man dem anderen nicht auf die Hacken trat, ihn aber hören konnte, damit er nicht mit großem Atem zu rufen brauchte, wenn etwas auf dem Wege die Aufmerksamkeit der Kameraden forderte.

»Seit alter Zeit«, sagte Schmied und drehte marschgerecht den Kopf nicht um, »verehren die Chinesen fünf heilige Berge. Kein Wunder, dass der Taischan hier der heiligste ist. Da kommt selbst das imposante Matterhorn nicht mit, obwohl es höher ist.«

»Ich war noch nicht in der Schweiz. – Du bist mir ja ein richtiger Marineoffizier, du überraschst mich immer wieder. Hast du eine Leidenschaft für Berge?«

»Ich nicht, meine Cäcilie. Die Hochzeitsreise geht nach Garmisch, hat sie schon bestimmt. Sie liebt die Berge. Sogar die einzelnen Steine des Taischans sollen geheimnisvolle Kräfte bergen. Ich werde ihr einen mitbringen.«

»Berge werden überall von den primitiven Völkern verehrt. Das war bei den Germanen auch nicht anders«, sagte Renau. Dorothea würde ihn bei solch einem Mitbringsel nur verwundert anschauen.

Die Hügel verengten sich rasch zu einer Schlucht. Der breite Weg führte an einem Bach entlang und gewann immer mehr Höhe über dem Wasser.

»Hier sieht es ja fast aus wie in den Alpen, auf der italienischen Seite stehen auch Zypressen.« So luftig die Baumwolluniformstoffe waren, sie schienen ihm immer noch zu dick für die feuchte Sommerluft Schantungs.

»Die Stufen sind wirklich so breit wie ein Fahrweg.« Schmied hielt an. »Drei bis vier Meter.«

Sie hatten den ersten Treppenlauf erreicht, der im Zickzack den Berghang hinaufführte. Mal von rechts, mal von links kreuzten über ihnen Steinbrücken den Sturzbach, der vom Berg herabfloss.

»Die Pilger kommen zu Neujahr oder im Mai zum Frühlingsfest. Im heißen Juni sind nur Verrückte, Kranke und deutsche Ärzte unterwegs. Aber ob du es glaubst oder nicht, ich bin froh, dass ich ein paar Tage aus der Kaserne und der Stadt rauskomme, trotz unserer guten Tsingtauer Brise.« Renau hob die Hand und wies auf eine der Treppenbrücken, die ein verwitterter Drachenkopf aus Ton schmückte. »Und außerdem kann ich doch nicht in China gewesen sein, ohne ein bisschen was von den Geheimnissen der Gelben erkundet zu haben.«

Schmied lehnte sich kurz an das gemauerte Geländer, das Drachenauge war längst erblindet, die rote Zunge längst zerbröckelt. »Das da unten ist wohl der Schwarzdrachenpfuhl.« Unter ihnen weitete sich der Sturzbach zu einer fast kreisrunden Fläche im Felsen, sie war erstaunlich still und dunkel. Ein paar rot blühende Sträucher umstanden das Wasser. An einer Seite reichte eine bemooste Felswand wie eine übersteile Kinderrutsche bis in den Pfuhl. Schmied beugte sich über die Mauern. «Siehst du die kleine Steinurne dort am Rande des Beckens? Alles ist uralt. Ich verstehe nicht, warum so viele Offiziere immer in Tsingtau bleiben und über China nur spotten. Ich möchte den Ausflug hierher nicht missen. Der Sommer in Tsingtau mit seinen Tee-Empfängen ist nicht mein Fall.« Schmied schnaufte nach Luft und lüpfte den Uniformhut. »Im zweiten Jahr Stationierung hatte ich das Gefühl, ich habe jeden Garten hinter einer Offizierswohnung gesehen, und jetzt im dritten Jahr beschleicht mich der Gedanke, dass ich jeden Strauch beim Namen kenne.«

»Seien wir froh, dass wir jetzt nicht an der Rennbahn stehen und mit Frau Heltkamp über die Pferde reden müssen. Da quäle ich mich doch lieber den Taischan hoch.« Renau hatte eigentlich Schmied nur begleitet, weil er nicht nach Berlin reisen durfte. Aber das stimmte auch wieder nicht ganz, er hatte den sagenumwobenen Taischan schon sehen wollen. Schmied hatte es vorgeschlagen, und Renau war darauf eingegangen. In Tsingtau wäre er angesichts der Dampfer, die am großen Kai nach Europa ablegten, nur verrückt geworden vor Zorn auf Westerhoff. Renau schnippte ein Steinchen vom Geländer in den Drachenpfuhl.

Die Treppen waren unterschiedlich trittsicher. Mal sahen die Stufen wie eben erbaut aus, in rechtem Winkel gefügt, mal schwankten sie unter seinem Stiefel oder fehlten ganz. Renau lauschte dem Wildbach, seinem Atem und fiel in einen Schrittrhythmus.

Sie hatten vor der Abreise beschlossen, dass sie ihre Diener nicht mitnehmen wollten. Schmied hatte keine guten Erfahrungen damit gemacht. Der Boy hatte nur nach seiner Familie gejammert, und Renau schien sein Pei auch noch zu jung. »Das müssen die Fächer-Klippen sein.« Ein Berggrat endete in bizarren, erstaunlich bunt geäderten Felsen, die wie vier Damen-Fächer aufgestellt zwischen niedrigem grünem Blattwerk aufragten.

Schmied war bis zu einem Ehrenbogen vorangegangen. Er

setzte seine Trinkflasche gerade ab. Er betrachtete Schriftzeichen, die die Tragesäulen vor ihm schmückten. »Im Geiste sieht man geradezu die glänzenden Züge der alten Kaiser und die unzähligen Pilger vorüberziehen.« Schmied stellte den rechten Fuß auf einen erhöhten Stein. »Die Chinesen glauben, das Glück, den Taischan zu besteigen, sei eine der größten Freuden, die einem Menschen zuteilwerden könne, es sei ein Vorgeschmack des Himmels.« Schmied blickte in die Metallflasche. »Ob weiß oder schwarz oder gelb. Überall sucht der Mensch nach Glück, nach Frieden, nach Seligkeit.«

An Glück wagte Renau nicht zu denken. Sein Blick fiel auf die runden Steine im erdigen Weg. Wie viele Menschen mit großen und kleinen Bitten an die Götter hatten sie mit ihren Füßen abgeschmirgelt? Ein bisschen Seelenfrieden könnte er wahrlich brauchen.

Schmied fasste die Trinkflasche. »Nimm einen Schluck.«

Das Wasser war noch kühl und schmeckte frisch. Zwei tiefe Züge mussten genügen, bei einer Anstrengung sollte der Soldat nicht zu viel Wasser im Bauch haben. »Danke.«

Schmied verstaute die Flasche wieder. »Weiter geht's.«

Sie hatten den Freudenweg erreicht. Das Terrain flachte ab, wurde eben. Vor ihnen weitete sich die Schlucht, in der Ferne, ja fast schon Tiefe, sah er grünblaue Berghänge in der Sonne verschwimmen. Auf halber Höhe unter dem Gipfel des Taischan führte der Weg nun um eine Querschlucht herum.

»Jetzt weiß ich auch, wo die Seidenmaler in Tapautau die Vorlagen für die Wandschirme herhaben.« Schmied streckte den Arm aus. »Die gegenüberliegenden Berge heißen ›Zu den zehntausend Kiefern‹.«

Die Bäume bedeckten die Berghänge und die niederen, mal spitzen, mal runden Gipfel der Gebirgskette wie ein grüner

Pelz. Silbrige Striche verrieten Bäche, die aus den quellenreichen Höhen zu Tal stürzten. Hie und da stachen malerisch zerklüftete Felsen hervor. Ein waldiger Duft schwebte im schwachen Luftzug. »Der ebene Weg tut den Waden gut, nach all den Stufen.« Renau wollte wieder einen Gesprächsfaden finden. Sein Blick schweifte bis zur nächsten großen Biegung. »Die Tempelchen lugen aufgereiht aus den Zypressen wie die Schlösschen bei Dresden über dem Elbtal.« Alle fünfzig Schritt schimmerten Pagodendächer oder Ehrensäulen zwischen den Bäumen. Der Weg war gesäumt mit Gedenkampeln aus Stein.

»Das größere Tempelchen da vorn heißt ›Zum Kleiderwechseln‹.« Schmied wies mit dem gestreckten Zeigefinger zum Ende der Schlucht, wo auch wieder Treppenstufen hell in einem Sonnenfleck aufglänzten. »Das dort müsste das Tempelchen sein, das ›Zum Kleiderabstauben‹ heißt. Als Chinese darf man nur ganz rein vor die Himmlischen treten, sagt der Volksglaube.«

Renau schaute an sich herunter. »Allzu viel Staub hat unsere weiße Uniform ja noch nicht abbekommen.«

»Die chinesischen Priester beziehen das angeblich wirklich nur auf das Äußere, nicht wie unsere Pfarrer auf das Gewissen.«

»Willst du deshalb nicht mit mir zum Missionar Makrat fahren, wenn wir vom Berg herunter sind? Dabei bist du nicht mal im Casino als großer Sünder verschrien.«

»Als ob du glauben würdest, was dir von hochroten Köpfen nach der vierten Maß Weißbier erzählt wird.« Schmied spie aus. »Mir haben die Herren Offiziere schon ein Rittergut in Westpreußen angedichtet und eine Tante beim Zirkus. Mein Urlaub reicht für den Umweg nicht aus, das ist alles.«

Sie schwiegen eine Weile.

»Gleich kommt der schwierigste Teil des Weges«, rief Schmied. »Trödelst du deshalb wie ein Rekrut beim Nachtmarsch?« Schmied klang gut gelaunt.

Renau legte die Hand auf den kühlen, rauen Steinpfosten. Er blickte die Felswand empor. »Die Treppe wendet sich alle zwölf Stufen um die Ecke, immer hin und her.« Sie war so steil, dass er in der Höhe die Treppenstufen nicht mehr unterscheiden konnte. »Kein Wunder, dass man das hier die Himmelsleiter nennt.«

»Oder Ziegendarm.« Schmied fischte aus seiner Brusttasche ein Bonbon.

»Was?«

»Du glotzt ja wie beim Haubitzendonner.« Schmied kniff ein Auge zu. »Das sagt mein Baedeker.« Er deutete nach oben. »Und wenn ich mir den Treppenlauf so recht betrachte, haben die schlauen Schlitzaugen gar nicht so unrecht. Die angeblich zweitausend Stufen winden sich wie die engen Schlingen eines Darms.« Schmied steckte das Bonbon in den Mund. »Sparen wir unseren Atem«, nuschelte er.

Der Anstieg wäre leichter gewesen, hätten sie in einen Takt fallen können. Doch die Stufen waren zu uneben, zu oft lagen Steine oder Ästchen quer. Renau musste darauf achten, wohin er den Fuß setzte.

Je höher sie stiegen, desto weniger Zypressen grünten im Hang, bald wurden sie von den Fichten ganz verdrängt. Langsam wurden auch deren Kronen licht und klein.

Renau sah tief unter ihm Tempeldächer zwischen den Bäumen aufscheinen, Gott sei Dank war er nicht schwindelig. Sogar ein Vogelschwarm flog unter ihm als schwarze Pünktchen durchs Tal.

Dann war nur noch senkrechte Felswand neben den Stufen, eiserne Ketten hingen in weiten Bögen daran. Schmied hielt sich daran fest. Renau tat es ihm gleich. Das Metall war seltsamerweise nicht rostig. Wieder ein Geheimnis dieses Volkes, das so viele Handwerke beherrschte und doch lebte wie vor Hunderten von Jahren.

Renau sah über sich einen gemauerten Pfosten in den blauen Himmel ragen. Noch zwanzig Stufen, Schmied verschwand aus seinem Blickfeld, noch fünf. Dann ... Renau lächelte, ohne dass er es wollte.

Vor ihm breitete sich eine raue Ebene aus, in der große und kleine Hügel wie kleine Burgen thronten, fast jeder von ihnen war mit einem Tempel gekrönt. Niedrige Dächer, hohe geschwungene Firste, und zu allen führten gemauerte Treppen, die sich an die Erde schmiegten wie Wollstoff. Direkt über Renaus Kopf schloss sich ein steinerner Bogen. Er passierte eben das dritte Himmelstor.

»Man erwartet einen Gipfel und findet ein Dorf«, sagte Schmied.

Strohgedeckte Häuser reihten sich in einem steinigen Feld auf. »Hoffentlich ist ein Gasthaus offen.«

Schmied hob die Hand. »Ich habe schon Leute laufen sehen. Wir sind nicht allein hier oben.«

Bei den ersten beiden schlichten Holzkaten waren die Türen versperrt. Die Pilgerherbergen brauchte man wohl im Sommer nicht. Das nächste Haus verfügte über ein vorgezogenes Dach, ein paar Latten lagen vor der Schwelle.

»Ich rieche schon den Schmortopf«, lachte Schmied und ging hinein.

Renaus Augen gewöhnten sich schnell an das Halbdunkel. Drei Bänke standen in dem quadratischen Raum, die Wände und Decken hatte man aus grobem Holz errichtet, in der Ecke führte ein Durchschlupf weiter.

Links saß ein alter Mann und schaukelte wie ein Kind über einem Teller. Er beachtete sie nicht einmal.

Schmied kam schon wieder zurück. »Setz dich einfach, sie bringen uns, was sie haben.«

Auf Schmieds Chinesisch war Verlass. Renau legte das Marschgepäck auf die Bank. Mit drei Handgriffen hatte er die Stiefelschnüre gelöst und die Uniformhose hochgeschoben. Er knetete sich die Wadenmuskeln. »Das wird einen höllischen Muskelkater geben.«

»Ich habe Lavendelöl mitgenommen, das hilft gegen Krämpfe.«

Eine uralte Frau in braunem Kittel schlurfte mit tief gebeugtem Rücken in den Gastraum, sie trug zwei große dampfende Schalen. Renau nickte, als sie sie vor ihnen abgestellt hatte. Es roch nach Fleischbrühe, Zwiebeln und Gemüseschnitze schwammen darin.

»Schmeckt ja hervorragend«, nuschelte Schmied und tauchte den Holzlöffel wieder ein.

»Das macht nur der Hunger, da schmeckt alles.«

»Du siehst die Welt zu schwarz, Heinrich.«

Renau fischte einen Brocken weiß gekochten Fleischs vom Boden der Schale. »Aber es ist doch so, oder nicht?«

Schmied streckte die Beine und legte den Löffel in seine leere Schale. »So trübselig wie du jetzt habe ich nach acht Monaten auch herumgesessen und habe vor dem nächsten Brief gezittert. Meinst du, meine Cäcilie und ich, das sei immer eitel Sonnenschein gewesen?« Schmied drehte den Kopf, sah zum einzigen Fenster hinaus ins Blau, an einer Hausecke leuchtete gelb gebleichtes Dachstroh.

Renau trank die Schale einfach aus. Das stillte seinen Durst am schnellsten.

Schmied legte die Unterarme auf den Tisch. »Und als ihr Brief endlich eingetroffen war, hat sie mir darin gebeichtet, dass sie auf der Hochzeit ihrer Schwester einen früheren Verehrer getroffen hat, der es bis zum Landrichter gebracht hatte. Die kleine Stadt, man trifft sich beim Winzerfest wieder, sitzt zufällig im gleichen Café, in allen Ehren, versteht sich ...« Schmied betrachtete seine Daumen. »Ich wollte ihr das glauben, habe es aber nicht«, flüsterte er. »Ich bin vor Eifersucht halb verrückt geworden. Als ich das zweite Mal sturzbetrunken aus dem Club nach Hause gebracht wurde, war Schluss. Ich habe Cäcilie als Antwort geschrieben: ›Bis zu meinem Geburtstag musst du dich entscheiden.‹ Punkt.«

Die alte Chinesin brachte auf einem Holzbrett zwei Tontöpfe, aus denen es zischelte. Es roch nach Schweinefleisch.

»Dann hörte ich nichts von ihr. So wie du jetzt von Dorothea.« Schmieds Blick senkte sich kurz in den Tontopf.

Warum ließ ihn dieser verdammte Westerhoff nicht ins Reich fahren! Renau tunkte seinen Löffel in die braune Soße über dem Schmorfleisch. Schmieds Blick suchte draußen in den Wolken eine Erinnerung.

»Und dann schickte Cäcilie mir eine Woche vor dem Datum ein Telegramm. Ich habe es heute noch. Ich habe den Umschlag nicht gleich öffnen können. Ich musste mich aufs Bett setzen. Dann las ich die drei Worte: ›Ich bin dein‹, und fiel hintüber und warf vor Freude die Plumeaus in die Luft wie ein Knabe, dass die Federn flogen.« Schmied senkte den Kopf tief über den Schmortopf.

Renau kaute auf dem Fleisch, bis es keinen Geschmack mehr hatte. Was sollte er Schmied sagen, außer dass es bei ihnen umgekehrt lag? »Mit einem Telegramm kann ich es Dorothea nicht erklären.«

»Was?«, fragte Schmied leise und kratzte mit dem Holzlöffel im Topf.

»Dass ich die Verlobung vielleicht lösen muss.«

»Wieso ›muss‹?«

Renau zuckte unter dem nachsichtigen Ton Schmieds. »Das heißt, ich …«

»Liebst du Dorothea denn nicht mehr?«

»Darum geht es doch nicht.«

»Wenn es darum nicht geht, was steht denn zwischen euch? Was hindert dich, wenn du sie liebst und sie dich?«

Renau legte die Handkanten auf das grobe Holz des Tisches. Schmied fing seinen Blick auf und drehte den runden Kopf ein wenig zur Seite, als ob er das linke Ohr nach vorn bringen mochte.

Renau blickte in seine leeren Handflächen. »Ich habe als Arzt einen Eid geschworen. Nein, zwei sogar. Den hippokratischen und einen auf den Kaiser.«

»Ach, daher weht der Wind.« Schmied spitzte die Lippen. »Ich verstehe nicht ganz. Du warst doch schon Offizier, als du dich verlobt hast.«

»Dorothea hat wohl nur die heilende Seite an unserem Stand gesehen, damals, vielleicht sind es auch ihre Freundinnen, die von Jahr zu Jahr größere Forderungen stellen, was die moderne Frau tun solle. Oder sie ist unter dem Einfluss ihres Onkels so geworden, seit sie in seinem Reichstagsbüro arbeitet.« Renaus Rücken überlief ein Schauer. »Ich weiß es nicht.«

»Hast du Dorothea nicht gefragt, woher sie ihre Ansichten hat?«

»Sicher. Wir haben gestritten.« Renau fühlte ein Lächeln,

das sich auf seine Wangen stahl. Dorothea war so schön, wenn sie zornig war. »Und uns danach geherzt ... na, du weißt schon, wie.«

»Aber dann verstehe ich dich erst recht nicht.«

Renau schob seinen Hut ein wenig weiter weg. »Eine Frau, die offen gegen die Marinekredite des Kaisers spricht, wie soll ich mit ihr an einem Standort leben? Der Kaiser schreibt uns selbst die Uniformen vor, die wir zu tragen haben außerhalb der Kasernen. Man erwartet von uns Vorbildlichkeit.«

»Willst du sagen, dass dein Ehrgeiz größer ist als deine Liebe?« Schmied lehnte sich zurück und verschränkte die Hände vor der Brust. »Für manchen Marineoffizier ist die See wohl die beste Braut. Aber ehrlich gesagt, glaube ich nicht, dass du so einer bist.«

Die alte Chinesin brachte dem alten Mann einen Becher. Dann wandte sie sich um und stellte sich, krumm, wie sie war, wortlos vor ihrer Holzbank auf.

Schmied legte schon die Münzen auf den Tisch. »Komm, der freie Blick draußen wird uns guttun.«

Renau war froh, dass Schmied sein Marschgepäck schnürte und ihn einer Antwort enthob. Die Chinesin strich mit der knotigen Hand die Münzen vom groben Holz und schlurfte davon.

Draußen blendete das Sonnenlicht. Schmied holte den Baedeker aus dem Marschgepäck, sah sich um, las weiter. Dann lächelte er fein über den Zeilen.

»Was ist?«, fragte Renau.

»Wie die Faust aufs Auge. Der baufällige Tempel auf dem ersten Hügel, wo vom Eingangsbogen nur noch die eine Säule steht, ist der Tempel des Kriegsgottes.«

»Was amüsiert dich daran?« Auch eine Seitenwand der Vorhalle war halb zerfallen.

»Es amüsiert mich nicht. Aber ist es nicht auch ein bisschen unserer? Das Kriegerhandwerk haben wir exerziert. Wir können schießen, auch wenn wir die meiste Zeit im Fall des Falles im Lazarett um die Leben der Soldaten kämpfen würden.«

Renau hörte deutlich Dorotheas Stimme in seinem Kopf. *Die ganze Marinerüstung zielt auf Krieg, du kannst es drehen und wenden, wie du willst. Wozu baut das Reich sonst ein Schiff nach dem anderen, bald haben wir halb so viel wie das britische Empire.* Renau schüttelte langsam den Kopf. »Ich habe mich immer vor allem als Arzt verstanden.« Vielleicht liebte ihn Dorothea aus diesem Grunde.

Schmied ging wieder voran. »Wie der Vatikan sieht das nicht gerade hier oben aus. Alle Tempel haben Bauschäden, die großen wie die kleinen. Die Mandschu-Kaiser sind nachlässig.«

Vor einem kleinen Tempel hockten fünf Chinesen auf dem Boden und dösten in der Mittagshitze. Noch ein wenig stieg der Boden an, zwei Hügel weiter hatten sie das höchste Heiligtum erreicht. Renau hätte nicht sagen können, ob das Mauergeviert ein Tempel war.

Sie stiegen über die Treppen in den Vorhof und standen vor einem Steingeländer, das drei Felsen umlief.

»Das ist der höchste Punkt des Taischan«, sagte Schmied.

Die groben Klötze schienen aus einer Zeit vor den Anfängen der Zeit zu stammen. Dunkel marmoriert waren sie und dennoch glatt vom Regen der Jahrtausende.

Über ihnen weitete sich das Blau des chinesischen Himmels. Und Renau hätte schwören können, dass er dieses Blau noch nie gesehen hatte, nicht in Bayern, nicht auf hoher See bei Helgoland, nicht in Schlesien. Es war eine Spur dunkler und dennoch weniger nah, als ob der Himmel hier höher über der Erde schwebte.

»Hier oben weilt der Jadekaiser, so glauben die Chinesen.« Schmied deutete auf eine Inschrift auf einem flachen Stein an der Einfassung. »Angeblich bedeuten diese Zeichen, dass bis hierher der heilige Konfuzius gekommen sei.«

»Seltsam, in unseren Kirchen birst das Allerheiligste vor Gold und Diamantenschmuck, und hier liegen einfach grobe Felsen in der Erde.« Renau wollte um die Einfassung herumgehen, aber das Gelände fiel zu steil ab.

»Ein Heiliger, so heißt es, durchschreitet hier mit einer Fußlänge das Tor zum Himmel. Die Irdischen sehen nur Fels.«

»Auf einen frommen Offizier muss die Welt wohl noch ein bisschen warten …« Renau versuchte es mit Spott.

»Du bist nicht katholisch, sonst wüsstest du, dass man das in Rom anders sieht. Aber lassen wir das.« Schmied zog ihn an der Uniformjacke. »Wir haben wenigstens das Glück, dass heute gute Fernsicht herrscht. Ich will wissen, ob man wirklich das Meer von hier aus sehen kann.«

Renau setzte vorsichtig die Füße und hielt Abstand vom Rand der Steilklippe.

»Ich sehe die japanischen Inseln.« Schmieds Finger fuchtelte zum Horizont ins Azur.

Renau lachte. Die lange Kette der Berge mit den spitzen Gipfeln verschwamm immer weiter, aus einem kontrastreichen Grüngrau der Landschaft in den Tälern unter ihnen wurde ein immer helleres Grau zur Küste hin. »Es ist physikalisch unmöglich, von hier Tsingtau zu sehen. Die Erdkrümmung ist zu groß. Selbst bei klarster Sicht wäre die Bucht kleiner als ein Stecknadelkopf.«

»Entweder fehlt dir die Fantasie, oder du bist kein Heiliger.

Ich sehe sie genau, unsere weiße Stadt am Meer mit dem Signalberg.« Schmied schützte die Augen gegen das Licht und blickte reglos gen Osten.

»Du bist bestimmt heiliger als ich. Dann sag mir doch einfach, was du siehst.«

»Die *Scharnhorst* läuft gerade ein. Und der Dampfer aus Schanghai.«

»Pah, heute ist Donnerstag, da kommt er immer.«

Schmied drehte die Handflächen nach oben. »Jeder sieht eben, was er sehen will. – Komm weiter, ehe wir hier über die Kante stürzen und uns die Engel in der Himmelspforte winken.«

Sie wanderten zurück. Renau schaute in die endlose Fruchtbarkeit der Bauernlandschaft. Ihm war, als ob von dort unten mit dem sommerlich duftenden Wind etwas heraufzog, das ihn wie ein elektrischer Impuls traf. War es der Berg unter ihm, dem man seltsame Kräfte nachsagte, oder sendeten nur die überanstrengten Fasern seines Wadenfleischs diese Nervenimpulse?

Er wandte den Kopf, Schmied war verschwunden.

Auch auf der nächsten Treppe war er nicht zu sehen. Renau ging langsam über Gras und Steine weiter.

Der größte Tempel war umstellt mit Stelen und Tafeln, viele kaum noch zu entziffern. Zwei Treppenanlagen sogar führten hinauf, eine breite von der Seite des Himmelstors her und eine schmale, dreimal gekehrte von seiner Seite her. Schmied ließ diese Anlage sicher nicht aus.

Schon im Vorhof waren die Wände voller Täfelchen, Renau durchschritt die wenigen Meter. Dann stand er in einem großen Hof. Unter einem Vordach direkt gegenüber ragte ein Standbild auf. Eine schwarzhaarige bleiche Göttin legte die

Hände mit gespreizten Fingern aneinander. Ihr Blick richtete sich in den Himmel. Räucherwerk brannte vor ihr. Renau suchte mit den Augen die Seitenhallen des Hofes ab. Aber er entdeckte weder Schmied noch einen Priester.

Renau näherte sich der Göttin. Hinter ihr an der Wand, um sie herum, die ganze Halle bis zu den Ecken, vollgestellt mit Kinderfigürchen, Spielzeug, Händchen, Beinchen, Köpfe, ein Ohr. Das meiste aus längst ausgebleichtem Papier, einige der Dinge waren auch aus gebranntem Ton gefertigt. Die der Göttin am nächsten liegenden Figurinen hatte man aus Jade geschnitzt, fein ziseliert, die Gesichter glänzten im grünen Stein fast so unterschiedlich, wie Kinder eben waren.

Die Augen der Göttin ignorierten ihn, das gemalte Haar hing in einer langen Locke über ihren weißen Hals. Es war Dorotheas Farbe, Renau hörte sich atmen, wie es auch Dorotheas Frisur war, genau dieses Lockenspiel über ihrem bleichen Hals war gefallen, als er das erste Mal in ihren Leib gedrungen war.

Die Jadekinder waren grüngelb und tot. War es das, was er letztlich fürchtete? Dass auf eine Vermählung Kinder folgen würden, die sie gebären und erziehen würde in ihrem Geiste. Dass sie seinen Willen in der Familie niemals gelten lassen würde, so wie in ihrem Zuhause ihr Vater allem freien Lauf lassen musste, was die Frauen wollten. Was sollte er dann einem Sohn sein, einer Tochter gar, was sollte er anderes sein als der Ernährer, dem man unwillig von Marinestandort zu Standort folgte, bis das Erbe oder das Karriereglück endlich erlaubten, in Berlin zu bleiben.

Diese Göttin hatte Tausenden, vielleicht Millionen Menschen Kindersegen gebracht. Würde eines mit Dorothea jemals seines sein? Renau lehnte sich an die Tragesäule des Vordachs und schloss die Augen.

»Da steckst du!« Schmied winkte mit einem Püppchen in der Hand. Einen Moment glaubte er, dass sein Freund eine Erscheinung wäre, so blass und breit stand er in der Sonne, dass er mit den Tempelmauern verschwamm. Schmied würde ein guter Vater sein, seine Cäcilie würde ihm den Stammhalter schenken und noch drei Kinder mehr. Und dort in seiner Familie wäre Schmied niemals der Offizier, sondern nur ein Mann, der gern mit seinem Filius Hoppe-Reiter spielte.

Und Renau würde immer der Offizier, der Arzt bleiben, der Dorotheas Kind zurechtweisen sollte, der Dorotheas Kind so auf dem Arm tragen würde wie jene, die man ihnen in der Ausbildung aus den Waisenhäusern brachte. Selbst wenn er um die Kinderseele ränge, gegen die dunkelhaarige Göttin verlöre er den Kampf.

»Das habe ich auf der Treppe gefunden.« Schmieds Stimme hatte einen seltsamen Hall.

Renaus Blick fiel auf ein Püppchen aus Ton mit den gekrümmten Säuglingsbeinen. Es lächelte, die Schlitzaugen vor Wonne geschlossen. Renau drückte sich von der Säule ab. »Hier sind Kinder genug.« Er ließ Schmied stehen, der es vor dem Götzenbild hinlegte.

Renau ging durch den gleißend weißen Hof auf den Schatten zu. Es war nicht der Ehrgeiz, der ihn von Berlin wegtrieb … So schmal ihr Leib war, so zart ihre Haut, ihr Geist floss schneller als seiner, floss um ihn herum, schloss die Türen zu ihrem Innersten oder öffnete sie. Dorothea würde ihn niemals ersticken, schon aus liebender Sorge nicht, aber sie würde ihn nicht brauchen. Sie hatte ihren Halt in sich selbst gefunden. Und deshalb verlor er gerade seinen an ihr.

Renau wandte sich im Schatten des Vorhofs um. Es schien, als ob das Standbild seinen Blick erwiderte. Das Lächeln der Göttin war keines. Sie war die Herrscherin des Lebens; ihren Mund umspielte die spöttische Freude des Sieges.

Kapitel 4

Pang Kia Lan, Missionsgarten – 2. Juni 1911

Vor den Treppen der Kapelle strahlten zarte weiße Blättchen, die der Sommerwind vom Jade-Kaiser-Baum herabgeweht hatte. Der Hof hinter dem Missionshaus leuchtete im schönsten Junilicht. Leontine schloss die Augen. Der leichte Honigduft in der Nase hüllte sie ein wie ein Zaubermantel. Die Sonne wärmte ihre Wangen, nur der aufgeregte Vogelstreit über ihr im Baumwipfel erinnerte sie daran, dass sie nicht gerade durch den blauen Himmel schwebte. Leontine lachte dem Rotschwänzchenpaar zu, das als zwei kabbelnde Schattenflecken durchs Blattwerk tobte.

Daheim.

Die hellgraue Tür der Kapelle stand offen. Leontine machte sich den Spaß und wedelte mit ihrem Strohhut das Blütenmeer unter dem Baum auf. Dann schlich sie unter dem Blütenschnee um die Ecke der Kapelle zur Gartenseite. Unter das zweite Fenster hatten die Dorfkinder drei große Feldsteine gerollt. Leontine trat auf den größten und hielt sich am Fenstersims fest.

Zuerst sah sie ihn nicht, nur die zwanzig hellgrau lackierten Bänke um den Mittelgang. Leontine stellte sich auf die Fußspitzen, Friedbert stand auch nicht in der Kanzel. Manchmal legte er dort schon ein, zwei Tage vorher die Predigtschrift hin. Eine erste Rose hatte jemand in ein schlichtes Glas auf den Altar gestellt. Die Fransen des weißen Häkeltuchs darunter waren sauber ausgekämmt. Der Schrank neben der Tür, der die chinesischen Bilderbibeln barg, stand offen. Also war Friedbert noch in der Kapelle. Sah er sie längst?

Leontine sprang zum nächsten Stein. Beinahe wäre ihr ein Laut entfahren. Da. Der lange Rücken Friedberts schimmerte schwarz im Halbschatten hinter der Tür. Er hatte seinen Ärmel gegen die Wand gestützt, die weiße Hemdmanschette lugte unter dem Rand hervor, darüber ballte er die Faust. Die Linke hatte er tief in seinem blonden Schopf verwühlt, der Ellbogen rührte an den Putz. Friedbert stand regungslos wie ein an die Wand gelehnter, dünner Stamm, den man beim Holzmachen vergessen hatte.

Leontine zog die Finger von der Scheibe zurück, sprang vom Stein und lief um die Ecke der Kapelle herum. »Friedbert, Tsang ist von der Poststation zurück!«

»Leontine!« Friedberts Stimme drang dumpf aus der Ecke hinter der Tür.

Sie lief in die Kapelle hinein, als ob sie nicht wüsste, wo er stand. In der Mitte unter dem Kranzleuchter drehte sie sich einmal um ihre Achse und breitete die Arme aus. »Wo steckst du denn?«

»Hier.« Friedberts Hand lag auf der letzten Rückbank, seine andere glättete die Locken. Mit seinen langen Beinen machte er drei Schritte auf sie zu, ging ein wenig in die Knie und umfasste sie an den Hüften. Er hob sie hoch und zog sie an sich. »Gute Nachrichten kann ich brauchen.«

Leontine fühlte seine Hand zwischen ihren Schultern, er setzte sie ab. Seine grünblauen Augen leuchteten unter den breiten, hellen Augenbrauen. Seine Hände glitten über ihre Schultern. Er schob sie ein wenig weg von sich. »Danken wir dem Herrn. Ich hatte die Lieferung aus Tsingtau noch gar nicht erwartet.«

Leontine fühlte ihre Hände in seinen. Wie rau und fest sein Griff war, so fest, als wolle er sie nicht wieder loslassen, drückten seine Finger. »Unser Wohltäter hat Kisten mit Werkzeugen für die Bortenbinderei geschickt.« Sie stellte sich auf die Zehenspitzen und küsste ihn. »Tschang lädt gerade ab.«

Sein Blick irrlichterte zur Kapellentür. »Nicht doch … Gleich kommen die Bibelfrauen.«

»Es ist doch wunderbar, dass du wieder Bibelunterricht gibst.« Friedberts Blick verlor sich auf dem gestampften Boden der Kapelle. »Du freust dich ja gar nicht?«, fragte Leontine.

Er rieb sich den Nacken, schaute an ihr vorbei zum Altar, auf dem das Holzkreuz im Licht schimmerte. »Es sind so wenige geworden.«

»Andere Gemeinden hat es viel schlimmer getroffen als uns. Wir haben nur fast die Hälfte der Mitglieder verloren. In Wo-Heng sind sie nur noch zehn, und dein Freund Kärcher hat nur noch siebzehn von achtundneunzig Christen.« Sie trat an seine Seite und hängte sich ein. »Was hätten wir denn tun sollen? In Tsingtau reichte der Impfstoff gerade einmal fürs Militär.«

»Höre mir auf mit den Offizieren.« Friedbert ging zum Schrank. »Gar nichts getan haben die für uns hier draußen.«

Leontine sah Doktor Renau wieder in der Baracke vor sich, wie er sie zum Abschied anlächelte, diesen warmen Glanz in seinen Augen. »Doch, Friedbert, sie haben mich gerettet. Dafür bin ich sehr dankbar.«

Ein verschleierter Blick traf sie, als sähe Friedbert durch sie hindurch eine Reihe Sünder an, denen er die Beichte abnehmen wollte. »Du hast recht.« Er hielt ihr einen Stapel hin. »Die reichen zurzeit. Legst du sie bitte aus?« Friedbert ging zur ersten Bankreihe und legte die schmalen, bunt bedruckten Hefte aus. Bunte Zeichnungen darin bebilderten die Lieder, das reichte. Die Frauen kannten die Verse und Melodien auswendig. »Die Frauen sind bestimmt gleich da.«

Sein langer Rücken bog sich wieder und wieder über die Reihen. Die halbe Gemeinde war von der Pest dahingerafft, sie standen fast wieder am Anfang.

Friedberts Finger strichen über die Kante des Altars. »Am schlimmsten ist, dass so viele vom Glauben abgefallen sind. Sogar der alte Su, unser ältester Christ, der sogar den Katechismus rezitieren konnte, hat sich noch zur verwitterten Fratze des Pestgotts am Friedhof tragen lassen von seinem starken Enkel. Der Junge mit den abstehenden Ohren starb noch vor dem Alten.«

Friedberts Augen schauten in die Weite, wie in eine Flur, deren Saat nicht gekeimt war. Leontine legte den Stapel Hefte auf die Bank und fasste seine raue Hand. »Aber dann, dann ist erst bei der Tante das Fieber gefallen. Sie hat geschworen, dass die Engel unseres Herrn sie an der Pforte des Paradieses zurückgeschickt haben. Dann hat sie dem Mann der Su das Beten beigebracht, der nie auch nur einen Fuß in die Mission hat setzen wollen. Als bei ihm das Fieber fiel, kamen sie wieder zur Kapelle. Sogar die zornige Fu-En, die dich auf der Gasse verflucht hatte, hat sich wieder mit den Bibelfrauen getroffen.« Friedbert drückte ihre Hand. Seine Lider flatterten. »Ich verstehe diese Menschen nicht, Leontine. Ich verstehe unsere Dörfler nicht«, flüsterte er. »Wie kann man an unseren Herrn glauben und wieder nicht glauben und von einem Götzen zum andern laufen? Wie soll ich jetzt einen Christen taufen, der mir das Glaubensbekenntnis aufsagt. Darf ich das jetzt noch? Stehe ich nicht einer Reihe Heiden vor, wenn ich am Sonntag die Predigt halte?«

Leontine strich ihm über die Haare auf dem Handrücken. »Tante Su glaubt bestimmt an die Botschaft der Engel. Das weiß ich. Und der Herr hat sie auch gerettet wie die anderen Familienmitglieder. Daran solltest du nicht zweifeln.«

Friedbert nickte langsam und zog an seinem Pfarrerkragen, er atmete langsam aus. »Ich weiß.«

»In der Seuchenstation in Tsingtau haben die Soldaten auch große Angst gehabt. Zwei haben die Offiziere wegen Befehlsverweigerung einsperren lassen, weil sie sich den Kranken nicht nähern wollten. Dabei waren sie geimpft. Was sollen wir also von unseren braven Bauern hier verlangen?«

»Dass sie sich in ihrer Not fest an den Glauben an Jesus Christus halten.« Friedberts Blick suchte die Ecke einer Kapellenbank.

»Wie lange ist es her, dass wir die frohe Botschaft erteilen? Wir müssen Geduld mit ihnen haben. Und Geduld mit uns selber haben.« Sie stellte sich auf die Fußspitzen und küsste ihn.

Vom Hof her erschollen Frauenstimmen. Leontine fasste Friedberts Hand und zog ihn durch die Kapelle zur Tür.

»Lass, Leontine.«

»Nein, du kommst mit.« Zu viel Trübsal war nicht gut. »Seit wann hat der liebe Gott etwas gegen Lebensfreude.« Sie traten auf die Treppenstufen hinaus auf zerstreute Jade-Kaiser-Baumblüten. Zwischen dem Missionshaus und der Scheune kamen die Frauen vom vorderen Hof angelaufen. Ihre Kittel glänzten hellgrau, zwei liefen schon barfuß, die anderen trugen noch die Bastschuhe des Frühlings.

»Seht, wie Meister Ma lacht.«

»Eine Frau im Haus ist wie der Brunnen im Garten.«

»Singt ein Lied!«, sagte die sonnengebräunte Wang in ihrem Mischmaschdialekt. Doch die anderen verstanden sie genau.

»Nein, das ist doch nicht nötig.« Friedbert wehrte die Hände ab.

Doch die sieben Bibelfrauen lachten nur lauter. Finger zupften an Leontines Sommerkleid, an Friedberts Jacke, ein Ellbogen schob sie aufeinander zu, ein anderer drückte Friedbert und sie weiter unter den Baum.

Dann fassten sich die Frauen an den Händen und formten einen Kreis. Frau Wang hob das Kinn, hob den linken Fuß, dann ließ sie ihn auf die weißen Blütenblätter gleiten. Die sieben tanzten um sie beide herum.

»Der Fuchs, der sitzt im Weidenbaum und fischt dem Fischer Fische, der Fuchs, der sitzt im Fliederbaum und frisst von unserm Tische.«

Die Frauen tanzten den Reigen weiter. Friedbert legte ihr den Arm um die Schulter. »Aber in der Kapelle, da singen wir gleich aus dem Gesangbuch.«

Leontine spürte an seinem Griff, dass er sie nicht mehr weglassen wollte.

Die Frauen wechselten auf Wangs Zeichen die Richtung, nun sangen sie in hellerer Tonlage. »Der Fuchs, der sitzt im Drachenbaum und stiehlt dem Kaiser Rinder, der Fuchs, der sitzt im Kaiser-Baum und schenkt den Frauen Kinder.« Sie rissen die Arme hoch und wedelten mit den Händen.

Aus dem Baum flogen Vögel auf. Leontine schaute ihnen durch die Zweige hinterher. Auch Friedbert hatte den Kopf gedreht. Die Frauen trippelten auseinander und lachten, bis in die Kapelle hinein.

Kapitel 5

Pang Kia Lan, Missionshaus – 2. Juni 1911

Leontine steckte das Windlicht an. Sie mochte seinen milden Schein. Im Lichte der Petroleumlampe, die von der Decke des Schlafzimmers hing, hätte sie nur gesehen, dass sie keine Tapeten in dem schmalen Raum hatten kleben können. Nicht dass sie das bunte Papier arg vermisst hätte, was sollten sie Aufwand treiben in einem Raum, der nur so wenige Stunden benutzt wurde und dann nur zum Schlaf. Leontine stellte das Licht auf den kleinen Holzschrank, in dem sie ihre Haarbürsten aufbewahrte.

»Leontine?«, rief Friedbert aus der Stube. »Hast du keine Löschblätter in Tsingtau angefordert?«

Sie ließ die Bürste sinken. Die Wände waren so dünn, dass sie nicht die Türe zu öffnen brauchte. »Doch. Ich habe sie in den Schreibschrank unten eingeräumt.«

»Wo? … Ach, da.«

Sie hörte ihn hinter der Wand rumoren, wo sie die vielen Pakete und Taschen zwischen den beiden Schränken aufgestapelt hatte. Die Hauptstation hatte ihnen von Spenden aus dem Reich allerlei zugeteilt. Leontine hatte die Liste nur überflogen. »Lass uns die Post morgen durchgehen, es wird regnen.«

Wie vertraut ihr das kratzende Geräusch geworden war, wenn die einfachen Holzbeine seines Stuhls über die gestrichene Diele rutschten. Friedbert stand jetzt sicher auf einem Bein auf dem Stuhl und drehte die Flamme unter der Petroleumlampe in der Stube aus. Leontine lächelte eine dunkle Stelle auf der unebenen Wand an. Manchmal, wenn sie vor Müdigkeit nicht einschlafen konnte und das Mondlicht durch die Läden schimmerte, dann starrte sie so lange in die Schattenrisse auf dem unebenen Putz, bis sie darin Tiere oder Häuser oder sonst wen erkannte. Damit sponn sie sich dann eine Geschichte bis in die Träume hinein.

Schon ging die Tür. »Du hast recht. Die Bauern sind alle auf dem Feld, was soll ich draußen im Dorf. Selbst die Bortenbinder helfen mit.« Friedbert fuhr sich mit beiden Händen über das Gesicht. Er hängte seine Jacke an einen Haken an der Wand und knöpfte den Kragen aus dem Hemd. Er legte ihn auf den Nachtschrank neben sich und zog die Hosenträger von den Schultern.

Leontine sah ihm im Spiegel zu. Wenn er sich unbeobachtet fühlte, schaute er manchmal wie ein kleiner Junge drein.

Friedbert blieb auf einem Bein stehen und pendelte ins Gleichgewicht. In der Linken hielt er seinen Schnürschuh.

Sie drehte ihm den Rücken zu. »Ich finde die eine Haarnadel nicht.« Sie hielt die langen Strähnen in ihrem Nacken.

Er stellte den Schuh unter das Bett. Sie fühlte seine kräftigen Finger in den Haaren. Wieder wühlte er, dann zog es links kräftig. »Autsch, das ziept doch. – Weißt du, was die Hauptstation gerade tut?«

Friedbert hielt ihr die Haarnadel vor die Brust, sie nahm sie. »Es war ein Brief von Noll dabei? Den musst du mir doch sofort zeigen!«

»Es war nur ein Zeitungsausschnitt. Die Berliner Mission hat im Reich einen Aufruf zu Spenden in die großen Zeitungen gesetzt, führende Mitglieder besuchen die Vereinigungen der Unternehmen. Nächstes Jahr sollen wir dann die Spenden in Empfang nehmen, damit unsere Grundausstattung gehoben werden kann.« Sie ging zurück zum kleinen Schränkchen.

»Da hat der Heilige Geist die Herren erleuchtet. Das wird aber auch Zeit.« Friedbert bückte sich und zog den zweiten Schuh vom Fuß.

Leontine bürstete sich die Haare aus. Die Leiterin der Missionsküche hatte sie ihr vor ihrer Abreise aus Tsingtau noch in Form geschnitten, Friedbert hatte es bis heute nicht bemerkt. Leontine seufzte und tauschte die Bürste mit dem Kamm.

Aber jetzt sah er sie an. Sein grünblauer Blick streifte ihre Hüfte. Er zog das Hemd aus, hängte es an den Haken und verlor sie nicht aus den Augen. »Wer hat dir die Haare gekürzt?«

Leontine lächelte und schüttelte die Haare aus. »Frau Dürrenberg, noch in Tsingtau, war so nett.«

»Aha.« Friedbert legte die Hose ab. »Schön.« Er streifte die Unterwäsche rasch zu Boden. Sein Arm fuhr unter das Kopfkissen.

Leontine führte den Kamm vorsichtig durch ihre Haarspitzen, wenn sie es aus Faulheit sein ließ, verfilzten sie nur. Im kleinen Spiegel auf dem Schränkchen sah sie seine Brusthaare und die auf dem Bauch, die im milden Licht des Windlichts Schatten warfen. Friedbert fasste den Saum des Nachthemds mit beiden Händen unter, hob es hoch über den Kopf und warf es dann doch aufs Bett. Leontine sah Friedbert im kleinen Rahmen des Spiegels nackt dastehen, fast wie eine Zeichnung auf den Kalendern der Mission von den schlanken Negern in Deutsch-Ostafrika. Doch zeigten die niemals Haare oder gar ein Glied, das sich schon ein wenig regte. Die Kalender waren sittsam und voller Engel.

Leontine hörte die Bretter im Bett knarren. Friedbert schlug das Federbett zurück. Gänsefedern gab es in Schantung genug.

Sie waren billig, gegen den wärmenden Luxus hatte sogar Friedberts Sparsamkeit nichts einzuwenden.

»Dir wird kalt«, sagte er leise. »Komm.«

Sie fühlte seinen Blick im Rücken, als sie ihre Kleider auf den Stuhl neben dem Schränkchen ablegte. Sie setzte sich rückwärts aufs Bett und holte ihr Nachthemd unter ihrem Kissen hervor.

»Lass.« Friedbert richtete sich auf. Seine Finger nahmen ihr den dünnen Stoff aus der Hand. »Lass das Windlicht brennen, es geht von allein aus.« Er küsste ihre Schulter. Wie unbeholfen er versuchte, zart zu sein.

Leontine wand den Arm über seine linke Elle und stand noch einmal auf. Friedberts Hand fiel zurück auf die Daunendecke.

Sie blies das Windlicht aus. »Dann reicht es noch für morgen.« Sie spürte die kalten Dielen unter den Füßen. Im Spiegel ahnte sie Friedberts Schatten, der sich auf den rechten Unterarm stützte, sein Blick glitt über ihre Waden.

Die Laken waren kalt. Friedberts Knie waren hart, sie drückten ihre Unterschenkel, sein warmer Arm umfing ihren kühlen Bauch. Der Atem kitzelte ihr Ohr, sein Glied drückte an ihre Hüfte. Leontine hatte fast vergessen, wie sehr sie seinen Geruch mochte, das feine Reiben seiner festen Haut auf ihrer. Die rasche Hitze, die sein Leib erzeugte, zwischen den kalten Laken, Friedbert biss ihr ins Ohrläppchen, seine Hände suchten ihr Gesäß, packten sie fest.

»Au!« Und doch schmerzte es nicht wirklich, zeigte sein Griff doch nur sein Verlangen nach ihr. Er rollte sie auf seinen Bauch, bog den Kopf empor und vergrub sein Gesicht an ihren Brüsten. Friedberts kräftige Finger fuhren über ihren Rücken, als sei ihre Haut festes Leder, das ein Werkzeug umspannte. So gern Leontine Friedberts Hitze spürte, so sehr wünschte sie sich, dass sanftere Finger jetzt dort an sie rührten, so sanft, wie man ein Küken in den Händen hielt.

Friedberts Arme stemmten sie in die Luft, er schob sie sich zurecht, sein heißes Glied streifte ihre Schenkel. Sie mochte noch nicht, wand sich herum, er fand sie doch, war ganz um sie, an ihr. Leontine spürte seine Brusthaare im Rücken, ihre Ohren berührten sich. Leontines Haare verdeckten weich ihr Gesicht, sie ließ es zu, ließ sich auf seinen breiten Schwingen tragen. Ließ sich hochtragen, in den luftigen Höhen voller Glut, wie schnell sie emporstieg … Leontine erschrak über ihren eigenen Lustschrei.

Kapitel 6

Pang Kia Lan, Missionsgarten – 7. Juni 1911

Wie lange kocht das Wasser schon?« Leontine sah Frau Wang zu, die mit dem großen Wäschestampfer tief in das Seifenwasser stieß.

»Frau Ma müssen warten.« Immer wieder fuhr das ausgebleichte Holzstück auf und ab. »Das Wasser schlägt noch keine Blasen.«

»Die großen Tücher gut wenden.« Leontine ging um den Eisenkessel herum. Für den Sommer hatte sie ihn von Tschang aus der Waschküche vor die Scheune schaffen lassen. So ersparte sie sich ein halbes Jahr die feuchten Dämpfe in dem engen Raum. »Hast du drei oder vier Seifenblöcke aufgelöst?«

Frau Wang machte mit drei Fingern ein Zeichen. »Einen grünen und zwei weiße.« Der Stampfer fuhr wieder ins Wasser.

Leontine bückte sich, ihre graue Schürze hatte Flecken von den Mirabellen, die sie eben noch in der Küche entstielt hatte. Sie griff zum Schürhaken, der auf einem Blech unter dem Kessel lag. »Soll ich noch mal anheizen?«

»Nur kleine Blasen hier, Frau Ma.« Die Wang legte den Stampfer auf den Kesselrand und kam herum. »Ich machen. Zu schmutzig für Frau Ma.«

Leontine reichte ihr den Schürhaken, unter freiem Himmel heizte das Kohlebecken nicht so gut.

Sie schaute in der Nachmittagssonne in den Garten. In den Beeten, die das Gemüse einrahmten, blühten die Sommerrosen. Ihre Mutter hatte ihr die Stöcke aus Sangerhausen schicken lassen. Sogar eine gelbe hatte sich an das Schantunger Klima gewöhnt. Hinten an der Mauer wuchsen Birnbäume, die dieses Jahr schlecht tragen würden.

»Leontine, wo steckst du denn?« Friedberts Stimme scholl vom Hof her.

»Hier, ich bin am Waschkessel.«

»Dort wirst du unseren Gast wohl nicht empfangen wollen?« Renau war schon da? Leontine wischte sich die Hände an der Schürze ab. »Ich komme.« Frau Wang rührte und reckte dabei den Kopf. Leontine sah an sich herunter, nicht einmal eine saubere Schürze hatte sie an. Im Gehen zog sie die Schleife in ihrem Rücken auf, zog sie vom geblümten Kattunkleid und warf sie in den Kessel.

Vor der Ecke blieb sie einen Moment stehen, nahm eine der Haarklammern in den Mund und richtete sich an der linken Kopfseite die Haare. Mit solchen Zotteln wollte sie ihrem Retter nicht unter die Augen treten.

Renau wartete vor der Tür des Missionshauses. In der weißen Sommeruniform wirkte er so viel vornehmer als in den

Quarantänekutten, der schwarze Gürtel setzte einen schönen Kontrast. »Doktor Renau! Ich bin so froh, dass Sie wirklich gekommen sind.« Leontine streckte ihm die Hand entgegen, spürte den eigenen Puls am Hals.

»Was kann es Schöneres für einen Arzt geben, als seine Patientin gesund und munter zu Hause anzutreffen.«

Friedbert trat neben sie. »Herr Marinestabsarzt. Ich möchte die erste Gelegenheit nutzen, Ihnen auch persönlich Dank dafür zu sagen, dass Sie meiner Frau das Leben gerettet haben. Eine Mission besteht nicht ohne die Frau im Hause, und ein Missionar noch weniger ...«

Leontine legte ihre Hände vor ihr geblümtes Kattunkleid.

Renau hob die Hände. »Wir Ärzte können so wenig tun. Die Lebenskräfte Ihrer Gattin waren siegreich.«

Renau hatte der Sommer gutgetan, die zarte Bräune auf seinem Gesicht ließ ihn jünger aussehen, lebensfroh gar, fast glaubte Leontine einen Schalk in seinen Augen blitzen zu sehen. Sie spürte, wie ihr das Blut in die Wangen stieg. »Wollen wir nicht hineingehen und einen Kaffee trinken? Doktor Renau ist sicher müde von der Reise.«

Der Marinearzt drehte den Tropenhelm in seiner Hand. »Nein, gar nicht. Ich habe den Ritt hierherauf sogar genossen. Sie werden es nicht glauben, es war das erste Mal seit vier Jahren, dass ich auf einem Pferd richtig ausgeritten bin. In Berlin fährt man ja Tram oder Hochbahn. Und in Tsingtau setzt man sich einfach in eine Rikscha oder läuft. Als Sanitätsoffizier reite ich ja nicht einmal im Manöver richtig. – Danke, dass Ihr Knecht das Pferd sofort versorgt hat.«

»Tschang ist eine gute Seele.« Friedbert öffnete die Haustür.

Leontine war froh, dass sie gestern Abend schon alles reinlich hatte machen lassen. Die kleine Gästestube lag gleich bei der Tür.

»Wir haben vor drei Tagen frisch geweißelt, Herr Marinestabsarzt. Deshalb steht das Fenster auf. Der Kalk ist aber trocken, keine Sorge.« Friedbert wies auf das niedrige, chinesische Schränkchen. »Dort drin finden Sie Waschkrug und Becken. Wenn Sie etwas brauchen …«

»Ich richte den Tisch.« Leontine ließ die beiden stehen. Es würde zum Backen nicht reichen. So mussten Mirabellen mit Rahm eben genügen. Vor der Küche zögerte sie, die Hand auf die Brust, ein bisschen festlich dürfte es für ihn heute doch sein. Leontine ging durch den Hinterausgang zum langen Beet und pflückte eine gelbe Rose für den Doktor.

»Ich will Ihnen nicht verhehlen, dass wir Militärärzte uns nicht haben durchsetzen können, jetzt die Missionsstationen vorsorglich mit Impfstoff zu versehen.« Renau lehnte sich zurück. »Kaum scheinen die letzten Infektionsherde erloschen, hört man in den Gängen der Verwaltung kaum noch etwas davon, Vorräte des Serums anzulegen. Stattdessen kreisen die Gedanken schon um den feierlichen Empfang des Prinzen Heinrich im nächsten Jahr.«

Friedbert zog die Lippen ein. »Der Sünder hat ein kurzes Gedächtnis.«

Renau blickte zu ihr her. Leontine bemerkte die goldene Tresse am Schulterabzeichen. Mit dem Doktor war über dem Entenbraten mit Möhren etwas eingekehrt, das sie vermisst hatte: Die Sicherheit des Lebens im Reich, die Ordnung und das Vertrauen, dass man wisse, was zu tun sei. Er hatte ihr sogar einige illustrierte Zeitungen aus der Stadt mitgebracht.

Er hatte sogar daran gedacht, was ihr eine Freude machen könnte. Sein Feingefühl war so zivilisiert.

»Ich möchte Ihre Zeit nicht über Gebühr in Anspruch nehmen, ich wäre glücklich, wenn Sie mir morgen Ihre Gemeinde zeigen könnten. Ich verstehe nichts von der Arbeit eines Missionars. Mir scheinen schon die Rekruten als Menschen mit verschlossenen Ohren. Vielleicht kann ich hie und da auch als Arzt zurate stehen?« Seine ruhige Art, das Besteck zu führen, gefiel ihr. Er schien gar nicht hinzusehen, doch legte er Messer, Gabel immer genau dahin, wo es sich gehörte. Kein Tropfen Soße sprang auf die Decke wie an Friedberts Teller.

Ihr Mann legte beide Fäuste auf den Tischrand. »Desto besser, dass Sie es anbieten. Ehrlich gesagt, wollte ich Sie darum bitten.«

War schon wieder jemand in der Gemeinde krank? Leontine fielen nur drei Schwangere ein, die am Sonntag geklagt hatten.

»Jemand hat mir in der Stadt von den Bortenbindern gesprochen. Ihr Dorf exportiert sogar bis ins Reich, nicht wahr?«

»Erzählt man das? So ist es nicht ganz. Wir bezahlen Meister aus der Provinz, dass sie hier Männer und Frauen in dem Handwerk unterweisen. Dann kauft die Mission die Ware auf, verpackt sie hier und verkauft sie über den Tsingtauer Hafen ins Reich. Mit etwas Glück erwirtschaften wir ein wenig Geld für die Gemeindearbeit in China. Die Marge ist nicht groß, wir bleiben auf Spenden angewiesen, weil wir gerechte Löhne zahlen.«

»Strohhüte sollen dieses Jahr im Reich in Mode kommen, sagte mir meine Vermieterin, Frau Landvermesser Gmelin.« Renau lächelte.

Sein scherzhafter Ton versetzte Leontine einen Stich, ein wenig Heimweh flackerte auf. »Mode ist etwas, was uns hier wie ein Märchen aus einer fernen Welt vorkommt.« Sie hätte gern wenigstens einmal nach den neuen Kleidern geschaut. »Hier brauchen wir vor allem wetterfestes Zeug.«

»Die Armut ist die größte Geißel. Die letzten vier Ernten sind zwar gut ausgefallen, aber die Pest hat die Schwächsten hinweggerafft.« Friedbert legte den Kopf in den Nacken und schaute zum Deckenhaken, an dem die Petroleumlampe hing. »Können Sie glauben, dass unser Dorf kaum zu erreichen ist, weil ein gieriger chinesischer Kreisbeamter partout die eingebrochene Brücke unten im Tal nicht instand setzen lässt, als ob er nicht genau wüsste, dass hier niemand Geld dafür hat.« Friedbert legte den linken Unterarm auf den Tisch und ließ seine Hand wie eine Knospe aufspringen. »Ich kann doch die Spenden ehrbarer Protestanten aus dem Reich nicht dazu verwenden, dass ein Gierschlund den Hals vollkriegt. Obwohl damit den armen Leuten hier am meisten geholfen wäre. Wir könnten dann die Borten wieder auf Maultierkarren zur Bahn bringen und vielleicht auch im Herbst ein wenig Obst auf dem Markt verkaufen. Dennoch, niemand im Reich würde eine Bestechung billigen.«

Leontine hörte durch das offene Fenster das große Hoftor in den Angeln drehen.

Renau wiegte den Kopf. »Selbst in Tsingtau, wo wir Deutschen allein das Sagen haben, trifft die Marine auf Bedingungen, die wir nicht per Federstrich ändern können.«

Leontine fühlte sich wieder ganz und gar zu Hause und war froh, dass er jetzt an ihrem Tisch saß. Renau lachte wie ein Fischer an der Warthe, der sicher seine Netze über eine Untiefe gezogen hatte.

»Ich wäre froh, wenn Sie mir viel vom Lande zeigten, Missionar.« Renau hob die Hand und legte die zwei Finger aneinander. »Tsingtau ist ein viel kleinerer Standort als Wilhelmshaven. Der deutsche Kreis, in dem man verkehrt, ist eng. Ich bin froh, hier bei Ihnen das ursprüngliche China kennenzulernen.«

»Manchmal fragen wir uns, in welchem Jahrhundert, welchem Jahrtausend wir leben. Vieles scheint ewig gleich wie in den Geschichten, die die alten Leute von den märchenhaften Kaisern erzählen. Friedbert liest mir manchmal die Zeichen an den alten Gräbern vor. Die Kaisernamen sehen wir dann in dem Buch dort nach und wundern uns.« Leontine deutete auf den Bücherschrank.

»Ihnen ist es gelungen, Chinesisch zu beherrschen?«, fragte Renau und hob beide Augenbrauen. »Respekt! Ich übe noch voll Ehrgeiz, doch mein Erfolg ist gering.«

»Wie lange lernen Sie?«

»Zähle ich die Vorbereitungszeit im Reich mit, eineinviertel Jahr.«

Friedbert sah nicht mehr so müde aus wie vor dem Abendessen, jetzt schien er ihr wie ein Junge, der sich darüber freute, dass er das schärfere Taschenmesser besaß. »Bevor Sie nicht fünf Jahre knechten, können Sie kaum etwas lesen, und das auch nur, wenn Sie sich regelmäßig im Schreiben der Zeichen üben. Mir hilft, dass ich für die Mission mit den Bortenhändlern schriftlich verkehren muss. Irgendwann gewinnt man ein Auge für die vielen kleinen Striche.«

»Ich bin schon froh, wenn ich Zeit finde, die dreihundert Zeichen aus dem Berliner Kurs zu wiederholen.«

»Tag, Mann, Frau, Fluss, Berg, Krieger und fremder Krieger …«

»Genau!« Renau legte die Hände aneinander. »Sie saßen

doch nicht etwa auch vor dem Katheder bei Professor Salomon?«

»Nein, wir hatten Kurse in der Missionszentrale bei seinem Schüler …«

Die Hunde schlugen an. Draußen flog ein Huhn so nah am Fenster auf, dass der Schein der Petroleumlampe darauf fiel.

»Fort mit euch«, schrie Tschang im Hof.

»Weg, Lumpenvolk«, schrie sein Sohn.

Frau Wang kreischte: »Meister Ma!«

Friedbert stürzte schon ans Fenster. »Was gibt's?«

Renau warf die Serviette neben den Teller, sprang auf und hielt sich an der Seite des Rahmens.

»Geh weg, geh weg«, kreischte die Wang von der Scheune her, der Schrei brach ab. Dann hörte Leontine ein dumpfes klatschendes Geräusch. Oh Gott. »Sie haben den Kessel ausgekippt, mit der Wäsche …«

Tschangs Gesicht tauchte im Licht auf. Er presste die Hand an die Schläfe. »Da ist viel schlechtes Volk im Hof, sie brechen in die Ställe ein.« Ein Stein traf Tschang an der Schulter. Er barg seinen Kopf am Fenstersims.

Renau schob Friedbert vom Fenster weg. Er nahm die Petroleumlampe vom Haken und sprang an die Seite ihres Gatten in den Schatten. »Wir brauchen sofort Verstärkung. Hören Sie die vielen Füße auf dem Sand!«

Friedbert packte Tschangs Schulter durchs offene Fenster. »Renn ins Dorf um Hilfe! Ab durch den Garten, da sind sie vielleicht nicht.«

Tschangs Kopf tauchte weg.

Leontine wurde am Arm gezerrt. Renaus Gesicht war gleich vor ihrer Nase. »Verriegeln Sie sofort die Türen und die Fensterläden.«

»Wi, Tschi, Huang, hier herüber«, brüllte Friedbert hinaus in den Hof.

Der Kessel lag umgestürzt in der Dämmerung. Leontine drückte das Fenster zu, soweit sie erkennen konnte, hatte das Waschwasser das Kohlebecken mitgerissen und gelöscht. Tschangs Schatten sprang im Garten über die Kohlköpfe.

»Kommen Sie!« Renau rannte in die Gästestube und kam mit einem Holster zurück. Er zog seine Pistole heraus und entsicherte sie. »Das Haus hier hat dünne Wände, Ziegel, nehme ich an. Ist die Kapelle drüben fester gemauert?«

»Ja«, sagte Friedbert.

»Haben Sie eine Waffe?«

»Mein Mann ist Pfarrer.« Leontine spürte ihre kalten Finger auf der Wange. Wie lange wollte sie denn noch wie ein dummes Mädchen dastehen? Sie wischte die Hände am Kleid ab. Sie hatte die Pest überstanden und würde auch dies überstehen, sosehr ihr Herz auch klopfte. »Was kann ich tun?«

Von draußen hörten sie ein lang gezogenes *Aaj,* es klang wie ein Echo im Berg.

»Die Angreifer kommen über die Dächer. Sie rufen sich Kommandos zu.« Renau drehte den Kopf zur Tür. »Wir müssen hier raus! Die Flucht ins Dorf wird uns nicht gelingen, das sind zu viele. Wir müssen uns in der Kapelle in Sicherheit bringen, das sind nur ein paar Schritte. Dort sind die Fenster hoch genug, dass man nicht einsteigen kann. Aber Sie müssen sich bewaffnen. Notfalls mit einem Besen.«

»Die Schürhaken vielleicht«, Friedbert rannte in die Küche.

»Frau Makrat, bleiben Sie dicht zwischen uns.« Renau legte seine Hand auf ihren Oberarm. Er biss die Zähne zusammen und nickte ihr zu. »Ist die Tür zur Kapelle abgeschlossen?«

Friedbert fuhr sich durch den Kragen. »Ich denke, ja. Ich weiß es nicht genau.«

»Halten Sie den Schlüssel bereit.« Renau zog langsam die Haustür auf.

Draußen war es gerade noch hell genug, dass Leontine sehen konnte, wie Männer durch den Hof rannten, die Tür zur Scheune stand offen. Auf dem Dach des Vorderhofs hockten zwei. Schreie drangen vom Hoftor, Tschangs Sohn schrie unter Prügeln. An den Pferdeställen trieben vier Kerle Renaus Pferd heraus.

»Das werden wir mal sehen, ob die Reichsbesitz so einfach in die Finger kriegen …« Renau schob den Unterkiefer vor. »Halten Sie sich besser die Ohren zu.«

Friedbert nahm sie um die Schulter, als sie sich die Hände auf die Ohren presste. Renau zielte und schoss.

Der Dieb, der sich gerade am Sattelzeug aufgeschwungen hatte, stürzte mit einem Schrei wie ein Sack vom Pferderücken. Das Tier scheute. Drei, vier Männer im Hof erstarrten kurz, rannten zur Scheune weg.

»Los, rüber zur Kapelle«, Renau zerrte sie unsanft am Kleid, Friedbert griff sie hart am anderen Arm.

»Aaj, aaj!«, scholl es hinter ihnen vom Dach des Missionshauses, ein Schatten rutschte in das Fenster der Kammer, wo sie das eingeweckte Obst aufbewahrte.

»Schnell, sie haben uns entdeckt.« Vom Pferdestall rannten zwei große Kerle heran, die Haare starrten vor Dreck. Leontine fiel gegen das Türblatt. Friedbert klapperte mit dem Schlüsselbund, es klackte metallisch wie Sonntag in der Frühe, wenn sie die Kapelle für den Gottesdienst aufsperrten.

»Pack!« Renau schoss freihändig. Fünf Schritte vor ihnen

knickte der Kerl auf den Sand und hielt sich das Knie. Der andere hüpfte im Haken weg wie ein Kaninchen.

Leontine wurde von Renaus Rücken in die Kapelle gestoßen. Friedbert knallte die Tür zu und riegelte ab. »Was jetzt?«, schnaufte er.

Renau wischte sich die Stirn. »Gibt es einen Keller, eine Gruft?«

»Wieso?« Leontine versuchte, im Halbdunkel in Renaus Gesicht zu lesen.

»Wir müssen Ihre Frau vor den Horden verstecken.«

»Die Kapelle steht direkt auf dem Fels«, sagte Friedbert matt.

»Dann nach oben. Auf die Empore.«

Leontine erklomm die kleine Stiege nach oben. »Ich gehe zum Geläut und ziehe die Leiter nach.« Einem Widerling würde sie nicht ohne Gegenwehr in die Hände fallen.

»Gut!« Renau sah ihr kurz nach, dann kroch er schon auf Knien über die Sitzbank, wo im Gottesdienst die Bibelfrauen saßen, zum Fenster. »Da vorn am Tor scheint der Anführer zu stehen, er macht den Männern Zeichen.«

Leontine hatte die Leiter zum Dachreiter erreicht, in dem die Glocke hing. Sie griff sich das Seil und hängte sich mit ihrem ganzen Gewicht daran. Nach dem dritten Zug gab sie Laut.

Leontine zersprang davon fast der Kopf. Aber jeder im Dorf sollte sie hören. Auch die Leute, die nicht zur Gemeinde gehörten, wüssten gleich, dass das kein Geläut wie zum Gottesdienst war.

Geschrei mischte sich in lange Aaj-Kommandos draußen.

»Das Dorf kommt. Verstecke dich lieber«, schrie Friedbert von unten.

Durch den Boden, an der Stiege schielte Friedbert zu ihr herauf.

»Kommen Sie, Makrat!« Renaus Kommandostimme war unerbittlich. »Wir müssen raus.«

Leontine zog die Leiter hoch zur ausschwingenden Glocke. Sie stellte sich in den Winkel unter den Querbalken, der das Geläut trug. Von hier konnte sie fast den ganzen Hof überblicken und den Hang hinunter zum Dorf.

Von dort zogen gut vierzig Leute heran, mit Forken bewaffnet. Einige trugen Fackeln.

Der Anführer der Bande sammelte eben seine Leute am Hoftor. Renaus Pferd hatten sie vor den großen Wagen gespannt. Zwei dünne Kerle zerrten den Mann heran, dem Renau ins Knie geschossen hatte.

Jetzt warfen sie ihn auf den Wagen. Aus den Scheunen schleppten sie die Getreidesäcke, das Schirrzeug, sogar die Hämmer und Sicheln aus der Werkstatt.

Aus der Tür des Missionshauses trugen zwei ihre Nähmaschine davon. Leontine hieb mit der Faust gegen das Gebälk. Eisern hatte sie dafür gespart. Möge sie der Herr bitter strafen.

»Nu-tscha, nu-tscha«, schrien die Dörfler am Hoftor.

Die Banditen drängelten sich um den Wagen und das Militärpferd. Wo waren Brando und Hella, die beiden Tiere der Mission?

Es blitzte, als Renau aus der Kapelle heraus in den Hof schoss.

Der Anführer, ein widerwärtiger Kerl, sprang herum wie ein Akrobat auf dem Jahrmarkt und schwang ein Schwert. »Ihhbang«, kreischte er.

Rauchschwaden surrten durch die Luft. »Oh Herrgott, kein Feuer!«

Vier der Pfeile fielen in den Sand und verlöschten, einer fiel auf das nasse Stück hinter dem ausgekippten Waschkessel. Einer traf das Dach des Vorhauses und entzündete das sommertrockene Schindeldach. Und einer steckte direkt vor ihr auf dem Kapellendach.

Leontine sah die kleinen Flammen an den Holzschindeln züngeln, die sie selbst mit den anderen gegen den Regen geteert hatte. Nicht noch mehr Unglück. Leontine streckte sich zum Stützbalken, ihr Arm reichte nicht hin, sie sprang hoch, griff das Holz und strampelte gegen das Holz, bis sie Halt fand. Sie duckte sich unter der Glocke weg, schwang das Knie über die Kante des Dachreiters und rutschte auf den First. Eine Naht hörte sie reißen, aber das war nicht wichtig, nur die züngelnden Flammen dort, fünf Schritte vor ihr am Dach. Sie kniete sich hin, schwankte, sah einen Moment das Getümmel im Hof, wo die Dörfler die Banditen zurückdrängten, scherte sich nicht drum, legte sich mit dem Bauch, der Brust auf den First und robbte auf die Flammen zu.

Spürte die Hitze im Gesicht, das harte Holz unter dem Leib. Drei Schindeln hatte es schon angeleckt, Leontine reichte mit dem Arm heran, er war zu kurz, sie drehte sich, hielt sich mit aller Kraft an der harten Kante der Schindelreihe des Firsts. Sie zog ihren Kleidersaum hoch, schrammte mit dem bloßen Bein über das Dach, trat nach dem Feuerpfeil, trat und traf.

Er rutschte, drehte sich feuerflirrend, fiel über die Kante hinunter in den Hof.

Dort war nur Sand. Leontine spürte auf einmal ihr eigenes Gewicht, sie konnte sich kaum mehr halten. »Herr im Himmel!«

Kapitel 7

Pang Kia Lan, Missionshof – 7. Juni 1911

Die Missionarin hing an beiden Händen am Glockentürmchen und verlor ... nein, sie hatte nach einem Feuerpfeil getreten, der vor die Kapellenfenster auf den Sand stürzte. Oben auf dem Dach verzüngelten sich die Flämmchen.

»Leon...«

Renau packte den Missionar, drückte ihm die flache Hand aufs Gesicht. »Sie darf nicht erschrecken.« Makrat knickte im Bauch ein und zuckte mit den Ellbogen wie ein Rekrut beim Ausstreichen mit der Gerte. Renau riss ihn hoch und ließ ihn fahren. Der Mund murmelte stumm ein Gütegottes. Renau wandte sich um.

Die Misssionarin hielt sich oben am First mit den bloßen Händen fest. Sie lag flach auf dem Dach, ihre braunen Stiefel suchten Halt an den Schindeln. Sie rutschte immerzu ab.

»Sie muss es schaffen!« Makrat hielt sich an der Wand der Scheune und war vom Anblick seiner Frau gebannt, die sich oben auf dem Bauch ans Glockentürmchen heranrobbte.

Aus dem ganzen Geschrei im Vorhof hörte Renau nur ein »Feuer, Feuer« heraus. Die Banditen wendeten die Pferde und den Wagen, ein paar Männern aus dem Dorf gelang es, einen Sack und eine Nähmaschine von der Ladefläche zu ziehen. Der Anführer hob sein Schwert und preschte an ihnen vorbei zum Garten. »Gibt es dort ein Tor?«

»Gott sei Dank.« Makrat wischte sich mit dem Handrücken über die Augen. »Leontine ist so wagemutig ...«, flüsterte er.

Sie waren immer noch in Gefahr, die Banditen waren bewaffnet. »Können die Diebe hinten hinaus?« Renau zerrte an der Schulter des Missionars.

»Wenn sie die Pforte aufsprengen in der Gartenmauer.«

Der Tross der Banditen preschte an ihnen vorbei aus dem Hof. Renau gab es einen Stich, dass ihm das gute Pferd der Kavallerie entführt wurde. »Verdammt«, aber es gab Wichtigeres.

»Schnell.«

Aus dem Garten flogen Lichtpunkte über ihre Köpfe. Eine neue Salve Pfeile traf die Speicher und das Missionshaus. Das Strohdach der Vorratsspeicher fing sofort Feuer, grell loderten die Flammen gegen den dunklen Himmel. Auf dem Ziegeldach der Mission verrauchten drei Pfeile.

Die Menschen hatten sich unter die Dächer der Wagenremise geflüchtet. Nur der Diener mit den schweren Narben stand schon am Brunnen und zog mit aller Kraft an der Kette. Männer rannten mit Ledereimern herbei, die sie an Seilen in den Brunnen warfen. Andere zogen in höchster Eile Gerätschaften aus den niedrigen Türen in den Lehmmauern und schleppten die Sachen aus dem Funkenflug.

»Bildet eine Kette«, schrie der Missionar.

Die Ledereimer wanderten von Hand zu Hand.

Makrat hustete im Rauch und schüttete das Wasser gegen die Lehmwände. »Das Dach ist sowieso verloren. Das Feuer darf nicht übergreifen. Macht das Dach des Zwischentors nass.«

Renau spurtete zur Ecke und winkte den Chinesen. Selbst alte Frauen eilten mit den Ledereimern herbei für eine zweite Kette.

Die Strohfunken flogen glühend und schwarz um sie herum. Der Rauch biss in die Atemwege, Renau hustete gegen den

Qualm. Junge Männer schoben einen Handwagen herbei, kletterten an der Eckstütze hoch, einer halb, einer ganz, die Löschkette wanderte so auf das Dach.

»Sichern Sie die Vorderseite!«, brüllte Renau gegen den Lärm. Er sah den Missionar zwischen grauem Rauch nicken. Die andere Eimerkette zog sich durch das Tor hinaus.

Dann rumpelte ein Wagen heran, der Chinese drosch auf den störrischen Esel ein. Jungs sprangen hinzu und schleppten schwere Körbe mit Sand nach vorn. Die Leute hievten sie zu mehreren hinauf.

Renau bewunderte das Volk, niemand anderer als die Not hatte die Leute ausgebildet, jeder Handgriff saß, nichts schienen die Menschen mehr zu fürchten als Feuer über dem Dach. Oben warfen zwei breitschultrige, fast nackte Kerle Sand mit Schaufeln in weitem Bogen auf das brennende Strohdach, als streuten sie Dünger über ein Reisfeld.

»Es hilft«, Makrat stand plötzlich vor ihm. »Sie ersticken den Funkenflug. Sie machen das im Dorf auch so.«

Jemand hatte die Feuerpfeile auf ein Häufchen getragen, das wie ein harmloses Lagerfeuer vor der Kapelle ausglühte.

»Meister Ma!« Tschang winkte am Brunnen.

Der Missionar rannte los, ein Stützbalken gab nach, das Dach des Speichers kippte. Die beiden Männer warfen ihre Schaufeln weg und sprangen in großen Sätzen auf das Dach der nächsten Scheune.

Die Leute gossen Eimer für Eimer in den Hof und über die Seitenwände.

»Die Hitze lässt nach«, Makrat stand neben ihm.

»Sind alle Brandherde eingedämmt?«, fragte Renau.

»Leontine!« Der Missionar lief auf das Hoftor zu, wo seine Frau in zerrissenem Kleid, einen Ledereimer in der Hand, einen jungen Chinesen stützte. Makrat umarmte beide und barg seinen Kopf an ihrer Schulter. Der Kopf der Missionarin schimmerte im Widerschein der letzten Flammen rotgolden wie auch ihr aufgelöstes Haar. Der Chinese hinkte. »Sind Sie verletzt?«, fragte Renau.

»Ich nicht, Wei-Ju hat ein berstender Balken am Bein getroffen.«

»Tschangs Sohn.« Makrat klopfte ihm auf die Schulter. »Hast du Schmerzen?«

Dem Jungen rannen Tränen über die Wangen. Renau rieb sich mit der Faust über die Stirn. Viel würde er mit seiner Notfalltasche nicht ausrichten können. »Holen Sie die Leute zusammen. Sie sollen alle Verletzten in die Kapelle bringen.«

»Ich werde das tun«, sagte die Missionarin und schob den Jungen in die Arme ihres Mannes. »Und mir rasch etwas anziehen. Ich bringe die Verbandssachen aus dem Haus mit. Falls sie nicht gestohlen worden sind von diesen Unmenschen.« Sie lief davon.

Renau würde ihr zuerst die Hände verbinden, sie war sich im Schock ihrer Verletzungen noch gar nicht bewusst. »Lassen Sie die Bänke zur Seite räumen und Matten bringen. Jemand soll reines Wasser heiß machen.« Renau ging in die Knie und fasste den Jungen unter den Beinen und an der Schulter. Er wog fast nichts, dieser Menschenschlag war leichtknochig.

»Tschang, Nu-Fei, hier herüber«, rief Makrat seinen Leuten zu, einige husteten, auf dem Boden kniend. Andere schütteten die letzten Ledereimer an die Wände. Die ersten Kinder liefen zwischen den Erwachsenen herum. Sogar Hunde trauten sich schon in den Hof und die rußschwangere Luft.

Wenn ihn sein Gefühl als Offizier nicht trog, war das Ganze hier ein Überfall, den jemand gezielt geführt hatte. Der Feuerpfeilregen beim Abzug, das hätte man in einer deutschen Kaserne genauso geplant.

»Eine Matte, schnell«, Renau winkte mit dem Kinn.

Renau sah die verwischten Rußspuren im Gesicht des Missionars, der noch ein wenig zitterte. Er hatte ganz vergessen, was sich in der Kapelle tat, schien es. Woher sollten diese braven Leute auch die Erfahrungen endloser Manövernächte haben oder gar die eines echten Kampfes, wie er sie gerade überrollt hatte. Er sollte seine Zeit nicht vertun. Er würde aus der Kapelle jetzt ein Notlazarett machen.

Ein Mann taumelte herein, streckte die Arme von sich, die verschmorte Haut platzte schon an einigen Stellen über dem rosigen Fleisch auf.

Der Mann hörte nicht mehr auf zu schreien.

Kapitel 8

Tsinanfu, Kanalwacht – 12. Juni 1911

Wer hat euch befohlen, die deutsche Missionsstation jetzt anzugreifen?« Sun Pau Tschi wählte einen scharfen Ton.

Die Luft in dem niedrigen Ziegelbau war stickig-feucht, dunkle Flecken verunzierten die verputzten Wände. Es stank nach Abwasser wie an jedem Verbindungskanal. Junge Gesichter, zahnlose Gesichter drehten sich; aber auch Augen voller Hass lenkten seinen Blick auf den zweiten Anführer. Der Mann hatte breite Wangenknochen wie die Leute aus dem Süden. Sein Zopf war dicht und lang. Die wattierte Jacke war wohl aus dunkelblauer Seide. Sie schien ihm zu teuer für einen

Banditen, der in Berggehöften hauste. Dahin also floss sein Silber.

Im Unterkiefer des zweiten Anführers zuckte es. Dann trat er vor. »Ich, Herr.«

»Habe ich es dir erlaubt?« Schade, er hatte noch mehr mit diesem Kerl vorgehabt. Selten verband sich schneller Geist und starker Arm bei einem Mann des Volkes, der seinen Speer weit zu werfen wusste.

»Nein, Herr.«

»Warum gehorchst du nicht?« Sun Pau lehnte sich auf dem Stuhl mit dem roten Ehrenkissen zurück.

»Der Priester dort beleidigt unsere Gräber. Sogar seine Frau schickt er herum, dass sie die Menschen aufhetzt und von der guten Sitte abbringt.«

Sun Pau gefiel es genauso wenig, dass die Ausländer mit ihren Missionen philosophische Gedanken unter das Volk brachten, das dafür nicht reif war. Aber noch war die Zeit nicht gekommen, die Missionen wieder aus dem Land zu drängen. Das Volk sollte auf die kaiserlichen Beamten hören, nicht auf Ausländer, die ihren Gott vorschoben und doch nur an den Handel dachten. »Seit wann entscheidet der zweite Führer, wann ein Angriff geführt wird?« Das Haupt der Bande stand schon Jahre in seinen Diensten. Er war ein ausgezeichneter Schütze mit dem brennenden Pfeil. »Wsien?«

»Herr, ich war in meinem Dorf zur Sohnesfeier.«

Eine gute Ausrede, die er schwerlich überprüfen konnte. Der Anführer Wsien hatte in den Jahren viel gelernt und eine schlagkräftige Bande zusammengebracht. Viel Silbergeld hatte Sun Pau diese Truppe gekostet. Aber sie waren nützlich gegen Diebe oder Händler, die den Kaiser beim Salzhandelsmonopol betrogen. Logen sie ihn dreimal im Yamen an, schickte er ihnen die Bande auf die Dächer. Ein solcher Überfall auf einen untreuen Beamten bewirkte oft mehr als zehn Visitationen durch ihn als Provinzgouverneur.

Aber Eigenmächtigkeiten durfte Sun Pau nicht dulden. »So hat dein Stellvertreter eigenmächtig gehandelt, gegen meinen Willen.«

Der Kanalwächter sicherte die niedrige Tür. Füße in verschlissenen Fellstiefeln scharrten auf dem gestampften Lehm des Wärterhäuschens. Dieser erbärmliche Geruch von Schweiß und Faulheit.

»Er hat …« Der Anführer Wsien hob den Arm.

»Schweig!« Sun spreizte die Finger und zeigte die langen Nägel des hohen Herrn. Am Ende redete sich Wsien noch in eine Lage, dass er ihn ebenfalls strafen musste. Wsien war viel zu nützlich, er besorgte kampfgewohnte Männer, die keine Familie hinter sich hatten. Niemand war abhängiger als solche und deshalb loyal. »Lass deinen stärksten Mann vortreten.«

Wsien winkte einem groß gewachsenen Mann in einem schwarzen Umhang, der aus einem Kloster stammen könnte. Es konnte gut ein ehemaliger Mönch sein, der in der Schlagkunst Wuschu-Sanda bewandert war. Er verbeugte sich vor ihm.

Es reichte Sun Pau, er hatte schon genug Zeit mit diesen zwanzig Nichtsnutzen verbracht. »Gib dem zweiten Anführer zwanzig mit dem Holz.«

Ein seltsames Geräusch durchlief den Raum. Als hätten die Männer alle gleichzeitig einen Schreckenslaut unterdrückt, der kaum als Seufzer zu hören war. Zwanzig Schläge konnten den Schützen umbringen. Aber wer nicht gehorchte, bekam seinen Zorn zu spüren. Anders durfte er als Herr mit Banditen nicht umgehen. Das war schon vor tausend Jahren so und würde noch in tausend Jahren so sein. »Kanalwächter, bring ihm einen Knüppel.«

Der verschwand kurz hinter den aufgestellten Brettern, die Männer wichen ihm aus, als er dem Mann im schwarzen Mantel ein derbes, rundes Holz in die Hand drückte und sich eilig zur Tür zurückzog.

»Fang an.«

Der lange Arm des Mönchs im schwarzen Mantel holte aus. Beim dritten Schlag auf die blaue Seidenjacke sackte der zweite Anführer auf die Knie, der fünfte Schlag traf ihn am Kopf und streckte ihn auf den Bauch. Sun sah wohl, dass der Schwarzmantel seinen Kumpan schonte. Er hatte ihn mit dem Schlag halb bewusstlos gemacht, und jetzt traf der Knüppel den Hintern, die Beine, die Schultern, aber nicht die Nieren. »Schlag ihn nicht wie ein Kind, sondern wie einen Mann.«

Er zögerte vor dem vierzehnten, zielte auf den Bauch. Dann noch zweimal auf die Seiten. Die neunzehn traf den Kopf. Die zwanzig wieder das Kreuz. Dem Schläger troff der Schweiß von der hohen Stirn. Die wirren Haare glänzten feucht. Er holte aus.

»Halt«, rief Wsien, »der Herr hat nur zwanzig befohlen.«

Sun fing den bittenden Blick seines ersten Anführers auf. Er hatte recht, es war genug. »Schafft ihn weg.«

Auf einen Wink Wsiens hin kamen zwei junge Kerls, die nur Holzschuhe an den Füßen trugen, und zogen ihn in eine Ecke. Dunkel schimmerte das Blut am Boden.

»Die Götter strafen die Sterblichen, die sich ihnen in den Weg stellen, vergesst das nicht.« Sun Pau würde die Leute ablenken. Das Letzte, was er brauchen konnte, waren jetzt religiöse Unruhen in seiner Provinz. Die Deutschen verbündeten sich am Ende noch mit den Engländern und besetzten einen

Teil des Landes. Der Hof in Peking würde ihn für eine solche Entwicklung büßen lassen. Die einzige Chance Chinas bestand darin, dass es die Ausländer in ihren Vertragshäfen und Niederlassungen wie in weichen Kissen ganz langsam einfing, dabei ihren Handel erstickte, indem es ihn verdrängte, bis er ihnen selbst nicht mehr lohnend erschien. Jeder Aufruhr schadete nur diesem fernen Ziel.

»Wie Sie es sagen, Herr«, rief Wsien und verbeugte sich. Die übrigen Kerls taten es ihm gleich.

Diese rohen Männer hatten keine Ahnung, dass in einem fernen Land ein deutscher Kaiser wohnte, der sich zum Schutzherrn aller Missionsstationen in Schantung aufgeschwungen hatte. Diese stinkenden Kerle in ihren schmutzstarrenden Jacken hatten kaum einen Begriff, wer oder was ihr eigener Kaiser in Peking überhaupt war. Sie kannten bloß ihn, den Beamten Sun Pau in feiner Seide. Vielleicht hatten sie auch schon lackiertes Holz und beschriebenes Papier bei ihren Beutezügen geraubt, aber was bewirkte das in ihren Köpfen? Ob Himmelspalast oder sein Yamen-Palast oder der Hof einer Fee, das war ihnen so fern wie jedes Orakel. Das Silber, das er ihnen gab, lenkte ihre leeren Köpfe, deren Gedanken um Schwein-im-Erdtopf und die Hintern der Weiber kreisten.

Sun Pau zeigte auf einen Kasten neben sich. »Wsien, nimm den Sold und haltet euch ruhig in den Bergen. Rüstet euch inzwischen, übt hart eure Kampfeskunst. Bald bekommt ihr zu tun.«

Entweder für Nadelstiche oder einen Schlag gegen die Deutschen. Er erhob sich.

Wsien machte mit der Bande Kotau. »Ja, Herr.«

Sun Pau ging am Anführer Wsien vorbei, dessen Blick war schon von der Truhe mit den auf Schnüre gezogenen Silbermünzen gefangen. Sie waren alle gleich. Zwei Ring Taels genügten diesmal, sonst fraßen die sich nur fett.

Kapitel 9

Bei Tsinanfu am Huang-ho – 20. Juli 1911

Als ob tausend Hämmer gleichzeitig auf gesprungene Gongs schlügen, Sun Pau schloss die Augen, dann klackerte es unweit. Er drehte den Kopf. Aus einem Schlund, den er vorher nicht wahrgenommen hatte, spuckte die Maschine Patronenhülsen. Wie ein Metallregen – in wenigen Augenblicken war ein großer Haufen aufgeschichtet, den ein Arbeiter in einem Rollwagen wegzog, während ein anderer den nächsten leeren Wagen vor den Schlund schob. Suns Blick verfolgte die Riemenschlaufen, die über viele Räder, große und kleine, die beiden Maschinen miteinander verbanden. Ein breites Band lief durch einen Schlitz an der Wand ins nächste Gebäude weiter. Metall schlug an Metall, Sun Pau konnte nicht sehen, wo. Er zog die Wangen glatt und ließ den Kiefer ein wenig sinken, so verbarg sein Gesicht jede Regung, das wusste er.

»Folgen Sie mir bitte, Gouverneur«, sagte Kapahnke. Der Händler trug zu seinem europäischen Mantel eine hohe Mütze mit breitem Fell, wie es die Menschen aus der Mandschurei taten.

Kaum hatten sie die Tür passiert, schlossen Arbeiter hinter ihnen die Tore, das Getöse ließ nach.

»Hier sehen Sie die Dampfmaschine zum Antrieb der Bänder.«

Sun Pau las *Carrington & Winston Ltd.* auf dem größten der Kessel.

»Die Briten sind führend in der Antriebstechnik. Die Hülsenmaschine ist amerikanisch. Sie produziert 5000 Hülsen die Stunde. Ich bin selbst überrascht.«

Das war doppelt so viel, als der Händler versprochen hatte, wiewohl er es sicher gewusst hatte. Die Amerikaner waren schließlich noch aufdringlicher als die Deutschen mit ihren Erfolgen. Sun Pau war mit einem Mal froh für die technischen Erläuterungen, die ihm sein Sohn Guan-Bo aus Peking geschickt hatte, so langweilig die Lektüre auch gewesen war. Die Militärverwaltung Chinas machte Fortschritte. Wenigstens interessierte man sich auch am Hof nach den vielen verlorenen Kriegen endlich dafür, was die Ausländer mit ihren Waffen zuwege brachten.

Wieder folgte Sun Pau dem Händler durch eine große Holztür.

Nur noch leise war das Wummern zu vernehmen. In dem hell gekalkten Raum waren schmutzige junge Männer und Knaben damit beschäftigt, die Hülsen aus den Rollwagen herauszunehmen und in gelochte Bänder einzuhängen.

»Die Dampfmaschine ist zu heiß, es besteht die Gefahr, dass sich das Pulver entzündet. Wir nehmen die Sänfte zu den Füllmaschinen. Sie stehen in sicherem Abstand ein gutes Stück abseits.«

Das Tor des Verpackungshauses wurde von zwei Jungen aufgezogen, die Luft draußen roch frisch, was eine Täuschung sein musste. Über dem in Ziegelstein gemauerten Flachbau des Arsenals rauchten drei Schornsteine.

Zahllose Arbeiter liefen zwischen den Werkstätten, den hohen Haufen Metall und Holz am Ufer des Flusses hin und her.

Seine Diener hatten die Sänfte bereits herübergebracht. Sun Pau spreizte die verzierten Fingerhüte.

»Nein, Kapahnke, lassen Sie uns ein paar Schritte gemeinsam gehen.« Sun Pau schritt auf dem sandigen Boden bis zur Ecke des Verpackungshauses. Eine Reihe Tonnen schirmte den Blick zur Straße hin ab. Es roch nach geölten Planen. Ein wenig weiter sah er auf dem Gelände den Kohlenberg für die Dampfmaschine. Davor schaufelten Kulis Nachschub in eine niedrige Lore.

»Mit der Salzbahn wird die Kohle herangeschafft, die an der Hauptbahn in Lokou umgeladen wird. Der Huang-ho ist einfach zu oft zu flach für Lieferungen per Schiff. Mehr als halbmannshohe Wassertiefe gibt es oft nicht. Das ist zu riskant, auf den flachen Booten das Heizmaterial heranzuschaffen.«

Sun Pau wusste, dass der Fluss nicht zu regulieren war. »Leider sind alle Versuche gescheitert, mit Schleusen den Wasserstand zu vertiefen. Der Fluss reißt sie bei Hochwasser mit sich fort.« Zumindest die Holzschleusen, mit denen es sein Vorgänger versucht hatte.

Der Händler steckte die Fäuste in die Manteltaschen. »Der Fluss ist kein Problem, das Ufer ist hoch genug. Die Fabrik wird auf einer Insel stehen, sollte es einmal Überschwemmungen geben. Sobald die große Stahlbrücke fertig ist, können wir mit Kohlenwaggons fast bis an die Werkstätten heran, von da oben«, er streckte seinen langen Arm aus und deutete in die Ferne zum diesseitigen Ufer.

Lange hatte das chinesische Hofamt für Außenbeziehungen mit dem deutschen Botschafter in Peking verhandelt. Es war äußerst schwierig gewesen, denn die Briten hatten deutlich gemacht, dass sie keinerlei Mitsprache oder gar Kapitalbeteiligung der Deutschen an der *Tientsin-Pukow-Bahn* wünschten. Dann hatte Sun Pau die Chance erkannt und vorgeschlagen, den Deutschen den Eisenbahnbrückenbau zu überlassen. Das war ein Vorteil für China, die Briten hätten sich mit der Fähre über den großen Fluss Huang-ho noch lange zufriedengegeben. Den Briten war die Erschließung seiner Provinz Schantungs egal, deren Kolonie Hongkong lag Tausende Li weit im Süden wie ihre anderen Handelsniederlassungen auch. Die Deutschen aber suchten nach einer durchgehenden Bahnverbindung für ihre – Sun Pau hatte laut gelacht – pünktlichen Expresszüge. Denn die Beamten des deutschen Kaisers fuhren zwischen Tsingtau, der Handelsniederlassung in Tientsin und der Botschaft in Peking oft hin und her.

Sun Pau erkannte einen Kran. »Die Deutschen sind schon recht weit vorangekommen.«

»Sie sind gute Ingenieure«, sagte der Händler.

»Warum haben Sie dann keine deutschen Maschinen vorgeschlagen, Sie sind doch Deutscher?« Der Mann täuschte ihn nicht mit seinen Manieren. Seine Spione hatten es ihm zugetragen. Kapahnke hatte schon von Schanghai aus mit Maschinen gehandelt. Erst seit seine Landsleute Tsingtau besetzt hatten, war er in das Pachtgebiet umgezogen. Und auch erst nachdem der große Hafen fertig geworden war.

»Eine deutsche Firma würde sich über einen Ankauf eines Rüstungsgutes durch meine Kapahnke-Maschinenhandels-GmbH so wundern, dass sie die nächstbeste Militärbehörde im Reich unterrichtete. Dann käme diese Maschine niemals zur Verschiffung. Die Amerikaner verkaufen an jeden, der ihnen genug Dollars oder Sterling überweist.«

»So werden Sie wohl offiziell amerikanische Telegrafen liefern?« Sun sah ihm auf den Mantelkragen. Er sollte wissen, dass er bestens informiert war.

»Ich verstehe, Gouverneur.« Kapahnke legte die Hände ineinander vor den Mantelgürtel. »Ich danke Ihnen für die Gelegenheit, ganz offen zu sprechen.«

Sun hörte es hinter einem Sandberg knallen.

»Amerikanische Patronen haben natürlich nur mit amerikanischen Gewehren Sinn. Die erste Lieferung ist bereits in Tsingtau, deklariert und verzollt als Telegrafenmaterial.« Kapahnke hob die Daumen vor dem Bauch.

Sun Pau zweifelte nicht daran, dass der Händler Möglichkeiten genug hatte, die Kontrolleure des Seezollamtes zu bestechen.

»Der Warenverkehr wird von der Marine penibel kontrolliert. Keine Kiste kommt aus dem Hafen oder über das Gleis in die Stadt, ohne dass ein Offizier hineinschaut. Wir von der deutsch-chinesischen Handelskammer haben schon offiziell beim Gouverneur Truppel protestiert.«

»Gilt das auch für die Waren, die Tsingtau verlassen?«

»Leider ja. Man will dadurch«, Kapahnke hob den linken Mundwinkel, »Unregelmäßigkeiten verhindern. Das deutsche Gouvernement fürchtet, dass Begleitpapiere für ausgehende Waren getauscht werden in den Häfen. Die Offiziere sind sehr streng, zudem kann ich nie absehen, wer wann wo kontrolliert.«

Sun schwieg und schaute ihn bloß an. Der Händler zupfte an seinem Schal. Wenn er mehr Geld wollte, damit er die Verzollung beschleunigen könne, würde er es ihm nicht gewähren. Wer es fertigbrachte, Gewehre als Telegrafen zu deklarieren, konnte sie auch als Telegrafenmaterial aus der Stadt herausschaffen.

Wieder zupfte der Händler an seinem Halsschal. »Das ist noch nicht alles. Ich habe auch eine weitere Botschaft des deutschen Gouverneurs für Sie persönlich zu übermitteln. Er ersucht Sie höflichst, aber mit allem Nachdruck, endlich weitere Überfälle auf Missionsstationen in Schantung zu unterbinden.«

Sun hatte nicht erwartet, dass Truppel still bleiben würde, und antwortete nicht.

»Der Gouverneur möchte ebenfalls vermeiden, in Unruhen hineingezogen zu werden. Truppel verlangt umgehend – so seine, nicht meine Formulierung – die Stationierung von chinesischen Truppen in der Nähe der Missionen. Der deutsche Botschafter in Peking ist in gleicher Weise am kaiserlichen Hof aktiv. Das Deutsche Reich sehe sich ansonsten gezwungen, mit den anderen Mächten eine Konferenz einzuberufen und …«

Sun Pau hätte beinahe geschnaubt. Die Mächte verhandelten über China, als gehöre es ihnen schon. Sie würden es nie wirklich beherrschen, das begriffen diese ehrgeilen, dummen Offiziere nur nicht – selbst wenn sie tausendmal bessere Waffen besaßen. Doch dem Überbringer der Nachricht zürnte Sun Pau nicht, das wäre kindisch. »Ich habe bereits Maßnahmen ergriffen, der Gouverneur möge unbesorgt schlafen.« Er hob den aufgesteckten Fingerhut an der linken Hand bis vor das Gesicht.

Der Blick des Händlers wich nicht aus, er übersah sein Ehrenzeichen wohl absichtlich, sprach gegen die Sitten einfach weiter. »Gouverneur Truppel legt Wert darauf, dass ich Ihnen mitteile, dass das Deutsche Reich vor militärischem Eingreifen nicht zurückschrecken werde, auch wenn die Mannschaften nur reichen, zwei Provinzstädte in der neutralen 100-Li-Zone zu besetzen. Tsingtau sei wegen geringerer Vorkommnisse vom Kaiserlichen Hof in Peking verpachtet worden als ein unterlassener Schutz der vielen deutschen Missionen.« Der Blick des Händlers schwenkte weg zum Pulverhaus.

Lachhaft. Ebenso hätte ein Kind plärren können. Die Deutschen übersahen völlig, dass die anderen Mächte einer Erweiterung der deutschen Kolonie niemals zustimmen würden. Es war ein offenes Geheimnis, dass die Briten den Deutschen Tsingtau nur zugestanden hatten, damit sie für sich gleich die ganze Jangste-Region in Mittelchina als ihre Einflusszone reklamieren konnten. Der gegenseitige Neid seiner Feinde schützte China mehr als seine eigenen Waffen.

Noch immer schaute Kapahnke in den grauen Himmel. Gut, dass der Händler das Feingefühl besaß und Sun Pau unbeobachtet seinen Ärger bezwingen konnte.

»Das genügt.« Sun Pau hob die Hand und spreizte erneut den kleinen Finger ab. »Wozu soll ich mir anhören, was ich bereits weiß, Kapahnke? Denkt man in Tsingtau, ich sei nicht unterrichtet über die Zahl der Überfälle in der Provinz? Man verkennt dort, dass wir die Plage des Bandenunwesens seit Jahrhunderten ertragen.«

»Ich habe bereits entsprechende Befehle erteilt. Es wird keine Unruhen geben. Wir werden die Hauptwege mit Militärposten sichern.«

Die blonden Brauen im Gesicht des Händlers hoben sich. »Soll ich das Gouverneur Truppel als Ihre offizielle Antwort ausrichten?«, fragte der Händler.

»Genau dies. Sie können zudem Ihren Freunden im Ausländerviertel von Tsinanfu mitteilen, dass ich jede Sperrmaßnahme um die privaten Residenzen in diesem Gebiet unterstütze.« Der Händler wusste zwar ebenso gut wie er, dass sich niemand in den Ausländersiedlungen etwas vorschreiben ließ, aber trotzdem.

»Ich danke dem Vertreter des Jade-Kaisers im Namen von Gouverneur Truppel für Ihre Entscheidung.« Kapahnke verneigte sich.

Wohlfeile Floskeln, Sun Pau machte ein paar Schritte auf das Arsenal zu. Schüsse knallten. Sun Pau hielt sich gerade.

Kapahnke reckte den Kopf. »Ein Test der Patronen im Schießstand.«

Wieder knallte es gleich zigmal hintereinander wie beim Neujahrsfest.

Sie näherten sich langsam den Sänften.

»Finden Sie sich heute Abend in meinem Palast ein. Sie werden dort meine Antwort vom Hauptschreiber gesiegelt erhalten.« Sie hatten die Sänften erreicht. »Und nun möchte auch ich sehen, wie treffsicher die amerikanischen Patronen sind, die Sie hier für mich herstellen.« Sun Pau stieg ein.

»Sie werden nicht enttäuscht werden.« Kapahnke blieb vor dem Arsenal stehen, den Blick hoch aufs Dach gerichtet, wo der Schornstein der Dampfmaschine rauchte. Über dem sandigen Vorplatz hing der Rauch der Fabrik wie ein Verwandter der Pestgeister.

Kapitel 10

Pang Kia Lan, Bortenbinderei – 20. Oktober 1911

Ich kann mich immer noch nicht daran gewöhnen, dass der Wagen wirklich von alleine fährt.« Leontine betrachtete das grün lackierte Blech. »Von vorn sieht er ja eher wie eine Kutsche aus.« Nur dass die Kabine mit einer Glasscheibe verkleidet war. Wie bei den Pferdekutschen waren rechts und links

Lampen aus Messing anmontiert. Davor erstreckte sich eine Blechkiste mit Schlitzen in den Seiten.

Ihr großer Gönner Kapahnke legte die Hand auf die mit Messing verkleidete Front. »Frau Makrat, das ist die Spitze deutscher Ingenieurskunst. Die Wagen werden im Reich gebaut. Zehn Pferdestärken verbergen sich unter dieser Haube.« Kapahnke tätschelte das Blech. »Ist das heiß.« Er zog die Hand rasch zurück. »Jedenfalls erspart der fünf Pferdewagen.«

Leontine ging um den Aufbau herum. Helle Leinwände waren hinter dem gläsernen Kutschbock wie ein Zeltquader gespannt. »Ich hatte mir auch gar nicht vorstellen können, wie Sie die ganzen Herbstspenden ins Dorf schaffen wollten, die Sie uns angekündigt haben. Wir sind Ihnen so dankbar.«

Kapahnkes Uhrkette glänzte trotz des fahlen Lichts. Sie hatten zu Mittag gespeist, Friedbert war schon vorausgegangen. Leontine hatte noch ihren Regenschirm gesucht. Sonst ging sie mit einem festen Tuch um die Schultern, aber zu ihrem blauen Kleid passte das nicht. »Mein Mann müsste eigentlich hier irgendwo sein.« Leontine sah sich im Hof um. Die Bortenbinderei befand sich in einem chinesischen Anwesen, das der Vorgänger Friedberts von einer Witwe gekauft hatte. Die Ställe und die Scheune wurden jetzt als Strohlager, das niedrige Bauernhaus als Flechterei genutzt. Der sandige Hofplatz sah frisch gekehrt aus. Friedbert hatte den Leuten Dampf gemacht.

»Vielleicht ist er dort drin?« Kapahnke zeigte auf das halb offen stehende Tor der Scheune.

»Kommen Sie, dann sehen Sie gleich, was aus den Tischen geworden ist, die Sie uns im Sommer gespendet haben.« Leontine schritt voran.

»Es ist ja richtig hell da drin!« Kapahnke stand neben ihr in der groben Holztür.

Leontine stellte den Regenschirm an die Türangel. »Mein Mann hat die Fenster erweitern lassen. Die Menschen richten sich sonst die Augen zugrunde. Der Raum wird im Winter nicht gebraucht, also muss man auch nicht gegen die Kälte die Mauern hochziehen.«

»Frau Ma.« Die drei jungen Frauen standen auf. Sie drängten sich an der Seite vor die lange Reihe Körbe. Zwei Männer legten die Schleißmesser zur Seite und standen von den Holzhockern auf.

»Macht weiter.« Leontine winkte die Mädchen zurück an die drei langen Tische. »Sie sind besser als die Jungen beim Sortieren der Strohhalme. Sie sind geduldiger. Schauen Sie.« Leontine deutete zur gegenüberliegenden Wand. »Wir nehmen nur die von den fetten Äckern auf der Talseite des Dorfes.«

»Warum?« Kapahnke ließ den Blick durch die Werkstatt schweifen. »Pardon!« Er drehte sich weg und nieste in seine Faust.

»Der Heustaub reizt schnell die Nase. Kommen Sie.« Leontine hob ihr bodenlanges blaues Kleid an. Für den Besuch hatte sie sich besser angezogen als sonst, Kapahnke sollte nicht denken, sie würdigten seine Besuche nicht. »Für ordentliche Borten ist ja die gleichmäßige Güte der Halme die Voraussetzung. Die Bauern hatten zu Anfang wenig Einsicht, warum eine Borte nur aus Halmen geflochten werden sollte, die alle gleich breit sind. Aber achtet man nicht darauf, erscheinen die Borten ungleichmäßig, sie können sich sogar verziehen. Die Hutmacher im Reich schätzen das nicht, schreibt uns das Missionswerk immer wieder.«

»Und die Mädchen in der Scheune sortieren die Halme nach Größe in die Körbe?«

»Richtig. Und die beiden Männer schneiden schmale Enden ab.«

Sie gingen über den Hof zur Werkstatt.

Kapahnke lachte. »Die Dorfkinder bestaunen meinen Lastwagen.«

»Am Sonntag werden sie meinen Mann löchern, ob das ein Drache war und warum er keine Tatzen, sondern schwarze Räder hatte.«

»Ich hatte schon Sorgen, dass die Gummireifen den langen Weg von Tsingtau über die Feldwege nicht aushalten. Aber die Ingenieure haben nicht zu viel versprochen.«

»Werden Sie einen Handel damit beginnen?«

»Ihnen kann ich es verraten. *Kapahnke Maschinenhandel & Compagnon* hat schon vier Bestellungen aus Tsingtau ins Reich telegrafiert.«

Leontine erschien dieses Lächeln mit den dünnen Lippen, die dabei zu einem Strich verschmolzen, immer ein wenig spöttisch, auch wenn es daran liegen mochte, dass sie zu ihm aufblicken musste.

Friedbert sprach in der Ecke der Werkstatt mit dem Meister. Das Haupthaus der Mission hatte ihnen den Mann aus der Schanghaier Gegend vermittelt. An zwanzig Tischen flochten je zwei Chinesen aus der Gemeinde. Die Familienmitglieder wechselten sich ab. Mal kamen die Frauen zusammen, mal die Väter mit den jüngeren Söhnen. Oder die Alten nutzten die Zeit in der Werkstatt für einen Schwatz.

»Herr Kapahnke, darf ich Ihnen unseren neuen Lehrmeister vorstellen.« Friedbert nahm den Chinesen in der grauen Arbeitskutte beim Arm. Der Mann war schon vierzig, aber noch so schlank wie ein Junge. Er verneigte sich vor dem Kaufmann.

Leontine trat zurück. Friedbert würde es sich nicht nehmen lassen, Kapahnke alles persönlich zu zeigen.

»Meister Fa bringt den Leuten bei, wie sie Musterborten binden können.«

Kapahnke griff sich eine lange Borte vom nächsten Tisch. »Das sind ja Spitzen!«

»Genau.« Friedbert konnte seinen Stolz nicht verhehlen, so strahlte er.

Leontine schmunzelte über ihren Mann. Seit es mit den Täuflingszahlen wieder aufwärtsging, waren der Glanz und die Hoffnung in seine Augen zurückgekehrt. Friedbert hatte wieder Gottvertrauen. Leontine nahm sich auch eine der Borten. »Dafür brauchen wir die verschiedenen Stärken von Halmen.«

»Ich hätte nicht gedacht, dass man aus Stroh solch feine Röschen und Netze mit Muscheln winden kann. Tatsächlich.« Er ließ das Band durch die langen Finger gleiten. »Nicht so biegsam, aber so ziseliert wie Spitzen. Das müssen wir unbedingt in den Katalog der Mission aufnehmen.« Er gab die Muschelspitze dem Jungen am Tisch zurück. »Und die Damenwelt im Reich wird es an den Sommerhüten schätzen.« Kapahnke lächelte ihr zu. Er reckte das Kinn und sah zum Winkel unters Dach hinauf. Dort oben hingen an quer gespannten Leinen die ausgekochten, gebleichten Halme zum Trocknen. Er blinzelte. »Als ich im Sommer von dem Überfall auf die Mission in den *Tsingtauer Neuesten Nachrichten* gelesen habe, war ich sofort in großer Sorge. Ich habe noch am Abend den Marinestabsarzt Renau im Clubhaus aufgesucht, um aus erster Hand zu erfahren, was Ihnen wirklich geschehen war. Die Schreiberlinge sind nicht immer sehr verlässlich. Deshalb habe ich der Station sofort ein Ziegeldach gespendet, weil mir der

Marinestabsarzt so eindringlich die Gefahr durch die Feuerpfeile geschildert hat.«

»Wir schließen Sie immer in unsere Fürbitten ein.« Friedbert beugte den Kopf und ging zum nächsten Tisch.

Leontine hatte durchgesetzt, dass die beim Missionshaus überzähligen Ziegel nicht aufbewahrt wurden, sondern dass hier in der Bortenbinderei das Strohlager damit gedeckt wurde.

»Ich habe die Mission fast nicht wiedererkannt. Das Haus neu gedeckt, die Scheunen neu errichtet, keine Brandspuren mehr. Sogar die Mauer um das Anwesen herum haben Sie frisch kalken lassen. Vorbildlich, ich werde das Ihren Vorgesetzten Pfarrer Noll wissen lassen.«

»Wenn wir Deutschen etwas machen, dann machen wir es gründlich, nicht wahr?« Friedbert hatte die linke Hand am Revers seines schwarzen Jacketts eingehängt. »Dort hinten flicht man die letzten Strohsterne für Weihnachten. Sie werden davon ein paar Kisten mitnehmen können.«

»Wunderbar.« Kapahnke ging an den Tischen vorbei und schaute den Chinesen auf die flinken Hände.

»Meinst du, er ist zufrieden?«, flüsterte Friedbert ihr zu, sein warmer Atem strich ihr übers Ohrläppchen.

»Bestimmt. Du hast ihn doch beim Essen gehört.« Kapahnke hatte ihren Schweinebraten gelobt, wobei sie die leckere Kräuterkruste Frau Wang verdankte. »Natürlich will er auch ein bisschen sehen, was wir mit den ganzen Spenden machen, die er aus Tsingtau heraufgeschickt hat. Anders kann ich mir das bei einem Kaufmann nicht vorstellen.« Zur Zerstreuung fuhr ein weltläufiger Mann wie Kapahnke allenfalls nach Schanghai.

»Er spricht sogar mit den Leuten.« Friedbert rieb sich den linken Daumen.

Sie sahen dem Kaufmann zu, wie er mit den alten Bibelfrauen scherzte, die ein Tannenbäumchen aus Stroh nach dem anderen flochten und in eine Transportkiste legten. Er kam zurück.

»Immer fünf nebeneinander und dann eine lockere Strohmatte darüber. Sehr ordentlich.« Kapahnke hob den Zeigefinger.

»Das verdanken wir dem neuen Meister.« Friedbert deutete in die andere Ecke, wo die kleinen Körbchen für die Eierhändler geflochten wurden. »Er ist unermüdlich. Gut, wir zahlen ihm einen anständigen Lohn, aber wir hatten hier leider auch schon andere.«

»War hier nicht auch das Lager der Transportkisten?« Kapahnke reckte den Hals.

Leontine sah, dass er beim Rasieren ein paar graue Bartstoppeln übersehen hatte. Im Dorf gab es keinen Barbier wie in Tsingtau.

»Wir haben sie ausgelagert.« Friedbert ging voran.

Wo gebleichte Halme zum Vortrocknen auf Darren lagen, war vorher das Ofenbett der Vorbesitzer aufgemauert gewesen. In der hohen Lehmmauer befand sich ein Durchgang.

»Wir haben an das Haus angebaut. Vorsicht, ducken Sie sich, der Balken ist niedrig«, sagte Friedbert.

Leontine ließ den Männern den Vortritt. Friedbert hatte sich von Meister Fa überzeugen lassen, dass es in der Werkstatt zu eng geworden war. Die Nachfrage stieg von Jahr zu Jahr, das machte es etwas leichter. Die Menschen konnten sich von den Löhnen ernähren und kamen auch öfter in die Bibelstunden.

Sie hatten den Anbau von Tschangs Familie errichten lassen, die Bauern mauerten ihre Häuser selbst. Die Rückseite des Hauses war zur Innenwand geworden. Tschangs Söhne waren sehr geschickt. Sie hatten aus der Lehmgrube Stein um Stein geformt, die in der Sommerhitze schnell trockneten. Dann waren die Blöcke in einem großen Feuer gebrannt worden.

»Ein bisschen Streit hat es um die Fenster gegeben. Ich wollte große wie in einem deutschen Lagerhaus, Tschang die winzigen der Bauernkaten.«

»Sie haben nachgegeben, wie ich sehe.« Kapahnke ging an den Holzgestellen entlang, auf denen Kisten in verschiedenen Größen einsortiert waren. An der Seite mit den langen Lichtschlitzen unter dem Dachansatz standen die für den Transport vernagelten Kisten. »Die hier nehme ich mit?«

»Da wir dachten, dass Sie mit einem Pferdefuhrwerk kommen, haben wir nur den Weihnachtsschmuck fertig gepackt.« Friedbert rieb sich am Kinn. »Aber eigentlich könnten Sie mit dem Lastwagen doch auch schon die fertigen Borten mitnehmen, oder?«

»Ich habe sogar vor, alles mitzunehmen, was die Binderei liefern kann.« Kapahnke drehte langsam den Kopf vor den Kisten.

Leontine sah das kalte Kaufmannsauge zählen. Sie hätte nicht genau sagen können, warum sie immer auf der Hut war, was sie sagte. Kapahnke war freundlich, freigiebig und an der Mission ehrlich interessiert, und doch hielt sie etwas zurück. Mochte es der Ton in seiner Stimme sein, dieser Hauch Danziger Akzent, den Leontine heraushörte, der sie an die Lehrer der Mittelschule erinnerte; mochte es seine Haltung sein, wenn er sprach. Kapahnke wartete nie ab, was man seinen Worten erwiderte. Er war wohl gewohnt, dass man gehorchte. Schon nahm er einen Bienenkorb in die Hand. »Die machen die Leute auch?«

»Sicher. Die Obstbäume brauchen Bienen. Außerdem lieben alle Honig.« Friedbert hob einen Zeigefinger halb und zog die Augenbrauen zusammen. »Bisher hatten wir noch keine Bestellung, aber …«

»Die Imker im Reich haben lieber Kästen, glauben Sie mir, Herr Makrat.«

Am Durchgang zur Werkstatt raschelte es. Tschang trug einen Korb herein bis in die Ecke zu den fertigen Kisten. Leontine erkannte die Weihnachtsbäumchen, die sie in drei Größen fertigten. Er schlug sich ein paar Strohfasern von den grauen Hosen. »Wann sollen wir die Sachen aufladen, Meister Ma?« Tschangs gleichmütige Stimme füllte das Lager. Mit einem Mal wurde Leontine bewusst, wie selten sie hier in der Bortenbinderei war. Sie sah zum ersten Mal die Leiste an der Wand mit den Hämmern und den Brenneisen, mit denen auf die Kisten *Berliner Missionsverein – Tsingtau* eingebrannt wurde.

»Erst einmal lädt Ihr guter Mann noch etwas ab.« Kapahnke hob beide Hände. »Herr Missionar, ich habe mir eine Überraschung erlaubt. Darf ich zum Lastwagen bitten?« Er zeigte mit der flach ausgestreckten Hand zum Durchgang, wie es Leontine bei den Kellnern in den großen Hotels gesehen hatte.

»Vorsicht mit der Kiste!« Kapahnke dirigierte Tschang und den Bortenmeister, die auf die Ladefläche des Lastwagens geklettert waren. »Schön aufrecht halten, zieht sie vor bis zur Kante.«

Leontine hielt sich an Friedberts Seite. Sie hatte sich untergehakt. »Wie können wir Ihnen nur danken, Herr Kapahnke.«

»Sie tun schon genug, dass Sie hier in diesen wirren Zeiten ausharren. – So, jetzt macht den Deckel auf.«

»Bringt eine Elle!«, rief der Bortenmeister vom Wagen.

Einer der Söhne Tschangs, dem vorn ein Zahn fehlte, blieb

einfach stehen, nachdem er dem Meister das Werkzeug gereicht hatte.

Der setzte an, der Deckel sprang auf. Leontine sah ein wenig Holzwolle. Kapahnke wies nur mit dem Kinn darauf. Tschang nahm sie weg und warf sie unter den Wagen. Dann verzogen sich die Narben in seinem Gesicht. Der Bortenmeister griff mit beiden Händen hinein und hob etwas heraus. »Eine Nähmaschine?«

»Nein, Frau Makrat, das ist eine sogenannte Bortennäherin für Chinesenhüte. Ich habe sie bei meinem letzten Aufenthalt in Schanghai bei einem britischen Händler gesehen und sofort gekauft. In Hongkong machen sie damit die spitzen Chinesenhüte, die die Leute auf den Hausbooten tragen.«

Friedbert klatschte in die Hände. »Was für ein Feiertag.« Er trat näher. »Der Näharm ist viel höher als bei einer normalen Maschine.«

Eine hohe Spindel ragte über dem Schwungrad auf.

»Nur so kann der Arbeiter einen großen Hut unter der Nadel entlangführen, deshalb weicht das Metall so hoch aus. Können Sie damit umgehen?« Kapahnke hob den Blick zum Bortenmeister Fa.

»Ich habe schon damit genäht. Haben Sie auch Ersatznadeln dabei? Sie brechen leider oft«, sagte der.

»Es muss eine Metalldose unten in der Kiste liegen. Hinten im Wagen findet ihr noch eine Kiste mit Garnrollen.« Kapahnke wandte sich ab.

Friedbert streckte ihm die Hand hin. »Danke!«

Kapahnke lächelte nicht. Leontine sah Tschang zwischen den Kisten stehen. »Ladet alles hier ab. Wir schauen morgen, was davon ins Missionshaus soll. Dann packt so viel fertige

Borten in Kisten, wie ihr könnt. Unser Gönner will alles mitnehmen.«

Sie wandte sich zum Hoftor. Es war Zeit, sie sollte dem Kaufmann eine Erfrischung anbieten. »Lassen Sie uns einen Kaffee im Haus trinken.«

»Gern.«

»Meine Frau hat recht. Was sind wir für Gastgeber! Tschang erledigt das hier, seien Sie unbesorgt.« Friedbert legte die Hände aneinander. »Wir zeigen Ihnen auf dem Rückweg noch den Eisensteg, den wir statt der Springsteine über den Bach haben legen lassen.«

Am Hoftor standen sie schon halb auf der steinigen Gasse, da tippte sich Kapahnke mit der Handkante an den Kopf. »Warten Sie bitte hier, ich habe etwas vergessen.«

»Meister Ma?«, rief eine Frauenstimme vom nächsten Hoftor.

»Du entschuldigst. Sie möchte sicher wissen, wann ich zur Taufe komme.«

»Geh ruhig.« Leontine sah sich um. Kapahnke lief zum Wagen zurück. Ihr fiel ein, dass auch sie etwas vergessen hatte. Ihr Regenschirm stand noch an der Scheunentür.

Sie eilte quer über den Hof. Tatsächlich. Er stand noch an der Türangel. Die Chinesinnen sahen auf, sie winkte ihnen mit dem blauen Schirm zu. Die Halme flogen aus den flinken Händen so schnell auf die Häufchen auf den Tischen, als ob es schneite.

Leontine sah am Lastwagen nur die Hüften und Beine des Kaufmanns, der sich über die Ladefläche hineingebeugt hatte. Am Seitenblech angekommen, hörte sie den Kaufmann flüstern.

»Alles, hörst du, Tschang? Verpacke es ordentlich. Nichts darf herausfallen.«

»Es ist nicht genug gewachstes Papier da, Herr.« Der Diener Tschang sprach sehr leise. Fast schien es Leontine, als sei ihr sonst so unerschütterlicher Diener unruhig, weil der fremde Mann etwas von ihm wollte.

»Dann nimm es halt aus den Kisten mit den Heilmitteln, herrje. Und vergiss bloß die Brennstempel nicht aufzudrücken.«

Sie bog um die Wagenecke. »Es ist das Wetter, ich habe auch etwas vergessen.«

Der Kaufmann fuhr herum. »Ach ja?« Die Jacke blieb an der rauen Seite der offenen Kiste hängen. Er schlug den Stoff mit Schwung frei. »Dann beeilen wir uns, bevor die ersten Tropfen fallen.« Kapahnke berührte ihren Ellbogen. »Wissen Sie, was mich an diesem Ort immer wieder fasziniert?«

Leontine hängte sich den Schirmgriff über den Unterarm. »Nein«, tat sie ihm den Gefallen.

»Man sieht von jedem Hof aus ein Stück dieser schroffen Granitberge. Mit den Dachgiebeln und mit den niedrigen dicken Wolken heute sieht es aus wie auf den alten Zeichnungen. Hier sieht man jeden Tag, dass man in China ist.« Er knöpfte sich die Jacke zu.

»Aber jetzt werden wir den Kaffee nicht verbummeln. Etwas will ich doch an Ihnen guttun«, sagte Leontine.

Kapahnke schaute mit den grünen Augen hinauf zur Bergwand mit dem Kiefernhain, in dem der Friedhof lag.

Leontine spürte auf einmal, wie kalt der Wind durch die Dorfgasse blies. Nein, sie vergaß nie, dass sie als junge Frau in einem verlorenen Winkel des uralten Chinas lebte, allein mit Friedbert. Dazu brauchte sie keine Romantik.

Nach dem Apfelkuchen waren sie zur Bortenbinderei zurückgekehrt. Leontine sah zu, wie der Kistenberg am Lastwagen wuchs. »Wie viele werden es denn?«

»Vierundfünfzig, Frau Ma«, sagte Tschang leise und lief schon wieder in den Hof.

»Es ist gut, wenn die Weihnachtslieferung jetzt schon in Tsingtau ankommt. Der Hafenbetrieb ist nicht gestört, und für die Kisten meiner Bortenbinder findet sich immer ein Eckchen in meinen Lagern.« Kapahnke deutete auf die nächsten. »Baut immer erst die ganze Rückwand zu. Die Ladung muss im Gleichgewicht sein. Sonst kippen wir womöglich noch in einer steilen Wegkurve um.«

Jemand zeterte in der Gasse. Das Geschrei wurde lauter. Die Kinder liefen hinunter. Kapahnke trat von der Ladefläche weg. Er stellte sich auf die Zehenspitzen und kniff die Augen zusammen. »Da rennen Leute dahinten an der Schlucht am Bach entlang.«

»Vielleicht hat es einen Unfall auf den Feldern gegeben. Es hat die letzte Woche viel geregnet. Manchmal rutscht ein Stück Hang ab.«

Dann hörten sie es. »Soldaten, Soldaten!«

Schon pfiffen die ersten Mütter an den Hoftoren nach ihren Kindern. Die Mädchen rannten nach Hause. Die Jungen blieben noch in der Gasse.

Kapahnke machte den Schlag auf und suchte etwas in der Kabine. Dann führte er ein kleines Fernglas an die Augen.

Leontine sah, wie er den Kopf schüttelte. »Was gibt es?«

»Es ist eine Esquadron deutscher Marineinfanteristen.«

»Bei der Entenschlucht? Die müssen über den Berg von Laotsun herübergekommen sein.«

Kapahnke ließ das Fernglas sinken. »Holen Sie besser den Missionar.«

Leontine beugte sich zu einem der Bortenbinder, die alle in die Gasse hinunterschauten. »Hole Meister Ma aus der Kapelle.« Sie hörte schon den Galopp der Pferdehufe.

Vornweg ritt ein Offizier in Uniform, er hatte den Säbel gezogen. Dann folgten vier Pferde. »Oh Gott!« Sie presste die Hand auf ihren Bauch. Ans Pferd gebunden war ein Seil, das einen Mann hinter sich her durch den Dreck der Gasse zerrte. Die Hosen des jungen Chinesen waren schon zerrissen, auch das Hemd. Sein Haar hing ihm zerzaust und staubig ins Gesicht.

Die Reiter preschten die Gasse heran. Der Mann am Seil stürzte, sein Leib wurde wie ein Ballen über die Erde gezerrt.

»Sie rasen in meinen Lastwagen. Die Gasse ist doch viel zu eng!« Kapahnke fasste Leontine fest am Arm und zog sie unter den Bogen des Hoftors.

»Halt!«, schrie der Unteroffizier.

Die Esquadron hinter ihm nahm die Zügel so heftig ran, dass fast alle Pferde aufstiegen. Drei drehten sich halb auf den Hinterhufen. Einer der Soldaten stand in den Steigbügeln, schon setzte er ab und packte den Gefangenen am Kragen. »Stehe auf!«

Leontine erkannte nicht, ob der sich regte.

»Steh auf.«

Der Mann blutete ja! Sie stürzte in die Gasse. »Der versteht doch gar kein Deutsch!«, schrie sie aus vollem Hals. Am Kopf des Chinesen rann Blut herab, Leontine sah, wie es stoßweise über die Brust in die verdreckten Fetzen des Hemdes sickerte. »Sie bringen ihn ja um!«

Der Soldat hatte die Reitgerte schon gehoben. Seine Miene

war wutentbrannt, er blickte sie an, als wolle er ihr gleich mit der Gerte eins überziehen. »Weg, du Weib!«

»Nein!« Leontine kniete sich auf die Erde. Der Chinese lallte etwas, sein wirres Haupt drehte sich zur Seite. Leontine nahm ihr Taschentuch aus ihrem Kleid. Sie suchte nach der Wunde, das Blut lief über die Brust, vom Hals. Da. Ein langer Schnitt im Nacken. »Eine Ader ist gerissen. Er verblutet gleich.«

»Das soll der Hund auch«, schrie der Soldat mit der Gerte. »Aus dem Weg, du verdammtes Weibsstück.« Er holte aus. Leontine warf sich vor den Mann und zog die Arme über den Kopf. Sie sah Stiefel heranstürmen.

»Wagen Sie es nicht, meine Frau …«

Die Gerte sauste herab. Ein gellender Schmerz zuckte durch ihre Unterarme tief in ihren Leib, trieb ihr die Luft aus den Lungen. Sie kippte zur Seite … Ein kalter Stein unter ihrer Wange … so viele Pferdebeine vor ihren Augen …

»Leontine!« Friedbert stürzte auf sie zu, seine Arme umschlangen sie. Er drehte sie vom blutenden Mann und dem Soldaten weg, Pferdeleiber, Soldatenbeine und das grüne Blech des Lastwagens schwammen vor ihren Augen.

»Wie können Sie meine Frau schlagen? Was quälen Sie überhaupt diesen Chinesen?« Friedberts Stimme dröhnte wie bei der Bußpredigt. Leontine fand ihren Atem wieder.

»Was stellst du dich in den Weg?«

»Was geht hier vor?«

Leontine wand sich aus Friedberts Armen. »Der Chinese verblutet gleich«, flüsterte sie.

»Tschang, hole den Medizinkoffer aus der Mission!«, rief Friedbert über die Menge.

Der Soldat mit der Gerte trat zurück. Zwei Pferde machten

Platz. Ein Unteroffizier ritt heran. Leontine sah in das vor Wut blasse Gesicht, der gezwirbelte Schnurrbart war auf der linken Seite auseinandergegangen. Der Helm hing schräg. »Sind Sie der Missionar der Station Pang-und-so-weiter?«

»Sieht man das nicht?« Friedbert richtete sich das weiße Bäffchen am schwarzen Kragen.

»Stellen Sie sich nicht der Strafaktion in den Weg. Die kaiserliche Marine unternimmt das nur zu Ihrem Schutz.«

Leontine schien, dass der Mann krächzte wie ein Rabe. Aber ihre Sinne waren so verwirrt, der Schmerz brannte noch immer in ihren Unterarmen.

»Schutz?« Friedbert griff sich die Zügel des Pferdes vor ihm. »Schutz? Wenn Sie Chinesen in meinem Dorf verbluten lassen.« Er zeigte mit der Hand neben sich. »Ich verbinde jetzt diesen Mann und bringe ihn zur Mission. Egal, was er getan hat.«

Der Offizier schob sich den Helm zurecht. »Nein. Das werden Sie nicht tun. Dieser Mann gehört zu dem Pack, das Ihre Mission angezündet hat.«

Friedbert wich zurück, griff sich in den Nacken. Sein Blick suchte ihren, seine rechte Wange zuckte. Leontine nahm die Finger von den Lippen. »Verbinde den Mann, dann soll er seiner gerechten Strafe zugeführt werden.«

Der Offizier drückte die Stiefel in die Flanken seines Pferdes, das einen Satz tat und Friedbert abdrängte. »Nein, Missionar. Ich habe Befehl, das Gesindel die harte deutsche Hand spüren zu lassen. Die Marine hat gelobt, die christlichen Missionen zu schützen. Und das wird sie. Je härter die Strafen, desto eher lässt Sie das Pack in Ruhe. Aus dem Weg, Missionar.« Der Offizier wandte den Kopf zu seinen Reitern.

»Schleift den Gelben durch das Dorf. Wenn er dann noch krauchen kann, soll er ihn in Gottes Namen verbinden.«

»Was sind das für Menschen!« Leontine barg ihren Kopf an der Schulter Friedberts. Die braunen Pferdeleiber zogen vorbei, das Seil zerrte an dem Mann, dann rutschte er weg wie ein Ballen Stroh. Im Sand der Gasse blieb ein Rinnsal Blutes. Leontine schluchzte einmal auf. Dann liefen ihr still die Tränen.

»Das ich solches dulden muss«, flüsterte Friedbert.

Leontine ging langsam von der Gasse weg. Die Kinder waren verschwunden, außer dem Alten Lu vor seinem Haus und den Bortenbindern im Hof war niemand mehr zu sehen. Die Tore, alle in der Gasse waren geschlossen.

Kapahnke stützte sein Kinn mit der Hand. »Es ist absolut sinnlos, was die Esquadron hier tut. Seit dem Sommer wird ganz China von Unruhen erschüttert. Es wird die Unrast in der Provinz nur noch mehr anheizen.«

Friedberts Mund stand offen, seine schmalen Wangen wie eingefallen. »Man kann doch einen Menschen nicht zu Tode hetzen wie einen spanischen Stier. Wie kann das Gouvernement so etwas befehlen?«

»Ich … Der Gouverneur ist von den zunehmenden Wirren in der Provinz verunsichert. Berlin verlangt ein hartes Auftreten, er soll Präsenz zeigen, damit sich die Banden von der *Schantungbahn* und der Tsingtauer Grenze fernhalten. Jedenfalls war das der Tenor in der letzten Sitzung des Gouvernementrates.« Kapahnke blickte auf seine Stiefelspitzen. »Die Lage ist schwieriger, als Sie denken. Ich darf Ihnen nicht alles sagen. Aber auf die chinesischen Behörden können Sie sich im Zweifel nicht mehr verlassen.«

Friedbert streckte den Arm aus und wies ins Dorf, von wo sie das Pferdegetrappel und ein heiseres Hei-ho-Gebrüll hörten. »Soll ich mich lieber auf diese Soldatenhorden verlassen? Die reiten wieder weg. Und dann? Wer schützt uns dann mit seinem starken Arm, wenn er uns das Dorf zum Feind gemacht hat? Wer?«

Kapahnke blickte in den Hof der Binderei. »Wenn ich es nur wüsste, Makrat. Sprechen wir lieber mit Ihren Leuten und erklären ihnen, dass die Soldaten einen der Banditen gefangen haben, die die Mission angesteckt haben.«

Leontine drückte sich vom Seitenbalken des Hoftores ab. »Er hat recht. Die Bauern hassen die Banden. Nichts fürchten sie mehr als Brandstifter. Sie werden uns das nicht zurechnen.«

»Sie kommen zurück.«

Die Esquadron kam die Gasse vom Teichplatz her geritten. Leontine sah den Ballen Mensch hinter dem vierten Pferd.

»Halt«, brüllte der Offizier mit dem Zwirbelschnurrbart.

Leontine überholte Friedbert, duckte sich vor einem Stiefel in einem Steigbügel und unter dem Seil weg, mit dem sie den Mann herumgeschleift hatten. Seine Beine lagen bloß, die Hose war zerrissen, die Haut war rot vom vielen Blut. Das Seil umschlang seine zerschundene Brust, er rührte sich nicht. Sie wusste es und kniete sich trotzdem hin. Vorsichtig rührte sie an die Schläfe des Mannes, drehte den Kopf. Unter den halb geschlossenen Lidern war der Blick längst gebrochen. Sie wandte sich ab. »Er ist tot.«

Leontine ging langsam zwischen den Soldaten, die ihren Pferden die Hälse tätschelten, zu Friedbert und Kapahnke zurück. Sie setzte sich auf eine Kiste und barg den Kopf in den Händen.

Friedbert sprach an der Leiche ein kurzes Gebet. »Vater im Himmel, verzeih dem armen Sünder. Vergib ihm seine Schuld, wie uns die Zaghaftigkeit. Möge seine Seele Eingang finden in dein Reich.«

»Kappt das Seil!«, rief der Offizier.

»Warten Sie!« Kapahnke trat zu dem Anführer. »Mein Name ist Kapahnke, Inhaber der gleichnamigen Firma in Tsingtau. Ich bin Mitglied im Gouverneursrat.«

Der Offizier maß einen Moment mit dem Kaufmann den Blick. Dann saß er ab. Leontine sah die beiden Männer voreinanderstehen. Der Soldat nahm Haltung an, aber grüßte nicht. »Diese Strafaktion erfolgt auf Befehl des Gouverneurs höchstselbst.«

»Ich zweifle nicht an Ihren Befehlen, Leutnant«, sagte Kapahnke. »Es steht mir auch nicht zu, mich einzumischen. Dennoch rate ich dringend zu mehr Umsicht. Machen Sie es der Mission nicht unnötig schwer. Schaffen Sie mit Ihren Männern den Leichnam weg, verscharren Sie ihn irgendwo. Er hat keine Familie hier. Soll etwa der Missionar den Mann mit seinen Leuten wegtragen?« Kapahnke wandte sich zur Seite. »Können Sie dem Herrn Offizier ein Stück Zeltbahn oder festes Tuch bringen lassen?«

Leontine sah Friedbert an. Er haderte mit sich, sie fühlte seine Finger fest an ihrem Handgelenk. »Tschang, hole ein Stück Abdeckplane aus dem Strohlager.«

Die Leute aus der Bortenbinderei wichen aus, Tschangs dürrer Sohn lief herbei und wand sich zwischen den Pferden durch. Er legte die Plane einfach über den Toten. Dann machte er sich geduckt in den Hof davon.

»Kabitz, Hencke, wickelt den Toten ein und bindet das Seil darum.« Der Offizier zwirbelte sich das lose Ende seines Bartes.

»Ist Ihr Auftrag damit erfüllt?«, fragte Kapahnke.

»Nein, wir sollen das ganze Tal bis hinunter zur Bahn durchkämmen. Es hat Anschläge auf die Telegrafenlinie hier gegeben. Womöglich versteckt sich hier das Gesindel mehr in der Ebene.«

»Ich werde mich Ihnen anschließen, wenn Sie gestatten, und unter Ihrem Schutz durch ein Tal voller Banditen fahren.« Kapahnke steckte die rechte Hand in die Hosentasche.

Der Offizier hob das Kinn und maß den Kaufmann mit langem Blick. »Einem Mitglied des Gouverneursrats werde ich den Wunsch nicht abschlagen. Aber beeilen Sie sich.« Er drehte sich um und saß auf. »Esquadron … sammeln am Dorfausgang!«

Die Soldaten hatten die Leiche mit den Fußabsätzen auf die Plane gerollt und mit dem Seil verschnürt. Der Reiter achtete nicht darauf, ob der Packen über die Erde gezerrt wurde, sich drehte, über die Steine der Gasse holperte.

»Schrecklich, man glaubt, der arme Teufel lebe noch.« Kapahnke schüttelte den Kopf, als der letzte Reiter am Wagen vorbeigeritten war.

»Sie werden uns sofort verlassen?«, fragte Leontine.

»Es fällt mir nicht leicht …« Er lächelte wie in einem Salon, dann fiel sein Gesicht in eine kühle Vorsicht zurück. »Es ist für den Transport sicherer, unter Kavallerieschutz bis zur Landstraße an der Bahn zu gelangen. Das ist ja auch im Interesse der Mission, nicht wahr? Ich nehme die Warnungen des Offiziers sehr ernst. Das sollten Sie beide auch tun. Es gärt in China wie nie zuvor.«

Kapitel 11

Tsinanfu, Palastgemächer – 9. November 1911

Vater, warum hast du die Leibgarde zum hinteren Tor geschickt?« Chou-Li hatte die zehn Mann an ihrem Gemach vorbeirennen sehen, die Gewehre waren auf den Rücken an den Trageriemen auf und ab gesprungen. Seit ihr Bruder sie vor drei Wochen gewarnt hatte, hatten die Wirren von Tag zu Tag zugenommen.

»Du weißt doch, was Guan-Bo geschrieben hat.«

Chou-Li hatte lange mit ihrem Vater über die Zeilen gesprochen. *Die Eunuchen behinderten die Generäle, die zum Kronrat vordringen wollten. Niemand entschied etwas, der Palast feierte stattdessen die Hochzeit eines Prinzen zweiten Ranges, als die Provinzen bereits abfielen wie die Blütenblätter einer verblühten Chrysantheme.* »Die Anhänger einer Republik China wagen es, den Kindkaiser vom Thron zu stürzen.«

»Du erlebst jetzt, was ein Anführer bei der Belagerung tun muss, wie du es schon hundert Mal in alten Schriften gelesen hast. Ich schicke die Leibgarde zum hinteren Tor, weil sie uns dort mehr nutzt.« Ihr Vater wandte sich vor der geschnitzten Zierwand hinter dem Gouverneurssitz nicht um, sondern drehte mit beiden Händen einen der geschnitzten Kaiserdrachen im dritten Feld. Das braun lackierte Holz gab nach. Er stellte es zu seinen Füßen ab. »Komm her, Kind.«

Chou-Li begriff ihn nicht. Vor den Palastmauern tobten die aufständischen Soldaten, die Palastgarde schoss zurück. Die Stadt war längst eingenommen. Aber ihr Vater sortierte seit zwei Stunden in seinem Audienzsaal Schriftstücke. »Warum sind wir heute Nacht nicht geflohen?«

»Fang nicht wieder davon an.« Er sah sie nicht einmal an, sondern wischte mit dem Arm an seinem Ohr vorbei. »Wir wären nicht weit gekommen. Die Provinz ist voll mit Soldaten der neuen Armee. Es ist weniger gefährlich, wenn wir hier den Aufständischen in die Hände fallen. Dann wissen die Kämpfer, wer wir sind, und übergeben uns an ihre Anführer.«

Die neue Armee war sogar von den Tsing-Kaisern selbst ins Leben gerufen worden, nachdem China gegen die Japaner den Krieg verloren hatte. Sogar den einflussreichen Eunuchen war klar geworden, dass das Land ein Heer nach dem Vorbild der fremden Teufel brauchte. Nun war ausgerechnet diese Armee des Kaiserhauses größte Feindin geworden. Der General war von seinem Throneid abgefallen und kämpfte für sich.

Ihr Vater hatte sie gestern sogar als furchtsame Frau ausgelacht, dabei quälte Chou-Li die Untätigkeit mehr als die Furcht vor den Aufständischen.

»Soll ich fliehen wie dieser Feigling in Wuhan? Das hat nur den Aufständischen genutzt, die sich erdreisten, eine Republik auszurufen.« Der Blick ihres Vaters verlor sich einen Moment auf dem blanken Stück Lack vor seinen Händen. »Hätte er sich im Oktober gewehrt, wäre er in die nächste Kreisstadt ausgewichen, wie er es in den alten Schriften nachlesen kann, dann hätten sich die Aufständischen nicht in Wuhan festsetzen können. Ach!«

Vor den Mauern hörten sie zahllose Schüsse fallen. Chou-Li sah zu ihm auf. Tiefe Furchen durchzogen seine Stirn, sein Mund war vor Entschlossenheit klein wie sonst nie.

Die Aufständischen nutzten geschickt die Welle der Begeisterung im Volk für das neue China. Sie verfolgten alle, die der angeblich so fremden Mandschu-Dynastie in Peking dienten. Immer mehr Städte am Jangtse-Fluss hatten sich angeschlossen.

Ihr Vater drückte seine Faust mit seinem ganzen Gewicht auf eine Stelle im Lack. Ein Brett sprang auf.

Chou-Li erkannte darunter ein schmales Fach. »Die geschnitzte Wand ist ja hohl!«

Ihr Vater lächelte schwach. »Dieser Palast hat viele Geheimnisse. Das Schnitzbild unter dem Drachen zeigt Wolken, Felsen, Bäche. Alle sind sichere Fächer, so geformt, dass Schriftrollen hineinpassen. Gib mir die Schreiben dort!«

Chou-Li holte fünf mit grünen Seidenschlaufen gehaltene Papierrollen vom Schreibtisch.

Er reichte ihr schon ein kleines Säckchen und eine kaisergelbe Lackdose. »Halte das Siegel des Gouverneurs. Ich habe es den Schreibern schon vor Wochen entzogen, die Aufständischen werden damit keine Erlasse fälschen und sie als meine Unterwerfung ausgeben können.« Ihr Vater versenkte alles hinter dem Schnitzwerk.

Chou-Li fühlte Steinchen in dem rosa Seidensäckchen.

»Diese Schriftstücke, Kind, werden vielleicht noch von Nutzen sein. Schreiben von Beamten, die mir ihre Kaisertreue versichern, auch wenn sie sich zum Schein ergeben haben. Zwei Listen mit Bestechungsgeldern, die ich an Zuträger im Süden gezahlt habe. Sie haben mich natürlich belogen.« Er schnaubte. »Das habe ich erwartet, aber vielleicht lässt sich mit den Beweisen einmal etwas abpressen.«

Sie hörten helle Schreie, Leute rannten durch die Gänge. »Schnell!« Chou-Li reichte das Lackbrett.

Ihr Vater stellte den braunen Drachen wieder in seine Verankerung.

»Gouverneur! Die Aufständischen haben das große Tor durchbrochen. Die ersten von euren Soldaten laufen zum Feind über. Was sollen wir nur tun?« Der alte Diener hatte sogar die Verbeugung vergessen, er keuchte und hielt sich die Hand auf das Herz gepresst. Hinter ihm tauchten die Köpfe des kleinen Hausstands auf. Zehn Leute, die anderen hatte Vater längst auf die Landgüter oder zu ihren Familien geschickt.

»Wir verbarrikadieren uns mit der Leibgarde im hinteren Hof, dort sind die Mauern am höchsten. Lauft und riegelt das innere Tor hinter uns zu.« Ihr Vater schritt, so schnell er konnte, an seinem Gouverneursthron vorbei, den er keines Blickes mehr würdigte, hinaus.

Chou-Li hatte sich in schlichtes Schwarz gekleidet, so bequem und warm als möglich. Vater hatte ihr eingeschärft, so viel zu essen, wie sie vertragen konnte. Jetzt verstand sie ihn. Sie rannten alle so schnell wie vielleicht das letzte Mal in Kindertagen durch den Audienzhof, die Schusssalven klangen näher denn je, Chou-Li wandte den Kopf, sah aber niemanden, nur den alten Diener hatten sie fünf Schritt abgehängt.

Die Zwischengänge waren leer. Seit Wochen hatten sie alles von Wert eingepackt und in Kisten in der Nacht aus dem Palast schaffen lassen. Tante Shen war schon Ende September nach Peking geschickt worden. Ihr Bruder hatte genug Beziehungen zu den fremden Konsulaten, er würde einen sicheren Ort finden.

Chou-Li hätte sich niemals wegschicken lassen, ihr Vater brauchte sie jetzt mehr denn je.

Sie erreichten den Durchgang zum hinteren Hof.

»Riegelt ab!« Ihr Vater lief in die Mitte des Wirtschaftshofes und schaute nach den Mauern. Sonst standen hier die Wagen und Pferdekutschen des Palastes. Chou-Li wollte nicht daran denken, wie viele Kutscher es wirklich mit ihren Sachen bis nach Peking und bis ins Landhaus geschafft hatten. Jetzt standen hier nur noch zwei lange Rollpritschen, auf denen die Einrichtung ihrer Privatzimmer hoch aufgestapelt war. Chou-Li fühlte plötzlich, dass sie das rosa Säckchen noch immer in den Händen hielt. Sie steckte es weg.

Die Dienerschaft rückte schon zu zehnt den großen Holzriegel vor, kaum war der Alte durchgeschlüpft, warfen sich alle gegen den Balken und rammten ihn im Widerlager ein. Der Diener sackte auf eine Stufe und rang nach Atem.

»Verbergt euch, dass euch nicht die Kugeln treffen, falls die Soldaten durchbrechen. Wenn alles ruhig ist, flieht ihr in der Nacht durch die Abwasserkanäle.«

Der Koch mit seinen Mädchen verkroch sich in die hinterste der Remisen. Der alte Diener suchte sich einen Winkel unter den Treppen zu den Mauerkronen und zog einen vergessenen Korb mit Schirrzeug vor sich, die andern verschwanden hinter Türen und in Ecken. Chou-Li erstieg wie ihr Vater langsam die gemauerte Treppe.

Oben rannten die Soldaten der Leibgarde von einem Mauervorsprung zum andern. Der Vormann verteilte sie mit Handzeichen. Sie hatten alle angelegt, doch schossen sie nicht. Chou-Li beeilte sich. »Vater, du darfst dich nicht sehen lassen!«

Er wartete auf sie. »Ich weiß, ich will nur …«

Ein Donnerschlag brach gegen die Mauer, dass sie vibrierte. Sie stürzten beide auf die Stufen. Vor den Mauern brach ein Gewitter von Schüssen aus.

»Sie versuchen, die Mauern zu sprengen.« Ihr Vater legte den Arm um sie und streichelte ihr Gesicht. »Wenn es ganz schlimm wird, versenke dich in Meditation, wie ich es dich gelehrt habe. Sie können deinen Körper verletzen, deinen Geist niemals.«

Über ihnen antwortete die Leibgarde mit einer Salve.

Wieder erschütterte eine Bombe die Mauern. Die Stufen waren so kalt. »Lass uns aufstehen und einen Winkel suchen.« Wieder schossen die Soldaten von den Mauern. Chou-Li schien es, als ob tausend Gewehre gleichzeitig abgefeuert würden. Es war schlimmer als zu Neujahr, wenn die Lichter in den Himmel schossen.

»Da rückt noch ein Trupp an, hörst du?« Ihr Vater erhob sich halb in den Knien. »Das kam von der langen Straße her. Wenn sie Kanonen mitführen, geben wir lieber nach, sonst stürzt die Mauer unter uns ein«, flüsterte er.

Vor dem Tor war ein kleiner Platz, an dem sonst Gemüse für die Palastküchen feilgeboten oder allerlei Kleinkram vom Holzspieß bis zur Schöpfkelle gehandelt wurde. Viele Garköche deckten sich hier ein, denn unweit lag die Kaserne der Palastgarde. Chou-Li hatte manchmal von einem der Türme das Treiben beobachtet.

Sie tasteten sich geduckt bis zu einem Mauervorsprung die Treppe hoch.

Seit die Unruhen im Süden zugenommen, ja ganze Provinzen vom Hof in Peking abgefallen waren, hatte die Garde im Palast Wache gehalten. Die Händler auf dem Platz waren nicht mehr aufgetaucht. Das Volk blieb in seinen Dörfern, die Städter in ihren Häusern. Sogar im Palast hatten sie die schlechte Versorgung gespürt, seit zwei Wochen gab es kein Fleisch mehr.

Chou-Li schreckte vor dem Anblick der Belagerer zurück.

»Sie können dich nicht sehen, wir sind im Schatten«, sagte ihr Vater.

In drei großen Blöcken stand die neue Armee vor dem Tor. Aus dem Pulk direkt davor wurde unaufhörlich auf die Leibgarde geschossen. Im mittleren rollten die Soldaten hinter einem Metallschild etwas heran. Im dritten Block hatten sich die Köpfe gewendet, sie zielten unter den Bäumen der langen Straße in die Richtung der Stadt. Vereinzelt schossen sie sogar. »Es sind bestimmt zweihundert.« Chou-Li wurde weich in den Knien, sie drückte sie durch und hielt sich an einem groben Mauerstein fest.

»Eher hundertfünfzig.«

Unten schrien sich die Anführer der Blocks etwas zu. Chou-Li konnte es nicht richtig verstehen. »Kehrtwend? Was bedeutet das?« Sie hatten gemeinsam die Klassiker studiert, was sie dort über Belagerungen finden konnten. Die Militärbefehle der neuen Armee tauchten dort nicht auf.

»Sie stellen sich neu auf. Ich kann mir nicht vorstellen, dass sie jetzt abziehen wollen.« Ihr Vater spielte mit den Fingern an seinem Kinn.

»Eine Falle, um uns zur Flucht zu verleiten?«, fragte Chou-Li, obwohl sie es nicht recht glaubte.

»Sie wissen, dass ich das nicht tue, weil ich es sonst schon in den Nächten zuvor versucht hätte.«

Ein kreischend metallisches Geräusch vibrierte in der Luft wie ein Heuler der Feuerwerke. Dann sahen sie einen mit Blechen beschlagenen Wagen, aus dem heraus auf die Soldaten drunten auf dem Platz geschossen wurde.

»Rückwärts in Reih …«, dröhnte unten ein Anführer. »Was geschieht, Vater?«

»Sie weichen vor dem Wagen die lange Straße zurück zum Flusshafen. Das sind …« Der gepanzerte Wagen rollte langsam heran. Die Männer dahinter waren nicht in den erdfarbenen

Uniformen gekleidet, sie trugen einfache Kulijacken, grau, ausgebleichte Stoffe. Aber alle hatten Waffen in der Hand, manche sogar zwei.

»Sind das etwa deine Männer, die du durch die Provinz geschickt hast?« Wenn die Klassiker recht hatten, dann war damit zu rechnen, dass solche Banden oder die Geheimbünde die Stunde nutzten, in der sie auf eigene Faust ungehindert plündern konnten.

»Nein, so mutig ist das Räuberpack nicht. Das sind Arbeiter. Sie haben alle amerikanische Waffen, aus einem Arsenal, das diese Waffen eigentlich auch für ein gestärktes China schmieden sollte. Es war ein Fehler des Hofes in Peking, den General Yuan Shikai aus der Verbannung zu holen. Seine Armee muss inzwischen meine Fabrik am Huang-ho erobert haben.«

Kaum war die alte Kaiserinwitwe vor drei Jahren gestorben, hatte der Prinzregent Tschün den mächtigen General Yuan in die Verbannung geschickt. Aber seine Armee war ihm treu ergeben geblieben. Als im Oktober der Aufstand im Süden losgebrochen war, war dem Pekinger Hof nichts mehr übrig geblieben, als sich unter Yuans Schutz zu stellen, weil er als Einziger eine modernisierte Armee befehligte, die den Aufständischen, die schon am Jangtse herrschten, gewachsen war. Nun war Yuan wieder oberster Militärmachthaber der Tsing-Kaiser. Oder selbst schon Kaiser, seit Tagen drangen nur widersprüchliche Gerüchte aus Peking bis in den Palast.

Chou-Li fasste ihren Vater am Ellbogen. »Dann wäre es ja eine Entsatz-Truppe.«

»Vergiss nicht vor Angst das Denken.« Er drehte den Kopf im Schatten und legte fast die Wange an den Stein des Vorsprungs. »Dann hätte man nicht das vordere Tor durchbrochen, wenn eine kaisertreue Armee die Stadt erobert hätte.

Und Yuan würde niemals von der Flussseite angreifen, die Vorstädte haben zu viele Kanäle, das hält eine Armee nur auf.«

»Da sind Europäer!« Chou-Li erkannte einen hellhäutigen rothaarigen Kopf zwischen den Chinesen mit den Zöpfen.

»Dann sind es Leute aus der internationalen Siedlung.«

»Aber die seien doch viel zu schwach, sich einzumischen, hast du gesagt.« Froh seien die, wenn sie sich selber vor dem Zorn der neuen Armee aus dem Süden bewahren könnten.

Ihr Vater machte der Leibgarde Zeichen, nicht zu schießen, seine Leute nutzten die Zeit, in bessere Stellungen auf der Mauer zu kommen.

»Duck dich!«

Drunten schossen sie Salve um Salve. Chou-Li presste die Hände auf die Ohren und rollte sich auf einer Stufe über den Knien ein. Der Pulverdampf wehte sogar über die Mauern, biss in ihre Augen.

Selbst Vater wischte sich über die Wimpern. »Wir sind für die Anführer die wertvollste Beute. Wir müssen abwarten.«

Chou-Li schmiegte sich an seinen warmen Leib. Sie wusste nur, dass sie heute Nacht nicht in ihrem Bett schlafen würde.

Dann war es auf einmal still. Sie sahen, wie die Leibgardisten die Hälse reckten. Sie sprangen auf.

Drunten zogen sich die drei Blocks der aufständischen Soldaten zum Fluss hinunter zurück.

Aus dem gepanzerten Wagen sprang ein Europäer, er blieb allerdings hinter dem Blech der Tür stehen. »Wer ist euer Befehlshaber?« schrie der blonde, große Mann, den Chou-Li schon einmal gesehen hatte. Nur wann?

»Ach«, ein Funken glühte in den Augen ihres Vaters auf. »Ich!«, rief er und zeigte sich an der Mauerkrone.

»Gouverneur! Ich hatte gehofft, dass Sie noch am Leben

sind. Wir brechen durch den Belagerungsring. Kommen Sie mit!«

»Wie viele Leute haben Sie?«

»Dreihundert auf sieben Wagen, schwer bewaffnet. Wir fahren im Konvoi mit genug Munition.«

»Das glaube ich«, flüsterte ihr Vater. »Ich komme mit zwei Wagen mit«, rief er.

»Wir können nicht warten, Gouverneur!«

»Ich weiß.« Er wandte sich zur Leibgarde auf den Mauern. »Macht das Tor auf. Dann zieht die beiden Wagen aus dem Hof und rollt hinter den Panzerwagen draußen.«

Seine Leute verharrten einen Moment wie Steinfiguren.

»Sie haben gute Waffen für euch. Los jetzt!« Vater packte sie am Oberarm und zerrte Chou-Li die Mauertreppe hinunter in den Hof.

Die Soldaten hatten schon das Tor zur Straße hin entriegelt. Pferde wurden eingeschirrt. Es ging alles so schnell, dass Chou-Li kaum sah, wo sie hintrat.

»Warte.« Ihr Vater winkte einem Leibgardisten. »Hole ein Blech von dem Mann dort.«

Der Soldat rannte aus dem Spalt hinaus zum gepanzerten Wagen mit dem Europäer. Doch kein Schuss fiel. Der blonde Mann schüttelte den Kopf. »Wir haben keins. Sie müssen es riskieren!«

»Lauf!«

Chou-Li rannte los, sie rannte über die steinige Straße, der große Mann wurde und wurde nicht kleiner, der Pulverdampf stank, dann erreichte sie den Wagen. Ein Arm umfasste sie, schob sie grob auf einen Sitz. Sie fand sich auf weichen Polstern mit brennenden Fußsohlen.

Vaters Kopf stieß an den Rahmen. Er hielt sich die Stirn,

schon flog die Tür mit dumpfem Ton zu. »Abfahren«, schrie der blonde Mann beim Einsteigen dem Fahrer zu.

Hinter ihnen rollten die Wagen aus dem Palast.

»Lassen Sie Ihre Leute zwischen die beiden Wagen aufrücken, unsere Waffen sind nicht die besten.« Vater lehnte sich in die Sitze der Rückbank.

»Keine Sorge, Colonel Fairbanks ist ein guter Offizier. Er bringt uns hier raus.«

Der blonde Mann war aber kein Engländer, er gehörte zu den Deutschen.

Er drehte sich um. »Sie finden hinter sich zwei europäische Jacken und zwei Hüte. Ziehen Sie das über, auf Europäer wird nicht so schnell geschossen.«

Chou-Li erhob sich halb und zog den Stoff zu sich heran. Dann faltete sie die Kleider auseinander und setzte Vater den zu großen Hut fast auf die Ohren.

»Wohin fahren wir, Kapahnke?«

»Wir müssen es bis zum Pfirsichtal schaffen, dort steht bis heute Nacht ein Militärzug der *Schantungbahn* an der Station.«

»Sind Sie sicher?«

»Ja, ein Telegramm ist noch durchgekommen.«

Der Ort war weit. Schüsse pfiffen plötzlich, Chou-Li hörte, wie Kugeln an der Panzerung des Wagens abprallten.

»Die Aufständischen kommen vom Erd-Tempel her. Runter mit den Köpfen!«

Kapitel 12

Tsingtau, im Hause Kapahnke – 10. November 1911

Sun Pau Tschi war für die Stille im Tsingtauer Haus des Kaufmanns dankbar. Die nächtliche Flucht bis zum Militärzug der Deutschen war nur mithilfe der überlegenen amerikanischen Waffen Kapahnkes gelungen. Viel Munition war sicher nicht übrig geblieben. Sun Pau lehnte sich in den großen, weichen Sitz, der um einen Tisch herum mit fünf anderen geordnet war. Das Meer vor den Fenstern konnte er in der Dunkelheit nur erahnen. Und doch schien es ihm, dass ein wenig kühle, salzige Meeresbrise durch die Ritzen drang.

»Nehmen Sie bitte Platz.« Der Kaufmann zog für den eben eingetroffenen Prinzen sogar einen Sessel vor.

Kapahnke hatte sie als Ranghöchste in sein Privathaus eingeladen, die anderen geflohenen Beamten aus dem Gefolge des Prinzen hatten im Salonwagen der *Schantungbahn* im Bahnhof Tsingtau noch warten müssen. Kapahnke hatte die Ehrenmänner des chinesischen Seezollamtes und der chinesischen Handelsgilden von deutschen Polizisten benachrichtigen lassen. In solchen Dingen waren die Fremden beeindruckend schnell. Sun Pau Tschi streckte unauffällig die schmerzenden Füße von sich.

Die Europäer achteten wenig auf die Hierarchien in ihren privaten Gemächern. Niemals hätte man in China Prinz Gung den gleichen Stuhl angeboten wie ihm, der im Rang niedriger stand, oder gar seiner Tochter erlaubt, am gleichen Tisch zu sitzen.

»Stärken Sie sich, bis mein Personal die Zimmer gerichtet hat.« Der Kaufmann wies seinen chinesischen Diener mit ausgestreckter Hand an, damit dieser das Tablett auf den Tisch zwischen sie abstellte. Ein silbernes Teeservice glänzte dort auf einer blauen Decke, in blankem Silber, wie es die Briten auf den Märkten an der Küste verkauften. Sun Pau Tschi lächelte freundlich und seufzte innerlich. Er würde sich eine Zeit lang mit den Sitten der Europäer anfreunden müssen.

»Ich danke für Ihre Gastfreundschaft«, sagte Prinz Gung, der aufrecht in der blauen Reisekleidung auf dem Sessel saß. Auf dem in kaiserlichem Orange bestickten langen Seidenmantel schwebten die Drachen der Mandschus unbewegt. Doch seine Stimme verriet die nächtliche Anstrengung. Auch er hatte sicher nicht geschlafen.

Chou-Li verneigte sich wortlos und griff zum Tablett, das sie dem Prinzen hinhielt, dabei hielt sie den Blick zu Boden gerichtet, wie es sich vor einem Mitglied des Kaiserhauses gebührte. Kapahnke übersah ihre Geste. »Ich danke Ihnen für die Ehre, meine bescheidene Behausung Ihnen zur Verfügung stellen zu können.« Der Kaufmann ließ es zu, dass Chou-Li nach den kleinen Bissen nun den Tee für sie vier einfüllte.

»Möge die Freundlichkeit langes Leben bringen.« Prinz Gung nahm eine englische Porzellantasse aus der Hand seiner Tochter.

Sun Pau Tschi spürte sein Kreuz. Es war ihm gerade recht, dass es dem Prinzen zukam, die Floskeln auszutauschen. Stunde um Stunde hatte Sun Pau mit seiner Tochter in den Armen auf der Rückbank des gepanzerten Wagens gekauert. Die Söldner Kapahnkes hatten sich die Straßen frei geschossen, dann einen weiten Umweg um seine Provinzhauptstadt gemacht, jemand muss sich gut ausgekannt haben, zwischen Reisfeldern und an Kanälen entlang waren sie den Truppen der Aufständischen, die die Hauptstraßen verstopft hatten, ausgewichen. Bis sie gegen Mitternacht den kleinen Bahnhof erreicht hatten. Im Salonwagen saßen bereits Prinz Gung und sein Gefolge.

Sun Pau hatte einen langen Moment gefürchtet, Kapahnke wolle sie als Morgengabe den Aufständischen übergeben, bevor er sich für verwirrtes Denken gescholten hatte. Im Grunde war es einfach. Der Kaufmann sicherte seine Geschäfte ab, indem er ihnen zur Flucht verhalf. Niemand wusste, wer am Ende der Revolution obsiegen würde. Kapahnke spielte mit beiden Seiten, wie es Händler immer taten.

Sun zweifelte keinen Augenblick daran, dass er die meisten amerikanischen Waffen der Schmiede am Fluss längst der neuen Armee zu einem Preis verkauft hatte, der beiden Seiten das Gesicht wahrte.

Chou-Li zog ihren Sessel hinter ihn an den Rand des einfarbigen Teppichs. Prinz Gung stellte die Tasse auf den Tisch. »Meine Spione in der britischen Niederlassung in Schanghai haben mir zugetragen, dass der General des chinesischen Kaisers bereits mit dem Anführer der Aufständischen verhandelt.«

Sun Pau hob die Augen. Solche Direktheit war höchst ungewöhnlich. Der Prinz war einer der wenigen, die aus der Palastwelt bis nach Europa gereist waren. Hinter dem kaiserlichen Brustschmuck steckte ein mutiger Mann, und unter dem aprikosengelben Hut lebte ein wacher Geist. Nur war dieser Geist nicht reif.

Sun Pau Tschi rang den Schrecken nieder, den sein Herz erfasst hatte, als er die Konsequenz aus diesen Worten begriff. Wenn der General Yuan Shikai, der sie eigentlich am Jangtse-Fluss bedrängt hatte, mit den Aufständischen verhandelt hatte, konnte das nur eines bedeuten. Der General führte den Krieg also doch nur mit eigenen Absichten. Aber ja … Beinahe hätte Sun Pau den Prinzen ausgelacht. Mehr als eine Dynastie zur Zeit der streitenden Reiche war gestürzt, weil ein General sich und seine Söhne an die Stelle der alten Throninhaber gesetzt hatte. Was hatten die Eunuchen die jungen Prinzen in der Hauptstadt nur lesen lassen außer den Schlafzimmergedichten der Konkubinen?

Der Prinz winkte mit der Hand. Chou-Li erhob sich hinter Sun und reichte Tee.

»Weitere Mitglieder des Hohen Hauses sind mit Schiffen auf dem Weg nach Tsingtau. Ich beabsichtige einen längeren Aufenthalt und werde ein Haus kaufen«, sagte der Prinz.

Kapahnke hatte die Beine übereinandergeschlagen. Nun legte er die Hände auf den Oberschenkel. »Es wird nicht einfach sein. Ich will es nicht verheimlichen, dass Chinesen der Grunderwerb in der Europäerstadt nicht gestattet wird.«

»Ist der deutsche Kaiser ein Feind des chinesischen Kaisers?«

Kapahnke lächelte schwach. »Berlin wird von uns täglich telegrafisch unterrichtet.«

»Oder ist es dem deutschen Gouverneur lieber, dass ich die Briten um Gastfreundschaft in Schanghai oder Hongkong ersuche, ehe ich als Mitglied der kaiserlichen Familie zwischen Händlern und Bauern am Hafen nächtigen muss?« Der Prinz spreizte die Hand mit dem Fingerschmuck an den langen Nägeln.

Sun Pau Tschi fing den Blick des Prinzen auf. Er neigte sich leicht vor. »Mit Ihrer Hilfe habe ich viele wertvolle Dinge für unsere Reise mitnehmen können. Sollte es keine Häuser zu mieten geben, bauen wir. Tsingtau hat noch viele grüne Felder zwischen den Häusern am Meer. Helfen wir unseren deutschen Freunden, die weiße Stadt zu vollenden.« Der Kaufmann hatte ihm in der Nacht am Militärzug einen halben Güterwaggon frei machen lassen. Keiner der Soldaten ahnte, welche Kostbarkeiten in den Kisten verborgen waren, vom kleinen rosa Seidenbeutel voller Edelsteine an Chou-Lis Brust ganz zu schweigen.

»Ich werde schon morgen den Gouverneur von Ihrer Ankunft unterrichten. Es wird sich eine Lösung finden.«

»Der Prinzregent sammelt in Peking kaisertreue Truppen. Der selbst ernannte Präsident im Süden Chinas, pah!«, der Prinz ließ den Kopf zurückkippen, dass die Feder daran wippte, »wird schon bald auf dem Platz des Himmlischen Friedens geköpft werden. Dann wird der Kaiser Chinas seine treuen Freunde ehren und seinen Widersachern die Höllengeister schicken.« Wieder wippte die Feder.

Sun Pau missfiel das. Er hörte, wie Chou-Lis Seidenmantel rutschte, als sie sich leise umsetzte. Fast schien es ihm, er könne die Gedanken seiner Tochter lesen. Außer Worten hatte der Palast seit Jahren nichts unternommen, nichts gegen die Denker, die in den Siedlungen der Fremden gegen die Dynastie wühlten, nichts gegen die Gier der Adligen, die Gelder der Kriegskasse für ihren Prunk veruntreuten, nichts gegen die räuberischen Eunuchen.

Kapahnkes fahle Wangen zuckten. »Das deutsche Gouvernement wird gewiss für einen angenehmen Aufenthalt sorgen.«

Sun Pau Tschi hatte die Klassiker studiert. Immer wenn eine Dynastie vom Sturz bedroht gewesen war, hatte der Kampf um den Thron in vielen Monaten gezählt. Sun würde die Ankunft der anderen Flüchtlinge abwarten müssen, wie viele

Gleichgesinnte mit ihm einig wären, dass sie die ersten Fehler der Revolutionäre abwarten sollten. Denn das Volk kümmerte sich bloß um seinen Reistopf, war an die himmlische Ordnung der Kaiser gewöhnt. Was viele Jahrtausende gut gewesen war, würde wieder Anhänger finden.

Der Diener erschien an der Tür. »Die Zimmer sind bereit, Herr.«

»Erlauben Sie, dass ich vorangehe.« Der Kaufmann stand auf und neigte knapp den Kopf.

Der Prinz folgte. Sun Pau spürte den steifen Rücken. Ein langer Schlaf würde ihn stärken. Die Omen standen gut. Er hatte sein Leben und das seiner Tochter gerettet, die wichtigsten Schätze aus dem Palast gerettet. Die Streitkasse war gut gefüllt. Der Prinz würde bald überzeugt sein, die Rückeroberung ihrer Ämter konnte beginnen.

Sun Pau Tschi drehte sich um. Chou-Li lehnte mit der Schulter am weißen Holzrahmen der Tür, sie hielt ihren Ausschnitt verschlossen. Ihr Blick folgte dem Prinzen, der hinter Kapahnke die weiße Treppe ohne Zurückhaltung nach oben stiefelte wie ein eiliger Liebhaber in ein Nebengelass zur vierten Konkubine. Chou-Lis Augenbraue über dem größeren Auge war voller Spott erhoben über den Hitzkopf, das kleinere seltsam verschleiert vom Lid. »Tochter, du teilst meine Sorge über solch einen Verbündeten, nicht wahr?«

Kapitel 13

Tsingtau, in Renaus Wohnung – 19. November 1911

Prost!« Renau hatte seinen Boy Pei weggeschickt und Schmied das Bier selbst eingegossen. Im Winter war die Kühlung wenigstens kein Problem.

»Es geht doch nichts über ein Germania-Pils.« Schmied nahm einen zweiten tiefen Schluck und wischte sich den weißen Rand von der Oberlippe. Sprühregen traf die Scheiben, Schmied stellte das Glas einfach auf die Fensterbank. »Warum zum Teufel willst du nicht mit zum Vortrag des Alldeutschen Vereins? Sonst interessiert dich doch jede Zeile über das Hin und Her im Reichstag. Und jetzt, wo in China die Revolution tobt ...«

Renau saß auf seiner Bettkante, das kalte Bier zwischen den Händen. Die ganze Flottenpolitik konnte ihm gestohlen bleiben. »Die Alldeutschen sagen doch immer das Gleiche. Der Krieg mit England sei unvermeidlich. Je mehr Schiffe das Reich baut, desto größer sei die Chance zum Sieg, weil unsere Matrosen ja angeblich so viel besser ausgebildet sind.«

»So zynisch kenne ich dich gar nicht.«

Renau glaubte das nicht, weil die Tonnage der Briten sowieso schneller stieg. »Was würden wir hier sagen, wenn die Chinesen eine Festung nach der andern bauen würden? An Gleichgewicht glauben? Wir würden doch nur denken, dass sie uns hier wegfegen wollen mit ihren Waffen.«

»Weggefegt hat es jetzt erst einmal den chinesischen Provinzgouverneur Sun Pau Tschi. Heute sind schon wieder drei

Dschunken mit Adeligen im kleinen Hafen angelandet. Ich habe es selbst gesehen. Solche Prunkgewänder trägt nicht einmal ein katholischer Kirchenfürst.« Schmied nahm den nächsten Schluck Bieres. Dann setzte er vorsichtig das Glas zwischen die Papiere, die auf dem Schreibtisch lagen. »Aber der Ausbildungsstand unserer Marine ist doch vorbildlich. Wir haben beim Manöver im August, September hervorragende Leistungen gezeigt. Du selbst hast eine Belobigung bekommen.«

Renau lächelte in den Bierschaum seines Glases und lehnte sich an das Fußende seines Bettes. »Mit einer echten Ruhr-Epidemie auf dem Schiff haben die Manöverplaner nicht gerechnet.« Renau hatte alle zur strengsten Hygiene vergattert und sogar die Offiziere gezwungen, nichts als abgekochtes Wasser zu trinken. »Die Kombüse hat vielleicht gestaunt, als ich sämtliche Infektionsträger habe ins Meer kippen lassen. Eier, Schinken, Käse schwammen davon.«

Schmied zog sich den einen Stuhl vom Schreibtisch heran. »Für Gefechtsübungen bei Wasser und trocken Brot bist du jetzt der bestgehasste Marinestabsarzt der Mannschaften.«

»Glaub ich nicht. Die haben genug Kameraden auf den Nachttöpfen jammern sehen. Meinen Burschen Claas hat es arg erwischt. Ich habe schon gefürchtet, er wird mein erstes Seebegräbnis.«

»Wegen Austrocknung?«

»Klar.« Renau war froh, dass er den fleißigen Burschen mit Salzlösung und Zwangstrinken wieder auf Vordermann gebracht hatte.

»Die Japaner werden sich in Tokishima übers Schwemmgut gewundert haben.«

Renau lachte. Es tat gut, mit Schmied zu lachen. Das brachte auf andere Gedanken.

»Unterdessen saß ich im Hafen fest und habe das ganze Manöver drei Beinbrüche geschient und vier Platzwunden genäht. Einem hat ein Geschosssplitter das linke Auge platzen lassen. Da war nichts zu machen.« Schmied besah sich seine dicken Hände, trotzdem galt er als bester Chirurg der Stadt. »Wir sollten aufbrechen, sonst sitzen wir ganz hinten im Vereinssaal und hören nichts.«

»Ich komme nicht mit.« Renau stand der Sinn nicht nach politischer Debatte und den Hitzköpfen, die vor lauter britischen Dreadnougt-Schiffen nur noch Zahlen sahen. Kriegskunst bestand nicht nur in Waffen. »Ich muss das Paket fertig machen.«

Schmieds Hand lag auf dem gefüllten Karton. »Aber das ist doch schon voll! Den Knoten in der Schnur machst du doch in drei Minuten.«

Wenn es nur das wäre. »Es fehlt noch etwas.« Ein paar Zeilen an Dorothea. »Morgen früh legt der letzte Postdampfer vor Weihnachten ab. Es muss unbedingt mit.«

Schmied beugte sich vor. »Ach, geh. Erzähl mir nichts. Du kannst das Paket ebenso gut über Sibirien mit dem Postzug schicken. Dann hast du noch zwei Wochen Zeit.«

»Das ist teurer.«

»Der halbe Silberdollar! Mein Kollege ist plötzlich verarmt. Wie kommt's?« Schmieds Augenbraue hob sich.

Renau sah den falschen Diagnoseblick. Er nahm das Bier zwischen die Hände und stierte auf die Bohlen vor dem Bett.

»Wie lange, mein Freund, willst du dich denn noch verkriechen? Man sieht dich nirgends. Nicht beim Billard, nicht im Strandhotel, nicht einmal bei Madame Irina. Was ist los?«

Schmieds Stimme hatte der Spott verlassen. Renau durfte ihm nicht böse sein. Er wusste selbst, dass er um sich kreiste wie ein Kügelchen in einer Logelei für Kinder. »Im Manöver habe ich mich ablenken können. Ein Kriegsschiff ist ja eine andere Welt, man schläft in Schichten, anders als hier.« Renau klopfte mit der Hand auf sein Bett. »Es ist immer dasselbe.«

»Hat deine Verlobte dir immer noch nicht geantwortet?«

»Doch. Ein paar dürre Zeilen.« Renau stand auf und ging zum Schreibtisch. »Das Paket ist voll mit Dingen, die ich für Dorothea gekauft habe. Ein Lackflakon, echte Schreibpinsel und Tusche.« Schmied sah ihn an. »Sie hat gern kalligrafiert. Den ersten Liebesbrief hat sie mir in alter Kanzleischrift geschrieben, ich hätte ihn fast nicht entziffern können.« Dort auf der Bank im Tiergarten zu Berlin. Jedes Mal, wenn er in der Chinesenstadt ein Geschenk erstanden hatte, fehlte die Freude, die warme Verbindung zu ihrem Herzen, die sonst aufgeschienen war. Ihre Freude schon vorab spüren zu können, wenn das Geschenk in ihre Hand glitte – das gab es nicht mehr.

Renau sah, wie der Sprühregen sich an den Fenstern niederschlug. Die grauen Wolken jagten im Wind über die Stadt.

»Aber dann hat sie dir ja fast schon verziehen.« Schmied war aufgestanden und breitete die Hände aus. »Guck nicht so. Ja, verziehen. Du deutest ihr gegenüber an, dass du nicht mehr so recht wissest … Das muss ihr wehtun. So klug sie sein mag, sie ist auch nur eine junge Frau, deren Verlobter Tausende von Meilen weg ist. Wenn ihr nichts mehr für euch empfändet, hättet ihr es euch längst geschrieben.«

Renau sah die vielen verknüllten Papierbögen in seinem Papierkorb. Kam er deshalb nie über fünf Zeilen hinaus, weil er Dorothea nicht aufgeben mochte?

Schmied baute sich vor ihm auf, hakte die Hände im Uniformrevers ein. »Werter Kollege, ich entziehe Ihnen kraft Amtes das Aufenthaltsrecht in diesem Zimmer. Sie sind krank. Liebeskrank. Dagegen hilft nur Gehirnlüftung und anschließendes Wässern. Sie nehmen jetzt da den Mantel vom Haken und folgen dem Kamerad Marinestabsarzt Schmied.«

Renau blickte in das Urbild eines grimmigen Spießes, tiefe Zornesfurchen auf der Stirn und ein verkniffener Mund. Der gespielt drakonische Blick ließ ihn nicht aus. »Du bist ja ein echter Komödiant, Schmied.« Mit einem Mal empfand Renau sein Zimmer unerträglich düster. Nicht einmal das Petroleumlicht hatte er entzündet. Der Kamerad hatte recht.

»Keine Widerrede!« Schmied nahm den Türknauf in die Hand. »Zur Hebung der Moral des Kranken verzichten wir auf den Flottenvortrag und gehen in den britischen Club. Dort soll diese russische«, Schmieds Zeigefinger wanderte zum Unterlid und zog es herunter, »Gräfin Lieder singen.«

Bei den Briten würde er nicht nur Offiziere sehen, dort trieb sich seit den Revolutionswirren allerlei buntes Volk herum. Irgendjemand erzählte immer etwas Verrücktes von Tigerjagden in Indien oder dergleichen. Manchmal war es fast wie in einem Berliner Kabarett. Dorothea mochte das, vielleicht konnte er ihr doch noch die Kolonialwelt schmackhaft machen … Genug. Er hatte schon lange keine Musik mehr gehört. Renau schnappte sich seinen Mantel vom Haken. »Die Rikscha bezahle ich.«

Kapitel 14

Tsingtau, am Leuchtturm – 21. November 1911

Sonntagmittage konnten auch in Tsingtau langweilig sein. Mehr als ein Spaziergang war ihm nicht eingefallen. Er wollte sparen. Für eine Schiffspassage zurück ins Reich. Renau blickte über das graue Meer. Der Wind ließ ein paar Schaumkronen auf den Wogen kräuseln. Nur ein paar verspätete Vögel zogen nach Süden. Selten hatte er das Meer vor Tsingtau ohne Marineschiffe, ohne Dschunken gesehen. Nur ein Fischerboot schaukelte Richtung Stadt.

So richtig es gewesen war, dass er mit Schmied vorgestern Abend Zerstreuung gesucht hatte, so richtig war jetzt auch ein wenig Abstinenz. Schmied war diesen Thesen abhold. Der Alkohol fördere die Zirkulation – und ausreichende Durchblutung habe noch keinem Manne geschadet. Schmied schon gar nicht, es war hoch hergegangen im englischen Club. Dort war Renau beim ersten Glas Champagner aufgetaut. Die russische Gräfin Litkowskaja war ein Ereignis gewesen, ein wahres Glück für die Tsingtauer Gesellschaft. Die weißblonden Haare zum Strahlenkranz aufgebunden, hatte sie sich zu später Stunde am Piano aufgestützt und in smaragdgrüne Seide gehüllt russische Volksweisen zum Besten gegeben. Ihre warme Altstimme hatte den Club bis in den letzten Winkel ausgefüllt, sogar der notorische Spötter Carrington war verstummt. Einige englische Damen zogen die Taschentücher, und Renau hatte nicht verdrängen können, dass er die Harfenkonzerte in

Dorotheas Elternhaus vermisste. In der Musik dürfe ja der Soldat ein wenig schwelgen, sagte angeblich selbst der Kaiser.

An einem Militärlager endete die befestigte Stadtstraße mit einem Wendekreis. Renau schritt einen Bogen zum Küstensaum hin, von hier führte ein unebener, schmaler Weg durch das Geröll weiter zum fast aufgegebenen Dorf Tai hsi tschen.

Nach dem großen Applaus hatte der Gönner der Gräfin ihr Champagner gebracht. Schmied, sonst der Erste am Büfett, wenn ausgeschenkt wurde, war verschwunden. Renau war nicht entgangen, dass auch Mrs Wolseys üppige Büste nicht mehr zu sehen gewesen war. Nun denn.

In dem chinesischen Dorf vor ihm lebten nur noch ein paar Familien. Das Gouvernement hatte darauf verzichtet, die Menschen umzusiedeln, aber erlaubte auch keinen Zuzug mehr. Später einmal sollte die Europäerstadt bis hierher wachsen, wo jetzt noch grobe Felsen und ein paar niedrige Sträucher der salzigen Seeluft trotzten.

Das Meer brandete an die Felsen, sein Ziel wuchs weißrot vor ihm auf mit jedem Schritt. Der schlichte Leuchtturm war schon 1900, kaum dass die Stadt gepachtet war, errichtet worden, er leitete die Schiffe zur schmalen Durchfahrt in die Kiautschou-Bucht und zum großen Hafen. Zum Land hin waren vierzig Grad dunkel gestellt, die Städter konnten schlafen.

Renau hatte ganz vergessen, dass zu Füßen des Turmes ein flacher Bau mit Giebeldach stand, in dem die elektrischen Generatoren brummten. Es war niemand zu sehen. Renau lief über den geebneten Kies zwischen Turmfuß und Wärterhaus weiter zu den letzten Felsen.

Kap Jäschke ragte gegenüber im Dunst auf, am Horizont stiegen die Berge der kleineren Halbinsel des Schutzgebietes auf. Die Tsingtauer vergaßen ganz, dass dort drüben noch ein Zipfel deutsches Gebiet lag. Nur ein paar Sommerhäuser hatte man an weißsandigen Buchten gebaut. Und eine Polizeistation für die Fischerdörfer.

Zwei Dschunken schaukelten aus der Bucht hinaus aufs Meer. Renau bewunderte die halbrunden Segel aus geflochtenen Bastmatten, die die chinesischen Boote so schnell und wendig machten.

Lief da ein Fuchs? Entweder war er sehr jung oder ein weibliches Tier. Die roten Haare der Rute fisselten im Wind. Er nahm Witterung auf, musste ihn gerochen haben, sprang zwischen die Felsen ab. »Was jagst du denn hier?« Fraßen Füchse Fisch?

Er hörte ein Summen, dann erkannte er eine Stimme. Eine Frau sang auf Chinesisch. Renau folgte dem Pfad, die Wellen schlugen an die Felsen und verschluckten wieder die Melodie, dann war sie wieder deutlich hörbar. Ein Granitblock lag quer, Renau umrundete ihn.

Eine grün lackierte Holzsänfte wurde fast von den Wellen angeleckt. Die Frau hatte die Seidentücher über das rote Dach geschlagen und saß noch auf dem Sitz, nur die Füße hatte sie auf die Kiesel gestellt. Das dunkelblaue Kleid war mit roten Ornamenten bestickt, von den Sänftenträgern war nichts zu sehen. Die Stimme der Frau war nicht so wohltönend wie die der russischen Gräfin. Sie war dünner, heller, zumal sie sich in die hohen Lagen schraubte, die der chinesischen Musik eigen waren. Vielleicht raubten auch der Wind und das Meeresrauschen der Stimme Kraft.

Doch rührten die schwankenden Töne etwas Uraltes in seiner Seele an, er spürte, dass er das Klagelied verstand, auch wenn er nicht hätte sagen können, wovon es handelte. Eine einsame Frau sang den Wellen ihr Leid von Trauer und Sehnsucht nach Vergessen.

Die Melodie verklang, Vogelschreien mischte sich in den Wellenschlag, fern hinter dem Kap tutete ein Dampfer im Hafen. Renau erwog gerade, dass er sich zurückzog, als die Dame ihren Kopf herwandte.

Sie erschrak vor ihm. Er erkannte die Tochter des geflüchteten Provinzgouverneurs wieder.

»Entschuldigen Sie, dass ich Sie hier überrasche. Ich habe einen Fuchs laufen sehen und …«

Sie hatte schon die Füße in die Sänfte gezogen und die Tür geschlossen. »Hier ist kein Tier.« Sie hatte die Hände auf die Brust gelegt und betrachtete ihn, als ob sie Daumenlänge um Daumenlänge seine Gestalt mit dem Blick ertastete. »Sie sind der Arzt, der uns geimpft hat«, sagte sie mit klarer Stimme.

Täglich flohen Würdenträger über die Grenze. Die revolutionären Truppen hatten China von Süden nach Norden aufgerollt und nun Peking übernommen.

»Es war mir eine Ehre. Ich habe gehört, dass Sie nun in Tsingtau weilen.«

»Wir werden sicher bald zurückkehren. Die Revolutionäre sind nichts als habgierige Banditen. Sie werden sich zerstreiten und gegenseitig aus Neid erledigen.« Sie hob das Kinn und sah hinüber zur Gegenküste.

Was für ein Stolz, den man wohl nur in einer jahrhundertelangen Ahnenkette fand. Renau war nicht überzeugt, dass die Revolution nur ein Zwischenspiel war. Die Geschichte Europas lehrte, dass das Volk sich erheben und seine Monarchen stürzen konnte. Frankreich hatte es mehr als einmal vorgemacht und war nun wieder Republik. Aber sowenig er über

China wusste, wie konnte er erwarten, dass sie die europäische Geschichte kannte. »Sie haben sicher recht.«

»Ich wusste gar nicht, dass Europäer an Geister glauben.«

»Wie meinen Sie das?« Der Arzt trat etwas näher, hielt aber schicklichen Abstand zur Sänfte.

»Fuchsgeister verwirren gern Männern die Gedanken.« Chou-Li betrachtete den Arzt, dessen Blick sich plötzlich von ihr weg verirrte, von der Sänfte aufs graue Meer. Diesem Europäer, der so herrisch in seiner blauen Soldatenkleidung vor ihr stand, den Stiefel auf einem Stein ausgestellt, waren im Palast nachts Tränen über die Wangen geflossen. Auch damals war er so bleich gewesen wie jetzt im späten Licht. Woran dachte er nun? Suchte er dort am Wasser etwa wirklich einen Fuchs? »Die einfachen Chinesen glauben, dass Fuchsgeister gut oder böse sein können. Vielleicht haben Sie tatsächlich einen gesehen.« Die fremden Männer wussten doch sonst alles besser. »Allerdings scheint mir, streunen Füchse nicht am Meer herum, sondern leben im Wald.«

»Dann war es doch ein Gespenst.«

Ein Chinese würde keine Regung zeigen, wie der Mann, der sie anlächelte, als ob er mit einem Kinde scherzte. »Dann ist es gefährlich für Sie. Ein Fuchs am Meer ist eher böse.«

»Was macht Sie so sicher?«, fragte der Arzt.

Sein Blick hatte sich verändert. Als ob jede Verwirrung daraus verschwunden war, öffnete er sich wie Tore zu … Chou-Li vermochte es nicht zu fassen. Sie fühlte einen Sog. Der Mann wollte wissen, was sie vor ihm verbarg, erraten, sie durchdringen. Warum schützte er sich nicht, warum ließ er sie das so klar in seinen Augen lesen? Stellte er ihr gar die berühmte Falle des scheinbar einfältigen Narren, der den Jade-

Kaiser um den Schatz prellte? »Wasser ist nicht das Element dieser Geister. Sie fürchten es, weil es sie vernichten kann. Wenn ein Fuchsgeist diese Gefahr eingehen muss, rächt er sich.«

»Aber ich habe ihn doch nicht herbestellt. Wer weiß, wem er gefolgt ist.«

Spott kroch in seine Augenwinkel, nistete sich dort ein mit Angriffslust. Seine fahlen Wangen wurden männlicher, er war doch ein Krieger. Und vielleicht stark und schlau. Er war nicht umsonst der Bote seines Herrn beim Impfen gewesen. »Ein Fuchs folgt nie. Er ruft.« Chou-Li hob den Seidenschal vor ihr Gesicht, sie wollte nicht, dass er sie lächeln sah. Sie redete schon wie ihre abergläubische Tante Shen, die es mit jeder Küchenmagd in solchen Dingen aufnehmen konnte. »Ich habe meine Träger ein wenig weiter geschickt. Rufen Sie sie mir bitte.« Wenn Ethel Graham in ihren Lessons recht gehabt hatte, durfte er als Gentleman ihr diesen Wunsch nicht abschlagen.

»Wohin haben Sie die Leute geschickt?«, fragte der Arzt.

Chou-Li griff zu ihrem Fächer und deutete aus der Sänfte hinaus zu dem großen Felsquader hinter ihr. »Dorthin.«

Der Arzt sprang den Pfad hinauf. So schnell und trittsicher, so kraftvoll. Chou-Li zögerte, aber sie wollte ihn sehen. Er erstieg den Quader und stellte den linken Fuß vor, die Handschuhe über den Augen, sah er über den Strand. Wie eine dieser Statuen in der Stadt, die einen ihrer Herrscher darstellte. Nur war er viel schöner als der Kaiser in Stein. Chou-Li lehnte sich zurück in die Polster und klappte den Fächer auf.

»Ho hey!«, brüllte seine Stimme gegen den Wind. Dann gellte ein Pfiff.

Sie hörte seine Stiefel auf dem Sand. »Sie kommen angelaufen, verehrtes Fräulein. Ich wünsche Ihnen einen schönen Tag.

Mit den besten Empfehlungen an den Herrn Gouverneur Sun Pau Tschi.«

Sie ließ den Fächer sinken. Er stand fünf Schritte vor der Sänfte, ein wenig vorgebeugt wie ein alter Mann, doch so fahl auch seine Wangen waren, der Blick suchte wieder ihren zu ergründen. Hielt auf sie wie ein Bogenschütze. Sie hob die Hand und zeigte ihre Finger.

Die Träger machten schon Kotau. »Zurück zum Haus«, sagte Chou-Li.

Die Sänfte wurde angehoben. Sie trugen sie an ihm vorbei. Sein Blick, der wissen wollte, war auf ihr Gesicht geheftet, vergaß, wo sie waren, wer sie waren. Wie unhöflich, wie bäurisch, eine Frau wie sie so anzustarren. Dann öffnete er den Mund wie zu einem stumm verschluckten Wort der Ehrerbietung bei Hofe, auf eine Art, wie es ein Bauer nie vermocht hätte.

Chou-Li sah auf die lackierte Rückseite ihres Fächers, dessen Vorderseite bemalte Seide umspannte. Der Arzt hatte ihr ebenso nur eine seiner Seiten gezeigt. Sie sollte sich nicht täuschen lassen. Auch die fremden Krieger kämpften mit List.

Kapitel 15

Pang Kia Lan, Missionsstation – 20. Januar 1912

Leontines Handgelenk schmerzte. Seit zwei Stunden saß sie am kleinen Schreibtisch, während Friedbert den Jahresbericht 1911 diktierte. Wenn sie doch endlich damit fertig würden. Es war seit dem Überfall so viel geschehen. Erfreuliches wie die große Hilfe der Gemeinde, Schändliches, wie den Diebstahl an den Bauhölzern, die sie dank der Spende des

Kaufmanns Kapahnke hatten kaufen können. Bedrückendes wie die Revolutionswirren.

Die eine Diele knarrte unter Friedberts Fuß.

»... denn auf dem Lande hatten die Aufständischen schon die Häuser der Steuerbeamten niedergebrannt und ausgeplündert. Da gab es unruhige Tage ...«

»Warte bitte!« Leontine schüttelte den Arm aus und entspannte ihre Schultern. *Unruhige Tage.* Das war noch viel zu vornehm ausgedrückt. Sie hatte nicht mehr gewusst, wo ihr der Kopf stand, die Mauern, die Dächer, der Garten, alles sollte auf einmal ausgebessert werden. Und das neben der üblichen Missionstätigkeit. In jenen Wochen waren ihnen die Gottesdienste wie Inseln der Ruhe vorgekommen.

Gott sei Dank hatte sie die Stube des Missionshauses von Tschang gut einheizen und die Fensterläden gegen den Wind fest verschließen lassen. Friedbert vergaß das Nachschüren so oft.

»Tage, die ...« Sein Blick glitt über ihre Stirn, als ob davor eine Mücke herumschwirrte. »Warten? Worauf?« Dann sah er, dass sie die Finger ausschüttelte wie eine Klavierspielerin. »Hast du einen Krampf?«

Leontine schüttelte nur den Kopf. Krämpfe hatte sie seit ein paar Nächten in den Beinen, warum, wusste sie seit gestern Morgen sicher. Friedbert hasste es, den Faden zu verlieren. »Da gab es unruhige Tage ...«, wiederholte Leontine. Sie war gespannt, wie er seine schriftliche Klage darüber zurücknehmen würde, dass die anderen Missionsstationen ihnen so wenig Unterstützung hatten zukommen lassen. Hier oben in den Bergen hatten sie erst in der Adventszeit vom Sturz der Monarchie Nachricht erhalten. Sie hatten fast nicht glauben können, dass ganz Südchina da längst vom Kaiser abgefallen war.

Friedbert setzte seine Wanderschaft auf dem kurzen Stück zwischen Gartenfenster und Bücherschrank fort. »Ja. – Zweimal hatte mich der von der neuen republikanischen Regierung eingesetzte Kreismandarin bereits schriftlich aufgefordert, die Missionsstation zu verlassen, weil meine Sicherheit nicht gewährleistet sei.«

Leontine setzte schnell den Punkt hinter den Satz. »Du hast schon zwei Schreiben von der neuen Verwaltung bekommen?« Sie hatte keine offiziellen chinesischen Briefe gesehen.

Friedbert fasste seinen Daumen in der Faust. Die Schatten um seine Augen wirkten noch dunkler als sonst. »Ja.«

»Warum sagst du mir das nicht?« Leontine legte die Schreibfeder auf die längliche Porzellanschale neben das Tintenfässchen. Sie rückte auf ihrem Stuhl herum und legte den Kopf schräg.

»Du hast schon genug Sorgen mit der Erneuerung des Dachstuhls der Kapelle gehabt.« Friedbert stützte sich an der Wand neben dem zugezogenen Vorhang ab.

Leontine hörte ihren Seufzer wie den einer Fremden. Sicher hatte sie sich wochenlang mit den chinesischen Handwerkern herumgeärgert, bald wäre sie noch zur Dachdeckerin geworden. Aber Friedbert musste endlich einsehen, dass sie für alle Belange an seiner Seite stand. »Und du, hast du nicht auch mehr als genug Sorgen auf deinem Rücken getragen?«

Friedberts Hand glitt an der Wand am Saum des Vorhangs entlang. Sein schmaler Mund wurde sehr klein. »Ich kann doch die Station nicht wegen eines Überfalls von Banditen aufgeben.« Er wandte sich plötzlich um. Er hob die Brauen hoch über seine grünen Augen, nur sein Blick strich über ihre Stirn hinweg zur Tür. »Du weißt genau, dass uns Pfarrer Noll aus Tsingtau geschrieben hat, das Gouvernement beginne, sich mit der chinesischen Republik zu arrangieren, und dass die neuen Herren die Rechte der Missionen nicht antasten wollten.«

Leontine legte die Hand auf die Wange. »Aber warum schreibt dir dann der neue Mandarin?«

Friedbert nahm die Daumen aus der Jacke und blickte auf den Dielenboden.

Leontine streckte die Beine unter dem Wollkleid aus und legte die Hände ineinander auf die Knie. »Ich sage dir, was ich denke. Und das solltest du auch tun.« Sie kannte ihren Mann nun lange genug. »Oder soll ich dir etwa selbst sagen, was du denkst?«

Friedbert öffnete die Ofenklappe, schürte mit dem Haken, legte zwei Scheite nach.

Leontine wartete, als er sich aufrichtete. »Du denkst, der Mandarin sagt dir ganz chinesisch, also zwischen den Zeilen, dass wir auf eine Unterstützung durch die chinesischen Behörden wie ehedem nicht rechnen dürfen.«

Friedbert schob mit dem Fuß den Schürhaken an seinen Platz auf dem Ofenblech.

»Du denkst, dass die neuen Herren in Schantung nichts unternehmen werden, wenn wir wieder von Gesindel überfallen werden. Und du weißt, dass die deutschen Truppen nicht mehr so schnell kommen werden, weil sie lieber Tsingtau absichern, solange nicht klar ist, ob sich die Republik in China an den Pachtvertrag hält.«

Friedbert stand fast so schief da wie ein Konfirmand in einem zu großen Anzug. »Ja, das sorgt mich.«

Leontine ging die drei Schritte zu ihm und packte ihn am Revers. Sie suchte den Blick aus seinen Augen, zog an seiner Joppe. »Ich bin doch kein unverständiger Chinesen-Bauer, der des Lesens und Schreibens unkundig ist und nie etwas anderes gesehen hat als dieses Tal im Gebirge. Lass mich doch nicht alles erraten, sprich mit mir! Wenn du dich deiner Frau nicht anvertraust, wem denn?«

Friedbert legte seine Hände um ihre. Die eine war kühl, die andere warm. Fast rührte seine Stirn an ihre, so weit beugte er sich auf sie zu. »Aber du trägst doch schon so viel. Ohne dich hätte ich niemals Zeit, eine Predigt zu schreiben oder die Täuflinge in den anderen Dörfern zu besuchen. Oder diesen Bericht«, er nickte zum Schreibtisch hin, »zu verfassen. Ich vertraue dir doch.«

Leontine holte Luft. »Aber dich vertraust du mir nicht an.« Begriff er es denn nicht. »Ich höre doch, wie du dich im Schlaf unter Albträumen wälzt. Ich mag nicht weiter zusehen, wie die Last auf deiner Seele größer wird.« Sie fand seinen Blick. Etwas dunkelte darin nach.

»Ich halte fest am Gebet, Leontine, wie ich es meinen Gemeindebrüdern und -schwestern predige.«

Und haderst, und grämst dich und klagst deinen Gott an, dass er es dir so schwer macht. »Daran zweifele ich doch nicht.« Sie zog ihre Finger aus der Umklammerung seiner Hände und umfasste ihn.

Sie wiegten sich eine Weile, wie lange schon hatte er sie nicht so still an sich geborgen.

»Ich … denke zu viel darüber nach, was werden kann.« Friedberts Stimme stockte. »Manchmal fürchte ich, dass mich der Mut verlässt. Es scheint mir alles so sinnlos, was wir hier tun. Als ich dich auf der Kapelle auf dem flammenden Dach habe kriechen sehen, dachte ich nur: ›Herr, tu mir das nicht an.‹ Wärest du gefallen, ich hätte noch am gleichen Tag die Mission verlassen.« Er drückte sie fest an sich, Leontine fühlte seine Hand an ihrem Hinterkopf.

Seit Langem einmal schien ihr die einfache Stube wirklich wie ein Zuhause. Bollerte das Feuer im Ofen wie früher zu Hause in Landsberg, war das Geräusch der verglühenden Holzscheite mehr als ein zäher Kampf gegen die Macht des Winters in einem unwirtlichen Land. Vielleicht könnte sie doch ganz heimisch werden, wenn sie erst einmal eine richtige Missionarsfamilie sein würden. »Der Herr beschenkt uns doch.«

»Ja, er führt uns viele Seelen zu.« Friedberts Hand strich über ihren Rücken.

Leontine hatte lange überlegt, wie sie es ihm sagen wollte. Einen Augenblick hatte sie abpassen wollen, an dem er nicht von einer Sorge oder einer Predigt abgelenkt wäre. Jetzt waren sie ein Paar, das sich am Feuer umschlungen hielt. »Das meine ich nicht.«

»Sondern?« Friedbert nahm sie bei den Schultern und erforschte ihren Blick. Die steile Falte verließ seine Stirn selten.

»Der Herr hat uns beide beschenkt. Wir bekommen ein Kind.«

Friedbert riss sie nicht an sich, wie sie geglaubt hatte, drückte sie nicht fest. Seine Hände glitten von ihren Schultern, breiteten sich aus wie zum Segen am Sonntag in der Kirche. Das dunkle Fragen in seinen Augen hellte auf, sein Mund zog sich breit zu einem Lächeln. Als ob seine Sorgen von ihm fielen, sah er mit einem Mal so viel jünger aus. »Du bist ganz sicher?«

Sie nickte nur, da fasste er sie schon um die Hüften, hob sie an und drehte sich auf der Stelle um und herum. »Ja!«, rief er aus, so laut, als wolle er, dass es Tschang noch im Knechte-Haus überm Hof hörte.

Leontine hielt sich an ihm fest, ihr wurde ein wenig schwindelig. Dann setzte er sie ab, packte sie an den Schultern und küsste sie lange.

»Und ich Esel habe geglaubt, wir würden keine bekommen können.« Seine Wangen waren rot vor Freude. »Wenn wir jetzt ein Kind bekommen, dann will die Vorsehung auch, dass wir hier in China bleiben. Es kann gar nicht anders sein. Dann schielt keine alte Chinesin mehr in die Ecken unseres Missionshauses und fragt die anderen, wo denn unsere Kinder seien.«

Leontine lachte. »So streng sind die Frauen doch gar nicht mit mir. Ich bin doch noch jung.« Und ein bisschen lag es auch daran, dass sie beide oft so müde schon vor dem Zubettgehen am Schreibtisch oder auf dem Stuhl eingeschlafen waren.

»Lass uns heute die Arbeit vergessen.« Friedbert öffnete den Bücherschrank und kniete sich kurz davor. Dann brachte er die kleine Karaffe mit dem Heidelbeerlikör. Er schaute tief in den Schrank.

»Die Gläschen stehen oben«, sagte Leontine. Sie würde nicht davon trinken.

Friedbert stellte alles auf den großen Tisch vorm Hoffenster. Sie setzte sich hinüber. Er öffnete den Glaspfropfen und goss ein.

»Für mich nicht«, sagte Leontine. »Es ist ja Alkohol darin.«

Friedberts Hand hielt ein. Er fing den Tropfen Likör gerade noch ein. Das zweite Glas blieb leer. Er lächelte, als er die Karaffe wieder verschloss. »Wie schnell alles anders wird.« Er rollte die Lippen ein und rieb sich das Kinn. »Aber ich kann ja nicht allein anstoßen.« Er schüttelte die Locken. »Wir haben nicht einmal ein Bonbon oder ein Stück Schokolade für dich im Haus, nicht wahr?«

»Nein, haben wir nicht.« Er wusste genau wie sie, dass sie

beim Essen an allem sparen mussten, das mit Geld bezahlt wurde und nicht im eigenen Garten wuchs.

»Ich habe doch etwas für dich«, Friedbert hob den Zeigefinger und war schon zur Tür hinaus.

Kühl wehte die Luft vom Flur herein, sie hörte drüben die Tür der kleinen Kammer, dann ein Rascheln.

Er trug das kleine Päckchen mit beiden Händen herein. »Eigentlich hätte es dein Geburtstagsgeschenk werden sollen, aber nun …« Er stellte das graue Papier vor sie auf den Tisch.

Leontine knüpfte die Kordel ab. So schief, wie sie saß, hatte ihr Mann sie selbst geknüpft. In jedem Geschäft konnte man das besser. Dann war sie auf.

Unter dem groben Papier schimmerte feines Seidenpapier. Sie schlug es auseinander, Email glänzte auf. »Eine Spieldose!« Sie sprang auf und fiel ihm um den Hals. Wie lange hatte sie sich schon Musik, heimatliche Klänge für die wenigen Stunden am Abend gewünscht. Eine kleine Melodie, dass sie bei Sorgen leichter einschlafen konnte.

Friedbert nahm sie auf seinen Schoß. Er stützte ihr den Rücken, seine langen Finger schlugen das Papier ganz auseinander. »Und das Beste sind die zwanzig Wechselwalzen.«

Leontine nahm die Spieldose in die Hände. Auf dem Emaildeckel rankten bunte Blumengirlanden um drei junge Frauen im Ringelreihen, deren Haare blond, braun und rot im Winde spielten. Flöten und eine Harfe schwebten im weißen Hintergrund. Vorsichtig drehte Leontine an der Kurbel.

Dann erklang *Der Mai ist gekommen.* »Die Bäume schlagen aus, da bleibe, wer Lust hat, mit Sorgen zu Haus!«

Friedbert fiel in ihren Gesang mit ein: »Wie die Wolken wandern am himmlischen Zelt, so steht auch mir der Sinn in die weite, weite Welt. Herr Vater, Frau Mutter, dass Gott euch behüt! Wer weiß, wo in der Ferne mein Glück mir noch blüht.«

Kapitel 16

Tsingtau, Seegrundstück – 20. Januar 1912

Da es keinen Frost gegeben hat, bindet der Mörtel im Sockel gut ab.« Der Baumeister hielt seinen Hut mit der linken Hand fest, mit der rechten fasste er den Spazierstock und wies auf das Geviert aus roten Ziegelsteinen.

Der Mann war ein seltener Anblick in der Stadt, ein Deutscher im Straßenanzug. Sun Pau Tschi hatte sich daran gewöhnt, dass fast alle Uniformen trugen. Er hatte sich Stiefel besorgen lassen, wie sie die Jäger in der Mandschurei trugen. Das grobe Leder war bei jedem Schritt spürbar. Doch es half nichts, er musste selbst die Dinge regeln. Auch wenn es seines Standes unwürdig war, dass er sich über Kleinigkeiten eines Hausbaus unterhielt. »Dann können Sie mit dem Holzaufbau beginnen.«

»Heißt das, Sie haben sich entschieden, wie die Fassade gestaltet sein soll?« Der Baumeister stellte den Spazierstock neben sich und knickte in der Hüfte etwas ein, als er sich darauf stützte.

Sun ballte unter seinem blauen Reisemantel die Faust. Noch immer irritierte ihn die Unverfrorenheit, mit der die Europäer in der Stadt mit ihm sprachen. Diese Völker hatten kein Gefühl für Ehrerbietung und Anstand. »Ihre Planung hat mich überzeugt. Bauen Sie die Balkone wie bei den Nachbarhäusern als, wie heißt das Wort … als Veranda.«

»Sie werden das im Sommer zu schätzen lernen, der Ausblick von hier auf die See ist herrlich.« Der Spazierstock zeigte in die Ferne, als ob er den Postdampfer aufspießen wollte, der vor gut einer Stunde die Bucht passiert hatte.

Sun Pau Tschi verachtete die Europäer für dieses alberne Herumlaufen an der Küste. Was war an einem Strand zu lernen? Ein paar Möwen flogen über Wasser, das seit Jahrtausenden an die Küste schwappte. Ein schattiger Hof hätte die Bewohner von der Zugluft verschont, die Meeresbrise war schädlich. Aber von der Bauweise, die Schantung angemessen war, verstand dieser junge Mann nichts. Und wollte nichts verstehen. »Ist das Holz geliefert worden? Sie haben es mir schon in Rechnung gestellt, sagte mir meine Tochter.«

»Werter Herr Gouverneur. Ich habe es unter gewachsten Planen vor dem Regen schützen lassen, die Farbe des Stoffes ist mit der des Baugrundes beinahe identisch; es liegt dort vor den Fliederbüschen Ihres Nachbarn.«

Sun Pau bedauerte, dass er Chou-Li mit diesen niedrigen Krämertätigkeiten behelligen musste. Zu seiner Überraschung hatte sie sich für den Bau eines Hauses im Stil der Europäer ausgesprochen. *Sie werden alles ablehnen, was nach unserer Bauweise aussieht, weil es sie an ihren Diebstahl unseres Landes erinnert.* Aber die Weitsicht seiner Tochter hatte ihn überzeugt. *Sie spielen hier Europa. Sie sind wie Kinder, gib ihnen ihren Willen und führe sie nach deinen Absichten. Es ist gleichgültig, ob unser Haus nach außen wie eines der ihren aussieht. Wir werden in Tsingtau nicht allzu lange Schutz suchen müssen.*

Beim Neujahrsempfang hatte der neue deutsche Gouverneur Mayer-Waldeck diesen jungen Herrn aus Tientsin empfohlen, in einer Weise, die Sun Pau Tschi nur hatte als Bedingung für eine Baugenehmigung verstehen können. Dreimal hatte er den Namen fallen lassen. Sun Pau Tschi war es gleichgültig, in welcher verwandtschaftlichen Beziehung dieser junge Herr zu dem Gouverneur stand. Benehmen hatte er jedenfalls keines. Er spazierte schon wieder, den Stock im Kreise schwingend, vor ihm her.

»Dort habe ich das Areal abtragen lassen, nach Ihrem Wunsche. Sobald Frühjahr ist, können Sie Ihren Garten anlegen lassen.« Der junge Mann drückte den Hut an der Krempe ins Gesicht und kniff die Augen zusammen. »Übrigens ist heute eine Statue geliefert worden, die war doch für Sie bestimmt?«

»So ist es.« Wenn Wsien schon jetzt damit hergekommen war, musste es drängen.

»Stellt die Statue einen Kaiser dar?« Der junge Mann deutete zu einem Wagen, vor dem die Bauleute an einem Feuerchen ihr Mittagessen einnahmen.

Unverschämt. Er war neugieriger als ein Knabe auf den Knien der Mutter. »Es ist Konfuzius.« Die Anlage eines Gartens sollte im Frühjahr nur als Vorwand für rege Transportfahrten zu seinen Gütern in Schantung dienen. Er hatte schon genug Zeit mit diesem Baumeister verbracht. Sun Pau Tschi legte einen herrischen Ton in seine Stimme. »Holen Sie mir den Mann, der die Statue gebracht hat. Und lassen Sie die Männer endlich weiterarbeiten. Ich bezahle sie nicht dafür, dass sie sich am Feuer wärmen.«

Der Spazierstock vollendete den Kreis nicht. Ein kurzer Blick traf ihn, halb verdeckt von der Hutkrempe. »Ja, natürlich. Selbstverständlich, Herr Gouverneur.«

Er schritt über das unebene Gelände zu den Männern mit dem Erdtopf über dem Feuer.

Sun Pau Tschi wandte sich zum Meer. Eine Republik hatte

dieser Sun Yatsen ausgerufen, diese aufständischen Handwerkssöhne und Gelehrtenkinder, pah! Beinahe hätten sie Nanking wieder zur Hauptstadt gemacht, aber so dumm waren sie dann doch nicht, ihren Gegenkräften Peking als Wohnstadt zu lassen, wo die größten Kasernen des Landes voll von Soldaten standen. Geldgierige Kerle, die nur darauf warteten, dass ihnen der nächste Sold gezahlt wurde.

Noch gelang es den neuen Machthabern, ihre Freunde bei Laune zu halten. Die Getreidespeicher waren voll. Aber blieben sie es, wenn die neue Regierung die alten Beamten vertrieb, die die Erfahrung der Jahrhunderte weitertrugen, wie das riesige China zu verwalten war? Sun Pau Tschi erschauderte im kalten Wind. Die Schande des Hofes stand unauslöschlich in den Geschichtsbüchern: Für eine Sonderbehandlung und gesicherte Einkünfte hatte der Regent und die Kaisermutter den Thronverzicht des Kindkaisers unterschrieben. »Nie ist eine Dynastie kläglicher vom Thron vertrieben worden als die Tsing!«, flüsterte Sun Pau in den Wind.

»Herr?«, fragte eine Stimme im bäurischen Tonfall.

Sun Pau fuhr herum. Der Bandenführer Wsien stand vor ihm. Allerdings nicht in der wilden Kluft seiner Kämpfer, sondern in einem schlichten grauen Kittel wie aus einem armen Dorf. Nur Suns geübtes Auge erkannte die Wölbung an der Seite unter dem Gürtel, dort steckte sicher ein Kurzschwert. »Ich habe dich nicht vor dem dritten Vollmond herbefohlen.«

»Es geschehen Dinge, die der Herr wissen muss.« Wsien schaute sich nach dem Baumeister um, der viele Schritte entfernt auf den aufgemauerten Ziegeln herumlief und den Arbeitern mit dem Spazierstock Linien in den Sand zog. »Die neue Regierung hält ihre Versprechen nicht. Die neuen Truppen in Schantung haben weder Sold noch Reis erhalten. Viele mögen die neuen Sitten nicht. Sie sollen ständig mit den Gewehren üben, die man ihnen gibt. Sie kehren zu mir zurück und bitten mich, dass ich sie wieder aufnehme.«

Sun Paus Mundwinkel zuckte. Wsien wollte also Geld. Aber das war jetzt nicht wichtig. »Wer gibt ihnen Waffen?«

»Am großen Fluss bei der Dampfbahnbrücke geben sie die Waffen bei der Schmiede aus, die die fremden Teufel betreiben.«

Es war abzusehen. Kapahnke hatte sich also tatsächlich sofort mit den Machthabern arrangiert, damit man ihm die Fabrik nicht zerstörte. »Sammle die Männer um dich.«

Wsien verbeugte sich.

»Und nun hole die Statue aus dem Wagen her.«

Sun Pau Tschi schloss einen Moment die Augen. Dann überblickte er sein Grundstück. Auf dem einen Felsstück, das der Baumeister nicht hatte einebnen können, sollte der Weise stehen, es war eindeutig. Und der Blick des Meisters sollte in Harmonie in die westliche Ferne zum Taischan gerichtet sein. Das würde die Kräfte des heiligen Berges auf das Grundstück lenken.

Konfuzius war in weißgrauen Stein gehauen. Sun Pau Tschi trat ein wenig zurück. Welch Stärke in diesem rohen Mann verborgen war. Die groben Hände hatten das Fußende der Statue gepackt, die der Länge nach auf seinem Rücken lag und ihn fast niederdrückte.

»Stelle ihn hier ab.« Sun Pau wies auf ein flaches Stück Erde vor dem Fels. Später würde er ein Podest mauern lassen.

Wsien kniete sich unter der großen Last, beugte sich mit dem Gesicht langsam zur Erde hin, dann ließ er die Statue von seinem Leib zur Seite auf die Krume rollen, richtete das Standbild auf. Er seufzte und rang nach Luft.

Sun Pau bemerkte, dass der Baumeister mit großen Augen vom Haussockel herübersah. »Lass ihn so.« Der Deutsche sollte nicht zu viel über die seltsamen Kräfte eines einfachen Bauern nachdenken. »Komme heute Nacht wieder hierher zur Statue. Ein Diener wird dir genug Geld geben. Versteckt euch in den Scheunen meines Landhauses. Ich werde euch bald brauchen. Geh jetzt.«

Wsien klopfte sich den Sand von den Knien und ging rückwärts davon, dann verschwand er zwischen den Büschen zur Straße hin.

Sun Pau richtete seine Gedanken auf das rote Dach, das er unweit zwischen kahlen Baumästen erspähte. Kapahnke hatte ihn bei sich aufgenommen, was der neuen Regierung nicht verborgen bleiben würde, aber Kapahnke lieferte ihnen auch die Waffen, die sie dringend brauchten, wenn sie die Herrschaft der Republik aufrechterhalten wollten.

Sun Pau ließ die Feder an seinem kaiserlichen Beamtenhut wippen. Viele Hundert Seiten über Intrigen und Strategeme hatte er in seinem Leben studiert. Kapahnke würde bald wie der eitle Kaufmann aus Wu sein, dessen Herz blutete.

»Gouverneur, ehe Sie gehen. Wollen Sie auch einen Zaun, wie Ihre Nachbarschaft? Sehen Sie, die Deutschen mögen es nicht, wenn Hunde herumspringen«, rief der Baumeister hinter ihm.

Sun Pau Tschi lachte auf. Ausgerechnet um Hunde sollte er sich bekümmern, wo er gerade an den größten Hund der Stadt dachte. Er spreizte den Schmuck an seinem Finger ab und ließ den Baumeister einfach im Dreck des Grundstücks stehen.

Kapitel 17

Bismarckkaserne, Labor – 20. Januar 1912

Die Zellkulturen sind reif, wenn du einen leichten weißen Pelz auf den Inseln in der Lösung schwimmen siehst.« Er sah durch die Schalen hindurch in ein riesiges blaues Auge. Renau hätte über den optischen Jahrmarktseffekt der Anzuchtschalen beinahe gelacht.

Sein Bursche Claas verlieh das ein Doggengesicht.

»Mich erinnert es an ganz frischen Schnee auf einer Eisscholle, wenn das Wasser ruhig steht.«

»Mehr als einen halben Zentimeter wächst der Pelz nicht auf. Wir können nun umfüllen.«

»Jawohl, Herr Marinestabsarzt.«

Renau sah zu, wie sein Bursche den Tisch mit den Kulturen zur Wandseite des Labors rollte, an der die Zentrifuge aufgestellt war, die sie mit der Heereslieferung zu Neujahr bekommen hatten. Sie war aus Kruppstahl und groß wie eine Nähmaschine. Die Arbeit an den Impfsera würde ihn ablenken. Zu Hause wartete nur der blassgrüne Brief Dorotheas, den er nur zum x-ten Male lesen würde. Als ob es so schwierig wäre, die Worte in ihrer makellos schwingenden Schrift zu begreifen. *Nach reiflicher Überlegung komme ich zu dem Schluss, dass, wenn man Dir schon keinen Urlaub gewährt, ich, um unser beider willen, bereit bin, die lange Reise nach Tsingtau zu unternehmen.*

»Wie viele Pipetten soll ich bereitlegen?«

»Wie?«

Claas deutete auf die hohen runden Glasschalen, die er vor die Zentrifuge geschoben hatte.

Renau konzentrierte sich. »Zwei Pipetten, aber vor allem die langen Absaugtuben für das Umfüllen später nicht vergessen.«

Claas' Kopf wich ein wenig zurück über dem Matrosenkragen. »Meinen Sie die daumendicken oder die rohrförmigen?«

»Mann, Kerl, sonst bist du doch nicht so schwer von Begriff.« Renau hob den Daumen. Claas parierte mit den Stiefeln und verschwand Richtung Vorratsraum. Renau fiel ein, dass er den Burschen überhaupt nicht eingewiesen hatte. Der Bursche konnte nichts dafür, dass der Brief Dorotheas ihn in solche Unruhe versetzt hatte.

Renau setzte die Glasschalen vorsichtig vom Rolltisch vor die Zentrifuge. *Wenn ich den Fernen Osten, nach dem Du Dich so sehr gesehnt hast, mit eigenen Augen schaue, vermag ich Dich vielleicht, was ich mir sehnlichst wünsche, in Deinen Entschlüssen zu begreifen.* Sie blieb ihm ein Rätsel. Gestern, als der Brief eingetroffen war, hatte er im ersten Moment geglaubt, Dorothea komme als Braut. Doch kein Wort davon stand in ihren Zeilen, geschweige denn der Hinweis darauf, dass ihre Eltern mitzureisen wünschten.

Renau öffnete Deckel für Deckel die großen Glasschalen. Ein säuerlicher Geruch stieg von der Lymphe auf.

Welche Kräfte zerren an Dir, dass es Dir so überraschend an Entschlusskraft mangelt? Warum gelang es ihr immer, den Finger in die Wunden zu legen? Renau hatte sich gefühlt wie als Knabe, als er vom Erzieher an den Ohren gezogen worden war, weil er einen klein gewachsenen Kameraden gehänselt hatte.

Für den Deckel der siebten Schale war kein Platz mehr. Renau legte ihn zurück auf den Rolltisch. Dorothea wusste, dass auch in Tsingtau die Gesetze der Marine galten. Ohne Genehmigung konnte er nicht heiraten. Wollte sie ihn dazu bringen, den Antrag hier beim Gouverneur zu stellen? Er sah nicht, dass er Fürsprecher für solch ein Privileg hätte.

Die Lymphe stank ja richtig. »Claas?«

Sie würden folgende Prozessschritte durchlaufen. Zellkultur abheben, zentrifugieren, steril filtrieren. Eiskühlen.

Ich möchte mir selbst ein Bild von Deinem Leben in Tsingtau machen. Versprach Dorothea ihm damit eine Umkehr in ihrem Denken, dass sie sich womöglich ein Leben in den Kolonien doch vorzustellen vermochte? Sie war viel zu ernsthaft für solch eine Volte. Renau sah sein Zerrbild in einem Glasdeckel die Zähne fletschen. Aber Dorothea war auch eine sehr leidenschaftliche Frau, die er des Nachts oft herbeisehnte.

Er fuhr sich mit den Händen über die Wangen. Und doch wusste er nicht, ob er Dorothea die lange Reise zumuten sollte, wenn sie am Ende zum Schluss kommen sollten, dass sie besser die Verlobung lösten. Sein Zeigefinger glitt über die Kurbel der Zentrifuge, die davon ins Trullern geriet. Wer wusste schon immer, was besser war?

»Herr Marinestabsarzt …«, rief Claas aus dem Vorratsraum.

Der Bursche klang ja ganz verschüchtert. »Was ist denn?«

Claas tauchte in der Tür auf. Er zeigte mit der Hand in den Vorratsraum. »Ich weiß nicht, erst habe ich gedacht, Kamerad Hössling hat die Sachen nur verräumt, weil ich die Pipetten nicht gleich gefunden habe. Aber dann waren auch keine daumendicken Absaugtuben da, obwohl im Inventar noch fünf sein müssten.«

Im Vorratsraum waren weiß lackierte Holzschränke bis unter die Decke eingebaut, durch ein breites Fenster fiel genug Licht. Die Glasgerätschaften waren im tiefen Schrank links der Tür untergebracht. Unten waren die großen Ballons für die alkoholischen Auszüge eingeräumt, je weiter man nach oben schaute, desto kleiner wurden Fächer wie Gerätschaften. »Sie waren vorgestern noch im vierten Fach rechts.« Doch dort lagen nur kleinfingerdicke Tuben. »Was ist mit den anderen Schränken?«

»Ich habe alles durchgesucht«, sagte Claas. Auf seiner Stirn stand ihm der Schweiß.

»Hat es jemand im Inventarbuch ausgetragen?«

»Der letzte Eintrag ist von Ihnen. Schienen für den Fußbruch heute Morgen.«

Im Labor standen die Glasschalen offen. »Wir können die Lymphe nicht vergeuden. Haben wir denn keine anderen Glastuben da?«

»Nur dünne.«

»Dann nehmen wir notgedrungen die. – Fehlt noch etwas?« Claas war schnell in solchen Dingen, das hatte Renau oft bemerkt. Womöglich lernte man das in einer Fischräucherei, dass einem kein Fisch gestohlen wurde, und sei er noch so klein.

Sein Matrose kniete sich vor dem Schrank. »Hier standen eigentlich auch vier faustgroße Extrahierballons im zweiten Fach. Soll ich im Inventarbuch nachsehen?«

»Lass.« Renau ging schnell zum Stehpult und fuhr mit dem Finger die Einträge rückwärts entlang. Nichts. Sein Blick wanderte über die weißen Schränke zum Fenster hinaus in den Kasernenhof.

Wer zum Teufel stahl daumendicke Glastuben und Glasballons – der einzige Zweck, für den sie außerhalb des Labors taugten, war allenfalls Schwarzbrennerei. Aber Schnaps war billig genug in der Kolonie.

Das Inventarbuch roch ein wenig staubig nach Papier, wie es überhaupt in dem Raum muffig und nach einem Hauch Desinfektionslösung stank. In Renau stieg ein anderes Bild hoch, auch ein Holztisch, auch Glasballons, nur stand der Tisch in der Humboldt-Universität zu Berlin. Professor Sibelius hatte ihnen die Opiumlampen gezeigt, die die Süchtigen benutzten. Auf einem Glasballon verglühte das Opium in einem Einsatz, den betörenden Dampf zog der Raucher …

»… über einen langen Glastubus ein.«

Claas hielt ihm gerade die übrig gebliebenen, dünnen hin.

Renau griff sich den Kohlestift, der auf der Kante des Stehpultes lag. *Fehlbestand festgestellt.* Er notierte alles und zeichnete ab. »Claas, du wirst über diesen Fehlbestand mit niemandem sprechen. Auch mit deinem Kameraden Hössling nicht. Falls er dich fragt, schicke ihn zu mir.« Keiner der Matrosen hatte einen Schlüssel zu den Räumen, nur er und die anderen Sanitätsoffiziere. »Machen wir weiter. Vergiss die Filter für später nicht.«

An der Zentrifuge hoben sie Schale für Schale die Zellkultur von der Lymphe ab und schütteten den Rest in die Zentrifuge.

»Dreh vor allem gleichmäßig schnell.« Renau schraubte den Zentrifugendeckel fest, als Claas die Kurbel griff. »Los.«

Renau baute die Filtrieranlage auf. Mit den dünnen Tuben würde es einen großen Flüssigkeitsverlust geben. Er legte das abgekochte Leinen mit der Pinzette in die Filter ein. In seinem Rücken hörte er Claas angestrengt kurbeln.

Standen die daumendicken Röhren wirklich im Zusammenhang mit Opium? Westerhoff hatte ihm nie gesagt, warum er sechzehn Dosen britischen Opiums wieder aus der Liste in

Doktor Meisners Labor gelöscht hatte, wo sie Renau extra eingetragen hatte.

Renau legte die Pinzette weg. Aber dieser Diebstahl war viel zu offensichtlich. Der Dieb musste doch wissen, dass es höchstens zwei, drei Tage dauerte, bis es auffiel.

Renau drehte sich langsam um. »Wir füllen dann das Substrat um, du reinigst anschließend den Filtereinsatz unter fließendem Wasser und kochst ihn im großen Sterilisator aus. Lass die Zentrifuge jetzt einfach auslaufen.«

Claas ließ die Kurbel los und schüttelte den Arm aus. »Da muss ein Schwungrad drin sein, am Anfang dreht sie sich ganz schwer, aber dann wird es immer leichter.«

Am Anfang hatten Diebe noch Skrupel.

Kapitel 18

Tsingtau, Villa Bernick – 22. Januar 1912

Ist der Ausblick nicht wundervoll?« Die Frau des Amtsrichters legte die Hände über der Camée zusammen, die ihr schwarzes Kleid auf der Brust schmückte.

Renau schien diese Villa am Christweg eines der schönsten Wohnhäuser in Tsingtau. Es hätte ebenso zu Hause in Schlesien im Brieger Villenviertel stehen können.

»Im Sonnenuntergang schimmert der Strand der Bucht rosa«, sagte Renau, damit er etwas sagte. Die Konversation mit der Frau Amtsrichter war schwierig, sie hörte schwer, und schreien wollte er nicht.

»Es war so rührend, Pauline ist das fünfte Kind der Bernicks.

Sie haben die Taufe seiner Tochter in der Christuskirche verpasst, nicht wahr?« Sie neigte ihm das rechte Ohr zu.

»Leider. Der Dienstplan in der Kaserne hat es mir nicht gestattet.« Renau rang sich ein Lächeln ab, er hätte lieber mit einem Glas in der Hand ein wenig beiseitegestanden und sich von der Statistik erholt, die ihn den Tag über beschäftigt hatte.

»Der neue Organist spielt wunderbar die Orgel. Selbst ich höre dann gut.« Sie hob den Zeigefinger. Sie traten durch den weiten Bogen in den größeren Salon. »Entschuldigen Sie mich. Aber Frau Heltkamp macht mir gerade ein Zeichen.«

Renau deutete eine militärische Haltung an, dann knisterte der Taft der Frau Amtsrichter. Sie ging in den kleinen Salon, der mit den Familienporträts geschmückt war, die Tapeten dahinter waren in zartem Beige gehalten.

Dort saßen vier Damen an einem kleinen runden Tisch, dessen Spitzendecke zu Boden reichte. Renau machte rasch einen Schritt zum Büfett hin, wo ein chinesischer Diener über gekühlte Flaschen wachte. Renau deutete auf den Sekt.

Der spritzige Geschmack auf der Zunge passte zum Weinkenner Bernick. Der rundliche Hausherr hatte die roten Wangen der Rotweinliebhaber und einen süddeutschen Akzent. Es hieß, er sei aus Stuttgart. Er war Teilhaber des örtlichen Kaufhauses und besorgte so gut wie jede Ware auf Bestellung aus dem Reich. Renau schaute wie viele der zahlreichen Gäste durch die Fenster hinaus in den Sonnenuntergang über dem Meer.

Die Gäste der Soiree hatten sich über die hölzerne Loggia, zwei Salons und den Erker verteilt. Einige Herren standen im Gespräch im Windschatten des Hauses auf der Terrasse und rauchten im Gespräch mit dem Hausherrn.

Der Sekt belebte ihn ein bisschen. Sieh an, der Rehberg war

auch hierher versetzt worden, so überschaubar Tsingtau war, man erfuhr nicht alles. Renau nahm noch einen Schluck, der Sekt schmeckte bei jedem Zug besser.

Dass es Dir so überraschend an Entschlusskraft mangelt. Dorotheas Vorwurf hatte an ihm genagt. Doch schließlich hatte er ihr nur zustimmen können, sie sollten sich in die Augen sehen. Er hatte seine Ersparnisse geprüft, so teuer eine Schiffspassage zweiter Klasse auch sein würde, wie auch immer sie sich entschieden, so oder so wäre es eine Ausgabe für ihre Zukunft. Dass Dorothea bei ihm nächtigte, war wenig schicklich und sicher nicht im Sinne der Gmelins, aber das konnte er später noch regeln.

Der Direktor der Deutsch-Chinesischen Hochschule ließ sich gerade vom Diener Sekt nachschenken. Renau hielt sein Glas ebenfalls hin. »Ein guter Tropfen, nicht wahr?«

»Bernick weiß, was gut ist. Hatten Sie einmal das Vergnügen, seinen Weinkeller zu sehen?« Der Direktor war dünn wie alle Magenkranken. Die Haut unter dem Wangenbart war fahl.

»Noch nicht.« Renau nutzte die Gelegenheit. »Gestatten Sie mir eine Frage. Als Offizier reise ich ja mit der Marine. Sie als Zivilist genießen die Annehmlichkeiten eines Passagierdampfers. Welche Linie können Sie empfehlen?«

Der Direktor richtete seine Brille. »Empfehlen kann ich nur die Hamburg–Amerika-Linie. Auch wenn es etwas teurer ist, als wenn Sie mit einer britischen Linie fahren, Sie sind schneller im Reich. Die meisten kalkulieren nicht, dass sie von England aus mit den Fähren noch auf den Kontinent übersetzen müssen oder von Frankreich aus mit der Bahn fahren müssen. Erwarten Sie Familienbesuch?«

Ebenso gut hätte Wen-lässt-denn-ein-lediger-Offizier-kommen? dem Direktor auf die Stirn geschrieben sein können.

»Möglicherweise.« Renau senkte den Tonfall auf der letzten Silbe.

Der Direktor hob nur das Glas und ging zur großen Viersitzer-Polsterbank in der Mitte des Salons. Das Möbel musste für diesen Raum angefertigt worden sein. Seine Proportionen spiegelten genau den Hauptbogen der Fensterfront.

Offiziere und Kaufleute lachten dort mit der Gräfin Litkowskaja. Sie streckte gerade die eng gefassten lila Seidenärmel weit von sich. Ihr üppiges Dekolleté war mit weißen Spitzen umsäumt, unter dem kecken, fast zu kleinen lila Hut hatte sie ihre hellblonden Haare in vielerlei Locken aufstecken lassen.

»… und dann fiel der Vorhang!« Ihre schöne Altstimme tönte, die Männer klatschten schon. Sie senkte kurz den Kopf und legte die Hände in den Schoß ihres langen Kleides.

Renau sah, wie die Offiziere den biegsamen Leib der Gräfin geradezu mit ihren hungrigen Blicken verschlangen, unmöglich, dass Kapahnke, der im dunklen Straßenanzug neben ihr saß, das nicht merkte. Doch schmunzelte er mit der Überlegenheit eines Sammlers, der eine Rarität erstanden hatte und nun seinen befreundeten Konkurrenten präsentierte.

»Die Zarin ist eine ebenso leidenschaftliche Bewundererin wie ich. Ich träume davon, die *Ballets russes* aus Sankt Petersburg nach Tsingtau zu holen. Und sei es nur eine Aufführung.« Sie drehte sich halb um, ihr Fächer tippte leicht aufs Knie des Kaufmanns. »Ach, wäre das nur möglich.«

»Chérie, sollte es wirklich zu einer Tournee der Truppe nach Schanghai kommen, werde ich alles tun«, sagte Kapahnke.

Der Handkuss, den der Kaufmann der Gräfin auf die Fingerspitzen setzte, war frivol, einem Oberleutnant der Infanterie entschlüpfte sogar die Zungenspitze zwischen den Lippen. Die Litkowskaja war eine schöne Frau, ohne Zweifel, nur hatte Renau sich aus blonden Frauen nie etwas gemacht.

»Singen Sie für uns, Gräfin?«, fragte der Vorsitzende der Kaufmannsgilde.

Natürlich zeigte sie Zurückhaltung, Renau überlegte, ob sie das Zögern nur spielte oder ob es echt war. Die Gerüchte mochten wahr sein, dass sie keine Gräfin, jedenfalls keine von Geburt sei, sondern eine Soubrette aus Petersburg, die Kapahnke in Hongkong aus einem halbseidenen Etablissement mitgebracht hatte.

»Wir feiern heute doch die Taufe eines Kindes«, sagte sie.

»Dann singen Sie uns ein russisches Kinderlied.« Der Oberleutnant beugte sich weit vor für einen Blick ins Dekolleté.

Die Litkowskaja lächelte und sah Kapahnke in die Augen. Dessen Schmunzeln hatte sich verschoben, die Mundwinkel hingen ein wenig zu weit, als dass er es gutheißen würde. »Es wäre unhöflich gegenüber Frau Bernick, die sich bereits zurückgezogen hat, nicht wahr, Chérie?« Kapahnke stand auf und reichte ihr den Arm.

Renau wandte sich um zum kleinen Salon. Zwei Schritte weiter an der Samtportiere stand Marineoberstabsarzt Westerhoff. Die dunklen Locken glänzten im künstlichen Licht der Lampen. Auch er hatte ein Glas in der Hand.

Renau entging nicht, dass Westerhoff einmal mehr einen abschätzigen Blick über ihn gleiten ließ. »Gut, dass ich Sie hier antreffe.«

»Was gibt es? Ich habe heute dreimal operiert.« Er nahm einen Schluck Rotwein. »Ich wollte mich eigentlich ganz Bernicks Schwabentröpfle widmen. Sie sind einfach großartig.«

Ein Unfall auf dem Sprengplatz hatte drei Soldaten verletzt.

»Eine Kleinigkeit nur. Ich wollte Sie über unerklärliche Fehlbestände im Vorratsraum informieren.«

Er schob den Mund vor, als ob er den Wein noch immer mit der Zunge abschmeckte. »Sie müssen halt Ihre Burschen besser überwachen.«

Claas war kein Dieb, da war sich Renau sicher. »Was soll das heißen?«

»Mensch, Renau, seien Sie doch nicht gleich pikiert! Sagen Sie jetzt nicht, dass Sie noch keine Schiebereien an Standorten erlebt haben. Die Burschen klauen, was teuer ist, und schicken es mit dem nächsten Paket ins Reich. Das lohnt sich trotz des Portos.«

»Was soll denn ein Schieber mit Destillierballons?« Renau wich der Frau Richter aus, die vom kleinen Salon her vorbeischritt.

Westerhoff schüttelte die dunklen Locken. »Als ob es im Reich keine Schwarzbrenner gäbe, herrje.« Er setzte sein Glas an die Lippen.

»Mag sein, aber daumendicke Glastuben sind doch sehr spezieller Krankenhausbedarf, nicht wahr?«

Westerhoff hielt in der Bewegung inne. Ein Blick aus den dunklen Augen traf ihn. »Die Glastuben sind weg?«

»Ich habe es im Hauptbuch vermerkt.«

»Ich habe Ihre Eintragung bei der Vorbereitung der Operation nicht gesehen.« Sein Blick richtete sich durch die Fenster ins Dunkel über dem Meer. »Richtig … der Lazarett-Maat hat für mich eingetragen, was wir mitgenommen haben.«

»Es ist schon seltsam hier. Mal fehlt bei Inventuren etwas, mal taucht etwas nicht Eingetragenes auf.« Renau wollte ihm die Anspielung nicht ersparen.

»Ich habe die Angelegenheit mit Marineoberstabsarzt Meisner geklärt. Halten Sie lieber mal Ihre Burschen besser im Griff. Oder wollen Sie etwa eine Inspektion der Postpakete der Sanitätsmatrosen veranlassen? Der Generaloberarzt wäre doch sehr verwundert.« Westerhoff tippte mit dem Zeigefinger der Hand, in der er das Glas hielt, an Renaus Uniformjacke. Der Rotwein schwappte bis zum Rand. »Renau, bringen Sie Ordnung in Ihre Abteilung.« Westerhoff reckte das Kinn und ließ ihn stehen.

Das hätte er sich sparen können, Renau ärgerte sich, dass er sich das eingefangen hatte. Warum hatte er Westerhoff nicht in einer Lagebesprechung berichtet, da ließ sich der Marineoberstabsarzt selten gehen.

Ein paar Atemzüge in der frischen Brise auf dem Balkon täten ihm gut. Doch draußen standen Raucher um den Hausherrn und lachten wie Männer, die sich über einen schlüpfrigen Witz freuen.

Renau wandte sich zum großen Salon, der sich weiter vorn zu einem Erker weitete.

Am Übergang stand eine schmale Bank, auf der eine Chinesin in prächtigem hellgrünem Kleid Platz genommen hatte. Renau sah nur den roten Seidenkragen über einem schneeweißen Hals leuchten, drei Strähnen fielen aus dem kunstvoll mit chinesischen Kämmen aufgesteckten schwarzen Haar. Rote Bommeln, vielleicht auch perlenbesetzter Schmuck, schwankten mit jeder Bewegung des schmalen Halses. Die Tochter des alten Provinzgouverneurs, kein Zweifel. Dass er sie hier wiedertraf!

Renau faszinierte diese Linie. Er machte kleine Schritte, damit er besser sehen konnte, verbarg sich halb in einer Samtportiere, die den Erker vom Salon demarkierte.

Neben ihr saß eine blasse Europäerin mit breitem Kiefer. Sie war nicht hübsch, hatte aber klare, wissende Augen. Renau war sich nicht sicher, ob er die Frau schon einmal gesehen hatte. »Mein Mann sagt mir jeden Tag, wie schwierig der Handel geworden ist. Er weiß gar nicht, ob die neuen Behörden einfach an den Stellen der alten zu finden sind, oder wer jetzt für welchen Auftrag zuständig ist. Oft haben selbst Kreisstädte keinen Beamten mehr.«

»Tatsächlich? Dabei schreiben doch alle Zeitungen nur Lobenswertes über die Regierung der Republik.«

»Finden Sie? Ihr Vater hätte solche Zustände in Schantung nie geduldet.«

Dieser Hals, diese zarte Mulde zwischen den Muskelsträngen, da rutschte der Kragen etwas nach links, Renau ahnte mehr die Linie der Schulter und des Schlüsselbeins, reine Haut, die noch auf die Entfernung weich, warm und zart anmutete.

»Mein Vater wird das alles bald korrigieren. Seien Sie sicher.«

Renau fühlte die leise Erregung in seinem Bauch ansteigen. Wie lange hatte er schon keine zarte Schulter von solcher Schönheit geküsst. Er wurde gewahr, dass er zu lange hinstarrte, und hob rasch den Blick in den Erker.

Dort charmierte der grauhaarige Meisner eine Runde Kartenspieler, vom Gewinnen ganz heiter. Eine illustre Runde, sogar der geflohene Gouverneur Schantungs saß dort.

»Renau, kommen Sie herüber«, rief der Marinestabsarzt.

Er mochte keine Kartenspiele, die endlosen Wintertage in der Ausbildung in Wilhelmshaven und versoffene Unteroffiziere hatten ihm das Vergnügen daran vergällt.

»Schön, Sie zu sehen, Doktor Renau«, seine Vermieterin Gmelin wandte den Kopf, auf dem eine Art indischer Turban thronte. Sie winkte ihn heran mit den eleganten Bewegungen einer echten Dame, selbst der glitzernde Ring wirkte nicht ordinär. »Darf ich vorstellen, Herr Gouverneur Sun Pau Tschi, das ist Marinestabsarzt Renau, der bei uns Logis genommen hat.« Die Gmelin lächelte den chinesischen Gouverneur nur sehr zurückhaltend an.

Renau verbeugte sich.

»Guten Abend«, sagte der Chinese nur. Er ruhte in sich, in einem mit Silberfäden üppig bestickten schwarzen Überkleid.

Renau ließ ebenfalls nicht erkennen, dass er ihn bereits von der geheimen Mission kannte. In seinen Augenwinkeln sah er grüne Seide vorbeigleiten. Die Tochter nahm auf einem freien Stuhl hinter ihrem Vater Platz.

»Fräulein Chou-Li, die Tochter des Gouverneurs«, Frau Gmelin gönnte sich mehr Herzlichkeit in der Stimme.

Renau neigte sich wieder, die Chinesin erwiderte seinen Gruß. Er hätte fast in der Bewegung innegehalten. Die dunklen Augen über dem heiteren Lächeln verbargen das Wiedererkennen nicht, im Gegenteil: Sie glänzten gar vor ruhiger Neugier.

»Ist es nicht erstaunlich, Doktor, der Gouverneur spielt sogar Bridge.«

»Ich bin froh, dass ich ihn nicht zum Gegner habe.« Meisner tippte mit dem Zeigefinger auf den grünen Samt des Spieltisches.

»Setzen Sie sich doch zu uns, Doktor. Dort steht noch ein freier Stuhl. Sie dürfen gern kiebitzen.«

»Wenn Sie erlauben, könnte er mich auch eine Partie ablösen.« Meisner legte die Hand auf den grünen Filz. »Ich müsste ein kurzes Dienstgespräch führen. Tun Sie mir den Gefallen, Renau?«

Meisner wusste wohl, dass Renau Bridge beherrschte, nicht

aber, dass er es nicht mochte. »Müssten Sie nicht erst Ihren Partner, den Gouverneur, um Erlaubnis bitten?«

»Keine Förmlichkeiten, meine Herren. Wir sind hier in einem privaten Kreis. Selbst wenn man es Ihnen anders berichtet haben sollte, wir Chinesen feiern gern. Von der Spielleidenschaft ganz zu schweigen. Werter Doktor, geben Sie einfach die Karten aus.«

»Ich danke Ihnen. Es ist sicher ein guter Ersatzmann.« Meisner erhob sich schon. »Es wird nicht lange dauern.«

»Wie Sie wünschen.« Renau nahm auf dem Sessel Platz, sah noch, wie Meisner auf die gegenüberliegende Ecke des Salons zusteuerte, wo Westerhoff auf ihn wartete. Renau spürte im Polster Meisners Hitze. Im Casino hätte er ihn damit gefoppt.

»Ich wollte schon längst mit Ihnen eine Partie spielen. Wir sehen uns so selten, obwohl wir im gleichen Haus wohnen, nicht wahr?« Frau Gmelin richtete mit der linken Hand den Turban.

Renau mischte die Karten, teilte aus. Als er sie aufsteckte, sah er über dem Rand hinter der Schulter des Gouverneurs ihm gegenüber den roten Kragen leuchten. Chou-Li hieß sie also, was für eine wunderbare kleine Vertiefung am Schlüsselbein sie hatte. Renau spürte die Unruhe in seinen Lenden und rückte ein wenig näher an den Tisch heran.

Er fing den Blick des rechten Auges auf, die andere Hälfte ihres Gesichtes verdeckte ihr Vater, der sich den Karten widmete. Wieder glänzte dort ruhige Neugier und noch etwas, das seine Unruhe anfachte.

Renau vertiefte sich rasch in seine Karten. Neunen, Siebener, ein Bube und zwei Damen.

»Doktor, sagen Sie an.«

Kapitel 19

Iltisberge bei Tsingtau – 4. Mai 1912

Renau hielt unauffällig die Distanz zwischen zwei Gruppen von Kollegen. Hie und da glitzerten die Knöpfe der Marineärzte in der Maisonne. Die warme Saison war so viel angenehmer in Tsingtau.

Der Generaloberarzt Uthemann führte das Peloton der Marineärzte beim Frühjahrsausflug an. In mehreren Grüppchen marschierten sie gemächlichen Schritts zur ersten großen Anhöhe außerhalb der Stadt. »Der besondere Vorzug der Iltisberge besteht darin, dass sie bis zur Kammlinie hinauf mit einem Netz bequemer Promenadenwege überzogen sind.«

Sie erreichten die Hügelkette hinter der Stadt. Renau beschattete die Augen mit seinem rechten Handrücken. Was für unvermutete Idyllen die Kolonie doch bot. Den Hang hinunter nach Osten weitete sich eine fruchtbare Ebene. In der Ferne sah er die gleichmäßigen Spitzen der Prinz-Heinrich-Berge. Auf halber Höhe ragte ein uralter Ginkgobaum ins Panorama. Er spendete zwei spitzgiebeligen Häusern Schatten. Eine alte Tempelanlage schmiegte sich in vollendeter Harmonie in das Gelände.

»Wissen Sie, wem dieser Tempel geweiht ist?«, fragte Marineoberarzt Meisner. Mit seinen gesetzten fünfundfünfzig Jahren hatte er sich fast die Gestalt eines Jünglings bewahrt.

»Wenn Sie es als Spezialist für Tsingtauer Geschichte nicht wissen, werter Kollege. Ich habe in keinem der Reiseführer davon gelesen.« Renau schlug einen kameradschaftlichen Ton an und hörte, wie aufgesetzt er klang.

Meisner schien das nicht zu stören. »Manchmal wissen die

Chinesen selber nicht mehr, welcher Gottheit ein Tempel vor Generationen mal geweiht worden ist. Gerade in Gegenden, die unfruchtbar geworden und verlassen worden sind, kommt das vor. Die Statuen verwittern. Wenn nicht ein Grundherr einmal eine Bronze- oder Granittafel gestiftet hat, ist es schwer zu bestimmen.«

Renau deutete hinunter zu den glasierten Ziegeln. »Aber verlassen sieht der Tempel gar nicht aus.«

»Ich glaube kaum, dass wir den Generaloberarzt in dieser Frage zu einem Umweg überzeugen können.« Meisner lächelte geradezu maliziös und zwirbelte sich seinen Schnurrbart.

Spitze Bemerkungen gegen die oberste Führung waren gefährlich. Auch preußische Offiziere sponnen Ranküne, das ganze schneidige Auftreten war Blendwerk. Gerade Meisner verstand sich perfekt aufs Doppeldeutige. »Mich würde nicht wundern, wenn er den Ausflug macht, weil er den Oberförster von einer Heilkräuterdestillerie beim Forsthaus überzeugen will.«

Zuzutrauen war es dem Generaloberarzt. »Mehr Obst ist gesund. Die Männer essen zu viel Zerkochtes.«

Meisner trat einen halben Schritt zurück und maß ihn mit eingezogenem Kinn. »Sagen Sie bloß, dass Sie diesen neumodischen Ernährungswissenschaften anhängen.«

»Die Empirie überzeugt mich, versuchen Sie's auch damit.« Renau hatte an Soldaten im Hospital die spezielle Vitamindiät erprobt. Die Besserungen waren auffällig.

Sie schritten weiter zum Forstgarten über den festen Weg, der alle paar Meter auf beiden Seiten mit weiß gekalkten Steinen markiert war. Die hohen Bäume, die Buchen ähnelten, spendeten erfreulichen Schatten.

»Der Oberförster züchtet am Südwestabhang der Iltisberge

widerstandsfähige mediterrane und chinesische Bäume für die Aufforstungen. Das Gouvernement ist mit der Bewaldung erstaunlich erfolgreich.«

In der Gruppe vor ihnen, die sich um den Generaloberarzt geschart hatte, blieb plötzlich Marineoberstabsarzt Westerhoff stehen. Er lüpfte kurz seinen Hut und ließ den Wind durch die kurzen Locken fahren. Doch ein kalter, harter Blick aus den schwarzen Augen hatte Renau erfasst.

»Westerhoff steht da vorn wie ein Maat beim Flaggenappell und glotzt, als ob der Schoten gerissen ist.« Der mokante Gesellschaftston Meisners verbarg kaum seine gut gepflegte Abneigung gegen den Kollegen.

Westerhoff stand wie angenagelt. Ein Zweig beschirmte die Stelle. Sonnenflecken tanzten geradezu auf seinem Gesicht. Er blinzelte nicht einmal, als ein heller Lichtfleck auf seinem linken Auge ruhte.

Der schlanke Marineoberstabsarzt Meisner hielt den Blick zum Forsthaus gerichtet, das sich auf dem nächsten Hügel in schönstem deutschem Fachwerk zeigte, und wollte am Kollegen vorbeigehen.

»Es wird Sie etwas kosten, Meisner.« Westerhoff war wie beim Degenkampf *en garde* vorgesprungen.

»Ich verstehe nicht.« Meisner richtete sich auf, hob das Kinn und nahm eine Offiziershaltung wie im Lehrbuch an. Renau trat einen Schritt zur Seite.

»Tatsächlich? Wo Sie Ihren Protégé im Schlepptau haben?« Westerhoffs Blick glitt an Renau herunter.

»Erklären Sie sich.« Meisner war ihm zuvorgekommen.

»Tun Sie nicht so, als ob Sie das Telegramm von heute früh nicht kennen. Sie haben meinen Bericht zur medizinischen Lage der Opiumraucher in Tsingtau mit Ihren Kommentaren an das Reichsmarineamt weitergeleitet. Ihnen habe ich das zu verdanken, sonst keinem.«

Renau sah aus den Augenwinkeln, dass der Disput den andern Ärzten, die schon unter den übernächsten Wegbäumen warteten, nicht entging. Blanker Zorn trieb Westerhoff so weit, auf seiner Schläfe traten dick die Adern vor.

»Das gehört zu meinen Pflichten, die Gesundheitslage der Zivilisten und Chinesen der Admiralität zu melden. Sie wissen das.«

Westerhoff trat an Meisner heran, beinahe berührten sich die Knöpfe ihrer Jacken. »Was haben Sie in Ihren verdammten Kommentar geschrieben, dass Berlin nicht mich, sondern ihn anfordert?« Westerhoff deutete mit dem linken Daumen zu ihm her.

»Angefordert, aus Berlin?« Renau begriff nicht. »Ich höre davon das erste Mal.«

Westerhoff spuckte tatsächlich aus. »Ach, hör doch auf, Renau. Ihr beiden habt das fein ausgeheckt bei euren Bridge-Runden und Likörchen mit den Damen.«

Das wurde ja immer schöner. Niedere Ränge hätten sich nach solch einem Anwurf geprügelt, mit Schimpfworten überzogen. »Beherrschen Sie sich.«

»Ich soll mich beherrschen, wenn hier offensichtlich der Inkompetenz Vorschub geleistet wird?« Westerhoffs Faust an seinem Gürtel war schon weiß in den Knöcheln. »Weiß der Teufel, warum plötzlich Renau als Sachverständiger nach Berlin gerufen wird. Und nicht ich, der sich mit der Opium-Frage seit Jahren beschäftigt.«

»Ich soll deswegen nach Berlin?« Renau sah das hasskalte Glühen in Westerhoffs schwarzen Augen und verstand gar nichts mehr.

»Spiel nicht den Überraschten.« Westerhoffs Faust glitt vom Gürtel nach oben, sie zitterte vor Meisners Kragen. »Was hast du missgünstiger Drecksack über mich nach Berlin geschrieben, dass man einen Stabsarzt einem Oberstabsarzt vorzieht?«

Wenn er ihn am Kragen packte, mussten sie sich im Duell schlagen, obwohl es streng verboten war.

Der Generaloberarzt eilte herbei. »Ich erwarte Haltung von den Offizieren des Kaisers!« Er hatte den Ton des Comments angeschlagen. Die anderen Ärzte waren mit ihm herangekommen, bildeten einen Halbkreis, die Hände auf den Rücken, und schwiegen.

Westerhoffs Faust sank langsam. Er zog sich wie einer der chinesischen Schattenboxer in äußerster Langsamkeit von Meisner einen Schritt zurück.

Dessen Brust hob und senkte sich unter der Jacke, die Muskelstränge im dünnen Hals bebten.

Gab er jetzt Widerworte, war der Ehrenhandel unvermeidlich.

Der Generaloberarzt stellte sich auf dem rechten Fuß in Positur. »Ah, ich kann mir denken, dass hier das Morgentelegramm die Runde macht.« Langsam betrachtete er sie alle, einen nach dem anderen, maß lange Meisner, Westerhoff und schließlich Renau.

»Nun, die Entscheidung des Reichsmarineamts hat mich überrascht, ich will Ihnen das nicht verhehlen.« Er verschränkte die Arme vor der Brust. »Nicht dass ich Sie für einen schlechten Offizier hielte, Renau, Ihre Leistungen in der Pestabwehr sind durchaus bemerkt worden, doch mit der Opiumfrage ist seit Jahren Westerhoff beschäftigt. Ich persönlich habe den Bericht von Marineoberstabsarzt Meisner gegengezeichnet, darin war keinerlei Präjudiz für diese Entscheidung des Reichsmarineamtes zu finden.« Er nahm die Arme von der Brust herunter und schaute zur Seite zu einem der weißen Markiersteine. Dann legte er die Hände aneinander, blies kurz die Backen auf. »Meine Herren, Sie alle wissen, dass die Admiralität in vielerlei Fragen mehr zu wissen glaubt als die kommandierenden Offiziere in den Garnisonen. Nun, Befehl ist Befehl.« Er hob die Hand und deutete über die Köpfe hinweg zur Försterei. »Gehen wir weiter!«

Meisner war so klug, nach rechts den Halbkreis zu verlassen, während Westerhoff zur linken Seite ging.

Renau machte einen Schritt auf den Generaloberarzt zu, man ließ sie allein. »Mit Verlaub, ich weiß nichts von diesem Befehl.«

»So?« Sein oberster Vorgesetzter strich sich unter der Nase lang. Er ließ die Lider sinken. »Falls Sie den Inhalt tatsächlich noch nicht kennen sollten … Sie sind sogar mit Abmarschbefehl am 15. Juni mit dem Nachschubschiff abbeordert. Wenn Berlin etwas macht, dann macht es das gründlich.« Der Generaloberarzt schob den Mund vor, feine Schweißperlen standen auf seiner rasierten Oberlippe, ganz leise sagte er: »Renau, ich warne Sie. Trotz Ihrer Beziehungen in höchste Kreise, überspannen Sie den Bogen nicht noch einmal.« Er wandte sich abrupt um.

Renau hatte das Gefühl, dass er neben sich stünde. Als ob er im Hochadel verkehrt hätte, der in der Marine das Sagen hatte! Er geriet wohl eben zwischen Räder, deren Mahlwerk er nicht einmal erkennen konnte, geschweige denn den Müller.

Plötzlich bemerkte er Schmied neben sich. »Du hast wirklich nicht das Telegramm eingefädelt?«, fragte sein Freund.

»Mein Gott, nein!« Renau ließ sich von Schmied am Ärmel ziehen. Sie beeilten sich, damit sie die anderen nicht allzu sehr abhängten. »Ich weiß doch nicht mehr von der Opiumfrage als jeder andere von uns.«

Schmied wiegte den Kopf, unter der Mütze sah sein Schädel noch runder aus als sonst. »Aber irgendwer in Berlin muss doch auf dich gekommen sein. Heinrich, hast du einen Kameraden im Amt um einen Gefallen gebeten?«

Aus seinem Bauch stieg Wut auf. »Sehen denn alle nur Korruption am Werk?«

Schmied schob die Unterlippe vor. »Alle wissen, dass dein Antrag auf Sonderurlaub abgelehnt worden ist. Und nun diese Überraschung. *Honi soit qui mal y pense*.«

»Verschone mich mit Französisch. Ich habe keinen alten Kameraden, der so etwas bewerkstelligen könnte.« Renau stierte nach vorn.

»Aber seltsam ist es doch, das musst du zugeben«, sagte Schmied.

Aus dem Gemäuer wuchs ein buschiger Baum heraus und schloss den Bogen, dort wo vielleicht einmal das Tor des Tempels gewesen war.

Es war nicht seltsam. »Dorothea.« Es stand plötzlich klar vor seinen Augen.

Schmied packte ihn am Arm. »Du meinst …«

Renau nickte. Nur sie konnte über ihren Onkel, der im Reichstag saß, solche Protektion erreicht haben.

»Was für ein Weib, Junge, Junge.« Schmied pfiff leise. »Überlege dir, ob du sie nicht doch lieber heiraten willst.«

Renau starrte Schmied in das von der Sonne erhitzte Gesicht. Es glich einem Jungen, der von einem Murmelwurf tief beeindruckt war.

Dorothea hatte wie immer einen Weg gefunden.

»Komm jetzt.« Schmied zog sich die Mütze tiefer in die Stirn und schritt aus.

Hinter den Häusern des Forstbetriebs stiegen Felsen aus dem Hügelland wie Tische aus Granit, auf denen Büsche und Bäume wie ein gedecktes Abendbrot für Giganten erschienen. Oben lagen zwischen zwei Felshöcker eingeklemmt zwei Steinplatten aneinander, dass ein Fenster entstand, der kleinere Brocken schien jeden Moment zu fallen.

Schmied stieß ihn an. »Mausefalle heißen die Felsen bei den Tsingtauern.«

Kapitel 20

Tsingtau, Villa Sun Pau Tschis – 26. Mai 1912

Chou-Li saß hinter der Wandverkleidung im Eckzimmer, die eine Geheimtür zum Salon verbarg. Kaum war ihr neues Haus endlich fertiggestellt worden, kaum hatte Vater Teerunden halten können wie früher, hatte Chou-Li bemerkt, dass in den Gesprächen mit den Hofbeamten eine größere Offenheit herrschte.

»Im Übrigen werden unsere besten Bundesgenossen im Kampfe gegen die Rebellen die großen sittlichen Schwächen der Europäer sein. Sie gieren aufgeregt nach Gewinn, sind zersplittert. Denkt an die verschiedenen Tempel, die sie angeblich dem gleichen Gott errichten. Ihre größte Schwäche ist ihre Leidenschaft, nur einer bestimmten Krone Europas zu dienen. Wie zu Zeiten der Fürstentümer Wu, Tsu und Li vor bald zweitausend Jahren, pah!«

Chou-Li erkannte die Stimme des Prinzen Gung.

Wie stark wären sie erst, wären sie sich einig.

China war schwach, obwohl es noch immer ein einziges Reich bildete. Groß, von den eisigen Bergen im Norden, den Wüsten im Westen bis zur ewigen Hitze weit im Süden reichend, vermochte es nichts mehr.

»Die Europäer fühlen sich so stark, dass sie sogar der Rebellen-Regierung Geld leihen werden. Es passt zu den Banditen, dass sie das Land verkaufen, das sie geraubt haben. Das Volk gibt nur etwas auf seinen Reistopf. Wir gewinnen bereits Männer in den Bergen.«

Ihr Vater hatte sich in das Gespräch eingemischt.

»Gouverneur, habt Ihr Kunde von Dingen, die uns entgangen sind? Wie ich höre, zahlt niemand mehr Steuern nach Peking …«

Die Gespräche zwischen den Beamten um Prinz Gung drehten sich seit Wochen im Kreise. Die Adeligen, die geflohenen Beamten besuchten sich in ihren Häusern, empfingen ihre Verwalter, die aus Schantung mit der Bahn anreisten. Täglich kam Post aus Peking mit dem deutschen Zug. Es war langweilig.

Chou-Li schlich aus dem Nebenzimmer, stieg langsam die Treppe hinauf. Das Haus schien ihr so eng. Trotz der Schnitzereien, die Vater hatte anbringen lassen, trotz der Wandbehänge. Alles schien falsch in seiner Proportion, die Längen und Queren waren viel zu eng. In jedem Raum bedrückte sie die niedrige Deckenhöhe.

Nur in ihrem Zimmer faszinierte sie der Blick aufs Meer immer noch. Sosehr sie auch die Kälte des Winters gehasst hatte, jetzt im Frühling war sie froh um die Brise. Jeden Tag bot sich ein anderes Bild. Sie wusste nie, wie viel Grau, Blau oder blendendes Weiß der Himmel am nächsten Tag zeigte.

Wie ihre Zukunft, so wetterwendisch. Chou-Li setzte sich auf die Liege, ließ sich hintenüber auf die Seidendecke fallen.

Jeden Tag starrte sie auf die weiße Decke. Jeden Tag begleitete sie ihren Vater durch den Garten, über die Promenade zum Uhrturm und zurück. Jeden Abend saßen sie zu zweit am Tisch und sprachen über die gleichen nichtigen Nicht-Neuigkeiten. Chou-Li seufzte leise. Hätte sie jemals gedacht, dass sie die Streitereien mit Tante Shen vermissen würde?

Lange wollte Vater ihr keine Reise erlauben, noch seien die Wege zu unsicher, selbst aus den Kompartiments der europäischen Bahnen seien schon Vornehme von den Rebellen geholt worden. Doch gestern hatte Vater plötzlich davon gesprochen, dass sie aufs Land fahren dürfe. Vielleicht. Um den Verwalter zu überwachen, weil ihr Bruder in Peking bleiben würde, Guan-Bo, der sich rebellenfreundlich zeigen und zur eben reformierten Kanal-Verwaltung wechseln sollte.

Chou-Lis Blick fiel auf die vielen Bücher auf dem Lacktischchen. Wie viele sollte sie noch lesen, lohnte es überhaupt, dass sie ihre Gedanken dazu aufschrieb? Sie stand auf und trat auf die Veranda hinaus.

Über die Straße rollten die Kutschen der kaiserlichen Beamten davon. Der Empfang war zu Ende. Die Pflanzen im Garten wuchsen erst an, noch mischte sich kein Blütenduft in die salzige Luft.

Auf den Felsen am Leuchtturm war es noch einsamer als in ihrem Haus, seltsamerweise ertrug sie dort das Alleinsein am besten. Und dort hatte sie den Arzt zuerst wiedergesehen, diesen seltsamen Mann, und danach beim Bridge, wo er sich so gut geschlagen hatte, dass er sehr listenreich sein musste. Ein Geheimnis mehr an diesem Mann, Chou-Li wollte ihn wiedersehen. Nur wie?

Kapitel 21

Tsingtau, Polizeiwache – 1. Juni 1912

In der ersten vorn sind die Diebe, in der hinten die Schmuggler.« Der Opiumkontrolleur Polizeiobermeister Ackenhausen deutete über die Schulter zu den Stahlgittern hinter ihm. »Das Gesindel muss ja nicht gerade bei uns fraternisieren. Deshalb stecke ich in die Zelle dazwischen die besoffenen Zivilisten.« Seine runden Wangen glänzten noch mehr bei seinem breiten Lächeln. Mit dem schwarzen Kinnbart sah er dem österreichischen Kaiser Franz-Josef recht ähnlich, nur klang sein Mundwerk eher gut gelaunt hessisch.

Durch die Oberlichter schien die Nachmittagssonne herein, Staub tanzte in der stickigen Luft. Ein deutscher Schreiber mit schwarzen Armschonern schlief auf der Pritsche seinen Rausch aus. In den anderen Zellen lungerten gut zehn Chinesen herum.

»Die vier Kerle waren so dumm, ihren Zwischenhändler prellen zu wollen, der hat sie bei uns verpfiffen. 120 Unzen Opium unter vier Körben Fisch.« Ackenhausen winkte ab. »Ich habe mir die Hände mit Kernseife geschrubbt, aber der Gestank geht nicht ab.«

»Wischen Sie sie vorher mit einem Lappen ab, den Sie in Milch tauchen.« Renau folgte dem Hessen, der ihm die Tür des Zellentrakts offen hielt.

»Das hilft? Sie werden es ja wissen. Ärzte haben ja auch mit allerlei Ausdünstungen zu kämpfen. Mir reichen schon die Saufköpfe. Wenigstens holt das Militär die Matrosen selber ab, wenn sie aus den Lokalen geworfen werden und in der Gosse liegen.« Ackenhausen winkte einen Wachmann heran. »Abschließen. Die erste Kost erst gegen vier Uhr.«

Der weiß gekalkte Flur, die mit grauer Ölfarbe gestrichenen Türen unterschieden sich kaum von denen in der Kaserne. Nur trugen die Wachmänner die Uniformen der Tsingtauer Polizei.

Renau hatte gar nicht erst versucht, mit Westerhoff zu reden. Der Eklat beim Mai-Spaziergang hatte die Runde in der Gesellschaft gemacht, der Marineoberstabsarzt schnitt ihn seitdem, ob er ihm nun im Offizierscasino begegnete oder abends im Strandhotel. Aber Lektüre allein reichte nicht, er wollte die Zustände selbst sehen.

Die Tür zur Wachstube stand offen. Ackenhausen legte die Hand nur auf die Klinke und rief hinein: »Ich kontrolliere mit dem Stabsarzt die Opiumhändler. Rundgang vier. Tragt es in die Überwachungsliste ein.«

»Jawoll«, antwortete eine dunkle Stimme.

Ackenhausen schob den Gürtel über seine füllige Taille. »Dann wolle mer mal.«

Renau erinnerte das Hessisch an seine Frankfurter Großtante, die er bei seiner Konfirmation getroffen hatte. Er schob die Erinnerung an die schwarzseiden gewandete Apothekersfrau weg. »Der letzte Bericht meines Kollegen Westerhoff verzeichnet, dass das Ende der Opiumschenken bereits eingeläutet sei.«

Ackenhausen grinste ihn draußen auf den Treppen der Polizeistation an wie ein italienischer Spaßmacher im Zirkus. »Aber das heißt nicht, dass weniger Süchtige Opium rauchen.«

Renau hatte den formidablen Erfolgsberichten nicht getraut. Er wusste, was er bei der Marine davon zu halten hatte. »Das bedeutet?«

»Das ist eine lange Geschichte. Sie sind erst ein Jahr in

Tsingtau, sagen Sie?« Er setzte sich die Polizeimütze auf. »Sie können selbst genug vom Opiumalltag sehen, wenn Sie nur wollen.« Sie gingen Richtung Bahnhofsviertel los. »Ich bin ja seit 1900 hier stationiert. In den Anfangsjahren war die Kolonie noch sehr klein. Doch je mehr Chinesen zuzogen, desto drängender wurde eine Regelung des Opiumhandels. Das Reich lernte aus den schlechten Erfahrungen der Briten in Hongkong. Dort hatten die Behörden das Monopol an ein Syndikat vergeben, das die Preise manipulierte. Also gab es von Jahr zu Jahr mehr Schmuggel. Deshalb hat das deutsche Gouvernement hier den Handel unter Aufsicht gestellt.«

Der Polizist hielt ihn am Oberarm zurück. »Sehen Sie dort den Rikscha-Kuli?«

Ein sehr dünner Mann wartete vor dem Kontor der Wäscherei. Er saß auf den Ziehstangen seiner Rikscha.

»Ein Raucher. Sie sind alle ausgemergelt, essen kaum, weil ihnen das Opium den Hunger nimmt. Viele der schwer arbeitenden Hafenleute rauchen auch. Sie sind Arzt, schulen Sie den Blick.«

Die Männer hatten oft auch schlicht wenig auf den Rippen, weil sie arm waren. Ein Fuhrwerk rollte vorbei.

Ackenhausen lief weiter. »Nach der Verzollung wird das Opium von den Händlern unter deutscher Aufsicht in Dosen verpackt. Die dürfen die Kügelchen dann den Süchtigen für die Lampen verkaufen, in denen das Opium verräuchert. Aber glauben Sie bloß nicht, dass die Tagelöhner sich für 50 Cent registrieren lassen, wie es das Gesetz in Tsingtau vorschreibt. Und dass sie das besteuerte Opium der offiziellen Händler kaufen, wenn sie für das gleiche Geld vier Pfeifen geschmuggeltes Zeug mehr rauchen können.« Ackermann lachte auf. »Ich habe schon Schmuggelware in ausgehöhlten Melonen gefunden, selbst vor Kinderpopos schrecken die Halunken nicht zurück. – Schauen Sie nicht so pikiert.«

Renau hakte die Hand am Koppel ein. »Ich verstehe nur nicht so ganz.«

»Das verkrümelte Rohopium sieht aus wie angetrocknete Kinderscheiße, das meine ich.«

Sie bogen am Bahnhof in die Kieler Straße ein, auf dem Vorplatz herrschte reger Betrieb von Kutschen, Wagen, und sogar Damen schlenderten einher mit Sonnenschirmen. Das Treiben kündigte den Expresszug an, der in einer halben Stunde einlaufen sollte.

»Wie ist es denn bei Ihnen, Herr Marinestabsarzt, halten sich Ihre Soldaten immer an die Anweisungen, nachdem sie im Hospital operiert worden sind?«

Renau ahnte, dass der Polizist die Hierarchie nicht mochte, und gab sich jovial. »Je nach Naturell. Die einen wollen rasch gesund werden, die anderen hassen das Kranksein, und ein paar Schnorrer, die lieber im weißen Bett liegen, gibt es auch immer.«

»Sehen Sie. Und der Opiumraucher ist auch starrsinnig. Nimmt man es ihm vorne weg, nimmt er es sich hintenrum. Außerdem wollen die Raucher nicht das Zeug aus Schantung, sondern britisches aus Indien.«

»Warum? Es müsste doch billiger sein, wenn es vor den Toren der Stadt produziert wird.«

»Aber es schenkt nicht so schöne Träume.« Ackenhausen pikte ihm fast mit dem Zeigefinger in die Brust. »Richtig schlimm wurde es, als die Chinesen selbst anfingen, gegen das Opium vorzugehen.«

Der Expresszug pfiff in der Ferne.

Der Polizist legte die Hand ans Ohr. »Heute ist er überpünktlich. Wo waren wir gerade?«

»Die Maßnahmen Chinas …«

»Verhasst war den Mandschu-Beamten der blühende Opiumhandel schon lange, obwohl viele selber regelmäßig rauchen. Aber die Zahl der Konsumenten hatte dermaßen zugenommen, dass die Landwirtschaft und der Handel Einbußen verzeichneten. Aber erst der chinesische Provinzgouverneur Sun Pau Tschi machte so richtig Ernst. Also der, den die Revolutionäre vertrieben haben und der jetzt drüben unter dem Bismarckberg gebaut hat.«

Renau erwähnte lieber nicht, dass er den hohen Beamten persönlich kannte. »Aha.« Sie nutzten eine Lücke zwischen zwei vierspännigen Pferdewagen der Germania-Brauerei, auf denen hochgetürmt die Fässer festgezurrt waren.

An der Tientsien-Straße begann das Chinesenviertel. Den Anfang machten ein paar Läden mit Korbwaren und eine Rikscha-Reparatur.

»Erst wurde der chinesische Einfuhrzoll erhöht, dann begannen sie 1909 draußen in Schantung, die Mohnfelder abzuflämmen, die nur außen herum mit Weizen getarnt waren. Danach wurde es ganz verrückt.« Ackenhausen klatschte leise in die Hände. »Dann stieg der Import über den Hafen Tsingtau, weil hier weniger Kontrollen herrschten als unter dem Chinesen-Bonzen hinter der Grenze. Eine Raucher-Höhle nach der anderen eröffnete in irgendwelchen Holzverschlägen. Wir haben 1909 das Unwesen auf dreitausend Raucher geschätzt. Das Seezollamt ist ganz schön erschrocken. Also hat das Gouvernement in Tsingtau dem Drängen der Chinesen nachgegeben und die Schließung der Opiumschenken beschlossen.«

Renau sah da eher einen Zusammenhang mit den internationalen Opiumkonferenzen, erst Schanghai, dann dieses Jahr die von Den Haag. »Aber die Schenken gibt es doch noch immer.«

»Nicht mehr lange, weil auch die neue Regierung in China die Schließung verlangt.« Zumindest darin stimmte der Opiumkontrolleur mit Westerhoffs Bericht überein.

»Die Händler dürfen ihre Vorräte verkaufen.« Ackenhausen rieb sich über den Kaiser-Josef-Bart. »Nur seltsamerweise nehmen die Vorräte nicht ab. Deshalb habe ich jetzt von allen Händlern, die noch offen halten, eine Bestandsliste verlangt und prüfe regelmäßig die Abnahme der Bestände.«

Ackenhausen hob den Kopf und ging ohne Umschweife in einen schmalen Laden, in dessen Schaufenster alte Stühle und eine Holzpfeife lagen. Drinnen roch es krautig.

Ein alter Diener kam gebückt herangeschlurft. »Sir, Herr kommen gleich.«

»Nutzen wir die Gelegenheit.«

Ein fast lichtloser schmaler Flur mündete in den engen Hinterhof. Dort waren im Geviert Verschläge abgeteilt, wären sie nicht ein wenig zu hoch und breit gewesen, Renau hätte sich bei einem Hundezüchter geglaubt.

»Opiumdiwan heißen diese Drecklöcher«, sagte Ackenhausen.

Seine Stimme war sehr hart geworden. Renau blickte auf.

Der Polizist hatte die Arme auf dem Leib verschränkt und ein Bein vorgestellt. »Die verkommenen Bastmatten starren vor Dreck. Den Süchtigen ist alles egal. Hauptsache, im Lämpchen glüht lilagolden der kleine Knopf Opium, den sie gerade erstanden haben.«

Der alte Diener zündete die Holzkohle auf dem Haltering unter dem Glas einer Opiumlampe an.

»Darin fängt sich der Rauch, kühlt ab, dann saugen die Raucher ihn ein.«

Die Männer lagen auf den Pritschen auf der Seite, hielten lange Holzrohre an die Lippen, einige ruhten auf dem Rücken, die Pfeifen waren ihnen aus den Händen auf die Bäuche gesunken. Niemand sprach ein Wort.

»Herr A-ah-Ma, schön«, rief eine Stimme von irgendwo oben.

Sie stellten sich in die Mitte des Hofes. Über den Verschlägen führte eine Veranda entlang. Ein dicker Händler stieg eine schmale Treppe in der Ecke herab.

»Oben gibt es die Diwane für die reicheren Leute. Und einen Hinterausgang dazu, der in eine chinesische Bäckerei in der Pekingstraße führt.« Ackenhausen verzog die Lippen. »Ich glaube an alles, aber nicht ans Ende des Opiums.«

»Bitte kommen.« Der dicke Händler in einem weiten grauen Seidenmantel verbeugte sich tief vor ihnen. Dann ging er ein paar Schritte rückwärts zum Laden.

Ackenhausen seufzte und ließ die Hände sinken. »Spielen wir also mit.«

Petroleumlicht schimmerte aus einer niederen Tür in den lichtlosen Flur. Renau beugte sich unter dem Türsturz in das Kabuff. Auf einem Tisch stand ein kleines schimmerndes Gebirge aus gleich großen Döschen.

»Das sind die unter Aufsicht verpackten Opiumeinheiten.«

Der Chinese zeigte eine lange Liste mit seinem Vorrat, bevor er die Hände in die Ärmel seines Mantels steckte.

»Er fälscht gut. Der Vorrat nimmt ab, gerade so langsam, dass ich ihm nicht nachweisen kann, dass er den Umsatz mit wahrscheinlich dreißig Prozent Schmuggelware streckt.«

Ackenhausen nickte und hieb mit der rechten Faust in die flache Linke.

Der Händler reagierte sofort, verbeugte sich und holte unter dem Tisch ein zweites Papier vor.

Renau erkannte einen Reichsadler am oberen Rand.

»Die Steuerstempel hat er sich alle geholt.« Der Kontrolleur reichte das Papier zurück. Er tippte sich mit der Hand an die Stirn. »Gehen wir. Hier wird man ja ganz dummelig von den Schwaden.«

Das war Unsinn, die Konzentration des Rauschgifts war in der Luft viel zu gering. Nicht umsonst musste Opium tief und lange inhaliert werden, damit es wirkte.

Auf der Straße blendete das Licht ein wenig.

»Mehr kann ich Ihnen in der Stadt nicht zeigen. Wenn Sie noch Zeit haben, fahren wir raus nach Tai-tung-Tscheng, die Arbeitersiedlung am Moltke-Platz.«

»Wo die Mattenhäuser stehen?«, fragte Renau. Er hatte dort einmal die Prostitutionskontrolle durchgeführt. Die Baracken hatte das Gouvernement ursprünglich für die Eisenbahn-Kulis gebaut. Jetzt war daraus ein chinesisches Dorf geworden, allerdings mit rechtwinklig angelegten Gassen und deutschen Dächern.

»Huren sind nie weit. Opium regt den Geschlechtstrieb an, allerdings nur ein paar Monate. Dann hat der Süchtige nur noch eine Geliebte.« Ackenhausen lächelte nicht. »Wenn Sie die vielen Raucher dort gezählt haben, wissen Sie, dass der Schmuggel blüht.« Er drückte die Fingerspitzen aneinander.

Renau hatte nicht mehr die Zeit für den Umweg in das Dorf. Er war zum Abendessen bei den Gmelins geladen. »Ich komme gern ein andermal darauf zurück.«

Ein kleiner Junge ging barfuß an ihnen vorbei ins Haus des

Opiumhändlers, er trug einen Korb mit würzig duftenden Teigröllchen auf dem Kopf. Renau hob die Augenbraue. »Schlecht leben die nicht.«

Ackenhausen wechselte die Straßenseite. »Was ein Kram, die ganze Gesetzgebung taugt nichts. Verbietet man's, blüht der Schmuggel. Erlaubt man's, richten sich die Leute selber zugrunde. Wir von der Polizei können wenig tun, für die Schmuggelbekämpfung ist der Zoll zuständig.« Der Polizist war in sein Hessisch gefallen. »Und in die vornehmen Chinesen-Häuser darf ich ohne Erlaubnis des Gouverneurs eh nicht hinein.«

Renau drehte den Kopf. »Nein?« Von solchen Konsumenten schrieb Westerhoff nichts.

Der Backenbart plusterte geradezu auf, als der Polizist die Wangen aufblies. »Da ist der neue Gouverneur Mayer-Waldeck noch heikler als der alte. Seit dem Sturz der Mandschu-Kaiser sollen wir jeden Anlass vermeiden, der die Ruhe unter den Chinesen hier in der Stadt stören könnte. Ob da ein paar geflohene Adelige und ein paar ansässige Kaufleute heimlich ihre Opiumpfeifen rauchen, spielt keine Rolle. Vielleicht wird das Gouvernement strenger, wenn hinter der Grenze einmal klar ist, wer eigentlich in China regiert.«

Renau legte die Hand über die Augen, weil die Abendsonne blendete. »Darf ich Sie noch auf ein Bier in den Roten Baum einladen?«

»Aber gern. Das bayerische Bier dort ist mir allemal lieber als das Gebräu der Germania.«

War Westerhoff am Ende so erzürnt über seinen Marschbefehl nach Berlin, weil früher oder später dort die Beschönigungen bekannt würden, die er in seinen Berichten vorgenommen hatte?

»In Offenbach brauen sie ein ganz anderes …«

Aber sonst war das Reichsmarineamt doch sehr um das Ansehen der Kolonie im Reich bedacht. Renau setzte ein verbindliches Lächeln auf und hörte dem Polizisten nicht zu. Warum interessierte man sich auf einmal für Fakten beim Opium?

»Gell, Herr Stabsarzt?«

»Genau«, sagte Renau einfach.

Ackenhausen lachte frech.

Kapitel 22

Tsingtau, chinesisches Viertel – 4. Juli 1912

Was stellst du dich heute so an? Die Hauptstraße entlang ist es nur noch länger«, rief Claas. Ein paar Hundert Meter weiter begann der ausgetretene Pfad.

»Dann müssen wir doch zum Observatorium hinauf.« Harms hatte die Hände in die Taschen gesteckt und schielte den geteerten Weg zur Stadt hinunter. »Ich habe einfach keine Lust zu laufen.«

Harms war manchmal wirklich bockig. »Ist aber eine Abkürzung!«

»Du musst ja auch nicht tagelang auf dem Deck rumschrubben.« Harms reckte die Arme gen Himmel. »Was für ein Scheißsoldatenleben.« Dann spuckte er aus.

Klar konnte Claas nach dem Dienstschluss nach Tsingtau laufen, wenn die Mannschaften auf den Schiffen vor Anker lagen und gerade mal eine Runde Skat spielen konnten. »Dafür habe ich von der Küste und den Inseln noch nicht viel gesehen.«

»Die Inseln sind so langweilig wie Kap Jäschke. Felsen, Möwen, ein paar Fischerboote vor kahlen Hängen. Verpasst hast du nichts.«

»Dann bleib halt einfach in der Kaserne.« So lange war die Zeit bis zum Zapfenstreich nicht bemessen. Claas drehte sich um und ging den Berg hinan zum Pfad, wo gerade vier Infanteristen zwischen den Büschen verschwanden. Er hörte Harms laufen, dann packte ihn ein Arm um die Schultern.

»Hey, so war das nicht gemeint.« Harms stieß ihm mit der Stirn an den Kopf. »Ich lass doch meinen Claas nicht allein zu den Chinesen.«

»Du bist doch nur neugierig.« Claas wollte ihm zeigen, was er sich in der Kaumi-Straße vom nächsten Sold kaufen würde.

»Klar, Schatzsucher. Du könntest einen Handel mit den Götterköpfen und den kurzen Regenschirmen anfangen.«

Hörte Harms nicht zu, wenn er etwas erklärte? »Das sind keine Regenschirme, sondern Sonnenschirme, wenn die Bauern auf den Reisfeldern stehen. Dann stecken sie die in Stirnbändern ein.«

Harms war aber drei Schritt hinter ihm stehen geblieben und zog an einer Brombeerranke. »Schade, sind noch nicht reif«, rief er.

Claas wartete, Harms pickte sich einen Halm eines Büschels unter dem Strauch und steckte ihn zwischen die Lippen. Sie stiegen den Pfad am Dietrichsberg ab. Weiter unten sahen sie die Köpfe der Infanteristen zwischen den Sträuchern.

»Was ist denn jetzt?«, fragte Claas.

Harms wich vom Pfad ab und stapfte zwischen zwei Büschen durch. Dann verschwand seine Gestalt. Konnte der nicht in der Kaserne pinkeln!

Harms kam nicht zurück. Claas ging ein paar Schritte den Hang hinauf ins Gelände. Hinter den Büschen lag Harms in einer Kuhle auf dem Rücken, die Hände unter dem Kopf verschränkt, schaute er mit einem zugekniffenen Auge in den Himmel. »Hör mal, wie die Vögel singen. Das hörst du auf dem Schiff nie. Da kreischen nur die Möwen.«

Claas hörte nur Grillen zirpen. Er hockte sich neben ihn. »Du willst doch bloß eine rauchen.«

»Nein.«

»Sondern?«

»Faulenzen.« Harms richtete sich in der Hüfte auf und zog etwas aus der Tasche seiner Matrosenhose. »Und essen. Hat mir meine Oma geschickt.« Er wickelte ein Stück Stanniolpapier aus. »Schokolade mit Haselnüssen. Die Hälfte ist für dich.«

Claas wollte zugreifen, aber Harms brach schon den Riegel entzwei. »Mund auf.« Seine blonden kurzen Haare glänzten weiß in der Sonne.

»Ich kann selber essen.« Claas haschte nach dem Riegel.

Doch Harms war schon halb aufgestanden und hielt das Schokoladenstück vor seine Nase. »Jetzt guckst du wie eine Robbe bei Hagenbeck, wenn's Fisch gibt.« Harms schob ihm das ganze Stück einfach in den Mund.

Am liebsten hätte Claas ihm auf den Finger gebissen, der seine Lippen berührte, aber dann hätte er das Schokoladenstück verschluckt. »Mistkerl«, nuschelte er.

»So klingt wohl Danke auf Alsen-Deutsch, was?« Harms streckte sich wieder aus.

Claas lutschte die Schokolade, wie er es als kleiner Junge auch gemacht hatte. Dann hielt der Geschmack länger.

»Ich habe überhaupt keine Lust, nächste Woche ins Manöver zu fahren. Drei Wochen in der engen Kajüte. Da ist vielleicht eine dicke Luft. Warum kochen die immerzu Bohnen, weißt du das? Das ist doch bestimmt nicht gesund. Frag mal deinen Stabsarzt.« Harms blinzelte in den Himmel.

»Der Renau ist ins Reich abgeordert.«

Harms blickte kurz herüber und legte die Hand vor die Augen. »Was machst du denn dann?«

»Er hat mir nur gesagt, dass ich sein Sanitätsmatrose bleibe, aber für die Zeit seiner Abwesenheit Stabsarzt Schmied unterstehe. Dann war er weg.«

»Schmied ist der Dicke, der die Knochen schient, wenn einer übern Steg fällt?« Harms kratzte sich am Hals, wo ein Gewittertierchen krabbelte.

Claas beugte sich vor und schnippte es von seinem Hals. »Genau der. Die Ärzte sind sich auch nicht immer grün.« Eigentlich hatte Harms recht, hier oben im Hang war es schön, Claas konnte sogar das Observatorium drüben auf dem Berg sehen. »Die haben sich angeschrien, dass ich durch die Türen noch vorn im Audienzzimmer was gehört habe.«

»Der Schmied und der Renau?«, fragte Harms und leckte sich die letzte Schokolade von den Fingern.

Claas streckte die Knie aus. »Nein, die doch nicht. Der Westerhoff und der Schmied. Der war mit mir in Renaus Sprechzimmer gegangen, weil dort die Liste mit den Krankheitsfällen geführt wird. Ich habe ja keinen Schlüssel, der passt. Drinnen stand aber schon der Westerhoff und hatte die Schränke offen. Der Schmied hat nur gesagt: ›Was machen Sie denn da?‹ Und der Westerhoff hat mich nur angebrüllt: ›Matrose, raus.‹«

»Obermatrose.« Harms rollte sich heran und legte den Kopf auf seinen Oberschenkel. »Uns geben die Arrest, wenn wir uns in den Rängen irren.«

Claas streckte das Bein ein wenig. »Ich bin dann raus und habe im Vorraum auf Schmied gewartet. Der kam aber nicht. Dann brüllten sie ›gegen den Comment‹, ›Nachspiel haben‹, und irgendwas mit Ehre.«

»Mit der Ehre haben sie's ja alle naslang. Aber saufen tun die Offiziere wie die Hafenarbeiter.«

»Die Ärzte saufen nicht.«

»An Land vielleicht nicht, die an Bord schon. Oder warum scheuern wir jeden dritten Tag die Kotze von den Planken hinten am Offizierstrakt?« Harms drehte den Kopf etwas weiter.

Sein Ohr war ganz warm auf seinem Schenkel. »Keine Ahnung.« Claas nahm Harms den Halm einfach aus dem Mund und warf ihn hinter sich ins Gras. Rache für den Riegel.

»Hey, Kamerad.« Harms haschte nach seiner Hand, fasste aber nur in die Luft. Dann zog er die Lippen breit. »Und jetzt, woran lutsche ich jetzt?«

Harms hatte immer nur eines im Kopf. Claas hob das Becken, rückte mit dem Hintern nach und drückte Harms' Kopf langsam hoch. »An chinesischen Glasnudeln, die sind genauso dünn wie das Gras, schmecken aber besser.«

»Aber nur für ein paar Käsch, mehr habe ich nicht mehr.« Harms sprang auf und reichte ihm die kräftige Hand.

Claas fühlte die Schwielen. Er zog sich hoch und drehte Harms einfach an den Schultern Richtung Pfad. »Abmarsch, Kamerad.«

»Wo willst du denn jetzt wieder hin? Warte doch mal.« Harms zupfte sich ein blaues Blütenblättchen aus den hellen Haaren, das von einer der Veranden im Chinesen-Viertel herabgetrudelt war.

Claas drehte die Hände nach außen und sah kurz ins Stückchen Himmel, das die Hofdächer begrenzten. »Du bist ja einer, hast einen Riesenreistopf mit Schwein im Bauch und immer noch nicht satt.« Harms aß immer das Doppelte von ihm und war doch genauso dünn wie er.

Harms kniete vor einem Sack mit orangefarbenen, spitzen Früchten. »Kennst du die?«

»Das sind bestimmt ganz kleine Chilischoten.« Die alte Chinesin hockte zwischen den Gewürzen auf einem niedrigen Schemel und stritt mit einer Kundin. Claas verstand nur die Zahlen vier und sechs.

»In der Farbe?« Harms drückte sich in den Knien hoch. »Wo läufst du denn jetzt wieder hin?«

Claas wartete in der gegenüberliegenden Ecke vor dem Laden mit den geflochtenen Kochsieben und Holzlöffeln. »Hier ist ein Durchgang.«

Harms reckte hinter ihm den Kopf. »Wo?«

»Neben dem Stapel Besen.«

»Wie viele Höfe gibt es denn hier noch?«, fragte Harms.

Claas ging einfach in den schmalen Gang zwischen den Ziegelmauern durch. Es roch nicht nach Pisse, die Ladenbesitzer gaben acht. »Ich finde schon wieder raus.« Er war einfach mal einem geschäftigen Chinesen gefolgt, der mit seinem Diener in Tapautau eingekauft hatte. So hatte er entdeckt, dass viele der Hinterhöfe miteinander verbunden waren, auch wenn die Straßen mehr oder minder in Blocks angelegt waren.

Im nächsten Hof deutete Claas unter ein Vordach. »Das

schenke ich meinem Vater.« Ein ausgestopfter Fisch schillerte lila, die Schuppen glänzten mit grünlichen Rändern. Er war doppelt so dick wie ein Aal, aber nur so lang wie ein Hecht.

Harms' Hand glitt über seinen Rücken, dann kniff er ihn in die Seite. »Habt ihr nicht schon genug Fische zu Hause?«

»Vater hat immer gesagt, es gibt keine Fische mit neun Flossen, der aber hat so viele.« Claas winkte Harms näher heran. Auf der Auslage ruhten Schildkröten, Lurche, Meisenvögel.

»Das Krokodil gefällt mir.« Harms untersuchte die lange Zahnreihe.

»Eighty Silverdollars«, rief ein junger Bursche aus dem Laden, schrieb aber unter einer Funzel weiter an einem Stehpult.

»Weil es so selten ist, der Fisch kostet nur fünfeinhalb. Den schenke ich meinem Vater zum sechzigsten Geburtstag. Mit dem nächsten Sold reicht es gerade für das Porto.« Claas schaute schnell noch in den niedrigen Körben nach, die rechts und links der Tür aufgehängt waren. »Manchmal hat er hier seltsame Wurzeln drin liegen mit Gesichtern. Aber die sind immer schnell weg.«

Harms stellte sich auf die Zehenspitzen und griff sich eine Wurzel. »Das sieht aus wie Senkel von uns Segelmachern.« Er drehte es vor der Nase und hielt es ins Licht.

»Wollen haben? Ein Dollar.« Der junge Chinese lehnte in der Tür und spielte mit dem Fuß an seiner Sandale.

»Dreißig Käsch«, sagte Harms.

»Neunzig.«

Harms warf die Wurzel zurück in den Korb. »Eigentlich bin ich froh, wenn mich nichts an die Segelmacherei erinnert. Wenn ich zurück bin in Altona, verlege ich mich auf Chauffeur.«

»Seit wann hast du Roter Lust, für die feinen Leute zu dienern«, sagte Claas.

Der Chinese fasste seine Sandale mit den Zehen auf und ging zurück in den Laden.

»Werde ich auch nicht. Ich bin nicht umsonst in der Gewerkschaft. Die brauchen auch Fahrer für die Lastwagen im Hafen.«

Claas wusste, wie sauer es Harms auf dem Schiff aufgestoßen war, dass er nicht im Maschinenraum an die Dampfturbinen durfte, sondern wieder für Takelage verantwortlich war. »Komm, ich zeig dir noch was.« Vor einem Steinbecken stapelten sich Holzeimer.

»Und nu?«

»Gehen wir die Stiege da rauf.« Claas deutete auf die Holzstufen. Die Veranda führte an Wohnungen vorbei.

»Das riecht ja noch besser als unser Reistopf. Die Chinesen kochen wohl immer.« Harms schnüffelte, die von der Sonne verbrannte Nasenspitze in der Luft.

Claas lief um zwei Seiten des Hofes herum, dort lagen Bretter über der Hofmauer quer. Die Veranda im nächsten Hof war sogar überdacht. »Am Ende gibt es wieder eine Stiege.«

»Aber irgendwann müssten wir doch wieder an der Peking-Straße rauskommen, oder?«

»Einen Kellerdurchgang habe ich noch nicht gefunden.« Und nicht gesucht, Claas sagte es niemandem, aber er hatte Angst vor Ratten. Schon als Junge musste er sich schwer zusammennehmen.

»Jetzt rechts.« Sie standen am Hintereingang einer chinesischen Apotheke.

»Das riecht, wie wenn der Fischmarkt im Sommer nicht nachgeräumt wird«, sagte Harms.

»Blödsinn, wie Fisch stinkt, weiß ich besser.«

Von der Decke hingen Tongefäße, mal auch ein getrocknetes Fischgerippe. Hier eine dunkle Schote, dort ein vertrockneter Wurm. »Eine Schlangenhaut.« Claas deutete in ein Glas.

Die zwei Apotheker in den grauen Seidenumhängen beachteten sie kaum. Vier Kunden standen vor einem Tisch mit vielen Tiegeln, reichten nacheinander Zettel hinüber. Die Zöpfe der beiden alten Apotheker flogen hin und her, so schnell fassten die beiden übereinander, untereinander mit winzigen Silberschäufelchen in die Pulver. Dann wogen sie die Mischungen in kleinen Häufchen ab.

»Renau verschreibt auch manchmal einem Matrosen etwas, auf den Verordnungen stehen dann lauter lateinische Abkürzungen. Der Apotheker in der Kaserne mischt dann die Salben oder gibt mir dann eine Tüte mit Pulver, das ich ins Lazarett trage.«

»Sag bloß, wir fressen dann auch geriebene Haifischflosse.« Harms knuffte ihn in die Seite.

»Die würden dir Vielfraß bestimmt guttun.« Claas gab ihm einen Puff zurück auf den Bauch.

Harms krümmte sich ganz zusammen. Die Kunden lachten.

»Ho nie fü-a!« Ein Apotheker deutete auf einen kleinen Haufen mit ockerfarbenen Pillen links neben der Waage.

Harms machte sich wieder lang. »Nichts wie weg, bevor sie uns vergiften.«

Claas blieb noch beim Tisch mit den Perlen stehen. In hohen schlanken Gläsern gab es schneeweiße, rosafarbene, bläuliche und sogar rote. Er hätte nur zu gern gewusst, ob es echte oder Zuckerperlen waren. Aber das konnte beides nicht sein, denn für das eine waren sie zu billig und für das andere zu teuer.

Harms stand draußen mit verschränkten Armen und starrte

im Hof nach oben. »Irgendwer hat mir gerade ein paar Wassertropfen aufs Haupt gegossen.«

»Wenn es Wasser war …«, sagte Claas. Harms sollte nicht denken, nur er könne austeilen.

Oben lachten Kinder. Harms rubbelte sich das blonde Haupt. »Ekel.«

»Rauf auf die Stiege mit dir.« Claas gab ihm einen Klaps auf den Hinterkopf.

Oben auf der Veranda blieb er stehen. Eine Tür in der Ecke stand offen. »Die war sonst immer verschlossen.«

»Ich will jetzt nicht in den Kochtopf einer Chinesen-Oma fallen«, sagte Harms.

Dort verbarg sich keine Wohnung. Zwei Chinesen kamen ihnen in schwarzen Seidenmänteln entgegen, der eine trug sogar eine Kappe mit einem Schmuckknopf. Sie wichen vor einen Fensterladen aus. Doch die Händler unterhielten sich leise, einer zählte an den Fingern etwas ab. »Das ist ein Übergang wie die anderen auch.«

Die Veranda führte um die Ecke, der Hof unten war verwinkelt und lang gestreckt. An der nächsten Biegung stand ein sehr alter Diener mit einem grauen Zopf. Hier verzweigte sich die Veranda, rechts führte eine Treppe hinab, links unten im Hof gab es unter einem Vordach Verschläge.

Harms deute mit dem Kinn an dem alten Diener vorbei.

Weiter hinten, das waren doch Uniformhosen, ein Mann stellte seine Knie aus, schob kurz ein Bein vor, dann kroch er in gebückter Haltung aus den Bretterwänden, ein wenig sah er aus wie jemand, der lange in einem Eisenbahnabteil gesessen hatte und sich nun streckte. Es war ein bärtiger Offizier. Claas versuchte, die Rangabzeichen zu sehen, aber es war zu schummerig dort hinten. Der Mann verschwand mit dem Rücken zu ihnen in die entgegengesetzte Richtung auf der Veranda. »Ehrlich, ich wusste nicht, dass hier ein Puff untergebracht ist.«

»Du weißt doch sonst alles über das Chinesenviertel.« Harms steckte die Hände in die Hosentasche und kratzte sich im Schritt. »Also rechts die Treppe runter, oder?«

Unten im Hof balgten sich zwei Katzen um etwas. »Guck mal, eine deutsche Marinesocke.«

In den Winkeln waren kugelförmige Vasen aufgereiht. Es roch nach altem Fett. »In den Säcken daneben sind wohl Hühnerfedern. Die Gelben verkaufen alles.« Harms drehte sich auf dem Absatz um. »Und nun, Pfadfinder?«

Claas drehte sich vor den leeren Ölflaschen. Die Katzen balgten sich, sprangen über fünf Körbe, krallten sich kurz in die Mauer und saßen schon auf der Krone. Eine leckte sich kurz die Pfote, dann schnürten sie hinter ein Brett und waren weg. »Da.«

Unter der Stiege, im Winkel zwischen zwei hohen Kisten, Harms ging voran. Claas sah nur noch den Umriss, er prallte fast auf ihn. »Rechts oder links?«

»Links stinkt's«, sagte Claas. Es roch modrig, krautig. Ein Schatten war am Ende des Flurs vor einem schwachen Lichtfleck zu sehen.

»Möchte mal wissen, wann die ihren Abfall wegschaffen. Also rechts.« Harms bog ab.

Der Gang war gekehrt. Claas ahnte ein paar Türen, aber nirgends brannte ein Licht. Wahrscheinlich Vorratsräume. »Gleich.« Am Ende der Mauern stand ein Gitter halb offen.

Sie blinzelten beide im Licht der Abendsonne. Einen Moment schienen die Backsteinfassaden und Holzaufbauten der Tientsin-Straße alle gleich weiß.

»Du liebe Güte.« Harms pfiff zwischen den Zähnen.

Zwei Meter neben ihnen lag hinter einem Kessel und einem Braubecken, die der Kupferschmied mit allerlei anderen Gegenständen auf der Straße feilbot, ein Matrose, den Rücken zu ihnen gedreht. »Kennen wir den?«

Harms zuckte mit den Schultern, er tippte mit seiner Stiefelspitze an den Hintern. »He, Kamerad, wach auf!«

Der rührte sich nicht. Claas kniete sich hin und gab ihm einen Stoß an der Hüfte. »Wenn ein Maat dich findet, wanderst du nur in Arrest. Komm schon.« Wieder keine Reaktion, Claas drehte den Matrosen an der Schulter um.

»Ein Maschinist von der II. Kompanie. Mann, ist der vollgesoffen.« Harms schlug ihm an die Backen. »Aufwachen, hey.«

Der Matrose hob die Lider, aber die Augen waren verdreht. »Der ist nicht besoffen. Riech mal, der hat ja überhaupt keine Fahne.« *Ohnmächtige stützen*, hatte Renau im Lehrgang gepredigt. Claas schob ihm das Knie unter. »Ist der schwer.«

Harms packte den Maschinisten bei der Schulter. »Wach auf, du Sack.«

Claas prüfte die Hauttemperatur, recht kühl, er atmete und blinzelte sogar. »Komische Augen.« In der braunen Iris waren die Pupillen ganz klein.

Harms packte die Matrosenjacke und drückte die Nase hinein. »Riech mal, der war nicht in einer Kneipe.«

Den krautigen Geruch hatten sie eben auch im schmalen Gang gerochen.

»Die haben den im Puff gelinkt wie den Feldenhahn im März.« Harms fasste in die Taschen des Matrosen. »Keine Münze, nichts.«

»Du meinst?«

»Du kennst doch den Feldenhahn, der ist doch neugierig

wie eine Pottsau. Der hat es nicht lassen können, und hat sich in den Mattenhäusern eine von den Pfeifen andrehen lassen. Du weißt schon, mit dem chinesischen Giftzeug.«

»Könnte sein, das Blauzeug riecht komisch.«

Harms zog den Matrosen zur Hausmauer vom Kupferkessel weg. »Den Feldenhahn haben sie damit betäubt und ausgeraubt. Sogar die Dienstmarke haben sie ihm geklaut, sonst hätte er keinen Arrest bekommen. Der Hund hat natürlich behauptet, es sei ihm ums Geld nicht schad. So schön hätte er noch nie geträumt, die feistesten Weiber hätte er gehabt und in silbernem Schnee gebadet und wäre so hoch geflogen, dass er Tsingtau wie eine winzige Spielzeugstadt gesehen hätte. Feldenhahn ist ein Schwätzer.«

»Opium soll Träume schenken, aber nur am Anfang, hat mir Renau erklärt. Dann müssen die immer mehr rauchen, um zu träumen.«

»Ist mir egal. Der Idiot hat sich reinlegen lassen. Was machen wir nun mit dem Kameraden?«

Liegen lassen konnten sie ihn nicht, das war klar. Claas zog am linken Arm des Betäubten. »Wir schleppen ihn zur nächsten Rikscha.«

»Nein, lieber gleich zur Kaserne. Ich lege dem kein Geld aus, der hat doch nichts mehr. Und wenn er in den Arrest wandert, zahlt der uns nie was zurück.«

Sie packten jeder einen Arm des Maschinisten.

»Wie eine große Reff, scheiße. Zieh ihn dir mehr auf den Rücken, und geh im Gleichschritt, sonst sind wir morgen kreuzlahm.« Harms' Stimme war dunkel vor Zorn.

»Oberstabsarzt Westerhoff hat heute den Präsenzdienst. Ausgerechnet.« Der würde sie penibel befragen. »Wenigstens haben wir ihn auf der Straße gefunden. Lass uns sagen, dass wir deiner Mutter einen Kupfertopf haben besorgen wollen.« Das machten viele, weil sie mit Seetransport immer noch viel billiger als im Reich waren.

»Los geht's.«

»Und links, zwo, drei.« Claas zählte laut, damit er im Gleichschritt blieb. Es schien ihm, als wöge der Matrose zwei Zentner.

TEIL III:
Im Auftrag Seiner Majestät

Kapitel 1

Berlin, Kaserne des 4. Garderegiments zu Fuß – 4. August 1912

Eine junge Dame wartet an der Wache auf Sie, Herr Marinestabsarzt.« Der Obergefreite stand stramm in der Tür der Offiziersstube.

Renau hatte sich im Stuhl nur umgedreht, als es geklopft hatte. Er hatte alles erwartet, aber nicht, dass Dorothea vier Stunden früher als verabredet … Der Obergefreite neigte langsam den Kopf zur Seite, ungläubig, dass er keine prompte Antwort erhielt. »Ich … komme sofort. Du wartest draußen!«

Renau zwang sich, sitzen zu bleiben, bis sich die Tür schloss. Dorothea machte immerzu, wonach ihr der Kopf stand. Er hatte gehofft, dass er hier in der kühlen Stube hinter den dicken Mauern zum Nachdenken käme, welche Worte er nun seiner Verlobten gegenüber wählen sollte. Seine Gedanken hatten den ganzen Abend wie unter Fieber gekreist, bis der Sinn der Worte zermahlen und die Gefühle zu Schmerz zerronnen waren.

Renau nahm die leichte Sommeruniform aus dem Spind und knöpfte sich das Hemd zu. Wenigstens hatte er die leeren Wochen auf der Überfahrt genutzt, dass er einen Vortrag fabriziert hatte, den er morgen würde halten müssen. Nun drängte sich alles in wenige Stunden.

Weiß der Kuckuck, warum ihm der Marschbefehl zur Konferenz, der ihm in Wilhelmshaven ausgehändigt worden war, ausgerechnet diese Kaserne als Quartier angewiesen hatte. Er nahm seine Geldbörse vom Tisch, fischte noch rasch ein sauberes Taschentuch aus dem unteren Fach im Spind und warf ihn zu.

Dorothea stand etwas abseits unter einer Linde und schaute einem Milchwagen von Bolle hinterher, der die Straße nach Moabit entlangrollte. Ganz aufrecht stützte sie sich auf den hellblauen Sonnenschirm, der gut zu ihrem Sommerkleid passte.

Renau konnte nicht anders, er blieb auf dem Trottoir stehen. Ihre schlanke Gestalt, die Linie ihres Rückens … Dorothea hatte ihr dunkles Haar ganz aufgesteckt, der zarte Hals war schöner, als er es sich in seinen einsamen Nächten vorgestellt hatte. Im Sturmschritt lief er auf sie zu.

»Heinrich!«, rief sie. Ihre sanfte Stimme, der traurige Mund, die schmale Hand, die sich um den Schirmgriff klammerte …

Er nahm sie mit beiden Händen ganz sanft an den Schultern. Sie hatte sicher viel Sonne abbekommen, ihr Teint war gesund und frisch, feine Schweißperlen standen über den Brauen.

Ihr Blick tastete sein Gesicht ab. Er tauchte in diese dunklen Augen hinein, fand das Tor zu ihrer Seele und fühlte sich, als wäre er in eine große Halle mit einem großen Orchester eingekehrt, in der er taub umherwandelte, wo doch überall Musik erscholl, die er auf dem Leibe fühlte, so vibrierte sie in seinen Händen.

»Heinrich, ich …« Sie reichte ihm die rechte Wange.

Er wagte keinen Kuss, nicht hier auf offener Straße, so sehr fürchtete er, dass er sich nicht mehr beherrschen könnte. Er legte seine Wange an ihre, schloss die Augen. Die Wärme ihrer zarten Haut drang in ihn, verwischte alles in einem Moment des Sie-ist-wieder-da.

Ihr Kopf sank an seine Schulter, sie drückte die Stirn an sein

Schlüsselbein. »Entschuldige. Ich weiß sehr wohl, dass das nicht gern gesehen wird.«

»Am Telefon gestern Abend hast du doch noch ...« Renau hatte sie angerufen, kaum dass er die Stube in der Kaserne bezogen hatte. Da hatte sie ihn mit gefasster Stimme gebeten, dass er erst am Abend komme, wenn sie das Personal wegschicken könne.

»Verzeih, aber Mutter und Lina haben in Hörweite die Anrichte umgeräumt. Wie sollte ich dir da ... Nach deinem Telegramm aus Wilhelmshaven, als ich endlich sicher war, dass du wirklich kommst, habe ich mit meinen Eltern gesprochen.« Dorothea schob sich etwas von ihm weg.

Renau ließ die Hände sinken. »Warum bist du dann jetzt gekommen?«

Dorothea hakte sich unter bei ihm, als sie das Trottoir unter den Straßenbäumen entlanggingen. Lindenblätter bedeckten den Weg.

»Weil es doch völlig falsch wäre, dass wir nicht allein miteinander sprechen.« Ihr Blick suchte seinen. »Du trägst weder einen Bart, noch hat dir ein Coiffeur den Haarschnitt geändert, auch hat die Tropensonne deinen blassen Teint nur mäßig gebräunt. Und doch scheinst du mir so seltsam fremd.«

»Ich dachte lange, nur du hast dich verändert.« Er suchte den seinen ihrem leichten Schritt anzugleichen.

»An einem verschneiten Abend im letzten November, Vater war mit meiner Mutter ausgegangen in die Charlottenburger Oper, da habe ich alle deine Briefe vor mir auf dem Boden der Bibliothek ausgebreitet und noch einmal gelesen.«

»Ich war nie ein großer Schreiber ... Nicht so gewandt wie du, sicherlich.«

Sie hielt an und sah zu ihm auf. »Heinrich, du weißt, dass

ich nicht von Stilfragen rede.« Eine Sorgenfalte teilte die Hälften ihrer Stirn. »Nicht einmal davon, dass du aus Tsingtau weniger häufig geschrieben hast als wie das zweite Jahr aus Kiel.« Ihr Blick hielt den seinen fest. »Von Brief zu Brief fand ich immer weniger von dir zwischen den Zeilen, von dem, was dich im Herzen bewegt, von deinen Wünschen und Gedanken zu deinen Erlebnissen dort in Asien. Ich traue mir kein Urteil zu, ob dich die Versetzung nach Tsingtau nun in der Seele glücklich macht oder ob es doch nur …«

»… eine Flucht gewesen ist, nicht wahr?« Was sollten sie noch lange drum herumreden. In jeder Schlacht gab es den Moment der Entscheidung.

Sie wandte sich ihm ganz zu und legte die linke Hand an den Aufschlag seiner Uniform. »War es eine?«

Er hätte die Spitzen ihrer Finger nur zu gern um Verzeihung bittend geküsst. »Ich hätte nicht fahren dürfen, wo ich deinen inneren Widerstand so sehr spürte. Ich hätte nicht wie … wie ein Feigling vor der Entscheidung ausweichen dürfen.«

Sie schwieg. »Und ich hätte nicht einwilligen sollen, dass du drei Jahre in die Kolonien gehst, Heinrich.«

Er strich sanft über ihre Fingerspitzen. »Du hattest als meine Verlobte das Vorrecht, dass ich deine Zukunft vor die meinige stelle.«

»Und du hattest als mein Verlobter das Recht zu erwarten, dass deine zukünftige Frau deine Karriere unterstützt. Du hast mir nie verhohlen, wer du bist, ein Offizier der kaiserlichen Marine.« Ihre braunen Augen füllten sich mit Tränen. »Auf dem Teppich dort in der Bibliothek … Meine Briefe, weiß ich, ob sie dir mehr von meiner Seele enthüllt haben? Wo ich doch, den Streit vermeidend, kaum über meine Arbeit für den Reichstagsabgeordneten geschrieben habe.« Sie richtete ihren

Blick zur Straße, wo drei Garde-du-Corps-Soldaten vorbeiritten. »Je länger ich mich mit der Flottenrüstung des Kaisers beschäftige, desto mehr scheint sie mir grundfalsch, das Wohl des Reiches in Gefahr setzend. Ich kann nicht gegen meine Überzeugungen handeln. Wie soll ich meinen Ehemann achten, der als Marineoffizier auf den Kaiser geschworen hat? Wie sollst du in mir die Unterstützung finden, die ich dir schulde, Heinrich?«

Renau zog ihre Hände an seine Lippen und rührte sie zart. »Suche die Schuld nicht bei dir, bitte, Dorothea. Ob wir es nun Flucht nennen oder nicht, der Abstand, vielleicht auch der völlige Austausch des Alltags, haben mich nur desto mehr alleine sein lassen. Mit mir selbst allein.« Renau holte tief Luft und verbarg sein Gesicht über ihren Händen. Mit einem Mal lichteten sich die wirren Gedanken und Gefühle. »Bei unserem letzten großen Streit ... da wollte ich es nicht begreifen. Ich würde nie glücklich als Arzt im Zivilleben, die Möglichkeiten der Marine reizen meinen Forschergeist zu sehr, vielleicht auch die Unbeständigkeit des Soldatenlebens und die Freiheit des Meeres ... Ich weiß nicht, warum meine Liebe zu dir nicht genug wachsen konnte, dass ich für dich auf das alles verzichten wollte.«

Ihre Finger zitterten. »Ja, Heinrich, ich fürchtete, dass es so um uns steht«, sagte sie leise.

Er ließ ihre Hände gehen. Es oblag ihm, sie zu bitten. »Lass uns die Verlobung einvernehmlich lösen.«

Die Tränen rannen über ihre Wangen, ihr Blick war in eine Ferne gerichtet, wie in den Augen von Menschen, die sich am Krankenbett ins Unvermeidliche schicken. Sie nickte und hauchte: »Das ist nur vernünftig.«

Einen Moment lang schien es Renau, als hielten die Lindenblätter über ihnen im sanften Spiel inne, als schwiegen die Vögel, als trabten die Pferde der Kutschen auf der Straße ohne Hufschlag lautlos. Er war nicht erleichtert, nur traurig, schlimmer noch, ein tiefer Schmerz erfasste ihn.

Dorothea sah zum Trottoir hin zu einer Mauer, die das Kasernengelände einschloss. Sie standen lange so.

»Ich danke dir, dass du zur Kaserne gekommen bist. Wie ich dir überhaupt dafür danke, dass du es bewerkstelligt hast, dass man mich nach Berlin holt.« Es war ihm, als erwache er erst mit seinen Worten aus einer Trance.

Dorothea drehte den Kopf herum, nahm den Schirmstock zur Seite und trat einen Schritt zurück. »Ich? Heinrich, seid ihr in Tsingtau vom Geschehen im Reich so abgeschnitten, dass du wirklich glauben kannst, gerade die Abgeordneten der Fortschrittlichen Partei verfügten über solch einen Einfluss beim Reichsmarineamt?«

Renau kniff die Augen zusammen, nein, sie verbarg nichts vor ihm, so wie sie die Hände nach außen drehte, dass ihr der Schirm entglitt. Er hob ihn rasch auf. »Und dein Vater, der steckt nicht etwa dahinter? Immerhin behandelt er in seiner privaten Praxis hochrangige Beamte der Regierung.«

»Ich habe meinen Eltern erst letzte Woche von allem in Kenntnis gesetzt.« Ihr Ton war wieder sehr leise geworden.

Renau sah eine freie Droschke den Damm entlangkommen. Er winkte mit erhobenem Arm. »Wir nehmen jetzt nicht die Straßenbahn.«

Im Salon der Wiegands am Victoria-Luise-Platz hörte man nur die beiden Kanarienvögel, die auf den Sitzstangen im Käfig herumsprangen. Renau hatte nur dürre Worte gefunden.

Kaum mehr als den schlichten Fakt, wie Dorothea es auf der Kutschfahrt erbeten hatte.

Ihre schlanke Mutter saß sehr aufrecht auf dem Sofa im dunkelblauen Kleid, sie hatte ihre Hände ineinander auf die gestickte Decke des großen Tischs gelegt. Außer *Guten Tag, Herr Marinestabsarzt* hatte sie kein einziges Wort gesprochen. Sie, die sonst die Konversation anführte. Nur immerzu war ihr Blick von Dorothea, die rechts von ihr auf dem Stuhl saß, zu ihm gewandert. Renau hatte sich mit geziemenden drei Schritt Abstand vor den Vater gestellt, der links im Tagesanzug, wie eben nach Hause zurückgekehrt, saß. Renau hatte das linke Bein einen halben Fuß zurückgesetzt, damit er Haltung bewahren konnte. Die Eltern warteten auf weitere Erklärungen.

»Es ist allein meine Schuld«, sagte Renau abschließend.

»Nein, Heinrich«, sagte Dorothea mit ruhiger Stimme.

»Kind …«, flüsterte ihre Mutter. Doch Dorothea blickte ihn voll an. Ihr Vater schaute mit gespitzten, aufeinandergepressten Lippen an ihm vorbei. Die Enttäuschung hatten seine Wangen niedergedrückt.

»Ich werde eine entsprechende Anzeige in den Gesellschaftsblättern aufgeben«, sagte Renau.

Dorotheas Vater tippte mit der linken Hand auf die Decke des Salontischs. »Davon bitte ich abzusehen, Herr Marinestabsarzt. Man könnte solch eine Notiz durchaus missverstehen, Ihr Aufenthalt in Tsingtau ist bekannt. Bitte nehmen Sie Rücksicht auf den Ruf meiner Tochter. Die Freunde des Hauses werden wir selbst in den nächsten Wochen von der Entlobung in Kenntnis setzen.«

Renau war nicht einmal in den Sinn gekommen, dass man so verquer denken könne. »Wie Sie wünschen, Herr Doktor Wiegand.«

Dorothea erhob sich. An einem Beistelltisch an der Wand neben der Tür des Salons zog sie langsam den Verlobungsring von ihrer Hand und legte ihn auf das rotsamtene Deckchen. »Ich möchte dir zurückgeben, was mir nicht mehr gehört.«

Renau war froh, dass das Abendlicht nicht bis dorthin reichte. Ein Funkeln hätte er nicht ertragen. Es war schon in der Kutsche schwer zu ertragen gewesen, als Dorothea ihm angekündigt hatte, dass sie alles, was von ihm in ihrem Besitz verblieben war, als Paket in die Kaserne schicken würde. Er ging zu dem Tischchen und nahm den Ring. Er steckte ihn in die Uhrentasche der Uniformweste, presste dabei die Lider aufeinander, weil die Erinnerung aufflammte, mit welch Freude sie beide diesen Ring am Kurfürstendamm ausgesucht hatten.

Er sollte sofort gehen. Renau nahm militärisch Haltung an. »Gnädige Frau, gnädiger Herr, verehrte Dorothea.« Er verbeugte sich tief.

»Ein Wort noch!« Dorotheas Vater erhob sich, seine Hände fanden ineinandergefaltet vor seiner Brust schließlich Ruhe. Er nickte wie in Gedanken, bevor er wieder den Kopf hob. »Teilen Sie bitte Ihrem Herrn Vater mit, dass ich mich freuen würde, wenn er unsere wissenschaftliche Korrespondenz nicht abbrechen würde. Dazu besteht«, er blickte zu seiner Frau hinüber, die bereits ein Taschentuch gezückt hatte und vor die Brust hielt, »keine Veranlassung, zumal unsere Tochter Ihren Entschluss, Herr Marinestabsarzt, gutheißt.«

»Wie Sie wünschen.«

Renau suchte ein letztes Mal den Blick Dorotheas. Sie hatte die Finger auf ihre Wangen gelegt, auch sie fand kein Wort des Abschieds.

Erst draußen, in der schwülen Abendluft des Viktoria-Luise-Platzes, im Glitzern der Wasserfontäne wurde ihm auf den U-

Bahn-Treppen die unumstößliche Wahrheit bewusst, dass er niemals wieder in die geistvolle Welt der Wiegands zurückkehren konnte.

Kapitel 2

Berlin – 4. August 1912

Renau war an der Friedrichstraße einfach ausgestiegen, hatte sich vom Menschenstrom treiben lassen. Je länger er mitschwamm, desto gehetzter erschienen ihm die Passanten, desto lauter der rege Droschkenverkehr. Er wechselte die Straßenseite. Eine Hupe schepperte metallisch, er sprang zurück und hätte beinahe ein Brett voller Zeitschriften an einem Kiosk umgerissen.

»Kannste nich' kieken?«, schrie ein Chauffeur aus einem Wagen gebeugt und zeigte ihm den Vogel. »So wat is' beim Kaiser sein Militär.«

»Abendblatt«, rief ein Zeitungsjunge. Renau ging an den Auslagen vorbei. Französische Bas-de-femme, neben Seifen. Er rieb sich mit dem Handrücken über die Stirn. Wohin er auch blickte, immerzu fiel sein Blick in die weibliche Welt: Lippenstiftkolonnen in den Schaufensterauslagen oder grün-weiß-gelbe Papageienfederbüsche an Sommerkleidern.

»Eine Havanna, der Herr Offizier?« Eine pausbäckige Göre mit rotem Turbanhut und goldenem Hosenanzug wies in einen getäfelten Rauchsalon.

»Nein danke«, murmelte Renau.

Ein Blick aus fragenden Augen streifte ihn, drei Amerikaner mit Bowlerhüten schoben sich vor den Strichjungen. Dann sah

Renau die weiße Katze von Persil auf einem Plakat, das halb so hoch wie die Hauswand war.

Mein Gott, wie oft hatten Schmied und er in Tsingtau sich das Berliner Treiben, dieses ganze Durcheinander von Halbwelt und Kaiserglanz zurückgewünscht, wenn sie vor Langeweile früh zu Bett gegangen waren. Doch jetzt wirkte es nur laut, grotesk und amoralisch.

Die Straßenlampen flammten auf.

Und doch besser als die Totenstille, die ihn in der weiß gekalkten Stube der Kaserne umhüllt hätte wie ein Leichentuch.

»Abendblatt«, schrie der Zeitungsjunge wieder.

Unter den Linden stand ein Fernsprechkiosk an der Ecke Friedrichstraße. Renau blickte die Straße voller Straßenbahnen, Droschken, Automobilen entlang, Offiziere ritten hinunter zum Schloss. Von den alten Freunden war vielleicht Ramser in der Stadt. Und von Tscherny. Renau holte die Münzen aus seiner Hosentasche. Vor ihm sprach eine Dame mit langem braunem Rock und einem altmodischen, flachen Hut auf dem grauen Haar.

»... aber du könntest mich zur Urania begleiten, Emilie, dann ...« Die Dame bemerkte ihn und drehte ihm den Rücken zu.

Renau schloss die Augen, von allen Seiten ratterte es, hupte es, schrien Stimmen von eiligen Menschen. Er stand da wie in Decken gewickelt, wie betäubt.

»... ich versichere dir, Doktor Tinius ist ein kluger Mann, du wirst dich nicht langweilen ... aber nein, Emilie, er ist kein Katholik, wie kommst du denn darauf?«

Renau schmeckte den Berliner Staub. Er sollte es lassen. Von Tscherny würde ihn nur mit Häme überschütten, dass er es immer gewusst habe, dass Dorothea nicht die geeignete Braut eines Offiziers sei.

»Siehst du, Emilie, ja, neunzehn Uhr, aber nimm die Elektrische, sonst kommst du wieder zu spät. Wie? Die Fünfundzwanzig hält doch bei dir am Roseneck.«

Renau blickte auf die Münzen in seiner Hand. Ramser würde ihn nur mit den Geschichten von Henny überziehen, vom großen Glück an ihrem großen Busen. Das war das Letzte, was er ertrug.

Und morgen sollte er einen Vortrag halten. Fast konnte er von hier das Reichsmarineamt sehen.

»Bitte sehr, der Herr.« Die ältere Dame hatte den Sprecher eingehängt. Sie ging, die Handtasche mit beiden Händen vor der Brust haltend, die Linden entlang zielstrebig auf einen Eisverkäufer zu.

Nein, keine Eiscreme. Er würde sich anders ablenken. Dahin gehen, wo er weder Aristokratenschnösel wie von Tscherny noch Offiziere traf. Dorthin, wo Dorothea nie hatte hingehen wollen, sosehr sie das Nachtleben schätzte.

Renau schritt die Friedrichstraße entlang, über die Spree und weiter.

Die Gegend nördlich war nie lieblich gewesen. Und hatte doch ihren Charme, der schon geblättert hatte, als Renau das erste Mal aus Brieg in der großen Metropole aus dem Zug gestiegen war.

Die Polizei hatte sicher ihren Grund gehabt, wenn sie einige der Varietés in der Elsässerstraße und am Weinberg geschlossen hatte, die müden Gesichter der Prostituierten, die sich am frühen Abend schon unter die Passanten mischten oder einfach in den Durchfahrten zu den Hinterhäusern standen.

Studenten gingen, in den Ellbogen untergehakt, zu viert, zu

dritt die Straße entlang und warfen gierige Blicke auf die Frauen oder in die Fenster der Etablissements im Souterrain.

Junge Paare liefen an ihm vorbei, aufgeputzt wie zum Ball. Oh, wie hatte er seine Tanzstundenzeit gehasst. Dazwischen schlurften Arbeiter mit hölzernen Tragekästen, die Kappen weit im Genick. Ein Schutzmann stand an der Ecke und schaute zur Uhr auf dem Platz.

Irgendwo musste es doch sein. Vor einem der Lokale schafften drei Jungs Bierfässer von einem Wagen. Die Pferde ließen ihre Äpfel fallen. Eine Tingeltangeltänzerin, schon zu üppig geschminkt, trug einen Koffer und verschwand in einem Nebeneingang.

In diesen Räuberhöhlen bedienten Kellnerinnen, die Zoten rissen, dass selbst den Proleten das Mundwerk offen stand. Hier wurde verkuppelt, wer eine für die Nacht suchte, und wer keine fünf Mark mehr hatte, aber jung und frisch war, schlüpfte bei der Puffmutter persönlich ins Bett. Aber hier wurde auch jeder in Ruhe gelassen, solange er nur sein Bier, das zweite oder siebte, bezahlte.

Renau ging an einem Bierwagen vorbei. »Gibt es das ›du Nord‹ noch?«

Ein leeres Fass wurde aus einer Luke im Boden hervorgestoßen, der Junge packte es. »Machen Se mal die Oogen uff, dann sehn Se's ooch.« Er wies mit dem Daumen über die Schulter nach nebenan, dann packte er das Leergut.

Renau sah die steile Treppe ins Souterrain, sogar die grüne Farbe am Holz war noch dieselbe. Wer weiß, ob jemals nachgestrichen worden war, seit er hier sein erstes Examen gefeiert hatte.

Drinnen stand schon der Rauch. Renau war nicht der erste Gast, das Cabaret war bereits halb voll. An der Längsseite zog sich ein Tresen, hinter dem ihn eine füllige Alte im dunkelblauen Flitterkleid abtaxierte, bevor sie dem kräftigen Kerl an der Tür zuzwinkerte. Der ließ ihn herein. Offiziere hatten Geld, außer sie waren schon betrunken.

Hinten im Schankraum war eine kleine Bühne rot ausgeleuchtet. Ein Jongleur warf so schlecht drei Keulen, dass ihn die Chinesen in Tsingtau, wo man neun, zehn Keulen auf einmal gewohnt war, mit faulen Eiern beworfen hätten.

Renau suchte sich einen Zweiertisch zwischen den Fenstern an der Längsseite, dann musste er nicht hören, worüber die Studenten vorn an der Bühne flachsten, und auch nicht den Arbeitern beim Kartendreschen zusehen.

Ein tief dekolletiertes Fräulein schob ihre Hüfte auf den Tisch. »Na, Seemann, ein Bier oder mal an Muttis Brust?«

Als ob sie nach dem Wetter fragte. In dem Ton befragte er bei Reihenuntersuchungen seine Matrosen. »Erst mal ein kaltes Bier.«

»Für'n warmes müssten Se ooch zwee Häuser weiter zu die warmen Brüder.« Sie ging zum Tresen.

Renau war es egal, ob ihm der Abend einen Damenringkampf einbringen würde oder eine Damenkapelle.

In den Ecken hingen Geweihe von Mufflons und Rehböcken, eine Flittergirlande zog sich arg gerupft quer durch den Schankraum.

Die Kellnerin stellte ihm das Bier hin.

»Gibt's auch was zu essen hier?«

»Buletten«, sie beugte sich über den Tischrand und linste in seinen Schritt. »'nen Strammen Max ham Se ja schon.«

Die Arbeiter am Tisch lachten dreckig, einer hob ein leeres Glas in ihre Richtung.

»Einen zweiten brauch ich nicht. Eine Bulette mit Senf.«

»Wat Scharfet für den Herrn!«, rief die Kellnerin zum Tresen.

Die Studenten bemerkten ihn erst jetzt.

Dann ging das Licht kurz aus. Eine Frauenstimme kiekste. »Egon, lass die Finger aus meine Schlüpper, ick muss uffe Bühne.«

Das Licht ging wieder an, und die füllige Alte im blauen Flitterkleid stand in einem Lichtkegel. Renau wischte sich den Schaum von den Lippen. Er war selber schuld, dass er hier saß.

Die prachtvolle Erscheinung hatte zwei schwarze Stäbchen durchs rot gefärbte Haar gesteckt und einen Reispapierhut aufgesetzt. Fantasiezeichen waren auf ihrem Gewand aufgemalt; roten Stoffmohn hatte sie sich ins Haar gebunden.

Aus dem Vorhang im Hintergrund schob sich ein Schellenbaum, daneben tauchten aus anderen Löchern im Vorhang eine Triangel und eine winzige Geige auf. Dann begann ein Getöse, wogegen das chinesische Gefiedel bei den Straßenfesten in Tapautau der reinste Wohlklang war.

Die Sängerin hob mit großer Armgeste zu singen an: »Noch ist die Welt nicht ganz verteilt! Die Hochzeit eilt: Des Starken Braut, das will sie werden.« Die Primadonnenstimme war brüchig, von Schnaps und Zigarren rau. »Noch manches Eiland lockt und lauscht aus Palmen und Bananen: Der Sturmwind braust, die Woge rauscht, auf, freudige Germanen!«

Die Triangel verzehrte sich in einem Jubelsturm und klingelte wie eine Tram, wenn etwas auf den Schienen stand. Renau leerte das Glas.

»Aufs Meer, ihr Heldenmänner, sucht auf blauen Bahnen, des Chinesen Wunderland, und gedenket eurer Ahnen.«

Die Studenten klatschten brav wie in der Oper.

»Ick jebe der Tilly einen Kurzen aus!«, rief einer der Kartenspieler. Er erntete eine Referenz der Primadonna. Die Instrumente verschwanden.

Renau machte der Kellnerin mit dem leeren Bierglas ein Zeichen. Noch eins, und er würde vergessen, dass er in Berlin saß, das ihm so fremd wie niemals zuvor erschien, noch zwei, und er würde wirklich glauben, dass er Heimweh nach der kleinen weißen Stadt am chinesischen Meer hatte, in der die Männer von den deutschen Frauen im Reich träumten.

Die Kellnerin stellte ihm einen Teller mit einer Bulette hin, in dem Licht sah der Senf wie grünlich verschimmelt aus. »Mit det Bier kannste nachspülen.«

Auf der Bühne tat es einen Tusch. Ein dürrer Spaßmacher zeigte dem Publikum einen roten Ball, so groß wie seine Nase. Dann sprang ein Hündchen auf die Bühne und machte Männchen. Renau musste lachen wie alle andern, weil es sofort an dem Mann das Beinchen hob.

Renau tunkte mit der Gabel ein Stück Bulette in den Senf. So scharf der auch war, das Fleisch schmeckte vorzüglich.

Kapitel 3

Berlin, im Reichsmarineamt – 5. August 1912

»Meine Herren, ich danke Ihnen für die zahlreichen Wortmeldungen und Herrn Marinestabsarzt Renau für seine Ausführungen zur Bekämpfung des Opium-Genusses im Kiautschou-Gebiet und Tsingtau.« Professor Sibelius hatte sich vom Stuhl des Vorsitzenden in der ersten Reihe erhoben und trat neben ihn.

Renau blickte vom Stehpult des Vortragssaals in die Ränge.

Früher hatte er selbst auf den unbequemen, engen Klappstühlen gesessen und auf den schmalen Schreibflächen, die mehr Geländer als Pult waren, seine Notizen gemacht.

»Ich bitte, das Mittagessen im Casino einzunehmen.« Sibelius hielt seine Taschenuhr mit gestrecktem Arm von sich, machte die Nase lang und spitzte dabei die Lippen.

Dieser Marotte wegen nannten ihn seine Studenten heimlich den alten Adler. Renau schob die Blätter seines Redemanuskripts mit den Fingerspitzen auf einen Stapel.

»Wir werden pünktlich um ein Uhr dreißig fortsetzen mit dem Vortrag des Auswärtigen Legationsrates von Wanderlitzsch über die Haltungen der übrigen Konferenzteilnehmer bei der Konferenz in Haag. Ich wünsche Ihnen einen guten Appetit.« Sibelius hob die Hände weit auseinander wie ein Priester, der das Amen gesprochen hatte.

Renau fühlte, wie die Anspannung aus seinen Schultern wich, klappte seine Vortragsmappe zu. Die Rückfragen der Offiziere hatten sich auf die Maßnahmen konzentriert, mit der Gouverneur von Mayer-Waldeck den Schmuggel unterdrücken wollte. Er hatte Mühe gehabt, den Offizieren die besondere Situation des Freihafens Tsingtau verständlich zu machen, in dem der britische, japanische und sogar amerikanische Handel stärker war als der deutsche. Er hatte den Unglauben deutlich spüren können, dass selbst die Europäer zusammen weniger bedeutend waren in den Umsatzzahlen als die chinesischen Händler.

Renau fühlte die Müdigkeit einer fast durchwachten Nacht in den Lidern. Nur ein junger Assistenzarzt hatte nach der Auswirkung des sinkenden Opiummissbrauchs auf die Gesundheit der chinesischen Einwohner gefragt. Aber Renau hatte ihm nur antworten können, dass eine Einschätzung höchst schwierig sei, da die Chinesen im Unterschied zu den Bewohnern aller anderen Kolonien ihre eigenen Ärzte bevorzugten.

Er trank das Glas Wasser am Pult aus.

»Renau, ich habe immer gewusst, dass aus Ihnen etwas wird.« Sibelius stand vor ihm und legte die Hände ineinander vor die Brust. »Ihre Ausführungen waren außerordentlich plastisch.«

Mit einem Mal schwollen die Geräusche hinter ihm im Saal an, man fiel in den Plauderton. Die gut achtzig Offiziere und Beamten hatten die Ränge fast ganz geräumt. »Danke, Herr Professor«, sagte Renau laut. Was er wohl von ihm halten würde, wenn er erst von Dorotheas Vater von der Trennung erführe ... Renau drängte den Gedanken beiseite. Er nahm die Mappe vom Stehpult.

Sibelius schaute zu den Saaltüren, vier Beamte des Außenministeriums steckten die Köpfe zusammen. Er hielt kurz den rechten Mittelfinger an seinen Haarkranz. »Sie haben mich nicht enttäuscht. Was mich desto mehr freut, da ich Sie als Referent vorgeschlagen habe.« Der Blick aus seinen klugen Augen widersprach dem freundlichen Lächeln, verriet, dass die Gedanken woanders waren.

»Sie stecken also dahinter!« Renau konnte nicht umhin, die Überraschung ließ ihn auflachen. Sibelius verkehrte bei Dorotheas Eltern und war regelmäßiger Besucher der Hauskonzerte, wenn ihre Schwester Harfe spielte. Der Professor hatte ihn als einen seiner besten Studenten bei den Wiegands eingeführt.

»Wenn Sie erfahren, warum das Reichsmarineamt meinem Rat gefolgt ist, wird Ihnen das Lachen vergehen«, flüsterte er. »Sie werden jetzt nicht essen gehen, sondern mir folgen.«

Renau brauchte eine Sekunde, bis er begriff. Da war der Professor schon an der Fensterseite des Hörsaals und stieg an den Rängen hinauf. Hinter dem obersten führten ein paar Stufen zu einer Galerie, an deren Ende Sibelius eine Tür aufhielt. »Es ist besser, dass uns niemand sieht.«

Sie standen auf einem Flur, allerdings eine Etage höher als die Konferenzteilnehmer. Renau konnte an den Schildern neben den dunklen Eichentürrahmen Kürzel erkennen und ein paar aristokratische Namen. Ein elektrischer Impuls durchfuhr ihn und machte ihn schlagartig wach. In diesem Stockwerk residierte die Admiralität.

An einer Tür klopfte Sibelius, sie vernahmen ein leises *Herein*.

Der Raum war ein intimes Kabinett, trotz des ausladenden Schreibtischs vor der Wand. Dahinter hing das Porträt des Kaisers und seitlich ein Landschaftsgemälde mit einem Schloss. Durch die hohen Fenster schien die Augustsonne herein, ein Flügel des Oberlichts stand offen.

Der Vize-Admiral schrieb eine Zeile zu Ende, legte die Feder weg und erhob sich.

Renau nahm Haltung an. »Marinestabsarzt Renau, aus Tsingtau zur Auswertung der Den Haager Konferenz beordert.«

Der massige Mann überragte ihn um Haupteslänge, die grauen Haare schimmerten fast bläulich. Er nickte nur.

»Das ist der besagte Marinestabsarzt.« Sibelius rührte ihn an dem Ellbogen. »Meine Pflicht als Konferenzleiter ruft mich, Herr Vize-Admiral.« Sibelius zog sich zurück.

Renau wartete. Der hohe Offizier zeigte keine Regung, der Blick aus grauen Augen war hart, aber offen, das feiste Gesicht von gesunder Farbe. Renau wurde gemustert wie ein Rekrut.

»Gut.« Der Vize-Admiral wies auf einen Stuhl vor dem Schreibtisch. »Setzen Sie sich.«

Renau suchte das Kabinett nach einem Hinweis ab, was er hier solle. Doch die Aktenschränke waren verschlossen, drei graue Schachteln lagen auf dem Beistelltisch vor dem Fenster, und draußen glänzte das Blau des Berliner Sommerhimmels.

»Sie kennen Professor Sibelius vom Medizinstudium in Breslau.«

»Und von seinen Vorträgen in der Akademie in Berlin, nachdem ich in die Marine aufgenommen worden bin.«

Der Vize-Admiral winkte ab und lächelte schwach. »Die Einzelheiten Ihrer Laufbahn sind mir bekannt.«

Ein Vize-Admiral las seine Offiziersakte? »Professor Sibelius hat mir nicht mitgeteilt, warum Sie mich empfangen.«

»Ich schätze an Sibelius, dass er absolut verschwiegen ist. Nicht nur als Arzt. Und das erwarte ich auch von Ihnen. Vom Ausgang dieses Gesprächs wird abhängen, ob Sie nach Tsingtau zurückkehren.« Der Vize-Admiral schob das Schriftstück auf seinem Schreibtisch in eine Kladde.

Das klang nach einer Intrige, jemand warf ihm etwas vor. Renau zwang Ruhe in sein Gesicht, spürte seine von der kurzen Nacht gereizten Lidränder und war doch hellwach. Aber halt, dann würde er in dem Fall vor eine Disziplinarkommission gezogen.

»Die Verschwiegenheit, die ich von Ihnen fordere, geht sogar so weit, dass Sie nur mir persönlich verantwortlich sein werden.«

»Als Offizier ist der Befehlsgehorsam eine Selbstverständlichkeit«, sagte Renau.

»Sie werden unter Umständen Befehle anderer Vorgesetzter

ignorieren müssen.« Der Blick der grauen Augen lag hart auf ihm.

Also doch Intrigen. »Das werde ich ohne eine offizielle Ermächtigung dazu nicht tun.« Renau hielt sich ganz aufrecht.

»Gut pariert.« Der Vize-Admiral holte eine Zigarre aus einer Schatulle auf dem Schreibtisch und roch daran. »Rauchen Sie?«

»Nein.«

»Wie Sie wünschen.« Er legte die Zigarre zur Seite auf den Rand eines schwarzen Marmoraschenbechers. »Mir war bewusst, dass Ihre Abordnung hierher in Tsingtau Aufhebens machen würde. Doch von den vier Männern, die Sibelius vorgeschlagen hat, kamen nur Sie infrage.«

Rang hin oder her, er war auch Offizier. »Warum hat er nicht Marineoberstabsarzt Westerhoff vorgeschlagen? Seine Kenntnisse sind zweifelsfrei größer als meine. Das meiste, das ich heute vorgetragen habe, stammt aus seinem Bericht.«

»Westerhoff ist zu lange in Tsingtau, ganz einfach.«

Renau konnte dessen leichtes Zucken in der Wange nicht deuten. »Ich verstehe nicht.«

»Woher auch. Es geht um die Opiumfrage, gewiss. Aber um den Opiumgenuss in höchsten Kreisen der Marine – und zwar hier in Berlin.« Der Unterkiefer des Admirals mahlte.

Die Vorstellung süchtiger Offiziere war unwürdig, zweifellos. »Aber Sie haben disziplinarische Möglichkeiten, die ...«

»Gewiss. Was nützt es, wenn ich den einen Offizier bestrafe, der sich zur Entwöhnung in Sibelius' Behandlung befunden hat. Sie sind als Arzt Offizier genug, um zu wissen, dass es in der Schlacht nichts nützt, einen feindlichen Soldaten gefangen zu nehmen, wenn man dadurch einem Trupp Gegner die Flucht erlaubt.«

»Es gibt also noch mehr Opiumraucher unter den Berliner Marineoffizieren?«, fragte Renau.

»Möglicherweise. Sibelius hat sich das Opium zeigen lassen, die Art und Weise der Zusammensetzung lassen schließen, dass jemand in Tsingtau chinesisches mit britischem Opium mischt und nach Berlin schafft. Ihre Aufgabe ist es, für mich herauszufinden, wer den Schmuggel von Tsingtau aus auf welche Weise bewerkstelligt.«

»Warum sagt Ihnen das der Patient von Sibelius nicht?«

»Er hat die Entwöhnung nicht durchgehalten. Und sich für den ehrenhaften Weg entschieden.« Der Vize-Admiral stand auf und ging zu dem Beistelltisch. »Bei seiner Leiche fanden wir dies.« Er hob den Deckel von einer grauen Schachtel.

»Eine Opiumlampe und ein langer Laborkolben.« Renau trat einen Schritt vor. »Kann das möglich sein! Genau solche habe ich als Verlust bei einer Inventur vermisst.«

Der Admiral hob die Augenbrauen. »Tatsächlich? Nun, die Zeisswerke konnten die Spezialanfertigung zuordnen. Die übrigen Militärlabore im Reich haben sie noch vollständig. Außer Tsingtau ist keines in den Kolonien beliefert worden.«

»Der tote Offizier selber war nicht dort?«, fragte Renau.

»Oh nein. So einfach wird es nicht sein.« Die kräftigen Hände des Vize-Admirals hoben den Deckel der nächsten Schachtel. »Das Opium ist gänzlich aufgebraucht worden. Aber der Vorrat war darin verpackt.« In der Schachtel lag ein Stück Stoff wie aus braunem Hanf, etwa so groß wie ein Handteller. »Mehr haben wir nicht gefunden. Keine Aufzeichnungen, nichts. Seltsamerweise hat der Offizier vor seinem Tod keine ungebührlich großen Ausgaben getätigt.«

Renau hörte das alles wie Vokabeln einer fremden Sprache,

die sich nicht zu Sätzen fügten. »Raucher vermögen kaum den Hunger nach Opium zu zügeln.«

»Dann wird der Nachschub regelmäßig sein und Vorräte erlauben.« Der Admiral legte sich die Hand auf den Bauch unter der Uniform.

»Mit Verlaub, Vize-Admiral, das ist kein Fall für das Marineärztekorps, sondern die politische Polizei.«

»Nein. Ich will einen fähigen Marine-Offizier für diesen Geheimauftrag.«

»Das Schweigen in medizinischen Dingen zu bewahren, ist eines. Aber die Kameraden und Vorgesetzten zu hintergehen, ein anderes.« Renau wollte sich nicht dazu hergeben, dass er den Kameraden nachspionierte.

»Ich schätze Ihre Ehrenhaftigkeit, das spricht für Sie.« Der Vize-Admiral öffnete eine Kladde auf dem Schreibtisch. »Dieser Befehl wird Sie von Ihrer Pflicht überzeugen.« Der Vize-Admiral hielt ihm das Schreiben hin.

Renau musste zweimal hinsehen. »Das ist die Unterschrift Seiner Majestät!«

»So ist es, Renau. Ein Skandal muss unter allen Umständen vermieden werden. Er würde die Interessen der Flotte zutiefst erschüttern. Gehen Sie umsichtig vor. Dieser Befehl gestattet Ihnen jedes Mittel, das Sie für dieses Ziel einsetzen müssen. Sie sind niemandem in Tsingtau, nicht einmal dem Gouverneur, zur Rechenschaft verpflichtet. Nur mir.«

Dem Befehl des Kaisers konnte er sich nur um den Preis der sofortigen Demission widersetzen. Renaus Blick glitt über die Holzfront des Schreibtischs.

»Sie haben keine Bedenkzeit. Sie wissen nun zu viel. Entweder reisen Sie wie vorgesehen nach Tsingtau zurück, oder

Sie reisen heute noch auf einen neuen Posten im hintersten afrikanischen Togo ab, bis die Sache geklärt ist.«

Es war von Anfang an klar gewesen, dass sie ihn zwingen würden. Er räusperte sich. »Ich stehe zu Ihrer Verfügung, Herr Vize-Admiral.«

»Gut. Sie werden zu gegebener Zeit auf das Wohlwollen des Kaisers vertrauen können.« Der Vize-Admiral erhob sich. »Die Schachteln werden Ihnen zugehen. Wie auch ein Reisebefehl. Sie fahren am 26. September mit dem Express über Sibirien zurück.«

»Das wird auffallen, normalerweise reisen alle mit dem Schiff.« Renau erhob sich ebenfalls.

»Nein, keineswegs. Sie sind offiziell der persönliche Kurier für die Geheimpost des Reichsmarineamts an den Gouverneur von Waldeck. Es ist absolut üblich, bestimmte Informationen nicht chiffriert zu telegrafieren. Dazu sind leider die Dechiffreure der anderen Mächte zu gewieft geworden. Alles Weitere wird über einen Kontaktmann in Tientsin abgewickelt.« Der Vize-Admiral stand genau vor dem Porträt Seiner Majestät. »Nehmen Sie den Befehl, und bewahren Sie ihn gut auf, im Notfall schützt er Sie.«

Renau nahm Haltung an.

»Äußerste Diskretion ist mir wichtiger als schnelle Ergebnisse, selbst wenn es Monate dauert. Ein letzter Rat noch. Vertrauen Sie sich niemandem in Tsingtau an. Hören Sie, niemandem.« Der Vize-Admiral setzte sich an den Schreibtisch und griff zur Schreibfeder. Die Audienz war beendet.

Noch am Morgen hatte er sich nichts sehnlicher gewünscht, als zwei Wochen zu Hause mit Vater in Brieg zur Oder zu spazieren. Und nun reiste er schon früher als geplant als Werkzeug von Vorgesetzten zurück, die ihn missbrauchen würden wie ein falscher Arzt ein Stilett an offener Wunde. Renau salutierte. Was blieb ihm übrig. »Zu Befehl!«

Kapitel 4

Transsibirische Eisenbahn – 30. September 1912

Sie werden im Laufe unserer Unterhaltungen erraten haben, dass im Außenministerium viele so denken wie ich.« Von Hollwitz saß im Nachmittagsanzug auf dem Sitzpolster, neben sich den Stapel Bücher mit den sorgsam beschrifteten Lesezeichen. Dies und die kleine Nickelbrille hätten ihn als ältlichen Studenten einer exotischen Wissenschaft erscheinen lassen, hätte der Blick aus seinen honigbraunen Augen nicht den scharfen Verstand verraten.

»Die Verdienste von Tirpitz' um die Kaiserliche Marine sind groß. Ihm verdankt das Reich die Flotte, die die Verbindung zu den Kolonien schützt.« Renau hatte es sich mit dem jungen Diplomaten im Erste-Klasse-Wagen bequem gemacht. »Der Vize-Admiral hat das Ohr des Kaisers, nicht wahr?«

»Mag sein.« Renau vermied lieber politische Äußerungen über die Marineführung.

Seit Moskau teilten sie dieses Compartiment des Luxuszuges Moskau-Dalny der russischen Breitspurbahn. Renau war froh gewesen, dass er nun seit Tagen mit diesem Geheimen Legationsrat der Botschaft in Peking einen redefreudigen, aber diskreten Gesprächspartner hatte. Der Pelzhändler, mit dem er die zwei Tage von Berlin über Russisch-Polen nach Moskau hatte fahren müssen, hatte tags mit Geschäftserfolgen gelangweilt und nachts geschnarcht.

Von Hollwitz lachte leise, fast im Takt des Schienenstoßes. Die Flügel seines kurzen Kragens zitterten. »Der Vize-Admiral hat aber nicht mehr das Ohr des Reichstags, das hat die Rüstungsvorlage im Sommer gezeigt. Die Abgeordneten haben hier gestrichen, da gekürzt, am Ende sind von den hochfliegenden Flottenplänen nur drei Großschiffe und zwei Kreuzer übrig geblieben. Im Reichstag hat man die Briten besser verstanden.«

Renau überlegte, worauf der Diplomat anspielte. Über ihren Häuptern waren ihre Koffer und Taschen sauber in Netzen aufgereiht. Die Schaffner der russischen Bahn arbeiteten vorbildlich. Zweimal schon seit Moskau war die Bettwäsche gewechselt worden. »Als Marineoffizier trifft man die Briten eher im Hafen und auf See als auf dem diplomatischen Parkett.«

Von Hollwitz lächelte und tippte mit den Fingerspitzen auf die Samtbordüre des Vorhangs. »Gegen das Empire kommt das Reich nicht an.« Er reagierte sofort auf Renau, der die Augenbrauen hob. »Theoretisch vielleicht, aber die finanziellen Ressourcen des weltumspannenden Empires übersteigen unsere.«

»Warum haben die Engländer dann ihren Kriegsminister Viscout Haldane im Mai für eine Ausgleichsmission nach Berlin geschickt? Selbst in Tsingtau haben die Briten in ihrem Club darüber debattiert.« Renau fiel von oben eine Kordel an die Stirn, er drehte sich um, verschnürte den Schlafvorhang in der Ecke über seinem Kopf.

Von Hollwitz wartete mit einer Antwort. »Diplomatisch höchst geschickt. England ist sich seiner Kraft bewusst.« Der Blick aus den klugen braunen Augen strich über die Bücher. »Spätestens seitdem der Reichstag die dritte Flottennovelle so zusammengestutzt hat, war klar, dass wir nicht im Vierer-Schritt weiter Schiffe bauen würden. Warum sollte England also seine Handlungsfähigkeit durch ein Bündnis einschränken. Wenn Sie so wollen, haben die Briten den Rüstungswettlauf auf See bereits gewonnen.«

»Es kann auch sehr sinnvoll sein, die Ausstattung der bestehenden Flotte zu festigen, statt sie zu vergrößern, solange sie stark genug bleibt, das Reich und die Kolonien zu schützen.«

»Das Reich darf seinen wichtigsten Feind auf dem Kontinent nicht vergessen, dieser Gedanke gewinnt nun die Oberhand in Berlin. Frankreich hat uns die Rücknahme von Elsass-Lothringen nie verziehen.«

Die Stundenglocke läutete draußen vor der Tür des Compartiments.

Von Hollwitz hob den Zeigefinger. »Höre ich da richtig, schon fünf Uhr?«

»Gewiss, auf den Schaffner ist Verlass.«

»Dann muss ich mich leider entschuldigen, ich habe beim Frühstück die Einladung des Bankiers Goldstein und seiner Tochter angenommen. Die beiden möchten ein wenig in die Gepflogenheiten in der deutschen Niederlassung in Peking eingeführt werden. Die junge Dame ist reizend, nicht wahr?«

»Das ist sie.« Renau fand sie zwar hübsch, aber sie plapperte zu viel.

Von Hollwitz stand auf und schob den Stapel Bücher in die Ecke seiner Sitzbank. Er nahm das Jackett seines Nachmittagsanzuges vom Haken. »Herr Marinestabsarzt, so leidig diese endlosen Tage im Zug einem werden können, ich schätze daran, dass man einen Gesprächsfaden so einfach wieder aufnehmen kann, weil Stunden und die Zeit keine Rolle mehr spielen, hat man erst einmal die Grenze Europas am Ural überquert.«

Er schloss leise die Tür des Abteils.

Renau betrachtete das Mahagoni des Türblatts. Der Diplomat hatte ihm von den Sorgen erzählt, die den Botschafter in Peking umtrieben. *Was soll schon eine Republik in solch einer Kultur? Selbst in Europa hält sie sich gerade einmal bei den Franzosen – und selbst die sind sich nicht sicher, ob sie sie behalten wollen. Die Schweiz ist ein Sonderfall und winzig. Aber in China? Die Aristokraten warten nur auf die erstbeste Gelegenheit für eine Wiederaufrichtung des alten Regimes, der Kindkaiser lebt nach wie vor in der verbotenen Stadt.*

Renau streckte die Arme. Das kleine Tsingtau am Rande des großen Schantungs machte vergessen, wie kompliziert die militärische Lage im riesigen China inzwischen war. Die Ruhe im deutschen Hafen trog. Und die Republik China bettelte bereits um Kredit bei den Kaisern und Königen Europas.

Renau blickte zum Fenster hinaus. Wie schnell man das Interesse an den endlosen Landschaften Sibiriens verlor. Nur als sie am Baikal entlanggefahren waren, drängten sich die Passiere vor den Panorama-Scheiben des Salonwagens. Das saphirne Blau des sibirischen Sees hatte sie alle in den Bann gezogen. Und jetzt, Berghänge voll Nadelgehölz stundenlang, mal Schluchten am Fluss, mal eine kleine Ebene. Wenn man Glück hatte, entdeckte man irgendwo ein wenig Rauch zwischen den Hügeln. Dann könnte es ein Dorf eines asiatischen Urvolks zu sehen geben.

Renau stand auf. Er hatte andere Sorgen als ein Lustreisender. So archaisch wild die Landschaft draußen war, bald schon würde er die Grenze der Mandschurei überqueren, China mit seinen Volksmassen und seiner uralten Kultur würde sein Kraftfeld aufspannen.

Tsingtau war darin nur ein winziger Punkt, und selbst dort gab es mehr chinesische Menschen als Europäer. Renau stellte sich auf die Zehenspitzen und hievte den verschließbaren Lederkoffer von der Ablage, den ihm der Vize-Admiral hatte zustellen lassen.

Renau nahm ihn auf die Knie, den kleinen Schlüssel verwahrte er in seiner Brusttasche.

Er wusste nicht, wie oft er die kleine Schachtel mit dem Stück Hanf angestarrt, befühlt und berochen hatte. Aber er wollte solchen Stoff spontan wiedererkennen, so er ihm in Tsingtau einmal zufällig unter die Augen kommen sollte, selbst wenn er mit anderem beschäftigt wäre.

Mehr hatte der Geheimdienst nicht retten können, der opiumsüchtige Offizier hatte vor seinem Selbstmord alle Papiere verbrannt. Es reichte, dass ein Offizier den ehrenhaften Ausweg genommen hatte. Renau schloss den Koffer wieder.

Der Befehl des Vize-Admirals gab ihm Freiheiten genug. Die Droge Opium war ihm in Tsingtau bereits begegnet. Er würde mit seinen Nachforschungen bei Meisner und Westerhoff beginnen. Einen Grund musste es ja geben, dass Westerhoff ihn bei seiner Ankunft in Tsingtau zur Inventur des Labors genötigt hatte. Wo er einen Vorrat davon gefunden hatte, so wie er zu wenig Glaskolben gefunden hatte, die ein Schmuggler nach Berlin zu den Süchtigen geschafft hatte. Der Kollege musste etwas ahnen.

Vier Kolben fehlten, so gab es mindestens noch drei lebende Abhängige in dieser Seilschaft. Falls er überhaupt so rechnen durfte.

Renau spürte, wie sich der Zug in die Kurve legte, die Räder kreischten auf, durch das Fenster sah er die Lokomotive ihren schwarzen Dampf in das goldene Herbstlicht spucken.

Von Hollwitz hatte ihn ausgefragt zur Berliner Konferenz. Renau verstaute den Lederkoffer wieder auf der Ablage. Mal kam ihm das Compartiment eng wie ein Käfig vor, mal hatte er sich an die Größe des Abteils gewöhnt.

So wie er manchmal an nichts anderes denken konnte als an die verlorenen glücklichen Stunden mit Dorothea oder im Traum das Wasser auf dem Wannsee in der Sonne spiegeln sah, oder schlimmer noch, ihren Leib und die Lust geradezu wirklich spüren konnte.

Renau öffnete das Fenster, die Luft Sibiriens war kalt. Ein klein wenig roch er den Dampf der Lokomotive.

Die Trennung war vollzogen. *Du wirst wissen, was du tust, mein Sohn.* Mehr hatte sein Vater an jenem Abend beim Cognac über der Steinesammlung nicht geäußert, als er es ihm endlich hatte sagen können. Doch im langen Schweigen davor war Vater geradezu ausgehärtet wie ein Laborsubstrat, einen Moment hatte Renau einen Schlaganfall befürchtet, keine Regung hatte auf einen Atemzug hingedeutet. In der Hand hatte Vater einen Amethysten über dem Tisch gehalten, wie gebannt im freien Raum. Endlich hatte ein leichtes Zittern die Kinnpartie seines alten Herrn erfasst, eine Wendung von ihm weg, ein tiefer Atemzug. Minuten später hatte er gesprochen. *Du begehst damit einen Fehler, eine bessere Partie als Fräulein Wiegand wirst du kaum finden, wiewohl sicher irgendeine Frau.*

Hätte Vater doch bloß nicht angefügt: *Wie gut, dass deine Mutter das nicht erleben muss.*

Vater hatte den Amethysten auf das Wolltuch gelegt, in dem er seine Sammlung verwahrte, und die Steine eingerollt.

Welche Pläne hast du, mein Sohn, für die Zeit nach deiner Stationierung in Tsingtau?

Vater hatte sich an den Herrentisch gesetzt, ihnen einen weiteren Cognac eingeschenkt. Renau war ihm die Antwort schuldig geblieben.

Renau hörte die Lokomotive pfeifen. Der Waggon drehte sich in Gegenlage.

Kapitel 5

Pang Kia Lan, Missionshaus – 30. September 1912

Noch nicht pressen!« Der Kopf von Schwester Margarethe tauchte zwischen ihren gespreizten Beinen ab. Aber die Wehen zogen und zogen in ihrem Unterleib, der Drang war einfach zu stark.

»Veratmen Sie die Wehe, konzentrieren Sie sich auf den Atem.« Schwester Margarethe war unerbittlich.

»Laa Shi«, sang die uralte Weisfrau aus dem Dorf und streichelte ihr mit heilenden Händen über die verschwitzte Stirn. »Laa Shi Maa.« Sie wiegte Leontines Kopf.

Die Wehen folgten einander immer schneller.

»Der Muttermund ist noch nicht weit genug geöffnet.« Schwester Margarethe holte etwas herbei, das Leontine nicht sah. Metall klirrte. Oh Gott, lass sie nicht nach der Zange greifen. Jesus. Leontine wollte an die Engel im Himmel denken. Betete ohne Worte.

Es zog, brannte, Leontine fühlte sich bersten. Der Druck im Bauch schwoll an, rollte über sie, machte das Zimmer um sie herum dunkel wie eine wollene Höhle, stürzte sie zurück in einen gleißend hellen Schmerz, in glühendes Glas. Ich sterbe. Gewiss. Mein Fleisch zerreißt.

Jesus, steh mir bei.

»Laa Shi«, sang die Weisfrau.

»Pressen! Jetzt!«

Leontine hörte. Die Angst verging mit ihrem Schmerz.

»Jetzt! Das Köpfchen kommt.«

Ihr Kind.

Leontine krallte die Hände irgendwo ein, die Weisfrau fasste sie unter den Schultern und hielt sie fest in sicheren Armen. Leontine sah nur mehr ihren geschwollenen Leib und die weiße Haube der Schwester zwischen ihren Knien. Die Arme der Chinesin hielten sie so fest, wie ihre Mutter sie gehalten hatte, wann immer es einmal wehgetan hatte. Da, ein Schemen, ein Bild, ihr gegenüber an der Wand der Schlafkammer, dort neben dem Kreuz, da lächelte sie wirklich ihre Mutter an, Leontine erkannte genau die grauen Haare, die lockige Strähne, die sich niemals fügte. Mutter legte die Hand an die Wange, wie sie es immer tat, wenn sie tröstete, und flüsterte ihr zu …

»Weiter! Nicht nachlassen jetzt!«, sagte Schwester Margarethe scharf.

Wollte ihr Kind nicht auf die Welt? Leontine verging die Kraft im Leib, als erschlaffte alles in ihr mit der letzten Luft. Sie holte Atem, und es war, als ob sie Nadeln atmete, glühende Nadeln.

Sie schrie.

»Es kommt.«

Sie schrie.

»Ho ni sha«, sang die Weisfrau und lachte.

»Gleich …«

Der Schmerz, eben noch nachtschwarz, verhellte sich, Leontine vergaß ihn. Schwester Margarethe hob es hoch, sie sah über ihren Bauch auf das blutige rote Geschöpf. Das noch mit der Nabelschnur mit ihr verbunden war. Bläulich glänzte die Schere im Licht der Petroleumlampe, dann schnitt die Schwester durch.

Es schrie mit feinem Stimmchen. Herr, ich danke dir, dass es lebt. Ihr Mädchen. Leontine wusste es, bevor sie es richtig sah. Vielleicht war es die Kälte des Metalls, vielleicht auch Leontines inbrünstiger Gedanke. Schwester Margarethe legte es ihr auf den Bauch und deckte es mit einem reinen Tuch zu.

Die Weisfrau kam vom Kopfende des Bettes herum und machte dem Kind ein Zeichen auf der Stirn, dann tupfte sie das gleiche mit noch feuchten Fingern auf Leontines Stirn.

Schwester Margarethe schwieg dazu. Sie richtete die Säuglingswanne und goss warmes Wasser hinein.

Dankbarkeit überflutete Leontine, dass die Schwester die vielen Geburtshilfe-Werkzeuge aus der Stadt mitgebracht hatte. Das hatte ihr die Angst genommen, auch wenn sie nichts davon hatte sehen mögen, weder die großen Scheren noch die Zangen.

»Frau Ma müssen aufstehen«, sagte die Weisfrau.

»Wieso?«, Schwester Margarethe fühlte die Wassertemperatur.

»Damit der Kindermantel kommt«, die Chinesin wies zwischen Leontines Beine.

Die Schwester trocknete sich die Hände ab. »Kindermantel? Die Chinesen in Tsingtau sprechen anders als hier in den Bergen. Sie meint wohl die Nachgeburt.«

Leontine sah nur ihr Mädchen an, die winzigen roten Lider, das nasse Köpfchen mit den ganz wenigen Haaren. Und schon lockig wie beim Vater.

»Besser für Frau Ma!« Die Weisfrau nickte heftig.

»Die Chinesinnen werden wohl wissen, warum.« Die Schwester beugte sich über das Bett und nahm ihr Mädchen weg.

»Was ist?«, fragte Leontine.

Schwester Margarethe lächelte und ließ das reine Tuch neben die Säuglingswanne vom Kinde gleiten. »Ich bade Ihre Tochter. Sie sollen aufstehen. Haben Sie die Kraft?«

Nein. Doch. »Ich weiß nicht.«

»Frau Ma, kommen. Nur drei Schritt. Einen für die Kindheit, einen für die Jugend, einen für das Alter des Kindes. Dann bleibt Frau Ma gesund. Die Urmutter Erde will den dankbaren Fuß ihrer Tochter fühlen.« Die Weisfrau umfasste ihre Schulter und schob sie hoch im Bett.

Leontine streckte die Beine über die blutigen Laken aus dem Bett.

Der Holzboden schwankte, drehte sich.

»Ho fi naa«, sang die Weisfrau und zog sie sanft hoch. Wieder waren die Arme so fest, dass sie niemals hätte fallen können. Ihr Fuß gehörte ihr gar nicht, auch nicht der andere, der sich einfach davorsetzte. Dann doch. Beim dritten Schritt fühlte sie ihren Leib, so gedrungen und voll, als müsse sie zur Toilette, und auch die zitternden Beine.

»Und nun aber wieder ins Bett, sonst schilt mich der Doktor.« Schwester Margarethe tupfte ihr Mädchen ab und barg es in ein sauberes Tuch.

Dann wischte sie Leontine über das Gesicht und die Brust. Und legte das kleine Köpfchen darauf. »Das Kind ist gesund. Loben wir den Herrn.«

Ihr Mädchen, das mit dem Mündchen nach Luft schnappte.

»Frau Ma, muss trinken«, die Weisfrau hielt ihr eine Schale

grünliche Brühe hin, die nach Gras und Kräutern duftete. »Dann wird Frau Ma nicht heiß in drei Tagen.«

Schwester Margarethe richtete wieder ein Laken vor ihren Beinen. »Sie haben schon wieder Farbe im Gesicht, vielleicht erspart der Sud wirklich das Kindbettfieber. Trinken Sie ruhig, schaden kann er nicht.«

Die Weisfrau nahm ihr Mädchen.

Leontine war auf einmal gierig nach der Brühe, so durstig war sie. »Danke.«

»Ruhig liegen bleiben.« Schwester Margarethe legte die Hand sacht auf den Bauch und fühlte. »Bei der nächsten Nachwehe fest hineinatmen, ja?«

Leontine nickte mit dem Kopf. Dann drückte die Schwester fest mit der Linken auf die Bauchdecke, dass ihr fast der Sud hochkam, und zog mit der Rechten an der Nabelschnur.

»Ah!«, zischte Leontine den Schmerz heraus, weit weg von sich, und vergaß ihn beim nächsten Blick auf ihr Mädchen.

Schwester Margarethe nahm das Laken zwischen ihren Beinen weg und legte es in einen Korb. Sie wuschen sie, sie legten ihr die Beine um, schlugen ein Laken über.

»Meister Ma holen! Er muss sein Kind vor jedem anderen Mann sehen, sonst Tochter nicht gehorsam.« Die Weisfrau legte ihr das Kind auf die Brust.

Leontine sah nur das kleine Köpfchen.

»Ich hole ihn«, sagte Schwester Margarethe.

Ein feiner Duft von Räucherwerk zog durch die Schlafkammer. Leontine war froh, dass sie die alte Weisfrau nicht weggeschickt hatte. Die Dörfler hätte es ihr nicht verziehen, wenn sie ihr nicht vertraut hätte, ihr, die alle Kinder des Dorfes zur Welt brachte in allen Familien. Von der niemand wusste, warum sie einmal allein aus einer Gegend viele Meilen südlich gekommen und im Dorf geblieben war, da war sie schon keine junge Frau mehr gewesen.

Leontine blinzelte in das Licht der Petroleumlampe.

Friedbert beugte sich über sie. Sein Finger schwebte ganz sanft herab zur Wange seiner Tochter, rührte sie kaum, fuhr über das Öhrchen. Er setzte sich ganz vorsichtig auf den Rand des Bettes.

Seine grünen Augen waren von Freudentränen erfüllt. »Wir haben eine kleine Friederike! Ich bin so glücklich, dass du sie mir geschenkt hast.«

Dass sie je an seiner Liebe gezweifelt hatte, Leontine hob die Hand und strich mit ihren Fingern über seinen Mund. »Friedbert …«

»Schsch. Du darfst dich jetzt ausruhen. Ich werde dem Herrn danken. Ich hatte solche Angst um dich.«

Schwester Margarethe trat leise ins Zimmer. Friedbert wandte den Kopf, dann streichelte er Leontine noch einmal. Küsste sie auf die Stirn.

Schwester Margarethe reichte ihr ein Glas warmes Wasser. Leontine schluckte langsam. Was hätte sie nur ohne die Hebamme gemacht. Sie konnte Pfarrer Noll von der Hauptstation in Tsingtau nicht dankbar genug sein, dass er es fertiggebracht hatte, die Schwester aus dem Marinehospital zu ihr abordnen zu lassen. Und Gott, dem Herrn, dass er dort nicht gleichzeitig eine Frau hatte entbinden lassen.

»Langsam trinken!« Sie nahm ihr das Glas schon wieder aus der Hand.

»Ho Shi na«, sang die Weisfrau und vollführte einen Schreittanz um das Bett herum, in beiden Händen schwenkte sie kleine Eisenkörbchen, in denen Räucherwerk verbrannte.

Ihr Mädchen gurrte und öffnete die Lippen. Leontine hätte geschworen, dass Friederike vor Lebensfreude lachte.

Kapitel 6

Tsingtau, in der Deutsch-Chinesischen Hochschule – 30. September 1912

Sollen wir den ganzen Auflauf hier als unser Werk betrachten, Sun?« Auch Kü-Fei war schlicht gekleidet.

»Ist es nicht dein Werk allein?« Den Stich wollte er schon setzen. Obwohl die schlichte braune Fassade der Hochschule auf einem groben Granitsteinsockel aufragte, spürte Sun Pau Tschi keine Brise in der für die Jahreszeit ungewöhnlich feuchten Luft. »Dein Sohn schwingt die Reden vor dem Schulleiter.« Dieser Keiper, dessen höchst kurzfristiger und damit höchst unhöflicher Einladung er nur aus purer Neugier gefolgt war, würde den Unterschied in der Etikette so wenig bemerken wie die anderen Deutschen. Die Söhne der wohlhabenden Chinesen und der Adligen, die hier studierten, hingegen schon.

Doch Kü-Fei blieb stehen, ob aus Schwäche oder weil er sein Humpeln verbergen wollte, und reichte ihm ein schmales Stück Papier. »Was blieb meinem Sohn und den anderen denn übrig, wenn der Schulleiter sich so exponiert? Lies, was dieser tumbe Mann seinen Studenten gestern an das Schwarze Brett genagelt hat.

Sun Pau Tschi kannte Kü-Feis Meinung über die geistige Kraft der Deutschen. Er überflog die Zeilen auf dem Papier.

Entsprechend den hier bestehenden Gesetzen sind öffentliche Versammlungen politischen Charakters streng verboten.

In Erfüllung der Gesetze wird das Kaiserliche Gouvernement gegen öffentliche Versammlungen irgendeiner Partei in diesen Tagen ohne Rücksicht einschreiten. Ich warne daher jeden Schüler ganz dringend, sich an irgendeiner Versammlung zu beteiligen, weil dies eine Übertretung der Gesetze ist.

Sun Pau lachte leise. »Er zeigt seine Macht viel zu spät.«

»Liest er keine Zeitungen? Viele Studenten verehren in Sun Yatsen den neuen Präsidenten der Republik wie einen Kaiser. Wie sollen sie auch das Reich ehren, wenn es keinen Kaiser mehr gibt.« Kü-Fei hielt ihn an der Hand fest und blickte mit dem entzündeten Triefauge. »Sei gewiss, mein Sohn zollt mit seinen Reden nur China den Respekt, nicht der Republik.«

Vom Studentenheim hinter den Vorlesungsgebäuden strömten Gruppen junger Männer in Schuluniform herbei. Alle trugen den bodenlangen Rock der Gebildeten, schwarze Stiefel und eine seidene Kappe auf dem Kopf. »Sie haben Selbstbewusstsein gezeigt, das ist gut.« Kü-Fei nickte und humpelte zum Eingang unter dem Rundbogen. »Selbststärkung war unser Ziel.«

Sun Pau ließ dem Älteren den Vortritt. Kü-Fei hatte manche Palastintrige in Peking ausgefochten, bis er dieses Experiment in der Bildungsbehörde vor drei Jahren hatte durchsetzen können. Die Tsingtauer Deutsch-Chinesische Hochschule lehrte ausschließlich chinesische Schüler in Technik, Medizin, Rechts- und Forstwirtschaft.

»Nun müssen wir die Kraft noch in die richtigen Bahnen lenken.« Kü-Fei ließ sich von Sun Pau beim Treppensteigen helfen. Zehn Schüler warteten hinter ihnen. Die meisten waren Söhne von Beamten und Kaufleuten, die vor der Revolution hierher geflohen waren. Jeder von ihnen wusste, dass vor ihnen der ehemalige Gouverneur der Provinz Schantung ins Haus ging, dem sie schließlich verdankten, dass die alte Regierung die Abschlüsse anerkannte.

»Geradeaus und links, dort ist die Große Halle«, sagte Sun. Er kannte die Hochschule aus seinen Visiten als Gouverneur. Der Schulleiter hatte sie in die Aula geladen.

Zum offiziellen Empfang, die die chinesischen Einwohner Tsingtaus dem Präsidenten der Republik im Chinesischen Theater bereiteten, hätte Sun Pau nicht gehen können. Er hätte ihn damit anerkannt als einen Übergeordneten. Hier aber konnte er als Gast des Hochschulleiters seine Neugier befriedigen. Auch Kü-Fei inspizierte einfach die Reden seines Sohnes, wie es einem Vater oblag.

»Mein Sohn verlangte mit den anderen Schülern einmütig die Erlaubnis, anlässlich des fest zugesagten Besuchs des Präsidenten eine Feier am Montagnachmittag im Chinesischen Theater in Tapautau mitgestalten zu dürfen.«

Die Luft war in dem Saal noch stickiger als draußen. Leider waren die hohen Fenster des Saales geschlossen, nur ein einziges Oberlicht stand zum Hof hin offen. Sun lockerte den Kragen.

Kü-Fei lachte leise in sich hinein. »Der Schulleiter hat nicht begriffen, dass durch das Verbot nicht nur die Schüler, sondern auch deren Familien das Gesicht verloren. Deshalb hat mein Sohn mit den anderen geschlossen die Hochschule verlassen. Einige sind dem Präsidenten entgegengefahren.«

Seine Tochter Chou-Li hatte sich den Vormittag mit dem Wagen durch die Stadt fahren lassen. Am Bahnhof habe sich eine große Menge gesammelt, die dem Präsidenten nach Kiautschou entgegengefahren sei. Viele rote Banner mit Glückszeichen habe sie gesehen. »Mit einem Geleitzug für einen Kaiser ist es trotz allem nicht zu vergleichen.«

»Natürlich nicht.« Kü-Fei tupfte sich unter dem entzündeten Lid. »Der sogenannte Präsident kann von Glück sagen, wenn ihm nicht nur schmutziges Dorfvolk hinterherläuft.«

Plötzlich war es still.

Dann liefen Offiziere der Deutschen durch den Mittelgang. Sun Pau erkannte den persönlichen Adjutanten des Gouverneurs am roten Bart, der junge Mann nahm vorn rechts neben dem Schulleiter Aufstellung, die anderen Offiziere gingen nach links.

Dann erschien der Präsident Sun Yatsen.

Das war also der Mann, der die neue nationale Volkspartei Kuomintang gegründet hatte. Der große Denker, der glaubte, mit dem einfachen Volk das Reich regieren zu können. Er war kleiner, als Sun Pau gedacht hatte, ein runder Kopf mit ausgeprägten Wangen, ein Schnurrbärtchen. Der Präsident trug kein Staatsgewand, nicht einmal ein Rangabzeichen, nur eine schlichte Jacke im japanischen Stil mit kurzem Stehkragen.

»Wie er sich für sein wackliges Regime mit diesem Aufzug auf den Inseln anbiedert«, flüsterte Kü-Fei.

Die Revolutionswirren hatten die Schule erst groß gemacht, nun studierten über zweihundertfünfzig Söhne hier, zuvor waren es vielleicht siebzig gewesen. »Ein wahrer Herrscher hätte sich nie auf eine so kleine Willkommensfeier eingelassen.«

»Ein wahrer Herrscher hätte die Deutschen längst aus dem Lande geworfen.« Kü-Fei verharrte in der Haltung des Zuhörers im Beamtenrat, reglos mit halb geschlossenen Lidern.

Vorn drehte sich Sun Yatsen um, er stand hochaufgerichtet da, sein Blick schweifte über die Reihen.

Sun Pau fühlte, wie eine Schwäche seinen Leib erschlaffen ließ, wie er sie nicht kannte. Er rang nach Luft. Er konnte nicht anders und löste den Kragen ganz. Unauffällig stützte er sich mit den Händen, damit er nicht umfiele.

Drunten glühte in den Augen des Präsidenten ein Blick auf, wie ihn allenfalls eine Konkubine in später Stunde werfen sollte, voller heißer Leidenschaft.

»Wan sui!« Zehntausend Lebensjahre – die Schüler brachen in Hochrufe aus wie ein Yamen voller Heerführer. Sun presste die Handflächen neben sich auf den Sitz. Und rang nach Atem, doch seine Lunge wollte sich nicht füllen.

»Wan sui!«

Sun Pau Tschi stemmte die Füße gegen das Holz der Sitzreihe vor ihm. Er fühlte das Herz schlagen, fühlte wieder seinen Atem, die Schwäche wich.

»Wan sui!«

Drunten wurden die Gesichter der Deutschen fast so weiß wie die gekalkten Wände des Saales.

Der Präsident hob den Arm. »Die Verfassung der Republik China beruht auf dem Grundgedanken der Freiheit und Gleichheit. Doch hier muss man sich vor Irrtümern hüten.« Seine melodische Stimme füllte die Halle bis in den letzten Winkel.

Er ging nicht zum Rednerpult, sondern stand frei vor den Studenten. »Freiheit und Gleichheit gelten nicht unbeschränkt. Sie gelten nicht für den Beamtenstand, die Soldaten und die Schüler. Eure Pflicht und Verantwortlichkeit ist sehr viel schwerer in der heutigen revolutionären Zeit geworden. Hier in dieser besonderen Hochschule habt ihr die schöne Gelegenheit, euch unter der Leitung bedeutender und namhafter deutscher Lehrer modernes Wissen anzueignen. Deutschland ist unter den Staaten der Welt durch seine Leistungen auf kulturellem und wissenschaftlichem Gebiet, durch die Vollkommenheit seiner Gesetze das berühmteste Land.«

Sun Pau Tschi richtete sich den Kragen. Er hatte den Präsidenten unterschätzt. Das ganze Hin und Her um den Schülerstreik wendete er geschickt, er schmeichelte den Deutschen, die dafür viel empfänglicher waren, als sie wahrhaben wollten. Als hätte man ihre Gesichter ausgetauscht wie Palastfiguren, lächelten die Lehrer eitel.

»Die Schüler sollten sich Deutschland für das neue China zum Vorbild nehmen.«

»Wan sui!«, riefen die Studenten.

»Gehen wir«, sagte Kü-Fei. »Wer Huldigungen beiwohnt, huldigt selber.«

Sun Pau Tschi rutschte aus der Bank in den Gang zwischen den Sitzreihen. Er drehte sich nicht um, machte aber kleine Schritte, damit Kü-Fei ihm folgen konnte.

»Herr Präsident, ich danke Ihnen für die bewegenden Worte …« Der Schulleiter brach ab.

Sie gingen trotz der Geräusche von der Bühne hoch erhobenen Hauptes nach draußen.

Auf den Treppen der Hochschule reichte Sun Pau dem Alten den Arm. »Die schmeichelnden Worte werden die Hochschule zwingen, alles zu einem Missverständnis zu erklären, sonst stellen sie den Präsidenten bloß.«

»Wir dürfen ihn nicht unterschätzen. In seiner Rede im Theater, hat mir ein Spion zugetragen, wird er vom deutschen Gouverneur die Schließung aller Opiumlokale fordern.«

»Auch nur die Fortsetzung unserer Forderungen und Maßnahmen.«

»Deshalb werden wir ihn auch besiegen können. Weißt du …« Kü-Fei wies langsam mit dem langen Ärmel über die

Kiesauffahrt zu den Felsen hin, hinter denen das Gelände zum Strand abfiel. »Weißt du, wie die Fischer diesen Hügel vor der deutschen Besetzung nannten?« Er lächelte fein, sogar sein hängendes Augenlid schien trocken.

»Die Dunkle Brandung.« Und dieses junge China hatte eben mit den zweihundertfünfzig Stimmen der Studenten den Deutschen gedroht.

»Ich sehe schon, du kennst dich aus.« Kü-Fei stieg ganz vorsichtig in die Sänfte.

Sun Pau Tschi wandte sich seiner zu. Und wieder war es ihm, als stünde die feuchte Luft so still, dass seine Lungen nichts davon einatmen konnten. Er fiel in die Kissen.

Kapitel 7

Tsingtau, Strandhotel – 20. Oktober 1912

Renau genoss das Gefühl, das ihm der volle Bauch nach dem Abendmenü im Standhotel verschaffte. »Die Kusserow hat einfach ein Händchen für das Essen. Die Soße zur Ente war vorzüglich, obwohl ich Quitten eigentlich gar nicht mag.«

Sie saßen im hintersten Eck des Billardzimmers, wo sie der Ständer mit den Tageszeitungen ein wenig von den Spieltischen abschirmte. Hin und wieder klackerten die Kugeln laut aneinander.

»Heute geht alles auf meine Rechnung.« Schmied lehnte sich im Polster zurück und streckte den dicken Hals. Der flinke Lu servierte gerade Kaffee vorn an den kleinen runden Tischen.

In den ersten Tagen nach Renaus Rückkehr waren sie kaum zu einem Gespräch gekommen, so sehr hatte eine Ruhrepidemie in der Moltke-Kaserne alle Marineärzte beschäftigt. Schmied bedankte sich mit der Einladung für das Überbringen eines Geschenks an dessen Verlobte Cäcilie, die wirklich so liebenswürdig gewesen war, wie sein Freund sie immer schilderte.

»Noch zwei Cognac!«, rief Schmied dem Kellner zu. »Du trinkst doch auch einen zur Verdauung?«

Als ob er nicht wüsste, dass Renau das schätzte, gerade wenn die Jahreszeit kühler wurde. Schmied hatte nur gefragt, ob die Trennung von Dorothea endgültig sei. Renau hatte genickt und Schmied geseufzt, dass man da nichts machen könne, die Liebe folge nun mal ihren eigenen Gesetzen. Dann waren sie im Gespräch auf das neueste Flottengesetz gekommen. Schmied hatte sich über die Kürzungen im Marineetat alteriert.

Der Kellner servierte zwei große Schwenker von einem Silbertablett.

Renau nahm seinen in die Hand zum Anwärmen. »Er duftet wunderbar.«

»Das muss man den Franzmännern lassen, zu leben verstehen sie.« Schmied hielt die kurze Nase über den Glasrand. »Eins ist sicher, du hast hier in Tsingtau wenig verpasst.«

»So lange war ich nun auch nicht weg.«

»Immerhin dreieinhalb Monate. Westerhoff ist kurz nach dir auf Dienstreise gegangen, damit er deine Arbeit nicht machen muss. Er war bei Doktor Kitasato in Yokohama.«

»Und wen hat's getroffen mit der Reihenuntersuchung des neuen Truppenkontingents?«, fragte Renau. Vorne im Saal klackerten die Billards, als ob an allen drei Tischen gleichzeitig gestoßen würde.

»Meisner und mich.« Schmied schob die Lippen vor. »Aber wir haben uns ganz gut arrangiert. Weil ich sowieso die Quarantänekontrolle unter mir habe und für das Reichsmarineamt eine Untersuchung zur Körperkraft-Muskelrelation bei Pyknikern, Athletikern und so weiter durchführe, habe ich mir die den Idealtypen am nächsten kommenden Probanden gleich bei den Reihenuntersuchungen rausgefischt.« Schmied nahm einen kleinen Schluck. »Wunderbares Aroma. – Meisner hat deine Laborarbeiten für die Sera-Produktion weitergeführt.«

»Dreihundert Einheiten hat er geschafft.« Die Zentrifuge war das Einzige im Labor, was nicht umgestellt worden war.

»Ist das viel oder wenig?«, fragte Schmied.

»Eher wenig. Er hat die ganze Erzeugungsanordnung geändert. Keine Ahnung, was ihn geritten hat. Vielleicht der Fachartikel, der so offensichtlich aufgeschlagen neben dem Hauptbuch auf dem Laborschreibtisch lag.«

»Das passt zu Meisner. Kein offenes Wort, aber Winke mit dem Zaunpfahl.«

»Die dort beschriebene deutsche Methode ist vom Institut Pasteur in Saigon bereits übertroffen worden.«

»Nach den Franzmännern richtest du dich lieber?«

»Wissenschaft kennt keine Nationalität und Pestbakterien erst recht nicht. Haben wir doch erlebt!« Renau trank den Cognac aus und genoss das leichte Brennen auf der Zunge.

»Nun rege dich nicht auf. Meisner ist nicht der Schlechteste.« Schmied stellte das Glas ab.

Renau blickte hinaus zur dunklen Strandpromenade, wo auf der anderen Seite der Bucht ein paar Lichter schwach herüberglänzten. Berlin hatte ihm zugesetzt. »Ich habe hauptsächlich mit der Konferenz zu tun gehabt.«

»Hast du neue Erkenntnisse gewonnen?«, fragte Schmied. Von den Billards tönte ein *Brave man* herüber. »Die Engländer haben wieder einen Dummen gefunden und gewinnen wieder.« Schmied schüttelte den Kopf.

»Die Engländer verdienen am meisten am Opium, auch wenn sie auf der Konferenz so tun, als bekämpften sie den Anbau und den Handel.«

»Es ist nicht von der Hand zu weisen, dass seit Jahrhunderten, wenn nicht Jahrtausenden in Asien die Droge genutzt wird.« Schmied schwenkte den Cognac in seiner Hand.

»Mag sein. Beunruhigender waren die Berichte aus den Vereinigten Staaten von Amerika. Dort werden bereits die chemischen Auszüge des Opiums von Banden landesweit verschoben. Die neuen Stoffe werden intravenös injiziert, das Suchtpotenzial ist enorm. Offensichtlich verläuft der moralisch-sittliche Verfall der Konsumenten sehr viel schneller als beim natürlichen Opium.«

»Das kann ja auch moderat genossen werden.« Schmied stellte sein großes Glas auf den Tisch und räkelte sich ins Polster.

»Wenn ich mir die ausgezehrten Hafenhandlanger anschaue, glaube ich nicht daran.«

Schmied zuckte die Schultern. »Trunksüchtige Arbeiter findest du im Reich in jeder Fabrik. Die gehobenen Stände halten sich an die Tradition eines moderaten Konsums, nur die Droge ist anders.«

»Ich zitiere mal den englischen Hippokrates Thomas Sydenham. ›Unter all den Mitteln, die es dem Allmächtigen gefallen hat, uns zu geben, auf dass wir unsere Leiden lindern, ist keines so umfangreich anwendbar und so effizient in seiner Wirkung wie das Opium.‹ Ich zweifle, ob der Papaver somniferum nicht doch mächtiger ist.«

Schmied rollte mit den Augen. »Der Engländer ist auch

schon zwei Jahrhunderte tot, Renau. Die Wirkung ist intensiv, aber nicht den Willen überwältigend. Ich habe es ausprobiert.«

»Du hast was?« Renau beugte sich über den kleinen runden Tisch.

Schmied breitete die Arme aus und drehte die Handflächen nach außen. »Was überrascht dich?«

Schmied lächelte mit dem Schalk in den Augen, den er immer hatte, wenn sie den Abend verplauderten. Oder spielte er mit ihm? Schmied war ein guter Komödiant. Seine überraschende Abordnung nach Berlin war dem Offizierskorps nicht entgangen, und genau in diesen sollte er die heimliche Seilschaft von Opiumkonsumenten finden. Sollte Schmied … Renau erschrak über den Gedanken.

»Hast du bei deinen Vorbereitungen noch nie an einen Selbstversuch gedacht? Das ist eine gute Tradition bei Forschern wie bei Ärzten.«

Schmied war mutig, das war genauso wahr. Schmied hatte sich weder bei der Pestabwehr noch bei der in den letzten Tagen grassierenden Ruhr geziert, den Infektiösen nahe zu kommen. Renau schob die Unterlippe vor, wie sonst auch, wenn er den begriffsstutzigen Kollegen Marinearzt spielte. »Du hast eine Pfeife geraucht?«

»Wir sind ja nicht im alten Griechenland mit seinen Schlummertrünken.« Schmied senkte die Stimme. »Die Art und Weise hat ja immer eine Bedeutung, wie das Klima und das ganze Drumherum. Die Chinesen verdampfen es über den Lampen, wie du weißt, und inhalieren. Ich habe mich in einen Rauchsalon für höhere Stände begeben.«

»Hier in Tsingtau?«

»Ich bin nicht verrückt. Nein, nein. Bei meinem Besuch

letztes Jahr in Peking. Die Stadt ist so groß, dass dich niemand beobachtet.«

Renau schob das Cognacglas aus der Sichtachse.

Schmied schwieg einen Moment. »Opium löst deine Aufmerksamkeit aus ihrer Verflechtung mit den Dingen des Alltags und der Außenwelt. Es stellt ruhig und macht sanft. Gleichzeitig inspiriert es dich und beflügelt deine Fantasie.« Er lächelte schwach. »Vor allem die erotische. Es steigert das Zärtlichkeitsempfinden, während gleichzeitig Bewegungsdrang und Betätigungstrieb ganz allgemein verringert werden.«

»Ein angenehmer Zustand, zweifellos. Wer träumt nicht gern von holder Weiblichkeit.« Renau versuchte, Schmieds Lächeln zu ergründen. »Hast du einen Drang verspürt, die Träumereien zu wiederholen?«

»Gar nicht.« Schmied lachte laut. »Denn ich habe am nächsten Tag zwar den Drang zur Toilette verspürt, war aber so verstopft wie selten.« Er ließ sich zurück in das Polster fallen. »Neben seiner schmerzstillenden Wirkung ist Opium nämlich auch den Appetit hemmend und Durchfall lindernd. Wenn du aber gar keinen Durchfall hast, geht gar nichts mehr.«

Renau ließ sich vom Lachen seines Freundes anstecken. »Und dass dir der Appetit vergangen war, hat dir sicher auch nicht sonderlich gefallen.«

»Es ist eine Frage des richtigen Maßes wie bei jeder Droge, denke ich.« Schmied hob das Glas. »In Maßen genossen, ist Cognac eine Wohltat, nicht wahr?«

»Süchtig danach könnte man werden.« Renau leerte den letzten Schluck. Vielleicht weniger sogar nach dem breiten Geschmacksbouquet als nach der wohligen Entspannung, die ein Glas schon schenkte.

Schmieds Mundwinkel sanken wie sein Blick zum Cognacglas hin. »Dieses Wintermanöver ist ganz unüblich. Wir sollen vier Wochen bis kurz vor Weihnachten im Gelben Meer bleiben. Weißt du etwas mehr, du warst doch gerade in Berlin?«

»Keine Ahnung, was die Herren Admiräle reitet. Zwar haben sich alle über die Bevorzugung des Heeres bei der Rüstung erregt, aber von dem Wintermanöver hat noch keiner etwas gewusst.«

Schmied winkte ab. »Man weiß ja, wie das geht. Irgendeinem fällt etwas ein, wie man die Marine wieder ins Gespräch bringen kann. So muss es ein großes Wintermanöver sein. Wenn wir Pech haben, friert die Buch vor Tientsin ein wie vor fünf Jahren, dann üben wir nur Schiffchen-Kreiseln vor Japan. Bäh.«

Renau wusste genau, dass Schmied im Grunde für jeden Tag an Land dankbar war, so schnell, wie ihm auf den Planken übel wurde. »Wir werden es überleben.«

»Damit bestimmt. Ich habe schon zwei Flaschen gebunkert.« Schmied hob das Glas. »Schau mal, wen wir da haben …« Schmied deutete mit dem Kinn zur Tür des Billardsaals.

Die füllige Kusserow stand im fließenden bodenlangen Samtkleid an der Tür und warf noch einen prüfenden Blick über alle Tische. Als sie ihrer beider gewahr wurde, lächelte sie und hob die linke Hand an der Hüfte kurz zum Gruß, die rechte spielte nervös an der langen Perlenkette auf ihrer Brust.

»Welch Kavalier«, sagte Schmied. »Meisner weiß, was die Hoteldirektorin schätzt.«

Der Marineoberstabsarzt hielt ihr die braune Schwingtür auf, sie rauschte gerade wieder aus dem Saal. Dann pendelte die Tür hinter beiden aus.

»Man sieht Meisner jetzt sehr oft in ihrer Nähe.« Schmied schob die Lippen vor wie ein Säugling. »Womit bloß charmiert er die Damenwelt so?«

Renau fragte sich einen Moment, ob Schmied nur eifersüchtig auf die Gunst war. »Sie ist eine, wie soll ich sagen … Wucht.« Er hob den Zeigefinger. »Und eine Dame. Das sollten wir sie bleiben lassen.«

Schmied zwinkerte ihm zu. Er nahm den leeren Schwenker mit spitzen Fingern am Fuß. »Noch einen?«

Die wohlige Faulheit nach gutem Essen hier in der Polsterecke durfte Renau sich auch einmal leisten, war sie doch die fette Seite des Kolonisten-Daseins. »Jawohl!«

Kapitel 8

Tsinanfu, American Hotel – 4. April 1913

Chou-Li beugte sich in ihrem europäischen Frühlingskleid vor. »Sie können die Unterstützung dieser Würdenträger und die meines Vater gewinnen.« Sie schob mit Absicht das kleine Stück Papier nur so weit von sich, dass es eine Armeslänge vor den beiden Unterhändlern liegen blieb. Sie spürte den Stoff an ihrem Leib, der Halter drückte unangenehm an ihren Brüsten, aber Vater hatte darauf bestanden, dass sie europäische Kleidung bei dieser geheimen Reise trug. *Niemand wird dich in Tsinanfu darin als die Tochter des Gouverneurs von Schantung erkennen.* Am anderen Tischende steckten der britische und der chinesische Abgesandte des Generals die Köpfe zusammen.

»Siebentausendvierhundert plus fünftausenddrei …« Der

Händler aus Tsingtau saß neben ihr in einem Armstuhl und addierte.

Chou-Li hielt sich aufrecht und ruhig, wie es ihr Vater angemahnt hatte. *Zeige auf gar keinen Fall irgendein Gefühl. Wenn du dich nicht mehr beherrschen kannst, dann spiegele bewusst ein falsches vor.* Sie wartete.

Nichts deutete in diesem kleinen Nebensaal des American Hotels darauf hin, dass sie sich in China befanden. Einfach gar nichts. Die Verblendung der Ausländer ging sogar so weit, dass sie das Holz aus Amerika hatten herbringen lassen, nur damit ihre ungeschnitzten Türen in einer bestimmten hellen Eichenfarbe schimmerten. Chou-Li ließ den Blick über das auf die Wände geklebte Papier gleiten.

Was die Ausländer sich nur auf ihren Geschmack einbildeten, die fünf verschiedenen gedruckten Rosen wiederholten sich endlos, in immer gleicher Anordnung auf dem Papier, sogar die Türen der Beistellschränkchen waren damit beklebt. Chou-Li zeigte das Lächeln nicht, das sie aufsteigen spürte. Nicht nur, dass ihr amerikanischer Akzent und ihre unerwartete Sprachfertigkeit, die sie ihrer Erzieherin verdankte, den britischen Unterhändler verunsichert hatte. Der chinesische Unterhändler hingegen hatte jede Etikette vermissen lassen und mit offenem Munde dagesessen, als Kapahnke sie als offizielle Vertreterin ihres Vaters vorgestellt hatte. *Die Republikaner predigen doch neue Verhältnisse.*

Chou-Li sah, wie Kapahnke eine Summe von über dreißigtausend unter einen breiten Strich schrieb und eine neue Zahlenkolonne begann.

Zwei Stunden verhandelten sie nun schon.

Die Dinge geraten endlich in Bewegung. Vater hatte mit ihr die Strategie durchgesprochen. Aus den Wahlen zur Nationalversammlung im Februar war die Nationalistische Partei des Staatspräsidenten Sun Yatsen mit einem großen Sieg hervorgegangen. *Gefährlicher als ein knapper Sieg.* Die neuen Führer belauerten sich. Der General Yüan Shi Kai, dessen Armee die Revolutionäre ihren Sieg über die kaiserlichen Truppen zu verdanken hatten, wurde unwillig, je mehr die Politiker versuchten, seine Selbstherrlichkeiten zu beschränken. Song, der Kandidat des Präsidenten für das Amt des Premierministers, war schon kurz nach den Wahlen vor zwei Wochen ermordet worden.

Noch immer tuschelten der Brite und der Chinese miteinander.

Letzte Woche hatte Chou-Li ihren Vater lachend über die Morgenpost gebeugt gefunden. *Es verläuft wie im Lehrbuch. Der General wird sich zum Herrscher aufschwingen und die gewählten Abgeordneten aus Peking hinauswerfen. Die Fraktionen fangen schon an, ihre Feinde zu bestechen. Du wirst sehen, bald wollen sie meine Hilfe dafür, die Anhänger des Kaiserhauses auf ihre Seite zu ziehen.*

Fünf Tage später hatte der Händler Kapahnke die geheime Botschaft überbracht. Und nun saß sie hier an ihres Vaters statt. Chou-Li war sich nicht sicher, ob ihr Vater nicht nur vorschob, dass eine Reise für ihn noch zu gefährlich sei. Mehr als einmal hatte sie Zeichen des Schmerzes oder der Schwäche aus seinen zuckenden Augenwinkeln herausgelesen.

»Well, Miss Sun. Welche Gegenleistung möchte Ihr Vater dafür?« Mister Cullam nahm die dünnrandige Brille von der schmalen Nase. Sein Haar war schon schütter, aber noch dunkel. Chou-Li schätzte ihn auf vierzig. Kapahnke hatte ihn ihr als Beamten der britischen Botschaft in Peking vorgestellt. Falls er das war, sprach er ziemlich freiheraus.

Gelehrtes Geplänkel darfst du nicht erwarten, die Republikaner haben kaum klassische Bildung. Sprich wie eine Herrin zum Knecht, das verstehen sie. Chou-Li war ihrem Vater nicht ganz gefolgt. Sie spürte, dass der Chinese vor ihr ein erfahrener Krieger war. Die sonnenverbrannte Haut sprach dafür. Sie antwortete nicht dem Briten, sondern dem Soldaten, auch weil er die rote Beamtenkleidung des hohen Yamens in Peking trug.

»Völlig aus der Luft gegriffene Anschwärzungen durch niedrige Elemente haben zu Anklagen meines Vaters und seiner Freunde wegen Landesverrats geführt. Diese Prozesse werden sicher bald gegenstandslos sein.«

Wieder wiegte der Beamte den runden Beamtenhut, dessen Feder wippte.

»Diese Aufhebungen der Prozesse werden mit dem Hohen Siegel gegengezeichnet und nach Tsingtau übersandt.« Das zu verlangen war notwendig, sonst war es nichts wert.

Der Beamte bewegte sich diesmal nicht.

»Die Männer, die meinem Vater und seinen Freunden in der Gegend um den heiligen Berg Taischan gehorchen, werden von der Armee des Generals bei den Säuberungsaktionen übersehen werden, da diese Männer in Zukunft zum Schutz des Eigentums der Freunde meines Vaters eingesetzt werden.«

»Wie viele sind das, junge Frau?«, fragte der Beamte des Generals.

Wenigstens nannte er sie nicht »Mädchen« wie ein Bauer. »Zweihundert.« Sie legte ihre Hände auseinander auf dem Tisch vor ihr, damit er ihr glaubte. »Feste zweihundert, ihre Familien kommen dazu.«

Der Beamte zeigte seinerseits auf dem Tisch seine Hand. Er trug keine langen geschmückten Fingernägel wie die Freunde seines Vaters, aber drei Ringe mit großen Edelsteinen.

Die tockten auf dem Tisch. »Der General Yüan Shi Kai duldet keine Privatarmeen mehr. Alle Mann gehen auf sein Kommando über!«

Chou-Li reagierte sofort auf den Ton und ließ den Befehl nicht im Hotelzimmer verhallen. »Sobald der General das Ende der Prozesse besiegelt hat und die Schreiben in Tsingtau eingegangen sind.«

In den Augen zwischen den furchigen Lidern des Beamten glomm etwas. Chou-Li fürchtete sich nicht. Sie rührte sich einfach nicht, wie auch der Beamte vor ihr fast mit dem gedruckten Blumenmeer auf der Wand hinter ihm verschmolz.

Der Brite rieb sich das Ohrläppchen, Kapahnke maß sie mit einem Blick, den sie nicht genau aus den Augenwinkeln erfassen konnte, denn sie wollte keinesfalls den Augen des Beamten ausweichen.

»So sei es«, sagte dieser schließlich langsam.

Der Brite legte die Hände aneinander. »Sagen Sie Ihrem Vater, dass wir die Unterstützung des Generals durch die Partei der Monarchisten begrüßen.«

Wie billig. »Sie irren sich. Mein Vater ist kein Anhänger der gestürzten Dynastie. Er tritt für ein starkes China ein.« Sie schenkte dem Briten einen kalten Blick, während sie registrierte, wie der Beamte die Ringhand wegzog. »Ein starkes China unter einem Führer, den es selbst und niemand sonst wählt.«

»Wer zahlt mir die Waffen?«, fragte Kapahnke und legte das Papier mit den Zahlenkolonnen zur Seite.

»Wir diesmal nicht«, sagte der Brite Cullam. »Es gibt ein Kreditabkommen für die neue Regierung.«

»Ohne Gewinne kann ich keinen Nachschub organisieren.

Niemand schenkt mir Erz oder Schießpulver für die Patronen.« Kapahnke tippte mit dem Bleistift auf die unterste Zahl.

Vater hatte sie eingeweiht. »Wir zahlen die Waffen für die zweihundert Mann, die unter das Kommando des Generals gestellt werden«, sagte Chou-Li.

»Hat einer der Beteiligten Einwände dagegen, die Gelder über meine Schanghaier Bank zu transferieren?«, fragte Kapahnke.

Der Brite schüttelte den Kopf. Der Beamte ignorierte die Krämer-Frage. Chou-Li tat es ihm gleich, auch wenn Kapahnke damit den Briten anbot, über ihre Spione in die Summen Einblick zu nehmen, die tatsächlich gezahlt würden. Chou-Li erwies dem Alter die Reverenz und deutete eine Verbeugung gegen den Beamten an.

Cullam sprang zur Tür und öffnete sie.

Chou-Li konzentrierte sich auf diese Lederschuhe, die sie bei jedem Schritt drückten und die einfach schrecklich weite Schritte erzwangen, aber sie wollte aussehen wie eine der eleganten Europäerinnen im Hotel.

»Warten wir einen Moment, Miss Chou-Li.« Kapahnke sah den beiden Unterhändlern nach. »Darf ich Sie einladen? Es gibt zwar kein chinesisches Essen im Hotel ...« Kapahnke strich die blonde Strähne aus der Stirn. Chou-Li hatte den Blick aus seinen grünen Augen noch nie gemocht, in diesem Smaragd schimmerte immer das Kalkül des Händlers.

»Mir sind europäische Speisen bekannt.« Chou-Li zwang sich ein Lächeln ab. »Das eine oder andere schmeckt sogar.«

Renau legte den Löffel neben den Teller Gemüsesuppe. Er war froh, dass er allein am Tisch im Amerikanischen Hotel saß. Eine ungute Stimmung herrschte in der Ausländerniederlassung in Schantungs Provinzhauptstadt Tsinanfu. Die autonome Verwaltung funktionierte schlecht, die Ärzte im zivilen Ausländerkrankenhaus klagten über fehlende Betten und miserable Labors. Nur die Apotheke war halbwegs nach europäischem Standard geführt. Renau war froh, dass er in Tsingtau nicht auch noch mit Nachschubproblemen belastet war, wie die Ärzte hier. Als ob man mit den Kranken nicht genug zu tun hätte.

Die warme Suppe im Bauch tat ihm gut. Wie überhaupt dieser Ausflug in den Frühling nach Schantung eine willkommene Abwechslung gewesen war. Seit dem Wintermanöver bestanden seine Tage aus öder Routine. Erst die endlosen kalten Tage auf dem Schiff, dann hatten ihn in seinem Alter ausgerechnet die Masern Weihnachten und Neujahr sechs Wochen niedergestreckt. Zur heimlichen Freude von Schmied, der daraus gleich einen Studienfall für die Kollegen gemacht hatte. Noch an Silvester war er so schwach gewesen, dass er auf die Bälle verzichtet hatte. Renau schmunzelte über dem leeren Teller.

Das Strandhotel war zurzeit wenig besucht. Die politische unsichere Lage nach dem Mord an dem designierten Premierminister vor zwei Wochen hielt die Europäer vom Reisen ab. Renau streckte die Beine unter dem weiß gedeckten Tisch. Das amerikanische Ehepaar, wohl ein Kaufmann mit Frau und zwei blonden Töchtern, sprach in der Ecke vor den großen Fenstern ein Tischgebet. Dann aßen auch sie die Suppe des Tagesmenüs.

In den letzten Wochen hatte Renau unauffällig die letzten Opiumschenken Tsingtaus inspiziert, hatte sich bis in die Mattenhäuser in den Dörfern an den Grenzen des Schutzgebietes vorgewagt. Einmal hatte er einen deutschen Unteroffizier erwischt, der aber nur aus Geldmangel ein Billigbordell aufgesucht hatte. Er kam nicht weiter. Reihum hatte er die Offiziere unauffällig im Casino oder im Manöver auf Anzeichen einer Opiumsucht begutachtet. Ohne Ergebnis. Nun würde er notgedrungen mit dem Stück Verpackungsmaterial, das ihm der Admiral in Berlin übergeben hatte, weitermachen. Vielleicht würde ihm ein chinesischer Händler in Tsingtau sagen, wer solches nutzte oder wo es hergestellt wurde.

Ein schlanker Mann in beigem Tagesanzug betrat den Saal. Erst als jener den schmalen Kopf mit der Strähne wandte, erkannte Renau ihn. »Herr Kapahnke, was führt Sie nach Tsinanfu?«

Der Kaufmann hob die Augenbraue, lächelte mit dem schiefen Mund der ewigen Lausbuben, wie seine Mutter gesagt hätte, und doch schien es Renau, als fröre es ein wenig ein.

Dann sah er sie. Wie immer bei völliger Überraschung nahm er unwillkürlich militärische Haltung an.

War Kapahnke seiner russischen Gräfin überdrüssig? Die Tochter des chinesischen Gouverneurs trug ein eng sitzendes dunkelblaues Seidenkleid. Sie hatte die Hand elegant wie eine Pariserin an den spitzengesäumten Ausschnitt gelegt. Sie hatte ihn erkannt, kein Zweifel.

Kapahnke legte die Hände auf die Rückenlehne eines Stuhles. »Ich glaube, ich muss Sie nicht vorstellen, nicht wahr?«

»Wir kennen uns von einer äußerst amüsanten Bridge-Partie im Hause Bernick.«

Sie hätte sogar beinahe Frau Gmelin besiegt. »Fräulein Chou-Li«, Renau konnte nicht umhin, dass er in der Verbeugung die feine Linie ihrer Brüste bewunderte, die von dem exquisiten Oberteil des Kleides gehoben wurden.

»Dürfen wir uns zu Ihnen setzen, Herr Marinestabsarzt?«

Kapahnke sah ihn gar nicht an, sondern die Tochter des Gouverneurs.

Sie legte nur die Hände vor dem Schoß ineinander und ließ es geschehen, dass der Kaufmann ihr den Stuhl am Tisch zurechtstellte.

Sogar einen jungen Amerikaner beschäftigte das Hotel. Der Kellner flitzte mit den Karten herbei. »Mister, Mistress.«

»Der Salonwagen der *Schantungbahn* hat uns zusammengeführt. Miss Chou-Li bat mich, sie zur internationalen Niederlassung zu begleiten, wo sie Geschäfte für ihren Vater tätigt.«

»Mein Vater wollte die weite Reise nicht auf sich nehmen. Mein Bruder ist in Peking wegen der aktuellen Ereignisse unabkömmlich, so werde ich den Verwaltern unserer Güter auf die Finger schauen.«

Sie sagte wirklich auf die Finger schauen, und ihr Blick ruhte auf seinen Händen. Fast glaubte er, sie zähle die wenigen dunklen Haare über dem Gelenk außen, die seinen Handrücken verunzierten. Aber ihr Blick sprang zu Kapahnkes Hand, die mit Sommersprossen gesprenkelt war.

»Was führt Sie nach Tsinanfu?«, fragte sie mit unverhohlener Neugier, als ob sie eine oberflächliche junge Dame wäre.

Renau wollte antworten, da begriff er das Spiel. Chou-Li hatte sich ein wenig zurückgelehnt, saß aufrecht. Die weißen Spitzen umspielten ihren Ausschnitt. »Ein Vortrag im Internationalen Krankenhaus über …« Er räusperte sich und drehte die Handfläche nach außen. »Es ist kein passendes Thema zum Essen.«

Der junge Amerikaner servierte von rechts aus einem Silbertopf mit einer großen Kelle.

»Guten Appetit«, sagte Renau. Die beiden griffen zu den Löffeln.

Kapahnke beugte sich über den Teller. Seine Augen tasteten die Gemüsesuppe ab. Aber Renau war sich sicher, dass ihn nicht die Zahl der Möhren darin interessierte. Der Kaufmann suchte ein Thema für die Konversation. Renau kam ihm zuvor.

»Wissen Sie denn schon, dass unsere gemeinsame Bekannte, die Missionarin Makrat, Mutter eines Töchterleins geworden ist?«

Ach. »Sie ist doch hoffentlich wohlauf, dort oben in den Bergen.«

»Schwester Margarethe sagt, ja.« Renau hatte deren Beharrlichkeit und trockenen Humor schätzen gelernt, der Pestkampf verband mehr, als er sich hatte träumen lassen. »Nun, auf deren Urteil können Sie sich verlassen.«

Dann duftete das Roastbeef vom großen Tablett, das der amerikanische Kellner mit gestemmtem Arm hereintrug.

»Und Sie selbst fertigen von den Bakterienstämmen Zeichnungen an?« Die Tochter des Mandarins legte den Kopf schief.

Renau bemerkte erst jetzt, dass ihre Haare mit vielen schwarzen Lackkämmen zum europäischen Knoten aufgesteckt waren. »Das würde ich gern. Nur fehlt mir die zeichnerische Begabung. Ich setze einen Sanitätssoldaten daran, der darin sehr geschickt ist. Die Kolorierung nimmt er dann nach meinen Angaben vor.«

»Ich wusste nicht, dass die Marine solche Forschungen in Tsingtau betreibt.« Kapahnke winkte dem amerikanischen Kellner. »Kaffee, bitte.«

»Jedes Militärhospital in den Kolonien hat den Auftrag, so viel als möglich an Wissen über die Tropenkrankheiten zu sammeln.« Renau legte die Serviette weg. »Aber so verwunderlich ist das nicht, Ärzte sammeln Erfahrungen und geben sie weiter.«

Der Kellner kam ohne Kaffee, nur mit dem weißen Tuch am Arm zum Tisch. »Entschuldigen Sie … da ist ein Brief für einen Mister Kapahnke abgegeben worden.«

Der Kaufmann winkte ihn weg. »Nicht einmal beim Essen hat man seine Ruhe … Es ist immer dasselbe. Kaum ist man in der Stadt, geht die Nachricht in den Geschäftsstraßen herum. Es tut mir leid, Miss Chou-Li, aber dringende Geschäfte fordern mich.«

Sie legte ihre kleine Hand auf die weiße Tischdecke und wandte sich halb zum Kaufmann um. Sie schwieg. Bei einer europäischen Dame wäre es ein stiller Vorwurf gewesen, bei einer Chinesin konnte es etwas anderes bedeuten.

»Herr Marinestabsarzt, Sie sagten vorhin, dass Sie den Abendzug wie wir nehmen wollen. Darf ich Miss Chou-Li Ihrem persönlichen Schutz anvertrauen?« Kapahnke steckte die Botschaft in die Jackentasche.

Sie blickte Renau an. Die roten Lippen erinnerten ihn an das berühmte mehrdeutige Lächeln der Frauen auf Renaissancegemälden. »Wenn Sie gestatten, ist es mir eine Ehre, Fräulein Chou-Li.«

Sie nickte.

»Ich danke Ihnen.« Kapahnke erhob sich. »Die Rechnung lassen Sie meine Sorge sein.« Er knöpfte den Straßenanzug zu und ging nach einer Verbeugung aus dem Hotelsaal.

»Der Kaffee«, sagte der Kellner und stellte die Tassen vor Renau und Chou-Li. Es war unschicklich, wenn er sie so lange ohne ein Wort ansah.

»Zucker?«, fragte Renau. Es wollte ihm einfach nichts Besseres einfallen.

»Nein. – Milch.«

Kapitel 9

Tsinanfu, Teiche – 4. April 1913

Der Nachen lag ruhig im Wasser, Renau spürte kaum eine Bewegung im gepolsterten Sitz. Der Fährjunge bugsierte den Kahn wie im Spreewald mit einer Stange durch die Wasserkanäle.

»Die Reis- und Lotusfelder erstrecken sich viele Dutzend Li im Norden der Stadt«, sagte Chou-Li. »Gefällt es Ihnen hier?«

In der Nachmittagssonne war es schon sehr warm. Renau war froh, dass über die Sitzbank ein runder Baldachin gespannt war. Nur der kahl rasierte Schädel des Jungen glänzte im Licht. »Ja, sehr. Ich hätte so viel Wasser hier nicht erwartet.«

Sie deutete mit dem Arm zum Horizont. »Unsere Vorfahren haben zwei kleine Flüsse umgeleitet, die den See speisen, aus dem wiederum das Wasser für die Felder kommt. Reis und Lotus, die beiden Pflanzen haben ungefähr dieselben Kulturbedingungen. Der Boden muss fast ständig unter Wasser stehen.« Sie wandte sich um. »Aber ich plappere, vielleicht interessiert Sie das gar nicht.«

»Doch, die landwirtschaftliche Entwicklung in Schantung ist auch für Tsingtau wichtig.« Schon das Gespräch beim Essen hatte Renau beeindruckt. Die Tochter des Provinzgouverneurs hatte sogar von den neuesten Verfahren der Impfstoffproduktion gehört. Und besaß ein Mikroskop.

»Lotus ist eine Pflanze, die aus dem Wurzelstock in jedem Frühjahr von Neuem Blätter, Blüten und Früchte treibt. Im Herbst wird davon ein Teil entfernt und als Gemüse verspeist. Sehen Sie dort!« Sie rückte an seinen Leib heran und wies an seiner Brust vorbei. »Das dunkelgrüne Kraut vor den Mauern wird die nächste Ernte.«

»Leider blüht er noch nicht.«

»Es muss drei Monate warm sein, vielleicht sehen wir schon ein paar Knospen, die kommen recht früh. Im Palast hatten wir ...« Sie unterbrach sich. »Es gibt in den Gärten viele Sorten, gefüllte, weiße, rosa blühende. Man macht sogar Parfüm daraus.«

»Tragen Sie das etwa?«

Sie sah ihn an, die Hand auf den Spitzen ihres Ausschnitts. »Oh.«

Es war ihm herausgerutscht. Er durfte sie nicht so verlegen machen. »Ich ... Ihr Duft ist so schön, und da Sie gerade vom Lotus sprachen und ich ihn nicht kenne ...«

»Nein, nein«, lachte sie. »Lotus riecht viel süßer und schwerer. Man muss die Essenz strecken, sonst wird man ... wie heißt das, benommen?« Sie drehte sich um und rief dem Jungen zu. »Füen la scho ni.«

Der Nachen änderte die Fahrtrichtung. Das Wasser roch nicht abgestanden oder schlammig. Die Bewässerung der Reisfelder war eine jahrtausendealte Kunst. Manchmal schien es Renau, als hätten die Chinesen schon alle Probleme gelöst, die es für einen Menschen geben konnte, solange er vernünftig blieb und nicht auf die eisigen Bergspitzen steigen wollte oder in die Tiefe des Meeres tauchen.

»Wussten Sie, dass der ganze Lotus essbar ist? Nachdem die Blütenblätter abgefallen sind, bildet sich der Fruchtkolben mit den haselnussgroßen Kernen. Diese werden als Salat verspeist. Die Blätter werden in frischem Zustand von den Bauern als kühle Kopfbedeckung benutzt. Im September werden alle Blätter abgeschnitten und auf Trockenleinen gedörrt.«

»Das habe ich schon gesehen, als ich letztes Jahr zu einer Missionsstation gefahren bin.«

»Die Blätter werden an Gemüsehändler, Speiseverkäufer und Fleischer abgegeben und anstelle von Packpapier benutzt. Die Bauern werfen nichts weg.«

»Das ist bei uns in Europa auch nicht viel anders. Irgendein Vieh frisst immer noch den Strunk.«

Die Ufer wurden fester, erste Büsche grünten. Bäume beschatteten den Kanal. Nach der nächsten Biegung folgte eine niedrige Mauer dem Wasserlauf. Dann lugten ein paar niedrige Häuser mit roten Ziegeldächern zwischen den Weidenbäumen hervor. »Ist das ein Dorf?«

»Nein, das sind Gehöfte, die reichen Bürgern aus der Stadt gehören. Hier wohnen die Dienstleute der Inseln.«

Renau war sich nicht sicher, ob er richtig gehört hatte. »Das Wasser wird breiter.«

»Wir sind auf dem großen Teich.«

Renau sah sich zum kahl rasierten Jungen um, er hatte längst angefangen, mit einem großen Paddel den Kahn voranzubringen.

»Wenn es sehr heiß ist im Sommer, wird diese Insel zum einzigen Platz in Tsinanfu, wo man noch denken kann.« Sie blickte zu ihm auf. Chou-Lis Duft stieg in seine Nase.

Vor ihnen bewachten majestätische Bäume einen Mauerlauf

mit glasierten Ziegeln. Renau entdeckte runde Fenster und Pagodendächer auf den Ecktürmen.

»Scho tsi naa.«

Der Junge beeilte sich, Renau spürte ein leises Schwanken des Nachens. Fettes Gras säumte hellgrün die lange Mauer, an der sie nun entlangschwammen. Hinter dem zweigeschossigen Eckturm flogen Enten auf. Niedrige Treppen reichten bis ins Wasser.

»Wir legen an.« Chou-Li wartete, bis der Junge an Land gesprungen war und den Kahn einfach an der Stange des Baldachins festhielt.

Renau ging voran und reichte Chou-Li die Hand. Ihr Griff war unerwartet fest. Er zog sie auf den gepflasterten Weg.

Sie stolperte und hielt sich an seiner Brust fest. »Verzeihen Sie.«

Renau spürte, wie leicht und biegsam ihre Hüfte war. »Haben Sie sich wehgetan?«

»Nein, nein.« Sie schaute rasch weg zum hohen Rundbogen.

Dahinter blühten Büsche, kleine weiße und schwere blaue Sterne öffneten sich dem Licht. Weder hatte Renau je diese Blüten gesehen noch die feinen Düfte genossen. Dazwischen schlängelte sich ein schmaler Weg aus Steinplatten.

»Wie lange war ich schon nicht mehr hier … Kennen Sie das, dass man manchmal Sehnsucht nach einem Platz bekommt und glaubt, nur dort glücklich sein zu können?« Sie beschattete ihr Gesicht gegen die Sonne mit der flachen Hand.

Der Fährjunge saß am Nachen, hatte die Beine ins Wasser gestreckt. So hatte Renau als Knabe an der alten Oder gesessen und eine Angel ins Wasser gehalten, außen ganz ruhig und innerlich aufgewühlt vom Mannwerden. »Ja, das kenne ich.«

»Was für ein Ort war das für Sie?«, fragte sie.

»Ein alter Baum, dessen dicker Stamm fast flach über den Fluss meiner Heimatstadt ragte. Die Blätter der Weide schwangen in der Strömung wie Haare einer Nixe, dort saß ich und angelte. Gefangen habe ich selten etwas.«

Sie gingen weiter. Die duftenden blau blühenden Büsche wichen hinter kleinblättrigen zurück, die winzige rote Knopfblüten trugen. Hie und da ragten Schwertblätter aus dem Sumpf auf.

»Wasser trägt unsere Sorgen fort und bringt neue Gedanken.« Sie legte die Hände an das Kinn und betrachtete ihn mit ihren forschenden Augen.

Ob sie glaubte, dass er als Europäer solch einen Gedanken nicht verstand? »Ist der Weg zu Ende? Einige Wegplatten fehlen.« Ranken sanken bis in das dunkle Wasser.

Chou-Li lachte. »Ein Soldat muss doch Mut beweisen!« Sie hüpfte von einem Stein zum anderen, dann sah es aus, als ob sie in einen grünen Busch spränge, der sie gänzlich verschluckte.

Hörte er einen Schreckenslaut, oder bildete er es sich nur ein? Renau konnte die ersten vier Steine noch mit einem großen Schritt erreichen, dann musste auch er ein wenig hüpfen.

Sie war verschwunden. Renau sah nur Grün, lange Schwertblätter am Wasser, helles Geäst über ihm. Buchsähnliche Sträucher säumten den Teich dunkelgrün. Von dem Stein, auf dem er stand, waren in drei Richtungen andere Steine erreichbar. »Wo sind Sie, Fräulein Chou-Li?«

»Haben Sie die Fährte verloren, Offizier?«

Der Spott war kaum zu überhören. Er musste sich umdrehen. Mit dem langen blauen Ärmel ihres Kostüms hielt sie Schwertblätter zur Seite. Jetzt erst bemerkte Renau, dass zwischen den Blättern ein Stein verankert war. Er sprang.

Und hatte so viel Schwung genommen, dass er drei Ausgleichschritte über den Kiesweg machen musste, der dahinter leicht anstieg. Drei Stufen führten zu einem kleinen, achteckigen Pavillon, den türkise Ziegel mit einem spitzen Dach deckten, von rechts und links liefen Mauern auf den Ausguck zu. Die Holzstreben waren rot lackiert, Renau glaubte, ein paar Drachenköpfe zu erkennen.

»Von dort kann man über die Mauer auf den Teich hinunterschauen, ohne gesehen zu werden. Von außen hält man es für die Spitze eines Pagodendaches.« Sie lehnte sich an den Ausguck und streckte den Rücken.

Bei jeder anderen Frau hätte Renau gedacht, dass sie es mit Absicht tat. Ihr Kleid schmiegte sich um ihre Hüften, dass er ihren wohlgeformten Körper wie enthüllt sah.

»Die alten Schriften sagen, dass man am Vogelflug die Zukunft deuten kann, weil die Tiere in der Luft dem Himmelskaiser näher seien.«

In der weiten Ebene über den Reisfeldern flog ein Entenschwarm über die Reisfelder. »Und was lesen Sie dort für eine Zukunft?«

Sie drückte sich vom rot lackierten Holz ab. »Nichts. Ich glaube nicht an den Vogelflug. Es sind die Menschen, die unser Schicksal bestimmen. Vielleicht auch die Götter.« Ihr Blick fiel zu Boden wie Schnee. Langsam.

Renau wunderte sich über seinen Gedanken. »Was ist das hier für ein Ort? Ein Tempel?«

»Nicht alle großen Gebäude in China verehren Götter. Es ist schon immer ein Park. Vor zweihundert Jahren hat ein Prinz diese Anlage gebaut und der Stadt geschenkt. Das Volk erzählt, weil er bei einer Jagd eine Füchsin verfolgt habe, die sich mit einem riesigen Sprung auf diese Insel gerettet habe.

Der Prinz nahm ein Fischerboot und folgte ihr. Doch am Ufer hier fiel er in tiefen Schlaf. Erst nach zehn Tagen gelang es dem Gefolge, überzusetzen und ihn zu wecken.« Sie formte ihren roten Mund zu einer Spitze. »Volksmärchen eben.«

Hinter ihrem schwarzen Haar gleißte die Ebene im Frühlingslicht fast weiß. »Ich habe als Kind gern Märchen gehört.«

»Und als Mann noch immer?« Ihre Hand wanderte von dem Spitzenkragen in einem sanften Bogen zu ihrer Hüfte.

»Wenn ich jetzt in tiefen Schlaf falle, wer würde mich wecken?« Renau sah die klugen Augen, die sich weit öffneten, in denen die Klugheit verblasste und einem tiefen Dunkel Raum ließ. Ein warmes Dunkel, das ihn ansog und immer mehr um ihn herumfloss.

»Sie sind doch nicht allein«, flüsterte sie und war nur noch Stimme von weit außerhalb, während seine Arme schon ihren Leib fühlten, die Wärme, die aus diesem unendlichen Blick herbeiströmte. »So viel Schönheit kann ich gar nicht übersehen«, flüsterte er, als er die Lippen auf den kleinen roten Mund senkte und die letzten Silben dort zum Schweigen brachte.

Sie empfing ihn, warm und biegsam. Er fühlte ihre Brust an seiner, ihre Hände glitten seinen Rücken hoch, bis sich ihre Finger in seinen Haaren festhielten.

Sie küsste ihn ohne Scheu, ohne Eile und doch so, als lerne sie vom ersten den zweiten Kuss und verstünde beim dritten das ganze Geheimnis.

Der rote Mund stand fragend offen in dem herzförmigen Gesicht. Ihr Blick tastete über sein Kinn, ihre Finger fühlten an ihrer eigenen Wange nach, wo seine Bartstoppeln gerieben hatten.

Was tat er da nur? »Verzeihen Sie mir.« Und doch zog er sie an sich.

Chou-Li umfasste seinen Bauch und legte den Kopf an seine Schulter. Renau fühlte die Kämme. Ihr zartes Blumenparfüm mischte sich mit den Düften des Parks. Draußen in der Ebene flogen die Enten in weiten Bögen über den Lotusfeldern auf.

Sie hob das Gesicht. Und Renau küsste sie wieder. Einen Moment noch rief die Vernunft einen Gedanken, den er vergaß, er fand kaum Atem, kämpfte mit der Leidenschaft, die seinen Leib erfasst hatte, drückte Chou-Li an sich. Er hatte es sich nicht eingestehen wollen. Damals nicht, in den einsamen Nächten nicht. »Du hast mich von Anfang an fasziniert, kaum dass ich dich das erste Mal im Palast gesehen habe.«

»Ich weiß nicht, wer du bist.« Ihre Augen füllten sich, und sie blinzelte heftig dagegen. »Ich weiß nur, dass ich dich nicht vergessen habe. Warum will das Schicksal, dass wir uns immerzu begegnen? Wie am Leuchtturm oder jetzt?« Sie drehte mit der Hand ihr Kinn weg, starrte hinüber zu den grünen Büschen vor den Springsteinen. »Als du im Hotel dort im Speisesaal gesessen bist, da schien es mir, als hörte ich die Schicksalsknochen prasseln, die die Wahrsager in den Straßen bei den Volksfesten werfen. Heute ist mein Tag.«

Renau wusste nicht recht, ob sie ihren Geburtstag meinte. Er strich ihr über den Nasenrücken. »Was heißt das?«

»Tante Shen hat es mir geschrieben, sie berät sich immerzu mit den Astrologen.«

Renau verstand nicht, er spürte nur ihre große Angst, ihr schmaler Leib schien zu frösteln. Er umarmte sie fester. »Ich habe keine Angst vor den Sternen.« Renau glaubte nicht an solche Dinge, er war sich nicht einmal sicher, ob er an Gott glaubte.

»Die Sterne haben Macht, wie das Wasser und die Erde.

Aber nicht alle Kräfte sind böse, das ist wahr.« Sie schloss die Augen.

Er küsste sanft ihre Lider.

»Wir müssen jetzt gehen. Hier sind zu viele Menschen.« Sie fasste seine Hand und zog ihn zur Mauer.

»Die Wegplatten sind doch dort hinter den langen Blättern.«

»Gehe nie einen langen Weg zurück, wenn du einen kurzen zum Ziel kennst.« Chou-Lis Gesichtsausdruck schwankte zwischen heiterem Spott und besorgter Überlegung.

Renau stand wie neben sich, er sah einen Marinestabsarzt, der sich von einer eleganten Chinesin im Europäerkleid hinter Buschwerk an einer Ziegelmauer entlangziehen ließ wie ein Knabe. Er hörte die Frage seines verständnislosen Vaters *Was ist denn an Dorothea auszusetzen?* widerhallen, er hörte Stimmengewirr, Casinozoten über die Lust an den exotischen Pflaumen, er fühlte seinen Körper, der lebendig war wie lange nicht.

Und dann wandte sich Chou-Li um, und Renau verlor sich in diesem dunklen Blick. Hinter all der Schönheit wartete ein weiblicher Geist auf ihn, der ihn herausforderte, der wollte, dass er es wagte. Was immer es auch sei, für wie lange auch immer.

Seit wann bist du ein Romantiker, Renau, was tust du da?

Sie gingen über ein paar Stufen und fanden auf den gepflasterten Weg zurück zum Rundbogentor.

Der Junge lag auf dem Rücken am Steg und schlief. Chou-Li ließ nur ihren Schatten auf ihn fallen, da sprang er sofort auf.

Als sie ablegten, suchte ihre kleine warme Hand die seine. War das nicht das Glück? Die Pagodenmauern verschwammen dabei im Frühlingslicht mit dem Grün der Ufer.

Kapitel 10

Tsingtau, Strandpromenade – 10. Mai 1913

Der Wind vom Meer riss an ihren Haarkämmen, bauschte ihr das bestickte schwarze Reisekleid. Graue Wolken trieben in einem dunstigen Himmel über der Badebucht. Auf dem Sand standen vor den Badehäuschen hie und da Leute zusammen. Auf der Promenade zeigten sich die deutschen Damen in weißen, bodenlangen Kleidern, die ihre Körper mehr enthüllten als verbargen. Chou-Li entging nicht, wie die Europäer so taten, als ob ihr Vater und sie gar nicht existierten. Vorhin war sogar ein Soldat so knapp an ihr vorbeigegangen, dass sie seinen Ellbogen am Oberarm gespürt hatte. Entschuldigt hatte er sich nicht. »Warum willst du unbedingt heute hier spazieren gehen?« Chou-Li hatte trotz aller Salben, die sie jeden Abend auftrug, immerzu wunde Füße. »Ich kann nicht so schnell laufen wie du.« Ihre Lilienfüße vertrugen keine langen Spaziergänge auf Stein.

»Mit deiner Weinerlichkeit dienst du mir nicht.« Ihr Vater ging gemessenen Schritts weiter.

Chou-Li konnte sich kaum erinnern, dass er in solch einem Ton zu ihr gesprochen hatte. Sie beobachtete ihn von der Seite. Sein Gesicht war wie eingefroren. Er strich nicht einmal den Mantelkragen glatt, den der Wind umgeschlagen hatte.

An der nächsten weißen Sitzbank an der Promenade hielt er an. »Guten Tag, Sie erlauben?«, fragte er auf Englisch den Herrn mit dem Monokel und dessen Frau, die ihren Strohhut festhielt. Die ließen ihren Blick von Vaters schwarzer Beamtenfeder bis zum seidenen Saum seines blauen Mantels gleiten. Dann standen sie auf. »Jetzt sitzen die Gelben schon auf unseren Bänken in der Europäerstadt. Das nenne ich eine deutsche Kolonie. Komm«, sagte der Mann.

»Dem Kaiser sollte man es schreiben.« Die Frau raffte ihren Rock und hob das Kinn.

Sie setzten sich, Chou-Li stellte unter ihrem Reisekleid die Füße auf die Fersen. Das Meer schimmerte heute grüngrau mit blauen Flecken. Jeden Tag wechselte es die Farbe, als ob es den Launen des Himmels antwortete. Das war das Einzige, was Chou-Li an diesem Ort gefiel. Die deutsche Architektur liebte das Massige und strebte in die Höhe. Die Weitläufigkeit chinesischer Anlagen kannten die Fremden nicht.

»Was siehst du dort am Strand, Chou-Li?«, fragte ihr Vater plötzlich und deutete über die weißen Holzpfähle der Promenadeneinfassung hinunter zum Strand.

Das war der Ton der Lektionen. Er hatte ihr verziehen. Sie wusste, dass er jede Nacht viele Briefe beantwortete, die tagsüber aus den anderen neuen Häusern der Aristokraten gebracht wurden.

»Seltsame Sitten haben die Europäer. Die vornehmen Männer von Militär und Handel stürzen sich halb nackt neben ihren Dienern ins Wasser, um zu schwimmen wie ein Fischerjunge, der vom Boot gefallen ist. Die vornehmen Frauen finden nichts dabei, dass man sie gaffen sieht. Sie machen sich gemein mit dem Volk.« Chou-Li sah weit draußen in der Bucht die Wendeboje. Sogar die englischen Zeitungen aus Schanghai hatten das internationale Schwimmturnier in Tsingtau angekündigt. Es waren mehr Briten aus den Handelsorten als gewöhnlich in der Stadt. Sogar Russen und Franzosen hatten eine Mannschaft aufgestellt.

»Ist das alles, Kind?«

Chou-Li stellte ihre Füße wieder auf den Boden. Sie wartete, bis die Familie mit den vier Mädchen vorbeigelaufen war, die alle weiße Schleifen im Haar trugen, die größer als ihre Köpfe waren. »Sieh, drüben am Ende der Bucht weht sogar die britische Fahne auf dem Sand, den die Deutschen China weggenommen haben, wenn auch nur als kleiner Wimpel an einem Badewagen. Die Europäer ergötzen sich am Wettspiel. Sie verbergen damit ihre gegenseitige Missgunst nur schlecht.«

Ihr Vater erlaubte sich ein Lächeln und legte die Hände vor dem Bauch zusammen. »Wenn sie um Geld spielen würden, wäre es so. Dann gewönne einer den Topf. Sie spielen hier aber um Rangplätze: Sie messen unaufhörlich ihre Kräfte, weil sie sich ihres Ranges nicht gewiss genug sind.«

»Das macht sie schwach.« Der Wind spielte in ihrem Haar. Sie mochte die salzige Luft nicht.

»Briten, Russen, Deutsche sind des andern Feind, sosehr sie auch hier an unseren Küsten vorgeblich zusammenhalten«, sagte Vater.

»Und der Regierung der Umstürzler Kredit in Gold und Silber geben, weil kein neuer Beamter Steuern im Land eintreiben kann«, sagte Chou-Li.

»Die Bauern sind schlau. Sie wissen genau, dass kein Kaiser die Steuern vergangener Jahre eintreiben kann, wenn sie das Geld selber ausgegeben haben für neue Pflüge oder Saat.« Ihr Vater erhob sich von der weißen Bank. »Die Europäer stützen die neue Regierung, weil sie den großen Aufruhr fürchten und dass die Massen gegen die Handelshäuser stürmen. Sie begreifen wenig von unserem Volk.« Er stand auf.

»Ho-ho-ho«, scholl es vom Strand herauf. Männer warfen Hüte in die Luft. Eine Trompete stieß einen hellen Ton in die Luft.

»Sieh dir diese albernen Männer an«, sagte Vater im Schlendern, »sie vergeuden ihre Kraft in einem Element, das ihnen überlegen bleibt. Das Meer trägt sie, ohne dass sie es merken, bis es sie verschlingt. Und China hat die Kraft des Wassers, das vergessen sie.«

Den Hausbau, die Abendessen in den Clubs der Briten und bei den wenigen Deutschen, die sie einluden, das alles nahm Vater nur auf sich, damit es in Tsingtau aussah, als schwömmen sie im Strome mit. Wie kleine Boote, die den Heimathafen verloren hatten. »Du lenkst das Wasser um, nicht wahr?«

»Die Umstürzler machen grobe Fehler. Dein Bruder schrieb mir aus Peking, dass viele neue Kreisbeamte die Steuern, die sie mit Gewalt eintreiben, hinter den Palästen vergraben, statt ihre Truppen damit zu bezahlen. Sie sind noch gieriger und dümmer, als die Eunuchen-Clique am Hofe es je gewesen ist.«

Sie hatten eine der Strandtreppen erreicht, die Holzeinfassung der Promenade lief als Geländer hinunter zum Sand. Sonnenschein brach hinter den Wolken durch und überstrahlte die ganze Promenade. Plötzlich hielt ihr Vater am Holzlauf inne, trat sogar einen halben Schritt zurück. Er rührte mit der Hand an ihre Schulter, sie blieb neben ihm stehen.

Mit dem Rücken zu ihnen stand einige Stufen unter ihnen der Kaufmann Kapahnke im hellbeigen Anzug. An ihn drängte sich wie in intimer Stunde seine russische Geliebte im hellgrünen Kleid. Selbst der Sonnenschirm und die Handschuhe waren aus dem gleichen Stoff gemacht. Die beiden steckten die Köpfe mit einem dicken Mann im dunkelblauen Anzug zusammen, er trug weiße Schuhe aus Stoff, wie sie Chou-Li noch nicht an einem Europäer gesehen hatte. Das Gesicht kannte sie. Entweder war er beim Englischen Club bei einem Bridge-Abend anwesend, oder er war einmal bei Kapahnke zum Dinner gewesen, als sie mit ihrem Vater dort noch gewohnt hatte.

»... sprechen Sie in Hongkong mit Doktor Sedgwick in der King-George-Street, er hat die besten Verbindungen nach ...« Der Mann wechselte das Standbein und hob dabei den Kopf. Sein Blick verengte sich, dann lächelte er. »Gouverneur, wie schön, Sie zu sehen!« Er hielt sich die Hand über die Augen.

Ihr Vater nickte nur und ließ seine Hände in den weiten Ärmeln verschwinden. Sein Blick hing einen Moment an der Hand Kapahnkes, der der Gräfin wie nebenbei über die Hüfte strich. Chou-Li hatte nur Tante Shen so im stolzen Besitz über ihren Lieblingshund streicheln sehen. Sie trat ein wenig hinter ihren Vater und entspannte die Wangen, damit sie duldsam und uninteressiert aussah.

»Guten Tag, Sie begeistern sich für den Schwimmwettbewerb?«, fragte Kapahnke. Die Gräfin ließ seinen Arm los und spannte den Sonnenschirm auf.

»Wenn es Ihre Landsleute so begeistert, möchte ich den Reiz gern verstehen. Verzeihen Sie mir meine Neugierde.« Vater legte überraschend viel Freundlichkeit in seine Stimme. Er verfolgte also eine Absicht. Chou-Li schwieg lieber.

»Ho-ho-ho«, scholl es vielstimmig vom Strand.

Kapahnke drehte sich um. An der strandseitigen Wendeboje klatschten Arme durch das Wasser. »Das Militärkleiderschwimmen geht gerade zu Ende. Sie staunen? Die Disziplin hat die Marine erfunden.« Er drückte die blonde Strähne aus der Stirn unter den Strohhut. »Die Männer schwimmen über fünfzig Meter in beliebigem Stil, dafür müssen sie mit Hemd, Drillichhose und -jacke bekleidet sein. Enorm viel Kraft ist vonnöten, wenn der Schwimmer nicht untergehen will.«

Ihr Vater blickte kurz hinüber. Chou-Li glaubte seine Gedanken lesen zu können. Es war völlig sinnlos, sich selbst in Gefahr zu bringen und Kraft zu vergeuden, indem man mit schlechteren Voraussetzungen in den Kampf ging, als man gehen könnte.

»Wollen Sie mit uns zur Siegerehrung kommen, Gouverneur?« Die wohltönende Stimme der Gräfin unterbrach ihren Gedanken.

Chou-Li trat hinter den Rücken ihres Vaters, die anderen brauchten nicht zu sehen, dass sie die Augen zusammenkniff. Unten an der Zielboje waren die ersten beiden Schwimmer eben vorbei. Die Arme ruderten nicht mehr. Aus den Wellen wuchsen die Männer auf, der Strand war wohl sehr flach. Sie wateten in den nassen Kleidern aus dem Wasser auf einen Tisch zu, an dem andere Soldaten Listen führten. Der nasse Stoff klebte an ihnen, sie waren wie nackt. Der Erste war ein schmaler hellhaariger Junge, dem ein Soldat am Tisch gerade die Hand schüttelte und etwas reichte.

»Der Sandstrand ist etwas für die ... wie heißt das Wort?« Vater konnte die britische Ironie nachspielen, so er nur wollte. »Sportsmen?«

Der zweite Mann ... Chou-Li öffnete den Mund, das war ja er! Sie hatte so gehofft, dass sie ihn wiedersähe. Er watete gerade hinter dem hellhaarigen Jungen aus den Fluten und stützte die Hand in die Hüfte. Die Drillichhose klebte an seinen kräftigen Schenkeln, das weiße Hemd an seiner Brust. Wie groß er war, wie rund und kräftig seine Schultern, Chou-Li sehnte sich nach seinen Armen. Und schaute rasch weg, niemand durfte etwas ahnen.

»Die Sieger, zumindest die Offiziere, ehren wir nachher im Englischen Club bei einer anständigen Lemon-Bowle.« Der Mann, den Vater Carrington genannt hatte, kam die Treppen herauf.

Kapahnke wartete auf die Gräfin, die etwas an ihrem Hut richtete.

»Ich rufe uns zwei Rikschas. Wenn wir zuerst dort ankommen, bekommen wir noch die Plätze auf der Veranda.«

Die Kulis machten vor Vater die tiefere Verbeugung. Chou-Li stieg hinter ihm als Zweite ein. Sie konnte sich nicht beherrschen, sie wollte ihn noch einmal sehen, in diesen nassen Gewändern, so voller Kraft.

Am Strand zeichnete er etwas auf dem Tisch ab. Da kam ein anderer Offizier, ein ziemlich dicker Mann mit schütterem Haar, auf ihn zu und reichte ihm ein langes Badetuch. Sie würde ihn fragen müssen, warum er so viel Freude als siegreicher Kämpfer in einer kindischen Übung empfand. Wenn sie nur endlich einen verschwiegenen Weg zu ihm fände.

Schmied wickelte Renau das Badetuch um die Schultern. »Damit du uns nicht eine Lungenentzündung bekommst. Warum schwimmst du ausgerechnet die Drillich-Disziplin statt 50-Meter-Rücken? Da bist du doch stärker.«

Renau wusste das selbst nicht genau. »Vielleicht einfach nur, weil in der Disziplin noch kein Arzt gemeldet war. Die Mannschaften sollen sehen, dass wir nicht kneifen.«

Schmied zog den rechten Mundwinkel herunter, Renau sah genau, was sein Kollege davon hielt: Geschwätz für das Casino. »Gib es zu, du hast heute Morgen deinen Boy verprügelt, weil er deinen Badeanzug verlegt hat. Dir blieb gar nichts anderes übrig.«

»Pei ist ordentlicher als ich.« Renau lachte und trocknete sich mit einem Zipfel das Gesicht. Wenn er ganz ehrlich mit sich war, hatte er sich bloß gelangweilt. Er war noch nie mit Kleidern eine solch lange Strecke geschwommen, er hatte richtig gegen das Gewicht kämpfen müssen. Doch eine Blöße vor dem Publikum am Strand hätte er sich nicht geben können, der Ansporn war's.

»Die Mannschaften trainieren das ja«, sagte Schmied.

»Du meinst, weil sie sich jedes Mal, wenn es Sold gibt, gegenseitig in den Hafen schmeißen?«

»Pah, geh dich umziehen, dann begießen wir bei der Kusserow deinen zweiten Platz.«

»Der Obermatrose war einfach schneller.«

Schmied schaute über den Strand, aber der Junge war längst in einem der Umkleidehäuschen verschwunden. »Harms ist ein zäher Bursche. Dünn wie ein Wettermast, hat es aber faustdick hinter den Ohren. Ist Segelmachergeselle aus Altona. Würde mich nicht wundern, wenn der die Pamphlete der Roten aufs Schiff geschmuggelt hat.«

Flugblätter der Sozialdemokraten waren im Wintermanöver aufgetaucht, die die Beschränkung der Flottenrüstung forderten. Die ferne Reichspolitik war plötzlich übers beschauliche Tsingtau hereingebrochen. Zwei Wochen sprach der Gouverneur in den Runden kaum von etwas anderem. Der Kapitän der *Scharnhorst* hatte eine peinliche Untersuchung durchgeführt. Die Matrosen wurden gefilzt wie das ganze Schiff. Nichts. Die Kameraden hatten zusammengehalten.

»Ohne Beweise kannst du ihm nichts.« Wahrscheinlich hatte das Gelbe Meer die letzten Spuren geschluckt.

»Beim nächsten Mal kriegen wir sie. Da sind noch ein paar Kandidaten unterwegs. Habe mal ein Auge auf deinen Sanitätsmatrosen, der ist oft mit dem Harms unterwegs.«

»Claas? Sein Vater ist kaisertreuer als du.« Renau hatte eine Fotografie des Fischladens mit Kaiserporträt an der Wand gesehen. Renau hatte sich nie darum gekümmert, was die jungen

Männer nach Dienstschluss an den Standorten trieben. »Woher weißt du das eigentlich?«

Schmied lächelte nur fein. »Ich habe meine Augen und Ohren überall.«

Wahrscheinlich meinte er die Bordell-Kontrollen, die Schmied zurzeit durchführte. Renau zuckte mit den Schultern. Claas als Aufrührer, was für ein Unsinn. Der Junge war zahm und wurde bestimmt mal ein treues Mitglied seiner Kirchengemeinde. Renau hatte ihn einmal im Dienst beim Lesen überrascht, aber seine Laborarbeit war getan. Aber weil das Buch der Missionsbericht gewesen war, wohl ein Geschenk der Missionarin Makrat, hatte Renau auf einen Anschiss verzichtet.

Sie gingen zwischen Badegästen über den Strand und erreichten das Häuschen der Kompanie. »Warte hier auf mich.«

»Lass das Tuch drinnen hängen, mein Boy holt es nachher ab.« Schmied stapfte zur Strandtreppe. Von dort leuchtete es hellgrün. Die russische Gräfin schien Hof zu halten, doch diesmal waren nur der Kaufmann und ein zweiter Herr dabei, sie gingen gerade die Treppe hinauf.

Oben auf der Promenade erkannte Renau eine schwarze Feder im Wind. Hinter dem Gouverneur ging Chou-Li zu einer Rikscha. Renau spürte, wie ihn die schiere Lust ergriff, sie wieder und wieder zu küssen. Sie hatte ihn beschworen, alles ihr zu überlassen. Doch seit ihrer Rückfahrt aus Tsinanfu in einem voll besetzten Salonwagen vor gut einem Monat hatte er kein Zeichen mehr von ihr erhalten; sich ihr zu nähern, wagte er nicht, wie sehr er es sich auch wünschte.

Schmied ruderte auf der Treppe mit dem linken Arm und rief: »Was trödelst du denn?«

Kapitel 11

Tsingtau, Hafenviertel – 11. Mai 1913

Im milden Abendlicht sahen die Hafenmauern wie neu aus. Kulis trugen an langen Schulterbalken Ballen in ein Fabrikgelände. Claas staunte immer noch, welche Lasten ein Mann schleppen konnte, wenn sie nur im Gleichgewicht austariert waren. Früher hatte man wohl auch in Alsen so die Körbe voller Fische von den Kähnen geschafft, das wusste er von alten Bildern.

Feldenhahns großer Adamsapfel hüpfte. »Und du willst wirklich auf die Hafenmole raus?« Er hakte die Hände in den Hosenbund ein.

Claas saß gern auf den Mauern und schaute einfach dem Hafentreiben zu. Dann war es ein bisschen wie zu Hause, wenn er sonntags an die Kais ausgebüxt war, wenn sein Vater im Garten las und Mutter mit den Schwestern das Abendessen richtete. »Von der Spitze hat man die ganze Einfahrt des großen Hafens im Blick.«

Feldenhahn tippte mit den Stiefeln in den Straßenkies. »Vielleicht siehst du ja eine Nixe aus dem Wasser steigen.«

Der Kamerad drängelte immer, nichts konnte ihm schnell genug gehen, weder die Essensausgabe in der Kaserne zu Mittag noch die Kegelrunden im Soldatenheim. Nur bei den Mattenhäusern war er immer der Letzte, der aus dem Verschlag kroch. »Du hast nur die Weiber im Kopf.«

»Na, was soll ich in diesem langweiligen Kaff auch anderes machen?« Er grüßte halb militärisch mit einem Finger an der Stirn. »Bis zum Appell morgen früh.«

Claas wandte sich in die andere Richtung. Gestern hatten

sie Harms' Sieg beim Drillichschwimmen gefeiert. Hössling hatte die Wette verloren, dass Harms absaufen würde. Claas hätte nicht gedacht, das sein Freund so viel Kraft hatte. Wenn er ihn nackt sah, hatte Harms kaum mehr Muskeln als er Hänfling selber. Hössling hatte brav jedem ein Bier ausgegeben und Harms noch einen Schnaps dazu. Warum sein Stabsarzt Renau mitgeschwommen sei, hatten alle von ihm wissen wollen. Doch Claas war so schlau wie sie. Renau hatte den ganzen Tag nichts davon verraten.

Meeresbrise wehte ja überall in Tsingtau, aber nur hier auf der Mole am Wasser roch es wieder nach Fisch, auch mal nach ein bisschen Maschinenöl oder Tang. Dann brauchte Claas nur die Augen zu schließen, und er war daheim.

Drüben an dem Felsriff, das den kleinen Hafen abtrennte, leuchtete schon das rote Feuer des Positionslichts. Bald würde es richtig dunkel. Wenn er Glück hatte, lief noch der Dampfer von *Diedrichsen & Co* ein, der immer in Festbeleuchtung anlegte.

Claas legte die beiden Unterarme auf die rauen Steine der Molenmauer und lugte über die Kante zum Bauhafen hinunter. Als Kind hatte er gern Kirschkerne an solchen Mauern ausgespuckt und zugehört, wenn sie unten aufplatzten.

Bei einem grauen Lagerschuppen stand ein Tor auf. Davor hielt eine private Droschke mit einem braunen Pferd. Eben stieg eine vornehme Dame im hellgrünen Kleid aus dem Wagen. Gestern hatte er sie schon einmal am Strand gesehen, bei den Wettkämpfen. Sie war ziemlich groß für eine Frau, helles blondes Haar, nur viel kunstvoller aufgesteckt, als seine Schwester es konnte. Die Frau lief langsam über den Asphalt vor dem Schuppen und schien sich nicht dafür zu interessieren, was drin vorging. *So eine müsste man mal haben*, hatte Feldenhahn gesagt, als Harms gerade geschwommen war. Claas hatte nicht recht zugehört, weil er doch Sorgen hatte, dass sein Freund sich überschätzte. Richtig Angst hatte er um ihn gehabt. *Eine Gräfin kriegst du dein ganzes Leben nicht, da müsstest du dich fein parfümieren und nicht stinken wie ein Bock.* Hössling stichelte gern gegen Feldenhahn.

Die Dame richtete ihren Blick zur Mole eins übers Wasser. Drüben lag nur ein österreichisch-ungarischer Marinefrachter, wie Claas an der Seeflagge erkannte.

Eine dunkle Bewegung huschte über den Asphalt, fünf Chinesen in schwarzen Kleidern schlichen zum Schuppen. Claas beugte sich über die Kante. Die Dame hörte sie nicht kommen.

Das Tor greinte in den Angeln, als zwei Männer es zuwarfen. Die Dame fuhr herum, einen kurzen Moment sah Claas ihr weißes Profil im Abendlicht leuchten, der Mund stand ihr offen. Sie hob den Arm, schrie: »Chéri …«

Einer der Schwarzgekleideten sprang vor, riss an ihrem Arm. Sie wirbelte herum, als hätte sie kein Gewicht. Sie fuhr sich mit den Händen vors Gesicht, da warf ein Zweiter ihr ein großes Tuch über den Kopf, ein dritter Mann wickelte es um sie, sie hatten die Frau schon angehoben. Alle fünf rannten weg. Claas sah die Beine der Gräfin im hellgrünen Rock strampeln. Dann packten die Chinesen sie nur fester, rannten zum Rand des Hafenbeckens. Claas vergaß zu atmen. Noch immer wand sich die Frau.

Sie warfen sie nicht auf das Boot.

Sie reichten sie langsam über den Rand hinein. Drei Männer kletterten rasch über die schwankenden Seiten, griffen zu den Rudern. Dann legte das Boot schon ab. Einer wandte den Kopf zurück zu den Lagerschuppen, wo eine Luke krachend auf das Dach des Schuppens geworfen wurde. Sonnengebräunt, wild unter wirrem Haar, rief der einem am Kai etwas zu, zeigte zu ihm her. »Ka hai fen!«

In seiner Hand blitzte etwas metallisch.

Claas rannte weg. Er sah nur noch, wie das Hellgrün in dem niedrigen Holzverschlag auf dem Boot verschwand, schon sah es wieder aus wie alle Fischerboote, die tagaus, tagein über die Bucht zu den Chinesendörfern segelten.

Sein Verfolger lief nicht zur Hafenrampe vor, sondern zu den Feuerwehrtreppen, die in der Molenmauer direkt zu Claas hochführten. Chinesische Fischer krochen Hafenmauern hoch wie die Affen, das hatte er schon oft genug hier gesehen.

Er musste vor ihm die Rechternstraße erreichen. Hier auf der Mole könnte der ihn niederwerfen und abstechen, dort wären Leute. Claas rannte, passierte die Mauerlücke mit der Feuerwehrtreppe.

Sah den Kopf im Vorbeirennen. Oh Gott. Seine Stiefel glitten auf den blanken Steinen aus. Lieber nicht umsehen. Noch vierzig Schritt, zwanzig. Er hörte den Chinesen hinter sich keuchen.

Etwas flog an seinem Ohr vorbei, schlitterte über Stein bis an die Stufen der Mole zur Straße. Ein breites Lanzettmesser wie für Seefisch … Claas rannte auf die Straße bis neben eine Rikscha, in der zwei Chinesen in bunten Gewändern fuhren.

»Weg, weg«, schrie der Kuli, den er fast umrannte.

Claas wagte es, drehte sich um.

Drüben auf der anderen Straßenseite bückte sich der schwarz gekleidete Verfolger nach dem Lanzettmesser. Claas hielt sich auf der Höhe der bunten Stoffmäntel der Fahrgäste. Der Mann drüben spuckte noch aus. Dann wandte er sich um und verschwand Richtung Feuertreppe.

Claas spürte auf einmal seinen Herzschlag in der Kehle. Er konnte kaum schlucken.

»Weg, weg«, der Kuli schimpfte wieder.

Bevor der Chinese ihn doch abstach … Claas hielt sich lieber neben den Rädern der Rikscha. Auf der anderen Seite des Bahndamms gab es Geschäfte. Claas rannte durch die dunkle, kühle Unterführung. Die arme Gräfin, er musste sofort Meldung machen. Nur wem? Der Polizei oder in der Kaserne?

Ein Kuli stand mit leerer Rikscha am Straßenrand.

»Schnell, schnell!« Wo die nächste Polizeistation war, wusste er gar nicht. Irgendwie drehte sich alles in seinem Kopf. Die Kaserne war immer besetzt, aber auf dem Weg kam er sowieso bei Renau vorbei. Wenn er die Entführung seinem Vorgesetzten meldete, machte er sicher nichts falsch. So hatte man es ihnen beigebracht. *Meldet jeden Diebstahl.*

Kapitel 12

Tsingtau, Villa Kapahnke – 11. Mai 1913

Claas lief durch die Küche an Renaus chinesischem Koch vorbei in den dunklen Wohnungsflur.

»He! Warten!«

Aber Claas klopfte schon bei seinem Marinearzt.

»Verdammt noch mal, du sollst mich nicht stören!« Renau riss die Tür ganz auf.

Claas stand ordnungsgemäß stramm, der tiefe Wollläufer schluckte das Stiefelklacken. »Obermatrose Claas meldet sich mit einer wichtigen Beobachtung.« Etwas anderes fiel ihm nicht ein.

Renau war weder gekämmt, noch trug er Uniform. Claas hatte ihn noch nie in Zivil gesehen, schon gar nicht im Hemd ohne Kragen. Sein Marinestabsarzt verzog die unrasierten Wangen zu einem Blick, als habe er blanken Unsinn gestammelt. Claas blieb einfach stramm stehen.

Renau stöhnte leise auf und winkte ihn ins Zimmer. »Rein mit dir!«

Nur die Schreibtischlampe brannte. Renau stemmte die rechte Hand in die Seite. »Was wird das, Obermatrose?«

Claas machte Meldung seiner Beobachtungen, so gut er konnte.

Aus Renaus Gesicht wich die Härte schlagartig. »Das kann nur die …«, flüsterte er, ließ den Arm sinken und fragte leise: »Bist du dir sicher, dass du die Gräfin Litkowskaja gesehen hast?«

»Ich weiß nicht, wie die Dame heißt. Beim Preisschwimmen stand sie gerade auf der Strandtreppe mit zwei Herren, als Sie gestern im Drillich-Wettbewerb geschwommen waren. Ich wollte sehen, wie Sie sich schlagen.«

Claas wurde rot. Das hätte er wohl besser nicht sagen sollen. Aber Renau drehte sich hastig um. An der Frisierkommode strich er sich mit einem Kamm durchs Haar. »Lass dir von Pei meine Stiefel geben. Rasch!«

Claas war heilfroh, dass jetzt Renau alles in die Hand nahm. Er lief einen Schritt hinter seinem Offizier durch die nächtlichen Straßen. Sie passierten die Lichtkegel der Straßenlampen vor der Gouvernementschule, die wie ein dunkler Felsblock über der Auffahrt ruhte. Am den niedrigen Militärgebäuden des Ostlagers vorbei folgte Claas im Marschtempo, das sein Vorgesetzter mit weiten Stiefelschritten vorlegte. Renau hatte sich nicht einmal nach ihm umgedreht, seit sie dessen Wohnung verlassen hatten.

Claas fröstelte ein wenig im Nachtwind. Die strampelnden Beine der Frau, das blitzende Messer wollten nicht verblassen. Claas konzentrierte sich auf den Mantelsaum Renaus, der in die Attilastraße einbog. In einigen Villen strahlten helle Fenster.

Das tiefe Durchatmen beruhigte Claas kaum. Renau hatte sich zu Hause wie bei einem Alarm angezogen, war schon in Uniform im Flur gestanden, kaum dass der Boy die frisch geputzten Stiefel aus einem Nebengelass ausgehändigt hatte. Renau war nach oben im Haus gelaufen, durchs Treppenhaus hatte Claas ihn mit einem Diener reden hören, dass er telefonieren wolle. Dann war es kurz ganz still im Hause gewesen, bevor sein Marinestabsarzt wieder über die Treppe heruntergekommen war.

Renau verlangsamte jetzt den Schritt vor einer Villa, in deren geschwungen gemauerter Umfassung weiße Holzlatten im Mondlicht schimmerten. Aus dem Schatten des Eingangs trat ein malaiischer Diener in einem europäischen Anzug. »Bitte kommen, Sir.«

Sie folgten dem Mann über einen Steinplattenweg. Der Diener öffnete den Seiteneingang.

Claas war in Sonderburg nur einmal in einer Villa gewesen, als sein Vater für eine Hochzeit beim Likörfabrikanten Hendricksen vierhundert geräucherte Aale ablieferte.

Sein Vorgesetzter hob den Zeigefinger. »Du redest nur, wenn ich es dir erlaube.«

Drinnen sah es aus wie in einem Kontor bei den Reedern in Alsen. Holzfächer voller Aktenordner reichten vom Boden bis zur Decke, einige Pulte standen vor den Wänden, auf denen

Kontenbücher aufgeschlagen waren, Schreibfedern, Tintenfässer drängten sich auf den Ablagen. Nur der Schreibtisch unter dem grünen Schirm der Deckenlampe war sehr groß. Seltsamerweise war er ganz frei geräumt bis auf ein Telefon an der linken Seite.

Dahinter saß ein blasser, dünner Mann mit blondem Seitenscheitel. Es war einer der Männer, die beim Schwimmfest die Frau begleitet hatten.

»Ich danke Ihnen, dass Sie sofort gekommen sind.« Der Kaufmann erhob sich und reichte dem Marinestabsarzt die Hand. »Sie können gar nicht ermessen, wie sehr mich Ihre Nachricht … Ist das der Matrose, der Zeuge geworden ist?« Der Kaufmann presste die Lippen zusammen und musterte ihn aus grünen Augen, die blonden Brauen standen so eng zusammen, dass er bestimmt glaubte, Claas habe alles nur erfunden.

»Kapahnke, ich versichere Ihnen, dass mein Sanitätsmatrose keineswegs ein Aufschneider ist, der sich wichtigmachen will.«

Der Kaufmann umfasste die Unterarme. »Daran zweifle ich nicht. Wichtiger ist, dass Ihr Matrose das Schweigen bewahren kann.« Er trat auf Claas zu. »Sprich. Was genau hast du gesehen?«

Zigarrenduft ging von ihm aus, so nahe stand er vor ihm, ein paar Adern mäandrierten an den Schläfen bläulich in der Haut. Claas richtete seinen Blick auf den Marinestabsarzt.

Renau nickte ihm zu. »Alle Beobachtungen, schön ruhig und der Reihe nach, Claas, wie du es mir berichtet hast. Alles kann wichtig sein.«

Strammzustehen brauchte er wohl nicht, Claas drückte den

Rücken aber trotzdem durch. Das Gesicht des Kaufmanns verharrte regungslos wie das eines Ohnmächtigen.

Einen Moment war es ganz still im Kontor. Kapahnke ließ den Kopf ein wenig in den Nacken sinken. Noch immer hielt er die Augen geschlossen. Renau wartete. Der Klatsch in Tsingtau wusste, dass die Gräfin Litkowskaja die große Liebe des Kaufmanns war. Man munkelte von einer sehr romantischen Liaison, die einen verschlossenen Kapahnke geradezu in einen Charmeur verwandelt habe.

»Ich habe so etwas gefürchtet.« Kapahnke nickte seinem Obermatrosen zu. »Du bist sicher, dass es ein Fischerboot gewesen ist?«

»Es war eines, wie sie jeden Tag von den Inseln und von Kap Jäschke herüberkommen«, sagte Claas.

»Hunderte schwimmen davon in den Gewässern Tsingtaus.« Kapahnke schaute zur Wand und stützte sich an einem Stehpult ab. »Oh mein Gott.« Er ging um den Schreibtisch herum. »Setzen Sie sich doch, Doktor.«

Renau nahm sich den Bürostuhl mit der Lehne, der vor dem Schreibtisch stand. Claas blieb hinter ihm stehen. Der Kaufmann strich langsam über das dunkelgrüne Leder auf der Schreibtischplatte. Renau sah das Zucken des linken Lids. Kapahnke rang um Fassung.

»Ich war mit Gräfin Litkowskaja in der Droschke zum Bauhafen gefahren. Zuweilen lenke ich selbst«, sagte Kapahnke leise.

Renau konnte sich vorstellen, dass der keine indiskreten Kutscherohren wünschte, wenn er mit ihr ausfuhr.

»Der Lagerschuppen gehört zu meinem Geschäft. Ich … Der Schuppen ist besonders trocken, weil die Hafenmauern an den blanken Fels gebaut worden sind. Dort verwahre ich auch ausrangiertes Büromobiliar. Ich wollte nachsehen, was ich davon der Berliner Mission spenden könnte.« Kapahnke schloss kurz die Augen, die Lidränder zitterten. »Ich war mit der Gräfin heute Abend bei Pastor Noll eingeladen. Wir waren auf dem Weg dorthin.«

In Tsingtau war die Großzügigkeit des Kaufmanns bekannt. »Die Halunken müssen davon gewusst haben«, sagte Renau.

»Wieso?« Kapahnke richtete sich etwas auf.

»Weil sie ihr Fluchtboot genau passend am Kai liegen hatten. Hätten diese Verbrecher Sie beide einfach nur verfolgt, sagen wir mal, von Ihrer Villa oder wo auch immer Sie sich zuvor mit Gräfin Litkowskaja aufgehalten haben, hätte mein Obermatrose eher einen Wagen sehen müssen, in den man die arme Gräfin verschleppt hätte.« Renau hatte genug taktische Übungen hinter sich, es lag doch auf der Hand.

»Sie haben recht.« Der Kaufmann knirschte mit den Zähnen. »Als das Tor des Schuppens zugeworfen worden war, stand ich im Dunkel. Bis ich mich nach hinten getastet und die Leiter für die Dachluke gefunden hatte, war die Droschke leer und Jelena verschwunden.« Er sah auf. »Bis zu Ihrem Anruf hatte ich keinerlei Erklärung.« Kapahnke bohrte seinen Blick in die Lederauflage seines Schreibtischs. »Ich habe die Stunden bis zu Ihrem Anruf auf eine Nachricht gehofft …«

Renau nickte.

Kapahnke fuhr sich über die Stirn. »Keine Ahnung, mit wie vielen Menschen ich gesprochen habe, dass ich altes Mobiliar spenden würde. Der Pfarrer wirbt darum auf vielen Einladungen, was ich immer unterstütze. Auch das Personal in den Büros hat Ohren. Diebstähle, oh ja, das kennen wir zur Genüge, doch warum sollte mich jemand entführen wollen?«

Renau stützte sich mit der Hand auf dem Oberschenkel ab und beugte sich ein wenig vor. Es war nicht günstig, dass sein Obermatrose all das hörte, aber nicht zu vermeiden. »Es tut mir leid, Kapahnke, aber es scheint mir deutlich, dass nicht Sie, sondern die Gräfin das Opfer werden sollte.«

»Aber ich habe Jelena erst nach ihrem Anruf aus dem Englischen Club abgeholt, wo sie mit dem chinesischen Gouverneur und Frau Catterfield Bridge gespielt hat. Wie sollten die Banditen davon wissen?« Kapahnke legte die Hände auf die Schreibtischkante.

»Dennoch hat man die Gräfin auf das Boot verschleppt und nicht Sie. Es wäre den Männern ein Leichtes gewesen, Madame so zu bedrohen, dass sie nicht geschrien hätte, während man Sie aus dem Schuppen zerrt, überwältigt und vor den Augen der Gräfin auf das Boot bringt.«

Kapahnke blinzelte. »Der Militär in Ihnen erkennt die Taktik. Es muss so geplant gewesen sein, das ist wahr.«

Irgendwo draußen klirrte Glas. Claas zuckte zusammen, Kapahnke sprang auf. »Was war das?«

Kapahnke sprang auf. Er hielt sich mit ausgebreiteten Armen in der Tür fest. »John, sieh sofort nach!«, rief er.

Über ihnen trampelten Schritte im Haus. Der gedämpfte chinesische Singsang der Diener drang aus dem Flur. Claas trat hinter ihm zur Seite.

»Sir!« Der Malaie brachte etwas auf einem Silbertablett. »Jemand hat das durch die Scheibe des Küchenfensters geworfen.«

Renau war beeindruckt, dass der Butler selbst jetzt Stil bewahrte. Kapahnke nahm einen Papierball vom Tablett. »Darin steckt ein Pflasterstein.« Er reichte ihn an den Butler, sah nicht einmal hin, wie der Diener ihn aufs Silber legte und ging.

Renau zog die Knie weg, Kapahnke strich das Papier vor ihm auf dem Schreibtisch glatt. »Frau bei uns gut haben, bis du …« Kapahnke zögerte. »Die Zeichen sind zum Teil falsch geschrieben und von ungelenker Hand. Es soll wohl ›zurückkaufen‹ bedeuten oder ›auslösen‹.«

»Dass die chinesischen Banden in Schantung ihr Unwesen treiben, ist bekannt, aber dass sich die Halunken jetzt sogar auf deutsches Gebiet trauen, um Verbrechen zu begehen, muss der Gouverneur Mayer-Waldeck sofort erfahren.«

Kapahnke sah auf Renau herab. »Die Entführung der Gräfin muss unter allen Umständen geheim bleiben.«

Renau erhob sich lieber aus dem einfachen Bürostuhl. Er nahm festen Stand. »Bei allem Verständnis, der Gouverneur muss von solch einem Vorfall erfahren. Er berührt die Sicherheit der Kolonie.«

»Wollen Sie das Leben der Gräfin aufs Spiel setzen?« Kapahnkes Stimme klang belegt. »Ich selbst werde noch heute Nacht persönlich mit dem Gouverneur sprechen. Wie Sie wissen, bin ich Mitglied im Gouverneursrat in meiner Funktion als Vertreter der Kaufleute. Mayer-Waldeck schenkt mir jederzeit sein Ohr. Ich ersuche Sie dringendst, Abstand davon zu nehmen, einen Ihrer Vorgesetzten auf dem Dienstwege zu informieren.«

Die Stimme Kapahnkes hatte die alte Festigkeit zurückgewonnen, die Renau aus den Erörterungen während der Pestkrise kannte. »Geben Sie mir Ihr Wort, dass Sie den Gouverneur einweihen.«

Kapahnkes Oberlippe zuckte, doch reichte er ihm die Hand.

»Gut.« Renau schlug den Befehlston an. »Obermatrose Claas!«

»Zur Stelle!«

»Ich befehle dir, über deine Beobachtungen und alles, was du heute Abend hier gehört und gesehen hast, strengstes Schweigen zu bewahren. Sollte man an dich von einer anderen Seite herantreten, berufe dich auf diesen Befehl und antworte nicht ohne meine Erlaubnis.« Renau senkte seinen Blick mit Absicht streng in die Augen seines Burschen.

»Jawohl, Herr Marinestabsarzt.«

»Ich danke Ihnen.« Kapahnke wischte sich die Strähne aus der Stirn. »Wundern Sie sich nicht, sollten Sie in der Gesellschaft von einer Reise der Gräfin nach Südchina sprechen hören. Ihr Interesse für die chinesischen Sehenswürdigkeiten ist bekannt. Ich werde das vorschützen.«

Renau spürte, dass es Zeit war, den Mann allein zu lassen.

Kapahnke schob das Stück Papier mit den Fingerspitzen zur Mitte des Schreibtischs hin. »Schreibfehler … Gesindel, das bald bestraft sein wird. Ich kenne viele Händler in Schantung, die mir einen Gefallen schuldig sind. Auch in den kleinen Häfen rings um die Stadt weiß man, wo das Gesindel hockt.« Er atmete hörbar ein, zitternd vor Wut.

»Sie können sich auf die Hilfe der Marine verlassen.« Renau verneigte sich knapp.

»Danke. John bringt Sie hinaus.«

Claas ging voraus.

Der Malaie führte sie zurück zur Straße. Der Mond war hinter Wolken verschwunden. Nur die wenigen Straßenlaternen wiesen den Weg.

»Herr Marinestabsarzt, der Zapfenstreich ist längst vorbei. Was soll ich denn sagen, wenn mich der Maat vom Dienst am Tor interpelliert?«

Herrje, der Bursche hatte recht. Es war längst zehn Uhr durch. Renau gab das Marschtempo vor. »Ich begleite dich zurück in die Kaserne, Claas, und lasse einen Eintrag ins Stammbuch machen, dass du auf meinen Befehl hin den Zapfenstreich überschritten hast.« Sonst mussten sie am Ende noch das Schweigen brechen, weil ein niederer Dienstrang es ganz preußisch genau nahm.

Kapitel 13

Tsingtau, Villa Sun Pau Tschi – 12. Mai 1913

Eine deutsche Droschke hielt vor dem Haus. Chou-Li trat schnell in den Winkel der hölzernen Verandasäulen und verbarg sich. Zwischen den Balken spähte sie hinunter in die Auffahrt. Kapahnke kam schon wieder zu Besuch? Vater hatte niemanden zum Abendessen geladen.

Chou-Li ging aus ihrem Zimmer zur Treppe und wartete oben. Sie hatte lange Seidenbilder mit Zeichnungen der Drei Schluchten an den Wänden ausgerollt, wie Vater es gefiel.

»Geben Sie dem Gouverneur diese Karte«, sagte Kapahnke unten. Seine Stimme hallte ein wenig durch das Treppenhaus.

No-Hsen trat immer so leise auf, dass Chou-Li nicht hörte, ob er gleich damit zu ihrem Vater in das Schreibzimmer ging.

Kapahnke räusperte sich. Nichts geschah scheinbar.

Dann hörte sie Absätze auf den Dielen vor dem Salon. Vater empfing ihn also.

Chou-Li wartete, bis sie die Türen des Empfangszimmers schieben hörte, dann schlich sie die Treppe hinunter, huschte mit vier schnellen Schritten über den Teppich ins Nebenzimmer. Der Diener mochte sie ruhig sehen.

In die tote Türöffnung vor der Wandverkleidung war eine

Sitzbank eingebaut, Chou-Li hatte passgenaue weiche Seidenkissen in die Höhlung legen lassen. Sie legte ihr Ohr an das Holz.

»Ich wollte meine chinesischen Sekretäre nicht fragen, doch diese Zeichen hier scheinen mir falsch geschrieben.«

Chou-Li zog die Füße auf die gelben Seidenpolster und drückte sie an die Türfüllung ihr gegenüber, so ruhte sie fest mit dem Rücken und brauchte sich nicht zu bewegen. Kapahnke schrieb selbst Chinesisch, das hatte sie gesehen, als sie bei ihm wohnten.

»Sie können Ihrer Erfahrung als Handelsmann durchaus vertrauen. Das hat jemand mit ungeübter Hand geschrieben. Sehen Sie die zittrigen Ansätze, die ungleichen Schenkel der Zeichen. Kein Schriftgeübter schreibt so schlecht, nicht einmal seine Notizen.«

»Ihre Erfahrung als Gouverneur hat Sie vieler Menschen Schreiben sehen lassen.«

Chou-Li fand die Stimme des Händlers leiser, als sie durch die Wand hätte klingen müssen, seltsam gedehnt. Fast wie ein Sänger einer Pekingoper zwischen zwei Musikstücken sprach der große Mann. Sogar die Schärfe, mit der er seinen Untergebenen befahl, war einer vergifteten Freundlichkeit gewichen. Doch das Holz mochte sie trügen. Vielleicht stand der Händler zu weit weg, saß bei Vater vorn im Salon am Fenster, wenn er ihm schon ein Schriftstück zur Prüfung gereicht hatte.

»Wer also könnte so den Pinsel führen?«

Vater antwortete niemals sofort auf direkte Fragen. Selbst wenn er dem Händler zu großem Dank verpflichtet war. Dass er ihn unangemeldet empfangen hatte, war schon viel Ehre.

»Versager bei den Beamtenprüfungen verdingen sich oft als Schreiber auf dem Lande. Bestrafte Beamte, die sich dem

Trunk ergeben haben, vergessen über die Jahre die Eleganz der Zeichen. Sie kommen immer weiter herunter, wohnen am Ende in den Gossenhäusern beim Gelichter. Die wenigen Zeichen hier, die Ihnen solch üble Botschaft bringen, schrieb gewiss einer dieser Nichtsnutze für Banditen.«

Vater nahm sich viel Zeit. Er fand immer das ehrenvolle Maß. Ohne den Händler hätten sie kaum dem Palast so unbeschadet entfliehen können. Sie mochte den Händler nicht, er beachtete sie kaum, bedachte sie mit Floskeln der Höflichkeit.

»Das habe ich befürchtet. Wie kann ich dem Anführer in dieser heiklen Angelegenheit eine Antwort zukommen lassen?«

Chou-Li zog die Stirn kraus. Wenn er schon wusste, wer ihn bestohlen hatte, welchen Rat suchte er bei ihrem Vater?

»Warum wollen Sie antworten, wo noch keine Frage vorliegt?«

»Es geht mir um die Sicherheit der Gräfin.«

»Man wird ihr nichts tun.«

»Was macht Sie da so sicher?« Die Stimme des Kaufmanns war heller und noch leiser geworden.

»Die Erfahrung als Gouverneur in verschiedenen Provinzen. Solche Banden wissen, dass, wenn sie den Entführten ein Haar krümmen, sie gnadenlos bis zum Tod gehetzt werden. Wenn sie aber nur eine verschmerzbare Summe Silber erpressen, lässt man sie in Ruhe, um kein Aufsehen zu erregen.«

»Gilt das noch in den neuen Zeiten, die wir jetzt haben?«

Vater ließ ihn wieder warten. *»In China ist die Zeit niemals neu. Das Volk ist immer gleich.«*

»Was würden Sie an meiner Stelle tun?«

Chou-Li hörte etwas im Raum hinter der Trennwand. Wahrscheinlich war ihr Vater aufgestanden. Kapahnke verlor gerade sein Gesicht und beschädigte das ihres Vaters gleich mit, wenn er so unvermittelt um Rat fragte. Er war kein Familienmitglied.

»Sie leben schon lange genug an unseren Küsten, nicht wahr? Hat Sie das nicht Geduld gelehrt zu warten? Ein Bote wird sicher kommen, bewachen Sie Ihr Haus. Vielleicht finden Sie eine Spur, wenn Sie dem Boten folgen. Die Banditen wollen nicht der Gräfin habhaft bleiben, sondern Madame gegen etwas tauschen, das ist sicher. Geben Sie es heraus, sobald man es fordert.«

»Und wenn ich das nicht kann?«

Chou-Li nahm die Füße von der Türschalung. Kapahnkes Stimme hatte plötzlich eine dunkle Kraft. Eine strategische Weisheit fiel ihr ein: Bewege den Zweig und lies den Schatten.

»Denken Sie an Madame. Sie ist viel zu reizvoll für ein unglückliches Leben in einem Banditenverlies. – Sie werden sicher die richtige Entscheidung treffen.«

Vater klatschte in die Hände. Bestimmt trat der Diener eben drüben ein. *»Führe den Herrn zu seinem Wagen.«*

»Gouverneur, ehe ich es vergesse, grüßen Sie mir Ihr Fräulein Tochter. Das ist mir wichtig.«

Dann hörte Chou-Li schon vom Flur her die festen Schritte des Händlers auf dem Holzboden.

So war das also …

Chou-Li setzte die Füße zurück auf das Seidenpolster. Kapahnke hatte gedroht. Sie fühlte, wie ihr Herzschlag sich langsam beruhigte. Es würde sehr aufschlussreich sein, wie lange es dauern würde, bis Vater ihr von diesem Gespräch und seinen wahren Plänen mit der Gräfin erzählen würde.

Kapitel 14

Tsingtau, Bismarckkaserne – 20. Mai 1913

Das Mondlicht spiegelte sich in den Glastuben, Kugeln und Reagenzgläserständern, die in der Mitte des Labors IV auf Tischen standen. Renau ging schnellen Schritts zu den kannelierten Schranktüren an der schmalen Wand und bückte sich.

In dem untersten Schuber lagen Reagenzgläser. Renau hob sie vorsichtig heraus. Unter einem Einlagebrett der Schublade fand er die gleichen Metalldosen wieder wie vor eineinhalb Jahren, britisches Opium in Metalldosen. Er zählte rasch durch. Neun statt siebzehn!

Er legte alles zurück in den Schuber und schloss den Vitrinenschrank. Meisner vertraute also immer noch auf diesen Platz als gutes Versteck. Renau duckte sich wie beim Pirschen in den Schatten der Fensterwand. Den Inhalt von acht Dosen hatte Meisner hier also in der langen Zeit verwendet. Das schloss eine Sucht aus, so viel wusste Renau inzwischen über das Opium. Ein Raucher konnte damit höchstens fünf Monate seinen Hunger auf die Droge stillen.

Vorsicht spähte er aus der Tür des Labors. Auf den Wegen zwischen den Pavillons bewegte sich kein Schatten. So lange nach Zapfenstreich war kein Matrose mehr im Dienst. Renau drehte zweimal um, wie er das Schloss des Laborpavillons vorgefunden hatte.

Aber wenn Meisner selber ein Genussraucher war, der sich im Griff hatte? Schmied hatte freimütig von dem Plaisir erzählt, das ihm eine Opiumpfeife beschert hatte. Schmied war vernünftig, aber wie viele unvernünftige Männer, halbe Knaben selbst in Uniform, hatte er in den Kasernen erlebt. Genug, dass davon einer sich mit dem Opium statt dem Alkohol anfreunden könnte. Doch Meisner hatte sich in den Lagebesprechungen immer als sehr bedachter und weitsichtiger Offizier erwiesen, ob Renau ihn nun mochte oder nicht.

Die Nacht war sommerlich warm. Die umliegenden Hügel schützten die Pavillons des Lazaretts gegen die Nordwinde. Renau suchte den Schatten des Mondlichts bei den Sträuchern, die das Rondell mit der weißen Sitzbank einfassten.

Renau hörte in der Ferne einen Motorwagen fahren. Gegenüber auf der Hangterrasse mit den vornehmen Villen bellte ein Hund. Renau schlich an der Waschküche vorbei zum nächsten Pavillon, mit vier Offizierswohnungen auf der Südseite, außer Meisners standen alle leer. Das offizielle Quartier war unbeliebt, weil die Wohnungen im Winter kaum zu heizen waren, so schön die luftige Architektur auch war, so ungeeignet war sie eben auch.

Renau machte einen Satz durch einen Streifen Mondlicht auf dem Rasenfeld. Er hatte Glück, oben am Verandabalkon stand die Tür zu Meisners Wohnung offen. Noch hatte er Zeit. Der Marinechor gab einen Abend im Mannschaftsheim, Meisner hatte eine hervorragende Baritonstimme, auf die man ungern verzichtete.

Die Balkone stützten auf Holzbalken auf wie Fachwerk, waren mit geometrischen Rankenschnitzereien verziert, wie man es aus den Seebädern kannte. Renau ließ seinen Blick über den mittleren Pfosten gleiten, der Streben nach beiden Seiten aufwies.

Die Rosenrabatte vor der Balkonbrüstung war nicht allzu dicht bepflanzt, ein paar Dornen verhakten sich in seiner Uniformhose. Renau hob einen Zweig weg und setzte den Fuß am

Balkongitter an. Er zog sich am Geländer hoch. Das Brett war breit genug, er stellte sich und erreichte den kleinen Stützbalken nach oben mit den Händen. Wie früher, wenn er als Knabe heimlich nachts ausgebüxt war, wenn sich die verschworene Runde der Ritter vom Oderstein in der Sandhöhle am Ufer traf und heimlich rauchte. Renau schob die Erinnerung beiseite. Was er hier tat, war kein Dummer-Jungen-Streich. Mit reinen Beobachtungen war er nicht weitergekommen. Irgendwann würde der Vize-Admiral konkretere Ergebnisse fordern. Zwei weitere Jahre sollte er die Seuchenbekämpfung in der Kolonie leiten. Das Schreiben war vom Gouvernement mit der Dienstpost gekommen. Renau war nicht wohl bei dem Gedanken, dass der Vize-Admiral in Berlin nur an einem Faden zu ziehen brauchte, und schon war eine Dienstverlängerung ganz unproblematisch. Doch die Fäden fesselten ihn gleichzeitig.

Die Lage erforderte Einsatz, körperlichen Einsatz des ganzen Mannes. Renau zog sich hoch, er hatte schon immer genug Kraft in den Armen gehabt und hatte als einer der wenigen nicht an den Turnringen kapitulieren müssen.

Dann hockte er auf dem Geländer des Balkons von Meisner. Er verschnaufte, die Aussicht auf die Positionslichter der Schiffe vor der Bucht und die Lichter der Häuser war grandios. An Bügeln hingen zwei Uniformen zum Lüften, ein Korbsessel stand ohne Polster herum.

Renau ging auf Zehenspitzen zur Verandatür und lauschte in die Wohnung. Nichts, kein Laut. Er schlüpfte hinein.

Meisners Bett war aufgedeckt, ein Nachthemd lag zerknüllt am Boden neben dem leeren Nachttopf. Ein Schrank, zwei Kisten voller Kleider. Falls Meisner einen Boy beschäftigte, war der nicht gut gezogen.

Den Flur erhellte das Mondlicht, an der langen Wand hingen Fotografien. Meisner noch als Assistenzarzt, Meisner in Kiel, Renau erkannte die Kasernenauffahrt wieder. Meisners junge, schlanke Frau und die zwei Söhne. Renau fiel ein, dass Meisner gerade Witwer geworden war, als er selbst nach Tsingtau versetzt worden war. Eine Komplikation nach einer Fehlgeburt hatte Meisner dazu gemacht. Deshalb hatte er seine private Wohnung in Tsingtau aufgegeben und die Söhne nach Charlottenburg ins Internat geschickt.

Im Badezimmer standen auf einem Beistelltisch Rasierpinsel, Messer und Bimsstein sauber aufgereiht neben Zahnbürste und einem Tiegel mit Hautcreme. Ein Tuch hing über dem Wannenrand, ein Unterhemd über einem weißen Stuhl vor dem kleinen Fenster. In der Ecke lugte ein Schuhputzkasten hinter einem Schränkchen hervor.

Die Tür zum Wohnzimmer war nur angelehnt, Renau maß mit der linken Hand den Abstand zwischen Türblatt und Rahmen für die Tarnung beim Rückzug.

Eine Chaiselongue stand vor dem Fenster, darauf lagen wie im Fächer verstreut Notenblätter. Meisner hatte wohl zu Hause seine Solopassagen für den Chor geübt. Eine kleine Trompete lag auf dem Seitentisch daneben. Die *Tsingtauer Neuesten Nachrichten* vom Vortag.

Renau wandte sich zum Schreibtisch. Ein bereits adressierter Briefumschlag an die Herren A. und W. Meisner in der Prinz-Albert-Straße, Charlottenburg. Ein paar angefangene Zeilen, über die aber der Bügel mit dem Löschpapier liegen geblieben war.

Der Klappdeckel eines Holzkastens war hintübergelegt. Darin steckten blaue Karteikarten. Eine alphabetische Registratur ritt auf dickeren Trennblättern. Nicht alle Buchstabenfächer waren gefüllt.

Es war kein Geheimnis in der Stadt, dass Meisner mit seiner Privatpraxis gutes Geld verdiente. Renau erkannte die Namen. Händler aus Tsingtau oder ihre Frauen, ein Japaner, der einen Saatguthandel hatte, zwei Amerikaner von der Standard Oil Company, die den großen Tank am Hafen verwalteten, sogar Chinesen behandelte Meisner privat.

Renau erriet aus den lateinischen Abkürzungen unter den Angaben zur Person die üblichen Krankheiten.

Es gab aber auch fünf Karten, die nur Initialen trugen. *T. K., O. N., F. v. S., B. P.* und einfach *Q.* Darunter standen nur Zahlen mit Kommata. Mal einfach *4*, mal *3,56*, mal ein verwirrendes *5,23,09*, was weder ein Datum noch eine Mengenangabe sein konnte. Punktestände vielleicht? An die zweihundert Patienten betreute Meisner nebenher.

Außer einem Tisch mit zwei Stühlen und einer Blumenbank gab es weiter nichts. Blieb nur noch der hohe Bücherschrank mit den Glasscheiben.

Renau zog am Schlüssel mitten in der Tür, die so leicht aufschwang, dass sie an seine Stirn stieß. Er war nicht vorsichtig genug, verdammt.

In den oberen Fächern standen die Standardwerke der Heilkunst, darunter die Dienstanweisungen, die jeder Marinearzt auswendig lernen musste, bevor er sie vergessen durfte.

Ein paar französische Romane. Meisner war gebildet und sprach sogar Italienisch. Einmal hatte er beim Dienstjubiläum des Hafendirektors auf besonderen Wunsch der Gemahlin eine Opernarie vorgetragen.

In einem Fach darunter lagen graue Kladden, die Meisner mit seiner engen, schwingenden Schrift gezeichnet hatte. *Me-*

mel, wo er herstammte, *Kinder, Haushalt.* Renau hob die drei vorsichtig herunter auf den Boden. Auf der nächsten stand nur ein Buchstabe, *W.*

Renau hob den Deckel an.

Fahrten von Westerhoff nach Ling-Schan-Wie Freitag, 3. 3., abends. Er überflog die Liste. Jemand hatte für Meisner den Marineoberstabsarzt überwacht und ihm detailliert dessen Pendeln hinüber zur Halbinsel auf der anderen Seite der Bucht vermeldet. *W. kauft Lackmöbel in Tapautau, W. bei Seidenhändler, W. bei chinesischem Arzt,* dahinter figurierten Datum und Tageszeit. Dann folgte eine Aufstellung, was Westerhoff zu Hause gegessen hatte. Davon gab es aber nur zwei Eintragungen. So etwas konnten nur Hausangestellte wissen.

Unter den Papierbögen steckte noch ein versiegelter Umschlag. Er konnte ihn nicht öffnen, deshalb befühlte er ihn. Ein Karton, vielleicht eine Fotografie steckte darin. Auf dem Umschlag waren hinten fünf Schriftzeichen in blasser Schrift aufgedruckt. Er entzifferte keines.

Renau legte alles vorsichtig zurück an den Platz und schloss die leichtgängige Tür. Es geschah ihm recht, dass er nur solch abstoßende Dinge fand: dass Meisner niederträchtig Westerhoff ausspionierte, so wie jener gegen Meisner mit allen Mitteln intrigierte. Und er selbst wie ein Ehrloser Meisners Wohnungsrecht verletzte und in der Nacht in dessen Sachen schnüffelte.

Ein Geräusch! Renau sprang zur Zimmertür, horchte. Drunten ging ein Schlüssel! Gott, war das Konzert schon vorbei?

Er rannte auf Zehenspitzen durch den Flur. Verdammt, die Zimmertür! Er stürzte fast, so rasch wendete er sich um, ließ den Spalt im vorigen Abstand offen.

»Bruder Jakob, Bruder Jakob, Schläfst du noch? Schläfst du noch?« Meisners Bariton dröhnte in Renaus Ohren.

»Hörst du nicht die Glocken?« Der wohltönende Bass gehörte Infanterieoberst Camberg.

Renau machte Riesenschritte zum Schlafzimmer, hielt sich am Rahmen fest und schleuderte fast hinein. Sie kamen bereits die Treppe hoch.

»Es ist ein Kinderlied, aber die Matrosen haben einfach großes Vergnügen daran.« Meisner lachte. Camberg fiel ein. »Das Publikum nicht weniger, Sie haben den nicht endenden Applaus vernommen.«

Renau schaffte es gerade noch, er wich im letzten Moment dem Stuhl auf der Veranda aus, fiel von allein auf die Knie. Er duckte sich vor die Holzwand unter dem Fenster.

Drinnen drehte Meisner das Licht an. Der Schein reichte hinaus bis auf den Balkon und beinahe an Renaus Stiefelspitzen.

»Ich lege nur die Jacke ab, Camberg. Ich habe einen vorzüglichen Württemberger Rotwein aus Esslingen mit der letzten Paketpost bezogen. Ein Kamerad aus meiner Zeit in Stettin hat sich ins Schwäbische verheiratet und versorgt alle mit dem Wein seines Schwagers.«

»Ich probiere gern etwas Neues«, der Bass klang von weiter weg. Renau hoffte, dass Camberg weiter ins Wohnzimmer gehen würde, jedenfalls Meisners Aufmerksamkeit von der Tür ablenkte.

»Die Gläser stehen drüben neben dem Bücherschrank mit der Flasche auf dem Beistelltisch.«

Renau hörte Stoff auf Stoff fallen, so klang es, wenn er seine Uniformjacke aufs Bett warf.

Der Schatten Meisners wurde größer auf dem Balkon. Renau atmete nicht. Der Schatten zog die Stiefel aus. Wenn er sie bloß nicht zum Lüften nach draußen stellte!

»Soll ich schon öffnen?«, rief die dunkle Stimme.

»Der Korkenzieher … Moment, ich komme.« Meisner stellte die Stiefel auf die Türschwelle.

Vor Herzrasen konnte Renau gar nichts denken.

Der Lichtschein verschwand, Meisner musste die Schlafzimmertür geschlossen haben. Renau lugte vorsichtig auf Fußhöhe durch die Türöffnung ins Zimmer. Richtig. Er erhob sich so lautlos wie möglich, schwang sich auf das Balkongeländer. Einen Sprung konnte er nicht wagen, es war zu hoch, zudem könnten sie ihn hören. Renau klammerte sich an den Mittelpfeiler, an die Querbalken, ließ sich mit der ganzen Kraft seiner Arme langsam nach unten sinken, umfasste den Mittelpfeiler der Veranda des unteren Stockwerks mit den Beinen, ließ sich wie an einer Stange langsam hinunterrutschen. Dann spürte er das nächste Geländer unter den Füßen.

Noch ein Satz, und er stand in der Rosenrabatte, zwei Schritt weiter barg ihn der Schatten des nächsten Buschs.

Oben in der Wohnung war wieder Licht im Schlafzimmer. Meisner und Camberg standen mit Weingläsern in der Hand auf der Veranda. »Die Aussicht ist nicht zu verachten, wie der Wein übrigens auch.« Den lauten Bass Cambergs hörte Renau noch, Meisners Antwort nicht mehr.

Kapitel 15

Tsingtau, beim Kaiserstuhl – 22. Mai 1913

Ich brauche den versprochenen Jagdwagen leider sofort. Wozu habe ich vorbestellt?«

Der Droschken-Verleiher kratzte sich am Kopf und schaute zu seinen Angestellten. »Was können wir da machen …« Das Hauptbüro des Speditionsgeschäfts war recht klein. Drei deutsche Angestellte nahmen die Bestellungen für Kutschfahrten oder auch Gütertransporte an. Die Wände schmückten hübsche Grafiken von den Wagen, die Richardt hinten im Hof in den Remisen stehen hatte.

Renau konnte es kaum abwarten, dass er endlich aus der Stadt loskam. Seit sein Bursche Pei gestern Chou-Lis Brief überbracht hatte, kreisten seine Gedanken nur um sie. Er hatte kaum glauben können, dass sie ihn für diesen Samstag zur weit von der Stadt entfernten Scha-Tsy-Kou-Bucht bestellt hatte, für die Mittagszeit. *Du wirst mich dort schon finden.* Pei hatte nur zu berichten gehabt, ein Knabe habe ihm den Brief auf dem Markt zugesteckt und sei in der Menge verschwunden.

»Ich werde Ihnen ausnahmsweise ein Coupé für die Fahrt überlassen. Am letzten Jagdwagen in der Garage ist die Deichsel noch nicht repariert, und die anderen sind alle vom Jagdverein seit gestern Abend ausgeführt.« Der Droschken-Verleiher rief etwas auf Chinesisch ins Kontor.

Renau sah nicht, wer darauf reagierte.

»Ob Seine Majestät kommt? Was meinen Sie, ich höre immer wieder Gerüchte. Sie verkehren doch im Gouvernement.«

Renau war es herzlich egal. Der Weg zu Chou-Li über den Kaiserstuhl war weit, er musste endlich los. Aber Unfreundlichkeit half auch nichts. »Prinz Heinrich wird die Stadt bei seiner Ostasienreise beehren? Da glaube ich kaum, dass Majestät dieses Jahr auch noch kommt.«

Die Angestellten schrieben eifrig, tief gebeugt über die grünen Lederunterlagen der Pulte. Das Telefon läutete. »Richardt, Droschken-Verleihinstitut«, sagte ein Lehrling betont langsam.

»Da haben Sie sicher recht, Herr Marinestabsarzt.« Der Inhaber ging zur Ladentür.

»Majestät lieben das Meer, der kommt ganz gewiss einmal«, sagte Renau.

Sie traten auf die Tientsin-Straße aufs Trottoir. »Nun sehen Sie sich das an. Mitten in der Stadt! Die Gelben schrecken ja vor nichts zurück.« Richardt wies zur Straßenmitte.

Das Holzrad quietschte in der Nabe, dabei war der Eber, den die beiden Chinesen auf die Schubfläche des Karrens gebunden hatten, längst tot, er streckte die Beine in die Luft, rechts und links davon stapelten sich grüne Melonen, alles war mit einem Seil umwunden.

»Das fällt doch alles gleich in den Straßendreck. Wie kann man einfach wahllos dieses Seil einmal rüberwerfen und sonst nichts!« Richardt schüttelte das schüttere Haar.

In jedem Dorf in China konnte man solche Szenen sehen. Renau wunderte sich immer wieder über Deutsche, die keinen Fuß außerhalb der Stadt setzten. Der Jüngere hatte ein Tuch über den Kopf gewunden und schob die Karre die Straße hoch, der Ältere hatte eine runde Mütze auf dem Kopf und saß halb auf der verlängerten Nabe. Die Kittel waren sehr schmutzig. Armselige Kulis, die jede Arbeit aus Not annehmen mussten.

»Unbeschreiblich, dieser Geruch, warum sich diese Menschen nur nicht waschen.«

Der Verleiher hob die Hand bis über den Kopf. »Na, bitte. Da rollt Ihr Coupé heran. Einen Offizier des Kaisers muss ich wohl nicht einweisen.«

Statt einer Antwort stieg Renau über die Trittstufe auf den Kutschbock. Er griff zum Zügel. Wenigstens hatte der Verleiher für die lange Strecke ein junges Pferd vorspannen lassen. Er durfte Chou-Li nicht warten lassen.

Richardt klopfte zum Abschied an den Holzrahmen. »Gute Fahrt.«

Der schnellste Weg führte nicht an der Küste entlang, sondern über den Versorgungsweg der Marineeinrichtungen und dann erst südlich des Kaiserstuhls am Meer entlang.

Renau lenkte das Coupé Richtung Iltis-Kaserne zur Stadt hinaus. Niemand würde sich etwas dabei denken, wenn ein Offizier allein dorthin einen Wagen lenkte.

»Ich bin verrückt.« Da hatte er sich von Dorothea getrennt, weil ihre politische Einstellung seine Marinekarriere blockiert hätte – fuhr aber jetzt mit heftiger Erregung im Unterleib zu einem Rendezvous mit einer Frau von anderer Hautfarbe und Kultur. Eine Liaison mit einer Chinesin galt gesellschaftlich und bei der Marine erst recht als höchst skandalös.

Aber Chou-Li, schon mit dem wenigen, das er von ihr wusste, faszinierte ihn. Sie sprach vieldeutig wie ein Orakel und war verführerisch wie … Renau fiel kein Vergleich ein, hätte er mehr Frauen in seinem Leben gekannt, vielleicht. Aber hatte es sich Leidenschaft je aussuchen können, wann sie entflammte? Wozu war er Offizier geworden, wenn er im Krieg und in der Liebe nichts wagen wollte.

»Hü! Und los.« Er hielt die Zügel straff.

Chou-Li stand vor ihrem Reisewagen und schaute über die Bucht zum Meer. Grau lag der feuchte Sand zwischen den steilen Felsen, die die weite Bucht wie Festungsmauern umstellten. Hinter ihr hatte ein Kaiser einer entfernten Zeit ein Kastell mauern lassen, das man von See aus kaum von den Küstenbergen unterscheiden konnte, so geschickt nutzte es die Formen der Landschaft aus.

Sogar Kanonen sollen dort gestanden haben, meinte ihr Vater. Chou-Li genoss die Sonne auf ihrem Gesicht. Die warmen Strahlen streichelten sie fast so zart, wie er es konnte, auf den sie wartete.

Sie hatte den Kutscher sicherheitshalber vom alten Kastell weg ins Dorf geschickt, auch wenn sie ihn noch für das Schweigen bestechen würde.

Wo er nur blieb? Doch auf dem schmalen Weg, der von den hochgelegenen Obstplantagen hier herunterführte, trieb nur ab und an ein Bauer eine Kuh vor sich her.

Sie hatte kaum von den Köstlichkeiten essen können, die sie für den langen Ausflug hatte vom Koch einpacken lassen. Sie hatte zu Hause schon lange davon gesprochen, dass sie den Meerestempel Hai miau mit den alten Wandzeichnungen besuchen wollte. So war es ihrem Vater nicht weiter verwunderlich, dass sie in dieser sonnigen Woche hatte aufbrechen wollen. So müde er die letzte Zeit auch gewesen war, seit einigen Tagen verbrachte er wieder den ganzen Tag im Schreibkabinett. Chou-Li war sich sicher, dass ihr Vater ihr nur die Hälfte des Schriftverkehrs zeigte, den er empfing. Aber darüber konnte sie morgen wieder nachdenken.

Sie wollte ihn sehen, diesen großen Mann, der sie so eng umschlungen halten konnte, dass sie die Welt vergaß. Dessen klare Augen immerzu versuchten, durch sie hindurch in die

Zukunft hineinzusehen wie ein Wahrsager mit diesen großen Europäer-Männeraugen, die sie hatte weinen sehen.

Er würde den Weg hierher kennen, die Deutschen unterhielten ein kleines Soldatenlager bei dem Fischerhafen. Chou-Li sah weit über der Bucht weiße Vögel in den Höhen schwingen. Manchmal wünschte sie sich die Freiheit dieser Wesen, die in Luft, Wasser und auf dem Land existieren konnten. Sie selbst hatte ja schon Mühe, dass sie nicht auf den Kieseln des Strandes nach ein paar Schritten aufgab.

Sie hörte etwas. Ein Wagen, und vorn saß er!

Chou-Li fühlte, wie sich ihr langes grünes Reisekleid auf ihrer Brust hob und senkte, so schwer schien es ihr mit einem Mal. Sie machte einen Schritt auf ihren Wagen zu, doch es war zu spät. Er winkte ihr schon zu.

»Brr!« Seine Stimme bewirkte, dass es ihren Rücken hinabschauderte. Der offene Wagen hielt auf dem steinigen Weg hinter ihrem. Das Pferd hob den Kopf weit nach oben, weil er es so straff zügelte.

Er stützte sich an der Kante des Kutschbocks auf und schwang mit beiden Beinen über den niedrigen Rand. Stand groß und strahlend vor ihr, machte einen schnellen Schritt auf sie zu, dass sie schon fürchtete, dass er vergesse, dass sie im Freien standen.

»Chou-Li«, er verbeugte sich und griff ihre Hand, vollführte einen Handkuss. »Die ganze Fahrt über habe ich gegrübelt, wo ich wohl nach dir fragen könnte.«

»Siehst du, es war nicht schwer, mich zu finden, Heinrich.«

Er beugte sein Knie fast nieder zum Kieselstrand und betrachtete sie von unten. »Du hast nur die Bucht angegeben.«

»Je weniger in einem Brief verraten wird, desto besser ist es. Wir müssen sehr vorsichtig sein.«

Er sah sich um. »Und hier ... Ist es diskret genug?«

Sie hoffte es. »Der alte Tempel ist ein beliebtes Ziel. Es gibt den Beamten, die in Tsingtau leben müssen, das Gefühl, sie führen hinaus zu ihren Landsitzen. Warum sollte ich nicht auch einmal die alten Wandbilder im Meerestempel betrachten?« Sie wies auf eine niedrige Pagode, die, vom ersten Felsen vor der Brandung geschützt, darüber hervorspitzte.

»Lass dich ansehen«, er ging um sie herum. »Ich bin so glücklich, dich wiederzusehen.«

Sein Blick glitt über sie, so langsam und so durchdringend, wie es nur ein Arzt konnte, für den Kleidung den Körper nicht wirklich verhüllte. Seine Augenbrauen wanderten mit, als besäßen sie ein Eigenleben. Es gefiel ihr, wie er vergaß, dass er nicht so sehnsüchtig lächeln sollte, als Mann, der um eine Frau warb. Bei einer weißhäutigen Frau würde er es vielleicht so offen nicht tun. Chou-Li wischte den Gedanken weg, was verglich sie sich.

Er musterte die Stickereien auf ihrem Kleid. »Hast du die Vögel mit Absicht ausgesucht? Sie gleichen denen im Himmel.« Er richtete seinen langen Arm ins Blau über ihnen.

»Sie symbolisieren die Reise, das Von-Ort-zu-Ort, deshalb.« Er hatte sie bei den Parkteichen in Tsinanfu schon ausgefragt, wieso die Chinesen dies und das taten.

Keinen Moment wandte er den Blick von ihr. »Ich kann es kaum fassen.«

Sie setzte sich unter den hohen Stoffbaldachin. Es war sicherer, wenn sie in ihrem Wagen saßen. »Magst du etwas essen?«

Er nahm neben ihr auf dem roten Polster Platz. »Gern.« Er griff nach den kleinen Röllchen, die sie aus einer Schüssel darbot. »Wunderbar. Ich habe kaum gefrühstückt. Verzeih mir die

Verspätung. Ich hatte einen Jagdwagen reserviert … Ach, was soll's.« Er führte ihre Hand zu seinen Lippen. »Endlich habe ich dich wieder.«

Chou-Li fühlte einen Schauer, so leicht küsste er ihre Finger, ihren Handrücken. Sie entzog sie ihm, lehnte sich zurück und griff nach der Seidenkordel, die die Sonnenblenden vor dem Einstieg senkte. Die Seide milderte das Sonnenlicht, sie waren in dem unwirklichen rosa Schein geborgen.

»Chou-Li …« Er nahm sie bei den Schultern und küsste ihren Hals, ihr Ohr.

Sie ließ es geschehen, sie spürte seine warme Haut an den Schläfen, seine Finger, die über ihr Reisekleid strichen.

Dann küsste er sie. Sie fand die kühlen Knöpfe seiner Uniform, drückten sie durch den Stoff. Er entledigte sich der Jacke, ohne dass er aufgehört hätte, ihre Lippen mit den seinen zu berühren.

Chou-Li ließ ihren Reisemantel von der seidenen Bluse gleiten, ihr schien, sie weite sich in diese steigende Hitze unter dem Baldachin, rasch barg sie den Kopf an seinem Hemd. »Ich höre deinen Herzschlag.« Chou-Li hörte die Ungeduld und die Kraft, die mit dem Atem rang.

»Und was sagt er dir«, flüsterte er rau.

»Dass du ihm folgen wirst.« Jeder Schlag traf gegen ihren eigenen Puls, der noch nicht in den Takt finden wollte.

»Das bin ich doch schon.« Er hob sie an sich, packte ihre Beine und schob sie über seine Knie. Seine Hände wanderten auf ihren seidenen Hosen zu den Füßen. »Dein Duft hat mich verführt, deine leisen, klugen Worte auf meine dummen Fragen …« Er lachte und kitzelte sie unter dem Knie.

Ihr Bein zuckte, ihr Schuh fiel auf den Sänftenteppich vor seinen Stiefeln. Sein Blick war von ihrem winzigen Fuß in dem weißen Seidenstrumpf gebannt. Langsam fuhr er mit der Hand über ihren Spann, seine Zeigefingerkuppe kitzelte auf ihrem Zeh, sein Daumen drückte in ihre Ferse. »Auf solch kleinen Füßchen läufst du …« Er hielt sich den Abstand in der linken Hand vor Augen. »Tut es dir weh?«

Früher, als sie wuchsen, hatte es oft sehr viel Schmerz bereitet. Aber solche zu ertragen, war Schicksal der Frauen, hatte ihre Mutter gesagt, wie auch später Tante Shen. »Nur wenn ich zu lange laufe.« Chou-Li strich ihm über die Wangen.

»Der Fuß ist ganz hochgekrümmt.«

Die tiefe Falte zwischen seinen Brauen, oh, welche Schande. Ein chinesischer Mann hätte ihren Lilienfuß verehrt, aber er, er war Arzt, und vielleicht fand er diese Sitte nur abstoßend. Hieß es nicht, die Europäer ließen ihre Frauen sogar um die Wette laufen?

Seine Finger ertasteten ihre Sohlen.

»Nicht!« Chou-Li wehrte mit der Hand ab. »Findest du sie nicht schön?«

»Verzeih.« Er drückte sie fest an sich. »Doch, aber nicht nur deinen Fuß, alles an dir …«

Sie spürte seine Erregung unter ihrem Bein. Sein Mund hätte vielleicht lügen können. Es war nicht richtig, so früh, und doch wollte sie ihn nur noch mehr berühren. Ihre Hand schob sich unter sein Hemd, fühlte die festen Muskeln, strich über das Haar.

Er stöhnte leise.

Wind spielte im Vorhang, hob ihn ein winziges bisschen, ein Sonnenfleck tanzte kurz auf ihrem Schuh auf dem Boden.

Er hob sie vorsichtig von seinen Knien, sie sah, wie er schluckte. »Lass uns zum Tempel gehen, ich … vergesse sonst, wer du bist und wo wir sind.«

Dass er ihre Ehre achtete, Beherrschung zeigte, wo sie ihre gerade verlor, gewann ihm endgültig ihre Seele.

»Das Wandbild zeigt, wie Lin, so hieß die Göttin, bevor sie in den Himmel entrückt wurde, ihre Brüder und den Vater aus Seenot rettet. Ein Taifun überrascht die Fischer draußen auf dem Meer, das Mädchen Lin fällt am Herd in eine Trance, sie flüstert, dass sie ihre Leute im Meer ertrinken sieht. Sie fischt mit den Händen die Brüder aus dem Meer, mit dem Mund den Vater.«

Renau hatte Mühe, dass er in den verwitterten Farbschichten mit den vielen abgeplatzten Stellen im Putz überhaupt etwas erkannte. »Und dann?«

Chou-Li zeigte auf ein besser erhaltenes Bild. »Lin lag starr wie tot neben dem Herd, die Mutter sorgte sich, Lin tat einen schwachen Schrei, dabei verlor sie den Vater aus dem Mund, der im Taifun draußen auf See unterging.« Chou-Li zeigte auf die Malerei. »Und dort sieht man, wie sie von einem hohen Berg in den Himmel über eine Wolkentreppe aufsteigt.«

»Unsere Kirchen sind auch oft ausgemalt.« Renau machte sich nicht viel daraus.

»Ich weiß«, sagte Chou-Li. Sie ging um das Becken herum, in dessen Mitte die Meeresgöttin auf einem Stein, halb Felsen, halb Fisch, stand. »Ich hatte eine amerikanische Presbyterianerin als Lehrerin, sie hat mir eure Religion erklärt.« Sie wandte sich um. Ihr Blick sog an ihm. »Glaubst du an nur einen Gott?«

Wenn er ehrlich war, hatte er sich diese Frage nicht wirklich vorgelegt, ob es nur einen gab oder keinen. »Ich habe nie darüber nachgedacht, ob es mehrere geben könnte. Wie alt ist dieser Tempel? Bestimmt älter als viele Kirchen in meiner Heimatstadt.« Renau hielt sich an einer Säule fest.

»Du bist so anders als die anderen Deutschen, die immer so viel Verachtung im Blick haben. Dabei sind die Chinesen viel geschäftiger als die trägen Weißen in den Rikschas.«

Sie würden sich noch viel erklären müssen. »Auch die Europäer arbeiten, mein Tag ist lang.«

»Jetzt bist du erzürnt.« Chou-Li setzte sich auf eine niedrige Mauer an den Treppen zum Strand. »Ich … verzeih mir.«

Er legte seinen Arm um sie. »Nein.« Er legte seine Stirn an ihre. »Bei uns sagt man: Nur der Dumme stellt keine Fragen.«

»Bei uns heißt es: Dumme Gedanken hat jeder, aber der Weise verschweigt sie.«

Sie konnten nicht anders, sie mussten lachen.

»Vielleicht habt ihr recht in Europa.«

Ihr Lächeln machte sie so schön. Renau küsste sie dafür. Und warum sollte er sie nicht fragen? »Eines interessiert mich. Der Opiumschmuggel nach Tsingtau hat zugenommen. Dein Vater hat sich öffentlich als Gouverneur von Schantung dagegen eingesetzt. Weiß er, wer in der Chinesenstadt noch immer daran verdient, obwohl die Lizenzen ausgelaufen sind?«

Chou-Li lehnte sich etwas zurück. Sie verbarg die Hände in den Aufschlägen ihres grünen Mantels. »Mein Vater ist kein Händler«, sagte sie.

Sie musterte ihn, wollte sie Zeit für eine Antwort gewinnen, oder durfte er sie gar nicht erst nach ihrem Vater fragen? »Natürlich weiß ich das. Doch er kennt alle wichtigen Leute in Tsingtau.«

»Aber was hast du damit zu tun?«

Konnte er ihr das wirklich eröffnen? »Ich war wegen einer internationalen Konferenz in Berlin.«

»China kämpft schon lange mit dem Übel. Mein Vater hat einmal meinen Bruder vor der gesamten Familie mit eigener Hand mit einer Gerte geprügelt, weil er davon erfahren hatte, dass mein Bruder in einem Bordell eine Pfeife geraucht hatte. Er hält es für Gift, wiewohl er um die Heilwirkungen weiß.« Chou-Li strich ihm über die Uniformjacke an den Knöpfen. »Alle wissen, dass mein Vater ein strenger Gegner des Opiums ist. Niemand unter den Adeligen oder Würdenträgern würde wagen, in seiner Gegenwart eine Pfeife anzubieten, wie es die Höflichkeit eigentlich erforderte, wenn die Abendstunde nach einem Essen vorrückt. Ob es in den anderen Häusern anders zugeht, kann ich dir nicht sagen.«

Oder sagte sie es ihm gerade damit. Renau lächelte schwach. Ihre dunklen Augen schauten voll Neugier und verrieten nicht, wie sie es gemeint hatte.

»Die Sonne neigt sich bald. Ich möchte meinen Vater nicht in Sorge setzen. Es …« Sie griff nach seiner Hand. »Er ist leidend. Ich weiß es, auch wenn er nie klagt. Ich möchte, dass du ihn untersuchst.«

»Was fehlt ihm?«

Sie schüttelte nur den Kopf. »Er spricht wenig. Manchmal ist sein Gesicht wie verhärtet. Er sagt es mir nicht.«

»Ich kann nicht einfach zu ihm gehen …«

»… ich werde ihn überzeugen, dass er dich rufen lässt.« Ihre Augen suchten die Weite draußen vor dem Tempel.

Wenn er Hausbesuche machte, würde er sie sehen können, ohne dass jemand daran Anstoß nähme. Was für eine Frau …

»Lass uns gehen«, sagte Chou-Li.

Ihre warme Hand in seiner erfüllte ihn mit einem Gefühl, das er schon lange vergessen hatte. Es war die Leichtigkeit eines Glücksmoments, der wie ein Sonnenstrahl durch sein Herz tanzte.

Kapitel 16

Tsingtau, Prinz-Heinrich-Straße – 5. Juli 1913

Sun Pau Tschi wartete in seiner Sänfte vor dem Kaiserlich-Deutschen-Postamt. Er sah hinaus in die Geschäftsstraße, wo nach Mittag die Fuhrwerke mit den Rikschas und Fußgängern haderten. Eine alte Weisheit aus Südchina fiel ihm ein. *Fürchte dich nicht vor dem langsamen Vorwärtsgehen, fürchte dich nur vor dem Stehenbleiben.* Jahrelang hatten er und seine Freunde gegen die Erstarrung der Nation unter der Kaiserinwitwe Tsi-Hsi und dem letzten Tsing-Kaiser gekämpft, als nichts voranschritt außer der Verfall des Landes.

Der Straßenkies draußen war noch feucht. Vielleicht war die Revolution wie ein Sommerregen, der das Land zum Blühen brachte, wenn er längst versickert war. Sun Pau Tschi warf einen Blick auf die Schlagzeilen der *China Post* und konnte ein Schmunzeln nicht unterdrücken. Was hatten die jungen Herren denn geglaubt, so unwissend konnten die Studierten doch gar nicht sein! Der Oberbefehlshaber der Armee Yüan Shi Kai hatte die Macht an sich gerissen.

Sun Pau Tschi legte die Zeitung wieder weg. Warum hätte der General es unterlassen sollen? Ihm folgten die meisten Truppen, vor allem die Pekings. Der Kaiserpalast stand verwaist, wo ein dem Volk kaum begreiflich zu machender Präsident das große Siegel beanspruchte. Der General spielte sich als Alleinherrscher auf, wie so viele vor ihm in der Geschichte.

Die Gegenwehr des gewählten Präsidenten Sun Yatsen war dilettantisch. »Er hätte die Berater und Freunde des Generals auf seine Seite ziehen müssen, dann vielleicht …« So hatten die Soldaten die Anhänger des Präsidenten von den Straßen gefegt und Sun Yatsen sogar ins Exil nach Japan gezwungen.

Sein Diener kam aus dem Postamt herangelaufen. »Herr, verzeiht, dass ich so spät bin. Viele Menschen waren vor mir.« Er sprach wie immer betont gehetzt.

»Sorge dich nicht«, sagte Sun. Die Deutschen nahmen es mit der Reihenfolge genauer als mit der Rangfolge, selbst bei Würdenträgern.

»Eure Briefe haben noch den Mittagszug erreicht. Die Bahnpost aus Peking ist bereits eingetroffen.« Durch den halb offenen Seidenvorhang reichte er ihm die dicke Briefmappe herein.

»Weiter.« Der Diener ging zu den Trägern nach vorn. Sie hoben die Sänfte an.

Sun Pau legte die Hand auf die Mappe. Seit ein paar Wochen erinnerte man sich in Peking seiner. Sein Sohn war im Kanalamt befördert worden. Im Süden hielt sich der Enkel seines Großonkels wacker als Ratgeber des dortigen Feldherrn. Viele hochrangige Männer hatten die Korrespondenz wieder aufgenommen, die meisten gaben der Republik zwischen den Zeilen wenig Chancen, mehr als ein Zwischenspiel zwischen zwei Dynastien zu werden.

Sun Pau hörte Tropfen auf dem Seidenbaldachin. Zwei deutsche Damen spannten vor dem Kuchengeschäft die weißen Schirme auf.

Ja, die Frauen waren immer in Sorge um ihren Glanz. Shen würde sich über seinen Brief freuen, seit Monaten bedrängte sie ihn, endlich gute Familienverbindungen für seine Kinder zu arrangieren. Sie begriff kaum, dass viele Väter wie er noch nicht sicher waren, welche Allianzen in diesen Zeiten Glück brachten. *Es ist leichter, ein Land zu regieren, als eine Familie zu führen.* Gerade wenn man es mit Shen und Chou-Li zu tun hatte.

Die Träger blieben stehen, und Sun lugte schräg am Vorhang vorbei. Sein Diener tauchte auf. »Die Ausländer marschieren vorbei, Herr.«

»Sind es viele?«

»Über hundert«, sagte er gehetzt.

»Ihr dürft absetzen, bis sie vorbei sind.« Sun seufzte. Der Nachmittag war keine gute Zeit für Geschäfte. Die Sänfte senkte sich.

Sun schob den Vorhang auf der anderen Seite einen Spalt auf. Er hielt vor einer Baulücke, auf der niedriges Gras wucherte. Am nächsten Haus schmückten rotes Ziegelmauerwerk, helle Putzflächen und quadratische Muster aus rot-weißen Wandfliesen die Fassade. Im Wappenfeld oberhalb der großen Dachlaube war ein Zeichen eingelassen, ein Stab, um den sich eine Schlange wand. Die deutsche Apotheke sei im neuesten Baustil errichtet worden, hatte ihm jemand bei einem Empfang im Gouvernement wichtigtuerisch erklärt. Als ob er sich für die Architektur der Ausländer interessierte, die mit ihren hohen Bauten nur ihre Macht zeigen wollten. Wem nützten diese luftigen Balkone, auf denen niemand saß?

Zwischen den kurzen gedrungenen Säulen im Erdgeschoss trat ein Mann in Uniform hervor. »Tatsächlich!« Der Marinestabsarzt Renau war also wirklich persönlich zur Apotheke gegangen, wie er versprochen hatte. Der große schlanke Offizier blieb noch einen Moment stehen und schien etwas an der Verpackung zu falten, die er in den Händen hielt.

Sun Pau Tschi ließ sich in das Polster fallen. Die angeschwollenen Drüsen an seinem Hals und in den Leisten waren kein gutes Zeichen, das wusste er selber. Seine Ärzte hatten ihm Pulver verschrieben und geriebene Haiflosse. Nichts half gegen die Müdigkeit. Ein paar Mal schon hatte Sun sich so schwach gefühlt, dass er nicht alle Briefe mit sicherer Hand hatte schreiben können. Zittrige Zeichen waren seiner nicht würdig.

Der deutsche Arzt schlug sich gegen den Schenkel und schüttelte den Kopf, wandte sich um und ging zurück in die Apotheke.

»Bleibt hier stehen, auch wenn die Soldaten weg sind«, rief er seinem Diener zu.

»Ja, Herr.«

Sun zog den Vorhang einen Fingerbreit weiter auf. Er konnte sich glücklich schätzen, dass sein deutscher Arzt die Medizin überwachte, die er verschrieb. Genauigkeit war eine Schwester der Klugheit.

Er hatte lange gezögert, doch vor seiner Tochter war sein Leiden kaum mehr zu verbergen. Natürlich spielte sie ihm nicht mehr als geziemend vor, dass sie darüber erschrak, was sie sicher längst bemerkt hatte. Schließlich war er Chou-Lis Ratschlag gefolgt, dass er sich auch von einem deutschen Arzt untersuchen lassen sollte. Es war nicht von der Hand zu weisen, dass die deutsche Medizin während der Pest sie alle geschützt hatte.

Der Marinearzt Renau hatte ihn gestern Abend lange untersucht, ihm erklärt, warum es notwendig sei, dass er seine Glieder die Adern entlang abtastete. Er hatte seine starken Finger angesetzt wie ein Blinder, der beim Essen vorsichtig nach der Beschaffenheit eines unbekannten Kruges sucht.

Dann hatte er sich geräuspert. Es handele sich entweder um eine verschleppte Infektion oder um Geschwulste des Lymphsystems, die zur Auszehrung führen könnten.

Es gab eine Bewegung vor der Apotheke. Diesmal trug der Arzt das Paket in der linken Hand und winkte mit der rechten. Sein Schritt war schnell, als er auf jemanden zuging. Sun Pau Tschi beugte sich weiter vor.

Warum hatte ihm dieser nichtsnutzige Diener nicht gesagt, dass Chou-Li dort neben der Apotheke im Tragestuhl wartete? Renau trat über den Rand des gepflasterten Bürgersteigs auf den Kies der Straße, reichte das Paket durch den Vorhang ihres Tragestuhls hinein – und stieg zu!

Sun schrak zurück, der rote Baldachin leuchtete vor seinen Augen. Der Tragestuhl war nur für eine Person gedacht, zudem war es gegen jede gute Sitte, zu zweit und dann noch ein Mann und Ausländer …

Sun beugte den Kopf aus dem Fenster, wollte rufen. Aber der Atem verging ihm sofort. Wo dachte er hin: Der Gouverneur von Schantung ruft auf offener Straße seine Tochter zur Ordnung; ebenso gut hätte er sie verstoßen können, wenn nur ein Vornehmer in der Nähe weilte und es hörte. Sun schob den Vorhang wieder etwas zurück. Er begann zu zählen.

Bei zwanzig war der Offizier noch immer nicht ausgestiegen. Sun schloss kurz die Augen, Shen und ihre vermaledeiten Wahrsager hatten recht, dieses Jahr war kein gutes Jahr.

Bei siebenunddreißig trat der Offizier rückwärts aus dem Tragestuhl, wenigstens verbeugte er sich tief vor dem Vorhang und lief quer über die Straße und verschwand.

Zorn überflutete ihn, er warf die Zeitung von seinem Sitz zu Boden. »Folgt der Sänfte meiner Tochter, schließt so schnell als möglich an«, rief er seinem Diener zu.

»Ja, Herr.«

So würde es von außen aussehen, als reiste in seiner Sänfte ein Gast von Rang mit, dem Chou-Li den Ehrenplatz an seiner Seite überlassen hatte. Sun presste die Lippen aufeinander. Er war selbst schuld, was hatte er sie auch wie einen Sohn erzogen!

Aber noch war er der Meister des Spiels, nicht sie. Er würde den deutschen Arzt nicht entlassen, ganz im Gegenteil, er würde seine Kenntnisse nutzen und gesunden und ihn für diese Schmach leiden lassen. *Nicht wissen, aber Wissen vortäuschen, ist ein Laster. Wissen, aber sich dem Nichtwissenden gleich verhalten, ist Weisheit.* Chou-Li würde ihn diesmal nicht durchschauen. Sun lachte auf. »Alles hat sie von mir gelernt. Alles!«

Die Träger liefen los. Viele Sprichwörter schwirrten ihm durch den Zorn, bis eines immer lauter wurde und sein Blut abkühlte. *Fürchte nicht, dass der Körper, sondern, dass die Seele altert.* Auch damit hatte sein Volk recht. Er dachte zu viel in den wohlfeilen Sprüchen der Ahnen, und zu wenig selbst. Er wurde alt.

Sun Pau gab sich noch eine Nacht, ob sein Entschluss wirklich weise war.

Kapitel 17

Lauschangebirge, Mandaringräber – 19. Juli 1913

Renau gemahnte das Lauschangebirge an die Ausläufer des Riesengebirges daheim in Schlesien. Enge Täler und abwechslungsreiche Bergkuppen wechselten mit felsigen Höhen und kleinen Dörfern, in denen Bauern entlang des Flusses das Heu schnitten.

Renau hatte sich ein Pferd in der Kasernenstallung ausgeliehen. Das war billiger und unauffälliger, als häufig einen Wagen zu mieten. Mancher Offizier ritt aus Langeweile aus, warum nicht auch er?

Ein hohes Tor aus drei langen Steinquadern begrenzte den Totenhain. Renau betrachtete die gehauenen Zeichen, die noch nach Jahrhunderten gut lesbar waren. Der Wanderführer des Tsingtauer Vereins war verlässlich, er war den Markierungen mit der gelben Raute gefolgt.

Renau lehnte sich an das Tor. Von hier führte der Weg weiter zu den Litsuner Höhen auf vierhundert Meter und zu einer alten Schanze, die den Zugang zum Tal bewachte. Den zackigen Berggrat bedeckte ein lichter Wald, darunter erspähte er die Obstplantagen, durch die er heraufgeritten war.

Er müsste ihren Wagen doch längst sehen.

Renau ging um das Pferd herum und nahm die Wasserflasche aus der Satteltasche. Der Schluck erfrischte ihn.

Hinter dem Steintor waren allerlei Stelen und Grabtafeln der Mandarin-Familie Wang im Gehölz verborgen. Der Wanderführer behauptete, die Tierfiguren und Beamten aus graubraunem Stein stammten aus der Zeit des Kaisers Yung Tscheng um 1736. Renau ging über knackende Äste von Grab zu Grab. Er fand sogar einen Rest eines Brunnens. Ein Becken, dessen Randsteine auseinandergekippt waren.

Nach der dritten Runde um die ganze Anlage herum spähte er wieder hinab ins Tal. Noch bei jedem Treffen war sie vor ihm eingetroffen, hatte sich fremde Träger oder Kutscher gemietet, deren Schweigen sie mit ein paar Silbermünzen vertiefte. *So kann ich ausweichen, wenn unverhofft Leute kommen, die mich kennen.*

Er wartete seit Stunden umsonst, er sollte umkehren vor der Nacht. Vielleicht fand er zu Hause eine Nachricht vor.

Renau verzurrte die Wasserflasche und setzte auf. »Hüh!«

Chou-Li glättete den Saum des grünen Reisekleides über ihrem Knie. Sie war einmal mehr an der Schnitzerei des Schreibschrankes hängen geblieben, in dem sie die Tusche und verschiedenen Pinsel verwahrte.

»Ergänze hier bitte die Adressaten.« Ihr Vater hielt ihr über seinen Tisch zwei Blatt hin.

Chou-Li setzte ihre Knie wieder auf die Polster und griff danach. Der Freund ihres Vaters hatte sich nach Tientsin zurückgezogen, seit er nicht mehr im kaiserlichen Salzamt diente. Chou-Li ärgerte sich über die umfangreiche Korrespondenz, die ihr Vater ausgerechnet heute erledigte. Sie war noch nie zu spät zu einem Treffen mit Heinrich gekommen. Aber bei den alten Mandaringräbern war es kühl, er würde über die Mittagshitze gewiss warten.

»Chou-Li?«, fragte ihr Vater. »Wo hast du die Briefe deines Bruders aus Peking verwahrt?« Er legte seinen Pinsel sorgsam in die schwarze Schale vor den Schreibblättern.

»Das blaue Album rechts unter dem schwarzen mit der Tsingtauer Post.« Chou-Li deutete mit der freien Hand auf seinen Schreibtisch. Sie notierte rasch die Adresse des Tientsiner Freundes auf den Briefumschlag.

Sie fühlte den Blick ihres Vaters in ihrem Rücken. Chou-Li hätte sich beinahe verschrieben. Sie durfte sich nichts anmerken lassen, um keinen Preis.

Sie faltete den Umschlag ein und siegelte ihn mit dem persönlichen roten Lackstempel ihres Vaters. »Hast du noch weitere Briefe, Vater?« Sie wandte sich auf den Knien um. »Der vorbestellte Reisewagen ist sicher gleich da.«

»Wir werden ihn wegschicken.« Ihr Vater maß sie mit einem ausdruckslosen Blick.

Chou-Li richtete sich in den Knien auf und setzte sich ganz langsam auf die Fersen. Sie presste ihre Finger aneinander, damit sie nicht zitterten. »Wie du wünschst.« Sie hatte es nicht unterdrücken können, ihre Stimme klang nicht frei und überrascht, sondern flach.

»Du reist heute Nachmittag mit unserem Wagen zum Landhaus. Ich habe schon Anweisungen gegeben, dass gepackt wird.«

Und ihr nichts davon gesagt! Vater tat das sonst nicht, er musste etwas ahnen … Aber dann hätte er Heinrich nicht diese Woche mehrmals empfangen. Sie hatte selbst gesehen, wie er das deutsche Pulver morgens in Wasser aufgelöst getrunken hatte. »Wie du wünschst.«

»Die Erneuerung der Pagode im Pflaumengarten soll beginnen. Ich möchte im Herbst dort musizieren.«

Sagte er nicht noch vorletzte Woche, dass die Verhältnisse noch nicht sicher genug seien? »Wir werden Tsingtau verlassen?« Vater neigte nicht zu solchen sprunghaften Meinungsänderungen.

»Es schadet dem Verwalter nicht, wenn du unangemeldet anreist und prüfst.« Ihr Vater griff wieder nach seinem Pinsel.

»Worauf soll ich achten, Vater?« Sie fragte besser, was sie immer fragte, obwohl sie die Abrechnungen erst im Frühjahr genau durchgesehen hatten.

»Gehe jetzt, und lass deine Reisekisten richten. Shen wird aus Peking kommen.«

Wenn er Tante Shen beorderte, würde sie viele Wochen dort bleiben müssen. Vater musste einen Verdacht haben, Shen sollte sie überwachen, kein Zweifel. »Wie du wünschst, Vater.« Chou-Li erhob sich. Sie musste Heinrich unbedingt noch eine Nachricht zukommen lassen. Irgendwie.

»Lass die Briefe zum Postamt bringen«, sagte ihr Vater. Er sah nicht einmal auf.

Chou-Li nahm die Umschläge von ihrem Schreibschrank und achtete darauf, dass sie beim Hinausschlüpfen nicht das geringste Geräusch verursachte.

Sie lief nach oben.

»Packe alles für eine lange Reise«, sagte sie zu ihrer Dienerin, die gerade die Kleider ausbürstete. »Sprich mit Weihsun.« Der Diener ihres Vaters war sicher längst dabei und richtete den persönlichen Hausrat.

Sie machte große Augen. »Ja, Herrin.« Sie schloss die Tür hinter sich.

Chou-Li verzieh ihr, dass sie die Bürste hatte einfach auf dem Bett liegen lassen. Sie warf sie vor den Schrank, bevor sie sich in die Knöchel der linken Hand biss. Der Schmerz half ihr, dass sie die Furcht niederrang. Es gab keinen Zweifel, ihr Vater ahnte etwas.

Sie wankte zum Fenster und starrte hinaus aufs Meer. Vor den grünen Gärten spielten die Wellen mit der Küste, friedlich und blau. Chou-Li beruhigte sich langsam.

Sie durfte jetzt keinen Fehler machen, Vater würde keinen Widerstand dulden, auch wenn er krank war. Sie könnte vielleicht damit … Nein. Er hatte das Pulver, das Heinrich verschrieben hatte, mit Absicht vor ihren Augen morgens genommen, damit sie begriff, dass er sich selber helfen würde.

Oh, wäre Heinrich doch nur hier. Chou-Li legte die Stirn

an die kühle Scheibe. Er musste unbedingt erfahren, wohin sie fuhr. Vielleicht konnten sie sich noch im Landhaus treffen, bevor Tante Shen aus Peking anreiste.

Chou-Li nahm ein Papier aus dem kleinen Schrank neben dem Fenster. Ein Wort würde genügen und verriet sie nicht. *Taischan.* Sie hatte ihm davon erzählt, wie sie sein Gesicht als Spiegelung im Lackschrank erblickt hatte, worauf er sie nur mit dem spöttischen Blick der Europäer angelächelt hatte. Nun würde er anders denken, wenn sie das Schicksal dort zusammenführte. Chou-Li verbarg das Stück Papier an ihrer Brust.

Sie eilte über das Dienstbotentreppenhaus hinunter in die Küche.

»Herrin«, der Koch nickte und hackte weiter Zwiebeln klein.

»Richte mir auch Ente-im-Napf und Verrückte-Kirschen. Wo ist No-Hsen?«

»Er packt die Regendecken für den Wagen aus.«

Chou-Li ging aus der Küche. Sein Zopf war noch kurz, sie winkte dem Küchenjungen, der einen leeren großen Korb trug. Tan war verlässlich und nicht dumm, auch wenn er mit seiner Zahnlücke nur lustig aussah. Sie zog ihn in den Winkel vor den Vorratsraum. »Dieses Blatt gibst du dem ausländischen Boten, der die Medizin für meinen Vater bringt. Niemand außer dem Boten darf es sehen. Hörst du?« Sie zog das Papier aus ihrem Ausschnitt und mit der anderen Hand drei Kupfermünzen aus der Kleidertasche. Der Junge nickte und steckte das Papier hinter sein graues Baumwollhemd.

Der Junge brauchte nicht zu wissen, dass der Bote auch der Arzt war.

Heinrich würde verstehen, sie hatte ihn oft genug zur Vorsicht gemahnt.

Chou-Li hätte sich niemals so weit vorgewagt, wenn sie seines Ehrgefühls nicht sicher gewesen wäre. Das uralte Buch Jin-ping-mei riet den Frauen, den Mann zu prüfen, dem sie sich hingaben.

Und nun würde sie so gewohnt streng über die Reisevorbereitungen wachen wie sonst auch. Chou-Li ging weiter durch den Flur bis zum Durchgang in den Hof. Dort breitete der alte Weishien die Regenplanen aus. »Schaut genau nach, ob kleine Risse in den gewachsten Bahnen sind. Ich will nicht wieder aufgequollenes Holz sehen. Auf dem Land finde ich keinen Schreiner, der mir das Möbel richtet.«

Renau sprang vor der Kasernenstallung ab. »Absatteln!«

»Jawohl, Herr Marinestabsarzt.« Der Stallmeister griff nach den Zügeln. Renau ging quer durch den ersten Hof der Kaserne auf den dritten Aufgang zu. Ein Zug Marineinfanterie marschierte an ihm vorbei.

Er betrachtete die Matrosen im Gleichschritt. Er war aufgeregter, als er sich eingestehen wollte. Es konnte nicht sein, dass er zu weit gegangen war. Renau verdrängte den Gedanken an ihren nackten Leib, den er im Nebengelass der Villa gekostet hatte wie ein Konfirmand, hastig, aber mit desto mehr Leidenschaft.

Hinten an den Stallungen packte man den Sattel von dem braven Braunen. Renau war zu Hause vorbeigeritten. Weder lag in seinem Postkasten ein Brief, noch hatte irgendwer seinem Burschen Pei einen Zettel zugesteckt.

Er nahm immer zwei Stufen auf einmal zur zweiten Etage. Renau betrat das Zimmer des Unteroffiziers vom Dienst, er sparte sich das Anklopfen. Die jungen Herren sollten springen. Er sah gerade noch, wie Stiefel überm Tisch schwebten, aber schon schwangen die Beine herum, und der Mann stand stramm.

»Steuermann Hellmeister, zu Diensten, Herr Marinestabsarzt.«

»Holen Sie mir den Obermatrosen Claas.«

»Jawohl.«

Renau wartete auf dem frisch gebohnerten Gang. Die Abendsonne schien weich durch die großen Fenster. Dann sah er die beiden hinten um die Ecke biegen. Claas strich sich über die Haare und setzte sich im Gehen die Mütze auf.

Renau winkte ab. »Spare dir die Meldung, komm.« Er wandte sich über die Schulter zum Wachhabenden. »Danke.«

Claas war einen halben Schritt Richtung Labortrakt voraus. Renau hielt ihn am Ärmel fest. »Da lang.« Er deutete das Treppenhaus hinunter, auf dessen frisch gewienerten Stufen das Sonnenlicht glänzte. »Wir fahren zur Apotheke.«

Claas trug das sorgfältig von Renau eingeschnürte Päckchen auf der Hand. Irgendwie war ihm der Marinestabsarzt seltsam vorgekommen. Erst hatte er ihn aus dem Feierabend geholt, und dann nicht einmal für Testreihen im Labor, wie es sonst vorkam. Claas ging, auch wenn der Weg steiler war, wie befohlen den kürzesten Weg von der Apotheke am Gouvernementsgebäude vorbei zum Hause dieses vornehmen Chinesen. *Gib das Päckchen für Fräulein Chou-Li persönlich zu Händen ab. Sie soll den Empfang quittieren, oder ihr Vater.*

Claas wog das leichte Päckchen. Vielleicht eine Aluminiumtube mit gepressten Salben aus dem Reich oder mehrere Pulversäckchen.

Ein Wagen einer Glaserei rollte vorbei. Claas wunderte sich immer, wie man die riesigen Scheiben, nur auf ein paar Lumpen um die Halterungen gebettet, heil in die Häuser brachte.

Auf dieser Seite des Villenhügels ging er mit Harms und den anderen selten spazieren. Es war ein Umweg zum Strand oder zur Stadt.

Claas hätte sich ein Chinesenhaus anders vorgestellt, es sah aus wie die deutschen Häuser nebenan. Nur eine Klingel gab es nicht. Dafür einen Riesendrachenkopf an der dunkelrot gestrichenen Tür. Claas sah auch niemanden in den Fenstern, dem er hätte winken können. Also klopfte er mit dem polierten Messing.

Schritte. Ein kleiner, alter Chinese mit langem dünnem Bart in einem sauberen schwarzen Seidenhemd öffnete. »Das ist nicht die Tür für Boten.«

Der Chinese wollte schon wieder die Tür schließen.

»Augenblick, das hier ist für den Herrn Gouverneur.« Er hielt das Päckchen hoch.

Der Diener besah sich die graue Kordel um das Packpapier.

»Marinestabsarzt Renau schickt es.«

»Ah.« Der Alte griff danach.

Claas zog es weg. Wenigstens verstand er ihn. »Ich soll mir von Fräulein Chou-Li den Empfang bestätigen lassen.«

»Die Herrin ist nicht da.«

Renau dachte an alles, Claas war froh, dass sein Marinearzt so weitsichtig war. »Dann vom Gouverneur selbst.«

»Für den Gouverneur bist du nichts.« Der Chinese lachte ihn aus.

»Ich nicht, aber der Marinestabsarzt.« Claas zeigte auf den Absender.

Der Chinese beugte sich über die Buchstaben und tat, als ob

er sie lesen könne. »Warte.« Er nahm Claas das Päckchen aus der Hand, ließ aber die Tür offen.

Claas beugte sich, soweit es ging, vor und lugte in das Haus. Drinnen war überhaupt nichts wie bei Deutschen. Überall glänzte Lack, und auf den Böden lagen chinesische Teppiche, nur waren die Muster viel feiner gewebt, als er es jemals im Chinesenviertel gesehen hatte.

Ein Chinesenjunge mit Zahnlücke tauchte hinter dem Treppenlauf auf. Er sprang ganz leise über den Teppich herbei und legte etwas vor seine Stiefel ab. Und schon war er wieder weg.

Claas beugte sich zu einem Stück Papier. Darauf war ein Zeichen in geschwungener, tiefschwarzer Pinselschrift gemalt. Renau würde das alles wohl begreifen. Claas steckte das Blatt schnell ein. Er äugte hinein ins Haus zu den goldglänzenden Schnitzereien, die wohl eine Art Türeinfassung waren.

Füße in Stoffschuhen tauchten auf der Treppe auf. Claas machte schnell einen Schritt zurück auf der breiten Eingangsschwelle.

»Hier, für deinen Herrn.« Der Alte reichte ihm einen kleinen Umschlag, in dem wohl eine feste Karte steckte. Sogar der Name war richtig geschrieben. *Herrn Marinestabsarzt Renau.*

Die große Tür fiel ins Schloss. Claas war es, als ob das Drachenmaul nach ihm schnappte.

Renau schaute durch das Fenster seines Zimmers. Der Schopf seines braven Obermatrosen ragte noch einen Augenblick über den Zaun, dann war das Niveau der Straße zu tief. Er hatte Claas gedankt und ihn in die Kaserne geschickt.

Renau führte das Blatt mit Chou-Lis Nachricht zum Mund und küsste es zart. Das Zeichen hatte er im Wörterbuch nachgeschlagen. *Taischan.* Das konnte nur bedeuten, dass sie ins

Landgut am heiligen Berg gefahren sein musste. Sie hatte sich auf ein einziges Wort beschränkt, so viel Vorsicht bedeutete nichts Gutes. Ihr Vater musste ihr Verhältnis entdeckt haben. Renau fuhr sich mit den Händen durchs Haar. Er musste einen Weg für eine Nachricht an Chou-Li finden, die kein bestochener Diener abfing und ihrem Vater überbrachte.

Renau drehte sich um zum Bett, auf die er die Dankeskarte des Gouverneurs geworfen hatte. Er griff sie sich und las sie noch einmal.

Geehrter Herr Marinestabsarzt, ich danke Ihnen für die Übersendung der Medikamente und die ausführlichen Anmerkungen zu deren Einnahme, die ich selbstverständlich befolgen werde, so wie ich allen Ihren Ratschlägen zu meiner Gesundung Folge leiste. Bitte erlauben Sie mir, Ihre Auslagen nächstmöglich zu begleichen.

Dann folgten der Notiz eine Reihe Schriftzeichen, die wahrscheinlich Höflichkeitsfloskeln waren. Kein schroffes Wort, keine Andeutung, dass der Gouverneur die Behandlung abbrechen wollte. Er würde ihn also aufsuchen wie verabredet. Etwas anderes blieb ihm gar nicht übrig.

Doch bis dahin vergingen leider Tage.

Eine Reise zu Chou-Lis Landhaus verschlänge zwei Tage, und Urlaub würde er jetzt nicht erhalten. Renau streichelte über das von Chou-Lis Hand geschriebene Zeichen und fühlte, wie brennend er sie begehrte. Desto mehr, als sie jetzt unerreichbar war.

Kapitel 18

Tschining, auf dem Kaiserkanal – 25. Juli 1913

Die steinernen Pfosten des Geländers entfernten sich, dahinter drängten sich am Flusskai die Menschen zum Gemüsemarkt von Tschining. Chou-Li sah die weißen Reispapierhüte, die die Bauern gegen die Hitze auf den Köpfen trugen.

»Melonen, grüne, rote, gelbe«, rief ein Junge und hielt eine grüne Melone, rund wie eine Kugel, über seinem Kopf. Zahnlose Frauen sogen an ihren dünnen Pfeifchen und verschacherten um ein paar Kupfermünzen ihren Salat und Rettich. Der Kaiserkanal, auf dem sie nun nach Süden entführt wurde, roch brackig in der Mittagssonne. Chou-Li hätte schreien mögen, dass sie so ausgeliefert war. Aber selbst wenn, die Menschen auf dem Markt wären nur zusammengelaufen, das Spektakel zu bestaunen, dass eine vornehme Dame schrie und von Dienern niedergerungen würde.

»Was stehst du in der Sonne und lässt dich anstarren wie eine Schauspielerin.« Ihr Bruder Guan-Bo winkte vom Pavillon des langen Reiseschiffs her.

Chou-Li verhüllte sich das Gesicht mit dem feinen Schleier, den sie in der Ausstattung gefunden hatte. Über die große Steinbrücke strömten Händler in dunklen Gewändern, barfüßige Bettler, viele Diener mit großen Körben voller lebendig schnatternden Geflügels, ja sogar einen eingesperrten kleinen Hund erblickte sie. Ging es ihr besser als dem niedergezwungenen Vieh? Chou-Li krallte sich die Fingernägel in die Faust, damit sie keine Träne vergoss. Vater hatte an alles gedacht, von einem Brautschiff konnte sie kaum fliehen, er wusste, dass sie nicht schwimmen konnte.

»Das schickt sich nicht, so vor den Leuten zu stehen. Vergiss nicht, du bist die Tochter eines hohen Mandarins.« Ihr Bruder fasste sie am bunt bestickten hellroten Kleid, das zu tragen er ihr aufgenötigt hatte.

Das lange Schiff schwamm unter kreisrunden Brückenbogen hindurch, ein dunkler Schatten fiel über ihr Gesicht. »Schickt es sich etwa, eine Braut von zu Hause ohne ehrenhafte Begleiterinnen wegzuschicken, Bruder?«

»Es ist Vaters Wille. Die Zurückhaltung dient unserer Sicherheit.« Guan-Bo war so schmal wie ihr Großvater und hatte dessen lange Ohrläppchen geerbt. Er trug die gleichen vier Falten auf der Stirn wie Vater. Doch seine Augen waren noch so wild wie in seiner Knabenzeit, wenn er mit Pfeil und Bogen die Vögel von den Dächern geschossen hatte. »Die Zeiten sind zu unruhig für großen Prunk.«

»Und dieses Schiff mit den geschmückten Aufbauten, den vier Pavillons, das ist Bescheidenheit?« Chou-Li wandte sich ab. Am linken Ufer säumten die Mauern einer Seidenraupenzucht mit ihren Lüftungsschlitzen den Kaiserkanal, auf dem rechten reihten sich Läden mit Töpferwaren aneinander.

»Du wirst den Sohn des Generals Yüan En Ji heiraten, für den unser Cousin der Ratgeber ist. In ein, zwei Jahren wird er Minister sein oder gar Prinz. Was willst du mehr? Du wirst am Hofe in Peking in großem Überfluss leben.« Guan-Bo schob eine Kiste aus dem Weg, verfing sich aber mit seinem blauen Reisemantel des Beamten an den Trageeisen.

»Was redest du da für einen Unsinn.«

Er hakte den Stoff am Eisenwinkel ab. »Auch wenn Vater

dich Bücher lesen lässt, hast du noch lange kein Verständnis von den Geschäften der hohen Verwaltung. Seit der Präsident nach Japan geflohen ist, weil seine Revolte gegen den General Yüan Shi Kai gescheitert ist, rechnen alle damit, dass der General sich bald zum neuen Kaiser ausrufen und eine neue Dynastie gründen wird. Das ist schon oft in der Geschichte geschehen.« Guan-Bo baute sich vor ihr auf.

»Soll ich dir die Dynastien aufzählen?«, fragte Chou-Li. In der Kinderzeit, die sie im Süden Chinas verbracht hatten, waren sie gemeinsam von ihrem Vater unterrichtet worden. Ihr Gedächtnis war allemal besser.

Ihr Bruder streckte das schmale Kinn vor. »Du sollst den Sohn des Generals Tschi heiraten, sonst nichts. Er ist ein väterlicher Cousin Yuans, der die Familie sicher zu Prinzen machen wird. Und dich zur Prinzessin.«

Das wäre nur der erste der neun Höllenkreise für sie. Ein Leben, das mit sinnleeren Zeremonien die Tage tötete. Chou-Li sah ihm direkt in die Augen, ein Äderchen war in seinem linken rot aufgesprungen. »Die republikanische Regierung ist im Amt. Du arbeitest für sie.«

»Jaja. Noch.« Guan-Bo packte sie an den Schultern.

Chou-Li schüttelte sich mit aller Kraft, doch ihr Bruder war sehr stark, so schmal er auch wirkte. Er hatte die Körperübungen an den Geräten, die ihm der englische Lehrer beigebracht hatte, niemals ausgesetzt. Sein Griff an ihren Oberarmen schmerzte.

Er riss sie herum. »Du wirst dich jetzt als Braut ankleiden lassen. In Suzien erwarten uns die Gesandten deines Bräutigams.«

Hatte man jemals gebildete Soldatensöhne gesehen? »Lass mich los!«

Doch die harten Finger ihres Bruders drückten einfach weiter in ihr Fleisch durch das dünne Reisekleid, zerrten sie an den Kisten vorbei zum Pavillon. »Dein Widerstand macht unserem Vater keine Ehre.« Guan-Bos Stimme war heiser, weil er sich so anstrengte.

»Warum verschachert er mich an einen solchen …«

»Schweig, eine Braut darf die Familie ihres Mannes nicht beleidigen. Willst du das Unglück auf dieses Schiff rufen?« Guan-Bo schob sie grob durch das geschnitzte Gitter ihres Pavillons.

Die Dienerin duckte sich und streckte sich auf den Knien vor ihnen aus.

»Es tut so weh.« Chou-Li ließ sich schlaff in den Händen Guan-Bos fallen. »Ich werde tun, was ihr von mir verlangt.«

Er stieß sie zur Seite auf ihren Kissendiwan. Der Sonnenschein drang durch die Schnitzereien der Pavillonwände, warf ein Muster auf das schmale Gesicht ihres Bruders. »Zieh dich um, alles, was du für eine standesgemäße Reise brauchst, findest du in den Kisten.« Guan-Bo drehte sich am Vorhang zum Vorderschiff noch einmal um. »Wenn du dich beruhigt hast, erzähle ich dir von meinem Besuch am Konfuzius-Grab. Für den großen Lehrer hast du doch immer etwas übriggehabt.« Die Feder an seinem Hut wippte und strich am Saum des Vorhangs entlang, als der sich hinter ihm schloss.

Chou-Li hieb mit den Fäusten neben sich in die Polster. Sie hatte von den großen Lehrern bestimmt mehr verstanden als ihr hitzköpfiger Bruder. Wer sonst hätte sie zu größter Umsicht und Wagemut anleiten können? Sie setzte sich auf. »Bring mir die Brautkleider«, sagte sie.

Ni-Ens frisches Gesicht und die festen Brüste erinnerten sie an die Lebensfreude, die sie mit Heinrich genossen hatte. Sie hoffte inständig, dass er nicht versucht hatte, ihr eine Nachricht ins Landhaus zu schicken. Der neue Verwalter dort würde jede Nachricht an ihren Vater weiterleiten. Sie war dort nie angekommen, Vaters treuester Diener No-Hsen hatte sie im Reisewagen von Tsingtau über die Landwege nach Tschining gebracht, sogar in den Herbergen hatte er vor ihrer Tür und Fenstern mit dem Kutscher und den vier starken Schutzdienern gewacht. Wie eine Gefangene hatte man sie zum Kaiserkanal eskortiert.

Die junge Dienerin erhob sich aus ihrer Demutshaltung. »Soll ich euch nicht erst auskleiden und schminken, Herrin?«

»Du hast recht.« Chou-Li stand vom Diwan auf und breitete die Arme aus. Am meisten hatte es sie gedemütigt, dass sie erst am zweiten Tag begriffen hatte, dass ihre Reise nicht zum Landhaus an den Taischan führte, sondern dass sie bereits ihre Brautreise begonnen hatte.

Die Dienerin löste die Rückenschleife.

Sie sollte den besten Moment nicht verpassen. Chou-Li vollzog die Bewegungen des Auskleidens, wie sie es wohl schon Tausende Male getan hatte, sie achtete nicht weiter auf die flinken Handgriffe. Sie fühlte die kleinen Papiertüten an ihrem Busen, die die arglose Ni-En heute Morgen bei den Heilmittelhändlern besorgt hatte.

»Bring die Kleider zum Lüften nach draußen, hier stören sie nur.« Der Pavillon war eng. Chou-Li setzte sich vor den Schminkspiegel am kleinen Schrank an der Querseite. »Mach uns mehr Licht.«

Die Dienerin schob zwei Felder der Schnitzerei zur Seite. Das Sonnenlicht fiel ungebrochen herein auf den Spiegel. Chou-Li sah Ni-En zu, die die abgelegten Kleider auf dem

Seidendiwan zusammenlegte, an ihre Brust drückte und durch den Vorhang verschwand.

Das war der Augenblick. Chou-Li erhob sich schnell, nahm vom Seitentischchen die Kanne mit dem Hibiskustee und eine Schale. Sie goss schnell voll. Aus ihrem Unterkleid fischte sie die zwei Tüten mit dem Pulver hervor. Mochte die Mutter Erde ihr beistehen, damit sie die richtige Menge nahm, über die sie nichts wusste. Sie faltete die Ränder schnell auseinander und schüttete ein Viertel vom rötlichen und nur genauso viel weißes Pulver schnell in den Tee.

Dann setzte sie die Schale an. Die Mischung schmeckte fader, als sie gefürchtet hatte. Sie schenkte sich einen Blick im Spiegel und erschrak vor ihrem entschlossenen Abbild. So würde sie als alte Frau aussehen, eine gefurchte Stirn, drei scharfe Falten zwischen den Augen und Schatten unter den Augen. Sie hatte nicht geschlafen, immerzu alles hin- und hergewendet, bis sie auf diesen einzigen Ausweg verfallen war.

Chou-Li knüllte das Papier mit der restlichen Medizin zu zwei Kugeln und warf sie weit über den Rand des Schiffes in den Kanal. Dann goss sie rasch ein wenig Tee in die Schale und spülte die abgesetzten breiigen Reste der Mischung vom Lack und schluckte auch dies, bevor sie das Trinkgeschirr zurück an seinen Platz räumte.

Sie hörte Ni-En über das Mittelschiff herankommen.

Chou-Li lächelte sich im Spiegel zu. Schmerzen waren Teil des Lebens einer Frau. Lieber erlitt sie jetzt größte Qualen, als dass ihr ein nichtsnutziger Generalssohn mit seinem Sporn in den Schoß fuhr.

Ni-En schob den Vorhang mit dem Eck eines Kleiderkorbes zur Seite. Sie stellte ihn vor dem Diwan ab. Chou-Li lächelte ihr durch den Spiegel zu.

»Soll ich erst alles ausbreiten?«, fragte Ni-En.

»Das ist besser, dann kannst du auch nachsehen, ob alle Nähte und Knöpfe fest sind.« Chou-Li fühlte eine Wärme im Magen, sah ein mit Goldfäden gesäumtes blaues Gewand durch Ni-Ens Hände gleiten, das sie niemals tragen würde. Ein rosa Zwischenhemd, das so hauchdünn war wie ein Libellenflügel. Es glitt unter den Händen der Dienerin sanft auf den Diwan. Chou-Li fühlte, wie in ihrem Magen ein heißer Druck aufwallte.

Sie fixierte ihren eigenen Blick im Spiegel. Und erkannte in sich ihre Mutter, die sie verstanden hätte: dass sie lieber ihr Leben aufs Spiel setzte, als einen zu heiraten, für den sie nichts weiter war als ein lebendiger Knoten einer Bindung zwischen Familien. Die Hitze in ihrem Leib presste sich in die Därme, biss sich fest, riss an ihr. Chou-Li lächelte Ni-En zu, die üppig bestickte Handschuhe neben den roten Brustüberwurf auf den Diwan legte.

Bruder Guan-Bo war wie ein Hund, der ohne Herrn das Tor bewacht und die Dächer nicht sieht. Drei Tage hatte die Reise durch die Provinz bis zur Handelsstadt am Kaiserkanal gedauert, Zeit genug für einen Schlachtplan.

Sie war die ganze Reise bewacht worden, sie hatte sich von Ni-En nirgends ein Gift kaufen lassen können. Sie war sich sicher, dass Guan-Bo die Diener nicht ohne seine Zustimmung vom Schiff ließ. Der Markt in der Kanalstadt Tschining war ihre einzige Chance gewesen.

Chou-Li fühlte einen Schmerz wie ein scharfes Messer, das in ihrem Leib gedreht wurde. Sie zwang sich ein Lächeln ins Gesicht, noch ein wenig musste sie durchhalten, sonst würde ein erzwungenes Erbrechen alles zunichtemachen.

Wenn ich schon in der Sommerhitze über das Wasser fahren

muss, dann will ich mir die Haut nicht verbrennen. Und das viele Licht und der Wind machen die Augen rot wie bei einem Tempellöwen, Guan-Bo. Dir ist auch schon ein Äderchen geplatzt. Er selbst hatte das Mittel gegen Augenrötungen und den Grundstoff für eine Salbe gegen Sonnenbrand auf ein Papier geschrieben und von ihrer Dienerin auf dem Markt in Tschining holen lassen. Hatte Guan-Bo alle Lektionen ihres Vaters über die Heilkunde vergessen? So musste es sein, denn sonst hätte er sofort erkannt, warum sie die zwei harmlosen Mittel verlangt hatte. Die alten Heilbücher warnten nicht umsonst davor, dass man Pulver niemals schnell hintereinander benutzen noch mischen dürfe. Gerade diese beiden nicht. Zusammen mit Hibiskustee genommen, ergaben sie ein tödliches Gift.

Schmerz loderte in ihr auf. Sie presste die Lippen zusammen und hielt sich mit den Händen am Schminktisch fest.

Ni-En ließ den Saum des Brautmantels von den Augen sinken. »Herrin, was ist …«

Chou-Li ließ die glühenden Bälle in ihrem Leibe rasen. Mochten die Drei Reinen sie auf diesem Weg zurück zum Einen Tao führen.

Die Finger Ni-Ens rührten an ihrer Schulter. Flammenschläge durchzuckten Chou-Li bis hinunter in die Füße. Sie stürzte von der Sitzbank vor den Diwan, sie schmeckte Blut. Der Brautschal war rot gesprenkelt davon.

Ni-En sprang durch den Vorhang hinaus. »Herr! Herr! Schnell, die Herrin …«

Prinzessin hätte sie werden sollen, einer Dynastie, die es noch nicht gab … Welch Wahnsinn hatte den Geist ihres Vaters ergriffen. Schräg über ihr, im Schminkspiegel, sah sie die Braut mit dem silbernen Kamm vor einer Blutlache liegen. Sie war längst die Prinzessin eines ausländischen Teufels geworden, der sie mit himmlisch zarten Händen verführt hatte, ihr mit blauen Augen zärtlich den Himmel gespiegelt hatte.

»Chou-Li!« Guan-Bos Stimme überschlug sich. »Was hast du …«

Das himmlische Blau verdunkelte sich in ihrem Kopf, ein Sog erfasste sie, sie stürzte hinab und verglühte im unendlich heißen Schwarz.

Kapitel 19

Tsingtau, Villa Sun Pau Tschis – 28. Juli 1913

Der fremde Arzt ist da, Herr«, sagte No-Hsen.

Sun Pau Tschi hob die linke Hand zum Zeichen, dass er hereinkommen möge. Sein Diener ging rückwärts durch die Tür.

Er lag mit vielen Kissen im Rücken aufgestützt auf dem Diwan des großen Zimmers. Obwohl er diese unpraktischen Fenster im deutschen Stil alle hatte öffnen lassen, bekam er kaum Luft an diesem stickigen Sommerabend, sosehr sich der dünne weiße Seidenvorhang bauschte.

Wieder war ein Tag vergangen, an dem er vor Müdigkeit keinen Brief hatte schreiben können. Wieder hatte er nach Luft gerungen, hatte mit freier Brust wie ein alter Bauer am Fenster aufgestützt verharrt.

No-Hsen führte den Arzt herein und zog sich zurück.

»Guten Abend, Gouverneur. Sie haben mich rufen lassen?« Der Deutsche verbeugte sich. Er trug eine weiße Sommeruniform, in der er schlanker und größer aussah.

Sun Pau Tschi wartete mit einer Antwort. Er ließ sich von dem sonnengebräunten Gesicht nicht täuschen. Die kleinen Fältchen um die blauen Augen waren tiefer geworden, ein wenig waren die Lidränder geschwollen wie bei Menschen, die zu wenig schliefen. Renau belasteten Sorgen, die Sorgen um das Schicksal seiner Tochter ganz gewiss, die längst als Braut gen Süden reiste. »Ich danke Ihnen, dass Sie zu so später Stunde meiner unangekündigten Einladung Folge leisten.« Er wies auf den Sessel vor dem Diwan.

Der Arzt setzte sich, er legte die Hände auf die Lehnen. Er nickte nur, ließ aber seinen Blick schon suchend über ihn gleiten.

Was sollte er sich selbst die Zeit lang machen? »Die Schwächezustände, die ich Ihnen bei Ihren letzten Besuchen beschrieben habe, nehmen zu.«

»Fühlen Sie eine Wirkung der Medikamente, die ich verschrieben habe?«, fragte der Arzt und legte den Zeigefinger an seine Wange.

»Zwischen den Anfällen fühle ich mich frischer, dann aber greift die Müdigkeit nach mir, auch Atemnot kommt bei dieser feuchten Hitze dazu, wenn die Meeresbrise erlischt.«

Der Deutsche ließ kurz den Kopf sinken. »Gouverneur, es ist mir wohl bewusst, dass dies in China nicht üblich ist. Doch für eine genaue Beurteilung Ihres Zustandes müsste ich Ihren Leib einer weiteren Auskultation unterziehen und ihn möglichst der Gänze nach in Augenschein nehmen. Hautveränderungen und der Aderdruck verraten einem Arzt viel.«

Sun Pau Tschi schloss kurz die Augen. Er hatte solches befürchtet. Wenn er sich helfen lassen wollte, durfte er nicht über Fragen des Anstands nachdenken. »Sie wissen, was Sie tun. Brauchen Sie etwas, das mein Diener bringen soll?«

Renau schüttelte den Kopf. »Sofern er Ihnen beim Freimachen nicht helfen soll …«

Sun Pau Tschi ließ den weiten Hausanzug von seinen Schultern gleiten, er drehte sich auf die Seite, damit sein Rücken frei lag.

Der Arzt stand auf und betrachtete in Ruhe die Haut. »Zeigen Sie mir Ihre Arme. Darf ich Ihren Puls fühlen?«

»Bitte«, sagte Sun Pau Tschi. Die Hände des Arztes waren kühl, sicher nicht so kühl wie im Augenblick, als er seine Tochter angefasst hatte.

»Das Bein noch, bis oberhalb des Knies. Weiter brauchen Sie sich nicht zu entblößen.«

Sun Pau Tschi zog die Füße an, die Anstrengung raubte ihm den Atem. Dann schob er den weißen Strumpf von dem rechten und zog den Rand des Unterkleides über das Knie nach oben. Der Arzt ging vor dem Diwan in die Knie und folgte mit dem Blick den Adern auf dem ausgestreckten Bein.

Der Europäer fixierte seine Fußnägel. Ärzte waren wohl überall auf der Welt gleich, sie betrachteten den Leib eines Kranken wie einen Gegenstand, wie ein Kind einen Käfer, den es auf dem Rücken liegend auf der Straße findet.

»Haben Sie diese etwas geweiteten dunkleren Adern auf dem Fuß schon immer?«, fragte der Arzt.

Sun Pau Tschi musste selber hinschauen. »Nein.«

Der Deutsche setzte sich wieder in den Sessel. Während Sun Pau Tschi sein Unterkleid über das Bein stülpte und die Decke überschlug, legte er die Zeigefinger aneinander und starrte auf den Teppichboden.

Sun zog seinen weiten Hausanzug wieder über. Womit hatte dieser Mann, der sein angestrengtes Nachdenken wie ein einfacher Mann des Volkes nicht verbergen konnte, nur Einfluss auf seine Tochter gewonnen? Frauen waren so schwach.

Der Arzt zog seine goldene Uhr aus der Tasche und zeigte mit dem Finger auf das Glas. »Gouverneur. Ihre Nägel beginnen, sich wie das Glas einer Uhr zu runden und nach außen zu wölben. Die Veränderung zu meiner ersten Untersuchung scheint mir deutlich, wie auch die Ihrer Adern.«

Sun Pau Tschi lehnte sich weiter in die Kissen zurück.

Der Arzt suchte seinen Blick. »Gouverneur, ich will Sie nicht schockieren. Aber zusammen mit Ihren Beschwerden und deren Verlauf komme ich nicht umhin, in Erwägung zu ziehen, dass man Sie schleichend vergiftet.«

Sun Pau zuckte. Ein Schreckenslaut entfuhr ihm, die Luft im Zimmer erdrückte ihn mit einem Mal. Der Arzt wollte ihm schon helfen, doch Sun Pau winkte ab, er sank zurück in die Kissen. Welche Schmach … Somit wäre das Exil in Tsingtau, diese Erniedrigung in diesem ungehobelten Europäernest ganz umsonst. Die Wut verschaffte ihm neue Kraft für klare Gedanken. »Ein Giftanschlag ist denkbar. Bei dem Einfluss, den ich noch immer in Schantung habe, ist es möglich, dass man mich so beseitigen will.«

»Ich kenne mich leider mit den chinesischen Giften nicht aus, aber die Symptome sind sehr typisch für eines, das Tradition in Europa hat. Jemand führt Ihnen in relativ hohen Dosen häufig oder regelmäßig Arsen zu.«

Tradition in Europa … Wie hatte er so blind sein können. »Notwendigerweise regelmäßig?« Sun Pau Tschi forschte in dem ernsten Gesicht des Militärs, die Augenbrauen standen zusammen, die Lippen waren aufeinandergepresst. Dieser Mann scherzte nicht. Und würde schon Chou-Lis wegen kein Spiel mit ihm treiben.

»Eine akute Arsenvergiftung äußert sich anders, dazu erbrechen Sie zu wenig und haben kaum Schwindelanfälle.«

Arsen. Hatte er so an Gedankenkraft verloren, dass er die Macht seines Widersachers so unterschätzt hatte, die bis hier in sein Haus reichte? Sun Pau Tschi kannte nur einen Europäer, der Grund und Mittel hatte, dass er diesen Anschlag wagen würde. »Gibt es ein Gegenmittel?«

»Die Zufuhr sofort unterbinden und das Blut reinigen, dann schleicht sich das Gift langsam aus.«

Sun Pau Tschi fühlte täglich, welchen Schaden es bereits angerichtet hatte.

»Sind weitere Mitglieder Ihres Haushalts von den Symptomen betroffen?« Der Blick des Arztes glitt weg.

»Nein.« Sun Pau sammelte seine Kräfte. Die Frage nach Chou-Li war geschickt eingepackt in die berechtigte Suche nach der Quelle. Was hatten diese Männer in den weißen Uniformen doch für ein weiches Herz, trotz all ihrer Kanonenboote. Frau und Kinder, davon las man in jedem ihrer Bücher, aber wenig davon, wie man eine große Familie führte. »Aber manche Speisen werden nur für mich gekocht.«

Der Arzt nickte. »Vergessen Sie auch nicht die Getränke. Oft wird das Gift darin verabreicht.«

»Ich verstehe.«

»Ich werde versuchen, bei Paul Ehrlich in Berlin Spezialsubstanzen anzufordern, wenn Sie das wünschen. Er forscht mit Arsenverbindungen. Er kann vielleicht helfen.«

Sun Pau Tschi würde sich selber helfen und rascher, jetzt da er seinen Fehler erkannt hatte. Er hätte mit Heimtücke rechnen müssen. »Ich wünsche kein Aufsehen. Ich danke Ihnen.« Sun klatschte in die Hände.

Der Arzt erhob und verneigte sich. »Ich stehe Ihnen zur Verfügung.«

No-Hsen erschien.

»Bringe den Gast hinaus.«

Sun Pau wartete, bis er im Haus die Türen klappen hörte. Dann erhob er sich. Neuer Elan hatte ihn erfasst. Er hatte den Gegner unterschätzt und diesen Zug in der Schlacht spät erkannt, aber nicht zu spät. Er würde nachgeben, aber nicht viel. Kapahnke konnte die Verhandlung über das Schicksal dieser Frau erzwingen, aber nicht das Ergebnis bestimmen.

Sun Pau Tschi ging hinüber in sein Schreibkabinett und nahm einen Bogen Papier zur Hand. Er rieb rasch die Tusche in das grüne gusseiserne Fässchen und griff zum Pinsel.

Verehrter Freund, etwas, das Ihnen sehr teuer ist, hat sich angefunden. Man hat mich gebeten, eine mögliche Übergabe zu vermitteln.

Der Kampf verschaffte ihm neue Kraft. Sorgsam setzte er jedes Zeichen.

Kapitel 20

Tsingtau, Britischer Club – 4. August 1913

Sun Pau Tschi hasste es, Tee aus Metallgefäßen zu trinken. Aber im Britischen Club hielt man sehr auf Imperial Standard, nicht nur beim Silber. Der Händler hatte ihn in diesen bevorzugten Erker des Clubs gebeten, von hier hatte man den besten Blick über Tsingtau. Sun Pau tat so, als ob er den alten chinesischen Yamen zwischen den Hügeln betrachte. Der Butler goss erst ihm ein, stellte ihm das Sahnekännchen griffbereit, obwohl er bestimmt wusste, dass er als Chinese Tee mit Milch untrinkbar fand. »Sir.«

Eine weiße Spitzendecke lag über dem Mahagonitisch, Zucker leuchtete ebenso weiß aus einer Dose. Der Butler reichte noch eine Schale mit Cookies vom Servierwagen, dann schob er ihn weiter.

Der Händler saß ihm gegenüber, in einem elfenbeinfarbenen Sommeranzug. Wahrscheinlich hatte er den morgendlichen Pferderennen beigewohnt. Sun Pau Tschi war froh, dass ein frischer Ostwind vom Meer blies. Er hatte kaum Schlaf finden können. Die Nachricht von Guan-Bo hatte ihn aufgewühlt. Was hatte sich seine Tochter erlaubt! Er würde heute die Probleme der Reihe nach lösen.

Kapahnke lächelte ihm nicht einmal zu. Er rührte einen Löffel Zucker in seinen Tee. Sun Pau bemerkte wohl, dass er einige Kreise zu viel vollführte. Also war er nervöser, als er vorspielte. Kapahnke hatte sofort auf seinen Brief reagiert und ihn um eine Unterredung gebeten. Sie hatten die Diener noch ein paar Mal hin- und hergeschickt. Sun Pau hatte auf einem öffentlichen Treffen bestanden, denn schließlich gab er vor, dass er nur vermittele und seine Neutralität wahren müsse. Wiewohl er nun wusste, dass Kapahnke wusste …

»Ich danke Ihnen, Gouverneur, dass Sie die Güte haben, in dieser heiklen Angelegenheit befriedend einzuwirken.«

Ja, sie waren beide längst im Kampf miteinander, Kapahnke hatte sich nicht im Wort vergriffen. Das wollte er wohl zeigen. »Es ist mir eine Ehre, Ihnen als einem alten Freund Chinas zu helfen.« Sun netzte seine Lippen an dem metallisch schmeckenden Tee.

»Ich schätze außerordentlich, dass Sie mir Ihren Ratschlag

nicht vorenthalten trotz Ihrer belasteten Gesundheit.« Kapahnkes blondes Haar fiel in seine Stirn.

Also doch! Sun schloss die Augen halb. Niemand wusste von seinen Beschwerden, außer dem Arzt. Aber der verfügte über zu wenig Geld, um einen seiner Dienstboten so hoch bestechen zu können, dass der ihm täglich eine Giftration verabreichte. Kapahnke war reich genug dafür und so falsch wie alle Europäer, die zahllose Kirchen ihres Liebe-Gottes in das Land stellten und doch so viel Silberbarren als möglich rafften. Sun wich dem kalten Blick aus den grünen Augen nicht aus. »Man hat die Ursache gefunden, es ist harmlos.«

Die Teetasse schwebte einen winzigen Augenblick zu lange über der Untertasse, dann setzte Kapahnke ab. »Wie erfreulich, Gouverneur.«

Sun Pau legte die Hand auf die Tischdecke. »Man hat mir angedeutet, bei dem von Ihnen vermissten Objekt handele es sich um eine Person.«

Kapahnkes Kinn regte sich ein winziges bisschen nach links. »Gräfin Litkowskaja ist nicht auf Reisen, wenn Sie das noch nicht erraten haben.«

»Oh? Es hieß, sie sei in Schanghai auf dem Dampfer nach Hongkong gesehen worden.« Kapahnke sollte ruhig wissen, dass auch er seine Ohren überall hatte.

»Sie wissen doch, wie man Gerüchte streut.« Kapahnkes Ton war hart geworden. »Was wollen die Leute von mir, für die Sie vermitteln?«

»Liefern Sie die Waffen aus der Fabrik am Fluss nur noch an die Truppen des Generals Yüan Schi Kai, nicht an die Regierungstruppen im Süden.«

Kapahnke hob die Hände über Schulterhöhe. »Werter Gouverneur. Das tue ich doch längst, ich …«

»Nein.« Sun Pau fiel ihm ins Wort. Es war besser, wenn er keine Zeit vergeudete, damit seine Kraft reichte. »Das tun Sie nicht, wie man mir sagt. Sie liefern Repetiergewehre an die republikanischen Truppen, die nach Süden geflohen sind.«

»Das ist nicht wahr.« Kapahnke winkte mit dem Zeigefinger ab.

»Man sagte mir, es lägen eindeutige Beweise vor, dass Sie die Lieferzahlen an Yüan Shi Kai gefälscht haben. Sie haben wohl zu viele Seiten bedienen und an zu vielen Fronten verdienen wollen. Zum Schaden der Gräfin.«

»Was wollen Sie?« Kapahnke sah ihn geradeaus an.

»Ich? Nichts. Höchstens das Beste für China. Ansonsten bin ich nur der Vermittler.« Hatte Kapahnke nicht damit gerechnet? »Sobald Sie wirklich den Nachschub für die republikanischen Truppen im Süden unterbrechen …«

»Es sind immerhin die Truppen der international anerkannten Regierung, nicht wahr?« Kapahnke schob die Teetasse zur Silberkanne hin.

»Der General Yüan Shi Kai regiert in Peking. Er hat die Befehlsgewalt über die Armee.« Und würde bald die Dienste der alten Beamten wie seiner selbst brauchen.

»Ich … bin an Zusagen gebunden.«

»Sie haben es in der Hand, der Gräfin das schwere Schicksal zu erleichtern.« Sun Pau Tschi nahm die Hand vom Tisch und steckte sie in den Aufschlag seines Gewandes.

Der Händler schloss die Augen. Ohne das aufgesetzte Lächeln wirkte er wie der Mann über fünfzig, für den das Alter mit seinen Leiden nicht mehr fern war. »Haben Sie Nachricht von ihr?«, flüsterte er.

Wenn sie deren Abwesenheit nicht ertrugen, warum ließen sie ihre Frauen so freizügig gewähren? »Sie sei wohlauf, etwas niedergeschlagen durch die lange Einsamkeit, in der man sie wohnen lässt – wir kennen Madame ja als leuchtender Mittelpunkt der Tsingtauer Gesellschaft, nicht wahr?«

»Ich brauche Garantien, wenn ich … wenn die Waffen nur noch nach Peking gehen, wird man mir von Süden aus zusetzen. Auch dort verfügt man über Machtmittel.«

Sun Pau Tschi zog ein Kuvert aus seinem Ärmel, er schob es ihm über den Tisch. »Diese Namen in Peking werden Sie zum Regierungslieferanten für Landmaschinen ernennen, Ihr offizieller Handel lautet ja darauf.« Die Drohung brauchte er wohl noch. »Dabei soll es für die deutsche Verwaltung bleiben, nicht wahr?«

Kapahnke schnellte vor. »Das geht zu weit!«

Sun Pau Tschi griff sich den Löffel neben der Zuckerdose, nahm davon und ließ langsam Zucker in seinen Tee rieseln. »Jemand anderes ist mit etwas zu weit gegangen.« Er warf den leeren Löffel vor Kapahnke, der zurückzuckte. »Niemand hat Interesse daran, Kräfte zu vergeuden. Ich habe mich bereit erklärt, dass die Gräfin bis zur Klärung der Übergabe Gast in meinem Landhaus sein wird. Das übrigens gut bewacht ist, falls Sie sich Sorgen machen.«

Kapahnke hob langsam die Strähne von der Stirn. »Also gut. Ich stimme zu, unter der Bedingung, dass Sie der Gräfin Post von mir übermitteln. Sie ist eine Dame, vergessen Sie das nicht, und verdient beste Behandlung.«

»Ihr mangelt es an nichts, außer Gesellschaft. Versicherte man mir.«

»Die Post an die Gräfin.« Kapahnke tippte mit dem Mittelfinger auf den Tisch neben der Tasse.

»Ich werde selbstverständlich Ihre Schreiben weiterleiten.

Die Gräfin wird mein Gast sein. Allerdings sollten Sie selbst von Besuchen vor der endgültigen Klärung Abstand nehmen.«

Kapahnke stand auf. Er warf die Serviette auf den Tisch. »Sie werden die Waffen kriegen. Jelena hat es nicht verdient, dass sie deswegen …« Er knurrte fast wie ein Hund und ging.

Wie schlecht der Händler doch informiert war, wie es in den Provinzen zuging. Die Truppen, die noch der Regierung folgten, würden bald keinen Angriff auf den General in Peking mehr wagen.

Der Butler kam und räumte wortlos das Gedeck Kapahnkes ab. »Wünschen Sie noch Tee, Sir?«

Es gab eben auch schlechte Spiele, die zu Ende gespielt werden mussten. »Eine Tasse.«

Der Butler stutzte, nahm die alte Tasse mit dem zuckrigen Tee und den Krümeln auf der Untertasse weg, holte eine neue und goss frisch ein. »Bitte, Sir.«

Was für Zeiten! Ihm verabreichte man Gift, seine Tochter nahm heimlich welches. Guan-Bos Schilderungen des Zusammenbruchs auf dem Hochzeitsschiff ließen daran keinen Zweifel. Was für eine Schande für seinen Namen, wenn es herauskäme. Sun Pau nahm vom heißen Tee, der ihn stärkte. Alles kostete so viel Kraft.

Der Butler bediente die ersten Rückkehrer von der Rennbahn, die sich wunderten, dass ein Mandarin allein im Erker saß. Was für Zeiten, niemand grüßte ihn. Sein Sohn Guan-Bo war wenigstens umsichtig genug gewesen, seine Schwester sofort zurück ins Landhaus zu schicken. Der Familie des Bräutigams hatte er per Boten die einzig annehmbare Ausrede, die das Gesicht aller Seiten wahrte, geschickt: Die Braut sei von Banditen und revolutionärem Gesindel bedroht worden und würde die Reise erst fortsetzen, wenn der Kanal sicher genug für einen ehrenvollen Brautzug geworden wäre.

Und Chou-Li würde Braut werden und in Schanghai den Generalssohn heiraten, und wenn er sie persönlich bewachte. Die Mauern des Landhauses waren hoch genug, die Gräfin und Chou-Li gefangen zu halten. Er war nicht sicher, ob er ihr überhaupt die Gesellschaft der Russin gestatten sollte. Wie konnte sie es wagen, sich dem Willen ihres Vaters mit diesen Mitteln zu widersetzen!

Sun Pau Tschi erhob sich, der Butler begleitete ihn zur Garderobe. So weit war es schon, dass nur noch ein Diener Augen für ihn hatte und ihm die Reverenz erwies. Sun Pau Tschi lächelte voll Stolz, denn niemand beachtete ihn. Aber so würde es gewiss nicht bleiben.

Kapitel 21

Pang Kia Lan, Missionshaus – 15. August 1913

Renau mochte schon immer die klaren Morgen im August. Wenn sich ein wenig Kühle im feuchten Gras hielt, das noch grün und üppig an den Wegrändern stand, während die Sonne die Früchte beschien, die Äpfel oder besser noch Birnen golden färbte. Er wischte sich die Krümel des hervorragenden Weißbrots vom Mund, das die Missionarin extra zur Taufe Friederikes gebacken hatte, und legte das Messer zurück auf den Teller.

Er lachte leise. Was hatte er sich unbeholfen gefühlt mit dem winzigen Kind, das in dem weißen Taufkleid jeden Moment vom Kissen herunterzurollen drohte, so lebhaft griffen die

Ärmchen in die Luft. Das Kind hatte keine Angst vor dem fremden Gesicht gehabt, den zahnlosen Mund einfach aufgemacht und gestrahlt … Nur als der Herr Papa, der Missionar Makrat, das Taufwasser auf die Stirn geträufelt hatte, war das Mäulchen zu. Kein Schrei, nur ein verdutztes Gucken ums Geschehen.

Das alles hatte Renau davon abgelenkt, dass er sich nach Chou-Li verzehrte, von der er noch immer kein Lebenszeichen hatte.

»Möchtest du noch Kaffee?«, fragte Leontine von der Tür des Missionshauses her.

»Ich habe dich gar nicht kommen hören … Danke, nein.« Renau erhob sich. Seit er die Patenschaft angenommen hatte, gehörte er zur Familie.

»Friedbert möchte sich noch verabschieden. Er steht mit dem Wagen vor dem Haus.« Leontine ging zum Tisch auf der Terrasse und stellte das Geschirr auf ein Tablett. »Ich komme gleich nach. Du kannst außen herum gehen.«

Renau ging die zwei Stufen hinunter, folgte dem kleinen Pfad im Gras. An den Pferdeställen schlossen zwei Chinesen die Tore.

Aus der Mission kam Makrat gerade heraus. »Ich habe mal wieder meine chinesischen Bilderbibeln vergessen, sollte man nicht denken, dass einem Missionar das passiert.«

»Was glaubst du, wie oft die Matrosen in den Übungen vergessen, die Munition einzustecken.« Renau trat an den Kutschwagen heran.

Friedbert warf die Tasche zu den Kisten auf der Ladefläche. »Der dritte Sonntag im Monat gehört meinen Gemeindemitgliedern in den beiden Dörfern hinter dem Berg.«

Bei der Tauffeier gestern Nachmittag hatten sie vor allem

von Tsingtau und dem Reich gesprochen, die beiden waren so froh, Neuigkeiten zu erfahren in ihrer abgeschiedenen Welt. Renau war gar nicht dazu gekommen zu fragen. »Habt ihr dort auch eine Kapelle? An dieser hier hast du ja die Brandschäden nach dem Überfall bestens beseitigt.« Er sah hinauf zum Glockentürmchen.

Friedbert rieb sich über den schlecht rasierten Hals. »Nein, hinter dem Berg halte ich Feldgottesdienste ab, wenn es das Wetter zulässt. Aber heute scheint die Sonne, und drüben ist das Wetter meist sowieso besser.« Er stieg auf den Kutschbock.

»Warte!« Die Missionarin kam mit einem Körbchen aus dem Haus. »Die Wegzehrung!« Sie reichte sie ihm hoch. »Immer vergisst du das Wichtigste.«

»Nein. Das Wichtigste«, er fasste nach ihrer Hand und küsste sie rasch, »seid ihr, du und meine Tochter.«

»Friedbert …« Sie versteckte die Hand hinter dem mit blauen Blumen bedruckten Kleid.

»Lieber Patenonkel. Ich hoffe, wir sehen dich bald wieder hier. Die kleine Friederike wird sich am meisten freuen.«

Renau grüßte militärisch, Makrat griff zu den Zügeln und fuhr ab, mit der Linken winkte er allen im Hof zu.

»Die Gemeinde hinter dem Berg«, Leontine wies zu den hohen Felswänden hinauf, »wird ihn drei Tage beschäftigen, es sind immerhin gut dreißig Leute. Entweder Beerdigungen, Hochzeiten oder eben Taufen wie bei uns.«

»So wächst die Gemeinde bei allen Rückschlägen also doch?« Renau hatte die Erzählungen von der Pestabwehr nicht vergessen und war wegen des freudigen Anlasses aber nicht darauf zurückgekommen.

»Wir sind zuversichtlich.«

Die beiden erschienen ihm so viel fröhlicher als beim letzten

Besuch. Wie ein Kind wohl die Weltsicht änderte, wenn das eigene Leben einen Fokus erhielt. Nie hätte er vermutet, dass ein Missionar dessen bedürfe. Renau war ein wenig überrascht gewesen, als er ihr Schreiben bekommen hatte. Doch die Patenschaft hatte er der Missionarin nicht abschlagen wollen. Die beiden hatte ihre Einladung dann geschickt über das Missionswerk an den Generaloberarzt herangetragen, sodass der ihm den nötigen Sonderurlaub gewährte. Schließlich war der Kaiser Schützer der deutschen Missionen und hätte nichts einzuwenden gehabt.

»Die Bauern singen Lieder, wenn sie auf die Felder gehen.« Sie beschattete ihre Augen mit der Hand, ihr Gesicht war voller geworden, das machte das Stillen. »Wir haben dieses Jahr eine gute Ernte. Dann kann der Winter kommen und hart sein. Wenn die Schmortöpfe satt machen, fürchtet sich hier keiner.«

Vier Arbeiter trugen an Stangen dunkelbraune Matten durch den Hof zur offenen Scheune. Etwas irritierte ihn … Renau drehte sich langsam um. Die Farbe! Das Stück Stoff, das ihm der Vizeadmiral in Berlin … Renau rannte hinterher.

»Was …«, hörte er Leontine hinter sich herrufen.

Renau hatte die weiße Uniformjacke aufgeknöpft und das Stückchen Stoff aus der Innentasche herausgefummelt. Er trug es nicht umsonst immer bei sich. Die Chinesen hievten gerade die Tragestangen von den Schultern und bugsierten sie in Halterungen an der Scheunenwand.

»Vo'sich'!«, radebrechte einer und zeigte seine Zahnstümpfe.

Renau hielt das Stück Verpackung aus Berlin vor die Matte. Die Farbe war identisch in der Struktur, nur ein wenig abgenutzter, wohl weil die große Plane oft gebraucht wurde.

»Was sind das für Matten?« Sein harscher Ton tat ihm sofort leid, aber er konnte die Aufregung kaum unterdrücken.

»Was hast du bloß?« Leontine verschränkte die Arme vor der Brust.

Er suchte schon so lange nach dem Vergleichsstück in Tsingtau, war durch alle Kramläden der Chinesenstadt gezogen bis in die Siedlungen auf dem Land hinein.

»Interessieren dich die billigen Matten?« Die Missionarin äugte auf das Stück in seiner Hand. »Bei der Bortenherstellung fallen viele Halme an, die schief oder zu breit für feines Zeug sind. Sie werden gesammelt, gewalzt und zu diesem Verpackungsstoff verflochten.« Sie lächelte ihn unsicher an. »Warum ist das so wichtig? Eigentlich ist es eher eine Art Papier, das dann noch gewachst wird.«

Renau befühlte die faserige Oberfläche, wie schon so oft zuvor. »Ein Zwischending aus Stoff und Papier gewiss. Wo wird es hergestellt?« Wieder war ihm der Kommandoton herausgerutscht.

Sie stemmte die Hände in die Seiten. »Warum bist du so aufgeregt?«

»Entschuldige … Ich erkläre es dir gleich.« Renau ging in die Knie und verglich noch die Dicke der Bahn, seine letzten Zweifel vergingen, nur um einer völligen Ratlosigkeit Platz zu machen. Er musste mehr wissen, unbedingt. »Zeige mir bitte, wo das hier hergestellt wird.«

Die Chinesen schauten die Missionarin an, einer kaute auf einem Halm. »Macht ruhig weiter.« Sie ging ein paar Schritte in den Hof. »Dazu müssen wir aber in die Bortenbinderei, oben im Dorf. Ich müsste im Haus noch nach Friederike schauen und der Amme …«

»Tu das.« Renau zwang sich zur Ruhe. »Bitte. Es ist wichtig.«

Leontine legte den Kopf schräg, sagte aber nichts. Sie ging zum Haus und löste im Gehen den Knoten an ihrer vorgebundenen Schürze.

Renau betrachtete das Schindeldach der Scheune. Endlich hatte er eine Spur. Wenn die Verpackung von hier stammte, musste es eine Verbindung zu den adeligen Opiumrauchern in Berlin geben. So verrückt das schien.

Sie trug einen Korb aus dem Missionshaus, in dem ein Segeltuch etwas zudeckte. »Ich nehme ihn dir ab.« Er war ziemlich schwer.

»Danke. Das Werkzeug muss endlich zurück.«

Auf dem Weg an den Lehmmauern der Dorfhäuser vorbei schwiegen sie bis zur Bortenbinderei.

»Stelle den Korb einfach vor die Schwelle. Die Ställe und die Scheune werden als Strohlager genutzt, das niedrige Bauernhaus haben wir als Flechterei umgebaut. Komm, die Matten werden dort drüben gefertigt.«

Der Hofplatz sah frisch gekehrt aus.

Leontine ging zu einer niedrigen Tür. Drinnen breiteten gerade zwei ältere Chinesen Halme auf einem Blech aus. »Frau Ma!«

Die Missionarin erwiderte den Gruß mit einem fröhlichen Lächeln. »Die beiden legen die Schichten, dann wird der Klebebrei aus Stroh drübergegossen, der dahinten in dem großen Topf auf dem Kohlefeuer kocht. Dann trocknet das alles dort, allerdings auf Gitterrosten.« Sie zeigte in einen Nebenraum. »Die Presse da in der Ecke drückt dann das restliche Wasser raus.«

Renau folgte ihr an den Türpfosten. An einem gemauerten

Becken standen vier Frauen mit rotbraunen Händen. »Frau Ma«, scholl es herüber.

Sie winkte. »Dort wird dann der Papierstoff gelaugt. Dadurch wird er braun und weicher. Dann muss er noch trocknen, und wir haben das Verpackungsmaterial, das wir brauchen.« Sie zuckte mit den Schultern. »Ich verstehe nicht, was dich daran so in Aufregung versetzt.«

»Was wird darin verpackt?«

»Unsere Borten und was wir sonst noch ans Missionswerk in Tsingtau und von dort ins Reich schicken. Manchmal auch die Reisekisten, wenn es viel regnet. Das Wachs macht den Stoff wasserundurchlässig, zumindest hält er ziemlich lange stand.«

Sie nahm den Korb auf. Renau hörte Maschinen rattern, doch sie ging um das Tor herum. »Da drin ist die eigentliche Flechterei. – Lass, da ist schon die Werkstatt.«

In der hohen Lehmmauer war ein Durchgang.

»Vorsicht, ducke dich, der Balken ist niedrig.«

Renau hielt sich den Kopf. »Zu spät.«

»Tut es sehr weh?«

»Wir Soldaten können etwas aushalten.« Aber eine Beule würde es geben.

Die Außenseite des alten chinesischen Hauses war zur Innenwand der Werkstatt geworden, lange Lichtschlitze unter dem Dachansatz beleuchteten den Raum. Leontine ging an den Holzgestellen entlang, auf denen nur ein paar leere, verschieden große Kisten standen. Sie stellte den Korb vor eine Wandleiste mit Hämmern und Brandeisen. »Hiermit brennen die Arbeiter ›Berliner Missionsverein – Tsingtau‹ auf die Kisten ein.«

Das war die erste Verknüpfung. Renau strich sich über die

anschwellende Stelle am Kopf. Natürlich … der Missionsverein könnte als Tarnung genutzt werden.

»Was starrst du denn so auf die leeren Kisten, Heinrich?« Sie verschränkte die Arme vor der Brust. »Dein Betragen ist ein wenig seltsam.«

»Wie kommen die Kisten in der Verpackung nach Tsingtau?«

»Also wirklich …« Sie legte die Hand auf den Hinterkopf. »Meist nehmen wir ein Pferdegespann und bringen alles zur Bahn. Die Frachtkosten übernimmt einer unserer Gönner. Manchmal schickt Herr Kapahnke auch seinen neuen Lastwagen, der die Sachen ins Tal fährt. Aber nur, wenn er Spenden aus der Stadt ins Dorf bringt.«

»Kapahnke … Aber ja!« Die Entführung der russischen Gräfin stand womöglich auch in dem größeren Zusammenhang, den er zu ergründen suchte. Nicht umsonst hatte ihn der Vize-Admiral gewarnt, dass er sich niemandem anvertrauen solle. Und der Maschinenhändler Kapahnke sammelte immerzu für die Mission. Bei jeder seiner Abendeinladungen stand ein kleiner Sektkühler in einer diskreten Ecke für Geldumschläge.

»Und?«

Renau überging das. »Wo werden die Borten letztlich eingepackt?«

»Dahinten«, sagte sie knapp.

Renau ging an ihr vorbei. Hinter der Werkstatt schloss sich ein lang gestreckter Raum an, in dessen Winkel ein niedriges Tor wie in einem Kuhstall auf den Hof führte. Hier gab es drei große Packtische, die an die Stirnseite geschoben waren. Auf dem Boden lagen zugeschnittene Stoffplanen für die Kisten, große und kleine. In einer Art umgedrehtem Rechen hingen lange Schnüre bis auf den gestampften Lehm herab.

Ihm war es egal, ob er seine Uniformhose verdreckte. Das würde ein wenig Wasser beheben. Er kniete sich in den Ecken und fühlte mit der Hand über den Boden. Wo gehobelt wird, fallen Späne. Das war selbst in einem deutschen Marinelabor so. Kordelreste, Papierfetzen, erdiger Dreck … Renau tastete unter dem zweiten Tisch entlang, dann fand er Rattendreck. Er rutschte, den Kopf eingezogen, unter einer Querstrebe weiter. Papierreste … festere Krümel? Er nahm sie und tauchte hoch, strich sie einfach vor sich auf dem Tisch auseinander. Ein paar brüchige, faserige Reste. »Dachte ich es mir doch.«

Leontine beugte sich über seine Schulter. »Ich verstehe dich nicht.«

»Haben wir hier irgendwo ein Stück Blech?« Renau suchte den Raum ab.

Sie brachte ihm eine niedrige Dose, in der ein kleiner Haufen Nägel ruhte.

Renau kippte alles auf den Tisch aus und streifte die braungrauen Fasern in die Dose. Leontine sah ihn mit ihren schönen Augen an, er fand ehrliches Unverständnis darin. Sie hatte keine Ahnung, was hier vor sich ging. Gewiss nicht.

Er zog eine Schachtel Zündhölzer aus der Hosentasche. »Pass auf. Wenn es Katzendreck oder so etwas ist, werden wir es riechen.« Renau hielt die Flamme an die Fasern in der Metalldose. Sie kokelten an, dann brannten sie. Er blies aus, es glühte weiter. Ein Duft stieg auf. Er fächelte ihr die blaulila Schwaden zu.

»Oh Gott«, flüsterte die Missionarin.

Der Geruch war nicht zu verwechseln. Er hatte noch in jeder

Raucherhölle in Tsingtau in den Wänden gehangen. »So leid es mir tut, in eurer Werkstatt wird Opium verpackt.«

Leontine starrte auf die verglühenden Reste in der Dose. Sie kannte den Geruch, wenn die chinesischen Quacksalber im Dorf ihr Unwesen trieben, roch es so. »Opium?«

»Ich hoffte, du könntest es mir erklären.« Heinrich löschte die Glut, indem er mit dem Handballen die Nägel in die Dose vom Tisch zurückschob.

Leontine hielt sich die Stirn, sie sah vom Verpackungsmaterial zu den Kisten. »Hast du etwa danach gesucht?«

»In gewisser Weise ja. Aber ich habe nicht vermutet, es ausgerechnet in der Mission bei euch zu finden.«

»Ich verstehe das alles nicht.« Leontine sah ihn an.

Er klopfte sich den Staub von den Fingern und Knien. »Es geht schon lange, das ist gewiss.«

»Was?« Leontine wollte nur aus diesem dunklen, verräucherten Raum hinaus. Sie öffnete rasch die niedrige Tür zum Hof. »Ich brauche Luft.«

»Der Schmuggel in die Stadt, Opium ist inzwischen in Tsingtau so verboten wie in China selbst.«

»Aber wir sind doch keine Schmuggler, wie kannst du so etwas denken.« Leontine verharrte mit der Hand auf der Türklinke.

»Natürlich seid ihr keine. Eher steckt Kapahnke dahinter.« Heinrich kniff die Augen zusammen. »Immerhin schickt er euch sogar seinen Lastwagen.«

»Oh Gott.« Sie hatte sich selbst über dessen Großherzigkeit oft gewundert, aber Friedbert hatte sie beruhigt. Warum sollte ein Kaufmann kein gutes Herz haben, nur weil er Gott wohlgefällig Erfolg im Geschäft hatte. »Die Borten und die Planen, alles kommt doch immer in Tsingtau und später in Berlin wohlbehalten an. Wie viel kann denn in ein paar Kisten geschmuggelt werden?« Ihre Gedanken drehten sich wild. »Aber so oft liefern wir doch gar nicht. Ich …«

Heinrich schob sie in den Hof weiter. »Dein Gedanke ist richtig. Ein wenig widersinnig ist das schon, das Opium muss erst hier hinauf und dann verpackt von hier wieder ins Tal gebracht werden.« Seine Augen wanderten zwischen ihr und der Werkstattwand hin und her. »Ein Kaufmann rechnet eigentlich besser.«

»Vielleicht weiß er es gar nicht.« Leontine presste die Hand auf den Magen. »Vielleicht stecken unsere Leute dahinter.« Die Chinesen der Werkstatt hatten sich nicht immer Friedberts Anweisungen gefügt. »Es war Kapahnkes Idee gewesen, den neuen Werkstattmeister kommen zu lassen, er hat die neuen Bortennähmaschinen kommen lassen. Ohne ihn gäbe es die ganze Bortenbinderei nicht …«, flüsterte sie.

Heinrich hob die Augenbrauen und neigte den Kopf.

»Ich meine, warum sollte er das tun? Er ist ein reicher Mann.« Leontine erschrak vor sich selbst. »Man darf nicht ohne Beweise solch üble Verdächtigungen ausstoßen. Er hat sich immer für die Armen eingesetzt und auch viel Geld gegeben.«

»Gewiss. Aber die Mission darf nicht zum Schmuggel missbraucht werden.«

Was für eine Schande, und sie beide hatten nichts davon gemerkt. Wie oft hatte sich Friedbert über Tschang beschwert, der in der Werkstatt beim Packen half statt in der Scheune. Oh, Gott, doch nicht etwa Tschang, ihr guter Tschang … »Wenn es einen Skandal gibt, wird es Friedbert das Herz brechen, seit Jahren müht er sich um die paar Christen hier.« Leontine biss sich auf die Lippen, ihr heimlichster Gedanke war ihr herausgerutscht. »Wo jetzt endlich die Gemeinde wieder wächst. Er wird sich schreckliche Vorwürfe machen. Wir haben genug gesehen, wie das Opium Menschen zugrunde richten kann.«

Heinrich hielt sein Kinn und sah auf den Boden. Staubige Flecke markierten seine Knie. »Ich darf dir nicht alles sagen, aber ich fürchte, die Mission ist nur ein kleiner Teil eines größeren Räderwerks. Es kann sein, dass ich das Gouvernement unterrichten muss.«

»Nein!« Leontine griff nach seinen Armen. »Dann wird alles publik!«

»Wir dürfen nichts verschweigen, Leontine.« Seine Bicke waren nicht so hart wie seine Worte.

Leontine ließ seine Arme fahren. »Ich verspreche dir, ich werde herausfinden, woher das Opium kommt und wer uns hintergeht. Wir brauchen keinen wirklichen Beweis. Was ist, wenn Kapahnke völlig unschuldig ist? Er wird sich zu wehren wissen.«

»Das ist wohl wahr.« Heinrich blickte sich um nach ungebetenen Ohrenzeugen.

»Aber wenn er sich zurückziehen muss, ist Friedberts Lebenswerk zerstört. Wer weiß, ob überhaupt noch ein Pfarrer für diese Gegend gefunden wird. Was soll aus all den lieben Menschen unserer Gemeinde werden? Wer tauft dann die neuen Christen?«

»Leontine, ich will nichts zerstören. Nicht im Entferntesten. Aber der Schmuggel muss beendet werden.« Heinrich sah sie nicht an, sondern hinüber zur Flechterei, wo große Körbe mit frischen Halmen hineingetragen wurden.

Nahmen denn die Prüfungen kein Ende. Aber das Letzte, was sie wollte, war, dass sie und Friedbert Schuld auf sich luden.

»Ich werde den Beweis finden, woher das Opium wirklich kommt.« Sie hielt sich die Wange. »Bald liefern wir wieder nach Tsingtau.«

Seine Lider schlugen, als ob er nachdächte. »Gut. Nutzen wir die Gelegenheit, aber sei bitte vorsichtig. Schmuggler mögen es nicht, wenn man sie aufstöbert.« Er nahm ihre Hand und drückte sie. »Leontine, das Missionswerk wird es, wenn überhaupt, nicht von mir erfahren, sondern von euch.«

»Wie sage ich es bloß Friedbert, er wird am Boden zerstört sein ...« Und in der ersten Aufwallung das Falsche tun. Leontine würde es ihm erst sagen, wenn sie sich selbst Gewissheit verschafft hatte. »Bitte schreibe oder sage ihm nichts, wenn er vor deiner Abreise zurückkehren sollte.« In seinen blauen Augen zeigte sich Mitleid. Der militärische Ausdruck seines Gesichts verschwand, wurde mild.

»Ich möchte doch den Familienfrieden meines Patenkindes nicht zerstören. Du wirst das am besten wissen, wann du es Friedbert offenbarst.«

»Ja.« Leontine legte die Hände ineinander vor ihr Herz. Im stillen Gebet bat sie um die Hilfe des Herrn. Zu irgendeinem höheren Plan musste dies alles so geschehen. »Gehen wir zurück in die Mission. Ein Kaffee wird uns guttun.«

Vom Tor der Binderei kam die dicke Wen angelaufen. »Frau Ma! Frau Ma!« Ihre Stimme überschlug sich, wie immer, wenn sie neuesten Dorftratsch über ein Unglück oder Zwillinge brachte.

Leontine klatschte in die Hände. »Was gibt es denn?«

Wen verschnaufte vor ihnen und strich sich über das fleckige Unterkleid, sie hatte wohl gerade Bohnen geschnippelt, ein grünes Stückchen Spleiß fiel zu Boden. »In der Mission wartet ein ganz fein angezogener Bote. Er spricht wie die Leute, die am Heiligen Berg wohnen. Er hat einen Brief für den ausländischen Mann.«

Leontine tippte Wen an die Schulter. »Du meinst für Meister Ma?«

Sie schüttelte den Kopf und hielt sich an den Knien in der Beuge gestützt. »Nein, ich wäre sonst nicht so gerannt. Aber es ist«, sie deutete mit dem Kinn und neugierig glänzenden Augen zu Heinrich, »es ist wirklich für den Gast.«

Der öffnete langsam den Mund. Leontine sah, wie sich seine Augen weiteten. Ganz langsam griff er mit der Linken an seinen Kopf. Angst und Hoffnung stritten in seinem Gesicht. »Worauf warten wir, komm!« Sie zog ihn einfach an der Hand zum Tor hinaus.

Im Missionshof soff ein braunes Pferd aus der Tränke. Auf seinem Rücken lagen grüne Satteltaschen. Der Bote stand daneben und wartete. Leontine sah auf einen Blick, dass er kein Chinese aus den Bergen umher war. Seine Tracht war nicht ärmlich, seine Jacke hatte Aufschläge in hellerem Blau, er trug feste Lederschuhe. Seinen schwarzen Hut zierte ein schmaler Streifen grüne Seide. Der Bote wandte sich um und nestelte die Taschen auf.

»Das ist der Mann, den du suchst«, sagte Leontine.

Der Bote verbeugte sich und überreichte auf den ausgestreckten Händen einen gesiegelten Brief.

Heinrich brach den Siegellack. Vorsichtig faltete er das Papier auseinander. Leontine sah das Sonnenlicht hindurchscheinen, der Blattrand zitterte leicht.

»Chou-Li … endlich«, flüsterte er und schloss die Augen wie ein Wanderer, der am Ende des Wegs eine Quelle gefunden hatte. Leontine erschien Heinrich auf einmal wie einer der Beladenen der Altarbilder, der sein Leiden zum Herrn trägt. Wäre er kein deutscher Offizier, sie hätte in dem Gesicht Tränen erwartet, so angefasst schien er ihr. Aber war sie blind … Chou-Li, das war ein Name für chinesische Mädchen. Renau hatte eine Liebesnachricht empfangen?

Beim Lesen hüpfte sein Blick über die Zeilen, hielt inne, verlor sich im Kies vor den Pferdehufen.

Leontine wies mit der Hand den Boten zu den Arbeitern, die in der Scheune warteten. Sie bedeutete ihnen mit der zur Schale geformten Linken, dass sie ihm zu essen geben möchten. Der Bote ging hinüber.

Renau las den Brief noch einmal.

Leontines Blick streifte die Tür der Kapelle. Nur weil Heinrich ein Mann war, der sicher nicht nur ihr gefiel, musste er doch nicht gleich eine chinesische Geliebte in einem Dorf unterhalten. Außerdem gab es wohl kaum eine Chinesin, die solch einen vornehmen Boten zu einem deutschen Offizier schicken könnte. Sie verfing sich in Hirngespinsten, nur weil Heinrichs schreckliche Entdeckung sie so verwirrte.

Er ließ die Hand sinken und sah dem Boten hinterher.

»Hast du schlechte Nachrichten erhalten?«

»Ich weiß nicht recht, was ich davon halten soll.« Er faltete den Brief zusammen und steckte ihn in seine Uniformjacke. »Man ruft mich an ein Krankenlager in ein chinesisches Landhaus.«

Leontine hätte ihn am liebsten einfach in den Arm genommen, auch Friedbert trat so auf dem gleichen Fleck hin und her, wenn er unentschlossen war. »Was ist daran so ungewöhnlich? Jemand Hochgestellter wird krank, jemand anderer hat davon erfahren, dass ein deutscher Arzt auf der anderen Seite der Berge bei uns zur Taufe weilt. Man schickt einen Boten, weil das schneller geht, als mit der Bahn noch bis nach Tsingtau und zurückzufahren.«

Sein Lächeln misslang ihm.

»Doch, doch. Unterschätze nicht, wie schnell Gerüchte durch die Provinz eilen. Außerdem ist Friedbert gerade in der Gegend unterwegs, vielleicht hat er sogar …«

Heinrichs Blick sammelte sich an seinen Stiefeln. »Wahrscheinlich hast du recht.« Dann schaute er hinüber zu den Chinesen in der Scheune, die mit dem Boten zusammen aßen. »Könntest du mir ein Pferd ausleihen? Man drängt mich, ich solle nicht mit dem Aufbruch säumen.«

Er hatte die Faust vor dem Bauch geballt. Leontine spürte, dass er in Gedanken schon bei seinem Patienten war. »Geh und packe deine Sachen. Ich lasse unser schnellstes Pferd satteln, das es mit dem Braunen hier aufnehmen kann.« Sie war Heinrich für sein Entgegenkommen wahrlich etwas schuldig.

Ohne ein Wort ging er mit großen Schritten ins Haus. Leontine sah ihm nach, sie wünschte sich so sehr, dass es die unheilvollen Opiumkrümel gar nicht gäbe. Etwas wallte in ihr auf, das ihr Tränen in die Augen trieb und das sie kaum verstand.

TEIL IV:
Die Macht der Füchsin

Kapitel 1

Landhaus am Taischan – 16. August 1913

Mit der Morgensonne waren der Bote und er in das Tal eingeritten, über dem majestätisch der heilige Berg aufragte. Der Gewaltritt am Fluss entlang hatte Renau zermürbt, hatte die Gedanken, der Brief sei womöglich eine Falle, zum Schweigen gebracht, hatte die Zeit verschluckt, bis die langen Mauern des Landhauses auftauchten.

Der Bote war abgesessen und in dem ersten Hof verschwunden, als schon ein Mann angelaufen gekommen war. Renau war dem Verwalter, ein alter Mann im glänzenden schwarzen Seidenmantel und silbernen Stickereien, einfach gefolgt.

Sosehr er sich auch mühte, er konnte Chou-Li nirgends sehen. Und doch fühlte er ihren Blick im Rücken, er fühlte ihre Nähe und hoffte, dass er sich nicht täusche vor lauter Sehnsucht nach ihr.

Höfe, Durchgänge, Flure mit Seidenteppichen, Renau bog um Ecken, ging über Stufen, nahm der Irrgang denn gar kein Ende?

Der Verwalter verneigte sich plötzlich, schob zwei schwere Lacktüren, die mit einem Tiger verziert waren, auseinander. Er glaubte an eine Halluzination, denn zahlreiche europäische Damenkleider in vielen Farben lagen ausgebreitet umher, Zeitungen, Bücher stapelten sich auf einem Tisch. An der Seite ruhte mit aufgelöstem langen blonden Haar eine Feenkönigin … »Gräfin Litkowskaja!« Renau stürzte an den Diwan.

Wo er um Chou-Lis Gesundheit so gefürchtet hatte, fand er ausgerechnet die Geliebte Kapahnkes hier.

»Wer …? Oh, wieso sind Sie hier?« Sie hob die Hand, die schwer zurück auf das weiße Laken fiel. Ihr flackernder Blick suchte ihn zu erfassen.

Die Gräfin war offensichtlich von hohem Fieber niedergestreckt. »Alles wird gut.« Renau fühlte die Stirn. »Bringt kaltes Wasser und Tücher!«, rief er zur Lacktür. »Madame, man hat mich zu Ihrem Wohl an Ihr Lager gerufen. Ich bin Arzt.«

»Der Schwimmer, ja … in der Badebucht in Kleidern.« Vom Fieber schimmerte ihr Teint rosig.

Sie war wirklich eine Frau von vollendetem Ebenmaß der Züge, denen weder Nachtschweiß noch Gefangenschaft die Würde nehmen konnten.

Ein Diener trat mit einem großen Becken und Tüchern herein. »Ich mache jetzt Waden- und Bauchwickel, die Ihr Fieber senken werden.« Renau kramte ein Pulver aus seiner Tasche, die er bei der Lacktür hatte stehen lassen. Er ahnte den Schatten des Verwalters im Flur. »Schickt eine Dienerin für die Dame, ich muss sie entkleiden!«, schrie er ins Dunkle.

Renau nahm ein Glas von einem Seitentisch, goss Wasser ein und schüttete das Medikament hinein. »Trinken Sie, Madame!«

Sie richtete sich auf, nahm das Glas und schluckte langsam. Die Türen rutschten hinter ihm über den Holzboden, Seide knisterte. Er wandte sich um.

»Chou-Li!«

Sie war blass, die Augenlider geschwollen, verhärmt, wie er sie noch nie gesehen hatte. Renau stürzte auf sie zu. Doch sie hob nur den Kopf, drehte ihre dunklen Augen schnell warnend zur Seite. »Man hat mich hergeschickt zu helfen«, sagte sie ganz leise.

Renau bremste sich sofort. »Die Gräfin muss sich frei machen.« Seine eigene Stimme schien ihm nicht zu gehören. Chou-Li kniete sich an das Bett und hielt die Hände unsicher über das Laken, das die Gräfin vor ihrer Brust festhielt.

»Sie sind auch hier? Oh, ich bin gerettet.« Ihr Blick fieberte zwischen ihnen hin und her. »Sie holen mich nach Hause, nicht wahr?«

Chou-Li nickte und half ihr beim Entkleiden. Renau tränkte die Tücher im Becken kalten Wassers, das vor dem Diwan stand. »Die Waden zuerst.«

Makellos weiße Waden, Chou-Lis Hände schoben die Decke zurück, und Renau wickelte die kalten Tücher um die Beine. »Es tut mir leid, Sie damit zu quälen.«

»Das ist nichts gegen die Leiden der Einsamkeit. Niemand sprach mit mir ein Wort, das ich verstand. Man hat mich entführt, betäubt.« Ihre Worte kippten brüchig weg. »Dann fand ich mich auf einer Insel mit einem stummen Chinesen in einem einfachen Haus. Ich konnte vom Fenster die Dampfer sehen, die nach Tsingtau fuhren, und die Dschunken.«

Renau wechselte die Tücher. Chou-Lis Blick aus den Augenwinkeln war so voller Inbrunst, dass er ihn nicht deuten konnte. Er zitterte bei jedem Handgriff.

»Wickele ihr das um Bauch und Brust, dann bedecke sie.« Renau hielt Chou-Li die getränkten Tücher hin und wandte sich zur geweißelten Wand.

»Es war so schrecklich. Warum hat man mich entführt, auf diese tote Insel gebracht? Nach drei Wochen …«, ihre Stimme verebbte. »Oh, ist das grausam kalt.«

Renau hörte die Gräfin atmen, Chou-Li saß vor dem Diwan

und zupfte die Decke zurecht, aber ihr forschender Blick galt ihm.

Der Gräfin fiel eine Locke vors Auge. »Dann auf einmal reichte man mir zum Essen wie immer Tee, ich trank und stürzte in eine tiefe Dunkelheit, aus der ich in einer Kutsche erwachte, die so dunkel war wie ein Sarg.« Tränen rannen ihr aus den Augen, doch die Stimme wurde fester. »Hier durfte ich im Hof einhergehen und in diesem Zimmer leben.« Sie richtete sich halb auf. »Wieso nur? Was habe ich denn Schlimmes getan? Diese Einsamkeit ist so entsetzlich ...« Sie sank in die Kissen zurück.

Renau sah, dass man ihr den Ringschmuck gelassen hatte. Er setzte sich an den Diwan, fasste ihre Hand. »Madame. Beruhigen Sie sich. Ihr Fieber wird sinken. Und dann werden Sie bald zurückkehren.«

Die Gräfin wandte ihm den Kopf zu und lächelte traumverloren. »Ich möchte wieder am Meer spazieren gehen, frei wie ein Vogel ...«

Chou-Lis Blick glitt zu Boden. Sie erhob sich.

»Nimm ihr erst die Brustwickel ab«, sagte Renau schnell und wandte sich ab.

Er hörte Stoff rutschen.

»Es ist so schön, wieder mit Menschen zu sprechen, die einen verstehen. Es ist so schön ... so schön«, flüsterte die Gräfin wie ein Kind, das sich in den Schlaf singt.

»Die Beinwickel auch?«, fragte Chou-Li leise.

Renau nickte. Das lockige Haupt der Gräfin sackte nach links aufs weiße Kissen. »Das Pulver wirkt. Sie wird ein paar Stunden schlafen, danach wird es ihr besser gehen.«

Chou-Li fasste ihn an der Hand, es durchlief ihn bis zu den Haarspitzen. »Rasch.«

Sie zog ihn nach draußen in den Flur, ignorierte den Verwalter, der ihnen sofort folgte. »Er bewacht uns.«

Chou-Li eilte mit Renau durch die Gänge, schlüpfte schließlich in einem prächtigeren Flur durch eine Tür und schloss sie sofort hinter ihm. Sie warf sich an seine Brust. »Heinrich!«

Er umarmte sie und küsste sie. Und wieder. »Ich hatte schon geglaubt, dass ich dich nie wiedersehen würde.« Er suchte ihren Leib, ihren wahren, warmen, lebendigen Leib unter den seidenen Hüllen. »Ich lass dich nicht mehr fort.« Ihr weißer Hals streifte seinen Mund. Er schob die Seide weg, barg sein Gesicht an ihrer nackten Schulter. »Ich bin fast wahnsinnig geworden, weil ich nicht einmal wusste, wo dich suchen.«

Unter den Wimpern standen keine Tränen. Ihr Mund suchte seinen.

Chou-Li sah in sein Augenblau, sie hatte ihm alles erzählt.

Er stützte sich auf dem Diwan nach hinten ab und rieb sich mit der Hand über die Brust. »Du kanntest die Dosis nicht? Du hättest sterben können.«

Sie zog die Beine weiter an sich heran und schloss den Mantel über ihre Lilienfüße. »Es gab keinen anderen Weg, die Hochzeit mit dem Generalssohn zu verzögern.«

»Dein Vater hält dich deshalb hier gefangen.«

»Er hätte mich auch töten können«, sagte sie leise.

Er setzte sich herum und sah sie an. »Töten?« Er fuhr sich über die Stirn. »Warum sollte er seine einzige Tochter töten?«

»Wenn die Familie des Bräutigams die Wahrheit erfährt, ist es eine untilgbare Schande für uns. Eine Tochter muss ihrem Vater immer gehorsam sein, sonst verliert er das Gesicht.« Eine seltsame Einsamkeit beschlich Chou-Li, ihr Körper fühlte sich klein an, so klein wie als Kind.

Er griff nach ihrem Fuß und hielt ihn fest. »Er hat dich hierhergebracht, er will dich nicht töten.«

»Mein Bruder Guan-Bo hat mich hierhergebracht, gedroht, er werde mich gefesselt nach Schanghai zurückschleppen, wenn es sein muss. Vater hält mich hier gefangen, bis sie eine Lösung gefunden haben, die das Gesicht wahrt.«

»Du wirst mit mir nach Tsingtau zurückkehren.« Er streichelte ihren Fuß. »Dein Vater ist schwer krank. Er wird bald Hilfe brauchen, fürchte ich.«

Chou-Li kniete sich auf. »Was fehlt ihm?«

»Einiges spricht dafür, dass ihn jemand so schwer vergiftet hat, dass er sich davon vielleicht nicht erholen wird.«

Das Blau seiner Augen trübte kein Schleier, er belog sie bestimmt nicht. »Vater macht selten Fehler …«, flüsterte sie. Sie tastete nach der Decke. Das Gesicht ihres Vaters stand plötzlich vor ihr, wie er sie auf dem Weg in den Britischen Club über den männlichen Kampfesmut belehrt hatte, der Großes wagen solle.

Heinrich ließ ihren Fuß los. »Du hast gewusst, dass die Gräfin entführt werden soll?«

Vater tat niemals unüberlegte Dinge. Er hatte sich mit ihr beraten. »Der Händler betrügt meinen Vater.«

»Warum tut ihr der Gräfin Gewalt an? Sie kann nicht im Mindesten dafür, was Kapahnke geschäftlich macht oder unterlässt.«

»Der Händler hätte seine Zusagen nicht missachten dürfen. Er liebt die Gräfin wirklich, das ist seine Schwäche. Diese nutzt mein Vater nur aus, um ihn zur Einhaltung der Vereinbarungen zu zwingen. Mehr nicht.«

Er zeigte mit der flachen Hand zur Tür. »Mehr nicht? Dass man eine Frau wochenlang im Ungewissen lässt, dass sie bald vor Einsamkeit und Angst stirbt, das macht dir nichts aus?« Er griff mit den Händen nach seiner Uniformhose. Er stierte zur Tür, schüttelte den Kopf, der mit einem Mal herumfuhr. »Um welche Lieferungen geht es überhaupt?«

Chou-Li legte die Hände auf die Brust. »Ich kann dir das nicht sagen.«

»Warum nicht?« Seine Stimme wandelte sich zu der eines deutschen Offiziers, wie sie sie durch die Straßen Tsingtaus hatte gellen hören.

»Weil ich seine Tochter bin und seine Strategie nicht verraten darf.« Chou-Li krallte ihre Hand in die Seidendecke des Diwans. Sie fürchtete seine Antwort, die unweigerlich …

»Aber ungehorsam sein und Gift nehmen gegen seinen Willen, das kannst du.«

Die Worte schlugen sie nieder wie Peitschen. Sie fiel nach vorn auf ihre Fäuste. Sie schrie auf: »Dann hätten wir uns nie wiedergesehen, begreife doch. Sie hätten mich in ein Frauengemach verbannt für den Rest meines Lebens.« Sie hatte den Aufschrei nicht unterdrückt. »Freut es dich denn gar nicht, dass wir uns wenigstens jetzt in die Arme schließen können?« Der Diwan begann zu schwanken, hatte sie sich am Ende so in ihm getäuscht? »Ich habe dir bei unseren geheimen Treffen von unseren Häusern erzählt. Du hättest die Diener bestechen können oder die Beamten. Warum hast du mich nicht gesucht?« Sie kippte im Schmerz einfach weg …

In seine Arme, er hielt sie so fest. »Weil ich Offizier bin. Ich kann nicht einfach aus der Stadt verschwinden.«

»Also weißt auch du, was bitterer Gehorsam ist, ja?«

Er starrte sie an. Seine rechte Wange zuckte. Dann begriff

er es, er sank zu ihr auf die Knie. »Chou-Li, verzeih. Außerdem, du hast mich immer vor der Umsicht deines Vaters gewarnt. Ich wollte deine Ehre nicht in Gefahr bringen.« Er riss sie plötzlich fester an sich. »Ich begreife nicht, was vor sich geht, ich weiß nur, dass ich überglücklich bin, dass du noch lebst, dass ich hier bin, dich in den Armen halte …« Er barg seinen Mund in ihrem Haar.

Sie ergab sich.

Er wiegte sie wie ein Kind. »Wir müssen uns die Wahrheit sagen, Chou-Li, sonst werden wir zerrieben. Wir haben alle gegen uns.«

Sie fühlte, wie sich sein Rücken straffte, er fasste ihre Wangen. In seinem Blick leuchtete etwas, das sie noch nicht kannte, ein Funke wie das Licht eines Diamanten, hart, klar und nicht irdisch.

»Unsere Liebe hat nur eine Chance, wenn wir uns die Dinge voneinander erklären, die wir nicht verstehen. Ich komme von so weit weg, aus Europa, und China ist mir manchmal so fremd. Wie du auch.« Er küsste sie. »Und doch bist du die Frau, die meine Gedanken und mein Herz an sich gefesselt hat wie keine andere je zuvor.«

Er hatte wirklich von Liebe gesprochen … Alles, was sie von den Deutschen wusste, von den Fremden, warnte sie, dass er die Treue zu seinem Vaterland einer Frau, gar einer von fremder Rasse, immer vorziehen würde, und doch hatte sie die Treue zu ihrem Vater bereits für ihn geopfert. Chou-Li wusste selbst kaum, warum. Möge Heinrich nicht letztlich seinem General die Treue halten, sondern ihr.

Sie löste sich aus seiner Umarmung. »Höre zu. Der Händler hätte meinem Vater Waffen liefern sollen, was er aber nicht getan hat. Deshalb zwingt ihn Vater.«

»Dann ist es Kapahnke, der ihn dafür aus Rache vergiftet. Wir müssen die Gräfin nach Tsingtau bringen, sie muss gesund werden, sonst rächt sich Kapahnke an deinem Vater.«

Chou-Li hielt ihn am Ärmel im Aufstehen fest. »Die beiden verhandeln bereits. Ich wusste nicht einmal, dass die Frau hier ist, weil ich den innersten Hof nicht verlassen durfte. Nur weil sie so hohes Fieber bekam, dass unsere Ärzte hier nichts ausrichten konnten, hat mein Bruder mich um Rat gefragt. Der Tod der Gräfin hätte die Abmachungen zunichtegemacht.« Sie schlug die Beine unter ihrer Hüfte ein. »Hättest du mir in Tsingtau nicht von deiner Reise zur Missionsstation in den Bergen erzählt, ich hätte keinen Ausweg gewusst. Guan-Bo musste vorgestern abreisen, so gehorchte mir der Verwalter, der um das Leben der Geisel fürchtete.«

Er schob die Unterlippe vor und schaute zur Decke, sein Blick wanderte darüber. »Dann geht es deinem Vater so schlecht? Verhandelt dein Bruder mit Kapahnke?«

»Nein, er wurde nach Peking gerufen. Vater verhandelt sicher unauffällig über die Übergabe. Sobald die Waffen angekommen sind, darf die Frau zurückreisen oder dahin, wo es dem Händler gefällt.«

Er packte sie an der Schulter. »Vor allem werde ich dich hier wegbringen.«

»Wohin? Vater wird mir nie verzeihen.« Sie rang ein Zittern nieder, drückte die Hände fest in den Diwan, doch er zog sie schon wieder an sich.

»Auch wir Offiziere haben gelernt, strategisch zu denken.« Heinrich zeigte seine weißen Zähne. »Wenn es in diesem Land um die Gesichtswahrung geht, bitte schön. Das kann dein Vater haben.« Er pochte mit der Faust auf seine Brust. »In dem Brief hat mich sein Sohn Guan-Bo um Hilfe gerufen. Ich werde deinem Vater sagen, die Gräfin sei gefährlich ansteckend erkrankt. Die Zustimmung deines Bruders habe ich leider nicht abwarten können, nur aus reiner Vorsorge habe ich dich davon überzeugt, aus diesem infektiösen Landhaus zurück ins Stadthaus zu fahren.«

Er kämpfte für sie. Begriff er nicht, dass das nicht reichte? Chou-Li strich ihm über die Wange, die Stoppeln waren so rau. »Wir dürfen nicht denken, dass Vater unser Geheimnis nicht kennt.«

»Auch ich kenne ein Geheimnis. Seines. Der deutsche Gouverneur wird eine Entführung einer Europäerin niemals dulden, dein Vater könnte sogar vor Gericht …«

Sie legte ihm rasch den Zeigefinger auf den Mund. »Drohe ihm nie direkt! Sag ihm besser einfach, dass nur die Nennung des Namens den Fuchsgeist vertreibt.«

Seine Schultern wurden rund. »Ich verstehe dich nicht.«

»Nennt man ihn beim Namen, verliert der Fuchs seine Kraft. Das Volk erzählt diese Märchen gern. Aber Vater wird dich verstehen, womit du ihm wirklich drohst.«

»Er wird dich nicht aus Tsingtau fortschicken können.« Er küsste sie wieder. »Wir werden uns wiedersehen, oft.«

Chou-Li wollte so gern glauben, dass er recht behalten könnte.

Er zog sie vom Diwan. »Dann bringe ich dich jetzt von hier weg.«

»Wie? Du hast die vielen Bewaffneten in den Höfen gesehen.«

»Lass das meine Sorge sein.«

Renau fühlte der Gräfin die Stirn, das fiebersenkende Schlafmittel wirkte. Ihr Atem ging ruhiger als vorhin.

Chou-Li stand in einem anderen dunkelblauen Kleid hinter ihm und verdeckte die Sicht durch die Tür. Der Verwalter beobachtete sie sicher durch ein Guckloch.

Renau schrieb am Bett der Gefangenen in sein Notate-Buch. *Nehmen Sie täglich ein Pulver vor der Nacht. Seien Sie unbesorgt, Sie werden in wenigen Tagen gesund nach Hause zurückkehren. K. ist unterrichtet und wird Sie retten.*

Renau trennte vorsichtig die eine Seite heraus, faltete sie und steckte sie der Gräfin sachte tief in den Ausschnitt, damit der Verwalter den Zettel nicht wegnehmen konnte.

»Du willst nichts packen?«, fragte er leise.

»Die Dienerinnen werden mir nicht gehorchen. Ich habe nicht einmal ein Reisekleid angelegt.« Chou-Li hob kurz den Saum. »Nur feste Schuhe, die sieht der Verwalter nicht. Die Durchgänge zu den Außenhöfen hält er verschlossen, das Tor wird bewacht.«

Renau legte seinen Vorrat an Pulvern der Gräfin auf den Tisch mit dem Wasserglas. Sie hatten keine Zeit zu verlieren. »Nimm die Tasche, folge dicht an meiner Seite, damit man dich nicht wegreißt.« Er holte den spitzen Offizierssäbel hervor. Für die Taufe hatte er die prächtige Gala-Uniform getragen.

»Was hast du vor?«

»Folge mir einfach.« Renau barg den kurzen Säbel an der ausgestreckten Hand an seiner Hüfte. »Öffne die Tür.«

Chou-Li rollte sie zur Seite. Der Verwalter stand davor in seinem silberbestickten schwarzen Mantel.

»Die Frau muss viel Wasser trinken und viel schlafen«, sagte Chou-Li.

Der Verwalter nickte und sah ihn an, weil Renau weiter auf ihn zutrat.

»Gebt ihr nur Gemüse zu essen. Hast du verstanden?«

»Ja …«, da packte ihn Renau am rechten Arm, verdrehte diesen heftig auf dem Rücken, dass die Seidennähte krachten. Er hielt dem Verwalter den Säbel kurz vor die Nase, bevor er den Knauf in dessen Kreuz rammte. »Ganz ruhig. Und kein falsches Wort, sonst bist du tot. Du weißt, wie gut die fremdländischen Waffen sind.«

Der Mann ließ nur ein Stöhnen hören.

Chou-Li deckte sie von hinten, als er den Verwalter nach vorn stieß. »Sag ihm, dass er uns in den ersten Hof bringen lassen soll.«

»Du schweigst, Verwalter, und nickst nur, wenn ich die Befehle gebe.« Chou-Lis Stimme war fest, die Herrin in ihr klang wieder durch. »Der kürzeste Weg ist hier durch.« Sie deutete auf eine niedrige Tür. »Gib mir die Schlüssel!«

Der Verwalter tastete vorsichtig unter den Mantel.

Im Hof kehrte ein Junge Zweige zusammen, er beachtete sie nicht. Ein anderer Diener trug einen Korb mit Grünzeug durch einen Bogen weg.

»Hier entlang.«

Der Flur war sehr dunkel. Renau forcierte das Tempo der Schritte. Dann war es wieder hell.

»Pferd oder Wagen?«, fragte Chou-Li schnell.

»Das Pferd, mit dem ich gekommen bin.« Die Mission sollte nicht darunter leiden.

Die Wachen im ersten Hof hoben die Köpfe und standen von den Stufen vor den Scheunen und Ställen auf. Einige ließen Spielsteine fallen.

»Holt das Pferd, mit dem der Fremde gekommen ist«, rief Chou-Li ihnen zu.

Sie regten sich nicht. Renau stieß die Waffe in das Kreuz.

Der Verwalter nickte, machte sogar eine Handbewegung zum Tor hin.

Die Knechte sprangen auf, Renau drehte den Verwalter so, dass dessen Gesicht immer den Wachen zugewandt blieb. »Lass das Tor aufmachen und führe du das Pferd hinaus.«

»Öffnet das Tor!«, rief sie.

Diesmal hob der Verwalter von selbst die Hand.

»Nimm Deckung an der Mauerwand, sonst schießen sie von oben.« Renau rückte immer an der Wand lang vor.

Sie schlüpften zwischen den Holzflügeln durch.

»Schließt das Tor«, rief Chou-Li in den Hof zurück.

Tatsächlich bewegte sich die Bretterwand hinter ihnen.

»Es nützt nicht viel, sie werden durch das hintere Tor ausreiten.« Chou-Li rannte. »Halte das Pferd.« Renau stieß den Verwalter ein paar Schritt in der Kiesauffahrt weiter voran. Dies war Kampf, da half nichts. Renau warf ihn zu Boden und holte weit mit dem Knauf seines Säbels aus, schwang über dem Schädel zurück. Der Mann rollte mit einem Schrei in den Dreck und blieb reglos liegen.

Renau steckte die Waffe vor seine Brust, saß auf dem Pferd auf. »Reich mir die Hand und fass mit der anderen den Zügel.« Er zog Chou-Li hoch, bis sie vor ihm quer über dem Sattel lag. »Halt dich irgendwo fest, wir müssen erst einmal weg.« Er durfte jetzt nicht an ihre Qualen denken und packte sie mit der freien Hand am Seidengürtel.

Renau gab dem Pferd die Sporen. »In welche Richtung erreichen wir den nächsten Bahnhof?«

»Folge dem Weg am Fluss, nimm den Berg in den Rücken«, keuchte Chou-Li vor ihm.

Auf den Feldern zwischen dem Wasserlauf und dem nächsten Dorf beugten sich Bauern. Alles Land, das Chou-Lis Vater gehörte, wer weiß. Renau wandte sich immer wieder um. Doch das Tor des Landhauses blieb geschlossen.

Er hielt das Pferd an. Chou-Li drohte jeden Moment vom Sattel zu rutschen. »Sie folgen uns nicht.« Er half ihr, den Hals des Tieres zwischen die Schenkel zu nehmen, und drückte sie mit dem Arm um die Taille fest vor sich.

»Täusche dich nicht. Die Wächter nehmen den Weg auf der anderen Seite des Flusses, den man von hier nicht erkennen kann. Am besten, wir schlagen einen großen Bogen über die Hügel dort nach Osten zurück und von dort zur Bahnlinie. Die Wächter sind dummes Gesindel, sie werden uns niemals in ihrem Rücken vermuten.«

Renau küsste sie in den Hals. »Du hättest ein deutscher Reiteroffizier werden können.«

»Es reicht, wenn du es bist.« Ihre Antwort klang wie ein Seufzen.

Sie hatte recht. Beim nächsten Bachlauf, der sich aus den Hügeln zum Fluss in die Aue hinunterschlängelte, lenkte Renau das Pferd vom großen Weg. Wenn sie einen Bahnhof heil erreichten, dann würde er eine telegrafische Nachricht an Leontine schicken, das Pferd zu holen. Doch die nächste Station war weit und Chou-Li sehr zart. Mochte ihr Leib so unbeugsam und stark sein wie ihr Wille.

Kapitel 2

Tsingtau, Villa Sun Pau Tschis – 20. August 1913

Chou-Li schlich sich leise zu ihrem Platz hinter der Wandverkleidung im Nebenzimmer. No-Hsen, der alte Diener, hatte sie angestarrt wie einen Geist und war zu ihrem Vater ins Schreibzimmer gerannt. *Die Tochter ist zurück! Die Tochter ist zurück!* Sie war nach der Ankunft einfach wortlos nach oben in ihr Zimmer gegangen. Offiziell hatte Heinrich sie nur vom Bahnhof mit der Rikscha begleitet.

Oben an der Treppe hatte sie gelauscht, sich festhalten müssen an dem Geländer, wäre beinahe in den Wandschirm mit den Reihern gestürzt, so schwer war es ihr. Doch Vater hatte Heinrich nach den Regeln der Höflichkeit hereingebeten.

Chou-Li setzte sich auf die roten Kissen ihres Lauschplatzes.

»… wenn Sie mir nicht glauben, bitte, hier ist der Brief Ihres Sohnes!«

Er stand sicher groß und aufrecht vor dem Empfangsdiwan, bei dem nur flache Kissen die Entfernung erzwangen, die in einem Palast die Schranken gewiesen hätten.

»Es ist seine Schrift … Das wirft natürlich ein ganz anderes Licht auf die Angelegenheit.«

Chou-Li zog die Füße höher auf die Bank. Ihren Bruder selbst den Hilfe suchenden Brief schreiben zu lassen, hatte sich als klug erwiesen. Vater hatte in den letzten Worten den ruhigen Ton des weltabgekehrten Mandarins angeschlagen, das hieß, er überlegte.

»Allerdings. Sie werden begreifen, dass ich höchst überrascht war, nicht nur Ihre Tochter, sondern auch die Gräfin Litkowskaja vorzufinden, dorthin entführt, wie die Gräfin mir sagte …«

»Zu Ihrer Beruhigung, die Dame war mein Gast. Man hat mich um Vermittlung gebeten. Sie ist bereits auf dem Rückweg nach Tsingtau. Herr Kapahnke wird Ihnen das bestätigen.«

»Natürlich wird Kapahnke das. Aber damit ist die Sache nicht bereinigt.«

»Sie meinen?«, fragte ihr Vater.

»Dass Sie von mir als deutschem Offizier offensichtlich verlangen, dazu zu schweigen, dass von deutschem Gebiet Frauen entführt werden, die ganz und gar nicht abreisen wollten.«

Chou-Li hörte ein schwaches Geräusch. Vater antwortete nicht, er hatte sich wohl zurückgelehnt oder gar das Gesicht mit dem Schleier verhüllt, wie es nach einer Beleidigung die Sitte erforderte. Sie presste ihre Hand gegen das Holz.

»Es ist die Aufgabe der deutschen Pachtverwaltung, das Gesindel und die Banden im Schutzgebiet zu bekämpfen. Derlei Probleme kennt jede Provinz in unruhigen Zeiten.«

»Fordern Sie mich wirklich auf, den deutschen Behörden zu dieser Entführung«, Heinrichs Ton wurde hell, »wie man in Ihrem Land hier so schön sagt, den Namen des Fuchsgeistes zu nennen?«

Sie hörte den scharfen Atemzug sogar durch das Holz. Vater hatte sofort begriffen, dass nur sie ihm dieses Wort eingeflüstert haben konnte – und was das bedeutete. Damit stand ihr Schicksal auf dem Spiel.

»Nicht einmal Ihre Landsleute würden Ihnen das glauben.«

»Wenn ich als Offizier auf meinen Kaiser schwöre, schon.«

Chou-Li hätte ihn zu gern gesehen, vielleicht spielte er die Stärke nur vor. Vater hatte so viele Männer scheitern sehen, die sich überschätzt hatten.

»Täten Sie das, kostet Sie der Skandal Ihre Karriere. Ihre Landsleute mögen es ganz und gar nicht, wenn Offiziere allzu sehr mit China – wie hieß die Vokabel gleich – *fraternisieren?*«

Chou-Li biss sich auf die Lippen. Vater wusste alles.

»Was es mich kosten könnte, ist meine Sache. Was es den Fuchsgeist kosten würde, die seine. Bleiben die Frauen hier in Tsingtau und frei wie vordem, so erfährt niemand etwas, sofern ich mich von ihrer Anwesenheit regelmäßig persönlich überzeugen kann.«

Wäre er ein chinesischer Prinz von Rang, so hätte er sie eben mit diesen Worten als Konkubine gefordert. Heinrichs Stimme klang wie Glut.

»So soll es sein.«

Chou-Li spürte Gefahr, ihr Vater hatte zu schnell eingelenkt.

»Bleiben Sie mir als Arzt erhalten, das erleichtert viele Dinge.«

Warum antwortete Heinrich nicht?

»Selbstverständlich. Wie Sie wünschen.«

Sie hörte etwas wie einen Schlag von Holz auf Holz, vielleicht die Stiefel. Dann ging schon die Tür zum Flur. Vater hatte ihn entlassen. Chou-Li hob die Füße von der Bank.

»Chou-Li! Komm sofort herüber.«

Es half nichts. Sie schlich zur niedrigen Dienertür in der Ecke und schlüpfte hinüber ins Empfangszimmer. Sie beugte den Nacken und setzte sich in drei Schritt Abstand vor ihm in die Hocke. Sie konnte nicht aufblicken.

»Sieh mich an, damit ich prüfe, ob ich noch meine Tochter erkenne oder nur ein schmutziges Hurenweib im Hause habe.«

Sie hob den Blick. Sie sah nur helles Weiß. Vater hielt sich einen Handwedel vor das Gesicht, dessen Fläche mit durchsichtiger Seide bespannt war.

»Dünn und blass bist du vom Gift und deiner Flucht. Deinen Bruder hast du besiegt mit ein paar einfachen Kniffen, wie schon als Kind. Du hast dich meinen Wünschen widersetzt. Du warst ungehorsam.«

Chou-Li schwieg, jedes Wort konnte nur falsch sein.

»Ich habe dich gelehrt, wie ein Mann zu denken, wie ein

Mann, der eine Provinz führt. Du warst eine kluge Schülerin, so klug, dass du es in deinem Ungehorsam sogar fertiggebracht hast, nach außen der Familie das Gesicht zu wahren. Wüsste ich es nicht besser, ich dächte, du seist eine Hexe oder ein böser Geist, der über mich gekommen ist.« Der Wedel fiel aus seiner Hand, Vaters Augenwinkel zuckte bitter.

Dann hatte er sich wieder in der Gewalt, wie eine Statue blickte er auf sie herab. »Hatte ich nicht schon einen Sohn? Musste ich meine Tochter zu einem machen? Das Tao duldet keine Störung des ewigen Gleichgewichts. Du wirst dich eine Weile von deiner angeblichen Krankheit hier erholen dürfen.« Er zog die Hände aus dem Umhang. »Ein Hof-Astrologe wird dafür sorgen, dass dein Hochzeitstermin erst weit in den nächsten Sommer fallen kann. Bis dahin ist der deutsche Arzt längst deiner überdrüssig. Das hätten dich die alten Schriften lehren können. Eine chinesische Konkubine ist für einen deutschen Offizier nicht mehr als für einen Ming-Prinzen eine Frau aus der Wildnis hinter der großen Mauer. Ein Zeitvertreib, nichts weiter.« Er hob den Zeigefinger. »Und im nächsten Sommer, meine Tochter, wirst du in Schanghai die Frau des Generalssohns werden.«

»Ja, Vater.« Chou-Li hielt seinen Blick aus. Die Wut ließ seine Augen glänzen wie reife Kirschen.

Vater senkte langsam seine Hand. Er wusste, dass sie log, dass sie diesen Bräutigam niemals akzeptieren würde, eher nahm sie den Dolch.

»So sei es, Tochter. – Und nun, hilf mir beim Aufstehen.«

Chou-Li vergaß ihren Widerstand. Dort im Empfangssessel mühte sich ein alter Mann, den sie doch so liebte. Der Schmerz hatte ihm Schweißperlen auf die Schläfen getrieben, der Kampf die Kräfte geraubt. Sie sprang auf und stützte ihn. »Vater?«

Kapitel 3

Tsingtau, Bismarckkaserne – 5. September 1913

Die Zentrifuge sirrte laut. Renau ging zurück zum großen Labortisch, an dem seine Sanitätsmatrosen Claas und Hössling mit den Pipetten hantierten. »Klappt es?«

»Die geklärte Lymphe ist ziemlich zäh, Herr Marinestabsarzt.« Hössling hielt sich das Reagenzglas auf Augenhöhe. »Die Tropfen fallen mal dicker, mal dünner aus. Deshalb steht die Flüssigkeit unterschiedlich hoch. Ich habe aber immer zwanzig abgezählt.«

Renau beugte sich in den Knien und betrachtete die Glastuben in der Holzhalterung. »Hier noch einen Tropfen.« Er wies auf die erste Reihe. »Da. Und dort.«

Hössling hielt die Pipette darüber und tropfte.

»Bereite noch mal einen Ständer voll vor.«

Am zweiten Tisch legte Claas Saugnäpfe in das Sterilisationsbecken. »Was machen Sie mit dem Serum aus der Zentrifuge?«

Seine Matrosen begeisterten sich für ihre Arbeit. »Ihr werdet davon unterschiedliche Mengen in die Reagenzgläser füllen. Danach legen wir aus den unterschiedlichen Konzentrationen Kulturen in den Schalen an, die ihr dann in den Brutschrank legt.«

Die Zentrifuge lief aus. Renau wartete vor dem Gerät, bis das Schwungrad ruhte. Er holte den Einsatz heraus und kippte das abgesetzte Serum in den großen Rezipienten auf dem weißen Leinen. »Davon für die Untersuchungsreihe pro Reagenzglas einen Millimeter mehr, beginnend bei fünf.«

»Jawohl, Herr Marinestabsarzt.«

Claas und Hössling unisono, was wollte er mehr.

Renau schloss hinter sich die Tür des Arztzimmers. Die beiden wären eine Weile beschäftigt.

Draußen im Kasernenhof war alles still, das schöne Wetter hatte Mannschaften wie Offiziere an den Strand gezogen. Für späte Sommerfrische hatte er keine Zeit. Er musste endlich weiterkommen. Den Zusammenhang finden.

Renau schob die große Rolltafel aus der Zimmerecke vor den Schränken vors Fenster. Drehte sie so, dass die Matrosen, kämen sie herein, das Tafelbild nicht sehen würden.

Der Schwamm war längst trocken, aber Claas hatte, pflichtbewusst, wie der Bursche war, den Tafeleimer neu mit Wasser befüllt. Er griff zum runden Stück Schreibkreide.

Ganz links das Wort *Berlin,* daneben *Mission* und in die Mitte der Tafel *Kapahnke.* Renau verband das mit Pfeilen. Das Opium wurde über Kapahnkes Kontor in den Bortenpackungen der Mission versteckt und nach Berlin geliefert. Das hatte er dem Vize-Admiral über den Mittelsmann in Peking von Hollwitz bereits gemeldet. Wer dort die Lieferungen in Empfang nahm beziehungsweise wusste, welche Opium enthielten, brauchte Renau nicht zu kümmern. Das war Sache seines Vorgesetzten.

Renau zeichnete ein großes Fragezeichen an den Namen des Händlers. Wusste er Bescheid darüber oder nicht? Er setzte Pfeile nach unten *Sun, Waffen.* Das ergab schon eher Sinn, dass einer der reichsten Kaufleute Tsingtaus, der in Maschinenhandel machte, darin verstrickt war.

Renau trat zurück und starrte auf die grüne Tafel. Weil er Chou-Li nicht in Gefahr bringen wollte, hatte er bislang darauf verzichtet, den deutschen Gouverneur über den Waffenhandel zu unterrichten, schließlich hatten die Exilanten wie

Chou-Lis Vater die Auflage erhalten, sich politisch neutral zu verhalten.

Chou-Li hatte ihn fast ausgelacht. Renau unterstrich den Namen *Sun.* Ihre Frage war einleuchtend, ob es nicht auch deutsche Spione in Peking gebe. Aber der ganze Waffenhandel war Politik. Wenn Kapahnke darin verstrickt war, warum sollte er sich mit kleinteiligem Schmuggel von Opium abgeben?

Renau schrieb rechts die Namen *Meisner* und *Westerhoff,* setzte einen Doppelpfeil zwischen sie. Wegen Westerhoffs Inventurauftrag hatte er die Opiumdosen gefunden, aber unternommen hatte Westerhoff nach der Meldung nichts. Er hatte den Bestand sogar wieder am gleichen Ort gefunden, geschmolzen zwar, aber es handelte sich um fertiges, offiziell gestempeltes britisches Opium, nicht um Schmuggelware wie in der Mission.

Den Süchtigen – in höchsten Offizierskreisen, wie der Vize-Admiral fürchtete – war es im Hunger nach der Droge egal, was sie rauchten. Es könnte eine Verbindung geben. Renau strichelte eine Linie zwischen den Namen rechts und links. Meisner, einem Mann der Tsingtauer Gesellschaft, war es vielleicht sogar möglich, irgendwie Kapahnkes bekannte Spendentätigkeit ohne dessen Wissen heimtückisch auszunutzen.

Es klopfte. »Herein!«

Claas machte Meldung. »Das Serum ist verteilt.«

»Legt die Kulturen an.« Der Obermatrose blieb stehen. »Was ist?«

»Sollen wir den Brutschrank gleich damit bestücken?«

Es war nie gut, zwei Dinge gleichzeitig zu tun. Er hatte vergessen, den Schrank anzuwärmen. »Heize ihn mit der Gasflamme auf 40 Grad vor. Oder besser Hössling.« Claas war mit den Händen geschickter. »Er soll bei dem Thermometer stehen bleiben und bei 40 Grad das Gas wieder abstellen. Und dann Meldung machen.«

»Jawohl.«

Renau trat an sein Tafelbild zurück. Vielleicht hätte er Chou-Li mehr erzählen sollen. Sie hatte längst aus seinen Fragen zum Opiumhandel und -konsum herausgehört, dass er mehr als ein medizinisches Interesse verfolgte. Aber ihre geheimen Treffen in der Reisesänfte oder bei seinen Besuchen waren zu kostbar, als dass sie hätten die Zeit anders verbringen wollen als in großer Zärtlichkeit. Gestern noch, zwischen zahllosen Küssen ihrer bloßen Haut, den Lüsten, die ihre Zunge auf seinem Leib entfachen konnte, die ihn fast um den Verstand gebracht hatten, da hatte Chou-Li noch geflüstert, dass die Gräfin nach Tsingtau zurückgekehrt sei.

Der Gedanke an Chou-Lis zarte Haut versetzte ihn in eine Erregung, die er genoss und fürchtete wie als junger Bursche, als er beim Baden in den Oderauen mit roten Ohren die Frauen begafft hatte. Doch mit seinem Begehren lud er sich eine Verantwortung gegenüber Chou-Li auf, von der er nicht wusste, wie er sie tragen sollte, falls die geheimen Vorkehrungen, mit denen sie ihn beruhigte, versagen sollten. *Seit Jahrhunderten wissen sich die Hofdamen zu helfen.*

Sein Blick fiel wieder auf das Tafelbild und die gestrichelte Linie. Die Leidenschaften der Offiziere, wer kannte mehr Klatsch als sein Freund, der dicke Schmied. In dem man den Charmeur und Frauenkenner nicht vermutete, der seiner Cäcilie treu war mit dem Augenzwinkern der Seefahrer. Schmied hatte freimütig von seinem Opiumgenuss-Experiment gesprochen.

Renau trat näher an die Tafel, die Kreide schwebte über dem Grün. Und Schmied war mit Meisner befreundet, sie teilten die Begeisterung für die Vogelkunde und den Tanz. Er setzte den Namen über den gestrichelten Pfeil. Und Schmied war häufig Gast im Hause Kapahnke wie auch im Britischen Club wegen seines Talents für Bridge. Er war ein guter Stratege.

Und sein Freund war lange genug in Tsingtau, dass er mit ehemals hier stationierten Offizieren, die nun in Berlin Nachschub für ihre Opiumlampen brauchten, einen Schmuggel hätte organisieren können. Redete er nicht oft davon, dass er mit Cäcilie ein großes Haus bauen wollte? Renau hatte noch viel zu wenig darüber nachgedacht, wie und was im Gegenzug für das Opium gezahlt wurde.

Renau sah das lustige Gesicht Schmieds vor sich, dieses pausbackige Schlitzohr. Er griff zum Schwamm, feuchtete ihn im Eimer an. Dann wischte er rasch über das Tafelbild.

Mit den Namen verging die Gewissheit. Schmied war ein herzlicher Freund, ein guter Seelenarzt gar, dem er Aufmunterung in mancher grauer Stunde verdankte.

Die Tür ging auf. Hössling vergaß immer das Klopfen. »Der Brutkasten ist auf 40 Grad erhitzt.«

Renau sparte sich einen Anschiss. »Ist das Gas abgestellt?«

»Jawohl.«

»Dann bestückt ihn jetzt. Aber von oben nach unten.« Er winkte den Obermatrosen hinaus. »Ich komme sofort.«

Wie auch immer. Die Pflicht band ihn an den Geheimauftrag des Vize-Admirals.

Der Gang vor den Dienstzimmern war leer. Renau schaute noch einmal nach rechts und links. Doch zur Zeit des Abendessens war erst recht kein Unteroffizier oder gar Mannschaftsgrad unterwegs. Die Schlüssel der Marineärzte passten an jedes Zimmer, das wollte die Vertretungsordnung so.

Drinnen herrschte die halb aufgeräumte Ordnung, die er auch in der Wohnung seines Kollegen bemerkt hatte. Einerseits lag viel herum, statt in den Schränken einsortiert zu sein, wie es die militärischen Vorschriften verlangten. Andererseits waren Papiere, Bücher, selbst Laborkleidung säuberlich ausgerichtet, aufeinandergeschichtet und mit größeren oder kleineren Abständen auf den Beistelltischen aufgebaut. *Ich muss nie suchen, ich weiß immer, wo alles ist.*

Renau drehte sich zwischen den Tischen und den vier aufgezogenen medizinischen Lehrtafeln, die an den Wänden hingen. Warum um alles in der Welt hatte Schmied die Gebärorgane der Frau hier aufgehängt, hielt er wieder einen Vortrag? Die Tafel zu den üblichen Knochenbrüchen im Fronteinsatz hatte er selber erst vorgestern gesucht, Schmied war mal wieder schneller gewesen.

Renau blickte auf die Stapel. Nichts als die Routinearbeiten. In der Ecke am Fenster hing noch immer das Foto mit Schmieds Jahrgang der Offiziersschule. Renau nahm den Rahmen von der Wand. Auf der Rückseite klemmte hinter zwei Drähten der Ersatzschlüssel zum Schreibtisch. Renau zögerte. Er missbrauchte das Vertrauen seines Freundes, der ihm den Ort einmal verraten hatte.

Renau fingerte den kleinen Messingschlüssel aus der Halterung und stellte das Bild mit dem Foto zur Wand ab.

Die Schreibtischschublade war voller Briefe. Die Handschrift weiblich, weit schwang das *C* über die kleinen Buchstaben von *Cäcilie*. Wahrscheinlich freute sich Schmied im Dienst daran, die langen Briefe seiner Verlobten zu studieren. Renau hob vorsichtig die Briefe in der exakten Lage heraus. Darunter nichts als leere Erfassungsbögen für Rekruten. Federhalter ohne Federn. Ein Tintenklecks im Holz.

Renau schichtete die Briefe wieder ein.

Der Messingschlüssel passte auch an den Seitentüren. Links stand eine Flasche französischen Cognacs hinter einem sauberen Glas. Renau erkannte das Signet *Frapin,* ein guter Tropfen zweifellos. Davor stand ein schwerer Bronzeaschenbecher. Renau fand in der Innenwand nur weißen Staub, keine Spur von Asche.

Im oberen Fach eine Kladde, darin die Tagesbefehle des Vormonats.

Hinter der rechten Seitentür füllte ein Karteikasten halb das Fach. Nur wenige Karten steckten darin. Renau überflog die Namen. Patienten aus der Anfangszeit, als Schmied wie er bei der Kusserow im Hotel gewohnt hatte, Reisende aus Hamburg, einer aus Stuttgart und die Hotelchefin selber.

Renau öffnete jeden Schrank, jedes Fach, nirgends etwas, dessen Besitz ein Marinearzt zu rechtfertigen brauchte. Akten, Versuchsbeschreibungen, Fachliteratur. Sogar eine Ersatzuniformhose hielt Schmied vor, wie auch ein frisches Hemd und Leibwäsche.

Aber wer hatte sich noch nicht schwer geärgert, wenn bei Untersuchungen eines Kranken oder im Labor etwas danebenging.

Renau schloss den Schreibtisch wieder ab und barg den Schlüssel hinter den Drähten des Bilderrahmens. Zwanzig junge, strahlende Assistenzärzte zeigte das Foto, das er am Haken ausrichtete. Was hatte er sich nur dabei gedacht, Schmied so sinnlos zu hintergehen.

In den Kolonien verschwimmen die moralischen Maßstäbe. Professor Sibelius hatte ihn nicht umsonst gewarnt. Renau rieb sich mit dem Handrücken über die Stirn.

Renau ging an den Amtszimmern der Marineärzte vorbei.

Seine Gedanken kreisten schon wieder um Chou-Li, ob er wollte oder nicht. Chou-Li, die zerbrechlich wie eine Porzellanfigur an seiner Brust ruhte, Chou-Li, die ihn mit ihren Fragen zu den Deutschen in Verwirrung brachte.

Kapitel 4

Pang Kia Lan, Missionshaus – 1. Oktober 1913

Immer wenn das Motorengeräusch des Lkw vom Talweg heraufdröhnte, liefen die Kinder des Dorfes zusammen. Heute waren die Gassen leer, die meisten Familien hatten auch die Kleinsten mit zur Apfelernte an die Berghänge mitgenommen.

Der grüne Lastwagen von *Kapahnke Maschinenhandel & Compagnon* fuhr vor der Bortenbinderei ein. Eigentlich war die Lieferung für Ende September geplant gewesen, aber die ersten Herbstregen hatten die Wege zu sehr aufgeweicht.

Der Lehrmeister war mit seinen vierzig Jahren noch geschmeidig, er lief in der grauen Arbeitskutte aus der Strohspleißerei herbei. »Frau Ma schon da?«

»Ich war im Dorf unterwegs.« Leontine wollte achtgeben, dass er keinen Verdacht schöpfte. Wenn Renaus Vorwürfe stimmten, war der Lehrmeister nicht umsonst von Kapahnke hierhergebracht worden. Zwar hatte der Mann inzwischen seine Familie nachkommen lassen, aber seine Leute hielten Abstand zu den Dörflern.

Der Fahrer sprang aus der Wagenkabine und winkte den Lehrlingen zu. »Langes Leben!«, rief er. Und hielt sich die Hand ins Kreuz wie ein alter Mann, dann den Magen wie ein Kranker.

Alle lachten, jeder wusste, wie der Lastwagen über die Furchen im Talweg schaukelte, dass man ihn mehr als einmal umzustürzen sehen glaubte.

»Gebt ihm zu essen, wir laden ab«, sagte der Lehrmeister.

Leontine tat so, als ob sie nach den Reifen sähe, schlenderte zur Ladefläche.

Die Bortenbinder hakten die Rückseite aus. Diesmal waren es lange schmale Kisten, doppelt so lange wie für Zigarren und etwas dicker. *Zahnräder* und *Schwungband Größe IV* las sie darauf. Kapahnke ließ die Spenden an die Mission in gebrauchten Kisten seines Handels verpacken. Im Gänsemarsch trugen die Arbeiter die Kisten in die Binderei.

An der Flechterei fragte sie die Frauen am großen Tor: »Seid ihr mit den Borten rechtzeitig fertig geworden?«

»Schon viele Tage, Frau Ma.« Die dicke Ta-Ni wurde im Dorf nur die Schwarz-Perlen-Frau genannt. Ihr dunkles Muttermal am Ohrläppchen sah wirklich wie eine Schmuckperle aus. »Wir flechten schon die breiten Bänder für den Winter.«

»Das wird Meister Ma freuen.« Leontine ging weiter. Friedbert ließ sich nie blicken, wenn der Wagen einfuhr. Er fand, dass er als Missionar nicht allzu viel Neugierde zeigen sollte.

In der Binderei öffneten sie bereits die ersten Kisten. Grauer Schiefer blitzte zwischen gelber Holzwolle auf.

»Das sind ja Schülertafeln!« Lange schon hatten sie den Missionsverein ersucht, auch die Dorfschule damit zu versorgen. Friedbert würde sich so freuen, damit würde der Unterricht endlich Fortschritte machen. »Gibt es auch Stifte?«

»Hier, Frau Ma. Das Schreiben ist aus der Stadt.« Der Lehrmeister zog den Umschlag vor ihren Augen aus einer flachen Kiste, darunter schimmerte noch mehr Schiefer.

Leontine zog eine Kontrollliste heraus. Kapahnke hatte von

Anfang an welche mitgeschickt, damit keine der Spenden oder Waren unterwegs verschwanden. Fünfzig Tontafeln figurierten neben den einhundertfünfzig Stiften. Bilderbibeln waren diesmal nicht dabei, dafür ein Triangel für den Kapellenchor. Ihr Blick fiel auf die vorletzte Position *Bleichsoda*. Die Zwanzig war durchgestrichen und mit Bleistift durch eine Zehn ersetzt. Leontine erkannte die Handschrift wieder. Kapahnke selbst hatte die Zahl korrigiert, also auch das Verpacken überwacht. Warum nahm sich ein Mann wie er dafür Zeit?

Leontine ließ das Papier sinken. Sie konnte es sich immer noch nicht vorstellen, dass der Kaufmann solch ein Pharisäer sein sollte.

»Frau Ma steht im Weg.« Der Lehrmeister hielt die Hände vor seinem Bauch in die Luft.

Leontine ging hinaus in den Hof. In der Flechterei hörte sie die Frauen zwitschern. Die Lehrlinge waren auf den Lastwagen geklettert. Es war ihr egal, dass zwei Ältere hinter dem Lenkrad um den Platz balgten. Leontine ging am Wassertrog vorbei. Alle würden denken, sie suche den stillen Ort auf.

Von dort führte aber der Pfad weiter zur Rückseite des Anbaus, in dem das Lager und die Packerei der Borten untergebracht waren.

Das niedrige Tor war geschlossen. Leontine lugte durch den Spalt an der Angel hinein.

Tschang, ihr Tschang mit der roten Narbe, saß auf einem Hocker, sein dürrer Sohn saß mit untergeschlagenen Beinen auf dem Tisch. Der Lehrmeister zeigte gerade auf flache *Zahnräder*-Kisten. Auf den Packtischen waren schon die Kisten des Missionsvereins vorbereitet, allerdings nur die quadratischen, in denen die Breite 5 als tellergroße Rollen eingelegt wurden. Sie konnten leider nur wenige dieser im Reich für Herren-Panama-Hüte begehrten Borten herstellen, weil es zu wenig weiches Weißstroh im Bergtal gab.

»Packt erst um. Ich beschäftige die andern so lange«, sagte der Lehrmeister drinnen.

»Sollen wir auch gleich zunageln?«, fragte der junge Tschang.

»Wozu gebe ich euch Nägel und Hammer? Was hast du für einen Sohn.« Der Lehrmeister ging nach draußen. »Du wirst erst noch die restlichen Kisten brandzeichnen.« Der Junge sprang vom Tisch.

Tschang nahm sich schon eine der Kisten. Kippte sie einfach um. Die Schülertafel fiel auf die Holzwolle. Darauf lag noch eine flache Masse, grau und bräunlich, wie gepresster Torf.

Oh Gott. Leontine hielt sich an der Lehmmauer fest. Aber sie musste hinein.

»Frau Ma?« Tschang blinzelte in das helle Licht, sein Mund stand offen. Er legte schnell eine Bortenrolle, die schon in Seidenpapier eingeschlagen war, auf die Masse.

»Was verpackst du da?«, fragte sie. Und es war ihr egal, dass Tschang sie noch nie so scharf hatte hören müssen. Er antwortete nicht. »Tschang. Soll ich Meister Ma holen?«

In Tschangs Gesicht zuckte die rot leuchtende Narbe. Er machte die Schultern rund und beugte sich tief über den Tisch. »Es ist Rauchzeug für die Schlafpfeifen.«

»Und warum versteckst du das unter den feinen Borten?«

»Es wird doch immer da hineingepackt.«

Die Bortenbinderei hatte das Angebot erweitert, weil … Leontine hätte am liebsten ihrer Wut freien Lauf gelassen. Kapahnke hatte das alles angeregt, nach seinen ersten Besuchen. »Wer hat das befohlen? Meister Ma bestimmt nicht.«

»Der Lehrmeister«, flüsterte Tschang.

Leontine machte einen Schritt auf den Tisch zu. Sie glaubte, einen krautigen Geruch aus den Kisten zu riechen. Wenn nicht alles verloren sein sollte, musste Renau davon erfahren. »Du wirst ihm nichts sagen, dass Frau Ma hier war, hörst du?« Tschang senkte sein Kinn. »Schwöre auf Gott den Herrn!«

Tschang legte die Hände zusammen wie in der Kapelle. »Ja, Frau Ma.«

Leontine sah zum Durchgang hin. Die *Zahnrad*-Kisten waren unregelmäßig aufgestellt. Es würde nicht auffallen, wenn sie eine davon mitnahm. Sie bückte sich und machte aus drei übereinandergestellten zwei. Sie klemmte die Kiste unter den Arm, allzu schwer war sie nicht. »Schweig, sonst straft dich Meister Ma dafür.«

Tschang lief ihr nach. »Ich packe doch nur das teure Rauchzeug zu den teuren Borten.«

Der arme Mann begriff nicht einmal, dass er verbotene Schmuggelware zwischen das Seidenpapier stopfte, oder er begriff nicht, was daran verwerflich war. »Schweige, das ist das Beste für dich. Und jetzt arbeite weiter.«

»Ja, Frau Ma.«

Sie schlüpfte hinaus. Mit der Kiste sollte man sie besser nicht sehen. Ein alter Korb stand beim stillen Ort.

Leontine setzte ihre Unterschrift unter die letzte Seite. Renau würde nun seine Schlüsse ziehen müssen. Sie faltete die Briefseiten zusammen, steckte die Kontrollliste des Händlers mit in den Umschlag. Gemeinsam mit der Kiste waren es Beweise dafür, dass Kapahnke schmuggelte. Warum begab sich ein so reicher Mann in einen solchen Abgrund? Leontine hoffte noch immer, dass alles eine Täuschung war.

»Bist du fertig?«, brummte Friedbert, der an seinem Schreibtisch über den Monatsbericht gebeugt war. Sammelte man nicht das Jahr über, vergaß man zu viel von dem, was in der Gemeinde geschah.

»Du hast Hunger, nicht?« Die dicke Wen richtete ihnen gerade das Abendessen. Sie klapperte mit den Tellern in der Küche nebenan.

»Hat nicht Friederike auch Hunger?« Friedbert drehte sich über die Stuhllehne.

»Ich habe sie vorhin gefüttert, Kinder richten sich nicht nach den Mahlzeiten.« Leontine klebte den Umschlag zu. Zuvor hatte sie die Kiste in die Wäschetruhe gelegt, um die sich Friedbert nie besorgte. Übermorgen würde Friedbert den Garten neu einsäen lassen, dann würde sie mit Tschang zur Bahnstation fahren und die Kiste mit dem Brief an Renau selbst bei der Bahnstation aufgeben. Sie hoffte auf eine Schonfrist für die Missionsstation, ohne Kapahnkes Hilfe wüsste sie nicht einmal, wie sie die angewachsene Bortenproduktion ins Tal bringen sollte.

»Wollen wir mal schauen, was sie gerade macht?« Friedbert war schon aufgestanden.

Manchmal schien es Leontine, dass sogar seine Haare weniger widerborstig auf dem Kopf standen, seit er Vater geworden war.

Er legte ihr die Hand auf die Schultern. »Du schreibst dem Marinestabsarzt?«

»Ich … ich habe Friederikes Patenonkel nur geschrieben, dass das Pferd wohlbehalten zu uns zurückgeführt worden ist, das er sich ausgeliehen hatte. Und natürlich das Neueste von seinem Patenkind.« Leontine stand auf und vermied den Blick ihres Mannes.

Friedbert war zur Schlafstube an die Wiege weitergegangen.

»Sie hat deine Augen«, sagte Leontine und lehnte sich an

seine Schulter. Das kleine Zeltdach über ihrer Tochter und die weißen Baumwollspitzen erinnerten sie an die Zeit, als ihre älteste Cousine früh Mutter geworden war. »Ich habe auf einmal so Heimweh, Friedbert.«

Er legte seinen Arm um sie. »Du willst dein Kind zu Hause in Landsberg zeigen, nicht wahr?«

Vielleicht war es das. Vielleicht hatte sie auch nur einfach Angst, dass das Leben hier noch schwieriger würde.

»In zwei Jahren habe ich die zehn Jahre in China voll, dann habe ich Anrecht auf eine Heimreise ins Reich. Dann zeigen wir allen unsere Kinder.« Er zwinkerte mit dem linken Auge.

»Meister Ma, das Essen steht auf dem Tisch!«, rief Wen aus der Stube.

Sie lachten, und Friedbert schloss vorsichtig das Zeltdach über der Wiege.

Kapitel 5

Tsingtau, Renaus Wohnung – 9. Oktober 1913

Mitten auf dem Boden stand die Kiste, die die Missionarin geschickt hatte. Wie perfide, das Zeug unter Kinderschultafeln zu verstecken. Renau roch an der gepressten Platte Opium. Ein wenig feucht war sie noch. Der spezifische Duft ließ keinen Zweifel.

Er las die Zeilen der Missionarin wieder und wieder. *Die Änderung ist von Kapahnke handschriftlich korrigiert und abgezeichnet.* Sie hatte das Wort *handschriftlich* sogar unterstrichen. Sie wusste, was das für den Kaufmann bedeutete. Renau würde ihr noch heute schreiben, dass sie sich nicht weiter in

Gefahr begeben und einfach stillhalten solle. Was nun geschehen sollte, das würde der Vize-Admiral in Berlin entscheiden. Noch heute würde er wieder ein Telegramm an seinen Kontaktmann von Hollwitz schicken.

Renau legte die Liste unter den Kistendeckel. Ein wirklich sicheres Versteck gab es in seiner Wohnung nicht, aber vielleicht kannte nicht jeder Dieb den Mechanismus, wie man den Zwischenboden der Seekiste hob, worunter er seine Galauniform verwahrte.

Ein praktisches Möbelstück für eine Ecke, für einen Kameraden auf Besuch war sie hoch genug als Sitz, im Alltag stapelte er dort die Zeitungen. Die zwei Exemplare der *Tsingtauer Neuesten Nachrichten* warf er in den Papierkorb. Renau hängte die Galajacke und den Offizierssäbel in den Kleiderschrank.

Es gab keinen Griff am Zwischenboden, man musste nur an der richtigen Stelle, zwei Zoll vor den Ecken auf den Boden drücken, dann sperrte das Holz nicht und kippte an der einen Seite hoch. Darunter lagen Briefe Dorotheas. Renau fühlte einen Stich. Diese Zeit schien ihm unendlich weit …

Er hatte Glück, das Paket der Missionarin passte gerade in das untere Fach der Seekiste. Im Flur kamen Schritte näher, es klopfte.

»Sir?«, rief sein Bursche Pei durch die Tür.

»Was gibt es?«, rief er.

»Ein Bote.«

Renau kniff die Augen zusammen. Boten gaben Billette oben bei den Vermietern, den Gmelins, ab. Er machte auf.

Eine in schwarze chinesische Straßenkleidung gehüllte Gestalt mit rundem Hut stand vor ihm. Ein Zopf baumelte über die Schulter, nur der Schleier über dem Gesicht war sehr ungewöhnlich. Er erkannte sie sofort.

»Ist gut, Pei. Geh wieder in die Küche. Warte.« Sicherer war es. Er drückte ihm zwei Käsch in die Hand. Am liebsten hätte Renau ihn für das dreckige Grinsen geohrfeigt.

»Danke, Sir.«

Chou-Li schlüpfte mit hocherhobenem Kopf an ihm vorbei. Er legte den Finger auf den Mund. Er lauschte in den Flur, aber Peis Schritte entfernten sich. Schnell drehte er den Schlüssel.

Chou-Li lüftete den Schleier. Renau lachte leise. »Hast du das aus dem Theater?« An dem Hut war der falsche Zopf angeklebt.

Sie drehte sich vor ihm. »Gut geraten. Ich bin durch den Kücheneingang hereingekommen und habe dem Koch drei Käsch gegeben.«

Sie ließ sich von ihm fassen. »Warum bist du so unvorsichtig?«, fragte er, obwohl er die Antwort längst wusste.

Sie sah zu ihm auf, ihre Lippen glänzten. »Wenn du noch öfter zum Krankenbesuch zu meinem Vater kämest, schöpfte man Verdacht. Heute sind alle Würdenträger bei Prinz Gung geladen, sie wollen einen Abgesandten aus Peking empfangen. Vater hat sich heute seit Langem wieder stark genug gefühlt, ein offizielles Essen nach altem Zeremoniell durchzustehen.«

»Du bist kühn.«

»Wer die Gefahr kennt, beherrscht sie.«

Wie in Liebesdingen, hatte sie sich mit Renau an gefahrlosem Genuss erfreut, mit einer Nonchalance, wie man sie wohl nur in dieser uralten Kultur finden konnte. Mit ihr erfuhr er, welch unterschiedliche Lust er im Stehen, Knien, Kauern genießen und bereiten konnte, Biegsamkeiten des Körpers, für die man in Europa keine Worte hatte, nicht einmal derbe. Die Frauen teilten sich wohl seit Jahrhunderten die Künste der Kissen mit. Er küsste Chou-Li.

»Das Essen wird mindestens drei Stunden dauern.« Ihre Finger lösten die Knöpfe seiner Uniformjacke, fühlten nach seinem Herzen.

Er warf die Jacke zu Boden, das Hemd, hob Chou-Li an, trug sie hinüber zu seinem Bett. Dabei fiel ihr schwarzer Umhang zu Boden, das Untergewand glitt auseinander, ihre weiße Blöße erregte ihn.

Er spürte, wie seine Hand den Gürtel seiner Hose löste, die Zunge der Gürtelschnalle einen letzten Widerstand leistete, genug Zeit, dass in seinem Kopf einmal mehr die Vernunft anmahnte, ob es richtig sei, dass er Chou-Lis Körper jetzt hier im Hause in Besitz nahm. Sollten sie wirklich den chinesischen Kräutertinkturen trauen, die Chou-Li anwandte? »Chou-Li«, flüsterte er. »Dass du das für uns gewagt hast …« Der Stoff fiel zu Boden, er kniete über ihr auf dem Bett. Ihre Schönheit auf dem frischen Leinenlaken leuchtete wie das innere Blütenblatt einer herrlichen Rose.

Ihre weißen Arme umschlangen seinen Leib, ihre Lippen berührten seinen Schaft. Alle Gedanken standen ihm still, schufen unendlichen Raum für die Hitze, die ihn durchflutete und sein Herz trommeln ließ wie die Fanfare vorm Reitersturm.

Kapitel 6

Tsingtau, Exerzierplatz – 10. Oktober 1913

Kompanie, kehrt!«, rief Schmied über den Exerzierplatz.

Im Himmel zogen weiße Wolken über Tsingtau. Der Iltis-Platz lag im Lee des Bismarckberges. Renau war froh, dass der steife Wind nicht den Kies aufwirbelte wie bei Ostwind. Dann roch alles staubig, jetzt hingegen spürte er das Salz in der Luft. Die Marine hatte das Terrain plan wie einen Tisch abgetragen. Später hatte man das Oval der Rennbahn drum herumgelegt. Er war gern für die großen Exerzierübungen hier unten, auch wenn man sich als Offizier die Kehle wund schreien musste.

»Kompanie, links um!«, rief Schmied wieder.

Das reguläre Exerzieren sparte niemanden aus, auch wenn sie alle die Befehlsabfolgen für die langen Querläufe oder Reihenteilungen im Schlaf murmeln konnten. Aber seinen Sanitätsmatrosen bis hinauf zu den Unteroffiziersrängen tat der Schliff ganz gut, sonst wussten die schon bald nicht mehr, wie man ordentlich aus einer Reihe drei machte. Und vor allem nicht, wie schnell das gehen konnte. Die Mannschaften verbrachten ihren Dienst in den Lazaretten, da schlich sich bei manchen die Trägheit der Amtsstuben ein.

»Linksschwenk, marsch!« Die Stimme Schmieds hallte vom Empfangsgebäude der Rennbahn wider, wo die weißen Fahnenmasten unbeflaggt in der Sonne glänzten.

Renau war sicher, dass Schmied den ersten Zug noch einmal in die Rückwärtsdrehung holen würde. Im Feld brauchte das niemand, aber keine Parade kam ohne diese Abfolge aus.

Wortfetzen der Befehle anderer Offiziere drangen an sein Ohr. Mehr als sieben gleichzeitig kommandierende Offiziere vertrug selbst der große Platz nicht. Renau hatte dem Kavalleristen-Hauptmann den Vortritt gelassen, der die neuen Rekruten einschleifen würde.

»Kompanie, stillgestanden!«, befahl Schmied drüben vor den Startmarken der Rennbahn. Er steckte mit dem Unteroffizier die Köpfe zusammen. Dann ging er allein los.

Renau begriff plötzlich, dass Schmied schnurstracks über den Kies auf ihn zuschritt. Dabei sollte er doch die Sanitätskompanie erst um elf Uhr übernehmen.

Schmied wischte sich im Gehen mit dem Taschentuch über die Stirn, zog mit der anderen die blaue Uniformjacke straff. Die Anstrengung hatte ihm einen roten Kopf beschert.

Und dann erkannte Renau die Zornesader auf Schmieds Stirn. Nein, es waren gewiss nicht die zwei Stunden auf dem Iltis-Platz, die Schmieds Züge verhärtet hatten. Renau stellte sich fest auf sein Standbein.

Schmied atmete laut. Seine sonst so runden Wangen waren starr. »Du bist mir eine Erklärung schuldig, Heinrich! Was wolltest du in meinem Amtszimmer?«

Er hatte es befürchtet. »Ich habe den Versuch zur Lymph-Gewinnung in der Zentrifuge fortgesetzt und nach deinen Versuchsreihen gesucht.« Renau hatte Mühe, dass er seine Augen nicht von Schmieds abschweifen ließ. Die Enttäuschung seines Freundes saß in der tiefen Falte neben den Mundwinkeln.

»Du lügst. Die lagen offen auf dem Beistelltisch vor dem Fenster, dafür hättest du nicht meinen Schreibtisch aufschließen müssen.«

Das hatte Renau nicht bedacht.

»Du schweigst.« Schmied verwedelte die Luft vor seinem Gesicht. »Ich brauche dein Eingeständnis nicht, Heinrich.« Er deutete mit dem Zeigefinger auf seine Schläfe. »Erst war ich schlecht von Kapee, als ich den Schlüssel verkehrt herum in den Haltedrähten eingelegt fand. Ich habe gar nicht so weit denken können, dass du mich hintergehen könntest.« Seine Stimme zitterte. »Du bist der Einzige, dem ich je von diesem Versteck hinter dem Bild erzählt habe.«

Renau fühlte, wie seine Wangen erröteten wie als Knabe, wenn ihn sein Vater zur Rede gestellt hatte. Einen Kameraden zu hintergehen, war so ziemlich das Letzte, was einem Offizier des Kaisers geziemte. Renau verfluchte den Tag, an dem er vom Vize-Admiral den Befehl erhalten hatte. »Ja. Ich habe deinen Schreibtisch geöffnet«, sagte Renau und konnte nicht verhindern, dass er mit flacher, gedehnter Stimme sprach.

»Wenigstens gibst du es zu«, flüsterte Schmied. »Du hättest mich alles fragen können, Heinrich. Dir habe ich mehr anvertraut als sonst einem Kameraden. Und brichst mein Vertrauen für miese Schnüffelei.« Er streckte das Kinn vor. »Wir rangeln um keinen Posten, wir haben keinen Streit um Geld, kein Weib am Horizont, das uns entzweit.« Seine Wangen hatten die Härte verloren, sie hingen fast wie bei einem alten Mann, so trieb die Enttäuschung die Blässe hinein. »Ich versteh's nicht«, flüsterte er.

Renau rang nach einer Antwort.

Schmied trat einen Schritt zurück. »Ich verstehe dich nicht.«

»Ich kann …«, er legte die Linke an den Gürtel, »ich darf es dir sogar nicht sagen.«

Schmied schnaubte. »So billig, glaubst du, kannst du mich abfertigen?« Er war laut geworden.

Wenn er anfing zu schreien, war der Eklat unvermeidlich. »Höre mich an! Mein Tun hängt mit meiner Reise nach Berlin zusammen.«

»Also ist doch etwas dran an den Gerüchten.« Schmieds Blick wurde verächtlich.

»Welche Gerüchte?«

»Dass du protegiert wirst von ganz oben. Glotz nicht so.« Schmied zog die Oberlippe hoch. »Wer sonst als die oberste Leitung hätte derart eingreifen können, dass Tsingtau nicht

Westerhoff, sondern dich nach Berlin abordnen musste? Obwohl er allemal der erfahrenere und höherrangige Arzt ist.«

»Als ob ich mir das ausgesucht hätte.« Wut brandete in Renau auf.

»Spiele nicht den Unschuldigen, gerade du nicht. Einige meinen, dass du wohl jemandem aufgefallen sein wirst. Einem von der Sorte Eulenburg vielleicht, von denen es im Marineamt ja einige geben soll. Du wärst nicht der erste gut aussehende Offizier, der für ein paar Flötentöne vorne- und Kanonenstöße hintenrum honoriert wird.«

Renau packte Schmied mit beiden Händen am Kragen. »Gerade du unterstellst mir so etwas? Gerade du, der es besser wissen muss. Wer hat mich denn den Armen der Kusserow empfohlen?«

Mit einer gewaltigen Kreisbewegung der Arme schlug Schmied seine Fäuste vom Kragen. »Das ist der Heinrich, den ich kenne. Klar, geradeaus und ehrlich.« Schmieds starker Arm hielt ihn an der Schulter von sich weg. »Was ist bloß in dich gefahren, dass du mir nachspionierst?«

»Weil ich es tun musste.« Renau rang seinen Atem nieder.

»Je kleiner der Standort, desto größer die Niedertracht.«

Renau schloss für einen Moment die Augen. Spielte Schmied falsch, verriet er jetzt alles. War Schmied aufrichtig, so rettete er sich einen Freund fürs Leben.

»Ich hatte einen Kameraden in dir.« Schmied ließ den Arm sinken. »Hatte.«

»Warte.« Renau holte den Befehl des Vize-Admirals aus der Innentasche seiner Uniformjacke, weil er ihn sicherheitshalber immer am Mann trug. Er faltete ihn so weit auseinander, dass Schmied das Befehlsformular erkennen konnte. Schmied rieb sich über das Kinn. Renau zeigte ihm die Unterschrift des

Kaisers, hielt aber den Befehlstext mit der flachen Hand bedeckt. »Deshalb. Und nur deshalb.«

Schmied legte die Hände auf den Kopf. »Das ist ja … nicht zu fassen!« Er wankte fast. »Und ich wollte heute noch eine Disziplinaruntersuchung gegen dich anstrengen, die mir die letzten schönen Tage am Standort vergällt hätte.«

Renau war erleichtert, er hätte den Geheimbefehl in dem Falle sowieso vorlegen müssen. Er streckte das Kreuz durch und sah Schmied in die Augen. »Ich hätte es sonst nicht getan, glaube mir das.«

Schmied richtete seine Jacke, schlug sich die Ärmel mit den flachen Händen glatt. »Gut, dass wir uns den bürokratischen Zores gespart haben. Gegen die Herren Aristokraten hätte ich sowieso keine Chance gehabt.«

Renau hörte, wie Schmieds Ton zwischen alter Leichtigkeit und hohem Ernst schwankte. Er wusste nicht, was er hätte sagen können. Die ganze Wahrheit jedenfalls nicht.

Schmied atmete tief ein. »Ich habe nicht einmal ein ›von‹ im Namen. Und du auch nicht. Pass auf, dass dich die hohen Herren nicht verheizen und dann in ein Provinzkaff an der pommerschen Küste abschieben.« Schmied ging davon, mit dem überlangen, schnellen Schritt des Offiziers auf dem Exerzierplatz.

Schmied hatte verdammt recht. Renau hielt es nicht aus, er brauchte Bewegung. Eine Runde um den Platz, dann war es Zeit, das Kommando über die Sanitätssoldaten zu übernehmen.

In der Kurve sah er hinter der Rennbahnspur das Meer spiegeln.

In der Weite des Platzes salutierte ein Obermaat bei drei

Offizieren. Sie wiesen auf ihn. Der Obermaat trabte los in seine Richtung.

»Marinestabsarzt Renau?«, fragte der stämmige Kerl, ein wenig atemlos. Der Singsang klang nach elsässischem Akzent.

»Was gibt es?«

»Das Telegramm ist im Lazarett für Sie abgegeben worden. Der Unteroffizier an der Wache hat mich geschickt, weil es mit dem Dringlichkeitsvermerk versehen ist. Bei einem Arzt kann man nie wissen, hat er gesagt.«

Renau nahm das Kuvert. »Gut gemacht. Du kannst gehen.«

Der Absender lautete *von Hollwitz*, sein Kontaktmann zum Vize-Admiral. Renau riss das Telegramm auf.

Befehle folgen – absolutes Stillhalten.

Erst das Geräusch machte ihm bewusst, dass er das Papier in der Faust zerknüllt hatte. Jedenfalls wünschte man nicht, dass er gegen Kapahnke aktiv würde. Renau konnte nicht sagen, was ihn mehr in Unruhe versetzte, die Frage, ob Schmied wieder mit ihm sprechen würde, oder die Frage, wozu man ihn aus Berlin später noch zwingen würde.

Kapitel 7

Tsingtau, Hafen – 12. Oktober 1913

Die beiden riesigen Schornsteine der *Königin Luise* rauchten schwach. Renau betrachtete die bunten Wimpel, die vom Bug zum Heck über die ganze Länge des Truppentransporters gezogen waren. Auf dem Fahnenmast wehte die Reichsmarineflagge lustig im Wind. Die Flotte zeigte ihren ganzen Prunk.

»Mit allem Lametta, wie sichs gehört«, sagte Marineoberstabsarzt Meisner. »Das ist ein Festtag für die Matrosen.«

»So flink wie bei der Abreise heim ins Reich erleben wir sie nie, das ist wohl wahr.« Gustavsen beugte sich etwas vor. Am Ende des langen Schiffs reichte die Passerelle für die Mannschaften herunter auf den Kai. Seit über einer Stunde schon schifften sie sich ein.

Der Comment verlangte, dass alle Offiziere während der gesamten Zeit bis zur Abfahrt am Kai standen. Auch der Gouverneur Mayer-Waldeck ließ es sich nicht nehmen. Er sprach drüben vor der Offizierspasserelle mit dem Kapitän.

»Die Kollegen Heimreisenden haben Glück, dass kein Prinz und kein Admiral an Bord ist.« Meisner beugte sich zu ihm her. »Sehen Sie die Bugkabinen, Renau? Alles luxuriös in Mahagoni und eigenem Bad. Dort hört man nicht mal nachts die Maschinen im Schiffsbauch wummern.« Meisner lachte. »Reserviert für die Heimkehrer.«

Renau erinnerte sich noch gut an die Heckkabine, in der er vor drei Jahren angereist war. »Hinten schläft man nur mit gutem Schnaps.«

»Davon haben die genug gebunkert. Schmied hat extra Cognac von den Franzosen in Tientsin kommen lassen, ich habe ihn selbst bei der Post damit gesehen.« Gustavsen kicherte leise wie ein Backfisch.

Schmied. Renau schaute auf seine Stiefelspitzen, die Gleise der Hafenbahn hatte man hier vorne für die Offiziere mit Bohlen abgedeckt. Schmied hatte kein Wort mehr mit ihm gewechselt. Vielleicht war er auch zu sehr mit der Auflösung seines Hausstands und dem Packen beschäftigt gewesen.

»Wenn ich mir vorstelle, dass die Kollegen jetzt vier Wochen auf dem Oberdeck in der Sonne der Malakastraße liegen können, während wir hier im Novembernebel frieren werden«, seufzte Meisner. »Vielleicht hätte ich mich doch nach Kamerun versetzen lassen sollen.«

»Zu den Kaffern? Sind Sie verrückt?« Hafenbaumeister Hohwald schlug sich an die breite Brust. »Hier haben Sie wenigstens einen Anflug von Zivilisation vor Augen und keine Rundhütten.«

»Und nur eine Tagesreise bis zu den Schanghaier Ballets.« Die dünne Stimme des Kapitänleutnants Tümmler von der Matrosenartillerieabteilung drang von hinten an sein Ohr. Die Offiziere ergaben sich in ein anzügliches Lachen.

Wenigstens blieb ihnen die eisige Spannung zwischen Meisner und Westerhoff heute erspart, der sich mit dem Korvettenkapitän des Minendepots im übernächsten Grüppchen unterhielt.

Renau langweilte sich wie sie alle, wenn auch sicher einige ihr Heimweh überspielten. Das große Schiff machte einem wie selten klar, wie weit das Reich auf der anderen Seite der Erde doch war.

Er hätte fester frühstücken sollen. Renau blinzelte in den sonnigen Oktoberhimmel, dem Sonnenstand nach war es schon halb zwei.

»Die offizielle Verabschiedung hat im Gouvernement heute besonders lang gedauert.«

»Wohl wahr«, seufzte Meisner vor ihm und wippte in den Knien. »Ist ja ehrenwert, die besonderen Verdienste herauszuheben, aber die Routineangelegenheit muss man doch nicht so aufbauschen.«

»Ich habe derweil die Birnen in den Lampen im Gouvernementssaal gezählt«, sagte Hohmeister wie ein frecher Schüler.

»Und? Wie viele sind es?« Tümmlers dünne Stimme quiekte vor Neugier.

»Raten Sie!« Gustavsen drehte sich um, Renau trat auf den Bohlen zur Seite.

Der Kapitänleutnant kratzte sich am Ohr. »Zwanzig, na, dreißig.«

»Das Reich spart vielleicht an uns, aber nicht am Gouvernement. Dreiundsiebzig Glühbirnen haben in den Ringkronleuchtern und den Seitenlampen auf den glasierten Säulen geleuchtet. Zwei waren kaputt.«

Wieder lachten alle, Renau tat so, als ob es ihn amüsierte.

»Na endlich.« Meisner wies mit dem Kopf zum Gouverneur, der den Kapitän vorn am Kai mit Handschlag verabschiedete.

»Die Kollegen haben schon heute in der Frühe die Kisten und Koffer an Deck bringen dürfen.« Gustavsen schnäuzte sich in sein Taschentuch. »Wieso stehen Sie eigentlich die ganze Zeit drüben beim Gouverneur und nicht bei uns?«

»Das kommt vom Lampenzählen, was, Hohmeister?« Meisners Ton war voll des Spotts. »Nicht zugehört. Weil sie nach der offiziellen Verabschiedung von uns detachiert sind und nun schon ihre neuen Positionen im Reich innehaben.«

Renau hatte im Treppenhaus des Gouvernements aufgeschnappt, dass es Schmied auf eine Stelle im Reichsmarineamt in Berlin geschafft hatte.

»Jetzt kommt noch das Gefiedel-Didel-Bums, und dann ist Schluss.« Tümmler drehte den Kopf. Tatsächlich, das Musikkorps nahm Stellung.

Sie gruppierten sich in Reih und Glied. Renau stand außen neben Meisner. Gegenüber nahm der Gouverneur, der Chef des Stabes Kapitän zur See Saxer, der rotbärtige Adjutant von Schorn und der Oberrichter Crußen Aufstellung.

Das Musikkorps intonierte den Bataillons-Marsch. Renau konnte in der Reihe der Heimkehrer Schmieds dicken Bauch erkennen, aber der Winkel war zu eng, dass er hätte einen Blick auffangen können.

»Und nun, Abmarsch wie die Gänse«, flüsterte Hohmeister hinter ihnen. »Ich hab Kaffeedurscht.«

»Defilee, die Herren, machen wir eine lange Reihe, dann geht es schneller.« Gustavsen trat nach vorn an seine Seite.

Die abreisenden Offiziere schüttelten jedem die Hand. Erst ihnen, dann der Hierarchie auf der anderen Seite gegenüber. Dann schritten sie einzeln über die Passerelle auf den Truppentransporter.

»Wir sehen uns bald!«

»Gut Holz beim Kegeln!«

Renau schüttelte die Hände. Er hatte ein kameradschaftliches Lächeln aufgesetzt. Doch etwas lenkte ihn ab, etwas in seinen Augenwinkeln.

»… unvergesslicher Lauschanspaziergang …«

Renau drehte den Kopf. Neben ihm lachte Gustavsen laut. »Kamerad! Hab dich wohl!«

Es war weiter drüben, Renau richtete die Augen aus. Hinter dem Gouverneur und dem Chef des Stabes der rote Bart.

»… die Jagden werde ich vermissen …«

Nicht die Farbe, die Blässe im Gesicht war es, der Glanz auf der Stirn, der nur von kaltem Schweiß kommen konnte. Der Adjutant von Schorn fühlte sich unbeobachtet, sicher, sonst hätte er nicht so heftig geschluckt, wie jemand, der Übelkeit unterdrückte …

»… und endlich wieder Straßenbahn statt dem Ärger mit den Rikschafahrern …«

»Mä Käsch dä Hää…«

Renau schien das Lachen sehr weit weg. Er konzentrierte sich auf den Adjutanten, der gerade den Kragen seiner Uniform weitete. Es war viel zu kühl in der Brise hier am Kai, als dass man hätte schwitzen müssen. Er hätte es längst sehen können, begreifen können, schon während des Pestkampfes, die Erinnerungen flackerten durch seinen Kopf. Der Adjutant dort, vor dem der Gouverneur so freudestrahlend die Hände schüttelte, der von Schorn litt durch die unvorhergesehene Wartezeit am Kai unter Entzug. Welchen Giftes, war keine Frage.

»Wiedersehen in Deutsch-Samoa, meine Herren!« Schmieds Stimme riss ihn aus dem Schock der Entdeckung, er stand vor ihm, die Wangen rot vom Reisefieber. Das Haar frisch geschnitten. Er streckte ihm die Hand hin.

Renau griff sie und drückte sie fest. »Grüße mir Cäcilie!«, sagte er.

»Wenn du wieder im Reich sein wirst, stelle ich sie dir als meine Frau vor.« Er legte ihm sogar die Linke auf die Schulter. »Pass auf dich auf, Heinrich.« Er drückte die Lippen aufeinander und blies sie dabei ein wenig auf, wie er es immer getan hatte, wenn er etwas ernst meinte.

Dann war Schmied schon bei Gustavsen. »Bleiben Sie der Vogelkunde treu.«

»Aber sicher, es gibt noch viele Arten zu bestimmen in den deutschen Bergen hier.«

Die Last war doch größer gewesen, als Renau sich hatte eingestehen wollen. Schmied bliebe ihm als Freund erhalten.

Der ging hinüber zur Reihe beim Gouverneur, der Adjutant war hinter Mayer-Waldeck verschwunden. Renau gelang es auch auf Zehenspitzen nicht, über die Reihen zu blicken, zu viele Köpfe und schüttelnde Arme nahmen die Sicht.

Aber er wüsste nun, wem er sich auf die Fersen setzen musste.

Die Offizierspasserelle schwankte ein wenig unter Schmieds Gewicht, der sie mit Elan hinauflief. Er drehte sich nicht mehr um. Wahrscheinlich spürte er auch einen unsoldatischen Abschiedstropfen in den Augenwinkeln.

Renau blinzelte rasch in die Sonne.

Kurz darauf wurde die Passerelle eingezogen.

Die *Königin Luise* ließ ihr Horn weit über die Bucht schallen. Die Mannschaften hatten sich an den Decks an der Reling aufgereiht, die Offiziere standen am Bug. Nach dem dritten Tuten schoss schwarzer Rauch aus den beiden Schornsteinen.

»Hurra«, scholl es hundertfach vom Schiff herab.

Renau fiel mit den anderen Offizieren in den Abschiedsjubel ein.

Kapitel 8

Tsingtau, Kronprinzenstraße – 28. November 1913

Renau knöpfte den obersten Kragenknopf zu und zog die Mütze tief in die Stirn. Der Novembernebel war beißend kalt. Nur drei Straßenecken weiter lag sein Ziel, die Kronprinzenstraße, die sich bis zum Bahnhof hinzog. Renau horchte ins Dunkel. Weder Motorengeräusch noch Pferdehufe waren so spät zu hören.

So nah die Wohnung von Schorns, des Adjutanten des Gouverneurs, auch seiner eigenen lag, so schwer hatte sich Renau die Entscheidung gemacht. Aber er brauchte endlich Gewissheit, warum der Vize-Admiral ihn einerseits auf den Opiumschmuggel angesetzt hatte, dann aber, als er endlich die lange erwarteten Erkenntnisse lieferte, sofort mit einem Stillhalte-Befehl reagiert hatte. Noch immer hatte Renau keine neuen erhalten.

Renau mied die Straßenlampen, die im Nebel weiße Lichtkegel auf die Bürgerstraßen gossen. Er querte lieber zweimal über den feuchten Kiesbelag der Straße.

War da etwas? Renau wandte sich um. Der Nebel schluckte die Geräusche, selbst das Meer und der Wind schienen tot. Die Schwaden, von den Lampen ungleichmäßig erhellt, suggerierten eine Bewegung, Schemen, die nichts als kalter Wasserdampf waren.

Renau beeilte sich, seine Finger wurden klamm.

Die ersten Wochen nach der Ankunft des neuen Truppenkontingents waren immer mit Routineuntersuchungen vollgestopft, kaum vor dem Abendessen hatte er die Kaserne verlassen können. Der Jahrgang war zudem mit einer Ruhrepidemie in Tsingtau eingetroffen. Im Lazarett hatten die Betten einige Tage in den Gängen gestanden.

Renau hatte kaum die Zeit für vorsichtige Erkundigungen gefunden. Der Adjutant von Schorn wohnte in einem Haus mit drei Dienstwohnungen, die das Gouvernement für die Leute des Stabes unterhielt, an der Gartenseite parterre. Von Schorn, hieß es, sei aus ostelbischem Adel, ein ausgezeichneter Reiter und dreimaliger Gewinner des Tsingtauer Springturniers. Seinen roten Bart verdanke er schwedischen Vorfahren aus dem Baltikum.

Die Hausnummer vier war das dreistöckige Ziegelsteinhaus mit schlichter Fassade ohne Erker oder Balkone, wie alle Häuser in diesem Straßenabschnitt, die vom Gouvernement zu eigenem Bedarfe gebaut worden waren.

Renau hatte die Fragen in die Zigarrenrunden im Casino oder die Schweinsbraten-Abende mit den Kollegen eingestreut. Man sehe von Schorn beim Billard im Hotel Prinz Heinrich, der Gouverneur sei sehr zufrieden, weil von Schorn genügend chinesische Zeichen beherrsche, dass er die Schreiben der chinesischen Behörden auch ohne den Übersetzerdienst verstehe.

Renau studierte die Fassade der Nummer vier, nirgends brannte Licht. Er klinkte die Tür im weißen Lattenzaun auf. Die Fußwegplatten glänzten feuchtschwarz.

Im Winter hatte er kaum auf ein offenes Fenster hoffen können, Renau zog den Dietrich aus seiner Uniformhosentasche. Die Zunge im Schloss der Haustür gab schon beim ersten Versuch nach.

Drinnen im Windfang wartete Renau, bis sich seine Augen an die Lichtverhältnisse gewöhnt hatten. Der Treppenlauf bog rechts nach oben hinauf, er konnte fast an die Tür der Parterre-Wohnung mit ausgestrecktem Arm reichen.

Seine Sinne schärften sich. Jetzt hörte er sogar Wind durch die Ritzen ziehen. Renau kämpfte den Herzschlag nieder. Er hatte bis heute, zum offiziellen Adventsempfang des Gouverneurs gewartet. Nur bei solch einem Ereignis konnte er sicher sein, dass der Adjutant des Gouverneurs wie auch die anderen Bewohner des Hauses nicht vor Mitternacht aus dem Empfangssaal zurückkehren würden.

Es half nichts, die Wohnungstür gab nicht nach. Renau ruckelte mit dem Dietrich im Schloss, hob am Knauf, drückte, es knirschte metallisch, endlich drehte sich der Riegel.

Er entzündete das kleine Windlicht, das er mitgeführt hatte. Eine der üblichen Dienstwohnungen, ein Schlafzimmer, ein Bad und ein Salon. Küche gab es keine, da die Beamten im

Gouvernement speisten. Er drückte vorsichtig die Tür zum Schlafraum auf.

Ein zerwühltes Bett, hingeworfene Uniformjacken, beim Schrank standen sogar die Türen auf. Ein Stiefel lag umgekippt, einer verdreht vor dem Stuhl. Ein abgesprungener Knopf auf dem Nachttisch. So sah es aus, wenn jemand sich in großer Eile für einen Abendempfang umzog.

Eine Glaskugel glitzerte im Schein des Windlichts. Nur hätte Renau niemals wie von Schorn schnell noch eine Opiumpfeife rauchen müssen. Er befühlte den Metalleinsatz mit dem verglühten Rest des Opiums. Auf dem weißen Marmor lag einer der langen dünnen Glastuben, die er im Labor vermisst hatte. Wusste er, wie lange die Gerätschaft dem täglichen Anglühen und Erkalten standhielt?

Eine Diele knackte auf dem Boden in seinem Rücken. Renau fuhr herum. Da stand ein Mann!

Renau zuckte so zusammen, dass er mit den Unterschenkeln ans Bett stieß und beinahe auf die Matratze sackte.

»Erwischt!«

»Westerhoff!« Sein Herz schlug so heftig, dass das Windlicht in seiner Hand wackelte.

Der Marineoberstabsarzt zog seine Pistole. »Was haben Sie hier zu schaffen, Renau?«

Renau konnte kaum kämpfen, ohne dass sie dabei die Einrichtung zerstörten. Und Westerhoff war kein schwacher Gegner. Aber wenn es nun sein sollte, packte er den Stier bei den Hörnern. »Ich wollte meine Diagnose überprüfen.«

»Was erzählen Sie da?« Westerhoff hob die Waffe höher.

»Ich wollte wissen, ob von Schorn süchtig ist.« Renau beleuchtete mit dem Windlicht die Opiumlampe und das Rauchrohr auf dem Nachttisch. »Ich hatte recht.«

»Sie haben es also bei der Truppenverabschiedung auch bemerkt. Ein guter Diagnostiker sind Sie ohne Zweifel, werter Kollege.« In Westerhoffs Stimme lag ein lauernder Unterton. »Aber ich denke allerdings, dass Sie sich Zutritt hier verschafft haben, weil Sie inzwischen zum erlauchten Cercle gehören.«

»Was für ein Kreis soll das sein?« Renau überlegte, ob er ihn überrumpeln könnte, falls er das Windlicht fallen ließ.

Westerhoff verzog den Mund. »Die feinen Offiziere, die im Opiumrausch die langweiligen Tage und Nächte in Tsingtau verträumen, die sich das kleine Laster aus Ostasien mitbringen und von speziellen Kameraden den Nachschub schicken lassen.« Westerhoff glaubte, was er da sagte. »Ich wüsste gern, wer diese Männer sind, die unseren Stand verraten.«

Renau zwang Ruhe in seine Stimme. »Warum sollte ich bei von Schorn einbrechen, wenn ich dazugehöre?«

»Opiumhunger, was sonst? Ich habe Sie beobachtet, Renau, schon länger. Dass Sie sich für heute Abend entschuldigt haben mit dem billigen Vorwand einer Magenverstimmung, hat mich alarmiert. Ihr Blick taxiert alle und jeden, Sie hören sich um. Waren in jedem Opiumlokal der Chinesenstadt, angeblich für den Vortrag in Berlin. Sie wären nicht der Erste, der nach einem neugierigen Versuch auf den Geschmack kommt.«

»Hat Sie die Ehrkränkung so weit getrieben, Westerhoff, dass Sie mir das zutrauen?« Das erklärte immerhin, warum er hier aufgetaucht war.

»Kein Wunder, dass man nicht mich als Opium-Experten nach Berlin geholt hat. Ich hätte Dinge offengelegt, die hohen Ortes nicht gern gehört worden wären.«

Renau leuchtete Westerhoffs Gesicht aus. Doch weder Spott noch Eifersucht standen darin eingeschrieben, nur kalte Abscheu. »Was wissen Sie?«

»Ich stelle hier die Fragen!« Westerhoff reckte die Pistole. »Warum sind Sie hier?«

Westerhoff gehörte wohl kaum zum Cercle. »Weil jemand von Tsingtau nach Berlin ein Schmuggelnetz aufgebaut hat, das zerschlagen werden soll.«

»Sie selbst können gut und gern ebenjener Mittelsmann sein«, sagte Westerhoff schnell.

In Renau keimte ein Gedanke. »Ich beweise Ihnen das Gegenteil. Ich ziehe jetzt keine Waffe, Westerhoff.« Er beleuchtete seine Brust, damit er sah, dass dort nichts den Stoff ausbeulte. Renau zog den Befehl des Admirals aus der Innentasche.

Westerhoff bedrohte ihn noch immer. Renau hielt das Papier am gestreckten Arm von sich und beleuchtete es.

Westerhoff las. Er räusperte sich und steckte die Waffe weg. »Kamerad, ich habe mich in Ihnen getäuscht.« Er streckte ihm die Hand entgegen.

Renau gab den festen Offiziershandschlag zurück.

Westerhoff winkte ihn hinaus in den Salon. »Wenn wir schon so weit gegangen sind, dann nutzen wir die Bresche, die wir geschlagen haben.« Er hatte in den Ton der Strategiespiele am Tisch gefunden. »Durchsuchen wir die Bude.«

Renau hielt ihn am Ärmel fest. Er verstand noch nicht alles. »Warum haben Sie mich gegen Meisner gehetzt mit der Inventur? Warum gehen Sie nicht selbst gegen Meisner vor, wenn Sie ihn im Verdacht haben, dass er mit Opium krumme Sachen macht?«

Westerhoff zog die Lippen hoch. »Er erpresst mich.«

»Aha.« Deshalb hatte Meisner Westerhoff also beschatten lassen.

»Meisner hat in seiner Privatpraxis einen oder zwei der betroffenen Offiziere wegen der Sucht behandelt. Der Kollege glaubt an den gestützten, schrittweisen Entzug. Er hat nie begriffen, dass ihn die Süchtigen nur aufsuchen, wenn sie *en manque* sind. Sie hätten vielleicht als Neuling einfach Meldung beim Gouverneur gemacht …«

»Und die Kastanien aus dem Feuer geholt.«

»Als Sie mir den Ball zurückgespielt haben, indem Sie den Opiumbestand in die Inventurliste eingetragen haben, da habe ich Verdacht gegen Sie geschöpft. Ich habe die Liste deshalb lieber mit dem Tintenfleck unlesbar gemacht und die Korrektur gegengezeichnet.«

Westerhoff ging in den Salon und zündete ein Streichholz. »Die Läden sind geschlossen, die Gartenmauer ist hoch genug. Niemand wird den Lichtschein bemerken.«

Renau sah sich im Licht der Petroleumlampe um. »Von Schorn fotografiert?« Hier wurde nie Besuch empfangen, fünf Tische verschiedener Größe bargen eine Kamera auf Stativ und allerlei Becken. Ein wenig roch es alkalisch, als sich Renau darüberbeugte.

»Merkwürdig.« Westerhoff suchte in den Ecken.

»Sehen Sie sich diesen Abzug an.« Renau deutete in das zweite Becken hinter dem Stativ. »Das ist ein Stellungsplan aus der Planung des Wintermanövers.«

Westerhoff steckte seinen Kopf zu seinem. »Tatsächlich. Die Truppenstärke pro Fortifikation im Falle eines Zangenangriffs von Landseite und Meer.«

»Es ist ausgeschlossen, dass das deutsche Gouvernement solche Fotografien braucht, wo es die Originale archiviert.«

Westerhoff beugte sich um das Stativ mit der Kamera herum. »Eine Zeiss …Die Becken lassen schließen, dass er häufig entwickelt. Sehen Sie irgendein privates Album hier?«

Renau ging zu den Beistelltischen und dem Schreibtisch. »Nur Bücher, Zeitungen, Aktendeckel. Diagnose, Kamerad?«

»Spionage«, sagte Westerhoff.

»So sieht es aus.« Renau wollte ihm noch nicht verraten, welche Zusammenhänge sich ihm aufdrängten. »Vielleicht haben nicht nur wir seine Sucht bemerkt, und jemand zwingt ihn dazu. Tsingtau ist voll von Chinesen, Japanern und Briten.«

»Wir werden den Gouverneur informieren müssen, die Sicherheit der Kolonie ist bedroht.«

»Nein.« Renau tippte auf seine Innentasche. »Ich habe über meinen Kontaktmann von Hollwitz Befehl vom Vize-Admiral, vorerst nichts zu unternehmen und den nächsten Befehl abzuwarten.«

»Von Hollwitz, sagen Sie?« Westerhoff stemmte die Hände in die Seiten. »Friedrich von Hollwitz etwa?«

»Nein, Konrad ist der Vorname.«

»Von einem Offizier weiß ich genau, dass er zu Meisners privat mit Opium kurierten Offizieren gehörte. Friedrich von Hollwitz, der mit dem Truppentransport vor drei Jahren abgereist ist. Er ist inzwischen angeblich bei Eingeborenen-Unruhen in Togo feindlichem Feuer zum Opfer gefallen.«

»Dann ist der Konrad von Hollwitz in Tientsin sein Bruder.« Renau tippte mit dem Zeigefinger auf die Kante des Schreibtischs. »Und ausgerechnet dieser Konrad wird mir im Abteil in der Transsibirischen Eisenbahn zur Überwachung und später als Kontaktmann zugeordnet.« Renau hielt sich den Kopf. »Der Vize-Admiral wird schon wissen, warum er einem Bruder eines Süchtigen vertraut. Ich werde den Vize-Admiral über die Spionage in Kenntnis setzen.«

»Ehrlich gesagt, dieses ganze nichtoffizielle Verfahren ist nicht koscher.«

Sie wurden benutzt. »Sehen wir, was wir noch finden«, sagte Renau.

Westerhoff gab sich einen Ruck und suchte mit den Augen die Tische ab. »Von Schorn schreibt Tagebuch?«

»Blättern Sie auf, aber lassen Sie es nicht verrutschen!«, sagte Renau. Auf dem Titelfeld figurierte in schöner geschwungener Schrift. *März 1913 bis …* Das Heft war wohl noch nicht voll.

Westerhoff hob vorsichtig den Rand des dunkelgrün eingebundenen Bandes. »Auf gut Glück.«

Die Schrift war gut lesbar. Im Mai hatte von Schorn notiert: *Das Birmesische ist hervorragend. Mein vollständig erstarrtes Blut kursiert wieder frisch und lebendig durch die Adern. Der über meinem Hirn lagernde Druck löst und verflüchtigt sich. Die erste Pfeife macht ja stets einen niederschmetternden Eindruck, aber schon die zweite Pfeife spendet ungewöhnliche Kraft und über alles erhabenen Gleichmut. Träume wieder von der Dschunke im Berghang.*

»Blättern Sie weiter, ruhig ein paar Wochen.« Renau nickte Westerhoff zu, der die Lippen aufeinanderpresste und den Kopf schüttelte.

Im Juli war eingetragen: *Das Opium ist das einzige Mittel, das meine Angst und Unruhe einigermaßen beruhigt, weil es wenigstens für Augenblicke den Schleier vor meinen Augen zu heben vermag, der das Diesseits vom Jenseits trennt. Und dank der blauen Flamme auf dem roten Pünktchen Opiumglut koste ich die schmerzvolle Freude des Verbannten, der von dem höchsten Punkte seiner Insel in der Ferne die Ufer seines Vaterlandes erblickt.*

»Todessehnsucht ist Anzeichen für nervlichen Verfall«, sagte Westerhoff und klappte das Tagebuch wieder zu. »Wir haben genug gesehen. Wir sollten gehen.«

Renau zündete sein Windlicht an der Petroleumlampe, bevor er sie löschte.

Westerhoff zog die Wohnungstür hinter ihnen zu. Renau nestelte mit dem Dietrich im Schloss, dann drehte sich der Riegel.

Auf der Straße zog ihn Westerhoff Richtung Strand. »Gehen wir einen unauffälligen Weg nach Hause.«

Von der Bucht her tönte ein Nebelhorn. »Das klingt ja nach einem Passagierdampfer. Jetzt in der Nacht?«

»Es ist eher der Postdampfer aus Yokohama, die Japaner haben keine Angst vor der Nachtfahrt.« Westerhoff blieb stehen. Er schlug sich an die Stirn und packte Renau mit der Linken am Ärmel. Er kam ihm mit dem Gesicht ganz nahe. »Es müsste mit dem Teufel zugehen, wenn ich mich jetzt irre. Vorgestern, da habe ich drüben im Strandhotel die Passagierlisten der Hamburg-Amerika-Linie gelesen. Im deutschen Dampfer war ein von Schorn aufgelistet.«

Renau überlief ein kalter Schauer, vielleicht vom Wind. Vielleicht auch von dem Gefühl, das er aus Manövern, wenn er auf dem Pferd gegen die feindliche Seite anreiten musste. »Wir schauen am besten bei der Kusserow gleich nach. Ein paar Gewissheiten werden uns guttun, Westerhoff, ich lade Sie ein.« Er zog ihn fort in den Nebel über der Promenade. »Ein steifer Grog ist das, was wir jetzt am meisten brauchen.«

Kapitel 9

Tsingtau, Villa Sun Pau Tschi – 30. November 1913

Etwas hatte die Dienerschaft in Aufruhr versetzt. Chou-Li hörte allerlei Geräusche durch den Fußboden aus dem Untergeschoss dringen. Sogar vom Flur her und im oberen Stockwerk trampelten die Füße, die sonst so lautlos über die Seidenteppiche gingen. Ihr Besuch schien nichts davon zu hören.

Die Gräfin Litkowskaja zupfte am mit schwarzem Pelz besetzten Aufschlag des grünen Reisekostüms. »Dieses ewig graue Meer im Winter ... Es fällt mir nicht besonders schwer, diese langweilige Stadt zu verlassen, wissen Sie?«

Chou-Li war nichts übrig geblieben. Sie hatte die Gräfin empfangen müssen, weil Vater den Händler Kapahnke nicht abgewiesen hatte, der völlig unangekündigt am frühen Vormittag gekommen war. Chou-Li setzte die Tasse ab. Sie hatte Tee bringen lassen in europäischem weißen Geschirr mit Goldrand. »Sie kommen nicht zurück?«

Die Gräfin berührte den Haarkamm, mit dem sie die blonden Haare hochgesteckt hatte. »Nein. Er will seinen Maschinenhandel nach Schanghai verlagern.«

Chou-Li hob die Schale mit dem runden Teegebäck, das sie hatte aus der deutschen Konditorei holen lassen.

Der Blick der Gräfin schweifte hinaus übers Meer. Sie seufzte leise, als sie zum europäischen Sessel an den niedrigen Lacktisch zurückkehrte. »Er kann wohl seine Maschinen von dort aus besser vertreiben.«

Der reichste deutsche Kaufmann verließ die deutsche Kolonie, damit er woanders besser seine deutschen Maschinen verkaufen könne. Das war offenkundiger Unsinn. »Wird er sein Kontor verpachten?« Chou-Li nahm selber einen Keks.

Die Litkowskaja lockerte den Pelzkragen am feinen weißen Hals. »Ich verstehe nichts von Geschäften. Er war den ganzen Morgen bei den Banken. Solche Dinge sind nichts für eine Dame von Stand, darum sollen sich die Männer kümmern. Er hat wohl gespürt, dass …« Sie knetete die schmalen Finger auf dem grünen Samt ihres Rockes. »Diese Entführung hat meine Nerven sehr angegriffen. Auch wenn er natürlich dafür sorgt, dass ständig starke Diener um mich sind. Ich fühle mich in Tsingtau einfach nicht mehr sicher.«

Liebten Europäer ihre Frauen so sehr, dass sie gar großen Reichtum aufgaben? Das hatte nicht einmal ihre Erzieherin Ethel Graham sie glauben machen wollen. Chou-Li blieb höflich. »Es war gewiss schrecklich für Sie, Gräfin.«

»Diese ständige Ungewissheit …« Sie legte die Hand auf die Brust. »Es ist natürlich kein Vorwurf an Sie, Fräulein Chou-Li, aber ich wäre fast gestorben vor Angst, als erst Doktor Renau und Sie wie rettende Engel in der Verdammnis aufgetaucht sind und dann wieder vom Erdboden verschluckt waren. Wenn ich Doktor Renaus kleinen Zettel nicht gehabt hätte …« Sie wischte sich rasch eine Träne aus dem Augenwinkel. »Verzeihen Sie. Es erschüttert mich immer wieder.«

»Wir mussten Hilfe holen, die Banden hatten …«

Die Gräfin legte ihre Hand vor sie auf den Lacktisch. »Ich weiß. Ich bin auch sehr dankbar, Herr Kapahnke hat mir alles erklärt, als er mich aus dem Landgut befreit hat. In diesen wirren Zeiten ist es nicht einfach in China. Ich war als junge Frau in St. Petersburg beim Blutsonntag 1905, mein Vater befehligte in der Palastgarde, ich ... Aufstände scheinen mich zu verfolgen.« Sie setzte sich herum und nestelte an ihrer mit Pelz besetzten Ledertasche, die wie ein rundes Kissen aussah.

Chou-Li wartete und sah ihr zu, wie sie in der Tasche nach etwas kramte. Was nützten Schönheit und weiße Haut einer Frau, wenn sie nicht begriff, wer über ihr Leben so verfügt hatte.

»Da ist es ja.« Die Gräfin hielt einen kleinen Silberstern auf ihren Fingern, an dessen Spitzen kleine Perlen glänzten. »Friedrich war ja mit Ihrem Vater übereingekommen, eine offizielle Einladung zu vermeiden. Ich hätte Ihnen dieses Andenken sonst längst persönlich bei einer Gala geschenkt.« Sie legte es vor Chou-Li auf den Lacktisch. »Ohne Ihre Hilfe wäre ich vielleicht dem Fieber erlegen.«

Und was hatte sie Heinrich geschenkt? Davon hatte er nichts gesagt. Chou-Li rief sich zur Ordnung. Geschenke einer Frau an einen Mann gehörten sich auch bei den Deutschen nicht. Chou-Li legte die Hände vor der Brust an ihr hellblaues Tagkleid. »Das ist viel zu viel der Güte.« Die Gräfin hatte wirklich nicht verstanden, in wessen Haus sie sich befand.

»Oh nein. Nehmen Sie es, bitte. Es ist ein Schmuckstück aus meiner Familie.« Sie verschloss ihre Ledertasche. »Wir Russen sind freigiebig mit unseren Freunden.« Sie nahm ihre Tasse Tee und setzte sich im Sessel zurück. »Der Stern bleibt hier. Ich würde mich freuen, wenn Sie ihn in Schanghai einmal tragen, wenn wir uns dort bald wiedersehen.«

Chou-Li griff danach, damit die Gräfin nicht ihre Unruhe bemerkte. Vater hatte also vor ihr seine Hochzeitspläne erwähnt.

»Ich hätte mir gewünscht, dass wir hätten zusammen reisen können. Aber vielleicht arrangiert ja Friedrich gerade mit Ihrem Herrn Vater, dass wir uns alle drei nicht langweilen müssen.«

Chou-Li bebte innerlich. In den Briefen ihres Bruders an ihren Vater hatte alles danach geklungen, dass die Schwiegerfamilie mit der Verschiebung der Hochzeit auf den nächsten Sommer einverstanden gewesen sei. Aber die beiden wussten, dass sie die Post an Vater mitlas, möglicherweise hatten sie sie mit Absicht getäuscht. »Sie werden sich in Begleitung des Herrn Kapahnke sicher nicht langweilen.« Chou-Li hörte das leichte Zittern ihrer Stimme.

Durch die Decke hörte sie ein Rumpeln. Packten die Diener eilig für ihre Abreise?

Die Gräfin griff zum nächsten Keks. »Er ist ein sehr charmanter Mann. Und sehr rücksichtsvoll. Er sagte mir noch heute Morgen, dass er längst mit mir aus dieser langweiligen Kolonie abgereist wäre, wenn er die britischen Pässe früher bekommen hätte.«

»Aber er ist doch Deutscher, nicht wahr?«, fragte Chou-Li.

Die Gräfin beugte sich zu ihr her. »Ihnen kann ich es ja anvertrauen. Er mag seine Landsleute nicht besonders. Er ist zu leidenschaftlich für sie. Deshalb passt er ja auch zu mir.« Sie lachte. »Für kleine Liaisons mit Mädchen aus dem Volk, für ein wenig jugendlichen Übermut«, die Gräfin stützte mit der Linken ihr Haar, »für die ein russischer Vater stolz auf seinen Sohn wäre, haben seine Leute ihn damals gezwungen, das Reich zu verlassen, damit der Name der Bürgersleute nicht beschmutzt werde. Die Deutschen haben kein Herz, finden Sie nicht?«

Chou-Li wusste nur, dass Kapahnke in Canton reich geworden war. »Ich weiß nicht.« Sie schlug mit Absicht betont sittsam die Augen nieder.

»Da wir jetzt britische Pässe haben, könnten wir auch in Hongkong oder überall im Empire leben. Und nächstes Jahr will er mit mir für die Saison nach London fahren.« Die Gräfin seufzte. »Manchmal vermisse ich die großen Soupers und Ballnächte. Vielleicht gehen wir auch ganz nach Europa zurück.«

Chou-Li goss ihr Tee nach. Dampf stieg auf. Wenn Kapahnke die Stadt verlassen wollte, sich aber an ihren Vater wandte, nach allem, was passiert war, dann reiste er nicht einfach ab, sondern floh.

Man klopfte.

Kapahnke trat ein. Er trug den wollenen Anzug, wie die Europäer sie jetzt im Winter anlegten, die Pelzmütze rollte er in der Hand.

»Fräulein Chou-Li«, verbeugte er sich. »Vielen Dank, dass Sie die Gräfin in Ihre Gesellschaft genommen haben. Darf ich zu Ihnen stoßen, bis Ihr Vater reisefertig ist?«

Chou-Li hörte die Verachtung unter den freundlichen Floskeln heraus. Kapahnke hatte nicht einmal abgewartet, ob sie ihm den Platz neben der Gräfin anbot. »Natürlich. Ich lasse nur frischen Tee kommen. Und einen kleinen Imbiss.« Sie erhob sich, auch wenn sie hätte nach den Dienern klingeln können. Sie musste wissen, ob Vater wirklich allein abreiste.

Die Dienerschaft trug bereits die Reisetruhen zu Vaters Schlafzimmer.

Drinnen war es sehr hell, die hellblauen Wände wirkten fast weiß. Alle Vorhänge waren weit aufgezogen, die grünen seidenen Bettdecken weit zurückgeschlagen. Vater hatte sogar eines dieser oberen kleinen Fenster aufstellen lassen. Die Kälte schien ihm nichts auszumachen.

»Ich habe dich erwartet.« Ihr Vater lag auf dem Rücken auf seinem Bett, die Hände seitwärts von sich gestreckt, die Beine auf der aufgeschlagenen Decke in der Entspannungshaltung seiner Leibesübungen.

Chou-Li verbeugte sich. »Warum mutest du dir eine Reise zu? Gestern noch warst du fiebrig.« Und kaum in der Lage, seine Post zu beantworten.

Er rollte herum, drückte sich mit den flachen Händen aus dem Bett in den betont aufrechten Sitz seiner Übungen. »Schau auf den Tisch.«

Chou-Li erkannte bunt bedruckte Dokumente mit chinesischer und englischer Schrift. »Das sind Aktien der *Schantungbahn* und anderen Firmen.« Solche Aktien waren viele Tausend Silberdollar wert. »Wofür zahlt Kapahnke?«

Ihr Vater rieb sich mit den flachen Händen über das Gesicht, stand auf und schob die Aktien auf einen kleinen Stapel. »Er zahlt eine angemessene Entschädigung für meine Gesundheit. Nun, meine so verschlagene Tochter, warum wohl wendet sich Kapahnke ausgerechnet an deinen Vater?«

Offene Bosheit war neu. Chou-Li lehnte sich an den Tischrand und betrachtete die fein ziseliert eingedruckten Schleifen auf der obersten *Schantungbahn*-Aktie. Kapahnke hasste zweifellos ihren Vater für die Entführung. »Du hilfst ihm, obwohl er dich vergiftet hat, weil sich in Schanghai allemal ein schnelles Messer oder eine stille Hand für deine Rache findet.«

»Gute Antwort, aber nur die halbe. Kapahnke wird in Schanghai deinem zukünftigen Ehemann, meinem Schwiegersohn, als Waffenhändler nützlich sein. In diesen Zeiten braucht man viel Gewehre. Irgendwie muss ich ja deine Narreteien vergessen machen.«

Chou-Li schwieg. Reizte sie ihn, schwächte sie ihn nur unnötig, diese Reise war schon eine Anstrengung zu viel. Sie fürchtete seine Antwort: »Wünschst du meine Begleitung?«

Vater richtete sich auf und hielt sich einen Augenblick an der Kante des schlichten Tisches neben dem Seidenbett fest. »Nein. Ich reise im kleinen Wagen nur bis Kiautschou, Kapahnke und die Frau werden sich an der Grenze unter den Seidensitzen verbergen. Niemand wird sie in dem engen Gefährt bei mir vermuten. Kapahnke hat Silbergeld genug getauscht, dass er sich hinter der Grenze alles für eine Weiterreise kaufen kann. Morgen kehre ich von dort mit der Bahn zurück.« Er setzte sich auf den Rand des Bettes und keuchte. »Geh zu deinen Gästen. Wir speisen noch zu Mittag. Sieh zu, dass No-Hsen meinem Freund in Kiautschou dies Telegramm schickt.« Er wies auf ein Stück Papier. »Nimm es gleich mit.« Er rang nach Atem.

»Ja, Vater.« Sie ging rückwärts hinaus. Er weihte sie wieder in seine Absichten ein und wollte sie vielleicht in falscher Sicherheit wiegen.

Im Flur betrachtete sie den Wandschirm, der den Blick zur Treppe verstellte. Ein Himmelstempel schwebte auf goldenem Wolkengrund, Jäger preschten in den Ecken hinter Hufwild her. Vater handelte unüberlegt. Er brachte sich in die Hand dieses Menschen. Er hatte keinen Grund für Kapahnkes seltsame Flucht aus der Stadt genannt. Doch würde er jetzt ihren Einwänden nicht sein Ohr schenken.

Aus der Kleiderkammer im Winkel hinter der Treppe trug No-Hsen den gefütterten braunen Winterübermantel ihres Vaters mit den roten Schnurborten heran. Sie gab ihm die von Vater notierten Worte auf dem Papier: »Das soll mit dem Drahtfunken nach Kiautschou gemeldet werden, sobald der Herr abgereist ist.«

Der Diener steckte den Zettel in die Tasche. »Ja, Herrin.«

Auf der Treppe wandte sie sich noch einmal um. »Bringe uns ein leichtes Mittagessen nach oben.«

Sein Kopf verschwand hinter den Holzsäulen des Treppenaufgangs. Chou-Li spürte auf einmal eine große Vorfreude, als sie hinter der Tür ihres Salons die fröhlichen Stimmen des Händlers und der Gräfin hörte. So würde sie heute Abend in Heinrichs Armen liegen können.

Kapitel 10

Tsingtau, Bismarckkaserne – 30. November 1913

Herr Marinestabsarzt?«

Renau blickte von seinem Schreibtisch im Arztzimmer auf. Die Stimme seines Sanitätsmatrosen riss ihn aus der Lektüre der *Heilkunde in den Tropen*. »Ich wollte nicht gestört werden, herrje!« Claas war doch sonst nicht so begriffsstutzig. Er legte einen Bleistift zwischen die Seiten, die von allein zublätterten.

Der Obermatrose bekam keine roten Ohren wie sonst, nahm aber Haltung an. »Marine-Oberrichter Crußen wartet an der Wache auf Sie und ersucht Sie, ihn umgehend zu begleiten.«

Renau sah Claas an, dem die Neugier in sein junges Gesicht geschrieben stand. Ein Marinerichter war ihm sicher in einer Meldung noch nicht untergekommen. Renau sprang vom Stuhl auf, der über die Dielen rutschte.

Claas ließ die Tür zum Vorzimmer offen. Renau machte auf dem Absatz kehrt, schaute über seinen Schreibtisch, beinahe hätte er seine Geldbörse vergessen.

»Ihre Mütze.« Claas hielt sie ihm hin.

Renau setzte sie im Gehen auf. »Stelle die Proben in den thermierten Schrank zurück, schließe alles ab und melde dich bei Marinestabsarzt Tietmeyer. Der soll dir was zu tun geben.«

»Jawohl.«

Renau eilte über den Kasernenflur zum Treppenhaus, wo er immer zwei Stufen auf einmal hinunterlief. Berlin musste inzwischen das Gouvernement über die Spionage informiert haben, wenn der Oberrichter Crußen persönlich auf ihn wartete. Quer über den Innenhof lief er zur Wache.

Vor der Regimentstafel wartete er, die Hände auf dem Rücken des langen Uniformmantels, der rote Rand an der Mütze bezeichnete die Zugehörigkeit zum kaiserlichen Gericht von Kiautschou. Crußen war kleiner als er selbst, aber athletisch proportioniert.

Der Marinerichter machte keine Umstände. »Ich schlage vor, wir gehen zu Fuß.« Sein Tonfall war eindeutig der eines Ostpreußen.

Auf der Straße ergänzte der Marinerichter: »Der Gouverneur wünscht meine Anwesenheit, damit ich die Indizien und Beweise sofort im Sinne der Justiz würdigen kann.« Crußen blieb kurz stehen. Ein ruhiger Blick aus kleinen braunen Augen traf ihn, die angegrauten Augenbrauen waren sehr buschig. »Auf dem Weg erläutern Sie mir bitte, was Sie über den Maschinenhändler Kapahnke wissen.«

Renau traute seinen Ohren nicht.

Der Erker ragte über die Ecke der Bremer zur Friedrichstraße. Auf der Hauswand im Putz prangte in modernen Lettern *Kapahnke Maschinenhandel & Co.* Die Fenster waren bis zur halben Höhe milchig geschliffen. Vor den Läden der Nachbarschaft tuschelten die Angestellten in ihren weißen Hemden oder die Verkäuferinnen in den gestärkten Blusen. Es kam nicht alle Tage vor, dass ein Wagen der Polizei vor einem vornehmen Geschäft hielt und sogar ein Schutzpolizist Wache schob.

Renau erschrak. Sun Pau Tschi reiste zu dieser Jahreszeit? Hinter dem Lieferwagen der Germania-Brauerei, der extra langsam vorbeirollte, damit der Kutscher die Szenerie genießen konnte, erblickte er den Reisewagen seines Patienten mit vier in dunkelblaue Winterjacken gekleideten Dienern. Die Reise Sun Pau Tschis war kein Zufall. Renau fasste zum ersten Mal den Gedanken, dass auch Chou-Lis Vater den Spion im Gouvernement gesteuert haben könnte und die Entführung der Gräfin nur die Marionette Kapahnke hatte zur Räson bringen sollen.

»Kommen Sie!« Der Marinerichter ging schnurstracks ins Kontor. Renau mühte sich, einen letzten Blick auf den vornehmen Tross des Chinesen zu erhaschen. Noch vor ein paar Tagen hatte Sun Pau mit einer Fieberkrise gekämpft. Renau fühlte einen Druck im Magen. Renau hatte Chou-Li seine Sorgen vor möglichen Finten ihres Vaters nicht verheimlicht, doch sie hatte ihn beruhigt, nichts davon sei aus ihres Vaters Korrespondenz zu lesen. Was war, wenn er Chou-Li jetzt wegbrachte, ohne Vorwarnung?

Jemand schloss die Tür des Kontors auf.

Auf den Pulten aus hellem Holz lagen aufgeschlagene Journale. Sieben Männer, vier Deutsche, zwei Chinesen und ein Japaner standen aufgereiht vor der Fensterseite, die Kontorschränke waren wie im üblichen Bürobetrieb geöffnet. Keiner bediente das Telefon, das gerade schellte.

»Stellt den Apparat sofort ab!«, befahl der Marinerichter.

Die Kontoristen sahen sich an. Einer der drei Polizisten in Uniform, die an der Tür warteten, ging los und löste den Stecker.

»Herr Kapahnke ist weder in seiner Villa noch hier aufzufinden, Herr Marineoberrichter«, meldete der zweite Polizist, dessen gezwirbelter Schnurrbart nicht zum schmalen Gesicht passte.

Renau hatte dem Marinerichter seine Erkenntnisse zum Schmuggel über die Mission mitgeteilt, die streng geheime Verbindung in höchste Kreise des Reiches aber verschwiegen. Der Marinerichter hatte den ganzen Weg hinunter in die Hauptgeschäftsstraße Tsingtaus zugehört und nur zwei, drei präzise Verständnisfragen gestellt. Die Entführung der Geliebten Kapahnkes durch Chou-Lis Vater hatte Renau außen vor gelassen. Reiste der alte Chinese deshalb gerade ab, weil er Wind von dieser deutschen Polizeiaktion bekommen hatte? Und wenn sie mit im Wagen saß?

»Kapahnke hier zu fassen, wäre auch zu schön gewesen«, murmelte der Marinerichter. »Gut. Wer von Ihnen ist der Kontorvorsteher?«

Der älteste Deutsche trat vor und richtete sich die weißen Ärmel. »Konradin«, sagte er nur.

»Ich führe eine Untersuchung gegen Herrn Kapahnke. Haben Sie eine Ahnung, wo Ihr Chef sich gerade aufhält?«

»Wenn er nicht in seiner Villa ist, vielleicht bei den Lagern am Hafen?«, sagte Konradin mit unsicherer Stimme und kratzte sich an der Glatze.

Der Marinerichter warf einen Blick zum Polizeihauptmann bei der Tür, der schüttelte nur den Kopf. »Ist er also nicht. Gut. Wann haben Sie ihn das letzte Mal gesehen?«

»Gestern Abend, als er von der Deutsch-Chinesischen Bank

kam.« Konradins Augenbrauen spielten. »Wohl gegen 16 Uhr, glaube ich.«

»Was hat er auf der Bank gemacht?«, fragte Renau dazwischen.

Der Marinerichter ermutigte den Kontoristen mit einem winkenden Handzeichen.

»Herr Kapahnke hat die gesamten Kassenbestände, Bares und Schecks, wohl dort eingezahlt, bis auf ein bisschen Wechselgeld. Wir haben uns alle sehr gewundert. Fu-Nan hat ihn begleitet.«

Der junge Chinese trug eine Brille mit kreisrunden Gläsern, er verbeugte sich und legte seinen Zopf zurück auf den Rücken. »Ich habe die Kassette getragen. Er hat am Schalter alles eingezahlt und eine telegrafische Überweisung seines Guthabens nach Schanghai verlangt. Dann ist er mit dem Schalterbeamten zum Direktor wegen der Gegenzeichnung gegangen.« Der Chinese trat zurück in die Reihe.

»Ja … vielleicht.« Konradin kratzte sich wieder mit der Linken an der Glatze. »Erlauben Sie, dass ich in Kapahnkes Chefzimmer nachschaue?«

Der Marinerichter hielt ihn am Oberarm fest. »Moment. So schnell schießen die Preußen nicht. Was genau suchen Sie dort?«

Der Kontorist stand wie ein Knabe schief vor ihnen, der Richter ließ nicht los. »Verzeihung. Der Chef … Kapahnke, meine ich, hat gestern Mittag ein Telegramm bekommen. Eigentlich hatte er mit mir die avisierten Lieferungen mit dem Frachter *Allenstein* durchgehen wollen. Danach hat er komplett umdisponiert.«

Der Marinerichter ließ ihn fahren. »Also gut, aber der Hauptmann geht mit, damit nichts verloren geht.«

An der kurzen Seite des Kontorraumes war eine Tür mit goldenem Knauf in der Täfelung eingelassen. Konradin wartete auf den Polizisten, der die Tür offen stehen ließ. Die Glatze des Kontoristen beugte sich über einen großen Schreibtisch. Kladden wurden geöffnet.

»Die Drähte müssen ja heiß gelaufen sein in den letzten Stunden«, murmelte der Richter.

Renau hätte zu gern gewusst, welchen Kenntnisstand der Vize-Admiral nach Tsingtau übermittelt hatte.

Konradin beugte sich in den Papierkorb, prüfte mehrere Umschläge, strich auf seinem Oberschenkel zwei Kugeln glatt. Dann kehrte er mit einem beigen Stück Papier in der Hand zurück. In diesen Umschlägen wurden die Telegramme ausgetragen.

»Hier, das muss es sein.«

»Seltsam, dass er es einfach weggeworfen hat.« Der Marinerichter legte das Papier auf das nächste Stehpult. »Tsingtau, 29. Oktober. Absender ist *Carrington & Poors Engineers, Schanghai.* An Friedrich Kapahnke persönlich: *Doppelzahnrad eingetroffen.*«

»Handelt die Firma mit Zahnrädern?«, fragte Renau den Kontoristen.

»Wir handeln mit Maschinen, Zahnräder laufen nur als Ersatzteile mal mit.«

»Und?«, fragte der Marinerichter ungeduldig. »Passt das zu einer Maschinenlieferung dieses«, er schaute auf das Telegramm, »Carringtons?«

»Wir haben bisher keine Geschäftsbeziehungen zu dieser Firma.«

»Sicher?«

Der Kontorist zeigte auf einen Karteikasten. »Das ist die

Adresskartei.« Er klappte den Buchstaben C auf. »Hier haben wir die Firma nicht.«

»Zweifelt jemand noch an einer Flucht?«, fragte der Marinerichter unbestimmt in den Raum. Dann schaute er kurz auf den gebohnerten dunklen Dielenboden. »Hauptmann, was ist mit der russischen Gräfin, die bei ihm in der Villa wohnt?«

Renau fühlte plötzlich seinen Herzschlag in der Halsader. Er streifte seine feuchten Hände an der Uniformhose ab.

»Der malaiische Diener hat ausgesagt, dass er gestern für den Herrn vier Reisekoffer gepackt habe. Heute früh seien beide mit einem Wagen zum Bahnhof wegfahren. Sie sind allerdings seitdem an keiner Bahnstation gesehen worden, Marinerichter. Im Frühexpress saßen sie nicht. Die Stationen sind informiert.«

Der Marinerichter trat zu einem Stehpult, er zückte aus dem Aufschlag seines Wintermantels ein großformatiges Blatt. Er griff zur Feder und tauchte sie ins Tintenfass. Renau hörte die Unterschrift auf dem Papier kratzen.

»Hauptmann, hier ist der Durchsuchungsbefehl.« Der Marinerichter wandte sich an Konradin. »Und Sie stellen uns alle Geschäftsverbindungen zu nicht-deutschen Firmen auf, die Kapahnke in den letzten fünf Jahren von Tsingtau aus getätigt hat. Die Akten übergeben Sie der Polizei. An die Arbeit, meine Herren!« Der Marinerichter wandte sich so schnell um, dass der Mantelsaum sich hob. »Gehen wir, Renau. Der Gouverneur erwartet uns.«

Draußen stand ein Zivilist im braunen Mantel und notierte etwas auf einem kleinen Schreibblock. Renau beugte sich zum Ohr des Marinerichters. »Gehen wir lieber durch den Hinterausgang raus, sonst bestürmt uns der Journalist von den *Tsingtauer Neuesten Nachrichten*.«

Der Marinerichter drehte sich wieder so abrupt wie beim Kehrtschwenk auf dem Exerzierplatz. »Konradin, führen Sie uns hinten hinaus.«

»Vor dem Hoftor stehen sicher auch viele Leute. Wir teilen uns die Hofeinfahrt mit der Konditorei. Klopfen Sie dort an der Backstube, dann können Sie durch das Café hinaus.«

Der Marinerichter lachte knapp. »Ein Marinerichter, der sich verdrückt. Das passt zu dieser unappetitlichen Affäre.«

Im Hof rochen sie frischen Biskuit. Der süße Geruch zwischen den weiß gestrichenen Remisen und Schuppen schlug Renau noch mehr auf den Magen.

Kapitel 11

Tsingtau, Gouvernementsgebäude – 30. November 1913

Gouverneur Mayer-Waldeck stand in seinem Dienstzimmer unter der Reichsflagge und den Waffenzeichen des III. Seebataillons. »Das sind Marineoberrichter Crußen und Marinestabsarzt Renau.«

Sie standen an der Seite unter dem Porträt des Kaisers. Der Gouverneur stellte sie in aller Förmlichkeit einander vor. Renau fiel auf, dass er den offiziellen Degen trug. Er wandte sich mit einem leichten Nicken zur Fensterseite. »Oberst Albrecht von Schorn.« Die kurzen Haare des Offiziers leuchteten schlohweiß wie auch der kurze Schnurrbart. Es war der Vater des Adjutanten, gleiche Kopfform, gleiche schmale Nasenwurzel.

»Wir verdanken Marinestabsarzt Renau die entscheidenden Erkenntnisse«, schloss der Gouverneur.

Renau überschlug rasch die Anzahl der Tage. Der Vize-Admiral musste von Schorn-Vater sofort nach Renaus erstem telegrafischen Bericht abgesandt haben.

»Man hat mich unterrichtet«, sagte von Schorn. Ein verschleierter Blick maß Renau.

Er war sich sicher, dass der weißhaarige Offizier die Zähne zusammenbiss, damit er keine Regung zeigte. Renau gewahrte auf einmal den achtstrahligen silbernen Ordensstern auf dessen brauner Uniform. Der schwarze preußische Adler auf rotem Grund, auch wenn Renau auf die Entfernung nicht lesen konnte, was darauf im Lorbeerzweig des Ordens stand. *Suum cuique* – Die Devise der höchsten preußischen Auszeichnung kannte er wie jeder Offizier. Oberst von Schorn war also Träger des Hohen Ordens vom Schwarzen Adler. Hohenzollern-Prinzen erhielten ihn bei Geburt, alle anderen Ordensträger mussten sich die Auszeichnung verdienen. Deshalb also die Sonderbehandlung, die man dem Alten in dieser ehrenrührigen Angelegenheit angedeihen ließ.

»Sie werden verstehen, dass ich mich persönlich von den Beweisen gegen meinen Sohn überzeugen wollte.« Die Stimme des Obersten war sehr dunkel und klar, und dennoch hörten alle die extreme Beherrschung. Er blickte aus aufrechter Haltung auf die Ledermappe vor dem Amtsschreibtisch.

Der Gouverneur öffnete sie. »Bitte. Zwar hat der Beschuldigte die meisten Fotoplatten zertrümmert, aber unvorsichtigerweise nicht alle gründlich beseitigt. Ich habe nach der Hausdurchsuchung Abzüge von den Splittern machen lassen. Die zugehörigen Dokumente habe ich zum Vergleich heraussuchen lassen.«

Der Marinerichter ging zum Schreibtisch, Renau erhielt kein Zeichen des Gouverneurs.

»Eine Planung der Fortifikation auf Kap Jäschke mit der Artilleriebestückung hier.« Mayer-Waldeck legte ein weiteres Blatt aus. »Die Lager und Bestände der Munitionskammern bei der Moltke-Kaserne.«

»Das genügt als Beweismittel vor dem Militärtribunal, meine Herren«, sagte Crußen.

Von Schorn trat langsam zurück und nickte. Einen Moment schloss er die Augen. Die kurzen Schurrbartenden zitterten kaum merklich. »Ich ersuche Sie, dass Sie meinen Sohn jetzt damit konfrontieren.«

Der Gouverneur ging selbst zur Tür in der Täfelung, die das Amtszimmer mit dem des Adjutanten verband. »Marineoberstabsarzt Westerhoff, führen Sie den Beschuldigten herein.«

Deshalb hatten draußen in der Halle des Gouvernements und in den Fluren Unteroffiziere Wache gestanden.

Westerhoff zog von Schorn-Sohn am Oberarm herein. Der Adjutant trug noch Uniform, sein roter Bart war frisch gestutzt. Renau sah an einer Blutkruste, dass er sich am Hals beim Rasieren geschnitten hatte.

»Vater!«

Es klang wie ein Aufschrei eines Kavalleristen, dem auf dem Exerzierplatz ein Hengst durchging. Sein Blick fiel auf den Amtsschreibtisch. »Oh Gott.« Der junge Schorn lehnte sich an die Wandtäfelung.

Ein langes Schweigen lastete auf allen. Die beiden maßen sich.

Der Ordensstern wie auch die weißen Haare des Vaters glänzten im Licht, das von der Seite aus den hohen Fenstern fiel. »An wen hast du Kaiser und Vaterland mit diesen Fotografien verraten?« Er streckte den Arm steif hin zur Beweismappe.

Der junge von Schorn drückte sich von der Wandtäfelung ab. »Kapahnke hat sie bekommen«, sagte er kaum hörbar.

»Was hat er damit gemacht?«, fragte der Vater.

»An die Briten weitergegeben«, flüsterte der Sohn.

»Hat er dich erpresst? Bestochen?«

Er antwortete nicht.

»Heraus mit der ganzen Wahrheit!«, brüllte der Oberst im Kasernenton, dass die Lampenschalen des Amtszimmers klirrten. Sein Kopf lief hochrot an.

»Ich … er hat uns das Opium besorgt«, von Schorn stierte in den Teppich vor dem Schreibtisch.

»Uns? Gibt es etwa noch mehr Süchtige von Ihrer Sorte?« Der Marinerichter trat zwei Schritte vor.

Gouverneur Mayer-Waldeck hob die gestreckten Zeige- und Mittelfinger. »Der Vize-Admiral kümmert sich in Berlin um seine feinen Freunde, seien Sie unbesorgt.«

»Für Opium hätten Sie nicht Ihr Vaterland verraten müssen, von Schorn. Das können Sie sich in Kiautschou besorgen«, sagte Westerhoff.

Er strich sich über den roten Bart. »Sie haben keine Ahnung …« Er lächelte sogar schwach. »In China bekommen Sie kein birmesisches Opium, das mir Kapahnke verschafft hat. Das Träume schenkt wie kein anderes, selbst nach langer Gewöhnung noch, Träume, mit dem Sie die Grenzen des Jenseits überschreiten in andere Sphären, wogegen unsere Welt klein und ärmlich ist.«

Westerhoff musste ihm eine Pfeife erlaubt haben, sonst hätte von Schorn längst qualvoll *en manque* sein müssen. Wahrscheinlich hatte er ihn deshalb im Vorzimmer bewachen sollen.

Von Schorn machte das Gesicht eines glücklichen jungen Mannes. Wer sollte das verstehen?

»Wie konntest du dich so gehen lassen.« Der Vater stellte die Beine auseinander wie bei der Vergatterung.

»Du hast dafür gesorgt, dass ich hierher versetzt werde.« Von Schorn-Sohn kniff die Augen zusammen gegen das Fensterlicht.

»Schweig!« Der Vater griff sich an die Brust.

»Du hast alles getan, damit ich Berlin verlassen musste und nicht von der großen Stadt verdorben werde.«

Der Vater knöpfte die Uniformjacke neben dem Orden auf. »Du hast die Ehre unseres Namens in den Dreck gezogen.«

»Ich? Beschmutzt?« Er lachte auf. »Bei all den Trinkern, den Onkeln Gutsbesitzer, die ihre Mägde geschwängert und die Güter in den Ruin getrieben haben?«

Sie alle starrten den Adjutanten an, dessen Augen dunkel vor Hass glänzten.

»Ich bin in guter Gesellschaft, Vater.«

»Einen Spion von Schorn wird es nicht geben.« Die Stimme des Vaters wurde rissig, kalt. Mit einem Ruck zog er unter dem Orden eine Pistole hervor, streckte den Arm gerade aus. »Verräter!«

Beim Knall zuckten alle zusammen. Der Marinerichter prallte gegen die Fahne des III. Seebataillons.

»Nicht!« Renau machte einen Satz auf den Obersten zu, der die Waffe gegen sein schlohweißes Haupt richtete.

Der Schuss fiel. Heißes rotes Blut spritzte Renau auf Brust und Wangen. Er drückte den Arm zu spät zu Boden.

Der Oberst kippte nach hintenüber und lag schräg vor dem Fenster. »Er hat sich in den Mund geschossen.«

Gouverneur Mayer-Waldeck und der Marinerichter starrten auf den zerborstenen Schädel.

»Er hat seinen Sohn mitten ins Herz getroffen.« Westerhoffs Stimme klang benommen. »Ein Meisterschuss, so schrecklich das klingt.«

Renaus Blick wanderte hinüber zum toten Adjutanten, der wie eine Marionette an der Wand lehnte. Sein Kopf war vornübergekippt, nur ein wenig schimmerte der rote Bart an den Wangen. Ein dunkler Fleck tränkte die Uniform über der Brust. Man hätte ihn entwöhnen können, man hätte ihn vor Gericht stellen sollen, einer gerechteren Strafe zuführen, alles war gerechter als dies. Doch der väterliche Wille in dem zertrümmerten Schädel, aus dem das Hirn quoll, hatte anders entschieden. Und die Berliner Adler-Ordensträger hatten ihn gewähren lassen.

Westerhoff reagierte auf einen Blick des Gouverneurs und riss die Tür zur Halle kurz auf. »Schnell, holen Sie den Militärkrankenwagen«, bellte er den Befehl.

Der Gouverneur klappte die Mappe auf seinem Schreibtisch zu. »Meine Herren. Diese Beweise hier tilgen Sie aus Ihrem Gedächtnis, wie auch die Tragödie, deren Zeuge Sie eben geworden sind. Seien Sie sich alle des Einverständnisses Seiner Majestät gewiss. Das Ansehen der Marine darf nicht mit unehrenhafter Spionage oder niedriger Opiumsucht befleckt werden.«

Der Marinerichter war kalkig weiß im Gesicht, er rang damit, dass er sich nicht übergab. Er nickte schwach.

»Westerhoff, Renau. Sie votieren auf Tod-durch-Unfall in den Akten.« Gouverneur Mayer-Waldeck warf einen Blick auf das Porträt des Kaisers. »Tun Sie Ihre Pflicht. Bereiten Sie die

Überführung ins Reich im Zinksarg vor.« Er ging mit dem Marinerichter hinaus in die Halle.

Sie standen zwischen den beiden Toten. »Der Vize-Admiral ist auch ein Schwarzer Adler. Sonst hätte Vater von Schorn nicht rechtzeitig für diese Tat anreisen können.«

Er war also zum gleichen Schluss gekommen wie Renau. »Kapahnke hat eine ganze Menge Opium geschmuggelt. Wer weiß, wie viele Unfälle bei jungen Offizieren mit Tsingtau-Erfahrung es gerade in den letzten Tagen in Berlin gegeben hat.«

»Mehr als einen sicherlich.« Westerhoff fuhr sich mit beiden Händen durch die Haare. Er sah sich um. »Was für eine Sauerei. Wie kriegen wir die beiden bloß unauffällig hier weg?«

»Mit der Frontbahre, wir rollen jeden über ein Zelttuch, und dann schaffen wir sie in den Operationssaal zur Einsargung.« Renau konzentrierte sich auf das Notwendige. Das war das Einzige, was ihm gegen dies Grauen half.

Sie hörten Stiefel in der Halle rennen.

»Das sind bestimmt die Matrosen des Militärkrankenwagens«, sagte Renau.

»Dann wollen wir mal sehen, was unsere Ausbildung im Ernstfall taugt. Nehmen wir den Sohn zuerst, bevor er uns steif wird.« Westerhoff deutete auf die an der Wand lehnende Leiche.

Hatte der Adjutant überhaupt etwas von den Fäden gemerkt, an denen andere gezogen hatten, bis das Spiel aus war? Mochte Gott diese dafür strafen. »Strecken wir ihn lieber auf dem Boden aus, sonst gibt es dummes Gerede. Bei ihm können wir den Schuss verbergen.« Renau packte die Leiche an den Schultern und rollte sie auf den Bauch.

Westerhoff zog an den Beinen. »Tot sind sie immer doppelt schwer.«

Er war nicht mehr er selbst. Weder der kalte Nachtnebel noch der steife Wind vom Meer her beruhigten ihn. Immerzu wiederholte sein Gedächtnis die schreckliche Erinnerung, wie der weißhaarige von Schorn mit lang gestrecktem Arm schoss, wieder und wieder hörte er das gedämpfte Knirschen, als der Schädel des Obersten beim zweiten Schuss barst.

Renau beschleunigte die Schritte. Und zwischen all dem hektischen Tun, als er mit Westerhoff die Sanitätsmatrosen dirigiert hatte, als zwei von ihnen angesichts der zerspritzten Hirnmasse umgekippt und einer sich in den Papierkorb übergeben hatte, zwischen all dem Tun eines Marinearztes klopfte die Furcht an, dass Chou-Li von ihrem Vater aus der Stadt gebracht worden sein könnte.

Renau folgte im schwachen Mondlicht dem Pfad über eines der unbebauten Grundstücke im Villenviertel hinüber zu Chou-Lis Haus. Doch schon von der Kuppe aus erkannte er nichts als dunkle Fenster im Trakt der Herrschaft. »Verdammt.«

War es der Wind oder die Überlastung oder die Sehnsucht nach ihr, Renau fühlte zwei Tränen aus den Augenwinkeln über seine Wange rollen.

Hier im Dunkel sah ihn keiner, beobachtete keiner den Offizier Seiner Majestät, hörte keiner, wie er aufstöhnte. Renau rannte die Straße hinunter. Nur am Artillerielager hangabwärts leuchtete das Licht der Wache.

Im oberen Stock leuchtete bei den Gmelins Licht.

Aus der Küche hörte er den Koch schimpfen: »… schnippele

klein wie ein Daumennagel, nicht lang wie ein Finger! Das fällt doch aus dem Wok …«

Renau eilte in sein Zimmer und warf sich von innen an die Tür. »Was für ein Tag«, seufzte er mit geschlossenen Augen.

Sommerblumenduft im Winter? Renau öffnete die Augen. Er halluzinierte, Chou-Li stand im Mondlicht in einem schimmernden weißen Seidenkleid vor ihm und strich mit ihren langen Fingern über seine Wange. Er fühlte sogar die sanfte Berührung.

»Was hast du, Liebster?«, flüsterte sie.

Er packte ihre Finger. Sie waren warm und fest. Renau drückte sie an seine Lippen, fasste Chou-Li um die Taille, küsste ihren Hals, den Nacken, das Ohr. »Ich kann kaum fassen, dass du wirklich hier bist.«

»Dein Diener wusste nur, dass du am Morgen gegangen warst …«, flüsterte sie.

»Später, Chou-Li, später …« Je mehr er ihre Wärme spürte, je fester er sie umarmte, desto blasser wurden die blutigen Bilder im Kopf, wie er die beiden Leichen eingerollt hatte zum Transport, die Wertsachen für die Angehörigen sorgfältig notiert … »Komm«, hauchte er ihr heiser ins Ohr. Er wollte sie jetzt, ganz und gar, sie kosen, streicheln, ihrem Leib huldigen mit all der Inbrunst, zu der er fähig war. Sie war seine Rettung vor dem Grauen, wie er die beiden im Lazarett mit Westerhoff ins Leichenhemd gekleidet hatte, den ausgelaufenen Augapfel des Alten mit einem Spatel gerichtet hatte …

»Liebster.«

Renau hob Chou-Li und legte sie auf sein Bett. Unverwandt hielt er seine Blicke auf ihren weißen Leib, so weiß wie das Mondlicht im Fenster, während er hastig seine Jacke, das Hemd, und alles von sich warf.

Kapitel 12

Tsingtau, Silvester – 31. Dezember 1913

Tanzen Sie unbedingt noch einen Walzer mit mir!« Die Kusserow legte die Hand auf ihr mit gelben Stoffröschen geschmücktes Dekolleté.

»Ein paar Stunden hat das alte Jahr noch.« Westerhoff lachte und verbeugte sich vor ihr.

Nach einem Blick auf ihre Tanzkarte warf ihm die Kusserow eine Kusshand zu. »Lieber Marineoberstabsarzt, Sie müssen noch einen Tanz warten.« Sie eilte durch den Ballsaal des Prinz-Heinrich-Hotels davon.

»Pech gehabt. Sie ist schon vergeben.« Westerhoff wischte sich mit dem Taschentuch die erhitzte Stirn.

Renau sah kurz hinauf zum floralen Stuck an der Decke, der sich in großen Schleifen um eine Rotunde wand. Er würde nicht bis Mitternacht bleiben. »Sie ist eine Wucht.« Die Kusserow drehte sich mit einem jungen Fähnrich wie ein barocker Engel über das Parkett.

»In jeder Hinsicht«, sagte Westerhoff.

Renau überhörte die Anspielung. »Ich möchte dir noch im alten Jahr die Flöte Champagner angedeihen lassen, die für meine Beförderung noch fällig ist.«

»Gern!«

»Gehen wir in den Salon nach oben.«

Als nach dem Trauergottesdienst am zweiten Advent die Zinksärge mit den beiden toten von Schorns auf ein Kriegsschiff überführt worden waren, hatte ihm Westerhoff als der Ältere im Casino das Du angeboten, wenn sie schon so viele Geheimnisse teilten.

Oben wurden die Geräusche vom Samt der Fauteuils gedämpft. Ein paar Gäste des Silvesterballs saßen um runde Tische. Elektrisch erleuchtete Kristalllüster sprühten funkelndes Licht.

»Zwei Flöten Champagner, bitte.« Renau bestellte beim Kellner und ließ sich in einen Sessel am Fenster fallen.

»Willst du das Feuerwerk von hier aus betrachten und bringst dich in Stellung?« Westerhoff setzte sich gegenüber.

Renau würde Chou-Li überraschen, er hatte den Plan genau ausgetüftelt. »Ich werde Mitternacht von weiter oben am Berg über die Bucht schauen.«

Westerhoff schaute sich rasch nach Ohrenzeugen um, doch erst am übernächsten Tisch saß jemand. »Das habe ich mir gedacht, dass du auch ausbüxen wirst.«

Sein Blick irritierte Renau. »Wie meinst du das?«

»Ach komm, Renau.« Westerhoff klopfte auf die Lehne. »Glaubst du, mir ist, als ich dich beobachtet habe, deine Passion für die Lotusblüte entgangen, die du mal am Leuchtturm, mal beim Chinesenfriedhof pflückst?«

Renau fuhr sich mit der Hand durch den Nacken. »Behalte es bitte für dich.«

»Das werde ich, keine Sorge.«

Zu diesem Offiziersjargon passte Westerhoffs weiche, traurige Stimme aber eigentlich nicht.

»Weißt du, was ein Halfcast ist?«

Das waren die Mischlinge aus asiatischer und europäischer Rasse. »Natürlich weiß ich das.« Er brauchte ihn nicht vor ungewollten Schwangerschaften zu warnen.

»Pass auf, dass du anders als ich irgendwann wieder weggehen kannst.«

»Ich möchte nicht weg von ihr.« Renau hörte selbst, wie naiv er klang.

Westerhoff lachte schwach und blickte zum gleißenden Lüster. »In China fragt niemand, solange du genug Silberdollar für ein vornehmes Haus bezahlen kannst, woher die Dame des Hauses das helle Kind hat. Aber im Reich gibt dir niemand eine anständige Wohnung, selbst für Goldmark nicht.«

Die Ballmusik war mal lauter, mal leiser zu hören, weil die Schwingtüren zum Salon ständig gingen.

»Ja.« Was hätte er sonst entgegnen sollen. Er musste über die Zukunft nachdenken, mit Chou-Li. Aber nicht heute, nicht an Silvester, nach der ganzen Tragödie.

»Aber heute ist Feuerwerk.« Westerhoff hakte den Daumen unter. »Ich habe es meinem Sohn versprochen.«

Westerhoffs Geständnis überraschte Renau nicht. »Damit erpresst dich Meisner also.«

Er nickte. »Er ist nun alt genug, dass er begreift, was da passiert. Sonst leben sie in Lingschan-wie.«

Das war die erste Stadt hinter der Grenze auf der Halbinsel, die Tsingtau gegenüberlag. »Wo sind die beiden jetzt?«, fragte Renau.

»In einer diskreten Pension in Tapautau.« Westerhoff lockerte ein wenig den Kragen. »Kapahnke ist übrigens mit seiner Gräfin in der internationalen Niederlassung in Schanghai gesichtet worden.«

»Woher weißt du das?«

»Ich habe den Marinerichter Crußen bei den Hillebrooks getroffen, wir haben eine Rikscha auf dem Nachhauseweg geteilt. Du kannst dir denken, dass der Gouverneur versucht, seiner habhaft zu werden.«

»Die Briten lassen ihre Spione nicht fallen. Wenn Kapahnke

tatsächlich britische Pässe bekommen hat, wird ihn das Empire schützen.«

»Woher weißt du das?«

Von Chou-Li. Renau merkte, dass er sich verplappert hatte. »Aus Berliner Quellen …« Niemand durfte von der Querverbindung von Kapahnke zu Chou-Lis Vater erfahren.

»Aha?« Westerhoff betrachtete ihn mit seinem Diagnoseblick.

Der Kellner stellt die Champagnergläser vor ihnen auf den Glastisch. Westerhoff griff zu und prostete Renau zu. »Vergessen wir den Schurken, lassen wir Kapahnke mit dem alten Jahr untergehen. Auf deine Beförderung, Heinrich.«

»Auf deine Solderhöhung. Und die Lotusblüten.«

Der Champagner war herrlich kalt und frisch.

»Das können die Franzmänner wirklich, das muss ihnen der Teutone lassen.« Westerhoff hob sein Glas ein zweites Mal. »Mehr wert als die paar extra Silberdollar ist mir die Verlängerung in Tsingtau, wie du dir denken kannst.«

Renau war versucht, in den aufsteigenden Perlen des goldfarbenen Champagners nach der Zukunft zu forschen. »Der Gouverneur hat mir meine auch zugesagt.«

»Na, wunderbar.« Westerhoff nickte. »Irgendwie muss sich der Vize-Admiral ja erkenntlich zeigen.«

So richtig es war, dass ein Offizier die Fahne nicht verriet, auf die er geschworen hatte, so falsch war es auch, dass ein Vater seinen Sohn tötete. Aber Westerhoff sah das anders, sie hatten das diskutiert. Er hatte Achtung vor dem alten Schorn, der als adliger Ehrenmann die Schande von seinem Namen gewaschen hatte, wenn auch um einen hohen Blutzoll.

»Lang lebe Tsingtau!« Renau fühlte, wie der Champagner seine Sinne leicht und keck machte. Er sollte eine Flasche mitnehmen, Silberdollars hatte er genug gespart, nach alledem durfte er über die Stränge schlagen.

»Unser deutscher Fels im Meer!« Westerhoff prostete ihm zu.

»Drei Jahre kann ich jetzt länger bleiben.« Renau hatte es einfach beim Gouverneur gefordert, der zwar die Augenbraue gehoben, aber genickt hatte, wenn er lieber hier diene …Von unten drang Gelächter herauf, die Musik war laut und schnell. »Polka?«

»Schlimmer, mein Freund. Das ist eine Polonaise! Wenn wir jetzt nicht verschwinden, lassen uns die Damen nicht vor Mitternacht aus den Fängen.« Westerhoff trank den letzten Schluck Champagner aus.

Renau tat es ihm gleich. »Na, dann nichts wie weg und über die Dienstbotentreppe.«

»Ich sehe, der Herr kennt sich aus.«

Chou-Li starrte ihn an wie einen Geist, der Schreibpinsel fiel ihr neben das Blatt. Renau schloss leise die Tür hinter sich.

Sie sprang auf und schob den Riegel vor. »Du bist tollkühn!« Ihre Augen glänzten schwarz, aus Furcht und vielleicht auch aus Stolz auf ihn.

»Heute ist ein Feiertag.« Er zog ein Paket unter seinem Mantel hervor und die Flasche Champagner, die er noch im Hotel gekauft hatte. Er war der Polonaise nur knapp entronnen.

»Du darfst solch eine Gefahr nicht eingehen!« Chou-Li nahm ihm beides ab. Sie zuckte, als sie die Kälte der Flasche spürte.

»Ich wollte mit dir auf das neue Jahr anstoßen.« Renau wollte sie umfassen, aber sie wich ihm aus.

»Tue das nicht wieder.«

»Was?«

»Hierherzukommen, ohne dass ich es dir erlaube.« Sie starrte auf den Schreibpinsel und wischte Tusche vom Lacktisch.

»Freust du dich nicht?« Renau fühlte sich wie ein Boot, das auf Sand auflief.

»Du entehrst mich.«

»Sie wissen, dass ich der Arzt deines Vaters bin.«

»Kein Arzt kommt mitten in der Nacht zur Tochter seines Patienten. Wie bist du überhaupt hereingekommen?« Chou-Li räumte die Briefrollen weg.

Renau war sich nicht sicher, ob er den Mantel ausziehen und sich setzen sollte. »Du hast mich doch gelehrt, dass in China alles mit Geld zu erreichen ist. Ich habe euren Gärtner bestochen. Er hat mich hereingelassen.«

»Ich werde ihn morgen entlassen müssen. Er wird mit den andern reden, früher oder später. Der Gärtner ist nicht schlau genug, aber die anderen werden sich eine Belohnung von meinem Vater versprechen und es dem alten No-Hsen stecken. Es muss sein.« Chou-Li setzte sich auf ihren Diwan.

Renau fühlte sich auf einmal müde. Er lehnte sich an den Schreibtisch. »Es tut mir leid. Ich wollte dich nicht in Gefahr bringen. Dabei habe ich gute Nachrichten.«

Chou-Li strich mit der Hand über die grüne Seidendecke mit den vielen bunten Stickereien. »Zieh den Mantel aus, wenn du schon hier bist.«

Er legte ihn vor der Tür als Päckchen ab. Auf dem Diwan nahm er ihre Hand. »Ich bin befördert worden zum Marineoberstabsarzt.«

»Das ist schön, dass du tapfer bist und geehrt wirst.« Sie

lächelte ihn an, aber nicht begeistert genug, als dass er ihr hätte die Freude glauben können.

»Wichtiger ist dabei, dass ich weitere drei Jahre in Tsingtau bleiben kann. Bei dir.« Ihm selbst kam seine Stimme fremd vor, in der Sanftheit.

Chou-Lis Gesichtszüge schienen zwei Ausdrücke gleichzeitig anzunehmen. Sie schlug die Augen groß auf und sah durch ihn hindurch in eine Zukunft, die sie zu erschrecken schien. »Möge der Himmel mir drei Jahre in Tsingtau schenken, Heinrich«, sagte sie leise. »Unsere Zeit läuft ab, schon bald wird mich mein Bruder holen. Vielleicht sogar gegen den Willen meines Vaters.« Sie lehnte sich einfach gegen seine Schulter. »Ich werde aus ihren Briefen nicht schlau. Vielleicht spielt Guan-Bo aus Rache Katz und Maus mit mir, weil ich Vaters Briefe lese. Ich weiß auch nicht, was Vaters Freunde mit ihm tuscheln, wenn sie ihn an seinem Krankenlager besuchen.«

Sun Pau Tschi ging es seit Wochen unverändert schlecht, die meiste Zeit verbrachte er im Bett. An manchen Tagen reichte die Kraft für die Korrespondenz, an anderen nicht. »Dein Vater kämpft gegen das im Körper eingelagerte Arsen. Er hat eine Chance.« Auch wenn Renau mittlerweile diagnostizierte, dass es nicht die Vergiftung allein war, die Sun Pau ausmergelte. Irgendwo in seinem Körper wuchs ein Geschwür, das ihm den Lebenssaft entzog.

»Mein Vater wird bald sterben, du solltest mir die Wahrheit nicht verbergen.« Chou-Li sprach mit ihm, doch ihr Blick hing an den dunklen schwarzen Flächen des Fensters.

»Sagen das die chinesischen Ärzte, die ihn besuchen?«

Sie nickte. »Sie untersuchen seine Ausscheidungen, prüfen,

wie er auf bestimmte Stiche der Körpernadeln reagiert. Sie irren sich sehr selten, jeder weiß das.«

»Was heißt bald für einen chinesischen Doktor?«

»Eine Jahreszeit oder zwei, mehr nicht.« Chou-Li zeigte auf den Schreibtisch. »Mein Vater hat begonnen, sein Erbe zu regeln. Diese Villa wird meinem Bruder gehören, falls er einmal wie sein Vater aus China fliehen muss.« Sie lachte kurz und bitter.

Renau wollte sie nicht gehen lassen, auf keinen Fall. Wenn Westerhoff eine Lösung gefunden hatte, würde er auch eine finden. »Ich werde dir eine standesgemäße Wohnung besorgen.«

Chou-Li lief zum Fenster, ihr Kopf rollte auf ihren Schultern hin und her. »Ich weiß nicht, was schrecklicher sein wird. Die bei tumben Schwiegerleuten weggesperrte Frau eines ungebildeten Generalssohns zu werden oder die vor der guten Gesellschaft Tsingtaus verheimlichte chinesische Konkubine.« Sie stützte den Arm an den Fensterbalken.

»Ich liebe dich, Chou-Li.« Renau hörte sich diese einfache Wahrheit sagen, weil er nicht wusste, was er hätte antworten sollen.

»Oh, ihr Langnasen.« Chou-Li beschwor die dunkle Ecke der Wand, als ob dort ein Götzenbild hinge. »Liebe bedeutet hier in China nichts. Sie ist nichts, das mit Ehre, Familie und Stand zu tun hat. Folge ich dir, werde ich für meine Familie und Ahnen entehrt sein. Man wird meinen Namen vergessen. Und du kannst mir genauso wenig folgen, bei deinen Leuten.«

»Es gibt immer einen Ausweg, immer.«

»Ja, den gibt es.« Ihre Stimme war sehr dunkel geworden. »Die chinesischen Opern sind voll davon.«

Renau riss sie an sich. »Das meine ich nicht. Wir Europäer

glauben an die Zukunft, an die Veränderung. Nichts ist ewig gleich. In den Küstenstädten, in denen der Handel blüht, in Schanghai können wir leben, wenn wir es nur wollen.«

Chou-Li blickte auf seine Schulterklappen. Ihre Finger berührten das neue Rangabzeichen. »Es ist zu spät für eine Wahl. Ich habe mich dir schon in dem Augenblick ergeben, als ich auf dem Hochzeitsschiff das Gift geschluckt habe.« Sie reichte ihm ihren Mund.

Renau küsste sie zart. »Ich werde aufpassen, dass dein Bruder dich nicht verschleppt. Er wird sehen, welch Kampfgeist in einem deutschen Offizier steckt.« Er setzte sie sanft auf dem Diwan ab. »Öffne dein Geschenk, ich die Flasche.«

Chou-Li schlug das graue Papier auseinander. »Ein rosa Kleid?«

»Ziehe es für mich an, bitte.« Renau nahm zwei Wassergläser, die Chou-Li auf dem unteren Brett des rot lackierten Beistelltischchens verwahrte.

Chou-Li streifte ihren Seidenmantel ab und zog das schmale enge Sommerkleid über. »Gehen so Europäerinnen zu ihren Tempeln?«

Renau lachte. »Nein. Sie gehen in solchen Kleidern an warmen Tagen mit ihren Männern in Restaurants zum Essen oder ins Theater.«

Chou-Li drehte ihm den Rücken zu. Renau schloss den Knopf am Hals. Rasch griff er in die Seitentasche seiner Jacke und zog das Schächtelchen des Juweliers heraus. Er fingerte die Kette heraus, sie hörten die Verpackung auf den Boden fallen. »Bleib still!« Er hob die feine Silberkette über ihren Kopf. Der Anhänger zeigte eine silberne Fee, die mit fünf Perlen jonglierte. »Schau.«

Chou-Li betrachtete sich vor dem Spiegeltischchen hinter dem Diwan. »Ich sehe so fremd aus.«

»Du bist sehr schön damit.« Renau hatte die Prämie, die ihm der Gouverneur zusätzlich hatte anweisen lassen, dafür umgesetzt.

Chou-Li betrachtete sich lange im Spiegel. Renau hätte gern gewusst, was in ihr vorging. Aber welcher Mann verstand schon die Frauen. Sie fuhr herum, als er den Korken ploppen ließ. Er goss die Gläser voll. »Auf uns!«

Chou-Li lächelte plötzlich herrlich befreit, die linke Hand noch auf der Fee, lächelte so, wie er es liebte. »Auf dich!«

Sie nippte am Champagner, draußen vor den Fenstern knallte es. »Lösch schnell das Licht, dann sehen wir besser.«

Über der Bucht von Tsingtau stiegen weiße, rote, gelbe, grüne Garben auf, Donnerschläge hallten über die Stadt. Sie nahmen die Gläser und lächelten einander zu, dann blickten sie hinaus in den erleuchteten Nachthimmel über Tsingtau.

»Es ist unser Feuerwerk«, sagte Chou-Li. Und Renau glaubte fast, dass sie damit meine, dass es die Chinesen waren, die solch wunderbare Kaskaden bunten Lichts erfunden hatten.

Kapitel 13

Tsingtau, Soldatenheim – 10. Februar 1914

Helau!« Der Tusch der Musikkapelle klang ein wenig verrutscht. Claas wusste nicht, ob es an seinen halb tauben Ohren lag, weil er zwar in den Kulissen stand, aber direkt hinter der Tuba. Seit Stunden tobte der Saal im Soldatenheim im Fastnachtsfieber. Die verrauchte Luft zog bis hinter die Bühne.

»Wir sind gleich dran!« Harms richtete zum x-ten Mal den weißen Laborkittel, den Claas für das Kostüm des *Doktor Teutonicus* aus dem Lazarett wie all das andere Zeugs geschmuggelt hatte. »Pass auf deine Haube auf.« Harms nagte nervös an den Lippen.

Claas bekam kaum Luft in dem Schwesternkostüm, das Feldenhahn in der Wäscherei aus dem Stapel der Krankenschwestern *vorübergehend ausgeliehen* hatte, wie er es nannte. Claas hätte Schmitz, den neuen Matrosen von Marineoberstabsarzt Westerhoff, jetzt noch dafür ohrfeigen können, dass er in der Kneipe das ganze Ding mit dem Karneval hochgebracht hatte. Die Rheinländer und Süddeutschen waren ganz wild darauf, und schließlich hatte Harms ihn überredet, dass sie als Friesenköppe nicht feige kneifen dürften. Außerdem war es eine Abwechslung, seit den Weihnachtsfeiern hatten sich alle nur im Innendienst gelangweilt.

Claas lugte zur Bühne.

»Und, meine verehrten Herren Ober-, Mittel-, Nieder- und gar nicht Matrosen, wie das so ist im fernen Kontinente, ohne Doktor geht es nicht.« Der Hesse Feldenhahn gab den Redner in der Bütt, die die Rheinländer mit den Süddeutschen aus einem kaputten Bierfass gebaut hatten. »So manch ein blanker Soldatenarsch kam nicht zum Marsch, weil er so breit gesessen auf dem runden Becken, bis ausgewendet für und für, aus den Inner- alle Schweinereien.«

»Genau!«, schrie einer durch den Saal.

Wieder brandete Beifall auf. Harms zog wieder an seinem weißen Kittel.

»In diesem Kontinente krank an vielem«, Feldenhahn träufelte falsche Sorge in die Ohren des Publikums, das plötzlich ruhig wurde, »trüb und traurig bang, der gelbe Mann.«

Claas versuchte noch einen tiefen Atemzug. Aber die Schürze über dem Rock band zusätzlich die Luft ab. Schmitz hatte bei den Vorbereitungen entschieden. *Du bist der Dünnste von uns allen, rein inne Plünn, und Ruh is', außerdem haste keinen Bartschatten.*

»Hössling ist dran«, flüsterte Harms heiser.

Von der anderen Seite schoben Schmitz und Gessler im grauen Kuli-Mantel einen Bollerwagen herein, auf den sie kleine Rikscha-Räder aus Pappe geklebt hatten. Die beiden waren mit Theaterschminke zu Chinesen gemacht worden und grinsten mit eingesteckten gelben Pappzähnen in den Saal.

Hössling ruhte im bunten Mantel der vornehmen Chinesen auf dem Wagen, sein linkes Bein hing über den Rand, unter seinem Hut reichte ein schwarz eingefärbtes Segeltau als Zopf bis hinter den Kulissenrand. »Mi' issi so schleeech«, seufzte er laut. Dann rülpste er und hielt sich den Bauch. »Ich-lu brauch-feng Medizin-fu.«

»Wir-dir-geben Haifischzahn, wir-dir-geben Lebertran, wir-dir-geben Knöterich, wir-dir-geben Nadelstich«, sangen die beiden Kulis, die sich rechts und links der Rikscha auf die Bühne gesetzt hatten und mit den Köpfen wackelten und dabei die Unterarme auf Brusthöhe verschränkt.

Hössling als *gelber Mann* rülpste wieder. »Nein-feng, nein-feng, toter Hase, ich-lu brauch-feng Lange-Nase.«

»Los!« Harms stieß ihn an der Hüfte. Claas tänzelte auf die Bühne, wie es Schmitz vorgemacht hatte. »Oh hello, my dear Chinese. I wohl riech your schweißi Fieß.« Von Claas fiel die Angst ab. Er beugte sich zu den roten Schuhen des *gelben Mannes* und verzog demonstrativ die Nase. »Das is not very gesund! Schwester Albion wird dir helfen.« Claas drehte den Hintern so, dass die weiße Schleife ordentlich aufflog. Pfiffe erschollen von unten.

Aus den Kulissen hielt Harms ihm die Gießkanne und die auf Pappe aufgemalte Tasse zum Greifen hin. »Albion, das große Britain, heilt you jedes Oh-Wehweh mit einer Tasse heißen Tee.« Claas trudelte zurück, Hössling nahm die Papptasse unter lautem Stöhnen, dann goss Claas kräftig auf. Das Wasser in der Kanne plätscherte auf den bunten Mantel.

»Au, au«, Hössling strampelte wie verrückt. Dann tat er so, als ob er aus der Papptasse tränke, und setzte einen Rülpser.

»Wir-dir-geben Haifischzahn, wir-dir-geben Lebertran, wir-dir-geben Knöterich, wir-dir-geben Nadelstich«, sangen die beiden Kulis wieder und wackelten mit den Köpfen. Claas lief um die falsche Rikscha herum und zog hier und da an Hösslings Kostüm. Beinahe wäre er über den langen Seil-Zopf auf dem Bühnenboden gestolpert.

»Mit diesem Tee tut's doppelt weh, oje. Chin-lan-lung ist übel dran, Chin-lan-lung braucht deutschen Mann.«

Claas hob die Nase weit empört in die Luft. Die Gesichter der Kameraden im Saal verschwammen im Dunst von Rauch und Bier.

»Höre ich von Leid und Überdruss, rufet mich, Teutonicus!« Harms stolzierte im weißen Kittel heran. Claas hatte gar nicht mitbekommen, dass er sich ein Monokel besorgt hatte. »Was fehlet dir, du gelber Mann?«

»Der Bauch, die Luft, der lange Gang«, Hössling sackte tiefer in den Wagen.

»Da will ich prüfen, was da dran.« Harms packte ihn, stellte ihn auf die Füße, Hössling hing wie ein Sack in den Knien.

Harms zog an den Armen und Beinen wie die Marine-Ärzte bei der Musterung. Im Saal kapierten sie es und johlten.

»No, no, no!« Claas tänzelte seiner Rolle gemäß um die beiden andern herum und tat so, als ob er Harms behindern wolle.

»Nix da, Albion, wo da ist Teutonicus, ist für dich nun endlich Schluss!«, sangen die Kulis auf dem Boden.

»Was soll der Tee für diesen Mann? Da muss die deutsche Hefe ran!« Harms lief zur Kulisse, wo ihm ein Kamerad ein Bier reichte. Davon trank er erst mal einen tiefen Schluck, dann hielt er es dem *gelben Mann* hin. Hössling griff zu und leerte das Glas in einem Zug. Der Rülpser war entsprechend laut.

Der Saal grölte Zustimmung. »Hurra!«

Harms klopfte den Chinesen grade mit den Schlägen, die sie von den Unteroffizieren beim Einschleifen auf Rücken und Bauch bekamen, bis er in Haltung stand wie eine Eins. »Schon halb gesund ist China nun, nun woll'n wir's auch zur Gänze tun, nimm dir's als Beispiel für die Kraft, wie Teutonicus bei Albion den Frieden schafft.« Harms sprang um Hössling herum, das war das Zeichen.

Claas kreischte ein »No, Sir!«. Er beeilte sich, sprang weiter über den Zopf hinter den Wagen. Zwei, drei Mal kreisten sie darum.

»Teutonicus und Albion, da sehen wir die Invasion«, sangen die beiden Kulis mit wackelnden Köpfen. Harms packte Claas an der Schleife der Schwesterntracht, die sich sofort aufzog, packte ihn am Schwesternrock, mit der Linken umfasste er seine Hüfte. Harms zog ihn fest an sich und stieß ihn mit dem Becken. »No, no, no!«

»Jo, jo, jo!«, schrie Harms in den Saal.

Claas hörte nur schreien, strampelte, aber Harms' Griff war

fester denn je. »No, no.« Ihm ging die Luft aus, ein wenig drehte sich die Bühne unter ihm. Aber der Arm war so stark wie ein Bügel aus Stahl, halb hing er drauf, halb hielt er sich noch selber aufrecht. Es drehte sich alles.

»Teutonicus und Albion, da sehen wir die Konklusion«, die singenden Kulis wurden von Hössling an den Ohren hochgezogen, dann setzte er sich würdevoll in die Rikscha und zog sich an seinem eigenen Zopf zurück zur anderen Seite.

Harms stieß ihn von der Bühne bis hinter die Kulisse in den Schatten des Bühnenrands, er drehte ihn herum, seine grünen Augen strahlten. Er küsste ihn voll auf den Mund. »Wusste ich's doch. Du warst großartig, ganz großartig.«

Claas zog sich die breite Schwesternhaube vom Kopf. Er rieb seine Nase kurz an Harms. »Du auch. Höre mal.« Claas schwindelte vom Beifall, der im Saal tobte.

»Ein dreifaches Helau für den Doktor Teutonicus und Fräulein Albion!«, schrie Feldenhahn in den Saal.

Der Tusch der Musikkapelle dröhnte in der Wandung. »Wir müssen raus!« Claas winkte mit der Haube, folgte Harms auf die Bühne und verbeugte sich vor den anderen. Er knöpfte sich die Schwesterntracht bis zum Bauch auf. Endlich Luft.

Die Tuba intonierte einen Marsch. Feldenhahn winkte sie aus der Bütt zu den Stufen, die am Bühnenrand in den Saal führten. »Und ab zum Freibier, Kameraden!«

Kapitel 14

Tsingtau, Villa Sun Pau Tschi – 10. März 1914

Sun Pau Tschi fühlte die vielen Kissen im Rücken, die ihn aufrichteten. Er kämpfte gegen die süße Weichheit, die ihn durchfloss, wenn er die Lider senkte. Tiefes Atmen, das ihm früher schnell die klaren Gedanken zurückgebracht hatte, tiefes Atmen fiel ihm von Mond zu Mond schwerer. Manchmal erwachte er des Nachts, weil er ein Tier auf seiner Brust sitzen glaubte, aber dann war es nur seine Decke, die er sich zu weit auf die Brust geschoben hatte.

Sun Pau spürte das Gewicht des Hausmantels, den er sich hatte vorhin von seinem alten Diener umlegen lassen, der ihn umsorgte wie ein Bruder, lebten sie nicht schon bald sechzig Jahre unter einem Dach …

Gestern war er so frisch gewesen, fast wie früher im Palast zu Tsinanfu, wenn er die Morgenaudienz abgehalten hatte. Jetzt knieten vor ihm im Empfangszimmer seine Kinder auf den Matten, wie er es befohlen hatte. Doch fehlte ihm fast der Atem.

»Guan-Bo, du bist ein guter Sohn. Du hast mir und deinen Ahnen Ehre gemacht, in anderen Zeiten hättest du längst den dritten Beamtenknopf für deinen Hut erworben. Nun musst du sehen, dass du dich in den Wirren oben hältst. Schlimmer als die bloße Gewalt des Volkes ist die Intrige der Gebildeten.« Seine Stimme versagte fast. Guan-Bo hatte nicht gesäumt und war seinem Ruf gefolgt.

»Ja, Vater.« Guan-Bo saß mit den Händen auf den Knien und sah ihn direkt an.

Viel hatte sein Sohn von ihm. »Möge dir das Alter die innere Gelassenheit verschaffen, derer du noch bedarfst, damit du ein großer Führer wirst.«

Guan-Bo verneigte sich, bis seine Stirn fast die Matte berührte.

»Meine Kraft verlässt mich. Ihr seht es selbst. Schlimmer noch, mein Geist wird schwach. Der Tag ist gekommen, dass ich dir die Führung der Familie überantworte, Guan-Bo.«

Seinem Sohn stand der Mund offen, er schaute zur Seite zu Chou-Li. Seine Tochter bewahrte Haltung, ihr Blick ruhte unverändert gesenkt auf einem Punkt vor ihm auf der Matte. Sun Pau fand die Süße der geschlossenen Lider wieder. Ja, Chou-Li hatte das Holz geerbt, aus dem er selbst geschnitzt war. Selbst im Sturme bog sie sich nur so weit, dass sie nicht brach. Guan-Bo hatte das weiche Holz seiner Mutter …

»Ja, Vater. Wenn es dein Wusch ist.«

»Nimm mein Siegel, Guan-Bo, handle in meinem Namen, bereite mir ein Grab, von dem aus ich den heiligen Berg sehen kann. Das wird euch Segen bringen …« Sun Pau kämpfte gegen die Schwere in seinen Gliedern an, jetzt, wo er die Siegelgewalt übergeben hatte, wurde es so sinnlos. Guan-Bo würde sein Erbe bewahren, klug genug war er, und wenn er seine Schwester für eine gewinnbringende Allianz verheiratete, dann war alles gut …

»Vater?«

Die Stimme Guan-Bos kam von fern, wie von außerhalb dieser warmen Dumpfheit, die ihn einhüllte, in die er sich endlich fallen lassen durfte, wie ein Pfirsichblatt auf den Teich …

»Vater?«

… den er so geliebt hatte, als kleiner Junge in Tsinanfu, wo die Enten vor seinen Steinwürfen aufstoben übers Wasser in den Himmel, wo die Wolken den Göttern nahe …

»Er hört dich nicht mehr, Guan-Bo.«

Die Füchsin, ja … »Shen hatte recht gehabt, du bist eine Füchsin« … Sie hatte ihm Glück gebracht, Reichtum und Macht, um den Preise der Seele seiner Tochter, in deren Leib die Füchsin geschlüpft war. »Ich habe deinen weißen Schwanz gesehen, Tausendjährige« … sogar den fremden Arzt hatte sie verhext, damit der ihn pflegte … »Füchse sind treue Geister eines Hauses, Guan, strafe die Füchsin in deiner Schwester nicht, sonst rächt sie sich bitter an dir …« Shen war nicht mehr nach Tsingtau gekommen, weil sie sich zu sehr vor dem mächtigen Fuchsgeist in Chou-Li gefürchtet hatte, die sie in den Pagoden Zimbel hatte spielen hören, dort am Taischan, den er bald ewig angesichtig sein würde, sein Rücken war müde, schwer und die dumpfe Süße so weich …

»Vater?« Ihr Bruder reckte den Kopf. Guan-Bo war so schmal wie ihr Großvater und hatte dessen lange Ohrläppchen geerbt. Sein langer Hals ragte über dem rot gesäumten Kragen des Festkleides auf.

»Er ist eingeschlafen, Guan-Bo.« Chou-Li richtete sich auf. »Er schläft von Woche zu Woche mehr, die Schmerzen erschöpfen ihn.«

»Er hält dich für eine Füchsin.« Ihr Bruder warf ihr einen Blick aus den Augenwinkeln zu, stand auf und machte einen Schritt auf seinen Vater auf dem Empfangsstuhl zu, dessen Kopf seitlich auf die vielen Kissen gefallen war. »Redet er schon länger wirr?«

»Seit dem Winter. Erst waren es nur Aussetzer, Worte, die er nicht fand, dann wechselte er manchmal in der Rede den Gegenstand, ohne dass er es gemerkt hätte. Und seit dem Frühjahrsmond, seit ihn die Dumpfheit so einhüllt, verwirren sich seine Gedanken.« Chou-Li setzte sich zur Seite und streckte die Beine aus. »Manchmal verstehe ich, dass er sich an unsere Zeit im Süden erinnert, manchmal meine ich, dass er aus einem Klassiker zitiert, wie vor seinen Lehrmeistern. Manchmal bedeutet es nichts.«

»Ich werde das Siegel nehmen, Schwester.« Guan-Bo hielt ihr die Hand hin.

Sie ließ sich hochziehen. »Es ist sein Wille.« Wie sie es befürchtet hatte.

»Ich werde mit dem Arzt reden, den er kommen lässt, ob ich euch nach Schanghai zur Generalsfamilie auf meinem Schiff mitnehmen kann. Ich habe dort für die Kanalbehörde zu tun.« Sein Blick machte Vaters nach, wenn er bei einer Entscheidung keine Widerrede duldete.

Chou-Li sagte nichts. Wenn er ein paar Tage mit Vater verbracht hatte, würde er schon einsehen, dass er keine Hochzeitszeremonie mehr durchstand, ohne dass er das Gesicht verlöre. Vielleicht nicht einmal die Reise über den Kaiserkanal nach Süden.

»Ich schicke ihm eine Nachricht. Er wird erst heute Abend kommen.«

»No-Hsen«, rief Guan-Bo. Die Tür des Empfangszimmer ging auf. »Bringt den Gouverneur in sein Schlafzimmer.«

»Ja, Herr.« Die beiden Diener gingen mit dem Gesicht zu Guan-Bo gewandt zu ihrem Vater.

»Und du, Schwester, zeigst mir die Briefe der Verwalter von den Gütern. Ich will sehen, wer uns am meisten betrügt.«

»Du wirst zum gleichen Ergebnis kommen wie ich selbst.«

Guan-Bo fasste sie hart an der Hand. »In diesen Dingen, Schwester, Geld und Haushalt, habe ich dir immer vertraut. Aber in den anderen Dingen wirst du dich nun meinem Willen unterwerfen müssen.«

Sie tat ihm nicht den Gefallen, dass sie sich gegen den Griff wehrte. Stattdessen maß sie ihn mit dem langen Blick, den er kannte, seit sie keinen Milchreis mehr aßen.

Nur weil die Diener ihren Vater vom Empfangssitz hievten und sie im Wege standen, ließ er sie los.

»Wird er reisen können?« Der Bruder sah Chou-Li wenig ähnlich, nicht einmal dem Gouverneur. Er war sehr schmal und groß für einen Chinesen.

Renau machte mit dem Finger ein abwehrendes Zeichen. »Lassen Sie mich bitte Ihren Vater erst noch einmal abhören.«

Der Diener schlug auf einen Wink hin die Decke über dem alten Gouverneur zurück. Schon an der Tür war Renau in ungewohnter Förmlichkeit von den Dienern empfangen worden. Chou-Li hatte ihn bei ihrem letzten Ausflug in die Berge gewarnt, dass sie sehr vorsichtig sein müssten, solange ihr Bruder in Tsingtau weilte. Wahrscheinlich zeigte sie sich deshalb nicht, auch wenn er vermutete, dass sie lauschte. Renau legte die Hörplatte des Stethoskops an der Brust des Kranken an, hielt das Rohr fest und legte sein Ohr auf das Ende, auch wenn er die leicht rasselnden Töne der schwächer werdenden Lunge längst kannte. »Er kann nicht mehr reisen.«

»Ich kenne die europäische Heilkunst aus Peking, warum können Sie das so sicher sagen?«

Renau nahm das Hörrohr ab und machte eine hievende Bewegung mit der Hand, damit die Diener den alten Mann wieder abdeckten, der seinen Kopf in wirrem Brabbeln zur Seite warf.

»Ihr Vater ist seit gut einem Jahr mein Patient. Eine Vergiftung …«

»Ich bin unterrichtet«, sagte der Sohn knapp.

»Sein Körper ist zudem von Auszehrung befallen. Eine Weile haben Medikamente und Schmerzmittel seinen Zustand gefestigt, doch nun setzt sich das Geschwür in der Lunge durch und raubt ihm immer mehr Atem.«

»Hier kann er nicht bleiben.« Der Sohn trat vom Lager seines Vaters weg und stellte sich ans Fenster, dessen weiße Seidenvorhänge das Zimmer in milchiges Licht tauchten.

Dieser dünne Mann, der seine Unsicherheit mit Posen verbarg, brauchte Sperrfeuer. »Jede Reise wird Ihren Vater töten, die länger als ein, zwei Stunden dauert.«

Sie hörten ein leises Stöhnen. Renau beugte sich zum alten Gouverneur hinunter. Die Ausdünstungen rochen fahl, wie die der Alten in den Berliner Armenspitälern, wo die Wohlfahrt sie erst unterbrachte, wenn die Tage gezählt waren.

»Wann wird der Tod kommen?« Die Stimme des Sohnes klang flach und leise. Sein Blick war unverwandt hinaus aufs Meer gerichtet.

Eine Jahreszeit oder zwei, hatten Chou-Lis chinesische Ärzte gesagt, das entsprach den drei bis sechs Monaten, die er selbst diagnostizieren würde. »Ihr Vater ist sein Leben lang gut ernährt und gesund gewesen, wie er mir selber sagte. Das verlängert im Alter den Todeskampf, wahrscheinlich übersteht er den Sommer noch, den nächsten Winter wird er nicht mehr erleben.«

»Tun Sie, was Sie können, damit er viel schlafen kann und

keine Schmerzen hat. Ich kann aus Peking Opium schicken, auch wenn es hier verboten ist.«

»Das wird nicht nötig sein. Wenn seine Schmerzen stärker werden, besorge ich ihm Morphium aus den Armeebeständen. Das ist ein sehr wirksames Mittel gegen Schmerzen, das die deutsche Armee bei vielen Operationen schon eingesetzt hat. Der deutsche Gouverneur Mayer-Waldeck wird sicher zustimmen.«

»Von hier ist es näher zu den Ahnengräbern am Taischan«, sagte der Bruder leise wie zu sich selbst. Er schaute noch immer hinaus auf die See. »Tun Sie, was Sie können.« Er hob die Hand, Renau sah den langen, geschmückten Fingernagel. Die Audienz war wohl beendet.

Er fragte lieber nicht nach, wer ihn wieder an das Krankenbett holen würde.

Renau verneigte sich kurz und ging in den Flur.

Draußen warteten anders als sonst sogar vier Diener. Der alte No-Hsen brachte ihn zur Haustür, wo er sich dreimal vor ihm verbeugte.

In der Straße wartete eine Rikscha, die man für ihn bestellt hatte.

Solange der Vater lebte, schwebten sie zwischen Tür und Angel in einem heimlichen Glück vieler nächtlicher Stunden. Er würde sich Westerhoff offenbaren, vielleicht wusste der Rat.

Renau stieg ein. »Schnell, schnell!«

Er genoss den Reiz heimlich zugestellter Briefchen, Codewörter und tief verschleierte Spaziergänge. Renau würde Chou-Li nicht gehen lassen, ihre Leidenschaft nicht missen. Er wollte den beginnenden Frühling genießen, mit Chou-Li in den blühenden Obstplantagen Schantungs auf einer großen Decke liegen und in den blauen Himmel schauen, mit Chou-

Li im Sommer hinüber zu den Inseln auf einem kleinen Boot schaukeln. Dass sie Wasser mochte, hatte er längst gemerkt. Ein paar Monate lebte der Gouverneur sicher noch, das verschaffte ihnen Zeit.

TEIL V:
Die letzten Stunden von Tsingtau

Kapitel 1

Tsingtau, Bismarckkaserne – 1. August 1914

Marschtritt scholl aus dem Hof herauf ins große Arztzimmer. Mindestens drei Züge Soldaten. Westerhoff warf sein Lineal und Bleistift auf den Messtisch und starrte hinunter in den Hof. »Tatsächlich, das sind unsere Kameraden aus den diplomatischen Niederlassungen in Peking und Tientsin. Die Führung hat also das ganze Ostasiatische Marinedétachement zurückgerufen. Ich sag ja, eines gibt das andere.«

Renau legte die Planungskarten aus der Hand auf den großen Tisch und trat zu seinem Kollegen ans Fenster. Drunten auf dem Kiesplatz stellten sich die Infanteristen geordnet unter den Bogenfenstern auf.

»Kompanie, stillgestanden«, schrie ein Offizier im Hof.

»Damit steigt die Truppenstärke um fünfhundert Mann auf knapp dreitausend«, sagte Renau. Die Infanteristen waren hervorragend gedrillt. Keine Frontlinie krumm, keine Seitenlinie schief, die Köpfe Augen links.

Westerhoff runzelte die Stirn. »Sie können nicht weit gelaufen sein. Die Gesichter sind noch frisch und die Haltung kerzengerade wie beim Exerzieren. Die kommen höchstens vom Bahnhof Tsingtau«, sagte Westerhoff und schloss das Fenster. »Dann brauchen wir wenigstens keine Blutblasen zu behandeln.«

»Apropos, haben wir genug Jodtinktur eingeplant?« Renau ging zurück zum Tisch und suchte den Stapel für den Nachschub. Der Gouverneur hatte sie vor einer Woche, seit die Regierungstelegramme aus Berlin immer düsterer wurden, dazu verdonnert, dass sie die Abwehrplanungen der Kolonie überprüften.

Westerhoff stemmte die Faust in die Seite und blickte kopfschüttelnd herüber. »Und den ganzen Aufwand hier nur, weil vor einem Monat in Sarajevo ein serbischer Gymnasiast den österreichischen Thronfolger erschossen hat.«

»Keine Nation kann sich das bieten lassen.«

»Schon richtig. Aber nun schaukelt sich alles so hoch auf. Erst gibt der Kaiser vor drei Wochen den Österreichern Blankovollmacht gegen die Serben, jetzt hat K. u. K. vor drei Tagen mobilgemacht.«

Niemand hatte in Tsingtau die Nachrichten aus Europa so recht glauben wollen, die in den Zeitungen standen. Chou-Li, die seit dem Besuch ihres Bruders vor drei Monaten ein englisches Buch nach dem anderen über Europa las, stellte bei ihren heimlichen Treffen tausend Fragen: *Warum sitzen die Europäer auf Stühlen? Warum gibt es regierende Königinnen in England, aber nicht in deinem Reich?* Und jetzt, seit die Gerüchte über die große Krise täglich höher kochten, wollte sie von ihm Erklärungen zur Politik, die er nicht geben konnte. »Es ist wie eine Infektionskette«, sagte Renau. »Der Rachebazillus springt über.«

Westerhoff setzte Planungsklötzchen in die Mitte des Tisches. »Als ob nicht alle Welt weiß, dass sich mit Österreich, das Reich und Italien«, er gruppierte sie im geografischen Abstand, »und drum herum Russland, England und Frankreich als Entente Cordiale zwei Bündnisblöcke gegenüberstehen.«

»Das politische Geschehen in Europa erscheint mir von Tsingtau aus betrachtet oft so, als ob ich durch ein umgedrehtes Fernglas schaue, durch die Entfernung wirkt alles kleiner, kaum sichtbar und damit viel unbedeutender, als es vielleicht ist.«

»Das ist mir zu philosophisch«, sagte Westerhoff.

Je mehr in den Clubs und am Rande der Tagesroutine über die Kriegsgefahr in Europa gesprochen wurde, desto mehr war Renau überzeugt: »Die Diplomaten heizen die Krise nur an, bis sie auf dem Balkan endlich Ruhe schaffen können.«

»Du glaubst noch an Kongresse? Gestern hat der Zar die Generalmobilmachung zur Unterstützung Serbiens angeordnet.«

Plötzlich war Lärm in der Kaserne, fast wie bei einem großen Alarm. Doch weder hatte die Fanfare gegellt, noch war die Sirene angesprungen wie bei einem Feueralarm. Überall dröhnten Stiefel durch die Flure. »Was ist denn jetzt wieder los?«

Renau riss die Tür auf. Im Flur kam Marinestabsarzt Lettner leicht vornübergebeugt gelaufen. Er war mit dem letzten Truppentransport nach Tsingtau gekommen und hatte Schmieds Stelle übernommen. »Jetzt ist es amtlich, Kollegen. Sie haben eben das Telegramm im Gouvernement dechiffriert.«

Renau schloss hinter ihm die Tür, Lettner stemmte die kurzen kräftigen Hände auf den Planungstisch. »Der Kaiser hat seinem Vetter, dem Zaren, wegen des Bündnisses mit Österreich den Krieg erklärt. Die ersten russischen Kavalleristen sollen bereits bei Tilsit in Ostpreußen die Reichsgrenze verletzt haben.«

»Ach du heiliges Kanonenrohr. Sonst sind die Russen ja nicht gerade schnell auf dem Schlachtfeld.«

»Weder Frankreich noch England werden zögern, ihrer Bündnisverpflichtung nachzukommen. Sie haben Artillerie und Schiffe genug für einen Krieg.« Westerhoff zog die beiden äußeren Klötzchen auf der Tischmitte zusammen.

Lettner schlug mit der Hand auf den Tisch und wischte die Klötzchen zur Seite, die gleich die Stapel der Planungskarten mit herunterrissen. »Wir sind jetzt tatsächlich im Kriegszustand! Auch wir hier in Tsingtau, meine Herren.« Seine Augen funkelten sie an, sein oberschlesischer Tonfall war voll durchgeschlagen.

Renau schrie schon, ehe er es sich recht überlegte. »Ich brauche Ihre Lektionen nicht, Kollege! Glauben Sie, dass wir hier Sandkastenspiele machen? Wo sind denn die britischen Divisionen, die französischen Kompanien, die russischen Schiffe, gegen die wir marschieren könnten?«

Lettner drückte sich vom Tisch ab. Westerhoff hatte sich gebückt und warf die Karten zurück in die Tischmitte. »Die Chinesen haben keinen Mucks gemacht, als wir unser Ostasiatisches Detachement durch ihr Territorium von Peking her hierher abgezogen haben. Die werden uns weder angreifen noch blockieren.«

Viele der Offiziere fürchteten, dass sie hier in Tsingtau die Kolonie bewachen würden, Tsingtau, diesen kleinen, kriegsunwichtigen Stützpunkt an Chinas Küste, während die Kameraden in Europa das Reich unter Einsatz ihres Lebens verteidigen mussten. Die Entente war personell und materiell gut gerüstet. »Allenfalls die britische Flotte im Gelben Meer könnte uns gefährlich werden, die Russen haben sich seit dem 1905 gegen Japan verlorenen Krieg aus den Gewässern zurückgezogen. Aber die Engländer haben mit Weihaiwei längst ihren eigenen Hafen an der Schantunger Küste.« Renau stellte den linken Fuß vor, deutete vor sich auf die Karte auf dem

Tisch. »Es erwartet uns eher ein Manöver unter verschärften Bedingungen.«

Lettner verschränkte die Arme. Seine schräge Nasenspitze zuckte. »Berlin sendet nur noch chiffrierte Funkmeldungen, seit die Verbindungen über Sibirien unterbrochen sind. Sie wissen noch nicht alles, meine Herren. Der Gouverneur lässt von den deutschen Niederlassungen die wehrfähigen Männer in ganz Ostasien aus den Handelsniederlassungen herbeirufen.«

»Reservisten und unausgebildete Freiwillige, das hat uns noch gefehlt.« Westerhoff hob die Hände. »Aber gut, dann bauen wir noch eine sechste und siebte Kompanie auf, die nichts zu tun haben.«

Renau sah die Wut in Lettners braunen Augen flackern, der Kollege war ihm von Anfang an unsympathisch, hochfahrend und besserwisserisch vorgekommen. Nur weil er ein Jahr in Deutsch-Südwest in Windhuk gedient hatte, glaubte er, ihnen in allen Dingen voraus zu sein. »Soldatisch sein heißt für einen Offizier, Ruhe zu bewahren. Meine Herren, ich schlage vor, wir begeben uns jetzt zum Gouvernement. Die neue Lage erfordert eine Lagebesprechung, die er, wie ich unseren Gouverneur kenne, sicher jeden Moment anordnen wird.«

Westerhoff grinste mit zusammengedrückten Lippen unglücklich wie ein Lausbub, dem eine Angel ins Wasser gefallen war. Er sah Lettner an und streckte die flache Hand zur Tür des Arztzimmers. »Oder haben Sie einen Gegenvorschlag zu machen, werter Kollege?«

Lettner ließ die Arme fahren, wandte sich auf dem Absatz um und stürmte zur Tür hinaus, die er hinter sich offen stehen ließ.

Kapitel 2

Tsingtau, Bismarckkaserne – 6. August 1914

Im Hof der Kaserne waren alle Kompanien angetreten, die Offiziere standen vor ihren Einheiten. Sogar sein Marineoberstabsarzt Renau mit all den anderen Ärzten waren aus dem Lazarett gekommen und hatten sich vor ihren Sanitätszug gestellt. Claas stand in der vierten Reihe neben Hössling. So viele Mann waren angetreten, dass der Platz kaum reichte.

Aller Augen richteten sich auf den Fahnenmast, wo nach dem großen Fahnenzeremoniell die Reichskriegsflagge aufgezogen wurde. Sein Zug stand kaum zwanzig Schritt entfernt. Die linke obere Ecke der Fahne war vom Schwarz-Weiß-Rot des Reiches ausgefüllt und mit dem Eisernen Kreuz versehen. Claas vertrieb sich sonst gern die Zeit beim Antreten damit, dass er Sachen oder Menschen beobachtete, aber heute spitzte er die Ohren. Seit fünf Tagen im Kriegszustand sollte es endlich Befehle geben.

»Der Bataillonskommandeur persönlich«, raunte es von vorn.

»Von Liliencron kommt sonst nur beim Abschied des Kontingents«, flüsterte einer.

»Still!«, knarzte der Unteroffizier Werdinger von der Seite.

Claas konnte nur einen Blick auf den Kopf des Kommandeurs erhaschen, der vor den Fahnenmast lief, womit er genau in der Mitte des Hofes stand. Claas schloss die Augen, damit ihn die Schweißperlen auf den ausrasierten Nacken der Kameraden nicht ablenkten.

»Drittes Seebataillon … Stillgestanden!«, rief der Kommandeur über den Platz. Seine Stimme war so klar und dunkel, dass ihn selbst der letzte Mann hörte. »Vom Oberbefehlshaber der Marine, Seiner Majestät Kaiser Wilhelm dem Zweiten, ergeht folgender Aufruf.« Nur die Reichskriegsfahne flatterte über ihren Köpfen, so still wurde es im Hof.

»An das deutsche Heer und die deutsche Marine. Nach dreiundvierzigjähriger Friedenszeit rufe ich die deutsche wehrfähige Mannschaft zu den Waffen. Unsere heiligen Güter, das Vaterland, den eigenen Herd gilt es gegen ruchlosen Überfall zu schützen. Feinde ringsum! Das ist das Kennzeichen der Lage. Ein schwerer Kampf, große Opfer stehen uns bevor. Ich vertraue, dass der alte kriegerische Geist noch in dem deutschen Volke lebt, jener gewaltige kriegerische Geist, der den Feind, wo er ihn findet, angreift, koste es, was es wolle, der von jeher die Furcht und der Schrecken unserer Feinde gewesen ist. Ich vertraue auf Euch, Ihr deutschen Soldaten! In jedem von Euch lebt der heiße, durch nichts zu bezwingende Wille zum Siege. Jeder von Euch weiß, wenn es sein muss, wie ein Held zu sterben. Gedenkt unserer großen ruhmreichen Vergangenheit! Gedenkt, dass Ihr Deutsche seid! Gott helfe uns!«

Die Stimme des Kommandeur war verstummt. Claas öffnete die Augen. Keiner der Kameraden rührte sich.

»Hoch lebe der Kaiser!«, rief die dunkle Stimme des Bataillonskommandeurs vom Flaggenmast her.

»Hoch lebe der Kaiser!« Claas schrie mit, der Kies unter seinen Füßen bebte unter der gewaltigen Stimmkraft der vielen Hundert Männer.

»Mit Tagesbefehl wird Tsingtau zur Festung erklärt. Die Werke des Verteidigungsrings auf den Forts werden von der Artillerie aufgerüstet, ebenso die Schiffe. Ab sofort gilt die Reichskriegsordnung.«

Sie wussten alle, was das hieß. Von nun an waren sie rund um die Uhr im Dienst, Ruhezeiten wurden extra befohlen.

»Bataillon, rührt euch.«

»Von wegen genaue Befehle«, sagte Hössling und drängte sich zwischen zwei Kameraden zu ihm vor. »Jetzt schicken sie uns erst mal auf die Stube.«

»Glaubst du, dass wir hier mehr zu tun kriegen als bei einem großen Manöver? Der Unteroffizier Stabinger von der Artillerie hat gesagt, weißt, da rödeln wir die ganzen Vorwerke auf und die Bastionen, damit alle sehen, dass wir was tun. Aber die Engländer müssten schon aus Hongkong mit ein paar großen Schiffen herauffahren, und die Russen gar von Wladiwostok an ganz Japan vorbei, und wozu?« Mencke kratzte sich am Hals.

»Der Felbert vom Hafenschutz hat nur gesagt, wenn die Engländer Tsingtau irgendwie stört, brauchen sie nur einen Dampfer vor der Buchteinfahrt zu versenken und a Ruh is'.« Voglrieder biss mal wieder in ein Stück Brot, das er in seiner Uniform versteckt hatte. Dessen Hunger war unstillbar, so dick er auch war.

Sie liefen zur vierten Stube. Claas setzte sich auf sein Bett und lehnte sich an eine der Stahlstangen.

Hössling turnte nicht hinauf, wie sonst, wo er jede freie Minute faulenzte. »Die holen uns eh gleich wieder raus.«

Beaumont kam herüber. »Habt ihr schon gehört?«

Claas beugte sich herum und sah zur Tür, die anderen drehten die Köpfe auf den Betten. Beaumont galt als wandelnde Zeitung, Claas mochte seinen weichen Elsässer Tonfall.

»Butter bei die Fische.« Mencke setzte den Stiefel auf die Stuhlkante vorn am Fenster und richtete einen Senkel.

»Die Kanonenboote *Iltis*, *Luchs* und *Tiger* bleiben nicht im Dienst, sondern rüsten ab. Die ganzen Geschütze, die Munition und die Mannschaften gehen auf den Lloyddampfer, die *Prinz Eitel Friedrich,* über, die als Hilfskreuzer ausgerüstet wird.«

Claas legte den Kopf an die Stange. So würde sein Harms also nicht auf einem kleinen Boot Kanonenfutter für die Briten spielen müssen, wie er befürchtet hatte. Der war bestimmt kein Angsthase, aber seit dem Kriegsausbruch muffelte er nur noch herum, dass kein Mensch wüsste, wann sie ins Reich zurückkehren würden. Aber selbst die Offiziere, die mit Renau Kaffee tranken, glaubten höchstens an einen Krieg bis zum nächsten Frühjahr.

Mencke stellte den Stiefel vom Stuhl herunter. »Beaumont, wenn du so grinst, dann weißt du noch was. Aber nicht für einen Käsch, wie sonst. Im Krieg schachert man nicht mit den Kameraden.«

Beaumont hob den Zeigefinger, seine kleinen Augen blinkten. »Die *Emden* hat den russischen Dampfer *Reysan* aufgebracht und nach Tsingtau gezwungen, der wird auch zum Hilfskreuzer umgebaut. Die Kameraden von der *Cormoran* müssen rüber. Die fluchen alle jetzt schon, weil sie das Schiff erst mal komplett schrubben müssen. Aber auslaufen sollen sie schon heute Abend.« Er klopfte noch an die Türfüllung, dann lief er zur nächsten Stube.

»Und wir hocken im Lazarett und sortieren Mullbinden«, seufzte Hössling.

»Die Infanterie aus Peking und Tientsin haben sie gestern raus vor die Stadt nach Syfang geschickt, wo sie Streife laufen zwischen den Vorwerken, die die Artillerie gerade aufrüstet.«

»Da drunten formieren sie grade eine Pferdereihe. Die Munitionswarte packen die Wagen voll.« Mencke schützte die Augen gegen die Sonne. »Jetzt sitzen die Jungens rund um die Stadt auf den Bastionen, die müssen raus zu den Pässen im Lauschan. Und ein paar davon rüber über die Bucht nach Kap Jäschke, sonst hätten sie nicht die Zelte dabei.«

»Bei den Öltanks von Standard Oil der Amerikaner sollen auch schon Einheiten aus der Iltis-Kaserne aufgezogen sein. Als ob der Chinese von Land kommt und bang-bang macht. Die haben doch schon Schiss, wenn die Eisenbahn mit der Pfeife zischt.« Hössling lachte nur.

Claas legte sich nach hinten auf sein Bett. »Renau hat gesagt, wir werden auch Feldstationen vorbereiten.«

»Hä?« Mencke nahm die Hand vom Fenstergriff. »Was ist das denn?«

»Wieder nicht aufgepasst beim Vortrag, das wird den Herrn Marineoberstabsarzt nicht freuen«, stichelte Hössling.

»Klappe, komm schon, Claas.« Mencke zog sich den Stuhl unter den Hintern.

Claas blieb liegen und schielte über seinen Bauch zu den Kameraden. »Renau sagt, dass hinter den Linien im Kampf für die Verwundeten Sammelpunkte für Ersthilfe vorgesehen werden. Im Lazarett ist ja alles vorbereitet.«

»Scheiße auch.« Er saß auf dem Stuhl wie auf dem Lokus. »Dann müssten wir ja doch raus an die Front.« Mencke betrachtete seine Stiefelspitzen, die er nach innen eingedreht hatte.

»Na, keine Angst, Kamerad. Vorderste Front ist das nicht.« Hössling klopfte ihm auf die Schulter. »Außerdem: Kein Feind, keine Front.«

»Stabinger kommt!«, zischte es von draußen.

»Sanitätszug, antreten!« Claas hörte ihn schon brüllen. Sie

sprangen dreimal so schnell wie sonst vor die Tür in den Flur und machten Linie, vom großen Mencke bis runter zum kleinen Beaumont.

»Marschgepäck fertig machen. Wir üben Verwundete bergen auf dem Iltis-Platz.«

Keiner muckste, und doch war sich Claas sicher, dass alle das Gleiche dachten. Das hieß Stunden in der Sonnenglut im Dreck herumrobben, und danach Stunden in den Waschräumen die Ausrüstung säubern.

»Abtreten!«

Kapitel 3

Tsingtau, Villa Sun Pau Tschi – 16. August 1914

Das Schlafzimmer war in schwaches Licht getaucht, nur eine kleine Lampe erhellte gerade das Bett, auf dem ihr Vater ruhte. Chou-Li hatte die Fensterläden den ganzen Tag nicht öffnen lassen, damit das Zimmer sich nicht so aufheizte. Jetzt hatte sie einen Fensterflügel des kleinen Fensters an der Stirnseite geöffnet, Vater mochte das Rauschen des Meeres, vielleicht schenkte es ihm einen ruhigen Schlaf. In den letzten Tagen schienen seine Schmerzen stärker zu sein, sodass sie ihm etwas mehr von dem Schlafpulver verabreichte.

Chou-Li sah auf Heinrich hinunter, der bei ihrem Vater am Bett saß und den Puls zählte. Seit den Kriegsvorbereitungen der Deutschen konnten sie beide kaum etwas planen. Ihr Liebesbote, sein Bursche Pei, war mit der ganzen Familie aus der Stadt verschwunden. Die deutsche Frau, in deren Haus Heinrich wohnte, stand plötzlich ohne Dienstboten da. Chou-Li war froh, dass ihre Leute treu waren. Dennoch hatte sie den alten Diener angewiesen, dass er Vorräte anlegte.

»War dein Vater heute bei Bewusstsein?«, fragte Heinrich.

»In den letzten Tagen ist er nur vormittags ein paar Stunden wach. Manchmal spricht er sogar klar und fragt nach meinem Bruder und Nachrichten aus Peking oder nach unseren Gütern.« Chou-Li strich mit den Fingerkuppen über die eingefallenen Wangen ihres Vaters. Je schwächer er wurde, desto mehr spürte sie, wie sehr sie ihn liebte, wie sehr er ihr Halt und Weisung im Leben gegeben hatte. »Am Nachmittag ist er verwirrt, lallt manchmal. Seit Neuestem singt er alte Lieder.« Sie sah zu Heinrich hin, der die Hand ihres Vaters sanft ablegte. »Eher summt er Bruchstücke davon.«

»Erkennt er dich dann?« Heinrich kramte in seiner Ledertasche, in der er die Medizin brachte.

»Ja, ich glaube schon.«

»Was heißt das?«, fragte er.

»Ich sehe es an seinen Augen.«

»Aha.« Er schlug die Decke über den Leib zurück. Dann stand er auf und sortierte auf dem kleinen Beistelltisch zwischen den Fenstern Packungen, die Chou-Li an der Farbe wiedererkannte. Das Schmerzmittel und das Schlafmittel. Der Vorrat wuchs zu einem großen Berg an.

»Warum bringst du so viel auf einmal?«

Er hielt inne, bevor er die letzte blau bedruckte Packung obenauf legte. »Damit es reicht.« Er klappte die Ledertasche zu.

Chou-Li zog ihn am Arm herum und drängte sich vor seine Brust. »Wofür reicht? Warum siehst du mich nicht an?« Ein flüchtiger Kuss war alles, was er ihr geschenkt hatte. Nun fasste er sogar ihre Hände am Gürtel hinter seinem Rücken, wie ein Mann, dem eine Konkubine lästig ist. »Warum bist du so abweisend?« Sein Bart stand als Schatten auf seiner Wange. Sie tastete danach, er ließ es geschehen, was sie mehr erleichterte, als sie sich eingestehen mochte. »Du bist nicht rasiert?«

»Ich bin fast nur in der Kaserne, ich … ich komme nicht dazu.« Er zog sie an sich, streichelte ihren Nacken. »Die militärische Lage hat sich grundlegend geändert.«

Da fühlte sie seine Lippen an ihren, er presste sie an sich, umfing sie mit einer Leidenschaft, die ihr den Atem raubte. »Nicht vor Vater, bitte …«, hauchte sie. Doch dessen schlafende Miene war ruhig, seine Lider unbewegt. Den Kopf hatte er längst zur Meerseite hin gedreht.

Chou-Li nahm das Licht vom Nachttisch und Heinrich bei der Hand. Sie zog ihn nach nebenan, in das weiß gekalkte Ankleidezimmer, wo sie die frische Bettwäsche hatte aufstapeln lassen. Die Diener hatten den großen Tisch zum Falten der Wäsche heute erst leer geräumt. Nur fünf Lacktruhen mit den Amtskleidern ihres Vaters standen an der Längsseite. Seit Monaten schon hatte er die aufwendigen Seidenkleider nicht mehr getragen.

»Glaube mir, ich würde nichts lieber tun, als die Nacht mit dir zu verbringen, Chou-Li.« Er streichelte ihr Gesicht, die andere Hand wanderte zu ihrem Gesäß, er drückte sie an seinen Unterleib. »Du fehlst mir sehr, glaube mir.«

»Ich zweifele doch nicht an dir. Du bist Soldat, und dein Land wurde angegriffen.« Chou-Li gab nach und umfasste seine Hüften.

»Ihr müsst die Stadt verlassen. Es geht nicht anders«, presste er hervor.

Sie zuckte so heftig, dass ihr linker Fuß verkrampfte. Doch

der Unmutslaut, mit dem sie ihre verborgenen Ängste verriet, erstarb. Wasser stand in seinen Augen.

Er blinzelte gegen eine unmännliche Träne an. »Ihr müsst euch in Sicherheit bringen. Ich darf es dir eigentlich nicht sagen, aber schon vor ein paar Tagen haben wir einen geheimen Funkspruch von der deutschen Botschaft in Japan aufgefangen.« Er griff in seine Jacke. »Morgen wird es sowieso publik, weil es der Tenno auch an die chinesischen Zeitungen geben wird. Lies. Sie berufen sich auf einen britsch-japanischen Bündnisvertrag. Lies das.«

Er gab ihr ein Papier.

Die kaiserliche japanische Regierung hält es aufrichtig für ihre Pflicht, der Kaiserlich Deutschen Regierung den Rat zu geben, folgende beiden Vorschläge auszuführen: 1. Sofort alle deutschen Kriegsschiffe und Hilfskreuzer aus den japanischen und chinesischen Gewässern zurückzuziehen und sofort die Schiffe, die nicht zurückgezogen werden können, abzurüsten. 2. Bis zum 15. September bedingungslos und ohne Entschädigung das gesamte Pachtgebiet Kiautschou den Kaiserlich Japanischen Behörden auszuliefern, die es gegebenenfalls China zurückgeben werden.

»Was für eine Frechheit, wenn jemandem das Pachtgebiet gehört, dann China!« Sie las weiter.

Die Kaiserlich Japanische Regierung teilt gleichzeitig mit, dass, wenn sie die Antwort der Kaiserlich Deutschen Regierung, in der die bedingungslose Annahme des Rates der Kaiserlich Japanischen Regierung ausgesprochen ist, bis zum Mittag des 23. August 1914 nicht erhält, sie sich zu den Schritten gezwungen sieht, die sie angesichts der Lage für notwendig erachtet.

Chou-Li ließ das Papier sinken. Heinrichs Blick ruhte dunkel und voller Sorge auf ihr. »Auf solch ein Ultimatum kann unser Kaiser in Berlin nicht einmal antworten. Die Japaner wollen den Krieg um Tsingtau.« Er nahm ihr die Abschrift aus der Hand und faltete sie wieder zusammen. »Seit zwei Stunden wissen wir es gewiss. Eine Blockadeflotte ist von den japanischen Inseln unterwegs.«

Chou-Li betrachtete die goldenen Knöpfe der Uniform. »Das kann nur heißen, dass die Briten sie angestachelt haben, Tsingtau zu pflücken wie eine reife Frucht.« Sie begriff mit einem Mal, wie wertvoll der Händler-Spion Kapahnke den Briten gewesen sein musste, der die Geheimnisse der deutschen Offiziere gegen ein bisschen Opium eingetauscht hatte.

»Wahrscheinlich. Wir haben gut viertausend Mann unter Waffen, mit ungeeigneten Waffen, wohlgemerkt. Mit den Geschützen der Seeschiffe können wir von den Landbastionen kaum etwas ausrichten. Die Munition passt nicht zueinander. Auf See schießt man anders als an Land.«

»Aber wenn ihr eine Belagerung nicht gewinnen könnt, verhandelt gleich. Oder gebt das Pachtgebiet an China zurück für eine Garantie, dass euer Hab und Gut euer bleibt. Bringt eure Waffen in die Provinzhauptstadt viele Stunden von der Küste weg, erklärt die Hafenstadt Tsingtau für, die Europäer haben doch so ein schönes Wort … neutral.«

Er fasste ihre Hände. »Meine Chou-Li, ein chinesischer Feldherr würde das vielleicht tun können, aber wir können unmöglich vor solch einer Erpressung zurückweichen, wenn wir nicht jede Ehre verlieren wollen. Unsere Kameraden kämpfen bereits schwere Schlachten gegen die Franzosen im Elsass. Blut fließt.«

Chou-Li wusste nicht, von welcher fernen Provinz Heinrich sprach. »Die Japaner hassen uns Chinesen wie ein Schüler, der seinen Meister für Schwäche verachtet. Alles haben sie von uns, die Schrift, den Tee, die Kaiserhöfe, einfach alles. Und nun spielen sie sich als neue Herren auf.« Sie versuchte zu begreifen. »Diesen Vorrat an Medizin, den hast du für Wochen berechnet, nicht wahr?«

»Wenn ihn dein Vater überhaupt noch braucht. Es steht schlecht um ihn. Versucht, zu deiner Tante und zu deinem Bruder nach Peking zu entkommen, solange die *Schantungbahn* noch fährt.«

Wenn diese Nachricht vom japanischen Ultimatum bei den Prinzen des alten Kaiserhauses, den Freunden ihres Vaters, erst bekannt war, würden sie alle die Stadt verlassen. Die Japaner würden die alten Würdenträger noch schlechter behandeln als die neuen Machthaber in Peking. Bevor man vom eigenen Hab und Gut gejagt wurde, reiste man mit den Möbeln und Büchern ab. »Vater würde die Fahrt nicht überleben, das weißt du.« Aber sie würde von den Freunden so viel an Schmuck und Hausrat auf chinesisches Gebiet bringen lassen, wie sie den Leuten zumuten konnte. Eine Kiste durfte ihr keiner abschlagen.

»Die Japaner werden die Stadt beschießen, ganz gewiss. Wir kennen die Rüstung ihrer Flotte. Euer Haus steht seeseitig, es kann getroffen werden.«

Sie zweifelte nicht an seinen Worten. »Du bleibst treu bei deinem Heerführer, obwohl du weißt, dass ihr so schlecht gerüstet seid, dass ihr bereits verloren habt.« Sie tauchte mit ihrem Blick in seinen. »Wie kannst du von mir verlangen, dass ich meinem Vater durch eine Flucht das Leben nehme und damit auch seinen Segen verliere? Ich bleibe als treue Tochter bei meinem Vater, solange er mich braucht. Vor den Japanern habe ich keine Angst. Wer sind sie schon? Ihr ganzes Wissen ist nichts, sie äffen uns und euch nur nach.«

Eine tiefe Falte bildete sich auf seiner Stirn. »An Mut hat es dir nie gefehlt, ich weiß.«

»Dir auch nicht. Ich werde in Tsingtau bleiben.« Ihre Finger strichen seine Stirnfalten auseinander. »Und bei dir.«

Er sah zum aufgestapelten Bettzeug hin. »Ich weiß nicht, wann ich wiederkommen kann. Gegen eine Seeblockade können wir kaum etwas unternehmen, als uns in der Stadt zwischen den Vorbergen und dem Hafen einzuigeln. Falls die Japaner uns nicht auch von der Landseite ganz einschließen.«

»Sie werden das tun. Sie setzen euch ein Ultimatum in mehreren Wochen, weil sie eine Belagerung planen.« Chou-Li öffnete die goldenen Knöpfe und fuhr über seinen heißen Leib.

»Chou-Li, ich müsste schon längst …« Doch streifte er sich die Uniformjacke von den Schultern.

»… immer bei mir bleiben«, flüsterte Chou-Li in sein Ohr und löste den Gürtel ihres Hausmantels. Sie barg ihren Kopf an seinem Schlüsselbein und strich ihm langsam über den Bauch. Er stöhnte auf, schwang sie herum und hob sie über den Tisch, dann legte er sie sanft ab und war schon auf den Knien über ihr, warf sich auf sie. Sein Gewicht, seine Kraft drang in sie ein, riss sie mit in den Strudel des seligen Vergessens.

Kapitel 4

Tsingtau, Haus der Berliner Mission – 21. August 1914

Leontine stand im Schatten des Ostflügels. Als sie mit ihrer Tochter in Tsingtau Ende Juli im Haupthaus der Berliner Mission angekommen war, hatte sie den Blick mit Freude in die unendliche Weite übers Meer gerichtet, das mal grau, mal blau sich zum Horizont erstreckte, oder wie jetzt gegen Mittag in der Sommersonne weiß die Augen blendete. Ein einfacher Sommerbesuch hätte es werden sollen. Und dann hatte sie der Kriegsausbruch überrollt.

Leontine sah dunkle Striche im großen Bogen vor dem Horizont verteilt, fast schien es ihr, ein Maler habe die Grenze zwischen Wasser und Himmel für sie ferne Betrachterin bezeichnen wollen. Jeder davon war ein japanisches Schiff. Die Blockadeflotte draußen im Meer zählte auf mehr als dreißig Kreuzer und Kanonenboote. »Sie liegen vor Anker.«

Pfarrer Noll nahm die Aufsteckbrille von der dünnen Nase. »Werte Frau Makrat, das nun bestimmt nicht, nach drei Seemeilen ist das Meer viel zu tief für einen Anker. Sie bleiben da draußen außer Reichweite unserer Artillerie.« Er zeigte hinüber zum Signalberg, wo seit Tagen Pferdekolonnen der Infanterie Munitionswagen hinaufzogen.

»Vom Kriegshandwerk verstehe ich nichts.« Es war nicht Gottes Wille, dass seine Geschöpfe einander Übles taten.

»Ich habe Ihre Koffer auf den kleinen Wagen rechts hinten auf die Ladefläche gelegt.« Pfarrer Noll wandte sich schon um und rief zum Haupteingang hin: »Nein, nein, nein. Nicht die kleinen Kisten … Erst die großen Kisten hinten auf die Achse, dann das Kleinzeug drüber. Wir haben nur drei Wagen.« Aus der Mission schleppten je zwei Missionsschwestern eine Seekiste nach der anderen. Beim letzten Frühstück hatte sich Leontine über die vielen Kisten auf den Flurfliesen noch verwundert, dass dreißig Missionsschwestern so viele private Dinge besaßen, bis ihr über dem Malventee die Banknachbarin im Speisesaal verraten hatte, dass sie darin das Archiv und die Lehrmittel der Mission wegbrachten. Wenn schon die Offiziere davon ausgingen, dass die Stadt nicht zu halten sein würde …

Ihre Tochter Friederike quengelte und machte ein paar ungelenke Schrittchen in der Auffahrt. Sie war froh, dass sie genug Essen für ihr Kind dabeihatte. Aber Friederike war in der Obhut der Schwestern ruhig gewesen, wie die ganze Reise über. Ob sie die vernünftige Seite ihrer Mutter und Großmutter geerbt hatte, mancher? Charakterzug zeigte sich ja schon sehr früh.

»Das geht nicht alles auf die Wagen!«, rief eine Missionsschwester.

»Ihr müsst besser stauen!«, hörte Leontine die Stimme des Pfarrers vor dem Pferdefuhrwerk. Die Tiere schüttelten von Zeit zu Zeit die Fliegen von den Ohren.

»Wo sollen wir denn sitzen?«, rief eine Grauhaarige, die gerade auf der Schwelle des Hauses eine Kiste absetzte und sich das Kreuz rieb.

»Gar nicht!« Schwester Margarethe trug ein Schreibbrett auf dem linken Arm und strich etwas auf einem Papier ab.

Nach dem Frühstück hatte Leontine Friederike versorgt und gewindelt. Schwester Margarethe war sie im Gang vor den Waschräumen begegnet. Sie hatte sich sogar Zeit genommen, ihr Kind betrachtet, obwohl sie vom Gouvernement den Auftrag hatte, alle Krankenschwestern der Stadt von den Missions- und zivilen Krankenhäusern einzusammeln. Mit ihnen sollte Schwester Margarethe auf dem Evakuierungsdampfer die medizinische Versorgung der Tsingtauer Frauen sicherstellen.

Sie winkte die Schwestern zum ersten Wagen. »Das waren die letzten Kisten. Wer es sich zutraut, kann oben auf der Ladefläche stehen, falls es noch Platz gibt.« Sie steckte das Schreibbrett in ihre Umhängetasche.

Der Pfarrer klappte die Ladeflächen zu. Vor dem Missionshaus standen die verbliebenen drei Diener, die andern waren bei den ersten Kriegsgerüchten geflohen, wie Leontine erzählt worden war. Daneben wartete Missionar Tengmann aus der Gegend von Wuhan, der Friedbert eigentlich hatte besuchen wollen, weil sie sich vom Seminar kannten. Der stämmige Mann mit der sanften Stimme hatte das Gesangbuch in der Hand wie bei der Messe. Er sollte zum Landsturm eingezogen werden, weil er noch kein Pfarrer war, doch Noll hatte eine Freistellung beim Gouvernement erwirkt.

Leontine seufzte und nahm ihre Tochter auf den Arm. Wenn sie doch nur Nachricht von Friedbert und der Gemeinde hätte. Aber der Bahntelegraf funktionierte seit dem Ultimatum nicht mehr.

»Wollen Sie mit dem Kind nicht lieber fahren?«, fragte Schwester Margarethe. Sie legte den Kopf leicht schräg, die Enden der weißen Haube flatterten im Sommerwind.

»Der Weg zum Hafen führt ja bergab. Wer weiß, wann wir wieder spazieren gehen können.«

»Es wird auf dem requirierten Dampfer *Paklat* leider eng. Wenn wirklich alle Frauen Tsingtaus am Kai auf uns warten, werden wir sogar hoffnungslos überbelegt sein.« Die Schwester zog ihre Mundwinkel weiter nach unten. »Winken wir noch einmal. Wer weiß, ob wir je hierher zurückkehren.«

Leontine grüßte zur weißen Fassade des Haupthauses. Und sah doch ihr Dorf in den Bergen vor sich, die weißen Wände der Kapelle am Haus. Friedbert würde die Gemeinde niemals aufgeben, die er unter solch großen Mühen aufgebaut hatte, selbst wenn Tsingtau und das Haupthaus verloren gingen und kein deutscher Schutz von dort mehr zu erwarten war. Das hatte er mehr als einmal gesagt.

Schwester Margarethe drehte sich abrupt um. »Nun, Sentimentalität ist keine gute Richtschnur, weder im Lazarett noch im Krieg. Der Gouverneur wird sich etwas dabei gedacht haben, wenn er alle Frauen und Kinder aus der Stadt in die deutsche Niederlassung nach Tientsin und Peking schaffen lässt.«

Vielleicht konnte sie Friedbert von Tientsin aus eine Nachricht mit einem chinesischen Boten schicken. »Wenn uns die Japaner überhaupt durchlassen.«

»Das werden sie, Frau Makrat. Ihr Ultimatum an unseren Kaiser läuft noch bis Mitte September. Kommen Sie. Ist das Töchterchen nicht zu schwer für den langen Weg?«

»Friederike isst zwar fleißig, aber noch ist sie recht leicht.«

Die Schwester ging voraus, die Pferdefuhrwerke zogen an, die Räder kreisten durch den Kies aus der Umfriedung hinaus auf die Straße. Oben hielten sich die Missionsschwestern, die doch lieber fuhren, an den Kistenbergen fest, wie weißgraue Vögelchen auf glatten Steinen.

Die weiße Stadt lag unter ihnen ausgebreitet im schönsten Sommerlicht. Sogar Blütenduft zog aus den Villengärten den Hang herauf. Aber schon an der Kuppe stimmte das vertraute Bild nicht mehr. Auf den Hügeln ringsum an den Bastionen werkelten Soldaten im Infanteriebraun wie Ameisen, selbst vor den feinen Häusern standen Fuhrwerke, die übermannshoch bepackt waren. »Wir Frauen dürfen gehen, und die Männer rüsten sich.«

Schwester Margarethe seufzte. »Ich habe beim Boxeraufstand blutige Kämpfe erlebt. Schlächtereien. Glauben Sie mir, es ist besser so. Ohne starken Glauben verzweifelt man an Gott.« Ihr Ton ließ keinen Zweifel, dass sie über einen solchen Glauben verfügte.

»Sie haben recht.«

Die Straße beschrieb eine Kurve. Leontine sah das Kreuz der Christus-Kirche auf dem Hügel leuchten. Wie gerne hätte sie mit Friedbert wieder einmal einen friedlichen Gottesdienst in einer richtig großen Kirche besucht.

In der Friedrichstraße erschreckten Leontine die vernagelten Schaufenster, die jeden dritten Laden verbarrikadierten. Vor den Geschäften standen weder Schilder noch Waren wie sonst. Ein Trupp Matrosen zog an der übernächsten Kreuzung Richtung Hafen, hinter ihnen rollte schweres Gerät aus der Europäerstadt.

»Seit der Krieg ausgebrochen ist, sind die Ausländer fast alle weg. Der Kaufmann Vespershagen, da drüben der Fuhrbetriebsverleih«, Schwester Margarethe deutete über die Straße auf eines der dreigeschossigen Geschäftshäuser, »hat erzählt, dass sein Wagenmeister, ein Japaner, kaum dass das Ultimatum bekannt geworden war, noch im Ölzeug aus der Werkstatt gelaufen ist. Der hatte wohl Angst vor Internierung.«

Leontine war froh, dass Friederike so freudig umherguckte. Kleine Kinder hatten diese Fähigkeit noch, sich ganz und gar mit sich zu beschäftigen, wenn sie satt und zufrieden waren. Die kleinen Seelen belasteten noch nicht die Sorgen ums Fortkommen.

»Ich hätte nie gedacht, dass dieser Mann uns so enttäuschen würde.« Leontine blickte am Eckhaus der Bremer zur Friedrichstraße hinauf zum Erker. Dort hatte der Kaufmann Kapahnke sie einmal empfangen. »Er war ein solcher Gönner der Mission.« Auf der Hauswand im Putz prangte noch *Kapahnke Maschinenhandel & Co.* »Er hat uns sogar den Lastwagen geschickt für die Lieferung der Borten. Friedbert und ich haben gar nicht glauben können, dass er sein Geschäft von heute auf morgen verlassen hat.«

Die Schwester warf nur einen kurzen Blick auf die Fenster, die bis zur halben Höhe milchig geschliffen waren. »Da ging es Ihnen wie ganz Tsingtau. Sehen Sie die aufgeklebte Papierbanderole?«

Leontine las *Liquidation*.

»Erst haben die Damen der Gesellschaft bei den Wohltätigkeitsempfängen getuschelt, der Kaufmann sei Opfer einer Amour fou.«

Sie hatte nur die Mittelschule besuchen können. »Ich verstehe kein Französisch.«

»Dass er zu sehr Wachs in den Händen dieser russischen Gräfin gewesen sei.« Schwester Margarethe lachte. »Man glaubt gar nicht, wie solche privaten Dinge die Leute beschäftigen, die nichts zu tun haben. Erst war die Gräfin voriges Jahr von einem Tag auf den anderen aus Tsingtau verschwunden. Dann war sie überraschend wieder auf den Bällen zu sehen und schwärmte allen von den Revuetheatern in Schanghai vor. Dort sollen die beiden jetzt auch sein. Jemand will sie in einem Hotel im internationalen Konzessionsgebiet gesehen haben.« Die Schwester blieb stehen und stemmte die Hände in die Seiten. »Diese Gesellschaftsdamen. Dabei steht es dort doch in amtlichen Lettern. Es muss in seinem Geschäft Unregelmäßigkeiten gegeben haben, sonst hätte das Finanzamt der Stadt nicht die Warenbestände verkauft.«

Leontine sah durch die Fenster, dass sogar die Kontoreinrichtung abtransportiert worden war. »Große Güte und moralische Schwäche liegen oft beieinander.« Leontine dachte an ihren Diener Tschang, der sich bei dem verwerflichen Schmuggel nichts gedacht hatte. Tagelang hatte er in der Kapelle geschlafen, war vom Altar nicht wegzubringen, bis ihm Friedbert verziehen und wieder eingestellt hatte.

»Gehen wir lieber die Hamburger Straße durch zum Hafen.«

An der Straßenecke hing ein Anschlag auf einem weißen Holzbrett. Leontine blieb stehen, weil sie die offizielle Schrift erkannte. Die obere Ecke war über den Anfang der Verlautbarung gefallen.

… niemals werden wir freiwillig auch nur das kleinste Stück Erde hergeben, über dem die hehre Reichskriegsflagge weht! Von dieser Stätte, die wir mit Liebe und Sorgfalt seit siebzehn Jahren zu einem kleinen Deutschland über See auszugestalten bemüht waren, wollen wir nicht weichen! Will der Gegner Tsingtau haben, so mag er kommen, es sich zu holen! Er wird uns auf unserem Posten finden!

Jemand war mit einem Gegenstand gegen das Plakat gestoßen und hatte das Papier verdrückt.

… Ich weiß, dass die Besatzung von Tsingtau fest entschlossen ist, treu ihrem Fahneneid und eingedenk des Waffenruhms der Väter, den Platz bis zum Äußersten zu halten. Jeder in zähem Widerstande errungene neue Tag kann die unberechenbarsten, günstigsten Folgen haben. Zu stolzer Freude gereicht es uns, dass nunmehr auch wir für Kaiser und Reich fechten dürfen, dass wir nicht dazu verurteilt sind, tatenlos beiseite zu stehen, während unsere Brüder in der Heimat in schweren Kämpfen liegen.

»Das ist der Befehl des Gouverneurs zum Widerstand bis zum Äußersten, wie es Seine Allerhöchste Majestät befohlen haben.«

Leontine hörte den Spott der Krankenschwester, die auf den Kaiser nichts gab. »Weiß man, wie schlimm es in Europa steht?« Leontine wollte sich nicht vorstellen, in welchem Felde ihre Brüder und Cousins gerade marschierten.

»Es gibt keine Zeitungen mehr, nur noch Gerüchte. Das Telegrafenkabel im Meer ist für die Marinebelange reserviert. Ich habe nur gehört, dass nun auch die Engländer und Franzosen mit uns im Krieg liegen.«

»Dann wird das Reich ja von allen Seiten angegriffen.«

»Das Reich wiederum schlägt nach allen Seiten zurück.« Schwester Margarethe blickte zu Friederike. »Manchmal deucht mir, die Männer sollten wissen, wie schwer es ist, einen Säugling ins Leben zu bringen und am Leben zu halten.«

Leontine zog sie an ihrer Tracht zu einer Hauswand. Ein motorisierter Wagen rollte an ihnen vorbei. Darin saßen vornehme Chinesen. Staub wirbelte auf. Das Heck war mit Kisten bepackt.

»Niemand nimmt mehr Rücksicht«, schimpfte die Schwester.

Eine Rikscha fuhr eine Frau zum Hafen. Leontine erkannte Frau Gmelin und schaute schnell zur Seite, sie wollte kein Gejammer hören. »Ich hätte so gern dem Marineoberstabsarzt Renau noch einmal sein Patenkind gezeigt. Aber das war leider nicht möglich.« Immer wieder hatte sie die Wache vertröstet.

»Er ist ein guter Arzt, möge er wenig zu tun bekommen, wenn die Japaner erst die Stadt beschießen.« Die Schwester zeigte auf den einzigen offenen Laden der Straße, vor dem ein Kaufmann mit grüner Schürze stand und die bepackten chinesischen Wagen betrachtete, die immer mehr die Straße verstopften. »Es gibt kaum noch frisches Gemüse und Milch. Fleisch wird es noch ein paar Wochen geben, weil der Schlachthof noch eine Herde Rinder vor dem Kriegsausbruch geliefert bekommen hat. Seien wir froh, dass wir das Ihrem Kind ersparen können.«

»Ich hätte in den Bergen bleiben sollen.« Aber nachdem Kapahnke als Abnehmer der Bortenbinderei ausgefallen war, brauchten sie neue Kunden. Sie hatten bis zum Sommer mit seinen trockenen Wegen gewartet. Als Pfarrer Noll sie im Juli eingeladen hatte, doch ihr Töchterchen in Tsingtau zu zeigen, hatte sie bei der Gelegenheit nach einem neuen Großhändler in der Stadt suchen wollen. Doch nun war der Krieg in Europa ausgebrochen, niemand dort würde sich in Kriegszeiten um Borten für Damen- und Herrenhüte bekümmern. »Wäre ich nur bei Friedbert geblieben.«

»Mit etwas Glück, sobald sicher ist, dass China neutral bleibt, wird man Sie aus der deutschen Niederlassung in Tientsin zu Ihrem Mann in der Missionsstation reisen lassen. Glauben Sie mir, die Herren Diplomaten dort werden froh sein um jede Frau, die sie nicht verpflegen und trösten müssen.«

Ein Pfiff gellte vom kleinen Hafen her. »Sind wir zu spät?«

»Iwo. Das ist ein Zug. Die *Schantungbahn* fährt noch. Niemand weiß, wie lange. Die Amerikaner haben sogar einen Sonderzug kommen lassen und alle, die bei Standard Oil arbeiten, aus der Stadt gebracht.«

In den Querstraßen liefen ganze chinesische Familien zwischen den Häusern und den Wagen hin und her, Kinder, sogar Frauen, die sonst in den Häusern verborgen lebten, trugen, banden, stemmten ihren Hausrat auf die Karren.

Leontine hatte hier noch Anfang August mit den chinesischen Händlern gesprochen, die zwar viel schlechtere Preise geboten hatten, aber wenigstens die Borten aus dem Dorf ankaufen wollten. Und dann hatte das Ultimatum der Japaner alles zunichtegemacht. Vielleicht würde Friedbert später in der

Provinzhauptstadt Tsinanfu einen Händler finden, dort redete keiner mit einer Frau.

Von der Höhe der Straße konnten sie noch über den Bahndamm schauen. Im kleinen Hafen lagen nur niedrige Boote und drei Dschunken.

Leontine spürte Friederikes weiche Wange an ihrem Ohr. »Sie schläft, als ob nichts wäre.«

»Das ist ein gutes Zeichen. Säuglinge spüren noch den Willen Gottes.« Schwester Margarethe fasst sie plötzlich an der Hand. »Auf dem Dampfer gehen Sie am besten mit dem Kind gleich in den Teesalon. Ich werde dort alle Kleinen zusammenführen. Das ist der bequemste und ruhigste Raum.«

Drüben am Kai zwei lagen graue Kriegsschiffe, die die Marine offensichtlich abgerüstet hatte. Große Löcher klafften auf den Decks. Leontine sah kein einziges Schießrohr. An Kai eins stand die *Paklat* schon unter Dampf.

»Was für ein Gezwitscher!«, murmelte Schwester Margarethe, die mit ihr durch die Gruppen von Frauen in langen Sommerkleidern ging. Die wenigen, die noch chinesisches Personal hatten, beaufsichtigten die Männer mit den Zöpfen, die ihre Koffer von den Karren luden. Die vielen anderen bugsierten ihr Hab und Gut selber von den Wagen.

An der Passerelle standen die Damen der Gesellschaft, die Kaufmannsgattinnen und Ingenieursfrauen, gut erkennbar an den Sonnenschirmen und den weißen Schleifen, die sie ihren Töchtern in die Haare gebunden hatten.

»Denen helfen natürlich ihre Ehemänner, die man zu Hilfspolizisten gemacht hat.« Schwester Margarethe schüttelte den Kopf. »Die Offiziersfrauen haben gestern Abend schon an Bord gehen dürfen und haben die Kabinen der ersten Klasse unter sich aufgeteilt.« Schwester Margarethe beugte sich weit in den Rücken und hielt ihre weiße Haube mit der Linken fest. »Dort oben, die zweite Reihe Balkone. Da stehen sie und schauen hinüber zu den Geschützen in den Bergen, wo ihre Männer die Artillerie eingraben.«

Leontine wäre auch froh gewesen, sie hätte Friedbert von hier aus sehen können. Sie konnte nur darauf vertrauen, dass mit den vielen Chinesen, die aus der Stadt flohen, die Kunde vom Krieg und der Blockadeflotte auch bis in ihr abgelegenes Tal drang.

An der Heckseite des Schiffes gab es eine weitere Passerelle. »Die Missionsschwestern haben alles aufs Schiff gebracht, ich sehe dort Schwester Helgard.« Sie winkte hinüber.

Auf dem Kai drängelten sich Kinder. Zwei Jungen warfen einander einen grünen Ball zu. Drei Mädchen hielten sich an den Händen und balancierten auf dem Gleis der Güterbahn. Hier roch die Luft nicht mehr nach Meer, sondern nach brackigem Hafenwasser.

»Vorsicht!« Jemand zog sie fest an der Schulter zurück. Leontine drehte sich um. Die einfache Frau mit dem frischen Gesicht und der etwas unreinen Haut wischte sich über die Stirn. »Geben S' Obacht auf den Hotelwagen, der ist breiter, als man denkt, gell!«

»Danke!«, sagte Leontine. Die Frau raffte drei Tragenetze zusammen und ging zur Passerelle hinüber. Sie konnte gut und gern eine der begehrten deutschen Köchinnen sein.

Der Landauer hatte sie von Schwester Margarethe getrennt, deren weiße Haube sie hinter dem breiten Wagen aufscheinen sah. Im Wagen presste sich eine Frau grüne Handschuhe vors Gesicht. Ein vornehmer Mann, dessen graues schütteres Haar sein hohes Alter verriet, legte schützend die Hand um ihre

Schulter. »Wir sind da, Frau Kusserow. Sie müssen aussteigen.« Doch sie schüttelte nur heftig die Schultern, der Aufputz ihres Hutes schwankte heftig.

Leontine ging mit Friederike auf dem Arm herum. Die Pferde standen zu nahe an einem Haufen Ballen und Koffern, die Frauen nach und nach vom Kai zum Schiff trugen.

Der alte Herr legte die Zügel auf den schwarzen Holzrand, der um die gepolsterten Ledersitze herumlief. Er öffnete die Tür des Landauers und hakte seinen Arm unter die Dame in Grün. »Kommen Sie.«

Die üppige Frau schüttelte ihn ab. Der Herr hob die Hände zum blauen Himmel. »So seien Sie doch vernünftig.«

»Wo ich alles verliere?« Sie nahm die grünen Handschuhe vom Gesicht, die in den Flächen schon dunkel von Feuchtigkeit waren. Ihre Augen waren rot verquollen.

Schwester Margarethe öffnete den anderen Ausstieg. Sie erhaschte den einen Arm und zog die Frau einfach mit zwei Händen daran hoch. Der alte Herr schob von hinten nach.

»Vorsicht, der Tritt ist tief!« Leontine wies auf das Holzbrett unter dem Wagen zwischen den Rädern. Das Pferd drehte den braunen Kopf unter dem Geschirr zu ihnen her.

Kaum hatte der Saum des grünen Reisekleides den Kai berührt, sackte die Frau schon in die Knie. »Oh, mein Gott«, der alte Herr mühte sich, dass sie nicht umkippte.

»Bleiben Sie aufrecht!« Schwester Margarethe herrschte sie an wie eine dumme Gans, aber es wirkte. Die Dame hob die üppige Brustweite, Tränen liefen von ihren Wangen. »Frau Kusserow, machen Sie es sich nicht unnötig schwer.«

»Mein Hotel …« Sie presste den Handschuh vor den Mund. »Die Japsen werden mein Hotel zerschießen.« Ihr braunes Haar war unter dem Aufputz ordentlich hochgesteckt.

»Die Dame ist die Besitzerin des Strandhotels. Es liegt genau in der Schusslinie für jedes Schiff, das die Hafenbastion angreift.« Der Herr sah nach seinem grauen Hut im Wagen, ließ ihn aber liegen.

»Gehen Sie weiter!« Schwester Margarethe zog sie unerbittlich weiter zur Passerelle hin.

Die Leute guckten, Frauen warteten mit ihren Koffern.

Ein Hilfspolizist kam herbeigeeilt: »Geht es, Doktor Faber?«

»Es muss, es muss. Ist jemand oben, der sie betreuen kann?«

»Ich gehe auch an Bord.« Schwester Margarethe hatte die Hotelchefin fest untergehakt und das Kinn nach vorn zum Dampfer gereckt.

»Fünfzehn entbehrungsreiche Jahre …« Sie schrie fast, ihre Klagelaute weckten die Aufmerksamkeit aller Umstehenden.

Leontine barg das Köpfchen ihrer Tochter. Sie kannte das Strandhotel von den Spaziergängen an der Promenade. Ein großes, schönes Haus, mit vielen Zimmern, Balkone mit herrlichem Blick aufs Meer. Der alte Arzt und die Schwester schleppten die Frau, die ihr Lebenswerk verlassen musste, mühsam über die steile Passerelle, ja eigentlich schoben sie sie vor sich her.

»Fünfzehn Jahre … Mein Hotel, oh Gott, meine Möbel, mein ganzes Porzellan …« Sie klagte mit der Lautstärke, wie sie wohl sonst die Diener im Saal kommandierte.

Leontine sah den teuren Aufputz in der Meeresbrise flattern, grün leuchtete er im Sonnenlicht. Wer weiß, woher die arme Frau kam, was sie in die ferne Kolonie verschlagen hatte, dass sie als Frau auf dem leeren Strand, der Tsingtau einmal gewesen war, ein Hotel gegründet hatte.

Die Passerelle gab unter dem Gewicht einen metallischen Ton von sich.

Leontine fröstelte in der Sonne. Auch sie und Friedbert hatten Jahre ihres Lebens damit verbracht, bis die kleine Missionsstation endlich ein wenig geblüht hatte. Wussten sie beide, wie lange China die Missionswerke in Ruhe lassen würde, wenn der deutsche Kaiser als Schutzherr keinen Hafen und keine Männer mehr in Schantung stehen hatte? Wie lange konnten sie sich halten, wenn in Tsingtau kein Haupthaus mehr ihre Gemeinde unterstützte?

Die drei verschwanden oben hinter der Reling. Der Aufbau verschluckte fast den Schrei. »Alles, alles umsonst … Herrgott …«

Das Brett schwankte, sie hatte Mühe, dass sie mit Friederike auf dem Arm aufs Schiff kam. Ja, ihre Tage in ihrem Dorf Pang Kia Lan waren längst genauso gezählt. Leontine hielt sich mit der freien Hand an dem glatten Eisen der Passerelle fest.

»Vorsicht!« Jemand stützte ihre Tochter an der Schulter.

Die Frauen in der Schlange hinter ihr, selbst die weiter zurück auf dem Kai, zwitscherten nicht mehr. Eine Schwere war über sie alle gefallen, als ob sie auf einmal begriffen, was der Frau im grünen Kleid das Herz brach: Dass sie den letzten Tag an dem Ort erlebte, den sie mit eigenen Händen und im Schweiße ihres Angesichts zum Blühen gebracht hatte. Selbst wenn sie alle nach Tsingtau zurückkehrten, sie würden ihre schöne weiße Stadt am Meer nicht wiedererkennen, wenn erst die Kanonen ihr Urteil gefällt hatten.

Ein kleiner Laut drang an ihr Ohr. Ein kleines Menschenkind, ihr Kind, freute sich am Leben. *Haltet fest am Glauben.* Mit Gottvertrauen hatten Friedbert und sie schließlich innig zueinandergefunden. Der Herr hatte ihre Liebe mit Friederike belohnt.

Leontine hatte das erste Deck des Evakuierungsdampfers fest im Blick. Besitz und Land, ob als Strandhotel oder als Missionshaus in China, waren goldene Kälber. Wenn es dem Herrn gefiel, würde ihre Christengemeinde auch gedeihen, falls sie und Friedbert ins Reich zurückkehren müssten.

Dort oben würde sie Friederike im Teesalon füttern, wie Schwester Margarethe gesagt hatte. Leontine fasste fest das kühle Geländer mit der rechten Hand und trat schnell auf die Planken des Dampfers über.

Ich bin der Herr, dein Gott. Du sollst keine anderen Götter haben neben mir.

Kapitel 5

Tsingtau – 2. September 1914

Himmelhoch standen die dunkelvioletten Taifunwolken über dem Meer, als sie mit dem Versorgungswagen die Stellungen der Zweiten Kompanie erreichten. Zwei Tage heftigen Regens hatten die Straßen aufgeweicht, schwer drückten die Räder unter dem Gewicht der Speisekübel in den Grund. Claas war froh, dass er ein paar trockene Stunden erwischt hatte.

»Zwischen den Tannen liegt eine Vorhut der Artillerie mit fünf Geschützbatterien, die den Japsen noch Freude machen wird.« Der gedrungene Unteroffizier Katzer streckte den Rücken ganz durch. »Man wird ja ganz steif.«

»Ich hätte gedacht, die Kameraden liegen weiter hinter den

Prinz-Heinrich-Bergen«, sagte Feldenhahn. Er stopfte endlich ein Tuch vor die Schöpfkelle, die schon die ganze Zeit gegen den Stahltrog schlug.

Dabei waren sie nur knapp zehn Kilometer gefahren. Claas hatte sich auf Renaus Karte im Arztzimmer die Stellungslinie angeschaut. Was gut, dass die Stadt auf einer Halbinsel lag. Schnell war ein Viertelkreisbogen vom Großen Hafen an der Buchtseite bis hinüber zur Fou-Schan-So-Bucht auf der Meeresseite durch die Hügel hinauf und hinab um die Stadt gegraben. Die restlichen drei Viertel des Kreisbogens bestanden aus Wasser, dort patrouillierten die Kriegsschiffe. Vier Wochen hatten sie gebraucht für die lange Kette von Gräben, Unterständen, Beobachtungsposten.

»Nu' wer'n wir mal kalfaktern. Runter vom Bock«, rief der Unteroffizier Katzer.

Die Aufgabe war beliebt, weil man mal aus dem Trott rauskam, über Land fuhr und bis zur Ablöse ein paar Stunden freihatte, in denen man sich ordentlich ausruhen konnte. Renau ordnete Sanitätsmatrosen reihum ab, er war da gerecht. Aber tauschen durfte man. Claas hatte Hössling überredet, weil er unbedingt raus zur Zweiten Kompanie wollte, damit er Harms wiedersah.

Sie standen am Rand einer Schonung, die der Tsingtauer Forstbetrieb angelegt hatte. Feldenhahn sprang vom Bock und griff nach den Tornistern mit den Kartoffeln.

»Halt, erst die Suppe, sonst ist sie nachher ganz kalt«, befahl der Unteroffizier.

Claas packte mit an.

»Essen kommt!«, rief eine Befehlsstimme über die Gräben.

»Da, rüber zu dem Feuerchen«, keuchte Feldenhahn.

Zu ihrem Glück hatten die Kameraden einen Tragerost über der Glut aufgebaut. Sie bugsierten den Suppentrog drauf.

Hinter ihnen krochen die Mannschaften aus den Schützengräben. Schaufeln wurden abgestellt und bildeten rasch eine lange Reihe.

»Mahlzeit … Mahlzeit«, Gelächter ertränkte die Rufe, als die Schaufeln und Pickel klirrend durcheinanderfielen.

Katzer öffnete den Deckel und rührte mit der Kelle um. Claas schleppte mit Feldenhahn die Tröge mit Kartoffeln, Schweinebraten und Rotkohl bei.

Harms wartete geduldig irgendwo in der Mitte der Schlange. Claas konnte nicht anders, er lächelte zurück, als er Harms die Augenbrauen zweimal wie ein Zirkusspaßmacher heben sah. Ihr Zeichen.

Einem nach dem anderen füllte Claas den Rotkohl ein, Feldenhahn die Kartoffeln und der Unteroffizier den Braten.

»Bleibt ihr bis zur Ablöse?«, fragte Harms.

»Nein, aber bis nach dem Apfel schon.«

»Trödel nicht, Harms, nicht genug geschippt, wa?« Der Nächste hielt sein Essgeschirr hin. Die Schlange hungriger Matrosen war endlos.

Claas wechselte den Trog. Mit der Zeit hatte er raus, wie voll er die Kelle machen musste, damit das Geschirr genau randvoll wurde. Manche waren still, manche redeten mit ihren Vormännern.

»Da liegen die neuesten Kreuzer im Hafen, und wer holt den ersten Preis des ersten Treffers? Der alte S90, muss man sich mal vorstellen, das alte Ding von Kanonenboot hat den britischen Kennet so beschossen, dass die geflüchtet sind. Die haben nicht einmal kontern können.«

»Nicht nur die Engländer werden sichs merken. Auch die

Japsen haben die Lektion wohl kapiert, sonst würden sie nicht so weit draußen kreuzen …«

»Eine richtige Blockade ist das nicht, denke ich.«

»Die elf Torpedobootzerstörer werden sie bestimmt noch einsetzen.«

»Wenn sie nicht wieder auf Grund laufen«, kicherte einer.

»Kein Rotkohl, da muss ich nur furzen.«

Es dauerte doch länger, als Claas gedacht hatte, bis die gut hundertfünfzig Mann verköstigt waren. Die Suppe war schon leer und vom Rost über dem Feuerchen heruntergestellt. Dort hielten sie den Braten warm.

»Nu esst aber auch, sonst is' nüscht mehr da.« Katzer wies mit der Kelle zur Seite.

Feldenhahn griff zu und füllte sich und Claas das Marschgeschirr.

»Bis gleich.«

Die Mannschaften hatten sich in kleinen Gruppen zu viert, zu fünft an die Gräben gesetzt oder auf niedrige Steine. Ein paar saßen auf den Balken, die später die Stützen in den Gräben wurden, oder auf den Spalierbrettern. Wo steckte er bloß? Da pfiff es.

Harms' Kopf winkte zu einem der Holzstapel, wo er allein saß.

Claas krabbelte zu ihm hoch über die runden Balken und setzte sich neben ihn.

Harms stieß das Knie an seines. »Schön, dich zu sehen.«

»Ich habe mit Hössling getauscht, sonst wäre ich morgen bei der Dritten drüben an der Bucht gewesen.« Claas kaute auf dem Braten, aber fühlte den Blick aus den blauen Augen.

»Schöne Scheiße, dass wir jetzt hier festsitzen, wo wir regulär in drei Wochen nach Hause hätten fahren können.«

»Irgendwo in Russland möchte ich nicht an der Front stehen, wenn wir schon das Vaterland und den Kaiser verteidigen.«

»Ach, vergiss den Kaiser ... Die Herren Von-und-Zus mit Federbusch und Degen sorgen auf dem Feldherrenhügel schon dafür, dass sie ihr feines Leben nicht verlieren.«

»Wenn dich einer hört ...« Harms hatte ihm verraten, dass er die Flugblätter der Pazifisten eingeschmuggelt hatte. »Unser Vaterland ist angegriffen.« Auch wenn es ihm nicht gefiel und er lieber bald einen Beruf lernen mochte.

»Lass uns nicht wieder streiten.« Er drückte das Knie fester an seines und hielt es dort. »Wenigstens hast du deine Sammlung von Chinazeug rechtzeitig ins Reich geschippert.«

Harms hatte ihm im Juni geholfen, die ausgestopften Fische, die alten Eisenkelche zur Deutschen Post zu schaffen – er wusste selbst nicht mehr, was er alles zusammengetragen hatte. »Das müsste mit der Bahnfracht noch über Sibirien durchgekommen sein und jetzt in Alsen zu Hause in meiner Stube stehen.«

»Ohne Krieg würde das Zeug bald in unserer Bude in Altona stehen, die wir uns nun halt später suchen.« Harms pickte ihm eine Kartoffel aus dem Napf.

»He!« Aber so war er, immerzu ärgerte er ihn. »Nach dem Krieg wird man auch noch Laborgehilfen brauchen, ich werde schon was in Hamburg finden.« Renau hatte Claas gesagt, dass die Heilmittelhersteller einen Aufschwung nahmen, weil ständig neue Medikamente erfunden wurden. »Und du wirst bestimmt Automobilchauffeur mit deinem Adlerblick.«

»Aber nur von Lastwagen im Hafen, die feinen Herren fahre ich nicht nach Blankenese.«

»Im Frühjahr spätestens ist Frieden, das sagen alle.« Claas aß schnell das letzte Stück Braten.

Harms streckte die langen Arme über dem Kopf aus. »Glaube ich nicht, dass wir dann schon wieder ins Reich zurückkönnen. Wir verlieren sowieso gegen die Japaner, und dann, wer weiß, vielleicht hängen sie uns alle auf.«

»Quatsch.«

»Kein Quatsch. Sogar deine Marinestabsärzte reden so. Hast du selbst gesagt.«

Die merkten zwar nicht immer, wenn sie als Obermatrosen im Vorzimmer zuhörten. »Aufhängen ist Unsinn. Westerhoff hält viel von den Ärzten in Yokohama, und außerdem respektieren die auch die Genfer Abmachungen. Wir kommen allenfalls in Kriegsgefangenschaft.«

»Schöne Aussichten.«

»Kalfakter, aufräumen«, rief Unteroffizier Katzer von der Feuerstelle herüber.

Harms drehte sich zur Seite und hielt Claas an der Schulter. »Komm bald wieder, ja?«

Claas gab ihm die Hand, mit dem Mittelfinger kitzelte er ihn in der Handfläche. »Es wird schon klappen. Irgendwann bin ich mit der Essensausgabe wieder dran.«

»Zweiter Zug, antreten!«, rief ein Feldwebel.

»Mist.« Harms strich ihm noch schnell über den Rücken und sprang von den Balken. »Pass auf dich auf.«

Claas beeilte sich in die entgegengesetzte Richtung.

Am Wagen räumten Männer die leeren Tröge und Tornister zurück auf die Ladefläche.

»Aufsitzen«, befahl Katzer.

Sie rollten an der Schonung entlang von den Gräben weg. Ein paar Kameraden schippten das Erdreich auf Karren und fuhren es weg. Ein Feldwebel lief vor und zurück und stemmte die Hände in die Seiten. Was er brüllte, konnte Claas nicht mehr hören.

»Habt ihr's schon gehört?« Katzer stieß mit dem Stiefel eine Lücke zwischen die Kartoffeltröge und streckte die Beine aus. »Die Japaner sind gelandet.«

Feldenhahn kniff die Augen zusammen. »Angelandet im Hafen?«

Claas tippte sich an die Stirn. »Da hätten wir aber die Batterien auf den Forts feuern hören.«

»Ein Spähtrupp der Kavallerieaufklärer hat sie entdeckt. Die Japsen sind fünfzig Kilometer von hier in einer kleinen Bucht angelandet. Ein paar Tausend Mann.«

Feldenhahn stand der Mund offen. »Ach, du großer Straßenköter. Was heißt das jetzt?«

»Das heißt, dass wir die Gräben ganz bestimmt nicht umsonst bauen. Die werden nicht nur von See blockieren, sondern auch von Land.«

»Wie bei einer Burg im Mittelalter«, flüsterte Feldenhahn.

Claas verstand auf einmal, warum Renau und die Ärzte schon wieder alles umplanten.

»Nun haben wir erst mal ein paar Stündchen frei. Was macht ihr, Kameraden?« Der Unteroffizier kratzte sich im Schritt und legte den Kopf in den Nacken. »Der Himmel ist ja heute gnädig, der Wind drückt die Taifunwolken hinaus aufs Meer.«

»Wir wollten ins Café Kronprinz«, sagte Claas. »Solange es noch Schwarzwälder Kirschtorte gibt.«

»Fein, ich komme mit.«

Über die aufgeweichte Straße ruckelten sie auf die weißen Villen der Stadt zu.

Wieder pfiff es draußen, als würde ein D-Zug vorm Café vorbeibrausen. Claas lehnte sich zurück in die roten Polster der Sitzbank.

»Jessas, die Kameraden auf dem Iltisberg schießen aus allen Rohren.« Katzer trank die Tasse aus.

Der alte Kaffeehausbesitzer legte die Hand auf das gestärkte Hemd. Die Finger quollen über den goldenen Ehering. »So feste hat die Reichsartillerie noch nicht dem Japaner gezeigt, was eine deutsche Festung ist.« Er fuhr sich über seine Glatze und legte ein paar Münzen auf die Tischdecke. »Einen halben Silberdollar zurück, die Herren.«

Die abgegessenen Kuchenteller und die Kaffeetassen trug er auf dem großen Holztablett zum Küchenbüfett.

Feldenhahn beugte sich um die Pflanzen vor dem Zeitungshalter. »Ich dachte, alle Zivilisten hätte das Gouvernement zum Landsturm eingezogen«, flüsterte er.

»Aber doch nicht die alten Säcke.« Katzer streifte die Münzen mit dem Handrücken von der Decke. »Irgendwer muss ja auch den Betrieb in der Stadt aufrechterhalten. Brauerei, Schlachthof, Stadtbeleuchtung, das kannst du doch nicht den Chinesen überlassen, dann ist gleich die Hälfte abmontiert und hinter der Grenze auf dem Markt.«

»Für Kaiser und Reich!«, rief ihnen der Kaffeehausbesitzer hinterher.

Kaum auf dem Trottoir draußen, gellte es dermaßen laut, dass sie alle sich an die Hauswand drückten und die Ohren zuhielten. Claas schaute zum grauen Himmel auf: nichts.

»Sputen wir uns.« Katzer lief voran.

»Silvester ist nichts dagegen.« Feldenhahn steckte die Hände in die Hosentaschen. »Durch die Irene-Straße ist es kürzer, Unteroffizier!«

»Weiß ich auch, aber ich will mal rüber zum Iltisberg schauen, wohin sie schießen. Ihr geht allein.« Katzer bog vor der Drogerie ab, vor der zwei Männer in weißem Kittel standen und auch den Himmel absuchten.

Diesmal knatterte es, als ob ein Riesenmotor durch die Wolken wühlte. »Was ist das für ein Geschoss?«, fragte Claas.

»Keine Ahnung. Ich habe nur gehört, dass die Feldartillerie oben auf den Landfestungen auch mit Schiffsmunition schießen muss, weil nicht genug kleinere Kaliber vorrätig sind.«

Sie rannten die Irene-Straße hinunter, die Hände auf die Ohren gepresst.

Es sirrte höllisch laut. Ab und an wummerte die Luft so sehr, dass Claas es bis auf die Haut spürte.

»Da stimmt was nicht.« Feldenhahn lief schneller. An der Wache rannten Feldwebel durchs Tor hinein, ein Trupp Pioniere marschierte im Sturmschritt hinterher. »Das sind doch die Kameraden aus der Moltke …«

Claas fühlte Stiche in der Seite, er war noch nie ein guter Läufer gewesen. »Nein, das ist die sechste Kompanie mit den Freiwilligen.« Die waren im Schnelldurchgang in den letzten vier Wochen gedrillt worden. Bis zur Blockade waren mit jedem Schiff Deutsche angekommen.

»Guck dir das an.« Feldenhahn blieb einfach stehen. Claas stieß an seinen Rücken und hielt sich an dessen Oberarm fest.

»Da sind ja alle Scheiben draußen …« Claas streckte die Hand zum obersten Stock der Bismarckkaserne. Im Hof glitzerte es wie Eis im Hafen von Sonderburg, wenn die Drift eine Scholle über die andere geschoben hatte.

»Und drüben bei den Pferdeställen auch, da … da ist ein Treffer, schau. Der zweite Stall ist platt.«

Drüben war das Dach schwarz verkohlt.

Kameraden rannten durch den Kasernenhof.

»Freiwillige für einen Aufklärungstrupp nach Syfang? Freiwillige vor!«, rief ein Feldwebel laut über den Platz.

Ein paar Hände hoben sich, Feldenhahn schüttelte den Kopf, als hätte er Wasser übergekriegt. »Lieber raus an den Strand als in dem Gesplitter hier.« Er hob die Hand und lief rüber zu dem Feldwebel mit dem schwarzen Schnauzer.

Claas stupste einen Melder an, der vor der Wache auf Antwort wartete. »Kamerad, was ist passiert?«

»Wo hast du denn gesteckt?« Der sommersprossige, kleine Dicke machte große Augen. »Die Japaner beschießen die Stadt von der See aus. Hier ist eine Schiffsgranate, oder wie das Ding heißt, in die Gäule gefahren und hat zwei zerrissen, die Druckwelle hat die Scheiben rausgedrückt. In ein paar Stuben hat es Glas geregnet, ich kann dir sagen.«

Dann hatten bestimmt einige was abgekriegt. »Danke.« Claas rannte los, zum Lazarett. Bei den Marineärzten standen die Kameraden schon an.

Hössling zog einen der Stahlrollwagen mit Verbandszeug entlang und gab Mulltupfer aus. »Renau hat schon nach dir gesucht. Er behandelt in Vier-Eins, zuerst sind die stark Blutenden dran.«

Claas rannte weiter. Er klopfte nicht mal. »Obermatrose Claas meldet sich zurück vom Kalfaktern.«

Der Marineoberstabsarzt wand gerade eine Mullbinde um einen nackten Oberarm. Er sah nicht einmal auf. »Wasch dir die Hände und hilf nebenan Wolfhagen, die Wunden zu säubern.« Renau schnitt mit der Schere das Verbandszeug ab.

Claas stürzte zum Wasserhahn und griff zur Seife. Er hätte in der Aufregung nicht daran gedacht, aber seine Hände waren wirklich zu schmutzig. Grauschwarz lief die Brühe ins Becken.

Kapitel 6

Tsingtau, Bismarckkaserne – 28. September 1914

Scheußlicher Sturm und Regen hatten bis zum 25. September geherrscht, was den japanischen Vormarsch durch den Norden der Halbinsel Schantung erheblich gebremst hatte. Die Regierung der Republik China rührte sich nicht. Warum in aller Welt der Gouverneur am 13. den Leuchtturm hatte sprengen lassen … Renau begriff die militärische Strategie nicht, aber vielleicht gab es keine. Tsingtau schien von Tag zu Tag mehr verlassen und in trügerischer Ruhe versunken. Nachts, wenn er es einmal wagen konnte, zu Chou-Li aufzubrechen, war kein Licht mehr zu sehen: Verdunklung war befohlen.

Renau hasste den muffigen Geruch des Kellers, in den der Generaloberarzt das Lazarett verlegt hatte, seit unter den Granateinschlägen die Fensterscheiben zerborsten waren. »Vier Armbrüche hatte ich heute. Ich möchte nur wissen, wer den Pionieren das Graben beigebracht hat.« Seit drei Wochen versorgten sie nun schon hier unten die Soldaten. Mit Mühe und Not hatte Renau durchgesetzt, dass alle Wände neu geweißelt wurden. Hygiene war noch immer ein Fremdwort in den Köpfen vieler Feldwebel.

Westerhoff sortierte eine Kiste mit Medikamenten, die Marineapotheke war sicherheitshalber auch in einen Kellerraum gebracht worden, allerdings nicht bei ihnen. Die üblichen Sachen hatte der Oberapotheker *en gros* ausgegeben, bis er seinen Laden wieder in der Reihe hatte. »Die Artilleristen sind besser ausgebildet. Die Verbrennungen, die von den heiß laufenden Geschützen herrühren, halten sich in Grenzen.« Er warf ein Päckchen auf einen Stapel. »Jodlösung können wir genug ansetzen. Wundbrand kriegt bei uns keiner, wenn wir Granatsplitter operieren müssen.«

Renau zog einen Strich unter die Tagesstatistik. »Wann rechnest du damit?«

»Bald. Die Japaner haben die Stadt ja nicht allzu sehr beschossen. Und seit heute Mittag ist Ruhe. Nicht einmal die japanischen Aeroplane kreisen wie sonst über Tsingtau. Und weißt du auch, warum?«

»Du wirst es mir gleich sagen.« Renau lächelte schwach.

Westerhoff legte Dosen mit Salbengrundlage zur Seite, setzte sich und tippte auf den Schreibtisch mit dem Zeigefinger. »Vorhin kam die Meldung, du warst noch bei der Hygieneschulung. Seit 13 Uhr 42 ist Tsingtau auch auf der Landseite von den Japanern komplett eingeschlossen. Aus ist's mit dem Postverkehr nach China. Sie lassen keine Chinesen mehr aus der Stadt oder hinein. Die Japaner besetzen eine Linie auf deutschem Gebiet von der großen Kiautschou-Bucht um die Stadt herum bis zur felsigen Kaiserstuhl-Bucht.« Er lehnte sich zurück. »Das heißt, in drei Wochen ist es aus mit Fleisch und Milch, wenn die Ställe im Schlachthof leer sind. Die Eier können wir in zwei Tagen vergessen und frisches Gemüse nächste Woche.«

»Die Nahrungsmittelvorräte reichen bis Dezember, jedenfalls länger als unsere Munition.«

»Du sagst es.«

Draußen rumpelte es dumpf. Westerhoff legte die Hände auf die Knie und drückte sich hoch. »Was ist denn jetzt schon wieder?«

Es klopfte.

»Herein«, rief Renau. Dieses muffige Gelass galt nun als seine Amtsstube.

»Obermatrose Claas, melde Leutnant Ahlefeldt mit Wache und Gefangenem.«

Renau wechselte einen Blick mit Westerhoff, der die Brust in amtlicher Haltung durchdrückte.

Ahlefeldt trug die Abzeichen der Feldjäger, der Gouverneur hatte die Militärpolizei verstärkt. Der breitschultrige Leutnant war ein Schrank von Mann, sein hellbrauner Bart war dünn. Er hatte mit seinen großen Händen einen schmalen Kuli in grauﬂeckigem Kattunanzug an den Schultern gepackt und zwang ihn langsam auf die Knie. Der Kopf des Mannes baumelte, als wären dessen Halsstränge durchtrennt. »Den haben wir rechtzeitig aufgegriffen.«

»Warum bringen Sie den Chinesen hierher?«, fragte Renau.

Ahlefeldt griff grob in den Haarschopf und zerrte ihn in den Nacken. »Weil es ein Japaner ist!«

Sie sahen sich an. Renau hatte sich zwar in den Jahren an die asiatischen Gesichtszüge gewöhnt und sah sehr wohl die individuellen Unterschiede. Aber bei diesem jungen Mann, der blass und dünn war wie viele Kulis ... »Woher wissen Sie das?«

»Ein Hafenarbeiter, der die Munitionskarren zu den Schiffskais schafft, hat sich die Belohnung verdient, die der Gouverneur ausgesetzt hat.« Der Leutnant gab dem Japaner einen Schlag auf den Hinterkopf, dass der vornüberkippte. »Das ist ein dreckiger Spion.«

»Desto besser, dass Sie ihn geschnappt haben. Aber warum sitzt er nicht in der Zelle, drüben im Trakt vier?«

»Deshalb«, Leutnant Ahlefeldt entnahm seiner Jacke etwas, das der kräftige Mann wie ein rohes Ei langsam auf dem Schreibtisch abstellte. »Die Ampulle haben wir bei ihm gefunden. Der Dreckskerl hat sich in Tapautau auf der Straße erkundigt, wo denn das Wasserwerk zu finden sei. Er ist dem Hafenarbeiter wegen seines seltsamen Akzents aufgefallen. Der schlaue Chinese hat ihn mit sich gelockt, ihn dann überrumpelt und wie einen Hund an einem Molenring festgebunden, bis wir kamen.«

Renau starrte auf die lange Glasphiole, die eine grünliche Flüssigkeit enthielt.

Westerhoff ging davor in die Knie. »Japanisches Glas, bestimmt. In solchen hat uns Kitasato aus Yokohama das Pestserum geschickt.«

Er hatte recht. Renau betrachtete den Spion.

»Wir müssen unbedingt wissen, was der uns ins Trinkwasser schütten sollte.« Ahlefeldt riss den Japaner mit seinen Pranken wieder hoch. »Selbst unter Prügel wird der uns das nicht verraten, selbst wenn wir Japanisch könnten.« Er blickte herüber. »Ist er gefährlich … Ich meine, muss ich jetzt seine und meine Kleidung verbrennen?«

Wenigstens mal einer, der sich die Hygienevorgaben im Seuchenfall gemerkt hatte. Renau beugte sich über die Phiole. »Nein, gründlich waschen reicht. Das Glas ist völlig intakt. Die Japaner haben schon aufgepasst, dass das Zeug nicht vor der Zeit auslaufen kann.«

»Gehen wir ins Labor«, sagte Westerhoff. Er legte ein Mulltuch in eine flache Holzkiste und schob die Phiole vorsichtig hinein.

»Warten Sie!« Der Leutnant wollte mit seinem Gefangenen hinausstürmen. »Sorgen Sie dafür, dass das Wasserwerk unbedingt bewacht wird. Wir wissen nicht, ob sie nur einen losgeschickt haben.«

»Jawohl, Herr Marineoberstabsarzt. Hilfstruppen zum Wachdienst haben wir ja genug.« Draußen war er.

Renau rief Claas zu, der im Vorraum wartete. »Heize den Sterilisator auf, setzte einen großen Kessel Wasser auf und hole von Uhlenhorst die aseptische Tinktur. Er soll nicht lange fragen, es ist äußerst dringend.«

Sein Obermatrose lief in die andere Richtung los.

Das Labor hatten sie wegen der Wasserleitungen und geeigneten Abflüsse im ehemaligen Plättraum der Wäscherei eingerichtet. Hier rochen sogar die Wände noch frisch nach Soda und Wäschestärke.

»Wir werden die Phiole aufbrechen müssen.« Westerhoff richtete schon das Mikroskop ein. »Ich schlage vor, wir holen einen Tropfen mit einer Stahlnadel auf die Glasplättchen und legen das unter.«

Renau ging zum weiß lackierten Schrank, in dem sie die Hilfsmittel untergebracht hatten. In den Fächern lagen die Kittel und Schürzen.

»Hier, binde das um.« Er hängte seine Uniformjacke an den Haken und legte die Schürze an.

Claas stand in der Tür. »Wasser ist aufgesetzt, der Sterilisator heizt auf.«

»Gut.« Renau holte ein Stahlbecken aus einem Unterschrank.

Westerhoff band sich den Kittel hinter dem Genick fest zu. »Claas, bleibe vor der Tür stehen. Wir können jetzt keine Störung brauchen.«

»Jawohl, Herr Marineoberstabsarzt.«

Renau stellte zwei Stühle vor den Mikroskoptisch. Daneben richtete er das Stahlbecken. »Wo stellen wir die offene Phiole ab?« Er zog sich die Handschuhe über.

»Richtig.« Westerhoff wandte sich dem Schrank zu, stellte sich auf Zehenspitzen und suchte die oberen Fächer mit dem Blick ab. »Dieser Umzug lässt mich noch einmal wahnsinnig werden. Wir hatten doch die … Hier!« Er angelte ein Holzgestell herunter. »Prüfe, ob es passt. Aber Obacht, das Glas ist dünn.«

Renau steckte die Phiole in die Reagenzglashalterung. »Hält!«

»Aber nicht die Nase drüber halten, vielleicht ist die Lösung flüchtig.« Westerhoff nahm den Glasschneider und eine Stahlnadel aus der Schublade. »Wollen wir doch mal sehen, ob guter Kruppstahl nicht zu einem glatten Schnitt taugt.« Er setzte an, schloss die Augen, dann zog er die Hand schnell weit zurück, sie schwang hinter seinem Rücken aus.

Der obere Zipfel der Phiole klackte in das Stahlbecken. Langsam senkte Renau die Stahlnadel bis zur Oberfläche der grünlich gelben Flüssigkeit. »Umrühren?«

»Nein, das Zeug ist homogen.«

Renau hielt das Glasplättchen unter die Spitze, ein zäher Tropfen glitt wie Schleim vom Metall, er stellte die Nadel zurück in die Phiole.

Vorsichtig drehte er sich langsam zum Mikroskop um, platzierte es darunter. »Lampe an!«

Westerhoff drehte am Lichtschalter.

Renau erkannte die rötlichen, linsenförmigen Erreger sofort, die vielen Geißelhärchen ließen keinen Zweifel. »Um Gottes willen, was für eine schändliche Absicht!« Noch einen Seuchenkampf stünde die Kolonie jetzt nicht durch. Er hob den Kopf vom Okular. »Sag mir, was siehst du?«

Westerhoff beugte sich im Stehen über das Mikroskop. Einen Augenblick lang schienen seine kurzen Locken wie eingefroren. »Typhus!«

»Wie im Lehrbuch. Die Erregerkonzentration ist enorm hoch.«

Westerhoffs Kiefer mahlten. »Diese verdammten Japaner gedenken, uns mit feigen Mitteln zu einer ehrlosen Übergabe zu zwingen. Vernichten wir das Zeug.«

Gegen die Erreger half nur Feuer. Renau kniete vor dem kleinen gusseisernen Öfchen in der Ecke. Er schürte auf und legte Kohlen aus der Kiste daneben nach. »Wie gut, dass wir gegen den Taifunregen schon geheizt haben.«

»Das Becken kommt in den Sterilisator, das Holzgestell verbrennen wir mit. Auf die Nadel kommt es auch nicht an.«

Renau schürte nach, die Kohlen zerfielen. »Die Glut reicht, die Flüssigkeit wird die Kohle nicht löschen.«

»Schließ sofort die Klappe, dass uns kein infektiöser Dampf erwischt.«

Die Temperaturen waren hoch genug. Renau sah in die orange Glut hinein. Westerhoff trug die geöffnete Phiole heran, griff mit der Kohlenzange das Holzgestell und warf alles in den kleinen Schlund des Öfchens auf die Glut. »Und zu!«

Sie gingen lieber auf Abstand, sie hörten das Glas platzen. »Die Asche vergraben wir tief. Sicher ist sicher.«

Renau merkte erst jetzt, wie sehr er geschwitzt hatte. Er wusch sich die Hände gründlich am Becken. »Ich mache jetzt Meldung beim Planungsstab. Der Gouverneur sollte mit weiteren Anschlägen dieser Art rechnen.«

Westerhoff nahm die Seife, er stieß den Atem heftig aus. »Offen Mann gegen Mann ist eine europäische Tugend. In Asien zählt nur das Ergebnis der Schlacht, nicht der Weg dahin.«

Das Glas im Ofen knackte wieder. Renau war auf einmal bewusst, dass es auch in Europa Jahrhunderte gedauert hatte, bis so etwas wie das Rote Kreuz auf dem Schlachtfeld erschienen war. Und erst die Seeschlacht vor sieben Jahren zwischen Russland und Japan vor Tsushima hatte dazu geführt, dass im Haag die Genfer Konvention von 1864 überarbeitet worden war. Es sah nicht danach aus, dass sich die Japaner an die neue Fassung halten wollten.

Kapitel 7

Tsingtau, Strandhotel – 13. Oktober 1914

Sie kochen uns ab wie Hummer im Topf!« Westerhoff knöpfte das Hemd noch weiter auf. »Die Japsen sitzen jetzt in aller Ruhe draußen in ihren Sandlöchern und belagern uns mit dieser beschissenen asiatischen Geduld.«

»Dafür haben wir die deutsche Adlerruhe.« Renau sah zu Westerhoff herunter, dessen Nase und Unterlider ziemlich gerötet waren. »Und hocken wie ein Aar im Horst.«

»Und drum herum die kleinen gelben Jungens mit den Steinschleudern, pah!« Westerhoff schielte quer durch den Salon zum Tresen, wo ein flinker Matrose als Hilfskellner Dienst tat.

Seit das Strandhotel für die Offiziere des Ostasiatischen Marinedetachements requiriert worden war, verwandelte sich der Teesalon jeden Abend zu einer Läster- und Lasterhöhle. Kaum waren die Frauen außer Sicht abgereist, verrohten die Sitten. Um die Hauptsäule des Salons herum lief ein Rundpolster, wo er seine Uniformjacke auf den Haufen warf. Er konnte wenigstens manchmal noch zu Chou-Li, auch wenn es immer schwieriger wurde.

»Was macht die Scheißerei meiner Artilleristen?« Der Leutnant hatte die Batterie V auf dem Iltisberg beinahe stilllegen müssen, weil in der Kasernenküche verdorbene Konserven ausgegeben worden waren.

Renau winkte mit zwei Fingern ab. »Frag Lestner, der dirigiert die Kohlenschleuder.« So hieß die Presse, mit der die Sanitätsunteroffiziere die Tabletten aus reinen Kohlen pressten.

»Ihr Weißkittel seid doch wie die Federkratzer im Reichsmarineamt. Nie ist einer für was zuständig.« Der Leutnant hob sein Glas. »Prost, Kamerad. Auf dass unsre Ärschlein trocken bleiben.«

»Mann. Renau sitzt doch auf dem Trockenen. He, Bursche. Bring uns mal den Taittinger, das ist ein Champagner, falls du das noch nicht weißt.«

»Jawohl!« Der Matrose vorn am gläsernen Serviertresen flitzte raus.

In den Vitrinen war von Kuchen längst nichts mehr zu sehen, nur die weißen Servierdeckchen lagen noch dort. Renau ließ sich auch ins Polster fallen und legte die Hände zwischen die Knie. »Die Japaner zermürben uns. Die permanente Wacht draußen und ödeste Routine im Innendienst, die wissen, wie das geht.« Sie hatten noch nicht viel zu tun, wenn nicht mal gerade eine falsche Konserve einem Koch in die Soße fiel oder ein paar Artilleristen Brandfinger an den leeren Patronenhülsen bekamen.

»Unsere Vorfahren wussten auch, wie man eine Burg einnimmt. Umzingeln, aushungern, stürmen. Das ist keine große Kriegskunst.« Westerhoff saß neben ihm, er rieb sich die Hände. »Die Kusserow wird es uns verzeihen, dass wir ihr den Keller leeren.«

Uhlenhorst und Fredersen hatten die Beine ausgestreckt und die Stiefel auf dem nächstbesten Sessel abgelegt. Drei leere Flaschen Bier standen auf dem runden Tisch zwischen ihnen. »Besser, wir saufen den Keller leer als die Japaner.«

Infanterieoberst Steinmeier kam mit einer Trompete hereinstolziert und intonierte den Preußens-Gloria-Marsch.

Von allen Stühlen sprangen die Offiziere auf. »Gut, der Mann!«

Der Matrose ging hinter der Säule vorbei und stellte ihnen zwei Gläser und die feucht angelaufene Flasche Champagner auf den Tisch.

»Kameraden, lasst uns singen«, rief der Oberst.

Westerhoff tat so, als ob er nicht hörte, und öffnete mit einem Griff die Flasche. Renau war von der geradezu elegant beiläufigen Drehung der beiden Hände, die linke am Hals, die rechte am Korken der Flasche, überrascht.

Fredersen stimmte an: »Was ist des Deutschen Vaterland? Ist's Preußenland? Ist's Schwabenland?« Sein angenehmer Bass trug bis in den letzten Winkel. Er ging zur Mitte und hob den Zeigefinger wie ein Conférencier im Cabaret. »Ist's, wo am Rhein die Rebe blüht? Ist's, wo am Belt die Möwe zieht? O nein, nein, nein! Sein Vaterland muss größer sein!«

Westerhoff goss ein. Renau griff zu. »Prost, Kamerad.« Sie deuteten in der Luft das Anstoßen an. So langsam gewöhnte er sich an den süß frischen Geschmack, Renau hätte nicht gedacht, dass er noch einmal Freund von Schaumwein würde. Aber wenn man erst mal ein paar Flaschen geleert hatte, lernte wohl der Gaumen seine Freuden.

Der Infanterieoberst verspielte sich ein bisschen, dann traf er die Melodie. Immer mehr Kehlen stimmten von Strophe zu Strophe ein. Auch wenn Renau wusste, dass es mit dem Gold in seiner Kehl nicht weit her war, fiel er mit ein, der Champagner löste die Zunge. Westerhoff holte auch Luft. »Das ist des Deutschen Vaterland, wo Zorn vertilgt den welschen Tand, wo jeder Franzmann heißet Feind, wo jeder Deutsche heißet Freund. Das soll es sein, das soll es sein! Das ganze Deutschland soll es sein! O Gott vom Himmel, sieh darein und gib uns rechten deutschen Mut, dass wir es lieben treu und gut! Das soll es sein, das soll es sein! Das ganze Deutschland soll es sein!«

»Darauf ein paar Flaschen!«, rief einer und zog zum Tresen, wo der junge Matrose Gläser aufstellte und grüne Sektflaschen aufreihte.

Renau wurde es heiß. Er lockerte sich den Kragen und streckte die Füße unter das Polster. Papier raschelte. Er bückte sich danach. Er überflog die Zeilen.

Zuerst über 40, schließlich etwa 10 Kilometer mit schwachen Kräften beobachtend, sichernd und verteidigend sind die Außendetachements erst vor dem Andrang übermächtiger feindlicher Kräfte auf die innerste Verteidigungslinie in vollster Ordnung zurückgegangen. Erfolgreiche Angriffsstöße sind bei jeder sich bietenden Gelegenheit mit Mut und Entschlossenheit durchgeführt worden. Es ist gelungen, dem Feinde im Vorgelände einen nicht vorauszusehenden starken Aufenthalt und erhebliche Verluste zu verursachen. Für diese besonderen Leistungen spreche ich allen Beteiligten meinen wärmsten Dank und besondere Anerkennung aus. Den schönsten Lohn aber wird ein jeder in dem Gefühl treu erfüllter Soldatenpflicht finden!

Westerhoff goss ihnen nach. »Was liest du da?«

»Den Tagesbefehl von vorvorgestern.« Der Gouverneur hatte einige Namen von ihm ausgezeichneter Offiziere und Mannschaften daruntergesetzt.

»Es ist fast immer der gleiche Text, letzte Woche, gestern und morgen auch«, winkte Schreyer hinter ihnen ab.

»Es tut sich ja nichts an der Front, was soll er auch schreiben.« Renau trank weiter. »Außer dass gestern der Landsturm mit Schießübungen geschult wurde und dass morgen ein Unterhändlertreffen stattfinden wird auf Befehl des japanischen Kaisers, damit der amerikanische Konsul und zwei Frauen noch aus der Stadt kommen?«

Fredersen sang hinter ihnen, Renau hatte keine Lust, sich zu drehen. Dessen tragenden Bass hörte er auch so: »Geb ich dir Zunder, kleiner gelber Mann, biste dran, biste dran, dann hilft dir kein Tempelwunder, biste dran, biste dran, dann wirste sehen, was dann geschah mit deiner schönen Geisha-sha, wirste sehen, was dann geschah, mit deiner süßen Geisha-sha.«

»Man merkt, dass er sich in Schanghai rumgetrieben hat.« Schreyer verzog den einen Mundwinkel.

»Singt man das dort in den Theatern?« Renau stellte sein Glas ab und schaute auf die erhitzten Köpfe. Die Kameraden hielten sich schon aneinander fest, nicht nur am Tresen.

»Eher in den Puffs.« Schreyer prustete und stellte auch sein Glas vor sich ab.

Westerhoff schaute auf den Tisch neben die Flasche. Je länger er blickte, desto mehr erfror sein Lächeln.

»Was ist?«, fragte Renau. Hinter ihnen trötete die Trompete eine Melodie eines Schlagers.

»Ich … ich habe an meine beiden denken müssen. Es überkommt mich immer wieder. Seit … seit der Blockadering geschlossen ist, habe ich keine Nachricht mehr von ihr und meinem Sohn«, flüsterte Westerhoff.

»Wo sind die beiden jetzt?«

»Immer noch hinter der Grenze in Ling-Schan-Wie in dem Haus, das ich gekauft habe.« Westerhoffs Stimme klang rau. »Ich habe so viel Geld hinübergeschafft, wie ich nur konnte. Aber wer weiß schon, auf welche Ideen die Japaner noch kommen, wenn sie erst Tsingtau eingenommen haben. Vielleicht rollen sie dann auch das Umland auf.«

Mit sechzigtausend Soldaten konnten die Japaner allemal etwas unternehmen. Die Chinesen respektierten die entmilitarisierte Fünfzig-Kilometer-Zone um Tsingtau nach wie vor, dort stand kein einziger chinesischer Soldat. Und wenn, könnten die Truppen der Republik kaum etwas gegen die Invasionsarmee ausrichten. Renau brummte Zustimmung.

Westerhoff sah zur Decke. »Es macht mich verrückt, dass ich, so wie die strategische Lage nun mal ist, wohl in japanische Kriegsgefangenschaft gehen werde, wie wir alle, wenn wir nicht den Heldentod sterben. Und dann sitze ich wer-weiß-wie-lange auf der anderen Seite des Meeres und kann ihnen nicht helfen.«

Renau hatte diesen Gedanken bisher nicht zugelassen. Aber jetzt hatte Westerhoff ihn ausgesprochen. Und jetzt nützte es Renau auch nichts mehr, dass Chou-Li innerhalb des Festungsrings mit ihm, wenn auch selten, die gestundete Zeit verbrachte. Wenn Tsingtau fiel, musste er Westerhoffs Schicksal teilen. Und Chou-Li? Renaus Blick verfing sich am nassen grünen Flaschenbauch vor ihm auf dem Tisch. Die Japaner würden einer vornehmen Chinesin nichts antun, nein, das nicht. Sie würden sie abreisen lassen, wenn ihr Bruder sie nicht bei der ersten Gelegenheit herausholte. Renau fühlte etwas, das sich wie ein Schneiden eines stumpfen Messers anfühlte, tief in seinem Bauch brannte dieser stechende, scharfe Schmerz, der von seinem lebendigen Fleisch eingehüllt blieb, damit es keiner sah. Er würde sie verlieren, weil er mit den Kameraden untergehen musste, den Eid hatte er geschworen. Auf die Fahne, auf den Kaiser …

Auf dem grünen Glas der Champagnerflasche verdichtete sich der Niederschlag, die winzigen feuchten Punkte verbanden sich, verschwammen zu einem Tropfen, der langsam nach unten rann.

Er wollte sie nicht verlieren. Nicht Chou-Li.

»Kameraden, was ist das für ein trüber Haufen hier?« Uhlenhorst hieb ihm auf die Schultern, dass er fast gegen die Tischplatte gefallen wäre. »Und Westerhoff, du hängst da rum wie nach dem großen Exerzierexamen.« Uhlenhorst drehte den Kopf. »Matrose, noch eine Flasche.«

Fredersen sah herüber, ließ den Hals des Leutnants fahren und wankte heran. »Trink, trink, Brüderlein, trink, lass doch die Sorgen zu Haus …«

Die Trompete stieß mit einer Fanfare nach.

»Trink, trink, Brüderlein, trink …«, scholl es aus allen Kehlen.

Uhlenhorst zog dem Matrosen die nächste Champagnerflasche einfach aus den Händen und goss aus dem Stehen den halben Meter hinunter in Renaus Glas. Die Spritzer nässten seine Knie, und Westerhoff erlitt das gleiche Schicksal.

»Prost, Kameraden!«

»Heute ist heut!«, scholl der Refrain im Salon.

Hände zogen ihn hoch, Arme hakten ihn unter, Westerhoff widerstrebte, dann hatte ihn der Leutnant vom Polster weggezogen.

»Trink, trink, Brüderlein, trink, lass doch die Sorgen zu Haus!« Irgendwer hatte sich ans Klavier in der Ecke gesetzt und klimperte die Melodie.

Renau fühlte den messerscharfen Schmerz in seinen Eingeweiden noch immer, war dankbar für die Dämpfung durch den Alkohol, war dankbar für die heitere Champagner-Nachsichtigkeit mit dem Schicksal, die immer stärker in seine Adern drängte, französische Sünde, allemal … Renau gab sich den Schwingungen hin, die immer mehr den Schmerz zum Schweigen brachten, nur für diese Stunden, nur ein wenig Atemholen, bevor er die ganze Last …

»Und jetzt alle!« Uhlenhorst dirigierte und fixierte unter Mühen die Reihe Offiziere mit dem glasigen Blick. »Trink, trink …«

Renau holte Luft.

»Kommt, Brüder, trinket froh mit mir! Seht, wie die Becher schäumen! Bei vollen Gläsern wollen wir ein Stündchen schön verträumen. Das Auge flammt, die Wange glüht, in kühnen Tönen rauscht das Lied: Schon wirkt der Götterwein! Schenkt ein!«

Der Leutnant stieß Westerhoff in die Seite, der ließ den Kopf von Seite zu Seite baumeln, dann hob er das Haupt und sang mit.

»Doch was auch tief im Herzen wacht, das will ich jetzt begrüßen. Dem Liebchen sei dies Glas gebracht, der Einzigen, der Süßen! Das höchste Glück für Menschenbrust, das ist der Liebchen Götterlust. Sie trägt euch himmelan! Stoßt an!«

In den Händen klirrten die Gläser, in den Fäusten die Flaschen. Champagner spritzte die erhitzten Gesichter nass. Das Lachen erscholl kräftig, laut, aber Renaus feines Ohr hörte die Verzweiflung heraus.

Kapitel 8

Tsingtau, Villa Sun Pau Tschi – 29. Oktober 1914

Eine Kiste nach der anderen rutschte knirschend über die Fliesen. Die Diener hatten wohl vergessen, dass sie besser vorher hätten kehren sollen. Sie wunderte sich, dass sie die Steinchen ob des andauernden Beschusses der Stadt hörte. Wieder und wieder surrte es über dem Haus von See her. Seit dem frühen Morgen schossen die japanischen Blockadeschiffe ohne Unterlass.

»Der Abstellraum ist voll. Dürfen wir die anderen Kisten hier stehen lassen, Herrin?« Ihr alter Diener No-Hsen stand noch blasser als sonst unter der schwachen Lampe. Die beiden jüngeren Diener mühten sich mit den Holzkisten hinten im Flur.

Es würde kaum einen Unterschied machen, falls das Haus getroffen würde. Heinrich hatte mit ihr die Räume im Untergeschoss besichtigt und ihr den Abstellraum und den ehemaligen Vorratskeller empfohlen. Dort seien die Mauern dick genug, und das Erdreich des Hanges schütze vor Splittern, falls ein Geschoss das Nachbarhaus träfe.

»Gut. Aber achte auf die Reihenfolge, diese Kisten hier«, Chou-Li wies mit ihrer Hand auf die kleineren Holzkisten, die sie selbst gepackt hatte, »diese Kisten müssen unbedingt zuerst weggeschafft werden.«

Ein ohrenbetäubendes Sirren vor der Kellertür, die zum Hanggarten führte, es schien auf sie zuzurasen. Chou-Li warf sich an die gekalkte Wand. Solange dieser Dauerbeschuss anhielt, würde sie Heinrich nicht mehr sehen. Wenn überhaupt jemals noch. Es war für ihn so schwierig geworden, länger als eine Stunde oder zwei bei ihr vorbeizukommen. Die Kasernen wurden getroffen und die vielen Gräben um die Stadt herum. Chou-Li wusste nur, dass er auf dem Moltke-Berg über dem Hafen eine Notstation für die Verwundeten leitete. Von dieser Seite der Stadt sei es für blutende Soldaten zu weit ins Lazarett, hatte er ihr erklärt.

Chou-Li fühlte die Kälte der Kellerwand durch ihr Seidenkleid. Sie vermisste ihn, und mit jedem Knall, mit jeder Erschütterung des Hauses desto mehr. In seinen Armen hatte sie sich so sicher gefühlt, trotz allem, was sie beide bedrohte.

Sie durfte ihrer Angst nicht nachgeben. Zu viel hatte sie zu erledigen. »Hast du mit Nga-Ba im Hafen etwas ausrichten können?«

»Er versteckt sich dort, wie Ihr befohlen habt. Ich lasse ihm Essen bringen.« No-Hsen legte die runzelige Hand auf seinen schwarzen Mantel.

Der Käfer ist nicht schwächer als der Tiger, die alte Weisheit hatte sie sich zur Richtschnur genommen. Wenn Vater jetzt mitten in der Belagerung starb, dann ... Chou-Li schob den Gedanken beiseite. »Prüfe, für wie viele Kisten Platz sein wird.«

Ein Knall, so laut, dass sie noch tief im Keller einen Augenblick lang wie taub waren. Die Wände zitterten. »Ist das Haus getroffen?«

No-Hsen nahm die runzeligen Hände von den Ohren. »Nein, dann hätten wir kein Licht mehr.«

Sie hob nur den kleinen Finger der linken Hand.

No-Hsen folgte ihr. Er war schon Diener ihres Vaters gewesen, als sie beide noch Knaben waren. Chou-Li hatte manche Unterhaltung der beiden belauscht, draußen in den Gärten oder im Sommer beim Tee in den Landhäusern, wo sie als Kind zwischen den Erwachsenen mit Seidenpuppen gespielt hatte. Die beiden sprachen fast wie Brüder zueinander. No-Hsen, wiewohl sein Lebtag von früh bis spät ohne Rast im Haus beschäftigt, war selten krank gewesen.

Hinter der Biegung des Flurs überholte er sie. Er deutete eine Verneigung an. »Herrin, erlaubt mir eine Bemerkung.« Er hielt sogar den Kopf gesenkt.

»Sprich ohne Furcht.« No-Hsen war klug und umsichtig.

»Auf dem Rückweg aus dem Hafen habe ich in Tapautau den letzten Sterndeuter aufgesucht, der nicht gehen wird, weil sein Haus verschont bleiben wird, wie er sagt.« No-Hsen legte die Hände übereinander auf die Brust. »Letzte Nacht hat er im Fernrohr im Sternbild des Herrn, dem Pferd, einen Kometen beobachtet, der noch im Zeichen verloschen ist.«

Chou-Li presste die Finger an ihren Mund. Vater hatte immer an Kometen geglaubt. Sie konnte nicht sprechen.

»Er wird uns bald verlassen, Herrin.«

Chou-Li wandte sich um und trat schnell bei ihrem Vater ein. Er lag in seinem gelben Schlafmantel auf dem Bett, den einen Arm seltsam verdreht von sich gestreckt. Der Diener Fu war nur wenig jünger als ihr Vater. Er bereitete die Waschung vor und war über einen Holzkübel gebeugt. »Schläft Vater immer noch?«

»Er wacht nur für Minuten auf, Herrin. Wie schon die letzten Wochen. Manchmal schreit er in einem Schmerz, reißt die Augen auf. Dann fällt er zurück.«

Das Sirren von draußen war so laut, dass sie warten musste, bevor sie wieder sprach. »Gib ihm dann die Mittel, wie der ausländische Arzt gesagt hat.«

Chou-Li hatte im früheren Vorratskeller die Wände mit den schönsten Seidentüchern behängen lassen. In den Ecken standen Vaters bevorzugte Möbel, selbst den Schreibtisch hatte sie herunterschaffen lassen. Nicht dass Vater noch hätte den Pinsel führen können, aber einem Gelehrten wie ihm gebührte diese Ehre. Und sei es nur, dass er in einem lichten Moment Freude daran fände.

Fu tauchte das Tuch ins Waschwasser ein.

Wieder ein Knall, wieder erschütterte er das Haus bis in die Kellermauern hinein, sogar die Seidenwandbilder an den Wänden zitterten. »Wie lange schießen die Japaner denn noch?« Dieser endlose Krach verwirrte ihr die Gedanken.

»Übermorgen ist der Geburtstag des Mikado, Herrin.« No-Hsen half Fu, ihren Vater zu drehen und das gelbe Schlafhemd von seiner Schulter zu ziehen.

»Woher weißt du das?«

»Ein chinesischer Diener einer Ausländerin, mit dem ich auf dem Markt um die letzten Äpfel stritt, hat es von ihr gehört. Die Japaner wollen ihrem Kaiser wohl die Einnahme der Stadt zum Ehrentag schenken.« No-Hsen hielt ein Trockentuch bereit, während Fu ihrem Vater die Schultern wusch.

Das war einleuchtend. Der Feldherr, dem dies gelang, erwarb eine hohe Ehre.

Fu zog langsam den dürren Arm ihres Vaters unter der Seidendecke vor und wusch ihn ab. Chou-Li wandte sich ab. Es war nicht schicklich, dass sie ihren Vater entblößt sah. »Biete ihm immerzu Suppe zu trinken an, das ist wichtig.«

»Ja, Herrin«, sagte Fu hinter ihr.

Es hallte wie Kanonenschläge, gleich fünfmal hintereinander. Und noch mal zwei. Chou-Li hielt sich an dem geschnitzten Schrankaufsatz fest.

Wäre der Raum nicht so niedrig gewesen und nur künstlich

erhellt, er glich Vaters Ruhezimmer in allem. »Hast du mir die Kleidung besorgt, die ich dir beschrieben habe, No-Hsen?«

»Sie liegt oben in Ihrem Ankleidezimmer, Herrin.«

Chou-Li rannte über die Kellerfliesen zur Treppe hinauf, lief durch die abgeschmückte Halle, an den leer geräumten Truhen vorbei, bis hinauf in ihr Zimmer, wo nichts mehr stand als ihr Bett und drei Truhen voll Kleider. Sie musste unbedingt noch die wertvollsten Jadesteine in ihrem Mantel einnähen, heimlich, damit nicht einmal die Diener davon wussten.

Die offenen Türen und wehenden Seidenbilder in den ausgeräumten Zimmern gemahnten sie an ein Haus, aus dem die Geister die Lebenden vertrieben hatten. Chou-Li presste ihre Oberarme fest an sich. Aber es hatte sein müssen.

Kaum war der Krieg ausgebrochen, hatte Vater sie noch in einem lichten Augenblick damit beauftragt, ihr Hab und Gut in Sicherheit zu bringen. Die Deutsch-Asiatische Bank hatte ihr als Frau den Zugriff auf die Guthaben ihres Vaters verweigert, aber sich gegen die telegrafische Zustimmung Guan-Bos nicht sperren können. Guan-Bo verfügte nun über das Geld in Peking, ihr hatte man die Aktien ausgehändigt.

Chou-Li starrte zum Fenster hinaus in die Blitze, die über dem Meer auf den dunklen Schiffen aufzuckten und zur Stadt heranrasten. Sie hielt sich die Hände auf die Ohren. Lichtspiele wie beim Neujahrsfest, nur nicht bunt, sondern immer gleich, weiß-gelblich, wie von einem Drachenschlund gespien.

Die Freunde ihres Vaters hatten den wertvollen Hausrat in Kisten bei der Flucht aus der Stadt mitgenommen. Sie hatte Guan-Bo eine genaue Liste sogar noch nach Peking mit der Post schicken können.

Geld und Gut hatte sie rechtzeitig weggeschafft, aber sie musste den Leib ihres Vaters aus dieser Hölle retten, damit er im Hain seiner Ahnen bestattet werden könnte. Sonst verfolgte sein Geist sie mit bitterer Rache, wo immer sie auch nur ihren Fuß hinwenden würde.

Chou-Li sank auf ihr Bett, sie wickelte sich in die dicke Seidendecke, dämpfte das Knallen und Fauchen und Schwirren, das ihren Kopf zu zersprengen drohte.

Aber selbst wenn sie den Leib ihres Vaters aus der Stadt schaffen könnte, wie sollte sie dann jemals Heinrich wiederfinden? Die Japaner würden die Deutschen als Gefangene wegschaffen, wenn nicht gar in irgendeinem Bergwerk versklaven, wie sie es vor Jahren mit den Hilfsvölkern der Russen in der Mandschurei gemacht hatten.

»Vater, verlass mich nicht. Lebe bis zum Frieden. Lebe, lebe«, flüsterte Chou-Li, bis ihre Schluchzer im Getöse der Geschosse untergingen.

Kapitel 9

Tsingtau, im Schützengraben – 3. November 1914

In den Laufgräben am Moltkeberg stand das Wasser stellenweise einen Fuß hoch, in den Schützengräben noch höher. Renau blickt durch die Schießscharten hinaus, die die Pioniere mit Sandsäcken bewehrt hatten.

Der Dauerbeschuss machte sie alle stumm. Unaufhörlich schlugen die japanischen Geschosse im Vorgelände ein.

Der Generaloberarzt hatte dieses Notlazarett auf der Hafenseite befohlen. Die Männer in den Schützengräben auf der Buchtseite waren stärker gefährdet, hier waren die deutschen

Drahtsperrwerke zwar am breitesten angelegt, aber auch vermint.

Vom Meer her liefen die Gräben herauf bis in die Höhe, wo das Oberkommando im August eine weiße Mauer hatte aufführen lassen. Vom Notlazarett ungefähr fünfhundert Meter entfernt befand sich der nächste Artillerieschießstand. Sie brauchten den Kugelfang, diesen Sandwall, weil er die feindlichen Geschosse auffing, während die Querwälle Irrgänger abhielten. Diese Traversen gab es alle fünfzig Meter. Die dazwischen liegenden Felder waren von den Pionieren mit Minen förmlich gespickt worden, damit sich die japanischen Sturmkolonnen dort nicht sammeln könnten.

Auf den Schießstand und das Notlazarett herum folgten noch vier Drahthindernisse mit einem vorläufigen Durchgang für die Verteidiger. Bei jeder Lücke lag ein spanischer Reiter bereit, sodass innerhalb von fünf Minuten jeder Weg heranstürmenden Japanern gesperrt werden könnte.

Die nächste Geschosswelle überrollte sie.

Die Notstation blieb primitiv. Zwei Ziegelwände, zwei Holzwände und ein Bretterdach. Darüber und an allen Wänden waren Sandsäcke aufgestapelt und vor der Türe eine sogenannte Geistermauer errichtet worden, damit das Lazarett leidlich gegen Granatsplitter geschützt war.

Das Feldtelefon klingelte. Renau winkte Claas mit dem Kinn.

»Notlazarett I.« Claas setzte sich an den behelfsmäßigen Tisch. »Zwei Mann, verwundet, Maschinengewehr-Beschuss zwischen I. W. 3 und II. W. 1.«

Renau schien es, dass es in dem niedrigen Raum heller war als eben noch, er griff zum Hörer. »Marineoberstabsarzt Renau. Was ist los?«

Unteroffizier Falders und seine fünf Mann zurrten sich schon die Uniformjacken fest. Die anderen Matrosen griffen nach den Helmen.

»Leutnant Wels auf I. W. 3. Zwei verletzte Kameraden im Vorfeld nach II. W. 1 zwischen den Baracken und der Bahn, mehr zu den Gleisen hin. Wir können sie nicht rausholen, weil wir die Japsen zum Hafen runter unter Feuer halten müssen, da ziehen vier Kolonnen auf.«

»Wir übernehmen, ich schicke meine Sanitätspatrouille mit der Genfer Flagge raus. Machen Sie weiter.« Er legte auf.

»Falders, ihr vier bergt die Kameraden, sie liegen mehr zu den Gleisen hin beim Posten II. W. 1.«

»Ich kenne den Abschnitt, wir haben mitgebaut. Los, Männer.« Der Unteroffizier schnappte sich die Rote-Kreuz-Fahne, riss die Tür zum Kugelfang auf. Der Lärm wurde ohrenbetäubend.

»Claas, alles für Notoperation vorbereiten.«

In fliegender Eile räumten sie alles beiseite. Die Spielkarten auf dem Petroleumkanister, ihrer beider Waffen, die Esstornister, die die Kalfakter wegen des Dauerbeschusses immer noch nicht abgeholt hatten.

Renau trug mit Claas aus der Ecke die Operationsliege heran. Renau nahm die Baumwollabdeckung herunter und legte sie zusammen. Im Schrank unten war noch Platz. Wenigstens ein Minimum an Hygiene war zu gewährleisten. Claas klackerte hinter ihm mit Metall. Renau prüfte das Petroleum in der Lampe. Es würde reichen.

Er stellte ein Metallbecken zurecht, damit er sich mit dem Kanisterwasser die Hände reinigen konnte. »Jodtinktur?«

»Vorhanden.« Claas antwortete konzentriert.

Renau schien, dass die Stimme des Obermatrosen dunkler

geworden war, seit sie wirklich im Gefecht saßen. »Mullbinden?«

»Bereit.«

»Messersatz und Fäden?«

»Ebenfalls.«

Ein paar Minuten verrannen mit auf- und abschwellendem Gejammer der Schrapnells.

»Manchmal klingt es wie Höllenmusik«, sagte Claas in einem der unerwarteten Momente der Stille zwischen zwei Einschlägen.

Renau konnte nicht anders als lachen. »Mit dem Teufel als Dirigenten.«

Wieder jaulten die Geschosse.

»Sie kommen!« Falders Gesicht war vom Schlamm verdreckt, er blutete an der Wange. Die Uniform des Mannschaftsgrads starrte vor Dreck. Sie hatten einen Infanteristen untergehakt, dessen Stiefel auf dem Boden schleiften. Der verschmierte blonde Schopf hing vornüber.

»Er ist ohnmächtig«, stöhnte Falders.

Kein Wunder bei dem Blutverlust, Renau betrachtete den offenen Oberschenkel. »Nicht auf den Tisch! Besser auf den Boden. Tücher, Wasser, Claas, schnell!« Renau griff sich einen Gurt und band das Bein ab. Das rote Blut rann noch.

Renau reinigte die Wunde, so gut es ging. Zog Metallsplitter einfach mit den Fingern raus, der Schmerz war so heftig, dass der Infanterist aufschrie und wieder in Ohnmacht sank.

»Mit Jod abtupfen!« Renau griff zur Nadel, in die Claas bereits Wundfaden eingefädelt hatte.

Er hatte noch nie so große Adern vernäht und vergessen, ob das ging. Aber blieb sie offen, verblutete der Mann sofort.

Gott sei mit mir.

Claas hatte fasziniert dem Marineoberstabsarzt beim Versorgen der Wunde zugesehen. Wie schnell man menschliches Fleisch vernähen konnte, noch dazu in der feucht-glitschigen offenen Wunde.

Er reinigte die Messer und die Nadelsätze im Desinfektionsmittel. Renau hatte den Ersten versorgt und von Falders mit Körting zusammen durch die Gräben zum Lazarett schaffen lassen. Sie hatten dem Verwundeten alles Wasser eingeflößt, was sie zu trinken dahatten, damit sich der Blutverlust etwas ausgleiche.

Der Marineoberstabsarzt saß blass beim Telefon und schrieb in seinem Notizbuch.

Für den zweiten Verwundeten hatten sie nichts mehr tun können. Er war schon tot, als die Kameraden ihn hereingebracht hatten. Claas hatte das Tagebuch des Toten in der Jacke aufgeschlagen stecken sehen. Er hatte den letzten, in krakeliger Bleistiftschrift über drei Zeilen weggerutschten Eintrag lesen können. *Ich hatte einen schweren Tod, ich sterbe gern für meinen Kaiser.*

Der Mann war wirklich tapfer gewesen. Hoffentlich mussten nicht noch mehr Kameraden draußen sterben. Die Japaner rückten immer weiter auf die Stadt vor. Claas hatte vom Schützenstand aus die Feldbahn gesehen, die die Japsen im Vorland verlegt hatten. Auf den Loren zogen sie Waffen und Munition in großen Mengen heran, Material für ihre Unterstände und endlos Draht.

Seit es dunkel geworden war, schwiegen die Geschütze. Neben Claas stand sein geladenes Gewehr, auf dem Tisch lag schussbereit eine Browning-Pistole, denn jeden Augenblick konnte ein Japaner hereinstürmen.

Der Scheinwerfer der ersten Kompanie leuchtete das Gelände vor dem Stand ab. Zing, zing, knallte es aus allen Richtungen, trotz des hellen Mondscheins war nichts zu erkennen. Die Kerle konnten unheimlich schleichen und kriechen.

Claas trocknete die Operationsmesser und Scheren ab und rollte sie in dem Mulltuch ein. Er solle sie gar nicht erst wegpacken, hatte Renau gemeint.

Claas brannten die Augen. Es war egal, ob vom Desinfektionsmittel oder der Müdigkeit. Wenigstens einem Kameraden hatten sie helfen können.

Abschnittskommandant Leutnant Jaspersen hatte die Lage vorhin noch telefonisch durchgegeben. Sie befanden sich am äußersten linken Flügel und hatten das Feld vom Wasser bis zu dem weißen Hause dort über ihnen auf dem Moltkeberg zu verteidigen. Die Kundschafter vermuteten, dass die Japaner in dieser oder vielleicht der nächsten Nacht hier einen Durchbruch durch die deutschen Linien versuchen könnten. Rechts waren sie durch verschiedene Maschinengewehre verstärkt worden. Renau hatte die beiden anderen auf Doppelposten zur Wache geschickt. Der tote Kamerad lag noch immer draußen im Graben.

Claas schloss den Schrank und setzte sich auf den Feldstuhl. Die Lehne tat dem Rücken gut. Hoffentlich kam bald etwas zu essen, sein Magen grollte. Und Durst hatte er auch.

Renau blätterte sein Notizbuch um. Nach Einbruch der Dunkelheit hatte der Abschnittskommandant durchgegeben, dass die Pioniere über Nacht werken würden. Die Schulterwehren waren zum Teil eingefallen, viele Sandsäcke lagen im Wasser und Derartiges mehr.

Renau notierte mit dem Bleistift die Ereignisse der letzten

Tage. Irgendwann würde er sich nicht mehr genau erinnern können, dann wäre er darum froh.

17. Oktober: über 100 japanische Bomben bisher, S90, das älteste Torpedoboot, schießt jap. Kreuzer ab, sprengt sich dann selbst vor Küste nach Flucht

20. Oktober starke Regengüsse, üble Schützengrabenpflege

Mit der Außenwelt stand Tsingtau bis in die letzten Tage in funktelegrafischer Verbindung, und zwar mit der deutschen *Sikiang*, die in Schanghai vor Anker lag.

27. Oktober Funkspruch Seine Majestät an Gouverneur von Kiautschou. Mit mir blickt das gesamte deutsche Volk von Stolz auf die Helden von Tsingtau, die getreu dem Wort des Gouverneurs Pflicht erfüllen. Seien Sie alle meines Dankes gewiss! Wilhelm Imperator Rex.

Der Gedanke flackerte durch Renaus Kopf, dass Dorothea in allem recht behalten hatte. Der große, von ihr befürchtete Krieg überrollte Europa.

Aber vor ihr Bild schob sich sofort Chou-Li. Renau schloss die Augen. Wenn er sie doch nur einen Moment in die Arme schließen und um Verzeihung bitten könnte. Dafür, dass er sie und ihren Vater in diesem Inferno allein ließ, dafür, dass er als Soldat seinem Treueschwur folgen musste. Wenn er doch nur einen Ausweg für sich und Chou-Li entdecken könnte.

Claas klirrte mit den Messern im Metallbecken hinter ihm. Es half nichts, er stand hier in der soldatischen Bewährung, konnte vielleicht Leben von Kameraden retten. Der blonde Infanterist würde durchkommen. Meisner oder Westerhoff würde im Kellerlazarett der Bismarckkaserne die Wunde wieder öffnen, säubern und richtig operieren.

Renau starrte auf die leeren Zeilen unter seinen Einträgen, schrieb weiter.

29. Oktober von Land und Seeseite her Dauerbeschuss, allein von Seeseite ungefähr 200 der 30-cm-Geschosse und am 30. am Kugelfang mehr als 230 Einschläge.

31. Oktober Geburtstag des Mikado, Japaner haben sämtliche Landbatterien fertig gebaut, ab 6 Uhr früh donnerten die Geschosse, schwere Haubitzen. Der große Petroleumtank der Standard Oil unten am Hafen wurde in Brand gesetzt.

Die riesige dicke Qualmsäule hatte am strahlend blauen Himmel wie ein drohendes Rachezeichen gestanden.

3. November. Höre immer wieder, die Munition wird knapp.

Das war der Anfang vom Ende, zudem kroch hinter den Gräben die japanische Feldbahn immer weiter an die Festung heran.

Renau nahm die Metalldose zur Hand, die ein Melder am Morgen herbeigebracht hatte. Die Japaner hatten solche von ihren Aeroplanen abgeworfen, mit denen sie über Tsingtau kreisten, statt Bomben, ausnahmsweise.

Er fischte den Zettel heraus, den man in deutscher Schrift in schlechtem Deutsch bedruckt hatte.

An die verehrten Offiziere und Mannschaften in der Festung. Es dürfte dem Gottes Will und der Menschlichkeit entgegenwirkend sein, wenn man die noch nicht ausgenutzten Waffen, Kriegsschiffe und sonstige Baulichkeiten, ohne taktischen Anspruch zu haben, zugrunde richten würde, und zwar bloß aus der eifersüchtigen Absicht heraus, dass sie in die Hände des Gegners fallen werde. Obwohl wir bei Herrn, die Rittertumsehre schätzenden Offiziere und Mannschaften es gewiss nicht glauben können, so eine Gedankenlosigkeit keineswegs zu verwirklichen, erlauben wir uns doch, die oben erwähnte als unsere Meinung zum Ausdruck zu bringen. Belagerungskommando.

Mit edlen Sprüchen würden die Japaner sie niemals mürbemachen, das wussten sie selbst. Da war der japanische Dauerbeschuss eher geeignet.

Ich sitze wehrlos und stumpf in der Bretterbude hinter dem Ausguckposten im gedeckten Schützengraben, und höre und fühle jede Granate, die über und neben uns hinsaust. Am schlimmsten aber ist es, wenn ich nichts höre und plötzlich mit einem furchtbaren Knall die ganze Erde zittert.

Der Lärm fraß sich in sein Gemüt, nagte an seinem Mark, anders als bei den Mannschaften. Die spielten trotzdem Schach und Skat, wenn sie von der Streife abgelöst sein würden.

Renau hoffte auf ein bisschen ruhigen Schlaf in der Kaserne, die sie über die Pfade hinter dem Berg erreichen konnten.

Nach kurzer Zeit hörte er wieder – zing, zing, vereinzelte Schüsse von feindlicher Seite gegen den Scheinwerfer, der sich als tiefschwarzer Koloss von dem helleren Hintergrund abhob, wenn er aus dem Ausguck linste. Dort könnte er auch die feurige Bahn der Geschosse eine ziemlich lange Strecke am nächtlichen Himmel verfolgen, die vereinzelt noch von der Blockadeflotte abgefeuert wurden.

Renau steckte das Notizbuch weg. Claas saß mit geschlossenen Augen an die Bretterwand gelehnt auf seinem Feldstuhl. Wenn er nur auch ein wenig schlummern könnte …

»Morgen werden wir endlich mal ein deutsches Wörtchen mit den Japanern reden, Renau.« Er schreckte unter Marinestabsarzt Lestners Stimme auf, der die Hand von seiner Schulter nahm. »Zwei Uhr, ich löse dich heute ab. Meisner operiert noch vier Artilleristen. Er kann das einfach am besten.«

»Ich verstehe.«

»Der Gouverneur hat entschieden, dass wir in den Stellungen gegenhalten, solange es geht, der Rückzug auf die Europäerstadt ist vom Tisch.«

Renau stand auf. »Ich bringe morgen frische Mullbinden mit.«

Lestner rieb sich die Hände und suchte sich den besten Feldstuhl aus.

»Komm, Claas, du begleitest mich«, sagte Renau.

Zwölf Stunden Zeit für einen Schlaf voller Albträume um Chou-Lis Zukunft. Wenn er ihr doch nur eine Nachricht zuschmuggeln könnte. Vielleicht gab es noch einen chinesischen Kuli in der Kaserne, den er mit seinen letzten Silberdollars bestechen könnte.

Kapitel 10

Tsingtau, im Keller der Villa Sun Pau Tschi –
6. November 1914

Chou-Li hielt die kleine Lackdose fest in der Tasche ihres Kleides in ihrer linken Faust. Dort hinein hatte sie das kleine Stück Papier gesteckt. Seine Handschrift, seine Worte, er hatte es berührt, die Buchstaben bewiesen ihr, dass er noch lebte. In einem befestigten Erdloch bei dem weißen Haus oben auf dem Berg, den sie hätte vom Dachfenster sehen können. Wenn sie nicht alle dazu verdammt gewesen wären, sich im Keller zu verbergen.

Sie kauerte an der Wand auf seidenen Decken, vor dem Bett ihres Vaters, der, von den Schmerzmitteln betäubt, nur hin und wieder einen Laut von sich gab.

Neben ihr hatten sich die Diener auf ihren Matten ausgestreckt. Fu hatte sich viele Bahnen Stoff um die Ohren gebunden. No-Hsen saß da, als ob er meditierte.

Chou-Li wiegte sich bei jedem Geschoss, das über dem Villenhang kreischend hinwegflog. Seit zwei Tagen beschossen die Japaner die Stadt sogar in der Nacht.

Drei Einschläge ganz in der Nähe ließen das Schlafgemach ihres Vaters erzittern. No-Hsen schreckte auf, seine faltigen Lider flatterten, sein Auge suchte die Decke ab. »Stürzt das Haus ein?«

Chou-Li legte ihm die Hand auf die Schulter. »Hörst du etwa die Balken bersten?«

Er sank gegen die Kissen an der Wand. »Nein, Herrin. Verzeiht mir …« Seine Worte wurden von der nächsten sirrenden Salve geschluckt.

Seit zwei Tagen gab es kein Licht mehr. Die Straßen lagen voller Bretter, Steine, Bleche. Gestern, als das Nachbarhaus getroffen wurde, barsten im ersten Stock alle Fenster. Seitdem hockten sie im Keller.

Chou-Li drückte die Lackdose in ihrem Kleid. Mochte er überleben. Sie hatte seine Schrift sofort erkannt, als ihr Diener Fu ihr den Zettel brachte. Ein Chinese, der für die Deutschen die Uniformen wusch, war aus der Kaserne geflüchtet und doch zur Küche gekommen, wo Fu gerade mit dem letzten Feuerholz die letzten Vorräte zu haltbaren Speisen aufkochte.

Das Essen stand jetzt in irdenen Töpfen die Wand entlang, zugedeckt von Tüchern. No-Hsen hatte so viel Wasser herbeigetragen, als sie Töpfe hatten. Nur zum Austreten verließen sie noch den Raum.

Chou-Li wusste nicht mehr, ob sie nicht geschlafen hatte oder nur geträumt hatte, dass sie unentwegt bei jedem Knall zusammenschrak.

Die plötzliche Stille war unerträglich, jeden Wimpernschlag weiter würde sie zerspringen.

»Chou-Li?« Die Stimme ihres Vaters traf sie ins Herz. Sie sprang auf. »Vater!« Er war wach. Sein Kopf wandte sich auf dem Bett her zu ihr. Er sah sie an. Seine Augen hatten seit Wochen nicht diesen klaren Glanz gehabt.

No-Hsen, hinter ihr, stieß Fu mit den Füßen an.

»Chou-Li …« Sun Pau Tschi sah das herzförmige Gesicht ganz nahe über dem Bette schweben. Die Form des Antlitzes, ja, das war das herrliche runde Kinn, weswegen er ihre Mutter gefreit hatte, die ebenmäßigen Wangen, die ihrer Mutter so glichen. »Was ist das für ein Lärm in meinem Haus?«

»Die japanischen Kriegsherren bombardieren die Stadt …«

»Was machst du für einen Zauber, damit der Tod nicht kommt, kleine Füchsin …«

»Vater, was sagst du da?« Die kleine Tatze legte sich vor seine Brust aufs Bett.

»In den Leib meiner Tochter Chou-Li bist du gefahren, vor langer Zeit. Ich hätte es merken müssen … Oh ja.« Das weite Tal im feuchtkühlen Süden öffnete sich vor ihm, dorthin war er verbannt worden, als der alten Kaiserin seine Schulreformen missfielen, dort im ewigen Frühling war er mit Chou-Lis Mutter so glücklich gewesen, hatte mit ihr die Liebesnächte in der alten Pagode verbracht … »Ich hätte den Weisen im Gouverneurspalast Glauben schenken sollen, dass dort die weißen Fuchsgeister ihre Lieder spielten.« Ihre Mutter hatte die Sphärenklänge der Gu-Scheng so gemocht, wusste nicht jeder, dass das die Füchsinnen anlockt. »Du hast dich in unser Kind verwandelt, dein Zauber hat mich verführt, dich klug zu machen wie einen Sohn. Als ich dich wegschickte zur Heirat, warum hast du mich nicht vernichtet, wie es die Füchsinnen aus Rache tun? Bist du schon tausend Jahre alt, dass du so weise bist?« Er wollte es wissen, damit er den Zauber brechen konnte, sie musste es ihm gestehen. Er hob den Kopf, Essen in seinem Zimmer? Und die Diener dabei? Was war das?

»Vater, ich bin nur deine Tochter, Chou-Li!« Die Tatzen vor ihm machten die Demutsgeste vor ihrer Brust.

»Du bist wahrlich klug geworden, Füchsin, klug genug, die Wahrheit für immer zu verbergen. Ich danke dir, dass du mein Haus so geschützt hast.« Sun sah die Fratzen der Eunuchen um den Kindkaiser herumsitzen. »Ich bin Gouverneur von Schantung geblieben, du warst meine beste Ratgeberin, dir habe ich immer vertraut, räche dich nicht an meinen Dienern, wenn ich nun gehe …« Ohne sein Tschi, seinen Lebenshauch, war sie zu ihrer wahren Gestalt verdammt, dazu gezwungen, zurück in die Berge Kunmings zu wandern bis zu den Erdhöhlen ihrer Fuchsfamilie. »Sie haben mir alle treu gedient.«

»Herr, Ihr seid zu gütig!«

Das war No-Hsen. »Bruder, weine nicht, wir sehen uns bald wieder, du weißt, der weiße See ist unser, wo wir die Blaufische mit den Ruten geangelt haben …« Die Sommerhitze der Kindertage hielt ihn im Arm, er hörte No-Hsens fröhliches Lachen hinter dem Stauwerk aus Weidenruten, deswegen hatte er Vater gebeten, dass der Knabe sein Diener werden dürfe. »Lach noch einmal für mich, No-Hsen. Erlaube es ihnen, Füchsin.«

»Vater …«

»Sogar menschliche Tränen weinst du? Du wirst doch nicht etwa nach mir schon in Menschengestalt wiederkehren können?« Sie war klug, das war wahr, klüger als jede andere Frau, selbst die alte Hexe von Kaiserinwitwe nicht. »Hab ich dich so viel gelehrt?«

»Alles, was ich bin, bin ich durch dich.«

»Verschone meinen Sohn. Er ist gut. Verschone das Haus Sun Pau Tschi.«

»Vater, höre, ich bin es bloß, Chou-Li.« Ihre Fuchstatzen fühlten sich wie Menschenhände auf seinen Wangen an, sie strichen auch so sanft, so sanft wie die Finger ihrer Mutter. Ja, so sanft war sie gewesen, so sanft …

Ein Hauch strömte an ihrem Handrücken vorbei. Chou-Li warf sich auf seine Brust. »Vater!« Sie fühlte seinen Leib wie als kleines Kind, wenn er sie in der Sänfte auf den Knien hielt. Sie fuhr mit den Fingern über seine Lider, drückte sie zu, mit dem Handrücken schob sie seinen Kiefer zurück, damit sich der Mund schloss.

Fu und No-Hsen standen mit wackeligen Knien hinter ihr und machten den letzten Kotau vor ihrem Vater. Die Tränen liefen ihnen über die alten Wangen.

Ein entsetzlicher Knall erschütterte das Haus. Sie taumelten alle gegen die Wand. Chou-Li sah vor lauter Wasser in den Augen kaum etwas in dem Halblicht.

No-Hsen kroch zur Ecke, wo er unter einem Tuch den bronzenen Drachen hervorzog. Es war Vaters liebstes Opfergefäß gewesen. Fu brachte das Räucherwerk aus einem Tontopf herbei. Chou-Li steckte den kleinen Klumpen Kräuterhäcksel an.

Der Duft hüllte sie ein, und Chou-Li schien es, als dämpfe er den Lärm, der über dem Haus die Luft anfüllte.

Sie saßen so lange, bis die Glut von allein verlosch.

»Der Gouverneur hätte die große Trauerzeremonie verdient«, flüsterte No-Hsen.

»Mein Bruder Guan-Bo wird am Familiengrab die ihm gebührende Zeremonie nachholen.« Chou-Li wünschte sich, dass das Lächeln in dem toten Gesicht ihr galt.

Ihr Gedanke blieb einfach stehen, stehen wie sie selbst an diesem Bett, stehen wie die Diener.

Chou-Li hörte die Geschosse und hörte sie nicht. Nichts war von Bedeutung.

War das die Einsicht in das Tao, von der Vater so manches Mal gesprochen hat, die Einsicht, dass das All-Eine alle Gegensätze ausgleicht; und alles ist – und nichts.

»Bringt die Totendecke«, sagte die Frau, die sie war, die sie wie über ihr schwebend sprechen fühlte.

No-Hsen und Fu schlugen ein grünes Tuch vor dem Fußende des Bettes weg und rollten eine große Decke aus. »Es ist besser, wenn wir ihn in seine dicke Bettdecke einwickeln, wenn sein Wasser austritt.« No-Hsen drehte den Leichnam zur Seite, strich die gelbe Decke glatt, rollte ihn zurück.

Sie schlugen ihn mit der Bettdecke ein wie Marktleute Reisklumpen in Lotusblätter.

»Bringt die Trage«, sagte die Frau, die Chou-Li war, die sie sprechen hörte mit ihrer eigenen Stimme.

Die beiden kamen aus dem Flur zurück. Sie hoben ihren Vater auf das geflochtene Stück zwischen den Stangen. Dann breitete sie die rotorangene Prunkdecke mit den kaiserlichen Drachensymbolen über ihn. Die Ehrenzeichen standen ihm als Gouverneur zu.

Alles war bereit.

»Herrin, sollten wir draußen nicht lieber weniger auffallen?«, flüsterte No-Hsen ganz heiser.

»Legt noch ein Tuch darüber. Alles, was uns hilft, ist recht.« Sie hielt die Tür offen.

Fu schlug ein Betttuch auseinander und breitete es über seinen Herrn. No-Hsen verknotete die Enden an den Tragestangen.

»Zieht euch draußen um, ich rufe euch«, sagte Chou-Li.

Die beiden nahmen ihre Packen von der Wand und schlossen die Tür.

Chou-Li legte die Handflächen aneinander vor die Brust. »Oh, Ahnen, helft mir, Vater zu euch zu bringen. Vertreibt die Geister auf meinem Weg.« Sie nahm die Bronzedose aus der Tasche und ließ ihr Kleid einfach von ihrer Schulter gleiten.

Den Packen mit den europäischen Kleidern hatte sie unter das Bett gelegt, seit sie den Plan gefasst hatte. Wenn die Japaner schon in der Weise die Stadt belagerten, wie es die chinesischen Generäle seit vielen Hundert Jahren vorgemacht hatten, dann musste es auch in den alten Schriften einen Ausweg geben. Chou-Li hatte die Klassiker aus Vaters Schriftensammlung hervorgezogen, gewälzt, erwogen, bis sie auf den Ausspruch des Generals Kuan aus dem Fürstentum Wu gestoßen war. *Der Käfer ist nicht schwächer als der Tiger.*

Chou-Li breitete die grauen und weißen Kleidungsstücke aus. Fu hatte einfach in der Berliner Mission bei den verbliebenen alten Männern eine Spende abgegeben und dann die Tracht unter einem Vorwand gekauft. Chou-Li streifte das weiße Blusenhemd über, schloss die Knöpfe, stieg in das graue Kleid, drückte sich die Haube auf den Kopf.

Sie musste noch die Haare fester stecken. Sie nahm ihre Holznadeln heraus, schüttelte die langen Haare aus und drehte sie fest zu einem Strang.

In ihren kleinen Seidenschuhen würde sie nicht weit laufen

können. Chou-Li löste die Schnüre der schwarzen Lederschuhe, in denen wie eine Europäerin zu laufen sie geübt hatte.

Zweimal misslang die Schleife mit den Schuhschnüren. Sie zog und wand erneut, dann saßen die Schuhe fest. Sie raffte die Bronzedose vom Bett und steckte sie in die Tasche des grauen Schwesternkleides.

Schon nach drei Schritten zur Tür schmerzten ihre Sohlen.

Im Flur hatten sich die Diener die grauen Kutten chinesischer Handlanger übergeworfen, wie sie immerzu den Deutschen zu Hilfe gingen.

»Ihr wisst den Weg?«, fragte Chou-Li.

»Ich gehe voran«, sagte Fu. Er hob die Trage mit dem Leichnam ihres Vaters unter dem braunen Tuch an. Der Kellergang führte zur Gartentür.

Im Abendhimmel über ihnen schwirrten die Geschosse. Draußen auf dem Meer blitzte es auf den japanischen Schiffen, hinter ihnen in den Höhen antworteten die Blitze der Deutschen.

Sie wurden taub von dem Lärm um sie herum. »Gehen wir!«

Blätter der Büsche lagen auf der Gartentreppe.

Auf der Straße überall Steine, Erde.

»Wo ist der Karren, No-Hsen?«, schrie sie gegen den Lärm.

Aber die Diener liefen schon vor den Eingang. Sie legten die Bahre ab. Fu löste die Kette, mit der er den Lieferkarren am Hauspfosten gesichert hatte.

Mochte es alle bösen Totengeister verwirren, dass der Gouverneur von Schantung wie ein Packen Segeltuch von einem Karren ohne jeden Zymbelklang fortgeschafft wurde, mochten sie nur länger auf den großen endlosen Sänftenzug von Würdenträgern warten, der sonst die Straßen gefüllt hätte.

Auf dem Meer drunten am Hang schäumte unter den Einschlägen weiße Gischt, oben am Hügel spritzte die Erde unter den Treffern an die Hausfassaden. Fu und No-Hsen legten sich in die Ziehbänder vorn am Karren. Sie zogen an.

Es zischte über ihren Köpfen, laut, so entsetzlich grell.

Ein krachender Schlag. Die Wucht brachte den Karren ins Schwanken. Scheiben splitterten, Ziegel flogen. Etwas traf Chou-Li am Bein, über die Straße schnarrten Holzteile wie Schlangen.

No-Hsen schrie. Und Fu schrie. Chou-Li duckte sich am Karrenholz.

Dann wurde es hell, feuerhell. Ihr Haus stand in Flammen, das Haus des Gouverneurs. No-Hsens Mund zeigte die drei Zähne im leeren Mund. Ihr Zimmer, der Turm, der Salon waren nicht mehr da, zerstreut bis hinunter in den Garten, Steine, Fenster, Holz. Das Erdgeschoss brannte, die Hitze schlug ihnen ins Gesicht.

Sie wären niemals aus dem Keller herausgekommen.

Gischt auf dem Meer. »Herrin!« Erdspeien im Hang. »Herrin?«

Vater war rechtzeitig heim zu den Ahnen gegangen. Hatte sie ihn und seinen Leib nicht immer geschützt, sie, die Füchsin Chou-Li, war sie es nicht doch? Und wenn sie schon über solche Macht verfügte, dann schützte sie auch den Mann, ohne den ihr Leben keinen Sinn mehr auf Erden hätte.

Chou-Li packte No-Hsen bei den Schultern. »Wo haben sich die anderen versteckt? Wo?« Sie schüttelte ihn, die Zugschlaufe schlug auf seine alte Brust.

»An der Steinmauer, wo sonst der Fischmarkt war«, stammelte er.

»Bringt den Gouverneur dorthin, wartet auf mich.«

»Aber Herrin ...«

»Geht!«, schrie sie mit aller Kraft gegen das Sirren in der Luft an. Die beiden zogen an, der Karren rumpelte über die Steine davon. Chou-Li fasste nach der Bronzedose. Sie wusste, wohin.

Dann rannte sie. Der Lärm betäubte den Schmerz ihrer kleinen Füße. Aber hatten nicht auch Füchsinnen nur kleine Pfoten?

Sie lief und lief, an Hausruinen mit verkohlten Dächern vorbei, an vergessenen Wagen, an leeren Kisten. Schuhe lagen herum, Jacken, eine gestürzte Rikscha mitten auf der Straße.

Lampenmasten waren gestürzt und spannten Drähte quer über ihren Weg. Chou-Li lief über die Schmerzen ihrer Füße, dieses Nagelbrett hinweg, immer weiter den Hang entlang zur Chinesenstadt hin. Immer begleitet vom Fauchen der japanischen Feuerdrachen draußen, immer umseufzt von den geifernden Geschützen der Deutschen am Berg.

Als sie die Kuppe erreicht hatte, erkannte sie nichts wieder. Die Chinesenstadt links unten war von bösen Geistern in einen grauen Wald von Rauchsäulen verwandelt worden, der Hang zum großen Hafen hin übersät mit blauen Punkten von den Uniformen der Deutschen, alle in Bewegung, überall Zäune, Drähte, Stangen …

Chou-Li warf sich an die roten Ziegel eines Geschäftshauses. Sie glaubte, eine Raupe zu sehen, riesengroß. Braun wie die Erde, mit dunkelbraunen Härchen auf ihrem ganzen Rücken. Es war kein Tier, es waren Menschen, Hunderte von Menschen, die Japaner berannten die Stellungen, die Erdwälle, die Härchen waren Gewehre.

Ihr Blick suchte die Gräben entlang. Wo war nur das weiße Haus, das er auf dem Zettel bezeichnet hatte? Auf dem Hügel direkt über dem Hafen sah sie einen viereckigen Fleck. Darüber blitzte es dauernd. Von dort schossen die Deutschen Löcher in den Leib der Raupe, die sich wand wie ein zuckendes Insekt, aber vorwärtskroch, langsam zwar, aber quellend lebendig.

Sie rannte den Berg hoch. Erste weiße Gesichter hoben sich an den Gräben, braune Erde aufgehäuft zu Wällen im grünen Berg. Aber braune Erdlöcher machten einer Füchsin keine Angst, war sie nicht dort dereinst geboren, vor tausend Jahren, in einem feuchten Erdloch, wo es schmierte unter ihren Pfoten wie jetzt unter den Lederschuhen.

»Fräulein, Sie können hier nicht lang!«

Chou-Li lief weiter, mochte die blaue Uniform auch noch so rufen. Das weiße Viereck oben am Hügel wurde größer. Ja, es war ein Haus, eines mit seiner Fahne drauf. Aber dort war er nicht.

»Verdammt, die Sanitätspatrouille schickt die Frauen, jetzt ist's um uns geschehen …«

»Frauen? Du spinnst wohl, Kamerad, die sind alle weg. Geht dir die Muffe? Halt verdammt noch mal mit dem Langkaliber auf die Japsen.«

Chou-Li rannte in den schmalen Graben hinein, der unter dem weißen Haus entlangführte. Dort, dort musste er sein. Die Wände schluckten den Geschosslärm, dämpften ihn herab zum Dauerrauschen, in dem seltsamerweise das Ping-ping der Raupe klarer und lauter wurde.

Erde spritzte vor ihrem Gesicht auf. Sie sprang über Drähte, Stiefel hinweg, sah blaue Ärmel, Beine, Stiefel, schwarzen Waffenlauf.

Der Graben bog sich, Männerfüße staken oben über ihrem Kopf im Sand. Einer lag quer, sie sprang über seinen Helm, kein Gesicht, keine Hand, nur rotes Fleisch. Der Graben zweigte nach links ab, eine Bewehrung am Sand versperrte den Weg.

Kapitel 11

Tsingtau, im Schützengraben – 6. November 1914

In der Nacht waren die Pioniere nicht mehr dazu gekommen, die Zeit reichte nicht dafür, dass sie hätten den Unterstand ausbessern können, so sehr waren die Drahtzäune, Sperren und Wehren vom japanischen Dauerfeuer zerrissen. Jeden Moment drohte der endgültige Durchbruch der japanischen Flut.

Sogar nachts hatten sie mit Feldartillerie die Frontlinie beschossen. Renau hatte es an der sinkenden Frequenz des deutschen Gegenfeuers begriffen, die Munition ging zur Neige.

Renau stand an der Seite eines weit klaffenden Spalts im Unterstand. Auf tausend Meter konnte Renau mit dem Fernglas die Japaner feuern sehen. Ihre Uniform hatte die Farbe der Erde, Ocker in Ocker. Im Vorgelände wimmelte es vor feindlichen Männern.

Aus dem Schützengraben schleppte ein Infanterist einen Kameraden heran. »Doktor, der verblutet gleich«, keuchte der Mann. Ach was, der war fast noch ein Knabe, so liefen ihm die Tränen der Anstrengung über das erdverschmierte Gesicht.

Renau sprang zu, Claas packte an den Armen an. Sie hoben den Verwundeten auf den Tisch. »Den Gurt, schnell.« Renau schnappte nach dem Lederriemen, den ihm Claas von der Ecke aus zuwarf. »Und du, mach Platz. Sichere dich am Unterstand beim nächsten Posten.«

Der Infanterist stand dem Burschen im Weg. »Nun lauf schon, Kamerad«, sagte Claas und brachte die Desinfektionsbinden.

Renau zog die Schlaufe um den zerschossenen Arm. »Die Schlagader ist getroffen, der läuft uns gleich aus. Verdammt.« Er zog den Gurt fest.

Das Feldtelefon klingelte. Sein Bursche griff einfach zu. »Notlazarett ... Von einer Explosion ins Vorfeld geschleudert ... Wo? Unten auf W1 V4? ... Jawohl.« Er legte auf. Claas stürzte zum klaffenden Spalt in der Wand. »Ich kann ihn sehen, der Artillerist ist schwer verwundet.« Claas' Augen flackerten ihn an. »Die können ihn von W1 her nicht rausholen, weil die Japsen mit zwei Zügen randrängen, das Dauerfeuer muss halten, sonst ...«

Die andern Sanitätssoldaten schleppten schon vier Schwerverwundete weg. »Du holst ihn raus, Claas. Helm auf und los.« Renau zog, so fest es ging, am Lederriemen, damit die Schlagader des Soldaten vor ihm endlich hielt. Mit der anderen Hand fummelte er die Uniformärmel von der Wunde, er musste doch sehen, ob er überhaupt noch Fleisch fand, das er nähen könnte.

Eine blaue Uniform, ein weißes Gesicht. Jung, und blass. Chou-Li erkannte ihn.

Das war sein Bursche, der ihr einmal eine Botschaft ins Haus ... Chou-Li stützte sich mit der Hand in die feuchte Erde. Der Junge duckte sich im Graben, bog ab. Dort hinter der runden Bewehrung, wo der herausgelaufen war, hinter den vielen Sandsäcken, dort würde sie ihn finden. Chou-Li glitt im Schlamm beinahe aus, fing sich, lief um den Wall aus Sackleinen. Sie schlüpfte in den Unterstand.

Claas wusste, dass er es allein schaffen musste, irgendwie. Die andern waren alle unterwegs in den Gräben. Er zurrte die Uniform zurecht, der Kamerad lag gut fünfzig Schritt den Hang runter im Vorfeld, die Explosion hatte ihn aus dem vorgeschobenen Artillerieposten zwischen die Drähte geschleudert.

Er rannte aus dem Kugelfang, weiter unten gab es eine Stelle, wo der Schützengraben eingesackt war, dort würde er ins Vorfeld steigen können. Den Unteroffizier im langen grauen Mantel sah er aus den Augenwinkeln winken. Vielleicht gab er Deckungsfeuer. Er lief in den Graben hinein. Die herabstürzenden Haubitzen fauchten, die Flachbahngeschosse zischten, Claas konnte sie alle mittlerweile unterscheiden, manche sirrten höher, andere klangen fast wie ein Stöhnen. Vom Gefechtssehschlitz aus hatte er gesehen, wie ganze Bergkuppen in die Luft flogen.

Die Vorwälle der Gräben hielten noch die Splitter ab.

»Ja, und noch ein Band, ihr gelben Teufel«, fauchte der Schütze, der vor dem MG lag. Claas rannte an dem Posten vorbei zum eingebrochenen Grabenstück. Hielt sich in der Erde an einer Wurzel fest und schob sich raus ins Vorfeld. *Nur auf dem Bauch unters Gefechtsfeuer, Kinn runter.* Uffz Falders hatte es bei jeder Übung gepredigt. Claas warf sich in den Dreck und robbte auf Knien, Ellbogen auf den Kameraden zu, der zu seinem Glück zwischen zwei Stacheldrähte gefallen war, auf dieser Höhe war das Vorfeld bestimmt nicht vermint.

Sprenggranaten krepierten, Schrapnells bellten wie eine Horde heiserer Hunde um ihn herum.

Die Sperrwerke weiter unten vibrierten unter den Einschlägen.

»Vor uns eine feindliche Patrouille von zwanzig bis dreißig

Mann. Schießen«, rief irgendwo hinter ihm im Graben ein Offizier. Dann sah Claas die Japaner auch, die mit einer Panzerung gegen die Drähte drängten. Er musste schneller sein.

Claas robbte weiter auf die blaue Uniform zu, rollte sich auf den Rücken, so flach als möglich, winkelte das Bein um den Verletzten herum, umgriff dessen Koppel und stieß sich mit den Stiefeln in der Erde ab. »Ich hole dich raus, schieb mit.«

»Ich kann nur links, das Bein …« Die Stimme kippte in einen Schrei, der mit den Schrapnells verschmolz.

Verdammt, die Erde gab nach. Claas packte den Leib fester, fasste den Gürtel, bekam endlich Halt. Er konnte schon die Gesichter der Japaner erkennen. Warum schoss die Artillerie nicht? Claas vergaß die Last, bekam Kraft. Von den dunklen schwarzen Schöpfen musste er weg. Weg. Weg!

Über seinem Kopf schoss die deutsche Artillerie in den japanischen Ansturm, endlich, Claas reckte den Kopf nach hinten, spähte zur Lücke im Grabenwall.

»Drei Mann an die spanischen Reiter, Durchschlupf verbarrikadieren«, rief der Unteroffizier dumpf dahinter.

Sämtliche Eisenschlünde feuerten gegen heranrückende Sturmkolonnen der Japaner.

Die Tür zum Notlazarett stand sperrangelweit offen, ein Holzkeil war in die Erde gerammt. Chou-Li schlug sich die Hände vors Gesicht. Unter ihm, zwei Stiefel auf einem Tisch, ein roter Arm, aus dem Blut spritzte, stoßweise, ihm über den weißen Kittel, die Hände, zum Hals. Seine Hände zerrten an einem Riemen um den Arm.

Die Stöße Blut wurden schwächer, verebbten. Die Stiefel zuckten, dann fielen sie auseinander. »Verdammt, oh Herrgott ...« Heinrich ballte die blutigen Fäuste, warf den Kopf in den Nacken mit geschlossenen Augen. »Verdammt«, schrie er.

Chou-Lis Finger glitten die feuchte Erde entlang, Schritt für Schritt näherte sie sich. Dann hätte sie seinen Arm anrühren können, so nah war sie. »Heinrich ...«

Er fuhr herum, stürzte gegen die Bahre des toten Soldaten. »Chou-Li? Das gibt es nicht. Ich bin wahnsinnig!«

Sein Kinn zuckte, sein Kopf schwankte wie ein Ast im Sturm. Sie rührte ihn mit der erdigen Hand an der Wange.

Er schrie auf, als ob sie ihn verbrannt hätte. »Chou-Li!«

Das war nicht möglich. Er war irregeworden von dem Höllengetöse der Geschütze. »Chou-Li ...« Renau befühlte die warme Hand auf seiner Brust, ihr blasses Gesicht. Das viele Blut an seinen Händen, er befand sich im schönsten Wahn gefangen. Ihr Duft ... Die schreckliche Gewissheit durchzuckte ihn. Sie war es wirklich. »Du in diesem Inferno?«

»Dich holen.« Sie rührte an die Stoppeln auf seinen Wangen.

Im schwachen Schein der Petroleumlampe glänzten ihre Augen so viel größer als sonst, die Lider bläulich tief eingesunken. Sie zuckte bei jedem Einschlag in den Festungswällen. »Ich kann nicht fort. Die Verwundeten«, er zeigte auf den Soldaten auf dem Operationstisch vor ihnen, »die Kameraden brauchen mich hier als Arzt.«

»Er ist verblutet und tot.« Chou-Li zerrte an ihm. »Du kannst nichts mehr tun.«

»Die meisten habe ich retten können.«

»Rette vor allem dich.« Sie zeigte zum klaffenden Spalt am Unterstand hinaus ins Vorfeld. »Da. Die Japaner stürmen die Wälle.«

»Oh, Gott. Claas ist noch draußen!« Renau warf sich an den Spalt.

Die Artillerie schoss von den drei Posten über und rechts von ihm in die anstürmende Japanerwalze. Renau konnte weit dahinter die Feldbahn sehen, die den nächsten Pulk Soldaten aus den Loren spie. Hoffentlich reichte die Munition, das Abwehrfeuer durchzuhalten. Claas, wo war Claas? Renau wischte den blutigen Ärmel am Sandsack der Wandung ab.

»Sie überrennen euch«, Chou-Li warf sich an seine Schulter in den Schatten des Unterstandes und zerrte an ihm. »Flieh mit mir.«

Da war Claas! Er robbte rückwärts mit dem am Bein Verwundeten unter den Drähten durch. Der Bursche war so tapfer, seit Tagen verband er Fleischwunden, geplatzte Augen, sammelte Finger und Füße ein.

»Flieh mit mir!« Chou-Li rüttelte in seinem Rücken an seinen Schultern.

»Aber wohin denn? Die Stadt ist längst von den Japanern umzingelt, sieh doch hinaus.« Er riss sie vom Spalt zurück. Ihre dunklen Augen starrten am Sandsack vorbei hinaus. Oh Gott. Auch das noch, die Japaner brachten ein Maschinengewehr in Stellung.

»Flieh mit mir!«

»Wir können nicht entkommen!«

Sie sagte etwas, doch die Garben strichen über das Vorfeld, peitschten den Sand auf, von Grabenseite zu Grabenseite immer höher auf die deutschen Stellungen zu, auf die beiden im Vorfeld, auf Claas …

Plötzlich wurde der Kamerad schwer, ausgerechnet jetzt wurde er bewusstlos. Claas knirschte hilflos mit den Zähnen, stieß die Hacken, rechts, links, rechts in die Erde, drei Meter noch.

»Vorsicht! Neuer Ansturm von rechts!«, gellte es von oben.

Claas sah wieder dunkle Schöpfe über braunen Uniformen. Gleich hatte er es hinter den Sandhaufen geschafft. Claas sah, wie der Reigen aufspritzender Erde, von den japanischen MG-Kugeln aufgetrieben, von rechts an ihn heranlief, fühlte die Krümel der Erde auf sein Gesicht regnen, feucht und schwer, spürte den dumpfen Einschlag der Kugeln in dem Leib des Kameraden auf seinem Bauch, der zuckte wie an einer elektrischen Leitung, Claas spürte das Brennen auf der Hand von der ersten Kugel, die ihn traf, spürte das Feuer in seiner Brust von der zweiten, dritten, vierten, fühlte noch das eigene heiße Blut aus Hals, Wange, Ohr schießen, fühlte, wie das Brennen, die Hitze schon gleich verklangen, alles leicht wurde, leise. Ein Sirren noch wie Glocken in der Ferne schon, er sah unter den Drähten seinen zerschmetterten Kopf neben dem Haupt des Kameraden liegen, die Arme weit von sich gestreckt, dann wurde es hell, immer heller, es zog ihn empor in einen flimmernden Lichtkreis weit über der Stadt. *Komm,* flüsterte die Stimme seiner längst verstorbenen Schwester gar nicht mehr schwindsüchtig, die er schon im Gleißen lächeln sah, *komm heim,* flüsterte sein längst verstorbener Großvater und wiegte milde den weißen Bart, *da bist du ja endlich,* lachte Harms und streckte ihm seine Hand entgegen, zog ihn sanft an sich und hinüber ins unendlich weiche Licht …

Renau sah den Leib von Claas unter dem Kugelhagel zucken, das junge Leben bäumte sich noch einmal auf, sein Bursche riss den Arm in die Höhe, dann fiel er zurück neben den starren Kameraden, Blut rann aus dem zerfetzten Kopf wie aus den Speiern eines Brunnenrands.

Nicht Claas ... Er hätte ihn nicht schicken dürfen, wo doch die Japaner heranstürmten, hätte er doch nur hinausgesehen, dann hätte er die Lore fahren sehen mit den Hunderten von Feinden, hätte das MG gesehen, das nun weiter, weiter übers Vorfeld strich, Garbe um Garbe in die bereits Toten jagte.

Es war so sinnlos, dieses junge Leben hinzugeben. Für was? Claas hätte Auszeichnungen verdient, so viel Mut wie er hatte kaum ein Offizier gezeigt, und er, er hatte ihn hinausgejagt um des andern willen ...

Claas lag neben dem Kameraden. Tot, sie beide. Tot für einen Heldenkampf vor der gelben Übermacht. Ein paar Stunden noch, wer weiß, hielt die Front.

Er machte einen Schritt zur Seite. Starrte hinaus, wo Claas' Blut in die Erde rann, Blut, das er vergossen hatte. Warum hatte er nicht hinausgeschaut an den Sandsäcken vorbei?

Die von ihm wegrückten, wie auch der tote Infanterist auf dem Tisch, das ganze Blut, dort, wo der Gurt vom zerrissenen Arm zur Erde baumelte. Renau setzte Schritt hinter Schritt rückwärts.

»Euer Krieg ist verloren!« Chou-Li begriff nicht, warum Heinrich auf einmal unter ihren Händen erstarrte, warum er mit kugelgroßen Augen hinaus ins drahtüberspannte Feld starrte, die Lippen bewegte wie ein stummer alter Mann, der keinen Laut mehr formen konnte.

Feuerhagel von oben setzte ein, die Japaner verlangsamten den Vormarsch nur. Sie war wie eine Füchsin zurückgekrochen in den Leib der Erde, hier in dieses blutige Nest. Jetzt oder nie. Chou-Li zog an seinem Oberarm, sah, dass er den

Fuß rückwärtssetzte. Zog ihn weiter vorbei zur Wandung, zur Lücke in den Sandsäcken, hinaus in den Graben, wo der Lärm ihre Ohren taub machte vor Krach und Kugelschlägen.

Er hob nur den Arm und zeigte auf den Unterstand, flüsterte unhörbare Worte, seine Finger kreisten in der Luft. Chou-Li fasste nach seiner linken Hand und setzte immer schneller ihre wunden Füße, lief – und er lief mit, noch immer den Kopf zum zerschossenen Unterstand gewandt, bis der Graben so tief und dunkel wurde, dass Chou-Li kaum noch etwas erkannte.

Sie ließ seine Hand nicht los, nicht am Posten, der sie beide anstarrte, und nicht, wenn sie über Leichen sprang oder an Geschützen vorbeirannte.

»Um Gottes willen, Chou-Li, wo willst du denn hin?«, schrie er hinter ihr und bremste sie.

»Zum kleinen Hafen …«

»Durch den Graben laufen wir direkt den Japanern in die Arme. Da lang!« Er packte sie am Arm, lief weiter, aber nun vor ihr her. »Wir müssen an W3 raus in die Chinesenstadt.«

»Ich kann nicht so schnell, meine Füße sind so klein.«

Er blieb stehen, ging in die Knie, packte sie mit beiden Armen. Dann rannte er mit ihr weiter. »Aus dem Weg, Kamerad!«

Chou-Li sah in weiße Soldatengesichter, die Gewehre im Anschlag nach draußen über den Grabenrand hielten. Sah Helme, Hände, Patronenglanz.

Er rannte mit ihr über Balkenstufen aus dem Graben hinaus. Sie erkannte die Schatten der zerstörten Häuser in der Dämmerung und wusste doch nicht, wo sie war.

Renau hörte das Artilleriefeuer leiser werden, das Fort auf dem Bismarckberg drüben war schon erschöpft. Er rannte mit Chou-Li auf den Armen an der Ziegelei vorbei, gleich hatten sie die Litsun-Straße erreicht. »Was willst du im kleinen Hafen?«

»Meine Leute warten am Fischmarkt.«

»Still!« Renau warf sich in die Tür des ersten Geschäftshauses und kauerte sich nieder, Chou-Li sank von seinen Armen und barg sich hinter seinen Knien. Er lugte die Straße entlang. »Die ersten Japaner! Sie müssen an W2 durchgebrochen sein.« Dann schloss der Kommandant oben jetzt die spanischen Reiter vor der letzten Linie, dann hielten die Forts noch ein paar Stunden durch, vielleicht auch die Kasernen auf der anderen Seite der Halbinsel. »Komm.« Er zog Chou-Li an der Hand die Wände entlang. »Sie achten nicht auf die Seitenstraßen, weil das Feuer von oben kommt.« Renau war dem Gouverneur dankbar, dass er Partisanenkampf aus Häusern heraus verboten hatte. Niemand würde hier auf die Japaner aus dem Hinterhalt schießen, schon gar nicht die Handvoll Chinesen, die sich vielleicht noch in den Häusern versteckten.

»An der Tschili-Straße können wir unter dem Bahndamm durch«, flüsterte Chou-Li.

Der Trupp Japaner war vorbei. »Ich weiß«, er nahm sie wieder auf die Arme und rannte mit ihr zur Straßenecke. Renau wartete eine Lücke im Geschosssturm ab, damit sie nicht noch von Splittern getroffen würden. Die Blitze erleuchteten den Himmel fast taghell. An den vernagelten Geschäftshäusern entlang zur Unterführung, überall lag Zeug im Dunkeln.

Die großen Kaliber von den Seeschiffen flogen durch den Himmel. Das ganze Firmament flackerte, der kalte Wind roch nach Schießpulver und Phosphorgift. »Wo am Hafen?«

»An der Seite der Steinmauer.« Chou-Li umschlang ihn am Hals.

Renau wandte den Kopf, eine Granate erhellte die Szenerie, oben auf dem Bahndamm stürmte eine Kompanie Japaner über die Gleise zum Bahnhof, keiner von denen würde sie im Halbdunkel erkennen.

Kapitel 12

Tsingtau, an der Hafenbucht – 7. November 1914

Renau nahm vorsichtig die Stufen zum Hafenbecken hinunter, der Granit war feucht vom Novemberwind. Am Kai erkannte er im Geflacker nur einen einsamen Karren, fünf Boote lagen vertäut am Kai, mit dunklen Planen abgedeckt. »Wo, Chou-Li?«

»Herrin!«, rief es vom Wasser her. Ein dunkler Punkt, jemand hob eine Plane über seinen Kopf. »Hierher.«

Renau sah vorn an der Mauer Japaner, die über das Wasser schauten. Er konnte keine Zeit auf sie verschwenden. »Wir müssen weg. Schnell. Schlagt die Plane auf. Vorsicht!« Er warf Chou-Li mit aller Macht die zwei Schritt vom Kai hinüber ins Boot, wo viele Arme aus dem Dunkeln emporschossen. Dann sprang er in das Fischerboot. »Legt ab.«

»Wir können nicht, Herr!«

»Was?«, schrie Chou-Li.

»Der Fischer hatte zu viel Angst. Er hat sich davongemacht.«

Chou-Li ballte die Fäuste. »Nein!«

»Wo ist das Steuer?« Renau packte den alten Chinesen an der Schulter.

»Hinten, das Steuerruder liegt noch dort.«

Renau schlich unter der Plane entlang nach achtern, er sah nichts, stieß nur mit den Stiefeln an harte Kanten, an weichen Stoff, an Zeug.

Im Feuerschein des Himmels fand er das lange Ruderblatt, mit dem die Chinesen ihre flachen Fischerboote antrieben. Wozu war er in der Marine, wenn er nicht gelernt hätte, ein Boot zu lenken. Und ein schlesischer Junge, der auf der alten Oder viele Sommer verbracht hatte, war er obendrein. Renau packte das Holz, führte es in die Halterung ein, tauchte es ins Hafenbecken. »Stoßt mit irgendetwas vorn ab.«

Eine Bewegung seitwärts antwortete. Renau senkte sein ganzes Körpergewicht auf den Rudergriff und zog. Und senkte und zog. Das Boot drehte sich weiter vom Kai, dann lag es richtig, Renau stemmte die Stiefel in den Balken wie wohl der Fischer jeden Tag. Dann zog er mit beiden Armen mit aller Kraft am Holz.

Er ruderte an der Hafenmauer entlang in die Bucht. Das Boot war schmal genug, dass sie um die Wracks des K.-u.-k.-Kreuzers *Elisabeth* und das versenkte Kanonenboot *Jaguar* herumschwimmen konnten. Über ihnen tobten die Geschossblitze im Himmel.

Chou-Li kroch zu ihm ans Steuer. »Du musst trinken, wenn du so schwer arbeitest.« Sie reichte ihm eine Schale.

»Das ist ja Brühe.« Hühnerbrühe, wunderbar, er trank gierig aus.

»Wir haben genug Essen für Tage, falls wir uns in den Felsen der Küste verbergen müssen.«

Renau reichte ihr die Schale zurück. Sein Blick folgte den Blitzen. »Sie schießen auch von Kap Jäschke, von der Seite der Stadt gegenüber.«

»Nach Süden ist die chinesische Grenze am nächsten.« Chou-Li gab ihm zwei Blätterteigröllchen.

Er war so hungrig, dass er sie verschlang. »Wenn wir China überhaupt erreichen. Die Blockadeflotte liegt vor dem Buchtausgang zum Meer und schießt aus allen Rohren.«

»Der Käfer ist nicht schwächer als der Tiger.« Sie nahm sein Gesicht in die Hände und küsste ihn. »Wir sind klein genug, dass man uns übersieht.«

Er versank einen Augenblick in der Wonne, die ihm ihre warmen Lippen schenkten.

Ein Großkaliber traf hinter ihnen die Hafenmauern, die Druckwelle drückte ihr Boot weiter aus der Bucht hinaus. »Mögest du recht behalten.«

Er legte sich ins Ruder, rammte ins Wasser, so fest er konnte. Sie hatten Glück mit der Strömung, die Ebbe hatte eingesetzt und zog das Wasser hinaus ins offene Meer. »Sag deinen Leuten, sie sollen sich flach ins Boot legen. Wir kommen gleich zwischen die Kaps.« Direkt an der Küste konnte er nicht entlang, dort gab es zu viele Riffe, die nur ein Fischer gekannt hätte, er brauchte das tiefe Wasser der großen Einfahrt. »Wir müssen zwischen den japanischen Schiffen durch.«

Die Landspitze der Halbinsel kam in Sicht, sofern die Geschütze gerade zuckten, die Ruine des Leuchtturms wies ihnen den Weg. Er beherrschte genug Nautik, schätzte die Strömung ein. Wenn er ein wenig mit dem Ruder gegenhielt, könnte es reichen. Er streckte sich neben Chou-Li flach ans Ruderholz, lugte nur durch einen Schlitz der Plane nach draußen.

Sie drifteten wie ein vom Tau losgerissenes Fischerboot auf

die Blockadeflotte zu. Sie hörten die Geschütze wieder so laut wie im Graben auf dem Berg. Je näher sie an die dunklen japanischen Schiffsleiber heranschwammen, desto wärmer wurde der Meereswind. Es roch schließlich scharf und giftig von den heißen Feuerrohren.

Chou-Li schmiegte sich an ihn. »Siehst du …«

»Psst, nicht jetzt.« Er drückte ihre Hand. »Wir sind genau zwischen den Schiffen.«

Renau sah am Observatorium einen Scheinwerfer aufstrahlen. Er beleuchtete einen Mast, an dem die weiße Fahne hochfuhr und sich flatternd dem neuen Wind ergab.

Unter Rauch und Flammenhimmel ging die deutsche Herrschaft über Tsingtau unter, vor Renaus Augen verwandelte sich ein Stück Vaterland in japanisch besetztes China. Die Kameraden, alle, die noch lebten, würden auf die Gnade der Sieger angewiesen sein.

Aber ihr Boot war klein genug. Selbst wenn es die Japaner bemerkten, wer scherte sich jetzt um ein chinesisches Fischerboot, das hinaus aufs Meer driftete?

Chou-Li legte ihren Arm um seine Taille.

Er fühlte ihre Tränen auf seiner Wange. »Was ist mit deinem Vater?«

Sie rührte mit den beiden Daumen an ihre Stirn. »Wir bringen ihn gerade zu seinen Ahnen.«

Für einen Moment erkannte Renau in ihrem Gesicht die ruhigen Züge des alten Mandarins, als er ihn damals im Palast geimpft hatte. Woher hatte sie nur den Mut genommen, der manchem Infanteristen gefehlt hatte? Wie hatte Chou-Li es geschafft, an die deutsche Schwesterntracht zu kommen, die sie noch immer trug … Seinetwegen hatte sie alles versucht.

Ein fahles Licht im Osten über dem Meer kündete vom neuen Tag.

»Mein Bruder wird mir dafür auf ewig zu Dank verpflichtet sein, dass er seinen Sohnespflichten nun wird nachkommen können. Unser Vater wird kein ruheloser Geist werden, der zwischen den Himmeln und Höllen die Menschen quälen muss.« Sie reichte ihm die Hand. »Und dafür wird mir mein Bruder die Einwilligung für unsere Hochzeit geben müssen.«

Renau fasste die warme Hand, führte sie an die Lippen für einen Kuss. Er legte den Arm in seiner wattierten Jacke um ihre Schultern, die in der dünnen grauen Tracht der Missionsschwester ganz kalt geworden waren.

Hinter ihrem kleinen Boot zogen die Schatten der japanischen Schiffe weiter, die Umrisse der Aufbauten, der Schornsteine, von Geschützen und Masten zeichneten sich schwarz ab, gegen die in den lodernden Flammen.

War er nun im letzten Moment feige desertiert oder im letzten Moment listenreich der Gefangenschaft entkommen? Er würde sie beide im Boot sicher an die Küste rudern. Renau legte seine Arme um Chou-Li. Er glaubte nicht, dass er sich jemals im Reich für seine Tat rechtfertigen würde. Er küsste sie auf den Nacken.

Mit seiner Flucht war Renau kein Marineoberstabsarzt und Offizier des Kaisers mehr, nur noch heilkundiger Europäer; so ungewiss seine Zukunft war, so gewiss lag sie bei Chou-Li in China.

Im Osten schickte die Sonne ihre ersten warmen Strahlen rotgolden übers Meer.

Für eine Liebe, die sich bewährt hatte, war kein Opfer zu groß.

ENDE